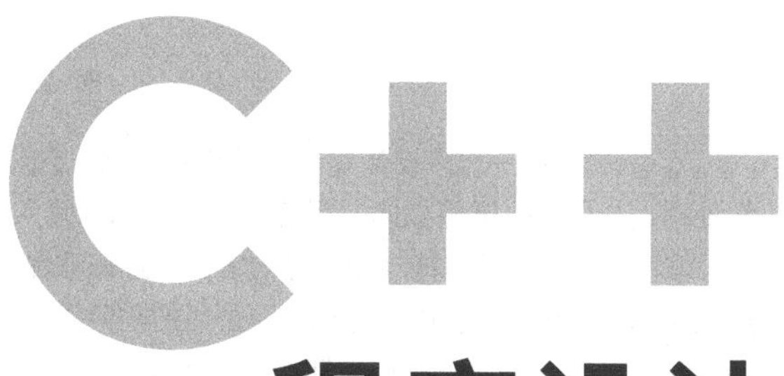

程序设计从入门到精通

雍俊海 编著

清华大学出版社
北京

内 容 简 介

本书讲解 C++程序设计知识及其编程方法，包括结构化程序设计、面向对象程序设计、共用体、异常处理、模板与标准模板库、字符串处理、标准输入输出与文件处理、MFC 图形界面程序设计、设计模式、编程规范、程序调试与测试等内容，并且每章都附有习题。本书的章节编排与内容以人们学习与认知过程为基础，紧扣最新国际标准，与公司的实际需求相匹配。本书采用特殊字体突出中心词，以期读者在轻松和欢乐之中迅速了解与掌握 C++程序设计的知识和方法，并应用到实践中去。

本书内容丰富易学，而且提供丰富例程和例句，既可以作为高等学校 C++程序设计和面向对象程序设计等课程的基础教材，也可以作为需要使用 C++语言的工程人员和科技工作者的自学参考书。

图书在版编目（CIP）数据

C++程序设计从入门到精通 / 雍俊海编著. —北京：清华大学出版社，2022.1（2025.1重印）
ISBN 978-7-302-59237-2

Ⅰ. ①C… Ⅱ. ①雍… Ⅲ. ①C++语言－程序设计 Ⅳ. ①TP312.8

中国版本图书馆 CIP 数据核字（2021）第 194137 号

责任编辑：龙启铭
封面设计：谭佳佳
责任校对：胡伟民
责任印制：刘海龙

出版发行：清华大学出版社
网　　址：https://www.tup.com.cn, https://www.wqxuetang.com
地　　址：北京清华大学学研大厦 A 座　　邮　　编：100084
社 总 机：010- 83470000　　邮　　购：010- 62786544
投稿与读者服务：010-62776969，c-service@tup.tsinghua.edu.cn
质 量 反 馈：010-62772015，zhiliang@tup.tsinghua.edu.cn
课 件 下 载：https://www.tup.com.cn，010-83470236
印 装 者：三河市君旺印务有限公司
经　　销：全国新华书店
开　　本：185mm×260mm　　**印　　张**：44.5　　**字　　数**：1115 千字
版　　次：2022 年 1 月第 1 版　　**印　　次**：2025 年 1 月第 3 次印刷
定　　价：128.00 元

产品编号：093042-01

前　言

软件正在逐步深入人们的日常生活与工作，并成为各行各业的基础，同时也是世界各国竞争的焦点。一方面，我国所面临的卡脖子难题多与软件密切相关；另一方面，**软件产业具有低能耗、低资源、无污染和高产值等特点**。当前全球软件行业就业好，而且就业薪酬高。因此，应当大力发展软件业。学好计算机语言，编写出高质量的软件，有着迫切的国家与社会需求。本书希望能在这方面为读者提供智慧的翅膀，越过学好 C++程序设计的种种障碍，尽情享受学好 C++语言的种种乐趣。

当然，不是所有的软件都能产生效益。软件的质量非常重要。然而，C++程序设计的众多教材和网络资源参差不齐，错误很多，甚至出现互相矛盾的说法。不少文献对 C++语言一知半解，人为创造含糊不清的概念。有些文献出于商业等目的而故意将 C++语言讲解得极其抽象和晦涩难懂，以体现其所谓的深奥，甚至一些所谓的经典设计模式也含有错误。在一些开源的 C++程序代码中，常常可以发现继承性等面向对象技术和工厂模式等设计模式被滥用。这常常使得很多程序代码逻辑混乱不堪，很难调试；使得不少程序代码的代码量不必要地成倍增加，效率低下。最近几年，C++国际标准的版本更新也比较频繁，这加剧了 C++程序设计学习与应用的难度。纵观软件历史，那些低质量的软件被淘汰的浪潮此起彼伏，无论那些软件包含了多少付出，甚至多少不眠之夜。因此，熟练掌握计算机语言的特点，提高软件质量与竞争力，显得尤其重要，可以降低自己辛勤汗水付之东流的概率。本书紧扣最新的 C++国际标准，力求简洁直观，注重编程规范与测试，努力有理有据地排疑解难，提高 C++编程质量，让每份付出都能有更多的回报。

C++语言是一种集面向对象程序设计和面向过程程序设计于一体的计算机编程语言，是迄今为止人类发明的最为成功的计算机语言之一，应用非常广泛。C++语言面向过程部分主要就是 C++语言的**类 C 部分**，它基本上兼容 C 语言。因此，C++程序设计应当可以像 C 程序设计那样灵活和方便，可以编写出短小精悍并且运行效率高的 C++程序，从而高效解决实际问题。

C++语言的**面向对象部分**为**大规模程序设计**和程序代码的**高效复用**提供解决方案，支撑大规模程序研发，方便程序维护。C++语言的面向对象部分模仿人类世界组织来构造代码世界，为程序代码的组织与管理提供新模式。C++语言的面向对象部分是 C 语言所没有的。**C++语言的面向对象部分将计算机语言求解实际问题的格局扩展到采用 C++语言建立一个辉煌而庞大的编程事业**，从而建立起可以协同解决众多问题的庞大代码世界。学习 C++语言面向对象部分有难度。然而，我们应当深刻体会到，既然 C++语言支持大规模的程序设计，那么它就不可能非常抽象和晦涩难懂；否则，它也就无法满足大量程序员协同开发程序的需求。我们应当深刻理解 C++面向对象程序设计的本质与精髓。在正确并且熟练掌握 C++面向对象程序设计之后，可以迅速提高大规模程序的设计与编写效率，并急剧降低大规模程序代码的调试与维护成本。总之，**学好 C++程序设计将会大有作为**。

学习 C++程序设计应当采用理论知识学习与编程实践相辅相成的模式，缺一不可。学好 C++程序设计基础理论知识是进行编程实践的基础；否则，编程就会很盲目，很难写出没有错误的代码。反过来，学习 C++程序设计是一个实践性很强的过程，离不开编程实践。很多计算机语言教材一再强调学习计算机语言程序设计千万不要满足于“上课能听懂和教材能看懂”。我想这是非常有必要的，这正是所谓的“实践出真知”。在实践的过程中应当注重程序的设计与程序的调试。将学到的知识融入到程序设计之中。在遇到程序代码错误的时候，不要感到沮丧，更不要轻易放弃，而应当看作提升自己调试能力的机会，不断磨炼自己。学习 C++程序设计的过程应当就是理论知识学习与编程实践不断循环反复的过程。在阅读本书的同时需要进行编程实践，然后再阅读本书，接着再进行编程实践，如此反复，不断深入学习。

这种循环反复也体现在对本书内容的**多遍反复学习与实践**。学完本书之后，再从头阅读本书内容并实践，进行多遍循环反复。在每遍学习过程中，不断思考，不断领会，不断总结，不断提高。随着自己编程能力的提升、对 C++语言深入掌握以及编程经验的丰富，每遍学习的收获也会有所不同。学习 C++程序设计常常需要这样一个**百转千回**的过程，这样才能真正做到**融会贯通**。

为了方便学习与实践，本书提供了非常丰富的例程和代码示例；而且对于各个例程，本书也提供了极其详细的讲解和分析，从而方便读者模仿与理解。为了方便读者查找本书知识点和中心内容，本书通过**加黑、加粗、加框**的方式强调各个部分内容的中心词以及各个基本概念或定义的核心词，并且提供了非常明显的注意事项、说明和小甜点等内容，而且在附录中添加了图、表、例程以及类、函数、运算符和宏等的页码索引。

本书既可以作为高等学校 C++程序设计和面向对象程序设计等课程的基础教材，也可以作为需要使用 C++语言的工程人员和科技工作者的自学参考书。在本书的编写与出版过程中得到了许多朋友的帮助，其中读者、选修我所负责的课程的学生以及我所负责的清华大学计算机辅助设计、图形学与可视化研究所的同事与学生起到了非常重要的作用。他们的建议和批评意见是本书发生变化的最重要的外在因素。本书也凝聚了他们的劳动结晶。这里一并对他们表示诚挚的谢意。真诚希望读者能够轻松并且愉悦地掌握 C++程序设计。欢迎广大读者特别是讲授此课程的老师对本书进行批评和指正。真诚欢迎各种建设性意见。

雍俊海
2021 年 10月 10 日

本 书 约 定

（1）本书采用章、节和小节三级结构，其中小节是节的下一级结构。

（2）在各种定义格式中，**斜体部分**表示**格式模板**，在应用时需要进行相应替换。在格式模板中，方括号“*[]*”表示其内部的选项不是必需的。

（3）这里介绍本书对一些字符和组合键的约定。本书采用字符“↙”表示**回车符**，即如果要求输入“↙”，则表示按下键盘上的**回车键**。为突出空格或者空格的个数，本书有时采用字符“␣”表示**空格**。例如，字符串"a ␣␣ b"分别由字符'a'、空格、空格和'b'组成。本书还会用到一些**组合键**。组合键通常由两个或两个以上的键组合而成。本书用加号“+”表示键的组合。例如，按下组合键 Ctrl+s，表示同时按下 Control 键和字母 s 键。如果无法确保同时按下这两个键，可以先按下 Control 键不放，再按下字母 s 键，然后同时放开这两个键。在有些键盘上，Control 键被标识为 Ctrl 键或控制键。

（4）单击鼠标键指的是按下鼠标键并迅速放开。双击鼠标键指的是快速地连续两次按下并迅速放开鼠标键。

目　　录

第 1 章　绪　　论

软件正在以前所未有的速度改变着世界，当今世界也越来越离不开软件，软件产业具有**低能耗、低资源、低污染和高产值**等特性，应当大力发展软件业。软件是相对硬件而言的。除了配置文件、日志等数据文件和用户手册等辅助性文件之外，**程序是软件的核心部分**。C++程序设计在编写程序中扮演着极其重要的角色。C++语言的类 C 部分使得程序可以非常短小精悍，面向对象部分非常方便代码复用，可以建构强大和庞大的代码世界。C++语言是目前功能最强大并且应用最广泛的计算机语言之一。灵活掌握 C++编程技术，则有可能发挥出 C++程序设计**功能强大、代码复用率高、程序编写效率高和程序运行效率高**的特点。学好 C++程序设计将使自己在当今世界拥有大有作为的机会。因为程序有时也需要数据等辅助性文件才能运行，所以**本书并不严格区分软件和程序**这两个术语，即将这两个术语等同看待。本章希望直观展示 C++程序设计的核心与整体概貌，不可避免会出现在后面章节才会详细讲解的术语等知识点。因此，对于初学者，在阅读本章时，只要有个大致的印象就可以了，不必过于去纠缠其中的细节。它们将在本书后续部分详细展开。

1.1　C++语言简介

C++语言起源自 C 语言。1979 年 3 月开始出现带类的 C 语言。C++开始以 C 语言的增强版出现。随后，C++不断增加新特性。虚函数、操作符重载、模板（template）、异常处理和命名空间等特性逐步添加到 C++语言之中。1983 年 12 月，这种带类的 C 语言正式被命名为 C++。1985 年，C++语言作为一种正式的计算机语言开始对外发布，但这时还没有形成官方标准。多年后，国际标准化组织（International Organization for Standardization，ISO）和国际电工技术委员会（International Electrotechnical Commission，IEC）将 C++标准化，并于 1998 年颁布第一版 C++标准（ISO/IEC 14882: 1998）。随后，C++语言的内容越来越丰富，功能越来越强，适用范围越来越广，并行特性也得到增强，用来提升程序编写与运行效率的技巧也越来越丰富。**C++语言发展简史**如表 1-1 所示。

表 1-1　C++语言发展简史

年份	事　　件
1973	开始出现带类的 C 语言
1983	正式将这种带类的 C 语言命名为 C++
1985	C++语言作为一种正式的计算机语言开始对外发布，但这时还没有形成国际标准
1998	C++语言第一版国际标准（ISO/IEC 14882: 1998）正式颁布
2003	C++语言第二版国际标准（ISO/IEC 14882: 2003）正式颁布
2011	C++语言第三版国际标准（ISO/IEC 14882: 2011）正式颁布
2014	C++语言第四版国际标准（ISO/IEC 14882: 2014）正式颁布

续表

年份	事　件
2017	C++语言第五版国际标准（ISO/IEC 14882: 2017）正式颁布
2020	C++语言第六版国际标准（ISO/IEC 14882: 2020）正式颁布

现在，**C++语言已经发展成为一种集面向对象的程序设计与面向过程的程序设计于一体的计算机编程语言**，是一种应用非常广泛的计算机语言。在主流的C++编程思想中，程序设计以面向对象为主，以面向过程为辅。

C++语言面向过程部分主要就是**C++语言的类C部分**。**这部分内容主要用来支撑计算机软件的可计算功能**。C++语言的类C部分几乎完全兼容C语言。与C语言一样，对于C++语言的类C部分，**程序设计和代码复用的基本单位主要是函数**。但不能将C++语言的类C部分与C语言等同，它们之间存在少数差异。例如，C允许从void*指针类型隐式转换为其他指针类型，但C++不允许这种隐式转换，必须通过显式转换。

C++语言面向对象部分主要用来支撑计算机程序代码的组织与管理模式，从而方便建立壮观的C++代码世界，将计算机语言求解实际问题的**格局**扩展到采用C++语言**建立一个辉煌而庞大的编程事业**。C++语言的面向对象部分是C语言所没有的。相对于C语言，C++语言增加了一些新的数据类型、类、模板、异常处理、命名空间、内联函数、运算符重载、函数名重载、引用、自由存储管理运算符(new和delete)以及一些新的程序库。

C++语言的面向对象部分**模仿人类世界组织来构造代码世界**。不过，这种模仿非常简化，也非常理想化。C++语言面向对象程序设计的**核心思路是对象划分、对象组织、对象设计和对象实现**。而对象的定义与构造通常借助于类、模板和共用体。因此，对于C++语言的面向对象部分，**程序设计和代码复用的基本单位主要是类、模板和共用体**。C++语言的新特性进一步提升了程序代码复用效率，支持大团队协作研发软件产品，保障大规模程序研发，方便程序维护。

相对于面向过程的程序设计，C++面向对象程序设计具有如下特点。

1. 全局变量

采用面向对象程序设计可以避免出现全局变量。它将数据与函数封装在一起，限定了数据的作用域，提高了程序的局部特性，降低了程序代码的潜在耦合度。

在面向过程的程序设计中，如果采用全局变量，则增加程序的潜在全局耦合度。如果不采用全局变量，则通常会增加函数参数个数，提高函数调用的时间与空间代价。

2. 可复用性

C++面向对象程序代码复用的基本单位主要是类、模板和共用体，代码复用粒度大。类内的普通成员函数、构造函数和析构函数形成较好的体系，其中构造函数完成相关的初始化工作，析构函数完成相关的结束工作，复用难度相对较小。

面向过程程序代码复用的基本单位主要是函数，代码复用粒度小。当需要复用某个函数时，理清该函数与其他函数之间的关联关系的代价相对较大。如果不清楚复用该函数的前提以及在调用之后需要进行哪些结束处理，那么有可能会引发程序出现错误。

3. 初始化与结束处理

在面向对象程序设计中，类的构造函数和析构函数很好地解决了在函数调用之前的初始化和在调用之后的结束处理问题。

在面向过程的程序设计中，在函数调用之前是否需要初始化，在调用之后是否需要做结束处理，不清晰，而且如何进行初始化或做结束处理也不清晰。

4. 可扩展性

面向对象程序设计可以利用面向对象的继承性和多态性等特性对程序代码进行扩展。利用静态多态性，使得同名的函数可以作用于新定义的数据；利用动态多态性，原有的代码可以调用新编写的程序代码；在扩展程序软件的功能或覆盖范围时，修改原有代码相对较容易，而且需要修改的代码通常也会较少。

面向过程的程序设计一般不支持面向对象的继承性和多态性等特性，定义新的函数不能与原有的函数同名，原有的程序也无法直接调用新编写的程序代码。要扩展程序软件的功能或覆盖范围，除了新写程序代码之外，还需要修改较多的原有程序代码。

5. 数据保护

可以利用面向对象程序设计的封装性对类的成员变量进行很好的保护，确保只在一个特定的程序代码范围内可以修改该成员变量的值，而其他代码都无法改变该成员变量的值。这样，保证类的成员变量的值在指定的范围之内的代价非常小，而且验证的难度也很小。总而言之，利用面向对象程序设计的封装性，可以以很小的代价确保类内部数据成员的值在指定的范围之内，并且满足指定的约束关系，具有良好的一致性。

在面向过程的程序设计中，在程序代码的任何函数内部都可以修改全局变量的值。但是，要保证某个全局变量的值在某个指定的范围之内的代价相对较大，而且验证的难度也很大。

6. 代码出错与维护

面向对象程序设计的封装性、继承性和多态性等三大特性降低了程序代码的潜在耦合程度，可以比较容易保证对象数据的一致性并降低成员函数调用和复用的难度。构造函数与析构函数提供了对象初始化与结束处理的自动机制。因此，采用面向对象程序设计，可以降低程序代码出现错误的概率，并且比较容易维护。

面向过程的程序设计的程序代码编写基本单元主要是函数。虽然函数的粒度比面向对象的类的粒度小，但是理清面向过程的函数之间的关系难度相对较大。如果采用全局变量，则理清代码的耦合程度的代价将变得非常大。采用面向过程的程序设计，更不容易保护数据的一致性，测试与调试程序代码错误的难度相对较大。

7. 代码管理

在面向对象程序设计中，程序代码主要是以类、共用体和模板为基本单元进行管理的，可以按继承关系并且辅以命名空间进行代码管理，所有的代码可以形成一种森林状的自然管理模式。这样，代码的归类与查找都相对方便。

在面向过程的程序设计中，程序代码主要是以函数为基本单元进行管理的，但是函数的归类却没有明显的代码形式保证。因此，面向过程的程序代码的管理难度相对较大。

8. 编程战略

面向对象程序设计考虑的往往不是单个程序，而是众多的程序。希望不仅在单个程序内部，而是在众多的程序之间，实现程序代码的复用。面向对象程序设计为大规模程序设计提供了解决方案。**采用面向对象程序设计可以建立宏大的代码世界，成就编程事业**。

面向过程的程序设计以完成任务为核心，考虑的规模通常比较小。目前，面向过程的程序设计通常对于规模越大的程序代码则越难驾驭。

1.2　C++入门程序

本节假设安装完成VC平台（Microsoft Visual Studio C++开发平台）。在此基础上，本节介绍如何创建常规空项目、关闭已有项目、打开已有项目、往已有项目中添加新的头文件或者新的源文件、往已有项目中添加已有的头文件或者已有的源文件，以及如何编写、编译、链接和运行一些C++入门程序。

> **说明**
>
> （1）本书所画的VC平台图形界面示意图只起到示意的作用，实际的VC平台图形界面可能会略有所不同。不同版本的VC平台的图形界面也会略有所不同。不过，大体上相似。本书后面不再作重复声明。
>
> （2）编写C++代码需要C++语言支撑平台的支持。C++语言支撑平台是由C++代码的编译器和链接器以及操作系统和芯片等软硬件组成，并且可以将C++代码转换为程序，同时可以支撑程序运行、调试和维护的平台。不同C++语言支撑平台对C++程序代码的要求大体相似，但在细节上略有所不同。

1.2.1　常规项目操作

这里首先介绍如何创建常规空项目。运行VC平台，其图形界面示意图如图1-1所示。

图1-1　刚打开的VC平台的图形界面示意图

可以参照图1-2依次单击菜单和菜单项“文件”→“新建”→“项目”。

图1-2　新建项目相关的菜单与菜单项

这时通常会弹出一个新建项目对话框，如图 1-3 所示。在这个对话框中，**第一个目标**是选择**新建项目的项目类型为“空项目”类型**。在对话框的左侧选中并展开“Visual C++”，接着选中“常规”选项。然后，在对话框的中间选中“空项目”类型。**第二个目标**是在对话框中**输入项目所在的路径**，例如“D:\Examples\”。这个路径也可以通过“浏览”按钮进行选择，通常选择一个现有的路径作为项目所在的路径。**第三个目标**是在对话框中**输入项目的名称**，例如“CP_Hello”。这个名称可以自行确定。**最后**单击“确定”按钮完成项目的创建工作。

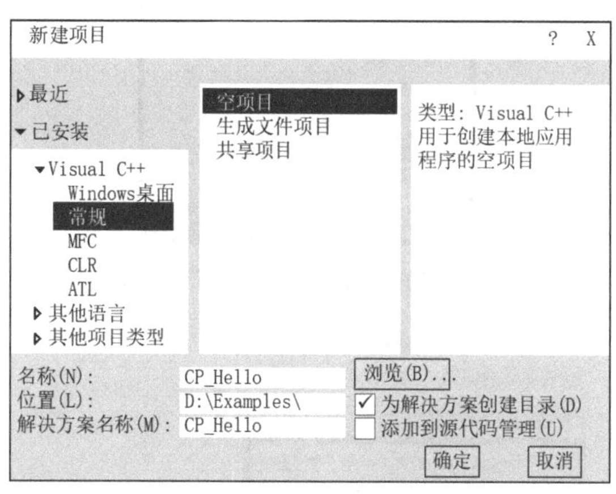

图 1-3　选择新建项目类型的对话框示意图

这里接着介绍**如何关闭已有项目**。只要在 VC 平台上依次单击菜单和菜单项“文件”→“关闭解决方案”，就可以实现关闭已有项目。

也可以**打开已有的项目**。在 VC 平台上，依次单击菜单和菜单项“文件”→“打开”→“项目/解决方案”。然后，在弹出对话框中选取项目所在的路径。例如，对于上面创建的项目，其路径为“D:\Examples\CP_Hello”。接着，在这个路径下选取项目文件。项目文件的扩展名一般是“sln”。对于上面创建的项目，项目名称为“CP_Hello.sln”。选择项目文件就可以打开已有项目。

1.2.2　C++类 C 部分经典入门程序

本小节通过 C++的类 C 部分经典入门程序例程来讲解如何添加新的源文件、往已有项目中添加已有的源文件，以及如何编写、编译、链接和运行 C++程序。

例程 1-1　类 C 部分经典入门程序“Hello, world!”。

例程功能描述：在控制台窗口中输出字符串“Hello, world!”。

例程解题思路：在 VC 平台上创建项目之后，就可以往该项目中添加 C++源程序代码文件。**C++源程序代码文件**分为头文件（header file）和源文件（source code file）。**C++头文件的扩展名**通常是“h”，**C++源文件的扩展名**通常是“cpp”。如何添加 C++头文件将在第 1.2.3 小节介绍。

这里介绍如何**添加并创建新的 C++源文件**。首先在 VC 平台图形界面上查找“解决方案资源管理器”窗格。如果没有找到，则依次单击菜单和菜单项“视图”→“解决方案资源管理器”，打开“解决方案资源管理器”窗格。

如图 1-4 所示，在解决方案资源管理器中，将鼠标移动到项目“CP_Hello”的源文件上方，并右击。这时，会弹出右键菜单，如图 1-5 所示。依次单击该右键菜单的“添加”→“新建项”。

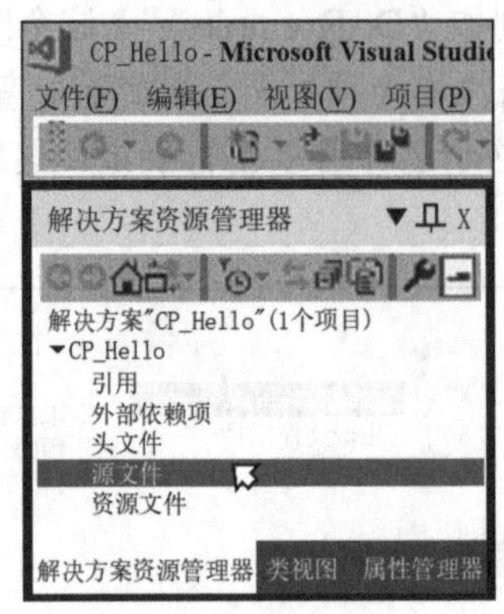

图 1-4　右击解决方案资源管理器中的源文件

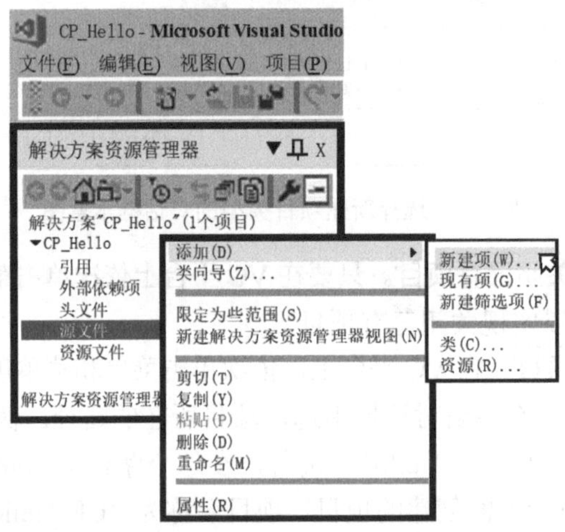

图 1-5　在解决方案资源管理器中，右击“源文件”，从菜单选择“添加”→“新建项”

这时，会弹出如图 1-6 所示的“添加新项”对话框。在该对话框中依次选择“Visual C++”→“C++文件”，选取源文件所在的路径“D:\Examples\CP_Hello\CP_Hello”，并输入源文件名“CP_Hello.cpp”。最后，单击“添加”按钮就完成了给项目添加源文件“CP_Hello.cpp”的工作。

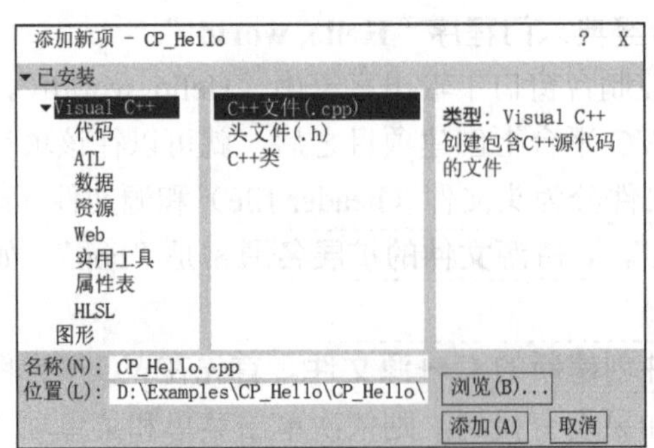

图 1-6　在“添加新项”对话框中选择添加新的 C++源文件

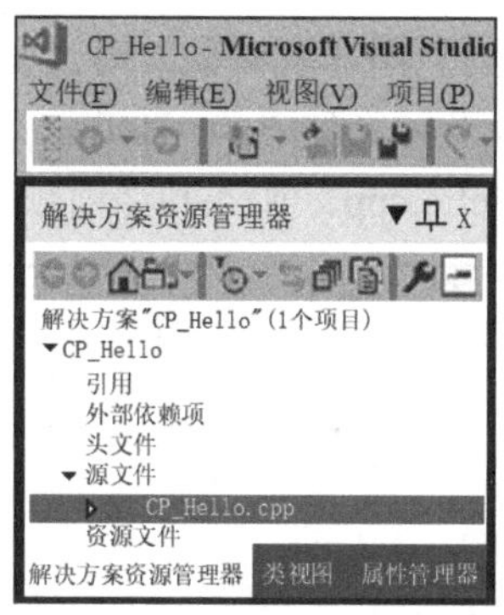

图 1-7　在解决方案资源管理器中出现新添加的源文件

这时，可以在解决方案资源管理器中展开“源文件”条目，并在该条目下看到文件名“CP_Hello.cpp”，如图 1-7 所示。在解决方案资源管理器中，双击文件名“CP_Hello.cpp”，就会在 VC 平台的工作区中打开文件“CP_Hello.cpp”。在文件“CP_Hello.cpp”中输入如下代码：

```
// 文件名：CP_Hello.cpp；开发者：雍俊海
#include <iostream>
using namespace std;

int main(int argc, char* args[])
{
   cout << "Hello, world!" << endl;
   system("pause");
   return 0; // 返回 0 表明程序运行成功
} // main 函数结束
```

前面介绍了如何添加并创建新的源文件。这里介绍如何将已有的源文件添加到项目中。假设已经存在源文件“CP_Hello.cpp”，但该源文件并不在“CP_Hello”项目中。如图 1-4 所示，在解决方案资源管理器中，将鼠标移动到项目“CP_Hello”的源文件上方，并右击。这时，会弹出右键菜单。依次单击该右键菜单的“添加”→“现有项”，如图 1-8 所示。

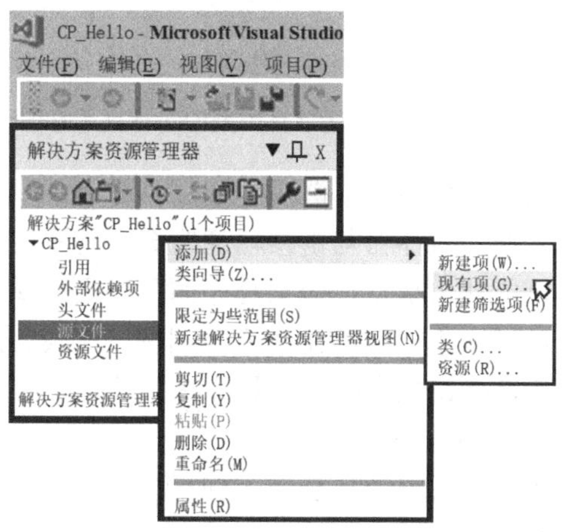

图 1-8　在解决方案资源管理器中，右击“源文件”，从菜单选择“添加”→“现有项”

这时，会弹出如图 1-9 所示的“添加现有项”对话框。通过该对话框，可以选取源文件“CP_Hello.cpp”所在的路径以及源文件“CP_Hello.cpp”本身。最后，单击“添加”按钮就完成了将现有源文件“CP_Hello.cpp”加入到当前项目中。

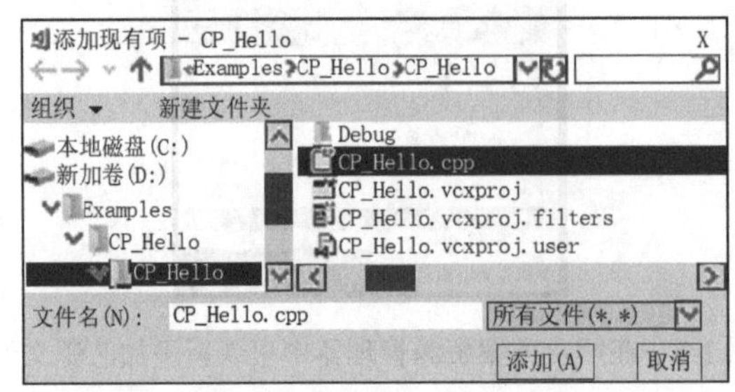

图 1-9　在添加现有项对话框中选择需要加入的源文件

在将源文件加入到项目中并且在源文件中输入代码之后，可以对项目进行编译与链接操作。VC 平台的编译与链接分成调试（Debug）和发布（Release）两种模式。这两种模式通常统称为**编译模式**。在 VC 平台的工具条中，通常可以找到当前的编译模式，如图 1-10(b)或图 1-10(c)所示。如果需要**改变编译模式**，可以用鼠标下拉编译模式组合框，然后从组合框的选项中选取想要的选项，如图 1-10(a)所示。如果在 VC 平台的界面上无法找到编译模式组合框，可以依次单击 VC 平台的菜单和菜单项**“生成”**→**“配置管理器”**打开配置管理器，并通过该配置管理器来设置具体的编译模式。

无论是在调试模式下，还是在发布（Release）模式下，都可以通过依次单击菜单和菜单项“**生成**”→**“生成解决方案”**或者依次单击菜单和菜单项“**生成**”→**“重新生成解决方案”**对当前项目进行编译与链接。如果在编译和链接的过程中发现问题，将会在输出窗口中输出错误或警告消息，应当仔细检查并更正所输入的代码；如果在编译和链接的过程中没有发现错误，则将会**生成扩展名为“exe”的可执行文件**。

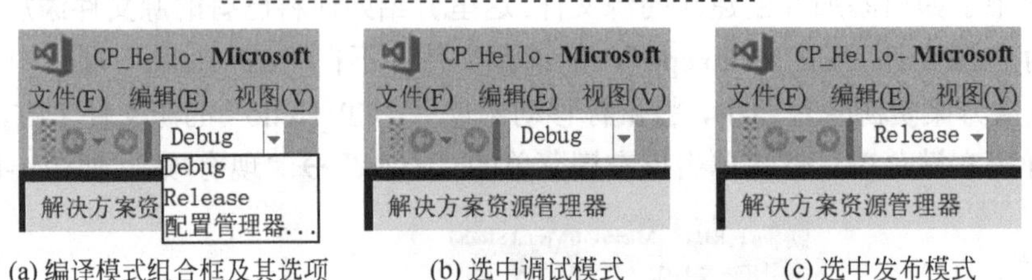

(a) 编译模式组合框及其选项　　(b) 选中调试模式　　(c) 选中发布模式

图 1-10　选择新建项目类型的对话框示意图

在调试模式下对程序代码进行编译与链接，这时生成的程序通常称为**调试版本的程序**。在生成调试版本的程序的时候，编译器与链接器通常会在程序的可执行代码中插入很多调试所需要的信息，而且尽可能让可执行代码与程序源代码之间保持良好的映射和执行顺序等对应关系。因此，采用调试版本的程序比较方便调试，比较容易获取或查看各种运行信息；同时调试版本的程序通常会比发布版本的程序**大**；程序的运行效率通常也会比较低，而且通常会远远**低**于发布版本的程序。

在发布模式下对程序代码进行编译与链接，这时生成的程序通常称为**发布版本的程序**。在生成发布版本的程序的时候，编译器与链接器通常不会在程序的可执行代码中插入调试所需要的信息，而且通常会引入更多的优化或并行机制来提升程序的运行效率。因此，可执行代码与程序源代码之间的映射或者执行顺序等对应关系明显会弱于调试模式；采用发布版本的程序在调试时可以获取的运行信息相对也会少一些；同时程序会小一些；不过，运行效率会快很多。

对于调试版本的程序和发布版本的程序，都可以对程序进行**调试运行**，也都可以**在无调试的方式下运行程序**。如果需要**调试运行程序**，可以通过依次单击菜单和菜单项**"调试"→"开始调试"**或者通过按下快捷键 **F5** 对程序进行调试运行。这时，可以在程序代码中设置断点并查看运行时信息等程序调试的操作，具体见第 12.1.2 小节的介绍。如果**不需要调试**，可以通过依次单击菜单和菜单项**"调试"→"开始执行(不调试)"**或者通过按下快捷键 **Ctrl+F5** 来运行程序。这时，在程序代码中设置断点等调试操作将不起作用。

上面这些编译模式与运行方式的运行结果是一样的，具体如下：

```
Hello, world!
请按任意键继续. . .
```

另外，还可以**在控制台窗口中运行程序**。这时首先需要**进入控制台窗口**。在操作系统的"文件资源管理器"的"快速访问"区等可以输入命令行的文本框中**输入"cmd"并按下回车键**，进入控制台窗口。另外，还可以通过按下快捷键 Win+r 进入"运行"对话框，其中 Win 键也称为 Windows 键，其图案通常是 Microsoft Windows 的视窗徽标。然后，在"运行"对话框的文本框中**输入"cmd"并按下回车键**，进入控制台窗口。

在进入控制台窗口之后，可以按照图 1-11 所示的命令**在控制台窗口中运行程序**。首先需要进入程序所在的路径。如果程序所在的分区不同于当前分区，则在控制台窗口中输入分区名、冒号以及回车符，例如"D:↙"。如果程序所在的分区与当前分区相同，但当前路径不是程序所在的路径，则可以直接运行控制台命令"cd"进入程序所在的路径。例如，对于调试编译模式生成的程序，可以输入命令"cd D:\Examples\CP_Hello\Debug↙"；对于发布编译模式生成的程序，可以输入命令"D:\Examples\CP_Hello\Release↙"。接着，输入可执行文件名称并按回车键就可以运行该程序。例如，在本例程中可以通过输入"CP_Hello↙"来运行程序。

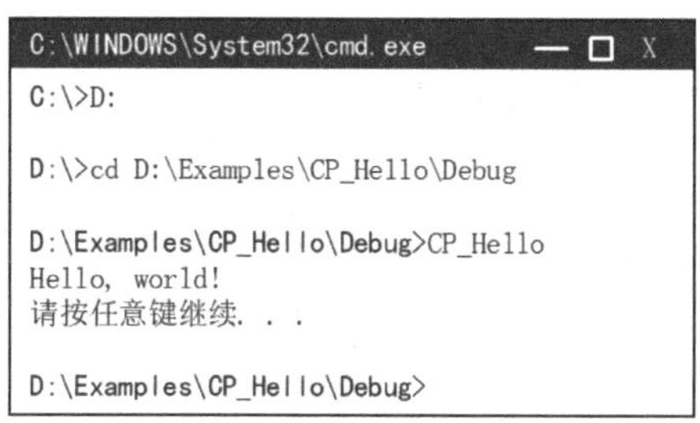

图 1-11　在控制台窗口运行程序示例示意图

例程分析：这里对上面的源程序代码做初步解释，具体的说明将在以后的章节展开。上面程序代码第 1 行"#include <iostream>"是**文件包含语句**，其中"#include"是文件包含语句的引导标志，在尖括号内的内容是头文件名，尖括号"< >"本身表明这个头文件是 **VC 平台提供的系统头文件**。将头文件引入进来，表明当前的源文件将有可能使用在该头文件中声明或定义的变量、函数、运算符和类等内容。本例程用到了在头文件“iostream”中的“cout”和“endl”等内容。

上面程序代码第2行“using namespace std;”是**使用命名空间语句**，其中“using namespace”是使用命名空间语句的引导标志，“std”是命名空间的名称。这条语句表明后续的程序代码将用到位于该命名空间中“cout”和“endl”等内容，同时计划省略“std::”前缀。如果删除这条语句，则在后续的程序代码中，“cout”需要改写成“std:: cout”，“endl”需要改写成“std:: endl”。

接下来是**主函数 main** 的定义，其中第 4 行代码是主函数 main 的**头部**，其写法是固定的，介于相配对的字符“{”和字符“}”之间的代码是主函数的**函数体**。**主函数一般是执行 C++语言程序的入口**。在主函数的函数体内可以包含多条语句，其中最后一条语句一定是以“return”引导的语句（称为 **return 语句**或**返回语句**），如上面第 8 行代码所示。语句“return 0;”表示主函数返回整数 0，表明程序在这里正常退出。如果主函数返回的整数不是 0，则表明程序非正常退出，所返回的整数值一般用来指示具体的非正常退出情况，其具体含义应当符合所采用的操作系统的约定。

上面程序代码第 6 行“cout << "Hello, world!" << endl;”是**输出语句**，其中 cout 是标准输出流对象。通过该对象可以将多种数据输出到控制台窗口，其中需要输出的数据前面需要加上“<<”运算符。例如，这里"Hello, world!"就是要输出的字符串，其中首尾 2 个半角双引号“"”界定了字符串的内容。组成字符串内容的字符可以自行设定。在这条语句中的“endl”表示回车和换行符。

上面第 7 行的代码“system("pause");”调用了**系统函数 system**。如果该函数的调用参数是空指针 NULL，则用来判断是否允许执行控制台窗口的命令；否则，执行由调用参数所指定的控制台窗口命令。这里指定的命令是“pause”，它的功能通常是先在控制台窗口中输出“请按任意键继续...”或“Press any key to continue...”，然后，等待来自键盘的输入直到接收到在键盘上的按键信息。函数 system 的具体说明如下。

函数 1 system	
声明：	`int system(const char *string);`
说明：	如果该函数的调用参数是空指针 NULL，则用来判断是否允许执行控制台窗口的命令；否则，执行由调用参数所指定的控制台窗口命令。
参数：	`string`：空指针 NULL 或控制台窗口命令。
返回值：	如果 `string` 是空指针 NULL，则在允许执行控制台窗口命令的情况下返回 1，在不允许执行控制台窗口命令的情况下返回 0。如果 `string` 是非空字符串，则执行由 `string` 指定的命令，并根据命令执行的情况和结果，返回相应的值。
头文件：	`cstdlib  // 程序代码：#include <cstdlib>`

说明

因为在头文件“iostream”中间接含有文件包含语句“#include <cstdlib>”，即写上文件包含语句“#include <iostream>”就自然含有文件包含语句“#include <cstdlib>”，所以**本例程程序没有显示加上文件包含语句“#include <cstdlib>”**。

注意事项

（1）C++语言程序代码**区分大、小写和半角、全角**，例如，不能将 cout 写成 COUT。

（2）在上面代码中，尖括号、圆括号、方括号、大括号、双引号和分号均为**半角英文符号**。如果把它们写成中文的全角符号，则无法通过编译。

（3）在上面代码中，在“return”和数字 0 之间有一个**空格**。不能删除这个空格。如果删除在“return”和数字 0 之间的空格，那么这条语句就不再是返回语句。

在上面程序代码中，在每一行“//”之后的内容是**程序的注释**。C++语言的注释有两种，分别是行注释和块注释。**行注释**是以“//”引导的注释，即从“//”开始到行结束的内容都是注释。

注意事项

（1）如果在行注释的这一行末尾出现字符“\”，则这个字符“\”称为**注释续行符**，即下一行代码也将成为行注释的一部分。

（2）编程规范通常建议**在行注释的这一行末尾不要以字符“\”结束**，因为这种注释续行的方式非常容易引起误解。

块注释是以“/*”引导，并以“*/”结束，即介于“/*”和“*/”之间的内容均为注释，而不管这些内容是否跨越多行。下面给出 2 个块注释示例。

```
/* 这是单行块注释 */
/*
 * 这是多行块注释
 */
```

注释主要是为了提高程序代码的可读性，对程序的编译、链接和运行并没有实际的意义。随着人们编写出的以及在用的程序代码越来越多，各种各样的经验教训迫使越来越多的人意识到可读性对程序代码的重要性。因此，程序注释越来越受到人们的重视。

1.2.3 C++类 C 部分结构化入门程序

因为主函数一般是执行 C++语言程序的入口，而且每个 C++程序通常只能拥有一个主函数，所以位于主函数的函数体内的代码无法直接复用，同时也无法将含有主函数的源文件并入到其他程序项目之中。为了提高程序代码的复用率，**结构化程序设计**逐渐形成，而且应用也越来越广泛。通过结构化程序设计，可以**直接复用程序代码，直接将部分源程序代码文件加入到程序项目之中**。这是程序设计方法的一大进步，提升了程序代码编写效率。下面通过一个入门例程进行简要说明，具体的结构化程序设计方法将在第 2 章介绍。

例程 1-2 用字符组成一把剑的例程。

例程功能描述：采用结构化程序设计方法，通过输出字符的方式“画出”一把剑。

例程解题思路：**C++类 C 部分程序设计的基本单位主要是函数**。编写一个专门用字符画剑的函数，将该函数的声明放在头文件中，将该函数的定义放在源文件中。这样，这两个源程序代码文件就可以被其他程序直接复用。作为程序运行入口的主函数单独放在一个源文件中。主函数调用这个画剑函数。

首先，按照第 1.2.1 小节的方法创建“CP_CharSword”新项目。这里介绍**如何往程序**

项目中添加并创建新的头文件。如图 1-12 所示，在解决方案资源管理器中，将鼠标移动到项目“CP_CharSword”的头文件上方，并右击。这时，会弹出右键菜单，如图 1-13 所示。依次单击该右键菜单的“添加”→“新建项”。

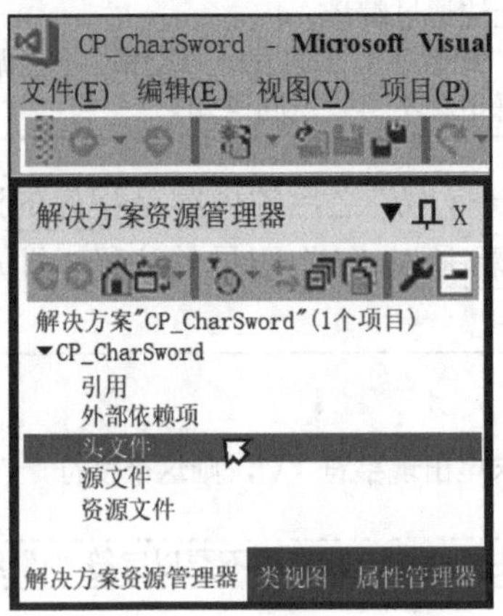

图 1-12　右击解决方案资源管理器中的头文件

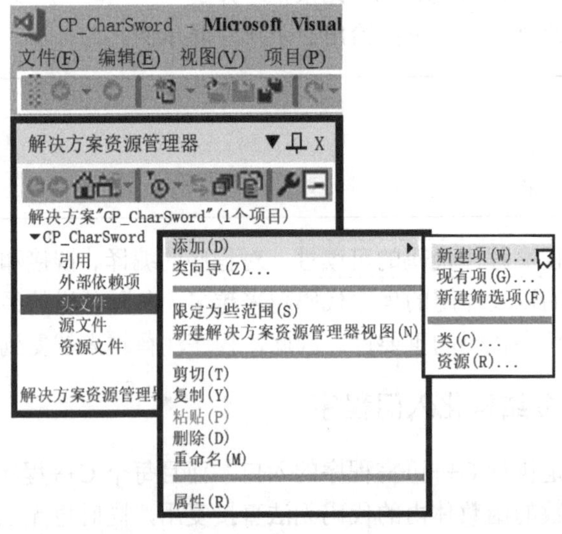

图 1-13　在解决方案资源管理器中，右击“头文件”，从菜单选择“添加”→“新建项”

这时，会弹出如图 1-14 所示的“添加新项”对话框。假设这里计划将新创建的头文件“CP_CharSword.h”放在路径“D:\Examples\CP_CharSword\CP_CharSword”下，则在该对话框中依次选择“Visual C++”→“头文件”，选取头文件计划放置的路径“D:\Examples\CP_CharSword\CP_CharSword”，并输入头文件名“CP_CharSword.h”。最后，单击“添加”按钮就完成了给项目添加头文件“CP_CharSword.h”的工作。

这时，可以在解决方案资源管理器中展开“头文件”条目，并在该条目下看到文件名“CP_CharSword.h”。在解决方案资源管理器中，双击文件名“CP_CharSword.h”，就会在 VC 平台的工作区中打开文件“CP_CharSword.h”。在文件“CP_CharSword.h”中输入如下代码：

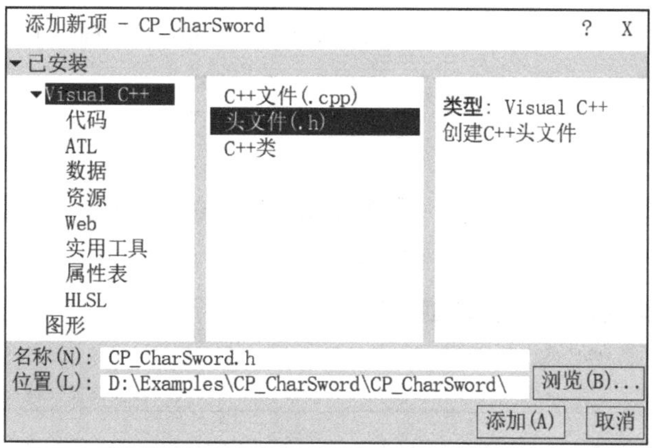

图 1-14　在添加新项对话框中选择添加新的 C++头文件

```
// 文件名：CP_CharSword.h；开发者：雍俊海                              行号
#ifndef CP_CHARSWORD_H                                                // 1
#define CP_CHARSWORD_H                                                // 2
                                                                      // 3
extern void gb_drawCharSword();                                       // 4
#endif                                                                // 5
```

前面介绍了如何添加并创建新的头文件。这里**介绍如何将已有的头文件添加到项目中**。假设已经存在头文件“CP_CharSword.h”，但该头文件并不在“CP_CharSword”项目中。如图 1-12 所示，在解决方案资源管理器中，将鼠标移动到项目“CP_CharSword”的头文件上方，并右击。这时，会弹出右键菜单。依次单击该右键菜单的“添加”→“现有项”，如图 1-15 所示。

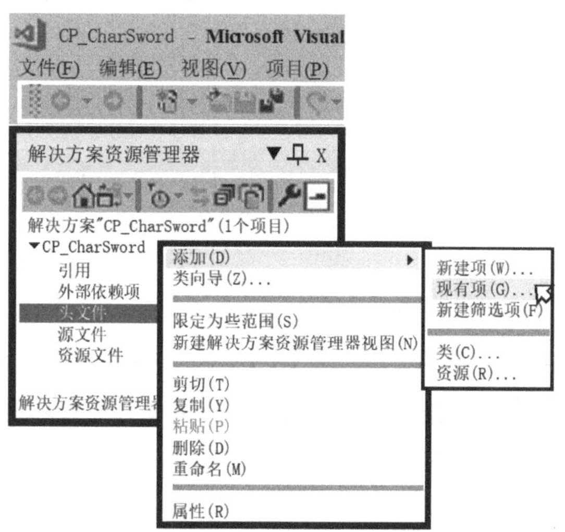

图 1-15　在解决方案资源管理器中，右击“头文件”，从菜单选择“添加”→“现有项”

这时，会弹出如图 1-16 所示的“添加现有项”对话框。通过该对话框，可以选取头文件“CP_CharSword.h”所在的路径以及头文件“CP_CharSword.h”本身。最后，单击“添加”按钮就完成了将现有头文件“CP_CharSword.h”加入到当前项目中。

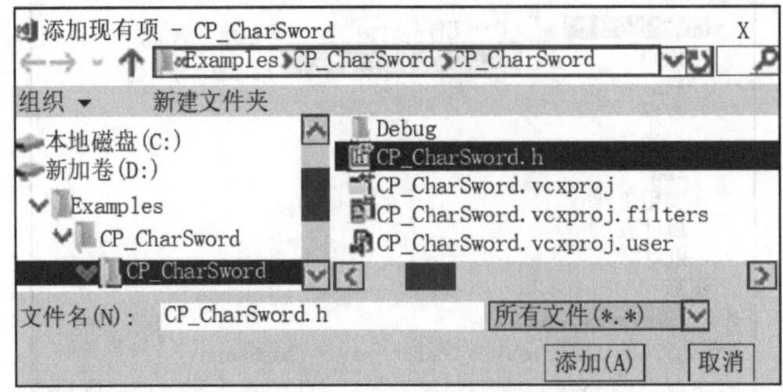

图 1-16　在添加现有项对话框中选择需要加入的头文件

可以参照第 1.2.2 小节的方法将源文件“CP_CharSword.cpp”和“CP_CharSwordMain.cpp”添加到当前的程序项目之中。这 2 个源文件的程序代码如下。

```
// 文件名：CP_CharSword.cpp；开发者：雍俊海
#include <iostream>
using namespace std;

void gb_drawCharSword()
{
   cout << "   ^" << endl;
   cout << "O==O--------------->" << endl;
   cout << "   v" << endl;
} // 函数 gb_drawCharSword 结束
```

```
// 文件名：CP_CharSwordMain.cpp；开发者：雍俊海
#include <iostream>
using namespace std;
#include "CP_CharSword.h"

int main(int argc, char* args[ ])
{
   gb_drawCharSword();
   system("pause");
   return 0; // 返回 0 表明程序运行成功
} // main 函数结束
```

可以参照第 1.2.2 小节的方法对上面的代码进行编译、链接和运行。运行结果如下。

```
   ^
O==O--------------->
   v
请按任意键继续. . .
```

例程分析：这里对例程代码做初步解释，具体的说明将在以后的章节展开。**对于头文件“CP_CharSword.h”**，第 1 行、第 2 行和第 5 行代码共同用来保证头文件“CP_CharSword.h”

不会由于多次被包含而出现嵌套包含的问题，其中第 1 行和第 5 行是条件编译语句，第 2 行代码是宏定义。第 4 行代码声明了函数 gb_drawCharSword，其中 extern 表明当前的函数头部只是用来声明，void 表明本函数没有返回值。

对于源文件"CP_CharSword.cpp"，第 4～9 行的代码定义了函数 gb_drawCharSword，其中第 4 行代码是函数头部，第 5～9 行的代码是函数体。在第 4 行代码中，void 表明本函数没有返回值。

对于源文件"CP_CharSwordMain.cpp"，第 3 行代码"#include "CP_CharSword.h""是**文件包含语句**，其中"#include"是文件包含语句的引导标志，在英文半角的双引号内的内容是头文件名，英文半角的双引号本身表明这个头文件是**自定义头文件**。第 7 行代码"gb_drawCharSword();"实现对函数 gb_drawCharSword 的调用。

结论：采用这种方式，不仅本程序可以使用头文件"CP_CharSword.h"和源文件"CP_CharSword.cpp"，而且其他程序可以直接使用这 2 个文件，只要将这 2 个文件直接添加到相应的程序项目中就可以了。**结构化程序设计方便了程序代码的复用**。

1.2.4　C++面向对象部分入门程序

面向对象程序设计是在结构化程序设计基础上发展起来的一种程序设计方法。它主要是将数据与函数封闭在类中，并通过类创建对象。面向对象程序设计主要是**模仿**现实世界中人完成各种事情的方式。因此，**面向对象程序设计**的主要思路是创建对象并组织对象，然后通过对象完成各种事情。面向对象程序设计提供了统一的编程框架，方便查找程序代码，降低函数之间的匹配难度，进一步提高程序代码的复用率和编程效率，降低程序的维护代价。下面通过一个入门例程进行简要说明，具体的面向对象程序设计方法将在第 3 章及其后面的章节介绍。

例程 1-3　用指定字符组成加号的例程。

例程功能描述：采用面向对象程序设计方法，用指定的字符"画出"加号。

例程解题思路：**C++面向对象部分程序设计的基本单位是类、模板和共用体**，其中最主要和最核心部分是类。编写一个专门用指定字符画加号的类。字符可以通过类的构造函数指定，画加号的功能可以通过类的成员函数实现。类、构造函数和成员函数的详细说明请参见第 3 章的内容。将类的定义放在头文件中，将类的成员函数的实现放在源文件中。这样，这 2 个源程序代码文件就可以被其他程序直接复用。作为程序运行入口的主函数单独放在一个源文件中。主函数利用这个类生成实例对象，再通过这个实例对象调用类的成员函数实现画加号的功能。

可以参照第 1.2.1 小节创建本例程程序项目，并参照前 2 个小节创建源程序代码文件"CP_CharPlus.h""CP_CharPlus.cpp"和"CP_CharPlusMain.cpp"，然后将它们加入到程序项目之中。这 3 个源程序代码文件的程序代码如下。

```
// 文件名：CP_CharPlus.h；开发者：雍俊海
#ifndef CP_CHARPLUS_H
#define CP_CHARPLUS_H

class CP_CharPlus
```

```
{                                                          // 5
public:                                                    // 6
   char m_char;                                            // 7
                                                           // 8
   CP_CharPlus(char a='+') : m_char(a) {}                  // 9
   ~CP_CharPlus() {}                                       // 10
                                                           // 11
   void mb_drawPlus();                                     // 12
}; // 类 CP_CharPlus 定义结束                               // 13
#endif                                                     // 14
```

```
// 文件名：CP_CharPlus.cpp；开发者：雍俊海                       行号
#include <iostream>                                        // 1
using namespace std;                                       // 2
#include "CP_CharPlus.h"                                   // 3
                                                           // 4
void CP_CharPlus::mb_drawPlus()                            // 5
{                                                          // 6
   cout << " " << m_char << endl;                          // 7
   cout << m_char << m_char << m_char << endl;             // 8
   cout << " " << m_char << endl;                          // 9
} // 类 CP_CharPlus 的成员函数 mb_drawPlus 定义结束           // 10
```

```
// 文件名：CP_CharPlusMain.cpp；开发者：雍俊海                   行号
#include <iostream>                                        // 1
using namespace std;                                       // 2
#include "CP_CharPlus.h"                                   // 3
                                                           // 4
int main(int argc, char* args[ ])                          // 5
{                                                          // 6
   CP_CharPlus a('+');                                     // 7
   a.mb_drawPlus();                                        // 8
   system("pause");                                        // 9
   return 0; // 返回 0 表明程序运行成功                       // 10
} // main 函数结束                                          // 11
```

可以参照第 1.2.2 小节的方法对上面的代码进行编译、链接和运行。运行结果如下。

```
 +
+++
 +
请按任意键继续. . .
```

例程分析：这里对例程代码做初步解释，具体的说明将在以后的章节展开。对于头文件“CP_CharPlus.h”，第 1 行、第 2 行和第 14 行代码共同用来保证头文件“CP_CharPlus.h”不会由于多次被包含而出现嵌套包含的问题。从第 4 行到第 13 行的代码定义了类 CP_CharPlus。在第 6 行代码中，单词 public 是 C++关键字，表示公有的，表明后续定义的成员变量与成员函数的访问方式具有全局性。第 6 行代码定义了字符类型的成员变量 m_char，它将用来保存指定的字符。第 9 行代码定义了构造函数。类的构造函数主要用来初始化类的实例对象。第 10 行代码定义了析构函数。类的析构函数主要完成对类的实例对象在内存回收之前进行结束处理的工作。第 12 行代码声明了成员函数 mb_drawPlus。它没有返回值，也不含函数参数。

> ❀小甜点❀
>
> 这里解释计算机编程的常用术语——**访问**。访问与使用这个词大致相当，例如：
>
> （1）**访问变量**通常指的是读取或修改变量的值。
>
> （2）**访问函数**通常指的是调用函数。
>
> （3）**访问类**通常指的是使用这个类，例如，用这个类定义变量，或者定义这个类的子类，或者调用这个类的成员函数，或者读取或修改这个类的成员变量的值。

源文件“CP_CharPlus.cpp”主要定义了类 CP_CharPlus 的成员函数 mb_drawPlus。成员函数 mb_drawPlus 实现了用字符 m_char 画加号的功能。

源文件“CP_CharPlusMain.cpp”主要定义了主函数 main。第 7 行代码“CP_CharPlus a('+');”定义了类型 CP_CharPlus 的变量 a，创建了类 CP_CharPlus 的实例对象 a。这里就会调用类的构造函数，将字符'+'赋值给 a.m_char。第 8 行代码通过实例对象 a 调用类 CP_CharPlus 的成员函数 mb_drawPlus 完成画加号的功能。

结论：采用面向对象程序设计的方法，不仅本程序可以使用头文件“CP_CharPlus.h”和源文件“CP_CharPlus.cpp”，而且其他程序可以直接使用这 2 个文件。只要将这 2 个文件直接添加到相应的程序项目中就可以了。而且这 2 个文件定义的类 CP_CharPlus 将数据与函数封装在一起，构成相对完整的体系。与结构化程序设计相比，面向对象程序设计将主要的程序基本单元从函数提升到类、模板和共用体，提升了程序基本单元的完备性与生命力。**结构化程序设计的核心任务**是完成任务。从全局上看，**面向对象程序设计的核心任务**主要是通过编写类、共用体与模板构造对象，形成代码世界，从而将完成任务提升为**建立编程事业**。**面向对象程序设计进一步提高了程序代码的复用率**。

1.3　本 章 小 结

面向对象程序设计为建立编程事业提供了解决方案，将人类可以驾驭的程序规模提高到一个新的高度。C++语言拥有类 C 部分与面向对象部分，将面向过程的结构化程序设计与面向对象程序设计集成为一体，具有很大的灵活性。本章通过 3 个入门程序简要地展现了它们各自的特点。**本章非常详细地介绍了在 VC 平台上编写程序的具体步骤**。希望读者通过**加强编程实践**来加快 C++程序设计的学习进程，加深对 C++程序设计的核心思想与编程技巧的理解与掌握。

1.4　习　　题

1.4.1　练习题

练习题 1.1　简述软件产业的特点。

练习题 1.2 简述 C++语言的发展史。

练习题 1.3 简述 C++语言的优点。

练习题 1.4 C++的源程序代码文件通常分成为哪两大类？它们的作用通常是什么？

练习题 1.5 C++头文件和源文件的扩展名一般是什么？

练习题 1.6 如何在 VC 平台中创建 C++程序项目？

练习题 1.7 如何在 VC 平台中打开已有的 C++程序项目？

练习题 1.8 如何在 VC 平台中关闭 C++程序项目？

练习题 1.9 如何在 VC 平台中给一个 C++程序项目添加新的头文件和源文件？

练习题 1.10 如何在 VC 平台中往已有项目中添加已有的头文件或者已有的源文件？

练习题 1.11 在 VC 平台中，如何编译和链接程序？

练习题 1.12 请简述在 VC 平台中的编译模式。

练习题 1.13 请简述在 VC 平台中编译与链接的调试和发布两种模式的区别点。

练习题 1.14 在 VC 平台中，如何带调试运行程序？如何不带调试运行程序？

练习题 1.15 带调试运行程序与不带调试运行程序有什么区别？

练习题 1.16 请简述函数 system 的功能。

练习题 1.17 请简述行注释和块注释的写法，并比较两者的区别点。

练习题 1.18 请简述面向过程的程序设计与面向对象程序设计的区别。

练习题 1.19 请简述结构化程序设计与面向对象程序设计的区别。

练习题 1.20 请编写程序，在控制台窗口中输出如下的信息。

```
** ** ** ** ** ** ** ** ** ** ** ** ** ** ** ** ** ** ** ** ** **
** 读书使人明事理增知识    编程使人悟贯通长才干
** ** ** ** ** ** ** ** ** ** ** ** ** ** ** ** ** ** ** ** ** **
```

练习题 1.21 请编写程序，在控制台窗口中输出如下的信息。

```
** ** ** ** ** ** ** ** ** ** ** ** ** ** ** ** ** ** ** ** ** **
** 我付出    我收获    我快乐
** ** ** ** ** ** ** ** ** ** ** ** ** ** ** ** ** ** ** ** ** **
```

练习题 1.22 请编写程序，在控制台窗口中通过输出字符串组成一个漂亮的图案。图案的内容和形式可以自行设定。

1.4.2 思考题

思考题 1.23 思考 C++语言发展史对自己人生发展规划的启发。

思考题 1.24 思考 C++语言发展史对软件产品设计规划的启发。

思考题 1.25 猜测 C++程序设计的优点在实际编程求解问题中的可能作用。

思考题 1.26 猜测 C++语言可能会有哪些不足之处，接着猜测它们在实际编程求解问题中可能带来的不良影响，然后思考克服这些不足之处的所有可能方法。

思考题 1.27 请总结自己在编程过程中所遇到的问题，并尝试给出相应的解决方案。

思考题 1.28 请思考如何提高程序代码的复用率？

思考题 1.29 请思考如何成就编程事业？

第 2 章　结构化程序设计

结构化程序设计的出现是编程史的一个里程碑，它将只有少数科学家才能掌握的编程技术实现了大众化，提高了程序的可维护性，扩大了人们可以掌握的程序规模。结构化程序设计方法目前已经成为最基本的程序设计方法，也是面向对象程序设计的基础。本章介绍 C++的基本数据类型、基本运算、控制结构和函数等基础知识以及结构化程序设计方法。

2.1　预 备 知 识

本节介绍标识符、关键字、文件包含语句、宏定义和条件编译等 C++基本知识，为后面的内容提供支撑。

2.1.1　标识符

这里首先简要介绍一下**字符集**。字符集通常由字符集的名称、字符、字符的编码、字符的含义、字符的形状描述、编码规则和分类规则等组成。在字符集中，每个字符通常对应一个编码，即整数。字符集种类繁多，其中**最基本最常用的字符集**是由 ANSI（American National Standards Institute，美国国家标准化组织）制定的并被 ISO（International Organization for Standardization，国际标准化组织）采纳的 ASCII（American Standard Code for Information Interchange，美国信息互换标准编码）字符集。被 **ASCII 字符集**收录的字符称为 **ASCII 字符**，每个 ASCII 字符对应的一个整数称为 **ASCII 码**。

基本的 ASCII 字符集共包含 128 个字符，其中编码为 0～31 以及 127 的字符是**控制字符或通信专用字符**，编码为 48～57 的字符是**数字**，编码为 65～90 的字符是**大写字母**，编码为 97～122 的字符是**小写字母**，编码为 95 的字符是**下画线**，如表 2-1 所示。编码为 9 的制表符在有些文献中也称为水平制表符，与此相对应的是编码为 11 的垂直制表符。**当前常用的其他字符集基本上都是在基本 ASCII 字符集的基础上进行扩展而来的**。

表 2-1　基本 ASCII 码表

ASCII 码	字符或说明	ASCII 码	字符或说明	ASCII 码	字符或说明	ASCII 码	字符或说明
0	空字符（null 或 NUL）	1	标题开始符（start of heading 或 SOH）	2	文本开始符（start of text 或 STX）	3	文本结束符（end of text 或 ETX）
4	传输结束符（end of transmission 或 EOT）	5	查询符（enquiry 或 ENQ）	6	确认符（acknowledge 或 ACK）	7	响铃符（bell 或 BEL）
8	退格符（backspace 或 BS）	9	制表符（horizontal tab 或 TAB）	10	换行符（line feed 或 LF）	11	垂直制表符（vertical tab 或 VT）

续表

ASCII 码	字符或说明	ASCII 码	字符或说明	ASCII 码	字符或说明	ASCII 码	字符或说明
12	换页符（form feed 或 FF）	13	回车符（carriage return 或 CR）	14	取消切换符（shift out 或 SO）	15	启用切换符（shift in 或 SI）
16	退出数据通信符（data link escape 或 DLE）	17	设备控制 1 字符（device control 1 或 DC1）	18	设备控制 2 字符（device control 2 或 DC2）	19	设备控制 3 字符（device control 3 或 DC3）
20	设备控制 4 字符（device control 4 或 DC4）	21	拒绝确认符（negative acknowledge 或 NAK）	22	同步闲置符（synchronous idle 或 SYN）	23	传输块结束符（end of transmission block 或 ETB）
24	取消符（cancel 或 CAN）	25	介质结束符（end of medium 或 EM）	26	替换符（substitute 或 SUB）	27	退出符（escape 或 ESC）
28	文件分隔符（file separator 或 FS）	29	分组符（group separator 或 GS）	30	记录分隔符（record separator 或 RS）	31	单元分隔符（unit separator 或 US）
32	空格（space）	33	!	34	双引号（"）	35	#
36	$	37	%	38	&	39	单引号（'）
40	(	41	)	42	*	43	+
44	,	45	-	46	句点（.）	47	斜杠（/）
48	0	49	1	50	2	51	3
52	4	53	5	54	6	55	7
56	8	57	9	58	:	59	;
60	<	61	=	62	>	63	?
64	@	65	A	66	B	67	C
68	D	69	E	70	F	71	G
72	H	73	I	74	J	75	K
76	L	77	M	78	N	79	O
80	P	81	Q	82	R	83	S
84	T	85	U	86	V	87	W
88	X	89	Y	90	Z	91	[
92	反斜杠（\）	93	]	94	^	95	下画线（_）
96	`	97	a	98	b	99	c
100	d	101	e	102	f	103	g
104	h	105	i	106	j	107	k
108	l	109	m	110	n	111	o
112	p	113	q	114	r	115	s
116	t	117	u	118	v	119	w
120	x	121	y	122	z	123	{
124	|	125	}	126	~	127	删除符（delete 或 DEL）

在 C++语言中，**标识符**可以用来标识变量名、类型名、函数名、宏的名称、宏的参数名称、模板名、命名空间的名称等。**标识符**是由下画线、小写字母、大写字母和数字组成的**除关键字和保留字之外**的字符序列，而且其**首字符**必须是下画线、小写字母或大写字母。表 2-2 给出了一些合法的 C++语言标识符示例。表 2-3 给出了一些不合法的 C++语言标识符示例，并给出相应的错误原因。

> **注意事项**
>
> C++语言标识符区分大小写，例如，a 和 A 是两个不同的标识符。

表 2-2　合法的 C++语言标识符示例

count	day	doubleArea	i	intNumber
m_year	method1	studentNumber	total	x2

表 2-3　不合法的 C++语言标识符示例

不合法的 C++语言标识符	错误原因
9pins	标识符的首字符不能是数字
a&b	在标识符中不能含有字符“&”
It's	在标识符中不能含有引号
student　number	在标识符中不能含有空格
testing1-2-3	在标识符中不能含有连字符（或减号）
x+y	在标识符中不能含有加号

2.1.2　关键字和保留字

C++国际标准中规定的 73 个关键字如表 2-4 所示，这些关键字的大致含义如表 2-5 所示。另外，该标准还规定了如表 2-6 所示的 11 个保留字，这些保留字的大致含义如表 2-7 所示。关键字在 C++语言中有特殊的含义与作用。保留字则是 C++标准预留给未来 C++语法使用的，有可能会成为未来的关键字。在编写程序时，不要选用这些关键字和保留字作为标识符。在表 2-5 中，UTF 的英文全称是 Unicode Transformation Format（统一编码转换格式）。

表 2-4　C++国际标准规定的关键字

alignas	alignof	asm	auto	bool	break	case	catch
char	char16_t	char32_t	class	const	constexpr	const_cast	continue
decltype	default	delete	do	double	dynamic_cast	else	enum
explicit	export	extern	false	float	for	friend	goto
if	inline	int	long	mutable	namespace	new	noexcept
nullptr	operator	private	protected	public	register	reinterpret_cast	return
short	signed	sizeof	static	static_assert	static_cast	struct	switch
template	this	thread_local	throw	true	try	typedef	typeid
typename	union	unsigned	using	virtual	void	volatile	wchar_t
while							

表 2-5　C++关键字的大致含义

关键字	含　　义	关键字	含　　义
alignas	用于指定类型或对象的对齐要求	namespace	命名空间
alignof	用于查询类型的对齐要求	new	申请创建新对象或分配内存空间

续表

关键字	含　义	关键字	含　义
asm	嵌入汇编语言	noexcept	不抛出任何异常
auto	自动推断类型	nullptr	指针类型的字面常量，表示空指针
bool	布尔类型	operator	运算符的引导词
break	用在 switch 或循环语句中，表示退出 switch 或循环语句	private	私有方式
case	用在 switch 语句中，表明其中一个分支	protected	保护方式
catch	异常捕捉	public	公有方式
char	基本数据类型之一，字符类型	register	曾用于旧标准的预留关键字
char16_t	采用 UTF-16 字符集编码的字符类型	reinterpret_cast	采用位模式进行强制类型转换
char32_t	采用 UTF-32 字符集编码的字符类型	return	表示从函数中返回或返回数据
class	类	short	基本数据类型之一，短整数类型
const	修饰符，表示不能被修改	signed	修饰符，表明数据可正可负
constexpr	用于指定变量或函数的常量属性	sizeof	运算符，用来计算并返回所占用的内存空间字节数
const_cast	用于与常量属性相关的类型转换	static	修饰符，表明具有静态属性
continue	用在循环语句中，表示重新开始下一轮的循环	static_assert	静态断言
decltype	用于查询表达式等的数据类型	static_cast	用于隐式和用户自定义的类型转换
default	用在 switch 语句中，表明默认的分支	struct	结构体
delete	删除先前通过 new 创建的对象	switch	分支结构语句的引导词
do	用在 do-while 循环结构中	template	模板
double	基本数据类型之一，双精度浮点数类型	this	指向当前实例对象的指针
dynamic_cast	用于与继承相关的类型转换	thread_local	线程存储类型
else	用在条件语句中，表明当条件不成立时的分支	throw	抛出异常
enum	一种数据类型，枚举类型	true	布尔类型字面常量，表示布尔真
explicit	用于阻止隐式转换的发生	try	尝试运行可能会抛出异常的语句块
export	曾用于旧标准的预留关键字	typedef	用来指定类型的别名
extern	修饰符，用来表示所修饰的变量或函数等已经在其他地方定义	typeid	查询类型信息
false	布尔类型字面常量，表示布尔假	typename	类型引导词
float	基本数据类型之一，单精度浮点数类型	union	共用体

续表

关键字	含　　义	关键字	含　　义
for	一种循环结构的引导词	unsigned	修饰符，表明数据是无符号的，即只能为正数或零
friend	友元	using	使得指定名称可见
goto	跳转语句引导词，通常建议不应使用	virtual	虚基类和虚函数的引导词
if	条件语句的引导词	void	空类型
inline	修饰符，用来声明内联函数	volatile	修饰符，表明变量值在程序执行过程中有可能会以其他未知方式被改变
int	基本数据类型之一，整数类型	wchar_t	宽字符类型
long	基本数据类型之一，长整数类型	while	既可以作为一种循环结构的引导词，也可以用在 do-while 循环结构中
mutable	类型修饰符，可以用来解除 const 的限制，从而允许修改成员变量的值		

表 2-6　C++国际标准规定的保留字

and	and_eq	bitand	bitor	compl	not
not_eq	or	or_eq	xor	xor_eq	

表 2-7　C++保留字的大致含义

关键字	含　　义	关键字	含　　义
and	与	not_eq	不等于
and_eq	与等，类似于“&=”	or	或
bitand	按位与	or_eq	或等，类似于“|=”
bitor	按位或	xor	异或
compl	按位非	xor_eq	异或等，类似于“^=”
not	非		

2.1.3　文件包含语句

文件包含语句使用的是最常用的预处理命令，它表示编译器将指定的头文件加载到源文件中。每条文件包含命令只能指定一个头文件。如果需要加载多个头文件，则需要使用多个文件包含命令。文件包含预处理命令有两种格式。**第 1 种文件包含格式**是：

```
#include <头文件名>
```

这种格式通常是用来引入系统头文件。下面给出采用这种格式文件包含语句代码示例：

```
#include <iostream>
```

第 2 种文件包含格式是：

```
#include "头文件名"
```

这种格式通常是用来引入自定义的头文件。下面给出采用这种格式文件包含语句代码示例：

```
#include "CP_CharSword.h"
```

文件包含为 C++语言源程序代码文件组装提供了一种方便的机制。通常将宏定义、数据类型定义、全局变量和函数声明等代码放在头文件中，因为这些内容通常会被多个源文件所使用。然后，通过文件包含的形式将它们加载到源文件中，从而减少在不同的源文件中编写重复的头文件代码，同时也方便了程序代码的扩展、维护和调试。如图 2-1 所示，在编译器对源文件进行预编译阶段，在遇到文件包含语句时，首先将相应的头文件加载到源文件中；然后，才开始正式的编译阶段。在正式编译阶段，编译器处理的源文件是加载了头文件的源文件。

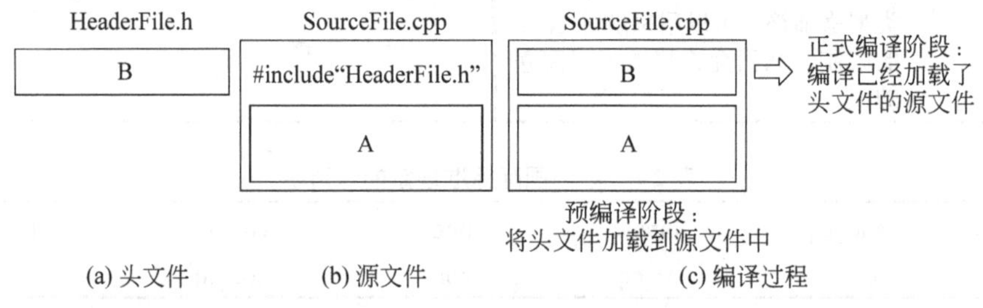

图 2-1 文件包含语句的作用示意图

2.1.4 宏定义与条件编译

宏定义最常用的定义格式为：

```
#define 标识符 替换代码↙
```

其中，“#define”是宏定义的引导部分，必须位于行的开头部分。在宏定义中的“替换代码”可以不含任何字符。在编译的过程中，编译器在预编译阶段处理宏定义，用“替换代码”替换**宏定义标识符**。这个过程也称为**宏替换**或**宏展开**。下面给出具体的代码示例：

```
#define D_Pi 3.141592653589793
    double r = 2.0;
    double area = D_Pi * r * r;
```

在编译预处理之后，最后一行代码实际上会被替换为：

```
    double area = 3.141592653589793 * r * r;
```

宏定义标识符可以被取消。**取消宏定义标识符的格式**是：

```
#undef 标识符↙
```

其中标识符就是要被取消的宏定义标识符。对于在取消宏定义标识符之后的程序代码而言，就好像没有宏定义过这个标识符一样。下面给出具体的代码示例：

```
#undef D_Pi
```

在“#undef”后面的标识符可以是一个没有经过宏定义的标识符。这符合语法规则，因此，不会引发编译错误。

这里介绍 2 种常用的条件编译命令，其中第 1 种**条件编译命令的格式**是：

```
#ifndef 标识符
    第 1 部分程序代码
#else
    第 2 部分程序代码
#endif
```

其中“#else”分支不是必需的，即“#else”和“第 2 部分程序代码”不是必需的。如果没有宏定义上面格式中第 1 行的标识符，则编译器选择“第 1 部分程序代码”进行编译；否则，编译器选择“第 2 部分程序代码”进行编译。**这种条件编译命令常用于头文件中，用来解决多次包含同一个头文件的问题**。例如，头文件“CP_CharSword.h”的内容是：

```
#ifndef CP_CHARSWORD_H                                    // 1
#define CP_CHARSWORD_H                                    // 2
                                                          // 3
extern void gb_drawCharSword();                           // 4
#endif                                                    // 5
```

如果第一次包含了头文件“CP_CharSword.h”，则编译器选择第 2～4 行的代码进行编译。如果再一次包含头文件“CP_CharSword.h”，则因为第 2 行已经宏定义了标识符 CP_CHARSWORD_H，所以这一次“#ifndef CP_CHARSWORD_H”不成立，从而编译器会直接忽略第 2～4 行的代码。总而言之，即使多次包含该头文件，仍然只会对从第 2～4 行的代码编译 1 次。

第 2 种**条件编译命令的格式**是：

```
#ifdef 标识符
    第 1 部分程序代码
#else
    第 2 部分程序代码
#endif
```

其中“#else”分支不是必需的。如果在上面格式第 1 行中的标识符是一个有效的宏定义标识符，则编译器选择“第 1 部分程序代码”进行编译；否则，编译器选择“第 2 部分程序代码”进行编译。下面给出具体的代码示例：

```
#ifdef _DEBUG                                             // 1
    cout << "这是在调试模式下编译的结果。\n";              // 2
#else                                                     // 3
    cout << "这是在发布模式下编译的结果。\n";              // 4
#endif                                                    // 5
```

如果在 VC 平台中采用调试模式进行编译，则这时标识符“_DEBUG”通常是一个有效的宏定义标识符，编译器将选取上面第 2 行代码进行编译，同时不会编译第 4 行代码；如果采用发布模式进行编译，则这时标识符“_DEBUG”通常不是一个有效的宏定义标识符，编译器将选取上面第 4 行代码进行编译，同时不会编译第 2 行代码。

2.2 数据类型

数据类型规定了该数据类型所对应的每个数据单元占据的字节数、含义和所允许的操作。**C++内存的基本单元是字节（byte）**，每个字节拥有唯一的内存地址。每个字节含有 8 个**比特位（bit）**。每个比特位只能存储 0 或 1 中的一个数据。这里的比特位（bit）也可以称为二进制位。根据 C++国际标准，**C++的数据类型可以分成为基本（fundamental）数据类型和复合（compound）数据类型**。具体的数据类型及其分类情况如图 2-2 所示。在 C++的数据类型分类中，布尔类型和字符系列类型又同时隶属于整数系列类型。这使得布尔类型和字符系列类型的数据同时具有整数的性质。

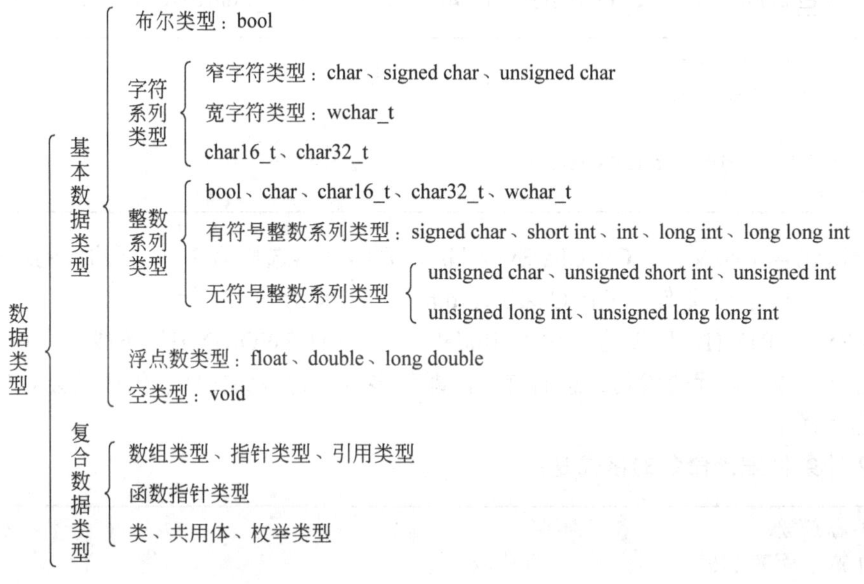

图 2-2　C++数据类型分类层次结构图

> **❀小甜点❀**
>
> C++标准规定**每个窄字符类型的数据占用 1 字节**。**其他数据类型的数据占用的字节数**在 C++标准中没有明确规定，因此，它们实际占用的字节数依赖于具体的操作系统和编译器。如果要确切知道某种数据类型的数据占用内存的字节数，可以通过**运算符 sizeof** 得到。

运算符 1　sizeof

声明：　`size_t sizeof(x);`

说明：　计算并返回 x 所对应的存储单元的长度，或者说 x 所对应的存储单元的大小，其单位是字节。“size_t”通常就是“unsigned int”数据类型。

参数： x：表达式或变量名或数据类型的名称。

返回值： 如果 x 是表达式，则返回存储该表达式计算结果所需的存储单元的大小；如果 x 是变量名，则返回该变量所占用的存储单元的大小；如果 x 是数据类型名称，则返回每个该类型数据所占用的存储单元的大小。这里的存储单元的大小是以字节为单位计数的。

头文件： #include <cstddef>

调用运算符 sizeof 的示例性代码如下：

```
cout << "sizeof(char)=" << sizeof(char); // 结果输出：sizeof(char)=1
```

下面分小节介绍变量定义和各种数据类型，其中包括**字面常量（literal）**。字面常量是直接显式地表示各种数据类型的值的量，它通常不含任何变量，也不含任何运算符。

2.2.1　变量定义和声明

变量是程序表示、存储和管理数据的重要手段。**变量通常拥有四个基本属性**：名称、数据类型、一定大小的存储单元和值，其中存储单元的大小是由数据类型决定的。**定义变量的常用格式**如下：

```
数据类型 变量列表;
```

变量列表由 1 个或多个变量组成。如果存在 2 个或更多的变量，则相邻的变量名称之间采用逗号分隔开。这里的变量可以是带赋值的变量，也可以是不带赋值的变量。下面给出变量定义的代码示例：

```
int a;                                                          // 1
int b = 20;                                                     // 2
```

上面第 1 行代码定义了 int 类型的变量 a。第 2 行定义了 int 类型的变量 b，并同时给变量 b 赋值 20。这种在定义变量时的赋值操作也称为**变量初始化操作**。结果变量 b 的四个基本属性分别为：

（1）变量名称为 b；

（2）数据类型为 int；

（3）存储单元占用字节由 int 类型决定；

（4）变量的值为 20。

声明变量的常用格式是：

```
extern 数据类型 变量列表;
```

其中关键字 extern 是存储类型说明符，用来声明在变量列表中的变量已经在其他地方定义。变量列表由 1 个或多个变量名称组成。如果存在 2 个或更多的变量，则相邻的变量名称之间采用逗号分隔开。

注意事项

（1）**在声明变量的变量列表中，变量不允许进行初始化操作**。

（2）**在使用变量之前需要先声明与定义变量**。对于同一个变量，**只能定义 1 次**，**但可以声明多次**。

> ❀小甜点❀
>
> 通常将变量的定义放在源文件中，而将变量的声明放在头文件中，然后通过文件包含语句进行加载，从而减少总的代码量。这种方式也比较容易保持代码的一致性。

2.2.2 布尔类型

布尔类型（bool）的值只能是 true 或者 false，其中 true 表示真，false 表示假。同样，**布尔类型字面常量**也只有 true 和 false 这两个。下面给出代码片段示例：

```
bool a = true;                                                          // 1
bool b = false;                                                         // 2
cout << sizeof(bool) << "。\n"; // 输出结果示例：1。↙                    // 3
cout << "a=" << a << "。\n";     // 输出结果示例：a=1。↙                  // 4
cout << "b=" << b << "。\n";     // 输出结果示例：b=0。↙                  // 5
```

上面第 1 行和第 2 行代码分别定义了 bool 变量 a 和 b，其中 a 的值为 true，b 的值为 false。上面第 3～5 行代码输出的结果在不同的 C++支撑平台上可能会是不同的结果。在 C++国际标准中没有这方面的明确规定。因此，在上面注释中的输出结果仅仅是示例性的。

2.2.3 整数系列类型

整数系列类型字面常量涉及到如下四种进制。这四种进制所允许的数字分别如下：

（1）**二进制数字**只有 0 和 1。

（2）**八进制数字**分别是 0、1、…、7。

（3）**十进制数字**分别是 0、1、…、9。

（4）**十六进制数字**分别是 0、1、…、9、a、b、…、f、A、B、…、F，其中 A（或 a）、B（或 b）、…、F（或 f）分别对应十进制整数 10、11、12、13、14、15。

整数系列类型字面常量的程序代码格式为：

```
[符号位] [前缀部分] 核心部分 [后缀部分]
```

在上面的格式中，方括号“[ ]”表示其内部的内容是可选项。**符号位**可以包含单个正符号位“+”或者单个负符号位“-”，也可以没有符号位。

> ❀小甜点❀
>
> 在整数系列类型字面常量中的核心部分允许存在若干个**单引号**。**要求每个单引号前后必须都是数字**。这些单引号只是起到分隔数字的作用，从而方便对字面常量数值的阅读与理解，对字面常量的具体数值实际上并不起作用。

整数系列类型字面常量的前缀部分与核心部分具有如下的四种形式。

（1）**十进制形式**：没有前缀部分。核心部分由一系列十进制数字和单引号组成，其中第一个数字不能是 0。例如 123、7 和 123'456。

注意事项

在不等于 0 的十进制形式的整数系列类型字面常量中，必须注意不能以**数字 0**开头，否则将会被理解为八进制形式的字面常量。

（2）**八进制形式**：前缀部分只能是数字 0。核心部分由一系列八进制数字和单引号组成。例如 012（在十进制下为 $8^1+2=10$），0123（在十进制下为 $1\times8^2+2\times8^1+3=83$），0'123'456（在十进制下为 $1\times8^5+2\times8^4+3\times8^3+4\times8^2+5\times8^1+6=42798$）。

（3）**十六进制形式**：前缀部分只能是 0x 或者 0X。核心部分由一系列十六进制数字和单引号组成。例如 0x12（在十进制下为 $16^1+2=18$），0xabc（在十进制下为 $10\times16^2+11\times16^1+12=2748$），0XAB（在十进制下为 $10\times16^1+11=171$），0X12'34（在十进制下为 $1\times16^3+2\times16^2+3\times16^1+4=4660$）。

（4）**二进制形式**：前缀部分只能是 0b 或 0B。核心部分由一系列二进制数字和单引号组成。例如 0b11（在十进制下为 $1\times2^1+1=3$），0B101（在十进制下为 $1\times2^2+0\times2^1+1=5$），0b101'010（在十进制下为 $1\times2^5+0\times2^4+1\times2^3+0\times2^2+1\times2^1+0=42$）。

整数系列类型字面常量的后缀部分不是必须。如果含有后缀部分，则后缀部分由英文字母 u、U、l 和 L 组合而成。**可选项后缀部分**用来说明整数系列类型字面常量的具体数据类型，如表 2-8 所示。

表 2-8　后缀部分及其对应的数据类型

后缀部分	十进制形式字面常量	八、十六和二进制形式字面常量
不含后缀部分	int、 long int、 long long int	int、unsigned int、 long int、unsigned long int、 long long int、unsigned long long int
u 或 U	unsigned int、unsigned long int、 unsigned long long int	unsigned int、unsigned long int、 unsigned long long int
l 或 L	long int、 long long int	long int、unsigned long int、 long long int、unsigned long long int
ul、uL、Ul 或 UL	unsigned long int、 unsigned long long int	unsigned long int、 unsigned long long int
ll 或 LL	long long int	long long int unsigned long long int
ull、uLL、Ull 或 ULL	unsigned long long int	unsigned long long int

注意事项

在编写整数系列类型字面常量时，必须注意其所要表达的数据类型。字面常量的数值不应当超过**该数据类型所允许的数值范围**。例如，4 字节 unsigned int 类型数据的数值范围是 0～4294967295，则语句“unsigned int count=4294967296;”是错误的。部分整数系列类型数据的数值范围请见表 2-9。因为 C++国际标准并没有明确规定 int、long 和 long long 等数据类型占用的字节数，所以表 2-9 仅仅列出一种常见的情况。实际的情况取决于具体在用的编译器。

小甜点

因为一般不容易区分字母 l 与数字 1，所以如果在上面后缀部分中需要出现**字母 L 或 l**，则一般推荐采用大写字母 L。

表 2-9 部分整数系列类型存储单元常见占用字节数及其数值范围示例

数据类型	字节数	数值范围（表达式形式）	数值范围（具体数值）
signed char	1	$(-2^7)\sim(2^7-1)$	−128～127
unsigned char	1	$0\sim(2^8-1)$	0～255
signed short int	2	$(-2^{15})\sim(2^{15}-1)$	−32768～32767
unsigned short int	2	$0\sim(2^{16}-1)$	0～65535
signed int	4	$(-2^{31})\sim(2^{31}-1)$	−2147483648～2147483647
unsigned int	4	$0\sim(2^{32}-1)$	0～4294967295
signed long int	4	$(-2^{31})\sim(2^{31}-1)$	−2147483648～2147483647
unsigned long int	4	$0\sim(2^{32}-1)$	0～4294967295
signed long long int	8	$(-2^{63})\sim(2^{63}-1)$	−9223372036854775808～9223372036854775807
unsigned long long int	8	$0\sim(2^{64}-1)$	0～18446744073709551615

2.2.4 字符系列类型

字符系列类型包括窄字符类型、宽字符类型、char16_t、char32_t。**窄字符类型**包括 char、signed char 和 unsigned char。**宽字符类型**包括 wchar_t。C++国际标准规定**每个窄字符占用 1 字节**，但没有规定其他类型字符数据占用的字节数。下面介绍字符系列类型字面常量。第 2.2.7 小节将介绍字符数组形式的字符串字面常量。

在 C++国际标准中，字符系列类型实际上也属于整数系列类型。因此，可以直接采用整数系列类型字面常量来表示字符系列类型字面常量。只是这时一定**不要超过**相应数据类型所允许的**数值范围**。例如，signed char 类型字面常量允许的数值范围是-128～127 的整数，unsigned char 类型字面常量允许的数值范围是 0～255 的整数。

> ❀小甜点❀
>
> 字符在计算机内部是以整数的形式存储的。这些整数对应哪些字符由**字符集**定义。国际标准化组织（ISO）将一些常用的基本字符收集为 **ASCII 字符集**。在 ASCII 字符集中的字符称为 **ASCII 字符**，对应的整数数值称为 **ASCII 码**。现在在用的各种字符集通常都把 ASCII 字符集作为子集，并在此基础上进行扩展。

> ⚐注意事项⚐
>
> 在编写字符系列类型字面常量时一定要注意各个字符的数值不能超出相应的数据类型规定的**数值范围**。例如，类型为 char16_t 的单个字面常量不能超过 16 个二进制位。在不同的操作系统或不同的字符集设置条件下，操作系统所采用的字符集有可能会有所不同。如果采用不同的字符集，那么**相同的整数数值有可能会被解析为不同的字符**。这通常也是出现所谓**乱码**的常见原因。C++标准规定类型为 char16_t 和 char32_t 的字面常量必须采用 **ISO/IEC 10646 国际标准字符集**。不过，C++标准没有规定类型为 char 和 wchar_t 的字面常量应当采用哪种字符集。因此，可以自行设定这两种类型字符所采用的字符集。

下面给出**用整数表示字符系列类型字面常量的代码示例**：

```
char ch = 97;           // 结果: ch='a'。注: 97 是字符'a'的 ASCII 码          // 1
signed char cs = 122;  // 结果: cs='z'。注: 122 是字符'z'的 ASCII 码         // 2
unsigned char cu = 65; // 结果: cu='A'。注: 65 是字符'A'的 ASCII 码          // 3
```

> ❀小甜点❀
>
> **C++国际标准并没有规定 char 类型字面常量允许的数值范围**。因此，char 类型字面常量所允许的数值范围究竟是[-128, 127]，还是[0, 255]，亦或是其他，需要由编译器自行决定。

直接采用字符形式的字符系列类型字面常量格式为

前缀部分核心部分

即字符系列类型字面常量由前缀部分与核心部分组成。其中前缀部分用来指明该字面常量的具体数据类型，具体如下：

（1）如果前缀部分为空，则该字面常量是 char 类型，例如，char c = 'a';

（2）如果前缀部分为字母 u，则该字面常量是 char16_t 类型，例如，char16_t c16 = u'汉';

（3）如果前缀部分为字母 U，则该字面常量是 char32_t 类型，例如，char32_t c32 = U'汉';

（4）如果前缀部分为字母 L，则该字面常量是 wchar_t 类型，例如，wchar_t cw = L'汉'。

字符系列类型字面常量的核心部分具有如下的 4 种形式。

第 1 种形式是采用一对单引号将单个字符括起来，例如，'a'和'b'等。

第 2 种形式是采用**简单转义字符**。表 2-10 列出了 C++标准规定的所有简单转义字符的核心部分，同时给出了其含义与对应的 ASCII 码。

表 2-10　简单转义字符的核心部分

转义字符	'\''	'\"'	'\?'	'\\'	'\a'	'\b'	'\f'	'\n'	'\r'	'\t'	'\v'
含义	单引号	双引号	问号	反斜杠	响铃符	退格符	换页符	换行符	回车符	(水平) 制表符	垂直制表符
ASCII 码	39	34	63	92	7	8	12	10	13	9	11

第 3 种形式是采用**八进制转义字符**，具体格式是采用“'\”与“'”括起来的 1 位、2 位或 3 位八进制整数，例如'\65'表示字符'5'，对应的 ASCII 码是 6×8+5=53；'\141'表示字符'a'，对应的 ASCII 码是 1×64+4×8+5=97。

第 4 种形式是采用**十六进制转义字符**，具体格式是采用“'\x”与“'”括起来的 1 位或更多位的十六进制整数，例如'\x61'表示字符'a'，对应的 ASCII 码是 6×16+1=97；'\x6e'表示字符'n'，对应的 ASCII 码是 6×16+14=110。

下面给出一些**字符字面常量的代码示例**：

```
char c01 = 'Z';     // 结果: c01='Z'。注: 90 是字符'Z'的 ASCII 码       // 1
char c02 = '\?';    // 结果: c02='?'。注: 63 是字符'?'的 ASCII 码       // 2
char c03 = '\60';   // 结果: c03='0'。注: 48 是字符'0'的 ASCII 码       // 3
char c04 = '\x39';  // 结果: c04='9'。注: 57 是字符'9'的 ASCII 码       // 4
```

这里介绍**空白符**（white-space characters）。空白符是一种常用的字符，包括如下 6 种字符：

（1）空格（'␣'，space，对应 ASCII 码 32）；

（2）制表符（'\t'，horizontal tab，对应 ASCII 码 9）；

（3）换行符（'\n'，line feed 或 new-line 或 LF，对应 ASCII 码 10）；

（4）回车符（'\r'，carriage return 或 CR，对应 ASCII 码 13）；

（5）换页符（'\f'，form feed 或 FF，对应 ASCII 码 12）；

（6）垂直制表符（'\v'，vertical tab 或 VT，对应 ASCII 码 11）。

2.2.5 浮点数类型

浮点数字面常量的程序代码格式具有如下 2 种形式，其中第 1 种形式为：

```
小数部分[指数部分][后缀部分]
```

在上面的格式中，方括号“[ ]”表示其内部的内容是可选项，即可有可无。下面分别介绍其中的各个组成部分的。

小数部分的程序代码格式具有如下 3 种形式：

```
[符号位]十进制数字序列.
[符号位].十进制数字序列
[符号位]十进制数字序列.十进制数字序列
```

其中符号位是可选项。如果有符号位，则符号位只能是+或者−。**十进制数字序列**要求至少含有 1 个十进制数字。而且这里的十进制数字序列即使以 0 开头，也仍然是十进制数。从上面格式中可以看出，对于小数部分，只要在小数点前后至少存在 1 个十进制数字序列就可以了。例如，1.5、1.和.5 都是合法的浮点数字面常量。

指数部分的程序代码格式具有如下 2 种形式：

```
e[符号位]十进制数字序列
E[符号位]十进制数字序列
```

其中符号位是可选项。例如，1.5e+2、1.5E−2 和 1.5E3 都是合法的双精度浮点数字面常量。在浮点数字面常量中指数是以 10 为底。例如，1.5e+2 与 150.0 相等，1.5E-2 与 0.015 相等。

后缀部分只能是为字母 f、F、l 和 L 或者为空，具体含义如下。

(1)如果后缀部分是字母 f 或 F，则表明该字面常量的数据类型是**单精度浮点数(float)**。例如 1.5f 是单精度浮点数字面常量。

（2）如果后缀部分为空，则表明该字面常量的数据类型是**双精度浮点数（double)**。例如 1.5 是双精度浮点数字面常量。

(3)如果后缀部分是字母 l 或 L，则表明该字面常量的数据类型是**长双精度浮点数(long double)**。因为不容易区分数字 1 与小写字母 l，所以这时通常采用大写字母 L 作为后缀部分。例如 1.5L 是长双精度浮点数字面常量。

第 2 种形式的浮点数字面常量格式为：

```
[符号位]十进制数字序列指数部分[后缀部分]
```

在第 2 种形式中，浮点数字面常量由 4 个部分组成，分别是符号位、十进制数字序列、指数部分和后缀部分，其中符号位和后缀部分是可选项。这 4 个部分的要求与第 1 种形式相同。例如，1e2f 和 1e−2 均是合法的浮点数类型字面常量。

❀小甜点❀

（1）在浮点数字面常量中的任意两个相邻十进制数字之间都可以插入 1 个**单引号**，而且不改变字面常量的具体数值。例如，1'23.45'6 与 123.456 是相等的。

（2）即使浮点数字面常量**以数字 0 开头**，在浮点数字面常量中的数字序列仍然采用十进制。例如，012.0 与 12.0 是相等的。

注意事项

（1）在浮点数字面常量中**不含空格，也不含圆括号**。例如，“3e ⊔ 1”“3 ⊔ e1”“1e(2)”和“1e(−2)”都不是合法的浮点数类型字面常量。

（2）根据第 1 种形式的浮点数字面常量格式，可以得出这样的结论：如果浮点数字面常量含有小数点，那么小数点前面或后面可以没有数字，但不能前后同时没有数字。例如，“1.”和“.1”均是合法的浮点数类型字面常量，“.”和“.e1”都不是合法的浮点数类型字面常量。

（3）综合 2 种形式的浮点数字面常量格式，可以得出这样的结论：如果浮点数字面常量不含指数部分，则必须含有小数点。例如，“0”“1”“−5”和“10”均是整数字面常量，而不是浮点数类型字面常量。

（4）综合 2 种形式的浮点数字面常量格式，还可以得出这样的结论：如果浮点数字面常量不含小数点，则必须含有指数部分，而且在指数部分的前面至少含有 1 个十进制数字，即这时浮点数字面常量必须满足第 2 种形式的格式要求。例如，“1e2”和“1e−2”均是合法的浮点数类型字面常量，“e3”和“+e4”都不是合法的浮点数类型字面常量。其实“e3”和“e4”是合法的标识符，可以用来作为变量名。

（5）对于单精度浮点数（float）、双精度浮点数（double）和长双精度浮点数（long double）的字面常量，都不应超出它们所能表示的**常规数值范围**。

C++国际标准并没有规定各种浮点数类型存储单元占用的字节数。因此，具体字节数依赖于具体的编译器。表 2-11 给出了其常见的占用字节数及其数值范围示例。

表 2-11　浮点数类型存储单元常见占用字节数及其数值范围示例

数据类型	字节数	数值范围
float	4	（1）普通负数范围：大于-3.40283×10^{38}并且小于-1.40129×10^{-45}
		（2）普通正数范围：大于 1.40129×10^{-45} 并且小于 3.40283×10^{38}
		（3）0
		（4）正无穷大（+Infinity）
		（5）负无穷大（−Infinity）
		（6）不定数（NaN，Not a number）
double	8	（1）普通负数范围：大于$-1.79770\times10^{+308}$并且小于-4.94065×10^{-324}
		（2）普通正数范围：大于 4.94065×10^{-324} 并且小于 $1.79770\times10^{+308}$
		（3）0
		（4）正无穷大（+Infinity）
		（5）负无穷大（−Infinity）
		（6）不定数（NaN）
long double	8	同 double 数据类型

> **警告**
>
> 123f 既不是整数字面常量，也不是浮点数类型字面常量。123 是整数字面常量，123.0f 是单精度浮点数类型字面常量。

在浮点数类型中，除了普通的浮点数之外，还有正无穷大（+Infinity）、负无穷大（−Infinity）和不定数（NaN）。当浮点数运算的结果超出了普通的浮点数所能表示的范围时，则结果就可能出现这些特殊的数。例如，对于 8 字节双精度浮点数，$1.5\times10^{+308}+1.5\times10^{+308}$、$(1.5\times10^{+308})\times2$ 和(1.0/0.0)的结果均为**正无穷大**；$-1.5\times10^{+308}-1.5\times10^{+308}$、$(1.5\times10^{+308})\times(-2)$和(−1.0/0.0)的结果均为**负无穷大**。无穷大的数与 0 相乘，则结果为**不定数**。不定数（NaN）表示数学上不确定的数。不定数与任何浮点数进行四则运算，结果仍然是不定数。可以通过 **isnan 函数**判断一个数是否是不定数（NaN），其说明如下。

函数 2	isnan
声明:	`template <class T> bool isnan(T x) throw();`
说明:	判断一个浮点数是否是不定数（NaN）。
参数:	①类型参数 T：只能是 float、double 或者 long double。 ②x：给定的浮点数，其数据类型为 T。
返回值:	如果 x 是不定数（NaN），则返回 true；否则，返回 false。
头文件:	`<cmath>     // 程序代码：#include <cmath>`

下面给出**调用 isnan 函数的代码示例**：

```
float f = 0.0f;                                                  // 1
f = 0.0f / f; // 构造一个不定数，并赋值给变量 f                  // 2
bool k = isnan(f);                                               // 3
cout << "isnan(" << f << ")=" << k; // 输出：isnan(-nan(ind))=1  // 4
```

编译器通常不允许出现等于不定数的浮点数字面常量。在上面第 1 行代码中，通常也不允许将“0.0f”直接替换为“0.0f / 0.0f”。因此，上面代码通过第 1 行和第 2 行两条语句来构造不定数，并赋值给变量 f。在输出不定数时，不定数对应的字符串在不同的编译器下有可能会不一样。因此，在上面第 4 行中，输出变量 f 的值得到的字符串“-nan(ind)”在其他编译器下有可能会被替换为其他字符串。

2.2.6 枚举类型

枚举类型的主要作用是选取部分整数字面常量，并用标识符来表示这些整数字面常量，从而提高程序的可读性。**枚举类型的定义格式**是：

```
enum 枚举类型名称 {枚举常量定义式 1, 枚举常量定义式 2, ..., 枚举常量定义式 n};
```

其中 enum 是用来引导枚举类型定义的关键字，枚举类型名称应当用实际的标识符替代，各个枚举常量定义式可以用如下的两种方式定义：

```
枚举常量
```

或者

```
枚举常量 = 整数字面常量
```

这里的枚举常量应当用实际的标识符替代，整数字面常量应当用实际的整数字面常量数值替代。下面给出**枚举类型程序示例**。具体的程序代码如下。

```
// 文件名：CP_E_WeekendColorMain.cpp；开发者：雍俊海                        行号
1  #include <iostream>
2  using namespace std;
3  
4  enum E_Weekend { em_Saturday = 6, em_Sunday };
5  enum E_Color { em_Red, em_Green, em_Blue };
6  
7  int main(int argc, char* args[])
8  {
9      cout << "星期六=" << em_Saturday << endl;
10     cout << "星期日=" << em_Sunday << endl;
11     cout << "红色值=" << em_Red << endl;
12     cout << "绿色值=" << em_Green << endl;
13     cout << "蓝色值=" << em_Blue << endl;
14     system("pause");
15     return 0; // 返回 0 表明程序运行成功
16 } // 函数 main 结束
```

可以对上面的代码进行编译、链接和运行。下面给出一个运行结果示例。

```
星期六=6
星期日=7
红色值=0
绿色值=1
蓝色值=2
请按任意键继续. . .
```

上面第 4 行代码定义了枚举类型 E_Weekend，它包含 2 个**枚举元素**，即**枚举常量** em_Saturday 和 em_Sunday。上面第 5 行代码定义了枚举类型 E_Color，它包含 3 个枚举元素，即枚举常量 em_Red、em_Green 和 em_Blue。

枚举常量的值是这样规定的：如果在枚举常量定义式中给枚举常量指定了对应的整数字面常量，则该枚举常量的值就是其所对应的整数字面常量；否则，第 1 个枚举常量的值是 0，后继枚举常量的值则是其前 1 个枚举常量值加 1。因此，在上面程序示例中，em_Saturday 的值是 6，em_Sunday 的值是 7，em_Red 的值是 0。

> **注意事项**
>
> 在枚举类型的定义之外，**不能再给枚举常量赋值**。例如，在上面程序示例的主函数 main 中，不能添加语句“em_Red = 10;”，也不能添加语句“em_Red = em_Blue;”。

下面给出**枚举类型变量**的定义和赋值的代码示例。假设已经定义了枚举类型 E_Weekend，下面第 1 行代码定义枚举类型变量 e 并赋初值 em_Saturday；第 3 行代码给枚举类型变量 e 赋值 em_Sunday。

```
enum E_Weekend e = em_Saturday;                                          // 1
cout << "e = " << e; // 输出: e = 6                                      // 2
e = em_Sunday;                                                           // 3
cout << "e = " << e; // 输出: e = 7                                      // 4
```

2.2.7 数组类型和基于数组的字符串

本小节介绍的数组实际上是**静态数组**。一旦定义了数组变量，系统就会直接分配相应的数组内存空间，其元素个数无法发生变化。

不带初始化的单个一维数组变量定义格式如下：

```
数据类型 变量名[n1];
```

其中数据类型是数组元素的数据类型，n_1 必须是一个确定的正整数，指定数组元素的个数。例如：

```
int a[3];
```

上面代码定义了可以包含 3 个元素的数组变量 a。

小甜点

（1）在定义数组变量之后，通过下标标识不同的数组元素。例如，数组元素 a[0]、a[1]和 a[2]。

（2） 如果需要定义众多的变量，则采用数组是一个简洁的解决方案。**每个数组元素都可以看作是一个独立的变量**。例如，在上面代码定义数组变量 a 之后，数组元素 a[0]、a[1]和 a[2]都可以看作是独立的整数变量。因此，**数组可以看作为变量序列**，其中每个变量拥有相同的数据类型。

注意事项

（1）**数组元素下标的有效范围**是从 0 开始一直到数组元素个数减 1。如果数组元素下标的值不在其有效范围内，则称为**数组元素下标越界**。例如，假设定义了数组变量 int a[3]，那么 a[-2]、a[-1]、a[3]和 a[4]都不是有效的数组元素。

（2）**编译器通常并不检测数组元素下标是否越界**。

如果需要在一条语句中**定义多个具有相同元素类型的一维数组变量**，则相邻的数组变量之间用逗号分开。例如：

```
int a[3], b[4];
```

上面这条语句与下面的两条语句等价：

```
int a[3];
int b[4];
```

在定义数组变量的同时还可以给数组元素赋给初值。这又称为**通过初始化定义数组变量**，具体格式如下：

```
数据类型 变量名[n1] = {由各个数组元素的初值表达式组成的列表};
```

其中数组元素个数 n_1 是可以省略的，在大括号内的初值表达式的个数不能小于 1，相邻的初值表达式之间用逗号分开，而且初值表达式一定要与数组元素的数据类型相匹配。下面给出一些定义示例：

```
int a[ ] = { 1, 2 };        // 结果：元素个数为 2，其中 a[0]=1; a[1]=2
int b[3] = { 10, 20, 30 }; // 结果：b[0]=10; b[1]=20; b[2]=30
```

还可定义多维数组。若需要定义的数组的维数是整数 d(>1)，**不带初始化的单个多维数组变量定义格式**如下：

```
数据类型 变量名[n1][n2] … [nd];
```

其中 n_1、n_2、…、n_d 必须是大于 0 且确定的整数，即不能是变量，甚至连具有 const 属性的变量也不可以。多维数组实际上可以看作元素仍然是数组的数组。这个过程可以不断递归下去，直到最终的元素不再是数组。这些“最终的元素”称为一维或多维数组的**基元素**。基元素的数据类型称为一维或多维数组的**基类型**。在上面多维数组定义中的数据类型实际上就是**基类型**，而且基元素总个数是 $n_1 \times n_2 \times \cdots \times n_d$。例如，假设定义了

```
int a[2][3]; // 二维数组，基元素的总个数是 6=2×3
```

则可以认为

（1）数组 a 的元素是 a[0]和 a[1]，其中 a[0]和 a[1]仍然是数组；

（2）a[0]的元素是 a[0][0]、a[0][1]和 a[0][2]；

（3）a[1]的元素是 a[1][0]、a[1][1]和 a[1][2]；

（4）a[0][0]、a[0][1]、a[0][2]、a[1][0]、a[1][1]和 a[1][2]均为数组 a 的基元素。

与一维数组类似，**多维数组在定义时也可以通过初始化列表赋初值**。在多维数组的初始化列表中的初值表达式可以直接就是**数组基元素的初值表达式**，例如：

```
int a[2][2] = {1, 2, 3, 4}; // 结果：a[0][0]=1; a[0][1]=2;
                            //       a[1][0]=3; a[1][1]=4
```

在多维数组的初始化列表中的初值表达式也可以是**低一维数组的初值化列表**，例如：

```
int a[2][2] = { {1, 2}, {3, 4} };    // 结果：a[0][0]=1; a[0][1]=2;
                                     //       a[1][0]=3; a[1][1]=4
```

在数组中，**字符数组**比较特殊。字符数组除于拥有常规数组的所有性质之外，还可以看作基于数组的字符串。**基于数组的字符串**是以 0 结尾的字符序列。**0 是基于数组的字符串的结束标志**。

> **注意事项**
>
> **对比数组的长度与基于数组的字符串的长度**如下：
>
> （1）**数组的长度**指的是数组元素的个数。
>
> （2）**基于数组的字符串的长度**指的是在基于数组的字符串中，在结尾 0 之前的字符总个数。正确的程序代码通常要求基于数组的字符串的长度**至少比**字符数组的长度小 1。

基于数组的字符串字面常量通常简称为字符串字面常量。**字符串字面常量的常用程序**

代码格式如下：

前缀部分核心部分

即这种字符串字面常量由前缀部分与核心部分组成。前缀部分用来指明字面常量的具体数据类型，具体如下：

（1）如果前缀部分为空或者 u8，则该字面常量是 **char 类型字符串字面常量**，例如，"string"和 u8"string"。以 u8 开头的字符串字面常量遵循 UTF-8 标准，采用 UTF-8 字符集对字符进行编码。

> ❀小甜点❀
>
> **UTF-8（8-bit Unicode Transformation Format）称为万国码**，采用可变长度对字符进行统一编码，即每个字符的内部编码占用分别为 1~6 字节。这种编码方式可以同时对英文、汉字、日文和韩文等多国文字统一进行编码。

（2）如果前缀部分为字母 L，则该字面常量是 **wchar_t 类型字符串字面常量**，例如，L"string"。

（3）如果前缀部分为字母 u，则该字面常量是 **char16_t 类型字符串字面常量**，例如，u"string"。

（4）如果前缀部分为字母 U，则该字面常量是 **char32_t 类型字符串字面常量**，例如，U"string"。

在字符串字面常量中的**核心部分**是采用一对双引号括起来的字符序列，用来指明字面常量的具体内容。在该字符序列中的字符可以是常规字符，也可以是第 2.2.4 小节介绍的简单转义字符、八进制转义字符和十六进制转义字符。双引号、反斜杠（\）和换行符不能直接出现在该字符序列中。不过，可以通过转义字符表示这些字符。例如，"string"、"\"string\""和"a\nb\nc"等。

> ❀小甜点❀
>
> 在编写字符串字面常量时，字符串字面常量允许被**分割**为若干个具有相同前缀的字符串字面常量，只要用空格、回车符和换行符等空白符进行分隔就可以，而且分割前后的语句等价。例如，下面 2 条语句是等价的：

```
char ca[ ] = u8"This "   u8"is "   u8"a string.";
char ca[ ] = u8"This is a string.";
```

> ⚐注意事项⚐
>
> **对比字符串字面常量的长度与字符串字面常量在内存中占用的字符数**如下：
>
> （1）字符串字面常量也是字符串。因此，这两者的长度定义相同。
>
> （2）对于**字符串字面常量在内存中占用的字符数**，在计算时不能漏了作为字符串结束标志的 0。因此，字符串字面常量在内存中占用的字符数恰好比字符串字面常量的长度大 1。
>
> （3）例如，字符串字面常量"abcd"的长度是 4，在内存中占用的字符数是 5。

在定义字符数组时，还可以采用字符串字面常量进行初始化，例如：

```
char a[ ] = "ab"; // 元素个数为 3，a[0]='a'，a[1]='b'，a[2]=0     // 1
```

```
    char b[3] = "ab"; // 元素个数为 3，b[0]='a'，b[1]='b'，b[2]=0          // 2
```

其中，第 1 行没有显式地指定字符数组 a 的元素个数，结果字符数组 a 的元素个数等于字符串字面常量"ab"在内存中占用的字符数，即 3。第 2 行显式地指定了字符数组 b 的元素个数。这时，字符数组 b 的元素个数必须**不小于**字符串字面常量在内存中占用的字符数；否则，会发生**数组越界错误**。

2.2.8　指针类型与动态数组

指针类型是一种复合数据类型。指针类型的数据称为**指针**。在指针类型的数据存储单元中存储的是地址，位于该地址的存储单元称为**该指针所指向的存储单元**，位于该地址的存储单元的数据类型称为**指针类型的基类型**。可以将指针指向变量的存储单元简称为**指针指向该变量**。指针变量通常的定义格式如下：

*数据类型 *指针变量名$_1$，*指针变量名$_2$，…，*指针变量名$_n$；*

其中数据类型是指针类型的基类型。在每个指针变量名前面都必须加上星号“*”，而且采用逗号分隔不同的指针变量名。如果需要在定义指针变量的同时给指针变量赋初值，则只要在变量名后紧跟等号及指针表达式就可以了。这里的**指针表达式**指的是运算结果为地址或指针类型的表达式。

❀小甜点❀

（1）**指针类型只拥有唯一的一个字面常量**。它是**空指针 nullptr**，表明它不指向任何一个存储单元。
（2）指针变量与其他变量一样拥有名称、类型、一定大小的存储单元和值等**四个基本属性**。
（3）指针所指向的**存储单元的大小**由指针的基类型确定，而且与 C++支撑平台密切相关。

获取存储单元的运算符是**取地址运算符&**，其运算格式是

&操作数

其中操作数必须拥有自己的存储单元，不能是数值。

⚐注意事项⚐

不能对地址进行取地址运算，因为地址只是一个数值，并不占据内存的存储单元。请注意取地址运算符&返回的是地址。因此，**不能对地址运算符&返回的地址再次取地址**。

❀小甜点❀

可以对指针变量取地址，因为指针变量与其他变量一样拥有自己的存储单元。

与表示取地址&运算符相对的是**取值运算符***。如果指针变量指向一个有效的存储单元，那么可以取值运算符*获取该指针变量所指向的存储单元，进而读取或修改该存储单元的值。下面给出取值运算符*的示例性代码：

```
    int a = 10;                                                      // 1
    int *p = &a;                                                     // 2
    *p = (*p) * 2; // 等价于：a = a * 2; 结果：a = 20                  // 3
```

在上面代码示例的第 3 行中，因为指针变量 p 指向变量 a 所在的存储单元，所以通过*p 可以获取变量 a 所在的存储单元。因此，语句“*p = (*p) * 2;”实际上等价于“a = a * 2;”。

设指针 p 的基类型与一维数组 a 的元素的数据类型相同，则“p = a;”等价于“p = &(a[0]);”，它们的含义都是**将数组 a 的第 1 个元素的存储单元的地址赋值给指针 p**。数组 a 的第 1 个元素的存储单元的地址称为**数组 a 的首地址**。下面给出代码示例：

```
int a[3] = { 1, 2, 3 };                                  // 1
int *p = a; // 等价于: int *p = &(a[0]);                  // 2
cout << "p[1] = " << p[1]; // 输出: p[1] = 2              // 3
```

在指针 p 的值变为数组 a 的首地址之后，p 有点像是 a 的别名，p[1]实际上等价于 a[1]。因此，在上面代码第 3 行中输出 p[1]的值实际上就是输出数组元素 a[1]的值。

指针的基类型也可以是数组类型。基类型是数组类型的指针称为**数组指针**。**数组指针变量的常用定义格式**为：

```
数据类型 (* 变量名) [n1][n2] … [nd];
```

其中数据类型是数组基元素的数据类型，变量名是数组指针变量的变量名，n_1、n_2、…、n_d 必须是大于 0 且确定的整数，即不能是变量，甚至连具有 const 属性的变量也不可以。下面给出代码示例。

```
int a[2][3] = { 0, 1, 2, 3, 4, 5 };                        // 1
int(*pa)[2][3] = &a;                                       // 2
(*pa)[0][0] = 100; // 相当于: a[0][0] = 100;                // 3
cout << "a[0][0] = " << a[0][0]; // 输出: a[0][0] = 100     // 4
```

上面第 2 行代码定义的数组指针变量 pa 指向了数组变量 a。

数组的元素类型也可以是指针类型。这时，所定义数组称为**指针数组**。例如：

```
int a = 1;                                                 // 1
int b = 2;                                                 // 2
int *p[2] = {&a, &b};                                      // 3
*(p[0]) = 10; // 相当于: a = 10;                            // 4
cout << "a = " << a; // 输出: a = 10                        // 5
```

上面第 3 行代码定义了指针数组 p。数组 p 的 2 个元素均为指针，其中第 1 个元素指向变量 a，第 2 个元素指向变量 b。

C++语言的数组包括静态数组和动态数组。在进行函数调用时占用的内存空间称为**函数栈**。静态数组通常与函数栈占用的是相同区域的内存空间。因此，通常不会定义占用较大内存的静态数组；否则，会减少函数调用的深度，甚至有可能会降低函数调用的运行速度。因此，如果需要占用较大内存的数组，可以借助于动态数组，因为动态数组与函数栈占用的内存空间位于不同的区域。动态数组所在的内存空间称为**堆**。在 C++语言中，可以**通过运算符 new 从堆中分配数据对象或动态数组的内存空间**。运算符 new 的具体说明如下：

运算符 2　operator new

声明:	① void* operator new 数据类型; ② void* operator new 数据类型(初始化表达式); ③ void* operator new 数据类型[动态数组元素个数]; ④ void* operator new (std::nothrow) 数据类型; ⑤ void* operator new (std::nothrow) 数据类型(初始化表达式); ⑥ void* operator new (std::nothrow) 数据类型[动态数组元素个数];
说明:	运算符 new 申请从堆中分配内存。对于上面声明①、②、④和⑤，运算符 new 申请分配指定数据类型的数据对象的存储单元，其中①和④没有指定初始化表达式，②和⑤指定了用来初始化该数据对象的初始化表达式。对于上面声明③和⑥，运算符 new 申请分配动态数组，其元素的数据类型就是在运算符 new 后面的数据类型。对于上面声明①、②和③，如果内存分配不成功，则将会抛出异常，中断程序的正常运行，同时运算符 new 不会返回任何值。对于上面声明④、⑤和⑥，如果内存分配不成功，则将不会抛出异常，运算符 new 有可能返回 nullptr，也有可能什么都不返回，是否返回 nullptr 取决于 C++支撑平台。
参数:	① 初始化表达式：不要求是字面常量等常数，但必须与指定的数据类型相匹配，可以用来初始化分配得到的数据对象。 ② 动态数组元素个数：要求是整数类型，可以是常数，也可以含有变量。
返回值:	如果分配成功，则返回所分配的内存空间的首地址；否则，有可能返回 nullptr，也有可能什么都不返回，还有可能中断程序的正常运行从而得不到返回值。
头文件:	运算符 new 不需要头文件。

通过运算符 new 得到的内存必须通过运算符 delete 进行释放；否则，程序将无法重新分配这些内存，这称为**内存泄漏**。**运算符 delete** 的具体说明如下：

运算符 3　operator delete

声明:	① void operator delete 指针变量; ② void operator delete[] 指针变量;
说明:	如果指针变量指向的是数据对象的存储单元，则应当采用声明①进行内存释放。如果指针变量指向的是动态数组，则应当采用声明②进行内存释放。如果指针变量的值为 nullptr，则对于声明①和②，运算符 delete 均不做任何事情。
参数:	指针变量：如果指针变量的值不等于 nullptr，则指针变量所指向的内存必须是通过运算符 new 得到的，而且还没有通过运算符 delete 释放。
头文件:	运算符 delete 不需要头文件。

下面给出应用运算符 new 和运算符 delete 的代码示例。如果确保运算符 new 可以成功申请到内存，则可以采用如下的代码：

```
int n = 5;                                                    // 1
int *p = new int(10);                                         // 2
int *pa = new int[n]; // 动态数组的元素个数可以是变量         // 3
pa[n-1] = 20;                                                 // 4
cout << "(*p) = " << (*p);          // 输出: (*p) = 10        // 5
cout << "pa[n-1] = " << pa[n - 1]; // 输出: pa[n-1] = 20      // 6
delete p;      // 必须显式通过运算符 delete 释放内存          // 7
delete[] pa; // 必须显式通过运算符 delete 释放内存            // 8
```

在上面第 2 行中，通过运算符 new 分配了 int 类型的存储单元，然后将该存储单元的值初始化为 10，最后将该存储单元的地址赋值给指针变量 p。在上面第 3 行中，通过运算符 new 分配了 n 个元素的动态数组，该动态数的基类型是 int 类型。上面第 4 行展示了如何使用动态数组的元素。与静态数组类似，**在使用动态数组的元素时，也必须保证数组元素的下标不越界**。例如，在上面代码示例中，动态数组 pa 分配得到的数组元素是 5 个，则动态数组 pa 的元素下标只能是等于 0、1、2、3 或者 4 的表达式。

如果**无法确保**运算符 new 可以成功申请到内存，则可以采用如下相对比较安全的方式编写代码：

```
int *pa = nullptr;                                   // 1
pa = new (std::nothrow) int[10];                     // 2
if (pa != nullptr)                                   // 3
{                                                    // 4
   pa[9] = 20;                                       // 5
   cout << "pa[9] = " << pa[9]; // 输出：pa[9] = 20   // 6
   delete[] pa;                                      // 7
} // if 结束                                          // 8
```

上面第 1 行给 pa 赋初值 nullptr，从而确保第 2 行在分配不到内存时 pa 的值等于 nullptr，无论第 2 行运算符 new 是否会返回值。上面第 3~8 行代码是条件语句，只有在 pa 的值不等于 nullptr 时，才会执行位于第 5~7 行代码的语句。

> ❀小甜点❀
>
> 指针的基类型为空类型（void）的指针称为**空类型指针**。空类型指针在有些文献中也称为**无类型指针**、**纯地址指针**、**通用指针**或者**泛指针**。**空类型指针只记录内存地址**。无法通过取值运算符*对空类型指针取值。

> ⚐注意事项⚐
>
> 如果指针变量 pa 的值不等于 nullptr，则在运算“delete[] pa”或者“delete pa”之后，指针 pa 称为**野指针**。这时，不能再使用指针变量 pa 所指向的内存。

2.2.9 左值引用与右值引用

引用数据类型包括左值引用与右值引用。引入引用数据类型**的目标**是用来提高程序运行的效率。左值引用一方面可以用来给变量名提供别名，提高程序的可读性；另一方面，还可以用来作为函数参数的数据类型，方便传递函数参数，具体见第 2.5.1 小节。除非作为函数参数，**左值引用的定义格式**如下：

数据类型 & 引用变量的名称 = 被引用变量的名称;

在上面定义格式中，“数据类型”必须是被引用变量的数据类型。在定义左值引用变量时，必须立即进行初始化，引用变量为被引用变量提供别名。这也是唯一的一次将引用变量与被引用变量建立关联关系的机会。在这之后，操作左值引用变量实际上就是操作被引用变量。左值引用示例性代码片段如下：

```
int  a = 10;                                         // 1
```

```
int  b = 20;                                                      // 2
int &ref = a; // 定义了引用类型的变量 ref，引用 int 类型变量 a         // 3
ref = b; // 等价于“a=b; ”，结果: a = 20, b = 20, ref = 20            // 4
```

右值引用主要是为了减少对临时变量等表达式的内存分配与回收次数。如果临时变量等表达式对应类等的实例对象，右值引用还可以减少对构造函数与析构函数的调用次数。右值引用延长了这些表达式的生命周期，即**这些表达式的生命周期延长到对应的右值引用变量的生命周期结束**。**右值引用的定义格式**如下：

```
数据类型 && 引用变量的名称 = 被引用的表达式;
```

在上面定义格式中，“数据类型”必须是被引用表达式的数据类型。被引用的表达式可以是字面常量、运算表达式和函数返回值等临时性表达式。**被引用的表达式不可以是变量，包括左值引用变量和右值引用变量**。在定义右值引用之后，**可以改变右值引用变量的值**。右值引用示例性代码片段如下：

```
int &&a = 5;         // 定义了字面常量的右值引用 a，结果 a=5          // 1
int &&b = a*2;       // 定义了运算表达式的右值引用 b，结果 b=10       // 2
a = a * a + b * b; // 允许改变右值引用 a 的值，结果 a=125             // 3
```

在上面示例性代码中，通过右值引用，避免了重复计算相同的运算表达式“a*2”。

> **❀小甜点❀**
>
> 无论是左值引用，还是右值引用，都具有如下结论：
>
> （1）**没有指向引用类型的指针**。例如，不能通过“int & * p”定义指向引用的指针 p。不过，可以定义指针的引用变量。例如，“int * a; int * &p = a;”定义了指针的引用变量 p。
>
> （2）**引用的数据类型一定要与被引用对象的数据类型相同**。不同类型的变量即使可以相互转换，也不能引用。例如，语句“int a = 10; double& d=a;”无法通过编译。

2.2.10　自动推断类型 auto

如果编译器在分析代码时可以自动推断出具体的数据类型，则在编写代码时有可能会允许用关键字 auto 替代这个具体的数据类型的名称。因此，通常将 auto 称为**自动推断类型**。下面给出**利用自动推断类型 auto 定义变量的代码格式**：

```
auto 变量名 = 初始化表达式;
```

其中初始化表达式是不能省略的。这个初始化表达式的数据类型将成为所定义变量的具体数据类型。总之，编译器通过初始化表达式可以自动推断出所定义变量的具体数据类型。例如：

```
auto n = 5;   // 等价于: int n = 5; 其中初始化表达式为字面常量 5        // 1
auto c = 'a'; // 等价于: char c = 'a'; 其中初始化表达式为字面常量'a'   // 2
```

在上面第 1 行代码中，编译器通过初始化表达式 5 推断出变量 n 的数据类型是 int。在上面第 2 行代码中，编译器通过初始化表达式'a'推断出变量 c 的数据类型是 char。

可以用自动推断类型 auto 来定义引用类型。这时同样要求有初始化表达式，同时要求在 auto 与变量名间添加引用符号。例如：

```
auto&& t = 5; // 等价于：int&& t = 5;                          // 1
int a = 10;                                                    // 2
auto &r = a; // 等价于：int &r = a;                            // 3
cout << "t = " << t; // 输出：t = 5                            // 4
cout << "r = " << r; // 输出：r = 10                           // 5
```

上面第 1 行代码定义了右值引用变量 t，上面第 3 行代码定义了左值引用变量 r。在这 2 行代码中，auto 替代的都是 int。

在申请分配动态内存时，如果 new 运算带有初始化表达式，则**运算符 new 之后的数据类型也可以采用 auto 替代**。下面给出代码示例。

```
auto pn  = new auto(5);    // 等价于：int *pn = new int(5);       // 1
char *pc = new auto('a'); // 等价于：char *pc = new char('a');   // 2
cout << "(*pn) = " << (*pn); // 输出：(*pn) = 5                 // 3
cout << "(*pc) = " << (*pc); // 输出：(*pc) = a                 // 4
delete pn; // 别忘了释放内存                                     // 5
delete pc; // 别忘了释放内存                                     // 6
```

在上面第 1 行代码中，因为运算符 new 申请分配的数据对象带有初始化表达式 5，所以可以推断出该数据对象的数据类型为 int，进而推断出变量 pn 的数据类型是 int*。同样，可以推断出在上面第 2 行代码中的 auto 代表数据类型 char。对于通过运算符 new 申请分配的内存，别忘了采用运算符 delete 释放，如第 5~6 行代码所示。

注意事项

（1）在申请分配动态内存时，**如果 new 运算不含初始化表达式，则运算符 new 之后的数据类型不可以采用 auto 替代**，因为在 new 运算中没有初始化表达式，就没有自动推断类型的依据。

（2）在定义数组变量时，**auto 不能作为数组变量的基类型**。

（3）**不能用 auto 来定义函数的形式参数**。函数的形式参数将在第 2.5.1 小节介绍。

（4）**auto 不能作为模板参数的实际数据类型**。模板和模板参数将在第 6 章介绍。

小甜点

通常要**慎重使用**自动推断类型 auto。自动推断类型 auto 通常只用在一些**局部的范围**。

（1）**优点**：合理使用自动推断类型 auto 有可能可以提高代码的编写效率，尤其是用 auto 代替由较多字符组成的类型名称。

（2）**缺点**：使用自动推断类型 auto 有可能会降低代码的调试或维护效率，在个别情况下甚至容易引发一些不易察觉的错误。如果使用 auto，要正确理解代码，首先就必须人为去推断出 auto 所代替的数据类型，从而增加理解代码的时间。直接写出类型名称比使用 auto 更加清晰易懂。

2.2.11 类型别名定义 typedef

类型别名定义 typedef 就是给数据类型再起一个名字。这个名字称为**类型别名**。**类型别名定义的格式**大体上如下：

```
typedef 数据类型 类型别名
```

其中数据类型是已经定义或正在定义的数据类型，类型别名必须是合法的标识符。例如：

```
typedef int CD_Count;
```

在这之后，就可以用 CD_Count 来代替 int。例如：

```
CD_Count i, k; // 等价于: int i, k;
```

2.2.12　常量属性 const

关键字 const 表示**常量属性**。具有常量属性的变量称为**只读变量**。**只读变量的常用定义格式**如下：

```
const 数据类型 变量名 = 初始化表达式;
```

只读变量的值只能在定义时初始化，然后不可以再被改变。下面给出代码示例：

```
const double DC_Pi = 3.141592653589793; // 定义了只读变量 DC_Pi     // 1
double r = 4;                 // 定义了普通变量 r                     // 2
double s = DC_Pi * r * r; // 只读变量 DC_Pi 可以参与四则运算         // 3
DC_Pi = DC_Pi + 1;            // 非法：不能给只读变量 DC_Pi 赋值      // 4
```

上面第 1 行代码定义了具有只读变量 DC_Pi。在该语句之后，只读变量 DC_Pi 可以参与四则运算，如上面第 3 行代码所示；但是，不能修改只读变量 DC_Pi 的值，如上面第 4 行代码所示。

对于**引用类型**，**可以将不带有 const 常量属性的变量赋值给只读引用变量**，例如：

```
int n = 5;                                                          // 1
const int &r = n; // 正确                                           // 2
```

但**不可以将只读变量赋值给不带有 const 常量属性的引用变量**，例如，下面第 2 行代码是无法通过编译的。

```
const int c = 5;                                                    // 1
int &r = c; // 错误：无法从“const int”转换为“int &”                 // 2
```

对于**指针类型**，可以对指针本身和指针基类型是否具有常量属性进行组合，总共有 4 种组合情况。**第 1 种情况**在代码中不含关键字 const，指针本身和指针基类型都不具有常量属性。**第 2 种情况**的关键字 const 在基类型前面，指针基类型具有常量属性，但指针本身不具有常量属性。因此，在第 2 种情况下，所定义的指针变量不是只读变量，可以不进行初始化，也可以修改该指针变量的值。因为该指针变量指向的存储单元是只读存储单元，所以不能通过该指针变量和取值运算符*修改该指针变量指向的存储单元的值。代码示例如下：

```
const int ca = 10;   // 定义了只读变量 ca                           // 1
const int cb = 20;   // 定义了只读变量 cb                           // 2
const int *p = &ca;  //定义了指向只读变量的指针 p                   // 3
p = &cb;             // 通过赋值使得指针 p 指向另一个只读变量       // 4
```

```
    *p = 30;            // 非法：试图修改只读的存储单元的值                   // 5
```

对于**第 2 种情况**，**可以将不带有 const 常量属性的变量地址赋值给指向只读变量的指针**，**也可以将基类型不带有 const 常量属性的指针赋值给指向只读变量的指针**，例如：

```
    int n = 5;                                                               // 1
    int *q = &n;           // 合法                                           // 2
    const int *p1 = &n;  // 合法                                             // 3
    const int *p2 = q;  // 合法                                              // 4
```

但**不可以将只读变量的地址或者将指向只读变量的指针赋值给基类型不带有 const 常量属性的指针变量**，例如，下面第 3 行和第 4 行代码是无法通过编译的。

```
    const int c = 5;                                                         // 1
    const int *q = &c;                                                       // 2
    int *p1 = &c; // 非法：无法从“const int *”转换为“int *”                 // 3
    int *p2 = q; // 非法：无法从“const int *”转换为“int *”                  // 4
```

第 3 种情况的关键字 const 在星号“*”后面，指针本身具有常量属性，但指针基类型不具有常量属性。这时，定义的指针是**只读指针**，在定义时必须同时初始化。不过，可以修改该只读指针所指向的存储单元的值。代码示例如下：

```
    int a = 10;             // 定义了普通变量 a                               // 1
    int b = 20;             // 定义了普通变量 b                               // 2
    int * const p = &a;  // 定义了只读指针 p，指向普通变量 a                  // 3
    *p = 30;               // 合法：结果 a=30                                 // 4
    p = &b;                // 非法：给只读变量 p 赋值                         // 5
```

第 4 种情况的关键字 const 同时出现在基类型前面和星号“*”后面，指针本身和指针基类型均具有常量属性。这时，定义的指针是**只读指针**，在定义时必须同时初始化，同时不可以修改该只读指针所指向的存储单元的值。代码示例如下：

```
    const int ca = 10;             // 定义了只读变量 ca                       // 1
    const int cb = 20;             // 定义了只读变量 cb                       // 2
    const int * const p = &ca;  // 定义了指向只读变量的只读指针 p             // 3
    p = &cb;                       // 非法：给只读变量 p 赋值                 // 4
    *p = 30;                       // 非法：试图修改只读的存储单元的值         // 5
```

> ❀小甜点❀
>
> 第 3.6 节将介绍**在函数定义中如何使用关键字 const**。

2.3 运　　算

C++的**运算**由运算符与操作数组成。表示运算类型的符号称为**运算符**，参与运算的数据称为**操作数**，如表 2-12 所示。其中，op1、op2 和 op3 表示操作数，运算类型编号和含义分别为：①算术运算符；②关系运算符；③逻辑运算符；④位运算符；⑤赋值类运算符；

⑥条件运算符和⑦其他运算符。

表 2-12　运算简表

类型	描述	运算符	用法	类型	描述	运算符	用法
①	正值	+	+op1	①	负值	-	-op1
①	加法	+	op1 + op2	①	减法	-	op1 - op2
①	乘法	*	op1 * op2	①	除法	/	op1 / op2
①	前自增	++	++op1	①	前自减	--	--op1
①	后自增	++	op1++	①	后自减	--	op1--
①	取模	%	op1 % op2	②	小于	<	op1 < op2
②	大于	>	op1 > op2	②	不大于	<=	op1 <= op2
②	不小于	>=	op1 >= op2	②	等于	==	op1 == op2
②	不等于	!=	op1 != op2	③	逻辑与	&&	op1 && op2
③	逻辑或	||	op1 || op2	③	逻辑非	!	!op1
④	按位与	&	op1 & op2	④	按位或	|	op1 | op2
④	按位取反	~	~op1	④	按位异或	^	op1 ^ op2
④	左移	<<	op1 << op2	④	右移	>>	op1 >> op2
⑤	赋值	=	op1 = op2	⑤	赋值模	%=	op1 %= op2
⑤	赋值加	+=	op1 += op2	⑤	赋值减	-=	op1 -= op2
⑤	赋值乘	*=	op1 *=op2	⑤	赋值除	/=	op1 /= op2
⑤	赋值与	&=	op1 &= op2	⑤	赋值或	|=	op1 |= op2
⑤	赋值左移	<<=	op1 <<= op2	⑤	赋值右移	>>=	op1 >>=op2
⑥	条件	? :	op1 ? op2 : op3	⑦	逗号	,	op1, op2
⑦	优先	( )	(op1)	⑦	强制类型转换	(类型)	(类型)op1
⑦	指针取值	*	*op1	⑦	取地址	&	& op1
⑦	指针分量	->	op1->op2	⑦	计算长度	sizeof( )	sizeof(op1)
⑦	分量	.	op1.op2	⑦	指针分量取值	.*	op1.*op2
⑦	下标	[ ]	op1[op2]	⑦	作用域	::	op1::op2

运算之间具有优先级顺序：一般先计算级别高的，后计算级别低的。因为优先运算符“( )”具有最高级别的优先级，所以可以通过“( )”改变运算顺序。在算术运算中，先进行自增（++）和自减（--）运算，然后进行乘法（*）与除法（/）运算，最后进行加法（+）与减法（-）运算；在逻辑和关系的混合运算中，先进行逻辑非(!)运算，再进行关系运算，接着进行条件与（&&）运算，最后进行条件或（||）运算。在位运算中，先进行按位取反（~）运算，再进行移位（>>和<<）运算，接着进行按位与（&）运算，然后进行按位异或（^）运算，最后进行按位或（|）运算。对于同级别的运算，则根据具体运算符的规定从左到右或从右到左进行运算，具体参见表 2-13。一般建议通过优先运算符“( )”来指定运算优先顺序。这样可以提高表达式的可读性，因为要记住所有的这些运算符优先顺序并不是一件容易的事情。

表 2-13　运算顺序

<table>
<tr><td>从左到右运算的运算符</td><td>+、–、*、/、%、<、<=、>、>=、==、!=、&&、&、||、|、^、>>、<<</td></tr>
<tr><td>从右到左运算的运算符</td><td>=、+=、–=、*=、/=、&=、|=、%=、<<=、>>=、~、!、+（正值）、–（负值）</td></tr>
</table>

2.3.1　算术运算

算术运算符包括正值（+）、负值（-）、加法（+）、减法（-）、乘法（*）、除法（/）、取模（%）、前自增（++）、前自减（--）、后自增（++）和后自减（--）。前自增和后自增统称自增，前自减和后自减统称自减。算术运算操作数的数据类型可以是整数系列类型和浮点数类型。

> **注意事项**
>
> （1）整数可以进行取模运算，而浮点数不能进行取模运算。
> （2）在自增和自减运算符中，除了加号或减号之外，不能有空格或其他符号。
> （3）在计算机中所有的操作数的数值范围都是有限的，要注意算术运算的溢出问题。

下面给出算术运算溢出的代码示例。设在下面的代码中 int 类型是 4 字节的，则

```
int a = 1234567890;                                         // 1
int b = 1234567890;                                         // 2
int c = a + b; // 结果：c = -1825831516，而不是2469135780    // 3
```

虽然在传统数学上，1234567890+1234567890=2469135780；但 2469135780 超出了 4 字节 int 类型所能表示的最大整数，溢出的结果造成了 c = -1825831516。

> **注意事项**
>
> 整数除法的结果仍然是整数，其中小数部分自动会被舍弃，不管小数部分有多大。

```
int a = 9/10;      // 结果：a = 0                           // 1
int b = 9/10*100;  // 结果：b = 0                           // 2
```

在传统数学上，9/10=0.9。但是，int 类型的整数无法保存小数部分。因此，在计算上面第 1 行代码时会舍弃小数部分，结果 a=0。在上面第 2 行代码中，因为整数除法 9/10 的结果是 0，所以 9/10*100 的结果是 0*100=0，从而 b=0。

前自增（++）、前自减（--）、后自增（++）和后自减（--）运算要求操作数必须是变量。自增的作用是将该变量的变量值增加 1，自减的作用是将该变量的变量值减少 1。前自增（++）和前自减（--）返回的是操作数在自增或自减之后的数值。例如：

```
int a = 10;                                                 // 1
int b = ++a;                                                // 2
cout << "a = " << a; // 输出：a = 11                        // 3
cout << "b = " << b; // 输出：b = 11                        // 4
```

后自增（++）和后自减（--）返回的是操作数在还没有进行自增或自减时的数值。例如：

```
double a = 9.5;                                              // 1
double b = a--;                                              // 2
cout << "a = " << a; // 输出：a = 8.5                        // 3
cout << "b = " << b; // 输出：b = 9.5                        // 4
```

上面两部分代码示例同时也表明了自增和自减运算的操作数可以是整数，也可以是浮点数。

> **注意事项**
>
> C++标准规定在同一个表达式中，**不允许**在改变一个变量值的同时在该表达式的其他部分又使用这个变量。C++标准将这样的表达式称为**结果不确定的表达式**。其最终结果依赖于编译器。

```
int a = 10;                                                  // 1
int b = (a++) + a; // 表达式“(a++) + a”不符合 C++标准规定    // 2
```

在上面第 2 行代码中，表达式“(a++) + a”是**一种结果不确定的表达式**。其计算结果依赖于编译器。

> **注意事项**
>
> C++标准规定在同一条语句中，同一个变量最多只能修改一次值。C++标准将这种语句称为**结果不确定的语句**。其最终结果依赖于编译器。

```
int i = 10;                                                  // 1
i = (++i) + 2; // 这是不符合 C++标准规定的语句                // 2
```

在上面第 2 行代码中，“++i”和赋值运算均会修改变量 i 的值。这不符合 C++标准要求，其计算结果依赖于编译器。

> **小甜点**
>
> **算术运算的操作数还可以是指针**。

C++标准允许指针加上或减去整数的运算，包括自增与自减运算。**指针的自增或自减**可以认为是指针加上或减去整数 1。设指针 p 保存的地址在数值上等于 a，则：

（1）指针 p 加上或减去整数 n 的运算结果仍然是指针，其数据类型与指针 p 相同。

（2）令指针 q=p+n，则指针 q 保存的地址在数值上等于“a+sizeof(指针 p 的基类型)*n”。

（3）令指针 q=p-n，则指针 q 保存的地址在数值上等于“a-sizeof(指针 p 的基类型)*n”。

下面给出代码示例：

```
int* p = nullptr;                                            // 1
int* q = p+10;                                               // 2
cout << "p = " << (int)p; // 输出：p = 0                     // 3
cout << "q = " << (int)q; // 输出：q = 40                    // 4
```

设在上面代码中 sizeof(int)=4，则指针 q 保存的地址在数值上等于 0+4*10=40。

2.3.2 关系运算

关系运算符包括小于（<）、大于（>）、不大于（<=）、不小于（>=）、等于（==）和不等于（!=）。关系运算操作数的数据类型可以是整数系列类型、浮点数类型和枚举类型，运算结果是 true 或者 false。关系运算比较直观。只是需要注意浮点数的表示误差与运算误差。

> ❀小甜点❀
>
> **判断两个浮点数 d1 和 d2 是否相等**通常不采用表达式(d1==d2)，而采用(((d2−e) < d1) && (d1 < (d2+e)))，其中，e 是一个非常小的正浮点数，逻辑与(&&)要求表达式((d2−e) < d1)和(d1 < (d2+e))均成立。

2.3.3 逻辑运算

逻辑运算符包括逻辑与（&&）、逻辑或（||）和逻辑非（!）。逻辑运算操作数的数据类型可以是布尔类型（bool）。

逻辑与（&&）含有 2 个操作数，其运算规则为：

（1）如果 2 个操作数均为 true，则运算结果为 true。

（2）如果第 1 个操作数为 false，则**不会去计算第 2 个操作数的值**，且运算结果为 false。

（3）如果第 1 个操作数为 true 并且第 2 个操作数为 false，则运算结果为 false。

逻辑或（||）含有 2 个操作数，其运算规则为：

（1）如果 2 个操作数均为 false，则运算结果为 false。

（2）如果第 1 个操作数为 true，则**不会去计算第 2 个操作数的值**，且运算结果为 true。

（3）如果第 1 个操作数为 false 并且第 2 个操作数为 true，则运算结果为 true。

逻辑非（!）只有 1 个操作数，其运算规则为：

（1）如果操作数为 true，则运算结果为 false。

（2）如果操作数为 false，则运算结果为 true。

下面给出代码示例：

```
bool a = true;                                          // 1
bool b = false;                                         // 2
bool c = a && b; // 结果: c = false                      // 3
bool d = a || b; // 结果: d = true                       // 4
bool e = !a;     // 结果: e = false                      // 5
```

2.3.4 位运算

位运算符包括按位与（&）、按位或（|）、按位异或（^）、按位取反（~）、左移（<<）和右移（>>）。位运算操作数的数据类型可以是整数系列类型。在计算机存储单元中，整数系列类型的数据是以二进制补码的形式存放的。设整数 d 的存储单元由 n 个比特位组成，则 d 的二进制补码表示方案如下：

（1）如果 d 等于 0，则 d 的二进制补码由 n 个 0 组成。

（2）如果 d 为正整数，且 d 的二进制数共有 m 位，则要求 m<n。这时，d 的二进制补

码的低 m 位为 d 的二进制数，其余位为 0。如果 m≥n，则称**整数 d 溢出**，即整数 d 超出了存储单元所能表示的整数范围。

（3）如果 d 为负整数，则将-d 的二进制补码按位取反，最后再加上 1，结果为 d 的二进制补码。

> ❀小甜点❀：
>
> （1）如果一个整数的二进制补码的**最高位为 0**，则这个整数为 0 或者为正整数。
>
> （2）如果一个整数的二进制补码的**最高位为 1**，则这个整数是负整数。

例如，对于 32 个比特位存储单元，0 的二进制补码是：

0	0	0	0	0	0	0	0		0	0	0	0	0	0	0	0		0	0	0	0	0	0	0	0		0	0	0	0	0	0	0	0

10 的二制数是 1010，10 的二进制补码是：

0	0	0	0	0	0	0	0		0	0	0	0	0	0	0	0		0	0	0	0	0	0	0	0		0	0	0	0	1	0	1	0

对上面 10 的二进制补码进行“按位取反”，即对每个比特位，原来的 0 变成 1，原来的 1 变成 0，得到：

1	1	1	1	1	1	1	1		1	1	1	1	1	1	1	1		1	1	1	1	1	1	1	1		1	1	1	1	0	1	0	1

上面结果加上 1，得到-10 的二进制补码如下：

1	1	1	1	1	1	1	1		1	1	1	1	1	1	1	1		1	1	1	1	1	1	1	1		1	1	1	1	0	1	1	0

位运算是对整数的每个二进制比特位进行运算。按位与（&）、按位或（|）和按位异或（^）在运算时首先对 2 个操作数按比特位从低位到高位对齐，然后对于相同位置的每对比特位分别进行运算，从而得到最终的结果。对于**按位与(&)运算**，只有两个比特位均为 1，结果比特位才为 1；否则，结果比特位为 0。对于**按位或(|)运算**，只有两个比特位均为 0，结果比特位才为 0；否则，结果比特位为 1。对于**按位异或(^)运算**，只有当两个比特位相等时，结果比特位才为 0；否则，结果比特位为 1。图 2-3、图 2-4 和图 2-5 分别给出运算示例。

运算	二进制补码				十进制数
	00000000	00000000	00000000	00001001	9
&	00000000	00000000	00000000	00010111	23
结果	00000000	00000000	00000000	00000001	1

图 2-3　按位与（&）运算示例：9&23=1

运算	二进制补码				十进制数
	11111111	11111111	11111111	11110111	−9
|	11111111	11111111	11111111	11101001	−23
结果	11111111	11111111	11111111	11111111	−1

图 2-4　按位或（|）运算示例：(−9)|(−23)= −1

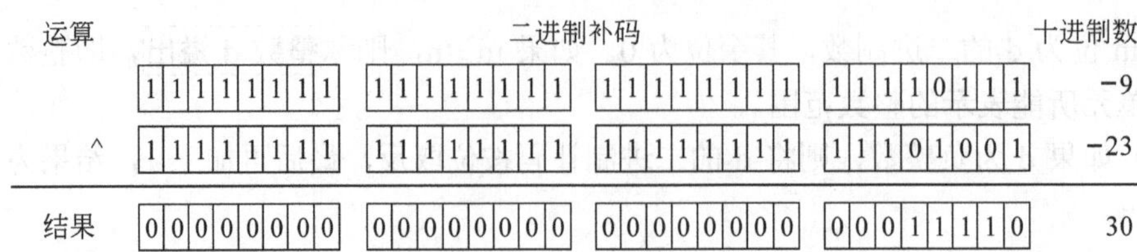

图 2-5　按位异或（^）运算示例 6：(−9)^(−23)= 30

对于按位取反(~)运算，只有一个操作数。对于该操作数的每个比特位，如果原来为 0，则结果就变为 1；如果原来为 1，则结果就变为 0。这样，就得到最终的结果。按位取反（~）运算示例如图 2-6 所示。

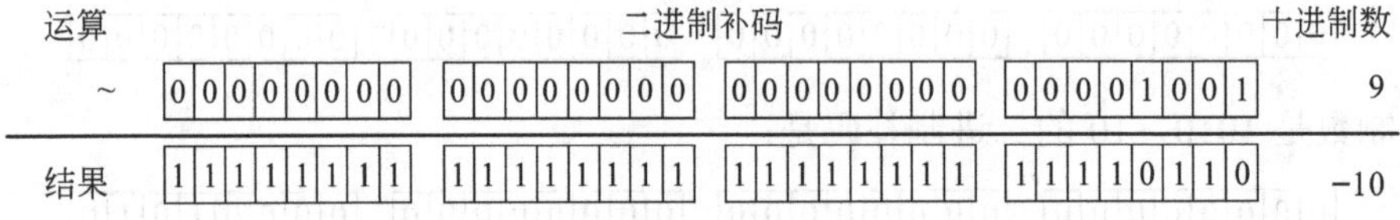

图 2-6　按位取反（~）运算示例：~9=−10

左移（<<）和右移（>>）运算统称为移位运算。左移（<<）运算是将第一个操作数的二进制比特位依次从低位向高位移动由第二个操作数指定的位数，然后舍弃超出的比特位，并在低位处补 0。左移（<<）运算示例如图 2-7 所示。

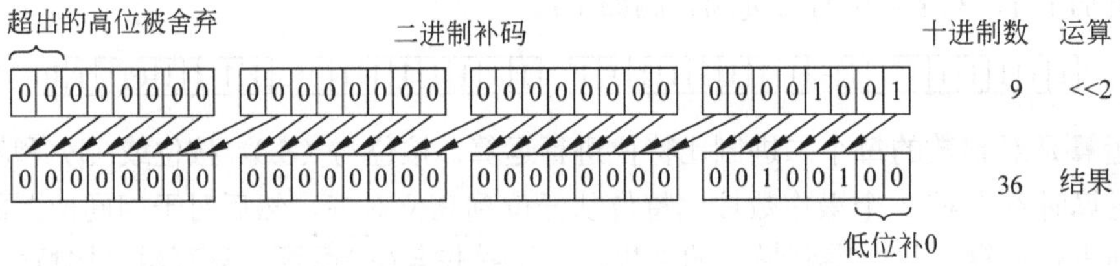

图 2-7　左移（<<）运算示例：9<<2=36

右移（>>）运算将第一个操作数的二进制比特位依次从高位向低位移动由第二个操作数指定的位数，然后舍弃移出去的低位部分，并分成为如下 2 种情况在高位空缺处补充比特位：

（1）如果第一个操作数是正整数或者零，包括无符号整数，则空缺的高位比特位均补 0；

（2）如果第一个操作数是负整数，则在空缺的高位比特位均补 1。

下面给出右移(>>)运算代码示例，其中右移运算的图示见图 2-8 和图 2-9。根据图示，变量 a 与变量 c 的二进制补码实际上是一样，但右移的结果却不同。

```
int a = -9;                                                    // 1
int b = (a >> 1);                    // 结果: b = -5           // 2
unsigned int c = 4294967287;                                   // 3
unsigned int d = (c >> 1);   // 结果: d = 2147483643           // 4
```

注意事项

根据 C++标准，移位运算的第 2 个操作数必须大于 0 并且小于第 1 个操作数的比特位数；否则，属于未定义行为，运算结果依赖于编译器。

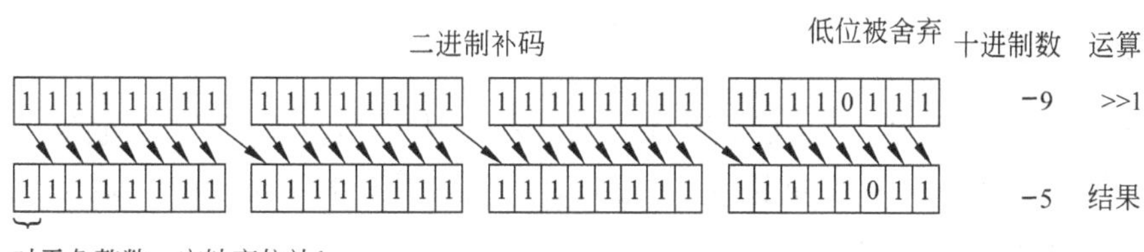

图 2-8　右移运算示例: int b = (a >> 1)，其中 int a = -9

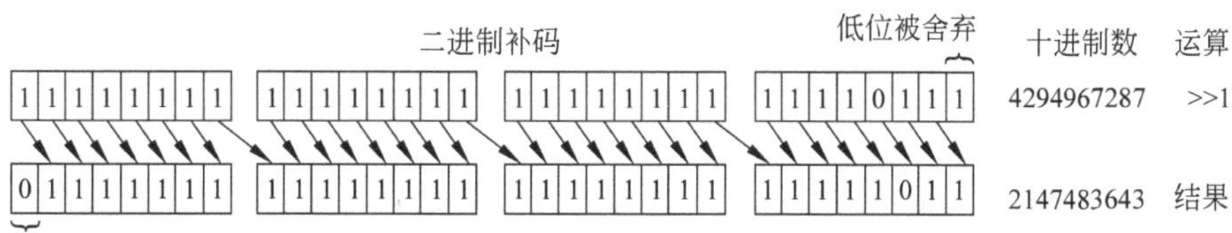

图 2-9　右移运算示例: unsigned int d = (c >> 1)，其中 unsigned int c = 4294967287

2.3.5　赋值类运算

赋值类运算符包括赋值（=）、赋值模（%=）、赋值加（+=）、赋值减（-=）、赋值乘（*=）、赋值除（/=）、赋值与（&=）、赋值或（|=）、赋值左移（<<=）和赋值右移（>>=）。赋值类运算具有 2 个操作数。第 1 个操作数要求必须是左值。如果一个操作数的存储单元的值可以被修改，那么这个操作数就是**左值**。例如，常规的变量是左值，将取值（*）运算作用在指针变量上也有可能是左值。赋值类运算通常会先计算第 2 个操作数的值。**赋值（=）运算**的结果是用第 2 个操作数的值去替换在第 1 个操作数的存储单元中的值。**其他赋值类运算**可以认为是相应二元运算与赋值运算的组合，即

“op1　二元运算符= op2;” **等价于**“op1 = op1　二元运算符　(op2);”

其中 op1 和 op2 表示操作数。例如：

```
int a = 2;                                            // 1
a += 5; // 等价于: a = a + 5; 计算结果: a = 7          // 2
```

> **注意事项**
>
> 如果**赋值类运算符本身由多个符号组成**，则这些符号之间不能插入空格或其他字符。例如，赋值类运算符“+=”不能写成“+␣=”；否则，通常会出现编译错误。

2.3.6　条件运算

条件运算表达式的格式为“op1 ? op2 : op3”，其中 op1、op2 和 op3 是操作数。操作数 op1 要求是一个布尔表达式或者可以转换为布尔值的表达式。当 op1 的值等于 true 时，条件运算的结果为操作数 op2 的值；否则，条件运算的结果为操作数 op3 的值。因此，在操作数 op2 和 op3 中，**条件运算只会计算其中一个的值**。下面给出条件运算表达式的代码示例：

```
bool a = false;                                       // 1
int b = (a ? 1 : 0); // 结果: b = 0                   // 2
```

2.3.7 其他运算

其他运算符包括逗号“,”、优先“()”、强制类型转换“(类型)”、指针取值“*”、取地址“&”、指针分量“->”、计算长度“sizeof()”、分量“.”和下标“[]”。这里只介绍其中前 3 种运算，其他运算在其他章节中讲解。

逗号运算是用逗号连接若干个表达式。在运行时会按从左到右的顺序依次计算这些表达式的值，最终整个逗号运算的值是最后一个表达式的值。下面给出逗号运算的代码示例。

```
int a, b;                                                    // 1
a = 1, b = 2;                                                // 2
```

在上面第 2 行代码中，赋值运算的优先级比逗号的优先级高。因此上面第 2 行代码，先算表达式“a = 1”，再算表达式“b = 2”，最后返回表达式“b = 2”的值 2。不过，在实际应用中，一般不会这么写代码。上面的代码通常写成：

```
int a = 1;                                                   // 1
int b = 2;                                                   // 2
```

优先运算符“( )”用来改变表达式的运算顺序，或者使得表达式的运算顺序表达得更加清晰，即增强表达式的可读性。在计算表达式的过程中一般会优先计算在运算符“( )”内部的子项。例如：

```
int a = 2;                                                   // 1
int b = 4;                                                   // 2
int c = (a + b) * a; // 结果: c=(2+4)*2=6*2=12               // 3
```

强制类型转换运算符“()”用来将一种类型的数据强制转换为另一种类型。强制类型转换的格式是

(类型名称) 变量名称

或者

(类型名称) (表达式)

下面给出强制类型转换运算代码示例：

```
float f = 1.6f;                                              // 1
int a = (int)f;            // 结果: a = 1。 注: 舍弃小数部分  // 2
int b = (int)(f + 1.5f);   // 结果: b = 3。 注: 舍弃小数部分  // 3
```

2.4 控制结构

C++语言的语句通常以分号“;”作为结束标志。最简单的语句是空语句，它只包含一个分号，不执行任何的操作。被大括号“{}”括起来的一条或多条语句通常称为语句块。语句块的末尾不需要加上分号。不被大括号“{}”括起来的一条或多条语句通常称为语句

组。C++语言的**控制结构**只有三类：顺序结构、选择结构和循环结构。在**顺序结构**中的语句或语句块按从前到后的顺序依次执行，不需要任何关键字引导。**选择结构**由 if 语句、if-else 语句或 switch 语句组成，这些语句统称为**选择语句**。**循环结构**由 for 语句、while 语句或 do-while 语句组成，这些语句统称为**循环语句**。选择语句和循环语句实际上都是**复合语句**，即在这些语句的组成部分中还会包含语句、语句块或语句组。在选择结构和循环结构中，还可能包含 break 语句和 continue 语句，其中 break 语句用来中断执行 switch 语句或循环结构，continue 语句只能用于循环结构并使得程序直接进入下一轮的循环。

2.4.1　if 语句和 if-else 语句

if 语句和 if-else 语句统称为**条件语句**。**if 语句的格式**是：

```
if (条件表达式)
    1 条语句或 1 个语句块
```

其中，条件表达式必须是可以转化为布尔值的表达式。在上面格式中的第 2 行语句称为**分支语句**，语句块称为**分支语句块**。如图 2-10(a)所示，只有当 if 条件表达式为 true 时，才会执行 if 分支语句或语句块。

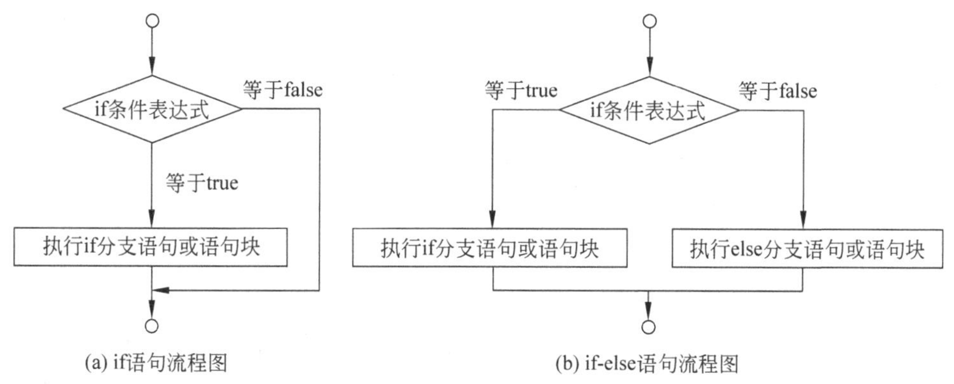

图 2-10　if 语句和 if-else 语句流程图

下面给出 if 语句代码示例。

```
int studentScore = 95;                              // 1
if (studentScore>90)    // 条件表达式的结果为 true   // 2
    cout << "成绩优秀!"; // 结果输出：成绩优秀!        // 3
```

if-else 语句包含两个分支。**if-else 语句的格式**是：

```
if (条件表达式)
    1 条语句或 1 个语句块
else
    1 条语句或 1 个语句块
```

其中，条件表达式必须是结果可以转化为布尔值的表达式。在上面格式中的第 2 行语句或语句块称为 **if 分支语句或语句块**，第 4 行语句或语句块称为 **else 分支语句或语句块**。如

图 2-10(b)所示，只有当 if 条件表达式等于 true 时，才会执行 if 分支语句或语句块；否则，执行 else 分支语句或语句块。下面给出 if-else 语句代码示例。

```
int studentScore = 85;                                        // 1
if (studentScore >= 60)  // 条件表达式的结果为 true           // 2
    cout << "通过考试!";   // 结果输出：通过考试!              // 3
else                                                          // 4
    cout << "请继续努力!"; // else 分支没有被执行到            // 5
```

❀小甜点❀

在 if 语句和 if-else 语句中的**分支语句又可以嵌套 if 语句或 if-else 语句**。不过，需要注意 if 和 else 在同一个语句块中的最近配对原则。

注意事项

if 和 else 的最近配对原则：在同一个语句块中，else 部分总是按照 if-else 语句格式与最近的未配对的 if 部分配对，构成 if-else 语句。如果 else 部分无法与 if 部分配对构成符合 if-else 语句格式的语句，那么将出现编译错误。根据这一原则，如果在 if-else 语句中的 if 分支语句或语句块又是一条 if 语句，那么该 if 语句代码的编写应当采用语句块的形式；否则，该 if 语句将与 else 部分配对成为 if-else 语句。下面给出具体的示例代码进行说明。

```
int month = 12;                                               // 1
int day = 30;                                                 // 2
if (month == 12)  // 条件表达式的结果为 true                  // 3
{                                                             // 4
    if (day == 31)  // 条件表达式的结果为 false               // 5
        cout << "这是一年的最后一天!";                        // 6
}                                                             // 7
else                                                          // 8
    cout << "这不是一年的最后一个月!";                        // 9
```

因为上面第 5～6 行的 if 语句和第 8~9 行的 else 部分不在同一个语句块中，所以这两部分不会配对在一起。第 3～7 行的 if 部分和第 8～9 行的 else 部分位于同一个语句块中，构成了 if-else 语句。因为 12 月 30 日不是一年的最后一天，并且 12 月是一年的最后一个月，所以上面代码不会产生任何输出。

如果去掉上面第 4 行和第 7 行代码，上面代码将变为

```
int month = 12;                                               // 1
int day = 30;                                                 // 2
if (month == 12)  // 条件表达式的结果为 true                  // 3
    if (day == 31)  // 条件表达式的结果为 false               // 4
        cout << "这是一年的最后一天!";                        // 5
else                                                          // 6
    cout << "这不是一年的最后一个月!";                        // 7
```

因为根据 if 和 else 最近配对原则，在上面修改之后的代码中，第 4～5 行的 if 部分和第 6～7 行的 else 部分位于同一个语句块中，所以这两部分构成了 if-else 语句。第 4～7 行的 if-else 语句同时又构成了第 3 行关键字 if 引导的 if 语句的分支语句。这样，修改之后的

代码实际上等价于

```
int month = 12;
int day = 30;
if (month == 12)  // 条件表达式的结果为 true
{
    if (day == 31) // 条件表达式的结果为 false
        cout << "这是一年的最后一天!";
    else
        cout << "这不是一年的最后一个月!";
} // if 语句结束
```

这样，代码的含义就更加清晰，从而可以清楚地发现上面代码的**逻辑错误**。运行上面的代码，将会输出“这不是一年的最后一个月!”，这不符合事实。

2.4.2 switch 语句

switch 语句也常称为**分支语句**。**switch 语句的格式**如下：

```
switch (开关表达式)
{
    case 常数1:
        语句组1
    case 常数2:
        语句组2
    ……
    case 常数n:
        语句组n
    default:
        语句组(n+1)
}
```

其中，**开关表达式**必须是可以转化为整数的表达式，在关键字 case 之后的常数通常称为 **case 常数**，每个关键字 case 引导一个分支称为 **case 分支**，关键字 default 引导的分支称为 **default 分支**。

注意事项

在同一条 switch 语句中，**各个 case 常数必须互不相等**；否则，无法通过编译。

小甜点

(1) 在同一条 switch 语句中，**default 分支最多出现一次**，也可以不出现。

(2) 在 switch 语句的各个分支语句组中，**最后一条语句通常是 break 语句**，也可以没有 break 语句。**break 语句**由关键字 break 和分号组成。在执行 switch 语句时，**如果遇到 break 语句，则会直接结束整个 switch 语句的执行**。

如图 2-11 所示，在**执行 switch 语句**时，首先计算开关表达式的值，然后依次将该表达式的值与各个 case 常数进行匹配。根据匹配情况分成为如下 3 种情况执行。

（1）如果开关表达式的值刚好等于某个 case 常数，则进入该 case 分支，执行相应的 case 分支语句组。如果该 case 分支语句组的不含有 break 语句，则会继续执行下一个 case 分支或 default 分支的语句组。各个分支的语句组会持续执行下去，直到执行到 break 语句或整个 switch 语句结束。

（2）如果开关表达式的值与任何一个 case 常数都不相等，并且 switch 语句含有 default 分支，则执行 default 分支语句组。

（3）如果开关表达式的值与任何一个 case 常数都不相等，并且 switch 语句不含有 default 分支，则直接结束整个 switch 语句的执行。

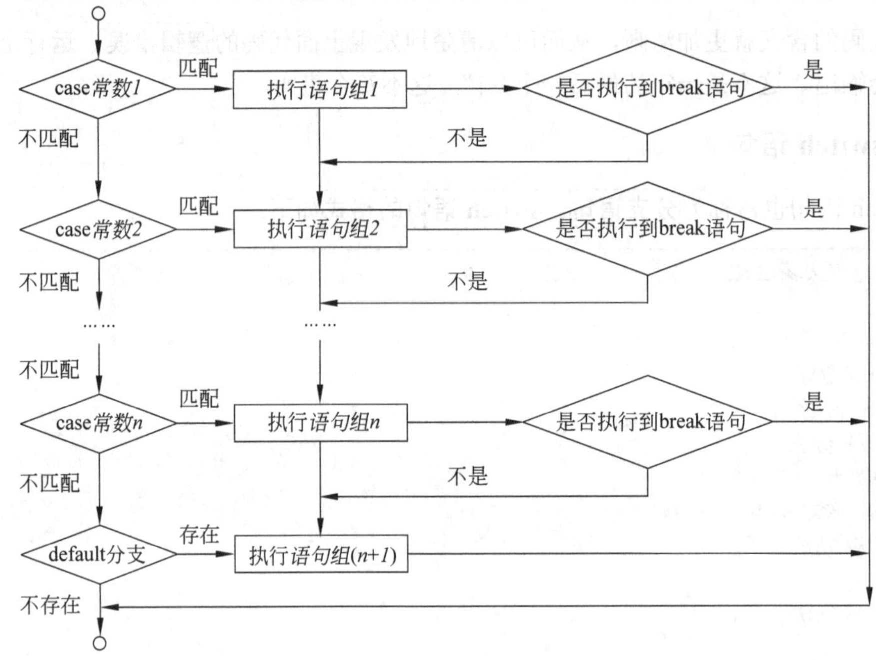

图 2-11　switch 语句流程图

例程 2-1　采用 switch 语句将学生成绩从符号翻译为自然语言。

例程求解：例程的源程序代码文件是“CP_ScoreChar.cpp”，其代码如下。

```
// 文件名：CP_ScoreChar.cpp；开发者：雍俊海
#include <iostream>
using namespace std;

int main(int argc, char* args[ ])
{
   char ch = 'A';
   switch (ch)
   {
   case 'A':
   case 'a':
      cout<< "优秀" << endl;
      break;
```

```
13        case 'B':
14        case 'b':
15            cout<< "良" << endl;
16            break;
17        case 'C':
18        case 'c':
19            cout<< "及格" << endl;
20            break;
21        default:
22            cout<< "再接再励" << endl;
23        }
24        cout << endl;
25        return 0;
26    } // main 函数结束
```

可以对上面的代码进行编译、链接和运行。下面给出一个运行结果示例。

```
优秀
```

例程分析：上面 switch 语句的开关表达式 ch 的值为'A'，它与第 9 行的 case 常数匹配。因此，在执行上面 switch 语句时，会进入从第 9 行开始的 case 分支。因为这个分支不含 break 语句，所以会继续执行从第 10 行开始的 case 分支，输出“优秀”。当执行到第 12 行时，遇到 break 语句，从而结束整个 switch 语句的执行。

例程 2-2　不含 break 语句的 switch 语句。

例程求解：例程的源程序代码文件是“CP_NumberChar.cpp”，其代码如下。

```
// 文件名：CP_NumberChar.cpp；开发者：雍俊海                行号
#include <iostream>
using namespace std;

int main(int argc, char* args[ ])
{
    int data = 5;
    cout << data << ":";
    switch (data)
    {
    case 5:
        cout<< "e";
    case 4:
        cout<< "d";
    case 3:
        cout<< "c";
    case 2:
        cout<< "b";
    default:
        cout<< "a";
    }
    cout << endl;
```

```
    return 0;                                            // 22
} // main 函数结束                                       // 23
```

可以对上面的代码进行编译、链接和运行。下面给出一个运行结果示例。

```
5:edcba
```

例程分析：上面 switch 语句的开关表达式 data 的值为 5，它与第 10 行的 case 常数匹配。因此，在执行上面 switch 语句时，会进入第 10 行开始的 case 分支。因为整个 switch 语句不含 break 语句，所以执行从第 10 行开始的各个分支，直到 switch 语句结束。

如果上面程序的第 6 行改为“int data = 6;”，则上面 switch 语句的开关表达式 data 的值为 6，它任何一个 case 常数都不匹配。因此，在这样的条件下，在执行上面 switch 语句时，会进入从第 18 行开始的 default 分支，并执行在 default 分支中的语句组。因此，这时，程序运行结果为：

```
6:a
```

2.4.3 for 语句

在 C++语言中，for 语句分成为常规 for 语句和基于范围的 for 语句。**常规 for 语句的格式**是

```
for (初始化表达式; 条件表达式; 更新表达式)
    循环体
```

其中，**循环体**一般是一条语句或一个语句块。初始化表达式和更新表达式可以分别包含 0 个、1 个或多个由逗号分隔开的表达式。**初始化表达式**是用来初始化循环的，通常由 0 个、1 个或多个赋值运算表达式组成。**更新表达式**是用来改变循环的状态，例如改变循环变量的值。

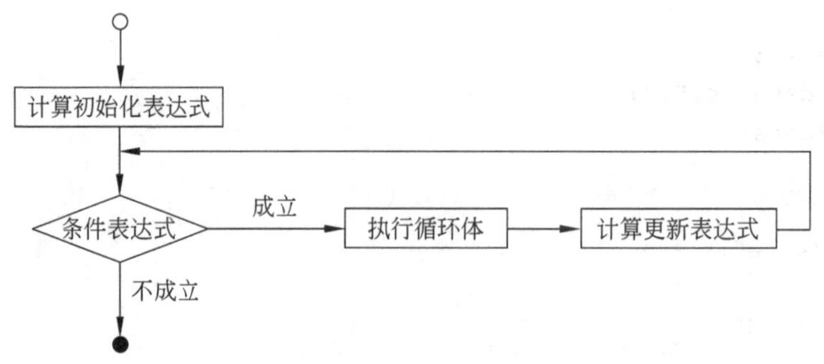

图 2-12　常规 for 语句流程图

如图 2-12 所示，**常规 for 语句的运行过程**是先计算初始化表达式。接着重复执行这样的过程：先判断条件表达式；如果条件成立，则执行循环体并计算更新表达式；否则，退出循环并结束 for 语句。下面给出具体例程。

例程 2-3 采用常规 for 语句计算从 1 到 100 的和。

例程求解：例程的源程序代码文件是“CP_SumByForMain.cpp”，其代码如下。

```
// 文件名: CP_SumByForMain.cpp; 开发者: 雍俊海                          行号
1  #include <iostream>
2  using namespace std;
3
4  int main(int argc, char* args[])
5  {
6     const int n = 100;
7     int sum = 0;
8     int i = 1;
9     for ( ; i <= n; i++)
10       sum += i;
11    cout << "i = " << i << endl;
12    cout << "sum = " << sum << endl;
13    system("pause");
14    return 0; // 返回 0 表明程序运行成功
15 } // main 函数结束
```

可以对上面的代码进行编译、链接和运行。下面给出一个运行结果示例。

```
i = 101
sum = 5050
请按任意键继续. . .
```

例程分析：上面第 9 行和第 10 行代码是一条 for 语句，其中，“初始化表达式”为空，“条件表达式”是“i <= n”，“更新表达式”是“i++”，“循环体”是一条语句“sum += i;”。输出结果“i = 101”表明 for 语句在条件表达式“i <= n”不成立时才结束运行。第 9 行和第 10 行的 for 语句还可以改写为功能等价的如下代码：

```
    for ( ; i <= n; )
    {
       sum += i;
       i++;
    } // for 结束
```

改写前后，程序运行结果完全相同。在改写之后，for 语句的“初始化表达式”为空，“条件表达式”是“i <= n”，“更新表达式”也变为空，“循环体”是一个语句块。在这个例程中，因为 for 语句的循环次数是通过变量 i 控制的，所以变量 i 也称为这个 for 语句的**循环变量**。

基于范围的 for 语句适用于对列表、数组或者容器的所有元素执行相同的循环体，而且执行循环体不需要使用数组下标等信息。**基于范围的 for 语句的具体格式**如下：

```
for (元素的数据类型 变量名 : 表达式)
    循环体
```

基于范围的 for 语句的含义是对于在“表达式”中的每个元素，分别执行循环体。在上面格式中，“表达式”可以是列表、数组或者容器。列表是用一对大括号括起来的常量序列，常量之间采用逗号分隔。例如：

```
{ 1.5, 2.5, 3.5 }
```

容器将在第 6 章介绍，容器包括向量（vector）和集合（set）等。在上面格式第 1 行中定义的变量将在循环体中替代“表达式”的元素。因此，这里的“元素的数据类型”必须是“表达式”的元素的数据类型。如果不想指明具体的数据类型，可以“auto”替代，由编译器自动推断。另外，还可以根据需要与实际情况，在“元素的数据类型”中加上“只读”或者“引用”特性。

如果在循环体中需要修改元素的值，则通常在“元素的数据类型”中“引用”特性。这时，不要加上“只读”特性。这样，在循环体中，这个替代元素的变量实际上是元素的引用。因此，对这个变量的值的改变实际上就是对元素的值的修改。

如果元素的值不允许修改或者在循环体中没有修改元素的值，则通常在“元素的数据类型”中同时加上“只读”和“引用”特性。这样，在循环体中，这个替代元素的变量仍然是元素的引用，同时也保证了不会通过这个变量改变元素的值。

如果在上面格式第 1 行“元素的数据类型”既没有加上“只读”特性，也没有加上“引用”特性，则在循环体中，这个替代元素的变量与元素分别占用不同的内存空间。每次在执行循环体之前，都先将当前元素的值赋给这个替代元素的变量。在循环体中，对这个变量的值的改变不会直接影响到元素的值。

例程 2-4　将数组元素变为自身的 3 倍。

例程功能描述：本例程展示在元素的值可变的情况下，如何选用替代元素的变量的数据类型。

例程求解：例程的源程序代码文件是“CP_RangeBasedForArrayMain.cpp”，其代码如下。

```
// 文件名：CP_RangeBasedForArrayMain.cpp；开发者：雍俊海
#include <iostream>
using namespace std;

int main(int argc, char* args[])
{
    double da[] = { 1.5, 2.5, 3.5 };
    for (double &n : da)
    {
        n *= 3;
        cout << "n = " << n << endl;
    } // for结束
    for (const double &n : da)
        cout << "n = " << n << endl;
    system("pause");
    return 0; // 返回0表明程序运行成功
} // main函数结束
```

可以对上面的代码进行编译、链接和运行。下面给出一个运行结果示例。

```
n = 4.5
n = 7.5
n = 10.5
n = 4.5
n = 7.5
n = 10.5
请按任意键继续. . .
```

例程分析：在本例程中，数组 da 的元素的值是可以被修改的。因此，上面第 7 行代码采用引用数据类型来定义替代元素的变量 n。这样，在第 9 行代码中，修改变量 n 的值实际上就是修改数组 da 的元素的值。从最终输出的结果来看，数组 da 的元素的值确实都被改变了，变为自身的 3 倍。第 7～11 行的代码是一条基于范围的 for 语句，其中循环体是第 8～11 行的语句块。

第 12 行和第 13 行代码同样是一条基于范围的 for 语句，其中循环体是一条位于第 13 行的语句。因为这条语句不修改数组 da 的元素的值，所以在这条 for 语句中替代元素的变量的数据类型同时具有“只读”和“引用”特性。

例程 2-5　输出列表元素的值的 3 倍以及列表元素本身的数值。

例程功能描述：本例程展示元素的值不可修改的情况。

例程求解：例程的源程序代码文件是“CP_RangeBasedForSequenceMain.cpp”，其代码如下。

```
// 文件名：CP_RangeBasedForSequenceMain.cpp；开发者：雍俊海                 行号
#include <iostream>                                                      // 1
using namespace std;                                                     // 2
                                                                         // 3
int main(int argc, char* args[])                                         // 4
{                                                                        // 5
    for (double n : { 1.5, 2.5, 3.5 })                                   // 6
    {                                                                    // 7
        n *= 3;                                                          // 8
        cout << "n = " << n << endl;                                     // 9
    } // for 结束                                                        // 10
    for (const double &n : { 1.5, 2.5, 3.5 })                            // 11
        cout << "n = " << n << endl;                                     // 12
    system("pause");                                                     // 13
    return 0; // 返回 0 表明程序运行成功                                   // 14
} // main 函数结束                                                        // 15
```

可以对上面的代码进行编译、链接和运行。下面给出一个运行结果示例。

```
n = 4.5
n = 7.5
n = 10.5
n = 1.5
n = 2.5
n = 3.5
```

```
请按任意键继续. . .
```

例程分析：在本例程中，列表的元素的值是不可以被修改的。因此，上面第 6 行的代码不能改为如下的代码，即不能在变量 n 前面加上表示引用的符号“&”。

```
for (double &n : { 1.5, 2.5, 3.5 })                              // 6
```

如果第 6 行的代码改成为上面的代码，则无法通过编译。产生的编译错误提示为：

```
Error C2440: “初始化”: 无法从“const double”转换为“double &”。
```

在本例程中，第 6 行定义的变量 n 与列表元素并不共用相同的内存空间。因此，第 8 行代码“n *= 3;”只会改变变量 n 的值，并不会改为列表元素的值。

在本例程中，第 11 行定义的变量 n 是引用类型，与列表元素共用相同的内存空间。不是变量 n 的数据类型具有“只读”特性。因此，不能修改变量 n 的值，同时也无法通过变量 n 修改列表元素的值。

2.4.4 while 语句

while 语句的格式是

```
while (条件表达式)
    循环体
```

其中，**条件表达式**必须是可以转化为布尔值的表达式，**循环体**一般是一条语句或一个语句块。如图 2-13 所示，当条件表达式的值为 true 时，执行循环体。循环体会被一直执行，直到条件表达式的值变为 false 或者遇到 break 语句。

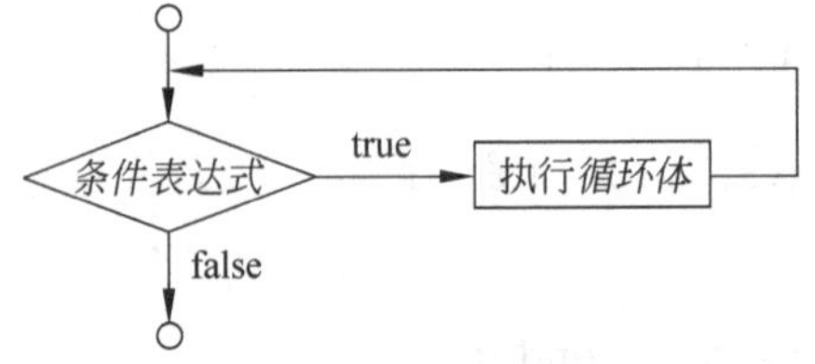

图 2-13　while 语句流程图

下面给出**采用 while 语句实现计算从 1 到 100 之和的代码示例**。

```
const int n = 100;                                          // 1
int sum = 0;                                                // 2
int i = 1;                                                  // 3
while (i <= n)                                              // 4
{                                                           // 5
    sum += i;                                               // 6
    i++;                                                    // 7
} // while 结束                                             // 8
cout << "sum = " << sum; // 输出: sum = 5050                // 9
```

在执行上面 while 语句时，第 6 行代码会从 i=1 一直执行到 i=100，从而使得变量 sum

等于从 1 到 100 之和。当 i=100 时，第 7 行代码将变量 i 的值变为 101，使得 while 语句的条件表示式“i <= n”的值变为 false，从而结束循环。

2.4.5　do-while 语句

do-while 语句的格式是

```
do
    循环体
while (条件表达式);
```

其中，**条件表达式**必须是可以转化为布尔值的表达式，**循环体**一般是一条语句或一个语句块。如图 2-14 所示，do-while 语句的执行过程是一直执行循环体，直到条件表达式的值变为 false 或者遇到 break 语句。

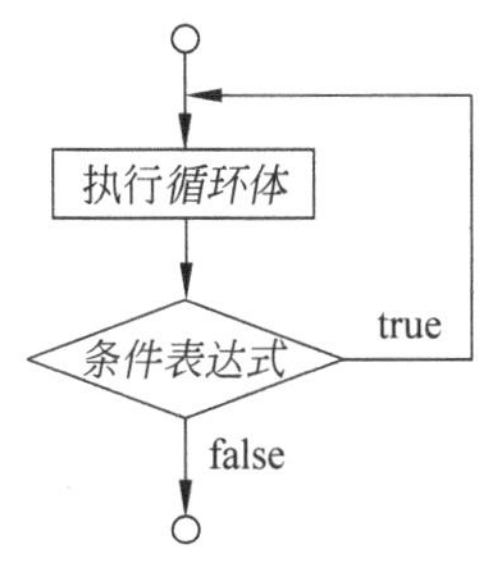

图 2-14　do-while 语句流程图

> ❀小甜点❀：
> 在执行 do-while 语句时，**循环体至少会被执行一遍**。

下面给出**采用 do-while 语句实现计算从 1 到 100 之和的代码示例**。

```
const int n = 100;                                        // 1
int sum = 0;                                              // 2
int i = 1;                                                // 3
do                                                        // 4
{                                                         // 5
    sum += i;                                             // 6
    i++;                                                  // 7
} while (i <= n);                                         // 8
cout << "sum = " << sum; // 输出: sum = 5050             // 9
```

与前面代码一样，在执行上面 while 语句时，第 6 行代码会从 i=1 一直执行到 i=100，从而使得变量 sum 等于从 1 到 100 之和。当 i=100 时，第 7 行代码将变量 i 的值变为 101，使得 do-while 语句的条件表示式“i <= n”的值变为 false，从而结束循环。

2.4.6　continue 语句

C++语言标准规定 **continue 语句只能用在循环语句中**。**continue 语句的写法**如下：

```
continue;
```

如图 2-15 所示，如果在执行循环语句时遇到 continue 语句，则程序会自动结束循环体剩余代码的运行。然后，对于 for 语句，则会立即计算更新表达式，并依据条件表达式决定是重新继续执行一遍循环体还是结束循环语句；对于 while 语句和 do-while 语句，则会立即计算并判断条件表达式，决定是重新继续执行一遍循环体还是结束循环语句。这个过程可以不断地重复下去，直到循环语句运行结束。

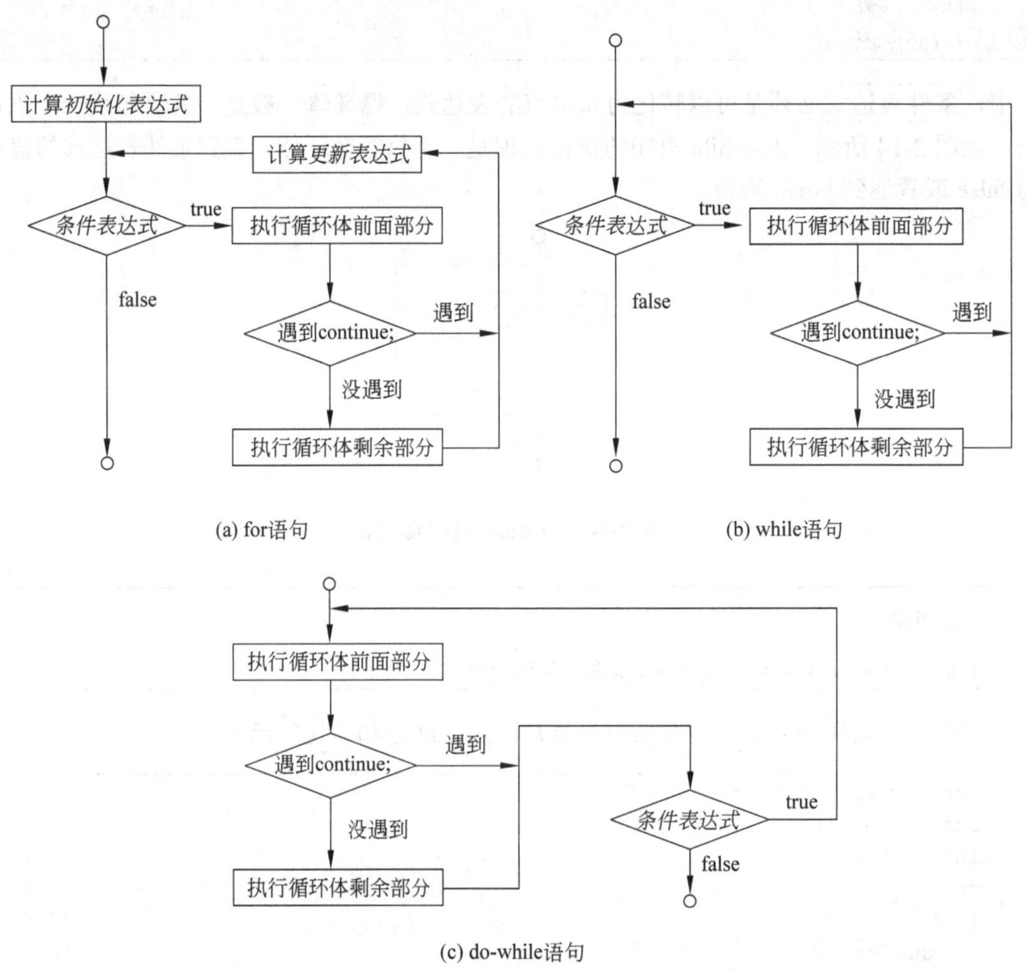

图 2-15　包含 continue 语句的循环语句流程图

下面给出应用 **continue 语句的代码示例**。

```
for (int i = 0; i<5; i++) // 整个循环输出: 0, 1, 2, 4,      // 1
{                                                           // 2
   if (i == 3)             // 跳过 i=3 的情况，不输出         // 3
      continue;                                             // 4
   cout << i << ", ";                                       // 5
} // for 循环结束                                            // 6
```

在执行上面 for 语句的循环体时，如果在运行到第 3 行代码时 i=3，则会执行第 4 行

continue 语句。这时，直接跳过第 5 行代码，回到第 1 行代码，执行“i++”，得到 i=4；然后，计算条件表达式“i<5”的值，得到 true；于是继续执行循环体。因此，最终输出“0, 1, 2, 4,”，其中没有“3, ”。

> ❀小甜点❀：
> **continue 语句通常作为条件语句 if 语句或 if-else 语句的一部分出现在循环语句的循环体中**。如果直接将 continue 语句作为一条独立的语句放入循环语句的循环体中，则在 continue 语句之后的循环体语句将都不被执行。

2.4.7　break 语句

C++语言标准规定**break 语句只能用在 switch 语句和循环语句中**。**break 语句的写法**如下：

```
break;
```

第 2.4.2 小节已经介绍了在 switch 语句中 break 语句的用法。因此，这里只介绍在循环语句中 break 语句的用法。如图 2-16 所示，如果在执行循环语句时遇到 break 语句，则程序会立即自动结束整个循环语句的运行。

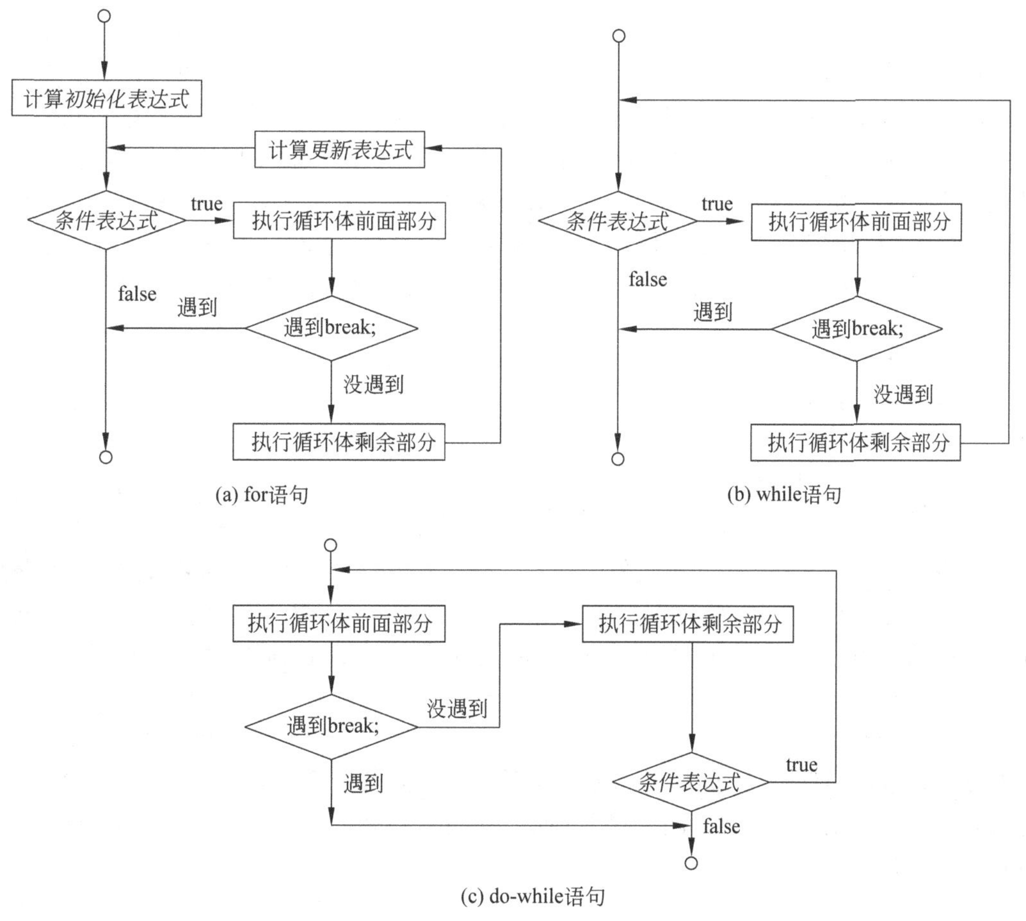

图 2-16　包含 break 语句的循环语句流程图

下面给出应用 **break** 语句的代码示例。

```
for (int i = 0; i<5; i++) // 整个循环输出: 0, 1, 2,          // 1
{                                                            // 2
    if (i == 3) // 当 i==3 时，结束循环                         // 3
        break;                                               // 4
    cout << i << ", ";                                       // 5
} // for 循环结束                                              // 6
```

在执行上面 for 语句的循环体时，如果在运行到第 3 行代码时 i=3，则会执行第 4 行 break 语句，从而结束整个 for 语句的执行。因此，最终输出“0, 1, 2, ”。

2.5 模块划分

随着应用范围的不断扩大以及在各行各业的应用中也越来越深入，程序的规模在事实上变得越来越大。程序员的需求量和队伍也在不断扩大。程序设计的瓶颈焦点也因此逐渐发生了变化。程序的稳定性和可信性正成为越来越突出的问题。一些容易引发错误或不易维护的语法或技巧通常不再建议使用。例如，goto 语句几乎不再使用，甚至被禁止使用。编程技巧关注的重点发生了根本的变化。程序代码的组织架构变得非常重要。如何将大规模的程序开发分解成为众多可集成的小规模程序开发，如何将高难度复杂的程序开发分解为难度较小且相对简单的程序开发，以及如何让尽可能多的人能够学会并且参与到编程之中，这些问题已经成为程序组织架构设计的基本问题。正是在这种背景下，结构化程序设计逐渐走上了历史舞台，并且已经成为目前最基本的程序设计方法。它为程序组织提供了思路和一些指导性原则，通过模块划分对大规模程序分解，降低了程序开发难度。这种程序设计方法思路相对简单，设计出来的程序可读性较强，有利于理解与程序代码维护。

2.5.1 函数基础

函数定义的基本格式是：

```
返回类型 函数名(形式参数列表)
    函数体
```

其中，**返回类型**通常是除了数组之外的数据类型。上面第 1 行也称为**函数头部**。**函数体**实际上是一个语句块，是用一对大括号“{}”括起来的语句组合。如果函数的返回类型是 void，那么在函数体内可以没有返回语句，也可以含有**不具有返回值的返回语句**，具体如下：

```
return;
```

如果函数的返回类型不是 void，那么在函数体内一定要有返回语句，而且对于函数体每个分支，在任何结束函数体运行的位置之前应当都有返回语句。这时，返回语句必须含有返回值，其具体格式是：

```
return 表达式;
```

其中表达式的数据类型一定要与函数的返回类型相匹配。

形式参数列表可以包含 0 个或 1 个或多个**形式参数**。每个形式参数的格式是

```
数据类型 形式参数变量名
```

如果形式参数个数超过 1，则在形式参数之间采用逗号分隔开。

> **注意事项**：
>
> 在同一个程序中，**同一个函数只能定义一次**。

> **小甜点**：
>
> （1）在数据类型定义中定义的函数称为**成员函数**，不在数据类型定义中并且不在语句块中定义的函数称为**全局函数**。本章主要讲解全局函数，成员函数将在后面的章节介绍。
>
> （2）形式参数有时也简称为**形参**。

函数声明的常用格式是：

```
extern 返回类型 函数名(形式参数列表);
```

其中，关键字 extern 不是必须的，只是为了显式表明这里是函数声明，而不是函数定义。

> **小甜点**：
>
> （1）与函数定义相比，函数声明各个部分的含义与函数定义头部相应部分的含义完全相同，同时在结尾处多了一个**分号**，并且**没有函数体**。
>
> （2）在同一个程序中，**同一个函数可以声明多次**。因为函数声明通常会被频繁复用，所以**通常把函数声明放入头文件**，并通过文件包含语句进行加载，这样通常可以**减少总的代码量**。

函数调用的常用格式是：

```
左值 = 函数名(实际参数列表);
```

其中，常用的左值是变量。“左值 =”这部分不是必须的。**函数调用必须在函数定义或声明之后**。**实际参数列表**由 0 个、1 个或多个表达式组成，这些表达式应当与在函数定义或声明的形式参数列表中的参数一一对应，要求每个表达式的值应当能够转换为对应形式参数的数据类型的数据。实际参数有时简称为**实参**。

> **注意事项**：
>
> **如果一个函数被调用，则必须存在该函数的定义**。函数声明为编译器提供函数的必要信息，从而确保函数调用的正确编译，但**无法替代函数定义**。

例程 2-6　输入 3 个整数并输出其中最大的整数。

例程功能描述：输入 3 个整数，计算并输出其中最大的整数。同时，直观展示函数定义、声明和调用代码。

例程解题思路：例程代码由 3 个源程序代码文件“CP_Max.h”“CP_Max.cpp”和“CP_MaxMain.cpp”组成，具体的程序代码如下。

```
// 文件名：CP_Max.h；开发者：雍俊海
#ifndef CP_MAX_H
#define CP_MAX_H

extern int gb_getMax(int a, int b, int c);
extern void gb_getMaxTest( );

#endif
```

```
// 文件名：CP_Max.cpp；开发者：雍俊海
#include <iostream>
using namespace std;

int gb_getMax(int a, int b, int c) // 函数头部
{ // 函数体开始
    int result = (a>b ? a : b);
    if (result < c)
        result = c;
    return result;
} // 函数体结束，同时函数 gb_getMax 结束

void gb_getMaxTest( ) // 函数头部
{ // 函数体开始
    cout << "请输入三个整数（采用空格或回车分隔相邻整数）：";
    int a = 0;
    int b = 0;
    int c = 0;
    cin >> a >> b >> c;
    cout << "输入的三个整数为：" << a << "、" << b << "、" << c <<endl;
    int r = gb_getMax(a, b, c);
    cout << "其中最大的整数为：" << r << endl;
} // 函数体结束，同时函数 gb_getMaxTest 结束
```

```
// 文件名：CP_MaxMain.cpp；开发者：雍俊海
#include <iostream>
using namespace std;
#include "CP_Max.h"

int main(int argc, char* args[ ])
{
    gb_getMaxTest();
    system("pause");
    return 0; // 返回 0 表明程序运行成功
} // main 函数结束
```

可以对上面的代码进行编译、链接和运行。下面给出一个运行结果示例。

```
请输入三个整数（采用空格或回车分隔相邻整数）：1 2 3↙
输入的三个整数为：1、2、3
其中最大的整数为：3
请按任意键继续. . .
```

例程分析：在上面源文件“CP_Max.cpp”中，第 4～10 行代码定义了函数 gb_getMax，其中，第 4 行代码定义了**函数头部**，第 5～10 行代码定义了**函数体**。根据第 4 行代码，函数 gb_getMax 的返回类型是 int，**形式参数列表**是“int a, int b, int c”，3 个**形式参数**分别为“int a”“int b”和“int c”。位于第 9 行的“return result;”是离开函数体的最后一条**返回语句**。

在源文件“CP_Max.cpp”第 20 行代码处，**调用了函数** gb_getMax，用于函数调用的**实际参数**分别为 a、b 和 c。这些实际参数的数据类型与第 4 行形式参数的数据类型完全一致。

> ❀小甜点❀：
>
> 对于源文件“CP_Max.cpp”的第 20 行代码，**C++编译器可以确保**变量 r **正确接收到函数** gb_getMax **的返回值**，即使在函数 gb_getMax 的返回语句中的表达式是函数 gb_getMax 的局部变量 result，如源文件“CP_Max.cpp”的第 9 行代码所示。**至少存在如下 2 种方式可以实现函数返回值的接收**：
>
> （1）在完成函数返回值接收之后，才释放函数的局部变量等内存空间。
>
> （2）首先将函数返回值存储到一些临时的内存空间，接着释放函数的局部变量等内存空间，然后通过前面临时的内存空间完成函数返回值的接收工作，最后释放或丢弃这些临时的内存空间。
>
> **其他结论**：总之，在接收到函数返回值之后，就不能再使用函数的局部变量等内存空间。

在源文件“CP_Max.cpp”第 18 行代码“cin >> a >> b >> c;”中，cin 是标准输入，它可以用来接收从控制台窗口的输入。**标准输入 cin** 可以引导多个数据的输入，每个需要输入的数据加上运算符“>>”就可以。标准输入 cin 的具体讲解请见第 8.1 节。

这里讲解**为什么本例程采用 3 个源程序代码文件**。因为 C++标准规定主函数在每个程序中只能出现一次，所以本例程的源文件“CP_MaxMain.cpp”无法被其他程序直接复用。因为源程序代码文件“CP_Max.h”和“CP_Max.cpp”不含主函数，所以这 2 个代码文件可以加入到其他程序中。因此，采用 3 个源程序代码文件可以方便**程序代码复用**。

> ❀小甜点❀：
>
> 通常让主函数所在的源文件包含尽量少的代码，并且尽量将代码放入不含主函数的源程序代码文件中，从而**提高可复用代码的数量**。

如果不考虑代码复用，则本例程可以只用 1 个源程序代码文件。在源文件“CP_MaxMain.cpp”中，将第 3 行代码替换为源文件“CP_Max.cpp”的第 4～22 行代码，即将第 3 行的文件包含语句直接替换为函数 gb_getMax 和 gb_getMaxTest 的定义代码。这样修改之后的单独 1 个源文件“CP_MaxMain.cpp”就可以通过编译与链接，而且运行结果与上面 3 个源文件的完全相同。然而，C++标准规定主函数在每个程序中只能出现一次。但是，这样修改之后的源文件“CP_MaxMain.cpp”无法直接加入到其他程序中，即无法被其他程序直接复用。

还可以将源文件“CP_MaxMain.cpp”第 3 行代码替换为头文件“CP_Max.h”的第 4～5

行代码，即将第 3 行的**文件包含语句直接替换为函数 gb_getMax 和 gb_getMaxTest 的声明语句**。这样修改之后的源文件“CP_MaxMain.cpp”和源文件“CP_Max.cpp”也可以通过编译与链接，而且运行结果与上面 3 个源文件的完全相同。不过，通常不会这样替换，因为函数声明通常会被频繁复用，尤其当程序规模越来越大时。

结论：通常把**函数定义放在源文件中**，因为每个函数的定义只能定义 1 次。通常把**函数声明放在头文件中**，并且通过文件包含语句将头文件加载到需要调用这些函数的源文件中。

在 C++语言的函数调用中，**从实际参数到形式参数的数据传递方式**共有 2 种：值传递方式和引用传递方式。后面将会讲解到的指针传递方式实际上也是一种值传递方式。这里首先讲解**值传递方式**。在值传递方式中，实际参数与形式参数通常分别占用不同的内存空间。在进行函数调用时，将实际参数的值赋值给形式参数，即用实际参数的值替换位于形式参数内存空间的值。因为内存空间不同，所以在函数体内部改变形式参数的值通常并不会改变实际参数的值。

下面以上面的例程讲解函数参数的值传递方式。假设上面的例程在运行到源文件“CP_Max.cpp”第 18 行代码“cin >> a >> b >> c;”之后，从控制台窗口获取到 a=1、b=2 以及 c=3。这时，在函数 gb_getMaxTest 的函数体内，局部变量 a、b 和 c 的存储空间及其值如图 2-17 左侧所示。当上面的例程在运行到第 20 行代码“int r = gb_getMax(a, b, c);”时，程序将为函数 gb_getMax 的 3 个形式参数分配存储单元，并拷贝实际参数的值，如图 2-17 所示。函数 gb_getMax 的形式参数 a、b 和 c 与函数 gb_getMaxTest 的局部变量 a、b 和 c 占用完全不同的存储单元。

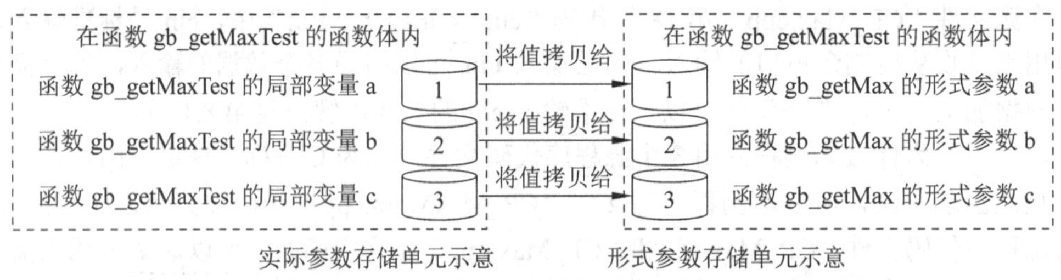

图 2-17　在 C++语言函数调用中，从实际参数到形式参数的值传递方式示例

下面通过**计算正方形面积的 3 个对照例程**来分别阐明值传递方式、指针传递方式和引用传递方式。

例程 2-7　采用值传递方式计算正方形的面积。

例程功能描述：编写计算正方形面积的函数，同时展示函数参数的值传递方式。

> ❀小甜点❀：
>
> 因为本例程只为讲解函数参数的值传递方式，并没有很强的通用性，同时**为了缩短本书篇幅**，所以本例程**只用 1 个源程序代码文件**。本书后面也有类似情况，不再重复解释类似的原因。

例程解题思路：为了直观展示值传递方式，在计算正方形面积的函数 gb_squareArea 的函数体中，修改了形式参数变量的值。让调用函数 gb_squareArea 的实际参数表达式是一个变量，并展示该实际参数变量的值在函数调用前后没有发生变化。例程代码由源程序代码文件“CP_SquareAreaByValueMain.cpp”组成，具体的程序代码如下。

```
// 文件名：CP_SquareAreaByValueMain.cpp；开发者：雍俊海                行号
1  #include <iostream>
2  using namespace std;
3  
4  int gb_squareArea(int a)
5  {
6      cout << "\t 在刚进入函数 gb_squareArea 时，a = " << a << endl;
7      a = a * a; // 计算正方形的面积
8      cout << "\t 在即将离开函数 gb_squareArea 时，a = " << a << endl;
9      return a;
10 } // 函数 gb_squareArea 结束
11 
12 int main(int argc, char* args[ ])
13 {
14     int a = 10;
15     cout << "在主函数中，初始 a = " << a << endl;
16     gb_squareArea(a);
17     cout << "在主函数计算完面积之后，a = " << a << endl;
18     system("pause");
19     return 0; // 返回 0 表明程序运行成功
20 } // main 函数结束
```

可以对上面的代码进行编译、链接和运行。下面给出一个运行结果示例。

```
在主函数中，初始 a = 10
        在刚进入函数 gb_squareArea 时，a = 10
        在即将离开函数 gb_squareArea 时，a = 100
在主函数计算完面积之后，a = 10
请按任意键继续. . .
```

例程分析：当程序运行到第 15 行时，对函数 gb_squareArea 的调用还没有发生。这时，主函数的局部变量 a 的值为 10。当程序运行到第 16 行时，对函数 gb_squareArea 进行调用，程序将为函数 gb_squareArea 的形式参数变量 a 分配存储单元，并拷贝实际参数的值，如图 2-18(a)所示。接着，程序进入函数 gb_squareArea 的函数体内，并在运行到第 6 行代码时输出形式参数变量 a 的值 10。在运行到第 7 行代码时，形式参数变量 a 的值被修改为 100。因为**函数 gb_squareArea 的形式参数变量 a 与主函数的局部变量 a 位于不同的内存空间**，所以形式参数变量 a 的值被修改，并不会影响到主函数的局部变量 a 的值，如图 2-18 所示。当函数调用结束之后，形式参数变量 a 的存储空间被收回。此后，程序继续运行第 17 行的代码，输出主函数的局部变量 a 的值 10，这个值仍然没有发生变化。

结论：如果通过函数参数的值传递方式，则无法通过修改形式参数的值改变实际参数的值。

函数参数的指针传递方式在本质上是值传递方式，它所传递的只是地址。借助于地址，可以在调用函数与被调用函数之间传递数据。下面通过具体例程进行讲解。

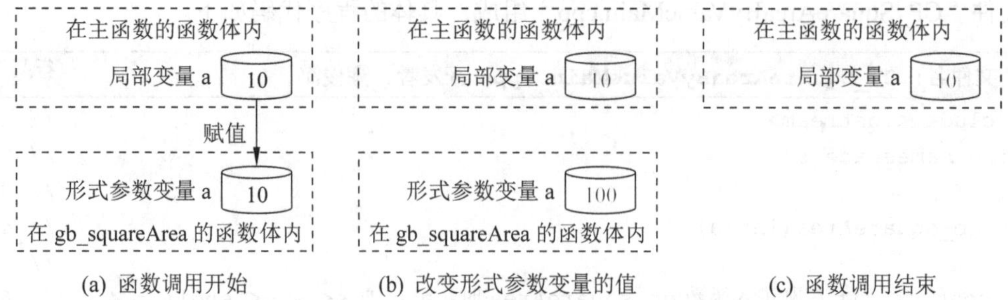

图 2-18 函数参数的值传递方式，无法通过修改形式参数的值改变实际参数的值

例程 2-8 采用指针传递方式计算正方形的面积。

例程功能描述：编写计算正方形面积的函数，同时展示函数参数的指针传递方式。

例程解题思路：让计算正方形面积的函数 gb_squareArea 的形式参数为指针类型，并在函数体内分别修改形式参数指针及其指向的存储空间的值，然后展示实际参数指针及其指向的存储空间的值的变化。例程代码由源程序代码文件“CP_SquareAreaByPointerMain.cpp”组成，具体的程序代码如下。

```
// 文件名：CP_SquareAreaByPointerMain.cpp；开发者：雍俊海
#include <iostream>
using namespace std;

int gb_squareArea(int *pa)
{
   if (pa == nullptr) // 无法确保指针 pa 的合法性
      return 0;
   cout << "\t 在刚进入函数 gb_squareArea 时，(*pa) = " <<(*pa)<<endl;
   (*pa) = (*pa) * (*pa); // 计算正方形的面积
   cout << "\t 正方形面积为(*pa) = " << (*pa) << endl;
   int r = (*pa);
   int b = 20;
   pa = &b;        // 指针 pa 可以指向其他变量
   (*pa) = 200;    // 指针 pa 与传入的地址已经没有关联
   cout <<"\t 在即将离开函数 gb_squareArea 时，(*pa) = "<<(*pa)<<endl;
   return r;
} // 函数 gb_squareArea 结束

int main(int argc, char* args[ ])
{
   int a = 10;
   int *pa = &a;
   cout << "在主函数中，初始(*pa) = " << (*pa) << endl;
   gb_squareArea(pa);
   cout << "在主函数计算完面积之后，(*pa) = " << (*pa) << endl;
   system("pause");
   return 0; // 返回 0 表明程序运行成功
}// main 函数结束
```

可以对上面的代码进行编译、链接和运行。下面给出一个运行结果示例。

```
在主函数中，初始(*pa) = 10
        在刚进入函数 gb_squareArea 时，(*pa) = 10
        正方形面积为(*pa) = 100
        在即将离开函数 gb_squareArea 时，(*pa) = 200
在主函数计算完面积之后，(*pa) = 100
请按任意键继续. . .
```

例程分析：当程序运行到第 23 行时，对函数 gb_squareArea 的调用还没有发生。这时，主函数的局部变量 a 的值为 10，指针 pa 指向局部变量 a，如图 2-19(a)所示。当程序运行到第 24 行时，对函数 gb_squareArea 进行调用，程序将为函数 gb_squareArea 的形式参数变量 pa 分配存储单元，并拷贝实际参数的值，使得函数 gb_squareArea 的形式参数变量 pa 指向主函数的局部变量 a，如图 2-19(b)所示。接着，程序进入函数 gb_squareArea 的函数体内。

> **说明**：
>
> 仅仅根据 C++语法，无法确保函数 gb_squareArea 的调用参数指针 pa 不会是**空指针**或者**野指针**。上面第 6~7 行代码仅处理了 pa 为空指针的情况。实际上，函数 gb_squareArea 无法处理 pa 为野指针的情况。因此，在函数调用时，必须确保不会出现 pa 为野指针的情况；否则，程序的运行有可能会被中止。

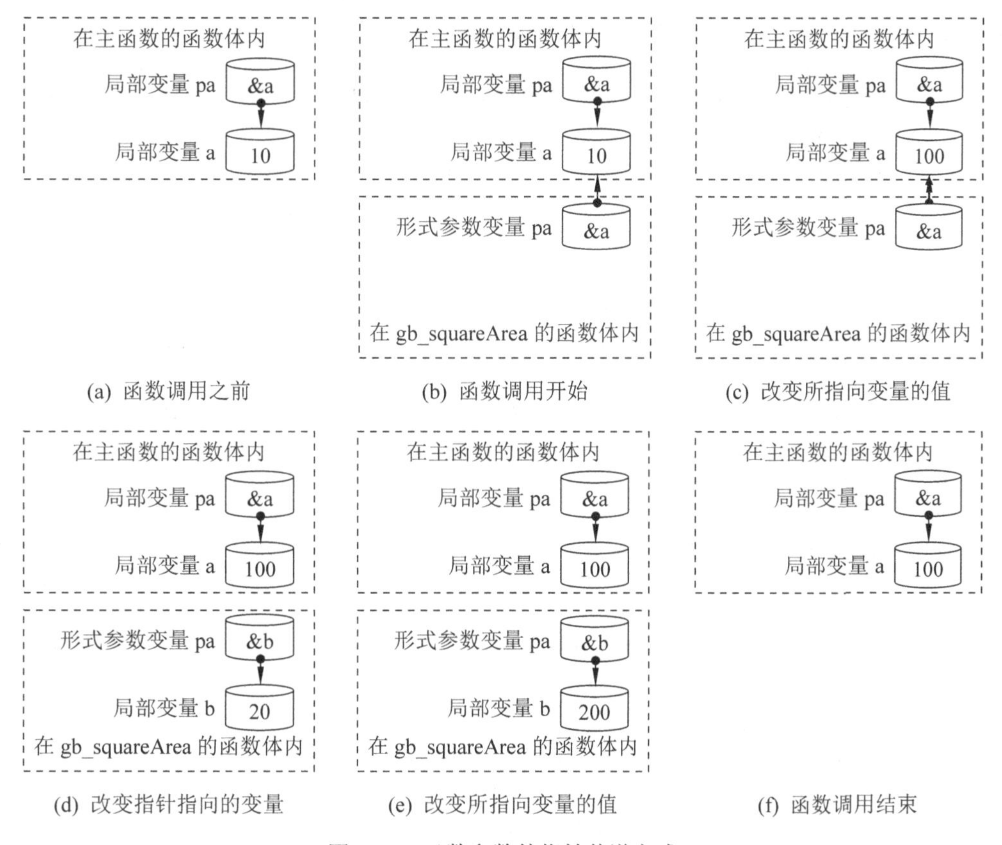

图 2-19　函数参数的指针传递方式

在上面第 9 行处的代码中，(*pa)等同于主函数的局部变量 a。因此，代码“(*pa) = (*pa) * (*pa);”修改(*pa)的值就是修改主函数局部变量 a 的值，结果 a=100，如图 2-19(c)所示。上面第 13 行代码将函数 gb_squareArea 的形式参数变量 pa 重新赋值为变量 b 的地址。因为函数 gb_squareArea 的实际参数是主函数的局部变量 pa，它与函数 gb_squareArea 的形式参数变量 pa 分别占用不同的存储单元，如图 2-19(d)所示，所以主函数的局部变量 pa 并没有随着函数 gb_squareArea 的形式参数变量 pa 的变化而变化。结果这两个指针分别指向两个不同的变量。因此，在上面第 14 行代码“(*pa) = 200;”中，(*pa)等同于局部变量 b，结果局部变量 b 的值变为 200，而主函数局部变量 a 的值并没有变化，如图 2-19(e)所示。当函数调用结束之后，函数 gb_squareArea 的形式参数变量 pa 和各个局部变量的存储空间都会被自动收回，如图 2-19(f)所示。

结论：如果通过函数参数的指针传递方式，**借助于传递进来的地址，被调用的函数可以修改调用函数的局部变量的值**，如从图 2-19(b)到图 2-19(c)的变化所示。不过，形式参数指针也可以赋予新值，即不再保存传递进来的地址，从而**断开**被调用的函数与调用函数之间的这种数据联系。

例程 2-9　采用引用传递方式计算正方形的面积。

例程功能描述：编写计算正方形面积的函数，同时展示函数参数的引用传递方式。

例程解题思路：对于计算正方形面积的 gb_squareArea 函数的形式参数变量与实际参数变量，将展示它们的地址以及值的变化，从而直观展示引用传递方式的特点。例程代码由源程序代码文件“CP_SquareAreaByReferenceMain.cpp”组成，具体的程序代码如下。

```
// 文件名：CP_SquareAreaByReferenceMain.cpp；开发者：雍俊海
#include <iostream>
using namespace std;

int gb_squareArea(int &a)
{
   cout << "\t 函数 gb_squareArea 形式参数 a 的地址为" << (int)&a <<endl;
   cout << "\t 在刚进入函数 gb_squareArea 时，a = " << a << endl;
   a = a * a; // 计算正方形的面积
   cout << "\t 在即将离开函数 gb_squareArea 时，a = " << a << endl;
   return a;
} // 函数 gb_squareArea 结束

int main(int argc, char* args[ ])
{
   int a = 10;
   cout << "在主函数中，局部变量 a 的地址为" << (int)&a << endl;
   cout << "在主函数中，初始 a = " << a << endl;
   gb_squareArea(a);
   cout << "在主函数计算完面积之后，a = " << a << endl;
   system("pause");
   return 0; // 返回 0 表明程序运行成功
} // main 函数结束
```

可以对上面的代码进行编译、链接和运行。下面给出一个运行结果示例。

```
在主函数中，局部变量 a 的地址为 17824936
在主函数中，初始 a = 10
        函数 gb_squareArea 形式参数 a 的地址为 17824936
        在刚进入函数 gb_squareArea 时，a = 10
        在即将离开函数 gb_squareArea 时，a = 100
在主函数计算完面积之后，a = 100
请按任意键继续. . .
```

例程分析：根据第 18 行代码，函数 gb_squareArea 的实际参数是主函数的局部变量 a。从上面运行结果可以看出，函数 gb_squareArea 形式参数变量 a 与实际参数变量拥有相同的内存地址。因此，这两个变量实际上占用的是同一个存储单元，如图 2-20(a)所示。通过引用方式传递函数参数，函数 gb_squareArea 形式参数变量 a 实际上只是主函数的局部变量 a 的别名。当运行到第 8 行代码时，函数 gb_squareArea 形式参数变量 a 的值被修改为 100，意味着主函数局部变量 a 的值被修改为 100，如图 2-20(b)所示。在函数调用结束之后，主函数局部变量 a 的值仍然为 100，与初始值 10 不同。

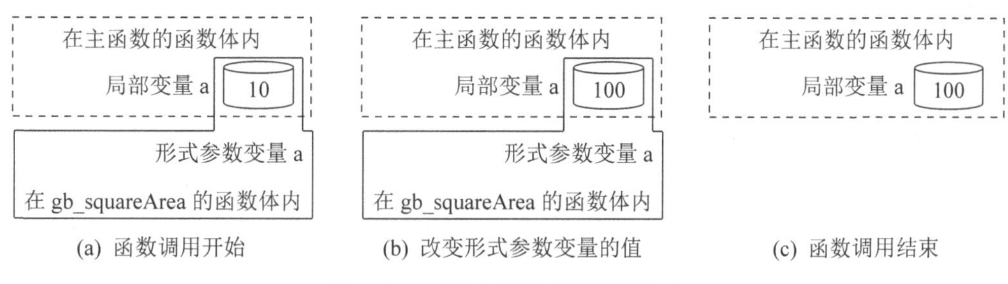

(a) 函数调用开始　　(b) 改变形式参数变量的值　　(c) 函数调用结束

图 2-20　函数参数的引用传递方式

结论：**在引用传递方式中，函数的形式参数只是实际参数的别名**，改变形式参数就是改变实际参数。如果函数形式参数采用引用方式，则在被调用的函数的函数体内**无法断开**该形式参数与实际参数之间的关联关系。

2.5.2　主函数 main

运行 C++程序的入口通常是主函数 main。因此，每个 C++程序通常有且仅有一个主函数 main。**主函数 main 有且仅有两种标准函数首部格式**，具体如下：

```
int main( )                                    // 第 1 种格式
int main(int argc, char* args[ ])              // 第 2 种格式
```

主函数返回的整数是提供给操作系统的。如果主函数返回 0，则表明程序正常退出；否则，表明程序非正常退出。主函数返回数值的含义及其处理方式应当遵循所用的**操作系统的协议**，而且不同操作系统的协议通常会有所不同。

在第 2 种格式中，主函数 main 包含两个形式参数，其中第 2 个形式参数是一个字符串数组 args，该数组元素的个数存放在第 1 个形式参数 argc 中。因此，如果传给主函数 main 的参数 argc 大于 0，则在主函数的函数体内可以使用字符串 args[0]、args[1]、…、 args[argc−1]。下面给出具体的例程。

例程 2-10　输出程序参数的个数和内容。

例程功能描述：输出程序参数的总个数，并依次输出各个参数的内容。

例程解题思路：例程的源程序代码文件是“CP_MainArguments.cpp”，具体内容如下。

```
// 文件名：CP_MainArguments.cpp；开发者：雍俊海
#include <iostream>
using namespace std;

int main(int argc, char* args[])
{
    cout << "本程序的参数个数为：" << argc << "，具体如下：" << endl;
    for (int i = 0; i < argc; i++)
        cout << "\t第" << i + 1 << "个参数是" << args[i] << endl;
    return 0; // 返回 0 表明程序运行成功
} // 函数 main 结束
```

可以对上面的代码进行编译和链接，并参考第 1.2.2 小节介绍的内容进入控制台窗口和运行例程。下面给出 2 个运行结果示例。

```
D:\Examples\MainArguments\Debug> CP_MainArguments.exe 1 2 3↙
本程序的参数个数为：4，具体如下：
        第 1 个参数是 CP_MainArguments.exe
        第 2 个参数是 1
        第 3 个参数是 2
        第 4 个参数是 3

D:\Examples\MainArguments\Debug> CP_MainArguments.exe "1 2 3"↙
本程序的参数个数为：2，具体如下：
        第 1 个参数是 CP_MainArguments.exe
        第 2 个参数是 1 2 3

D:\Examples\MainArguments\Debug>
```

例程分析：从上面结果可以看出，程序的第 1 个参数是程序名本身。后续的每个参数是一个字符串。每个参数以空格分隔开。如果单个字符串本身含有空格，那么可以用一对双引号将该参数括起来，如上面第 2 个运行结果所示。

2.5.3　函数递归调用

一个函数直接或间接地调用它自己就称为函数递归调用。下面给出具体例程。

例程 2-11　汉诺塔（Tower of Hanoi）问题。

例程功能描述：汉诺塔问题是一个古老的问题，有三根柱子 A、B 和 C 以及 *n* 个大小均不相同的盘，其中 *n* 是大于 0 的整数。其初始状态如图 2-21(a)所示，在柱子 A 上从上到下套着 *n* 个按从小到大排好序的盘。具体要求和目标如下：

（1）每次只能移动一个盘，而且只能从一根柱子最上面移动到另一根柱子的最上面。

（2）大的盘不允许放在小盘的上面。

（3）所有的盘只能套在这三根柱子上，即不能放在其他地方。

（4）汉诺塔问题的目标是遵循上面要求将 n 个盘从柱子 A 移动到柱子 C。

（5）输出实现上述目标的移动过程。

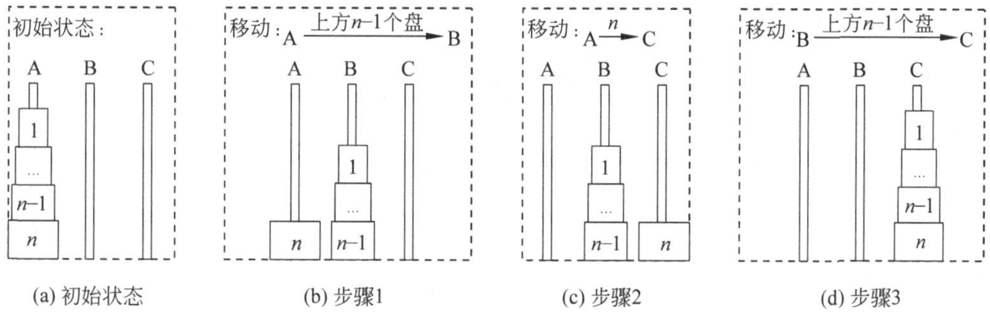

(a) 初始状态　(b) 步骤1　(c) 步骤2　(d) 步骤3

图 2-21　n 个盘的汉诺塔（Tower of Hanoi）问题求解思路

例程解题思路：如图 2-21(a)所示，设盘的编号分别是 1、2、…、n。如果 n=1，则直接将这个盘从柱子 A 移动到柱子 C，就解决问题了。如果 n>1，则参照如图 2-21 所示，按照下面的步骤进行：

（1）将编号从 1 到 n−1 的盘从柱子 A 移动到柱子 B；

（2）将编号为 n 的盘从柱子 A 直接移动到柱子 C；

（3）将编号从 1 到 n−1 的盘从柱子 B 移动到柱子 C。

其中步骤（1）和（3）的问题仍然都是汉诺塔问题，而且盘子的数量变成为(n−1)。这个求解过程可以不断重复下去，直到盘子的数量变成为 1，从而解决汉诺塔问题。按照这个思路编写代码，例程代码由 3 个源程序代码文件“CP_Hanoi.h”“CP_Hanoi.cpp”和“CP_HanoiMain.cpp”组成，具体的程序代码如下。

// 文件名：**CP_Hanoi.h**；开发者：雍俊海	行号

```
#ifndef CP_HANOI_H
#define CP_HANOI_H

extern void gb_hanoi(int n, char start, char temp, char end);

#endif
```

// 文件名：**CP_Hanoi.cpp**；开发者：雍俊海	行号

```
#include <iostream>
using namespace std;

void gb_hanoi(int n, char start, char temp, char end)
{
    if (n <= 1)
        cout<< "将 1 号盘从柱子" <<start<< "移到柱子" <<end<< "。\n";
    else
    {
```

```
10      gb_hanoi(n - 1, start, end, temp);
11      cout << "将" << n << "号盘从柱子"
12          << start << "移到柱子" << end << "。\n";
13      gb_hanoi(n - 1, temp, start, end);
14   } // if-else 结构结束
15 } // 函数 gb_hanoi 结束
```

```
// 文件名：CP_HanoiMain.cpp；开发者：雍俊海
#include <iostream>
using namespace std;
#include "CP_Hanoi.h"

int main(int argc, char* args[])
{
    int n = 3;
    cout << "请输入盘子的总数：";
    cin >> n;
    gb_hanoi(n, 'A', 'B', 'C');
    system("pause");
    return 0;
} // main 函数结束
```

可以对上面的代码进行编译、链接和运行。下面给出一个运行结果示例。

```
请输入盘子的总数：3↙
将 1 号盘从柱子 A 移到柱子 C。
将 2 号盘从柱子 A 移到柱子 B。
将 1 号盘从柱子 C 移到柱子 B。
将 3 号盘从柱子 A 移到柱子 C。
将 1 号盘从柱子 B 移到柱子 A。
将 2 号盘从柱子 B 移到柱子 C。
将 1 号盘从柱子 A 移到柱子 C。
请按任意键继续. . .
```

例程分析：上面代码是完全按照求解思路编写的。源文件“CP_Hanoi.cpp”的第 10 行和第 13 行代码分别**递归调用**函数 gb_hanoi 以解决盘数为(n−1)的汉诺塔问题。图 2-22 直观展示了在 n=3 的情况下，上面程序运行的过程。

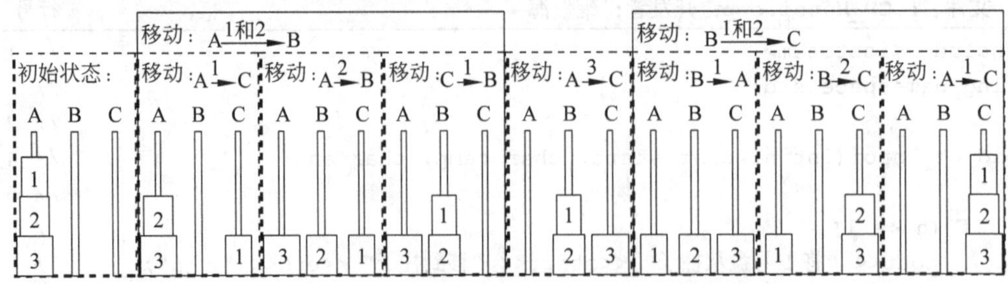

图 2-22　3 个盘的汉诺塔（Tower of Hanoi）问题求解过程

结论：**函数递归调用也是函数调用**，需要遵循一般函数调用的基本原则。只是在函数递归调用时，要避免函数无限制地递归下去，即要设法让函数递归调用最终能够结束。例如，在上面例程中，在函数递归调用时，让盘的数量减少 1，从而使得待求解的汉诺塔问题的盘的数量不断减少，直到盘的数量变为 1。在盘的数量变为 1 时，不再需要函数递归调用，可以直接求解，如上面源文件“CP_Hanoi.cpp”的第 6 行和第 7 行代码所示。

2.5.4　函数指针类型

函数指针是一种指针，它指向函数。**函数指针变量的定义格式**如下：

```
返回类型 (*函数指针变量名) (函数形式参数列表);
```

> **注意事项**：
>
> 在函数定义中，函数返回类型和函数形式参数类型列表的不同组合代表了不**相同的函数类型**。同样，在函数指针变量定义中，函数返回类型和函数形式参数类型列表的不同组合代表了**不相同的函数指针类型**。

还可以通过类型别名定义 typedef **给函数指针类型起一个别名**，具体格式如下：

```
typedef 返回类型 (*函数指针类型别名) (函数形式参数列表);
```

接下来，就可以**通过函数指针类型别名定义函数指针变量**，具体格式如下：

```
函数指针类型别名 变量列表;
```

采用这种方式，可能会显得更加清晰一些。下面通过例程进一步说明。

例程 2-12　通过函数指针实现分段函数。

例程功能描述：通过函数指针定义并实现一个函数，它在大于或等于 0 的区间段内的值是第 1 个函数的值，它在小于 0 的区间段内的值是第 2 个函数的值。

例程解题思路：将所要定义并实现的函数命名为 gb_piecewise，它的第 1 个参数是函数指针 f1，第 2 个参数是函数指针 f2，第 3 个参数是整数 x。为了验证函数 gb_piecewise，定义了立方函数 gb_power3 和平方函数 gb_square，并通过函数 gb_test 进行测试。例程代码由 3 个源程序代码文件“CP_Piecewise.h”“CP_Piecewise.cpp”和“CP_PiecewiseMain.cpp”组成，具体的程序代码如下。

```
// 文件名：CP_Piecewise.h；开发者：雍俊海
#ifndef CP_PIECEWISE_H
#define CP_PIECEWISE_H

typedef int(*CD_Function)(int x);

extern int  gb_piecewise(CD_Function f1, CD_Function f2, int x);
extern int  gb_power3(int x);
extern int  gb_square(int x);
extern void gb_test( );
```

```

#endif
```

```
// 文件名: CP_Piecewise.cpp; 开发者: 雍俊海
#include <iostream>
using namespace std;
#include "CP_Piecewise.h"

int gb_piecewise(CD_Function f1, CD_Function f2, int x)
{
    int result = 0;
    if (x >= 0)
        result = f1(x);
    else result = f2(x);
    return result;
} // 函数 gb_piecewise 结束

int gb_power3(int x)
{
    int result = x * x * x;
    return result;
} // 函数 gb_power3 结束

int gb_square(int x)
{
    int result = x * x;
    return result;
} // 函数 gb_square 结束

void gb_test( )
{
    int x = 0;
    cout << "请输入一个整数: ";
    cin >> x;
    int r = gb_piecewise(gb_power3, gb_square, x);
    cout << "f(" << x << ") = " << r << endl;
} // 函数 gb_test 结束
```

```
// 文件名: CP_PiecewiseMain.cpp; 开发者: 雍俊海
#include <iostream>
using namespace std;
#include "CP_Piecewise.h"

int main(int argc, char* args[ ])
{
    gb_test();
    system("pause");
```

```
    return 0; // 返回 0 表明程序运行成功                          // 9
} // main 函数结束                                                // 10
```

可以对上面的代码进行编译、链接和运行。下面给出 2 个运行结果示例。

```
请输入一个整数：3↙
f(3) = 27
请按任意键继续. . .
```

```
请输入一个整数：-5↙
f(-5) = 25
请按任意键继续. . .
```

例程分析：如源文件“CP_Piecewise.cpp”第 5 行代码所示，函数 gb_piecewise 的前 2 个形参的数据类型是函数指针类型。在调用函数 gb_piecewise 时，函数指针类型的实参是具体的函数，如源文件“CP_Piecewise.cpp”第 31 行代码所示。

源文件“CP_Piecewise.cpp”第 5 行代码还可以改写为

```
int gb_piecewise(int(*f1)(int x), int(*f2)(int x), int x)          // 5
```

改写前后的功能是等价的。

在定义函数指针类型 CD_Function 和函数 gb_square 之后，还可以通过下面的代码定义函数指针变量 f，并通过 f 调用函数 gb_square。

```
    CD_Function f = gb_square;                                    // 1
    cout << "f(-10) = " << f(-10) << endl; // 输出：f(-10) = 100  // 2
```

2.5.5　关键字 static

在定义变量的语句中，在数据类型的前面可以加上**关键字 static**。这时，这些所定义的变量就具有了静态属性，通常称为**静态变量**。静态变量具有如下性质：

（1）在使用上的**局部性**：**静态变量只能在自己定义所在的源文件中使用**。如果在其他源程序文件中也定义了与其同名的变量，则这两个变量是无关的变量，分别占用不同的存储单元。**在函数体等语句块中定义的静态变量的使用范围**是从静态变量定义开始到语句块结束。不在数据类型定义中并且不在语句块中定义的变量称为**全局变量**。**全局静态变量的使用范围**是从静态变量定义开始到源文件结束。

（2）在程序运行过程中的**全局性**：静态变量在程序运行过程中的**生命周期**是从创建开始，一直持续到程序结束。在其生命周期中，静态变量的**存储单元位置**是固定不变的。这种全局的特性对于在语句块中定义的静态变量也成立。

（3）初始化的**唯一性**：如果在定义静态变量时含有初始化的赋值操作，则该初始化操作只会被执行一次，即只在第一次执行定义静态变量的语句时进行初始化的赋值操作。在这之后，该静态变量的存储单元一直存在，直到程序结束。

例程 2-13　通过静态变量统计函数调用次数。

例程功能描述：编写一个函数，然后通过静态变量统计并输出这个函数被调用次数。

例程解题思路：在这个函数的函数体定义一个静态变量用于统计这个函数被调用的次数。然后，在主函数中 3 次调用这个函数，测试统计结果的正确性。例程代码由 3 个源程序代码文件“CP_CallTime.h”“CP_CallTime.cpp”和“CP_CallTimeMain.cpp”组成，具体的程序代码如下。

// 文件名：**CP_CallTime.h**；开发者：雍俊海

```
#ifndef CP_CALLTIME_H
#define CP_CALLTIME_H

extern void gb_callTime();

#endif
```

// 文件名：**CP_CallTime.cpp**；开发者：雍俊海

```
1 #include <iostream>
2 using namespace std;
3 
4 void gb_callTime( )
5 {
6    static int count = 0;
7    count++;
8    cout << "函数 gb_callTime 被调用了" << count << "次。" << endl;
9 } // 函数 gb_callTime 结束
```

// 文件名：**CP_CallTimeMain.cpp**；开发者：雍俊海

```
#include <iostream>
using namespace std;
#include "CP_CallTime.h"

int main(int argc, char* args[ ])
{
   gb_callTime( );
   gb_callTime( );
   gb_callTime( );
   system("pause");
   return 0; // 返回 0 表明程序运行成功
} // main 函数结束
```

可以对上面的代码进行编译、链接和运行。下面给出一个运行结果示例。

```
函数 gb_callTime 被调用了 1 次。
函数 gb_callTime 被调用了 2 次。
函数 gb_callTime 被调用了 3 次。
请按任意键继续. . .
```

例程分析：源文件“CP_CallTime.cpp”的第 6 行代码展示了**如何定义静态变量 count**。**在这里定义静态变量 count 对本例程的要求而言是非常合适的**。修改静态变量 count 的值的语句只能位于第 6 行代码“静态变量 count 定义语句”的后面，并且在第 9 行代码“语句块结束标志”之前。这样，可以确保其他程序代码无法修改静态变量 count 的值，即其他代码无法扰乱函数调用次数的统计。

当第 1 次调用函数 gb_callTime 时，源文件“CP_CallTime.cpp”第 6 行代码被执行，静态变量 count 的存储空间得到分配，同时被初值化为 0。接着，执行下一条语句，静态变量 count 的值变成为 1。第 8 行的代码输出“函数 gb_callTime 被调用了 1 次。”，这与预期的一致。

在第 2 次和第 3 次调用函数 gb_callTime 时，**源文件“CP_CallTime.cpp”第 6 行代码都不会被执行**。这是由静态变量在程序运行过程中的全局性和初始化的唯一性决定的。静态变量 count 仍然采用在第 1 次调用时分配的存储空间；因此，也不会再次被初始化。这样，在第 2 次和第 3 次调用函数 gb_callTime 时，第 7 行代码“count++;”将依次将静态变量 count 的值变成为 2 和 3，即正确地统计了函数调用次数。

2.5.6　模块划分的原则与过程

对于程序代码而言，**模块**就是一些具有含义的代码集合。**最小的代码模块**是语句。语句可以组成语句组或语句块。语句、语句组和语句块可以组成函数。函数和数据又可以组成类。这些语句组、语句块、函数和类也可以称为模块。函数和类又可以组成更大的模块。**最大的代码模块**是完整的程序代码。在结构化程序设计中，模块是**结构化的基本代码单元**。

上面过程的逆过程就是**模块划分**。模块划分就是不断细分程序代码，直到每个模块足够小。分析这些模块，形成类和函数，并且尽量避免编写重复的代码。模块划分的核心思想是将规模大的问题分解成为规模小的问题，从而降低编写程序的难度。下面介绍**模块划分的基本原则**。

（1）**已有模块原则**：应当尽量利用已有的模块，例如，系统提供的库函数或者自己以前写过的自定义类或函数等代码模块。这样不仅可以少写代码，而且这些代码通常很有可能已经通过测试或反复使用，出现错误的概率通常也会比较小。

（2）**功能划分原则**：可以按照功能划分模块，并且让功能定义尽可能合乎常规。能够被人们理解的模块通常是这些模块得到复用的前提。

（3）**功能单一原则**：**功能模块的基本单位**主要是函数。应当尽量让每个函数的功能尽量单一，输入和输出尽量简单。

（4）**功能完整原则**：通常要求模块的功能尽可能具有完整性。例如，通常要求函数尽可能完整地完成它自身的单一功能，尽量不要漏掉一些必须处理的情况。再如，通常要求类尽可能具备完整的基本功能。这样非常有利于模块的复用。如果功能实现不完整，那么通常会让人感到非常困惑，容易引发程序出现错误。

（5）**变与不变分离原则**：基本上不变的部分与容易发生变化的部分应当分开，各自构成模块。根据这个原则，通常将输入和输出等交互设计与计算等分开，因为输入和输出等交互设计通常是非常容易发生变化的。需求已经确定的部分与需求还未确定的部分要尽量分开。容易随着版本升级而发生变化的部分与其他部分要尽量分开。这样通常可以大幅度降低程序维护的代价。

（6）**信息屏蔽原则**：有时也称为**接口定义原则**。这里的接口通常指的是放在头文件中的代码。例如，函数的头部或声明。本原则要求对模块的调用形式及其前提条件应当在接口中说明清楚。在进行模块调用时不需要了解模块内部细节，即模块内部实现不应当使用在接口定义或说明中没有出现的前提条件。例如，给函数传递数据应当尽量通过函数参数，而不应当通过全局变量。

（7）可验证性原则：每个可以进行复用的模块都应当可以单独验证其正确性。对单个模块进行测试也称为单元测试。这个要求基本上是研发商业软件产品的基本要求，甚至被认为是程序可维护性的基本保证。

（8）模块独立原则：有时也称为低耦合性原则，即模块之间的关联程度尽可能低。模块之间保持相对独立性至关重要，为团队编写大型程序分工协作创造了条件。这同时也是提高程序可维护性的重要原则。

这里介绍按照结构化程序设计要求进行模块划分的过程。结构化程序设计要求采用三种基本控制结构来进行模块划分和程序代码分解。如图 2-23(b)～(h)所示，这三种控制结构包括：顺序结构、选择结构和循环结构。具体的程序分解规则如下：

（1）如图 2-23(a)所示，任何一个程序的初始流程图都可以由“开始”和“结束”的 2 个弧形框和中间的 1 个矩形框表示。其中“开始”弧形框表示程序最开始的初始化操作，例如申请内存和对变量赋初值等操作。“结束”弧形框表示程序的结束处理操作，例如释放所获得的内存、将程序的一些统计信息保存到程序日志文件中以及返回程序是否正常运行等操作。当然，初始化操作和结束处理操作也可以不执行任何操作。中间矩形框表示问题求解，这是程序的核心部分。

（2）在流程图中的任何一个矩形框都可以替换成为如图 2-23(b)～(h)所示的顺序结构、选择结构和循环结构的流程图。在这些图中的小圆圈表示这些流程图的对外连接关系。也就是说，流程图的两个小圆圈所在的进入方向和出去方向两个箭头，与被替换的矩形框的进入方向和出去方向两个箭头要求完全重合。这样，就会很清楚在替换时如何将这些控制结构的流程图无歧义地连接入原来的流程图中。

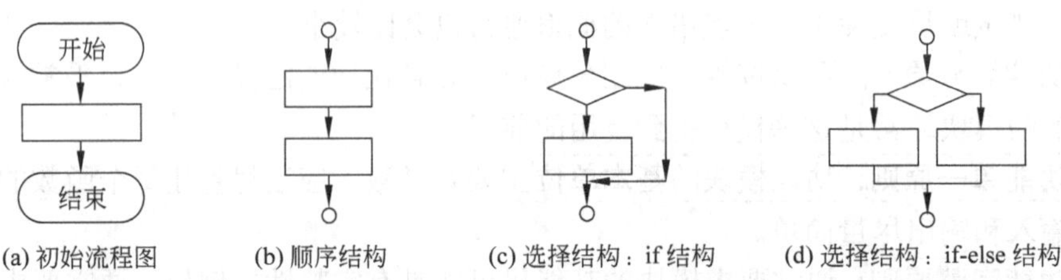

(a) 初始流程图　(b) 顺序结构　(c) 选择结构：if 结构　(d) 选择结构：if-else 结构

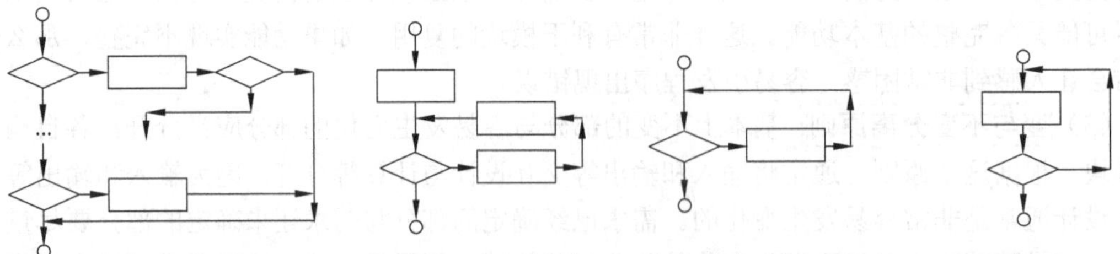

(e) 选择结构：switch 结构　(f) 循环结构：for 结构　(g) 循环结构：while 结构　(h) 循环结构：do-while 结构

图 2-23　结构化程序设计的基本流程图和三种基本控制结构

（3）可以不停地应用规则（2），直到在流程图中的每个矩形框对应 1 条语句。这时程序设计结束。

能够按照上面的规则构造出来的程序就是一种**结构化的程序**；否则，就是一种**非结构化的程序**。上面分解的过程不仅可以划分出模块（即可以选取某些矩形框独立成为新的模块），也可以对模块进一步进行分解，直到每个矩形框对应一条语句。当然，对于同样的程序，通常有可能存在多种分解结果。下面给出一个例程说明这种分解过程。

例程 2-14　计算并输出 *n* 的阶乘。

例程功能描述：先输入整数 *n*，然后计算并输出 *n* 的阶乘。

例程解题思路：按照结构化程序设计的方法求解 *n* 的阶乘。例程代码由 5 个源程序代码文件“CP_Factorial.h”“CP_Factorial.cpp”“CP_FactorialPlatform.h”“CP_FactorialPlatform.cpp”和“CP_FactorialMain.cpp”组成，具体的程序代码如下。

```
// 文件名：CP_Factorial.h；开发者：雍俊海
#ifndef CP_FACTORIAL_H
#define CP_FACTORIAL_H

extern int gb_factorial(int n);

#endif
```

```
// 文件名：CP_Factorial.cpp；开发者：雍俊海
#include <iostream>
using namespace std;

int gb_factorial(int n)
{
    int result = 1;
    for (int i = 1; i <= n; i++)
        result *= i;
    return result;
} // 函数 gb_factorial 结束
```

```
// 文件名：CP_FactorialPlatform.h；开发者：雍俊海
#ifndef CP_FACTORIALPLATFORM_H
#define CP_FACTORIALPLATFORM_H

extern void gb_factorialPlatform();

#endif
```

```
// 文件名：CP_FactorialPlatform.cpp；开发者：雍俊海
#include <iostream>
using namespace std;
#include "CP_Factorial.h"

void gb_factorialPlatform( )
{
    int n = 0;
```

```
    cout << "请输入 1 个整数: ";
    cin >> n;
    int result = gb_factorial(n);
    cout << n << "! = " << result << endl;
} // 函数 gb_factorialPlatform 结束
```

```
// 文件名: CP_FactorialMain.cpp; 开发者: 雍俊海                    行号
1  #include <iostream>
2  using namespace std;
3  #include "CP_FactorialPlatform.h"
4  
5  int main(int argc, char* args[ ])
6  {
7      gb_factorialPlatform( );
8      system("pause");
9      return 0; // 返回 0 表明程序运行成功
10 } // main 函数结束
```

可以对上面的代码进行编译、链接和运行。下面给出一个运行结果示例。

```
请输入 1 个整数: 10↙
10! = 3628800
请按任意键继续. . .
```

例程分析：依据上面的**结构化程序设计程序分解过程**，首先把整个程序的求解部分用一个矩形框表面，并在前面加上“开始”，在后面加上“结束”的弧形框，形成主函数所在的模块，如图 2-24(a)所示。因为主函数所在的源文件是无法复用的，所以需要将“求解 n!”这个模块独立出来，形成函数 gb_factorialPlatform 所在的模块。这样，一方面，图 2-24(a)所示的矩形框在主函数中就变成为对函数 gb_factorialPlatform 的调用，如源文件“CP_FactorialMain.cpp”第 7 行代码所示；另一方面，函数 gb_factorialPlatform 所在的模块对应头文件“CP_FactorialPlatform.h”和源文件“CP_FactorialPlatform.cpp”。

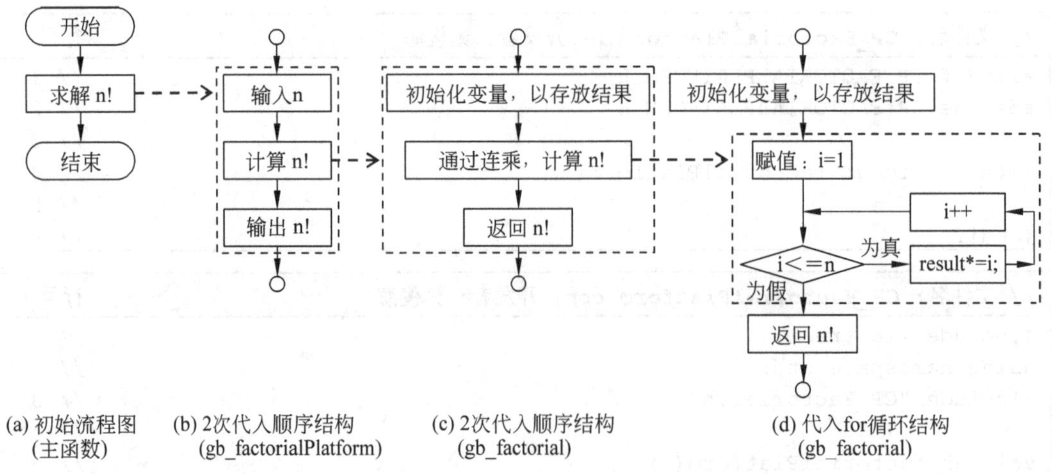

图 2-24　计算并输出 n 阶乘程序的结构化程序设计过程

对图 2-24(a)所示的矩形框，2 次代入顺序结构，得到如图 2-24(b)所示的结构，对应源文件“CP_FactorialPlatform.cpp”第 7～11 行代码。依据模块划分**变与不变分离原则**，把其中“计算 n!”的部分与输入输出部分分开，即将“计算 n!”的部分又独立成为一个模块，形成函数 gb_factorial。函数 gb_factorial 所在的模块对应头文件“CP_Factorial.h”和源文件“CP_Factorial.cpp”。

对在图 2-24(b)中的“计算 n!”矩形框，2 次代入顺序结构，得到如图 2-24(c)所示的结构。对在图 2-24(c)中的“通过连乘，计算 n!”矩形框，代入 for 循环结构，得到如图 2-24(d)所示的结构，对应函数 gb_factorial 的函数体，如源文件“CP_Factorial.cpp”第 6～9 行代码所示。

结论：按照**结构化程序设计程序分解方法**以及**模块划分的基本原则**，本例程划分为 3 个模块，分别为主函数模块、函数 gb_factorialPlatform 模块和函数 gb_factorial 模块。其中主函数模块是不可复用的模块，后两个模块都是可复用的模块。函数 gb_factorialPlatform 模块经常要求修改，例如，修改输入的提示信息或者输入输出的格式。相对而言，函数 gb_factorial 模块通常在较长时间内保持不变。

如果某个程序流程图无法按照上面结构化程序设计程序分解方法得到，则该程序流程图是**非结构化的程序流程图**，例如，如图 2-25 所示的流程图。

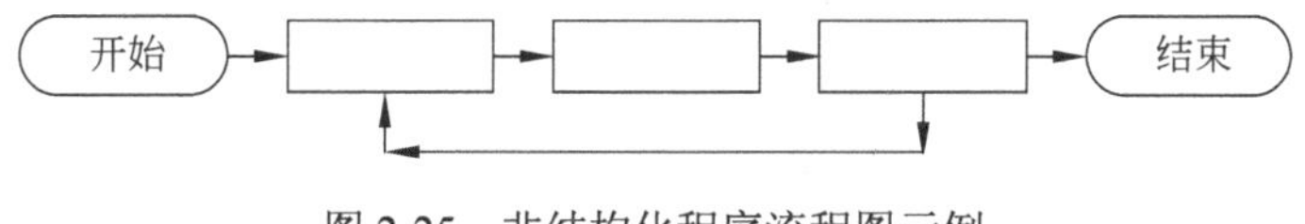

图 2-25　非结构化程序流程图示例

2.6　本 章 小 结

本章介绍的内容与 C 语言有些较多的重叠。因此，有些书将本章的内容称为 C++的类 C 部分。但两者之间也不完全相同。C++增加了引用等新的数据类型。在函数的参数传递方式方面，C++新增了引用传递方式。本章介绍的 C++语法以及结构化程序设计的程序分解方法和模块划分原则是后面各个章节的基础。面向对象程序设计也是一种结构化程序设计。因此，必须熟练掌握本章内容，并不断通过编程练习加深理解，从而为后续章节的学习奠定良好的基础。

2.7　习　　题

2.7.1　练习题

练习题 2.1　判断正误。

（1）在 C++国际标准中，bool 是数据类型，不是关键字。

（2）在 C++国际标准中，sizeof 是关键字。

（3）合法的标识符可以用来定义关键字、函数名和变量名。

（4）关键字 extern 和 static 常常配对使用，前者常用于变量的声明，后者常用于变量的定义。

（5）主函数 main 在同一个程序中只能定义一次。

（6）在 C/C++语言的各种循环结构中，采用 for 语句运行效率是最高的，因此 for 语句也是最常用的。

练习题 2.2 什么是合法的标识符？

练习题 2.3 下面哪些标识符是合法的标识符？哪些是不合法的标识符？

（1）counter （2）a$$b （3）$100 （4）like （5）_day （6）test_

（7）case_1 （8）case-1 （9）f( ) （10）_Bool （11）auto （12）10d

练习题 2.4 请简述标准 C++包含哪些数据类型。

练习题 2.5 什么是字面常量？

练习题 2.6 请分别写出下面十进制整数所对应的十进制、八进制、十六进制和二进制形式字面常量。

18、123、1234、12345、123456、10101

练习题 2.7 请写出下面字面常量所对应的十进制整数值。

12、014、0XC、0b1100、0b1'100、123'456、0'123'456、0x123'456、0XA'B、0b000'100、0'004'000、111、0111、0x111、0X111、0b111、0B111

练习题 2.8 变量与只读变量的区别是什么？

练习题 2.9 只读变量定义的基本格式是什么？

练习题 2.10 宏定义的基本格式是什么？

练习题 2.11 只读变量与宏定义的区别是什么？。

练习题 2.12 变量的四大基本属性分别是什么？

练习题 2.13 最大和最小的 32 位 int 类型整数分别是多少？

练习题 2.14 请简述整数的二进制补码表示方案。

练习题 2.15 请写出下列整数的 32 位 int 类型整数的二进制补码。

7、8、9、10、11、12、-7、-8、-9、-10、-11、-12

练习题 2.16 对于定义“int a = 0123; int b = 0x0123;”，如果该定义含有语法错误，请指出错误原因；否则，请写出 a 和 b 所对应的十进制值。

练习题 2.17 对于定义“double a = 5.F; double b = 1e6;”，如果该定义含有语法错误，请指出错误原因；否则，请写出 a 和 b 所对应的十进制值。

练习题 2.18 请列举常用的转义字符。

练习题 2.19 对于程序片段“enum COLOR {RED=10, BLUE, GREEN}; cout << GREEN << endl;”，如果这些语句含有语法错误，请指出错误原因；否则，请写出该程序片段输出的内容。

练习题 2.20 请给出下面各个表达式的数据类型及其十进制值。设字母'A'所对应的 ASCII 码是 65。

（1）3*4/5-2.5+ 'A' （2）6 | 9 （3）10 ^ (-10) （4）11 & (-111) （5）2 / 8 * 16

（6）1/2.0*8+5 （7）111 >> 2 （8）111 << 2 （9）-111 >> 2 （10）-111 << 2

练习题 2.21 请编写程序，输入一个整数，并以二进制补码的形式输出该整数。

练习题 2.22 简述取地址运算符的定义与作用。

练习题 2.23　简述取值运算符的定义与作用。

练习题 2.24　设定义了“int a, b;”，则 a+b 出现整数运算溢出的充要条件是什么?

练习题 2.25　设定义了“int a, b;”，则 a-b 出现整数运算溢出的充要条件是什么?

练习题 2.26　设定义了“int a, b;”，则 a*b 出现整数运算溢出的充要条件是什么?

练习题 2.27　设定义了“int a, b;”，则 a/b 出现整数运算溢出的充要条件是什么?

练习题 2.28　请阐述空指针和空类型指针的区别。

练习题 2.29　请简述按位运算符&与逻辑运算符&&的区别。

练习题 2.30　结构化程序的三种基本结构分别是什么?

练习题 2.31　在 C++语言中，选择结构包括哪些类型的语句?

练习题 2.32　在 C++语言中，循环结构包括哪些类型的语句? 它们的区别是什么?

练习题 2.33　请画出 if 语句、if-else 语句、switch 语句、for 语句、while 语句以及 do-while 语句的流程图。

练习题 2.34　请总结 break 语句的用法。

练习题 2.35　请总结 continue 语句的用法。

练习题 2.36　在定义函数时，函数名后面括弧中的变量通常称为什么? 相对而言，在函数调用时，函数的调用参数通常称为什么?

练习题 2.37　请写出 main 函数在 C++标准中规定的两种定义格式。

练习题 2.38　请写出含有参数的 main 函数的两个参数含义及其用法。

练习题 2.39　请描述结构化程序设计模块划分的基本原则。

练习题 2.40　请描述结构化程序设计程序代码分解的方法。

练习题 2.41　在结构化程序设计中，最简单的程序结构是什么?

练习题 2.42　请写出下面程序片段输出的内容。

```
int x=-1;
int y=0;
if  (x >= 0)
   if (x>0) y = 1;
else  y = -1;
cout<< y << endl;
```

练习题 2.43　下面程序是否含有错误? 如果没有，则运行结果将输出什么?

```
#include <iostream>
using namespace std;

int main(int argc, char* args[ ])
{
    char ch = 'B';
    switch (ch)
    {
    case 'A':
    case 'a':
        cout<< "优秀" << endl;
```

```
      break;
    case 'B':
    case 'b':
      cout<< "良" << endl;
    default:
      cout<< "再接再励" << endl;
    }
    cout << endl;
    return 0;
} // main 函数结束
```

练习题 2.44 请编写程序，输入 10 个整数，计算并输出其平均数。

练习题 2.45 请编写基因遗传程序。为了方便编程，将基因表达简化了两个整数 x 和 y，要求程序可以输入这两个整数。基因遗传的模式采用二进制的方式进行，而且位数的计数方式是从低位到高位并从 0 开始计数。基因遗传的结果 r 也是一个整数。请计算并输出基因遗传的结果 r。对于 r 的计算，需要按照如下方式逐个计算 r 的每一个二进制位。对于 r 的第 n 位二进制位，

（1）若 n 是 5 的倍数，则 r 的第 n 位是 x 第 n 位取反；

（2）若位数 n 模 5 余 1，则 r 的第 n 位是 y 第 n 位取反；

（3）若位数 n 模 5 余 2，则 r 的第 n 位是 x 第 n 位与 y 第 n 位按位或的结果；

（4）若位数 n 模 5 余 3，则 r 的第 n 位是 x 第 n 位与 y 第 n 位按位与的结果；

（5）若位数 n 模 5 余 4，则 r 的第 n 位是 x 第 n 位与 y 第 n 位按位异或的结果。

练习题 2.46 请采用结构化程序设计方法编写程序，要求可以输入两个正整数 m 和 n，然后计算并输出 m 与 n 之间（含 m 与 n）的所有素数。

练习题 2.47 请编写程序，输入 1 个正整数，计算并输出不超过这个正整数的所有“水仙花数”。这里“水仙花数”是一个正整数，它的各个十进制位的立方和等于它本身。例如，1 是“水仙花数”，因为 $1=1^3$。再如，153 是“水仙花数”，因为 $153=1^3+5^3+3^3$。

2.7.2 思考题

思考题 2.48 结构化程序设计的优点是什么。

思考题 2.49 思考并总结使用静态数组与动态数组的区别。

思考题 2.50 思考并总结使用动态数组的注意事项。

思考题 2.51 思考并总结那些有可能是无效的函数返回值。

思考题 2.52 思考并总结函数指针的定义与作用。

第 3 章　面向对象程序设计基础

如图 3-1 所示，**在刚出现计算机编程时**，由于受计算机内存和硬盘容量等的限制，要用计算机程序解决实际问题需要超高的技巧。那时只有少数的科学家与工程师拥有机会并且具备编程能力。那时的代码需要精心设计，让代码尽可能短小；否则，当时的计算机根本就无法加载。因此，那时的代码晦涩难懂，人们很难判断程序的正确性，而且只能在语句层次上复用。这些都引发了**软件代码危机**——软件代码**极其难写**，而且软件运行结果的**可信度**也很差。后来，结构化程序设计的提出使得这种情况得到了很大改善。结构化程序设计使得普通大众也能够编写程序。**最早的结构化程序设计是面向过程程序设计**，**以函数为单位进行代码编写与复用**；除此之外，没有统一的代码组织模式。随着程序规模的扩大，人们对程序代码的复用性、灵活性和扩展性不断地提出更高的需求，并且不断地探索相应的解决方案。面向对象程序设计正是在这样的背景下提出的，它也是一种结构化程序设计，在面向过程程序设计中引入类的概念，从而方便代码的组织。**面向对象程序设计**模仿人类社会组织代码，并做了大量的简化和抽象。因此，采用面向对象程序设计编写出来的代码远没有人类社会那么复杂。不过，对象的范围却扩大了很多，可以构造出很多在现实生活中并不存在的对象。代码的世界就像童话世界那样丰富多彩，各种对象千奇百怪。在面向对象程序设计中，**代码主要是以类为单位进行编写与复用的**。根据类与类之间的继承关系，**所有的类可以组成森林的结构**。因此，可以采用森林模式进行代码组织。类将数据以及与其互相配套的功能函数组织在一起，代码的使用与复用变得更加有序化。程序的扩展性与规模得到了进一步的提升。

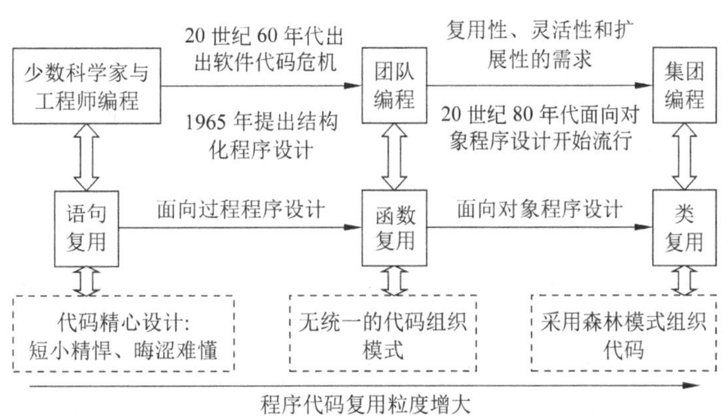

图 3-1　程序设计方法与程序代码复用粒度的历史变迁

3.1　类与对象

C++面向对象程序设计以类、模板和共用体作为构造程序的主要基本单位，其中最主要和最核心的是类。本章只涉及类，不考虑共用体等其他数据类型。如果只考虑与类相关的对象，那么这种对象依赖于类而存在，即在面向对象程序设计中，对象无法离开类而独立存在。本节只介绍类与对象的基本定义以及基础性的性质，其他属性将在后续各节逐步展开介绍。

3.1.1 类声明与类定义基础

定义类实际上是在定义新的数据类型。**类的定义与声明通常都是在头文件中**。**类定义的基本格式**如下：

```
class 类名
{
   类成员声明或定义序列
};
```

在上面格式中，第一行代码称为类的**头部**，其他代码称为类的**类体**。上面定义格式不考虑类的继承关系，关于继承性将在第3.2节介绍。

> **注意事项**：
>
> （1）类定义是**以分号结束**的。因此，在编写类定义时，**不要遗忘**最后这个分号。
>
> （2）在同一个程序中，**不允许**定义2个类，它们拥有**相同的类名**。
>
> （3）即使2个类拥有完全相同的结构与类成员，只要它们的**类名不同**，这两个类就是**2种不同的类型**。

类的**所有成员**都必须在类体内声明或定义。换句话说，除了在类体内部，无法在任何其他地方给类增添新的成员。类的成员主要包括成员变量和成员函数。这些内容将在后面的小节介绍。

> **小甜点**：
>
> 在本章中将会频繁出现**访问**这个术语，它的大致含义是使用或者查看。**访问成员变量**通常指的是读取或修改成员变量的值。**访问函数**通常指的是调用函数。**访问类**通常指的是使用这个类，例如，用这个类定义变量，或者定义这个类的子类，或者调用这个类的成员函数，或者读取或修改这个类的成员变量的值。

类声明的格式如下：

```
class 类名称;
```

类声明不是类定义。类声明只表明这个类将在其他地方定义。因为仅仅依据类声明无法知道这个类包含哪些成员，所以对于在类声明之后并且在类定义之前的程序代码而言，这个类都称为**不完整的类**。对于正在定义的类的类体内的程序代码而言，这个正在定义的类也是**不完整的类**。只有在类的定义之后，这个类才能称为**完整类**。

3.1.2 成员变量

类的成员变量只能定义在类体中。类的成员变量分成为普通成员变量和静态成员变量。类的普通成员变量也可以称为**非静态成员变量**。类的**普通成员变量定义格式**如下：

```
[访问方式说明符:]
    数据类型 成员变量列表;
```

> ❀**小甜点**❀：
>
> 在类体中，在定义或声明类的各种成员时都可以含有**访问方式说明符**。这些访问方式说明符只能是 private、protected 或 public，用来限定所定义的成员变量允许访问的范围。这些访问方式说明符的含义将在第 3.3.1 小节介绍。

> ❀**小甜点**❀：
>
> 在类体中，在定义或声明类的各种成员时也可以**不含访问方式说明符**。如果不含访问方式说明符，则这些成员的访问方式设定方案分成为如下 2 种：
>
> （1）如果从类体开始到当前成员的定义或声明之处**含有访问方式说明符**，则**最靠近**当前成员定义或声明之处的访问方式说明符决定了该成员变量的访问方式。
>
> （2）如果从类体开始到当前成员的定义或声明之处**不含任何访问方式说明符**，则该成员变量的访问方式是**默认的访问方式**。

在上面 2 个小甜点内的**访问方式的规则对静态成员定义和声明也成立**。这些内容在后面的章节中将不再重复介绍。

> ❀**小甜点**❀：
>
> （1）在类定义的格式中，关键字 class 还可以替换为 **struct**。在 C++标准中，将采用关键字 struct 定义的数据类型也称为类。
>
> （2）**采用关键字 class 与 struct 定义的类的区别**仅仅在于采用 class 定义的类的**默认访问方式**是私有的（private），而采用 struct 定义的类的默认访问方式是公有的（public）。

> **注意事项**：
>
> 在上面普通成员变量定义格式中的数据类型**必须是完整数据类型或者指针类型**。定义完整的数据类型是**完整数据类型**，例如，基本数据类型和完整类都是**完整数据类型**。

下面给出定义普通成员变量的代码示例：

```
class CP_A                                                          // 1
{                                                                   // 2
public:                                                             // 3
    int m_a;          // 合法：定义单个成员变量                        // 4
    int m_b, m_c;     // 合法：同时定义多个同类型成员变量，在变量之间用逗号分开 // 5
    CP_A m_d;         // 非法：CP_A 在这时还不是完整类                  // 6
    CP_A *m_p;        // 合法：指针类型                                // 7
}; // 类 CP_A 定义结束                                                 // 8
```

在上面第 6 行代码中，CP_A 在这时还不是完整类，因此不能用 CP_A 来定义成员变量 m_d。在上面第 7 行代码中，虽然 CP_A 在这时还不是完整类，但成员变量 m_p 的数据类型是指针类型“CP_A *”，不是 CP_A。因为指针类型数据的存储单元大小是固定的，存储单元的值是地址，所以可以用来定义成员变量 m_p。

类的**静态成员变量**必须在类体中声明，并且在类外定义。类的**静态成员变量声明格式**

如下：

```
[访问方式说明符:]
    static 数据类型 成员变量列表;
```

除了在数据类型之前加上关键字 static 之外，这个格式与类的普通成员变量定义格式完全相同。

类的**静态成员变量定义格式**有两种，不带赋值的格式如下：

```
数据类型 类名::成员变量;
```

带赋值的格式如下：

```
数据类型 类名::成员变量=初始值;
```

> ❀小甜点❀：
>
> （1） 类的**静态成员变量声明语句**通常随同类的定义放在**头文件**中。
> （2）类的**静态成员变量定义语句**通常放在**源文件**中。
> （3）**同一个静态成员变量只能定义一次**。

下面给出静态成员变量声明的代码示例：

```
class CP_A
{
public:
    static int ms_a, ms_b; // 同时声明两个静态成员变量
}; // 类CP_A定义结束
```

上面两个静态成员变量的定义语句示例如下：

```
int CP_A::ms_a;      // 不带赋值
int CP_A::ms_b = 10; // 带赋值
```

3.1.3 位域

类的普通成员变量还允许不占满整个存储单元，而只占用其中若干个二进制位。这些普通成员变量称为**位域**。**定义位域的代码格式**为：

```
数据类型 位域名: 位域占用的位数;
```

其中，数据类型必须是整数系列类型或枚举类型；位域名就是成员变量名；位域占用的位数指明该位域所占的二进制位数，必须是整数类型的常数表达式，其**数值通常是大于 0 并且不超过前面类型数据占用的二进制位数**。

下面给出定义位域的代码示例。

```
class CP_A
{
```

```
public:                                                         // 3
    unsigned int m_a : 4; // m_a的数值有效范围是0~15的整数      // 4
}; // 类CP_A定义结束                                            // 5
```

上面第 4 行代码定义位域 m_a。应当注意 m_a 的数值范围。因为 m_a 只占用 4 位二进制位，所以 m_a 的取值只能是 0～15 的整数。在使用 m_a 时，不应超过 m_a 的有效范围。

> **注意事项**：
>
> （1）**静态成员变量不能是位域**，即**位域一定不能是静态的**。
>
> （2）**不允许对位域取地址**。地址计数的最小单位是字节，而位域则针对二进制位。因此，**也不可能出现指向位域的指针**。
>
> （3）**不允许定义位域的引用类型变量**。

> **小甜点**：
>
> （1）**位域所允许的运算**与定义位域的数据类型相同，只是有效的数值范围变小了。
>
> （2）**使用位域的主要目的**是为了节省内存空间。为了达成这一目的，通常需要将相同数据类型的位域定义在一起，从而使得编译器能够将不同的位域组装在同一个存储单元之中。

3.1.4 类对象与实例对象

与类相关的**对象**可以分成为类对象和实例对象。**类对象**由类的静态成员组成，静态成员包括静态成员变量和静态成员函数。**使用类对象的成员的格式**为：

```
类名::成员名称
```

使用类对象的成员通常称为**访问**类对象的成员。下面给出代码示例：

// CP_A.h	// CP_A.cpp	// CP_AMain.cpp	行号
#ifndef CP_A_H	#include <iostream>	#include <iostream>	// 1
#define CP_A_H	using namespace std;	using namespace std;	// 2
	#include "CP_A.h"	#include "CP_A.h"	// 3
class CP_A			// 4
{	int CP_A::ms_a = 10;	int main()	// 5
public:		{	// 6
static int ms_a;		CP_A::ms_a = 20;	// 7
}; // 类CP_A定义结束		cout<<CP_A::ms_a;	// 8
		return 0;	// 9
#endif		} // main函数结束	// 10

上面的代码由 3 个源程序代码文件组成。头文件“CP_A.h”第 7 行代码在类 CP_A 中声明了类对象的成员变量 ms_a，源文件“CP_A.cpp”最后 1 行代码定义了类对象的成员变量 ms_a。源文件“CP_AMain.cpp”第 7 行代码给类对象的成员变量 ms_a 赋值 20，第 8 行代码在控制台窗口中输出类对象的成员变量 ms_a 的值 20。

生成类的实例对象主要有 4 种方式。

第 1 种方式通过**定义类的变量**生成实例对象，其常用的格式如下：

```
类名 变量列表;
```

类的普通成员，也就是那些非静态的成员，隶属于类的实例对象。这些普通成员在不同的实例对象中分别拥有各自独立的内存空间。通过实例对象访问类成员的常用格式为

```
类的实例对象.类的成员名称
```

下面给出代码示例进一步进行说明。

// CP_A.h；开发者：雍俊海	// CP_AMain.cpp；开发者：雍俊海	行号
#ifndef CP_A_H	#include <iostream>	// 1
#define CP_A_H	using namespace std;	// 2
	#include "CP_A.h"	// 3
class CP_A		// 4
{	int main(int argc, char* args[ ])	// 5
public:	{	// 6
int m_a;	CP_A a, b;	// 7
}; // 类 CP_A 定义结束	a.m_a = 10;	// 8
	b.m_a = 20;	// 9
#endif	cout << a.m_a << endl; // 输出：10↙	// 10
	cout << b.m_a << endl; // 输出：20↙	// 11
	return 0; // 返回 0 表明程序运行成功	// 12
	} // main 函数结束	// 13

上面的代码由 2 个源程序代码文件组成。头文件“CP_A.h”定义了类 CP_A。在源文件“CP_AMain.cpp”中，第 7 行代码**定义了变量 a 和 b，从而生成 2 个实例对象**。这 2 个实例对象拥有不同的存储空间，“a.m_a”和“b.m_a”的存储空间也不相同。因此，源文件“CP_AMain.cpp”第 10 行和第 11 行代码输出 2 个不同的数值。

> **注意事项**：
> 类的普通成员**不隶属于**类对象。因此，**不能**像类的静态成员那样，直接通过类名访问类的普通成员，而应当借助于类的实例对象访问类的普通成员。

第 2 种方式通过**定义类的数组变量**生成**实例对象数组**，其常用的格式如下：

```
类名 变量名[n];
```

其中 *n* 必须是一个确定的正整数。上面的格式定义了一个数组变量，将生成 *n* 个实例对象。下面给出代码示例：

// CP_A.h；开发者：雍俊海	// CP_AMain.cpp；开发者：雍俊海	行号
#ifndef CP_A_H	#include <iostream>	// 1
#define CP_A_H	using namespace std;	// 2
	#include "CP_A.h"	// 3
class CP_A		// 4
{	int main(int argc, char* args[ ])	// 5

```
public:
    int m_a;
}; // 类 CP_A 定义结束

#endif
```

```
6  {
7      CP_A a[2];
8      a[0].m_a = 10;
9      a[1].m_a = 20;
10     cout << a[0].m_a << endl; // 输出：10↙
11     cout << a[1].m_a << endl; // 输出：20↙
12     return 0; // 返回 0 表明程序运行成功
13 } // main 函数结束
```

上面的代码由 2 个源程序代码文件组成。在源文件“CP_AMain.cpp”中，第 7 行代码**定义了数组变量 a，生成了 2 个实例对象 a[0]和 a[1]**。这 2 个实例对象分别拥有成员变量 m_a，第 8 行和第 9 行代码分别给这 2 个成员变量赋值，第 10 行和第 11 行代码分别输出这 2 个成员变量的值。

第 3 种方式通过 **new 运算**生成**实例对象**，其常用的格式如下：

```
new 类名
```

运算符 new 返回的是实例对象的地址。在用完该实例对象之后，必须通过 delete 运算将其内存释放。下面给出代码示例：

// CP_A.h；开发者：雍俊海

```
#ifndef CP_A_H
#define CP_A_H

class CP_A
{
public:
    int m_a;
}; // 类 CP_A 定义结束

#endif
```

// CP_AMain.cpp；开发者：雍俊海（行号）

```
1  #include <iostream>
2  using namespace std;
3  #include "CP_A.h"
4
5  int main(int argc, char* args[ ])
6  {
7      CP_A *p = new CP_A;
8      p->m_a = 10;
9      cout << p->m_a << endl; // 输出：10↙
10     delete p;
11     return 0; // 返回 0 表明程序运行成功
12 } // main 函数结束
```

上面的代码由 2 个源程序代码文件组成。在源文件“CP_AMain.cpp”中，第 7 行代码**通过 new 运算生成了实例对象**，并将该实例对象的地址赋值给指针变量 p。**通过指针访问类成员的常用格式**为

```
指针->类的成员名称
```

源文件“CP_AMain.cpp”的第 8 行和第 9 行代码通过“p->m_a”访问实例对象的成员变量 m_a。最后，**一定要通过 delete 运算将实例对象的内存释放**，如第 10 行代码所示。

第 4 种方式通过 **new 运算符**生成**实例对象的动态数组**，其常用的格式如下：

```
new 类名[n]
```

上面 new 运算返回实例对象动态数组的首地址。在用完该实例对象动态数组之后，必须通

过释放动态数组的 delete 运算将其内存释放。下面给出代码示例：

// CP_A.h；开发者：雍俊海	// CP_AMain.cpp；开发者：雍俊海	行号
#ifndef CP_A_H	#include <iostream>	// 1
#define CP_A_H	using namespace std;	// 2
	#include "CP_A.h"	// 3
class CP_A		// 4
{	int main(int argc, char* args[ ])	// 5
public:	{	// 6
int m_a;	CP_A *p = new CP_A[2];	// 7
}; // 类CP_A定义结束	p[0].m_a = 10;	// 8
	p[1].m_a = 20;	// 9
#endif	cout << p[0].m_a << endl; // 输出：10↙	// 10
	cout << p[1].m_a << endl; // 输出：20↙	// 11
	delete [] p;	// 12
	return 0; // 返回0表明程序运行成功	// 13
	} // main函数结束	// 14

上面的代码由 2 个源程序代码文件组成。在源文件“CP_AMain.cpp”中，第 7 行代码**通过 new 运算生成了具有 2 个实例对象的动态数组**，并将动态数组的首地址赋值给指针变量 p。第 8 行和第 9 行代码分别给这 2 个实例对象的成员变量赋值，第 10 行和第 11 行代码分别输出这 2 个实例对象的成员变量的值。最后，**一定要通过带有“[ ]”的 delete 运算将动态数组的内存释放**，如第 12 行代码所示。

❀小甜点❀：

（1）**通过类的实例对象也可以访问隶属于类对象的静态成员**。

（2）虽然通过实例对象与直接通过类名访问类对象的静态成员具有相同的效果，但是从编程规范的角度上讲，仍然**提倡**直接通过类名访问类对象的静态成员，而**不提倡**通过实例对象访问类对象的静态成员。其原因是后者容易使人忘了所访问的成员是静态成员，从而容易引发程序错误。

下面给出代码示例进一步阐明上面小甜点的含义。

// CP_A.h	// CP_A.cpp	// CP_AMain.cpp
#ifndef CP_A_H	#include <iostream>	#include <iostream>
#define CP_A_H	using namespace std;	using namespace std;
	#include "CP_A.h"	#include "CP_A.h"
class CP_A		
{	int CP_A::ms_a = 10;	int main()
public:		{
static int ms_a;		CP_A a, b;
int m_b;		a.ms_a = 10;
}; // 类CP_A定义结束		b.ms_a = 20;
		cout << a.ms_a;
#endif		cout << b.ms_a;
		return 0;
		} // main函数结束

在源文件“CP_AMain.cpp”中，第 8 行和第 9 行代码展示了通过实例对象也可以访问类的静态成员变量。这里，“a.ms_a”和“b.ms_a”实际上都等价于“CP_A::ms_a”，占用相同的存储单元。因此，第 10 行和第 11 行代码输出的数值都是 20。从编程规范的角度上讲，从第 8 行到第 11 行的代码，“a.ms_a”和“b.ms_a”都应当改写为“CP_A::ms_a”。这样，第 7 行定义变量 a 和 b 的语句实际上是没有必要的，因为在主函数中的代码只用到类对象，并没有用到实例对象 a 和 b。

> **注意事项**：
>
> **通过类对象不可以访问实例对象的非静态成员**。

> **小甜点**：
>
> 在定义类的实例对象时，还可以提供一些参数，用来初始化实例对象。**定义实例对象的参数**必须与类的构造函数的形式参数相对应。下一小节将介绍类的构造函数。

3.1.5　构造函数

构造函数是一种**特殊的成员函数**。构造函数并**不具有**函数名。构造函数主要是用来**初始化**类的实例对象。不能像常规函数那样调用构造函数，构造函数在创建实例对象时被**自动调用**。

常用的构造函数定义形式有 2 种。**第 1 种形式是在类体中直接定义构造函数，其常用代码格式**为

```
class 类名
{
[访问方式说明符:]
    类名(构造函数形式参数列表)  [: 初始化和委托构造列表]
    构造函数的函数体
};
```

其中**初始化和委托构造列表**由**初始化单元**和**委托构造单元**组成。委托构造单元不在本小节讲解，将在第 3.2.5 小节讲解。不含委托构造单元的初始化和委托构造列表也可以称为**初始化列表**。

> **注意事项**：
>
> （1）**不能给构造函数指定任何返回数据类型**。
> （2）在构造函数的函数体中，可以含有返回语句，但**在返回语句中不能指定返回值**。

在初始化列表中，每个**初始化单元**的代码格式为：

```
成员变量名称(初始化参数列表)
```

如果成员变量的数据类型是类，则上面初始化参数列表必须与类的构造函数的形式参数相对应；否则，初始化参数列表存放成员变量的初始值。如果存在多个初始化单元，则它们之间采用逗号分隔开。下面给出代码示例：

// CP_A.h；开发者：雍俊海	// CP_AMain.cpp；开发者：雍俊海	行号
#ifndef CP_A_H	#include <iostream>	// 1
#define CP_A_H	using namespace std;	// 2
	#include "CP_A.h"	// 3
class CP_A		// 4
{	int main(int argc, char* args[ ])	// 5
public:	{	// 6
int m_a;	CP_A a;	// 7
CP_A(): m_a(10) {}	CP_A b(20);	// 8
CP_A(int a) : m_a(a) {}	cout << a.m_a << endl; // 输出：10↙	// 9
}; // 类 CP_A 定义结束	cout << b.m_a << endl; // 输出：20↙	// 10
	system("pause");	// 11
#endif	return 0; // 返回 0 表明程序运行成功	// 12
	} // main 函数结束	// 13

在上面代码示例中，头文件“CP_A.h”第 8 行代码定义了一个不含函数参数的构造函数。它的初始化列表只有 1 个初始化单元“m_a(10)”。源文件“CP_AMain.cpp”第 7 行代码定义了类 CP_A 的变量 a。当执行程序到这行代码时，将会生成类 CP_A 的实例对象 a，并调用头文件“CP_A.h”第 8 行代码定义的构造函数。

> **注意事项**：
> 当**调用不含函数参数的构造函数**时，在所定义的变量名称后面**不能加上圆括号**。

因此，上面源文件“CP_AMain.cpp”第 7 行代码不能改写为

```
CP_A a();                                                    // 7
```

在改写之后，这条语句实际上变成为函数 a 的函数声明，即 **a 变成为函数名**。

在上面代码示例中，头文件“CP_A.h”第 9 行代码也定义了一个构造函数。它的初始化列表只有 1 个初始化单元“m_a(a)”。这说明在**初始化单元**中的实际参数可以是变量，甚至可以是一个**含有运算符的表达式**。源文件“CP_AMain.cpp”第 8 行代码在构造实例对象 b 时将调用这个构造函数，因为调用参数与这个构造函数的函数参数是匹配的，即它们具有相同的参数个数和相同的参数数据类型。

> **小甜点**：
> **在类体中允许定义多个构造函数，其前提**是这些构造函数必须含有不同参数类型，或者不同的参数个数，或者参数类型的排列顺序不同。

> **小甜点**：
> 在构造函数定义中**初始化列表不是必需的**。初始化列表也可以通过在构造函数的函数体添加赋值语句进行实现。不过，**采用初始化列表具有更高的代码执行效率**。

例如，源文件“CP_AMain.cpp”第 8 行代码可以替换为：

```
    CP_A(int a)
    {
        m_a = a; // 代替初始化列表的赋值语句。
    }
```

在替换之后，初始化列表被替换为赋值语句。替换前后，构造函数的功能不变，效率不同。

第 2 种形式定义构造函数是在类体中声明并在类体之外实现构造函数。**在类体中声明构造函数的常用格式**为

```
class 类名
{
[访问方式说明符:]
    类名(构造函数形式参数列表);
};
```

在类体之外实现构造函数的常用格式为

```
类名::类名(构造函数形式参数列表) [: 初始化和委托构造列表]
构造函数的函数体
```

下面给出代码示例：

// CP_A.h	// CP_A.cpp	// CP_AMain.cpp	行号
#ifndef CP_A_H	#include <iostream>	#include <iostream>	// 1
#define CP_A_H	using namespace std;	using namespace std;	// 2
	#include "CP_A.h"	#include "CP_A.h"	// 3
class CP_A			// 4
{	CP_A::CP_A() : m_a(10)	int main(int argc,	// 5
public:	{	char* args[ ])	// 6
int m_a;	} // 构造函数定义结束	{	// 7
CP_A();		CP_A a;	// 8
CP_A(int a);	CP_A::CP_A(int a):m_a(a)	CP_A b(20);	// 9
}; // 类 CP_A 定义结束	{	cout << a.m_a;	// 10
	} // 构造函数定义结束	cout << b.m_a;	// 11
#endif		system("pause");	// 12
		return 0;	// 13
		} // main 函数结束	

上面的代码由 3 个源程序代码文件组成。头文件“CP_A.h”定义了类 CP_A，源文件“CP_A.cpp”实现了 2 个构造函数，源文件“CP_AMain.cpp”创建了类 CP_A 的 2 个实例对象并输出它们的成员变量 m_a 的值。结果程序输出 2 个整数 10 和 20。

> **注意事项**：
>
> **在类体内声明构造函数时不能加上初始化列表**。例如，在上面代码中，头文件“CP_A.h”第 8 行的代码**不能替换**为“CP_A() : m_a(10);”。

> ❀小甜点❀：
>
> 在类体之外实现构造函数时可以加上初始化列表，如源文件“CP_A.cpp”第 5 行和第 9 行代码所示。

拷贝构造函数是一种特殊的构造函数。除了满足普通构造函数的所有性质之外，它还具有一些特殊的性质。拷贝构造函数只能有 1 个函数参数，而且函数参数的数据类型只能是当前所定义的类，常用的拷贝构造函数的头部格式为

```
类名(const 类名 &形式参数名)
```

在上面格式中的 2 个类名必须相同。自定义拷贝构造函数的语法要求与普通构造函数相同。

> ❀小甜点❀：
>
> （1）如果没有自定义拷贝构造函数，则编译器会自动生成一个默认的拷贝构造函数。这个默认的拷贝构造函数依次将函数参数提供的实例对象的每个成员变量的值赋值给新构造的实例对象的对应成员变量。
>
> （2）如果自定义了拷贝构造函数，则编译器不会提供默认的拷贝构造函数。

下面给出默认拷贝构造函数的代码示例。

// CP_A.h；开发者：雍俊海

```
#ifndef CP_A_H
#define CP_A_H

class CP_A
{
public:
    int m_a;
    int m_b;
    CP_A():m_a(1),m_b(2){}
    CP_A(int a, int b)
        : m_a(a), m_b(b) {}
}; // 类 CP_A 定义结束

#endif
```

// CP_AMain.cpp；开发者：雍俊海

```
1  #include <iostream>
2  using namespace std;
3  #include "CP_A.h"
4
5  int main(int argc, char* args[ ])
6  {
7      CP_A a(10, 20);
8      CP_A b(a);
9      cout << a.m_a << endl; // 输出：10↙
10     cout << b.m_a << endl; // 输出：10↙
11     cout << a.m_b << endl; // 输出：20↙
12     cout << b.m_b << endl; // 输出：20↙
13     system("pause");
14     return 0; // 返回 0 表明程序运行成功
15 } // main 函数结束
```

在上面代码示例中，头文件“CP_A.h”定义了类 CP_A。虽然头文件“CP_A.h”第 9~11 行代码定义了 2 个构造函数，但它们都不是拷贝构造函数。因此，编译器会自动生成一个默认的拷贝构造函数。这样，源文件“CP_AMain.cpp”第 8 行代码可以调用这个默认的拷贝构造函数将实例对象 a 的成员变量的值拷贝给新生成的实例对象 b。结果 b.m_a=a.m_a=10 并且 b.m_b=a.m_b=20，这可以通过第 9～12 行代码的输出结果得到验证。

如果默认的拷贝构造函数不能满足实际的需求，就需要编写自定义的拷贝构造函数。

例程 3-1　统计生成实例对象的总个数。

例程功能描述：要求能够通过普通构造函数与拷贝构造函数生成新的实例对象，而且能够统计生成的所有实例对象的总个数。

例程解题思路：定义一个类，它含有普通构造函数与拷贝构造函数。在这个类中定义一个静态变量 m_n，并用它来作为计数器。因为每次生成实例对象都会调用构造函数，所以只要每调用 1 次构造函数就让 m_n 自增 1，这样就可以统计出生成的所有实例对象的总个数。在主函数中分别通过这些构造函数生成实例对象和实例对象数组，并输出统计结果。

例程代码由 3 个源程序代码文件“CP_InstanceNumber.h”“CP_InstanceNumber.cpp”和“CP_InstanceNumberMain.cpp”组成，具体的程序代码如下。

```
// 文件名：CP_InstanceNumber.h；开发者：雍俊海
#ifndef CP_INSTANCENUMBER_H
#define CP_INSTANCENUMBER_H

class CP_InstanceNumber
{
public:
    int m_a;
    static int m_n;
    CP_InstanceNumber();
    CP_InstanceNumber(int a);
    CP_InstanceNumber(const CP_InstanceNumber &a);
}; // 类CP_InstanceNumber定义结束

#endif
```

```
// 文件名：CP_InstanceNumber.cpp；开发者：雍俊海
#include <iostream>
using namespace std;
#include "CP_InstanceNumber.h"

int CP_InstanceNumber::m_n = 0;

CP_InstanceNumber::CP_InstanceNumber() : m_a(0)
{
    m_n++;
} // 类CP_InstanceNumber的构造函数定义结束

CP_InstanceNumber::CP_InstanceNumber(int a) : m_a(a)
{
    m_n++;
} // 类CP_InstanceNumber的构造函数定义结束

CP_InstanceNumber::CP_InstanceNumber(const CP_InstanceNumber &a)
    : m_a(a.m_a)
```

```
19 {
20     m_n++;
21 } // 类 CP_InstanceNumber 的构造函数定义结束
```

```
// 文件名：CP_InstanceNumberMain.cpp；开发者：雍俊海                          行号
1  #include <iostream>
2  using namespace std;
3  #include "CP_InstanceNumber.h"
4  
5  int main(int argc, char* args[ ])
6  {
7      CP_InstanceNumber a[10];
8      CP_InstanceNumber b(10);
9      CP_InstanceNumber c(a[0]);
10     cout << "b.m_a = " << b.m_a << endl; // 输出：b.m_a = 10↙
11     cout << "c.m_a = " << c.m_a << endl; // 输出：c.m_a = 0↙
12     cout << CP_InstanceNumber::m_n << endl; // 输出：12↙
13     system("pause");
14     return 0; // 返回 0 表明程序运行成功
15 } // main 函数结束
```

可以对上面的代码进行编译、链接和运行。下面给出一个运行结果示例。

```
b.m_a = 10
c.m_a = 0
12
请按任意键继续. . .
```

例程分析：头文件“CP_InstanceNumber.h”定义了类 CP_InstanceNumber。类 CP_InstanceNumber 的静态成员变量 m_n 用来统计生成的实例对象的个数。类 CP_InstanceNumber 含有普通成员变量 m_a 和 3 个构造函数。源文件“CP_InstanceNumber.cpp”第 9 行、第 14 行和第 20 行代码分别在各个构造函数中执行“m_n++”运算。这样，每生成 1 个实例对象，m_n 就增加 1。

> **注意事项**：
> 这里需要特别注意源文件“CP_InstanceNumberMain.cpp”第 7 行和第 8 行代码之间的区别。第 7 行代码“CP_InstanceNumber a[10];”用的是**方括号**，**创建了由 10 个实例对象组成的数组**，而且其中每个元素调用的是不含参数的构造函数。第 8 行代码“CP_InstanceNumber b(10);”用的是**圆括号**，只**创建 1 个实例对象**，在圆括号中的整数 10 是调用构造函数的函数参数，结果使得 b.m_a=10。

源文件“CP_InstanceNumberMain.cpp”第 9 行代码“CP_InstanceNumber c(a[0]);”调用拷贝构造函数生成实例对象 c。在拷贝构造函数中，实例对象 c 不仅拷贝实例对象 a[0] 的成员变量的值，而且实例对象计数器 m_n 也自增 1，从而确保正确统计实例对象的个数。

如果一个类不含任何自定义的构造函数，那么编译器会自动生成这个类的**默认构造函数**。默认构造函数不含任何函数参数，而且访问方式是公有的（public）。**这个默认构造函**

数通常不会对类的任何成员做任何操作。在类中，只要含有自定义的构造函数，编译器就不会再提供默认构造函数。

> **注意事项**：
>
> 要注意默认构造函数与默认拷贝构造函数的区别。它们在存在的前提条件、函数参数个数以及函数功能等多个方面都是不相同的。

在下面代码示例中，源文件“CP_AMain.cpp”第 7 行代码在创建实例对象 a 时调用的就是由编译器自动生成的默认构造函数，因为头文件“CP_A.h”没有给类 CP_A 定义任何构造函数。

// CP_A.h；开发者：雍俊海	// CP_AMain.cpp；开发者：雍俊海	行号
#ifndef CP_A_H	#include <iostream>	// 1
#define CP_A_H	using namespace std;	// 2
	#include "CP_A.h"	// 3
class CP_A		// 4
{	int main(int argc, char* args[ ])	// 5
public:	{	// 6
int m_a;	CP_A a;	// 7
}; // 类 CP_A 定义结束	a.m_a = 10;	// 8
	cout << a.m_a << endl; // 输出：10↙	// 9
#endif	return 0; // 返回 0 表明程序运行成功	// 10
	} // main 函数结束	// 11

如果在头文件“CP_A.h”中给类 CP_A 增加 1 个带有参数的构造函数，如下面头文件“CP_A.h”第 8 行代码所示，其余代码不变，则源文件“CP_AMain.cpp”第 7 行代码“CP_A a;”将会出现编译错误，因为这时编译器不会生成不含参数的默认构造函数，而且类 CP_A 也没有不含参数的构造函数。

// CP_A.h；开发者：雍俊海	// CP_AMain.cpp；开发者：雍俊海	行号
#ifndef CP_A_H	#include <iostream>	// 1
#define CP_A_H	using namespace std;	// 2
	#include "CP_A.h"	// 3
class CP_A		// 4
{	int main(int argc, char* args[ ])	// 5
public:	{	// 6
int m_a;	CP_A a; // 出错：找不到不含参数的构造函数	// 7
CP_A(int a): m_a(a){}	a.m_a = 10;	// 8
}; // 类 CP_A 定义结束	cout << a.m_a << endl;	// 9
	return 0; // 返回 0 表明程序运行成功	// 10
#endif	} // main 函数结束	// 11

> **小甜点**：
>
> 编程规范通常建议在类中自定义不含参数的构造函数，因为常常需要调用不含参数的构造函数。在类中自定义构造函数是体现面向对象程序设计优势的一个重要手段。因此，通常都会在类中自定义

构造函数，从而造成编译器无法自动生成不含参数的默认构造函数，从而需要自定义这个不含参数的构造函数。

3.1.6 析构函数

与构造函数相对应的是析构函数。**析构函数**是一种**特殊的成员函数**，用来对实例对象做**结束处理**。当实例对象的内存空间即将被操作系统回收之前，操作系统会自动调用析构函数来为实例对象做最后的处理。

> ❀小甜点❀：
>
> （1）对于通过变量定义生成的实例对象，在该变量的内存即将被回收时调用析构函数。
>
> （2）对于通过 new 运算生成的实例对象，则需要通过 delete 运算调用析构函数并释放内存空间。
>
> （3）对于类类型的指针，**当 delete 运算符作用在值为 nullptr 的指针上时，并不会触发相应析构函数的调用**。

与构造函数相类似，析构函数可以在类体中直接定义，也可以先在类体中声明并在类外实现。不过，每个类最多只能自定义 1 个析构函数，而且**析构函数的头部格式**只能是

```
~类名()
```

如果自定义析构函数，则析构函数常常用来释放动态数组的内存空间和关闭文件等无法自动完成的资源回收工作。

如果不自定义析构函数，则编译器会自动生成**默认析构函数**。默认析构函数的访问方式是公有的（public）。这个默认析构函数通常不会对类的任何成员做任何操作。

> ❀小甜点❀：
>
> 不管是自定义的还是默认的**析构函数**，都**没有返回值**，也**不含任何函数参数**。

例程 3-2 简单析构函数的展示例程。

例程功能描述：展示析构函数的定义、主要作用和运行机制。

例程解题思路：定义类 CP_Data。它含有指针 m_data，用来保存通过 new 运算生成的动态数组的首地址。它含有实例对象身份号码 m_id，用来标识不同的实例对象，从而可以展示出所析构的是哪个实例对象。在类 CP_Data 中定义构造与析构函数，并且通过定义类型为 CP_Data 的变量以及通过 new 运算生成实例对象，最后结合输出语句直观展示析构函数的主要作用和运行机制。

例程代码由 3 个源程序代码文件“CP_DestructorSimple.h”“CP_DestructorSimple.cpp”和“CP_DestructorSimpleMain.cpp”组成，具体的程序代码如下。

```
// 文件名：CP_DestructorSimple.h；开发者：雍俊海
#ifndef CP_DESTRUCTORSIMPLE_H
#define CP_DESTRUCTORSIMPLE_H

class CP_Data
{
```

```
public:
    int m_id;
    int *m_data;
    int m_size;
    CP_Data( ): m_id(0), m_data(nullptr), m_size(0) {}
    CP_Data(int id) : m_id(id), m_data(nullptr), m_size(0) {}
    ~CP_Data();
    void mb_init(int n);
}; // 类 CP_Data 定义结束

extern void gb_test();

#endif
```

// 文件名：CP_DestructorSimple.cpp；开发者：雍俊海	行号

```
#include <iostream>
using namespace std;
#include "CP_DestructorSimple.h"

CP_Data::~CP_Data()
{
    cout << "析构实例对象[" << m_id << "]。" << endl;
    delete [ ] m_data;
} // ~CP_Data 定义结束

void CP_Data::mb_init(int n)
{
    if (n <= 0)
        return;
    if (n == m_size)
        return;
    delete[] m_data;
    m_data = nullptr;
    m_data = new (std::nothrow) int[n];
    if (m_data != nullptr)
        m_size = n;
    else m_size = 0;
} // 成员函数 mb_init 定义结束

void gb_test()
{
    CP_Data a(1);
    CP_Data *p = new CP_Data(2);
    delete p;
    CP_Data *q = nullptr;
    cout << "删除 nullptr。" << endl;
    delete q;
```

```
} // 函数 gb_test 结束                                           // 33
```

// 文件名：CP_DestructorSimpleMain.cpp；开发者：雍俊海	行号

```
#include <iostream>
using namespace std;
#include "CP_DestructorSimple.h"

int main(int argc, char* args[ ])
{
   gb_test();
   system("pause");
   return 0; // 返回 0 表明程序运行成功
} // main 函数结束
```

可以对上面的代码进行编译、链接和运行。下面给出一个运行结果示例。

```
析构实例对象[2]。
删除 nullptr。
析构实例对象[1]。
请按任意键继续. . .
```

例程分析：上面头文件“CP_DestructorSimple.h”定义了类 CP_Data。类 CP_Data 的析构函数是在该头文件的第 12 行处声明，并在源文件“CP_DestructorSimple.cpp”中实现。

> **注意事项**：
>
> 程序代码应当**尽量确保构造函数和析构函数不会出现异常等会中断程序运行的情况发生**。因此，通常**不应在构造函数中使用会抛出异常的 new 运算**。如果在构造函数中需要使用 new 运算，则应当使用**不会抛出异常的“new (std::nothrow)”**，如源文件“CP_DestructorSimple.cpp”第 19 行代码所示，同时处理内存分配不成功的情况，如源文件“CP_DestructorSimple.cpp”第 20～22 行代码所示。

在上面代码中，在类 CP_Data 中增添了成员函数 mb_init，用来通过不会抛出异常的“new (std::nothrow)”运算生成动态数组。类 CP_Data 的构造函数和成员函数 mb_init 互相配合，确保在没有获取到动态数组之后，成员变量 m_data 是空指针，同时 m_size=0。

> **注意事项**：
>
> 在源文件“CP_DestructorSimple.cpp”第 17 行代码“delete[] m_data;”之后，立即执行“m_data = nullptr;”，如第 18 行代码所示。**这是用来确保代码健壮性的编程技巧，可以避免出现并使用野指针的现象**。虽然第 19 行代码“m_data = new (std::nothrow) int[n];”是给 m_data 赋值的语句，但实际上当 new 运算分配不到内存时，**对 m_data 的赋值运算也有可能不会执行**。因此，第 18 行代码“m_data = nullptr;”确保 m_data 不会是**野指针**，不管在第 19 行代码处的赋值运算是否会被执行。如果可以确保会执行在第 19 行代码处的赋值运算，那么第 18 行代码是没有必要的。

在类 CP_Data 的析构函数的实现代码中，第 1 条语句是源文件“CP_DestructorSimple.cpp”第 7 行的代码，输出所析构的实例对象的身份号码 m_id。第 2 条语句删除动态数组的内存空间，这常常是删除动态数组内存空间的最佳时机，也是析构函数常常包含的功能。

在源文件“CP_DestructorSimple.cpp”中的函数 gb_test 展示了析构函数的运行机制。

第 27 行代码“CP_Data a(1);”创建了类型为 CP_Data 的局部变量 a，它的实例对象身份号码是 1。这个局部变量的内存空间将在函数 gb_test 运行结束之后被回收，在回收之前将运行实例对象 a 的析构函数。因此，本例程在最后会输出“析构实例对象[1]。”。第 28 行代码“CP_Data *p = new CP_Data(2);”通过 new 运算创建身份号码为 2 的实例对象。在运行“delete p;”时，该实例对象将运行析构函数，输出“析构实例对象[2]。”。接着该实例对象的内存空间被回收。因为 q=nullptr，所以源文件“CP_DestructorSimple.cpp”第 32 行代码“delete q;”不会调用析构函数。

3.1.7　成员函数

函数可以分成为全局函数和成员函数。**全局函数**不隶属于任何对象或数据结构。在第 2 章的代码示例中出现的函数全部都是全局函数。**成员函数**顾名思义是成员的一种，隶属于某种数据结构，例如类；或者隶属于某种对象，例如类对象或实例对象。第 3.1.5 小节和第 3.1.6 小节分别介绍了 2 类特殊的成员函数，即构造函数和析构函数。本小节介绍在类中的**普通成员函数**。

> **注意事项**：
> 类的普通成员函数名不得与类名**同名**。

成员函数包括非静态成员函数和静态成员函数。非静态成员函数隶属于实例对象，通常只能通过实例对象进行访问。静态成员函数隶属于类对象，通过类对象和实例对象都可以进行访问。**常用的成员函数定义形式**有 2 种。第 1 种形式是在类体中直接定义。第 2 种形式是在类体中声明并在类体外实现。

第 1 种形式在类体中直接定义普通非静态成员函数的常用格式为

```
class 类名
{
[访问方式说明符:]
    返回类型 函数名(形式参数列表)
    函数体
};
```

在上面格式中，非静态成员函数的函数头部与函数体基本上与全局函数相似，只是非静态成员函数是定义在类体中，而且在函数体中可以直接使用类的各个成员。下面给出代码示例：

```
// CP_A.h；开发者：雍俊海
#ifndef CP_A_H
#define CP_A_H

class CP_A
{
public:
    int m_a;
```

```
// CP_AMain.cpp；开发者：雍俊海
#include <iostream>
using namespace std;
#include "CP_A.h"

int main(int argc, char* args[ ])
{
    CP_A a(10);
```

```
8   CP_A() : m_a(0) {}
9   CP_A(int a): m_a(a){}
10  void mb_show()
11  {
12      cout << "m_a = ";
13      cout << m_a << endl;
14  } // mb_show 定义结束
15  }; // 类 CP_A 定义结束
16
17  #endif
```

```
8   CP_A b(20);
9   a.mb_show(); // 输出: m_a = 10↙
10  b.mb_show(); // 输出: m_a = 20↙
11  system("pause");
12  return 0; // 返回 0 表明程序运行成功
13  } // main 函数结束
```

上面头文件“CP_A.h”第 10～14 行代码展示了如何在类 CP_A 中定义普通非静态成员函数。在该函数中可以直接使用类 CP_A 的成员变量 m_a。**普通非静态成员函数隶属于实例对象**。因此，源文件“CP_AMain.cpp”第 7～8 行代码定义的 2 个实例对象可以分别调用各自的成员函数 mb_show，输出各自成员变量 m_a 的值，如第 9～10 行代码所示。

第 2 种形式在类体中声明普通非静态成员函数的常用格式为

```
class 类名
{
[访问方式说明符:]
    返回类型 函数名(形式参数列表);
};
```

第 2 种形式在类体外实现普通非静态成员函数的常用格式为

```
返回类型 类名::函数名(形式参数列表)
函数体
```

下面给出代码示例：

```
// CP_A.h; 开发者: 雍俊海                行号
#ifndef CP_A_H                          // 1
#define CP_A_H                          // 2
                                        // 3
class CP_A                              // 4
{                                       // 5
public:                                 // 6
    int m_a;                            // 7
    CP_A() : m_a(0) {}                  // 8
    CP_A(int a): m_a(a){}               // 9
    void mb_show();                     // 10
}; // 类 CP_A 定义结束                   // 11
                                        // 12
#endif                                  // 13
```

```
// CP_A.cpp; 开发者: 雍俊海              行号
#include <iostream>                     // 1
using namespace std;                    // 2
#include "CP_A.h"                       // 3
                                        // 4
void CP_A::mb_show()                    // 5
{                                       // 6
    cout << "m_a = ";                   // 7
    cout << m_a << endl;                // 8
} // mb_show 定义结束                    // 9
```

上面的代码由 3 个源程序代码文件组成，其中源文件“CP_AMain.cpp”与上一个代码示例相同，这里不再重复。头文件“CP_A.h”第 10 行代码展示了如何在类 CP_A 中声明普通非静态成员函数。源文件“CP_A.cpp”第 5～9 行代码展示了如何实现普通非静态成员函数。从功能上而言，采用第 1 种和第 2 种形式定义普通非静态成员函数是等价的。

静态成员函数在定义格式上仅比普通非静态成员函数的定义格式多了关键字 static。**第 1 种形式在类体中直接定义静态成员函数的常用格式**为

```
class 类名
{
[访问方式说明符:]
    static 返回类型 函数名(形式参数列表)
    函数体
};
```

下面给出代码示例：

```
// CP_A.h；开发者：雍俊海
1  #ifndef CP_A_H
2  #define CP_A_H
3  
4  class CP_A
5  {
6  public:
7      int m_a;
8      CP_A() : m_a(0) {}
9      CP_A(int a): m_a(a){}
10     static void mbs_show()
11     {
12         cout << "Show";
13         // cout << m_a; // 错误
14     } // mbs_show 定义结束
15 }; // 类 CP_A 定义结束
16 
17 #endif
```

```
// CP_AMain.cpp；开发者：雍俊海
1  #include <iostream>
2  using namespace std;
3  #include "CP_A.h"
4  
5  int main(int argc, char* args[ ])
6  {
7      CP_A::mbs_show(); // 输出：Show
8      system("pause");
9      return 0; // 返回 0 表明程序运行成功
10 } // main 函数结束
```

上面头文件“CP_A.h”第 10～14 行代码展示了如何在类 CP_A 中定义静态成员函数 mbs_show。因为静态成员函数 mbs_show 不隶属于实例对象，所以不能在函数 mbs_show 中直接使用类 CP_A 的成员变量 m_a。例如，如果在函数 mbs_show 中添加语句“cout << m_a;”，将产生编译错误。**静态成员函数隶属于类对象**。因此，源文件“CP_AMain.cpp”第 7 行代码可以直接通过“CP_A::mbs_show();”调用静态成员函数 mbs_show，输出“Show”。

第 2 种形式在类体中声明静态成员函数的常用格式为

```
class 类名
{
[访问方式说明符:]
    static 返回类型 函数名(形式参数列表);
};
```

第 2 种形式在类体外实现静态成员函数的常用格式为

```
返回类型 类名::函数名(形式参数列表)
函数体
```

> ⚐注意事项⚐：
>
> （1）在声明静态成员函数时需要使用关键字 **static**。
>
> （2）在类体外实现静态成员函数时不能在函数头部加上关键字 **static**。因此，仅仅观察实现成员函数的代码，实际上无法区分是普通非静态成员函数，还是静态成员函数。

下面给出代码示例：

```
// CP_A.h；开发者：雍俊海                    行号
#ifndef CP_A_H                               // 1
#define CP_A_H                               // 2
                                             // 3
class CP_A                                   // 4
{                                            // 5
public:                                      // 6
    int m_a;                                 // 7
    CP_A() : m_a(0) {}                       // 8
    CP_A(int a): m_a(a){}                    // 9
    static void mbs_show();                  // 10
}; // 类CP_A定义结束                          // 11
                                             // 12
#endif                                       // 13
```

```
// CP_A.cpp；开发者：雍俊海                  行号
#include <iostream>                          // 1
using namespace std;                         // 2
#include "CP_A.h"                            // 3
                                             // 4
void CP_A::mbs_show()                        // 5
{                                            // 6
    cout << "Show" << endl;                  // 7
} // mbs_show定义结束                         // 8
                                             // 9
                                             // 10
                                             // 11
                                             // 12
                                             // 13
```

上面的代码由 3 个源程序代码文件组成，其中源文件“CP_AMain.cpp”与上一个代码示例相同，这里不再重复。头文件“CP_A.h”第 10 行代码展示了如何在类 CP_A 中声明静态成员函数。源文件“CP_A.cpp”第 5～8 行代码展示了如何实现静态成员函数。应当注意头文件“CP_A.h”第 10 行代码**含有关键字 static**，源文件“CP_A.cpp”第 5 行代码**不含关键字 static**。从功能上而言，采用第 1 种和第 2 种形式定义静态成员函数是等价的。

3.2 继 承 性

继承性是面向对象程序设计的三大特性之一。继承性提高了程序设计的灵活性。利用好继承性可以减少大量的代码冗余，提高程序代码的复用性和可扩展性。同时，通过继承关系可以建立类与类之间的层次结构关系图，从而构成组织与管理程序代码的重要手段。然而，当前继承性被广泛滥用，使得很多程序代码逻辑混乱不堪，并使得很多程序代码难以继续编写下去，调试也变得极其困难。为此，深刻理解继承性的定义并把握好继承性的应用原则就显得非常重要。

3.2.1 基本定义

一个类可以继承其他类的成员，**带有继承的类定义格式**如下：

```
class 类名 : 直接父类列表                                    // 1
{                                                            // 2
    类成员声明或定义序列                                     // 3
};                                                           // 4
```

其中，在直接父类列表中各个单元称为直接父类单元，**直接父类单元的代码格式**如下。如果存在 2 个或以上的单元，则相邻单元之间采用逗号分开。

```
继承方式说明符 直接父类名称
```

在上面格式中，继承方式说明符只能是 private、protected、public 或者什么都不写，用来限定继承的访问方式，将在第 3.3.2 小节介绍。在本节中，继承方式说明符基本上都写成 public，这只是为了让本节聚焦于继承性本身，而暂时忽略继承的访问方式，形成循序渐进的学习过程。**直接父类**必须是在本定义之前就**已经定义完整的类**。

如图 3-2 所示，为了方便叙述，不妨将当前正在定义的这个类记为类 A，则在**直接父类列表**中出现的各个类称为类 A 的**直接父类**。进一步设类 B 是类 A 的直接父类，则类 A 称为类 B 的**直接子类**，并且称类 A **直接继承**类 B。再设类 C 是类 B 的直接父类或者间接父类并且没有出现在类 A 的直接父类列表中，则称类 C 是类 A 的**间接父类**，类 A 是类 C 的**间接子类**，类 A **间接继承**类 C。类 A 的直接父类和间接父类统称为类 A 的**父类**，类 C 的直接子类和间接子类统称为类 C 的**子类**，直接继承和间接继承统称为**继承**。父类在有些文献中也称为**基类**，子类在有些文献中也称为**派生类**。

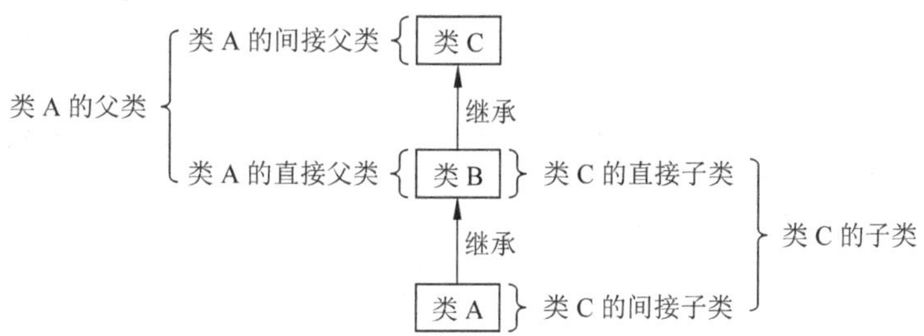

图 3-2 类之间的继承关系示意图

> **❀小甜点❀**：
> 直接父类必须是**完整类**。因此，**任何类都不可能是自己的父类**。

如果一个类只有一个直接父类，则称为**单继承**。如果一个类的直接父类超过 1 个，则称为**多继承**。

> **❀小甜点❀**：
> (1) 在类定义的直接父类列表中**不允许**出现相同的类名，即 **1 个类的任何 2 个直接父类必不相同**。
> (2) C++允许多继承。不过，多继承比较复杂，容易引起编程错误。因此，**应当慎重采用多继承**。在使用多继承时，一定要确保继承逻辑符合**常规正常逻辑**。
> (3) **允许** 1 个类**同时担任**另 1 个类的直接父类与间接父类，**甚至多次担任间接父类**。不过，**应当慎重采用这种程序设计方式**。这种程序设计方式是比较复杂的，而且容易引起程序错误。

根据类间的继承关系，可以画出类间的继承关系层次图。如图 3-3 所示，**继承关系层次图**是由结点和有向边组成的，其中**结点**由类组成，**有向边**代表继承关系。有向边的**起点**是子类，**终点**是这个子类的 1 个直接父类。可以根据实际需要选用一个或一些类作为**根结点**。对于每个根结点，将它的所有直接父类都作为新的结点加入到图中，并将从根结点到每个直接父类的**有向边**加入图中。对于在图中的每个结点，可以重复前面的操作，将该结点的所有直接父类作为新的结点加入到图中，并将从该结点到它的每个直接父类的**有向边**加入图中，直到所有直接父类及相关有向边全部添加完毕。没有直接父类的结点称为**叶子结点**。除去根结点与叶子结点之外的结点称为**中间结点**。以一个类为根结点的继承关系层次图是**树状图**。如果存在多个根结点，则形成**森林形状的结构图**。

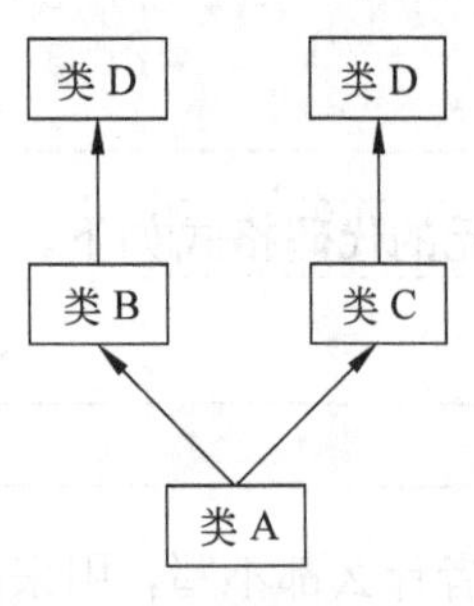

图 3-3　继承关系层次图

从继承关系层次图的 1 个结点出发，沿着有向边到达这个结点的 1 个直接父类。这个过程可以不断重复，从刚到达的直接父类继续沿着有向边到达下一个结点，直到终止在某个结点处。在这个过程中经过的结点和有向边组成的图形称为**继承路径**。最初出发的结点称为继承路径的**起点**，最后终止的结点称为继承路径的**终点**。例如，如图 3-3 所示，从类 A 到类 D 有 2 条继承路径，其中一条为 A→B→D，另一条为 A→C→D。

如果类 B 是类 A 的父类，则类 B 的成员同时也是**类 A 通过继承得到的成员**，但不是**类 A 本身的成员**。类 A 本身的成员和类 A 通过继承得到的成员都可以认为是**类 A 的成员**。

> **❀小甜点❀**：
>
> （1）如果类 A **没有**与其父类的成员变量同名的成员变量，而且类 A 的所有父类之间**也没有**同名的成员变量，那么**除了构造函数的初始化列表之外**，通过类 A 访问父类的成员变量方式与访问类 A 本身的成员变量的方式**完全相同**。
>
> （2）子类的构造函数的初始化和委托构造列表将在第 3.2.5 小节介绍。

下面给出访问继承得到的成员变量的代码示例。如下面文件“CP_A.cpp”第 8 行代码所示，类 CP_A 的成员函数可以直接访问其父类 CP_B 的成员变量 m_b；如下面文件“CP_AMain.cpp”第 9 行代码所示，类 CP_A 的实例对象可以通过点运算符访问父类的成员变量 m_b。下面代码的结果是文件“CP_AMain.cpp”的第 8 行代码“a.mb_show();”输出“a=2b=1”，文件“CP_AMain.cpp”的第 10 行代码“a.mb_show();”输出“a=2b=20”。

// 文件：CP_A.h	// 文件：CP_A.cpp	// 文件：CP_AMain.cpp	行号
#ifndef CP_A_H	#include <iostream>	#include <iostream>	// 1
#define CP_A_H	using namespace std;	using namespace std;	// 2
	#include "CP_A.h"	#include "CP_A.h"	// 3
class CP_B			// 4
{	void CP_A::mb_show()	int main()	// 5
public:	{	{	// 6
int m_b;	cout<<"a="<<m_a;	CP_A a;	// 7
CP_B(): m_b(1) {}	cout<<"b="<<m_b;	a.mb_show();	// 8
}; // 类CP_B定义结束	} // mb_show定义结束	a.m_b = 20;	// 9

```
class CP_A
    : public CP_B
{
public:
    int m_a;
    CP_A(): m_a (2) {}
    void mb_show();
}; // 类 CP_A 定义结束

#endif
```

```
    a.mb_show();
    system("pause");
    return 0;
} // main 函数结束
```

> ❀小甜点❀：
>
> （1）如果类 A 与其父类之间存在同名的成员变量，或者类 A 的不同父类之间存在同名的成员变量，则可以通过双冒号运算符“::”写出完整访问路径访问相应的成员变量。
>
> （2）从编程规范上而言，在程序设计中应当避免出现上面 2 类同名的情况。

下面给出父子类之间存在同名成员变量的例程，说明如何访问这些同名的成员变量。

例程 3-3　父子类之间存在同名成员变量的例程。

例程功能描述：创建父类与子类并使得它们拥有同名的普通成员变量和静态成员变量，并展示如何访问这些同名的成员变量。

例程解题思路：将父类命名为 CP_Father，子类命名为 CP_Child。它们各自本身都拥有普通成员变量 m_data 和静态成员变量 ms_data。然后，展示在类 CP_Child 的成员函数 mb_show 中以及在全局函数 gb_test 中如何通过子类 CP_Child 和其实例对象访问同名的成员变量。例程代码由 3 个源程序代码文件“CP_SameMemberNameChild.h”“CP_SameMemberNameChild.cpp”和“CP_SameMemberNameChildMain.cpp”组成，具体的程序代码如下。

```
// 文件名：CP_SameMemberNameChild.h；开发者：雍俊海
#ifndef CP_SAMEMEMBERNAMECHILD_H
#define CP_SAMEMEMBERNAMECHILD_H

class CP_Father
{
public:
    static int ms_data;
    int m_data;
    CP_Father() : m_data (1) {}
}; // 类 CP_Father 定义结束

class CP_Child : public CP_Father
{
public:
    static int ms_data;
    int m_data;
```

```
    CP_Child() : m_data (2) {}
    void mb_show();
}; // 类CP_Child定义结束

extern void gb_test();
#endif
```

// 文件名：CP_SameMemberNameChild.cpp；开发者：雍俊海

```
#include <iostream>
using namespace std;
#include "CP_SameMemberNameChild.h"

int CP_Father::ms_data = 3;
int CP_Child::ms_data  = 4;

void CP_Child::mb_show()
{
    cout << "CP_Father::m_data = " << CP_Father::m_data << endl;
    cout << "m_data = " << m_data << endl;
    cout << "CP_Father::ms_data = " << CP_Father::ms_data << endl;
    cout << "ms_data = " << ms_data << endl;
} // 类CP_Child的成员函数mb_show定义结束

void gb_test()
{
    CP_Child a;
    a.mb_show();
    a.CP_Father::m_data = 10;
    a.m_data = 20;
    CP_Child::CP_Father::ms_data = 30;
    CP_Child::ms_data = 40;
    a.mb_show();
} // 函数gb_test定义结束
```

// 文件名：CP_SameMemberNameChildMain.cpp；开发者：雍俊海

```
#include <iostream>
using namespace std;
#include "CP_SameMemberNameChild.h"

int main(int argc, char* args[ ])
{
    gb_test();
    system("pause");
    return 0; // 返回0表明程序运行成功
} // main函数结束
```

可以对上面的代码进行编译、链接和运行。下面给出一个运行结果示例。

```
CP_Father::m_data = 1
m_data = 2
CP_Father::ms_data = 3
ms_data = 4
CP_Father::m_data = 10
m_data = 20
CP_Father::ms_data = 30
ms_data = 40
请按任意键继续. . .
```

例程分析：源文件“CP_SameMemberNameChild.cpp”第 10～13 行代码展示了在类 CP_Child 的成员函数 mb_show 的函数体中访问类 CP_Child 本身的成员变量，只要直接写该成员变量的名称；而要访问父类 CP_Father 的同名成员变量，则需要写带完整访问路径的成员变量名，例如“CP_Father::m_data”。源文件“CP_SameMemberNameChild.cpp”第 20～23 行代码展示了如何在全局函数 gb_test 中通过类 CP_Child 的实例对象 a 访问同名成员变量。在源文件“CP_SameMemberNameChild.cpp”第 22 行代码中，“CP_Child::CP_Father::ms_data”实际上与“CP_Father::ms_data”是同一个变量。将代码“CP_Child::CP_Father::ms_data”改为“CP_Father::ms_data”实际上会更好一些。

下面给出不同父类之间存在同名成员变量的例程，说明如何访问这些同名的成员变量。

例程 3-4　父类之间存在同名成员变量的例程。

例程功能描述：创建 2 个父类并使得它们拥有同名的普通成员变量和静态成员变量，并展示如何访问这些同名的成员变量。

例程解题思路：将 2 个父类分别命名为 CP_Father 和 CP_Base。它们各自都拥有普通成员变量 m_data 和静态成员变量 ms_data。将子类命名为 CP_Child。然后，展示在类 CP_Child 的成员函数 mb_show 中以及在全局函数 gb_test 中如何通过子类 CP_Child 和其实例对象访问同名的成员变量。例程代码由 3 个源程序代码文件“CP_SameMemberNameFather.h”“CP_SameMemberNameFather.cpp”和“CP_SameMemberNameFatherMain.cpp”组成，具体的程序代码如下。

```
// 文件名：CP_SameMemberNameFather.h；开发者：雍俊海
#ifndef CP_SAMEMEMBERNAMEFATHER_H
#define CP_SAMEMEMBERNAMEFATHER_H

class CP_Father
{
public:
    static int ms_data;
    int m_data;
    CP_Father() : m_data (1) {}
}; // 类 CP_Father 定义结束

class CP_Base
{
public:
    static int ms_data;
```

```
    int m_data;
    CP_Base() : m_data (2) {}
}; // 类CP_Base定义结束

class CP_Child : public CP_Father, public CP_Base
{
public:
    void mb_show();
}; // 类CP_Child定义结束

extern void gb_test();
#endif
```

// 文件名：CP_SameMemberNameFather.cpp；开发者：雍俊海

```
#include <iostream>
using namespace std;
#include "CP_SameMemberNameFather.h"

int CP_Father::ms_data = 3;
int CP_Base::ms_data  = 4;

void CP_Child::mb_show()
{
    cout << "CP_Father::m_data = " << CP_Father::m_data << endl;
    cout << "CP_Base::m_data = " << CP_Base::m_data << endl;
    cout << "CP_Father::ms_data = " << CP_Father::ms_data << endl;
    cout << "CP_Base::ms_data = " << CP_Base::ms_data << endl;
} // 类CP_Child的成员函数mb_show定义结束

void gb_test()
{
    CP_Child a;
    a.mb_show();
    a.CP_Father::m_data = 10;
    a.CP_Base::m_data = 20;
    CP_Child::CP_Father::ms_data = 30;
    CP_Child::CP_Base::ms_data = 40;
    a.mb_show();
    CP_Child *p = nullptr;
    p= new(nothrow) CP_Child;
    if (p != nullptr)
    {
        p->CP_Father::m_data = 100;
        p->CP_Base::m_data = 200;
        CP_Father::ms_data = 300;
        CP_Base::ms_data = 400;
        p->mb_show();
        delete p;
    } // if结束
} // 函数gb_test定义结束
```

```
// 文件名：CP_SameMemberNameChildMain.cpp；开发者：雍俊海
#include <iostream>
using namespace std;
#include "CP_SameMemberNameFather.h"

int main(int argc, char* args[ ])
{
    gb_test();
    system("pause");
    return 0; // 返回 0 表明程序运行成功
} // main 函数结束
```

可以对上面的代码进行编译、链接和运行。下面给出一个运行结果示例。

```
CP_Father::m_data = 1
CP_Base::m_data = 2
CP_Father::ms_data = 3
CP_Base::ms_data = 4
CP_Father::m_data = 10
CP_Base::m_data = 20
CP_Father::ms_data = 30
CP_Base::ms_data = 40
CP_Father::m_data = 100
CP_Base::m_data = 200
CP_Father::ms_data = 300
CP_Base::ms_data = 400
请按任意键继续. . .
```

例程分析：在源文件“CP_SameMemberNameFather.cpp”中，第 10～13 行代码展示了在类 CP_Child 的成员函数 mb_show 的函数体中访问父类 CP_Father 和 CP_Based 的成员变量，它们都采用带完整访问路径的成员变量名，例如“CP_Father::m_data”。第 20～23 行代码展示了如何在全局函数 gb_test 中通过类 CP_Child 的实例对象 a 访问同名成员变量。第 29～32 行代码展示了如何在全局函数 gb_test 中通过类 CP_Child 的指针 p 访问同名成员变量。在第 22 行代码中的“CP_Child::CP_Father::ms_data”实际上与在第 31 行代码中的“CP_Father::ms_data”是同一个变量；在第 23 行代码中的“CP_Child::CP_Base::ms_data”实际上与在第 32 行代码中的“CP_Base::ms_data”是同一个变量。

3.2.2　父子类实例对象之间的兼容性

在面向对象程序设计中类与类之间的父子关系，与在人类社会中的父子关系有些很多不相同的地方。如图 3-4(a)所示，**在子类的实例对象中实际包含了父类的实例对象**。通过子类的实例对象，可以访问在子类的实例对象中的父类实例对象。下面通过例程进行具体说明。

例程 3-5　父子类实例对象的兼容性展示例程。

例程功能描述：展示父类与子类实例对象之间的赋值与转换操作。

例程解题思路：定义父类 CP_B 与子类 CP_A，并让它们本身都拥有各自的 1 个成员变量。然后，在相互之间，将实例对象分别赋值给对方的实例对象和引用，将实例对象的地址赋值给对方的指针，并查看能否通过编译和链接。如果可以通过编译和链接，则通过输出成员变量的值，看能否正常运行并分析输出的值是否满足预期。

例程代码由 3 个源程序代码文件“CP_FatherChildConvert.h”“CP_FatherChildConvert.cpp”和“CP_FatherChildConvertMain”组成，具体的程序代码如下。

```
// 文件名：CP_FatherChildConvert.h；开发者：雍俊海
#ifndef CP_FATHERCHILDCONVERT_H
#define CP_FATHERCHILDCONVERT_H

class CP_B
{
public:
    int m_b;
    CP_B() : m_b(1) {}
}; // 类 CP_B 定义结束

class CP_A : public CP_B
{
public:
    int m_a;
    CP_A() : m_a(2) {}
}; // 类 CP_A 定义结束
extern void gb_testFromAtoB();
extern void gb_testFromBtoA();
#endif
```

```
// 文件名：CP_FatherChildConvert.cpp；开发者：雍俊海
#include <iostream>
using namespace std;
#include "CP_FatherChildConvert.h"

void gb_testFromAtoB()
{
    CP_A a;
    a.m_b = 10;
    a.m_a = 20;
    CP_B b1 = a;
    cout << "b1.m_b = " << b1.m_b << endl;
    CP_B &b2 = a;
    cout << "b2.m_b = " << b2.m_b << endl;
    CP_B *pb = &a;
    cout << "pb->m_b = " << pb->m_b << endl;
    // b1.m_a = 0; // 错误：m_a 不是 CP_B 的成员
    // b2.m_a = 0; // 错误：m_a 不是 CP_B 的成员
    // pb->m_a = 0; // 错误：m_a 不是 CP_B 的成员
} // 函数 gb_testFromAtoB 定义结束

void gb_testFromBtoA()
```

```
{                                                             // 22
    CP_B b;                                                   // 23
    b.m_b = 100;                                              // 24
    // CP_A a1 = b;     // 错误：无法从 CP_B 转换为 CP_A          // 25
    // CP_A &a2 = b;    // 错误：无法从 CP_B 转换为 CP_A          // 26
    // CP_A *pa1 = &b; // 错误：无法从 CP_B*转换为 CP_A*        // 27
    CP_A *pa2 = (CP_A*)&b;                                    // 28
    cout << "pa2->m_b = " << pa2->m_b << endl;                // 29
} // 函数 gb_testFromBtoA 定义结束                              // 30
```

```
// 文件名：CP_FatherChildConvertMain.cpp；开发者：雍俊海
#include <iostream>
using namespace std;
#include "CP_FatherChildConvert.h"

int main(int argc, char* args[ ])
{
    gb_testFromAtoB();
    gb_testFromBtoA();
    system("pause");
    return 0; // 返回 0 表明程序运行成功
} // main 函数结束
```

可以对上面的代码进行编译、链接和运行。下面给出一个运行结果示例。

```
b1.m_b = 10
b2.m_b = 10
pb->m_b = 10
pa2->m_b = 100
请按任意键继续. . .
```

例程分析：如图 3-4(a)所示，因为在子类 CP_A 的实例对象 a 中含有父类 CP_B 的实例对象，所以源文件“CP_FatherChildConvert.cpp”第 10 行的代码可以将子类 CP_A 的实例对象 a 赋值给父类 CP_B 的实例对象 b1。请注意在实例对象 a 中的父类 CP_B 的实例对象与实例对象 b1 是 2 个不同的实例对象，即实例对象 b1 并不在实例对象 a 内部。赋值的结果仅仅是进行了成员赋值，即“b1.m_b = a.m_b;”。

同样，因为在子类 CP_A 的实例对象 a 中含有父类 CP_B 的实例对象，所以源文件“CP_FatherChildConvert.cpp”第 12 行的代码可以将子类 CP_A 的实例对象 a 赋值给父类 CP_B 的引用 b2。这样，b2 实际上是在实例对象 a 中的父类的实例对象的别名。

类似地，源文件“CP_FatherChildConvert.cpp”第 14 行的代码可以将子类 CP_A 的实例对象 a 的地址赋值给父类 CP_B 的指针 pb。结果，指针 pb 实际上指向在实例对象 a 中的父类的实例对象，而不是指向实例对象 a。

因为 b1 的数据类型是 CP_B，b2 的数据类型是 CP_B 的引用类型，pb 数据类型是 CP_B 的指针类型，所以通过 b1、b2 和 pb 可以访问父类 CP_B 的成员变量 m_b，分别如源文件“CP_FatherChildConvert.cpp”第 11 行、第 13 行和第 15 行的代码所示。因为子类本身的成员不是父类的成员，所以不可以通过 b1、b2 或 pb 访问子类 CP_A 的成员变量 m_a，分别如源文件“CP_FatherChildConvert.cpp”第 16～18 行代码所示。如果去掉这 3 行代码开头的注释标志，则无法通过编译。

反过来，因为在父类的实例对象中并不具备完整的子类成员，所以不能将父类的实例对象 b 赋值给子类的实例对象 a1，如源文件“CP_FatherChildConvert.cpp”第 25 行代码所示；不能将父类的实例对象 b 赋值给子类的引用 a2，如源文件“CP_FatherChildConvert.cpp”第 26 行代码所示；不能隐式地将父类实例对象 b 的地址赋值给子类的指针 pa1，如源文件“CP_FatherChildConvert.cpp”第 27 行代码所示。

不过，可以通过**强制类型转换运算“(CP_A*)”**将父类实例对象 b 的地址赋值给子类的指针 pa2，如源文件“CP_FatherChildConvert.cpp”第 28 行代码所示。这条语法规则是合理的，因为父类指针所指向的实例对象可能是在子类中的父类实例对象，如源文件“CP_FatherChildConvert.cpp”第 14 行代码所示。编译器无法区分在所给定的内存地址上的父类实例对象是独立的父类实例对象，如源文件“CP_FatherChildConvert.cpp”第 28 行代码所示；还是位于子类中的父类实例对象，如源文件“CP_FatherChildConvert.cpp”第 14 行代码所示。**这种强制的类型转换的合理性需要程序员自行负责**。

对于在源文件“CP_FatherChildConvert.cpp”第 28 行代码处的指针 pa2，它只能使用父类 CP_B 的成员，不能使用子类 CP_A 本身的成员；否则，会发生内存越界的运行时错误。因此，这行代码在语法上是正确的，但实际上是不符合编程规范的，因为它非常容易引起误解，并且容易导致误用 pa2 去访问子类 CP_A 本身的成员，从而引发程序运行错误。

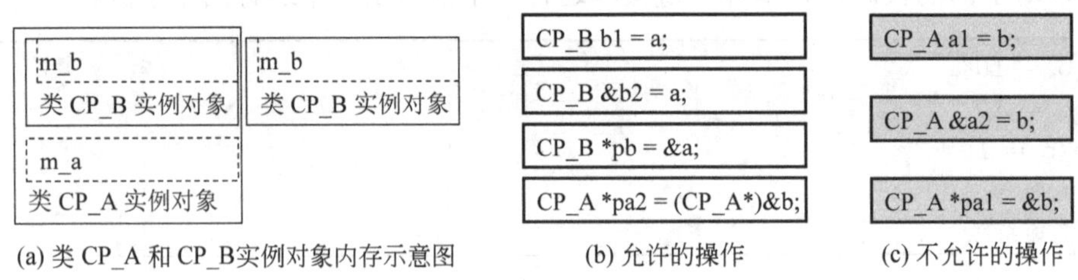

(a) 类 CP_A 和 CP_B实例对象内存示意图　　(b) 允许的操作　　(c) 不允许的操作

图 3-4　父子类实例对象兼容性的示意图

3.2.3　基本原则

继承性是 C++程序设计的“双刃剑”。如果仅仅从 C++语法上看，可以将父子继承关系强加到任何两个类之间。然而，这样会增添程序代码之间的耦合程度，会使得程序代码变得非常复杂。要用好继承性还应当从编程规范上提出要求。**应用继承性进行程序设计的 2 条基本原则**如下：

（1）**是关系原则**：在语义逻辑上，要求子类的实例对象可以认为同时是父类的实例对象。

（2）**扩展性原则**：在代码形式上，要求子类在其父类的基础上新增 0 个或以上自己的特性，至少要求子类不应减少父类的特性。具体而言，不能要求子类去删除父类的成员。

上面 2 条基本原则是与应用继承性的程序代码逻辑相匹配的要求。允许将子类的实例对象赋值给父类的实例对象或引用，这就要求应用继承性必须满足“是关系原则”；在子类的实例对象中含有父类的实例对象，这就要求子类只能在其父类的基础上新增 0 个或以上自己的特性，即应用继承性必须同时满足“是关系原则”和“扩展性原则”。下面进一步解析扩展性原则：

（1）在父类中的定义的成员变量在子类中应当都能发挥作用，而且符合常规语义逻辑。

（2）对于父类的成员函数，子类可以进一步丰富或修改其含义，但同样必须符合常规语义逻辑。

（3）子类还可以新增自己的成员变量和成员函数。不过，这不是必须的要求。

下面通过 3 个示例直观阐述应用继承性的基本原则。

示例 3-1：在下面定义的矩形类 CP_Rectangle 与正方形类 CP_Square 之间，是否可以建立继承关系？如果可以，哪个类是父类，哪个类是子类？

```
class CP_Rectangle
{
public:
    double m_length, m_width;
public:
    CP_Rectangle() : m_length(2), m_width (1) { }
    double mb_getArea() { return m_length * m_width; }
}; // 类 CP_Rectangle 定义结束

class CP_Square
{
public:
    double m_sideLength;
public:
    CP_Square() : m_sideLength (3) { }
    double mb_getArea() { return m_sideLength * m_sideLength; }
}; // 类 CP_Square 定义结束
```

示例分析：首先分析矩形类是否可以是正方形类的父类。根据几何常识，正方形一定是矩形。因此，将矩形类定义为正方形类的父类符合应用继承性的第 1 条基本原则“是关系原则”。但是，发现正方形类所需要的成员变量比矩形类的成员变量少，这**不符合**第 2 条基本原则“扩展性原则”。因此，矩形类**不可以是**正方形类的父类。

再分析正方形类是否可以是矩形类的父类。根据几何常识，矩形不一定是正方形。因此，根据应用继承性的第 1 条基本原则“是关系原则”，正方形类**不可以是**矩形类的父类。

> **❀小甜点❀**：
>
> 对于本示例，**常见的利用继承性的程序设计方式**是先定义形状类，然后将矩形类与正方形类均定义为形状类的子类。

示例 3-2：下面将学生类 CP_Student 定义为研究生类 CP_GraduateStudent 的父类，是否符合应用继承性的 2 条基本原则？

```
class CP_Student
{
```

```
protected:
    int m_identifier;
    char m_name[20];
    int m_score;
public:
    CP_Student():m_identifier(0), m_score(100) {m_name[0] = '\0';}
    int mb_getScore() { return m_score; }
}; // 类CP_Student定义结束

class CP_GraduateStudent : public CP_Student
{
protected:
    char m_advisor[20];
public:
    CP_GraduateStudent() { m_advisor[0] = '\0'; };
}; // 类CP_GraduateStudent定义结束
```

示例分析：首先，研究生是学生，这符合第 1 条基本原则“是关系原则”。其次，研究生具备学生的所有属性，并且增添了成员变量导师 m_advisor，这符合第 2 条基本原则“扩展性原则”。

结论：将学生类 CP_Student 定义为研究生类 CP_GraduateStudent 的父亲符合应用继承性的 2 条基本原则。

示例 3-3：下面将头类 CP_Head 定义成为眼睛类、鼻子类、嘴巴类和耳朵类的子类，是否符合应用继承性的 2 条基本原则?

```
class CP_Eye
{
public:
    void mb_look() { cout << "Look." << endl; }
}; // 类CP_Eye定义结束

class CP_Nose
{
public:
    void mb_smell() { cout << "Smell." << endl; }
}; // 类CP_Nose定义结束

class CP_Mouth
{
public:
    void mb_eat() { cout << "Eat." << endl; }
}; // 类CP_Mouth定义结束

class CP_Ear
{
public:
```

```
    void mb_listen() { cout << "Listen." << endl; }
}; // 类 CP_Ear 定义结束

class CP_Head
    : public CP_Eye, public CP_Nose, public CP_Mouth, public CP_Ear
{
}; // 类 CP_Head 定义结束
```

示例分析：首先，看、闻、吃和听分别是眼睛类、鼻子类、嘴巴类和耳朵类的功能。上面定义的头类 CP_Head 是眼睛类 CP_Eye、鼻子类 CP_Nose、嘴巴类 CP_Mouth 和耳朵类 CP_Ear 的子类。因此，上面定义的头类会继承这些父类的所有功能，即上面定义的头类具备看、闻、吃和听的功能。

然而，将头类定义为眼睛类的子类**是不合理的**，因为眼睛仅仅是头的一部分，头不是眼睛，将头类定义为眼睛类的子类**不符合**应用继承性的第 1 条基本原则“是关系原则”。同样，鼻子类、嘴巴类和耳朵类**都不应当**成为头类的父类。

上面示例的正确解决方案：为了让头类具备看、闻、吃和听的功能，还可以在头类中定义眼睛类、鼻子类、嘴巴类和耳朵类的成员变量，从而借用这些成员变量实现看、闻、吃和听的功能。这种程序设计的方式称为**类间的组合方式**。在这种方式中，眼睛、鼻子、嘴巴和耳朵分别是头的组成部分。定义眼睛类、鼻子类、嘴巴类和耳朵类的代码与上面示例代码相同，**采用组合方式的头类定义代码**如下：

```
class CP_Head
{
public:
    void mb_look() { m_eye.mb_look(); }
    void mb_smell() { m_nose.mb_smell(); }
    void mb_eat() { m_mouth.mb_eat(); }
    void mb_listen() { m_ear.mb_listen(); }

private:
    CP_Eye m_eye;
    CP_Nose m_nose;
    CP_Mouth m_mouth;
    CP_Ear m_ear;
}; // 类 CP_Head 定义结束
```

结论：采用组合方式，头类 CP_Head 的定义符合生活常识，是一种很好的程序设计方式。

❀小甜点❀：

（1）**一个类在其他类的基础上增加特性**，可以通过**继承方式**，也可以通过**组合方式**。如果满足应用继承性进行程序设计的 2 条基本原则，可以考虑**采用继承方式**；否则，可以考虑**采用组合方式**。

（2）**继承**和**组合**是面向对象程序设计的重要手段，都可以用来提高程序代码的复用性和可扩展性。

3.2.4 虚拟继承

在类定义的直接父类列表中的直接父类单元前面加上关键字 virtual，则这个直接父类就称为**虚基类**。这时的继承关系称为**虚拟继承关系**。如果直接父类单元没有紧跟在关键字 virtual 后面，则这个直接父类就不是虚基类，称为**非虚基类**。

虚拟继承关系不具有传递性体现在如下 4 个方面，其中前 2 个方面属于横向传递性，后 2 个方面属于纵向传递性。

（1）如图 3-5(a)所示，在类 A 的直接父类中存在虚基类 B，并不意味着类 A 的其他直接父类 C 也是虚基类。在类定义的直接父类列表中，每个关键字 virtual 仅对 1 个直接父类单元有效。

（2）在类间的继承关系层次图中，同 1 个类可以同时是虚基类与不是虚基类。例如，如图 3-5(a)所示，沿着继承路径 A→B→D，类 D 是虚基类；而沿着继承路径 A→C→D，同样的类 D 就不是虚基类。

（3）沿着同一条继承路径，虚拟继承关系不会向上传递。例如，如图 3-5(b)所示，从类 B 到类 C 存在虚拟继承关系，但从类 C 到类 D 就不存在虚拟继承关系。

（4）沿着同一条继承路径，虚拟继承关系不会向下传递。例如，如图 3-5(b)所示，从类 B 到类 C 存在虚拟继承关系，但从类 A 到类 B 就不存在虚拟继承关系。

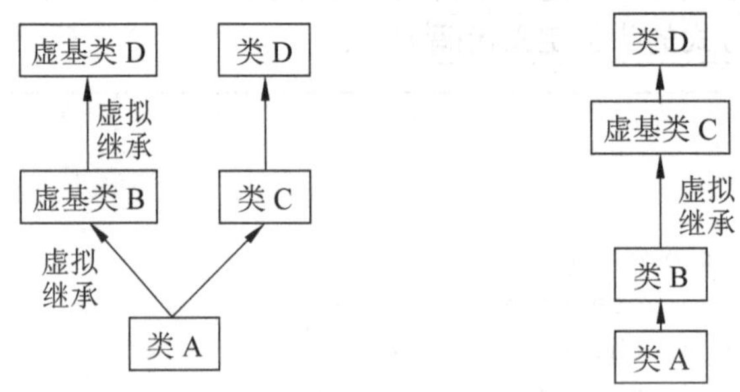

(a) 虚拟继承不具有横向传递性　　(b) 虚拟继承不具有纵向传递性

图 3-5　虚拟继承关系不具有传递性

对于虚基类与非虚基类，在子类的实例对象中构造它们的实例对象的行为**是不一样的**。**对于虚基类**，首先会检查在子类的实例对象中是否已经构造过同一种虚基类的实例对象。如果没有，则在子类的实例对象中构造该虚基类的实例对象，并且在虚基类的实例对象中**加上虚拟的标志**。如果已经构造过同一种虚基类的实例对象，就不再构造该虚基类的实例对象，而是直接共用前面构造过的虚基类的实例对象。

对于非虚基类，则不会做类似的检查，而是在子类的实例对象中直接构造该非虚基类的实例对象，并且也不加上虚拟的标志。

总之，虚拟继承为程序设计增加了是否需要在子类的实例对象中重复构造直接父类的实例对象的选项，是一种非常实用的特性。下面通过 3 个对照例程进一步直观展示该特性。

例程 3-6　在子类的实例对象中重复构造非虚基类的实例对象例程。

例程功能描述：在子类的继承关系层次图中 2 次出现同一个非虚基类，要求直观展示在子类的实例对象中是否重复构造非虚基类的实例对象。

例程解题思路：因为在子类的直接父类列表中不能出现 2 次同一个父类，所以子类的继承关系层次图至少含有 3 个层次。这样，让类 B 和类 C 都是子类 A 的直接父类，同时让类 B 和类 C 都继承自非虚基类 D，并且让非虚基类 D 拥有成员变量 m_d。如果在子类 A 的实例对象中重复构造非虚基类 D 的实例对象，则类 D 的这 2 个实例对象应当可以拥有不同的成员变量 m_d 的值。例程代码由 2 个源程序代码文件“CP_InheriteVirtualNone.h”和“CP_InheriteVirtualNoneMain.cpp”组成，具体的程序代码如下。

```
// 文件名：CP_InheriteVirtualNone.h；开发者：雍俊海
#ifndef CP_INHERITEVIRTUALNONE_H
#define CP_INHERITEVIRTUALNONE_H

class D
{
public:
   int m_d;
}; // 类 D 定义结束

class B : public D {};
class C : public D {};
class A : public B, public C {};
#endif
```

```
// 文件名：CP_InheriteVirtualNoneMain.cpp；开发者：雍俊海
#include <iostream>
using namespace std;
#include "CP_InheriteVirtualNone.h"

int main(int argc, char* args[ ])
{
   A a;
   a.B::D::m_d = 10;
   a.C::D::m_d = 20;
   cout << "a.B::D::m_d=" << a.B::D::m_d << endl;
   cout << "a.C::D::m_d=" << a.C::D::m_d << endl;
   system("pause");
   return 0; // 返回 0 表明程序运行成功
} // main 函数结束
```

可以对上面的代码进行编译、链接和运行。下面给出一个运行结果示例。

```
a.B::D::m_d=10
a.C::D::m_d=20
请按任意键继续. . .
```

例程分析：根据头文件“CP_InheriteVirtualNone.h”，可以画出子类 A 的继承关系层次图，如图 3-6(a)所示，其中非虚基类 D 出现了 2 次。源文件“CP_InheriteVirtualNoneMain.cpp”

第 8 行和第 9 行分别给“a.B::D::m_d”和“a.C::D::m_d”赋予了不同的值。从输出结果上看，它们确实可以拥有不同的值。因此，可以推测子类 A 的实例对象的内存逻辑示例图应当如图 3-6(b)所示。非虚基类 D 的 2 个实例对象在子类 A 的实例对象中是相互独立的。

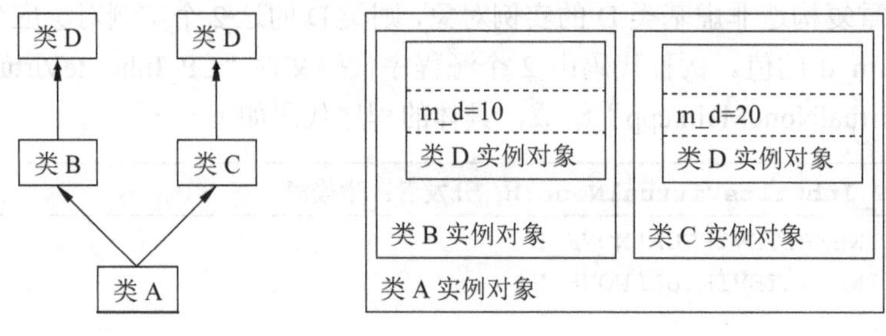

(a) 继承关系层次图　　(b) 子类 A 实例对象内存示意图

图 3-6　多重继承：不采用虚拟继承

例程 3-7　在子类的实例对象中虚基类的实例对象共用内存例程。

例程功能描述：在子类的继承关系层次图中 2 次出现同一个虚基类，要求直观展示在子类的实例对象中是否重复构造虚基类的实例对象。

例程解题思路：因为在子类的直接父类列表中不能出现 2 次同一个父类，所以子类的继承关系层次图至少含有 3 个层次。这样，让类 B 和类 C 都是子类 A 的直接父类，同时让类 B 和类 C 都继承自虚基类 D，并且让虚基类 D 拥有成员变量 m_d。如果在子类 A 的实例对象中 2 个虚基类 D 的实例对象共享内存，则它们的成员变量 m_d 的值应当相同。例程代码由 2 个源程序代码文件“CP_InheriteVirtualBoth.h”和“CP_InheriteVirtualBothMain.cpp”组成，具体的程序代码如下。

```
// 文件名：CP_InheriteVirtualBoth.h；开发者：雍俊海
#ifndef CP_INHERITEVIRTUALBOTH_H
#define CP_INHERITEVIRTUALBOTH_H

class D
{
public:
    int m_d;
}; // 类D定义结束

class B : virtual public D {};
class C : virtual public D {};
class A : public B, public C {};
#endif
```

```
// 文件名：CP_InheriteVirtualBothMain.cpp；开发者：雍俊海
#include <iostream>
using namespace std;
#include "CP_InheriteVirtualBoth.h"

```

```
int main(int argc, char* args[ ])                              // 5
{                                                              // 6
    A a;                                                       // 7
    a.B::D::m_d = 10;                                          // 8
    a.C::D::m_d = 20;                                          // 9
    cout << "a.B::D::m_d=" << a.B::D::m_d << endl;             // 10
    cout << "a.C::D::m_d=" << a.C::D::m_d << endl;             // 11
    system("pause");                                           // 12
    return 0; // 返回 0 表明程序运行成功                         // 13
} // main 函数结束                                              // 14
```

可以对上面的代码进行编译、链接和运行。下面给出一个运行结果示例。

```
a.B::D::m_d=20
a.C::D::m_d=20
请按任意键继续. . .
```

例程分析：这个例程与上一个例程相比，在头文件“CP_InheriteVirtualBoth.h”第 10 行代码定义类 B 处和第 11 行代码定义类 C 处分别增加了关键字 virtual。因此，在子类 A 中，类 D 是虚基类。根据头文件“CP_InheriteVirtualBoth.h”，可以画出子类 A 的继承关系层次图，如图 3-7(a)所示，其中虚基类 D 出现了 2 次。源文件“CP_InheriteVirtualBothMain.cpp”第 8 行和第 9 行分别给“a.B::D::m_d”和“a.C::D::m_d”赋予了不同的值。然而，从输出结果上看，它们却拥有相同的值。因此，可以推测子类 A 的实例对象的内存逻辑示例图应当如图 3-7(b)所示。虚基类 D 的实例对象在子类 A 的实例对象中是共享内存的。

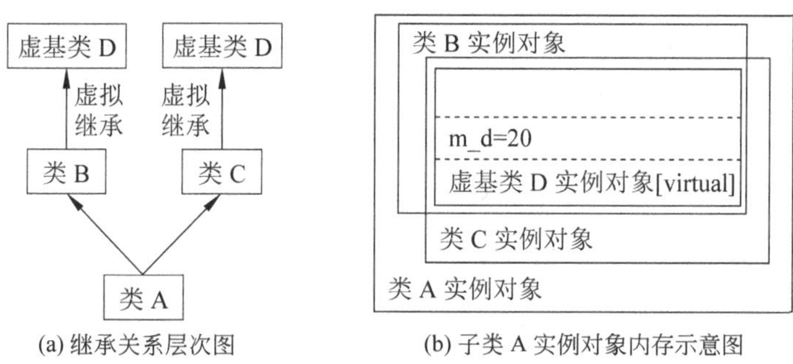

(a) 继承关系层次图　　(b) 子类 A 实例对象内存示意图

图 3-7　多重继承：类 B 与类 D 之间以及类 C 与类 D 之间采用虚拟继承

例程 3-8　在子类的实例对象中分别构造虚基类与非虚基类的实例对象的例程。

例程功能描述：在子类的继承关系层次图中 2 次出现同一个类，但其中一次是作虚基类出现的，另一次是作为非虚基类出现的。要求直观展示在子类的实例对象中是否分别构造虚基类与非虚基类的实例对象。

例程解题思路：因为在子类的直接父类列表中不能出现 2 次同一个父类，所以子类的继承关系层次图至少含有 3 个层次。这样，让类 B 和类 C 都是子类 A 的直接父类，同时让类 B 和类 C 都继承自类 D。不过，在类 B 的定义中，类 D 是虚基类；在类 C 的定义中，类 D 是非虚基类。让类 D 拥有成员变量 m_d。如果在子类 A 的实例对象中分别构造了虚基类 D 和非虚基类 D 的实例对象，则类 D 的这 2 个实例对象应当可以拥有不同的成员变量 m_d 的值。例程代码由 2 个源程序代码文件“CP_InheriteVirtualDifferent.h”和“CP_InheriteVirtualDifferentMain.cpp”组成，具体的程序代码如下。

```
// 文件名：CP_InheriteVirtualDifferent.h；开发者：雍俊海
#ifndef CP_INHERITEVIRTUALDIFFERENT_H
#define CP_INHERITEVIRTUALDIFFERENT_H

class D
{
public:
    int m_d;
}; // 类 D 定义结束

class B : virtual public D {};
class C : public D {};
class A : public B, public C {};
#endif
```

```
// 文件名：CP_InheriteVirtualDifferentMain.cpp；开发者：雍俊海
#include <iostream>
using namespace std;
#include "CP_InheriteVirtualDifferent.h"

int main(int argc, char* args[ ])
{
    A a;
    a.B::D::m_d = 10;
    a.C::D::m_d = 20;
    cout << "a.B::D::m_d=" << a.B::D::m_d << endl;
    cout << "a.C::D::m_d=" << a.C::D::m_d << endl;
    system("pause");
    return 0; // 返回 0 表明程序运行成功
} // main 函数结束
```

可以对上面的代码进行编译、链接和运行。下面给出一个运行结果示例。

```
a.B::D::m_d=10
a.C::D::m_d=20
请按任意键继续. . .
```

例程分析：根据头文件“CP_InheriteVirtualDifferent.h”，可以画出子类 A 的继承关系层次图，如图 3-8(a)所示，其中类 D 出现了 2 次。在继承路径 A→B→D 中，类 D 是虚基类；在继承路径 A→C→D 中，类 D 是非虚基类。对于虚基类 D，它只会在构造子类 A 的实例对象中查找是否已经有构造好的虚基类 D 的实例对象，而不会理会是否存在非虚基类 D 的实例对象。因此，不管在子类 A 的实例对象中是否已经构造好非虚基类 D 的实例对象，虚基类 D 的实例对象都会被构造。对于非虚基类 D，它不会进行这类查找。因此，在子类

A 的实例对象中，非虚基类 D 的实例对象也会被构造。结果就得到了图 3-8(b)所示的子类 A 实例对象内存示意图。源文件“CP_InheriteVirtualDifferentMain.cpp”第 8 行和第 9 行分别给“a.B::D::m_d”和“a.C::D::m_d”赋予了不同的值。从输出结果上看，它们确实可以拥有不同的值。这也进一步验证了上面推理结果的正确性。虚基类 D 的实例对象和非虚基类 D 的实例对象在子类 A 的实例对象中是相互独立的。

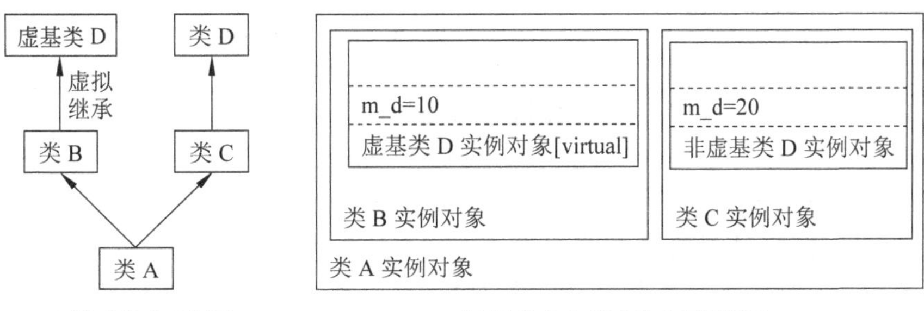

(a) 继承关系层次图　　(b) 子类 A 实例对象内存示意图

图 3-8　多重继承：虚基类与非虚基类的实例对象无法共用内存

> **❀小甜点❀**：
>
> 因为**虚拟继承关系不具有传递性**，所以在上面 3 个例程中，类 A 与类 B 之间以及类 A 与类 C 之间是否采用虚拟继承，**都不会影响到例程的运行结果**。

3.2.5　初始化单元和委托构造函数

本小节进一步补充第 3.1.5 小节关于构造函数定义的内容。**在初始化和委托构造列表中，不允许出现由父类成员变量引导的初始化单元**。例如，在下面定义类 CP_A 的第 5 行代码处“m_b(2)”就是由类 CP_A 的父类的成员变量 m_b 引导的初始化单元，这是通不过编译的。

// 类 CP_B 定义正确	// 类 CP_A 的构造函数定义有误	行号
`class CP_B`	`class CP_A : public CP_B`	// 1
`{`	`{`	// 2
`public:`	`public:`	// 3
`    int m_b;`	`    int m_a;`	// 4
`    CP_B() : m_b(1) {} // 正确`	`    CP_A() : m_b(2) {} // 错误`	// 5
`}; // 类 CP_B 定义结束`	`}; // 类 CP_A 定义结束`	// 6

为了使得上面的结论能够被理解得更加清晰一些，**下面给出 2 个对照的代码示例**。在这 2 个示例中，类 CP_A 及其构造函数的定义都是正确的。**在左侧第 5 行类 CP_A 的构造函数的定义中**，父类 CP_B 的成员变量 m_b 虽然也出现在初始化单元“m_a(m_b)”中，但这个初始化单元的引导成员变量是 m_a，而不是 m_b，其中 m_b 只有用来给引导成员变量 m_a 赋值。因此，在左侧代码示例中，类 CP_A 及其构造函数的定义是正确的。**在右侧第 5 行类 CP_A 的构造函数的定义中**，父类 CP_B 的成员变量 m_b 出现在函数体中，而不在初始化和委托构造列表中。因此，下面右侧代码示例也是正确的。

// 类 CP_A 及其构造函数定义正确	// 类 CP_A 及其构造函数定义正确	行号
class CP_A : public CP_B	class CP_A : public CP_B	// 1
{	{	// 2
public:	public:	// 3
int m_a;	int m_a;	// 4
CP_A() : m_a(m_b) {}	CP_A() : m_a(2) { m_b = 3; }	// 5
}; // 类 CP_A 定义结束	}; // 类 CP_A 定义结束	// 6

在初始化和委托构造列表中，**委托构造单元的代码格式**为：

```
类名(实际参数列表)
```

其中类名有 2 种选择，其中第 1 种是当前正在定义的类的名称，第 2 种是父类的名称。**委托构造单元**实际上是用来调用当前正在定义的类或父类的构造函数。因此，在委托构造单元中的实际参数列表应当与所调用的构造函数的形式参数相对应。

含有委托构造单元的构造函数简称为**委托构造函数（delegating constructor）**。这里所谓的**委托构造**实际上就是当前定义的构造函数调用其他构造函数。下面给出代码示例。

// 类 CP_B 及其构造函数定义正确	// 类 CP_A 及其构造函数定义正确	行号
class CP_B	class CP_A : public CP_B	// 1
{	{	// 2
public:	public:	// 3
int m_b;	int m_a;	//4
CP_B() : m_b (1) {}	CP_A() : m_a(2), CP_B (3) { }	// 5
CP_B(int b) : m_b(b) {}	}; // 类 CP_A 定义结束	// 6
}; // 类 CP_B 定义结束		// 7

在上面代码示例中，左侧的代码定义了父类 CP_B，右侧的代码定义了子类 CP_A。右侧第 5 行代码定义了子类 CP_A 的委托构造函数，其中初始化单元“m_a(2)”完成了对子类 CP_A 自身的成员变量 m_a 的初始化，委托构造单元“CP_B(3)”完成了对子类 CP_A 继承其父类的成员变量 m_b 的初始化。

> **注意事项**：
>
> （1）在同 1 个初始化和委托构造列表中，**同 1 个成员变量引导的初始化单元最多只能出现 1 次**；否则，无法通过编译。请参考下面示例 3-4。
>
> （2）在同 1 个初始化和委托构造列表中，**同 1 个类名引导的委托构造单元最多只能出现 1 次**；否则，无法通过编译。请参考下面示例 3-5。
>
> （3）**如果在初始化和委托构造列表中出现以当前正在定义的类的名称引导的委托构造单元，则不能再出现初始化单元和其他委托构造单元**；否则，无法通过编译。请参考下面示例 3-6。
>
> （4）在初始化和委托构造列表中使用委托构造单元应当**避免出现构造函数的递归调用**。请参考下面示例 3-7。

// 示例 3-4：重复初始化同一个成员变量	// 示例 3-5：重复委托构造	行号
class A	class A	// 1
{	{	// 2

```
public:
    int m_a;
    A() : m_a(1), m_a(2){}// 错误
}; // 类A定义结束
```

```
public:                                          // 3
    int m_a, m_b;                                // 4
    A():A(10), A(1, 2) { } // 错误               // 5
    A(int a) : m_a(a), m_b(0) { }                // 6
    A(int a,int b):m_a(a),m_b(b){}               // 7
}; // 类A定义结束                                 // 8
```

// 示例 3-6：同层次重复初始化

```
class A
{
public:
    int m_a, m_b;
    A(): A(10), m_b (2) { }// 错误
    A(int a) : m_a(a) { }
}; // 类A定义结束
```

// 示例 3-7：重复委托构造　　行号

```
class A                                          // 1
{                                                // 2
public:                                          // 3
    int m_a;                                     // 4
    double m_b;                                  // 5
    A() : m_a(1), m_b (2) { }                    // 6
    A(int a):A(1.5){m_a=a;}// 错误               // 7
    A(double b):A(2){m_b=b;}//错误               // 8
}; // 类A定义结束                                 // 9
```

在上面示例 3-4 第 5 行代码中，“m_a(1)”与“m_a(2)”均给成员变量 m_a 赋初值，其中 1 个必然是无效的，因为一定会被另外 1 个的赋值操作覆盖。因此，示例 3-4 第 5 行代码的代码无法通过编译。

在上面示例 3-5 第 5 行代码中，构造函数“A()”试图同时委托“A(10)”和“A(1, 2)”。虽然委托的不是同一个构造函数，但类名却是相同的。这在 C++标准中是不允许的。

在上面示例 3-6 第 5 行代码中，在构造函数“A()”的初始化和委托构造列表中出现了以类 A 的构造函数引导的委托构造单元“A(10)”。这时，就不能再出现初始化单元“m_b(2)”。因此，这个代码示例无法通过编译。

在上面示例 3-7 中，第 7 行代码“A(int a):A(1.5)”使得构造函数 A(int a)一旦被调用就将会去调用构造函数 A(double b)，然而第 8 行代码“A(double b):A(2)”使得构造函数 A(double b)一旦被调用就将会去调用构造函数 A(int a)，从而引发构造函数的递归调用，使得这 2 个构造函数不断地被循环调用，直到函数栈溢出。因此，这也是不允许的。

3.2.6　构造函数与析构函数的执行顺序

如果在构造函数的初始化和委托构造列表中存在当前类的构造函数引导的委托构造单元，则直接按照该委托构造单元的实际调用参数调用在当前类中所对应的构造函数，然后再执行在当前构造函数的函数体中的语句。否则，调用构造函数的执行顺序如下：

（1）首先调用其直接父类的构造函数，其具体调用顺序是按照在当前类的直接父类列表中出现的先后顺序。具体的执行细节如下：

（1.1）对于某个直接父类，如果在该构造函数的初始化和委托构造列表中存在该直接父类引导的委托构造单元，则按照该委托构造单元的实际调用参数调用该直接父类所对应的构造函数。

（1.2）对于某个直接父类，如果在该构造函数的初始化和委托构造列表中不存在直接父类引导的委托构造单元，则调用该直接父类不含参数的构造函数。

（2）结合在当前构造函数的初始化和委托构造列表中的初始化单元，初始化自身的成

员变量，执行顺序按照这些成员变量在类中声明的顺序。具体的执行情况如下：

（2.1）如果成员变量存在构造函数，并且存在该成员变量引导的初始化单元，则调用该初始化单元所对应的构造函数初始化该成员变量。

（2.2）如果成员变量存在构造函数，并且不存在该成员变量引导的初始化单元，则调用该成员变量的不含任何参数的构造函数初始化该成员变量。

（2.3）如果不管显式还是隐式，成员变量都没有对应的构造函数，并且存在该成员变量引导的初始化单元，则直接用在初始化单元中的值给该成员变量赋初值。

（2.4）如果不管显式还是隐式，成员变量都没有对应的构造函数，并且不存在该成员变量引导的初始化单元，则该成员变量是否进行初始化取决于编译器及其设置。

（3）执行在当前构造函数的函数体中的语句。

在上面执行过程中，每次调用构造函数都会重复执行上面（1）、（2）和（3）步骤，只是在执行时这个正在被调用的构造函数变成为当前的构造函数，正在被调用的构造函数所在的类变成为当前类。

> **❀小甜点❀**：
>
> 在初始化和委托构造列表中，**各个初始化单元的顺序最好与相应成员变量的声明顺序一致，各个以直接父类构造函数引导的委托构造单元的顺序最好与直接父类列表顺序一致**。

应当特别注意，在构造函数的初始化列表中的成员变量初始化顺序是按照这些成员变量在类定义中出现的顺序，而且不是这些成员变量在构造函数的初始化列表中出现的顺序。

> **📖编程规范📖**：
>
> 在构造函数中，如果有可能，应当尽量让成员变量的初始化结果与**成员变量的初始化顺序**无关。否则，**让成员变量在构造函数的初始化列表中出现的顺序与在类定义中出现的顺序完全相同**。

如果在编程时违背了上面的编程规范，则容易出现错误。一旦出错，则其**危害性往往很大，而且很难被发现**。下面通过两个例程进一步进行说明。

例程 3-9　三元数类构造函数的初始化顺序例程。

例程功能描述：通过三元数类展示在构造函数的初始化列表中成员变量的初始化顺序。

例程解题思路：定义三元数类。设法让成员变量的初始化结果依赖于初始化顺序，并改变成员变量在构造函数的初始化列表中出现顺序与在类定义中出现顺序的一致性。然后，对照两者结果。例程代码只有 1 个源文件“CP_TestConsrtuctionSequenceIntMain.cpp”，其代码如下：

```
// 文件名：CP_TestConsrtuctionSequenceIntMain.cpp；开发者：雍俊海
#include <iostream>
using namespace std;

class CP_Triple
{
public:
   CP_Triple() {}
```

```
8      CP_Triple(int b, int c): m_b(b), m_c(c), m_a(m_b + m_c) {}
9      void mb_showData();
10  private:
11     int m_a, m_b, m_c;
12  }; // 类 CP_Triple 定义结束
13
14  void CP_Triple::mb_showData()
15  {
16     cout << "a=" << m_a << endl;
17     cout << "b=" << m_b << endl;
18     cout << "c=" << m_c << endl;
19  } // 类的 CP_Triple 的成员函数 mb_showData 定义结束
20
21  int main(int argc, char* args[ ])
22  {
23     CP_Triple d(10, 20);
24     d.mb_showData();
25     system("pause");
26     return 0;
27  } // main 函数结束
```

可以对上面的代码进行编译、链接和运行。下面给出一个运行结果示例。

```
a=-1717986920
b=10
c=20
请按任意键继续. . .
```

例程分析：在上面运行结果中，a 的值为什么不是 30？在运行第 8 行构造函数时，初始化各个成员变量的顺序不是 m_b、m_c 和 m_a，而是按照这 3 个成员变量在第 11 行出现的顺序，即 m_a、m_b 和 m_c。这样，在运行第 8 行构造函数时，先执行“m_a(m_b + m_c)”。这时成员变量 m_b 和 m_c 均未赋初值。结果，m_a 的值通常就不等于 30，如上面运行结果所示；而且这个结果在不同平台上还有可能不同，甚至在相同平台上的不同时候运行也有可能不同。

结论：这种顺序的不一致性有可能会**导致程序出现错误**。

如果将上面第 11 行代码改为

```
11     int m_b, m_c, m_a;
```

则在运行第 8 行构造函数时，初始化各个成员变量的顺序是 m_b、m_c 和 m_a。这时，依次给 m_b 赋值为 10，给 m_c 赋值为 20，给 m_a 赋值为(m_b+m_c)，结果 m_a=30。对修改之后的代码进行编译、链接和运行，运行结果如下。结果符合预期。

```
a=30
b=10
c=20
```

```
请按任意键继续. . .
```

例程 3-10　雇员邮箱类构造函数的初始化顺序例程。

例程功能描述：通过雇员邮箱类展示在构造函数的初始化列表中成员变量的初始化顺序。

例程解题思路：定义雇员邮箱类。然后展示顺序不一致性所带来的后果。例程代码只有 1 个源文件“CP_TestConsrtuctionSequenceStringMain.cpp”，其代码如下：

```
// 文件名：CP_TestConsrtuctionSequenceStringMain.cpp；开发者：雍俊海    行号
1  #include <iostream>
2  #include <string>
3  using namespace std;
4  
5  class CP_EmployeeEmail
6  {
7  public:
8     CP_EmployeeEmail() {}
9     CP_EmployeeEmail(const char *first, const char *family)
10        : m_nameFirst(first), m_nameFamily(family),
11          m_email(m_nameFirst+m_nameFamily+"@abc.com"){}
12    void mb_showData();
13 private:
14    string m_email, m_nameFirst, m_nameFamily;
15 }; // 类 CP_EmployeeEmail 定义结束
16 
17 void CP_EmployeeEmail::mb_showData()
18 {
19    cout << "The email address of " << m_nameFirst << " ";
20    cout << m_nameFamily << " is " << m_email << "." << endl;
21 } // 类的 CP_EmployeeEmail 的成员函数 mb_showData 定义结束
22 
23 int main(int argc, char* args[ ])
24 {
25    CP_EmployeeEmail e("Tom", "Cruise");
26    e.mb_showData();
27    system("pause");
28    return 0;
29 } // main 函数结束
```

例程分析：可以对上面的代码进行编译和链接。因为上面代码符合 C++语法，所以没有出现编译或链接错误。但是，上面的程序无法正常运行。在运行的过程中，程序会崩溃。程序崩溃的位置在上面第 11 行代码处。程序在运行到构造函数时，初始化各个成员变量的顺序不是按照在初始化列表中出现的顺序，即不是 m_nameFirst、m_nameFamily 和 m_email。初始化各个成员变量的顺序是按照第 14 行在类定义中的顺序，即 m_email、m_nameFirst 和 m_nameFamily。因此，程序在运行第 9～11 行的构造函数时，先运行“m_email (m_nameFirst+m_nameFamily+"@abc.com")”。然而，这时 m_nameFirst 和 m_nameFamily 均未完成构造，却要被使用。程序因此而崩溃了。

结论：这种顺序的不一致性有可能会**导致程序崩溃**。由此可见这种不一致性带来的危害。

如果将上面第 14 行代码改为

```
14  string m_nameFirst, m_nameFamily, m_email;
```

则 m_nameFirst、m_nameFamily 和 m_email 在构造函数初始化列表的顺序与在类定义中的顺序是一致的。这时，可以正常通过编译和链接，并且正常运行，运行结果如下。结果符合预期。

```
The email address of Tom Cruise is TomCruise@abc.com.
请按任意键继续. . .
```

类的实例对象的内存在被回收之前会自动调用析构函数。调用析构函数的执行顺序基本上与构造函数的执行顺序相反，具体如下：

（1）先运行在当前析构函数的函数体中的语句。

（2）不管是显式还是隐式，只要与当前析构函数同层次级的成员变量存在对应的析构函数，则调用该成员变量的析构函数。调用顺序为成员变量在类中声明的逆序。

（3）最后调用直接父类的析构函数，具体调用顺序是直接父类列表的逆序。

在上面执行过程中，每次调用析构函数都会重复执行上面（1）、（2）和（3）步骤，只是在执行时这个正在被调用的析构函数变成为当前的析构函数，正在被调用的构造函数所在的类变成为当前类。

下面通过 3 个例程说明构造函数与析构函数的执行顺序。

例程 3-11　在不含委托构造单元前提条件下父类的构造函数与析构函数执行顺序。

例程功能描述：在不含委托构造单元前提条件下，展示父类的构造函数与析构函数执行顺序。

例程解题思路：定义子类 CP_A。它拥有 2 个直接父类 CP_B 和 CP_C。在各个可能会执行到的构造函数与析构函数中分别输出不同的内容，从而通过输出内容以及输出顺序就可以明显出看出构造函数与析构函数的执行顺序。例程代码由 3 个源程序代码文件“CP_RunSequenceConstructorNoDelegate.h”“CP_RunSequenceConstructorNoDelegate.cpp”和“CP_RunSequenceConstructorNoDelegateMain.cpp”组成，具体的程序代码如下。

```
// 文件名：CP_RunSequenceConstructorNoDelegate.h；开发者：雍俊海
#ifndef CP_RUNSEQUENCECONSTRUCTORNODELEGATE_H
#define CP_RUNSEQUENCECONSTRUCTORNODELEGATE_H

class CP_C
{
public:
    int m_c;
    CP_C() : m_c(1) { cout << "构造 CP_C(): " << m_c << endl; }
```

```
    ~CP_C() { cout << "析构 CP_C: " << m_c << endl; }
}; // 类 CP_C 定义结束

class CP_B
{
public:
    int m_b;
    CP_B() : m_b(2) { cout << "构造 CP_B(): " << m_b << endl; }
    ~CP_B() { cout << "析构 CP_B: " << m_b << endl; }
}; // 类 CP_B 定义结束

class CP_A : public CP_B, public CP_C
{
public:
    int  m_a;
    CP_A() : m_a(3) { cout << "构造 CP_A(): " << m_a << endl; }
    CP_A(int a): m_a(a) { cout << "构造 CP_A(a): " << m_a << endl; }
    ~CP_A() { cout << "析构 CP_A: " << m_a << endl; }
}; // 类 CP_A 定义结束

extern void gb_test();
#endif
```

// 文件名：CP_RunSequenceConstructorNoDelegate.cpp；开发者：雍俊海　　行号

```
#include <iostream>
using namespace std;
#include "CP_RunSequenceConstructorNoDelegate.h"

void gb_test()
{
    CP_A a(10);
    cout << "构造完毕。" << endl;
    cout << "a.m_a = " << a.m_a << endl;
} // 函数 gb_test 定义结束
```

// 文件名：CP_RunSequenceConstructorNoDelegateMain.cpp；开发者：雍俊海　　行号

```
#include <iostream>
using namespace std;
#include "CP_RunSequenceConstructorNoDelegate.h"

int main(int argc, char* args[])
{
    gb_test();
    system("pause");
    return 0; // 返回 0 表明程序运行成功
} // main 函数结束
```

可以对上面的代码进行编译、链接和运行。下面给出一个运行结果示例。

```
构造 CP_B(): 2
构造 CP_C(): 1
构造 CP_A(a): 10
构造完毕。
a.m_a = 10
析构 CP_A: 10
析构 CP_C: 1
析构 CP_B: 2
请按任意键继续. . .
```

例程分析：当程序运行到源文件“CP_RunSequenceConstructorNoDelegate.cpp”第 7 行代码“CP_A a(10);”时，将要创建并初始化类 CP_A 的实例对象。这时，将自动调用类 CP_A 的构造函数。在运行类 CP_A 的构造函数时，首先自动调用类 CP_A 的直接父类的不含任何参数的构造函数。因为类 CP_A 拥有 2 个直接父类 CP_B 和 CP_C，而且如头文件“CP_RunSequenceConstructorNoDelegate.h”第 20 行代码所示，在类 CP_A 的直接父类列表中，CP_B 在先，CP_C 在后，所以先执行直接父类 CP_B 的构造函数，输出“构造 CP_B(): 2”，再执行直接父类 CP_C 的构造函数，输出“构造 CP_C(): 1”。

接着，依据类 CP_A 的初始化和委托构造列表，对类 CP_A 自身的成员变量 m_a 进行初始化。结果成员变量 m_a 被赋初值 10。然后，继续执行类 CP_A 的构造函数，输出“构造 CP_A(a): 10”。至此，类 CP_A 的构造函数执行完毕。

当函数 gb_test 运行即将结束时，局部变量 a 的内存将被回收。这时会自动调用局部变量 a 对应的析构函数，即类 CP_A 的析构函数。其运行顺序是先运行在类 CP_A 的析构函数的函数体中的语句，输出“析构 CP_A: 10”。类 CP_A 自身的成员变量 m_a 的数据类型是 int，不拥有析构函数。因此，接着自动调用类 CP_A 的直接父类的析构函数，其顺序为类 CP_A 的直接父类列表的逆序。因此，先执行直接父类 CP_C 的析构函数，输出“析构 CP_C: 1”，再执行直接父类 CP_B 的析构函数，输出“析构 CP_B: 2”。

例程 3-12　委托构造函数调用例程。

例程功能描述：直观展示在通过委托构造函数创建实例对象条件下的构造函数与析构函数执行顺序。

例程解题思路：定义类 CP_B 的子类 CP_A。在子类 CP_A 中定义构造函数 CP_A() 和 CP_A(int a)，同时将构造函数 CP_A()委托给 CP_A(int a)。在各个可能会执行到的构造函数与析构函数中分别输出不同的内容，从而通过输出内容以及输出顺序就可以明显出看出构造函数与析构函数的执行顺序。例程代码由 3 个源程序代码文件“CP_RunSequenceConstructorDelegate.h”“CP_RunSequenceConstructorDelegate.cpp”和“CP_RunSequenceConstructorDelegateMain.cpp”组成，具体的程序代码如下。

```
// 文件名: CP_RunSequenceConstructorDelegate.h; 开发者: 雍俊海
#ifndef CP_RUNSEQUENCECONSTRUCTORDELEGATE_H
#define CP_RUNSEQUENCECONSTRUCTORDELEGATE_H

class CP_B
{
```

```
public:
   int m_b;
   CP_B() : m_b (1) { cout << "构造CP_B(): " << m_b << endl; }
   ~CP_B() { cout << "析构CP_B: " << m_b << endl; }
}; // 类CP_B定义结束

class CP_A : public CP_B
{
public:
   int  m_a;
   CP_A() : CP_A(2) { cout << "构造CP_A(): " << m_a << endl; }
   CP_A(int a): m_a(a)  { cout << "构造CP_A(a): " << m_a << endl; }
   ~CP_A() { cout << "析构CP_A: " << m_a << endl; }
}; // 类CP_A定义结束

extern void gb_test();
#endif
```

// 文件名：CP_RunSequenceConstructorDelegate.cpp；开发者：雍俊海

```
#include <iostream>
using namespace std;
#include "CP_RunSequenceConstructorDelegate.h"

void gb_test()
{
   CP_A a;
   cout << "构造完毕。" << endl;
   cout << "a.m_a = " << a.m_a << endl;
} // 函数gb_test定义结束
```

// 文件名：CP_RunSequenceConstructorDelegateMain.cpp；开发者：雍俊海

```
#include <iostream>
using namespace std;
#include "CP_RunSequenceConstructorDelegate.h"

int main(int argc, char* args[])
{
   gb_test();
   system("pause");
   return 0; // 返回0表明程序运行成功
} // main函数结束
```

可以对上面的代码进行编译、链接和运行。下面给出一个运行结果示例。

```
构造CP_B(): 1
构造CP_A(a): 2
构造CP_A(): 2
```

```
构造完毕。
a.m_a = 2
析构 CP_A：2
析构 CP_B：1
请按任意键继续. . .
```

例程分析：当程序运行到源文件“CP_RunSequenceConstructorDelegate.cpp”第 7 行代码“CP_A a;”时，将要创建并初始化类 CP_A 的实例对象。这时，将自动调用类 CP_A 的构造函数 CP_A()。根据构造函数 CP_A()的定义，构造函数 CP_A()是一个委托构造函数，它委托给构造函数 CP_A(int a)。因为构造函数 CP_A()和 CP_A(int a)隶属于同一个类 CP_A，所以直接执行构造函数 CP_A(int a)。

因为构造函数 CP_A(int a)不再是委托构造函数，所以先调用类 CP_A 的父类 CP_B 的构造函数，结果输出“构造 CP_B()：1”。然后，执行构造函数 CP_A(int a)的函数体，输出“构造 CP_A(a)：2”。

在构造函数 CP_A(int a)执行结束之后，回到委托构造函数 CP_A()，执行在委托构造函数 CP_A()的函数体，输出“构造 CP_A()：2”。至此，类 CP_A 的实例对象 a 创建并初始化完毕。

当函数 gb_test 运行即将结束时，局部变量 a 的内存将被回收。这时会自动调用局部变量 a 对应的析构函数，即类 CP_A 的析构函数。其运行顺序是先运行在类 CP_A 的析构函数的函数体中的语句，输出“析构 CP_A：2”。类 CP_A 自身的成员变量 m_a 的数据类型是 int，不拥有析构函数。因此，接着自动调用类 CP_A 的直接父类 CP_B 的析构函数，输出“析构 CP_B：1”。

例程 3-13　父类构造函数与析构函数的调用过程。

例程功能描述：展示在多层继承条件下父类的构造函数与析构函数的调用过程。

例程解题思路：定义类 CP_A，它拥有直接父类 CP_B 和 CP_C。类 CP_C 拥有直接父类 CP_D 和 CP_E。同时，CP_A 拥有类型为类 CP_F 的成员变量 m_f；CP_E 拥有类型为类 CP_G 的成员变量 m_g。在各个可能会执行到的构造函数与析构函数中分别输出不同的内容，从而通过输出内容以及输出顺序，就可以明显出看出构造函数与析构函数的执行顺序。

例程代码由 3 个源程序代码文件“CP_RunSequenceConstructorHierarchy.h”“CP_RunSequenceConstructorHierarchy.cpp”和“CP_RunSequenceConstructorHierarchyMain.cpp”组成，具体的程序代码如下。

```
// 文件名：CP_RunSequenceConstructorHierarchy.h；开发者：雍俊海
#ifndef CP_RUNSEQUENCECONSTRUCTORHIERARCHY_H
#define CP_RUNSEQUENCECONSTRUCTORHIERARCHY_H

class CP_G
{
public:
    CP_G() { cout << "构造 CP_G。" << endl; }
    ~CP_G() { cout << "析构 CP_G。" << endl; }
```

```
}; // 类CP_G定义结束

class CP_F
{
public:
    CP_F() { cout << "构造CP_F。" << endl; }
    ~CP_F() { cout << "析构CP_F。" << endl; }
}; // 类CP_F定义结束

class CP_E
{
public:
    CP_G m_g;
    CP_E() { cout << "构造CP_E。" << endl; }
    ~CP_E() { cout << "析构CP_E。" << endl; }
}; // 类CP_E定义结束

class CP_D
{
public:
    CP_D() { cout << "构造CP_D。" << endl; }
    ~CP_D() { cout << "析构CP_D。" << endl; }
}; // 类CP_D定义结束

class CP_C : public CP_D, public CP_E
{
public:
    CP_C()  { cout << "构造CP_C。" << endl; }
    ~CP_C() { cout << "析构CP_C。" << endl; }
}; // 类CP_C定义结束

class CP_B
{
public:
    CP_B()  { cout << "构造CP_B。" << endl; }
    ~CP_B() { cout << "析构CP_B。" << endl; }
}; // 类CP_B定义结束

class CP_A : public CP_B, public CP_C
{
public:
    CP_F m_f;
    CP_A()  { cout << "构造CP_A。" << endl; }
    ~CP_A() { cout << "析构CP_A。" << endl; }
}; // 类CP_A定义结束

extern void gb_test();
```

```
#endif
```

// 文件名：CP_RunSequenceConstructorHierarchy.cpp；开发者：雍俊海　　行号

```
1 #include <iostream>
2 using namespace std;
3 #include "CP_RunSequenceConstructorHierarchy.h"
4 
5 void gb_test()
6 {
7     CP_A a;
8     cout << "构造完毕。" << endl;
9 } // 函数 gb_test 定义结束
```

// 文件名：CP_RunSequenceConstructorHierarchyMain.cpp；开发者：雍俊海　　行号

```
#include <iostream>
using namespace std;
#include "CP_RunSequenceConstructorHierarchy.h"

int main(int argc, char* args[])
{
    gb_test();
    system("pause");
    return 0; // 返回 0 表明程序运行成功
} // main 函数结束
```

可以对上面的代码进行编译、链接和运行。下面给出一个运行结果示例。

```
构造 CP_B。
构造 CP_D。
构造 CP_G。
构造 CP_E。
构造 CP_C。
构造 CP_F。
构造 CP_A。
构造完毕。
析构 CP_A。
析构 CP_F。
析构 CP_C。
析构 CP_E。
析构 CP_G。
析构 CP_D。
析构 CP_B。
请按任意键继续. . .
```

例程分析：根据头文件“CP_RunSequenceConstructorDelegate.h”，可以画出类 CP_A 的继承关系层次图，如图 3-9 所示。当程序运行到源文件“CP_RunSequenceConstructorHierarchy.cpp”第 7 行代码“CP_A a;”时，将要创建并初始化类 CP_A 的实例对象。这时，将自动调用类 CP_A 的构造函数 CP_A()。在运行类 CP_A 的构造函数时，首先自动调用类 CP_A 的直接父类 CP_B 的构造函数，输出“构造 CP_B。”，接着，自动调用类 CP_A 的直接父类 CP_C 的构造函数。

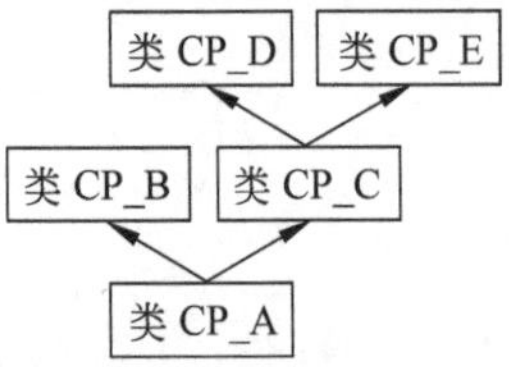

图 3-9　在上面例程中类的层次关系图

在运行类 CP_C 的构造函数时，首先自动调用类 CP_C 的直接父类 CP_D 的构造函数，输出“构造 CP_D。”，接着，自动调用类 CP_C 的直接父类 CP_E 的构造函数。

在运行类 CP_E 的构造函数时，因为类 CP_E 没有直接父类，所以先执行类 CP_E 的成员变量 m_g 的构造函数，输出“构造 CP_G。”，再执行类 CP_E 的构造函数的函数体，输出“构造 CP_E。”。至此，类 CP_E 的构造函数执行完毕。

在运行完类 CP_E 的构造函数之后，回到类 CP_C 的构造函数，继续执行类 CP_C 的构造函数的函数体，输出“构造 CP_C。”。至此，类 CP_C 的构造函数执行完毕。

在运行完类 CP_C 的构造函数之后，回到类 CP_A 的构造函数。这时，需要完成类 CP_A 的成员变量 m_f 的初始化工作，运行类 CP_F 的构造函数，结果输出“构造 CP_F。”。然后，运行类 CP_A 的构造函数的函数体，输出“构造 CP_A。”。至此，类 CP_A 的构造函数执行完毕。

当函数 gb_test 运行即将结束时，局部变量 a 的内存将被回收。这时会自动调用局部变量 a 对应的析构函数，即类 CP_A 的析构函数。其运行顺序是先运行在类 CP_A 的析构函数的函数体中的语句，输出“析构 CP_A。”。接着，运行类 CP_A 的成员变量 m_f 的析构函数，输出“析构 CP_F。”。然后，调用类 CP_A 的直接父类 CP_C 的析构函数。

在运行类 CP_C 的析构函数时，先运行在类 CP_C 的析构函数的函数体中的语句，输出“析构 CP_C。”。然后，调用类 CP_C 的直接父类 CP_E 的析构函数。

在运行类 CP_E 的析构函数时，先运行在类 CP_E 的析构函数的函数体中的语句，输出“析构 CP_E。”。然后，运行类 CP_E 的成员变量 m_g 的析构函数，输出“析构 CP_G。”。至此，类 CP_E 的析构函数运行完毕。

接下来，继续调用类 CP_C 的另一个直接父类 CP_D 的析构函数，输出“析构 CP_D。”。至此，类 CP_C 的析构函数运行完毕。

接下来，继续调用类 CP_A 的另一个直接父类 CP_B 的析构函数，输出“析构 CP_B。”。至此，类 CP_A 的析构函数运行完毕。

结论：本例程的输出结果具有很好的对称性，说明构造函数与析构函数的执行顺序基本上是相反的。

3.3　封　装　性

封装性是面向对象程序设计的三大特性之一。利用封装性，可以设定类成员的访问权限，明确哪些成员仅仅由内部使用，哪些成员可以提供给子类使用，哪些成员可以对外公开。利用这个机制，一方面可以保护类的内部数据不被肆意侵犯，确保数据的一致性；另一方面，在外部使用类时也可以只需了解这些对外公开的成员，从而提高使用效率。利用封装性，也可以避免对内部成员的误用，从而降低不同程序模块之间的耦合程度。

3.3.1　成员的访问方式

本小节阐述**在继承方式为 public 的前提条件下**的成员访问方式。类成员的**访问方式**由在类定义中该成员声明或定义的位置之前并且最靠近该成员的访问方式说明符决定。类成员的**访问方式说明符**只能是 private、protected 或 public。如果从类定义头部到成员声明或定义的位置之间**没有访问方式说明符**，则该成员的访问方式采用默认的访问方式。**默认的访问方式**只能是 private 或 public。采用关键字 class 定义的类的默认访问方式是 private，采用关键字 struct 定义的类的默认访问方式是 public。总之，类成员的**访问方式**只有如下 3 种：

（1）**私有方式**（private）：访问方式为私有方式的成员称为**私有成员**。只有在类自身或者类自身的成员或者类的友元中才能访问类的私有成员，其中友元将在第 3.3.4 小节介绍。

（2）**保护方式**（protected）：访问方式为保护方式的成员称为**受保护成员**。只有在类自身、或者类自身的成员、或者子类成员或者类的友元中才能访问类的受保护成员。另外，**在子类的成员中**，**可以**通过该子类的实例对象或指针访问类的受保护成员，**不可以**通过当前类的实例对象或指针访问类的受保护成员，**可以**通过该子类的实例对象或指针访问类的受保护成员，**不可以**通过该子类的父类的实例对象或指针访问类的受保护成员。

（3）**公有方式**（public）：访问方式为公有方式的成员称为**公有成员**。公有成员的访问方式不受限制。

表 3-1　类成员的访问方式

访问方式说明符	同一个类	子类	所有类
public	允许访问	允许访问	允许访问
protected	允许访问	允许访问	不允许访问
private	允许访问	不允许访问	不允许访问

表 3-1 是类成员的访问方式的直观总结。访问方式与访问权限在表中刚好构成了上三角形，非常好记忆。下面通过一些代码示例和例程进一步直观展示成员的访问方式。

下面的代码示例展示了由关键字 class 引导定义的类的成员访问方式。

```
class A                                                          // 1
{                                                                // 2
   int m_a; // m_a 是私有成员                                    // 3
public:                                                          // 4
   int m_b; // m_b 是公有成员                                    // 5
protected:                                                       // 6
   int m_c; // m_c 是受保护成员                                  // 7
private:                                                         // 8
   int m_d; // m_d 是私有成员                                    // 9
   int m_e; // m_e 是私有成员                                    // 10
}; // 类 A 定义结束                                              // 11
```

下面的代码示例展示了由关键字 struct 引导定义的类的成员访问方式。

```
struct B
{
   int m_a; // m_a 是公有成员
public:
   int m_b; // m_b 是公有成员
protected:
   int m_c; // m_c 是受保护成员
private:
   int m_d; // m_d 是私有成员
   int m_e; // m_e 是私有成员
}; // B 定义结束
```

例程 3-14　私有成员的访问权限展示例程。

例程功能描述：编写访问私有成员的程序。

例程解题思路：由于除了友元之外，只有在类自身的成员中才能访问类的私有成员。因此，只要定义 1 个类 CP_A 就可以，并且在类 CP_A 中定义 1 个私有成员变量 m_a 和 1 个公有成员函数 mb_show。然后，在公有成员函数 mb_show 中访问私有成员变量 m_a。

例程代码由 3 个源程序代码文件“CP_PrivateAccess.h”“CP_PrivateAccess.cpp”和“CP_PrivateAccessMain.cpp”组成，具体的程序代码如下。

```
// 文件名：CP_PrivateAccess.h；开发者：雍俊海
#ifndef CP_PRIVATEACCESS_H
#define CP_PRIVATEACCESS_H

class CP_A
{
public:
   CP_A() : CP_A(10) {}
   CP_A(int a) : m_a(a) {}
   void mb_show();
private:
   int  m_a;
}; // 类 CP_A 定义结束
#endif
```

```
// 文件名：CP_PrivateAccess.cpp；开发者：雍俊海
#include <iostream>
using namespace std;
#include "CP_PrivateAccess.h"

void CP_A::mb_show()
{
   cout << "m_a = " << m_a << endl;
   CP_A a(20);
   cout << "a.m_a = " << a.m_a << endl;
```

```
10 } // CP_A 的成员函数 mb_show 定义结束
```

```
// 文件名：CP_PrivateAccessMain.cpp；开发者：雍俊海          行号
1  #include <iostream>
2  using namespace std;
3  #include "CP_PrivateAccess.h"
4  
5  int main(int argc, char* args[])
6  {
7     CP_A a;
8     a.mb_show();
9     system("pause");
10    return 0; // 返回 0 表明程序运行成功
11 } // main 函数结束
```

可以对上面的代码进行编译、链接和运行。下面给出一个运行结果示例。

```
m_a = 10
a.m_a = 20
请按任意键继续. . .
```

例程分析：源文件“CP_PrivateAccess.cpp”第 7 行代码展示了在类 CP_A 自身的成员函数 mb_show 中通过当前的实例对象访问类 CP_A 的私有成员变量 m_a。第 8 行代码“CP_A a(20);”创建了类 CP_A 的实例对象 a，然后，第 9 行代码“a.m_a”展示了在类 CP_A 自身的成员函数 mb_show 中通过类 CP_A 的实例对象 a 访问类 CP_A 的私有成员变量 m_a。通过最后的编译、链接和运行结果上看，这些都是合法。

源文件“CP_PrivateAccessMain.cpp”第 8 行代码“a.mb_show();”展示了在主函数中访问类 CP_A 的公有成员函数 mb_show。这是符合语法的。但这一行代码不能改为

```
8     cout << "a.m_a = " << a.m_a << endl;
```

在进行代码修改之后，则将会出现编译错误“无法访问类 CP_A 的私有成员 m_a”。因为主函数不是类 CP_A 的成员，所以不能在主函数中访问类 CP_A 的私有成员。

这个例程同时也说明了在主函数访问类 CP_A 的公有成员函数 mb_show 时，不会去追究在 mb_show 的函数体内部是否使用了主函数无法访问的成员变量。

下面通过对照代码展示**在子类的成员中访问受保护成员**。

// 对照：允许访问受保护成员	// 对照：不允许访问受保护成员
#include <iostream>	#include <iostream>
using namespace std;	using namespace std;
class B	class B
{	{
protected:	protected:
int m_b;	int m_b;
public:	public:

```
    B() : m_b(10) {}
}; // 类B定义结束

class A : public B
{
public:
    void mb_show();
}; // 类A定义结束

void A::mb_show()
{
    cout<<"m_b = "<<m_b<<endl;
    A a;
    cout<<"a.m_b="<<a.m_b<<endl;
} // 类A的成员函数mb_show定义结束

int main(int argc, char* args[])
{
    A a;
    a.mb_show();
    system("pause");
    return 0;
} // main函数结束
```

```
    B() : m_b(10) {}                           // 9
}; // 类B定义结束                               // 10
                                               // 11
class A : public B                             // 12
{                                              // 13
public:                                        // 14
    void mb_show();                            // 15
}; // 类A定义结束                               // 16
                                               // 17
void A::mb_show()                              // 18
{                                              // 19
    cout<<"m_b = "<<m_b<<endl;                 // 20
    B b;                                       // 21
    cout<<"b.m_b="<<b.m_b<<endl;               // 22
} // 类A的成员函数mb_show定义结束                 // 23
                                               // 24
int main(int argc, char* args[])               // 25
{                                              // 26
    A a;                                       // 27
    a.mb_show();                               // 28
    system("pause");                           // 29
    return 0;                                  // 30
} // main函数结束                               // 31
```

左侧的代码可以通过编译和链接，下面给出其运行结果示例。

```
m_b = 10
a.m_b=10
请按任意键继续. . .
```

左侧第 20 行代码展示了在子类 A 自身的成员函数 mb_show 中通过当前的实例对象访问父类 B 的受保护成员变量 m_b。左侧第 22 行代码展示了在子类 A 自身的成员函数 mb_show 中通过子类 A 的实例对象 a 访问父类 B 的受保护成员变量 m_b。**这 2 种方式都符合语法**。因此，最后可以通过编译和链接，并正常运行。

右侧与左侧代码相比，只有第 21 行和第 22 行的代码不同。在右侧第 22 行代码中，子类 A 自身的成员函数 mb_show 试图通过父类 B 的实例对象 b 访问父类 B 的受保护成员变量 m_b。这是不允许的。因此，无法通过编译，编译错误如下：

```
Error C2248: [第 22 行代码]无法访问受保护成员“b.m_b”。
```

例程 3-15　封装性的经典小时类例程。

例程功能描述：首先，设计小时类，使得它的成员变量 m_hour 的取值范围只能是 0～11 的整数。然后，程序接收整数 hour 的输入。要求通过小时类输出 hour 所对应的是 0～11 的小时数。小时类实际上模拟了按 12 小时计时法的计时器。不管 hour 的值是否合法，小时类都能将其转成为 0～11 的小时数。

例程解题思路：这个小时类 CP_Hour 是封装性的 1 个经典应用。把它的成员变量 m_hour

的访问方式设为私有方式。另外，给类 CP_Hour 增加公有成员函数 mb_getHour，用来获取 m_hour 的值；给类 CP_Hour 增加公有成员函数 mb_setHour，用来设置 m_hour 的值。当给定的小时数不在成员变量 m_hour 的取值范围内时，公有成员函数 mb_setHour 将其转成为 0～11 的小时数。这样，依据封装性，除了类 CP_Hour 自身的成员之外，其他代码都无法修改成员变量 m_hour 的值，从而确保成员变量 m_hour 的值在要求的取值范围内。例程代码由 3 个源程序代码文件“CP_Hour.h”“CP_Hour.cpp”和“CP_HourMain.cpp”组成，具体的程序代码如下。

```
// 文件名：CP_Hour.h；开发者：雍俊海
#ifndef CP_HOUR_H
#define CP_HOUR_H

class CP_Hour
{
public:
   CP_Hour() : m_hour(0) {}

   int  mb_getHour() { return m_hour; }
   void mb_setHour(int hour);
private:
   int m_hour;
}; // 类 CP_Hour 定义结束

extern void gb_test();
#endif
```

```
// 文件名：CP_Hour.cpp；开发者：雍俊海
#include <iostream>
using namespace std;
#include "CP_Hour.h"

void CP_Hour::mb_setHour(int hour)
{
   m_hour = hour % 12;
   if (m_hour<0)
      m_hour += 12;
} // CP_Hour::mb_setHour 函数定义结束

void gb_test()
{
   int hour = 0;
   cout << "请输入小时数：";
   cin >> hour;
   CP_Hour a;
   a.mb_setHour(hour);
   cout << "输入小时数在规范后为" << a.mb_getHour() << "小时" << endl;
```

```
} // 函数 gb_test 定义结束
```

```
// 文件名：CP_HourMain.cpp；开发者：雍俊海
#include <iostream>
using namespace std;
#include "CP_Hour.h"

int main(int argc, char* args[])
{
    gb_test();
    system("pause");
    return 0; // 返回 0 表明程序运行成功
} // main 函数结束
```

可以对上面的代码进行编译、链接和运行。下面给出一个运行结果示例。

```
请输入小时数：-1↙
输入小时数在规范后为 11 小时
请按任意键继续. . .
```

下面再给出一个运行结果示例。

```
请输入小时数：14↙
输入小时数在规范后为 2 小时
请按任意键继续. . .
```

例程分析：这种依据封装性设计类 CP_Hour 的方法，可以确保类 CP_Hour 的成员变量 m_hour 的数值在指定的范围内，只要确保定义和实现类 CP_Hour 的代码不被修改。这就体现出了**封装性的特点之一，可以确保数据的一致性**。这种特性是 C 语言程序代码无法做到的。

另外，类 CP_Hour 的成员函数 mb_setHour 可以将不在指定的数值范围内的 hour 转化成为在指定范围内的数值，并给成员变量 m_hour 赋值，确保成员变量 m_hour 数值在指定的范围内。这体现出了**可以利用封装性来增强类的自维护性**，即能够将“非法的数据”转化成为“合法的数据”，从而保证类内部数据的一致性。例如，在类 CP_Hour 的生命周期中，可以确保它的成员变量 m_hour 的取值范围只能是 0～11 的整数。

结论：如果**类的某个成员变量具有特殊的要求**，可以将这个成员变量设为私有成员或者受保护成员，然后增加获取该成员变量数据的 get 函数（如本例程的公有成员函数 mb_getHour）和设置该成员变量数据的 set 函数（如本例程的公有成员函数 mb_setHour），而且通常将 get 函数和 set 函数设置为公有成员。**这是常常要用到的编程技巧**。

3.3.2 继承方式和访问方式

本小节阐述**继承方式及其对访问方式的影响**。这里需要特别注意继承方式和访问方式的区别。如图 3-10 所示，继承方式是类之间的关系，访问方式是限定类成员访问范围的方式。类之间的**继承方式**由在类定义中的继承方式说明符决定。**继承方式说明符**只能是

private、protected、public 或者什么都不写。如果什么都不写，则采用**默认的继承方式说明符**。采用关键字 class 定义的类的默认继承方式说明符是 private，采用关键字 struct 定义的类的默认继承方式说明符是 public。继承方式说明符 private、protected 和 public 分别对应如下 3 种继承方式：

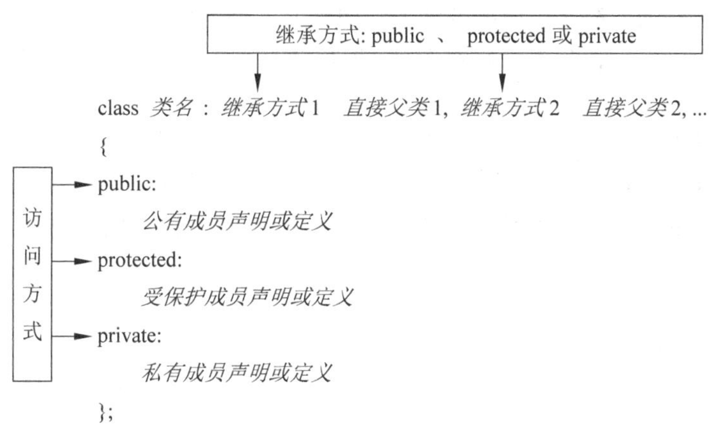

图 3-10　继承方式和访问方式的区别

（1）**公有继承（public）**：父类的公有成员被继承为子类的公有成员，父类的受保护成员被继承为子类的受保护成员，父类的私有成员被继承为子类的不可直接访问成员。这时父类也可以称为**公有父类**。

（2）**保护继承（protected）**：父类的公有成员和受保护成员都被继承为子类的受保护成员，父类的私有成员被继承为子类的不可直接访问成员。这时父类也可以称为**受保护父类**。

（3）**私有继承（private）**：父类的公有成员和受保护成员都被继承为子类的私有成员。父类的私有成员被继承为子类的不可直接访问成员。这时父类也可以称为**私有父类**。

表 3-2 是继承方式及其带来的访问方式的总结。

表 3-2　在继承之后的封装性

	访问方式：public	访问方式：protected	访问方式：private
继承方式：public	综合访问方式：public	综合访问方式：protected	
继承方式：protected	综合访问方式：protected	综合访问方式：protected	
继承方式：private	综合访问方式：private	综合访问方式：private	

在不考虑友元的前提条件下，根据上面继承方式及其访问方式，有如下的结论：

（1）类**可以访问**该类自身的所有成员，**也可以访问**该类继承过来的公有成员和受保护成员，**不可以直接访问**该类继承过来的不可直接访问成员。

（2）父类**可以访问**子类自身或继承得到的所有公有成员；除此之外，**不可以直接访问**子类的其他成员。

（3）对于任何 2 个没有继承关系的类 A 与类 B，类 A **可以访问**类 B 自身或继承得到的所有公有成员；除此之外，**不可以直接访问**类 B 的其他成员。

（4）全局函数**可以访问**类自身或继承得到的所有公有成员；除此之外，**不可以直接访问**类的其他成员。

这里需要注意，类的成员包括类自身的成员和类继承得到的成员，其中类继承得到的成员不是类自身的成员，同样类自身的成员也不可能是类继承得到的成员。

继承方式也会影响到类的访问。如表 3-3 所示，假设存在类 A、类 B 和类 C，其中 C 是 B 的父类，B 是 A 的父类，则继承方式的影响结果如下：

（1）**在 C 是 B 的公有父类前提条件下**：如果 B 是 A 的公有父类，则 C 是 A 的公有父类；如果 B 是 A 的受保护父类，则 C 是 A 的受保护父类；如果 B 是 A 的私有父类，则 C 是 A 的私有父类。

（2）**在 C 是 B 的受保护父类前提条件下**：如果 B 是 A 的公有父类或者受保护父类，则 C 是 A 的受保护父类；如果 B 是 A 的私有父类，则 C 是 A 的私有父类。

（3）**在 C 是 B 的私有父类前提条件下**，无论 B 是 A 哪种类型父类，C 都是 A 的**不可直接访问父类**。

（4）如果 C 是 B 的不可直接访问父类，或者 B 是 A 的不可直接访问父类，则 C 是 A 的**不可直接访问父类**。

（5）在定义 A 的代码中或在实现 A 的成员的代码中，**可以**直接访问 A 的公有父类、受保护父类和私有父类，**不可以**直接访问那些 A 的**不可直接访问父类**。

表 3-3　继承方式对类访问的影响

	C 是 B 的公有父类	C 是 B 的受保护父类	C 是 B 的私有父类
B 是 A 的公有父类	C 是 A 的公有父类	C 是 A 的受保护父类	—
B 是 A 的受保护父类	C 是 A 的受保护父类	C 是 A 的受保护父类	—
B 是 A 的私有父类	C 是 A 的私有父类	C 是 A 的私有父类	—

下面的代码示例展示了由关键字 class 引导定义的类的继承方式。

```
class A1 : B { };                // 默认的继承方式：A1 私有继承 B          // 1
class A2 : private B { };        // A2 私有继承 B                        // 2
class A3 : protected B { };      // A3 保护继承 B                        // 3
class A4 : public B { };         // A4 公有继承 B                        // 4
class A5 : public B, C { };      // 默认的继承方式:A5 公有继承 B, 私有继承 C // 5
```

下面的代码示例展示了由关键字 struct 引导定义的类的继承方式。

```
struct A6 :  B { };              // 默认的继承方式：A6 公有继承 B          // 1
struct A7 :  public B { };       // A7 公有继承 B                        // 2
struct A8 :  protected B { };    // A8 保护继承 B                        // 3
struct A9 :  private B { };      // A9 私有继承 B                        // 4
struct A10: public B, C { };     // 默认的继承方式:A10 公有继承 B,公有继承 C // 5
```

下面通过对照代码展示**私有继承方式对类及其成员的访问权限的影响**。

// 对照：允许访问（关于私有继承）	// 对照：不允许访问（关于私有继承）	行号
`#include <iostream>`	`#include <iostream>`	// 1
`using namespace std;`	`using namespace std;`	// 2
		// 3

```
class C
{
public:
    int m_c;
public:
    C() : m_c(10) {}
}; // 类C定义结束

class A : private C
{
public:
    C m_a;
    void mb_show();
}; // 类A定义结束

void A::mb_show()
{
    m_a.m_c = 1;
    m_c = 2;
    cout << "m_a.m_c = ";
    cout << m_a.m_c << endl;
    cout<<"m_c = "<< m_c << endl;
} // 类A的成员函数mb_show定义结束

int main(int argc, char* args[])
{
    A a;
    a.mb_show();
    system("pause");
    return 0;
} // main函数结束
```

```
class C                                         // 4
{                                               // 5
public:                                         // 6
    int m_c;                                    // 7
public:                                         // 8
    C() : m_c(10) {}                            // 9
}; // 类C定义结束                                // 10
                                                // 11
class B : private C { };                        // 12
                                                // 13
class A : public B                              // 14
{                                               // 15
public:                                         // 16
    C m_a;                                      // 17
    void mb_show();                             // 18
}; // 类A定义结束                                // 19
                                                // 20
void A::mb_show()                               // 21
{                                               // 22
    m_a.m_c = 1;                                // 23
    m_c = 2;                                    // 24
    cout << "m_a.m_c = ";                       // 25
    cout << m_a.m_c << endl;                    // 26
    cout<<"m_c = "<< m_c << endl;               // 27
} // 类A的成员函数mb_show定义结束                 // 28
                                                // 29
int main(int argc, char* args[])                // 30
{                                               // 31
    A a;                                        // 32
    a.mb_show();                                // 33
    system("pause");                            // 34
    return 0;                                   // 35
} // main函数结束                                // 36
```

在左侧代码中，因为 C 是 A 的私有父类，所以 A 可以用 C 来定义成员变量 m_a，如左侧第 15 行代码所示。因为 m_c 是类 A 通过继承得到的私有成员，所以在 A 的成员函数 mb_show 的函数体中可以使用“m_a.m_c”和“m_c”。因此，左侧的代码可以通过编译和链接，下面给出其运行结果示例。

```
m_a.m_c = 1
m_c = 2
请按任意键继续. . .
```

不过，左侧第 31 行代码不能改为

```
    cout << "m_a.m_c = " << a.m_c << endl;                         // 31
```

因为 A 私有继承 C，使得 C 的成员变量 m_c 成为类 A 通过继承得到的私有成员变量，而主函数又不是类 A 的成员函数，所以在主函数中不能通过 A 的实例对象 a 访问成员变量 m_c。在修改之后，上面代码将无法通过编译，编译错误为：

```
第 31 行代码错误："C::m_c" 不可访问，因为 "A" 使用 "private" 从 "C" 继承
```

在右侧的代码中，如第 12 行代码所示，C 是 B 的私有父类；如第 14 行代码所示，B 是 A 的公有父类，从而 C 是 A 的不可直接访问父类。因此，在定义类 A 的代码中，不能用 C 来定义 A 的成员变量，即第 17 行代码"C m_a;"是无法通过编译的。

在右侧的代码中，因为 B 私有继承 C，所以 C 的公有成员变量 m_c 会成为 B 通过继承得到的私有成员变量，从而 m_c 只能用在 B 的成员中，不能用在 B 的子类 A 的成员中。因此，在类 A 的成员函数 mb_show 的函数中无法使用"m_a.m_c"和"m_c"。

综上结果，右侧代码无法通过编译，编译错误如下：

```
第 17 行代码错误："C" 不可访问，因为 "B" 使用 "private" 从 "C" 继承
第 24 行代码错误："C::m_c" 不可访问，因为 "B" 使用 "private" 从 "C" 继承
第 27 行代码错误："C::m_c" 不可访问，因为 "B" 使用 "private" 从 "C" 继承
```

3.3.3 在继承中的全局类

在子类的定义和实现代码中，在父类名称的前面加上双冒号运算符"::"，则形成**全局类**。如果不采用全局类，在子类的定义和实现代码中，使用父类将会受到继承方式的限制。**采用全局类**可以突破这种限制，即在子类的定义和实现代码中，使用全局类**不受继承方式的限制**。设类 B 是类 A 的父类，则**"::B"在类 A 中就是全局类**。同时，无论类 B 与类 A 之的继承方式是什么，都可以将类 B 的指针**显式转换为**全局类"::B"的指针。因此，如果仅仅通过继承方式来进行访问限制，则实际上是一种**非常脆弱的方式**，因为通过全局类可以打破这种访问限制。

下面通过对照代码展示**通过全局类可以突破继承方式对访问权限的限制**。下面左右两侧代码仅在第 26 行、第 36 行和第 37 行处有所不同。

// 对照：允许访问（通过全局类）	// 对照：不允许访问（直接通过父类）	行号
`#include <iostream>`	`#include <iostream>`	// 1
`using namespace std;`	`using namespace std;`	// 2
		// 3
`class C`	`class C`	// 4
`{`	`{`	// 5
`public:`	`public:`	// 6
`    int m_c;`	`    int m_c;`	// 7
`public:`	`public:`	// 8
`    C() : m_c(10) {}`	`    C() : m_c(10) {}`	// 9
`}; // 类C定义结束`	`}; // 类C定义结束`	// 10
		// 11
`class B : private C`	`class B : private C`	// 12
`{`	`{`	// 13

```
public:
    void mb_showC();
}; // 类B定义结束

void B::mb_showC()
{
    cout<<"m_c = "<< m_c << endl;
} // 类B的成员函数mb_showC定义结束

class A : public B
{
public:
    ::C m_a;
    void mb_show();
}; // 类A定义结束

void A::mb_show()
{
    m_a.m_c = 1;
    cout << "m_a.m_c = ";
    cout << m_a.m_c << endl;
    mb_showC();
    ::C *pc = (::C*)this;
    pc->m_c = 20;
    mb_showC();
} // 类A的成员函数mb_show定义结束

int main(int argc, char* args[])
{
    A a;
    a.mb_show();
    system("pause");
    return 0;
} // main函数结束
```

```
public:                                              // 14
    void mb_showC();                                 // 15
}; // 类B定义结束                                     // 16
                                                     // 17
void B::mb_showC()                                   // 18
{                                                    // 19
    cout<<"m_c = "<< m_c << endl;                    // 20
} // 类B的成员函数mb_showC定义结束                      // 21
                                                     // 22
class A : public B                                   // 23
{                                                    // 24
public:                                              // 25
    C m_a;                                           // 26
    void mb_show();                                  // 27
}; // 类A定义结束                                     // 28
                                                     // 29
void A::mb_show()                                    // 30
{                                                    // 31
    m_a.m_c = 1;                                     // 32
    cout << "m_a.m_c = ";                            // 33
    cout << m_a.m_c << endl;                         // 34
    mb_showC();                                      // 35
                                                     // 36
    m_c = 20;                                        // 37
    mb_showC();                                      // 38
} // 类A的成员函数mb_show定义结束                       // 39
                                                     // 40
int main(int argc, char* args[])                     // 41
{                                                    // 42
    A a;                                             // 43
    a.mb_show();                                     // 44
    system("pause");                                 // 45
    return 0;                                        // 46
} // main函数结束                                     // 47
```

因为左侧第26行采用的是全局类，所以这里不必考虑C与A之间的继承方式就可以将全局类“::C”作为类A的成员变量m_a的数据类型。因此，左侧第26行代码在语法上是正确的。

因为在左侧代码中m_a的数据类型是全局类“::C”，所以在左侧第32行和第34行代码处，在类A的成员函数mb_show中，是否允许使用“m_a.m_c”只取决于m_c在类C中的访问方式，而与类A和类C之间的继承方式无关。因为m_c是类C的公有成员，所以左侧第32行和第34行代码在语法上是正确的。

说明：

如果将左侧第6行的代码改为“private:”或者“protected:”，则m_c变成为类C的私有成员或受保护成员。全局类不受继承方式限制的结果就是在子类 A 的成员函数 mb_show 中无法使用全局类的私有成员和受保护成员，即在代码修改之后，**第 32 行代码将无法通过编译**。

在左侧第 36 行代码处，this 的数据类型是类 A 的指针，this 指向当前的实例对象。因为允许将子类 A 的指针显式转换为全局类“::C”的指针，所以左侧第 36 行代码在语法上是正确的。

说明：
如果将左侧第 36 行代码改为“::C *pc = this;”，即**不采用显式方式进行类型转换，则无法通过编译**。

左侧第 37 行代码通过全局类“::C”的指针 pc 访问成员变量 m_c。这在语法上是否正确只取决于 m_c 在类 C 中的访问方式，而与类 A 和类 C 之间的继承方式无关。因为 m_c 是类 C 的公有成员，所以左侧第 37 行代码在语法上是正确的。

综上结果，左侧的代码可以通过编译和链接，下面给出其运行结果示例。

```
m_a.m_c = 1
m_c = 10
m_c = 20
请按任意键继续. . .
```

这里开始分析右侧的代码。因为 C 是 A 的不可直接访问父类，所以不能直接用 C 来定义 A 的成员变量。因此，右侧第 26 处的代码无法通过编译。

因为 B 私有继承 C，所以 m_c 是 B 通过继承得到的私有成员变量，从而在 B 的子类 A 的成员函数无法使用 m_c。因此，右侧第 37 处的代码无法通过编译。

综上结果，右侧代码无法通过编译，编译错误如下：

```
第 26 行代码错误：“C”不可访问，因为“B”使用“private”从“C”继承
第 37 行代码错误：“C::m_c”不可访问，因为“B”使用“private”从“C”继承
```

对照左右两侧的代码，在定义类 A 的代码中，可以使用全局类“::C”，而不可以直接使用父类 C。虽然类 B 和类 C 之间通过私有继承使得类 C 的成员变量 m_c 成为类 B 通过继承得到的私有成员变量。这样，在类 B 的子类 A 的成员函数 mb_show 中无法直接访问类 B 通过继承得到的私有成员变量 m_c，如右侧第 37 行代码所示；然而，借助于全局类“::C”的指针，这个类 B 通过继承得到的私有成员变量 m_c 的值却被修改了，如左侧第 37 行代码和左侧代码的运行结果所示。

下面的例程与上面的代码示例类似。不过，展示的是在子类之外的情况。

例程 3-16　通过强制类型转换突破继承方式对访问权限的限制。

例程功能描述：展示一种突破继承方式对访问权限限制的方法。

例程解题思路：首先定义父类 CP_B，它拥有公有成员变量 m_b。接着，定义子类 CP_A，它私有继承父类 CP_B。在类 CP_A 中定义公有的成员函数 mb_show，用来展示 m_b 的值。在全局函数 gb_test 中，构造类 CP_A 的实例对象 a，并且通过**强制类型转换**将 a 的地址赋值给类 CP_B 的指针 p；接着，通过指针 p 改变实例对象 a 的成员 m_b 的值，并通过 a 的成员函数 mb_show 来展示 m_b 的值是否确实发生变化，从而验证这种强制类型转换的方

法能否突破继承方式对访问权限的限制。下面按照这个思路编写代码。例程代码由 3 个源程序代码文件“CP_InheriteGlobal.h”“CP_InheriteGlobal.cpp”和“CP_InheriteGlobalMain.cpp”组成，具体的程序代码如下。

// 文件名：CP_InheriteGlobal.h；开发者：雍俊海

```
#ifndef CP_INHERITEGLOBAL_H
#define CP_INHERITEGLOBAL_H

class CP_B
{
public:
    int m_b;
    CP_B() : m_b(10) {}
}; // 类 CP_B 定义结束

class CP_A : private CP_B
{
public:
    void mb_show() { cout << "m_b = " << m_b << endl; }
}; // 类 CP_A 定义结束

extern void gb_test();
#endif
```

// 文件名：CP_InheriteGlobal.cpp；开发者：雍俊海

```
#include <iostream>
using namespace std;
#include "CP_InheriteGlobal.h"

void gb_test()
{
    CP_A a;
    a.mb_show();
    CP_B *p = (CP_B *)(&a);
    p->m_b = 20;
    a.mb_show();
} // 函数 gb_test 定义结束
```

// 文件名：CP_InheriteGlobalMain.cpp；开发者：雍俊海

```
#include <iostream>
using namespace std;
#include "CP_InheriteGlobal.h"

int main(int argc, char* args[])
{
    gb_test();
```

```
    system("pause");                                                    // 8
    return 0; // 返回 0 表明程序运行成功                                // 9
} // main 函数结束                                                      // 10
```

可以对上面的代码进行编译、链接和运行。下面给出一个运行结果示例。

```
m_b = 10
m_b = 20
请按任意键继续. . .
```

例程分析：首先，在本例程中，不能将类 CP_B 的成员变量 m_b 设置为私有的；否则，本例程的强制类型转换也无法突破这种访问方式的限制，因为如果将类 CP_B 的成员变量 m_b 设置为私有的，则除了类 CP_B 本身之外，其他地方都无法访问 CP_B 的私有成员变量 m_b。在本例程中，所展示的突破是子类 CP_A 对父类 CP_B 的私有继承方式，如头文件“CP_InheriteGlobal.h”第 11 行代码所示。

其次，在本例程中，将类 CP_A 的成员函数 mb_show 设置为公有的，这是为方便在全局函数 gb_test 中通过实例对象 a 查看 m_b 的值，如源文件“CP_InheriteGlobal.cpp”第 8 行和第 11 行代码所示。在源文件“CP_InheriteGlobal.cpp”第 9 行代码中，“CP_B”也可以改写为“::CP_B”，这不影响例程代码的编译、链接与运行。因为全局函数 gb_test 不隶属于任何类，所以 **“CP_B”本身就已经是全局类**，与“::CP_B”完全等价。因此，源文件“CP_InheriteGlobal.cpp”第 9 行的强制类型转换不受子类 CP_A 对父类 CP_B 的继承方式的限制。最终运行结果也验证了这个结论。

在本例程中，不能将源文件“CP_InheriteGlobal.cpp”第 9 行代码改为

```
    CP_B *p = &a;                                                       // 9
```

在修改之后，将无法通过编译，因为不采用强制类型转换，就无法突破继承方式的限制。

另外，不能将源文件“CP_InheriteGlobal.cpp”第 10 行代码改为

```
    a.m_b = 20;                                                         // 10
```

在修改之后，将无法通过编译。因为 m_b 是 a 通过私有继承得到的成员，所以无法在全局函数中直接通过 a 访问 m_b。

3.3.4 友元

在类中可以声明友元。**友元**的种类总共有如下 3 种。

（1）**友元全局函数**：指的是在类中声明为友元的全局函数。

（2）**友元成员函数**：指的是在类中声明为友元的别的类的成员函数。

（3）**友元类**：指的是在类中声明为友元的别的类。

> **注意事项**：
>
> （1）**类的友元不是该类的成员**。
>
> （2）**类的友元可以访问当前类可以访问的各种成员**，包括私有成员和受保护成员。类的友元突破了封装性对访问权限的限制。因此，除非确实有必要，应当慎重使用友元。

> ❀小甜点❀：
>
> （1）无论将友元声明放在类的哪个区（public 区或 protected 区或 private 区），都不会影响到友元的访问权限。
>
> （2）从编程规范上而言，友元通常在类定义的末尾处声明。
>
> （3）关键字 friend 是区分类成员与类友员的关键性区分标志。类的友员在类定义中一定以关键字 friend 引导。

在类的定义中将全局函数声明为友元的代码格式如下：

```
friend 返回类型 函数名(形式参数列表);
```

例程 3-17　友元全局函数展示例程。

例程功能描述：展示友元全局函数以及友元全局函数对访问权限的突破。

例程解题思路：定义类 CP_Point，它拥有 2 个私有成员变量 m_x 和 m_y。在类中声明友元全局函数 gb_isPointSame。这样，全局函数 gb_isSame 就可以访问类 CP_Point 的私有成员变量 m_x 和 m_y。例程代码由 3 个源程序代码文件“CP_FriendPoint.h”“CP_FriendPoint.cpp”和“CP_FriendPointMain.cpp”组成，具体的程序代码如下。

// 文件名：CP_FriendPoint.h；开发者：雍俊海

```
#ifndef CP_FRIENDPOINT_H
#define CP_FRIENDPOINT_H

class CP_Point
{
private:
   int m_x, m_y;
public:
   CP_Point( ) :m_x(0), m_y(0) { };
   CP_Point(int x, int y) :m_x(x), m_y(y) { };
   friend bool gb_isSame(const CP_Point& a, const CP_Point& b);
}; // 类CP_Point定义结束
#endif
```

// 文件名：CP_FriendPoint.cpp；开发者：雍俊海

```
#include <iostream>
using namespace std;
#include "CP_FriendPoint.h"

bool gb_isSame(const CP_Point& a, const CP_Point& b)
{
   if ((a.m_x == b.m_x) && (a.m_y == b.m_y))
      return true;
   else return false;
} // 函数gb_isSame结束
```

```
// 文件名：CP_FriendPointMain.cpp；开发者：雍俊海
#include <iostream>
using namespace std;
#include "CP_FriendPoint.h"

int main(int argc, char* args[])
{
    CP_Point a(0, 0);
    CP_Point b(10, 0);
    if (gb_isSame(a, b))
        cout << "这是两个位置重合的点。" << endl;
    else cout << "这是两个位置不重合的点。" << endl;
    system("pause");
    return 0; // 返回 0 表明程序运行成功
} // main 函数结束
```

可以对上面的代码进行编译、链接和运行。下面给出一个运行结果示例。

```
这是两个位置不重合的点。
请按任意键继续. . .
```

例程分析：头文件“CP_FriendPoint.h”第 11 行代码展示了如何在类 CP_Point 中声明友元全局函数 gb_isSame。源文件“CP_FriendPoint.cpp”展示了在函数 gb_isSame 的函数体中可以访问类 CP_Point 的私有成员。如果删除头文件“CP_FriendPoint.h”第 11 行代码，即不在类 CP_Point 中声明友元全局函数 gb_isSame，则函数 gb_isSame 的函数体无法访问类 CP_Point 的私有成员，源文件“CP_FriendPoint.cpp”第 7 行代码无法通过编译。

在类的定义中将其他类的成员函数声明为友元的代码格式如下：

```
friend 返回类型 类名::函数名(形式参数列表);
```

其中类名不能与当前正在定义的类同名，必须是其他类的名称。这里的成员函数包括构造函数与析构函数，即其他类的构造函数与析构函数也可以成为当前类的友元。

例程 3-18　通过友元成员函数实现老师给学生打分的例程。

例程功能描述：展示友元成员函数及其对访问权限的突破，同时实现老师给学生打分。

例程解题思路：定义学生类 CP_Student，它拥有私有成员变量成绩 m_score。因为只有老师才能给学生成绩，所以在学生类 CP_Student 中把来自类 CP_Teacher 的成员函数 mb_setScore 声明为友元。这样，老师就能给学生打分了。例程代码由 3 个源程序代码文件“CP_StudentTeacher.h”“CP_StudentTeacher.cpp”和“CP_StudentTeacherMain.cpp”组成，具体的程序代码如下。

```
// 文件名：CP_StudentTeacher.h；开发者：雍俊海
#ifndef CP_STUDENTTEACHER_H
#define CP_STUDENTTEACHER_H

class CP_Student;
```

```
class CP_Teacher
{
public:
    void mb_setScore(CP_Student &s, int score);
}; // 类 CP_Teacher 定义结束

class CP_Student
{
private:
    int m_score;
public:
    CP_Student() : m_score(0) {}
    int mb_getScore() { return m_score; }
    friend void CP_Teacher::mb_setScore(CP_Student &s, int score);
}; // 类 CP_Student 定义结束
#endif
```

// 文件名：CP_StudentTeacher.cpp；开发者：雍俊海

```
#include <iostream>
using namespace std;
#include "CP_StudentTeacher.h"

void CP_Teacher::mb_setScore(CP_Student &s, int score)
{
    s.m_score = score;
} // 类 CP_Teacher 的成员函数 mb_setScore 定义结束
```

// 文件名：CP_StudentTeacherMain.cpp；开发者：雍俊海

```
#include <iostream>
using namespace std;
#include "CP_StudentTeacher.h"

int main(int argc, char* args[])
{
    CP_Student s;
    CP_Teacher t;
    t.mb_setScore(s, 95);
    cout << "成绩为" << s.mb_getScore() << endl;
    system("pause");
    return 0; // 返回 0 表明程序运行成功
} // main 函数结束
```

可以对上面的代码进行编译、链接和运行。下面给出一个运行结果示例。

```
成绩为 95
请按任意键继续. . .
```

例程分析：头文件“CP_StudentTeachert.h”第 19 行代码展示了如何在类 CP_Student 中声明友元成员函数CP_Teacher::mb_setScore。这样，类CP_Teacher的成员函数mb_setScore 就可以访问类 CP_Student 的私有成员变量 m_score，实现老师给学生打分，如源文件“CP_StudentTeacher.cpp”第 7 行代码所示。

在类的定义中将其他类声明为友元的代码格式如下：

```
friend class 类名;
```

其中类名不能与当前正在定义的类同名，必须是其他类的名称。

例程 3-19　通过友元类实现父亲给未成年儿子提供资金的例程。

例程功能描述：展示友元类及其对访问权限的突破，同时实现父亲给儿子提供资金。

例程解题思路：定义未成年儿子类 CP_Child，它拥有私有成员变量资金 m_money。因为在法律上父亲是未成年儿子的监护人，所以在儿子类 CP_Child 中将父亲类 CP_Father 声明为友元类。这样，父亲给儿子提供资金，甚至监控儿子的资金。例程代码由 3 个源程序代码文件“CP_FriendFatherChild.h”“CP_FriendFatherChild.cpp”和“CP_FriendFatherChildMain.cpp”组成，具体的程序代码如下。

```
// 文件名：CP_FriendFatherChild.h；开发者：雍俊海
#ifndef CP_FRIENDFATHERCHILD_H
#define CP_FRIENDFATHERCHILD_H

class CP_Child;

class CP_Father
{
public:
    void mb_addMoney(CP_Child &c, int money);
}; // 类 CP_Father 定义结束

class CP_Child
{
private:
    int m_money;
public:
    CP_Child() : m_money(0) {}
    int mb_getMoney() { return m_money; }
    friend class CP_Father;
}; // 类 CP_Child 定义结束
#endif
```

```
// 文件名：CP_FriendFatherChild.cpp；开发者：雍俊海
#include <iostream>
using namespace std;
#include "CP_FriendFatherChild.h"

```

```
5 void CP_Father::mb_addMoney(CP_Child &c, int money)
6 {
7    c.m_money += money;
8 } // 类 CP_Father 的成员函数 mb_addMoney 定义结束
```

// 文件名：CP_FriendFatherChildMain.cpp；开发者：雍俊海

```
#include <iostream>
using namespace std;
#include "CP_FriendFatherChild.h"

int main(int argc, char* args[])
{
   CP_Child c;
   CP_Father f;
   f.mb_addMoney(c, 100);
   cout << "资金为" << c.mb_getMoney() << endl;
   system("pause");
   return 0; // 返回 0 表明程序运行成功
} // main 函数结束
```

可以对上面的代码进行编译、链接和运行。下面给出一个运行结果示例。

```
资金为 100
请按任意键继续. . .
```

例程分析：头文件“CP_FriendFatherChild.h”第 19 行代码展示了如何在类 CP_Child 中声明友元类 CP_Father。这样，类 CP_Father 就可以访问类 CP_Child 的私有成员变量 m_money，实现父亲给儿子提供资金，如源文件“CP_FriendFatherChild.cpp”第 7 行代码所示。

> **注意事项**：
>
> **友元不具有传递性**体现在如下 3 个方面。
>
> （1）假设类 A 是类 B 的友元类，类 B 是类 C 的友元类，这**并不意味着**类 A 是类 C 的友元类，即类 A 有可能不是类 C 的友元类。
>
> （2）假设类 A 是类 B 的友元类，这**并不意味着**类 A 是类 B 的父类或子类的友元类，即类 A 有可能既不是类 B 的父类的友元类，也有可能不是类 B 的子类的友元类。
>
> （3）假设类 A 是类 B 的友元类，这**并不意味着**类 A 的父类或子类是类 B 的友元类，即类 A 的父类有可能不是类 B 的友元类，类 A 的子类也有可能不是类 B 的友元类。
>
> 上面第（2）点和第（3）点也可以称为**友元不具有继承性**。

下面给出具体的对照代码进一步说明友元不具有传递性。

// 示例 3-8：含有错误的代码

```
#include <iostream>
using namespace std;

class A
```

// 示例 3-9：含有错误的代码

```
#include <iostream>
using namespace std;

class A
```

{	{	// 5
private:	private:	// 6
int m_a;	int m_a;	// 7
public:	public:	// 8
A(int i = 0) :m_a(i) {}	A(int i = 0) :m_a(i) {}	// 9
friend class B;	friend class B;	// 10
}; // 类A定义结束	}; // 类A定义结束	// 11
		// 12
class B { };	class C	// 13
	{	// 14
class C : public B	public:	// 15
{	void mb_show();	// 16
public:	}; // 类C定义结束	// 17
void mb_show();		// 18
}; // 类C定义结束	class B : public C { };	// 19
		// 20
void C::mb_show()	void C::mb_show()	// 21
{	{	// 22
A a(10);	A a(10);	// 23
cout << a.m_a << endl;	cout << a.m_a << endl;	// 24
} // 类C的成员函数mb_show定义结束	} // 类C的成员函数mb_show定义结束	// 25
		// 26
int main(int argc, char* args[])	int main(int argc, char* args[])	// 27
{	{	// 28
C c;	C c;	// 29
c.mb_show();	c.mb_show();	// 30
system("pause"); // 暂停	system("pause"); // 暂停	// 31
return 0; // 0表明程序运行成功	return 0; // 0表明程序运行成功	// 32
} // main函数结束	} // main函数结束	// 33

在上面示例3-8中，类C是类B的子类，如上面示例3-8第15行代码所示。在上面示例3-9中，类C是类B的父类，如上面示例3-9第19行代码所示。在上面示例3-8和示例3-9中，类B是类A的友元类，但类C都不是类A的友元类。因此，上面示例3-8和示例3-9的第24行代码中，类C的成员函数mb_show希望通过类A的实例对象a来访问类A的私有成员变量m_a，这都是不允许的，都是无法通过编译的。这2个示例说明了友元不具有继承性。

// 示例3-10：含有错误的代码	// 示例3-11：正确代码	行号
#include <iostream>	#include <iostream>	// 1
using namespace std;	using namespace std;	// 2
		// 3
class A	class A	// 4
{	{	// 5
protected:	protected:	// 6
int m_a;	int m_a;	// 7
public:	public:	// 8

A(int i = 0) :m_a(i) {}	A(int i = 0) :m_a(i) {}	// 9
}; // 类 A 定义结束	}; // 类 A 定义结束	// 10
		// 11
class B : public A	class B : public A	// 12
{	{	// 13
public:	public:	// 14
B(int i = 0) :A(i) {}	B(int i = 0) :A(i) {}	// 15
friend class C;	friend class C;	// 16
}; // 类 B 定义结束	}; // 类 B 定义结束	// 17
		// 18
class C	class C	// 19
{	{	// 20
public:	public:	// 21
void mb_show();	void mb_show();	// 22
}; // 类 C 定义结束	}; // 类 C 定义结束	// 23
		// 24
void C::mb_show()	void C::mb_show()	// 25
{	{	// 26
A a(10);	B b(10);	// 27
cout << a.m_a << endl; // 错误	cout << b.m_a << endl;	// 28
} // 类 C 的成员函数 mb_show 定义结束	} // 类 C 的成员函数 mb_show 定义结束	// 29
		// 30
int main(int argc, char* args[])	int main(int argc, char* args[])	// 31
{	{	// 32
C c;	C c;	// 33
c.mb_show();	c.mb_show();	// 34
system("pause"); // 暂停	system("pause"); // 暂停	// 35
return 0; // 0 表明程序运行成功	return 0; // 0 表明程序运行成功	// 36
} // main 函数结束	} // main 函数结束	// 37

在上面示例 3-10 中，**类 A 是类 B 的父类，类 C 是类 B 的友元类，但类 C 不是类 A 的友元类。因此，类 C 不能通过类 A 的实例对象访问类 A 的非公有成员**。如上面示例 3-10 第 28 行代码“cout << a.m_a << endl;”所示，类 C 的成员函数 mb_show 不能通过类 A 的实例对象 a 访问类 A 的受保护成员变量 m_a，这行代码无法通过编译。

上面示例 3-10 和示例 3-11 仅仅第 27 和 28 行代码不同。如示例 3-11 第 27 和 28 行代码所示，类 C 通过类 B 的实例对象访问类 A 的受保护成员变量 m_a。因为类 C 是类 B 的友元类，所以这是允许的。因此，示例 3-11 可以通过编译和链接，并且正常运行。不过，如果将类 A 的成员变量 m_a 的访问方式修改为 private，即将示例 3-11 第 6 行代码“protected:”修改为“private:”，则示例 3-11 也无法通过编译。这时，类 B 的实例对象无法访问其父类的私有成员 m_a，从而导致示例 3-11 第 28 行代码无法通过编译。因此，可以得到这样的结论：**设类 C 是类 B 的友元类，则在类 B 的所有父类成员中，类 C 通过类 B 只能访问其中类 B 能访问的成员**。

// 示例 3-12：友元全局函数	// 示例 3-13：友元类/友元成员函数	行号
#include <iostream>	#include <iostream>	// 1

```
using namespace std;

class A
{
private:
    int m_a;
public:
    A(int i = 0) :m_a(i) {}
    friend void gb_test();
}; // 类A定义结束

class B : public A { };

void gb_test()
{
    B b;
    b.m_a = 20;
    cout << b.m_a << endl;
} // 函数gb_test定义结束

int main(int argc, char* args[])
{
    gb_test();
    system("pause"); // 暂停
    return 0; // 0表明程序运行成功
} // main函数结束
```

```
using namespace std;                          // 2
                                              // 3
class C                                       // 4
{                                             // 5
public:                                       // 6
    void mb_show();                           // 7
}; // 类C定义结束                              // 8
                                              // 9
class A                                       // 10
{                                             // 11
private:                                      // 12
    int m_a;                                  // 13
public:                                       // 14
    A(int i = 0) :m_a(i) {}                   // 15
    friend void C::mb_show();                 // 16
}; // 类A定义结束                              // 17
                                              // 18
class B : public A { };                       // 19
                                              // 20
void C::mb_show()                             // 21
{                                             // 22
    B b;                                      // 23
    b.m_a = 30;                               // 24
    cout << b.m_a << endl;                    // 25
} // 类C的成员函数mb_show定义结束               // 26
                                              // 27
int main(int argc, char* args[])              // 28
{                                             // 29
    C c;                                      // 30
    c.mb_show();                              // 31
    system("pause"); // 暂停                   // 32
    return 0; // 0表明程序运行成功              // 33
} // main函数结束                              // 34
```

示例 3-12 和示例 3-13 分别展示了**父类的友元全局函数与友元成员函数可以通过子类的实例对象调用父类的私有成员**。如示例 3-12 第 15~20 行代码以及示例 3-13 第 21～26 行代码所示，全局函数 gb_test 和类 C 的成员函数 mb_show 都通过类 B 的实例对象 b 访问类 A 的私有成员变量 m_a，其中类 B 是类 A 的子类。这是允许的。因此，示例 3-12 和示例 3-13 都可以通过编译和链接，并且正常运行。

对于示例 3-13，第 16 行代码“friend void C::mb_show();”也可以修改为“friend class C;”。在修改之后，示例 3-13 的代码仍然可以通过编译和链接，并且正常运行，而且运行结果不变。

如果示例 3-12 不采用友元，即删除示例 3-12 第 10 行代码“friend void gb_test();”，则在示例 3-12 第 18 和 19 行代码中，“b.m_a”无法通过编译。同样，如果示例 3-13 不采用友元，即删除示例 3-13 第 16 行代码“friend void C::mb_show();”，则在示例 3-13 第 24 和 25

行代码中，“b.m_a”无法通过编译。

3.4　多　态　性

多态性是面向对象程序设计的三大特性之一。多态性主要是利用同名函数来简化程序代码并提高程序代码的易扩展性。**多态性包括静态多态性和动态多态性**。**静态多态性**也称为**重载**，包括函数重载和运算符重载，其中运算符重载本质上也是函数重载。函数重载是针对不同的数据类型编写不同的同名函数，从而执行不同的程序代码，产生不同的执行结果。**动态多态性**也称为**覆盖**。覆盖发生在子类与父类之间。覆盖的机制允许直接通过父类调用子类的析构函数与普通成员函数，从而为程序代码的扩展性提供了一种非常有效的途径。

3.4.1　函数重载（静态多态性）

本小节仅介绍同名函数的重载，不考虑运算符重载。运算符重载将在第 3.4.3 小节讲解。另外，第 3.6.2 小节将讲解通过设置成员函数的属性进行函数重载。**函数重载**是一种静态多态性。它针对的是全局函数、构造函数和普通成员函数。函数重载的具体要求如下。

（1）**同名函数**：如果是构造函数，则要求是同一个类的构造函数；否则，要求函数的名称完全相同。

（2）**函数的参数类型不同**：要求函数的参数个数不同，或者参数类型的排列顺序不同。**最重要的要求**是函数参数类型列表在函数调用时**能够被编译器区分**，从而让编译器能够从重载的函数中选出唯一一个最合适的函数进行调用。如果存在无法区分的函数调动，则不满足重载要求。

这种多态性在进行代码编译时就能够被编译器所识别，因此也称为**编译时的多态性**。**编译器在处理函数重载时的内部机制**实际上是将函数名与函数参数列表组合在一起给函数编码的，不同的函数名和不同的函数参数类型列表产生不同的编码，这样编译器就能识别在函数重载中的不同函数。

在前面介绍构造函数时其实已经用到了函数重载。下面再给出 1 个代码示例。

```
// 文件名：CP_TestMain.cpp；开发者：雍俊海
#include <iostream>
using namespace std;

class CP_A
{
public:
    int m_data;

public:
    CP_A() : m_data(0) {}
    CP_A(int i) : m_data(i) {}
}; //类 CP_A 定义结束
```

```
13
14 int main(int argc, char* args[])
15 {
16    CP_A a1;
17    CP_A a2(10);
18    cout << "a1.m_data =" << a1.m_data << endl;
19    cout << "a2.m_data =" << a2.m_data << endl;
20    system("pause");
21    return 0; // 返回 0 表明程序运行成功
22 } // main 函数结束
```

可以对上面的代码进行编译、链接和运行。下面给出一个运行结果示例。

```
a1.m_data =0
a2.m_data =10
请按任意键继续. . .
```

在上面代码示例上，第 10 行代码定义了不含参数的构造函数，第 11 行代码定义了带有 1 个参数的构造函数。因为函数参数个数不同，所以这是合法的构造函数重载。

> ❀小甜点❀：
>
> 如果要**验证编译器是否可以区分函数重载所要求的参数类型不同**，只要看能否设计出会引起函数调用混淆的实际参数列表。

从函数调用和运行结果上看，上面示例第 15 行代码调用的是不含参数的构造函数，第 16 行代码调用的是带有 1 个参数的构造函数。这也在一定程度上验证了上面的构造函数重载是合法的。

> ⚐注意事项⚐：
>
> (1) **函数的返回类型不是区分函数重载的标志**，参见下面示例 3-14。
>
> (2) **函数的形式参数的名称不是区分函数重载的标志**，参见下面示例 3-15。
>
> (3) 在不考虑指针的前提条件下，对于参数的数据类型是否带有 const 常量属性以及是否采用引用方式，**编译器在识别函数重载中仅能区分不带 const 常量属性的引用类型和带有 const 常量属性的引用类型**，参见下面示例 3-16。
>
> (4) 如果函数的形式参数类型是指针类型，则指针的**基类型带与不带 const 常量属性可以让编译器区分并将函数识别为函数重载**，而**指针本身是与不是只读指针则不足以让编译器区分并将函数识别为函数重载**，参见下面示例 3-17。
>
> (5) 类型和该类型的别名不是 2 种不同的类型。因此，**无法仅仅通过类型及其别名构成函数重载**，参见下面示例 3-18。

// 示例 3-14：仅返回类型不同	//示例 3-15：仅形式参数名称不同	行号
bool fun1();	void fun2(int m);	// 1
int fun1();	void fun2(int n);	// 2

// 示例 3-16：const 和引用	//示例 3-17：const 和指针	行号
void fun3(int a);	void fun4(int *p);	// 1
void fun3(const int a);	void fun4(const int *p);	// 2

`void fun3(int& a);`	`void fun4(int * const p);　　　　// 3`
`void fun3(const int& a);`	`void fun4(const int * const p);　// 4`

// 示例 3-18：类型别名	行号
`typedef double REAL;`	// 1
`void fun5(double x);`	// 2
`void fun5(REAL x);`	// 3

示例 3-14 给出的 2 个函数对于函数调用“fun1( )”拥有同等的地位，编译器无法区分应该调用哪个函数更加合适。因此，示例 3-14 给出的 2 个函数不满足函数重载的要求。

示例 3-15 给出的 2 个函数对于函数调用“fun2(5)”也无法让编译器区分出应该调用哪个函数更加合适。因此，示例 3-15 给出的 2 个函数不满足函数重载的要求。

示例 3-16 给出的 4 个函数，可以形成如下的 6 种组合情况。

（1）对于“void fun3(int a)”和“void fun3(const int a)”组合：因为对这 2 个函数的函数调用本来就是采用值传递方式，所以编译器不会去区分并将这 2 个函数识别为不同的函数。因此，这 2 个函数不满足函数重载的要求。

（2）对于“void fun3(int a)”和“void fun3(int& a)”组合：设定义了“int b = 20;”，则对于函数调用“fun3(b)”，编译器无法区分并选出应该调用哪个函数更加合适。因此，这 2 个函数不满足函数重载的要求。

（3）对于“void fun3(int a)”和“void fun3(const int& a)”组合：这种情况与情况（1）类似，“void fun3(int a)”和“void fun3(const int& a)”都不会去修改函数调用的实际参数值。因此，这 2 个函数也不足以满足函数重载的要求。

（4）对于“fun3(const int a)”和“fun3(int& a)”组合：这种情况与情况（2）类似，设定义了“int b = 20;”，则对于函数调用“fun3(b)”，编译器无法区分并选出应该调用哪个函数更加合适。因此，这 2 个函数不满足函数重载的要求。

（5）对于“void fun3(const int a)”和“void fun3(const int& a)”组合：这种情况与情况（1）类似，“void fun3(const int a)”和“void fun3(const int& a)”都不会去修改函数调用的实际参数值。因此，这 2 个函数也不足以满足函数重载的要求。

（6）**函数“void fun3(int& a)”和“void fun3(const int& a)”是合法的函数重载**。设定义了“int b = 10;”和“const int c = 20;”，则代码“fun3(5);”将调用函数“void fun3(const int& a)”，代码“fun3(b);”将调用函数“void fun3(int& a)”，代码“fun3(c);”将调用函数“void fun3(const int& a)”。

示例 3-17 给出的 4 个函数，可以形成如下的 6 种组合情况。

（1）**函数“void fun4(int *p)”和“void fun4(const int *p)”是合法的函数重载**。设定义了“int b = 10;”和“const int c = 20;”，则代码“fun4(&b);”将调用函数“void fun4(int *p)”，代码“fun4(&c);”将调用函数“void fun4(const int *p)”。

（2）对于“void fun4(int *p)”和“void fun4(int * const p)”组合：因为在函数调用中这 2 个函数都可以改变指针指向的内容，但都无法改变实际参数指针本身，所以编译器不会去区分并将这 2 个函数识别为不同的函数。因此，这 2 个函数不满足函数重载的要求。

（3）**函数“void fun4(int *p)”和“void fun4(const int * const p)”是合法的函数重载**。

设定义了“int b = 10;”和“const int c = 20;”，则代码“fun4(&b);”将调用函数“void fun4(int *p)”，代码“fun4(&c);”将调用函数“void fun4(const int * const p)”。

（4）**函数“void fun4(const int *p)”和“void fun4(int * const p)”是合法的函数重载**。设定义了“int b = 10;”和“const int c = 20;”，则代码“fun4(&b);”将调用函数“void fun4(int * const p)”，代码“fun4(&c);”将调用函数“void fun4(const int *p)”。

（5）对于“void fun4(const int *p)”和“void fun4(const int * const p)”组合：因为在函数调用中这 2 个函数都不可以改变指针指向的内容，也都无法改变实际参数指针本身，所以编译器不会去区分并将这 2 个函数识别为不同的函数。因此，这 2 个函数不满足函数重载的要求。

（6）**函数“void fun4(int * const p)”和“void fun4(const int * const p)”是合法的函数重载**。设定义了“int b = 10;”和“const int c = 20;”，则代码“fun4(&b);”将调用函数“void fun4(int * const p)”，代码“fun4(&c);”将调用函数“void fun4(const int * const p)”。

示例 3-18 给出的 2 个函数的形式参数类型列表实际上完全相同。因此，这 2 个函数不满足函数重载的要求。

父类的成员函数与子类的成员函数之间也可以构成函数重载。

> **注意事项**：
>
> **在子类中重载父类的成员函数时，需要将父类的成员函数引入到子类中。否则，子类的成员函数会屏蔽父类的同名成员函数**。下面通过例程进一步阐明。

例程 3-20　父类与子类之间的成员函数构成函数重载的例程。

例程功能描述：编写父类的成员函数与子类的成员函数，并使得它们满足函数重载的要求。同时，展现在编写代码时的注意事项。

例程解题思路：本例程将由 2 个程序组成。在“CP_OverloadChildMain.cpp”程序中，编写父类 CP_B 及其不含参数的成员函数 mb_fun，编写子类 CP_A 及其含有 1 个参数的成员函数 mb_fun，并通过 using 语句将父类 CP_B 的成员函数 mb_fun 引入到子类 CP_A 中，从而满足函数重载的要求。接着在主函数中通过子类 CP_A 的实例对象 a 分别调用重载的这 2 个成员函数。为了进行对照，将子类 CP_A 的类体置空，并在主函数中删除对子类 CP_A 自身的成员函数的调用，从而形成“CP_OverloadContrastMain.cpp”程序。本例程将在这 2 个程序的基础上修改代码，并进行编译、链接与运行，从而直观展示相关的注意事项。这 2 个程序的代码分别如下。

// CP_OverloadContrastMain.cpp	// CP_OverloadChildMain.cpp
`#include<iostream>`	`#include<iostream>`
`using namespace std;`	`using namespace std;`
`class CP_B`	`class CP_B`
`{`	`{`
`public:`	`public:`
`    void mb_fun(){ cout << "B"; }`	`    void mb_fun(){ cout << "B"; }`
`}; // 类 CP_B 定义结束`	`}; // 类 CP_B 定义结束`

```
class CP_A : public CP_B
{
}; // 类 CP_A 定义结束

int main(int argc, char* args[])
{
    CP_A a;
    a.mb_fun();
    system("pause");
    return 0;
} // main 函数结束
```

```
                                                  // 9
class CP_A : public CP_B                          // 10
{                                                 // 11
public:                                           // 12
    using CP_B::mb_fun;                           // 13
    void mb_fun(int a) {cout<<a;}                 // 14
}; // 类 CP_A 定义结束                             // 15
                                                  // 16
int main(int argc, char* args[])                  // 17
{                                                 // 18
    CP_A a;                                       // 19
    a.mb_fun();                                   // 20
    a.mb_fun(10);                                 // 21
    system("pause");                              // 22
    return 0;                                     // 23
} // main 函数结束                                 // 24
```

例程分析：先分析位于上面左侧的“CP_OverloadContrastMain.cpp”程序。因为子类 CP_A 继承了父类 CP_B 的成员函数 mb_fun，在左侧第 17 行代码处可以通过子类 CP_A 的实例对象 a 调用父类 CP_B 的成员函数 mb_fun。因此，上面左侧的代码可以通过编译和链接，并且正常运行。下面给出一个运行结果示例。

```
B 请按任意键继续. . .
```

对于上面右侧的“CP_OverloadChildMain.cpp”程序，在子类 CP_A 中，一方面通过右侧第 13 行代码“using CP_B::mb_fun;”将父类 CP_B 的成员函数 mb_fun 引入到子类 CP_A 中，另一方面在右侧第 14 行代码中为子类 CP_A 定义了参数类型列表不同的成员函数 mb_fun。因此，这 2 个成员函数构成了函数重载。在主函数中，可以通过子类 CP_A 的实例对象 a 分别调用重载的这 2 个成员函数。因此，上面右侧的代码可以通过编译和链接，并且正常运行。下面给出一个运行结果示例。

```
B10 请按任意键继续. . .
```

将父类的成员函数引入到子类中的语句格式为：

```
using 父类名称::父类的成员函数的名称;
```

如果将右侧第 13 行代码“using CP_B::mb_fun;”注释起来，则右侧代码将通不过编译。具体的编译错误提示为：

```
第 20 行代码有误(error C2660): "CP_A::mb_fun": 函数不接受 0 个参数
```

这个错误提示表明这时父类 CP_B 的不含参数的成员函数 mb_fun 对子类 CP_A 的实例对象 a 而言被屏蔽了，即被子类 CP_A 自身的成员函数 mb_fun 屏蔽了。如果没有被屏蔽，则不可能出现这样的编译错误提示，因为左侧代码就可以通过子类 CP_A 的实例对象 a 调用父类 CP_B 的成员函数 mb_fun。

说明：

在编译器处理函数调用时，编译器首先进行函数名称与函数参数个数的匹配。只有完全匹配上的函数才会成为候选函数。接着，编译器尝试进行参数类型列表的精确匹配。如果找到多个精确匹配上的候选函数，则编译器给出“函数重复定义”的编译错误提示。如果找到唯一精确匹配上的候选函数，则编译器直接调用这个候选函数；否则编译器还要对参数类型列表进行类型转换匹配，从中查找最适合的候选函数进行函数调用。在进行类型转换匹配时，如果编译器无法匹配上，则编译器给出“函数未定义”的编译错误提示；如果存在多个并列最佳类型转换匹配的候选函数，则无法通过编译。

下面的代码示例定义了 2 个重载函数 gb_print。在主函数中分别采用 4 种不同的数据类型去调用它们。从运行结果上看，编译器可以从中找到唯一最合适的类型转换匹配的候选函数进行函数调用。

```
// 文件名：CP_TestMain.cpp；开发者：雍俊海
#include<iostream>
using namespace std;

void gb_print(int a)
{
    cout << "gb_print(int a): " << a << endl;
} // 函数 gb_print 定义结束

void gb_print(double x)
{
    cout << "gb_print(double x): " << x << endl;
} // 函数 gb_print 定义结束

int main(int argc, char* args[])
{
    short a = 1;
    long b = 2;
    float c = 3;
    double d = 4;
    gb_print(a);
    gb_print(b);
    gb_print(c);
    gb_print(d);
    system("pause");
    return 0; // 返回 0 表明程序运行成功
} // main 函数结束
```

可以对上面的代码进行编译、链接和运行。下面给出一个运行结果示例。

```
gb_print(int a): 1
gb_print(int a): 2
gb_print(double x): 3
gb_print(double x): 4
请按任意键继续. . .
```

3.4.2　默认函数参数值

在声明或定义函数时，还可以**给函数的形式参数提供默认的参数值**，其注意事项如下：

> **注意事项**：
>
> （1）如果**先声明函数，再定义函数**，则在声明函数时提供默认的参数值，而在定义函数时**不能**在函数头部提供默认的参数值。
>
> （2）如果**没有声明函数，而直接定义函数**，则在函数定义的头部提供默认的参数值。

只提供部分参数的默认值的注意事项如下：

> **注意事项**：
>
> **没有提供默认值的参数必须位于前面，所有提供了默认值的参数必须位于后面。两者不能交叉**。

在对提供参数默认值的函数进行调用时，应当注意如下事项：

> **注意事项**：
>
> （1）**对于没有提供默认值的参数**，则在函数调用时**必须提供实际参数值**；**对于提供了默认值的参数**，则在函数调用时**可以不提供实际参数值**，而直接采用默认值。
>
> （2）在函数调用时不提供实际参数值的参数**必须位于后面**。
>
> （3）对于提供了默认值的函数参数，**如果在函数调用时给出了实际参数值，则采用实际参数值**；**如果在函数调用时没有提供实际参数值，则采用默认参数值**。

例程 3-21　提供默认参数值的构造函数。

例程功能描述：构造提供默认参数值的构造函数，并在主函数中调用构造函数。

例程解题思路：定义拥有 2 个成员变量的类 CP_Point，给它的构造函数的两个参数都提供默认值。在主函数中分别用 0 个、1 个和 2 个实际参数调用该构造函数。例程源文件“CP_DefaultPointMain.cpp”的代码如下。

```
// 文件名：CP_DefaultPointMain.cpp；开发者：雍俊海
#include<iostream>
using namespace std;

class CP_Point
{
public:
    double m_x, m_y;
public:
    CP_Point(double x = 1, double y = 2);
}; // 类 CP_Point 定义结束

CP_Point::CP_Point(double x, double y): m_x(x), m_y(y)
{
    cout << "x = " << x << ", y = " << y << "。" << endl;
} // 类 CP_Point 的构造函数定义结束
```

```
                                                              // 16
int main(int argc, char* args[])                              // 17
{                                                             // 18
   CP_Point a;                                                // 19
   CP_Point b(10);                                            // 20
   CP_Point c(20, 30);                                        // 21
   system("pause");                                           // 22
   return 0; // 返回 0 表明程序运行成功                          // 23
} // main 函数结束                                             // 24
```

可以对上面的代码进行编译、链接和运行。下面给出一个运行结果示例。

```
x = 1, y = 2。
x = 10, y = 2。
x = 20, y = 30。
请按任意键继续. . .
```

例程分析：上面第 19 行代码“CP_Point a;”在定义实例对象 a 时没有提供实际参数值。因此，实例对象 a 的 2 个成员变量均采用默认值，如运行结果最终输出的第 1 行内容“x = 1, y = 2。”所示。

第 20 行代码“CP_Point b(10);”在定义实例对象 b 时只提供 1 个实际参数值。这个实际参数值一定对应构造函数的第 1 个形式参数 x。因此，x=10。没有提供实际参数值的参数一定只能是构造函数的位于末尾的第 2 个形式参数 y。因此，y 采用默认值，等于 2。结果，实例对象 b 的 2 个成员变量分别为 m_x=10，m_y=2。

第 21 行代码“CP_Point c(20, 30);”在定义实例对象 c 时对所有参数全部提供了实际参数值。因此，实例对象 c 的 2 个成员变量分别为 m_x=20，m_y=30。

本例程是先声明类 CP_Point 的构造函数，如第 9 行代码所示；然后，再实现该构造函数。因此，不能在实现该构造函数的头部再次提供默认的参数值，即第 12 行代码不能改为

```
CP_Point::CP_Point(double x = 1, double y = 2): m_x(x), m_y(y)    // 12
```

如果修改了，则无法通过编译，编译错误提示为 **“重定义默认参数”**。

下面给出 1 个非法的代码示例，其错误原因如下面代码注释所示。

```
void fun(int x = 1, int y); // 提供了 x 的默认值，则 y 也必须提供默认值    // 1
```

下面给出另外 1 个非法的代码示例。对于这个代码示例，要么删除下面第 1 行代码，要么将第 3 行代码改为“void gb_printData(int data)”。

```
extern void gb_printData(int data = 10); // 先声明函数              // 1
                                                                  // 2
void gb_printData(int data = 10) // 再定义函数，则不允许再提供默认值    // 3
{                                                                 // 4
   cout << "data=" << data << endl;                               // 5
} // 函数 gb_printData 定义结束                                     // 6
```

下面给出两个合法的代码示例。请注意对比两者之间的区别。

```
// 示例 1：先声明，后定义
extern void fun(int x = 1);//声明

void fun(int x) // 不能再提供默认值
{
   cout << x << endl;
} // 函数 fun 定义结束
```

```
// 示例 2：没有声明，只有定义
void fun(int x = 1)//直接提供默认值
{
   cout << x << endl;
} // 函数 fun 定义结束
```

默认函数参数的基础是函数重载。**每个提供默认函数参数的函数相当于多个重载的函数**。例如，在定义了函数“void fun(int x = 1, int y=2);”之后，就不能再定义如下 3 个函数中的任何 1 个函数；否则，无法通过编译。

```
void fun( ); // 函数调用 fun()无法确定是选本函数，还是选上面带默认值的函数
void fun(int x);
void fun(int x, int y);
```

类似地，下面给出另外 2 组非法的函数重载。

```
// 示例 3-19：无效的函数重载
void fun1(int a); // 已被下面函数涵盖
void fun1(int a = 10);
```

```
// 示例 3-20：无效的函数重载
void fun( ); // 已被下面函数涵盖
void fun(int a = 10);
```

3.4.3　运算符重载

运算符重载在本质上就是函数重载，也需要满足函数重载的各种要求。不过，运算符重载还需要满足如下独特的要求。

> **注意事项**：
>
> （1）**运算符重载只能重载 C++已有的运算符**。
>
> （2）在 C++运算符中，**不允许重载**分量运算符(.)、指针分量取值运算符(.*)、作用域运算符(::)、条件运算符(? :)以及预处理符号(#和##)。除此之外，可以重载其他 C++运算符。
>
> （3）运算符重载**不可以改变运算符的操作数个数**。
>
> （4）运算符重载**不可以改变运算符的优先级和结合律**。
>
> （5）在运算符重载中，**至少存在 1 个操作数，它的数据类型是自定义类型**。

实现运算符重载有 2 种形式。**第 1 种形式是重载为全局函数，其代码格式**为：

```
返回类型 operator 运算符(形式参数列表)
   函数体
```

其中，operator 是关键字，**“operator 运算符”相当于函数名**，**在形式参数列表中的参数个数必须等于运算符的操作数个数，除了后置++和后置−−之外**。

对于++和−−，为了区分前置与后置，**后置运算符的重载在形式参数列表的末尾增加了一个参数。该参数的数据类型为 int。该参数的名称没有实际含义。在形式参数列表中可以**

不写该参数的名称。

例程 3-22　通过全局函数重载的方式实现复数加法、前置自增和后置自增。

例程解题思路：先定义复数类，并通过 3 个全局函数分别实现加法、前置自增和后置自增运算符重载。然后，编写简单的测试程序。例程代码由 5 个源程序代码文件“CP_ComplexGlobal.h”“CP_ComplexGlobal.cpp”“CP_ComplexGlobalTest.h”“CP_ComplexGlobalTest.cpp”和“CP_ComplexGlobalMain.cpp”组成，具体的程序代码如下。

```
// 文件名：CP_ComplexGlobal.h；开发者：雍俊海
#ifndef CP_COMPLEXGLOBAL_H
#define CP_COMPLEXGLOBAL_H

class CP_Complex
{
public:
    double m_real;
    double m_imaginary;
public:
    CP_Complex(double r=0, double i=0):m_real(r), m_imaginary(i) {}
    void mb_show(const char *s);
}; // 类 CP_Complex 定义结束

extern CP_Complex operator +(const CP_Complex&c1, const CP_Complex&c2);
extern CP_Complex& operator ++ (CP_Complex& c);     // 前置++
extern CP_Complex operator ++ (CP_Complex& c, int); // 后置++
#endif
```

```
// 文件名：CP_ComplexGlobal.cpp；开发者：雍俊海
#include <iostream>
using namespace std;
#include "CP_ComplexGlobal.h"

void CP_Complex::mb_show(const char *s)
{
    cout << s << m_real << "+" << m_imaginary << "i" << endl;
} // 类 CP_Complex 的成员函数 mb_show 定义结束

CP_Complex operator + (const CP_Complex& c1, const CP_Complex& c2)
{
    CP_Complex c3;
    c3.m_real = c1.m_real + c2.m_real;
    c3.m_imaginary = c1.m_imaginary + c2.m_imaginary;
    return c3;
} // 运算符“+”重载结束

CP_Complex& operator ++ (CP_Complex& c)
{
```

```
    c.m_real++;
    return c;
} // 运算符前置“++”重载结束

CP_Complex operator ++ (CP_Complex& c, int)
{
    CP_Complex old = c; // 保存参数 c 刚进入本函数的值
    c.m_real++;
    return old;           // 返回参数 c 在刚进入本函数时的值
} // 运算符后置“++”重载结束
```

// 文件名：**CP_ComplexGlobalTest.h**；开发者：雍俊海

```
#ifndef CP_COMPLEXGLOBALTEST_H
#define CP_COMPLEXGLOBALTEST_H
#include "CP_ComplexGlobal.h"

extern void gb_testComplexGlobal();
#endif
```

// 文件名：**CP_ComplexGlobalTest.cpp**；开发者：雍俊海

```
#include <iostream>
using namespace std;
#include "CP_ComplexGlobalTest.h"

void gb_testComplexGlobal()
{
    CP_Complex c1(5, 4);
    CP_Complex c2(7, 6);
    CP_Complex c3 = c1 + c2;
    c1.mb_show("c1=");
    c2.mb_show("c2=");
    c3.mb_show("c1+c2=");
    CP_Complex c4 = ++c1;
    c4.mb_show("(++c1)=");
    c1.mb_show("c1=");
    CP_Complex c5 = c2++;
    c5.mb_show("(c2++)=");
    c2.mb_show("c2=");
} // 函数 gb_testComplexGlobal 定义结束
```

// 文件名：**CP_ComplexGlobalMain.cpp**；开发者：雍俊海

```
#include <iostream>
using namespace std;
#include "CP_ComplexGlobalTest.h"

int main(int argc, char* args[])
{
```

```
    gb_testComplexGlobal();                                            // 7
    system("pause"); // 暂停住控制台窗口                                // 8
    return 0;                                                          // 9
} // main 函数结束                                                      // 10
```

可以对上面的代码进行编译、链接和运行。下面给出一个运行结果示例。

```
c1=5+4i
c2=7+6i
c1+c2=12+10i
(++c1)=6+4i
c1=6+4i
(c2++)=7+6i
c2=8+6i
请按任意键继续. . .
```

例程分析：源文件“CP_ComplexGlobal.cpp”第 10～16 行代码定义了全局函数“operator +”，实现了对复数类 CP_Complex 的加法运算符重载。因此，源文件“CP_ComplexGlobalTest.cpp”第 9 行代码“CP_Complex c3 = c1 + c2;”可以直接采用加法运算符进行加法运算。这一行代码也可以改为

```
    CP_Complex c3 = operator +(c1, c2);                                // 9
```

修改前后，代码的功能完全相同。这也可以看出**通过运算符的运算与关键字 operator 引导的函数调用在功能上是等价的**。

对比源文件“CP_ComplexGlobal.cpp”第 18 行代码和第 24 行代码，后者在函数参数列表中多了作为后置运算标志的 int。如果没有这个 int，则这 2 个函数拥有相同的函数参数类型列表，这不符合函数重载的要求。因此，**重载后置运算必须在函数参数列表中增加一个 int 类型的参数**。

在源文件“CP_ComplexGlobal.cpp”第 18 行代码和第 24 行代码中，函数参数 c 的数据类型都是引用类型。这是为了确保在发生函数调用时函数的实际调用参数也会自增。

如源文件“CP_ComplexGlobal.cpp”第 18～22 行代码所示，在重载前置自增的函数中，先自增“c.m_real++;”，再返回自增后的复数值。

如源文件“CP_ComplexGlobal.cpp”第 24～29 行代码所示，在重载后置自增的函数中，首先需要将复数原先的值保存起来，这样才能使用函数最后返回复数原先的值。

> **❀小甜点❀**：
>
> **通过运算符重载扩展了运算符的适用范围**。**在编程规范上，通常要求运算符重载所实现的功能应当与该运算符的含义相匹配**，从而方便对运算符重载代码的理解；否则，容易引发代码错误。

实现运算符重载的**第 2 种形式是重载为成员函数，其代码格式**为:

```
返回类型 operator 运算符(形式参数列表)
    函数体
```

其中，operator 是关键字，**“operator 运算符”**相当于函数名。因为重载为成员函数，所以当前的实例对象本身就是运算符的操作数之一。因此，**在上面形式参数列表中的参数个数必须等于运算符的操作数个数减 1，除了后置++和后置– –之外**。

对于++和– –，为了区分前置与后置，**后置运算符的重载在形式参数列表的末尾增加了一个参数。该参数的数据类型为 int。该参数的名称没有实际含义。在形式参数列表中可以不写该参数的名称**。

> **注意事项**：
>
> 对于下标运算符“[ ]”、强制类型转换运算符“( )”、指针分量运算符“->”和赋值运算符“=”，**只允许重载为成员函数，而不允许重载为全局函数**。

例程 3-23　通过成员函数重载的方式实现复数加法、前置自增和后置自增。

例程解题思路：先定义复数类，让该复数类的 3 个成员函数分别实现加法、前置自增和后置自增运算符重载。然后，编写简单的测试程序。例程代码由 5 个源程序代码文件“CP_Complex.h”“CP_Complex.cpp”“CP_ComplexTest.h”“CP_ComplexTest.cpp”和“CP_ComplexMain.cpp”组成，具体的程序代码如下。

```
// 文件名：CP_Complex.h；开发者：雍俊海
#ifndef CP_COMPLEX_H
#define CP_COMPLEX_H

class CP_Complex
{
public:
   double m_real;
   double m_imaginary;
public:
   CP_Complex(double r=0,double i=0): m_real(r), m_imaginary(i) {}
   void mb_show(const char *s);
   CP_Complex operator + (const CP_Complex& c);
   CP_Complex& operator ++ ();   // 前置++
   CP_Complex operator ++ (int); // 后置++
}; // 类 CP_Complex 定义结束
#endif
```

```
// 文件名：CP_Complex.cpp；开发者：雍俊海
#include <iostream>
using namespace std;
#include "CP_Complex.h"

void CP_Complex::mb_show(const char *s)
{
   cout << s << m_real << "+" << m_imaginary << "i" << endl;
} // 类 CP_Complex 的成员函数 mb_show 定义结束

```

```
CP_Complex CP_Complex::operator + (const CP_Complex& c)
{
    CP_Complex r;
    r.m_real = m_real + c.m_real;
    r.m_imaginary = m_imaginary + c.m_imaginary;
    return r;
} // 运算符“+”重载结束

CP_Complex& CP_Complex::operator ++ () // 前++
{
    m_real++;
    return (*this); // (*this)是当前的实例对象
} // 运算符前置“++”重载结束

CP_Complex CP_Complex::operator ++ (int) // 后++
{
    CP_Complex old = *this; // 保存在自增之前的值
    m_real++;
    return old;             // 返回在自增之前的值
} // 运算符后置“++”重载结束
```

// 文件名：**CP_ComplexTest.h**；开发者：雍俊海	行号

```
#ifndef CP_COMPLEXTEST_H
#define CP_COMPLEXTEST_H
#include "CP_Complex.h"

extern void gb_testComplex();
#endif
```

// 文件名：**CP_ComplexTest.cpp**；开发者：雍俊海	行号

```
#include <iostream>
using namespace std;
#include "CP_ComplexTest.h"

void gb_testComplex()
{
    CP_Complex c1(5, 4);
    CP_Complex c2(7, 6);
    CP_Complex c3 = c1 + c2;
    c1.mb_show("c1=");
    c2.mb_show("c2=");
    c3.mb_show("c1+c2=");
    CP_Complex c4 = ++c1;
    c4.mb_show("(++c1)=");
    c1.mb_show("c1=");
    CP_Complex c5 = c2++;
    c5.mb_show("(c2++)=");
```

```
    c2.mb_show("c2=");
} // 函数 gb_testComplex 定义结束
```

```
// 文件名：CP_ComplexMain.cpp；开发者：雍俊海
#include <iostream>
using namespace std;
#include "CP_ComplexTest.h"

int main(int argc, char* args[])
{
    gb_testComplex();
    system("pause"); // 暂停住控制台窗口
    return 0;
} // main 函数结束
```

可以对上面的代码进行编译、链接和运行。下面给出一个运行结果示例。

```
c1=5+4i
c2=7+6i
c1+c2=12+10i
(++c1)=6+4i
c1=6+4i
(c2++)=7+6i
c2=8+6i
请按任意键继续. . .
```

例程分析：类 CP_Complex 的成员函数“CP_Complex operator + (const CP_Complex&c);”实现了对复数类 CP_Complex 的加法运算符重载。在源文件“CP_Complex.cpp”第 10~16 行代码中，加法运算符的第 1 个操作数实际上就是当前的实例对象(*this)，其中 this 是指向当前实例对象的指针。在第 13 行代码中，“m_real”实际上就是“(*this).m_real”的简略写法；在第 14 行代码中，“m_imaginary”实际上就是“(*this). m_imaginary”的简略写法。如果修改第 13～14 行代码，将“m_real”替换为“(*this).m_real”，将“m_imaginary”替换为“(*this). m_imaginary”，则程序代码仍然正确。

类 CP_Complex 的成员函数“CP_Complex& operator ++ ();”实现了对复数类 CP_Complex 的前置自增运算符的重载。它只有 1 个操作数，就是当前的实例对象(*this)。

如源文件“CP_Complex.cpp”第 24～29 行代码所示，在重载后置自增的函数中，首先需要将自增之前的值保存起来，这样才能让函数最后返回自增之前的值。

3.4.4　函数覆盖（动态多态性）

函数覆盖的基础是**虚函数**。**函数覆盖需要通过虚函数实现**。如果成员函数是普通非静态成员函数或者析构函数，并且拥有虚拟属性，则该成员函数是**虚函数**。有 2 种方式可以让成员函数拥有虚拟属性。**第 1 种方式**是在声明或定义成员函数时直接加上关键字 virtual，具体又可以分成为如下 2 种情况：

（1）如果该成员函数直接在类中定义，则在该成员函数的头部**加上关键字 virtual**，如下面示例 3-21 类 B 的虚函数 mb_fun 所示。

（2）如果该成员函数在类中声明，并且在类外实现，则在声明该成员函数时**加上关键字 virtual**，并且在实现该成员函数的头部**不要加上关键字 virtual**，如下面示例 3-22 类 B 的虚函数 mb_fun 所示。这时，如果在实现该成员函数的头部加上关键字 virtual，则**无法通过编译**。

// 示例 3-21：在类中定义成员函数	// 示例 3-22：在类中仅声明成员函数	行号
class B	class B	// 1
{	{	// 2
public:	public:	// 3
virtual int mb_fun(){return 1;}	virtual int mb_fun();	// 4
}; // 类B定义结束	}; // 类B定义结束	// 5
		// 6
class A : public B	int B::mb_fun() // 不能加virtual	// 7
{	{	// 8
public:	return 1;	// 9
int mb_fun() { return 2; }	} // 类B的成员函数mb_fun定义结束	// 10
}; // 类A定义结束		// 11

第 2 种让成员函数拥有虚拟属性的方式是通过继承。这可以分成为 2 种情况。

（1）如果父类的析构函数是虚函数，则子类的析构函数也是虚函数。

（2）对于子类的某个普通非静态成员函数，如果在父类中拥有与其同函数名并且函数参数类型列表也完全相同的虚函数，则在子类中的这个成员函数也是虚函数，如上面示例 3-21 类 A 的虚函数 mb_fun 所示。上面示例 3-21 第 10 行代码也可以加上关键字 virtual，即修改成为

```
virtual int mb_fun() { return 2; } // 开头的关键字virtual可有可无。 // 1
```

在修改前后，具有相同的效果，即类 A 的成员函数 mb_fun 仍然是虚函数。

函数覆盖具有如下的要求：

（1）函数覆盖仅仅发生在父类的成员函数与子类的成员函数之间，而且要求成员函数必须是**普通非静态成员函数**或者**析构函数**。对于普通非静态成员函数，**函数覆盖通常要求具有相同的函数名称与函数参数类型列表**。

（2）函数覆盖要求父类的成员函数必须是**虚函数**。

如果满足上面的要求，则称子类的成员函数**覆盖**了父类的成员函数。虚函数拥有**虚拟表**（virtual 表）。虚函数的虚拟表或者为空，或者存放覆盖该虚函数的子类成员函数的地址。**函数覆盖只有在运行时才能最终确认**，因此也称为**运行时的多态性**。下面通过 4 个代码示例来说明函数覆盖的内部机制和运行效果。

// 示例 3-23：父类调用子类成员函数	// 示例 3-24：父类调用父类成员函数	行号
#include<iostream>	#include<iostream>	// 1
using namespace std;	using namespace std;	// 2
		// 3
class B	class B	// 4

```
{
public:
  virtual int mb_fun(){return 1;}
}; // 类B定义结束

class A : public B
{
public:
  virtual int mb_fun(){return 2;}
}; // 类A定义结束

int main(int argc, char* args[])
{
    A a;
    B &b = a;
    B *p = &a;
    cout << a.mb_fun() << endl;
    cout << b.mb_fun() << endl;
    cout << p->mb_fun() << endl;
    cout<< b.B::mb_fun() << endl;
    cout<<p->B::mb_fun() << endl;
    system("pause");
    return 0;
} // main函数结束
```

```
{                                       // 5
public:                                 // 6
  virtual int mb_fun(){return 1;}       // 7
}; // 类B定义结束                       // 8
                                        // 9
class A : public B                      // 10
{                                       // 11
public:                                 // 12
  virtual int mb_fun(){return 2;}       // 13
}; // 类A定义结束                       // 14
                                        // 15
int main(int argc, char* args[])        // 16
{                                       // 17
    B t;                                // 18
    B &b = t;                           // 19
    B *p = &t;                          // 20
    cout << t.mb_fun() << endl;         // 21
    cout << b.mb_fun() << endl;         // 22
    cout << p->mb_fun() << endl;        // 23
    cout<< b.B::mb_fun() << endl;       // 24
    cout<<p->B::mb_fun() << endl;       // 25
    system("pause");                    // 26
    return 0;                           // 27
} // main函数结束                       // 28
```

首先分析示例 3-23。在示例 3-23 中，子类 A 的成员函数 mb_fun 与父类的成员函数 mb_fun 满足函数覆盖的要求。示例 3-23 第 18 行代码“A a;”将创建子类 A 的实例对象 a，其中函数覆盖的过程如下：

（1）先在实例对象 a 中创建父类 B 的实例对象，构造父类 B 实例对象的成员函数 mb_fun。因为父类 B 实例对象的成员函数 mb_fun 是虚函数，所以这时会为该成员函数建立虚拟表（virtual 表）。不过，这时这个虚拟表是空的。

（2）接着创建实例对象 a 自身的成员函数 mb_fun。这时，需要从父类中带有虚拟表的成员函数中查找与 mb_fun 同名且参数类型列表相同的函数。在本示例中，找到了父类 B 实例对象的成员函数 mb_fun。于是，在父类 B 实例对象的成员函数 mb_fun 的虚拟表中填上实例对象 a 自身的成员函数 mb_fun 的地址。同时，也为实例对象 a 自身的成员函数 mb_fun 建立虚拟表。创建结果如图 3-11(a)所示。

示例 3-23 第 19 行代码“B &b = a;”将在子类 A 的实例对象 a 中父类 B 的实例对象取别名为 b。示例 3-23 第 20 行代码“B *p = &a;”创建父类 B 的指针，指向在子类 A 的实例对象 a 中父类 B 的实例对象。

示例 3-23 第 21 行代码“a.mb_fun()”运行实例对象 a 的成员函数 mb_fun。因为这个成员函数的虚拟表是空的，所以这时直接运行该成员函数。

示例 3-23 第 22 行代码“b.mb_fun()”计划运行实例对象 b 的成员函数 mb_fun。因为这个成员函数的虚拟表不是空的，它存放实例对象 a 的成员函数 mb_fun 的地址，所以这时会跳转到实例对象 a 的成员函数 mb_fun，并运行实例对象 a 的成员函数 mb_fun。

同样，示例 3-23 第 23 行代码“p->mb_fun()”计划运行实例对象 b 的成员函数 mb_fun。因为这个成员函数的虚拟表不是空的，它存放实例对象 a 的成员函数 mb_fun 的地址，所以这时会跳转到实例对象 a 的成员函数 mb_fun，并运行实例对象 a 的成员函数 mb_fun。

示例 3-23 第 22 行代码和第 23 行代码正好体现出了**函数覆盖的特点，可以通过父类的引用或指针运行子类的成员函数**。

示例 3-23 第 24 行代码 “b.B::mb_fun()” 通过作用域运算符(::)限定只能运行实例对象 b 的成员函数 mb_fun。同样，第 25 行代码 “p->B::mb_fun()” 通过作用域运算符(::)限定只能运行实例对象 b 的成员函数 mb_fun。因此，这 2 次函数调用都没有发生跳转。这 2 行代码正好体现了 **C++函数覆盖的另一个特点，即只要通过父类名称和作用域运算符(::)给出完整的函数调用路径，则仍然可以运行父类的被覆盖的成员函数**。因此，**C++的函数覆盖是一种虚拟覆盖**。

综合以上分析，示例 3-23 的运行结果如下：

```
2
2
2
1
1
请按任意键继续. . .
```

示例 3-24 是给示例 3-23 作对照的。两者之间只有第 18～21 行代码不同。示例 3-24 第 18 行代码 “B t;” 创建父类 B 的实例对象 t。创建结果如图 3-11(b)所示。虽然父类 B 的实例对象 t 的成员函数 mb_fun 拥有虚拟表，但这个虚拟表是空的。因此，在调用实例对象 t 的成员函数 mb_fun 时不可能发生类似于函数覆盖的跳转。结果，示例 3-24 第 21～25 行代码对成员函数 mb_fun 的调用最终运行的都是父类 B 的实例对象 t 的成员函数 mb_fun。

综合以上分析，示例 3-24 的运行结果如下：

```
1
1
1
1
1
请按任意键继续. . .
```

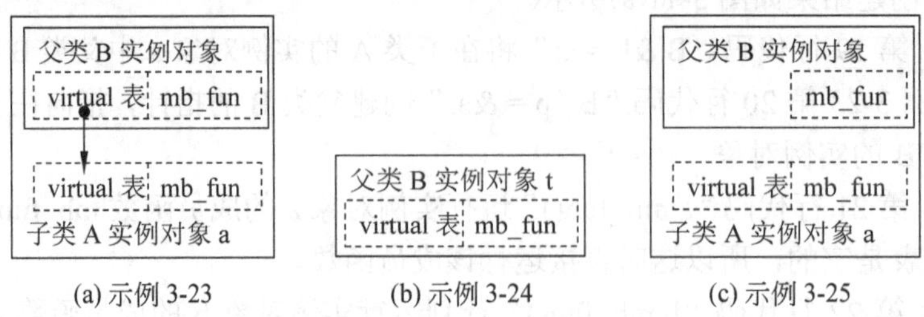

图 3-11　动态多态性实例对象内部机制的示意图

```
// 示例 3-25：父类的成员函数不是虚函数
1  #include<iostream>
2  using namespace std;
3  
4  class B
5  {
6  public:
7     int mb_fun() { return 1; }
8  }; // 类 B 定义结束
9  
10 class A : public B
11 {
12 public:
13   virtual int mb_fun(){return 2;}
14 }; // 类 A 定义结束
15 
16 int main(int argc, char* args[])
17 {
18    A a;
19    B &b = a;
20    B *p = &a;
21    cout << a.mb_fun() << endl;
22    cout << b.mb_fun() << endl;
23    cout << p->mb_fun() << endl;
24    cout<< b.B::mb_fun() << endl;
25    cout<<p->B::mb_fun() << endl;
26    system("pause");
27    return 0;
28 } // main 函数结束
```

```
// 示例 3-26：析构函数是虚函数                行号
#include<iostream>                              // 1
using namespace std;                            // 2
                                                // 3
class B                                         // 4
{                                               // 5
public:                                         // 6
  B(){ cout << "构造 B" << endl; }              // 7
  virtual~B(){cout<<"析构 B"<<endl;}            // 8
}; // 类 B 定义结束                             // 9
                                                // 10
class A : public B                              // 11
{                                               // 12
public:                                         // 13
  A(){ cout << "构造 A" << endl; }              // 14
  virtual~A(){cout<<"析构 A"<<endl;}            // 15
}; // 类 A 定义结束                             // 16
                                                // 17
int main(int argc, char* args[])                // 18
{                                               // 19
    int i;                                      // 20
    int n = 3;                                  // 21
    B* p[3];                                    // 22
    p[0] = new A;                               // 23
    p[1] = new B;                               // 24
    p[2] = new A;                               // 25
    for (i = 0; i < n; i++)                     // 26
        delete p[i];                            // 27
    system("pause");                            // 28
    return 0;                                   // 29
} // main 函数结束                              // 30
```

示例 3-25 也是给示例 3-23 作对照的。两者之间只有第 7 行代码不同。示例 3-25 第 7 行代码比示例 3-23 第 7 行代码少了关键字 virtual。在示例 3-25 中，父类 B 的成员函数 mb_fun 不是虚函数。这样，示例 3-25 第 18 行代码“A a;”创建的子类 A 的实例对象 a 如图 3-11(c) 所示，其中父类 B 实例对象的成员函数 mb_fun 没有虚拟表。在创建实例对象 a 自身的成员函数 mb_fun 时**不会去找没有虚拟表的父类成员函数**。因为父类 B 实例对象的成员函数 mb_fun 没有虚拟表，所以在调用父类 B 实例对象的成员函数 mb_fun 时也不可能发生类似于函数覆盖的跳转。结果，示例 3-25 第 21 行代码“a.mb_fun()”运行实例对象 a 自身的成员函数 mb_fun，示例 3-25 第 22～25 行代码均运行父类 B 实例对象的成员函数 mb_fun。示例 3-25 的运行结果如下：

```
2
1
1
```

```
1
1
请按任意键继续. . .
```

示例 3-26 展示析构函数的覆盖。这也是函数覆盖的一个经典应用，体现出了函数覆盖的优势。示例 3-26 第 23 行和第 25 行代码将子类 A 的实例对象的地址赋值给父类的指针，第 27 行代码“delete p[i];”仅仅通过父类的指针就可以释放子类的内存空间。示例 3-26 的运行结果如下：

```
构造 B
构造 A
构造 B
构造 B
构造 A
析构 A
析构 B
析构 B
析构 A
析构 B
请按任意键继续. . .
```

从上面运行结果上看，构造函数与析构函数的运行是互相匹配的。子类 A 的析构函数确实被调用了。

如果删除在示例 3-26 第 8 行代码中的关键字 virtual，即不让父类 B 的析构函数是虚函数，则无法释放子类的内存空间，甚至有可能引发内存异常，从而中断程序的运行。

> **❀小甜点❀**：
>
> 虚函数不能是全局函数、静态成员函数和构造函数。

拥有 final 属性的虚函数称为终极函数。标志 final 位于虚函数头部的末尾，如下面示例 3-27 和示例 3-28 所示。如果将虚函数的声明与定义分开，则标志 final 与 virtual 只能出现在虚函数的声明处，在虚函数的定义处不能再出现标志 final 与 virtual，如下面示例 3-8 所示。

// 示例 3-27：在类中定义终极函数

```
class B
{
public:
  virtual int f()final{return 1;}
}; // 类B定义结束
```

// 示例 3-28：在类中仅声明终级函数

```
class B
{
public:
    virtual int f() final;
}; // 类B定义结束

int B::f()//不能加 virtual 和 final
{
    return 1;
} // 类B的成员函数 f 定义结束
```

如果虚函数的虚拟属性是通过继承得到的，则可以省略在该虚函数头部的关键字 virtual，如在下面示例 3-29 第 10 行代码中的类 A 的终极函数 f 所示。

// 示例 3-29：终极函数(继承而得的虚函数)	// 示例 3-30：终级函数不能被覆盖	行号
`class B`	`class B`	// 1
`{`	`{`	// 2
`public:`	`public:`	// 3
`    virtual int f() { return 1; }`	`  virtual int f()final{return 1;}`	// 4
`}; // 类B定义结束`	`}; // 类B定义结束`	// 5
		// 6
`class A : public B`	`class A : public B`	// 7
`{`	`{`	// 8
`public:`	`public:`	// 9
`    int f() final { return 2; }`	`    int f() { return 2; } // 错误`	// 10
`}; // 类A定义结束`	`}; // 类A定义结束`	// 11

终极函数顾名思义指的是函数覆盖仅能到终极函数为止，即**不允许在子类中定义与父类终极函数具有相同函数名和相同参数类型列表的成员函数**。换句话说，子类的成员函数**不允许覆盖**父类的终极函数。例如，在上面示例 3-30 中，因为父类 B 的成员函数 f 是终极函数，所以在第 10 行代码处定义子类 A 的成员函数 f **是错误的**。纠错的方法是要么修改类 A 的成员函数 f 的函数名，要么改变其函数参数类型列表。

> ❀**小甜点**❀：
>
> (1) 在 C++国际标准中，**final 不是关键字**。
>
> (2) 如果一个函数**不是虚函数**，则该函数**不能拥有 final 属性**，**不能成为终极函数**。

虚函数还可以不拥有函数体，称为**纯虚函数**。**声明或定义纯虚函数的代码格式**为：

```
virtual 返回类型 类名::函数名(形式参数列表) = 0;
```

下面示例 3-31 给出了纯虚函数的代码示例，其中类 B 的成员函数 f 是纯虚函数。

// 示例 3-31：声明或定义纯虚函数	// 示例 3-32：消除纯虚函数	行号
`class B`	`class A : public B`	// 1
`{`	`{`	// 2
`public:`	`public:`	// 3
`    virtual int f() = 0;`	`    virtual int f() { return 2; }`	// 4
`}; // 类B定义结束`	`}; // 类A定义结束`	// 5

在子类中定义成员函数，如果这个成员函数不是纯虚函数，同时覆盖父类的纯虚函数，则称子类的这个成员函数**消除**了父类的**纯虚函数**。例如，假设父类B的定义如上面示例 3-31 所示，则在示例 3-32 中子类 A 的成员函数 f 就消除了父类 B 的纯虚函数 f。

一个类拥有纯虚函数指的是在这个类中自定义了纯虚函数或者还存在父类的纯虚函数没有被消除。拥有纯虚函数的类称为**抽象类**。反过来，**一个类不含纯虚函数**指的是不仅没有在这个类中自定义纯虚函数，而且父类的所有纯虚函数都已经被消除。不含纯虚函数的类就**不是抽象类**，称为**非抽象类**。

抽象类无法实例化，即不能直接用抽象类来定义实例对象。例如，上面示例 3-31 的类 B 就是抽象类，因此，定义“B b;”是无法通过编译的。

抽象类只能借助于子类来获取抽象类的实例对象。例如，在上面示例 3-32 中，抽象类 B 的子类 A 是非抽象类。于是，可以通过语句“A a;”定义子类 A 的实例对象 a。在实例对象 a 中实际上包含了父类 B 的实例对象。于是，可以通过语句“B &b= a;”将在实例对象 a 中的父类 B 实例对象取别名为 b。类似地，可以通过语句“B *p = &a;”创建抽象类 B 的指针 p，并且指针 p 指向在实例对象 a 中的父类 B 实例对象。这样，可以得到在下面小甜点中的 4 个推论。

> ❀小甜点❀：
>
> （1）**抽象类不能作为函数参数的数据类型**。如果用抽象类作为函数参数的数据类型，则函数的这个参数传递方式是值传递方式，从而需要直接创建这个抽象类的实例对象；然而，不允许直接通过抽象类来创建实例对象。因此，抽象类不能作为函数参数的数据类型。例如，设 B 是抽象类，则“void f(B b);”无法通过编译。
>
> （2）**抽象类不能作为函数的返回数据类型**。如果用抽象类作为函数的返回数据类型，则需要直接通过抽象类来创建作为函数返回值的实例对象。同样，因为不允许直接通过抽象类来创建实例对象，所以抽象类不能作为函数的返回数据类型。例如，设 B 是抽象类，则“B f( );”无法通过编译。
>
> （3）**抽象类的引用数据类型和抽象类的指针类型可以作为函数参数的数据类型**。例如，设 B 是抽象类，则“void f1(B &b);”和“void f2(B *p);”都是允许的。
>
> （4）**抽象类的引用数据类型和抽象类的指针类型可以作为函数参数的返回数据类型**。例如，设 B 是抽象类，则“B& f3( );”和“B* f4( );”都是允许的。

例程 3-24　计算正方形与圆的面积。

例程功能描述：计算正方形与圆的面积，并统计它们的面积之和。同时，要求采用动态多态性，并体现程序的可扩展性。

例程解题思路：对于正方形与圆，可以提取它们的共同特性，形成它们的公共父类形状类。因为形状是一个抽象的概念，不能实例化，所以将形状类定义为抽象类，其中形状类的析构函数是虚函数，形状类的计算面积成员函数是纯虚函数。因为正方形类与圆类不能是抽象类，所以在正方形类与圆类中需要定义自己的计算面积成员函数去消除父类的纯虚函数。例程代码由 5 个源程序代码文件“CP_Shape.h”“CP_Shape.cpp”“CP_ShapeTest.h”“CP_ShapeTest.cpp”和“CP_ShapeMain”组成，具体的程序代码如下。

// 文件名：CP_Shape.h；开发者：雍俊海	行号

```
#ifndef CP_SHAPE_H
#define CP_SHAPE_H

class CP_Shape
{
public:
    CP_Shape() {}
    virtual ~CP_Shape() {}
    virtual double mb_getArea() = 0;
}; // 类 CP_Shape 定义结束
```

```
class CP_Square : public CP_Shape
{
public:
    double m_side; // 边长
    CP_Square(double s = 1): m_side(s) {}
    ~CP_Square();
    double mb_getArea();
}; // 类 CP_Square 定义结束

class CP_Circle : public CP_Shape
{
public:
    double m_radius; // 半径
    CP_Circle(double r = 1) : m_radius(r) {}
    ~CP_Circle();
    double mb_getArea();
}; // 类 CP_Circle 定义结束
#endif
```

```
// 文件名：CP_Shape.cpp；开发者：雍俊海
#include <iostream>
using namespace std;
#include "CP_Shape.h"

CP_Square::~CP_Square( )
{
    cout << "析构正方形" << endl;
} // 类 CP_Square 的析构函数定义结束

double CP_Square::mb_getArea()
{
    double a = m_side * m_side;
    return a;
} // 类 CP_Square 的成员函数 mb_getArea 定义结束

CP_Circle::~CP_Circle()
{
    cout << "析构圆" << endl;
} // 类 CP_Circle 的析构函数定义结束

double CP_Circle::mb_getArea()
{
    double a = 3.14 * m_radius * m_radius;;
    return a;
} // 类 CP_Circle 的成员函数 mb_getArea 定义结束
```

```
// 文件名：CP_ShapeTest.h；开发者：雍俊海
#ifndef CP_SHAPETEST_H
#define CP_SHAPETEST_H
#include "CP_Shape.h"

extern void gb_testShape();
#endif
```

```
// 文件名：CP_ShapeTest.cpp；开发者：雍俊海
#include <iostream>
using namespace std;
#include "CP_ShapeTest.h"

void gb_testShape()
{
   CP_Shape* ps[2];
   int i;
   int n = 2;
   double area;
   double totalArea = 0; // 总面积
   ps[0] = new CP_Square(3);
   ps[1] = new CP_Circle(2);

   cout << "各个形状的面积分别为：" << endl;
   for (i = 0; i < n; i++)
   {
      area = ps[i]->mb_getArea();
      cout << "\t" << area << endl;
      totalArea += area; // 计算总面积
   } // for循环结束
   cout << "总面积为" << totalArea << "。" << endl;
   for (i = 0; i < n; i++)
      delete ps[i];
} // 函数gb_testShape定义结束
```

```
// 文件名：CP_ShapeMain.cpp；开发者：雍俊海
#include <iostream>
using namespace std;
#include "CP_ShapeTest.h"

int main(int argc, char* args[])
{
   gb_testShape();
   system("pause"); // 暂停住控制台窗口
   return 0;
} // main函数结束
```

可以对上面的代码进行编译、链接和运行。下面给出一个运行结果示例。

```
各个形状的面积分别为：
        9
        12.56
总面积为 21.56。
析构正方形
析构圆
请按任意键继续. . .
```

例程分析：抽象类 CP_Shape 就像是一个规范，规定了正方形类和圆类等各种具体的形状子类必须具备的成员函数，同时确保这些形状子类的析构函数是虚函数。因为抽象类 CP_Shape 含有纯虚函数 mb_getArea，所以在子类 CP_Square 和子类 CP_Circle 中都必须定义成员函数 mb_getArea，实现对纯虚函数 mb_getArea 的覆盖。

在源文件“CP_ShapeTest.cpp”中，只有第 12～13 行代码出现了子类 CP_Square 和子类 CP_Circle 的名称。接下来的代码都通过父类 CP_Shape 的指针完成针对子类的实例对象的各种运算，而且在最后释放子类实例对象的内存空间也通过父类 CP_Shape 的指针完成，如第 23～24 行代码所示。**这正体现了动态多态性的优势**。**如果需要扩展程序功能，增添新的形状类型**，则只要参照子类 CP_Square 或子类 CP_Circle 那样定义新的形状类型，然后将创建的新类型的实例对象的地址交给父类 CP_Shape 的指针，而剩余的代码基本上都可以做到与新定义的类型无关。

3.5　关键字 this

关键字 this 只能用于类的非静态成员函数，包括构造函数和析构函数。关键字 this 不能用于全局函数和类的静态成员函数。在类的非静态成员函数中，this 的数据类型是当前类的指针类型，this 指向当前的实例对象。换个说法，this 就好像是非静态成员函数的一个隐含参数，使得非静态成员函数可以访问类的成员，而且在访问类的成员时可以省略“this->”。下面通过例程直观展示关键字 this 的用法。

例程 3-25　展现关键字 this 用法例程。

例程功能描述：在类的成员函数中应用关键字 this，并通过关键字 this 调用当前类和父类的构造函数。

例程解题思路：定义父类 CP_B 和子类 CP_A，它们各自都拥有自己的成员变量和构造函数，并实现本例程的功能。例程代码由 3 个源程序代码文件“CP_This.h”“CP_This.cpp”和“CP_ThisMain.cpp”组成，具体的程序代码如下。

```
// 文件名：CP_This.h；开发者：雍俊海
#ifndef CP_THIS_H
#define CP_THIS_H

class CP_B
{
```

```
public:
    int m_b;
    CP_B(int b = 10);
    void mb_reportB();
}; // 类 CP_B 定义结束

class CP_A : public CP_B
{
public:
    int m_a;
    CP_A();
    CP_A(int a);
    void mb_reportA();
}; // 类 CP_A 定义结束

extern void gb_test();
#endif
```

```
// 文件名：CP_This.cpp；开发者：雍俊海
#include <iostream>
using namespace std;
#include "CP_This.h"

CP_B::CP_B(int b) : m_b(b)
{
    cout << "构造 CP_B: " << endl;
    mb_reportB();
} // 类 CP_B 的构造函数定义结束

void CP_B::mb_reportB()
{
    cout << "m_b = " << m_b << endl;
} // 类 CP_B 的成员函数 mb_reportB 定义结束

CP_A::CP_A()
{
    cout << "构造 CP_A(): " << endl;
    this->CP_A::CP_A(1);
} // 类 CP_A 的构造函数定义结束

CP_A::CP_A(int a) : m_a(a)
{
    cout << "构造 CP_A(int a): " << endl;
    this->CP_A::CP_B::CP_B(20);
} // 类 CP_A 的构造函数定义结束

void CP_A::mb_reportA()
```

```
{                                                         // 29
    cout << "m_a = " << m_a << endl;                      // 30
    cout << "m_a = " << this->m_a << endl;                // 31
    mb_reportB();                                         // 32
    this->CP_A::CP_B::CP_B(30);                           // 33
    mb_reportB();                                         // 34
} // 类 CP_A 的成员函数 mb_reportB 定义结束                  // 35
                                                          // 36
void gb_test()                                            // 37
{                                                         // 38
    CP_A a;                                               // 39
    a.mb_reportA();                                       // 40
} // 函数 gb_test 定义结束                                  // 41
```

```
// 文件名：CP_ThisMain.cpp；开发者：雍俊海                    行号
#include<iostream>                                        // 1
using namespace std;                                      // 2
#include "CP_This.h"                                      // 3
                                                          // 4
int main(int argc, char* args[])                          // 5
{                                                         // 6
    gb_test();                                            // 7
    system("pause");                                      // 8
    return 0; // 返回 0 表明程序运行成功                      // 9
} // main 函数结束                                         // 10
```

可以对上面的代码进行编译、链接和运行。下面给出一个运行结果示例。

```
构造 CP_B:
m_b = 10
构造 CP_A():
构造 CP_B:
m_b = 10
构造 CP_A(int a):
构造 CP_B:
m_b = 20
m_a = 1
m_a = 1
m_b = 20
构造 CP_B:
m_b = 30
m_b = 30
请按任意键继续. . .
```

例程分析：如源文件“CP_This.cpp”第 19 行代码所示，在子类 CP_A 的构造函数和成员函数中调用类 CP_A 的构造函数的语句格式如下：

```
this->CP_A::CP_A(实际参数列表);
```

其中“CP_A::CP_A”不能写成“CP_A”。例如，如果将源文件“CP_This.cpp”第 19 行代码“this->CP_A::CP_A(1);”改为

```
    this->CP_A(1);                                                    // 19
```

则本例程无法通过编译。

如源文件“CP_This.cpp”第 25 行和第 33 行代码所示，在子类 CP_A 的构造函数和成员函数中调用父类 CP_B 的构造函数的语句格式如下：

```
this->CP_A::CP_B::CP_B(实际参数列表);
```

可以省略其中的“CP_A::”，但不能省略其中的“CP_B::”。例如，如果将源文件“CP_This.cpp”第 25 行代码“this->CP_A::CP_B::CP_B(20);”改为如下的任何一条语句

```
    this->CP_B(20);                                                   // 25
    this->CP_A::CP_B(20);                                             // 25
```

则都无法通过编译。

对比源文件“CP_This.cpp”第 30 行和第 31 行代码，“m_a”和“this->m_a”实际上是等价的。

这里介绍本例程的运行过程。主函数是程序的入口，它调用并进入函数 gb_test。在源文件“CP_This.cpp”中，第 39 行代码“CP_A a;”是函数 gb_test 的第 1 条语句。它的执行过程如下：

（1）首先调用子类 CP_A 的构造函数“CP_A()”，自动引发对父类 CP_B 的构造函数的调用，成员变量 m_b 的值被初始化为 10，并输出“构造 CP_B:”和“m_b = 10”；接着，返回到子类 CP_A 的构造函数“CP_A()”，并执行位于该构造函数的函数体中的第 18 行代码，输出“构造 CP_A(): ”。

（2）子类 CP_A 的构造函数“CP_A()”的第 2 条语句是“this->CP_A::CP_A(1);”，它调用子类 CP_A 的另 1 个构造函数“CP_A(int a)”，从而自动引发对父类 CP_B 的构造函数的调用，成员变量 m_b 的值被重置为 10，并输出“构造 CP_B:”和“m_b = 10”；接着，返回到子类 CP_A 的构造函数“CP_A(int a)”，并执行位于该构造函数的函数体中的第 24 行代码，输出“构造 CP_A(int a):”。

（3）子类 CP_A 的构造函数“CP_A(int a)”的第 2 条语句是“this->CP_A::CP_B::CP_B(20);”，它调用父类 CP_B 的构造函数，将成员变量 m_b 的值修改为 20，并输出“构造 CP_B:”和“m_b = 20”。至此，子类 CP_A 的构造函数“CP_A(int a)”执行完毕，回到子类 CP_A 的构造函数“CP_A()”。结果子类 CP_A 的构造函数“CP_A()”也执行完毕，最终完成源文件“CP_This.cpp”第 39 行代码“CP_A a;”对实例对象 a 的构造。

接着，继续执行源文件“CP_This.cpp”第 40 行代码“a.mb_reportA();”，进入到类 CP_A 的成员函数 mb_reportA()的函数体中，执行如下代码：

（1）第 30 行代码“cout << "m_a = " << m_a << endl;”输出“m_a = 1”；

（2）第 31 行代码“cout << "m_a = " << this->m_a << endl;”输出“m_a = 1”；

（3）第 32 行代码“mb_reportB();”输出“m_b = 20”；

（4）第 33 行代码“this->CP_A::CP_B::CP_B(30);”将成员变量 m_b 的值修改为 30，并输出“构造 CP_B:”和“m_b = 30”。；

（5）第 34 行代码“mb_reportB();”输出“m_b = 30”。

另外，**要注意“this->类名::类名(实际参数列表);”和“类名(实际参数列表);”之间的区别**。下面通过对照示例进行说明。

// 示例 3-33：修改当前实例对象的成员变量	// 示例 3-34：构造临时实例对象	行号
#include<iostream>	#include<iostream>	// 1
using namespace std;	using namespace std;	// 2
		// 3
class A	class A	// 4
{	{	// 5
public:	public:	// 6
int m_a;	int m_a;	// 7
A(int a = 1);	A(int a = 1);	// 8
void mb_f();	void mb_f();	// 9
}; // 类 A 定义结束	}; // 类 A 定义结束	// 10
		// 11
A::A(int a) : m_a(a)	A::A(int a) : m_a(a)	// 12
{	{	// 13
cout << "构造" << m_a << endl;	cout << "构造" << m_a << endl;	// 14
} // 类 A 的构造函数定义结束	} // 类 A 的构造函数定义结束	// 15
		// 16
void A::mb_f()	void A::mb_f()	// 17
{	{	// 18
this->A::A(10);	A(10);	// 19
cout<<"m_a = "<< m_a << endl;	cout<<"m_a = "<< m_a << endl;	// 20
} // 类 A 的成员函数 mb_f 定义结束	} // 类 A 的成员函数 mb_f 定义结束	// 21
		// 22
int main(int argc, char* args[])	int main(int argc, char* args[])	// 23
{	{	// 24
A a;	A a;	// 25
a.mb_f();	a.mb_f();	// 26
system("pause");	system("pause");	// 27
return 0;	return 0;	// 28
} // main 函数结束	} // main 函数结束	// 29

左侧示例 3-33 与右侧示例 3-34 只有第 19 行代码不同。左侧示例 3-33 第 19 行代码“this-> A::A(10);”运行构造函数，修改的是当前实例对象的成员变量的值。因此，左侧示例 3-33 的运行结果为

```
构造 1
构造 10
m_a = 10
请按任意键继续. . .
```

右侧示例 3-34 第 19 行代码“A(10);”调用构造函数创建了 1 个匿名的临时的实例对象，输出 “构造 10”。这个临时的实例对象与当前的实例对象不是同 1 个实例对象。因此，这条语句没有修改当前实例对象的成员变量的值，当前实例对象的成员变量 m_a 的值仍然为 1。右侧示例 3-34 的运行结果为

```
构造 1
构造 10
m_a = 1
请按任意键继续. . .
```

3.6 函数调用和关键字 const

本节讲解与实例对象相关的函数调用以及关键字 const。为了节省篇幅，本节假设头文件“CP_C.h”的内容如下，并且在本节中一直保持不变。

```
// 文件名：CP_C.h；开发者：雍俊海
#ifndef CP_C_H
#define CP_C_H

class C
{
public:
    int m_c;
    C(int c = 1) : m_c(c) { cout << "构造 C：" << m_c << endl; }
    C(const C& c):m_c(c.m_c){ cout << "拷贝构造 C：" << m_c << endl; }
    void mb_show() { cout << "m_c = " << m_c << endl; }
}; // 类 C 定义结束
#endif
```

3.6.1 函数形式参数与调用参数

下面通过 3 个示例分别展示了通过实例对象、指针和引用进行参数传递的函数调用。

```
// 示例 3-35：实例对象参数
#include<iostream>
using namespace std;
#include "CP_C.h"

void gb_test(C t)
{
    t.m_c = 10;
    t.mb_show();
} // 函数 gb_test 结束
```

```
// 示例 3-36：指针参数
#include<iostream>
using namespace std;
#include "CP_C.h"

void gb_test(C *p)
{
    p->m_c = 10;
    p->mb_show();
} // 函数 gb_test 结束
```

```
// 示例 3-37：引用参数
#include<iostream>
using namespace std;
#include "CP_C.h"

void gb_test(C &t)
{
    t.m_c = 10;
    t.mb_show();
} // 函数 gb_test 结束
```

```
int main( )
{
    C s(5);
    gb_test(s);
    s.mb_show();
    system("pause");
    return 0;
} // main 函数结束
```

```
int main( )
{
    C s(5);
    gb_test(&s);
    s.mb_show();
    system("pause");
    return 0;
} // main 函数结束
```

```
int main( )                   // 11
{                             // 12
    C s(5);                   // 13
    gb_test(s);               // 14
    s.mb_show();              // 15
    system("pause");          // 16
    return 0;                 // 17
} // main 函数结束            // 18
```

可以对上面的代码进行编译、链接和运行。下面给出运行结果示例。

示例 3-35 运行结果	示例 3-36 运行结果	示例 3-37 运行结果
构造 C：5 拷贝构造 C：5 m_c = 10 m_c = 5 请按任意键继续. . .	构造 C：5 m_c = 10 m_c = 10 请按任意键继续. . .	构造 C：5 m_c = 10 m_c = 10 请按任意键继续. . .

这 3 个示例的第 13 行代码都是“C s(5);”，其结果都是在主函数中创建了实例对象 s，如图 3-12 所示。同时，这条语句输出“构造 C：5↙”。

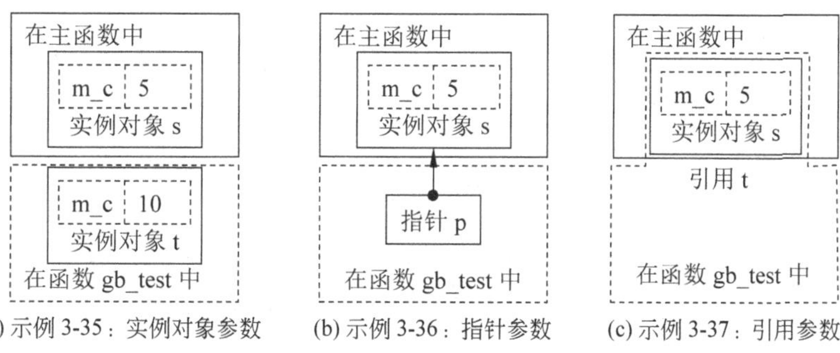

(a) 示例 3-35：实例对象参数　(b) 示例 3-36：指针参数　(c) 示例 3-37：引用参数

图 3-12　与实例对象相关的函数参数传递

如示例 3-35 第 5 行所示，**示例 3-35 的函数 gb_test 的形式参数是实例对象 t**。因此，在函数 gb_test 中，通过拷贝构造函数创建实例对象 t，如输出结果“拷贝构造 C：5↙”和图 3-12(a)所示。因为在函数 gb_test 中的实例对象 t 与在主函数中的实例对象 s 是不同的实例对象，所以示例 3-35 第 7 行代码“t.m_c = 10;”只能修改实例对象 t 的成员变量 m_c 的值，不能修改在主函数中的实例对象 s 的成员变量 m_c 的值。结果，在函数 gb_test 中第 8 行代码“t.mb_show();”输出“m_c = 10↙”，在主函数中第 15 行代码“s.mb_show();”输出“m_c = 5↙”。

如示例 3-36 第 5 行所示，**示例 3-36 的函数 gb_test 的形式参数是指针 p**。在对函数 gb_test 的调用发生之后，指针 p 指向在主函数中的实例对象 s，如图 3-12(b)所示。因此，通过指针 p 修改成员变量 m_c 的值，实际上修改的就是在主函数中的实例对象 s 的成员变量 m_c 的值。结果，在函数 gb_test 中的第 8 行代码“p->mb_show();”和在主函数中的第 15 行代码“s.mb_show();”均输出“m_c = 10↙”。

如示例 3-37 第 5 行所示，**示例 3-37 的函数 gb_test 的形式参数是引用 t**。在对函数 gb_test

的调用发生之后，函数参数 t 只是在主函数中的实例对象 s 的别名，如图 3-12(c)所示。因此，通过引用 t 对实例对象进行操作实际上就是对在主函数中的实例对象 s 进行操作。结果，函数 gb_test 中的第 7 行代码“t.m_c = 10;”将在主函数中的实例对象 s 的成员变量 m_c 的值修改为 10，在函数 gb_test 中的第 8 行代码“t.mb_show();”和在主函数中的第 15 行代码“s.mb_show();”均输出“m_c = 10↙”。

对于上面这 3 个示例，是否可以将第 13 行代码改为“const C s(5);”？

对于示例 3-35，因为**允许将只读变量赋值给不带有 const 常量属性的变量**，所以如果将第 13 行代码改为“const C s(5);”，则第 14 行代码函数调用“gb_test(s);”可以通过编译。不过，第 15 行代码“s.mb_show();”无法通过编译，因为类 C 的成员函数 mb_show 不保证不会去修改只读变量 s 的值。如果将第 13 行代码改为“const C s(5);”，同时将第 15 行代码注释起来，则示例 3-35 可以通过编译和链接，并正常运行。

对于示例 3-36，因为**不可以将只读变量的地址赋值给基类型不带有 const 常量属性的指针变量**，所以如果将第 13 行代码改为“const C s(5);”，则第 14 行代码函数调用“gb_test(&s);”无法通过编译。

对于示例 3-37，因为**不可以将只读变量赋值给不带有 const 常量属性的引用变量**，所以如果将第 13 行代码改为“const C s(5);”，则第 14 行代码函数调用“gb_test(s);”无法通过编译。

下面通过 3 个示例分别展示了通过只读实例对象、指向只读变量的指针和只读变量引用进行参数传递的函数调用。

```
// 示例 3-38：实例对象参数
#include<iostream>
using namespace std;
#include "CP_C.h"

void gb_test(const C t)
{
   cout<<t.m_c<<endl;
} // 函数 gb_test 结束

int main()
{
   C s(5);
   gb_test(s);
   system("pause");
   return 0;
} // main 函数结束
```

```
// 示例 3-39：指针参数
#include<iostream>
using namespace std;
#include "CP_C.h"

void gb_test(const C *p)
{
   cout<<p->m_c<<endl;
} // 函数 gb_test 结束

int main()
{
   C s(5);
   gb_test(&s);
   system("pause");
   return 0;
} // main 函数结束
```

```
// 示例 3-40：引用参数
#include<iostream>
using namespace std;
#include "CP_C.h"

void gb_test(const C &t)
{
   cout<<t.m_c<<endl;
} // 函数 gb_test 结束

int main()
{
   C s(5);
   gb_test(s);
   system("pause");
   return 0;
} // main 函数结束
```

可以对上面的代码进行编译、链接和运行。下面给出运行结果示例。

示例 3-38 运行结果	示例 3-39 运行结果	示例 3-40 运行结果
构造 C：5 拷贝构造 C：5 5 请按任意键继续. . .	构造 C：5 5 请按任意键继续. . .	构造 C：5 5 请按任意键继续. . .

如示例 3-38 第 5 行所示，**示例 3-38 的函数 gb_test 的形式参数是只读实例对象 t**。因此，在函数 gb_test 中，通过拷贝构造函数创建实例对象 t，如输出结果“拷贝构造 C：5↙”所示。在函数 gb_test 中的实例对象 t 与在主函数中的实例对象 s 是不同的实例对象。因为 t 是只读变量，所以不能修改 t 的成员变量的值。不过，可以输出 t 的成员变量的值，如第 7 行代码“cout<<t.m_c<<endl;”所示。

如示例 3-39 第 5 行所示，**示例 3-39 的函数 gb_test 的形式参数是指向只读变量的指针 p**。在对函数 gb_test 的调用发生之后，指针 p 指向在主函数中的实例对象 s。因为 p 是指向只读变量的指针，所以不能通过指针 p 修改实例对象 s 的成员变量的值。不过，可以输出 p 所指向的实例对象的成员变量的值，如第 7 行代码“cout<<p->m_c<<endl;”所示。

如示例 3-40 第 5 行所示，**示例 3-40 的函数 gb_test 的形式参数是只读变量引用 t**。在对函数 gb_test 的调用发生之后，t 只是在主函数中的实例对象 s 的别名。因为 t 是只读变量引用，所以不能通过引用 t 修改实例对象的成员变量的值。不过，可以通过引用 t 输出实例对象的成员变量的值，如第 7 行代码“cout<<t.m_c<<endl;”所示。

在这 3 个示例中，函数 gb_test 的形式参数都带有 const 常量属性。如这 3 个示例第 12 行代码“C s(5);”所示，变量 s 没有 const 常量属性，它可以作为函数 gb_test 的实际参数。**这在 C++标准中是允许的**。

在上面这 3 个示例中，可以将第 13 行代码改为“const C s(5);”，因为函数 gb_test 的形式参数本来就都带有 const 常量属性。在修改前后，运行结果不变。

如果将示例 3-39 第 5 行代码改为如下代码，这也是 C++标准所允许的。这时，无论第 13 行代码是“C s(5);”，还是“const C s(5);”，示例 3-39 的运行结果都不变。

```
void gb_test(const C * const p)                              // 5
```

示例 3-41 和示例 3-42 **展示了通过基类型不具有常量属性的只读指针进行参数传递的函数调用**。

```
// 示例 3-41：调用参数不具有常量属性
#include<iostream>
using namespace std;
#include "CP_C.h"

void gb_test(C * const p)
{
    p->m_c = 10;
    cout << p->m_c << endl;
} // 函数 gb_test 结束

int main(int argc, char* args[])
{
    C s(5);
    gb_test(&s);
    s.mb_show();
    system("pause");
    return 0;
```

```
// 示例 3-42：调用参数具有常量属性
#include<iostream>
using namespace std;
#include "CP_C.h"

void gb_test(C * const p)
{
    cout << p->m_c << endl;
} // 函数 gb_test 结束

int main(int argc, char* args[])
{
    const C s(5);
    gb_test(&s);
    system("pause");
    return 0;
} // main 函数结束
```

```
} // main 函数结束                                                    // 18
```

可以对示例 3-41 的代码进行编译、链接和运行。下面给出一个运行结果示例。

```
构造C：5
10
m_c = 10
请按任意键继续. . .
```

如示例 3-41 第 5 行所示，**函数 gb_test 的形式参数是指针 p**。虽然 p 是只读指针，但 p 的基类型不具有常量属性。因此，可以将不具有常量属性的实例对象 s 的地址传递给指针 p，如第 14 行代码“gb_test(&s);”所示。在对函数 gb_test 的调用发生之后，指针 p 指向在主函数中的实例对象 s。因此，通过指针 p 将成员变量 m_c 的值改为 10，实际上就是将在主函数中的实例对象 s 的成员变量 m_c 的值改为 10。结果，在函数 gb_test 中的第 8 行代码“cout << p->m_c << endl;”输出“10↙”，在主函数中的第 15 行代码“s.mb_show();”输出“m_c = 10↙”。

在示例 3-42 中，**函数 gb_test 的形式参数是指针 p**，而且 p 的基类型不具有常量属性，如第 5 行代码所示。如第 12 行代码所示，s 是一个只读变量。因为**不可以将只读变量的地址赋值给基类型不带有 const 常量属性的指针变量**，所以示例 3-42 的第 13 行代码“gb_test(&s);”无法通过编译。

3.6.2 非静态成员函数本身的 const 常量属性

非静态成员函数含有隐含的 this 参数。**给非静态成员函数自身设置 const 常量属性**就是设置指针 this 的基类型的 const 常量属性，表明在该非静态成员函数中不会去修改当前实例对象的成员变量的值。因为作为函数形式参数的指针的基类型带与不带 const 常量属性可以让编译器区分并将函数识别为函数重载，所以**设置 const 常量属性的非静态成员函数与没有设置 const 常量属性的非静态成员函数之间可以构造函数重载**。代码示例如下。

// 示例 3-43：函数重载	//示例 3-44：只保留常量函数	// 示例 3-45：删除常量函数
#include<iostream>	#include<iostream>	#include<iostream>
using namespace std;	using namespace std;	using namespace std;
class A	class A	class A
{	{	{
public:	public:	public:
int m_a;	int m_a;	int m_a;
A() : m_a(10) {}	A() : m_a(10) {}	A() : m_a(10) {}
void mb_f();		void mb_f();
void mb_f()const;	void mb_f()const;	
}; // 类 A 定义结束	}; // 类 A 定义结束	}; // 类 A 定义结束
void A::mb_f()		void A::mb_f()
{		{
m_a = 20;		m_a = 20;
cout<<"N"<<m_a<<endl;		cout<<"N"<<m_a<<endl;

} // 成员函数 mb_f 结束		} // 成员函数 mb_f 结束　　// 17
		// 18
void A::mb_f() const	void A::mb_f() const	// 19
{	{	// 20
cout<<"C"<<m_a<<endl;	cout<<"C"<<m_a<<endl;	// 21
} // 成员函数 mb_f 结束	} // 成员函数 mb_f 结束	// 22
		// 23
int main()	int main()	int main()　　// 24
{	{	{　　// 25
A a;	A a;	A a;　　// 26
const A c;	const A c;	const A c;　　// 27
a.mb_f();	a.mb_f();	a.mb_f();　　// 28
c.mb_f();	c.mb_f();	c.mb_f();　　// 29
system("pause");	system("pause");	system("pause");　　// 30
return 0;	return 0;	return 0;　　// 31
} // main 函数结束	} // main 函数结束	} // main 函数结束　　// 32

可以对上面的代码进行编译、链接和运行。下面给出运行结果示例。

示例 3-43 运行结果	示例 3-44 运行结果	示例 3-45 编译结果
N20 C10 请按任意键继续. . .	C10 C10 请按任意键继续. . .	第 29 行代码有误：不能将"this"指针从"const A"转换为"A &"。

这里先分析示例 3-43。示例 3-43 第 9 行和第 10 行代码声明的 2 个成员函数拥有相同函数名和函数参数类型列表，它们构成了函数重载。补上隐含的参数，**这 2 个成员函数相当于如下右侧的全局函数**：

// 示例 3-43：成员函数	// 对照：全局函数	行号
void mb_f();	void mb_f(A *p);	// 9
void mb_f()const;	void mb_f(const A *p);	// 10

上面右侧的 2 个全局函数可以构成函数重载；类似地，上面左侧的 2 个成员函数也可以构成函数重载。在对成员函数进行调用时，在实际参数中也隐藏了指向当前实例对象的指针参数 this。补上这个指针参数，示例 3-43 第 28 行和第 29 行的**成员函数调用相当于如下右侧的全局函数调用**：

// 示例 3-43：对成员函数的调用	// 对照：对全局函数的调用	行号
a.mb_f(); // a 的类型是 A	mb_f(&a); // a 的类型是 A	// 28
c.mb_f(); // c 的类型是 const A	mb_f(&c); // c 的类型是 const A	// 29

这样，示例 3-43 第 28 行代码"a.mb_f();"调用的函数是第 9 行声明的函数"void mb_f();"，输出"N20↙"；示例 3-43 第 29 行代码"c.mb_f();"调用的函数是第 10 行声明的函数"void mb_f() const;"，输出"C10↙"。

从这里开始分析示例 3-44。与示例 3-43 相比，示例 3-44 删除了类 A 的不具有 const 常量属性的成员函数"void mb_f();"。从示例 3-44 第 28 行和第 29 行的成员函数调用以及输出结果上看，这 2 行调用的都是函数示例 3-44 第 10 行声明的函数"void mb_f() const;"。

因此，**不具有 const 常量属性的实例对象可以调用设置了 const 常量属性的成员函数**。不过，在设置了 const 常量属性的成员函数中，不可以修改当前实例对象的成员变量的值。

从这里开始分析示例 3-45。与示例 3-43 相比，示例 3-45 删除了类 A 的设置了 const 常量属性的成员函数“void mb_f()const;”。从示例 3-45 的编译结果上看，**只读实例对象不可以调用没有设置 const 常量属性的成员函数**。因此，示例 3-45 第 29 行代码“c.mb_f();”无法通过编译。

3.6.3　函数的返回数据类型

下面通过 3 个示例分别展示了实例对象、指针和引用作为函数的返回数据类型。

```
// 示例 3-46：实例对象参数
#include<iostream>
using namespace std;
#include "CP_C.h"

C gb_test(C &t)
{
   t.m_c = 10;
   cout<<t.m_c<<endl;
   return t;
} // 函数 gb_test 结束

int main()
{
   C s(5);
   C r = gb_test(s);
   cout<<s.m_c<<endl;
   cout<<r.m_c<<endl;
   s.m_c = 20;
   cout<<s.m_c<<endl;
   cout<<r.m_c<<endl;
   system("pause");
   return 0;
} // main 函数结束
```

```
// 示例 3-47：指针参数
#include<iostream>
using namespace std;
#include "CP_C.h"

C *gb_test(C &t)
{
   t.m_c = 10;
   cout<<t.m_c<<endl;
   return &t;
} // 函数 gb_test 结束

int main()
{
   C s(5);
   C *p = gb_test(s);
   cout<<s.m_c<<endl;
   cout<<p->m_c<<endl;
   s.m_c = 20;
   cout<<s.m_c<<endl;
   cout<<p->m_c<<endl;
   system("pause");
   return 0;
} // main 函数结束
```

```
// 示例 3-48：引用参数
#include<iostream>
using namespace std;
#include "CP_C.h"

C &gb_test(C &t)
{
   t.m_c = 10;
   cout<<t.m_c<<endl;
   return t;
} // 函数 gb_test 结束

int main()
{
   C s(5);
   C &r = gb_test(s);
   cout<<s.m_c<<endl;
   cout<<r.m_c<<endl;
   s.m_c = 20;
   cout<<s.m_c<<endl;
   cout<<r.m_c<<endl;
   system("pause");
   return 0;
} // main 函数结束
```

可以对上面的代码进行编译、链接和运行。下面给出运行结果示例。

示例 3-46 运行结果	示例 3-47 运行结果	示例 3-48 运行结果
构造 C：5 10 拷贝构造 C：10 10 10 20 10 请按任意键继续. . .	构造 C：5 10 10 10 20 20 请按任意键继续. . .	构造 C：5 10 10 10 20 20 请按任意键继续. . .

这里先分析示例 3-46。示例 3-46 第 5 行代码“C gb_test(C &t)”表明函数 gb_test 的返回数据类型是类 C。当函数 gb_test 运行结束返回时，程序将从第 9 行代码“return t;”跳转回第 15 行代码“C r = gb_test(s);”。因为第 15 行代码恰好要创建实例对象 r，所以函数 gb_test 返回的结果是通过拷贝构造函数创建实例对象 r，并将实例对象 t 的内容拷贝给实例对象 r，输出“拷贝构造 C：10↙”。实例对象 r 和实例对象 t 是不同的实例对象。因为在示例 3-46 中，在主函数中的实例对象 s 和在函数 gb_test 中的实例对象 t 实际上是同 1 个实例对象，所以实例对象 r 和实例对象 s 是不同的实例对象。因此，在第 18 行代码“s.m_c = 20;”之后，第 19 行和第 20 行代码会输出不同的内容。

这里分析将示例 3-46 第 15 行代码“C r = gb_test(s);”改为“C r; gb_test(s);”的情况。在修改之后，代码仍然能够通过编译和链接，并能正常运行。语句“C r;”将通过调用不含参数的构造函数创建实例对象 r。对于语句“gb_test(s);”，当函数 gb_test 运行结束返回“gb_test(s);”时，函数返回的结果仍然会通过拷贝构造函数创建 1 个匿名的临时的实例对象，并将实例对象 t 的内容拷贝给该临时实例对象，输出“拷贝构造 C：10↙”。该临时实例对象和实例对象 t 是不同的实例对象。

这里分析将示例 3-46 第 15 行代码“C r = gb_test(s);”改为“C r; r=gb_test(s);”的情况。其中，语句“C r;”将通过调用不含参数的构造函数创建实例对象 r。对于语句“r=gb_test(s);”，当函数 gb_test 的函数体运行结束返回“r=gb_test(s);”时，函数返回的结果仍然会通过拷贝构造函数创建 1 个匿名的临时的实例对象，并将实例对象 t 的内容拷贝给该临时实例对象，输出“拷贝构造 C：10↙”。该临时实例对象和实例对象 t 是不同的实例对象。接着，运行“r=该临时实例对象;”的赋值操作。

从这里开始分析示例 3-47。示例 3-47 第 5 行代码“C *gb_test(C &t)”表明函数 gb_test 的返回数据类型是类 C 的指针类型。当函数 gb_test 运行结束返回时，程序将从第 9 行代码“return &t;”跳转回第 15 行代码“C *p = gb_test(s);”。因为第 15 行代码恰好要创建指针存储单元 p，所以函数 gb_test 返回的结果是创建指针存储单元 p，并将实例对象 t 的地址赋值给 p。因为在示例 3-47 中，在主函数中的实例对象 s 和在函数 gb_test 中的实例对象 t 实际上是同 1 个实例对象，所以指针 p 指向的实例对象就是实例对象 s。因此，在第 18 行代码“s.m_c = 20;”之后，第 19 行和第 20 行代码会输出相同的内容。

这里分析将示例 3-47 第 15 行代码“C *p = gb_test(s);”改为“C *p = &s; gb_test(s);”的情况。在修改之后，代码仍然能够通过编译和链接，并能正常运行。在代码修改之后，对于语句“gb_test(s);”，当函数 gb_test 运行结束返回“gb_test(s);”时，函数返回的结果仍然会创建 1 个匿名的临时的指针存储单元，并将实例对象 t 的地址赋值给该临时的指针存储单元。

这里分析将示例 3-47 第 15 行代码“C *p = gb_test(s);”改为“C *p; p = gb_test(s);”的情况。在修改之后，代码仍然能够通过编译和链接，并能正常运行。语句“C *p;”将创建指针存储单元 p。不过，因为 p 没有赋值，所以这时 p 是野指针。对于语句“p = gb_test(s);”，当函数 gb_test 的函数体运行结束返回“p = gb_test(s);”时，函数返回的结果仍然会创建 1 个匿名的临时的指针存储单元，并将实例对象 t 的地址赋值给该临时的指针存储单元。接着，运行“p = 该临时指针;”的赋值操作，使得指针存储单元 p 存放实例对象 t 的地址。

从这里开始分析示例 3-48。示例 3-48 第 5 行代码"C &gb_test(C &t)"表明函数 gb_test 的返回数据类型是类 C 的引用类型。当函数 gb_test 运行结束返回时，程序将从第 9 行代码"return t;"跳转回第 15 行代码"C &r = gb_test(s);"。这样，r 就成为了实例对象 t 的别名。因为在主函数中的实例对象 s 和在函数 gb_test 中的实例对象 t 实际上是同 1 个实例对象，所以 r 实际上也是实例对象 s 的别名。因此，在第 18 行代码"s.m_c = 20;"之后，第 19 行和第 20 行代码会输出相同的内容。

下面通过 3 个示例分别展示了将带有 **const** 常量属性的实例对象、指针和引用作为函数的返回数据类型。

//示例 3-49：实例对象参数	//示例 3-50：指针参数	// 示例 3-51：引用参数	行号
#include<iostream>	#include<iostream>	#include<iostream>	// 1
using namespace std;	using namespace std;	using namespace std;	// 2
#include "CP_C.h"	#include "CP_C.h"	#include "CP_C.h"	// 3
			// 4
const C gb_test(C &t)	const C*gb_test(C &t)	const C&gb_test(C &t)	// 5
{	{	{	// 6
t.m_c = 10;	t.m_c = 10;	t.m_c = 10;	// 7
cout<<t.m_c<<endl;	cout<<t.m_c<<endl;	cout<<t.m_c<<endl;	// 8
return t;	return &t;	return t;	// 9
} // 函数 gb_test 结束	} // 函数 gb_test 结束	} // 函数 gb_test 结束	// 10
			// 11
int main()	int main()	int main()	// 12
{	{	{	// 13
C s(5);	C s(5);	C s(5);	// 14
const C r=gb_test(s);	const C*p=gb_test(s);	const C&r=gb_test(s);	// 15
gb_test(s);	gb_test(s);	gb_test(s);	// 16
system("pause");	system("pause");	system("pause");	// 17
return 0;	return 0;	return 0;	// 18
} // main 函数结束	} // main 函数结束	} // main 函数结束	// 19

可以对上面的代码进行编译、链接和运行。下面给出运行结果示例。

示例 3-49 运行结果	示例 3-50 运行结果	示例 3-51 运行结果
构造 C：5 10 拷贝构造 C：10 10 拷贝构造 C：10 请按任意键继续. . .	构造 C：5 10 10 请按任意键继续. . .	构造 C：5 10 10 请按任意键继续. . .

这里先分析示例 3-49。示例 3-49 第 5 行代码是"const C gb_test(C &t)"。对于第 15 行代码"const C r = gb_test(s);"，函数 gb_test 返回的结果是通过拷贝构造函数创建实例对象 r，并将实例对象 t 的内容拷贝给实例对象 r，输出"拷贝构造 C：10↙"。对于第 16 行代码"gb_test(s);"，函数 gb_test 返回的结果是通过拷贝构造函数创建匿名的临时的实例对象，并将实例对象 t 的内容拷贝给该临时实例对象，输出"拷贝构造 C：10↙"。

从这里开始分析示例 3-50。示例 3-50 第 5 行代码是“const C*gb_test(C &t)”。对于第 15 行代码“const C*p=gb_test(s);”，函数 gb_test 返回的结果是创建指针存储单元 p，而且在指针存储单元 p 中存放实例对象 t 的地址。对于第 16 行代码“gb_test(s);”，函数 gb_test 返回的结果是创建匿名的临时的指针存储单元，而且在该临时指针存储单元中存放实例对象 t 的地址。

从这里开始分析示例 3-51。示例 3-51 第 5 行代码是“const C&gb_test(C &t)”。对于第 15 行代码“const C&r=gb_test(s);”，函数 gb_test 返回的结果是使得 r 成为实例对象 t 的别名。因为在主函数中的实例对象 s 和在函数 gb_test 中的实例对象 t 实际上是同 1 个实例对象，所以 r 实际上也是实例对象 s 的别名。

3.7　面向对象程序设计的核心思路

面向对象程序设计和面向过程的程序设计都是结构化程序设计。只不过，面向过程的程序设计是相伴着结构化程序设计出现的。因此，**早期的结构化程序设计主要是面向过程的程序设计**。面向过程的结构化程序设计使得程序设计与编写从少数科学家与工程师推广到了相当大的一部分普通大众。

面向过程的程序设计的核心思路是按照求解问题的步骤进行功能划分和编写程序，并按照功能划分形成函数。总体上，面向过程的程序设计主要是**以函数为单位**的程序设计。而且对于函数内部的编程实现，也是按照功能实现的步骤展开。因此，面向过程的程序设计主要采用串行的思路，相对比较简单和直接。然而，随着程序应用日益广泛与深入，程序规模在事实上变得越来越庞大，面向过程的程序设计变得越来越力不从心。随着函数的个数越来越大，常常会出现越来越多功能非常接近的函数，要厘清函数之间的逻辑关系和耦合关系变得越来越困难，越来越容易调用不配套的函数，也越来越容易重复编写非常类似甚至相同的函数，全局变量失控的程度和范围也越来越大，程序编写的进度变得越来越慢，程序调试与维护的代价也变得越来越大。

> ❀小甜点❀：
> **通常将面向过程的程序设计总结为如下的公式**：
> 面向过程的程序设计≈数据结构+算法
> 其中，数据结构就是为程序组织数据，算法就是按步骤求解实际问题或实现所需要的功能。

面向对象程序设计的提出就是为了解决这些新出现的问题。面向对象程序设计是一种结构化程序设计。因此，**面向对象程序设计仍然遵循结构化程序设计的各种思路与原则**。同时，**面向对象程序设计也以面向过程的程序设计为基础**，在面向对象程序设计中也会用到面向过程的程序设计的思路与方法。自然，面向对象程序设计也拥有自己的一些独特之处。

面向对象程序设计的核心关键是对象。因此，**面向对象程序设计的模块划分**是围绕对象展开的。**划分和构造对象的核心指导思想是复用，提高“复用”的效率，并降低“复用”的代价，包括维护的代价**。这也是**面向对象程序设计的核心指导思想**。**面向对象程序设计**

是模仿人类世界组织和构造代码世界；因此，也是按照这个思路来设计对象的。不过，需要特别注意其中的“模仿”这2个字。一方面，“模仿”表明代码世界并不是真实的人类世界，对象与人以及现实世界的物体有着很大的差别。在面向对象程序设计中，对象的组成远远比人以及现实世界的物体简单。在程序中的对象通常由数据和功能组成，其中所谓的数据通常指的是成员变量，功能通常指的是成员函数。另一方面，“模仿”表明在程序中应当尽量参照在现实世界中的人与物体构造对象，不管在程序中的对象是否在现实世界中存在对应的人或物。如果在程序中的对象在现实世界中存在对应的人或物，则“模仿”要求两者之间尽可能一致，而且前者是后者的简化版本；如果在程序中的对象在现实世界中并不存在对应的人或物，则要求采用“拟人”或“拟物”的手法使得在程序中的对象易于理解和使用。因此，**良好的面向对象程序设计就好像是在构造程序代码的童话世界**。

> **❀小甜点❀**：
>
> 在面向对象程序设计中，**好的对象**通常都非常直观，符合常识，易于理解。

在面向对象程序设计中，**模块划分首先是对象划分**；**面向对象程序设计求解实际问题的核心思路**也是寻找对象，并让对象来解决实际问题，具体如下：

(1)首先定义类似于人类社会的**总经理**的对象，并让该对象去解决待求解的实际问题。

(2) 分析实际问题，不断寻找与细分对象，形成各式各样的**对象**，直到这些对象的功能足以解决实际问题。类比人类世界，这个过程就好像是给总经理寻找各种不同的**角色**，直到这些角色有能力解决待求解的实际问题。

(3) **组织**好前面的对象，使得这些对象能够协调地在一起高效工作，从而解决实际问题。

(4) **设计**对象内部的数据与功能，并**实现**这些功能。在实现对象内部的功能时，需要基于前面的对象，同时需要采用面向过程的程序设计方法。

从总体上看，面向对象程序设计具有**并行**的成分，具体表现在构造对象，并让各个对象各司其职，从而最终解决实际问题；从局部细节上看，面向对象程序设计具有**串行**的成分，例如，在实现对象内部的功能时候。

> **❀小甜点❀**：
>
> **可以将面向对象程序设计总结为如下的公式**：
>
> 面向对象程序设计≈对象划分＋对象组织+对象设计+对象实现
>
> (1) **对象划分**：就是确定在解决待求解的实际问题时需要哪些对象；并确定其中哪些对象是已经存在并且可以直接用的，哪些对象是需要新构造的。
>
> (2) **对象组织**：就是确定对象与对象之间的关系，例如，父子关系、组合关系和耦合关系。对象组织是设计与实现对象的基础，同时对象组织确定了应当将对象写入哪个代码文件或者归入哪个软件构件库。
>
> (3) **对象设计**：就是确定对象的数据与功能，即成员变量与成员函数。
>
> (4) **对象实现**：就是实现对象的功能，即实现对象的成员函数。

在面向对象程序设计中，对象主要通过类来实现。因此，**面向对象程序设计代码编写的最主要和最核心的任务是设计与编写类**。在设计与编写类时，可以充分利用继承性、封装性和多态性等面向对象的三大特性，方便程序代码的复用、组织与扩展。因为通过类可以生成众多的实例对象和具有全局性质的类对象，所以这种模式非常方便程序代码的复用。在后面的章节，还将介绍与 C++面向对象技术相关的模板与共用体等内容。

> ❀小甜点❀：
>
> （1）从主体程序框架上讲，**采用 C++面向对象程序设计，主要是编写类、模板、共用体与主函数**，其他所有程序代码要素都被容纳在类、模板、共用体与主函数中。
>
> （2）**类在面向对象程序设计中是程序编写和复用的最主要基本单位**。
>
> （3）**C++面向对象程序设计的核心指导思想是复用**，就是希望所编写的各种类、模板和共用体都能加入**软件构件库**，并在未来的程序中使用。在 C++面向对象程序设计中，软件构件库是可以提供给多个程序共同使用的类、模板和共用体等的集合。为了方便类在未来的程序中使用，常常会为了使得类具有一定的完备性而补充一些额外的代码，例如，给类添加上不含参数的构造函数，即使在解决当前的实际问题中并不需要这样做。面向对象程序设计的核心指导思想将编写程序解决实际问题**提高到建立编程事业的高度**。

支撑面向对象程序设计的计算机语言很多。对于不同的计算机语言，面向对象程序设计的细节通常会有所不同。C++语言不是纯粹的面向对象程序设计语言。**C++语言是一种集面向对象程序设计和面向过程的程序设计于一体的计算机编程语言**。因此，采用 C++应当设法充分利用 2 种程序设计的优点并设法避开它们的缺点。如果在前面设计和编写的类中没有成员变量并且只含有唯一的一个成员函数，那么在 C++语言中就应当考虑是否可以**将这个类改写为全局函数**，从而使得程序代码变得更加**精炼**一些。另外，C++语言还支持共用体和模板，这些内容将在后面的章节介绍。因此，**C++程序设计的代码编写和复用的基本单位主要是类、全局函数、共用体和模板**。在这里，根据 C++标准，并不区分类与结构体。

> ❀小甜点❀：
>
> （1）**在 C++程序设计中**，**软件构件库主要由宏、常量、类、全局函数、共用体和模板组成**。
>
> （2）为了方便软件构件库的使用和扩展，**软件构件库**通常还会包含软件构件库设计说明、软件构件库扩展说明以及用户手册等**文档**。

下面介绍 **C++程序设计的基本原则**。

（1）**结构化程序设计原则**：C++程序设计首先应当遵循前面第 2 章介绍的结构化程序设计原则。即使是**对象划分**，也应当遵循结构化程序设计的**模块划分的基本原则**。

（2）**函数的单一功能原则**：无论是全局函数，还是成员函数，单个函数尽可能只完成一个功能。如果需要实现多个功能，则尽量进行功能分解，并由多个函数分别完成。**这里需要注意单一职责原则不能要求每个类只实现一个功能**。绝大多数的类通常会含有多个成员函数，其中每个成员函数实现一个功能。这样，每个类通常就会实现多个功能。如果一个类不含成员变量，并且只有一个成员函数，则应当考虑是否将这个类重新设计为一个全局函数，从而使得代码更加简洁，便于复用和维护。对于这种情况，可以分析并比较设计为类与全局函数的各自优缺点，选取其中最优的设计结果。

（3）**对象的单一角色原则**：尽可能让每种对象只充当一种角色。如果需要多种角色，那就设计多种对象，并且尽量让每种对象都简单明了。

（4）**对象设计的自然性原则**：在设计类时，应当尽量使得其实例对象与自然物理世界的人或物等相吻合，并且符合常识，从方便人们理解程序代码。

（5）**对象设计的完备性原则**：如果时间允许，则应设法让对象具有完备性，从而方便该对象在其他程序中的使用。这里的完备性包括数据的完备性、功能的完备性以及在程序设计和代码编写上的完备性。对于功能的完备性，例如，在设计汽车时，不仅要考虑汽车的加速，还要考虑汽车的刹车功能。对于在程序设计和代码编写上的完备性，例如，在定义类时，添加上不含参数的构造函数，给拥有子类的父类添上具有虚拟属性的析构函数。

（6）**最小开放接口原则**：在定义类时，成员变量或成员函数的封装性应当遵循最小开放的原则，即能用私有方式的一定要用私有方式，然后才依次考虑是否采用保护方式和公有方式。只有对其他类完全开放的成员变量或成员函数才设置为公有方式。同时，慎重使用友元，除非确实有必要。

（7）**继承性条件**：类 A 要定义成为类 B 的子类必须满足两个条件。其中第一个条件是类 A 的实例对象可以被认为是类 B 的实例对象。第二个条件是类 A 是在类 B 的基础上添加了新的成员变量或者成员函数，或者类 A 的某些成员函数覆盖了类 B 相应的成员函数。

（8）**定义公共的父类**：如果需要定义一些类，并且希望这些类构成一个体系，也许可以考虑给它们添加一个公共的父类。在这个父类中定义这些类公共的成员变量和成员函数，从而规范在这个体系内的类应当具备的基本数据和功能。例如，如果需要定义三角形类、四边形类和圆类，可以考虑为这些类添加一个公共的父类形状类，然后在父类形状类中定义图形的中心位置坐标等公共的成员变量和计算周长和面积等公共的成员函数。

（9）**尽可能针对接口编程，而不是针对实现编程**：这里的“接口”与“实现”与通常的含义不同，只是一种类比。这里的“接口”特指父类，这里的“实现”特指子类。这里阐述本原则的含义。如果从父类 A 派生成若干个子类，则在定义函数参数或变量时尽量采用父类 A，而不直接用子类。其目的是让所定义的函数和变量的适用范围达到最大，即对父类 A 的所有子类都适用。这样，即使从父类 A 派生出更多的新的子类，通常也不需要修改该函数的程序代码和变量的定义。当然，如果有些函数或变量定义只对某个子类有效，无法扩展至其他子类，则应当直接使用该子类，而不是父类。

（10）**开闭原则（即对“对扩展开放，对修改关闭”的原则）**：如果已有的程序代码是已经成熟完善的代码，特别是那些已经有程序调用的已有代码，则在进行新的程序设计时，尽量不要去修改已有的程序代码，而是尽量复用已有的代码，并且在此基础上扩展新功能，即增添新的函数或新的类。这个原则对保证程序代码的稳定性与延续性是有益的。在进行程序设计时，也可以适当考虑程序的扩展性使得在未来扩展程序功能时可以通过增添新的函数或类实现，并且尽可能减少对现在设计的函数或类等程序代码的修改。当然，对这种扩展性的考虑只能是有限度的；否则，其代价将会过于庞大，且也不太现实，因为通常很难洞悉未来的所有可能变化。

（11）**接口隔离原则**：全局函数与全局函数之间，全局函数与任意类的成员函数之间，以及不具有继承关系的不同类的成员函数与成员函数之间的耦合关系通常最多只能是调用关系。换句话说，这些函数的函数体之间不应当不通过函数调用而直接互相影响。例如，两个全局函数都对同一个全局变量进行读或写的操作，这应当尽量避免。不过同一个类的两个成员函数的函数体可以通过这个类的成员变量直接互相影响。这个原则对降低程序代码的耦合程度非常重要，也非常有利于程序代码的阅读与维护。

（12）**自完备性原则**：自完备性首先要求满足**自足特性**。例如，类应当只依赖于自己的成员变量和成员函数的参数，而不应当依赖于全局变量。其次，自完备性原则要求类的各个成员互相协作，具有一致性，尤其是类的成员函数应当保证成员变量的有效范围的一致性。例如，日期对象的月份成员变量的数值有效范围只能是从 1 到 12 的整数，日期对象的任何成员函数在修改月份成员变量时必须保证月份成员变量的结果在月份的有效范围内，同时日期对象的任何成员函数在对外提供月份成员变量的数值时必须保证该数值在月份的有效范围内。另外，自完备性原则还要求对象要有始有终。例如，如果某个对象在其成员函数内部申请动态内存，则通常应当由该对象负责释放。

总之，如果严格按照上面原则创建对象，则**对象就是一种有机的统一体**。对象对内满足自完备性，不仅可以对自己负责，而且可以在一定程度上抵御外来的侵犯；对象对外可以提供数据与功能服务，而且基本上不必了解对象内部细节。因此，与面向过程的程序设计相比，**当程序规模较大时**，采用面向对象程序设计的方法编写程序**更加容易保证程序的正确性**，**也更加容易调试程序**，也**更容易扩展以适应新出现的情况或解决新的问题**。

下面通过 1 个例程直观展示面向对象程序设计的核心思路。

例程 3-26　计算向量的点积及其时间代价。

例程功能描述：要求程序首先接收整数 s 和 flag 的输入。如果 s 不是正整数，则给出提示，并退出程序。如果 s 是正整数，则生成元素个数均为 s 的 2 个向量，然后计算并输出这 2 个向量的点积以及计算点积的时间代价，其中这 2 个向量的元素均为随机数。如果 flag 等于 0，则不输出这 2 个向量的元素的值；否则，则输出这 2 个向量的元素的值。

例程解题思路：按照面向对象程序设计的求解思路，首先从程序需求中分析出所需要的对象，其中第 1 个对象是**求解器对象**，它就像总经理，负责组织其他对象共同解决问题。因为本例程需要计算向量的点积，所以需要**向量对象**，其中点积可以通过在面向对象程序设计中的运算符重载实现。因为本例程需要计算时间，所以需要**计时器对象**。至此，本例程所需要的对象都确定下来了。求解器对象将接收输入，通过向量对象计算点积，通过计时器对象计时。因为本例程比较简单，求解器对象不需要成员变量，只含有 1 个成员函数，所以求解器对象对应的求解器类就退化为全局函数。向量对象和计时器对象在本例程中将分别对应 1 个类，而且这 2 个类相对独立。

例程代码由 7 个源程序代码文件“CP_Time.h”“CP_Time.cpp”“CP_Vector.h”“CP_Vector.cpp”“CP_VectorSolver.h”“CP_VectorSolver.cpp”和“CP_VectorSolverMain.cpp”组成，具体的程序代码如下。

// 文件名：**CP_Time.h**；开发者：雍俊海	行号

```
#ifndef CP_TIME_H
#define CP_TIME_H
#include <ctime>

class CP_Time
{
private:
    clock_t m_start, m_end;
public:
```

```
   CP_Time();
   virtual ~CP_Time() { }

   void mb_start();
   void mb_stop();
   void mb_report();
}; // 类 CP_Time 定义结束
#endif
```

// 文件名：CP_Time.cpp；开发者：雍俊海	行号

```
#include <iostream>
using namespace std;
#include "CP_Time.h"

CP_Time::CP_Time()
{
   m_start = clock();
   m_end = m_start;
}// 类 CP_Time 的构造函数定义结束

void CP_Time::mb_start()
{
   m_start = clock();
} // 类 CP_Time 的成员函数 mb_start 定义结束

void CP_Time::mb_stop()
{
   m_end = clock();
} // 类 CP_Time 的成员函数 mb_stop 定义结束

void CP_Time::mb_report()
{
   clock_t d = m_end - m_start;
   double r = (double)(d) / (double)CLOCKS_PER_SEC;
   cout << "所用时间是";
   if (r > 60)
   {
      int m = (int)(r / 60);
      int s = (int)(r - m * 60 + 0.5);
      cout << m << "分钟" << s << "秒。" << endl;
   }
   else if (r>1)
      cout << r << "秒。" << endl;
   else cout << r*1000 << "毫秒。" << endl;
} // 类 CP_Time 的成员函数 mb_report 定义结束
```

```
// 文件名：CP_Vector.h；开发者：雍俊海
#ifndef CP_VECTOR_H
#define CP_VECTOR_H

class CP_Vector
{
private:
    double *m_data;
    int m_size;
public:
    CP_Vector() :m_data(nullptr), m_size(0) {}
    virtual ~CP_Vector() { delete m_data; }

    int  mb_getSize() const { return m_size; }
    void mb_setDataRand();
    void mb_setSize(int s);
    void mb_showData();
    double operator * (const CP_Vector& v) const;
}; // 类CP_Vector定义结束
#endif
```

```
// 文件名：CP_Vector.cpp；开发者：雍俊海
#include <iostream>
#include <ctime>
using namespace std;
#include "CP_Vector.h"

void CP_Vector::mb_setDataRand()
{
    if (m_size <= 0)
        return;
    srand((unsigned)time(nullptr));
    int i;
    for (i = 0; i < m_size; i++)
        m_data[i] = rand();
} // 类CP_Vector的成员函数mb_setDataRand定义结束

void CP_Vector::mb_setSize(int s)
{
    if (s <= 0 || s == m_size)
        return;
    delete[] m_data;
    m_data = nullptr;
    m_data = new (std::nothrow) double[s];
    if (m_data == nullptr)
    {
        cout << "无法申请到内存。" << endl;
```

```
        m_size = 0;
    }
    else m_size = s;
} // 类CP_Vector的成员函数mb_setSize定义结束

void CP_Vector::mb_showData()
{
    if (m_size == 0)
    {
        cout << "无数据。" << endl;
        return;
    } // if结束
    for (int i = 0; i < m_size; i++)
        if (i == (m_size - 1))
            cout << "[" << i << "]" << m_data[i] << "。" << endl;
        else cout << "[" << i << "]" << m_data[i] << ", ";
} // 类CP_Vector的成员函数mb_setSize定义结束

double CP_Vector::operator * (const CP_Vector& v) const
{
    if ((m_size <= 0) || (m_size != v.m_size))
        return 0;
    int i;
    double s = 0;
    double m;
    for (i=0; i<m_size; i++)
    {
        m = m_data[i] * v.m_data[i];
        s += m;
    } // for循环结束
    return s;
} // 运算符“*”重载结束
```

// 文件名：CP_VectorSolver.h；开发者：雍俊海

```
#ifndef CP_VECTORSOLVER_H
#define CP_VECTORSOLVER_H

extern void gb_vectorSolver();
#endif
```

// 文件名：CP_VectorSolver.cpp；开发者：雍俊海

```
#include <iostream>
using namespace std;
#include "CP_Time.h"
#include "CP_Vector.h"

void gb_vectorSolver()
```

```
{
   int s = 0;
   int flag = 0;
   cout << "请输入元素个数和显示标志(0 表示不显示元素, 非 0 表示显示元素): ";
   cin >> s >> flag;
   cout << "接收到的输入为: 个数 = "<<s << ", 标志 = " << flag << endl;
   if (s <= 0)
   {
      cout << "请检查您的输入。" << endl;
      return;
   } // if 结束
   CP_Vector v[2];
   v[0].mb_setSize(s);
   v[1].mb_setSize(s);
   v[0].mb_setDataRand( );
   v[1].mb_setDataRand( );
   CP_Time t;
   t.mb_start();
   double sum = v[0] * v[1];
   t.mb_stop();
   if (flag)
   {
      cout << "参与点积的 2 个向量分别为: " << endl;
      v[0].mb_showData();
      v[1].mb_showData();
   } // if 结束
   cout << "点积结果为" << sum << "。" << endl;
   cout << "计算点积";
   t.mb_report();
} // 函数 gb_vectorSolver 定义结束
```

// 文件名：CP_VectorSolverMain.cpp；开发者：雍俊海

```
#include<iostream>
using namespace std;
#include "CP_VectorSolver.h"

int main(int argc, char* args[])
{
   gb_vectorSolver();
   system("pause");
   return 0; // 返回 0 表明程序运行成功
} // main 函数结束
```

可以对上面的代码进行编译、链接和运行。下面给出一个运行结果示例。

```
请输入元素个数和显示标志(0 表示不显示元素, 非 0 表示显示元素): 5 1↙
接收到的输入为: 个数 = 5, 标志 = 1
参与点积的 2 个向量分别为:
```

```
[0]31627, [1]26664, [2]30208, [3]31839, [4]6336。
[0]31627, [1]26664, [2]30208, [3]31839, [4]6336。
点积结果为 3.67763e+09。
计算点积所用时间是 0 毫秒。
请按任意键继续. . .
```

下面再给出一个运行结果示例。

```
请输入元素个数和显示标志(0 表示不显示元素, 非 0 表示显示元素): 50000000 0↙
接收到的输入为: 个数 = 50000000, 标志 = 0
点积结果为 1.34221e+16。
计算点积所用时间是 259 毫秒。
请按任意键继续. . .
```

例程分析：如头文件“CP_Time.h”所示，计时器类 CP_Time 的成员变量 m_start 记录计时开始的时间，成员变量 m_end 记录计时结束的时间。因为成员变量 m_start 和 m_end 的数据类型是 clock_t。这个数据类型在头文件“ctime”中定义，具体为

```
typedef long clock_t;
```

如果要用头文件“CP_Time.h”，就必须通过文件包含语句引入头文件“ctime”。因此，本例程将“#include <ctime>”放在头文件“CP_Time.h”中，而不是放在源文件中。

本例程实现的计时器的功能很简单。计时器类 CP_Time 的成员函数 mb_start 实现了开始计时的功能，成员函数 mb_stop 实现了结束计时的功能。这 2 个成员函数都调用系统函数 clock，系统函数 clock 的具体说明如下。

函数 3	clock
声明：	clock_t clock(void);
说明：	计算并返回程序占用计算机处理器的时钟单位数，即从程序开始运行到调用本函数时，程序占用计算机处理器的时钟单位数。
返回值：	如果成功获取处理器运行时钟单位数，则返回程序已经占用处理器的时钟单位数；否则，返回-1。
头文件：	ctime　　// 程序代码：#include <ctime>

计时器类 CP_Time 的成员函数 mb_report 实现了报时的功能。在这个成员函数的函数体中，源文件“CP_Time.cpp”第 23 行代码“clock_t d = m_end - m_start;”计算从开始计时到结束计时之间的时间跨度，其单位是计算机处理器的时钟单位。第 24 行代码“double r = (double)(d) / (double)CLOCKS_PER_SEC;”将计算机处理器的时钟单位数转化为以秒为单位的时间，其中宏 CLOCKS_PER_SEC 记录每秒的时钟单位数。第 26～34 行代码分情况将秒进一步转成为分钟或者毫秒，从而方便时间阅读。

向量类 CP_Vector 实现了为向量元素分配内存，将向量元素的值设置为随机数以及计算点积等功能。源文件“CP_Vector.cpp”第 10～13 行代码展示了如何通过函数 srand 和 rand 生成伪随机数。在产生伪随机数之前，通常首先调用函数 srand，为伪随机数建立种子。函数 srand 的具体说明如下。

函数 4	**srand**
声明：	`void srand(unsigned int seed);`
说明：	为伪随机数建立种子，从而形成一个伪随机数序列。
参数：	seed:　　伪随机数的种子。
头文件：	stdlib.h　　// 程序代码：#include <stdlib.h>

为了增强伪随机数的随机性，通常用时间获取函数 time 返回的时间来作为生成伪随机数的种子。函数 time 的具体说明如下。

函数 5	**time**
声明：	`time_t time(time_t *timer);`
说明：	如果本函数能成功运行，则本函数计算并返回当前时间的时间值。不过，本函数在表示时间值时采用数据类型 time_t。参数 timer 的值允许等于 nullptr。如果 timer 等于 nullptr，则 timer 不起作用。如果 timer 不等于 nullptr，则(*timer)的值也是当前时间所对应的时间值。如果本函数运行失败，则返回-1。
参数：	timer：等于 nullptr 或指向数据类型为 time_t 的存储空间。
返回值：	如果运行成功，则返回当前时间所对应的数据类型为 time_t 的时间值；否则，返回-1。
头文件：	ctime　　// 程序代码：#include <ctime>

在调用函数 srand 之后，就可以不断调用函数 rand，不断获取伪随机数。函数 rand 的具体说明如下。

函数 6	**rand**
声明：	`int rand(void);`
说明：	计算并返回一个伪随机数。伪随机数的数值范围通常是从 0 到 RAND_MAX，其中 RAND_MAX 是标准库定义的宏，它的值通常是 32767。
返回值：	伪随机数。
头文件：	stdlib.h　　// 程序代码：#include <stdlib.h>

调用函数 srand，为伪随机数建立种子，从而确定一个伪随机数序列。在调用函数 srand 之后，调用函数 rand 将从前到后按顺序依次返回在该伪随机数序列中的各个伪随机数。如果伪随机数的种子是相同的，则产生的伪随机数序列通常也是相同的。因此，通过函数 time 来获取伪随机数的种子就显得非常有必要。

如源文件“CP_VectorSolver.cpp”的代码所示，求解器全局函数按步骤完成本例程的功能。这体现出了**面向过程的程序设计实际上是面向对象程序设计的重要组成部分**，虽然这 2 种程序设计在主体框架与核心思路上有着明显的区别。

本例程实现的计时器类 CP_Time、向量类 CP_Vector 和求解器全局函数就可以**构成软件构件库**。它们还可以用在其他程序中。**随着面向对象的程序编写得越来越多，软件构件库也会不断增大，使得编写程序的现有资源变得越来越丰富**。

3.8　本 章 小 结

C++语言是在 C 语言基础上发展起来的计算机语言。C 语言是面向过程的程序设计语言，不是面向对象的程序设计语言。在 C++语言中添加了 C 语言所不具备的继承性、封装性和多态性这 3 种面向对象程序设计的特性。因此，**C++语言是一种集面向对象程序设计和面向过程的程序设计于一体的计算机编程语言**。C++语言程序设计比 C 语言程序设计更加复杂，更加难以入门和掌握。

不幸的是，现在大量的文献对 C++语言存在大量的误解，而且有些文献出于商业等目的而故意将 C++语言讲解得极其**抽象**和晦涩深奥。这些文献有意或无意地过分强调抽象思维，同时给一些常规的概念赋予不同的含义，或者创造一些含糊不清的概念，让 C++程序代码变得更加的复杂。应当摒弃这种无益的复杂化，而回归到解决问题的本源。

首先，C++语言基本上兼容 C 语言。因此，在小规模程序上，C++语言程序设计应当可以像 C 语言程序设计那样灵活和方便。同时，C++语言引入了面向对象程序设计的特性。面向对象程序设计是为解决大规模程序设计问题而出现。因此，在正确并且熟练掌握 C++面向对象程序设计之后，应当可以迅猛提高大规模程序的设计与编写效率，并急剧降低大规模程序代码的调试与维护成本。学习 C++语言有难度。然而，**既然 C++语言支持大规模的程序设计，那么它就不可能非常抽象和晦涩难懂；否则，它也就无法适应大量程序员协同开发程序**。应当深刻理解面向对象程序设计的本质与精髓。在设计对象时，对象越普通越好，一定要让对象尽量简单，符合常识，不要让对象过于庞大和繁杂。这样才能方便程序复用。

本章阐述了面向对象程序设计最核心和最基础的部分。后面的章节将进一步丰富 C++面向对象程序设计的内容。

3.9 习　　题

3.9.1 练习题

练习题 3.1 判断正误。

（1）在同 1 个程序中，不允许定义 2 个类，它们拥有相同的类名。

（2）采用 class 定义的类的默认访问方式是私有的（private），而采用 struct 定义的类的默认访问方式是公有的（public）。

（3）构造函数完成类对象的初始化任务，它在对象创建时被自动调用。

（4）构造函数的函数名与类名可以不相同。

（5）构造函数没有返回类型，在其函数体中也不能有返回语句。

（6）对于在类中的成员函数，其声明与实现应当分开，即其声明在头文件中，其实现在源文件中。

（7）在实现类的构造函数时，相对赋值语句，通过成员初始化表可以提高代码的执行效率。

（8）只要定义了一个构造函数，C++就不再提供默认没有参数的构造函数。

（9）如果用户没有提供拷贝构造函数，系统会自动提供一个默认的拷贝构造函数。

（10）只要定义了一个构造函数，系统就不再提供默认的拷贝构造函数。

（11）析构函数在对象生命期结束时由系统自动调用。

（12）析构函数既无函数参数，也无返回值。

（13）在定义类时，不可以没有直接父类。
（14）通过继承，新类可以在已有类的基础上新增自己的特性。
（15）被继承的已有类称为基类（父类），派生出的新类称为派生类（子类）。
（16）通过继承性一定可以减少代码冗余度。
（17）合理使用继承性是实现代码重用的一种重要方式。
（18）合理利用继承性，通过作少量的修改，可以在一定程度上满足不断变化的具体应用要求，提高程序设计的灵活性。
（19）可以将子类的实例对象赋值给父类的实例对象。
（20）可以将子类的实例对象赋值给父类引用变量。
（21）可以将子类的实例对象的地址赋值给父类指针变量。
（22）可以将子类指针赋值给父类指针变量。
（23）可以将父类的实例对象赋值给子类的实例对象。
（24）可以将父类的实例对象通过强制类型转换赋值给子类引用变量。
（25）可以将父类的实例对象的地址通过强制类型转换赋值给子类指针变量。
（26）可以将父类指针赋值给子类指针变量。
（27）构造函数一旦显式调用父类的构造函数，就不会自动调用其父类的默认构造函数。
（28）友元声明无论位于类的哪个区（public 区/ protected 区/private 区），意义完全相同。
（29）面向对象程序设计实际上就是一种结构化的程序设计。
（30）面向对象程序设计以对象作为编写程序的主要基本单位。
（31）相对于结构化程序设计，采用面向对象程序设计可以提高程序的运行效率。
（32）在 C++面向对象程序设计中，除了主函数 main 之外，不应当再有其他全局函数。
（33）C++语言是一种集面向对象程序设计和面向过程的程序设计于一体的计算机编程语言。
（34）类成员变量的个数必须大于或等于 1。
（35）类成员函数的个数必须大于或等于 1。
（36）对象的设计应当越普通越好，这样便于程序复用。
（37）因为“int”与“const int”是不同的数据类型，所以“void fun(int a)”与“void fun(const int a)”是有效的重载函数。
（38）因为基本数据类型“int”与引用数据类型“int &”是不同的数据类型，所以“void fun(int a)”与“void fun(int & a)”是有效的重载函数。
（39）在函数的参数表中可以为形参指定一个默认参数。当函数调用时，如果给出实际参数的值，就用实际参数的值初始化形参；如果没有给出实际参数的值，就使用形参的默认参数。
（40）对于函数的默认参数，如果只有部分形参带有默认参数，则带有默认参数的函数形参一定在后面，不带默认参数的函数形参一定在前面，两者不能交叉。
（41）运算符重载不改变原运算符的优先级和结合性。
（42）对于后置一元运算符++和--的重载函数，在形参列表中要增加一个 int，但不必写形参名。

（43）C 语言不具备的多态性。

（44）在 C++语言中，在子类中定义与父类同名的成员函数，就构成了动态多态性。

（45）C++动态多态性是通过虚函数实现的。

（46）如果在基类中定义了虚函数，则在派生类中无论是否说明，同原型成员函数都自动为虚函数。

（47）可以通过“类名::”的形式调用被覆盖的函数。

（48）如果虚函数的声明与实现分别位于头文件与源文件中，则在实现虚函数时，其函数头部需要加上关键字 virtual。

（49）只有类的非静态成员函数才能声明为虚函数。

（50）构造函数不能是虚函数。

（51）析构函数通常是虚函数。

（52）抽象类不能实例化。

练习题 3.2 请写出类定义的格式。

练习题 3.3 在 C++语言中，结构 struct 与类 class 的区别是什么？

练习题 3.4 请简述 C 语言的结构 struct 与 C++语言的结构 struct 之间的区别。

练习题 3.5 请简述类声明与类定义之间的区别。

练习题 3.6 自动生成隐含的默认构造函数的前提条件是什么？

练习题 3.7 请简述类声明与类定义之间的区别。

练习题 3.8 请简述类的普通非静态成员变量与静态成员变量之间的区别。

练习题 3.9 请简述如何定义和使用类的静态成员变量。

练习题 3.10 请简述如何定义和调用类的静态成员函数。

练习题 3.11 什么是位域，位域有什么作用？

练习题 3.12 使用位域有哪些注意事项？

练习题 3.13 请简述类对象与类的实例对象之间的区别。

练习题 3.14 请总结在构造函数中初始化和委托构造列表的代码格式及其含义。

练习题 3.15 请总结使用构造函数的注意事项。

练习题 3.16 请总结使用析构函数的注意事项。

练习题 3.17 请简述析构函数通常所完成的功能。

练习题 3.18 请总结使用 new 运算符的注意事项。

练习题 3.19 请总结使用 delete 运算符的注意事项。

练习题 3.20 请简述全局函数与类的成员函数之间的区别。

练习题 3.21 下面程序是否有误？如果没有，输出什么？

```
#include <iostream>                                        // 1
using namespace std;                                       // 2
                                                           // 3
class CP_A                                                 // 4
{                                                          // 5
public:                                                    // 6
```

```
    int m_a;
public:
    CP_A(int i = 0) : m_a(i) {}
    CP_A(const CP_A& a) :m_a(a.m_a) { cout << "Copy: "; }
    void mb_report();
}; //类 CP_A 定义结束

void CP_A::mb_report()
{
    cout << "m_a=" << m_a << endl;
} //类 CP_A 的成员函数 mb_report 定义结束

int main( )
{
    CP_A a1(10);
    CP_A a2(a1);
    a2.mb_report( );
    system("pause");
    return 0;
} // main 函数结束
```

练习题 3.22 调用构造函数的详细工作顺序是什么?

练习题 3.23 请综述析构函数的调用顺序。

练习题 3.24 请综述访问类成员的形式。

练习题 3.25 请写出派生类的定义格式。

练习题 3.26 什么是单继承？什么是多继承?

练习题 3.27 请简述继承性赋值兼容原则，即有哪些？其含义和功能分别是什么?

练习题 3.28 下面程序是否有误？如果没有，输出什么?

```
#include <iostream>
using namespace std;

class CP_A
{
public:
    int m_a;
    CP_A() :m_a(10) { }
}; // 类 CP_A 定义结束

class CP_B : public CP_A
{
public:
    CP_B() { m_a = 5; }
    void mb_show(){cout<<"m_a="<<m_a<<endl;}
}; // 类 CP_B 定义结束

```

```
int main()
{
   CP_B b;
   b.mb_show();
   return 0;
} // main 函数结束
```

练习题 3.29 下面程序是否有误？如果没有，输出什么？

```
#include <iostream>
using namespace std;

class CP_A
{
public:
   int m_a;
   CP_A() :m_a(10) { }
}; // 类 CP_A 定义结束

class CP_B : public CP_A
{
public:
   CP_B():m_a (5) { }
   void mb_show(){cout<<"m_a="<<m_a<<endl;}
}; // 类 CP_B 定义结束

int main()
{
   CP_B b;
   b.mb_show();
   return 0;
} // main 函数结束
```

练习题 3.30 请简述虚拟继承的应用场景及其作用。

练习题 3.31 请简述应用继承性的程序设计基本原则。

练习题 3.32 请编写代码，要求定义至少 3 对有实际含义并且具有继承关系的类，要求它们符合应用继承性的程序设计基本原则，并说明它们在现实世界中的具体含义。

练习题 3.33 请说明正方形类与矩形类之间是否可以存在继续关系，并分析原因。

练习题 3.34 请简述继承和组合的相同点与不同点，包括它们各自的应用场景。

练习题 3.35 请写出 final 函数的定义格式。

练习题 3.36 请简述 final 函数的作用与意义。

练习题 3.37 请简述封装性的作用。

练习题 3.38 什么是继承方式？总共有哪些继承方式？它们的含义和作用分别是什么？

练习题 3.39 默认的继承方式是什么？

练习题 3.40 什么是访问方式？总共有哪些访问方式？它们的含义和作用分别是什么？

练习题 3.41　在继承性中的全局类指的是什么，它对封装性有什么作用或影响?

练习题 3.42　什么是友元? 有哪些类型的友元? 请同时说明它们的定义格式和作用，并给出代码示例。

练习题 3.43　简述友元不具有传递性。

练习题 3.44　简述友元不具有继承性。

练习题 3.45　在编译时就能检测的多态性通常称为什么? 通常在运行时才能检测的多态性称为什么?

练习题 3.46　什么是静态多态性?

练习题 3.47　请简述什么是重载函数及其作用。

练习题 3.48　请简述重载函数的匹配顺序。

练习题 3.49　请简述给函数提供默认参数的注意事项。

练习题 3.50　请总结重载函数的注意事项。

练习题 3.51　运算符重载属于静态多态性，还是动态多态性?

练习题 3.52　请简述运算符重载规则和限制。

练习题 3.53　在 C++运算符重载中哪些运算符不可以重载?

练习题 3.54　请简述运算符重载的两种形式，并总结它们之间的区别点。哪些运算符只能用成员函数方式重载?

练习题 3.55　什么是动态多态性?

练习题 3.56　请简述 C++动态多态性的运行机制。

练习题 3.57　请简述 C++静态多态性和动态多态性的相同点与不同点。

练习题 3.58　请简述将析构函数设为虚函数的作用。

练习题 3.59　请写出纯虚函数的声明格式。

练习题 3.60　什么是抽象类?

练习题 3.61　请简述抽象类在程序扩展中的作用，并给出具有实际意义的应用案例。

练习题 3.62　请简述运用 this 指针的前提条件。

练习题 3.63　请简述如何通过关键字 this 调用当前类和父类的构造函数。

练习题 3.64　请总结在函数形式参数类型分别为实例对象、指针和引用的 3 种情况中，函数调用的运行过程的区别。

练习题 3.65　请总结在函数返回数据类型分别为实例对象、指针和引用的 3 种情况中，函数调用的运行过程的区别。

练习题 3.66　请列举面向对象程序设计的三大特性。

练习题 3.67　请简述面向过程的程序设计的核心思路。

练习题 3.68　请简述面向对象程序设计的核心思路。

练习题 3.69　请简述面向对象程序设计的核心指导思想。

练习题 3.70　请简述 C++程序设计的基本原则。

练习题 3.71　请总结面向对象程序设计与面向过程的程序设计的区别。

练习题 3.72　请采用“面向对象程序设计”的方法编写程序，计算求最大公约数的时间代价。程序接收输入正整数 a 和 b，计算求 a 和 b 最大公约数的时间代价，计算判断 a 是否是素数的时间代价，计算判断 b 是否是素数的时间代价，并输出结果。

练习题 3.73 请采用“面向对象程序设计”的方法编写程序，要求设计日历类，它的数据包括年、月、日。要求通过面向对象技术保证年可以是符合公元历法（也称为公历或阳历）的任意整数，月只能介于 1 和 12 之间，日只能介于 1 和 31 之间且应当符合公元历法。要求通过日历类的实例对象可以设置/获取/输出其所记录的年月日，并且可以计算给定 n 天之后的年月日。这里 n 是整数，即可能是正整数，也可能是负整数，甚至是 0。要求利用前面设计的日历类，构造它的实例对象，该将实例对象的年月日设置为今天的日期，然后接收用户输入一个整数 n，计算并输出 n 天之后的年月日。要求提供单独的文档说明程序对于前面各种约束的保证机制及其优点。

练习题 3.74 请编写复数类，实现复数的加法、减法、乘法、除法、前置“++”、后置“++”、前置“--”和后置“--”等运算符重载。要求提供验证程序为每种运算符重载至少提供 3 个测试案例，并将测试结果总结在一个单独的文档中，说明测试案例构造的思路和测试结果的含义。

3.9.2 思考题

思考题 3.75 请综述拷贝构造函数的调用场景。

思考题 3.76 请比较面向对象程序设计和结构化程序设计的优缺点。

思考题 3.77 请比较在 C++语言中的类 class 与在 C 语言中的结构 struct。

思考题 3.78 静态多态性的作用是什么？并请设计具有实际应用背景的案例。

思考题 3.79 动态多态性的作用是什么？并请设计具有实际应用背景的案例。

思考题 3.80 设计并实现表示浮点数的类 CP_Real 并重载“++”和“--”运算符。要求“++”是将当前的浮点数变为下一个浮点数，即变为比当前浮点数大的最小浮点数。要求“--”是将当前的浮点数变为上一个浮点数，即变为比当前浮点数小的最大浮点数。

第4章　共　用　体

在 C++语言中，共用体与类有点类似，只是类的各个成员变量之间并不共享内存空间，而共用体的各个成员变量之间共享内存空间。这样，通过共用体，从多个角度来分析和处理一段共享的内存空间，从而让共享的内存空间适用于不同的场景。

4.1　共用体的定义与格式

共用体在有些文献中也称为**联合体**。每个共用体通常包含多个成员变量，这些成员变量拥有相同的内存地址，共享一段内存空间。因为这些成员变量共享内存空间，所以在使用共用体的实例对象时，**每次通常只能对其中一个成员变量进行取值或赋值操作**。

如果共用体的成员变量拥有相同的数据类型，那么相当于这些成员变量拥有不同的别名。这通常是为了提高程序的可读性，将相同的内存空间用在不同的程序片段中，即在不同的场景中，相同的内存空间扮演不同的角色。如果共用体的成员变量拥有不同的数据类型，那么可以综合利用不同数据类型的不同特性来分析或处理共享的内存空间，从而简化程序代码或提高程序的可读性。

共用体占用的内存空间大小可以通过**运算符 sizeof** 进行统计，其长度等于在其所有成员变量中占用内存空间最大的成员变量的字节数并且加上进行内存对齐而补充的字节数。**内存对齐**是操作系统与编译器等为提高内存分配和访问速度而建立的一种机制。实际上，是否需要补充字节进行内存对齐，以及如何进行内存对齐，这取决于具体的操作系统、编译器、编译设置以及硬件环境。

共用体的常用声明格式如下：

```
union 共用体的名称;
```

声明共用体不等于定义共用体。在声明共用体时，并不知道该共用体具体包含哪些成员变量。因此，不能用仅声明而没有定义的共用体来创建共用体的实例对象。不过，可以用该共用体来定义指针变量。但最终还是需要定义共用体；否则，在编译时，无法通过链接。

共用体的常用定义格式如下：

```
union 共用体的名称
{
    数据类型 成员变量名1;
    数据类型 成员变量名2;
    … …
    数据类型 成员变量名n;
    成员函数声明或定义序列
};
```

其中，共用体的名称和各个成员变量名必须是合法的标识符。与类相似，共用体也可以拥有构造函数、析构函数和普通成员函数，而且这些成员函数的声明或定义格式也基本上相同。下面给出一些注意事项和具体的例程如下。

> **注意事项**：
>
> （1）**共用体不具有继承性**，即**共用体之间不允许建立**类似于父类与子类之间的**父子关系**。因此，**共用体的成员函数不允许带有虚拟属性**。
>
> （2）共用体成员变量共享内存的机制使得成员变量的初始化与赋值相对比较复杂。因此，**从编程规范上讲，共用体最好都加上自定义的构造函数、拷贝构造函数和析构函数**。这样可以方便共用体的使用。
>
> （3）在共用体的定义中，如果**成员变量的数据类型是数组**，那么必须同时提供数组的元素个数，而且元素个数必须大于0。
>
> （4）**共用体的成员变量的数据类型不能是引用数据类型**。

例程 4-1　以十六进制的格式输出单精度浮点数“非数”在内存中存储的数据。

例程功能描述：首先，生成单精度浮点数“非数”。在计算机中的各种数据都是以二进制形式存储的。这个“非数”也不例外。然后，采用十六进制的格式输出“非数”的存储单元。

例程解题思路：首先，定义单精度浮点数和整数的共用体。然后，通过共用体的单精度浮点数成员变量获取“非数”。接着，通过共用体的整数成员变量输出“非数”的存储单元。例程代码由 3 个源程序代码文件“CP_UnionFloatInt.h”“CP_UnionFloatInt.cpp”和“CP_UnionFloatIntMain.cpp”组成，具体的程序代码如下。

```
// 文件名：CP_UnionFloatInt.h；开发者：雍俊海
#ifndef CP_UNIONFLOATINT_H
#define CP_UNIONFLOATINT_H

union U_FloatInt
{
    float m_float;
    int m_int;
    U_FloatInt(int i = 0) : m_int(i) {}
    U_FloatInt(float f) : m_float(f) {}
    U_FloatInt(const U_FloatInt & u) : m_int(u.m_int) {}
    ~U_FloatInt() {}
}; // 共用体U_FloatInt定义结束

extern void gb_showFloatIntHexMemory(const U_FloatInt & u);
extern void gb_testFloatInt();
#endif
```

```
// 文件名：CP_UnionFloatInt.cpp；开发者：雍俊海
#include <iostream>
using namespace std;
```

```
#include "CP_UnionFloatInt.h"                                      // 3
                                                                   // 4
void gb_showFloatIntHexMemory(const U_FloatInt & u)               // 5
{                                                                  // 6
   cout << u.m_float;                                              // 7
   cout << "在内存中存储的数据是 0x";                               // 8
   cout << hex << u.m_int << "。" << endl << dec;                 // 9
} // 函数 gb_showFloatIntHexMemory 定义结束                        // 10
                                                                   // 11
void gb_testFloatInt()                                             // 12
{                                                                  // 13
   U_FloatInt u(0.0f);                                             // 14
   u.m_float = 0.0f / u.m_float; // 得到非数                       // 15
   gb_showFloatIntHexMemory(u);                                    // 16
} // 函数 gb_testFloatInt 定义结束                                 // 17
```

// 文件名：CP_UnionFloatIntMain.cpp；开发者：雍俊海	行号

```
#include <iostream>                                                // 1
using namespace std;                                               // 2
#include "CP_UnionFloatInt.h"                                      // 3
                                                                   // 4
int main(int argc, char* args[])                                   // 5
{                                                                  // 6
   gb_testFloatInt();                                              // 7
   system("pause"); // 暂停住控制台窗口                             // 8
   return 0; // 返回 0 表明程序运行成功                             // 9
} // main 函数结束                                                 // 10
```

可以对上面的代码进行编译、链接和运行。下面给出一个运行结果示例。

```
-nan(ind)在内存中存储的数据是 0xffc00000。
请按任意键继续. . .
```

例程分析：如头文件“CP_UnionFloatInt.h”第 4～12 行代码所示，在共用体 U_FloatInt 中，单精度浮点数成员变量 m_float 与整数成员变量 m_int 共享内存空间。这样，如源文件“CP_UnionFloatInt.cpp”第 14 行和第 15 行代码所示，通过成员变量 m_float 在共享的内存空间中存储单精度浮点数“非数”；如源文件“CP_UnionFloatInt.cpp”第 9 行代码所示，通过成员变量 m_int 采用十六进制的格式输出在共享内存空间中的数据。

> ❀小甜点❀：
>
> 本例程源文件“CP_UnionFloatInt.cpp”第 9 行代码展现了**良好的编程习惯，即在改变系统状态并且事务处理完毕之后将系统状态恢复原状**。例如，在这行代码中，先通过“hex”将输出格式改为十六进制格式；在输出完毕之后，又通过“dec”将输出格式恢复为系统默认的十进制格式。

本例程同时展示了在共用体中定义构造函数和析构函数的代码，如头文件“CP_UnionFloatInt.h”第 8～11 行代码所示，其中第 10 行代码定义的是拷贝构造函数，第

11 行代码定义的是析构函数。

> **注意事项**：
>
> **在共用体的每个构造函数的初始化列表中，最多只能出现 1 个初始化单元。**

如果将头文件“CP_UnionFloatInt.h”第 8 行代码改为如下代码：

```
    U_FloatInt(int i = 0) : m_int(i), m_float(0.0f) {}          // 8
```

则无法通过编译，因为在修改之后的代码含有 2 个初始化单元“m_int(i)”和“m_float(0.0f)”，这是不允许的。

> **小甜点**：
>
> **共用体的实例对象、引用和指针都可以用来作为函数的参数**。例如，本例程源文件“CP_UnionFloatInt.cpp”第 5～10 行代码定义的函数 gb_showFloatIntHexMemory 采用共用体的引用数据作为函数参数。

下面 2 个代码示例分别展示了采用共用体的实例对象和指针作为函数参数。

// 示例 4-1：函数参数是共用体的实例对象	// 示例 4-2：函数参数是共用体指针
void gb_show(U_FloatInt u)	void gb_show(U_FloatInt *p)
{	{
cout << u.m_float;	cout << p->m_float;
cout << "在内存中是 0x";	cout << "在内存中是 0x";
cout << hex << u.m_int;	cout << hex << p->m_int;
} // 函数 gb_show 定义结束	} // 函数 gb_show 定义结束

> **小甜点**：
>
> （1）对于共用体的 3 个构造函数，本例程实际上只到了头文件“CP_UnionFloatInt.h”第 9 行代码定义的构造函数。在实际应用中，**从编程规范的角度**，仍然会同时定义这 3 个构造函数，保证**共同体的完整性**，从而方便以后使用这个共用体。

4.2 在共用体中调用成员变量的构造函数与析构函数

下面首先给出一个成员变量的数据类型为类的例程。

例程 4-2 通过共用体展示蓝色的 RGB 值及其分量。

例程功能描述：定义颜色共用体，使得既可以通过 RGB 的组合值构造颜色，也可以通过 RGB 的 3 个分量构造颜色；既可以通过成员变量获取颜色的 RGB 组合值，也可以通过成员变量获取颜色的 RGB 的 3 个分量的值。

例程解题思路：例程代码由 3 个源程序代码文件“CP_UnionColor.h”“CP_UnionColor.cpp”和“CP_UnionColorMain.cpp”组成，具体的程序代码如下。

// 文件名：**CP_UnionColor.h**；开发者：雍俊海	行号

```
#ifndef CP_UNIONCOLOR_H
#define CP_UNIONCOLOR_H

class CP_Color
{
public:
    unsigned char m_r;
    unsigned char m_g;
    unsigned char m_b;
    CP_Color(int r = 0, int g = 0, int b = 0);
    ~CP_Color();
}; // 类CP_Color定义结束

union U_Color
{
    int m_rgb = 1;
    CP_Color m_color;
    U_Color(int rgb = 0);
    U_Color(int r, int g, int b);
    U_Color(const U_Color & u);
    ~U_Color();
    void mb_showData();
    void mb_showSize();
}; // 共用体U_Color定义结束

extern void gb_testColor();
#endif
```

// 文件名：**CP_UnionColor.cpp**；开发者：雍俊海	行号

```
#include <iostream>
using namespace std;
#include "CP_UnionColor.h"

CP_Color::CP_Color(int r, int g, int b) : m_r(r), m_g(g), m_b(b)
{
    cout << "类构造(";
    cout << (int)m_r << ", ";
    cout << (int)m_g << ", ";
    cout << (int)m_b << ")。" << endl;
} // 类CP_Color构造函数定义结束

CP_Color::~CP_Color()
{
    cout << "类析构(";
    cout << (int)m_r << ", ";
    cout << (int)m_g << ", ";
```

```
    cout << (int)m_b << ")。" << endl;
} // 类CP_Color析构函数定义结束

U_Color::U_Color(int rgb) : m_rgb(rgb)
{
    cout << "共用体RGB构造: ";
    mb_showData();
} // 共用体CP_Color构造函数定义结束

U_Color::U_Color(int r, int g, int b)
{
    m_rgb = 0;
    m_color.m_r = r;
    m_color.m_g = g;
    m_color.m_b = b;
    cout << "共用体颜色分量构造: ";
    mb_showData();
} // 共用体CP_Color构造函数定义结束

U_Color::U_Color(const U_Color & u) : m_rgb(u.m_rgb)
{
    cout << "共用体拷贝构造: ";
    mb_showData();
} // 共用体CP_Color拷贝构造函数定义结束

U_Color::~U_Color()
{
    cout << "共用体析构: ";
    mb_showData();
} // 共用体CP_Color析构函数定义结束

void U_Color::mb_showData()
{
    cout << "颜色0x" << hex << m_rgb;
    cout << "的分量为(" << dec;
    cout << (int)m_color.m_r << ", ";
    cout << (int)m_color.m_g << ", ";
    cout << (int)m_color.m_b << ")。" << endl;
} // 共用体CP_Color的成员函数mb_showData定义结束

void U_Color::mb_showSize()
{
    cout << "sizeof(U_Color) = " << sizeof(U_Color) << endl;
    cout << "sizeof(m_rgb) = " << sizeof(m_rgb) << endl;
    cout << "sizeof(m_color) = " << sizeof(m_color) << endl;
} // 共用体CP_Color的成员函数mb_showSize定义结束
```

```
void gb_testColor()
{
   U_Color u(0, 0, 255);
   u.mb_showData();
   u.mb_showSize();
} // 函数 gb_testColor 定义结束
```

// 文件名：CP_UnionColorMain.cpp；开发者：雍俊海

```
#include <iostream>
using namespace std;
#include "CP_UnionColor.h"

int main(int argc, char* args[])
{
   gb_testColor();
   system("pause"); // 暂停住控制台窗口
   return 0; // 返回 0 表明程序运行成功
} // main 函数结束
```

可以对上面的代码进行编译、链接和运行。下面给出一个运行结果示例。

```
共用体颜色分量构造：颜色 0xff0000 的分量为(0, 0, 255)。
颜色 0xff0000 的分量为(0, 0, 255)。
sizeof(U_Color) = 4
sizeof(m_rgb) = 4
sizeof(m_color) = 3
共用体析构：颜色 0xff0000 的分量为(0, 0, 255)。
请按任意键继续. . .
```

例程分析：目前最常用的颜色表示方案是采用 RGB 表示颜色。在这种颜色表示方案中，将红色、绿色和蓝色称为**原色**，其他颜色可以表达为这 3 种颜色的不同权重的组合，其中 R 代表红色权重，G 代表绿色权重，B 代表蓝色权重。各种原色的权重也称为相应原色的分量。在本例程中，每种原色分量的值的范围是 0～255，只需要 8 位二进制位就可以了。这样，颜色的 RGB 组合值只要用类型为“int”的数据来进行表达，按二进制从低位到高位的顺序，其中低 8 位是红色分量，接下来 8 位是绿色分量，再接下来 8 位是蓝色分量。在本例程中，首先通过类 CP_Color 来记录红色、绿色和蓝色 3 种分量，如头文件“CP_UnionColor.h”第 4～12 行代码所示。在类 CP_Color 中，这 3 种分量分别占用不同的内存空间。然后，在共用体 U_Color 中，成员变量 m_rgb 和 m_color 共享内存空间，其中 m_color 是 3 种原色分量的组合。结果，在二进制内存中，m_rgb 的低 8 位是 m_color.m_r，m_rgb 的接下来 8 位是 m_color.m_g，m_rgb 的再接下来 8 位是 m_color.m_b。**不过，这里需要注意 m_rgb 与 m_color 之间的内存对应关系在不同的计算机硬件平台、操作系统和编译系统等 C++程序的支撑平台中可能会有所不同**。

> ❀小甜点❀：
>
> 本例程表明**通过共用体的共用内存机制可以非常方便地将多个数据组合在一起，同时，也非常方便从组合在一起的数据中提取各个分量**。

本例程同时展示了在共同体中声明成员函数，如头文件“CP_UnionColor.h”第 18～23 行代码所示；在共同体的定义之外实现成员函数，如源文件“CP_UnionColor.cpp”第 21～63 行代码所示。

在本例程中，类 CP_Color 的构造函数和析构函数都含有输出语句，如源文件“CP_UnionColor.cpp”第 5～19 行代码所示。然而，本全程的运行结果不含这些输出内容。这表明**在创建共用体的实例对象时不会自动去调用成员变量的构造函数和析构函数**。

> ⚐注意事项⚐：
>
> （1）如果**共用体含有类型为类的成员变量，而且该类含有自定义的构造函数或者含有自定义的虚拟析构函数**，则该共用体**必须拥有自定义的构造函数**；否则，无法通过编译。例如，在本例程中，因为类 CP_Color 含有自定义的构造函数，所以也不能删除共用体 U_Color 的构造函数；否则，无法通过编译。
>
> （2）如果**共用体含有类型为类的成员变量，而且该类含有自定义的析构函数**，则该共用体也**必须拥有自定义的析构函数**；否则，无法通过编译。例如，在本例程中，因为类 CP_Color 含有自定义的析构函数，所以也不能删除共用体 U_Color 的析构函数；否则，无法通过编译。

下面给出在将共用体 U_Color 的析构函数注释起来之后产生的编译错误提示的示例。

```
在源文件“CP_UnionColor.cpp”第 61 行代码处：error C2280:
“U_Color::~U_Color(void)”：尝试引用已删除的函数
```

共同体的成员函数不允许带有虚拟属性。例如，如果将头文件“CP_UnionColor.h”第 21 行代码改为

```
virtual ~U_Color();                                          // 21
```

则无法通过编译。

> ⚐注意事项⚐：
>
> 如果在类中含有虚函数，则在该类的实例对象中需要为该虚函数建立虚拟表。**虚函数的虚拟表也会占用类的实例对象的内存空间**。

例如，在本例程中，如果仅将类 CP_Color 的析构函数改为虚函数，即将头文件“CP_UnionColor.h”第 11 行代码改为

```
virtual ~CP_Color();                                         // 11
```

则本例程的运行结果将会发生变化，下面给出一个运行结果示例。

```
共用体颜色分量构造：颜色 0x0 的分量为(0, 0, 255)。
颜色 0x0 的分量为(0, 0, 255)。
```

```
sizeof(U_Color) = 8
sizeof(m_rgb) = 4
sizeof(m_color) = 8
共用体析构：颜色 0x0 的分量为(0, 0, 255)。
请按任意键继续. . .
```

从运行结果上可以看出，共用体的成员变量 m_color 的内存空间不再是 3 字节，而变成为 8 字节。这时，m_color.m_r、m_color.m_g 和 m_color.m_b 的内存空间也不与成员变量 m_rgb 重叠。

如果**共用体存在数据类型为类的成员变量**，则在创建该共用体的实例对象时**不会自动**去调用该成员变量的构造函数，在回收该共用体的实例对象的内存空间之前也**不会自动**去调用该成员变量的析构函数。如果需要调用该成员变量的构造函数或析构函数，则需要在程序代码中进行**显式调用**。

这里首先介绍第一种显式调用共用体的成员变量的构造函数的方法。**如果在共用体的构造函数中调用共用体成员变量的构造函数，则可以在构造函数头部的初始化列表中添加该成员变量的初始化单元**，即在共用体的构造函数头部函数参数列表右括号之后添上如下代码

```
: 成员变量名(该成员变量的构造函数的调用参数列表)
```

例如，在本例程中，可以将源文件“CP_UnionColor.cpp”第 27～35 行代码的构造函数改为

```
U_Color::U_Color(int r, int g, int b) : m_color(r, g, b)      // 27
{                                                             // 28
   m_rgb &= 0xffffff;                                         // 29
   cout << "共用体颜色分量构造：";                              // 30
   mb_showData();                                             // 31
} // 共用体U_Color构造函数定义结束                              // 32
```

如果只做上面的修改，本例程的运行结果将会发生变化，下面给出一个运行结果示例。

```
类构造(0, 0, 255)。
共用体颜色分量构造：颜色 0xff0000 的分量为(0, 0, 255)。
颜色 0xff0000 的分量为(0, 0, 255)。
sizeof(U_Color) = 4
sizeof(m_rgb) = 4
sizeof(m_color) = 3
共用体析构：颜色 0xff0000 的分量为(0, 0, 255)。
请按任意键继续. . .
```

上面运行结果第 1 行“类构造(0, 0, 255)。”表明在共用体 U_Color 的构造函数的初始化单元确实会引起类 CP_Color 的构造函数的调用。同时，因为成员变量 m_color 只占用 3 字节，少于成员变量 m_rgb 占用内存的字节数，所以对于成员变量 m_rgb 多出的高位字节，需要上面第 29 行代码“m_rgb &= 0xffffff;”将这些字节清零。

第二种显式调用共用体的成员变量的构造函数的方法是在函数体中**直接通过成员变量调用构造函数，具体的代码格式**如下：

```
成员变量.类名::类名(该成员变量的构造函数的调用参数列表)
```

例如，在本例程中，可以将源文件“CP_UnionColor.cpp”第 27～35 行代码的构造函数改为

```
U_Color::U_Color(int r, int g, int b)                                    // 27
{                                                                        // 28
    m_rgb = 0;                                                           // 29
    m_color.CP_Color::CP_Color(r, g, b); // 调用成员变量的构造函数        // 30
    cout << "共用体颜色分量构造: ";                                       // 31
    mb_showData();                                                       // 32
} // 共用体 U_Color 构造函数定义结束                                      // 33
```

如果只做上面的修改，本例程的运行结果将会发生变化，下面给出一个运行结果示例。

```
类构造(0, 0, 255)。
共用体颜色分量构造: 颜色 0xff0000 的分量为(0, 0, 255)。
颜色 0xff0000 的分量为(0, 0, 255)。
sizeof(U_Color) = 4
sizeof(m_rgb) = 4
sizeof(m_color) = 3
共用体析构: 颜色 0xff0000 的分量为(0, 0, 255)。
请按任意键继续. . .
```

上面运行结果第 1 行“类构造(0, 0, 255)。”表明，上面第 30 行代码“m_color.CP_Color::CP_Color(r, g, b);”确实调用了成员变量 m_color 的构造函数。

类似地，也可以在函数体中**直接通过成员变量调用析构函数，具体的代码格式**如下：

```
成员变量.~类名( )
```

例如，在本例程中，可以将源文件“CP_UnionColor.cpp”第 43～47 行代码的析构函数改为

```
U_Color::~U_Color()                                                      // 43
{                                                                        // 44
    m_color.~CP_Color();                                                 // 45
    cout << "共用体析构: ";                                               // 46
    mb_showData();                                                       // 47
} // 共用体 U_Color 析构函数定义结束                                      // 48
```

如果只做上面的修改，本例程的运行结果将会发生变化，下面给出一个运行结果示例。

```
共用体颜色分量构造: 颜色 0xff0000 的分量为(0, 0, 255)。
颜色 0xff0000 的分量为(0, 0, 255)。
sizeof(U_Color) = 4
```

```
sizeof(m_rgb) = 4
sizeof(m_color) = 3
类析构(0, 0, 255)。
共用体析构：颜色 0xff0000 的分量为(0, 0, 255)。
请按任意键继续. . .
```

上面运行结果倒数第 3 行“类析构(0, 0, 255)。”表明，上面第 45 行代码“m_color. ~CP_Color();”确实调用了成员变量 m_color 的析构函数。

4.3 本章小结

共用体进一步增添了 C++语言的灵活性。在 C++语言中，共用体与类都属于复合数据类型。不过，共用体之间的关系远比类之间的关系简单。共用体可以拥有构造函数和析构函数，但没有父子之间的继承关系，因此也没有动态多态性。不过，成员变量共享内存空间比成员变量不共享内存空间相对要复杂一些。因此，通常都建议给共用体编写自定义的构造函数，其中包括拷贝构造函数，从而方便共用体的后续使用与维护。如果共用体含有类型为类的成员变量，则通常建议也给共用体编写自定义的析构函数。

4.4 习　　题

4.4.1 练习题

练习题 4.1　什么是共用体？共用体在有些文献中也称为什么？

练习题 4.2　简述共用体的定义与作用。

练习题 4.3　简述定义共用体的格式。

练习题 4.4　请总结共用体的应用场景及其优点。

练习题 4.5　请总结使用共用体的注意事项。

练习题 4.6　请总结如何计算共用体本身所占用内存空间大小？

练习题 4.7　简述如何在共用体中调用成员变量的构造函数？

练习题 4.8　简述如何在共用体中调用成员变量的析构函数？

练习题 4.9　请采用共用体编写程序，输入双精度浮点数，并输出其在内存中的二进制表示形式。另外，请输出双精度浮点数“非数”在内存中的二进制表示形式。

4.4.2 思考题

练习题 4.10　思考并总结类与共用体的相同点与不同点。

练习题 4.11　请分析并编写程序验证共用体的内存对齐方式。

第 5 章　异 常 处 理

异常（Exception）在有些文献中也称为**例外**。异常是不按正常程序流程处理的情况或事件。例如，除数为 0 的异常和网络中断异常。一方面，**如果程序出现了异常，但没有被捕捉到，则程序就会终止运行**。因此，为了提高程序的健壮性，通常尽量捕捉程序出现的异常，并进行处理。另一方面，**异常处理方法**是一种非常有用的辅助性程序设计方法，为处理程序错误等非常规情况提供了一种统一的模式和快速编程的机制。一旦出现程序错误等非常规情况，都可以人为抛出异常，然后通过异常处理机制将这些非常规情况集中起来统一处理，从而简化程序代码。如果不处理这些非常规情况，则有可能会影响程序的健壮性或友好性。如果采用常规的程序设计方法来处理这些非常规情况，则有可能是一个非常烦琐的工作，通常需要大量的选择分支语句，程序结构通常也会变得非常复杂，而且不可避免会出现大量重复的代码。异常处理方法是一种非常有用的解决方案。

5.1　异常的抛出与捕捉

这里首先介绍**try-catch 语句，其代码格式**如下：

```
try
   try 语句块
catch(数据类型 变量名1)
   catch 语句块
catch(数据类型 变量名2)
   catch 语句块
… …
catch(数据类型 变量名n)
   catch 语句块 // try/catch 结构结束
```

这种 try-catch 语句，也称为**try-catch 结构**。在 try-catch 语句中，必须含有由关键字 try 和 try 语句块组成的**try 分支**。在 try 语句块中可以含有会抛出异常的语句，也可以不含任何会抛出异常的语句。在 try-catch 语句中，每个关键字 catch 引导一个**catch 分支**，用来捕捉异常。紧跟在关键字 catch 和左括号之后的数据类型称为该 catch 分支**捕捉的数据类型**，在这之后的变量名称该 catch 分支**捕捉的形式参数变量名**。

> ⚐注意事项⚐：
>
> **每条 try-catch 语句必须至少含有一个 catch 分支**。

> ❀小甜点❀：
>
> （1）如果某条语句会抛出异常，则只有将该语句嵌在 try 语句块中，才有可能被捕捉。

> （2）对于每个 catch 分支“catch(*数据类型 变量名*) catch 语句块”，如果 catch 语句块没有用到该 catch 分支捕捉的形式参数变量，则**可以省略这个形式参数的变量名**，即这时，“catch(数据类型 变量名)”可以省略为“catch(*数据类型*)”。

在 try-catch 语句中，**最后一个 catch 分支**，还可以写成：

```
catch(...)
    catch 语句块
```

其中在第 1 行“catch(...)”中的 3 个点是 3 个英文句点。这种 catch 分支可以捕捉任何允许由 try-catch 语句捕捉的异常。

显式抛出异常的语句的代码格式如下：

```
throw 表达式;
```

对于嵌入在 catch 分支中的语句，还允许如下代码格式的**重新抛出异常语句**：

```
throw;
```

该语句抛出的异常的值等于该 catch 分支捕捉到的异常的值。

这里介绍**捕捉异常的过程**。一旦出现抛出异常的语句，程序执行的过程如下：

（1）查找该语句所在的**最内层的 try 分支**。

（2）如果没有找到嵌入的 try 分支，则调用系统函数 terminate()，并**终止程序运行**。

（3）如果找到最内层的 try 分支，则用该**异常表达式的数据类型**从上到下依次去匹配该 try 分支所在的 try-catch 结构的各个 catch 分支捕捉的数据类型。

（4）如果在步骤（3）中匹配成功，则表示该**异常被捕捉**或者称为该**异常被处理**，并按下面的分式执行：

（4.1）中止执行在 try 分支中的后续语句，并执行该 catch 分支的程序代码，其中该 catch 分支捕捉的参数值等于该异常的表达式的值。不过，在进入该 catch 分支之前，会执行各种必要的操作，例如，回收局部变量的内存并进行必要的函数栈退栈操作。

（4.2）如果该 catch 分支不抛出异常，则在执行该 catch 分支之后，不会执行该 try-catch 结构的其他 catch 分支，同时将按照正常的程序执行顺序继续执行在该 try-catch 结构之后的语句。**至此，异常处理完毕**。

（4.3）如果该 catch 分支还会继续抛出异常，则查找当前 try-catch 结构所嵌入的最内层的 try 分支，继续按步骤（2）或步骤（5）执行。

（5）如果在步骤（3）中匹配不成功，则查找当前 try-catch 结构所嵌入的最内层的 try 分支。然后，根据实际情况，继续按步骤（2）或步骤（5）执行。

在上面捕捉异常的执行过程中，步骤（2）和步骤（4.2）都是过程的结束步骤，其中步骤（2）是由于无法捕捉到异常而结束，步骤（4.2）是由于捕捉到异常并且正常处理了异常而结束。如果在步骤（4.2）中该 catch 分支会抛出异常，则会继续按照上面的捕捉异常过程执行，如步骤（4.3）所示。不过，在这时，原来的异常已经被处理，需要处理的是从该 catch 分支抛出的异常。

下面通过 4 个例程来说明异常的抛出与捕捉。

例程 5-1　抛出并捕捉整数异常的例程。

例程功能描述：展示 try-catch 语句，由 try 分支抛出异常，并由 catch 分支捕捉。在本例程中，**异常表达式的数据类型是基本数据类型** int，异常表达式的值是 0。

例程解题思路：例程代码由源文件“CP_ExceptionIntMain.cpp”组成，代码如下。

// 文件名：CP_ExceptionIntMain.cpp；开发者：雍俊海　　行号

```
1  #include <iostream>
2  using namespace std;
3
4  int main(int argc, char* args[])
5  {
6     try
7     {
8        throw 0;
9     }
10    catch (int i)
11    {
12       cout << "捕捉到异常" << i << "。" << endl;
13    } // try/catch 结构结束
14    system("pause"); // 暂停住控制台窗口
15    return 0; // 返回 0 表明程序运行成功
16 } // main 函数结束
```

可以对上面的代码进行编译、链接和运行。下面给出一个运行结果示例。

```
捕捉到异常 0。
请按任意键继续. . .
```

例程分析：当运行程序到第 8 行代码时，抛出值为 0 的异常。这时，就会中止 try 分支后续代码的运行，而用异常表达式的数据类型 int 去匹配 catch 分支捕捉的数据类型。发现在第 10 行代码处，catch 分支捕捉的数据类型正好就是 int。因此，这时程序会进入这个 catch 分支，表明该异常被捕捉到并且被处理。在执行完在该 catch 分支中语句之后，程序将按正常的顺序执行，执行在该 try-catch 语句之后的语句。

例程 5-2　重新抛出整数异常的例程。

例程功能描述：展示 try-catch 语句，在 catch 分支中重新抛出捕捉到的异常。

例程解题思路：例程代码由 3 个源程序代码文件“CP_ExceptionRethrow.h”“CP_ExceptionRethrow.cpp”和“CP_ExceptionRethrowMain.cpp”组成，具体的程序代码如下。

// 文件名：CP_ExceptionRethrow.h；开发者：雍俊海　　行号

```
#ifndef CP_EXCEPTIONRETHROW_H
#define CP_EXCEPTIONRETHROW_H

extern void gb_testRethrow();
extern void gb_testThrow();
```

```
#endif                                                          // 6
```

```
// 文件名: CP_ExceptionRethrow.cpp; 开发者: 雍俊海                  行号
#include <iostream>                                             // 1
using namespace std;                                            // 2
                                                                // 3
void gb_testRethrow()                                           // 4
{                                                               // 5
    try                                                         // 6
    {                                                           // 7
        throw 100;                                              // 8
    }                                                           // 9
    catch (int i)                                               // 10
    {                                                           // 11
        cout << "捕捉并重新抛出异常" << i << "。" << endl;          // 12
        throw;                                                  // 13
    } // try/catch 结构结束                                      // 14
} // 函数 gb_testRethrow 定义结束                                 // 15
                                                                // 16
void gb_testThrow()                                             // 17
{                                                               // 18
    try                                                         // 19
    {                                                           // 20
        gb_testRethrow();                                       // 21
    }                                                           // 22
    catch (int i)                                               // 23
    {                                                           // 24
        cout << "捕捉并处理异常" << i << "。" << endl;              // 25
    } // try/catch 结构结束                                      // 26
} // 函数 gb_testThrow 定义结束                                   // 27
```

```
// 文件名: CP_ExceptionRethrowMain.cpp; 开发者: 雍俊海              行号
#include <iostream>                                             // 1
using namespace std;                                            // 2
#include "CP_ExceptionRethrow.h"                                // 3
                                                                // 4
int main(int argc, char* args[])                                // 5
{                                                               // 6
    gb_testThrow();                                             // 7
    system("pause"); // 暂停住控制台窗口                           // 8
    return 0; // 返回 0 表明程序运行成功                            // 9
} // main 函数结束                                                // 10
```

可以对上面的代码进行编译、链接和运行。下面给出一个运行结果示例。

```
捕捉并重新抛出异常 100。
捕捉并处理异常 100。
请按任意键继续. . .
```

例程分析：在本例程的源文件“CP_ExceptionRethrow.cpp”中，第 8 行代码抛出的异常将被位于第 10 行代码处的 catch 分支捕捉到。该异常的值等于 100。第 13 行的代码“throw;”重新抛出异常，但没有注明异常的值。这表明重新抛出的异常的值等于第 10 行 catch 分支捕捉到的异常的值，即等于 100。这时，会中止第 13 行之后的代码的运行，并查找第 13 行语句所在的最内层的 try 分支，即位于第 19～22 行代码处的 try 分支。因为重新抛出的异常的数据类型与位于第 23 行的 catch 分支捕捉的数据类型正好匹配，所以程序会进入这个 catch 分支，从而捕捉并处理这个重新抛出的异常。在执行完这个 catch 分支之后，程序将按正常的顺序执行，执行在第 19～26 行 try-catch 语句之后的语句。

例程 5-3　通过异常处理获取录取的学生和优等生人数。

例程功能描述：输入一系列考生的分数。要求考生的分数只能是整数。如果输入的分数大于或等于 90，则不仅将该考生录取为学生，而且将该考生录取为尖子生。如果输入的分数大于或等于 60，则将该考生录取为学生。如果输入的分数小于 60，则不录取。如果输入的是负数，则表明输入完毕。这时，输出录取的学生总数和其中的尖子生总数。要求本例程采用异常处理实现，而且要求**异常表达式的数据类型是类**。

例程解题思路：定义类 CP_ExceptionStudentStatistics，它拥有静态成员变量 m_numberPass 和 m_numberTop，分别用来记录录取的学生数和尖子生数。定义学生类 CP_ExceptionStudent，它拥有成员函数 mb_accept，用于录用单个学生。定义类 CP_ExceptionStudent 的子类，即尖子生类 CP_ExceptionStudentTop，它也拥有成员函数 mb_accept，用于录用单个尖子生。本例程采用异常处理的方式统计学生录取情况。如果输入的考生分数大于或等于 90，则抛出尖子生类的实例对象；对于其他大于或等于 60 的分数，则抛出学生类的实例对象。然后，通过异常捕捉统计人数。

例程代码由 3 个源程序代码文件“CP_ExceptionStudent.h”“CP_ExceptionStudent.cpp”和“CP_ExceptionStudentMain.cpp”组成，具体的程序代码如下。

// 文件名：**CP_ExceptionStudent.h**；开发者：雍俊海	行号

```
#ifndef CP_EXCEPTIONSTUDENT_H
#define CP_EXCEPTIONSTUDENT_H

class CP_ExceptionStudentStatistics
{
public:
   static int m_numberPass;
   static int m_numberTop;
}; // 类 CP_ExceptionStudentStatistics 定义结束

class CP_ExceptionStudent
{
public:
   virtual void mb_accept();
}; // 类 CP_ExceptionStudent 定义结束

class CP_ExceptionStudentTop : public CP_ExceptionStudent
{
```

```
public:
    virtual void mb_accept();
}; // 类 CP_ExceptionStudentTop 定义结束

extern void gb_studentStatistics(int score);
extern void gb_testStudentStatistics();
#endif
```

// 文件名：CP_ExceptionStudent.cpp；开发者：雍俊海　　行号

```
#include <iostream>
using namespace std;
#include "CP_ExceptionStudent.h"

int CP_ExceptionStudentStatistics::m_numberPass = 0;
int CP_ExceptionStudentStatistics::m_numberTop = 0;

void CP_ExceptionStudent::mb_accept()
{
    CP_ExceptionStudentStatistics::m_numberPass++;
    cout << "录取到 1 个学生。" << endl;
} // 类 CP_ExceptionStudent 的成员函数 mb_accept 定义结束

void CP_ExceptionStudentTop::mb_accept()
{
    CP_ExceptionStudentStatistics::m_numberPass++;
    CP_ExceptionStudentStatistics::m_numberTop++;
    cout << "录取到 1 个尖子生。" << endl;
} // 类 CP_ExceptionStudentTop 的成员函数 mb_accept 定义结束

void gb_studentStatistics(int score)
{
    CP_ExceptionStudent s;
    CP_ExceptionStudentTop t;
    try
    {
        if (score >= 90)
            throw t;
        if (score >= 60)
            throw s;
    }
    catch (CP_ExceptionStudentTop te)
    {
        te.mb_accept();
    }
    catch (CP_ExceptionStudent se)
    {
        se.mb_accept();
```

```
39    } // try/catch 结构结束
40 } // 函数 gb_studentStatistics 定义结束
41
42 void gb_testStudentStatistics( )
43 {
44    int score;
45    do
46    {
47       cout << "请输入学生分数：";
48       score = -1;
49       cin >> score;
50       if (score >= 0)
51          gb_studentStatistics(score);
52    } while (score >= 0);
53    cout << "录取到" << CP_ExceptionStudentStatistics::m_numberPass;
54    cout << "个学生，其中共有";
55    cout << CP_ExceptionStudentStatistics::m_numberTop;
56    cout << "个尖子生。" << endl;
57 } // 函数 gb_testStudentStatistics 定义结束
```

// 文件名：**CP_ExceptionStudentMain.cpp**；开发者：雍俊海	行号

```
#include <iostream>
using namespace std;
#include "CP_ExceptionStudent.h"

int main(int argc, char* args[])
{
   gb_testStudentStatistics();
   system("pause"); // 暂停住控制台窗口
   return 0; // 返回 0 表明程序运行成功
} // main 函数结束
```

例程分析：如源文件“CP_ExceptionStudent.cpp”第 21～40 行代码的全局函数 gb_studentStatistics 所示，如果输入的考生分数大于或等于 90，则抛出尖子生类 CP_ExceptionStudentTop 的实例对象 t；对于其他大于或等于 60 的分数，则抛出学生类 CP_ExceptionStudent 的实例对象 s。这里需要注意尖子生类是学生类的子类。

> **注意事项**：
>
> **捕捉父类异常的 catch 分支可以捕捉到子类异常的实例对象**。因此，捕捉子类异常的 catch 分支必须先出现，捕捉父类异常的 catch 分支必须后出现。如果捕捉父类异常的 catch 分支先出现，则后出现的捕捉子类异常的 catch 分支将不会起作用。

因此，这里的 catch 分支的顺序只能是捕捉尖子生类的异常先出现，如第 32～35 行代码所示；捕捉学生类的异常后出现，如第 36～39 行代码所示。如果将第 32～35 行代码与第 36～39 行代码对换先后顺序，则在编译时将出现如下编译警告：

> "CP_ExceptionStudent.cpp"第 36 行出现警告 C4286："CP_ExceptionStudentTop"的实例对象将由第 32 行捕捉父类（"CP_ExceptionStudent"）的 catch 分支捕获。

下面给出对于相同的输入在对换 2 个 catch 分支前后顺序的对照结果示例。

catch 分支在正常顺序时的运行结果	**在对换 2 个 catch 分支之后的运行结果**
请输入学生分数：*100↙*	请输入学生分数：*100↙*
录取到 1 个尖子生。	录取到 1 个学生。
请输入学生分数：*90↙*	请输入学生分数：*90↙*
录取到 1 个尖子生。	录取到 1 个学生。
请输入学生分数：*80↙*	请输入学生分数：*80↙*
录取到 1 个学生。	录取到 1 个学生。
请输入学生分数：*60↙*	请输入学生分数：*60↙*
录取到 1 个学生。	录取到 1 个学生。
请输入学生分数：*50↙*	请输入学生分数：*50↙*
请输入学生分数：*40↙*	请输入学生分数：*40↙*
请输入学生分数：*-1↙*	请输入学生分数：*-1↙*
录取到 4 个学生，其中共有 2 个尖子生。	录取到 4 个学生，其中共有 0 个尖子生。
请按任意键继续. . .	请按任意键继续. . .

根据右侧的运行结果，可以推断出尖子生类的异常和学生类的异常都被捕捉学生类异常的 catch 分支捕获。因此，右侧运行结果无法录取到尖子生。

说明：

本例程的主要目的是用来展示如何自定义异常类、抛出和捕捉异常实例对象以及如何处理异常父类和异常子类之间的关系。本例程采用异常处理来统计人数的方法并**不是常规的程序设计方法**。常规的程序方法通常是不采用异常处理而采用条件语句直接进行人数统计。与常规的采用条件语句直接进行人数统计的方法相比，这种采用异常处理的方法的程序运行效率通常会低很多。

例程 5-4　捕捉内存申请失败异常的例程。

例程功能描述：本例程展示在调用系统定义的运算符时也可能抛出异常。本例程捕捉 new 运算符抛出的异常。

例程解题思路：例程代码由源文件"CP_ExceptionMemoryMain.cpp"组成，具体的程序代码如下。

```
// 文件名：CP_ExceptionMemoryMain.cpp；开发者：雍俊海
#include <iostream>
using namespace std;

int main(int argc, char* args[])
{
   int n = -1;
```

```
   char * p = nullptr;                                          // 7
   try                                                          // 8
   {                                                            // 9
      p = new char[n];                                          // 10
      delete [] p;                                              // 11
   }                                                            // 12
   catch (...)                                                  // 13
   {                                                            // 14
      cout << "捕捉到异常..." << endl;                          // 15
   } // try/catch 结构结束                                      // 16
   system("pause"); // 暂停住控制台窗口                         // 17
   return 0; // 返回 0 表明程序运行成功                         // 18
} // main 函数结束                                              // 19
```

可以对上面的代码进行编译、链接和运行。下面给出一个运行结果示例。

```
捕捉到异常...
请按任意键继续. . .
```

例程分析：在本例程中，因为 n = −1，如第 6 行代码所示，所以第 10 行代码“p = new char[n];”无法成功申请到内存，结果会抛出异常。第 13 行代码“catch (...)”可以捕捉到该异常，结果运行第 15 行代码“cout << "捕捉到异常..." << endl;”，输出“捕捉到异常...↙”。

当通过运算符 new 无法成功申请到内存时，抛出的异常的数据类型是类 bad_alloc 或者类 bad_array_new_length。在本例程中，抛出的异常的数据类型是类 bad_array_new_length，其中类 bad_array_new_length 是类 bad_alloc 的直接子类，同时类 bad_alloc 是类 exception 的直接子类。通过这 3 个类都可以调用成员函数 what( )。

函数 7　exception:: what	
声明：	`const char* what() const;`
说明：	返回异常所对应的字符串。C++标准并且规定该字符串的内容。因此，该字符串的内容在不同的编译器下有可能会有所不同。
返回值：	异常所对应的字符串。
头文件：	`#include <iostream>`

因此，本例程的第 13～16 行代码也可以修改为：

```
   catch (bad_array_new_length &e)                              // 13
   {                                                            // 14
      cout << e.what() << endl;                                 // 15
   } // try/catch 结构结束                                      // 16
```

其中第 13 行代码也可以改为：

```
   catch (bad_alloc &e)                                         // 13
```

或者

```
   catch (exception &e)                                         // 13
```

下面给出在修改代码之后的一个运行结果示例。上面 3 种修改方式的运行结果通常是一样的。不过，在不同的 C++语言支撑平台下，有可能会产生不同的运行结果。

```
bad array new length
请按任意键继续. . .
```

> **注意事项**：
> 如果通过运算符 new 无法成功申请到内存，**由于抛出异常的原因**，本例程第 10 行代码“p = new char[n];”的**赋值运算将不会被执行**。因此，为了保证指针 p 的值的有效性，**通常在申请内存之前，将指针 p 的值赋值为 nullptr**，如第 7 行代码“char * p = nullptr;”所示。

如果**不希望在本例程中的 new 运算符抛出异常**，可以将第 10 行代码修改为：

```
    p = new (nothrow) char[n];
```

即**用“new (nothrow)”代替“new”**。这样，当通过运算符 new 无法成功申请到内存时，上面的代码不会抛出异常，同时指针 p 的值通常将被赋值为 nullptr。

例程 5-5　无法捕捉在整数除法中除数为 0 的异常。

例程功能描述：本例程展示了 2 种场景：① **在 try 分支中没有抛出异常的场景**，② **在 try 分支中抛出的异常无法被捕捉的场景**。本例程的整体功能是接收 2 个整数的输入，然后输出这 2 个整数进行整数除法运算的结果以及除法表达式。

例程解题思路：直接按照功能要求编写程序。当除数不为 0 时，除法运算不会抛出异常。当除数为 0 时，除法运算会抛出异常，然而这个异常却无法 catch 分支捕捉。例程代码由 3 个源程序代码文件“CP_ExceptionDivide.h”“CP_ExceptionDivide.cpp”和“CP_ExceptionDivideMain.cpp”组成，具体的程序代码如下。

// 文件名：**CP_ExceptionDivide.h**；开发者：雍俊海

```
#ifndef CP_EXCEPTIONDIVIDE_H
#define CP_EXCEPTIONDIVIDE_H

extern int gb_divide(int dividend, int divisor);
extern void gb_testDivide();
#endif
```

// 文件名：**CP_ExceptionDivide.cpp**；开发者：雍俊海

```
#include <iostream>
using namespace std;

int gb_divide(int dividend, int divisor)
{
   int r = dividend / divisor;
   return r;
} // 函数 gb_divide 定义结束

void gb_testDivide()
```

```
11 {
12    int d = 0;
13    int s = 0;
14    int r = 0;
15    try
16    {
17       cout << "请输入类型为整数的被除数和除数:";
18       cin >> d >> s;
19       r = gb_divide(d, s);
20       cout << r << " = " << d << "/" << s << "。" << endl;
21    }
22    catch (...)
23    {
24       cout << "捕捉到异常。" << endl;
25    } // try/catch 结构结束
26 } // 函数 gb_testDivide 定义结束
```

// 文件名：CP_ExceptionDivideMain.cpp；开发者：雍俊海　　行号

```
#include <iostream>
using namespace std;
#include "CP_ExceptionDivide.h"

int main(int argc, char* args[])
{
   gb_testDivide();
   system("pause"); // 暂停住控制台窗口
   return 0; // 返回 0 表明程序运行成功
} // main 函数结束
```

例程分析：在源文件“CP_ExceptionDivide.cpp”的函数 gb_testDivide 中，如果除数 s 不为 0，则位于第 15～21 行代码的 try 分支不会抛出异常。下面给出在这种情况下的一个运行结果示例。

```
请输入类型为整数的被除数和除数:100 21↙
4 = 100/21。
请按任意键继续. . .
```

> **❀小甜点❀**：
>
> 这个运行结果表明如果 try-catch 语句的 **try 分支不抛出异常**，则程序在执行完 try 分支的各条语句之后，**不会执行位于该 try-catch 语句的 catch 分支中的语句**。

在源文件“CP_ExceptionDivide.cpp”的函数 gb_testDivide 中，如果除数 s 等于 0，则位于第 15～21 行代码的 try 分支会抛出异常。下面给出在这种情况下的一个运行结果示例。

```
请输入类型为整数的被除数和除数:1 0↙
```

对于输入 1 和 0，当程序运行到源文件“CP_ExceptionDivide.cpp”第 6 行时，表达式“dividend

/ divisor”的除数为 0。因此，这时会抛出异常。然而，这个异常通常无法被起始于第 22 行的 catch 分支捕捉到，虽然这种 catch 分支可以捕捉任何允许由 try-catch 语句捕捉的异常。换句话说，对于整数除法，除数为 0 的异常无法通过 try-catch 语句捕捉。因此，当程序运行到第 6 行时，程序会中止剩余程序代码的运行，并调用系统函数 terminate，从而非正常退出程序的运行。在这期间，也有可能会弹出类似于如图 5-1 所示的对话框，**该对话框指出了异常发生的程序位置和原因**。

> **编程规范**：
>
> **如果在程序中存在没有处理的异常**，则会立即中止程序的正常运行，并**调用系统函数 terminate**，从而结束程序的运行。这种退出程序的方式也称为**程序非正常退出**。

函数 terminate 的具体说明如下。

函数名：	函数 8　terminate
声明：	void terminate( );
说明：	中止程序的运行，并退出。调用函数 terminate 还有可能会弹出类似于如图 5-1 所示的对话框。不过，是否会弹出对话框取决于具体的 C++语言支撑平台及其设置。
头文件：	<iostream>　　// 程序代码：#include <iostream>

图 5-1　程序在出现异常时的非正常退出对话框

5.2　浅拷贝和深拷贝

浅拷贝和深拷贝是在实现拷贝构造函数时对非静态指针成员变量的 2 种不同处理方式。它们是位于第 3.1.5 小节中的**拷贝构造函数**以及位于第 2.2.8 小节中的**指针用法**的补充，同时也为下一节讲解如何在异常处理中避免出现内存泄漏奠定基础。

5.2.1　浅拷贝

浅拷贝指的是在拷贝构造函数中将作为函数参数的实例对象的各个成员变量的值直接赋值给当前正在构造的实例对象的成员变量。默认的拷贝构造函数执行的实际上就是浅拷贝。**除了涉及指针类型的成员变量之外，基本上可以采用浅拷贝这种方式来编写类的拷贝构造函数**。当类的成员变量是指针类型并且涉及动态申请内存时，浅拷贝的方式就有可能出现问题。下面给出一个会引发内存释放困局的浅拷贝例程。

例程 5-6　由浅拷贝引发的内存释放困局例程。

例程功能描述：设计动态数组的包装类 CP_ArrayCopyShallow，其中指针类型的成员变量 m_data 指向内存申请得到的动态数组，int 类型的成员变量 m_size 保存动态数组的长度。类 CP_ArrayCopyShallow 拷贝构造函数采用浅拷贝的方式。在本例程中，首先创建类 CP_ArrayCopyShallow 的实例对象 a，然后通过拷贝构造的方式创建另一个实例对象 b。本例程将分析采用这种浅拷贝的方式引发的问题。

例程解题思路：首先按照例程要求创建类 CP_ArrayCopyShallow，并添加自定义的构造函数与析构函数，以及用来输出类 CP_ArrayCopyShallow 的各个成员变量的值的成员函数 mb_show。本例程将分析在析构函数中是否需要释放成员变量 m_data 指向的动态数组。

例程代码由 3 个源程序代码文件"CP_ArrayCopyShallow.h""CP_ArrayCopyShallow.cpp"和"CP_ArrayCopyShallowMain.cpp"组成，具体的程序代码如下。

```
// 文件名：CP_ArrayCopyShallow.h；开发者：雍俊海
#ifndef CP_ARRAYCOPYSHALLOW_H
#define CP_ARRAYCOPYSHALLOW_H

class CP_ArrayCopyShallow
{
public:
   CP_ArrayCopyShallow(int n = 0);
   CP_ArrayCopyShallow(const CP_ArrayCopyShallow& a);
   ~CP_ArrayCopyShallow();
   void mb_show(const char *t) const;
private:
   int* m_data;
   int m_size;
}; // 类CP_ArrayCopyShallow定义结束

extern void gb_test();
#endif
```

```
// 文件名：CP_ArrayCopyShallow.cpp；开发者：雍俊海
#include <iostream>
using namespace std;
#include "CP_ArrayCopyShallow.h"

CP_ArrayCopyShallow::CP_ArrayCopyShallow(int n)
{
   if (n <= 0)
   {
      m_data = nullptr;
      m_size = 0;
      return;
   } // if结束
   m_data = new(nothrow) int[n];
   if (nullptr == m_data)
   {
      cout << "没有成功申请到" << n << "个元素的内存。" << endl;
```

```
        m_size = 0;
        return;
    } // if 结束
    m_size = n;
} // CP_ArrayCopyShallow 构造函数定义结束

CP_ArrayCopyShallow::CP_ArrayCopyShallow(const CP_ArrayCopyShallow& a)
{
    m_data = a.m_data;
    m_size = a.m_size;
} // CP_ArrayCopyShallow 构造函数定义结束

CP_ArrayCopyShallow::~CP_ArrayCopyShallow()
{
    mb_show("是否应被释放?\n");
    // delete [] m_data;
} // CP_ArrayCopyShallow 析构函数定义结束

void CP_ArrayCopyShallow::mb_show(const char *t) const
{
    cout << "大小为" << m_size << "的内存[" << m_data << "]" << t;
} // CP_ArrayCopyShallow 的成员函数 mb_show 定义结束

void gb_test()
{
    CP_ArrayCopyShallow a(100);
    CP_ArrayCopyShallow b(a);
    a.mb_show(": a。\n");
    b.mb_show(": b。\n");
} // 函数 gb_test 定义结束
```

// 文件名：CP_ArrayCopyShallowMain.cpp；开发者：雍俊海

```
#include <iostream>
using namespace std;
#include "CP_ArrayCopyShallow.h"

int main(int argc, char* args[])
{
    try
    {
        gb_test();
    }
    catch (...)
    {
        cout << "捕捉到异常。" << endl;
    } // try/catch 结构结束
    system("pause"); // 暂停住控制台窗口
```

```
    return 0; // 返回 0 表明程序运行成功                    // 16
} // main 函数结束                                          // 17
```

可以对上面的代码进行编译、链接和运行。下面给出一个运行结果示例。

```
大小为 100 的内存[011C0908]: a。
大小为 100 的内存[011C0908]: b。
大小为 100 的内存[011C0908]是否应被释放?
大小为 100 的内存[011C0908]是否应被释放?
请按任意键继续. . .
```

例程分析：源文件“CP_ArrayCopyShallow.cpp”第 5～21 行代码定义了类 CP_ArrayCopyShallow 的构造函数。其中第 7～12 行代码确保即使在输入参数 n 有可能不合法的前提条件下，成员变量 m_data 和 m_size 仍然是在有效的数据范围之内。为了确保在构造函数中不存在没有处理的异常，第 13 行代码采用不会抛出异常的“new(nothrow)”方式申请分配动态数组。

源文件“CP_ArrayCopyShallow.cpp”第 23～27 行代码定义了类 CP_ArrayCopyShallow 的拷贝构造函数。该拷贝构造函数直接把参数 a 的成员变量 m_data 和 m_size 的值分别赋值给当前正在构造的实例对象的相应成员变量。**这就是浅拷贝**。

在本例程中，这种浅拷贝给编写类 CP_ArrayCopyShallow 的析构函数带来了困难。如源文件“CP_ArrayCopyShallow.cpp”第 42 行代码所示，语句“CP_ArrayCopyShallow a(100);”创建了实例对象 a；第 43 行代码“CP_ArrayCopyShallow b(a);”通过拷贝构造函数创建了实例对象 b，其中 a.m_data 和 b.m_data 拥有相同的值，指向同一个动态数组。**这样存在如下两难困局**。

（1）如源文件“CP_ArrayCopyShallow.cpp”第 32 行代码所示，如果在类 CP_ArrayCopyShallow 的析构函数中没有语句用来释放 m_data 指向的内存，则**将引发内存泄漏的问题**。

（2）如果在源文件“CP_ArrayCopyShallow.cpp”第 32 行代码处添加语句“delete [] m_data;”，用来释放 m_data 指向的内存，则在本例程中，将分别通过实例对象 a 和 b 重复释放同一块内存，因为 a.m_data 和 b.m_data 指向相同的内存。这时，将会抛出重复释放内存空间的异常。在源文件“CP_ArrayCopyShallowMain.cpp”的主函数中采用 try-catch 语句试图捕捉各种异常；然而，**这种重复释放内存空间的异常是无法通过 try-catch 语句捕捉到的**。

本例程实现的拷贝构造函数的功能实现上与默认的拷贝构造函数完全相同。因此，如果删除源文件“CP_ArrayCopyShallow.cpp”第 23～27 行代码对类 CP_ArrayCopyShallow 的拷贝构造函数的定义以及头文件“CP_ArrayCopyShallow.h”第 8 行代码“CP_ArrayCopyShallow (const CP_ArrayCopyShallow& a);”，则这时由于没有自定义的拷贝构造函数从而导致编译器自动生成一个默认的拷贝构造函数。在删除这些代码之后，程序仍然可以通过编译和链接，而且除了分配得到的内存空间有可能会有所不同之外，运行结果基本上也不会发生变化。**请注意这时同样引发了内存泄漏的问题**。因此，默认的拷贝构造函数采用的也是浅拷贝的方式。

5.2.2　深拷贝

深拷贝指的是在拷贝构造函数中对指针类型成员变量进行复制时，采取重新申请分配内存空间的策略，从而使得在当前的实例对象与被复制的实例对象中，2 个对应的指针类型成员变量分别指向不同的内存空间。这样，这 2 个实例对象就可以分别独立管理各自的指针类型成员变量所指向的内存空间，从而避开浅拷贝所引发的内存释放困局。下面给出具体的例程。

例程 5-7　无内存释放困局的深拷贝例程。

例程功能描述：设计动态数组的包装类 CP_ArrayCopyDeep，其中指针类型的成员变量 m_data 指向内存申请得到的动态数组，int 类型的成员变量 m_size 保存动态数组的长度。类 CP_ArrayCopyDeep 拷贝构造函数采用深拷贝的方式。在本例程中，首先创建类 CP_ArrayCopyDeep 的实例对象 a，然后通过拷贝构造的方式创建另一个实例对象 b。本例程将展示实例对象 a 和 b 可以分别独立地释放 a.m_data 和 b.m_data 指向的内存空间。

例程解题思路：例程代码由 3 个源程序代码文件“CP_ArrayCopyDeep.h”“CP_ArrayCopyDeep.cpp”和“CP_ArrayCopyDeepMain.cpp”组成，具体的程序代码如下。

// 文件名：CP_ArrayCopyDeep.h；开发者：雍俊海

```
#ifndef CP_ARRAYCOPYDEEP_H
#define CP_ARRAYCOPYDEEP_H

class CP_ArrayCopyDeep
{
public:
    CP_ArrayCopyDeep(int n = 0);
    CP_ArrayCopyDeep(const CP_ArrayCopyDeep& a);
    ~CP_ArrayCopyDeep();
    void mb_allocate(int n);
    void mb_init( );
    void mb_show(const char *t) const;
private:
    int* m_data;
    int m_size;
}; // 类CP_ArrayCopyDeep定义结束

extern void gb_test();
#endif
```

// 文件名：CP_ArrayCopyDeep.cpp；开发者：雍俊海

```
#include <iostream>
using namespace std;
#include "CP_ArrayCopyDeep.h"

CP_ArrayCopyDeep::CP_ArrayCopyDeep(int n):m_data(nullptr),m_size(0)
{
    mb_allocate(n);
```

```
} // CP_ArrayCopyDeep 构造函数定义结束

CP_ArrayCopyDeep::CP_ArrayCopyDeep(const CP_ArrayCopyDeep& a)
   : m_data(nullptr), m_size(0)
{
   mb_allocate(a.m_size);
   int i;
   for (i=0; i<m_size; i++)
      m_data[i] = a.m_data[i];
} // CP_ArrayCopyDeep 构造函数定义结束

CP_ArrayCopyDeep::~CP_ArrayCopyDeep()
{
   mb_show("被释放。");
   delete[] m_data;
} // CP_ArrayCopyDeep 析构函数定义结束

void CP_ArrayCopyDeep::mb_init()
{
   int i;
   for (i = 0; i < m_size; i++)
      m_data[i] = i;
} // CP_ArrayCopyDeep 的函数 mb_init 定义结束

void CP_ArrayCopyDeep::mb_allocate(int n)
{
   if (n == m_size)
      return;
   if (m_data != nullptr)
   {
      mb_show("被释放。");
      delete[] m_data; // 释放原先获取到的内存空间。
   } // if 结束
   if (n <= 0)
   {
      m_data = nullptr;
      m_size = 0;
      return;
   } // if 结束
   m_data = new(nothrow) int[n];
   if (nullptr == m_data)
   {
      cout << "没有成功申请到" << n << "个元素的内存。" << endl;
      m_size = 0;
      return;
   } // if 结束
   m_size = n;
```

```
} // CP_ArrayCopyDeep 的函数 mb_allocate 定义结束                        // 55
                                                                          // 56
void CP_ArrayCopyDeep::mb_show(const char *t) const                       // 57
{                                                                         // 58
    cout<<"大小为"<< m_size << "的内存[" << m_data << "]" << t <<endl;   // 59
    int i;                                                                // 60
    for (i = 0; i<m_size; i++)                                            // 61
        cout << m_data[i] << ", ";                                        // 62
    cout << endl;                                                         // 63
} // CP_ArrayCopyDeep 的函数 mb_show 定义结束                             // 64
                                                                          // 65
void gb_test()                                                            // 66
{                                                                         // 67
    CP_ArrayCopyDeep a(5);                                                // 68
    a.mb_init();                                                          // 69
    CP_ArrayCopyDeep b = a;                                               // 70
    a.mb_show(": a。");                                                   // 71
    b.mb_show(": b。");                                                   // 72
} // 函数 gb_test 定义结束                                                // 73
```

// 文件名：CP_ArrayCopyDeepMain.cpp；开发者：雍俊海	行号

```
#include <iostream>
using namespace std;
#include "CP_ArrayCopyDeep.h"

int main(int argc, char* args[])
{
    gb_test();
    system("pause"); // 暂停住控制台窗口
    return 0; // 返回 0 表明程序运行成功
} // main 函数结束
```

可以对上面的代码进行编译、链接和运行。下面给出一个运行结果示例。

```
大小为 5 的内存[00A0B5F8]: a。
0, 1, 2, 3, 4,
大小为 5 的内存[00A06FD8]: b。
0, 1, 2, 3, 4,
大小为 5 的内存[00A06FD8]被释放。
0, 1, 2, 3, 4,
大小为 5 的内存[00A0B5F8]被释放。
0, 1, 2, 3, 4,
请按任意键继续. . .
```

例程分析：如头文件“CP_ArrayCopyDeep.h”第 10 行代码和源文件“CP_ArrayCopyDeep.cpp” 第 32～55 行代码所示，在类 CP_ArrayCopyDeep 中添加了成员函数 mb_allocate，用来给申请分配动态内存，并将分配得到的内存地址赋值给成员变量 m_data。

> **注意事项**：
>
> 如“CP_ArrayCopyDeep.cpp”第 39 行代码所示，**在重新申请分配内存之前，需要先释放原先获取到的内存；否则，有可能会出现内存泄漏的问题**。具体的代码示例如下：
>
> ```
> CP_ArrayCopyDeep a;
> a.mb_allocate(10);
> a.mb_allocate(20); // 这时，需要先释放在上一条语句中获取到的内存
> ```

如源文件“CP_ArrayCopyDeep.cpp”第 5 行和第 10～11 行代码所示，在类 CP_ArrayCopyDeep 的构造函数和拷贝构造函数中，在调用成员函数 mb_allocate 之前，一定要先初始化成员变量 m_data 和 m_size。

源文件“CP_ArrayCopyDeep.cpp”第 10～17 行代码定义了类 CP_ArrayCopyDeep 的拷贝构造函数。该拷贝构造函数并没有将 a.m_data 直接赋值给当前正在构造的实例对象的成员变量 m_data，而是通过成员函数 mb_allocate 为当前正在构造的实例对象重新申请分配内存空间，并将获取到的内存空间的首地址赋值给成员变量 m_data，如第 47 行代码所示。**这就是深拷贝**。

因为类 CP_ArrayCopyDeep 的不同实例对象的成员变量 m_data 分别指向不同的内存空间，所以如第 22 行代码所示，类 CP_ArrayCopyDeep 的析构函数可以释放成员变量 m_data 指向的内存空间，并且**不会引发重复释放内存空间的问题**。运行结果也验证了这一结论。

5.3 避免内存泄漏

因为异常处理有可能会中断正常的程序运行过程，所以**必须特别注意内存泄漏的问题**，或者说 **new 与 delete 配对的问题**。本节将先给出含有内存泄漏的异常处理例程，然后再给出一种避开这种内存泄漏的解决方案。

5.3.1 含有内存泄漏的例程

异常处理是一种统一处理程序意外情况的机制。一旦有异常发生，程序将进入非正常的流程。下面给出在异常处理中出现内存泄漏的例程。

例程 5-8 在异常处理中出现内存泄漏的例程。

例程功能描述：要求展示由于发生异常而导致出现内存泄漏的情况。

例程解题思路：在内存申请与内存释放之间插入会抛出异常的函数调用。并通过输出语句显示展示内存申请与内存释放以及程序流程。例程代码由 3 个源程序代码文件“CP_ExceptionMemoryLeak.h”“CP_ExceptionMemoryLeak.cpp”和“CP_ExceptionMemoryLeakMain.cpp”组成，具体的程序代码如下。

```
// 文件名: CP_ExceptionMemoryLeak.h; 开发者: 雍俊海
#ifndef CP_EXCEPTIONMEMORYLEAK_H
#define CP_EXCEPTIONMEMORYLEAK_H

extern void gb_test();
```

```
#endif
```

// 文件名：**CP_ExceptionMemoryLeak.cpp**；开发者：雍俊海　　行号

```
1  #include <iostream>
2  using namespace std;
3  #include "CP_ExceptionMemoryLeak.h"
4  
5  void gb_throw( )
6  {
7      throw 0;
8  } // 函数 gb_throw 定义结束
9  
10 void gb_test()
11 {
12     try
13     {
14         int * p = new int[100000];
15         cout << "指针 p: 申请内存。" << endl;
16         gb_throw();
17         delete[] p; // 执行不到的语句
18         cout << "指针 p: 释放内存。" << endl;
19     }
20     catch (...)
21     {
22         cout << "有异常发生。" << endl;
23     } // try/catch 结构结束
24 } // 函数 gb_test 定义结束
```

// 文件名：**CP_ExceptionMemoryLeakMain.cpp**；开发者：雍俊海　　行号

```
#include <iostream>
using namespace std;
#include "CP_ExceptionMemoryLeak.h"

int main(int argc, char* args[])
{
    gb_test();
    system("pause"); // 暂停住控制台窗口
    return 0; // 返回 0 表明程序运行成功
} // main 函数结束
```

可以对上面的代码进行编译、链接和运行。下面给出一个运行结果示例。

```
指针 p: 申请内存。
有异常发生。
请按任意键继续. . .
```

例程分析：如源文件“CP_ExceptionMemoryLeak.cpp”第 12～19 行代码的 try 分支所

示，在第 14 行申请内存分配的语句“int * p = new int[100000];”和第 17 行释放内存语句“delete[] p;”之间插入了会抛出异常的函数调用“gb_throw();”。如运行结果所示，在申请内存之后，并没有释放内存，而是进入了 try-catch 语句的 catch 分支，输出“有异常发生。”。一直到程序运行结束，都不会执行位于第 17 行代码处的释放内存语句“delete[] p;”，从而造成内存泄漏。在进行异常处理时，应当避免发生这种情况。

5.3.2 避开内存泄漏的方案

这里给出一种利用面向对象技术的方案，用来解决在异常处理中出现内存泄漏的问题。它利用了程序会自动回收局部变量的内存空间以及在回收类的实例对象的内存之前会自动调用析构函数的性质，自动申请释放动态分配的内存。具体的例程如下。

例程 5-9 在异常处理中避开内存泄漏的例程。

例程功能描述：要求展示在异常处理中避开内存泄漏的解决方案。

例程解题思路：将指针封装到类中，即在类中定义指针类型的成员变量。然后，通过析构函数来自动释放动态分配的内存。例程代码由 3 个源程序代码文件“CP_ExceptionNoLeak.h”“CP_ExceptionNoLeak.cpp”和“CP_ExceptionNoLeakMain.cpp”组成，具体的程序代码如下。

// 文件名：CP_ExceptionNoLeak.h；开发者：雍俊海

```
#ifndef CP_EXCEPTIONNOLEAK_H
#define CP_EXCEPTIONNOLEAK_H

class CP_Array
{
public:
   CP_Array(int n = 0);
   CP_Array(const CP_Array& a);
   ~CP_Array();
   void mb_allocate(int n);
   void mb_copyData(const CP_Array& a);
   int *mb_getData() { return m_data; }
   void mb_initData();
private:
   int* m_data;
   int m_size;
}; // 类CP_Array定义结束

extern void gb_test();
#endif
```

// 文件名：CP_ExceptionNoLeak.cpp；开发者：雍俊海

```
#include <iostream>
using namespace std;
#include "CP_ExceptionNoLeak.h"

```

```
CP_Array::CP_Array(int n) :m_data(nullptr), m_size(0)
{
    mb_allocate(n);
} // CP_Array 构造函数定义结束

CP_Array::CP_Array(const CP_Array& a) : m_data(nullptr), m_size(0)
{
    mb_allocate(a.m_size);
    mb_copyData(a);
} // CP_Array 构造函数定义结束

CP_Array::~CP_Array()
{
    cout << "释放内存[" << m_data << "]。" << endl;
    delete[] m_data;
} // CP_Array 析构函数定义结束

void CP_Array::mb_allocate(int n)
{
    if (n == m_size)
        return;
    if (m_data != nullptr)
    {
        cout << "释放内存[" << m_data << "]。" << endl;
        delete[] m_data; // 释放原先获取到的内存空间
    } // if 结束
    if (n <= 0)
    {
        m_data = nullptr;
        m_size = 0;
        return;
    } // if 结束
    m_data = new(nothrow) int[n];
    if (nullptr == m_data)
    {
        cout << "没有成功申请到" << n << "个元素的内存。" << endl;
        m_size = 0;
        return;
    } // if 结束
    m_size = n;
} // CP_Array 的函数 mb_allocate 定义结束

void CP_Array::mb_copyData(const CP_Array& a)
{
    int n = (a.m_size < m_size ? a.m_size : m_size);
    for (int i = 0; i < n; i++)
        m_data[i] = a.m_data[i];
```

```
} // CP_Array 的函数 mb_copyData 定义结束

void CP_Array::mb_initData()
{
   for (int i = 0; i < m_size; i++)
      m_data[i] = i;
} // CP_Array 的函数 mb_initData 定义结束

void gb_throw()
{
   throw 0;
} // 函数 gb_throw 定义结束

void gb_test()
{
   try
   {
      CP_Array p(100000);
      cout << "申请内存[" << p.mb_getData() << "]。" << endl;
      gb_throw();
   }
   catch (...)
   {
      cout << "有异常发生。" << endl;
   } // try/catch 结构结束
} // 函数 gb_test 定义结束
```

// 文件名：CP_ExceptionNoLeakMain.cpp；开发者：雍俊海

```
#include <iostream>
using namespace std;
#include "CP_ExceptionNoLeak.h"

int main(int argc, char* args[])
{
   gb_test();
   system("pause"); // 暂停住控制台窗口
   return 0; // 返回 0 表明程序运行成功
} // main 函数结束
```

可以对上面的代码进行编译、链接和运行。下面给出一个运行结果示例。

```
申请内存[00BCFDE0]。
释放内存[00BCFDE0]。
有异常发生。
请按任意键继续. . .
```

例程分析：本例程是建立在第 5.2.2 小节深拷贝的基础之中。本例程定义了用来封装指针成员变量 m_data 的类 CP_Array。类 CP_Array 同时拥有成员变量 m_size，用来指示获取到的内存空间大小。为了类定义的完整性，本例程采用深拷贝实现了拷贝构造函数，如头文件 “CP_ExceptionNoLeak.h” 第 8 行代码和源文件“CP_ExceptionNoLeak.cpp”第 10～14 行代码所示。

如源文件“CP_ExceptionNoLeak.cpp”第 67～72 行代码的 try 分支所示，在第 69 行代码处通过语句“CP_Array p(100000);”创建了类 CP_Array 的实例对象 p，并申请了内存分配，同时将获取到的内存地址保存在 p.m_data 之中。第 70 行代码输出申请得到的内存地址。**无论 try 分支是否会抛出异常，在即将结束运行 try 分支时，都会回收局部变量 p 的内存空间**。因为 p 是类 CP_Array 的实例对象，所以在回收 p 的内存空间之前，**都会自动调用 p 的析构函数**，从而调用第 19 行代码“delete[] m_data;”，**释放申请得到的内存空间**，如上面的运行结果所示。

5.4　本 章 小 结

异常处理进一步给程序设计带来了便利，从而可以统一集中处理各种异常情况，简化程序流程框架，提高程序的编写效率与程序健壮性。不过，异常处理有可能会中断正常的程序运行过程。**应当注意异常处理在程序进入非正常的流程时可能引发的问题**。本章给出了一种避免在异常处理中出现内存泄漏的解决方案。同时，本章还讲解了实现拷贝构造函数的浅拷贝和深拷贝 2 种方式，进一步探讨了如何通过程序设计提升程序的健壮性。不过，虽然异常处理使得程序代码的编写变得更简洁，但是异常处理的程序运行过程比较复杂，运行效率相对较低。

5.5　习　　题

5.5.1　练习题

练习题 5.1　什么是异常（Exception）？

练习题 5.2　请总结异常处理的方法。

练习题 5.3　请总结异常处理的作用及其优点。

练习题 5.4　对于 try/catch 语句块，请总结编写 catch 语句块的注意事项。

练习题 5.5　请写出 throw 语句的定义格式，并说明其作用。

练习题 5.6　函数 terminate 的功能是什么?

练习题 5.7　请写出下面程序代码输出的内容。

```
#include <iostream>
using namespace std;

void gb_throw()
{
    throw 0;
```

```
} // 函数 gb_throw 定义结束

void gb_test()
{
    try
    {
        cout << "a";
        gb_throw();
        cout << "b";
    }
    catch (...)
    {
        cout << "c";
        throw;
    } // try/catch 结构结束
    cout << "d";
} // 函数 gb_test 定义结束

int main(int argc, char* args[])
{
    try
    {
        cout << "e";
        gb_test();
        cout << "f";
    }
    catch (int i)
    {
        cout << "g" << i;
    } // try/catch 结构结束
    cout << "h";
    return 0; // 返回 0 表明程序运行成功
} // main 函数结束
```

练习题 5.8 什么是浅拷贝?

练习题 5.9 什么是深拷贝?

练习题 5.10 请比较浅拷贝和深拷贝的相同点与不同点?

练习题 5.11 请简述在异常处理中防止内存泄漏的解决方案的原理。

练习题 5.12 请采用异常处理机制编写程序。要求接收从控制台窗口输入的一行字符串。分析该字符串的格式，检查它是否符合整数的表示格式。如果符合，则转换为相应的整数并在控制台窗口中输出该整数。如果不符合，则分析不符合的具体原因并抛出异常。要求至少分析出 5 种或以上的原因，并对不同的原因，抛出不同的值。最后根据异常处理抛出的不同值，输出对应的采用自然语言描述的原因。

练习题 5.13 请编写计算 2 条直线段交点的函数。要求如果在计算过程中出现数值溢出，则抛出异常。然后，编写测试程序，验证该函数的正确性。

5.5.2　思考题

思考题 5.14　如何通过异常处理检查/发现内存泄漏?

思考题 5.15　如何通过异常处理检查/发现内存越界?

第 6 章　模板与标准模板库

C++模板允许将数据类型当作模板参数，使得相同的程序代码可以应用于不同的数据类型，从而进一步提高了**程序代码的复用率**。C++模板主要包括函数模板与类模板。**函数模板或类模板只能在程序的全局范围以及命名空间或类范围内定义，不能在函数内部或语句块内部定义**。例如不能在 main 函数中定义函数模板或类模板。C++标准程序库提供了高效的**标准模板库**（Standard Template Library，STL）。标准模板库最初由惠普实验室的工程师开发，并在 1998 年纳入到 C++标准中。标准模板库主要由容器（container）、迭代器（iterator）和算法（algorithm）三部分组成，其中**容器**是 C++静态数组和动态数组的有益补充，**迭代器**则为处理容器内部数据提供了一种统一的广义的指针模式，**算法**部分包括比较、交换、查找、遍历操作、复制、修改、移除、反转、排序和合并等常用算法。迭代器支撑容器和算法，并在算法和容器之间起到桥梁的作用。本章将介绍向量（vector）和集合（set）2 种最常用的容器以及排序（sort）算法。

6.1　自定义函数模板

可以使用现成的函数模板，也可以自行定义函数模板。下面给出一种**自定义函数模板的格式**：

```
template <模板参数列表>
函数定义
```

其中，**模板参数列表**由一系列**类型参数**组成。如果只有 1 个类型参数，则**模板参数列表的定义格式**为

```
typename 标识符
```

如果拥有 n 个类型参数，并且 $n≥2$，则**模板参数列表的定义格式**为

```
typename 标识符1, typename 标识符2, …, typename 标识符n
```

在上面 2 种模板参数列表的定义格式中，关键字 typename 也可以替换为 class，而且其中每个标识符都代表一种数据类型。这样，在上面自定义函数模板的格式中的函数定义部分就可以使用这些标识符所代表的数据类型。除此之外，**函数定义部分的代码编写方式**基本上与普通函数定义相同。

函数模板不是函数。函数模板实际上只是定义了函数的代码框架。将实际的类型参数代入函数模板从而生成函数的过程称为**函数模板实例化**，通过这种方式生成的函数称为**模板函数**。**函数模板的实例化以及相应的模板函数调用格式**如下：

```
函数模板名称 <实际类型参数列表> (模板函数的实际参数列表)
```

如果根据模板函数的实际参数列表，编译器就可以推导出函数模板的实际类型参数列表，那么可以省略函数模板的实际类型参数列表。这时，上面的格式简化为：

```
函数模板名称 (模板函数的实际参数列表)
```

例程 6-1　通过函数模板交换变量的值。

例程功能描述：编写函数模板 gt_swap，实现对 2 个函数参数变量的值的交换。然后，分别通过 int 类型和 double 类型调用该函数模板，并直观展示调用结果。

例程解题思路：例程代码由 2 个源程序代码文件“CP_TemplateSwap.h”和“CP_TemplateSwapMain.cpp”组成，具体的程序代码如下。

```
// 文件名：CP_TemplateSwap.h；开发者：雍俊海
#ifndef CP_TEMPLATESWAP_H
#define CP_TEMPLATESWAP_H

template<typename T>
void gt_swap(T& x, T& y)
{
   T temp = x;
   x = y;
   y = temp;
} // 函数模板 gt_swap 结束
#endif
```

```
// 文件名：CP_TemplateSwapMain.cpp；开发者：雍俊海
#include <iostream>
using namespace std;
#include "CP_TemplateSwap.h"

void gb_testDouble()
{
   double s = 10.5;
   double t = 20.5;
   cout << "浮点数 s=" << s << "。\n";
   cout << "浮点数 t=" << t << "。\n";
   gt_swap<double>(s, t);
   cout << "交换之后：浮点数 s=" << s << "。\n";
   cout << "交换之后：浮点数 t=" << t << "。\n";
} // 函数 gb_testDouble 结束

void gb_testInt()
{
   int a = 10;
   int b = 20;
   cout << "整数 a=" << a << "。\n";
```

```
21    cout << "整数 b=" << b << "。\n";
22    gt_swap<int>(a, b);
23    cout << "交换之后：整数 a=" << a << "。\n";
24    cout << "交换之后：整数 b=" << b << "。\n";
25 } // 函数 gb_testInt 结束
26
27 int main(int argc, char* args[])
28 {
29    gb_testInt();
30    gb_testDouble();
31
32    system("pause"); // 暂停住控制台窗口
33    return 0; // 返回 0 表明程序运行成功
34 } // main 函数结束
```

可以对上面的代码进行编译、链接和运行。下面给出一个运行结果示例。

```
整数 a=10。
整数 b=20。
交换之后：整数 a=20。
交换之后：整数 b=10。
浮点数 s=10.5。
浮点数 t=20.5。
交换之后：浮点数 s=20.5。
交换之后：浮点数 t=10.5。
请按任意键继续. . .
```

例程分析：在头文件“CP_TemplateSwap.h”中定义了函数模板 gt_swap。然后，通过文件包含语句“#include "CP_TemplateSwap.h"”将函数模板 gt_swap 的定义加载到源文件“CP_TemplateSwapMain.cpp”中。在函数模板实例化时，编译器需要将实际的类型参数代入模板参数形成模板函数才能最终确定函数模板及其实例化是否符合语法要求。在源文件“CP_TemplateSwapMain.cpp”的第 11 行和第 22 行分别对该函数模板实例化为模板函数“gt_swap<double>”和“gt_swap<int>”。在代入实际的类型参数之后，这 2 个模板函数的示意性代码分别如下：

// gt_swap<double>	// gt_swap<int>	行号
`void gt_swap(double&x, double&y)`	`void gt_swap(int& x, int& y)`	// 1
`{`	`{`	// 2
`    double temp = x;`	`    int temp = x;`	// 3
`    x = y;`	`    x = y;`	// 4
`    y = temp;`	`    y = temp;`	// 5
`} // 函数 gt_swap 结束`	`} // 函数 gt_swap 结束`	// 6

注意事项：

函数模板实例化的编译过程决定了**函数模板的实例化必须和函数模板的定义的代码**要么在同一个源文件中，要么通过文件包含语句加载到同一个源文件中。否则，编译器无法完成将类型参数代入函数模板的工作。

因此，通常将完整的函数模板定义代码放在头文件中，从而方便函数模板的实例化。当然，这不是 C++语法的要求，而仅仅是为了方便函数模板的使用。

对于源文件“CP_TemplateSwapMain.cpp”的第 11 行代码“gt_swap<double>(s, t);”，因为变量 s 和 t 的数据类型是 double，所以可以推断出函数模板 gt_swap 的类型参数 T 应当是 double。因此，这行代码可以省略“<double>”，从而简化为

```
    gt_swap(s, t);                                          // 11
```

同样，源文件“CP_TemplateSwapMain.cpp”的第 22 行代码“gt_swap<int>(a, b);”，可以简化为

```
    gt_swap(a, b);                                          // 11
```

在进行上面代码简化之后，程序的运行结果完全相同。

例程 6-2　通过函数模板计算两个数的和。

例程功能描述：编写函数模板 gt_sum，实现两个数求和运算。

例程解题思路：例程代码由源文件“CP_TemplateSumMain.cpp”组成，具体的程序代码如下。

```
// 文件名：CP_TemplateSumMain.cpp；开发者：雍俊海
#include <iostream>
using namespace std;

template<typename T>
T gt_sum(T x, T y)
{
    T sum = x + y;
    cout << x << "+" << y << " = " << sum << "。" << endl;
    return sum;
} // 函数模板 gt_sum 结束

int main(int argc, char* args[])
{
    gt_sum<int>(10, 5.5);
    gt_sum<double>(10, 5.5);

    system("pause"); // 暂停住控制台窗口
    return 0; // 返回 0 表明程序运行成功
} // main 函数结束
```

可以对上面的代码进行编译、链接和运行。下面给出一个运行结果示例。

```
10+5 = 15。
10+5.5 = 15.5。
```

```
请按任意键继续. . .
```

例程分析：在本例程中，函数模板 gt_sum 的定义和实例化的语句都放在了源文件“CP_TemplateSumMain.cpp”中，其中定义的代码位于第 4~10 行，实例化的语句位于第 14～15 行。第 14 行代码“gt_sum<int>(10, 5.5);”指定了类型参数是 int，第 15 行代码“gt_sum <double>(10, 5.5);”指定了类型参数是 double。因为调用参数 10 的数据类型是 int，调用参数 5.5 的数据类型是 double，无法从中推导出函数模板的具体类型参数，所以对于这 2 行代码，都不能省略类型参数。如果将第 14 行或第 15 行代码改为

```
gt_sum(10, 5.5);
```

则将会产生如下编译错误：

```
error C2782: “T gt_sum(T,T)”: 模板 参数“T”不明确。
```

这里需要说明的是第 14 行代码“gt_sum<int>(10, 5.5);”会产生如下编译警告：

```
warning C4244: “参数”: 从“double”转换到“int”，可能丢失数据。
```

因此，这不是好的代码。应当设法消除在代码中出现的编译警告。例如，将这行代码改为：

```
gt_sum<int>(10, 5);
```

这样，在修改之后，不仅不会产生编译警告，而且运行结果也与修改之前相同。

例程 6-3　通过函数模板输出成员变量的平方数。

例程功能描述：编写函数模板，输出成员变量的值和成员变量的平方数。

例程解题思路：例程代码由 2 个源程序代码文件“CP_TemplateSquare.h”和“CP_TemplateSquareMain.cpp”组成，具体的程序代码如下。

```
// 文件名：CP_TemplateSquare.h；开发者：雍俊海
#ifndef CP_TEMPLATESQUARE_H
#define CP_TEMPLATESQUARE_H

class CP_A
{
public:
    int m_a;
    CP_A(int i = 0) : m_a(i) {}
    void mb_report() { cout << "m_a = " << m_a << "。" << endl; }
}; //类 CP_A 定义结束


template<typename T>
void gt_square(T &a)
{
    a.mb_report();
    cout << "平方数为" << a.m_a * a.m_a << "。" << endl;
```

```
18 } // 函数模板 gt_square 结束
19 #endif
```

// 文件名：CP_TemplateSquareMain.cpp；开发者：雍俊海　　行号

```
1  #include <iostream>
2  using namespace std;
3  #include "CP_TemplateSquare.h"
4  
5  int main(int argc, char* args[])
6  {
7      CP_A a(10);
8      gt_square<CP_A>(a); // 等价于：gt_square(a);
9  
10     system("pause"); // 暂停住控制台窗口
11     return 0; // 返回 0 表明程序运行成功
12 } // main 函数结束
```

可以对上面的代码进行编译、链接和运行。下面给出一个运行结果示例。

```
m_a = 10。
平方数为 100。
请按任意键继续. . .
```

例程分析：在头文件“CP_TemplateSquare.h”中定义了函数模板 gt_square。在这个头文件的第 16 行代码用到了参数 a 的成员函数 mb_report，第 17 行代码用到了参数 a 的成员变量 m_a。这就要求类型参数 T 对应的实际类型必须拥有成员变量 m_a 和成员函数 mb_report。因为类 CP_A 含有成员变量 m_a 和成员函数 mb_report，所以源文件“CP_TemplateSquareMain.cpp”第 8 行“gt_square<CP_A>(a);”可以用类 CP_A 作为函数模板 gt_square 的实际类型参数。因为通过实际调用参数 a 的类型就可以推断出函数模板 gt_square 的类型参数 T 应当是类 CP_A，所以这行代码等价于

```
8      gt_square(a);
```

6.2　自定义类模板

这里首先介绍**自定义类模板的一种代码格式**：

```
template <模板参数列表>
类定义
```

其中，**模板参数列表**由一系列**类型参数**组成。如果只有 1 个类型参数，则**模板参数列表的定义格式**为

```
typename 标识符
```

如果拥有 n 个类型参数，并且 $n \geqslant 2$，则**模板参数列表的定义格式**为

```
typename 标识符1, typename 标识符2, …, typename 标识符n
```

在模板参数列表的定义格式中，关键字 typename 也可以替换为 class，而且其中每个标识符都代表一种数据类型。这样，在上面自定义类模板的代码格式中的类定义部分就可以使用这些标识符所代表的数据类型。除此之外，类定义部分的代码编写方式基本上与普通类定义相同。

类模板不是真正的类。类模板实际上只是定义了类的代码框架。将实际的类型参数代入类模板从而生成类的过程称为**类模板的实例化**，**类模板实例化的格式**如下：

```
类模板名称 <实际类型参数列表>
```

如果在类模板实例化的过程中，编译器可以推导出类模板的实际类型参数列表，那么可以省略类模板的实际类型参数列表。这时，上面的格式简化为：

```
类模板名称
```

下面通过一些例程详细介绍类模板的定义和使用。

例程 6-4　通过类模板输出成员变量的值。

例程功能描述：编写类模板，输出成员变量的值。

例程解题思路：例程代码由源文件“CP_TemplateShowMemberMain.cpp”组成，具体的程序代码如下。

```
// 文件名：CP_TemplateShowMemberMain.cpp；开发者：雍俊海
#include <iostream>
using namespace std;

template<typename T>
class CT_Data
{
public:
   T m_data;
public:
   CT_Data() {}
   CT_Data(T data) : m_data(data) {}
   void mb_show() {cout << "m_data = " << m_data << "。" << endl;}
}; // 模板 CT_Data 定义结束

int main(int argc, char* args[])
{
   CT_Data<int> a; // 不可以改写为：CT_Data a;
   a.m_data = 10;
   a.mb_show();

   CT_Data<double> b(20.5); // 等价于：CT_Data b(20.5);
   b.mb_show();
```

```
23
24     system("pause"); // 暂停住控制台窗口
25     return 0; // 返回 0 表明程序运行成功
26 } // main 函数结束
```

可以对上面的代码进行编译、链接和运行。下面给出一个运行结果示例。

```
m_data = 10。
m_data = 20.5。
请按任意键继续. . .
```

例程分析：在本例程中，**类模板 CT_Data 的定义和实例化都放在同一个源文件中**，其中定义位于第 4～13 行，实例化位于第 17 行和第 21 行。本例程同时展示了如何在类模板 CT_Data 的内部直接定义构造函数和成员函数，如第 10～12 行代码所示。它们的定义方式与类的构造函数和成员函数的定义方式相同。

对于类模板 CT_Data 的实例化，第 17 行代码“CT_Data<int> a;”生成了类“CT_Data<int>”，它的成员变量 m_data 的数据类型是 int；第 21 行代码“CT_Data<double> b(20.5);”生成了类“CT_Data<double>”，它的成员变量 m_data 的数据类型是 double。这体现出了**类模板的优势**，即可以复用代码生成适应不同数据类型的类。

对于第 17 行代码，因为无法从语句“CT_Data a;”中推导出类模板的模板参数 T 的具体类型参数，所以这行代码不能改写为

```
17     CT_Data a;
```

否则，会出现“无法推导 CT_Data 的模板参数”的编译错误。

对于第 21 行代码“CT_Data<double> b(20.5);”，因为根据 20.5 的数据类型是 double，可以推导出类模板 CT_Data 的具体类型参数是 double，所以这行代码可以省略“<double>”，从而简化为

```
21     CT_Data b(20.5);
```

在进行上面代码简化之后，程序的运行结果完全相同。

例程 6-5　通过类模板设置与获取成员变量的值。

例程功能描述：一种常见的类设计方式是将成员变量设置为私有的方式，并通过公有的成员函数来设置与获取该成员变量的值。因此，这里依据这种情况设计相应的类模板。

例程解题思路：例程代码由 2 个源程序代码文件“CP_TemplateDataGetSet.h”和“CP_TemplateDataGetSetMain.cpp”组成，具体的程序代码如下。

```
// 文件名：CP_TemplateDataGetSet.h；开发者：雍俊海                    行号
#ifndef CP_TEMPLATEDATAGETSET_H
#define CP_TEMPLATEDATAGETSET_H

template<typename T>
class CT_Data
{
```

```
private:
   T m_data;
public:
   T mb_getData();
   void mb_setData(T d);
}; // 类模板 CT_Data 定义结束

template<typename T>
T CT_Data<T>::mb_getData() // 不能删除在这一行中的<T>
{
   return m_data;
} // CT_Data 的成员函数 mb_getData 结束

template<typename T>
void CT_Data<T>::mb_setData(T d) // 不能删除在这一行中的<T>
{
   m_data = d;
} // CT_Data 的成员函数 mb_setData 结束
#endif
```

// 文件名：CP_TemplateDataGetSetMain.cpp；开发者：雍俊海

```
#include <iostream>
using namespace std;
#include "CP_TemplateDataGetSet.h"

int main(int argc, char* args[])
{
   CT_Data<int> a;
   a.mb_setData(40);
   cout << "a=" << a.mb_getData() << endl;

   system("pause"); // 暂停住控制台窗口
   return 0; // 返回 0 表明程序运行成功
} // main 函数结束
```

可以对上面的代码进行编译、链接和运行。下面给出一个运行结果示例。

```
a=40
请按任意键继续. . .
```

例程分析：在本例程中，**类模板 CT_Data 的定义位于头文件**“CP_TemplateDataGetSet.h”中。然后，通过文件包含语句“#include "CP_TemplateDataGetSet.h"”将类模板 CT_Data 的定义加载到源文件“CP_TemplateDataGetSetMain.cpp”中。在类模板实例化时，编译器需要将实际的类型参数代入模板参数形成真正的类才能最终确定类模板的定义及其实例化是否符合语法要求。

> **注意事项**：
> 如本例程和例程 6-4 所示，类模板实例化的编译过程决定了**类模板的实例化和类模板的定义的代码**要么在同一个源文件中，要么通过文件包含语句加载到同一个源文件中。否则，编译器无法完成将类型参数代入类模板的工作。

因此，通常将完整的类模板定义代码放在头文件中，从而方便类模板的实例化。当然，这不是 C++语法的要求，而仅仅是为了方便类模板的使用。因此，在本例程中，虽然类模板成员函数的声明与实现是分开的，成员函数的实现位于类模板定义之外，但声明与实现的代码都在头文件“CP_TemplateDataGetSet.h”中。与类成员函数的实现相比，位于类模板定义之外的成员函数的实现仍然需要

（1）以“template<模板参数列表>”开头，如头文件“CP_TemplateDataGetSet.h”第 14 行和第 20 行代码所示；

（2）在实现成员函数的头部中，在“::成员函数名称”之前必须是“类模板名称<模板参数列表>”，其中在模板参数列表中没有关键字 typename 或 class，如头文件“CP_TemplateDataGetSet.h”第 15 行和第 21 行代码所示。

对于源文件“CP_TemplateDataGetSetMain.cpp”的第 7 行代码“CT_Data<int> a;”，因为如果不提供“<int>”，则无法从这条语句推导出类模板 CT_Data 的模板参数的具体类型参数，所以这行代码不能改写为

```
    CT_Data a;                                                    // 7
```

否则，会出现“无法推导 CT_Data 的模板参数”的编译错误。

例程 6-6　采用类模板的实例化结果作为父类。

例程功能描述：用例程 6-5 中的类模板 CT_Data 的类模板的实例化结果作为父类，定义子类 CP_Data。这样子类 CP_Data 就拥有私有成员变量 m_data，并且可以通过公有的成员函数来设置与获取该成员变量的值。在主函数中定义类型为 CP_Data 的变量 a，并展示 a 的私有成员变量 m_data 的值。

例程解题思路：例程代码由 3 个源程序代码文件“CP_TemplateDataGetSet.h”“CP_TemplateData.h”和“CP_TemplateDataMain.cpp”组成，其中“CP_TemplateDataGetSet.h”来自例程 6-5，另外 2 个源程序代码文件的具体的程序代码如下。

```
// 文件名：CP_TemplateData.h；开发者：雍俊海
#ifndef CP_TEMPLATEDATA_H
#define CP_TEMPLATEDATA_H
#include "CP_TemplateDataGetSet.h"

class CP_Data : public CT_Data<int>
{
public:
    CP_Data() { mb_setData(100); }
    void mb_show() {cout << "m_data =  " << mb_getData() << "。\n";}
}; // 类 CP_Data 定义结束
#endif
```

```
// 文件名: CP_TemplateDataMain.cpp; 开发者: 雍俊海
#include <iostream>
using namespace std;
#include "CP_TemplateData.h"

int main(int argc, char* args[])
{
   CP_Data a;
   a.mb_show();

   system("pause"); // 暂停住控制台窗口
   return 0; // 返回 0 表明程序运行成功
} // main 函数结束
```

可以对上面的代码进行编译、链接和运行。下面给出一个运行结果示例。

```
m_data = 100。
请按任意键继续. . .
```

例程分析：如头文件“CP_TemplateData.h”第 5 行代码“class CP_Data: public CT_Data<int>”所示，**在类模板 CT_Data 实例化之后，“CT_Data<int>”就是一个类**。因此，可以采用这个类来生成子类 CP_Data。而且在子类 CP_Data 中，可以调用父类“CT_Data<int>”的成员函数 mb_setData 和 mb_getData，分别如第 8 行和第 9 行代码所示。

例程 6-7　用类模板作为另一个类模板的父类模板。

例程功能描述：用例程 6-5 中的类模板 CT_Data 作为父类模板，定义子类模板 CT_Product。

例程解题思路：例程代码由 3 个源程序代码文件“CP_TemplateDataGetSet.h”“CP_TemplateProduct.h”和“CP_TemplateProductMain.cpp”组成，其中“CP_TemplateDataGetSet.h”来自例程 6-5，另外 2 个源程序代码文件的具体的程序代码如下。

```
// 文件名: CP_TemplateProduct.h; 开发者: 雍俊海
#ifndef CP_TEMPLATEPRODUCT_H
#define CP_TEMPLATEPRODUCT_H
#include "CP_TemplateDataGetSet.h"

template<typename T1, typename T2>
class CT_Product : public CT_Data<T1>
{
public:
   T2 m_price;
   CT_Product(T1 d, T2 p):m_price(p) {CT_Data<T1>::mb_setData(d);}
   void mb_show();
}; // 类模板 CT_Product 定义结束

template<typename T1, typename T2>
```

```
15 void CT_Product<T1, T2>::mb_show()
16 {
17    cout << "m_data =  " << CT_Data<T1>::mb_getData() << "。"<<endl;
18    cout << "m_price =  " << m_price << "。" << endl;
19 } // 类模板 CT_Product 的成员函数 mb_show 定义结束
20 #endif
```

// 文件名：CP_TemplateProductMain.cpp；开发者：雍俊海	行号

```
1  #include <iostream>
2  using namespace std;
3  #include "CP_TemplateProduct.h"
4  
5  int main(int argc, char* args[])
6  {
7     CT_Product a(10,20.5);
8     a.mb_show();
9  
10    system("pause"); // 暂停住控制台窗口
11    return 0; // 返回 0 表明程序运行成功
12 } // main 函数结束
```

例程分析：如头文件“CP_TemplateProduct.h”第 6 行代码“class CT_Product ：public CT_Data<T1>”所示，**类模板 CT_Data 是类模板 CT_Product 的父类模板**。这时，需要给类模板指定模板参数 T1，即不能删除位于第 6 行代码处的“<T1>”；否则，将产生编译错误：无法给父类模板 CT_Data 指定具体的类型参数。

因为类模板并不是类，所以类模板 CT_Product 有可能会无法直接看到其父类模板的成员。例如，如果头文件“CP_TemplateProduct.h”第 10 行代码改为

```
10    CT_Product(T1 d, T2 p) : m_price(p) { mb_setData(d); }
```

则有可能会出现编译错误“找不到标识符 mb_setData”。因此，需要加上父类模板的完整路径，即“CT_Data<T1>::mb_setData”，如头文件“CP_TemplateProduct.h”第 10 行代码所示。类似地，如果位于头文件“CP_TemplateProduct.h”第 17 行处的代码“CT_Data<T1>::mb_getData”改为“mb_getData”，则有可能会无法通过编译。

源文件“CP_TemplateProductMain.cpp”第 7 行代码“CT_Product a(10, 20.5);”等价于

```
7     CT_Product<int, double> a(10, 20.5);
```

因为根据调用参数 10 和 20.5 就可以推导出类模板 CT_Product 的 2 个类型参数分别是 int 和 double。

6.3 向量类模板 vector

向量（vector）是一种容器，可以看作是一种增强版的数组。在向量中包含一系列具有相同数据类型的元素。同时，向量拥有自己的内存管理机制，允许在程序运行的过程中修改向量的元素个数。另外，向量还拥有成员函数，可以更加方便地处理自己的元素和存储空间。向量类模板 vector 的模板参数是元素的数据类型。使用向量类模板 vector 需要包含头文件<vector>，对应的头文件包含语句是

```
#include <vector>
```

6.3.1 向量的构造函数、长度和容量

为了减少出现频繁重新分配内存的情况，向量采用了一种“容量-长度”内存管理机制。如图 6-1 所示，在给向量的元素分配内存时有可能会多分配一些内存空间；而且在重新分配内存时，基本只会分配更大的内存空间，而不会减少内存空间。这样，当向量减少元素个数时，无须重新分配向量的内存空间；当增加元素个数时，只要不超过已分配的内存空间，则也无须重新分配向量的内存空间。如图 6-1 所示，在实际分配给向量的内存中可以容纳的元素个数称为向量的容量，向量实际在用的元素的个数称为向量的长度。向量的内容由向量所有实际在用的元素组成。

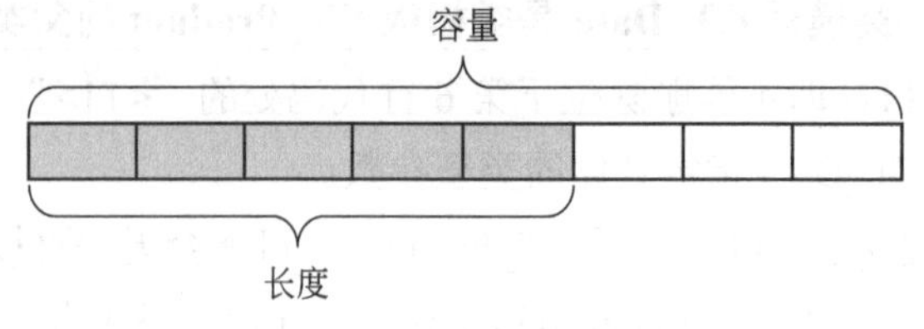

图 6-1　向量的内存示意图

> ❀小甜点❀：
>
> 除非调用向量的交换内容成员函数，向量自身的容量通常只会增加，不会减少。

下面首先介绍向量的 2 个最基本的构造函数。

函数 9　vector<T>::vector

声明：　vector();

说明：　构造容量与长度均为 0 的向量。

参数：　模板参数 T 是元素的数据类型。

头文件：　#include <vector>

函数 10　vector<T>::vector

声明：　vector(size_type n, const T& value = T( ));

说明：　构造容量与长度均为 n 的向量，而且各个元素的值为 value。

参数：　① 模板参数 T 是元素的数据类型。

② 函数参数 n 指定元素个数。
③ 函数参数 value 指定元素的值。

头文件： #include <vector>

例程 6-8 通过方括号修改向量元素的值。

例程功能描述：创建含有 5 个元素的向量实例对象，其中每个元素的值为 50。通过方括号将其中下标为 1 的元素的值修改为 100，并输出修改前后该元素的值。

例程解题思路：例程源程序代码文件“CP_ModifyVectorElementTestMain.cpp”的内容如下。

// 文件名：CP_ModifyVectorElementTestMain.cpp；开发者：雍俊海 行号

```
1  #include <iostream>
2  using namespace std;
3  #include <vector>
4  
5  int main(int argc, char* args[])
6  {
7     vector<int> v(5, 50);
8     cout << "修改之前：v[1] = " << v[1] << "。" << endl;
9     v[1] = 100;
10    cout << "修改之后：v[1] = " << v[1] << "。" << endl;
11 
12    system("pause"); // 暂停住控制台窗口
13    return 0; // 返回 0 表明程序运行成功
14 } // main 函数结束
```

可以对上面的代码进行编译、链接和运行。下面给出一个运行结果示例。

```
修改之前：v[1] = 50。
修改之后：v[1] = 100。
请按任意键继续. . .
```

例程分析：第 7 行代码“vector<int> v(5, 50);”创建了向量 v，它共包含 5 个 int 类型的元素，每个元素的值均为 50。通过第 8～10 行代码可以看出，访问向量元素可以采用与访问数组相同的方式，即通过方括号的方式。元素下标同样也是从 0 开始，并且小于向量的长度。例如，对于本例程中的向量 v，v[0]是向量 v 的第 1 个元素，v[1]是向量 v 的第 2 个元素，v[4]是向量 v 的最后 1 个元素。

> **说明**：
> 为了缩短篇幅，本章的部分代码示例只提供代码片段。这些**代码片段**都可以代替本例程第 7～10 行代码，**形成完整的代码**，进行编译、链接和运行。**下面将不再重复这个说明**。

用来访问向量元素的**方括号运算**的具体说明如下：

运算符 4 vector<T>::[ ]

声明： reference operator[ ](size_type n);

说明:	返回下标为 n 的元素的引用。
参数:	① 模板参数 T 是元素的数据类型。
	② n 是向量元素的下标。这里要求 n 必须满足 0≤n<向量的长度。
返回值:	下标为 n 的元素的引用。
头文件:	#include <vector>

因为向量的方括号运算返回元素的引用，所以通过方括号运算既可以读取元素的值，如例程 6-8 第 8 行代码所示，也可以修改元素的值，如例程 6-8 第 9 行代码所示。

向量的成员函数 at 拥有与向量的方括号运算完全相同的功能，该函数的具体说明如下：

函数 11	**vector<T>::at**
声明:	reference at(size_type n);
说明:	返回下标为 n 的元素的引用。
参数:	① 模板参数 T 是元素的数据类型。
	② n 是向量元素的下标。这里要求 n 必须满足 0≤n<向量的长度。
返回值:	下标为 n 的元素的引用。
头文件:	#include <vector>

下面给出成员函数 at 的示例代码片段。

```
vector<int> v(3, 5);                               // 1
v.at(0) = 10;                                      // 2
int & a = v.at(1);                                 // 3
a = 20; // v[1]的值将变为 20。                      // 4
int b = v.at(2);                                   // 5
b = 30; // v[2]的值保持不变，仍然是 5。              // 6
cout << v[0]; // 输出: 10                          // 7
cout << v[1]; // 输出: 20                          // 8
cout << v[2]; // 输出: 5                           // 9
```

上面代码片段第 2 行的代码等价于“v[0] = 10;”，函数调用“v.at(0)”与“v[0]”返回的都是下标为 0 的元素的引用。第 3 行代码“int & a = v.at(1);”将下标为 1 的元素的引用赋值给引用 a。因此，在第 4 行代码中修改引用 a 的值就是修改下标为 1 的元素的值。虽然在第 5 行代码“int b = v.at(2);”中，函数调用“v.at(2)”返回下标为 2 的元素的引用，但是变量 b 不是引用，结果变量 b 得到了 v[2]的值 5，即 b=5。因为变量 b 与下标为 2 的元素分别占用不同的存储单元，所以第 6 行代码“b = 30;”将变量 b 的值修改为 30，但是无法改变下标为 2 的元素的值。因此，v[2]的值仍然是 5。根据第 9 行的输出结果，也可以进一步验证这个结论。

获取向量的第 1 个元素和最后 1 个元素的引用，还可以通过**成员函数 front 和 back**：

函数 12	**vector<T>::front**
声明:	reference front( );
说明:	返回第 1 个元素的引用。调用本成员函数的前提是向量的长度不为 0。
参数:	模板参数 T 是元素的数据类型。
返回值:	第 1 个元素的引用。
头文件:	#include <vector>

函数 13　vector<T>::back	
声明：	reference back( );
说明：	返回最后 1 个元素的引用。调用本成员函数的前提是向量的长度不为 0。
参数：	模板参数 T 是元素的数据类型。
返回值：	最后 1 个元素的引用。
头文件：	#include <vector>

下面给出调用向量的成员函数 front 和 back 的示例代码片段。

```
vector<int> v(3, 5);                                    // 1
v.front( ) = 10; // 结果：v[0]的值将变为 10              // 2
v.back( )  = 20; // 结果：v[2]的值将变为 20              // 3
```

下面介绍**获取向量长度与容量的成员函数**。

函数 14　vector<T>::size	
声明：	size_type size( ) const;
说明：	返回向量的长度。
参数：	模板参数 T 是元素的数据类型。
返回值：	向量的长度。
头文件：	#include <vector>

函数 15　vector<T>::capacity	
声明：	size_type capacity() const;
说明：	返回向量的容量。
参数：	模板参数 T 是元素的数据类型。
返回值：	向量的容量。
头文件：	#include <vector>

下面给出向量长度与容量函数的示例代码片段。

```
vector<int> v;                                              // 1
cout << "长度 = " << v.size() << "。";     // 输出：长度 = 0  // 2
cout << "容量 = " << v.capacity() << "。"; // 输出：容量 = 0  // 3
```

下面介绍**判断向量长度是否为 0 的成员函数**。

函数 16　vector<T>::empty	
声明：	bool empty() const;
说明：	判断向量的长度是否为 0。
参数：	模板参数 T 是元素的数据类型。
返回值：	如果向量的长度为 0，则返回 true；否则返回 false。
头文件：	#include <vector>

下面给出成员函数 empty 的示例代码片段。

```
vector<int> v1;                                             // 1
vector<int> v2(10, 100);                                    // 2
```

```
cout << "向量v1: " << v1.empty() << "。"; // 输出: 向量v1: 1        // 3
cout << "向量v2: " << v2.empty() << "。"; // 输出: 向量v2: 0        // 4
```

在上面代码片段中，因为向量 v1 的长度是 0，所以 v1.empty()返回 true；因为向量 v2 的长度是 10，所以 v2.empty()返回 false。

要注意向量成员函数 size 与 max_size 的区别，**成员函数 max_size** 的具体说明如下：

函数 17　vector<T>::max_size

声明：	`size_type max_size() const;`
说明：	返回向量所允许的最大长度。应当注意，这不是向量的容量，也不是向量的长度。在申请向量的容量时，不应当超过这个所允许的最大长度。
参数：	模板参数 T 是元素的数据类型。
返回值：	向量所允许的最大长度。
头文件：	`#include <vector>`

下面给出向量所允许的最大长度函数的示例代码片段。

```
vector<int> v1;                                                              // 1
vector<double> v2(5, 100);                                                   // 2
cout << "向量v1: " << v1.max_size() << "。"; // 向量v1: 1073741823     // 3
cout << "向量v2: " << v2.max_size() << "。"; // 向量v2: 536870911      // 4
```

在上面代码片段中，向量 v1 的长度是 0，向量 v2 的长度是 5。从上面代码片段的输出可以看出，向量所允许的最大长度与向量元素的数据类型有关。

向量的**拷贝构造函数**的具体说明如下：

函数 18　vector<T>::vector

声明：	`vector(vector<T>& x);`
说明：	构造向量，复制向量 x 的内容，包括向量长度以及各个元素的值。新向量的容量不小于长度，但容量的具体数值取决于具体的 C++语言支撑平台。
参数：	① 模板参数 T 是元素的数据类型。 ② 函数参数 x 是被复制的向量。
头文件：	`#include <vector>`

下面给出调用向量拷贝构造函数的示例代码片段。

```
    vector<int> v1(5, 50);                                                   // 1
    v1.resize(3); // 结果: v1 的长度变为 3，容量仍然是 5                     // 2
    vector<int> v2(v1);                                                      // 3
    cout << "长度 = " << v2.size() << "。";      // 输出: 长度 = 3          // 4
    cout << "容量 = " << v2.capacity() << "。"; // 输出: 容量 = 3          // 5
```

在上面代码片段第 2 行代码中，向量的成员函数 resize 将向量 v1 的长度变为 3。同时，向量 v1 的各个元素的值仍然是 50，容量仍然是 5。第 3 行代码表明向量 v2 是通过拷贝复制向量 v1 得到的新向量。向量 v2 的长度是 3，各个元素的值是 50。在不同的 C++语言支撑平台下，向量 v2 的容量有可会有所不同，上面的注释给出了其中一种示例性结果。

通过迭代器构造向量的构造函数的具体说明如下：

函数 19	vector<T>::vector
声明：	`vector(InputIterator first, InputIterator last);`
说明：	构造容量，复制从 first 开始并且在 last 之前的元素。
参数：	① 模板参数 T 是元素的数据类型。 ② 函数参数 first 是迭代器，指向待复制的第 1 个元素。 ③ 函数参数 last 是迭代器，是位于待复制的最后 1 个元素之后的下 1 个迭代器。
头文件：	`#include <vector>`

下面给出调用上面向量构造函数的示例代码片段。

```
vector<int> v1(5, 50);                                          // 1
v1.resize(3); // 结果: v1 的长度变为 3，容量仍然是 5              // 2
vector<int> v2(v1.begin(), v1.end());                           // 3
cout << "长度 = " << v2.size() << "。";      // 输出: 长度 = 3    // 4
cout << "容量 = " << v2.capacity() << "。"; // 输出: 容量 = 3    // 5
```

在上面代码片段第 2 行代码中，向量的成员函数 resize 将向量 v1 的长度变为 3。同时，向量 v1 的各个元素的值仍然是 50，容量仍然是 5。在第 3 行代码中，“v1.begin()”返回向量 v1 的第 1 个元素对应的迭代器，“v1.end()”返回向量 v1 的最后 1 个元素的下 1 个元素对应的迭代器。因此，第 3 行代码将复制向量 v1 的所有元素，形成向量 v2。第 3 行代码运行结果是：向量 v2 的长度和容量均是 3，各个元素的值是 50。迭代器将在 6.3.2 节介绍。

6.3.2　向量的迭代器

C++标准模板库的**迭代器**提供了一种按顺序访问容器元素的统一模式。按照迭代器的方向，可以分为正向迭代器和逆向迭代器。图 6-2 展示了向量的**正向迭代器**逻辑示意图。虽然向量的各个元素通常存放在**连续的物理内存空间**中，但是在逻辑上也可以理解为这些元素是依次相连的结点。如图 6-2 所示，向量的第 1 个元素在逻辑上可以看作**首结点**，最后 1 个元素在逻辑上可以看作**尾结点**。迭代器则是这些结点的索引，指向这些结点，其中**开始迭代器**指向首结点，**结束界定迭代器**指向位于尾结点之后的一个结点。实际上，在尾结点之后通常并没有真正可用的结点；或者说，位于尾结点之后的结点实际上是不存在的。结束界定迭代器指向的结点实际上是物理内存中不存在的结点。除了结束界定迭代器之外，应当让各个迭代器指向有效的结点。

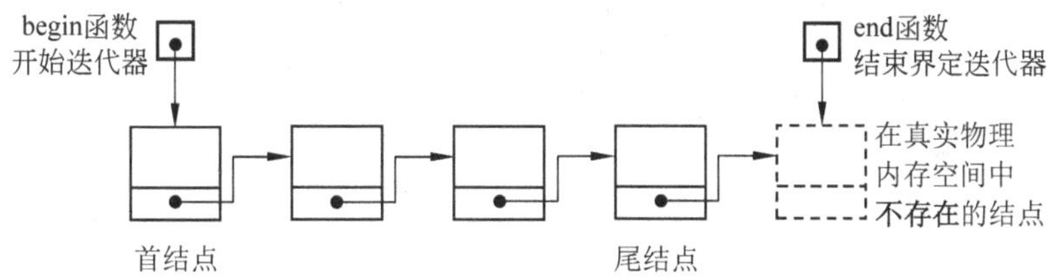

图 6-2　向量的正向迭代器逻辑示意图

向量的成员函数 begin 和 end 可以用来获取正向迭代器，具体说明如下。

函数 20　vector<T>::begin

声明： iterator begin( );

说明： 如果向量的长度大于 0，返回第 1 个元素所对应的迭代器；否则，返回结束界定迭代器。这里需要注意的是在本函数中的迭代器类是向量内部的类。

参数： 模板参数 T 是元素的数据类型。

返回值： 如果向量的长度大于 0，返回第 1 个元素所对应的迭代器；否则，返回结束界定迭代器。

头文件： #include <vector>

函数 21　vector<T>::end

声明： iterator end();

说明： 返回结束界定迭代器。这里需要注意的是在本函数中的迭代器类是向量内部的类。

参数： 模板参数 T 是元素的数据类型。

返回值： 结束界定迭代器。

头文件： #include <vector>

迭代器可以执行自增、自减、取值以及加上和减去整数的运算，具体说明如下：

（1）迭代器变量自增：结果迭代器变量指向下一个结点。

（2）迭代器变量自减：结果迭代器变量指向上一个结点。

（3）通过迭代器取值或修改向量元素的值：这时迭代器类似于指针，具体运算符为“*运算符”。

（4）迭代器加上整数 *n*：结果迭代器向前移动 *n* 个位置。

（5）迭代器减去整数 *n*：结果迭代器往回移动 *n* 个位置。

在进行上面的各种运算时，**必须注意运算结果迭代器的有效性**，即运算结果的迭代器必须指向有效的元素或者该迭代器是结束界定迭代器。下面给出代码示例：

```
vector<int> v(5, 50);                                              // 1
typename vector<int>::iterator r=v.begin();//结果:r 指向元素 v[0]   // 2
*r = 150;   // 将 v[0]的值设置为 150                                // 3
r++;        // 结果: r 指向元素 v[1]                                // 4
*r = 250;    // 将 v[1]的值设置为 250                               // 5
r = r + 2;  // 结果: r 指向元素 v[3]                                // 6
*r = 350;   // 将 v[3]的值设置为 350                                // 7
r = r - 1;  // 结果: r 指向元素 v[2]                                // 8
*r = 450;   // 将 v[2]的值设置为 450                                // 9
r = v.end(); // 结果: r 是结束界定迭代器                            // 10
r--; // 结果: r 指向最后一个元素 v[4]                               // 11
*r = 550; // 将 v[4]的值设置为 550                                  // 12
for (r = v.begin(); r != v.end(); r++)                             // 13
    cout << *r << " "; // 输出: 150 250 450 350 550                 // 14
```

注意事项：

如果**向量的长度为 0**，则函数 begin 与 end 的返回值相等，返回值均为**结束界定迭代器**。

在上面第 2 行代码中，关键字 typename 用来强调 iterator 是在 vector 内部定义的数据类型，即 iterator 不是 vector 的静态成员变量。在通过“::”运算使用类或模板内部定义的数据类型时，有些 C++编译器要求**必须加上关键字 typename**，有些 C++编译器则**允许不加上关键字 typename**。

逆向迭代器的逻辑示意图如图 6-3 所示。与正向迭代器相比，逆向迭代器是按照逆序访问各个元素。正向首结点变成为逆向尾结点，正向尾结点变成为逆向首结点。**逆向开始迭代器**指向逆向首结点。**逆向结束界定迭代器**指向位于按照逆向方向位于逆向尾结点之后的一个结点，即指向按照正向方向位于首结点之前的一个结点。逆向结束界定迭代器指向的这个结点在物理内存中实际上是不存在的。

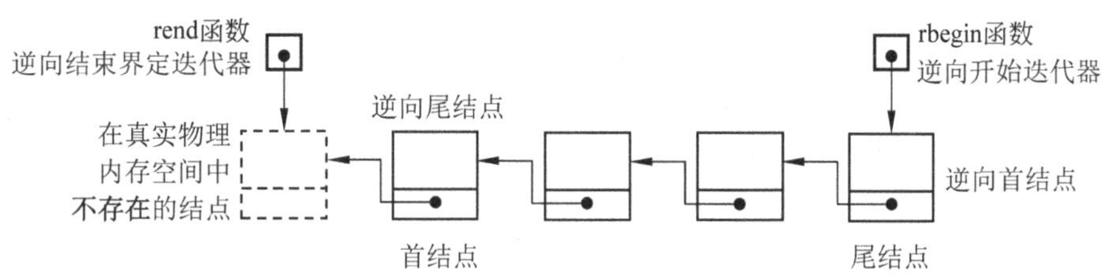

图 6-3　向量的逆向迭代器逻辑示意图

向量的成员函数 rbegin 和 rend可以用来获取逆向迭代器，具体说明如下。

函数 22	vector<T>::rbegin
声明：	reverse_iterator rbegin( );
说明：	返回逆序的第 1 个元素所对应的迭代器，即正序的最后 1 个元素所对应的迭代器。这里需要注意的是在本函数中的迭代器类是向量内部的类。
参数：	模板参数 T 是元素的数据类型。
返回值：	逆序的第 1 个元素所对应的迭代器。
头文件：	#include <vector>

函数 23	vector<T>::rend
声明：	reverse_iterator rend( );
说明：	返回逆向结束界定迭代器，即返回的迭代器指向在逆序中紧挨在最后 1 个元素之后的那个元素。这里需要注意的是在本函数中的迭代器类是向量内部的类。
参数：	模板参数 T 是元素的数据类型。
返回值：	逆向结束界定迭代器。
头文件：	#include <vector>

逆向迭代器可以执行自增、自减、取值以及加上和减去整数的运算，具体说明如下：

（1）逆向迭代器变量自增：结果逆向迭代器变量指向在逆序中的下一个结点。

（2）逆向迭代器变量自减：结果逆向迭代器变量指向在逆序中的上一个结点。

（3）通过逆向迭代器取值或修改向量元素的值：这时逆向迭代器类似于指针，具体运算符为“*运算符”。

（4）逆向迭代器加上整数 n：结果逆向迭代器按逆序方向朝前移动 n 个位置。

（5）逆向迭代器减去整数 n：结果逆向迭代器按逆序方向往回移动 n 个位置。

在进行上面的各种运算时，**必须注意运算结果逆向迭代器的有效性**，即运算结果的逆向迭代器必须指向有效的元素或者该逆向迭代器是逆向结束界定迭代器。下面给出代码示例：

```
vector<int> v(5, 50);
typename vector<int>::reverse_iterator r = v.rbegin();
// 结果: r 指向元素 v[4]
*r = 150;  // 将 v[4]的值设置为 150
r++;      // 结果: r 指向元素 v[3]
*r = 250;    // 将 v[3]的值设置为 250
r = r + 2;  // 结果: r 指向元素 v[1]
*r = 350;   // 将 v[1]的值设置为 350
r = r - 1;  // 结果: r 指向元素 v[2]
*r = 450;   // 将 v[2]的值设置为 450
r = v.rend(); // 结果: r 是结束界定迭代器
r--; // 结果: r 指向第 1 个元素 v[0]
*r = 550; // 将 v[0]的值设置为 550
typename vector<int>::iterator s;
for (s = v.begin(); s != v.end(); s++)
    cout << *s << " "; // 输出: 550 350 450 250 150
```

注意事项:

如果**向量的长度为 0**，则函数 rbegin 与 rend 的返回值相等，返回值均为**逆向结束界定迭代器**。

6.3.3 改变向量长度与容量

下面介绍一些用来改变向量长度或容量的成员函数。**向量的成员函数 reserve** 申请预订向量的容量，该函数的具体说明如下：

函数 24　vector<T>::reserve

声明： `void reserve(size_type n);`

说明： 申请预订向量的容量。如果申请成功，则向量的容量将不小于 n。C++标准并没有规定最终容量的大小。因此，最终容量大小取决于具体的 C++语言支撑平台。最常见的结果是：如果向量原来的容量大于或等于 n，则容量不变；否则，容量通常变为 n。

参数： ① 模板参数 T 是元素的数据类型。
② n 是预订的容量大小。

头文件： `#include <vector>`

下面给出调用成员函数 reserve 的示例代码片段。

```
vector<int> v(3, 5); // 结果: 向量 v 的长度=3, 容量=3      // 1
v.reserve(10);       // 结果: 向量 v 的长度=3, 容量=10     // 2
```

成员函数 reserve 通常不会改变向量的长度。如果成员函数 reserve 申请预订的容量小于向量的长度，则向量的容量通常会保持不变。对于上面第 2 行代码运行结果，向量的最终容量取决于 C++语言支撑平台，上面给出了其中最常见的结果。

重新设置向量长度的成员函数 resize 的具体说明如下：

函数 25　vector<T>::resize

声明： `void resize(size_type n, T c=T( ));`

说明： 将向量的长度重新设置为 n。如果向量的长度变大且提供了函数参数 c，则超出原来长度的元素初始化为 c，原有元素的值保持不变。

参数： ① 模板参数 T 是元素的数据类型。

② n 是向量的新长度。这里要求 n 不小于 0。

③ c 是用于初始化新增元素的值。

头文件： #include <vector>

下面给出调用成员函数 resize 的示例代码片段。

```
vector<int> v(3, 5);      // 结果：向量 v 长度=3，容量=3，各个元素的值均为 5    // 1
v.resize(6, 10);          // 结果：向量 v 长度=6，容量=6，                      // 2
                          //       前 3 个元素值为 5，后 3 个值为 10            // 3
v.resize(4, 10);          // 结果：向量 v 的长度=4，容量=6，                    // 4
                          //       前 3 个元素值为 5，最后 1 个值为 10          // 5
v.resize(2, 10);          // 结果：向量 v 的长度=2，容量=6，2 个元素值均为 5    // 6
v.resize(0);              // 结果：向量 v 的长度=0，容量=6                      // 7
```

如果**成员函数 resize 预设置的长度超过向量的容量**，则向量的容量通常会增大，并且不小于预设置的长度，如上面第 2 行代码所示。不过，C++标准并没有规定最终容量的具体大小。因此，最终容量大小取决于具体的 C++语言支撑平台。上面第 2 行代码的注释给出其中一种结果示例。如果成员函数 resize 预设置的长度**没有超过**向量的容量，则向量的容量通常不变，如上面第 4～7 行代码所示。

向量交换成员函数 swap 的具体说明如下：

函数 26　vector<T>::swap

声明： void swap(vector<T>& x);

说明： 交换当前向量与向量 x 占用的存储单元。结果当前向量的新长度、容量和元素都等于向量 x 的原来长度、容量和元素；向量 x 的新长度、容量和元素都等于当前向量的原来长度、容量和元素。

参数： ① 模板参数 T 是元素的数据类型。

② x 是待交换的向量。

头文件： #include <vector>

下面给出调用成员函数 swap 的示例代码片段。

```
vector<int> v1(3, 5);     // 结果：向量 v1 长度=3，容量=3，各个元素的值均为 5   // 1
vector<int> v2(6, 8);     // 结果：向量 v2 长度=6，容量=6，各个元素的值均为 8   // 2
v1.swap(v2);              // 结果：向量 v1 长度=6，容量=6，各个元素的值均为 8   // 3
                          //       向量 v2 长度=3，容量=3，各个元素的值均为 5   // 4
```

❀小甜点❀：

在向量的生命周期中，在向量被析构之前，**向量的容量通常只会增大，不会减少，除非调用成员函数 swap**。

6.3.4　插入与删除元素

首先介绍插入元素的成员函数，**插入单个元素的成员函数 insert** 的具体说明如下：

函数 27	vector<T>::insert
声明：	iterator insert(iterator position, const T& x);
说明：	在 position 对应的位置之前插入新元素。如果 position 是结束界定迭代器，则在向量的末尾插入新元素。新元素的值将等于 x。
参数：	① 模板参数 T 是元素的数据类型。 ② position 是当前向量的迭代器。这里要求 position 必须是有效的迭代器。 ③ x 用来指定新元素的值。
返回值：	新插入的元素所对应的迭代器。
头文件：	#include <vector>

下面给出调用成员函数 insert 的示例代码片段。

```
vector<int> v(2, 5);      // 结果：向量 v 长度=2，容量=2，v[0]=v[1]=5      // 1
v.insert(v.begin(), 4); // 结果：向量 v 长度=3，容量=3，                    // 2
                        //      v[0]=4，v[1]=v[2]=5                       // 3
```

因为“v.begin()”返回第 1 个元素所对应的迭代器，所以上面第 2 行在向量的开头位置插入新的元素。如果在插入元素时发现向量的当前容量不足以容纳下新元素，**向量会自动扩大容量**，如上面代码所示。

插入多个元素的成员函数 insert 的具体说明如下：

函数 28	vector<T>::insert
声明：	void insert(iterator position, size_type n, const T& x);
说明：	在 position 对应的位置之前插入 n 个新元素。如果 position 是结束界定迭代器，则在向量的末尾插入 n 个新元素。新元素的值均等于 x。
参数：	① 模板参数 T 是元素的数据类型。 ② position 是当前向量的迭代器。这里要求 position 必须是有效的迭代器。 ③ n 是新插入的元素的个数。 ④ x 用来指定新元素的值。
头文件：	#include <vector>

下面给出调用成员函数 insert 的示例代码片段。

```
vector<int> v(2, 5);        // 结果：向量 v 长度=2，容量=2，v[0]=v[1]=5  // 1
v.insert(v.end(), 2, 8);    // 结果：向量 v 长度=4，容量=4，               // 2
                            //       v[0]=v[1]=5，v[2]=v[3]=8             // 3
```

因为“v.end()”返回结束界定迭代器，所以上面第 2 行在向量的末尾插入新的元素。上面的代码同时展示了**向量自动扩大容量**以容纳下新插入的元素。

通过迭代器插入多个元素的成员函数 insert 的具体说明如下：

函数 29	vector<T>::insert
声明：	void insert(iterator position, InputIterator first, InputIterator last);
说明：	在 position 对应的位置之前插入若个新元素，这些元素的值依次等于从 first 开始并且在 last 之前的元素的值。如果 position 是结束界定迭代器，则在向量的末尾插入新元素。

参数： ① 模板参数 T 是元素的数据类型。
② position 是当前向量的迭代器。这里要求 position 必须是有效的迭代器。
③ first 是在指定元素值的元素序列中第 1 个元素对应的迭代器。
④ last 是在指定元素值的元素序列中最后 1 个元素之后的迭代器。

头文件： #include <vector>

下面给出调用成员函数 insert 的示例代码片段。

```
vector<int> v1(2, 5); // 结果：向量 v1 长度=2，容量=2，v1[0]=v1[1]=5
typename vector<int>::iterator p=v1.end();// 结果：p 是结束界定迭代器
p--;                   // 结果：迭代器 p 指向 v[1]元素
vector<int> v2(2, 8); // 结果：向量 v2 长度=2，容量=2，v2[0]=v1[1]=8
v1.insert(p, v2.begin(), v2.end()); // 结果：向量 v1 长度=4，容量=4，
                       // v1[0]=5，v1[1]=8，v1[2]=8，v1[3]=5
```

在末尾插入单个元素的成员函数 push_back 的具体说明如下：

函数 30　vector<T>::push_back

声明： void push_back(T& u);

说明： 在向量末尾添加新元素，新元素的值等于 u。

参数： ① 模板参数 T 是元素的数据类型。
② u 用于指定新元素的值。

头文件： #include <vector>

下面给出调用成员函数 push_back 的示例代码片段。

```
vector<int> v(2, 5); // 结果：向量 v 长度=2，容量=2，v[0]=v[1]=5
v.push_back(8); // 结果：向量 v 长度=3，容量=3，v[0]=v[1]=5，v[2]=8
```

删除最后 1 个元素的成员函数 pop_back 的具体说明如下：

函数 31　vector<T>::pop_back

声明： void pop_back( );

说明： 删除向量的最后 1 个元素。调要本函数的前提要求是向量的长度大于 0。

参数： 模板参数 T 是元素的数据类型。

头文件： #include <vector>

下面给出调用成员函数 pop_back 的示例代码片段。

```
vector<int> v(2, 5); // 结果：向量 v 长度=2，容量=2，v[0]=v[1]=5
v.pop_back();        // 结果：向量 v 长度=1，容量=2，v[0]=5
```

从上面运行结果可以看出，成员函数 pop_back 只改变了向量的长度，并不会影响到向量的容量。

删除单个元素的成员函数 erase 的具体说明如下：

函数 32　vector<T>::erase

声明： iterator erase(iterator position);

说明： 删除迭代器 position 所对应的元素，并返回该元素之后的迭代器。

参数： ① 模板参数 T 是元素的数据类型。
② position 是待删除元素所对应的迭代器。这里要求 position 必须指向在当前向量内有效的元素。

返回值： 被删除元素之后的迭代器。

头文件： #include <vector>

下面给出调用成员函数 erase 的示例代码片段。

```
vector<int> v(2, 5);// 结果：向量 v 长度=2，容量=2，v[0]=v[1]=5              // 1
v[0] = 4;          // 结果：向量 v 长度=2，容量=2，v[0]=4，v[1]=5            // 2
v.erase(v.begin()); // 结果：向量 v 长度=1，容量=2，v[0]=5                   // 3
v.erase(v.begin()); // 结果：向量 v 长度=0，容量=2                           // 4
```

在上面第 4 行代码处，成员函数 erase 返回的迭代器是结束界定迭代器。从上面运行结果可以看出，成员函数 erase 只会改变向量的长度，不会改变向量的容量。

删除元素序列的成员函数 erase 的具体说明如下：

函数 33 vector<T>::erase

声明： iterator erase(iterator first, iterator last);

说明： 删除从 first 开始并且在 last 之前的元素，并返回紧接在最后 1 个被删除元素之后的迭代器。

参数： ① 模板参数 T 是元素的数据类型。
② first 指向第 1 个待删除元素。
③ last 是位于最后 1 个待删除元素之后的迭代器。

返回值： 紧接在最后 1 个被删除元素之后的迭代器。

头文件： #include <vector>

下面给出调用成员函数 erase 的示例代码片段。

```
vector<int> v(10, 5);                // 结果：向量 v 长度=10，容量=10      // 1
v.erase(v.begin()+1, v.end()-1);     // 结果：向量 v 长度=2，容量=10       // 2
```

上面第 2 行代码删除了向量 v 的所有中间元素，只剩下第 1 个元素和最后 1 个元素。因此，在删除之后，向量 v 的长度为 2。成员函数 erase 只会改变向量的长度，不会改变向量的容量。因此，在删除之后，向量 v 的容量保持不变。

清空向量所有元素的成员函数 clear 的具体说明如下：

函数 34 vector<T>::clear

声明： void clear();

说明： 清空向量的内容，即将向量长度变为 0。这时向量的容量保持不变。

参数： 模板参数 T 是元素的数据类型。

头文件： #include <vector>

下面给出调用成员函数 clear 的示例代码片段。

```
vector<int> v(3, 5); // 结果：向量 v 的长度=3，容量=3，各个元素的值均为 5     // 1
v.clear( );          // 结果：向量 v 的长度=0，容量=3                          // 2
```

> **注意事项**：
>
> 这里应当注意清空向量内容的**成员函数 clear 通常不会改变向量占用的内存大小**。这是因为虽然向量的长度最终变为 0，但是向量的容量保持不变。

6.3.5　向量赋值与比较

向量拥有多个赋值成员函数，其中第 1 个**赋值成员函数 assign** 的具体说明如下：

函数 35　vector<T>::assign

声明：　`void assign(size_type n, const T& u);`

说明：　将向量的长度变为 n，并将各个元素的值均设置为 u。

参数：　① 模板参数 T 是元素的数据类型。

② n 是元素的个数。这里要求 n 大于 0。

③ u 用来指定元素的值。

头文件：　`#include <vector>`

下面给出调用成员函数 assign 的示例代码片段。

```
vector<int> v;  // 结果：向量 v 长度=0，容量=0
v.assign(3, 5); // 结果：向量 v 长度=3，容量=3，各个元素的值均为 5
v.assign(6, 8); // 结果：向量 v 长度=6，容量=6，各个元素的值均为 8
v.assign(4, 2); // 结果：向量 v 长度=4，容量=6，各个元素的值均为 2
```

从上面代码的运行结果可以看出，成员函数 assign 可以减小向量的长度，但不会减小向量的容量。

通过迭代器的赋值成员函数 assign 的具体说明如下：

函数 36　vector<T>::assign

声明：　`void assign(InputIterator first, InputIterator last);`

说明：　通过迭代器复制元素。将向量的长度变为从 first 开始并且在 last 之前的元素个数，并且向量的各个元素值也依次分别等于从 first 开始并且在 last 之前的各个元素的值。

参数：　① 模板参数 T 是元素的数据类型。

② 函数参数 first 是迭代器，指向待复制的第 1 个元素。

③ 函数参数 last 是位于待复制的最后 1 个元素之后的迭代器。

头文件：　`#include <vector>`

下面给出调用成员函数 assign 的示例代码片段。

```
vector<int> v1;          // 结果：向量 v1 长度=0，容量=0
vector<int> v2(6, 8);    // 结果：向量 v2 长度=6，容量=6，各个元素的值均为 8
vector<int> v3(3, 5);    // 结果：向量 v3 长度=3，容量=3，各个元素的值均为 5
v1.assign(v2.begin(), v2.begin() + 2); // 结果：向量 v1 长度=2，容量=2，
                                       // 各个元素的值均为 8
v1.assign(v2.begin(), v2.end());    // 结果：向量 v1 长度=6，容量=6，
                                    // 各个元素的值均为 8
v1.assign(v3.begin(), v3.end());    // 结果：向量 v1 长度=3，容量=6，
```

```
                    // 各个元素的值均为 5
```

从上面代码的运行结果可以看出，成员函数 assign 可以减小向量的长度，但不会减小向量的容量。

向量赋值运算“=”的具体说明如下：

运算符 5　vector<T>::operator=

声明：

```
vector<T>& operator=(const vector<T>& x);
```

说明： 复制向量 x 的元素。将当前向量的长度变为向量 x 的长度，并且向量的各个元素值也依次分别等于向量 x 的各个元素的值。返回当前向量的引用。

参数： ① 模板参数 T 是元素的数据类型。
② x 是待复制的向量。

返回值： 当前向量的引用。

头文件： #include <vector>

下面给出向量赋值运算的示例代码片段。

```
vector<int> v1;          // 结果：向量 v1 长度=0，容量=0
vector<int> v2(6, 8);    // 结果：向量 v2 长度=6，容量=6，各个元素的值均为 8
vector<int> v3(3, 5);    // 结果：向量 v3 长度=3，容量=3，各个元素的值均为 5
v1=v2;                   // 结果：向量 v1 长度=6，容量=6，各个元素的值均为 8
v1=v3;                   // 结果：向量 v1 长度=3，容量=6，各个元素的值均为 5
```

从上面代码的运行结果可以看出，向量赋值运算可以减小向量的长度，但不会减小向量的容量。

向量之间可以比较大小。**比较任意 2 个向量 x 与 y 之间大小的规则**如下：

（1）从头到尾逐个比较向量 x 与 y 的每个元素。如果所有元素都相等，则 x 与 y 相等；否则，由第 1 个不相等的元素之间的大小关系决定 x 与 y 之间大小。

（2）如果 x 与 y 的元素个数不同且长度小的向量的所有元素与另一个向量的对应元素依次相等，则认为长度小的向量小于长度大的向量。

向量之间的关系运算包括<、<=、>、>=、==和!=，具体说明如下：

运算符 6　vector<T>::operator<

声明：

```
template <class T>
bool operator< (const vector<T>& x, const vector<T>& y);
```

说明： 比较向量 x 和 y 的大小。如果 x<y，则返回 true；否则，返回 false。

参数： ① 模板参数 T 是元素的数据类型。
② x 是进行比较的第 1 个向量。
③ y 是进行比较的第 2 个向量。

返回值： 如果 x<y，则返回 true；否则，返回 false。

头文件： #include <vector>

运算符 7　vector<T>::operator<=

声明：

```
template <class T>
bool operator<= (const vector<T>& x, const vector<T>& y);
```

说明： 比较向量 x 和 y 的大小。如果 x≤y，则返回 true；否则，返回 false。

参数： ① 模板参数 T 是元素的数据类型。

② x 是进行比较的第 1 个向量。
③ y 是进行比较的第 2 个向量。

返回值： 如果 x≤y，则返回 true；否则，返回 false。

头文件： `#include <vector>`

运算符 8　vector<T>::operator>

声明：

```
template <class T>
bool operator> (const vector<T>& x, const vector<T>& y);
```

说明： 比较向量 x 和 y 的大小。如果 x>y，则返回 true；否则，返回 false。

参数： ① 模板参数 T 是元素的数据类型。
② x 是进行比较的第 1 个向量。
③ y 是进行比较的第 2 个向量。

返回值： 如果 x>y，则返回 true；否则，返回 false。

头文件： `#include <vector>`

运算符 9　vector<T>::operator>=

声明：

```
template <class T>
bool operator>= (const vector<T>& x, const vector<T>& y);
```

说明： 比较向量 x 和 y 的大小。如果 x≥y，则返回 true；否则，返回 false。

参数： ① 模板参数 T 是元素的数据类型。
② x 是进行比较的第 1 个向量。
③ y 是进行比较的第 2 个向量。

返回值： 如果 x≥y，则返回 true；否则，返回 false。

头文件： `#include <vector>`

运算符 10　vector<T>::operator==

声明：

```
template <class T>
bool operator == (const vector<T>& x, const vector<T>& y);
```

说明： 比较向量 x 和 y 的大小。如果 x==y，则返回 true；否则，返回 false。

参数： ① 模板参数 T 是元素的数据类型。
② x 是进行比较的第 1 个向量。
③ y 是进行比较的第 2 个向量。

返回值： 如果 x==y，则返回 true；否则，返回 false。

头文件： `#include <vector>`

运算符 11　vector<T>::operator!=

声明：

```
template <class T>
bool operator!= (const vector<T>& x, const vector<T>& y);
```

说明： 比较向量 x 和 y 的大小。如果 x!=y，则返回 true；否则，返回 false。

参数： ① 模板参数 T 是元素的数据类型。
② x 是进行比较的第 1 个向量。
③ y 是进行比较的第 2 个向量。

返回值： 如果 x!=y，则返回 true；否则，返回 false。

头文件： `#include <vector>`

下面给出向量之间进行关系运算的示例代码片段。

```
vector<int> v1(3, 5); // 结果：向量 v1 长度=3，容量=3，各个元素的值均为 5    // 1
```

```
vector<int> v2(6, 8); // 结果：向量v2长度=6, 容量=6, 各个元素的值均为8
vector<int> v3(3, 5); // 结果：向量v3长度=3, 容量=3, 各个元素的值均为5

cout << ((v1 < v2) ? "true" : "false");     // 输出：true
cout << ((v2 < v1) ? "true" : "false");     // 输出：false
cout << ((v1 <= v2) ? "true" : "false");    // 输出：true
cout << ((v2 <= v1) ? "true" : "false");    // 输出：false

cout << ((v2 > v1) ? "true" : "false");     // 输出：true
cout << ((v1 > v2) ? "true" : "false");     // 输出：false
cout << ((v2 >= v1) ? "true" : "false");    // 输出：true
cout << ((v1 >= v2) ? "true" : "false");    // 输出：false

cout << ((v1 == v3) ? "true" : "false");    // 输出：true
cout << ((v1 == v2) ? "true" : "false");    // 输出：false
cout << ((v1 != v2) ? "true" : "false");    // 输出：true
cout << ((v1 != v3) ? "true" : "false");    // 输出：false
```

例程 6-9　初始化并展示向量内容的例程。

例程功能描述：首先，将向量v初始化为1个单调增的序列。然后，输出该向量的长度、容量和各个元素的值。

例程解题思路：将本例程要实现的2个功能分别写成为函数模板的形式，并放在头文件中，供主函数调用。例程代码由2个源程序代码文件“CP_VectorInitShow.h”和“CP_VectorInitShowMain.cpp”组成，具体的程序代码如下。

```
// 文件名：CP_VectorInitShow.h；开发者：雍俊海
#ifndef CP_VECTORINITSHOW_H
#define CP_VECTORINITSHOW_H

// 功能说明：将向量v赋值为单调增序列，其初值为a，增量为d，个数为n
template<class T>
void gt_initVector(vector<T>& v, const T& a, const T&d, int n)
{
   if (n <= 0)
      return;
   v.resize(n);
   int i;
   T e = a;
   for (i = 0; i < n; i++, e += d)
      v[i] = e;
} // 函数模板gt_initVector结束

template<class T>
void gt_showVector(const vector<T>& v)
{
   int i;
```

```
21     int n = v.size();
22     cout << "向量长度 = " << n << "。" << endl;
23     cout << "向量容量 = " << v.capacity() << "。" << endl;
24     cout << "向量的内容如下：  " << endl;
25     for (i = 0; i<n; i++)
26         cout << "\t 向量[" << i << "] = " << v[i] << "。" << endl;
27 } // 函数模板 gt_showVector 结束
28 #endif
```

```
// 文件名：CP_VectorInitShowMain.cpp；开发者：雍俊海                    行号
1  #include <iostream>
2  using namespace std;
3  #include <vector>
4  #include "CP_VectorInitShow.h"
5  
6  int main(int argc, char* args[])
7  {
8      vector<int> v;
9      gt_initVector<int>(v, 5, 10, 3);
10     gt_showVector<int>(v);
11 
12     system("pause"); // 暂停住控制台窗口
13     return 0; // 返回 0 表明程序运行成功
14 } // main 函数结束
```

可以对上面的代码进行编译、链接和运行。下面给出一个运行结果示例。

```
向量长度 = 3。
向量容量 = 3。
向量的内容如下：
        向量[0] = 5。
        向量[1] = 15。
        向量[2] = 25。
请按任意键继续. . .
```

例程分析：本例程在初始化向量时，是先让向量拥有充足的元素个数，如头文件“CP_VectorInitShow.h”第 10 行代码“v.resize(n);”所示。然后，再依次给向量的各个元素赋值。与往向量逐个添加元素的方式相比，采用这种方式通常会拥有更高的执行效率。

下面给出往向量逐个添加元素实现初始化向量的程序代码：

```
4  // 功能说明：将向量 v 赋值为单调增序列，其初值为 a，增量为 d，个数为 n
5  template<class T>
6  void gt_initVector(vector<T>& v, const T& a, const T&d, int n)
7  {
8      if (n <= 0)
9          return;
10     v.resize(n);
```

```
    int i;
    T e = a;
    for (i = 0; i < n; i++, e += d)
        v.push_back(e);
} // 函数模板 gt_initVector 结束
```

可以用上面的代码代替头文件“CP_VectorInitShow.h”第 4~15 行代码。在代码替换之后，程序的功能相同，只是运行效率通常会变低。当向量元素个数越大时，这种降低效率的效果就会表现得越明显。

6.4 集合类模板 set

在 C++标准模板库中，**集合（set）**是一种类模板，也是一种容器，包含一系列从小到大排好序的元素。**在集合中不允许出现 2 个大小相等的元素**。另外，与向量不同，集合没有容量的概念，而且不支持方括号运算，也不允许通过迭代器修改集合元素的值。使用集合类模板 set 需要包含头文件<set>，对应的**头文件包含语句**是

```
#include <set>
```

6.4.1 仿函数

类模板 set 是通过仿函数来比较元素大小的。因此，这里先介绍仿函数类和仿函数。如果在类的内部定义了圆括号运算，则这个类称为**仿函数类**，也可以称为**函数对象类**。仿函数类的实例对象称为**仿函数**或者**函数对象**。下面给出仿函数的 1 个例程。

例程 6-10　通过仿函数实现学生学号与分数比较的例程。

例程功能描述：首先，定义学生类、学生学号比较仿函数类和学生分数比较仿函数类。然后，在主函数中通过仿函数比较学生学号与分数。

例程解题思路：例程代码由 2 个源程序代码文件“CP_StudentWithCompare.h”和“CP_StudentWithCompareMain.cpp”组成，具体的程序代码如下。

```
// 文件名：CP_StudentWithCompare.h；开发者：雍俊海
#ifndef CP_STUDENTWITHCOMPARE_H
#define CP_STUDENTWITHCOMPARE_H

class CP_Student
{
public:
    int m_ID;
    int m_score;
public:
    CP_Student(int id = 0, int score = 100)
        :m_ID(id), m_score(score) { }
}; // 类 CP_Student 定义结束

```

```
class CP_StudentCompareID // 比较学生学号：小于关系
{
public:
    bool operator()(const CP_Student& a, const CP_Student& b) const
    {
        return (a.m_ID<b.m_ID);
    } // 类 CP_StudentCompareID 的运算符 operator( )定义结束
}; // 类 CP_StudentCompareID 定义结束

class CP_StudentCompareScore // 比较学生分数：小于关系
{
public:
    bool operator()(const CP_Student& a, const CP_Student& b) const
    {
        return (a.m_score<b.m_score);
    }// 类 CP_StudentCompareScore 的运算符 operator( )定义结束
}; // 类 CP_StudentCompareScore 定义结束
#endif
```

// 文件名：CP_StudentWithCompareMain.cpp；开发者：雍俊海　　行号

```
#include <iostream>
using namespace std;
#include "CP_StudentWithCompare.h"

int main(int argc, char* args[])
{
    CP_Student a(2022010001, 90);
    CP_Student b(2022010002, 95);
    CP_StudentCompareID LessID;
    CP_StudentCompareScore LessScore;

    if (LessID(a, b))
        cout << "学生 a 的学号小。" << endl;
    else cout << "学生 a 的学号不小。" << endl;

    if (LessScore(a, b))
        cout << "学生 a 的分数相对较低。" << endl;
    else cout << "学生 a 的分数相对不低。" << endl;

    system("pause"); // 暂停住控制台窗口
    return 0; // 返回 0 表明程序运行成功
} // main 函数结束
```

可以对上面的代码进行编译、链接和运行。下面给出一个运行结果示例。

```
学生 a 的学号小。
学生 a 的分数相对较低。
```

```
请按任意键继续. . .
```

例程分析：在本例程源文件“CP_StudentWithCompareMain.cpp”第 12 行代码“LessID(a, b)”中，LessID 非常像函数名，但却不是函数名，而是类 CP_StudentCompareID 的实例对象，是仿函数。这也是**仿函数名称的由来**。

“LessID (a, b)”也可以写作“LessID.operator()(a, b)”，即“LessID(a, b)”实际上是类 CP_StudentCompareID 的实例对象 LessID 调用了带有 2 个参数的成员函数“operator( )”。这个成员函数刚好是圆括号运算。

如头文件“CP_StudentWithCompare.h”第 14～21 行代码所示，因为“operator( )”是类 CP_StudentCompareID 的成员函数，所以类 CP_StudentCompareID 是仿函数类。因此，类 CP_StudentCompareID 的实例对象 LessID 是仿函数。

类似地，头文件“CP_StudentWithCompare.h”第 23～30 行代码定义了仿函数类 CP_StudentCompareScore。源文件“CP_StudentWithCompareMain.cpp”第 10 行代码“CP_StudentCompareScore LessScore;”定义的实例对象 LessScore 是仿函数。

6.4.2 集合的构造函数和迭代器

本小节介绍集合的构造函数、拷贝构造函数、正向迭代器、逆向迭代器、集合的长度以及如何判断集合的长度是否为 0。下面给出集合的不含函数参数的构造函数的具体说明。

函数 37	set<Key, Compare>::set
声明：	template <class Key, class Compare = less<Key>> set();
说明：	构造不含元素的集合。
参数：	① 模板参数 Key 是元素的数据类型。 ② 模板参数 Compare 是用来比较元素大小的仿函数类。本函数可以不提供模板参数 Compare。如果不提供模板参数 Compare，则在构造集合时将采用默认的仿函数类。
头文件：	#include <set>

下面给出集合的函数参数为迭代器的构造函数的具体说明。

函数 38	set<Key, Compare>::set
声明：	template <class Key, class Compare = less<Key>> set(InputIterator first, InputIterator last);
说明：	构造一个集合，复制从 first 开始并且在 last 之前的元素，但在新构造的集合中，元素会被从小到大排好序，而且值相等的元素不会被重复复制。
参数：	① 模板参数 Key 是元素的数据类型。 ② 模板参数 Compare 是用来比较元素大小的仿函数类。本函数可以不提供模板参数 Compare。如果不提供模板参数 Compare，则在构造集合时将采用默认的仿函数类。 ③ 函数参数 first 是迭代器，指向待复制的第 1 个元素。 ④ 函数参数 last 是待复制的最后 1 个元素之后的迭代器。
头文件：	#include <set>

与向量类似，集合也拥有**迭代器**。按照迭代器的方向，集合的迭代器也分为正向迭代器和逆向迭代器。集合与向量拥有相同的迭代器逻辑示意图。集合的正向迭代器逻辑示意

图如图 6-4 所示。集合的**开始迭代器**指向**首结点**，即第 1 个元素。集合的最后 1 个元素在逻辑上可以看作**尾结点**。**结束界定迭代器**指向位于尾结点之后的一个结点。结束界定迭代器指向的结点实际上是物理内存中不存在的结点。除了结束界定迭代器之外，合法的集合迭代器是集合元素的索引，即合法的集合迭代器指向集合的元素。

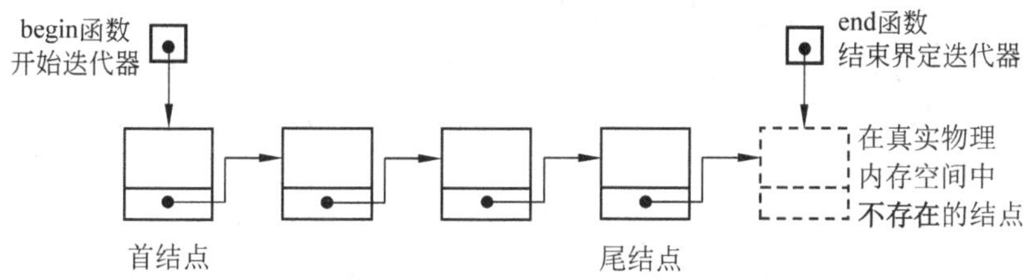

图 6-4　集合的正向迭代器逻辑示意图

> **说明**：
> 与向量的正向迭代器相比，**集合的正向迭代器具有如下 2 个不同点**：
> （1）集合的各个元素严格按照**从小到大排序**，而且**不存在相等的元素**。
> （2）在集合中，各个结点都是**只读结点**，即可以读取结点的值，但不允许修改结点的值。不过，结点本身是可以被删除的。自然，也可以添加新的结点。

集合的成员函数 begin 和 end 可以用来获取正向迭代器，具体说明如下。

函数 39　set<Key, Compare>::begin

声明：
```
template <class Key, class Compare = less<Key>>
iterator begin();
```
说明： 如果集合含有元素，则返回第 1 个元素所对应的迭代器；否则，返回结束界定迭代器。

参数： ① 模板参数 Key 是元素的数据类型。

② 模板参数 Compare 是用来比较元素大小的仿函数类。本函数可以不提供模板参数 Compare。如果不提供模板参数 Compare，则在构造集合时将采用默认的仿函数类。

返回值： 如果集合含有元素，则返回第 1 个元素所对应的迭代器；否则，返回结束界定迭代器。

头文件： `#include <set>`

函数 40　set<Key, Compare>::end

声明：
```
template <class Key, class Compare = less<Key>>
iterator end();
```
说明： 返回结束界定迭代器。

参数： ① 模板参数 Key 是元素的数据类型。

② 模板参数 Compare 是用来比较元素大小的仿函数类。本函数可以不提供模板参数 Compare。如果不提供模板参数 Compare，则在构造集合时将采用默认的仿函数类。

返回值： 结束界定迭代器。

头文件： `#include <set>`

下面介绍集合迭代器的支持的自增、自减运算和“*运算”以及不支持的加减整数运算。

（1）“++运算”是迭代器变量自增运算，结果迭代器变量指向下一个结点。

（2）“--运算”是迭代器变量自减运算，结果迭代器变量指向上一个结点。

（3）“*运算”是迭代器取值运算。集合迭代器的取值运算只能用来读取元素的值，**不**

允许修改元素的值。

（4）迭代器加上整数 n：集合迭代器不支持加上整数的运算。

（5）迭代器减去整数 n：集合迭代器不支持减去整数的运算。

在进行上面的各种运算时，必须注意运算结果迭代器的有效性，即运算结果的迭代器必须指向有效的元素或者该迭代器是结束界定迭代器。

例程 6-11　展示集合构造函数以及集合迭代器自增、自减和取值运算。

例程功能描述：分别创建不含元素和含有 4 个元素的集合实例对象。展示集合各个元素的值。展示集合的自增、自减和取值运算。

例程解题思路：例程代码由 3 个源程序代码文件“CP_VectorInitShow.h”“CP_SetShow.h”和“CP_SetIteratorMain.cpp”组成，其中“CP_VectorInitShow.h”参见第 6.3.5 小节例程 6-9，其余 2 个源程序代码文件的具体程序代码如下。

```
// 文件名：CP_SetShow.h；开发者：雍俊海                                    行号
#ifndef CP_SETSHOW_H
#define CP_SETSHOW_H

template<class T>
void gt_setShow(const set<T>& s)
{
   cout << "集合长度 = " << s.size() << "。" << endl;
   cout << "集合的内容如下： " << endl;
   typename set<T>::iterator st;
   int i = 0;
   for (st = s.begin(); st != s.end(); st++, i++)
      cout << "\t集合[" << i << "] = " << *st << "。" << endl;
} // 函数模板 gt_setShow 结束
#endif
```

```
// 文件名：CP_SetIteratorMain.cpp；开发者：雍俊海                           行号
#include <iostream>
using namespace std;
#include <set>
#include <vector>
#include "CP_VectorInitShow.h"
#include "CP_SetShow.h"

int main(int argc, char* args[])
{
   vector<int> v(3, 30);
   v.push_back(50);
   v.push_back(60);
   v.push_back(40);
   gt_showVector(v);
   set<int> s1; // 结果：s1 长度=0
   cout << "s1 长度 = " << s1.size() << "。" << endl;;
```

```
17      set<int> s2(v.begin(), v.end());//s2 长度=4
18      gt_setShow(s2);
19      typename set<int>::iterator r = s2.begin(); // r 指向元素 s2[0]
20      cout << "s2[0] = " << *r << "。" << endl;
21      r++; // 结果: r 指向元素 s2[1]
22      cout << "s2[1] = " << *r << "。" << endl;
23  //    cout << "s2[0] = " << *(r - 1) << "。" << endl;    // 编译错误
24      r--; // 结果: r 指向元素 s2[0]。
25      cout << "s2[0] = " << *r << "。" << endl;
26  //    cout << "s2[2] = " << *(r + 2) << "。" << endl;    // 编译错误
27  //    cout << "s2[0] = " << s2[0] << "。" << endl;       // 编译错误
28  //    *r = 100; // 编译错误: 不能给常量(*r)赋值
29
30      system("pause"); // 暂停住控制台窗口
31      return 0;         // 返回 0 表明程序运行成功
32  } // main 函数结束
```

可以对上面的代码进行编译、链接和运行。下面给出一个运行结果示例。

```
向量长度 = 6。
向量容量 = 6。
向量的内容如下:
        向量[0] = 30。
        向量[1] = 30。
        向量[2] = 30。
        向量[3] = 50。
        向量[4] = 60。
        向量[5] = 40。
s1 长度 = 0。
集合长度 = 4。
集合的内容如下:
        集合[0] = 30。
        集合[1] = 40。
        集合[2] = 50。
        集合[3] = 60。
s2[0] = 30。
s2[1] = 40。
s2[0] = 30。
请按任意键继续. . .
```

例程分析：源文件“CP_SetIteratorMain.cpp”第 10 行代码“vector<int> v(3, 30);”创建了向量 v，它共包含 3 个 int 类型的元素，每个元素的值均为 30。第 11~13 行代码通过向量的 push_back 函数给向量 v 添加了 3 个新元素，结果向量 v 共有 6 个元素，分别为 30、30、30、50、60 和 40。第 17 行代码“set<int> s2(v.begin(), v.end());”复制向量 v 的元素，**去除其中值相等的元素，并进行排序**，形成集合 s2。结果集合 s2 共有 4 个元素，依次为 30、40、50 和 60。第 17 行代码同时表明了**可以通过向量的迭代器来构造集合的实例对象**。

第 15 行代码“set<int> s1;”创建了不含元素的集合 s1。

源文件“CP_SetIteratorMain.cpp”第 19 行代码“typename set<int>::iterator r = s2.begin();”创建了集合迭代器 r，其中**“typename”用来指明“set<int>::iterator”是数据类型**。第 21 行代码“r++;”展示了集合迭代器的自增运算。第 24 行代码“r--;”展示了集合迭代器的自减运算。位于第 20、22 和 25 行代码中的“*r”用来读取迭代器 r 所指向的元素的值。因为集合的迭代器是**只读迭代器**，所以不能通过“*r”修改 r 所指向的元素的值，如第 28 行代码所示。**集合迭代器不支持加上整数的运算**，如第 26 行代码所示，其中“r + 2”无法通过编译。**集合迭代器不支持减去整数的运算**，如第 23 行代码所示，其中“r - 1”无法通过编译。**集合迭代器不支持方括号运算**，如第 27 行代码所示，其中“s2[0]”无法通过编译。

> **📖说明📖**：
>
> 为了缩短篇幅，本节的部分代码示例只提供代码片段。这些**代码片段**都可以代替本例程源文件“CP_SetIteratorMain.cpp”第 10~28 行代码，**形成完整的程序代码**，进行编译、链接和运行。**下面将不再重复这个说明**。

上面的例程用到了**获取集合长度的成员函数 size**，其具体说明如下：

函数 41	**set<Key, Compare>::size**
声明：	size_type size( ) const;
说明：	返回集合的长度，即集合的元素个数。
参数：	① 模板参数 Key 是元素的数据类型。 ② 模板参数 Compare 是用来比较元素大小的仿函数类。本函数可以不提供模板参数 Compare。如果不提供模板参数 Compare，则在构造集合时将采用默认的仿函数类。
返回值：	集合的长度，即集合的元素个数。
头文件：	#include <set>

与集合长度相关的还有成员函数 empty 和 max_size。**成员函数 empty** 的具体说明如下：

函数 42	**set<Key, Compare>::empty**
声明：	bool empty( ) const;
说明：	判断集合的长度是否为 0。
参数：	① 模板参数 Key 是元素的数据类型。 ② 模板参数 Compare 是用来比较元素大小的仿函数类。本函数可以不提供模板参数 Compare。如果不提供模板参数 Compare，则在构造集合时将采用默认的仿函数类。
返回值：	如果集合不含元素，则返回 true；否则返回 false。
头文件：	#include <set>

下面给出成员函数 empty 的示例代码片段。

```
set<int> s;                                                    // 1
cout << "集合s: " << s.empty() << "。"; // 集合s: 1            // 2
```

在上面代码片段中，因为集合 s 的长度是 0，所以 s.empty()返回 true。

要注意集合成员函数 size 与 max_size 的区别，**成员函数 max_size** 的具体说明如下：

函数 43	**set<Key, Compare>::max_size**
声明：	`size_type max_size( ) const;`
说明：	返回集合所允许的最大长度。应当注意，这不是集合的长度。在给集合添加元素时，不应当超过这个所允许的最大长度。
参数：	① 模板参数 Key 是元素的数据类型。 ② 模板参数 Compare 是用来比较元素大小的仿函数类。本函数可以不提供模板参数 Compare。如果不提供模板参数 Compare，则在构造集合时将采用默认的仿函数类。
返回值：	集合所允许的最大长度。
头文件：	`#include <set>`

下面给出集合所允许的最大长度函数的示例代码片段。

```
set<int> s1;                                                          // 1
set<double> s2;                                                       // 2
cout << "集合 s1: " << s1.max_size() << "。"; // 集合 s1: 214748364   // 3
cout << "集合 s2: " << s2.max_size() << "。"; // 集合 s2: 178956970   // 4
```

从上面代码片段的输出可以看出，集合所允许的最大长度与元素的数据类型有关。

集合的**逆向迭代器**的逻辑示意图如图 6-5 所示。与正向迭代器相比，逆向迭代器是按照逆序访问各个元素。正向首结点变成为逆向尾结点，正向尾结点变成为逆向首结点。**逆向开始迭代器**指向逆向首结点，即集合的最后 1 个元素。**逆向结束界定迭代器**指向位于按照逆向方向位于逆向尾结点之后的一个结点，即指向按照正向方向位于首结点之前的一个结点。逆向结束界定迭代器指向的这个结点在物理内存中实际上是不存在的。与集合的正向迭代器相同，集合逆向迭代器指向的结点也是只读结点，即**只可以通过逆向迭代器读取集合元素的值，不允许通过逆向迭代器修改集合元素的值**。

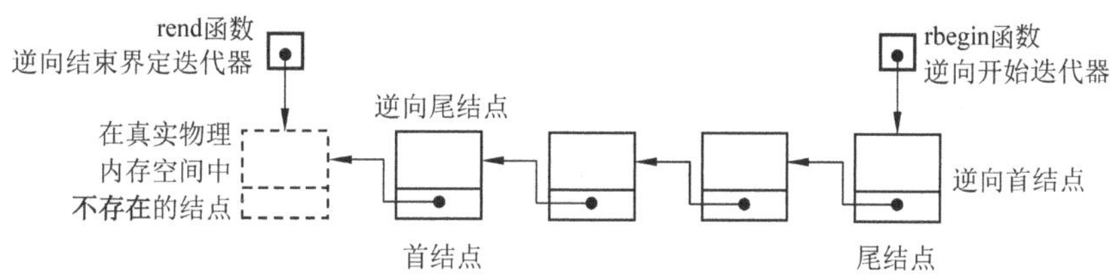

图 6-5　集合的逆向迭代器逻辑示意图

集合的成员函数 rbegin 和 rend 可以用来获取逆向迭代器，具体说明如下。

函数 44	**set<Key, Compare>::rbegin**
声明：	`template <class Key, class Compare = less<Key>>` `reverse_iterator rbegin( );`
说明：	返回逆序的第 1 个元素所对应的迭代器，即正序的最后 1 个元素所对应的迭代器。
参数：	① 模板参数 Key 是元素的数据类型。 ② 模板参数 Compare 是用来比较元素大小的仿函数类。本函数可以不提供模板参数 Compare。如果不提供模板参数 Compare，则在构造集合时将采用默认的仿函数类。
返回值：	逆序的第 1 个元素所对应的迭代器。
头文件：	`#include <set>`

函数 45　set<Key, Compare>::rend

声明：	template <class Key, class Compare = less<Key>> reverse_iterator rend();
说明：	返回逆向结束界定迭代器，即返回的迭代器指向在逆序中紧挨在最后 1 个元素之后的那个元素。
参数：	① 模板参数 Key 是元素的数据类型。 ② 模板参数 Compare 是用来比较元素大小的仿函数类。本函数可以不提供模板参数 Compare。如果不提供模板参数 Compare，则在构造集合时将采用默认的仿函数类。
返回值：	逆向结束界定迭代器。
头文件：	#include <set>

集合逆向迭代器支持自增、自减和取值运算，不支持加减整数的运算，具体说明如下：

（1）"++运算"是逆向迭代器变量自增，结果逆向迭代器变量指向在逆序中的下一个结点。

（2）"--运算"是逆向迭代器变量自减，结果逆向迭代器变量指向在逆序中的上一个结点。

（3）"*运算"是逆向迭代器取值运算。集合逆向迭代器的取值运算只能用来读取元素的值，**不允许修改元素的值**。

（4）逆向迭代器加上整数 *n*：**集合逆向迭代器不支持加上整数的运算**。

（5）逆向迭代器减去整数 *n*：**集合逆向迭代器不支持减去整数的运算**。

在进行上面的各种运算时，**必须注意运算结果逆向迭代器的有效性**，即运算结果的逆向迭代器必须指向有效的元素或者该逆向迭代器是逆向结束界定迭代器。下面给出代码示例：

```
vector<int> v;                                                        // 1
v.push_back(30);                                                      // 2
v.push_back(40);                                                      // 3
v.push_back(50);                                                      // 4
v.push_back(60);                                                      // 5
set<int> s(v.begin(), v.end());//s2 长度=4                             // 6
typename set<int>::reverse_iterator r = s.rbegin(); // r 指向 s[3]     // 7
cout << "s[3] = " << *r << "。" << endl; // 输出: s[3] = 60。↙        // 8
r++; // 结果: r 指向元素 s[2]                                          // 9
cout << "s[2] = " << *r << "。" << endl; // 输出: s[2] = 50。↙        // 10
// cout << "s[3] = " << *(r - 1) << "。" << endl; // 编译错误          // 11
r--; // 结果: r 指向元素 s[3]。                                        // 12
cout << "s[3] = " << *r << "。" << endl; // 输出: s[3] = 60。↙        // 13
// cout << "s[1] = " << *(r + 2) << "。" << endl; // 编译错误          // 14
// *r = 100; // 编译错误: 不能给常量(*r)赋值                            // 15
```

在上面代码示例中，因为集合逆向迭代器不支持加减整数的运算，所以位于第 11 行的表达式"r - 1"和位于第 14 行的表达式"r + 2"均无法通过编译。因此，这 2 行代码都被注释起来了。因为集合的逆向迭代器是只读迭代器，所以不能通过"*r"修改 r 所指向的元素的值，如第 15 行代码所示。因此，第 15 行代码也被注释起来了。

> **注意事项**：
> 如果**集合的长度为 0**，则函数 rbegin( )与 rend( )的返回值相等，返回值均为**逆向结束界定迭代器**。

下面给出集合的拷贝构造函数的具体说明。

函数 46	**set<Key, Compare>::set**
声明：	`template <class Key, class Compare = less<Key>>` `set(const set& s);`
说明：	构造一个集合，使得它的元素个数以及各个元素的值均分别与 s 的相等。
参数：	① 模板参数 Key 是元素的数据类型。 ② 模板参数 Compare 是用来比较元素大小的仿函数类。本函数可以不提供模板参数 Compare。如果不提供模板参数 Compare，则在构造集合时采用默认的仿函数类。 ③ 函数参数 s 是被复制的集合。
头文件：	`#include <set>`

下面给出调用集合拷贝构造函数的示例代码片段。

```
vector<int> v;                                                         // 1
v.push_back(30);                                                       // 2
v.push_back(40);                                                       // 3
set<int> s1(v.begin(), v.end()); // s1 长度=2，元素分别为 30 和 40。   // 4
set<int> s2(s1);                 // s2 长度=2，元素分别为 30 和 40。   // 5
```

在上面代码片段中，第 4 行代码创建了具有 2 个元素的集合 s1。第 5 行代码“set<int> s2(s1);”通过集合的拷贝构造函数创建了集合 s2，结果集合 s2 也拥有 2 个元素，而且集合 s1 和 s2 的元素的值均分别等于 30 和 40。

6.4.3　修改集合内容的成员函数

下面介绍一些用来改变集合内容的成员函数。**成员函数 insert 用来插入单个新元素**，其具体说明如下：

函数 47	**set<Key, Compare>::insert**
声明：	`template <class Key, class Compare = less<Key>>` `pair<iterator, bool> insert(const Key& x);`
说明：	不妨设返回的数据对为 p。如果在当前集合中不存在值为 x 的元素，则在当前集合中创建等于 x 的新元素；这时，返回值 p.first 为新元素所对应的迭代器，p.second 为 true。如果在当前集合中已经存在值为 x 的元素，则直接返回 p，其中 p.first 为在当前集合中值为 x 的元素所对应的迭代器，p.second 为 false。在运行完本函数之后，当前集合的元素仍然是从小到大排好序的。
参数：	① 模板参数 Key 是元素的数据类型。 ② 模板参数 Compare 是用来比较元素大小的仿函数类。本函数可以不提供模板参数 Compare。如果不提供模板参数 Compare，则在构造集合时将采用默认的仿函数类。 ③ 函数参数 x 用来指定待插入元素的值。
返回值：	返回一个数据对，不妨设为 p，其中 p.first 是值为 x 的元素所对应的迭代器，p.second 用来指示是否插入了新元素。如果插入了新元素，则 p.second 为 true；否则 p.second 为 false。

头文件： #include <set>

下面给出调用成员函数 insert 的示例代码片段。

```
set<int> s;   // 创建不含元素的集合 s                                  // 1
pair <set<int>::iterator, bool> p = s.insert(10);                   // 2
cout << *(p.first) << (p.second ? "T" : "F") << endl; // 输出：10T↙  // 3
p = s.insert(20); // 结果：集合 s 长度=2，元素值为 10、20               // 4
cout << *(p.first) << (p.second ? "T" : "F") << endl; // 输出：20T↙  // 5
p = s.insert(20); // 结果不变：集合 s 长度=2，元素值为 10、20            // 6
cout << *(p.first) << (p.second ? "T" : "F") << endl; // 输出：20F↙  // 7
```

上面第 2 行代码“s.insert(10)”在集合 s 中成功插入值为 10 的元素，因为在运行这条语句之前，集合 s 并不存在值为 10 的元素。第 3 行的输出结果“10T↙”验证了这个结果。同样，上面第 4 行代码“s.insert(20)”在集合 s 中成功插入值为 20 的元素。

上面第 6 行代码“s.insert(20)”无法在集合 s 中插入值为 20 的元素，因为在运行这条语句之前，集合 s 已经存在值为 20 的元素。第 7 行的输出结果“20F↙”表明第 6 行代码“s.insert(20)”没有给集合 s 添加新的元素，迭代器 p.first 指向在集合 s 中原有的值为 20 的元素。

带有迭代器的插入单个新元素的成员函数 insert 的具体说明如下：

函数 48　set<Key, Compare>::insert

声明： template <class Key, class Compare = less<Key>>
iterator insert(iterator where, const Key& x);

说明： 如果在集合中不存在值为 x 的元素，则在当前集合中创建等于 x 的新元素，并返回这个新元素所对应的迭代器；否则，直接返回在当前集合中值为 x 的元素所对应的迭代器。在运行完本函数之后，当前集合的元素仍然是从小到大排好序的。

注：本函数要求必须保证迭代器 where 的有效性，即要求要么迭代器 where 指向当前集合的一个有效元素，要么迭代器 where 是当前集合的结束界定迭代器。

参数：
① 模板参数 Key 是元素的数据类型。
② 模板参数 Compare 是用来比较元素大小的仿函数类。本函数可以不提供模板参数 Compare。如果不提供模板参数 Compare，则在构造集合时将采用默认的仿函数类。
③ 函数参数 where 必须是有效的迭代器，但实际上却不起作用。
④ 函数参数 x 用来指定待插入元素的值。

返回值： 返回值为 x 的元素所对应的迭代器。

头文件： #include <set>

下面给出调用成员函数 insert 的示例代码片段。

```
set<int> s;   // 创建不含元素的集合 s                                  // 1
set<int>::iterator st = s.insert(s.begin(), 10);// 插入值为 10 的元素   // 2
cout << *st << endl; // 输出：10↙                                    // 3
st = s.insert(s.begin(), 20); // 插入值为 20 的新元素                  // 4
cout << *st << endl; // 输出：20↙                                    // 5
st = s.insert(s.begin(), 20); //没有插入任何新元素                     // 6
cout << *st << endl; // 输出：20↙                                    // 7
```

上面第 2 行代码“s.insert(s.begin(), 10)”在集合 s 中插入值为 10 的新元素，并返回这个新元素所对应的迭代器。第 4 行代码“s.insert(s.begin(), 20)”在集合 s 中插入值为 20 的新元素，并返回这个新元素所对应的迭代器。

因为在运行第 6 行代码之前，集合 s 已经存在值为 20 的元素，所以第 6 行代码“s.insert(s.begin(), 20)”不会在集合 s 中添加新的元素，而只会直接返回在集合 s 中原有的值为 20 的元素所对应的迭代器。上面代码运行结果是集合 s 的长度变为 2，2 个元素值分别为 10 和 20。

通过迭代器插入多个元素的成员函数 insert 的具体说明如下：

函数 49	**set<Key, Compare>::insert**
声明：	`template <class Key, class Compare = less<Key>>` `void insert(InputIterator first, InputIterator last);`
说明：	复制从 first 开始并且在 last 之前的元素，并添加到当前集合中。不过，与当前集合原来元素的值相等的元素不会被复制，而且值相等的元素也不会被重复复制。在运行完本函数之后，当前集合的元素仍然是从小到大排好序的。
参数：	① 模板参数 Key 是元素的数据类型。 ② 模板参数 Compare 是用来比较元素大小的仿函数类。本函数可以不提供模板参数 Compare。如果不提供模板参数 Compare，则在构造集合时将采用默认的仿函数类。 ③ 函数参数 first 是迭代器，指向待复制的第 1 个元素。 ④ 函数参数 last 是待复制的最后 1 个元素之后的迭代器。
头文件：	`#include <set>`

下面给出调用成员函数 insert 的示例代码片段。

```
vector<int> v(3, 50); // 结果：向量 v 长度=3，元素值分别为 50、50 和 50      // 1
set<int> s;            // 创建不含元素的集合 s                              // 2
s.insert(v.begin(), v.end()); // 结果：集合 s 长度=1，元素值为 50          // 3
```

虽然向量 v 拥有 3 个元素，但这 3 个元素的值均相等。因此，第 3 行代码“s.insert(v.begin(), v.end())”只会在集合 s 中添加 1 个值为 50 的元素。

成员函数 erase 用来删除等于给定值的元素，其具体说明如下：

函数 50	**set<Key, Compare>::erase**
声明：	`template <class Key, class Compare = less<Key>>` `size_type erase(const key_type& k);`
说明：	删除在集合中与 k 相等的元素。
参数：	① 模板参数 Key 是元素的数据类型。 ② 模板参数 Compare 是用来比较元素大小的仿函数类。本函数可以不提供模板参数 Compare。如果不提供模板参数 Compare，则在构造集合时将采用默认的仿函数类。 ③ 函数参数 k 的值是用来对比的。
返回值：	返回实际被删除元素的个数。
头文件：	`#include <set>`

下面给出调用成员函数 erase 的示例代码片段。

```
set<int> s;    // 创建不含元素的集合 s                                      // 1
```

```
s.insert(10); // 结果：集合 s 长度=1，元素值为 10                    // 2
s.insert(20); // 结果：集合 s 长度=2，元素值为 10、20                // 3
s.insert(30); // 结果：集合 s 长度=3，元素值为 10、20 和 30          // 4
cout<<"s.erase(15) = "<<s.erase(15)<<endl;//输出：s.erase(15) = 0↙  // 5
cout<<"s.erase(20) = "<<s.erase(20)<<endl;//输出：s.erase(20) = 1↙  // 6
```

在运行上面第 1～4 行代码之后，集合 s 的元素个数是 3，各个元素的值分别是 10、20 和 30。当运行到第 5 行代码时，因为集合 s 不含值为 15 的元素，所以"s.erase(15)"不会删除任何元素。因此，这时"s.erase(15)"返回 0。当运行到第 6 行代码时，因为集合 s 含有值为 20 的元素，所以"s.erase(20)"会删除值为 20 的元素。因此，这时"s.erase(20)"返回 1。

成员函数 erase 用来删除由迭代器指定的单个元素，其具体说明如下：

函数 51	set<Key, Compare>::erase
声明：	template <class Key, class Compare = less<Key>> iterator erase(iterator t);
说明：	删除迭代器 t 所指向的元素，并返回下一个元素所对应的迭代器。本函数要求迭代器 t 所指向的元素必须是一个有效的且可以删除的元素。
参数：	① 模板参数 Key 是元素的数据类型。 ② 模板参数 Compare 是用来比较元素大小的仿函数类。本函数可以不提供模板参数 Compare。如果不提供模板参数 Compare，则在构造集合时将采用默认的仿函数类。 ③ 函数参数 t 用来指定待删除的元素。
返回值：	返回在删除元素之前位于迭代器 t 之后的迭代器。
头文件：	#include <set>

下面给出调用成员函数 erase 的示例代码片段。

```
set<int> s;   // 创建不含元素的集合 s                                    // 1
s.insert(10); // 结果：集合 s 长度=1，元素值为 10                       // 2
s.insert(20); // 结果：集合 s 长度=2，元素值为 10、20                   // 3
s.insert(30); // 结果：集合 s 长度=3，元素值为 10、20 和 30。           // 4
set<int>::iterator st = s.begin();  // 结果：迭代器 st 指向第 1 个元素  // 5
set<int>::iterator et = s.erase(st);                                    // 6
cout << "*et = " << *et << endl;    // 输出：*et = 20↙                  // 7
```

在运行上面第 1～4 行代码之后，集合 s 的元素个数是 3，各个元素的值分别是 10、20 和 30。运行第 5 行代码的结果是迭代器 st 指向集合 s 的第 1 个元素。第 6 行代码"s.erase(st)"在集合 s 中删除迭代器 st 指向的元素，即元素值为 10 的元素。在删除元素之前，位于迭代器 st 之后的元素的值是 20。因此，第 6 行代码"s.erase(st)"返回的迭代器指向这个值为 20 的元素。

成员函数 erase 用来删除由首尾迭代器界定的元素，其具体说明如下：

函数 52	set<Key, Compare>::erase
声明：	template <class Key, class Compare = less<Key>> iterator erase(iterator first, iterator last);
说明：	删除从 first 开始并且在 last 之前的元素。本函数要求从 first 开始并且在 last 之前

的元素必须都是有效的且可以删除的元素。

参数： ① 模板参数 Key 是元素的数据类型。

② 模板参数 Compare 是用来比较元素大小的仿函数类。本函数可以不提供模板参数 Compare。如果不提供模板参数 Compare，则在构造集合时将采用默认的仿函数类。

③ 函数参数 first 是指向待删除的第 1 个元素所对应的迭代器。

④ 函数参数 last 是位于待删除的最后 1 个元素之后的迭代器。

返回值： 返回迭代器 last。

头文件： #include <set>

下面给出调用成员函数 erase 的示例代码片段。

```
set<int> s;   // 创建不含元素的集合 s                                   // 1
s.insert(10); // 结果：集合 s 长度=1，元素值为 10                       // 2
s.insert(20); // 结果：集合 s 长度=2，元素值为 10、20                   // 3
s.insert(30); // 结果：集合 s 长度=3，元素值为 10、20 和 30             // 4
set<int>::iterator sts = s.begin(); // 结果：sts 指向第 1 个元素        // 5
set<int>::iterator ste = s.end();   // 结果：ste 是结束界定迭代器       // 6
ste--; // 结果：ste 指向最后 1 个元素 30                                // 7
set<int>::iterator et = s.erase(sts, ste);                              // 8
cout << "*et = " << *et << endl;    // 输出：*et = 30↙                  // 9
```

在运行上面第 1～4 行代码之后，集合 s 的元素个数是 3，各个元素的值分别是 10、20 和 30。当运行到第 8 行代码时，迭代器 sts 指向第 1 个元素 10，迭代器 ste 指向最后 1 个元素 30。因此，这时“s.erase(sts, ste)”删除第 1 个元素 10 和第 2 个元素 20，同时返回的迭代器指向值为 30 的元素。

清空集合所有元素的成员函数 clear 的具体说明如下：

函数 53　set<Key, Compare>::clear

声明： template <class Key, class Compare = less<Key>>
void clear( );

说明： 清空集合的所有元素。

参数： ① 模板参数 Key 是元素的数据类型。

② 模板参数 Compare 是用来比较元素大小的仿函数类。本函数可以不提供模板参数 Compare。如果不提供模板参数 Compare，则在构造集合时将采用默认的仿函数类。

头文件： #include <set>

下面给出调用成员函数 clear 的示例代码片段。

```
set<int> s;   // 创建不含元素的集合 s
s.insert(10); // 结果：集合 s 长度=1，元素值为 10
s.clear();    // 结果：集合 s 长度=0
```

成员函数 swap 用来交换 2 个不同集合的内容，其具体说明如下：

函数 54　set<Key, Compare>::swap

声明： template <class Key, class Compare = less<Key>>
void swap(set& s);

说明： 交换当前集合与集合 s 的内容。

参数： ① 模板参数 Key 是元素的数据类型。
② 模板参数 Compare 是用来比较元素大小的仿函数类。本函数可以不提供模板参数 Compare。如果不提供模板参数 Compare，则在构造集合时将采用默认的仿函数类。
③ 函数参数 s 是用来进行交换的集合。

头文件： #include <set>

下面给出调用成员函数 swap 的示例代码片段。

```
set<int> s1;     // 创建不含元素的集合 s1                                    // 1
s1.insert(10);  // 结果：集合 s1 长度=1，元素值为 10                          // 2
s1.insert(20);  // 结果：集合 s1 长度=2，元素值为 10、20                      // 3
s1.insert(30);  // 结果：集合 s1 长度=3，元素值为 10、20 和 30                // 4
set<int> s2;     // 创建不含元素的集合 s2                                    // 5
s2.insert(40);  // 结果：集合 s2 长度=1，元素值为 40                          // 6
s1.swap(s2);   //结果:s1 长度=1,元素值为 40; s2 长度=3, 元素值为 10、20 和 30 // 7
```

成员函数 swap 交换 2 个不同集合的内容。因此，如果上面第 7 行代码“s1.swap(s2);”替换成为“s2.swap(s1);”，结果也会是一样。

6.4.4 用于查询的集合成员函数

本小节介绍如何查找元素以及如何获取比较仿函数。**成员函数 find 用来查找给定值的元素**，其具体说明如下：

函数 55 set<Key, Compare>::find

声明：
```
template <class Key, class Compare = less<Key>>
iterator find(const Key& k);
```

说明： 如果存在值为 k 的元素，则返回该元素所对应的迭代器；否则返回结束界定迭代器。

参数： ① 模板参数 Key 是元素的数据类型。
② 模板参数 Compare 是用来比较元素大小的仿函数类。本函数可以不提供模板参数 Compare。如果不提供模板参数 Compare，则在构造集合时将采用默认的仿函数类。
③ 函数参数 k 用来指定待查找的元素的值。

返回值： 如果存在值为 k 的元素，则返回该元素所对应的迭代器；否则返回结束界定迭代器。

头文件： #include <set>

下面给出调用成员函数 find 的示例代码片段。

```
set<int> s;       // 创建不含元素的集合 s
s.insert(10);    // 结果：集合 s 长度=1，元素值为 10
s.insert(20);    // 结果：集合 s 长度=2，元素值为 10、20
s.insert(30);    // 结果：集合 s 长度=3，元素值为 10、20 和 30
set<int>::iterator st = s.find(20); // 查找值为 20 的元素
if (st == s.end())
    cout << "没有找到值为 20 的元素。" << endl;
else cout << "找到值为 20 的元素。" << endl; // 输出：找到值为 20 的元素。↙
st = s.find(15); // 查找值为 15 的元素
if (st == s.end())
    cout << "没有找到值为 15 的元素。" << endl;
```

```
else cout<<"找到值为 15 的元素。"<<endl; // 输出：没有找到值为 15 的元素。↙   // 12
```

在运行上面第 1～4 行代码之后，集合 s 的元素个数是 3，各个元素的值分别是 10、20 和 30。因此，第 5 行代码“s.find(20)”可以找到值为 20 的元素，并返回该元素所对应的迭代器；第 9 行代码“s.find(15)”找不到值为 15 的元素，只能返回结束界定迭代器。

成员函数 count 判断在集合中是否存在与给定值相等的元素，其具体说明如下：

函数 56　set<Key, Compare>::count

声明： `template <class Key, class Compare = less<Key>>`
`size_type count(const key_type& x) const;`

说明： 如果在集合中存在与 x 相等的元素，则返回 1；否则，返回 0。

参数： ① 模板参数 Key 是元素的数据类型。
② 模板参数 Compare 是用来比较元素大小的仿函数类。本函数可以不提供模板参数 Compare。如果不提供模板参数 Compare，则在构造集合时将采用默认的仿函数类。
③ 函数参数 x 的值是用来对比的。

返回值： 如果在集合中存在与 x 相等的元素，则返回 1；否则，返回 0。

头文件： `#include <set>`

下面给出调用成员函数 count 的示例代码片段。

```
set<int> s;        // 创建不含元素的集合 s                          // 1
s.insert(10);      // 结果：集合 s 长度=1，元素值为 10               // 2
cout << s.count(10); // 输出：1                                     // 3
cout << s.count(20); // 输出：0                                     // 4
```

成员函数 lower_bound 用来查找第 1 个大于或等于给定值的元素，其具体说明如下：

函数 57　set<Key, Compare>::lower_bound

声明： `template <class Key, class Compare = less<Key>>`
`iterator lower_bound(const Key& k);`

说明： 查找并返回第 1 个大于或等于 k 的元素所对应的迭代器。如果没有找到大于或等于 k 的元素，则返回结束界定迭代器。

参数： ① 模板参数 Key 是元素的数据类型。
② 模板参数 Compare 是用来比较元素大小的仿函数类。本函数可以不提供模板参数 Compare。如果不提供模板参数 Compare，则在构造集合时将采用默认的仿函数类。
③ 函数参数 k 的值是用来对比的。

返回值： 如果找到大于或等于 k 的元素，则返回该元素所对应的迭代器；否则，返回结束界定迭代器。

头文件： `#include <set>`

下面给出调用成员函数 lower_bound 的示例代码片段。

```
set<int> s;        // 创建不含元素的集合 s                          // 1
s.insert(10);      // 结果：集合 s 长度=1，元素值为 10               // 2
s.insert(20);      // 结果：集合 s 长度=2，元素值为 10、20           // 3
s.insert(30);      // 结果：集合 s 长度=3，元素值为 10、20 和 30     // 4
set<int>::iterator st = s.lower_bound(15); // 查找大于或等于 15 的元素   // 5
cout << *st << "≥15。" << endl; // 输出：20≥15。↙                  // 6
st = s.lower_bound(20); // 查找大于或等于 20 的元素                  // 7
```

```
cout << *st << "≥20。" << endl; // 输出: 20≥20。↙                    // 8
st = s.lower_bound(35); // 查找大于或等于 35 的元素                  // 9
if (st == s.end())                                                   // 10
   cout << "不存在元素≥35。" << endl; // 输出: 不存在元素≥35。↙      // 11
```

在运行上面第 1～4 行代码之后，集合 s 的元素个数是 3，各个元素的值分别是 10、20 和 30。第 5 行代码“s.lower_bound(15)”查找大于或等于 15 的元素。第 6 行代码表明找到了大于或等于 15 的元素，该元素的值是 20。第 7 行代码“s.lower_bound(20)”查找大于或等于 20 的元素。第 8 行代码表明找到了大于或等于 20 的元素，该元素的值是 20。第 9 行代码“s.lower_bound(35)”查找大于或等于 35 的元素。因为在集合 s 中并不存在大于或等于 35 的元素，所以“s.lower_bound(35)”返回结束界定迭代器。因此，第 11 行代码输出“不存在元素≥35。↙”。

成员函数 upper_bound 用来查找第 1 个大于给定值的元素，其具体说明如下：

函数 58　set<Key, Compare>::upper_bound

声明：
```
template <class Key, class Compare = less<Key>>
iterator upper_bound(const Key& k);
```

说明： 查找并返回第 1 个大于 k 的元素所对应的迭代器。如果没有找到大于 k 的元素，则返回结束界定迭代器。

参数：
① 模板参数 Key 是元素的数据类型。
② 模板参数 Compare 是用来比较元素大小的仿函数类。本函数可以不提供模板参数 Compare。如果不提供模板参数 Compare，则在构造集合时将采用默认的仿函数类。
③ 函数参数 k 的值是用来对比的。

返回值： 如果找到大于 k 的元素，则返回该元素所对应的迭代器；否则，返回结束界定迭代器。

头文件： #include <set>

下面给出调用成员函数 upper_bound 的示例代码片段。

```
set<int> s;   // 创建不含元素的集合 s                                 // 1
s.insert(10); // 结果: 集合 s 长度=1, 元素值为 10                     // 2
s.insert(20); // 结果: 集合 s 长度=2, 元素值为 10、20                 // 3
s.insert(30); // 结果: 集合 s 长度=3, 元素值为 10、20 和 30           // 4
set<int>::iterator st = s.upper_bound(15); // 查找大于 15 的元素      // 5
cout << *st << ">15。" << endl; // 输出: 20>15。↙                    // 6
st = s.upper_bound(20); // 查找大于 20 的元素                         // 7
cout << *st << ">20。" << endl; // 输出: 30>20。↙                    // 8
st = s.upper_bound(30); // 查找大于 30 的元素                         // 9
if (st == s.end())                                                   // 10
   cout << "不存在元素>30。" << endl; // 输出: 不存在元素>30。↙       // 11
```

在运行上面第 1～4 行代码之后，集合 s 的元素个数是 3，各个元素的值分别是 10、20 和 30。第 5 行代码“s.upper_bound(15)”查找大于 15 的元素。第 6 行代码表明找到了大于 15 的元素，该元素的值是 20。第 7 行代码“s.upper_bound(20)”查找大于 20 的元素。第 8 行代码表明找到了大于 20 的元素，该元素的值是 30。第 9 行代码“s.upper_bound(30)”查找大于 30 的元素。因为在集合 s 中并不存在大于 30 的元素，所以“s.upper_bound(30)”返回结束界定迭代器。因此，第 11 行代码输出“不存在元素>30。↙”。

成员函数 equal_range 用来查找大于或等于给定值的元素，其具体说明如下：

函数 59	**set<Key, Compare>::equal_range**
声明：	`template <class Key, class Compare = less<Key>>` `pair <iterator, iterator> equal_range(const Key& k);`
说明：	返回一对迭代器。不妨将返回的迭代器对设为 pr，则 pr.first 指向第一个大于或等于给定值 k 的元素；pr.second 指向第一个大于给定值 k 的元素。如果相应的元素不存在，则相应的迭代器等于结束界定迭代器。
参数：	① 模板参数 Key 是元素的数据类型。 ② 模板参数 Compare 是用来比较元素大小的仿函数类。本函数可以不提供模板参数 Compare。如果不提供模板参数 Compare，则在构造集合时将采用默认的仿函数类。 ③ 函数参数 k 的值是用来对比的。
返回值：	返回一对如上面说明所阐述的迭代器。
头文件：	`#include <set>`

下面给出调用成员函数 equal_range 的示例代码片段。

```
set<int> s;   // 创建不含元素的集合 s                                  // 1
s.insert(10); // 结果：集合 s 长度=1，元素值为 10                      // 2
s.insert(20); // 结果：集合 s 长度=2，元素值为 10、20                  // 3
s.insert(30); // 结果：集合 s 长度=3，元素值为 10、20 和 30            // 4
pair <set<int>::iterator, set<int>::iterator> p;                       // 5
cout << "查找 15:" << endl;        // 输出：查找 15:↙                  // 6
p = s.equal_range(15);                                                 // 7
cout << *(p.first) << endl;        // 输出：20↙                        // 8
cout << *(p.second) << endl;       // 输出：20↙                        // 9
cout << "查找 20:" << endl;        // 输出：查找 20:↙                  // 10
p = s.equal_range(20);                                                 // 11
cout << *(p.first) << endl;        // 输出：20↙                        // 12
cout << *(p.second) << endl;       // 输出：30↙                        // 13
cout << "查找 30:" << endl;        // 输出：查找 30:↙                  // 14
p = s.equal_range(30);                                                 // 15
if (p.first==s.end())                                                  // 16
   cout << "没有找到" << endl;                                         // 17
else cout << *(p.first) << endl; // 输出：30↙                          // 18
if (p.second == s.end())                                               // 19
   cout << "没有找到" << endl;     // 输出：没有找到↙                  // 20
else cout << *(p.second) << endl;                                      // 21
cout << "查找 40:" << endl;        // 输出：查找 40:↙                  // 22
p = s.equal_range(40);                                                 // 23
if (p.first == s.end())                                                // 24
   cout << "没有找到" << endl;     // 输出：没有找到↙                  // 25
else cout << *(p.first) << endl;                                       // 26
if (p.second == s.end())                                               // 27
   cout << "没有找到" << endl;     // 输出：没有找到↙                  // 28
else cout << *(p.second) << endl;                                      // 29
```

在运行上面第 1～4 行代码之后，集合 s 的元素个数是 3，各个元素的值分别是 10、20 和 30。上面第 6～9 行代码查找并输出在集合 s 中大于或等于 15 的元素，因为在集合 s 中大于或等于 15 的最小元素是值为 20 的元素，而且在集合 s 中大于 15 的最小元素也是值为 20 的元素，所以成员函数 equal_range 在这时返回的 2 个迭代器均指向这个元素，结果第 8 行和第 9 行代码均输出 20。

上面第 10～13 行代码查找并输出在集合 s 中大于或等于 20 的元素，因为在集合 s 中大于或等于 20 的最小元素是值为 20 的元素，而且在集合 s 中大于 20 的最小元素是值为 30 的元素，所以成员函数 equal_range 在这时返回的第 1 个迭代器指向值为 20 的元素，第 2 个迭代器指向值为 30 的元素。

上面第 14～21 行代码查找并输出在集合 s 中大于或等于 30 的元素，因为在集合 s 中大于或等于 30 的最小元素是值为 30 的元素，但在集合 s 中不存在大于 30 的元素，所以成员函数 equal_range 在这时返回的第 1 个迭代器指向值为 30 的元素，第 2 个迭代器是结束界定迭代器。

上面第 22～29 行代码查找并输出在集合 s 中大于或等于 40 的元素，因为在集合 s 中不存在大于或等于 40 的元素，所以成员函数 equal_range 在这时返回的 2 个迭代器均为结束界定迭代器。

获取比较仿函数的成员函数 key_comp 的其具体说明如下：

函数 60	set<Key, Compare>::key_comp
声明：	template <class Key, class Compare = less<Key>> key_compare key_comp( ) const;
说明：	返回当前集合所用的比较仿函数。注：仿函数不是函数，而是仿函数类的实例对象。
参数：	① 模板参数 Key 是元素的数据类型。 ② 模板参数 Compare 是用来比较元素大小的仿函数类。本函数可以不提供模板参数 Compare。如果不提供模板参数 Compare，则在构造集合时将采用默认的仿函数类。
返回值：	返回当前集合所用的比较仿函数。
头文件：	#include <set>

下面给出调用成员函数 key_comp 的示例代码片段。

```
set<int> s; // 创建不含元素的集合 s。                                      // 1
set<int>::key_compare kc = s.key_comp(); // 结果：kc 是 s 的比较仿函数      // 2
bool r = kc(2, 3);                                                          // 3
cout<<"kc(2, 3) = "<<(r ? "T" : "F")<<endl; // 输出：kc(2, 3) = T↙          // 4
r = kc(4, 4);                                                               // 5
cout<<"kc(4, 4) = "<<(r ? "T" : "F")<<endl; // 输出：kc(4, 4) = F↙          // 6
r = kc(6, 5);                                                               // 7
cout<<"kc(6, 5) = "<<(r ? "T" : "F")<<endl; // 输出：kc(6, 5) = F↙          // 8
```

上面第 2 行代码的运行结果是 kc 成为集合 s 的比较仿函数。这样，就可以用 kc 来比较 2 个整数之间的大小，如第 3、5 和 7 行代码所示。比较仿函数 kc 不是函数，而是仿函数类的实例对象。上面第 3 行代码“kc(2, 3)”、第 5 行代码“kc(4, 4)”和第 7 行代码“kc(6, 5)”实际上调用的是实例对象 kc 的“operator( )”运算。

获取比较仿函数的成员函数 value_comp 与 key_comp 实际上具有完全相同的功能，其具体说明如下：

函数 61	**set<Key, Compare>::value_comp**
声明：	`template <class Key, class Compare = less<Key>>` `value_compare value_comp( ) const;`
说明：	返回当前集合所用的比较仿函数。注：仿函数不是函数，而是仿函数类的实例对象。
参数：	① 模板参数 Key 是元素的数据类型。 ② 模板参数 Compare 是用来比较元素大小的仿函数类。本函数可以不提供模板参数 Compare。如果不提供模板参数 Compare，则在构造集合时将采用默认的仿函数类。
返回值：	返回当前集合所用的比较仿函数。
头文件：	`#include <set>`

下面给出调用成员函数 value_comp 的示例代码片段。

```
set<int> s; // 创建不含元素的集合 s。                                        // 1
set<int>::value_compare kc=s.value_comp(); //结果: kc 是 s 的比较仿函数      // 2
bool r = kc(2, 3);                                                            // 3
cout<<"kc(2, 3) = "<<(r ? "T" : "F")<<endl; // 输出: kc(2, 3) = T↙           // 4
r = kc(4, 4);                                                                 // 5
cout<<"kc(4, 4) = "<<(r ? "T" : "F")<<endl; // 输出: kc(4, 4) = F↙           // 6
r = kc(6, 5);                                                                 // 7
cout<<"kc(6, 5) = "<<(r ? "T" : "F")<<endl; // 输出: kc(6, 5) = F↙           // 8
```

上面第 2 行代码的运行结果是 kc 成为集合 s 的比较仿函数。这样，就可以用 kc 来比较 2 个整数之间的大小，如第 3、5 和 7 行代码所示。比较仿函数 kc 不是函数，而是仿函数类的实例对象。上面第 3 行代码“kc(2, 3)”、第 5 行代码“kc(4, 4)”和第 7 行代码“kc(6, 5)”实际上调用的是实例对象 kc 的“operator( )”运算。成员函数 value_comp 与 key_comp 实际上具有完全相同的功能。

6.4.5　集合赋值与比较

本小节介绍集合的赋值与比较运算。集合的**等号运算符**的具体说明如下：

函数 62	**set<Key, Compare>::operator=**
声明：	`template <class Key, class Compare = less<Key>>` `set& operator=(const set& s);`
说明：	复制集合 s 的内容。结果当前集合拥有与 s 相同的元素个数，而且 s 的每个元素都会赋值给当前集合具有相同序号的元素。
参数：	① 模板参数 Key 是元素的数据类型。 ② 模板参数 Compare 是用来比较元素大小的仿函数类。本函数可以不提供模板参数 Compare。如果不提供模板参数 Compare，则在构造集合时将采用默认的仿函数类。 ③ 函数参数 s 是待复制的集合。
返回值：	返回当前集合的引用。
头文件：	`#include <set>`

下面给出调用集合的等号运算符的示例代码片段。

```
set<int> s1;   // 创建不含元素的集合 s1                              // 1
s1.insert(10); // 结果：集合 s1 长度=1，元素值为 10                   // 2
s1.insert(20); // 结果：集合 s1 长度=2，元素值为 10、20               // 3
s1.insert(30); // 结果：集合 s1 长度=3，元素值为 10、20 和 30。       // 4
set<int> s2;    // 创建不含元素的集合 s2                             // 5
s2 = s1;        // 结果：集合 s2 长度=3，元素值为 10、20 和 30        // 6
```

不管集合 s2 拥有多少个元素，在成功运行“s2 = s1”之后，集合 s2 的元素个数一定会等于 s1 的元素个数，而且 s1 的每个元素也会赋值给 s2 的对应元素。

集合之间可以比较大小。**比较任意 2 个集合 x 与 y 之间大小的规则**如下：

（1）从头到尾逐个比较集合 x 与 y 的每个元素。如果所有元素都相等，则 x 与 y 相等；否则，由第 1 个不相等的元素之间的大小关系决定 x 与 y 之间大小。

（2）如果 x 与 y 的元素个数不同且长度小的集合的所有元素与另一个集合的对应元素依次相等，则认为长度小的集合小于长度大的集合。

集合之间的关系运算包括<、<=、>、>=、==和!=，具体说明如下：

运算符 12　set<Key, Compare>::operator<

声明：

```
template <class K, class C = less<Key>>
bool operator< (const set<K, C>& x, const set<K, C>& y);
```

说明： 比较集合 x 和 y 的大小。如果 x<y，则返回 true；否则，返回 false。

参数：
① 模板参数 K 是元素的数据类型。
② 模板参数 C 是用来比较元素大小的仿函数类。本函数可以不提供模板参数 C。如果不提供模板参数 C，则在构造集合时将采用默认的仿函数类。
③ x 是进行比较的第 1 个集合。
④ y 是进行比较的第 2 个集合。

返回值： 如果 x<y，则返回 true；否则，返回 false。

头文件： #include <set>

运算符 13　set<Key, Compare>::operator<=

声明：

```
template <class K, class C = less<Key>>
bool operator<= (const set<K, C>& x, const set<K, C>& y);
```

说明： 比较集合 x 和 y 的大小。如果 x≤y，则返回 true；否则，返回 false。

参数：
① 模板参数 K 是元素的数据类型。
② 模板参数 C 是用来比较元素大小的仿函数类。本函数可以不提供模板参数 C。如果不提供模板参数 C，则在构造集合时将采用默认的仿函数类。
③ x 是进行比较的第 1 个集合。
④ y 是进行比较的第 2 个集合。

返回值： 如果 x≤y，则返回 true；否则，返回 false。

头文件： #include <set>

运算符 14　set<Key, Compare>::operator>

声明：

```
template <class K, class C = less<Key>>
bool operator> (const set<K, C>& x, const set<K, C>& y);
```

说明： 比较集合 x 和 y 的大小。如果 x>y，则返回 true；否则，返回 false。

参数：
① 模板参数 K 是元素的数据类型。

② 模板参数 C 是用来比较元素大小的仿函数类。本函数可以不提供模板参数 C。如果不提供模板参数 C，则在构造集合时将采用默认的仿函数类。

③ x 是进行比较的第 1 个集合。

④ y 是进行比较的第 2 个集合。

返回值： 如果 x>y，则返回 true；否则，返回 false。

头文件： `#include <set>`

运算符 15 set<Key, Compare>::operator>=

声明：

```
template <class K, class C = less<Key>>
bool operator>= (const set<K, C>& x, const set<K, C>& y);
```

说明： 比较集合 x 和 y 的大小。如果 x≥y，则返回 true；否则，返回 false。

参数： ① 模板参数 K 是元素的数据类型。

② 模板参数 C 是用来比较元素大小的仿函数类。本函数可以不提供模板参数 C。如果不提供模板参数 C，则在构造集合时将采用默认的仿函数类。

③ x 是进行比较的第 1 个集合。

④ y 是进行比较的第 2 个集合。

返回值： 如果 x≥y，则返回 true；否则，返回 false。

头文件： `#include <set>`

运算符 16 set<Key, Compare>::operator==

声明：

```
template <class K, class C = less<Key>>
bool operator == (const set<K, C>& x, const set<K, C>& y);
```

说明： 比较集合 x 和 y 的大小。如果 x==y，则返回 true；否则，返回 false。

参数： ① 模板参数 K 是元素的数据类型。

② 模板参数 C 是用来比较元素大小的仿函数类。本函数可以不提供模板参数 C。如果不提供模板参数 C，则在构造集合时将采用默认的仿函数类。

③ x 是进行比较的第 1 个集合。

④ y 是进行比较的第 2 个集合。

返回值： 如果 x==y，则返回 true；否则，返回 false。

头文件： `#include <set>`

运算符 17 set<Key, Compare>::operator!=

声明：

```
template <class K, class C = less<Key>>
bool operator!= (const set<K, C>& x, const set<K, C>& y);
```

说明： 比较集合 x 和 y 的大小。如果 x!=y，则返回 true；否则，返回 false。

参数： ① 模板参数 K 是元素的数据类型。

② 模板参数 C 是用来比较元素大小的仿函数类。本函数可以不提供模板参数 C。如果不提供模板参数 C，则在构造集合时将采用默认的仿函数类。

③ x 是进行比较的第 1 个集合。

④ y 是进行比较的第 2 个集合。

返回值： 如果 x!=y，则返回 true；否则，返回 false。

头文件： `#include <set>`

下面给出集合之间进行关系运算的示例代码片段。

```
set<int> s1;                                            // 1
s1.insert(3);                                           // 2
s1.insert(4); // 结果：集合 s1 长度=2，元素值为 3、4     // 3
```

```
   set<int> s2;
   s2.insert(5);
   s2.insert(6); // 结果：集合 s2 长度=2，元素值为 5、6
   set<int> s3;
   s3 = s1;      // 结果：集合 s3 长度=2，元素值为 3、4

   cout << ((s1 < s2) ? "true" : "false");  // 输出：true
   cout << ((s2 < s1) ? "true" : "false");  // 输出：false
   cout << ((s1 <= s2) ? "true" : "false"); // 输出：true
   cout << ((s2 <= s1) ? "true" : "false"); // 输出：false

   cout << ((s2 > s1) ? "true" : "false");  // 输出：true
   cout << ((s1 > s2) ? "true" : "false");  // 输出：false
   cout << ((s2 >= s1) ? "true" : "false"); // 输出：true
   cout << ((s1 >= s2) ? "true" : "false"); // 输出：false

   cout << ((s1 == s3) ? "true" : "false"); // 输出：true
   cout << ((s1 == s2) ? "true" : "false"); // 输出：false
   cout << ((s1 != s2) ? "true" : "false"); // 输出：true
   cout << ((s1 != s3) ? "true" : "false"); // 输出：false
```

在进行集合元素比较时，应当注意在集合中的元素是按从小到大排序的，与元素插入集合的顺序无关。在上面的代码示例中，集合 s1 小于 s2，集合 s1 与 s3 相等。

例程 6-12　通过集合类模板实现学生排序的例程。

例程功能描述：首先，先通过 vector 模板类的实例对象生成并保存学生原始数据，然后再通过 set 模板类的实例对象分别实现按学号和成绩排序。当按学号排序时，对于重复学号的学生将只保留其中一个；当按成绩排序时，对于成绩相同的学生将只记录其中一个。

例程解题思路：例程代码由 5 个源程序代码文件"CP_StudentWithCompare.h""CP_StudentShow.h""CP_StudentSetSortTest.h""CP_StudentSetSortTest.cpp"和"CP_StudentSetSortTestMain.cpp"组成，其中"CP_StudentWithCompare.h"的具体程序代码见第 6.4.1 小节例程 6-10，其他文件的具体程序代码如下。

```
// 文件名：CP_StudentShow.h；开发者：雍俊海
#ifndef CP_STUDENTSHOW_H
#define CP_STUDENTSHOW_H
#include "CP_StudentWithCompare.h"

ostream& operator << (ostream& os, const CP_Student &s)
{
   os << "(" << s.m_ID << ", " << s.m_score << ")";
   return os;
} // 运算符 operator <<定义结束

template<class K, class C>
void gt_setShow(const set<K, C>& s)
```

```
{
    cout << "集合长度 = " << s.size() << "。";
    cout << "集合的内容如下： " << endl;
    typename set<K, C>::iterator st;
    int i = 0;
    for (st = s.begin(); st != s.end(); st++, i++)
        cout << "\t 集合[" << i << "] = " << *st << "。" << endl;
} // 函数模板 gt_setShow 结束

template<class T>
void gt_vectorShow(const vector<T>& v)
{
    int i;
    int n = v.size();
    cout << "向量长度 = " << v.size() << ", ";
    cout << "向量容量 = " << v.capacity() << "。";
    cout << "向量的内容如下： " << endl;
    for (i = 0; i<n; i++)
        cout << "\t 向量[" << i << "]" << v[i] << "。" << endl;
} // 函数模板 gt_vectorShow 结束
#endif
```

// 文件名：CP_StudentSetSortTest.h；开发者：雍俊海	行号

```
#ifndef CP_STUDENTSETSORTTEST_H
#define CP_STUDENTSETSORTTEST_H

extern void gb_test();
#endif
```

// 文件名：CP_StudentSetSortTest.cpp；开发者：雍俊海	行号

```
#include <iostream>
using namespace std;
#include <vector>
#include <set>
#include "CP_StudentShow.h"

void gb_dataPrepare(vector<CP_Student>& v)
{
    v.push_back(CP_Student(2022010001, 90));
    v.push_back(CP_Student(2022010002, 95));
    v.push_back(CP_Student(2022010003, 100));
    v.push_back(CP_Student(2022010004, 95));
    v.push_back(CP_Student(2022010005, 92));
    v.push_back(CP_Student(2022010006, 90));
} // 函数 gb_dataPrepare 定义结束

void gb_test()
```

```
{
   vector<CP_Student> v;
   gb_dataPrepare(v);
   set<CP_Student, CP_StudentCompareID> s_ID(v.begin(), v.end());
   set<CP_Student, CP_StudentCompareScore>
      s_score(v.begin(), v.end());
   cout << "原始输入的数据：";
   gt_vectorShow<CP_Student>(v);
   cout << "按学号排序：";
   gt_setShow(s_ID);
   cout << "按分数排序：";
   gt_setShow(s_score);
} // 函数 gb_test 结束
```

```
// 文件名：CP_StudentSetSortTestMain.cpp；开发者：雍俊海
#include <iostream>
using namespace std;
#include "CP_StudentSetSortTest.h"

int main(int argc, char* args[])
{
   gb_test();

   system("pause"); // 暂停住控制台窗口
   return 0; // 返回 0 表明程序运行成功
} // main 函数结束
```

可以对上面的代码进行编译、链接和运行。下面给出一个运行结果示例。

```
原始输入的数据：向量长度 = 6，向量容量 = 6。向量的内容如下：
        向量[0](2022010001, 90)。
        向量[1](2022010002, 95)。
        向量[2](2022010003, 100)。
        向量[3](2022010004, 95)。
        向量[4](2022010005, 92)。
        向量[5](2022010006, 90)。
按学号排序：集合长度 = 6。集合的内容如下：
        集合[0] = (2022010001, 90)。
        集合[1] = (2022010002, 95)。
        集合[2] = (2022010003, 100)。
        集合[3] = (2022010004, 95)。
        集合[4] = (2022010005, 92)。
        集合[5] = (2022010006, 90)。
按分数排序：集合长度 = 4。集合的内容如下：
        集合[0] = (2022010001, 90)。
        集合[1] = (2022010005, 92)。
        集合[2] = (2022010002, 95)。
```

```
    集合[3] = (2022010003, 100)。
请按任意键继续. . .
```

例程分析：本例程头文件“CP_StudentShow.h”第 5～9 行代码重载了运算符“<<”，这样标准输出流 cout 就可以直接通过运算符“<<”输出学生类的实例对象。运算符“<<”的第 1 个参数是输出流，第 2 个参数是学生类的实例对象。

头文件“CP_StudentShow.h”第 11～20 行代码定义了函数模板 gt_setShow，它的 2 个模板参数与类模板 set 的相同。函数模板 gt_setShow 用来展示集合的长度以及各个元素的值。函数模板 gt_setShow 通过迭代器依次获取集合的各个元素。因为集合不支持方括号运算，所以不能像第 31 行的代码那样通过 s[i]来获取集合 s 的第 i 个元素。

头文件“CP_StudentShow.h”第 22～32 行代码定义了函数模板 gt_vectorShow，它的模板参数与类模板 vector 的相同。函数模板 gt_vectorShow 用来展示向量的长度以及各个元素的值。

源文件“CP_StudentSetSortTest.cpp”第 7～15 行代码定义了函数 gb_dataPrepare，它给向量 v 添加了 6 个具有不同学号的学生，其中有 2 个学生的成绩均是 90，另外有 2 个学生的成绩均是 95。

源文件“CP_StudentSetSortTest.cpp”第 21 行代码将位于向量 v 中的学生添加到集合 s_ID 中。因为集合 s_ID 的排序方式是通过按照学号排序的仿函数类 CP_StudentCompareID，所以位于集合 s_ID 中的学生将按照学号进行排序。因为位于向量 v 中的学生的学号各不相同，所以集合 s_ID 也将拥有 6 个学生。第 27 行代码“gt_setShow(s_ID);”输出的结果也验证了这些结论。

源文件“CP_StudentSetSortTest.cpp”第 22～23 行代码将位于向量 v 中的学生添加到集合 s_score 中。因为集合 s_score 的排序方式是通过按照成绩排序的仿函数类 CP_StudentCompareScore，所以位于集合 s_score 中的学生将按照成绩进行排序。因为位于向量 v 中的学生存在相同的成绩，所以集合 s_score 将去掉其中成绩重复的学生，从而只剩下 4 个学生。第 29 行代码“gt_setShow(s_score);”输出的结果也验证了这些结论。

例程 6-13　展示相等的集合元素不一定相同的例程。

例程功能描述：本例程展示无法将相等但不相同的元素加入到同一个集合中。

例程解题思路：例程代码由 3 个源程序代码文件“CP_StudentWithCompare.h”“CP_StudentShow.h”和“CP_StudentSetEqualNotSameMain.cpp”组成，其中“CP_StudentWithCompare.h”的具体程序代码见第 6.4.1 小节例程 6-10，“CP_StudentShow.h”的具体程序代码见本小节例程 6-12。“CP_StudentSetEqualNotSameMain.cpp”的具体程序代码如下。

```
// 文件名：CP_StudentSetEqualNotSameMain.cpp；开发者：雍俊海
#include <iostream>
using namespace std;
#include <set>
#include <vector>
#include "CP_StudentWithCompare.h"
#include "CP_StudentShow.h"

```

```
8  int main(int argc, char* args[])
9  {
10    CP_Student a(1, 90);
11    CP_Student b(1, 95);
12    set<CP_Student, CP_StudentCompareID> s_ID;
13    s_ID.insert(a);
14    s_ID.insert(b);
15    cout << "输入学生 a 和 b 之后: ";
16    gt_setShow(s_ID);
17
18    system("pause"); // 暂停住控制台窗口
19    return 0; // 返回 0 表明程序运行成功
20 } // main 函数结束
```

可以对上面的代码进行编译、链接和运行。下面给出一个运行结果示例。

```
输入学生 a 和 b 之后: 集合长度 = 1。集合的内容如下:
        集合[0] = (1, 90)。
请按任意键继续. . .
```

例程分析：如本例程源文件“CP_StudentWithCompareMain.cpp”第 10 行和第 11 行代码所示，学生 a 和 b 拥有相同的学号 1 和不同的成绩，其中，学生 a 为 90 分，学生 b 为 95 分。

第 12 行代码创建了集合 s_ID，其排序方式是按照学号进行排序，因为集合 s_ID 采用了按照学号排序的仿函数类 CP_StudentCompareID。第 13 行代码可以成功地将学生 a 插入到集合 s_ID。因为学生 b 拥有与学生 a 相同的学号，集合 s_ID 是通过仿函数类 CP_StudentCompareID 来判断学生 a 和 b 是否相等，所以集合 s_ID 会认为学生 a 和 b 是同一个学生，从而第 14 行代码无法将学生 b 加入到集合 s_ID 中。这个程序的运行结果也验证了这个结论。

如果将 12 行代码替换为如下代码

```
12    set<CP_Student, CP_StudentCompareScore> s_ID;
```

则集合 s_ID 是通过仿函数类 CP_StudentCompareScore 来判断学生 a 和 b 是否相等，而仿函数类 CP_StudentCompareScore 是通过学生的成绩来判断学生 a 和 b 是否相等。因为学生 a 和 b 的成绩不同，所以这时可以将学生 a 和 b 都加入到集合中。这时的运行结果是

```
输入学生 a 和 b 之后: 集合长度 = 2。集合的内容如下:
        集合[0] = (1, 90)。
        集合[1] = (1, 95)。
请按任意键继续. . .
```

6.5　排序函数模板 sort

标准模板库（STL）的算法部分提供了多种算法。使用这些算法需要包含头文件<algorithm>，对应的**头文件包含语句**是

```
#include <algorithm>
```

本节介绍其中最常用的算法，即 2 个排序函数模板 sort。**第 1 个排序函数模板 sort 带有 2 个函数参数**，其具体说明如下：

函数 63　sort	
声明：	`template<class RandomAccessIterator>` `void sort(RandomAccessIterator first, RandomAccessIterator last);`
说明：	对从迭代器 first 开始并且在迭代器 last 之前的元素进行排序。
参数：	① 模板参数 RandomAccessIterator 是迭代器的数据类型。 ② 函数参数 first 是迭代器，指向待排序的第 1 个元素。 ③ 函数参数 last 是待排序的最后 1 个元素之后的迭代器。
头文件：	`#include <algorithm>`

下面通过一个例程说明带有 2 个函数参数的排序函数模板 sort 的用法。

例程 6-14　通过向量以及排序算法进行整数排序的例程。

例程功能描述：本例程将整数序列存放在向量中，然后通过排序函数模板 sort 排序。

例程解题思路：例程代码由 4 个源程序代码文件“CP_VectorInitShow.h”“CP_VectorSortTest.h”“CP_VectorSortTest.cpp”和“CP_VectorSortTestMain.cpp”组成，其中“CP_VectorInitShow.h”的具体程序代码见第 6.3.5 小节例程 6-9，其余 3 个源程序代码文件的具体程序代码如下。

```
// 文件名：CP_VectorSortTest.h；开发者：雍俊海
#ifndef CP_VECTORSORTTEST_H
#define CP_VECTORSORTTEST_H

extern void gb_test();
#endif
```

```
// 文件名：CP_VectorSortTest.cpp；开发者：雍俊海
#include <iostream>
using namespace std;
#include <vector>
#include <algorithm>
#include "CP_VectorInitShow.h"

void gb_dataPrepare(vector<int>& v)
{
    v.push_back(90);
```

```
   v.push_back(95);
   v.push_back(100);
   v.push_back(95);
   v.push_back(92);
   v.push_back(90);
} // 函数 gb_dataPrepare 定义结束

void gb_test()
{
   vector<int> v;
   gb_dataPrepare(v);
   cout << "输入的原始数据如下所示: " << endl;
   gt_showVector<int>(v);
   sort(v.begin(), v.end());
   cout << "排序之后的数据如下所示: " << endl;
   gt_showVector<int>(v);
} // 函数 gb_test 结束
```

```
// 文件名: CP_VectorSortTestMain.cpp; 开发者: 雍俊海
#include <iostream>
using namespace std;
#include "CP_VectorSortTest.h"

int main(int argc, char* args[])
{
   gb_test();
   system("pause");
   return 0;
} // main 函数结束
```

可以对上面的代码进行编译、链接和运行。下面给出一个运行结果示例。

```
输入的原始数据如下所示:
向量长度 = 6。
向量容量 = 6。
向量的内容如下:
        向量[0] = 90。
        向量[1] = 95。
        向量[2] = 100。
        向量[3] = 95。
        向量[4] = 92。
        向量[5] = 90。
排序之后的数据如下所示:
向量长度 = 6。
向量容量 = 6。
向量的内容如下:
        向量[0] = 90。
```

```
        向量[1] = 90。
        向量[2] = 92。
        向量[3] = 95。
        向量[4] = 95。
        向量[5] = 100。
请按任意键继续. . .
```

例程分析：本例程源文件“CP_VectorSortTest.cpp”第 23 行代码“sort(v.begin(), v.end());”对保存在向量 v 中的所有元素进行排序，其中“v.begin()”返回的迭代器指向向量 v 的第一个元素，“v.end()”返回结束界定迭代器。在这行代码中，**函数模板 sort 的实际模板参数**是“vector<int>::iterator”，是向量的迭代器类型。元素之间的大小关系由默认的仿函数完成。从程序的运行结果上看，函数模板 sort 在排序时仍然会保留相等的元素。因此，向量 v 在排序前后的元素个数并没有发生变化，只是元素之间的顺序变了。

第 2 个排序函数模板 sort 带有 3 个函数参数，其具体说明如下：

函数 64　sort	
声明：	`template<class RandomAccessIterator, class Predicate>` `void sort(RandomAccessIterator first, RandomAccessIterator last, Predicate comp);`
说明：	对从迭代器 first 开始并且在迭代器 last 之前的元素进行排序，并由仿函数 comp 确定元素之间的大小关系。
参数：	① 模板参数 RandomAccessIterator 是迭代器的数据类型。 ② 模板参数 Predicate 是用来比较元素大小的仿函数类。 ③ 函数参数 first 是迭代器，指向待排序的第 1 个元素。 ④ 函数参数 last 是待排序的最后 1 个元素之后的迭代器。 ⑤ 函数参数 comp 是用来比较元素大小的仿函数，即仿函数类 Predicate 的实例对象。
头文件：	`#include <algorithm>`

下面通过一个例程说明带有 3 个函数参数的排序函数模板 sort 的用法。

例程 6-15　通过排序函数模板实现学生成绩不去重排序的例程。

例程功能描述：本例程先将包含学号与成绩的数据保存在向量中，然后通过排序函数模板 sort 实现学生成绩的不去重排序。本例程将输出排序前后的学生数据。

例程解题思路：例程代码由 5 个源程序代码文件“CP_StudentWithCompare.h”“CP_StudentShow.h”“CP_StudentVectorSortTest.h”“CP_StudentVectorSortTest.cpp”和“CP_StudentVectorSortTestMain.cpp”组成，其中头文件“CP_StudentWithCompare.h”的具体程序代码见第 6.4.1 小节例程 6-10，头文件“CP_StudentShow.h”的具体程序代码见第 6.4.5 小节例程 6-12，其他文件的具体程序代码如下。

```
// 文件名：CP_StudentVectorSortTest.h；开发者：雍俊海
#ifndef CP_STUDENTVECTORSORTTEST_H
#define CP_STUDENTVECTORSORTTEST_H

extern void gb_test();
#endif
```

// 文件名：**CP_StudentVectorSortTest.cpp**；开发者：雍俊海

```
#include <iostream>
using namespace std;
#include <vector>
#include <set>
#include <algorithm>
#include "CP_StudentShow.h"

void gb_dataPrepare(vector<CP_Student>& v)
{
   v.push_back(CP_Student(2022010001, 90));
   v.push_back(CP_Student(2022010002, 95));
   v.push_back(CP_Student(2022010003, 100));
   v.push_back(CP_Student(2022010004, 95));
   v.push_back(CP_Student(2022010005, 92));
   v.push_back(CP_Student(2022010006, 90));
} // 函数 gb_dataPrepare 定义结束

void gb_test()
{
   vector<CP_Student> v;
   gb_dataPrepare(v);
   cout << "输入的原始数据如下所示：" << endl;
   gt_vectorShow(v);
   CP_StudentCompareScore compare;
   sort(v.begin(), v.end(), compare);
   cout << "按学生成绩排序之后的数据如下所示：" << endl;
   gt_vectorShow(v);
} // 函数 gb_test 结束
```

// 文件名：**CP_StudentVectorSortTestMain.cpp**；开发者：雍俊海

```
#include <iostream>
using namespace std;
#include "CP_StudentVectorSortTest.h"

int main(int argc, char* args[])
{
   gb_test();
   system("pause"); // 暂停住控制台窗口
   return 0; // 返回 0 表明程序运行成功
} // main 函数结束
```

可以对上面的代码进行编译、链接和运行。下面给出一个运行结果示例。

```
输入的原始数据如下所示：
向量长度 = 6，向量容量 = 6。向量的内容如下：
        向量[0](2022010001, 90)。
```

```
        向量[1](2022010002, 95)。
        向量[2](2022010003, 100)。
        向量[3](2022010004, 95)。
        向量[4](2022010005, 92)。
        向量[5](2022010006, 90)。
按学生成绩排序之后的数据如下所示:
向量长度 = 6，向量容量 = 6。向量的内容如下:
        向量[0](2022010001, 90)。
        向量[1](2022010006, 90)。
        向量[2](2022010005, 92)。
        向量[3](2022010002, 95)。
        向量[4](2022010004, 95)。
        向量[5](2022010003, 100)。
请按任意键继续. . .
```

例程分析：本例程源文件“CP_VectorSortTest.cpp”第 25 行代码“sort(v.begin(), v.end(), compare);”对保存在向量 v 中的所有元素进行排序，其中“v.begin()”返回的迭代器指向向量 v 的第一个元素，“v.end()”返回结束界定迭代器，“compare”是仿函数类 CP_StudentCompareScore 的实例对象，也称为仿函数，“compare”的定义见第 24 行代码。元素之间的大小关系由仿函数 compare 确定。从程序的运行结果上看，函数模板 sort 按照成绩对学生进行排序，同时保留了具有相同成绩的学生。

在第 25 行代码中，**函数模板 sort 的第 1 个实际模板参数**是向量的迭代器类型“vector<CP_Student>::iterator”；**第 2 个实际模板参数**是仿函数类 CP_StudentCompareScore。因此，这行代码也可以写成为

```
sort<vector<CP_Student>::iterator, CP_StudentCompareScore>
    (v.begin(), v.end(), compare);                                    // 25
```

6.6 本 章 小 结

本章介绍了 2 种自定义的模板，即自定义函数模板和自定义类模板。自定义模板的优点是数据类型可以成为模板参数，从而进一步提高了程序代码的灵活程度。自定义模板的缺点是增加程序代码的编译时间，同时也进一步使得程序代码及其测试变得更加复杂。**自定义模板的定义和实现代码通常都写在头文件中，从而方便模板的使用**。因此，使用自定义模板通常会使得头文件变得很长，这与传统不使用模板的 C++代码有很大区别。对于标准模板库（STL），本章介绍了其中 2 种最常用的向量（vector）和集合（set）容器；另外，还介绍了算法部分的 2 个排序函数模板 sort。向量和集合类似于传统的数组，又拥有各自的特色，可以用来提高编程的效率。标准模板库的函数模板 sort 实现的排序算法具有很高的执行效率，在需要时可以调用。

6.7 习　　题

6.7.1 练习题

练习题 6.1 判断正误。

（1）函数模板实际上并不是函数。

（2）类模板不支持派生。

（3）向量的容量在向量构造之后就不可以改变。

（4）不存在容量为 0 的向量。

（5）向量元素的数据类型不能是浮点数类型。

（6）向量的成员函数 max_size()的返回值就是向量的容量。

（7）设给定向量为 v，则 v.size()的值与以 sizeof(v)的值相等。

（8）如果向量的容量为 0，则该向量调用其成员函数 empty()的返回值为 true。

（9）设给定向量为 v，且 v 的长度大于给定的整数 n，则调用 v.reserve(n)将使得向量 v 的长度变为 n。

（10）设给定向量为 v，则 v.clear()将使得向量 v 的容量变为 0。

（11）设向量 v 含有 3 个元素，则 v[2]是非法的，即无法通过编译。

（12）向量的成员函数 front 返回前一个元素的引用。

（13）向量的成员函数 back 返回后一个元素的引用。

（14）非空向量的成员函数 begin 与 rend 返回值的迭代器指向同一个元素。

（15）非空向量的成员函数 end 与 rbegin 返回值的迭代器指向同一个元素。

（16）集合（set）的成员函数 size 与 max_size 的返回值相等。

（17）集合（set）的成员函数 size 与 count 的返回值相等。

（18）集合（set）的成员函数 count 的返回值只能是 0 或 1。

（19）集合（set）的成员函数 key_comp 与 value_comp 的返回值相等。

（20）非空集合的成员函数 begin 与 rend 返回值的迭代器指向同一个元素。

（21）非空集合的成员函数 end 与 rbegin 返回值的迭代器指向同一个元素。

（22）设集合 s 含有 3 个元素，则 s[3]是非法的，即无法通过编译。

练习题 6.2 什么是函数模板？函数模板的作用是什么？

练习题 6.3 请写出函数模板的定义格式。

练习题 6.4 请总结关键字 class 与 typename 用法的相同点与不同点。

练习题 6.5 请给出具有实际应用价值的函数模板示例程序。

练习题 6.6 什么是模板函数？

练习题 6.7 什么是类模板？类模板的作用是什么？

练习题 6.8 请写出类模板的定义格式。

练习题 6.9 请指出并更正下面程序代码的错误。

```
#include <iostream>
using namespace std;
```

```
#include <vector>
vector g_v;
```

练习题 6.10　请写出在类模板的定义中，将其成员函数声明与实现分开的注意事项。

练习题 6.11　请简述在程序代码中函数模板和类模板定义的允许位置和不允许位置。

练习题 6.12　请简述什么是标准模板库 STL？

练习题 6.13　请简述向量长度和容量的区别。

练习题 6.14　请简述向量容量的特点和作用。

练习题 6.15　请总结有哪些减少向量元素的成员函数？说明其功能。

练习题 6.16　请总结有哪些可以添加向量元素的成员函数？说明其功能。

练习题 6.17　请简述向量之间如何进行关系运算？

练习题 6.18　请编写程序，构造含有 3 个元素的向量。

练习题 6.19　请编写程序，输出向量的所有元素。

练习题 6.20　请编写程序，逆序输出向量的所有元素。

练习题 6.21　请总结遍历向量所有元素的方法。

练习题 6.22　请总结 vector 与 set 的区别，即说明它们之间的相同点与不同点。

练习题 6.23　请总结在集中（set）中元素的特点。

练习题 6.24　请编写程序，构造含有 3 个元素的集合。

练习题 6.25　请编写程序，将给定向量的所有元素添加到给定的集合中。

练习题 6.26　请总结有哪些减少集合元素的成员函数？说明其功能。

练习题 6.27　请总结有哪些可以添加集合元素的成员函数？说明其功能。

练习题 6.28　请简述什么是仿函数类？

练习题 6.29　请简述什么是仿函数？

练习题 6.30　请分别简述集合的成员函数 find、equal_range、lower_bound、upper_bound 的功能。

练习题 6.31　请简述集合之间如何进行关系运算？

练习题 6.32　请完整写出在算法库中函数 sort 的两种声明。在面向对象的特性中，这两种不同声明的函数属于什么特性?

练习题 6.33　请编写程序，从文本文件“data.txt”读取一系列整数（文件格式请自行定义），并采用向量 vector 进行存储。然后，分别实现：

（1）采用算法（algorithm）库的 sort 函数进行排序（不去重），并输出排序结果。

（2）采用集合（set）进行排序（去重），并输出排序结果。

6.7.2　思考题

思考题 6.34　利用模板与否对编程编写效率有什么影响？为什么？并给出案例说明。

思考题 6.35　利用模板与否对编程执行效率有什么影响？为什么？并给出案例说明。

思考题 6.36　如何利用模板进行程序架构设计？

思考题 6.37　请总结模板与宏定义之间的区别。

第 7 章　字符串处理

在编写程序时，常常需要用到字符串。第 2.2.7 小节讲解了基于数组的字符串。这里讲解如何输出单个的字符，如何进行基于数组的窄与宽字符串转换，以及另外一种类型的字符串，即基于字符串类 string 的字符串。基于类 string 的字符串不仅可以用方括号获取字符串的字符元素，而且支持迭代器，同时采用一种**“容量-长度”内存管理机制**提高内存管理效率。总之，基于类 string 的字符串比第 2.2.7 小节讲解的基于数组的字符串，在功能上更加丰富，在性能上有可能效率更高。因此，非常有必要学习基于类 string 的字符串。

7.1　输出单个字符

字符串是由字符元素组成的。这里补充讲解如何输出单个字符。对于**字符的输入与输出**，有如下的建议：

（1）如果希望输入的字符的类型是 char，则可以考虑采用标准输入 cin；

（2）如果待输出的字符的类型是 char，则可以考虑采用标准输出 cout；

（3）如果希望输入的字符的类型是 wchar_t，则可以考虑采用标准输入 wcin；

（4）如果待输出的字符的类型是 wchar_t，则可以考虑采用标准输出 wcout。

例程 7-1　分别采用窄字符与宽字符输出英文与汉字字符。

例程功能描述：分别采用标准输出 cout 和 wcout 输出窄字符与宽字符表示的英文字符以及宽字符表示的汉字字符。

例程解题思路：例程代码由源文件“CP_OutputCharSingleMain.cpp”组成，具体的程序代码如下。

```
// 文件名：CP_OutputCharSingleMain.cpp；开发者：雍俊海
#include <iostream>
using namespace std;

void gb_outputEnglishChar()
{
    char     ch = 'a';
    wchar_t  cw = L'b';

    cout << "采用 cout 输出英文字符：";
    cout << ch << "[char]，" << cw << "[wchar_t]。" << endl;
    cout << "采用 wcout 输出英文字符：";
    wcout << ch << "[char]，" << cw << "[wchar_t]。" << endl;
} // 函数 gb_outputEnglishChar 结束

```

```
15 void gb_outputChineseChar()
16 {
17    wchar_t  cw = L'真';
18    cout << "采用 cout 输出汉字宽字符：";
19    cout << cw << "[wchar_t]。" << endl;
20    wcout.imbue(locale("chs"));
21    cout << "采用 wcout 输出汉字宽字符：";
22    wcout << cw << "[wchar_t]。" << endl;
23 } // 函数 gb_outputChineseChar 结束
24
25 int main(int argc, char* args[])
26 {
27    gb_outputEnglishChar();
28    gb_outputChineseChar();
29
30    system("pause"); // 暂停住控制台窗口
31    return 0; // 返回 0 表明程序运行成功
32 } // main 函数结束
```

可以对上面的代码进行编译、链接和运行。下面给出一个运行结果示例。

```
采用 cout 输出英文字符：a[char], 98[wchar_t]。
采用 wcout 输出英文字符：a[char], b[wchar_t]。
采用 cout 输出汉字宽字符：30495[wchar_t]。
采用 wcout 输出汉字宽字符：真[wchar_t]
请按任意键继续. . .
```

例程分析：上面输出结果在不同的操作系统或编译器下，有可能会有所不同。从上面输出结果的第 1 行内容可以看出，cout 在输出英文宽字符时，无法正常解析英文宽字符，输出该英文宽字符的 ASCII 码。同样，第 3 行输出内容表示 cout 无法正常解析汉字宽字符，输出该汉字宽字符所对应的整数值。上面输出结果表明 wcout 可以输出中英文宽字符。

因为单个 char 类型的字符的数值范围通常是 0～255，无法表达汉字，所以本例程没有给出采用 char 类型表达汉字字符的示例。不过，可以采用 char 的数组类型表达汉字字符，如上面第 9、11、18 和 21 行代码所示。

上面第 20 行代码调用了系统区域设置类 locale 的构造函数和 wcout 的成员函数 imbue，将当前的本地系统区域设置为中国，表明所采用的语言为汉语，从而使得第 22 行代码 "wcout << cw" 能够正确解析汉字宽字符。通常不能删除第 20 行代码；否则，有可能无法正常输出汉字宽字符。这 2 个函数的具体说明如下：

函数 65	**locale::locale**
声明：	`locale(const char* std_name);`
说明：	这是系统区域设置类 locale 的构造函数。根据字符串 std_name 的内容，创建系统区域设置类的实例对象。这里所谓的系统区域设置指的是设置国家或地区，它将影响所使用的语言、编码方式和日期格式等内容。
参数：	函数参数 std_name 用来指定系统区域设置的内容。在不同的操作系统中，对 std_name 的具

	体规定有可能会略有所不同。这里给出一些常用的示例。例如，chs 代表中国，de 代表德国，es 代表西班牙，fr 代表法国，it 代表意大利，ja 代表日本，ko 代表韩国，pt 代表葡萄牙，ru 代表俄国。
头文件：	`#include <locale>`

函数 66	**ios::imbue**
声明：	`locale imbue(const locale& loc);`
说明：	将当前的本地系统区域设置为 loc。
参数：	函数参数 loc 是系统区域设置类 locale 的实例对象，用来指定系统区域设置的内容。
返回值：	返回 loc。
头文件：	`#include <iostream>`

标准输出 wcout 的数据类型是类 wostream，而类 wostream 是输入输出流类 ios 的子类。标准输出 wcout 调用的成员函数 imbue 是输入输出流类 ios 的成员函数。

7.2 基于数组的窄与宽字符串转换

按照数组内存申请和分配的形式分，基于数组的字符串可以分为基于静态数组的字符串和基于动态数组的字符串。下面通过 1 个例程直观展示它们之间的区别。

例程 7-2 静态数组、动态数组与字符串长度的展示例程。

例程功能描述：分别采用静态数组和动态数组存储字符串，并输出静态数组的长度、动态数组的长度、指针占用的字节数以及字符串的长度。

例程解题思路：例程代码由 3 个源程序代码文件“CP_CharArraySizeTest.h”“CP_CharArraySizeTest.cpp”和“CP_CharArraySizeTestMain.cpp”组成，具体的程序代码如下。

```
// 文件名：CP_CharArraySizeTest.h；开发者：雍俊海
#ifndef CP_CHARARRAYSIZETEST_H
#define CP_CHARARRAYSIZETEST_H

extern void gb_testCharArrayStatic();
extern void gb_testCharArrayDynamic();
#endif
```

```
// 文件名：CP_CharArraySizeTest.cpp；开发者：雍俊海
#include <iostream>
using namespace std;

void gb_testCharArrayStatic()
{
   char a[] = "12345678";
   cout << "静态数组:" << endl;
   cout << "\tsizeof(a) = " << sizeof(a) << endl;
   cout << "\tstrlen(a) = " << strlen(a) << endl;
} // 函数 gb_testCharArrayStatic 定义结束
```

```
                                                                    // 11
void gb_testCharArrayDynamic()                                      // 12
{                                                                   // 13
   char *p = new char[10];                                          // 14
   int i = 0;                                                       // 15
   for (; i < 8; i++)                                               // 16
      p[i] = '1' + i;                                               // 17
   p[i] = 0;                                                        // 18
   cout << "动态数组长度为 10:" << endl;                              // 19
   cout << "\tsizeof(p) = " << sizeof(p) << endl;                   // 20
   cout << "\tstrlen(p) = " << strlen(p) << endl;                   // 21
   delete[] p;                                                      // 22
} // 函数 gb_testCharArrayDynamic 定义结束                            // 23
```

```
// 文件名: CP_CharArraySizeTestMain.cpp; 开发者: 雍俊海
#include <iostream>
using namespace std;
#include "CP_CharArraySizeTest.h"

int main(int argc, char* args[])
{
   gb_testCharArrayStatic();
   gb_testCharArrayDynamic();

   system("pause"); // 暂停住控制台窗口
   return 0; // 返回 0 表明程序运行成功
} // main 函数结束
```

可以对上面的代码进行编译、链接和运行。下面给出一个运行结果示例。

```
静态数组:
        sizeof(a) = 9
        strlen(a) = 8
动态数组长度为 10:
        sizeof(p) = 4
        strlen(p) = 8
请按任意键继续. . .
```

例程分析：本例程“CP_CharArraySizeTest.cpp”第 6 行代码“char a[] = "12345678";”定义了静态字符数组 a，它拥有'1'、'2'、...、'8'和字符串结束标志 0 等共 9 个字符元素。如第 8 行代码所示，sizeof 运算可以用于获取静态字符数组 a 所占用的内存字节数。因为每个 char 类型的数据占用 1 个字节，所以“sizeof(a)”返回的数值 9 也是**静态字符数组 a 的长度**，即静态字符数组 a 的元素个数。

本例程“CP_CharArraySizeTest.cpp”第 9 行代码“strlen(a)”返回**基于静态字符数组 a 的字符串的长度**，即在静态字符数组 a 中第 1 次出现 0 之前的字符个数。函数 strlen 的具体说明如下：

函数 67	**strlen**
声明：	`size_t strlen(const char *s);`
说明：	返回字符串 s 的长度。
参数：	s 是基于数组的字符串。要求 s 不能是 NULL，而且在 s 中的字符以及字符串结束标志 0 的总个数不能超过数组的有效长度。
返回值：	字符串 s 的长度。
头文件：	`#include <string.h>`

本例程“CP_CharArraySizeTest.cpp”第 14 行代码“char *p = new char[10];”定义了字符指针 p，并申请了 10 个字符元素的动态字符数组，然后将该动态字符数组的首地址赋值给指针 p。为了方便叙述，通常也将申请得到的这个动态字符数组简称为动态字符数组 p。在这里，**动态字符数组的长度**是 10。然而，第 20 行代码“sizeof(p)”返回的数值却是 4，如上面运行结果倒数第 3 行所示。这是因为第 20 行代码“sizeof(p)”返回的是**指针 p 本身所占用的内存大小**，并不是动态字符数组的长度。

本例程“CP_CharArraySizeTest.cpp”第 21 行代码“strlen(p)”返回**基于动态字符数组 p 的字符串的长度**，即在动态字符数组 p 中第 1 次出现 0 之前的字符个数。

这里讲解基于数组的窄与宽字符串转换。窄与宽字符串之间转换可以借助于一些已有的函数来实现。下面先分别介绍函数 MultiByteToWideChar 和 WideCharToMultiByte。

函数 68	**MultiByteToWideChar**
声明：	`int MultiByteToWideChar(UINT CodePage, DWORD dwFlags, LPCSTR lpMultiByteStr, int cbMultiByte, LPWSTR lpWideCharStr, int cchWideChar);`
说明：	本函数仅适用于 VC 平台。本函数将基于数组的**窄**字符串转换为基于数组的**宽**字符串。
类型：	在 VC 平台中，本函数用到的部分数据类型定义如下： ① `typedef unsigned int` **`UINT`**`;` ② `typedef unsigned long` **`DWORD`**`;` ③ `typedef const char *`**`LPCSTR`**`;` ④ `typedef wchar_t *`**`LPWSTR`**`;`
参数：	① CodePage：指定具体的字符集。这里要求必须是在当前操作系统中已经安装且有效的字符集。具体的数值及其含义请见表 7-1。 ② dwFlags：指定具体的字符转换方式。dwFlags 的具体数值可以是在表 7-2 中的各个值的组合。不过，其中 MB_PRECOMPOSED 和 MB_COMPOSITE 是互斥的，不能组合在一起。 ③ lpMultiByteStr：指定待转换的字符串。 ④ cbMultiByte：指定待转换的字符个数。如果为 0，则本函数直接失败返回；如果为 -1，则要求待转换的字符串 lpMultiByteStr 必须是一个以 0 结尾的字符串。如果为正整数，则只转换 cbMultiByte 个字符；这时，如果前 cbMultiByte 个字符不含字符串的结束标志字符 0，则转换的结果字符串也不会含有结束标志字符 0。 ⑤ lpWideCharStr：是宽字符串指针，指向用来接收转换得到的宽字符串的内存空间。 ⑥ cchWideChar：指定待接收宽字符串的内存空间的大小。这个内存空间大小包含了字符串的结束标志字符 0。如果 cchWideChar 为 0，则允许 lpWideCharStr 为 NULL，同时本函数返回接收宽字符串所需要的内存空间的大小。
返回值：	如果 cchWideChar 为 0，则返回接收宽字符串所需要的内存空间的大小；否则，返回转换

到宽字符串的字符个数，包括字符串的结束标志字符 0。如果返回为 0，则表明转换失败。

头文件： `#include <Windows.h>`

表 7-1　函数 MultiByteToWideChar 的参数 CodePage 的具体数值及其含义

数　值	含　义
CP_ACP	操作系统默认的 ANSI 字符集
CP_MACCP	Macintosh 字符集。这里的 Macintosh，简称 Mac，是苹果公司生产的一种个人计算机的型号
CP_OEMCP	当前操作系统 OEM（original equipment manufacture，原始设备制造商）的字符集
CP_SYMBOL	符号字符集
CP_THREAD_ACP	在当前线程中的 ANSI 字符集
CP_UTF7	UTF-7 字符集。UTF（Unicode Transformation Format）是一种针对 Unicode（统一字符集）的可变长度字符集，又称万国码
CP_UTF8	UTF-8 字符集

表 7-2　函数 MultiByteToWideChar 的参数 dwFlags 的具体数值及其含义

数　值	含　义
0	采用通用的转换方式。一般都采用这种方式
MB_COMPOSITE	采用组合字符的方式。例如，字符“Ä”可以表达为字母“A”与字符“¨”的组合。不过，在实际进行字符转换时，也不一定会进行组合分解。这里 MB_COMPOSITE 不能与 MB_PRECOMPOSED 同时使用
MB_ERR_INVALID_CHARS	当设置为此选项时，函数 MultiByteToWideChar 在遇到非法字符时就以失败结束，并设置错误码。该错误码通常是 ERROR_NO_UNICODE_TRANSLATION，可以通过函数 GetLastError 获取
MB_PRECOMPOSED	采用预合成字符的方式。采用这种方式，则不会对字符进行组合分解。这里 MB_PRECOMPOSED 不能与 MB_COMPOSITE 同时使用
MB_USEGLYPHCHARS	采用字形字符，而不采用控制字符

注意事项：

在调用函数 MultiByteToWideChar 时，函数参数 lpMultiByteStr 和 lpWideCharStr 所指向的内存空间不允许出现重叠。

函数 69　WideCharToMultiByte

声明：

```
int WideCharToMultiByte(UINT CodePage, DWORD dwFlags, LPCWCH
lpWideCharStr, int cchWideChar, LPSTR lpMultiByteStr, int
cbMultiByte, LPCSTR lpDefaultChar, LPBOOL lpUsedDefaultChar);
```

说明： 本函数仅适用于 VC 平台。本函数将基于数组的宽字符串转换为基于数组的窄字符串。

类型： 在 VC 平台中，本函数用到的部分数据类型定义如下：

① `typedef unsigned int UINT;`
② `typedef unsigned long DWORD;`
③ `typedef const wchar_t *LPCWCH;`
④ `typedef char *LPSTR;`
⑤ `typedef const char *LPCSTR;`
⑥ `typedef BOOL *LPBOOL;`

参数： ① CodePage：指定具体的字符集。这里要求必须是在当前操作系统中已经安装且有效的字符集。具体的数值及其含义请见表 7-1。如果 CodePage 等于 CP_UTF7 或者 CP_UTF8，则 lpDefaultChar 和 lpUsedDefaultChar 必须都等于 NULL。

② dwFlags：指定具体的字符转换方式。如果将 dwFlags 的值设置为 0，则这时字符转换的速度最快。还可以将 dwFlags 的值设置为在表 7-3 中的各个值的组合。如果 dwFlags 的值含有“WC_NO_BEST_FIT_CHARS|WC_COMPOSITECHECK|WC_DEFAULTCHAR”，则可以获取所有的可能转换结果；否则，有可能会丢失某些转换结果。请注意：如果 CodePage 的值是 CP_UTF8，则 dwFlags 的值必须是 0 或 WC_ERR_INVALID_CHARS；否则，本函数运行失败并产生错误码 ERROR_INVALID_FLAGS。

③ lpWideCharStr：指定待转换的字符串。

④ cchWideChar：指定待转换的字符个数。如果为 0，则本函数直接失败返回；如果为 -1，则要求待转换的字符串 lpMultiByteStr 必须是一个以 0 结尾的字符串。这时，转换的结果也是一个以 0 结尾的字符串。如果为正整数，则只转换 cchWideChar 个字符；这时，如果前 cchWideChar 个字符不含字符串的结束标志字符 0，则转换的结果字符串也不会含有结束标志字符 0。

⑤ lpMultiByteStr：是字符串指针，指向用来接收转换得到的字符串的内存空间。

⑥ cbMultiByte：指定待接收宽字符串的内存空间的大小。这个内存空间大小包含了字符串的结束标志字符 0。如果 cbMultiByte 为 0，则允许 lpMultiByteStr 为 NULL，同时本函数返回接收字符串所需要的内存空间的大小。

⑦ lpDefaultChar：用来设置默认的字符。如果 lpDefaultChar 为 NULL，则采用系统默认的字符。在进行字符转换时，如果遇到无法表达的字符，则有可能直接将其转换为默认的字符。请注意：如果 CodePage 的值是 CP_UTF7 或 CP_UTF8，则 lpDefaultChar 的值必须是 NULL；否则，本函数运行失败并产生错误码 ERROR_INVALID_PARAMETER。

⑧ lpUsedDefaultChar：lpUsedDefaultChar 的值可以是 NULL。这时，lpUsedDefaultChar 将不起作用。如果 lpUsedDefaultChar 的值不是 NULL，则本函数将设置(*lpUsedDefaultChar)的值。如果在进行字符转换时遇到了无法表达的字符，则将(*lpUsedDefaultChar)的值设置为 TRUE；否则，设置为 FALSE。请注意：如果 CodePage 的值是 CP_UTF7 或 CP_UTF8，则 lpUsedDefaultChar 的值必须是 NULL；否则，本函数运行失败并产生错误码 ERROR_INVALID_PARAMETER。

返回值： 如果 cbMultiByte 为 0，则返回接收字符串所需要的内存空间的大小，其单位是字节；否则，返回转换到字符串的字节数，包括字符串的结束标志字符 0。如果返回为 0，则表明转换失败。本函数执行失败的错误代码可以通过函数 GetLastError 获取。

头文件： #include <Windows.h>

表 7-3　函数 WideCharToMultiByte 的参数 dwFlags 的具体数值及其含义

数　值	含　义
WC_COMPOSITECHECK	转换组合字符。组合字符通常由基础字符和非空白符组成。例如，字符“è”是由基础字符“e”与重音字符“`”组成的组合字符。在转换时，有可能会合成这些字符为一个组合字符，但也不一定。设置 WC_COMPOSITECHECK 通常与 WC_DEFAULTCHAR、WC_DISCARDNS 或 WC_SEPCHARS 组合在一起。如果都没有设置这 3 个选项，则设置 WC_COMPOSITECHECK 默认的设置选项为 WC_SEPCHARS
WC_DEFAULTCHAR	与 WC_COMPOSITECHECK 一起设置。如果在转换字符时出现异常，则转换为默认的字符
WC_DISCARDNS	与 WC_COMPOSITECHECK 一起设置。对于组合字符，忽略非空白符，只保留基础字符

续表

数　值	含　义
WC_SEPCHARS	与 WC_COMPOSITECHECK 一起设置。在转换的过程中逐个字符进行转换
WC_ERR_INVALID_CHARS	当设置为此选项时，函数 MultiByteToWideChar 在遇到非法字符时就以失败结束，并设置错误码。该错误码可以通过函数 GetLastError 获取
WC_NO_BEST_FIT_CHARS	如果在转换的过程中遇到无法表达的字符，则采用默认的字符替代。默认字符由 WideCharToMultiByte 的参数 lpDefaultChar 指定

注意事项：

（1）在调用函数 WideCharToMultiByte 时，函数参数 lpWideCharStr 与 lpMultiByteStr 所指向的内存空间不允许出现重叠；否则，函数 WideCharToMultiByte 将会运行失败，并产生错误码 ERROR_INVALID_PARAMETER。

（2）可以将 lpDefaultChar 与 lpUsedDefaultChar 的值全部设置为 NULL。这时函数 WideCharToMultiByte 的运行效率最高。

下面通过 1 个例程说明如何通过函数 MultiByteToWideChar 和 WideCharToMultiByte 实现窄与宽字符串之间转换，并直观展示在窄与宽字符串之间的转换结果。

例程 7-3　在 VC 平台中基于数组的宽与窄字符串类型转换

例程功能描述：实现从普通窄字符串和 UTF-8 窄字符串向宽字符串的转换，以及从宽字符串向窄字符串的转换，并展示转换前后的字符串及其内码。

例程解题思路：例程代码由 5 个源程序代码文件“CP_ShowCharArrayInt.h”“CP_ShowCharArrayInt.cpp”“CP_CharArrayConvertCharWchar.h”“CP_CharArrayConvertCharWchar.cpp”和“CP_CharArrayConvertCharWcharMain.cpp”组成，具体的程序代码如下。

```
// 文件名：CP_ShowCharArrayInt.h；开发者：雍俊海
#ifndef CP_SHOWCHARARRAYINT_H
#define CP_SHOWCHARARRAYINT_H

void gb_showCharArrayInt(unsigned char *p, int n);
#endif
```

```
// 文件名：CP_ShowCharArrayInt.cpp；开发者：雍俊海
#include <iostream>
using namespace std;

void gb_showCharArrayInt(unsigned char *p, int n)// 显示字符数组的内码
{
    int i;
    cout << "内码为：";
    for (i = 0; i < n - 1; i++)
        cout << "[" << i << "]" << (int)(p[i]) << ", ";
    cout << "[" << i << "]" << (int)(p[i]) << "。" << endl;
} // 函数 gb_showCharArrayInt 定义结束
```

// 文件名：CP_CharArrayConvertCharWchar.h；开发者：雍俊海

```
#ifndef CP_CHARARRAYCONVERTCHARWCHAR_H
#define CP_CHARARRAYCONVERTCHARWCHAR_H
#include "CP_ShowCharArrayInt.h"

void gb_charArrayConvert();
void gb_charArrayConvert_UTF8();
void gb_charArrayConvertFromWchar();
#endif
```

// 文件名：CP_CharArrayConvertCharWchar.cpp；开发者：雍俊海

```
#include <iostream>
#include <Windows.h>
using namespace std;
#include "CP_CharArrayConvertCharWchar.h"

void gb_charArrayConvert() // 将普通窄字符串转换为宽字符串
{
   char     pc[] = "AB快乐";
   wchar_t  pcw[100];
   cout << "转换普通字符串：" << pc << endl;
   gb_showCharArrayInt((unsigned char*)pc, sizeof(pc));
   int n = MultiByteToWideChar(CP_ACP, 0, pc, -1, pcw, 100);
   wcout.imbue(locale("chs"));
   cout << "转换为宽字符串后：";
   wcout << pcw << endl;
   gb_showCharArrayInt((unsigned char*)pcw, n * sizeof(wchar_t));
} // 函数gb_charArrayConvert定义结束

void gb_charArrayConvert_UTF8() // 将UTF-8窄字符串转换为宽字符串
{
   char     pcu[] = u8"AB快乐";
   wchar_t  pcw[100];
   cout << "转换UTF-8字符串：" << pcu << endl;
   gb_showCharArrayInt((unsigned char*)pcu, sizeof(pcu));
   int n = MultiByteToWideChar(CP_UTF8, 0, pcu, -1, pcw, 100);
   wcout.imbue(locale("chs"));
   cout << "转换为宽字符串后：";
   wcout << pcw << endl;
   gb_showCharArrayInt((unsigned char*)pcw, n * sizeof(wchar_t));
} // 函数gb_charArrayConvert_UTF8定义结束

void gb_charArrayConvertFromWchar() // 将宽字符串转换为窄字符串
{
   wchar_t  pcw[] = L"AB快乐";
   char pc[100];
   wcout.imbue(locale("chs"));
```

```
    cout << "转换宽字符串: ";                                          // 37
    wcout << pcw << endl;                                              // 38
    gb_showCharArrayInt((unsigned char*)pcw, sizeof(pcw));             // 39
    int n = WideCharToMultiByte(CP_ACP,0,pcw,-1,pc,100,NULL,NULL);     // 40
    cout << "转换为窄字符串后: " << pc << endl;                         // 41
    gb_showCharArrayInt((unsigned char*)pc, n);                        // 42
} // 函数 gb_charArrayConvertFromWchar 定义结束                         // 43
```

// 文件名：CP_CharArrayConvertCharWcharMain.cpp；开发者：雍俊海	行号

```
#include <iostream>
using namespace std;
#include "CP_CharArrayConvertCharWchar.h"

int main(int argc, char* args[])
{
    gb_charArrayConvert();
    gb_charArrayConvert_UTF8();
    gb_charArrayConvertFromWchar();

    system("pause"); // 暂停住控制台窗口
    return 0; // 返回 0 表明程序运行成功
} // main 函数结束
```

可以对上面的代码进行编译、链接和运行。下面给出一个运行结果示例。

```
转换普通字符串: AB 快乐
内码为: [0]65, [1]66, [2]191, [3]236, [4]192, [5]214, [6]0。
转换为宽字符串后: AB 快乐
内码为: [0]65, [1]0, [2]66, [3]0, [4]235, [5]95, [6]80, [7]78, [8]0, [9]0。
转换 UTF-8 字符串: AB 蹇  箰
内码为:[0]65, [1]66, [2]229, [3]191, [4]171, [5]228, [6]185, [7]144, [8]0。
转换为宽字符串后: AB 快乐
内码为: [0]65, [1]0, [2]66, [3]0, [4]235, [5]95, [6]80, [7]78, [8]0, [9]0。
转换宽字符串: AB 快乐
内码为: [0]65, [1]0, [2]66, [3]0, [4]235, [5]95, [6]80, [7]78, [8]0, [9]0。
转换为窄字符串后: AB 快乐
内码为: [0]65, [1]66, [2]191, [3]236, [4]192, [5]214, [6]0。
请按任意键继续. . .
```

例程分析：本例程源文件“CP_CharArrayConvertCharWchar.cpp”第 12 行代码通过函数调用“int n = MultiByteToWideChar(CP_ACP, 0, pc, -1, pcw, 100);”实现了**将普通窄字符串 pc 转换为宽字符串 pcw**。在这个函数调用中，头 2 个调用参数 CP_ACP 和 0 是最常用的调用参数，其中，第 1 个参数 CP_ACP 表明字符串 pc 采用操作系统默认的字符集，第 2 个参数 0 表明采用通用的转换方式。这个函数调用的第 3 个参数 pc 指定待转换的字符串，第 4 个参数-1 表明字符串 pc 是一个以 0 结尾的字符串。第 5 个和第 6 个分别指定用来接收的字符串 pcw 及其内存空间大小。

源文件“CP_CharArrayConvertCharWchar.cpp”第 25 行代码通过函数调用“int n = MultiByteToWideChar(CP_UTF8, 0, pcu, -1, pcw, 100);”实现了**将 UTF-8 窄字符串 pcu 转换为宽字符串 pcw**，其中第 1 个参数 CP_UTF8 表明字符串 pcu 采用 UTF-8 字符集。

源文件“CP_CharArrayConvertCharWchar.cpp”第 40 行代码通过函数调用“int n = WideCharToMultiByte(CP_ACP, 0, pcw, -1, pc, 100, NULL, NULL);”实现了**将宽字符串 pcw 转换为普通窄字符串 pc**，其中头 2 个调用参数 CP_ACP 和 0 是最常用的调用参数，第 1 个参数 CP_ACP 表明字符串 pc 采用操作系统默认的字符集，第 2 个参数 0 表明采用通用的转换方式。

源文件“CP_ShowCharArrayInt.cpp”第 4～11 行代码定义的函数 gb_showCharArrayInt 依次输出位于内存空间 p 处的 n 个字节的无符号整数值。源文件“CP_CharArrayConvertCharWchar.cpp”第 16 行处的代码“(unsigned char*)pcw”并没有实现将宽字符串转换为窄字符串，而只是强制将 pcw 指向的内存空间解析为类型为 unsigned char 的数组类型。这样，可以输出指针 pcw 指向的内存空间的每个字节的值，这在本例程中就是各个字符串的字符内码。例如，源文件“CP_CharArrayConvertCharWchar.cpp”第 11 行代码“gb_showCharArrayInt ((unsigned char*)pc, sizeof(pc));”输出保存在字符串 pc 中的各个字符的内码，第 16 行和第 29 行代码“gb_showCharArrayInt((unsigned char*)pcw, n*sizeof(wchar_t));”输出保存在字符串 pcw 中的各个字符的内码，第 24 行代码“gb_showCharArrayInt((unsigned char*)pcu, sizeof(pcu));”输出保存在字符串 pcu 中的各个字符的内码。

表 7-4　在例程 7-3 中字符内码对应关系表

字符	进制	常规窄字符内码	UTF-8 窄字符内码	宽字符内码
'A'	10 进制	65	65	0、65
'A'	16 进制	41	41	0、41
'B'	10 进制	66	66	0、66
'B'	16 进制	42	42	0、42
'快'	10 进制	191、236	229、191、171	95、235
'快'	16 进制	bf、ec	e5、bf、ab	5f、eb
'乐'	10 进制	192、214	228、185、144	78、80
'乐'	16 进制	c0、d6	e4、b9、90	4e、50

为了方便理解，这里将程序输出的字符内码整理成如表 7-4 所示的字符内码对应关系表。表 7-4 分别采用 10 进制和 16 进制从高字节到低字节列出了字符内码的每个字节的值。从这个表可以看出，对于英文字母，相对而言，比较简单。3 种类型的字符内码比较接近，其中常规窄字符与 UTF-8 窄字符的英文字母内码是一样的，宽字符的英文字母内码多了 1 个值为 0 的高字节。对于汉字字符，情况则比较复杂，很难从表中挖掘出 3 种类型的字符内码之间的关联关系。表 7-4 列出的相同字符的内码对应关系可能有帮助于理解实现函数 MultiByteToWideChar 和 WideCharToMultiByte 的难度与工作量。

注意事项：

对照上面例程 7-3 的程序输出结果与表 7-4 的宽字符字码，可以发现各个**宽字符内码**的输出顺序与宽字符内码从高到低的字节顺序刚好是**相反的**。这表明在这里给出的输出示例中，宽字符在内存中是**低字节在前面，高字节在后面**。不过，这种先后顺序依赖于具体的操作系统，即在不同的操作系统中有可能会有所不同。

在表 7-4 中，常规窄字符、UTF-8 窄字符和宽字符分别采用了不同的**字符集**。常规窄字符和宽字符采用的字符集是由操作系统确定的。因此，需要正确指定字符集才能正确解析各个字符。除了在第 2 章中介绍的基本的 **ASCII 字符集**之外，**常用的字符集**还有 GB2312 字符集、UTF-7 字符集、UTF-8 字符集、UTF-16 字符集和 UTF-32 字符集等。**GB2312 字符集**是中国国家标准字符集，其中 GB 是国家标准的简称，2312 是这个字符集在国家标准中的编号。**UTF 系列的字符集**是一种针对统一字符集（Unicode）的可变长度字符集，又称万国码，其中，UTF 是 Unicode Transformation Format 的缩写。

窄与宽字符串之间转换还可以通过函数 mbstowcs、mbstowcs_s、wcstombs 和 wcstombs_s。下面分别介绍这些函数。

函数 70　mbstowcs

声明： `size_t mbstowcs(wchar_t *wcstr, const char *mbstr, size_t count);`

说明： 本函数将基于数组的**窄**字符串转换为基于数组的**宽**字符串。本函数是在 C++标准中定义的函数。VC 平台建议采用非 C++标准函数 mbstowcs_s 代替本函数。

参数： ① wcstr：宽字符类型的指针，指向用来接收转换得到的宽字符串的内存空间。

② mbstr：指定待转换的窄字符串。

③ count：指定待接收宽字符串的内存空间的大小，其单位为宽字符个数。

返回值： ① 如果 wcstr 为 NULL 且函数执行成功，则返回所需要的接收宽字符串的内存空间的大小，其单位为宽字符个数。请注意这个内存空间大小没有将字符串的结束标志字符 0 计入。

② 如果 wcstr 不为 NULL 且字符转换成功，则返回成功转换得到的宽字符个数。如果返回的宽字符个数等于 count，则转换得到的宽字符串将不含有字符串的结束标志字符 0。

③ 如果函数执行失败，则返回-1 所对应的 size_t 类型的值，即(size_t)(-1)。

头文件： `#include <cstdlib>`

函数 71　mbstowcs_s

声明： `errno_t mbstowcs_s(size_t *pReturnValue, wchar_t *wcstr, size_t sizeInWords, const char *mbstr, size_t count);`

说明： 本函数将基于数组的**窄**字符串转换为基于数组的**宽**字符串。本函数仅适用于 VC 平台。

参数： ① pReturnValue：指定用来接收转换得到宽字符个数的内存空间。如果 wcstr 等于 NULL 并且 sizeInWords 等于 0 而且本函数成功执行，则(*pReturnValue)的值为所需要的接收宽字符串的内存空间的大小，其单位为宽字符个数，而且需要计入字符串结束标志字符 0。如果 wcstr 不等于 NULL 并且 sizeInWords 大于 0 而且本函数成功执行，则(*pReturnValue)的值为成功转换得到的宽字符个数，包括字符串结束标志字符 0。

② wcstr：宽字符类型的指针，指向用来接收转换得到的宽字符串的内存空间。

③ sizeInWords：指定待接收宽字符串的内存空间的大小，其单位为宽字符个数。

④ mbstr：指定待转换的窄字符串。

⑤ count：指定在转换过程中转换得到的宽字符个数的上限，即转换得到的宽字符个数不会超过 count。这里的字符个数不计入用来存储字符串结束标志字符 0 的内存。如果 wcstr 等于 NULL，则 count 不起作用。

返回值： 如果函数执行成功，则返回 0；否则，返回函数失败所对应的错误码。

头文件： `#include <cstdlib>`

函数 72 wcstombs

声明：`size_t wcstombs(char *mbstr, const wchar_t *wcstr, size_t count);`

说明：本函数将基于数组的宽字符串转换为基于数组的窄字符串。本函数是在 C++标准中定义的函数。VC 平台建议采用非 C++标准函数 wcstombs_s 代替本函数。

参数：① mbstr：窄字符类型的指针，指向用来接收转换得到的窄字符串的内存空间。
② wcstr：指定待转换的宽字符串。
③ count：指定待接收窄字符串的内存空间的大小，其单位为窄字符个数。

返回值：① 如果 mbstr 为 NULL 且函数执行成功，则返回所需要的接收窄字符串的内存空间的大小，其单位为窄字符个数。请注意这个内存空间大小没有将字符串的结束标志字符 0 计入。
② 如果 mbstr 不为 NULL 且字符转换成功，则返回成功转换得到的窄字符个数。如果返回的窄字符个数等于 count，则转换得到的窄字符串将不含有字符串的结束标志字符 0。
③ 如果函数执行失败，则返回-1 所对应的 size_t 类型的值，即(size_t)(-1)。

头文件：`#include <cstdlib>`

函数 73 wcstombs_s

声明：`errno_t wcstombs_s(size_t *pReturnValue, char *mbstr, size_t sizeInBytes, const wchar_t *wcstr, size_t count);`

说明：本函数将基于数组的宽字符串转换为基于数组的窄字符串。本函数仅适用于 VC 平台。

参数：① pReturnValue：指定用来接收转换得到窄字符个数的内存空间。如果 mbstr 等于 NULL 并且 sizeInBytes 等于 0 而且本函数成功执行，则(*pReturnValue)的值为所需要的接收窄字符串的内存空间的大小，其单位为窄字符个数，而且需要计入字符串结束标志字符 0。如果 mbstr 不等于 NULL 并且 sizeInWords 大于 0 而且本函数成功执行，则(*pReturnValue)的值为成功转换得到的窄字符个数，包括字符串结束标志字符 0。
② mbstr：窄字符类型的指针，指向用来接收转换得到的窄字符串的内存空间。
③ sizeInBytes：指定待接收窄字符串的内存空间的大小，其单位为窄字符个数。
④ wcstr：指定待转换的宽字符串。
⑤ count：指定在转换过程中转换得到的窄字符个数的上限，即转换得到的窄字符个数不会超过 count。这里的字符个数不计入用来存储字符串结束标志字符 0 的内存。如果 mbstr 等于 NULL，则 count 不起作用。

返回值：如果函数执行成功，则返回 0；否则，返回函数失败所对应的错误码。

头文件：`#include <cstdlib>`

注意事项：

在调用函数 mbstowcs、mbstowcs_s、wcstombs 和 wcstombs_s 时，函数参数 mbstr 和 wcstr 所指向的内存空间不允许出现重叠。

在调用函数 mbstowcs、mbstowcs_s、wcstombs 和 wcstombs_s 之前，通常需要调用函数 setlocale 进行区域设置，从而确定字符串转换方式。函数 setlocale 的具体说明如下。

函数 74 setlocale

声明：`char *setlocale(int category, const char *locale);`

说明：进行区域设置或查询。

参数：① category：指定区域设置将会影响到的类别。具体的数值及其含义请见表 7-5。
② locale：区域设置说明符。

返回值：① 如果 locale 不等于 NULL 并且提供的 locale 和 category 是有效的，则设置成功并返回与 locale 和 category 相关联的字符串。

② 如果 locale 对应的调用参数是""，并且提供的 category 是有效的，则恢复操作系统的默认设置，并返回该默认设置对应的字符串。

③ 如果 locale 不等于 NULL 并且提供的 locale 或 category 是无效的，则设置失败并返回 NULL。

④ 如果 locale 等于 NULL 并且提供的 category 是有效的，则没有修改任何设置并返回与 category 相关联的字符串。

⑤ 如果 locale 等于 NULL 并且提供的 category 是无效的，则返回 NULL。

头文件： #include <locale.h>

表 7-5 函数 setlocale 的区域类型参数 category 的具体数值及其含义

数 值	含 义
LC_ALL	表明该区域设置将会影响到下面的所有类别
LC_COLLATE	与区域设置相关的字符串比较及转换方式
LC_CTYPE	字符的处理方式
LC_MONETARY	货币格式
LC_NUMERIC	数值的输出格式
LC_TIME	时间格式

下面通过 1 个例程说明如何通过函数 mbstowcs 和 wcstombs 实现窄与宽字符串之间转换。然后，通过将函数 mbstowcs 和 wcstombs 分别替换为 mbstowcs_s 和 wcstombs_s 实现相同的功能，只是在替换之后的代码只适用于 VC 平台。

例程 7-4 通过 C++标准函数实现基于数组的宽与窄字符串类型转换

例程功能描述：通过 C++标准函数 mbstowcs 和 wcstombs 实现基于数组的宽字符串与窄字符串之间的转换。

例程解题思路：例程代码由 5 个源程序代码文件“CP_ShowCharArrayInt.h”“CP_ShowCharArrayInt.cpp”“CP_CharArrayConvert.h”“CP_CharArrayConvert.cpp”和“CP_CharArrayConvertMain.cpp”组成，其中“CP_ShowCharArrayInt.h”和“CP_ShowCharArrayInt.cpp”来自例程 7-3，其余文件的具体程序代码如下。

```
// 文件名：CP_CharArrayConvert.h；开发者：雍俊海                行号
#ifndef CP_CHARARRAYCONVERTCHARWCHAR_H
#define CP_CHARARRAYCONVERTCHARWCHAR_H
#include "CP_ShowCharArrayInt.h"

void gb_charArrayConvertStandard();
void gb_charArrayConvertStandard_UTF8();
void gb_charArrayConvertStandardFromWchar();
#endif
```

```
// 文件名：CP_CharArrayConvert.cpp；开发者：雍俊海              行号
#include <iostream>
using namespace std;
#include "CP_CharArrayConvert.h"
```

```
void gb_charArrayConvertStandard() // 将普通窄字符串转换为宽字符串
{
   char    pc[] = "AB 快乐";
   wchar_t  pcw[100];
   cout << "转换普通字符串: " << pc <<endl;
   setlocale(LC_ALL, "chs");
   gb_showCharArrayInt((unsigned char*)pc, sizeof(pc));
   int n = mbstowcs(pcw, pc, 100);
   cout << "转换后宽字符数为" << n << ", 宽字符串为";
   wcout << pcw << endl;
   gb_showCharArrayInt((unsigned char*)pcw, n*sizeof(wchar_t));
} // 函数 gb_charArrayConvertStandard 定义结束

void gb_charArrayConvertStandard_UTF8()//将 UTF-8 窄字符串转换为宽字符串
{
   char    pcu[] = u8"AB 快乐";
   wchar_t  pcw[100];
   cout << "转换 UTF-8 字符串: " << pcu << endl;
   gb_showCharArrayInt((unsigned char*)pcu, sizeof(pcu));
   setlocale(LC_ALL, "zh_CN.UTF-8");
   int n = mbstowcs(pcw, pcu, 100);
   setlocale(LC_ALL, "chs");
   cout << "转换后宽字符数为" << n << ", 宽字符串为";
   wcout << pcw << endl;
   gb_showCharArrayInt((unsigned char*)pcw, n * sizeof(wchar_t));
} // 函数 gb_charArrayConvertStandard_UTF8 定义结束

void gb_charArrayConvertStandardFromWchar() // 将宽字符串转换为窄字符串
{
   wchar_t  pcw[] = L"AB 快乐";
   char pc[100];
   setlocale(LC_ALL, "chs");
   cout << "转换宽字符串: ";
   wcout << pcw << endl;
   gb_showCharArrayInt((unsigned char*)pcw, sizeof(pcw));
   int n = wcstombs(pc, pcw, 100);
   cout << "转换后窄字符数为" << n << ", 窄字符串为" << pc << endl;
   gb_showCharArrayInt((unsigned char*)pc, n);
} // 函数 gb_charArrayConvertStandardFromWchar 定义结束
```

// 文件名: **CP_CharArrayConvertMain.cpp**; 开发者: 雍俊海	行号

```
#include <iostream>
using namespace std;
#include "CP_CharArrayConvert.h"

int main(int argc, char* args[])
```

```
{                                                          // 6
    gb_charArrayConvertStandard();                         // 7
    gb_charArrayConvertStandard_UTF8();                    // 8
    gb_charArrayConvertStandardFromWchar();                // 9
                                                           // 10
    system("pause"); // 暂停住控制台窗口                   // 11
    return 0; // 返回 0 表明程序运行成功                   // 12
} // main 函数结束                                         // 13
```

可以对上面的代码进行编译、链接和运行。下面给出一个运行结果示例。

```
转换普通字符串：AB 快乐
内码为：[0]65，[1]66，[2]191，[3]236，[4]192，[5]214，[6]0。
转换后宽字符数为 4，宽字符串为 AB 快乐
内码为：[0]65，[1]0，[2]66，[3]0，[4]235，[5]95，[6]80，[7]78。
转换 UTF-8 字符串：AB 蹇   箰
内码为:[0]65，[1]66，[2]229，[3]191，[4]171，[5]228，[6]185，[7]144，[8]0。
转换后宽字符数为 4，宽字符串为 AB 快乐
内码为：[0]65，[1]0，[2]66，[3]0，[4]235，[5]95，[6]80，[7]78。
转换宽字符串：AB 快乐
内码为：[0]65，[1]0，[2]66，[3]0，[4]235，[5]95，[6]80，[7]78，[8]0，[9]0。
转换后窄字符数为 6，窄字符串为 AB 快乐
内码为：[0]65，[1]66，[2]191，[3]236，[4]192，[5]214。
请按任意键继续. . .
```

例程分析：本例程在调用函数 mbstowcs 和 wcstombs 之前，均调用函数 setlocale，如源文件“CP_CharArrayConvert.cpp”第 10、24 和 36 行代码所示。函数调用

```
    setlocale(LC_ALL, "chs");
```

为函数 mbstowcs 和 wcstombs 指定了当前采用汉字操作系统，明确了字符串的转换方式。上面对函数 setlocale 的调用语句**不能替换为**“wcout.imbue(locale("chs"))”，因为后者**影响不到**函数 mbstowcs 和 wcstombs。

源文件“CP_CharArrayConvert.cpp”第 12 行代码通过函数调用“int n = mbstowcs(pcw, pc, 100);”实现了**将普通窄字符串 pc 转换为宽字符串 pcw**。第 25 行代码通过函数调用“int n = mbstowcs(pcw, pcu, 100);”实现了**将 UTF-8 窄字符串 pcu 转换为宽字符串 pcw**，其中 UTF-8 字符集是由上一条语句

```
    setlocale(LC_ALL, "zh_CN.UTF-8");
```

指定的。第 40 行代码通过函数调用“int n = wcstombs(pc, pcw, 100);”实现了**将宽字符串 pcw 转换为普通窄字符串 pc**。

例程补充说明：在 VC 平台中，本例程调用的函数 mbstowcs 和 wcstombs 还可以分别替换为 mbstowcs_s 和 wcstombs_s，即将源文件“CP_CharArrayConvert.cpp”第 12 行代码

```
    int n = mbstowcs(pcw, pc, 100);                        // 12
```

替换为

```
size_t n;
mbstowcs_s(&n, pcw, 100, pc, 100);
```

将源文件“CP_CharArrayConvert.cpp”第 25 行代码

```
int n = mbstowcs(pcw, pcu, 100);                                   // 25
```

替换为

```
size_t n;
mbstowcs_s(&n, pcw, 100, pcu, 100);
```

将源文件“CP_CharArrayConvert.cpp”第 40 行代码

```
int n = wcstombs(pc, pcw, 100);                                    // 40
```

替换为

```
size_t n;
wcstombs_s(&n, pc, 100, pcw, 100);
```

替换之后的代码可以通过编译和链接。下面给出一个运行结果示例。

```
转换普通字符串：AB 快乐
内码为：[0]65，[1]66，[2]191，[3]236，[4]192，[5]214，[6]0。
转换后宽字符数为 5，宽字符串为 AB 快乐
内码为：[0]65，[1]0，[2]66，[3]0，[4]235，[5]95，[6]80，[7]78，[8]0，[9]0。
转换 UTF-8 字符串：AB 蹇   箰
内码为:[0]65，[1]66，[2]229，[3]191，[4]171，[5]228，[6]185，[7]144，[8]0。
转换后宽字符数为 5，宽字符串为 AB 快乐
内码为：[0]65，[1]0，[2]66，[3]0，[4]235，[5]95，[6]80，[7]78，[8]0，[9]0。
转换宽字符串：AB 快乐
内码为：[0]65，[1]0，[2]66，[3]0，[4]235，[5]95，[6]80，[7]78，[8]0，[9]0。
转换后窄字符数为 7，窄字符串为 AB 快乐
内码为：[0]65，[1]66，[2]191，[3]236，[4]192，[5]214，[6]0。
请按任意键继续. . .
```

除了字符串结束标志 0 的处理结果不同之外，替换前后的程序运行结果是一致的。对于替换前后的程序，转换后得到的字符个数是不相等的，这也是由于字符串结束标志 0 的处理方式不同造成的。

7.3 字符串类

在 C++标准的标准库中提供的字符串类是通过类模板 basic_string 实现的。将 char、wchar_t、char16_t 和 char32_t 分别代入类模板 basic_string 的模板参数中就可以得到字符串类 string、wstring、u16string 和 u32string。本节只介绍字符串类 string，其余字符串类的用

法是类似的。不过，目前各个 C++语言支撑平台对类 string 的支持通常是最好的，甚至有些 C++语言支撑平台并不支持 u16string 和 u32string。

7.3.1　字符串的构造函数

将 char 代入类模板 basic_string 得到字符串类 string，具体定义语句如下：

```
typedef basic_string<char, char_traits<char>, allocator<char>> string;
```

其中，char_traits<char>是**字符特征类**，用来辅助字符串类进行字符属性处理；allocator<char>是**字符动态内存管理类**，用来辅助字符串类进行内存分配与回收。本书不具体展开介绍字符特征类 char_traits<char>和字符动态内存管理类 allocator<char>。

下面首先介绍字符串类的 2 个最基本的构造函数。

函数 75	string::string
声明：	string();
说明：	构造不含字符的字符串。
头文件：	#include <string>

函数 76	string::string
声明：	string(const char *a);
说明：	构造字符串。创建新的内存空间，用于存放复制来自字符串 a 中的字符序列。
参数：	函数参数 a 是字符指针，指向基于数组的字符串。
头文件：	#include <string>

上面构造函数构造的是基于字符串类的字符串，而函数参数 a 提供的是基于数组的字符串，这 2 个字符串将拥有相同的字符序列。下面通过 1 个例程进一步讲解上面 2 个构造函数的用法。

例程 7-5　构造并输出字符串类的实例对象。

例程功能描述：创建并输出字符串类的实例对象。

例程解题思路：例程源程序代码文件“CP_StringTestMain.cpp”的内容如下。

// 文件名：CP_StringTestMain.cpp；开发者：雍俊海	行号

```
#include <iostream>
using namespace std;
#include <string>

int main(int argc, char* args[])
{
   char a[] = { 'a', 'b', '\0', 'c' };
   const char *b = "莫等闲，白了少年头，空悲切";
   string s1;
   string s2(a);
   string s3(b);
   string s4("好好学习，天天向上");
   cout << "字符串 s1=\"" << s1 << "\"。" << endl;
```

```
    cout << "字符串 s2=\"" << s2 << "\"。" << endl;          // 14
    cout << "字符串 s3=\"" << s3 << "\"。" << endl;          // 15
    cout << "字符串 s4=\"" << s4 << "\"。" << endl;          // 16
    system("pause"); // 暂停住控制台窗口                      // 17
    return 0; // 返回 0 表明程序运行成功                       // 18
} // main 函数结束                                           // 19
```

可以对上面的代码进行编译、链接和运行。下面给出一个运行结果示例。

```
字符串 s1=""。
字符串 s2="ab"。
字符串 s3="莫等闲，白了少年头，空悲切"。
字符串 s4="好好学习，天天向上"。
请按任意键继续. . .
```

例程分析：第 9 行代码“string s1;”创建了不含字符的字符串 s1；因此，最终输出“字符串 s1=""”。

第 7 行代码创建了含有 4 个字符元素的字符数组 a。因为在字符数组 a 中，最后 1 个字符'c'位于字符串结束标志 0 的后面，所以基于字符数组 a 的字符串实际上只含有 2 个字符，即字符'a'和'b'。因此，第 10 行代码“string s2(a);”创建的字符串 s2 也只含有字符'a'和'b'，从而最终输出“字符串 s2="ab"”。

第 11 行代码“string s3(b);”展示了借助于指针变量 b 创建字符串 s3，第 12 行代码“string s4("好好学习，天天向上");”展示了借助于字符串常量创建字符串 s4。

> **说明**：
> 为了缩短篇幅，本节“字符串类”的部分代码示例只提供代码片段。这些**代码片段**都可以代替本例程第 7～16 行代码，**形成完整的程序代码**，进行编译、链接和运行。**下面将不再重复这个说明**。

字符串的构造函数拥有多种形式，其中第 3 个的具体说明如下：

函数 77	string::string
声明：	string(const char *a, size_type count);
说明：	构造字符串。创建新的内存空间，用于存放字符序列 a[0]、a[1]、...、a[count-1]。如果 count=0，则新构造的字符串是空串，即不含字符的字符串。
参数：	① 函数参数 a 是待拷贝的基于数组的字符串。 ② 函数参数 count 指定待拷贝的字符个数。这里要求 0≤ count ≤字符串的长度。
头文件：	#include <string>

下面给出调用上面字符串构造函数的示例代码片段。

```
char a[] = { 'a', 'b', '\0', 'c' }; // 字符串 a 的长度是 2，不是 4
string s0(a, 0); // 结果：字符串 s0=""
string s1(a, 1); // 结果：字符串 s1="a"
string s2(a, 2); // 结果：字符串 s2="ab"
```

在上面代码片段中，因为字符串 a 的长度是 2，所以上面字符串构造函数的函数参数

count 只能是 0、1 或者 2。

字符串的构造函数拥有多种形式，其中第 4 个的具体说明如下：

函数 78　string::string

声明：　string(size_type n, char c);

说明：　构造字符串。创建新的内存空间，用于存放 n 个字符 c。如果 n=0，则新构造的字符串是空串，即不含字符的字符串。

参数：　① 函数参数 n 指定重复拷贝字符 c 的份数。这里要求 n≥0。
　　　　② 函数参数 c 指定待拷贝的字符。

头文件：　#include <string>

下面给出调用上面字符串构造函数的示例代码片段。

```
string s0(0, 'a'); // 结果：字符串 s0=""                          // 1
string s1(1, 'b'); // 结果：字符串 s1="b"                         // 2
string s2(2, 'c'); // 结果：字符串 s2="cc"                        // 3
```

字符串的构造函数拥有多种形式，其中第 5 个的具体说明如下：

函数 79　string::string

声明：　string(const_iterator first, const_iterator last);

说明：　构造字符串。创建新的内存空间，用于存放从迭代器 first 开始并且在 last 之前的字符序列。

参数：　① 函数参数 first 是迭代器，指向待复制的第 1 个字符。
　　　　② 函数参数 last 是迭代器，是位于待复制的最后 1 个字符之后的下 1 个迭代器。

头文件：　#include <string>

下面给出调用上面字符串构造函数的示例代码片段。这个代码片段还需要包含头文件<vector>。

```
vector<char> v;                                                   // 1
v.push_back('a');                                                 // 2
v.push_back('b');                                                 // 3
string s(v.begin(), v.end()); // 结果：字符串 s="ab"              // 4
```

字符串的构造函数拥有多种形式，其中第 6 个的具体说明如下：

函数 80　string::string

声明：　string(const string& s, size_type off);

说明：　构造字符串。设 n 为字符串 s 的字符总个数。本函数将创建新的内存空间，用于存放字符序列 s[off]、s[off+1]、...、s[n-1]。这里要求 0≤ off ≤ n。如果 off=n，则新构造的字符串是空串，即不含字符的字符串。

参数：　① 函数参数 s 是待拷贝的字符串。
　　　　② 函数参数 off 指定进行拷贝的开始字符。

头文件：　#include <string>

下面给出调用上面字符串构造函数的示例代码片段。

```
string s("ab");  // 结果：字符串 s="ab"                           // 1
```

```
string s0(s, 0); // 结果: 字符串 s0="ab"
string s1(s, 1); // 结果: 字符串 s1="b"
string s2(s, 2); // 结果: 字符串 s2=""
```

字符串的构造函数拥有多种形式，其中第 7 个的具体说明如下：

函数 81 string::string

声明： `string(const string& s, size_type off, size_type count);`

说明： 构造字符串。设 n 为字符串 s 的字符总个数。本函数将创建新的内存空间，用于存放从 s[off]开始的 count 个字符序列，即字符序列 s[off]、s[off+1]、...、s[off+count-1]。这里要求 0≤ off ≤ n，count≥0，并且 off+count-1≤n。如果 off=n 或者 count=0，则新构造的字符串是一个空串，即不含字符的字符串。

参数： ① 函数参数 s 是待拷贝的字符串。
② 函数参数 off 指定进行拷贝的开始字符。
③ 函数参数 count 指定待拷贝的字符总个数。

头文件： `#include <string>`

下面给出调用上面字符串构造函数的示例代码片段。

```
string s("abc");    // 结果: 字符串 s="abc"
string s0(s, 1, 0); // 结果: 字符串 s0=""
string s1(s, 1, 1); // 结果: 字符串 s1="b"
string s2(s, 1, 2); // 结果: 字符串 s2="bc"
```

字符串的拷贝构造函数的具体说明如下：

函数 82 string::string

声明： `string(const string& s);`

说明： 构造字符串。创建新的内存空间，用于存放复制来自字符串 s 中的字符序列。

参数： 函数参数 s 是待拷贝的字符串。

头文件： `#include <string>`

下面给出调用字符串拷贝构造函数的示例代码片段。

```
string s1("精诚所至，金石为开");
string s2(s1); // 字符串 s2 与 s1 拥有相同的字符序列。
```

上面代码片段运行结果是字符串 s1 和 s2 所拥有相同的字符序列。不过，字符串 s1 和 s2 分别拥有不同的内存空间，而且它们存放字符序列的内存空间也不相同。

7.3.2 字符串的容量与长度

基于字符类的字符串通常也采用了一种“容量-长度”内存管理机制，即在申请内存时有可能会多分配一些内存空间，从而减少由于字符串处理造成的内存重新申请与分配的次数。因此，基于字符类的字符串存在容量与长度的概念。这里，字符串的容量指的是实际分配给字符串用来存放字符序列的内存空间的大小，其单位是字符个数。字符串的长度指的是存放在字符串中的字符总个数。对于同一个字符串，字符串的长度不能超过字符串的容量。下面介绍获取字符串容量与长度的函数。

函数 83	**string::capacity**
声明：	`size_type capacity( ) const;`
说明：	返回字符串的容量。
返回值：	字符串的容量。
头文件：	`#include <string>`

函数 84	**string::length**
声明：	`size_type length( ) const;`
说明：	返回字符串的长度。
返回值：	字符串的长度。
头文件：	`#include <string>`

函数 85	**string::size**
声明：	`size_type size( ) const;`
说明：	返回字符串的长度。
返回值：	字符串的长度。
头文件：	`#include <string>`

字符串类的成员函数 length 和 size 具有相同的功能，可以互相替换。下面给出字符串容量与长度函数的示例代码片段。

```
string s1;       // 结果：字符串 s1=""                                   // 1
string s2("ab"); // 结果：字符串 s2="ab"                                 // 2
cout << "s1 容量 = " << s1.capacity() << "。";//输出: s1 容量 = 15   // 3
cout << "s1 长度 = " << s1.size() << "。";     //输出: s1 长度 = 0    // 4
cout << "s2 容量 = " << s2.capacity() << "。";//输出: s2 容量 = 15   // 5
cout << "s2 长度 = " << s2.size() << "。";     //输出: s2 长度 = 2    // 6
```

C++标准并没有规定字符串类 string 在创建实例对象以及进行字符串操作时如何分配容量大小。因此，上面代码输出的字符串容量大小在不同的 C++语言支撑平台上可能会有所不同。另外，在上面代码中，函数 size 也可以替换为 length。在替换之后，程序的功能和性能完全相同。

下面介绍一些直接修改字符串容量或长度的成员函数。**字符串的成员函数 reserve** 申请预订字符串的容量，该成员函数的具体说明如下：

函数 86	**string::reserve**
声明：	`void reserve(size_type n);`
说明：	申请预订字符串的容量。如果申请成功，则字符串的容量将不小于 n 个字符。C++标准并没有规定最终容量的大小。因此，最终容量大小取决于具体的 C++语言支撑平台。与向量的预订容量成员函数不同的是，如果 n 小于字符串的当前容量，本函数的运行结果有可能会**减小字符串的容量**。不过，最终的字符串的容量**不会小于字符串的长度**。
参数：	函数参数 n 是预订的容量大小。这里要求 n≥0。
头文件：	`#include <string>`

下面给出调用成员函数 reserve 的示例代码片段。

```
string s;          // 结果: s 的容量=15, 长度=0                        // 1
s.reserve(10);     // 结果: s 的容量=15, 长度=0                        // 2
s.reserve(100); // 结果: s 的容量=111, 长度=0                          // 3
s.reserve(2);      // 结果: s 的容量=15, 长度=0                        // 4
```

上面代码的注释给出了实际运行结果的一种示例。其中第 3 行代码预订了 100 个字符的容量，结果分配了 111 个字符的内存空间。第 4 行代码预订了 2 个字符的容量，结果字符串的容量变小了。不过，这时仍然保留 15 个字符的容量。在不同的 C++语言支撑平台下，上面代码的具体运行结果可能会有所不同。

字符串的成员函数 shrink_to_fit 申请预订字符串的容量，该函数的具体说明如下：

函数 87	**string::shrink_to_fit**
声明：	void shrink_to_fit( );
说明：	申请将字符串的容量**缩小到一个合适的值**。这个值仍然会**不小于**字符串的长度。C++标准并没有规定最终容量的大小。因此，最终容量大小取决于具体的 C++语言支撑平台。
头文件：	#include <string>

下面给出调用成员函数 shrink_to_fit 的示例代码片段。

```
string s;              // 结果: s 的容量=15, 长度=0                    // 1
s.shrink_to_fit(); // 结果: s 的容量=15, 长度=0                        // 2
s.reserve(100);       // 结果: s 的容量=111, 长度=0                    // 3
s.shrink_to_fit(); // 结果: s 的容量=15, 长度=0                        // 4
```

上面代码的注释给出了实际运行结果的一种示例。其中第 2 行代码运行结果，字符串的容量保持不变；第 4 行代码运行结果，字符串的容量变小了，变为 15，但也不是字符串的长度 0。在不同的 C++语言支撑平台下，上面代码的具体运行结果可能会有所不同。

要注意字符串类成员函数 size 与 max_size 的区别，**成员函数 max_size** 的具体说明如下：

函数 88	**string::max_size**
声明：	size_type max_size( ) const;
说明：	返回字符串长度的上界，即在字符串中的字符个数不允许超过这个上界值。这个长度上界不是字符串自身的容量，与不是字符串自身的长度。在申请字符串的容量时，不应当超过这长度上界。另外，应当注意这上界不是上确界，即实际上允许的字符串最大长度有可能会比这个长度上界小。
返回值：	字符串长度的上界。
头文件：	#include <string>

下面给出返回字符串长度上界的函数的示例代码片段。

```
string s;                                                              // 1
cout << s.max_size(); // 输出: 2147483647                              // 2
```

函数 max_size 所返回的字符串长度上界在不同的 C++语言支撑平台下有可能会有所不同。每个字符串所拥有字符个数不会超过这个长度上界。

函数 resize 也与长度相关。这里函数 resize 的 2 种形式，其中**具有 1 个函数参数的成员函数 resize** 的具体说明如下：

函数 89　string:: resize

声明：　void resize(size_type n);

说明：　本函数要求 0≤n≤max_size()，其中字符串的成员函数 max_size 返回字符串长度上界。本函数将字符串的长度设置为 n。如果字符串在调用本函数之前的长度大于 n，则该字符串在调用本函数之后将只保留前 n 个字符；如果字符串在调用本函数之前的长度小于 n，则该字符串在调用本函数之后将扩充到 n 个字符，但是 C++标准没有指定具体的默认的填充字符，因此，在不同的 C++语言支撑平台下所填充的字符可能会有所不同；如果字符串在调用本函数之前的长度等于 n，则该字符串在调用本函数之后仍然保持不变。

参数：　函数参数 n 是期望的字符串长度。

头文件：　#include <string>

下面给出具有 1 个函数参数的成员函数 resize 的示例代码片段。

```
string s1("1234");//s1 长度为 4，内码为：[0]49，[1]50，[2]51，[3]52      // 1
s1.resize(2);      // s1 长度变为 2，内码变为：[0]49，[1]50                // 2
s1.resize(4);     // s1 长度变为 4，内码变为：[0]49，[1]50，[2]0，[3]0    // 3
string s2("ab"); // s2 长度为 2，内码为：[0]97，[1]98                      // 4
s2.resize(4);     // s2 长度变为 4，内码变为：[0]97，[1]98，[2]0，[3]0    // 5
```

上面第 5 行注释展示了在字符串长度变大的情况下以 0 进行填充的结果。在不同的 C++语言支撑平台下还有可能会采用其他字符进行填充。

具有 2 个函数参数的成员函数 resize 的具体说明如下：

函数 90　string:: resize

声明：　void resize(size_type n, char c);

说明：　本函数要求 0≤n≤max_size( )，其中字符串的成员函数 max_size 返回字符串长度上界。本函数将字符串的长度设置为 n。如果字符串在调用本函数之前的长度大于 n，则该字符串在调用本函数之后将只保留前 n 个字符；如果字符串在调用本函数之前的长度小于 n，则该字符串在调用本函数之后将扩充到 n 个字符，并且扩充的字符全部等于 c；如果字符串在调用本函数之前的长度等于 n，则该字符串在调用本函数之后仍然保持不变。

参数：　① 函数参数 n 是期望的字符串长度。
② 函数参数 c 指定用来填充的字符。

头文件：　#include <string>

下面给出具有 1 个函数参数的成员函数 resize 的示例代码片段。

```
string s1("1234"); //s1 的内码为：[0]49，[1]50，[2]51，[3]52              // 1
s1.resize(2, 'a'); //s1 长度变为 2，内码变为 ：[0]49，[1]50               // 2
s1.resize(4, 'b'); //s1 长度变为 4，内码变为：[0]49,[1]50,[2]98,[3]98    // 3
string s2("ab");   //s2 的内码为：[0]97，[1]98                            // 4
s2.resize(4, 'c'); //s2 长度变为 4，内码变为：[0]97,[1]98,[2]99,[3]99    // 5
```

上面第 2 行代码展示了字符串长度变小的情况；这时，函数 resize 第 2 个参数'a'不起作用。上面第 3 行和第 5 行代码展示了字符串长度变大的情况；这时，函数 resize 第 2 个参数指定了用来填充的字符。

清空字符串内容的成员函数 clear 的具体说明如下：

函数 91　string::clear

声明： `void clear( );`
说明： 清空字符串的内容，即字符串的长度变为 0，同时字符串的容量有可能保持不变。
头文件： `#include <string>`

下面给出成员函数 clear 的示例代码片段。

```
string s("1234"); // s="1234"，s 的长度是 4，s 的容量是 15          // 1
s.clear(); // s=""，s 的长度是 0，s 的容量是 15                     // 2
```

在运行上面第 1 行代码之后，字符串 s 的长度是 4；在运行第 2 行代码之后，字符串 s 的长度变为 0。上面 2 行代码的注释分别给出了在运行之后字符串 s 的容量。不过，实际的字符串 s 容量在不同的 C++语言支撑平台上有可能会有所不同。

判断字符串长度是否为 0 的成员函数 empty 的具体说明如下：

函数 92　string::empty

声明： `bool empty( );`
说明： 如果字符串的长度为 0，则返回 true；否则返回 false。
返回值： 如果字符串的长度为 0，则返回 true；否则返回 false。
头文件： `#include <string>`

下面给出调用成员函数 empty 的示例代码片段。

```
string s("1234");    // s="1234"，s 的长度是 4，s 的容量是 15       // 1
bool r = s.empty(); // 运行结果：r=false                           // 2
s.clear( );          // s=""，s 的长度是 0，s 的容量是 15           // 3
r = s.empty();       // 运行结果：r=true                           // 4
```

上面第 1 行和第 2 行代码展示了字符串 s 长度不为 0 的情况；这时，成员函数 empty 返回 false。第 3 行和第 4 行代码展示了字符串 s 长度为 0 的情况；这时，成员函数 empty 返回 true。

7.3.3　获取字符串的内容与子串

字符串的内容是由字符元素组成的。获取字符串元素引用可以通过方括号运算符，也可以通过成员函数 at。**获取字符串元素引用的方括号运算符**的具体说明如下：

运算符 18　string::[ ]

声明： `reference operator[](size_type n);`
说明： 返回下标为 n 的元素的引用。这里要求 n 必须满足 0≤n<当前字符串的长度。
参数： 函数参数 n 是字符串元素的下标。这里要求 n 必须满足 0≤n<当前字符串的长度。
返回值： 下标为 n 的元素的引用。
头文件： `#include <string>`

下面给出调用字符串方括号运算符的示例代码片段。

```
string s("1234"); // 结果：s="1234"，s 的长度是 4，s 的容量是 15     // 1
s[0] = 'a';        // 结果：s="a234"，s 的长度是 4，s 的容量是 15     // 2
```

上面第 2 行代码“s[0]”返回字符串 s 第 1 个元素的引用。因此，代码“s[0] = 'a';”将字符串 s 第 1 个元素修改为字母'a'。

获取字符串元素引用的成员函数 at 的具体说明如下：

函数 93	**string::at**
声明：	reference at(size_type n);
说明：	返回下标为 n 的元素的引用。这里要求 n 必须满足 0≤n<当前字符串的长度。
参数：	函数参数 n 是字符串元素的下标。这里要求 n 必须满足 0≤n<当前字符串的长度。
返回值：	下标为 n 的元素的引用。
头文件：	#include <string>

下面给出调用成员函数 at 的示例代码片段。

```
string s("1234");     // s="1234", s 的长度是 4, s 的容量是 15                // 1
s.at (1) = 'b';        // s="1b34", s 的长度是 4, s 的容量是 15                // 2
char &ch01 = s.at(2);// ch01='3', s="1b34", s 的长度是 4, s 的容量是 15      // 3
ch01 = 'c';           // ch01='c', s="1bc4", s 的长度是 4, s 的容量是 15      // 4
char ch02 = s.at(3); // ch02='4', s="1bc4", s 的长度是 4, s 的容量是 15      // 5
ch02 = 'd';           // ch02='d', s="1bc4", s 的长度是 4, s 的容量是 15      // 6
```

上面第 2 行代码“s.at(1)”返回字符串 s 第 2 个元素的引用。因此，代码“s.at (1) = 'b';”将字符串 s 第 2 个元素修改为字母'b'，结果字符串 s 变成为"1b34"，如第 2 行注释所示。

上面第 3 行代码“s.at(2)”返回字符串 s 第 3 个元素的引用，同时这个引用被赋值给引用 ch01。因此，第 4 行代码“ch01 = 'c';”修改引用 ch01 的值，就是修改字符串 s 第 3 个元素的值，结果字符串 s 变成为"1bc4"，如第 4 行注释所示。

上面第 5 行代码“s.at(3)”返回字符串 s 第 4 个元素的引用，同时这个引用被赋值给变量 ch02。因为变量 ch02 不是引用，所以这时变量 ch02 只是获取到字符串 s 第 4 个元素的值。因此，第 6 行代码“ch02 = 'd';”修改变量 ch02 的值，无法同时改变字符串 s 第 4 个元素的值，结果字符串 s 仍然是"1bc4"，如第 6 行注释所示。

获取字符串的第 1 个元素和最后 1 个元素的引用，还可以通过**成员函数 front 和 back**：

函数 94	**string::front**
声明：	char& front( );
说明：	返回第 1 个元素的引用。调用本成员函数的前提是当前字符串的长度不为 0。
返回值：	第 1 个元素的引用。
头文件：	#include <string>

函数 95	**string::back**
声明：	char& back( );
说明：	返回最后 1 个元素的引用。调用本成员函数的前提是当前字符串的长度不为 0。
返回值：	最后 1 个元素的引用。
头文件：	#include <string>

下面给出调用字符串的成员函数 front 和 back 的示例代码片段。

```
string s("1234"); // 结果: s="1234", s 的长度是 4, s 的容量是 15             // 1
```

```
s.front() = 'a';  // 结果: s="a234", s 的长度是 4, s 的容量是 15
s.back() = 'd';   // 结果: s="a23d", s 的长度是 4, s 的容量是 15
```

将基于类的字符串转换成为基于数组的字符串成员函数 c_str 和 data 的具体说明如下：

函数 96	string::c_str
声明：	const char* c_str() const noexcept;
说明：	将基于类的字符串转换成为基于数组的字符串。基于数组的字符串以 0 结尾。这里需要注意**不要去修改**本函数返回的基于数组的字符串的**字符元素的值**，也**不要通过 delete 语句**释放本函数返回的基于数组的字符串的内存空间。
返回值：	基于数组的字符串。
头文件：	#include <string>

函数 97	string::data
声明：	const char* data() const noexcept;
说明：	本函数与上面的成员函数 c_str 拥有相同的功能。
返回值：	基于数组的字符串。
头文件：	#include <string>

下面给出调用字符串的成员函数 c_str 和 data 的示例代码片段。

```
string s("1234"); // 结果: s="1234", s 的长度是 4, s 的容量是 15
const char *pc = s.c_str(); // pc="1234"
const char *pd = s.data();  // pd="1234"
cout << "字符串内容为: \"" << pc << "\"=\"" << pd << "\"。\n";
// 输出: 字符串内容为: "1234"="1234"。↙
cout << "字符串长度=" << strlen(pc) << "=" << strlen(pd) << "。\n";
// 输出: 字符串长度=4=4。↙
```

成员函数 c_str 和 data 拥有相同的功能。因为这 2 个成员函数返回的数据类型是“const char *”，所以不应当去修改返回的基于数组的字符串的字符元素的值。例如，如果在上面代码的后面继续添加语句“pd[0] = 'a';”，则这条语句将会产生**编译错误**“不能给常量赋值”。

获取字符串的子串的成员函数 substr 拥有 2 种形式，其中第 1 个的具体说明如下：

函数 98	string::substr
声明：	string substr(size_type p = 0) const;
说明：	创建并返回一个新的字符串，它的字符序列与当前字符串从下标 p 到末尾的字符序列相等。本函数要求 0≤p≤((当前字符串的长度)-1)。
参数：	函数参数 p 指定第 1 个开始复制的字符在当前字符串中的下标值。
返回值：	返回一个新的字符串，它的字符序列与当前字符串从下标 p 到末尾的字符序列相等。
头文件：	#include <string>

下面给出调用上面成员函数 substr 的示例代码片段。

```
string s("01234");        // 结果: s="01234", s 的长度是 5, s 的容量是 15
string t = s.substr( ); // 结果: t="01234", t 的长度是 5, t 的容量是 15
t = s.substr(2);          // 结果: t="234", t 的长度是 3, t 的容量是 15
t = s.substr(4);          // 结果: t="4", t 的长度是 1, t 的容量是 15
```

在上面第 2 行代码中“s.substr( );”返回的字符串复制了字符串 s 的完整内容。**在上面第 3 行代码中**“s.substr(2);”返回的字符串复制了字符串 s 的从下标为 2 到末尾的子串的内容。**在上面第 4 行代码中**“s.substr(4);”返回的字符串复制了字符串 s 的从下标为 4 到末尾的子串的内容。在上面代码中，字符串 s 和字符串 t 拥有不同的内存空间。位于字符串 s 中的字符与位于字符串 t 中的字符也拥有不同的内存空间。

获取字符串的子串的成员函数 substr 拥有 2 种形式，其中第 2 个的具体说明如下：

函数 99　string::substr	
声明：	string substr(size_type p, size_type n) const;
说明：	创建并返回一个新的字符串，它的字符序列与当前字符串从下标 p 到(p+n-1)的字符序列相等。本函数要求 0≤p≤((当前字符串的长度)-1)，并且 n≥0，并且 0≤(p+n-1)≤((当前字符串的长度)-1)。如果 n=0，则返回的字符串不含字符。
参数：	① 函数参数 p 指定第 1 个开始复制的字符在当前字符串中的下标值。 ② 函数参数 n 指定待复制的字符总个数。
返回值：	返回一个新的字符串，它的字符序列与当前字符串从下标 p 到(p+n-1)的字符序列相等。
头文件：	#include <string>

下面给出调用上面成员函数 substr 的示例代码片段。

```
string s("01234"); // 结果: s="01234", s 的长度是 5, s 的容量是 15        // 1
string t = s.substr(2, 0); // 结果: t="", t 的长度是 0, t 的容量是 15      // 2
t = s.substr(2, 1);       // 结果: t="2", t 的长度是 1, t 的容量是 15      // 3
t = s.substr(2, 2);       // 结果: t="23", t 的长度是 2, t 的容量是 15     // 4
```

在上面第 2 行代码中“s.substr(2, 0);”返回的字符串不含字符，长度为 0。**在上面第 3 行代码中**“t = s.substr(2, 1);”返回的字符串复制了字符串 s 的下标为 2 的字符'2'，结果 t="2"。**在上面第 4 行代码中**“t = s.substr(2, 2);”返回的字符串复制了字符串 s 的从下标为 2 到下标为 3 的子串的内容，结果 t="23"。在上面代码中，字符串 s 和字符串 t 拥有不同的内存空间。位于字符串 s 中的字符与位于字符串 t 中的字符也拥有不同的内存空间。

7.3.4　字符串赋值与比较大小

基于类 string 的字符串还支持赋值与比较大小。基于类 string 的字符串拥有多种形式的赋值运算。**将字符赋值给字符串的赋值运算“=”的具体说明如下：**

运算符 19　string::operator=	
声明：	string& operator=(char c);
说明：	将当前字符串所拥有的字符序列变成为与字符 c 相等的单个字符。
参数：	函数参数 c 是待复制的字符。
返回值：	当前字符串的引用。
头文件：	#include <string>

下面给出将字符赋值给字符串的示例代码片段。

```
string s("abc"); // 结果: 字符串 s="abc", 长度=3                          // 1
s = 'd';         // 结果: 字符串 s="d", 长度=1                            // 2
```

不过，对于在创建字符串实例对象的同时进行字符赋值的语句，编译器会将这种语句解析为运行以字符为参数的构造函数。例如，下面的代码

```
string s = 'a';  // 编译错误：不存在构造函数string(char)        // 1
```

会被解析为

```
string s('a');  // 编译错误：不存在构造函数string(char)        // 1
```

然而，字符串并不提供以字符为参数的构造函数。因此，上面的代码会出现编译错误。

将基于数组的字符串赋值给基于类 string 的字符串的赋值运算“=”的具体说明如下：

运算符 20	**string::operator=**
声明：	`string& operator=( const char *a);`
说明：	将当前字符串所拥有的字符序列变成为与字符串 a 相同的字符序列。当前字符串与字符串 a 的字符序列分别存放在不同的内存空间中。
参数：	函数参数 a 是待复制的字符串。
返回值：	当前字符串的引用。
头文件：	`#include <string>`

下面给出将基于数组的字符串赋值给当前字符串的示例代码片段。

```
string s("ab"); // 结果：字符串 s="ab", 长度=2                 // 1
s = "1234";     // 结果：字符串 s="1234", 长度=4               // 2
```

将基于类 string 的字符串赋值给当前字符串的赋值运算“=”的具体说明如下：

运算符 21	**string::operator=**
声明：	`string& operator=( const string& s);`
说明：	将当前字符串所拥有的字符序列变成为与字符串 s 相同的字符序列。当前字符串与字符串 s 的字符序列分别存放在不同的内存空间中。
参数：	函数参数 s 是待复制的字符串。
返回值：	当前字符串的引用。
头文件：	`#include <string>`

下面给出将基于类的字符串赋值给当前字符串的示例代码片段。

```
string s1("ab");       // 结果：字符串 s1="ab", 长度=2          // 1
string s2("1234");     // 结果：字符串 s2="1234", 长度=4        // 2
s1 = s2;               // 结果：字符串 s1="1234", 长度=4        // 3
```

上面示例代码运行结果是 s1 与 s2 拥有相同的字符序列。不过，s1 与 s2 的字符序列分别存放在不同的内存空间中。

字符串之间可以比较大小。**对于类型为 string 的任意两个字符串 s 与 t，比较它们之间大小关系的规则**如下：

（1）从头到尾逐个比较字符串 s 与 t 的每个字符。如果字符串 s 与 t 的所有字符依次都相等，则 s 与 t 相等；

（2）如果字符串 s 与 t 存在不相等的字符，则由第一个不相等的字符之间的大小关系

决定 s 与 t 之间大小；

（3）如果 s 与 t 的长度不同且长度小的字符串的所有字符与另一个字符串对应相同下标的字符依次相等，则认为长度小的字符串小于长度大的字符串。

进行字符串比较的成员函数 compare 拥有多种形式，其中第 1 个的具体说明如下：

函数 100　string::compare

声明： int compare(const string& s) const;

说明： 比较当前字符串与字符串 s 之间的大小：

（1）如果当前字符串与字符串 s 相等，则返回 0。

（2）如果当前字符串大于字符串 s，则返回正整数。C++标准并没有规定这个正整数的具体数值，通常是 1。

（3）如果当前字符串小于字符串 s，则返回负整数。C++标准并没有规定这个负整数的具体数值，通常是-1。

参数： 函数参数 s 是用来比较的字符串。

返回值： 如果当前字符串与字符串 s 相等，则返回 0。如果当前字符串大于字符串 s，则返回正整数。如果当前字符串小于字符串 s，则返回负整数。

头文件： #include <string>

下面给出调用上面成员函数 compare 的示例代码片段。

```
string s("1234");        // 结果：s="1234"，s 的长度是 4，s 的容量是 15      // 1
string t("1234");        // 结果：t="1234"，t 的长度是 4，t 的容量是 15      // 2
int r = s.compare(t);    // 结果：r=0                                        // 3
t = "5678";              // 结果：t="5678"，t 的长度是 4，t 的容量是 15      // 4
r = s.compare(t);        // 结果：r=-1                                       // 5
t = "12";                // 结果：t="12"，t 的长度是 2，t 的容量是 15        // 6
r = s.compare(t);        // 结果：r=1                                        // 7
```

上面第 3 行代码“int r = s.compare(t);”比较字符串 s="1234"和 t="1234"。在这时，这两个字符串拥有相同的内容。因此，这条语句的运行结果是 r = 0。**上面第 5 行代码**“r = s.compare(t);”比较字符串 s="1234"和 t="5678"。在这时，在字符串 s 和 t 中的第 1 个不相等字符分别是 s[0]='1'和 t[0]='5'。因为'1'<'5'，所以字符串 s 小于字符串 t。因此，这条语句的运行结果是 r = -1。C++标准只规定在这时成员函数 compare 会返回一个负整数，这个负整数的具体数值取决于具体的 C++语言支撑平台。**上面第 7 行代码**“r = s.compare(t);”比较字符串 s="1234"和 t="12"。因为在这时，字符串 s 和 t 的前 2 个字符均分别相等，而且字符串 s 的长度大于字符串 t 的长度，所以字符串 s 大于字符串 t。因此，这条语句的运行结果是 r = 1。C++标准只规定在这时成员函数 compare 会返回一个正整数，这个正整数的具体数值取决于具体的 C++语言支撑平台。

进行字符串比较的成员函数 compare 拥有多种形式，其中第 2 个的具体说明如下：

函数 101　string::compare

声明： int compare(const char* s) const;

说明： 比较当前字符串与字符串 s 之间的大小：

（1）如果当前字符串与字符串 s 相等，则返回 0。

（2）如果当前字符串大于字符串 s，则返回正整数。C++标准并没有规定这个正整数的具体数值，通常是 1。

（3）如果当前字符串小于字符串 s，则返回负整数。C++标准并没有规定这个负整数的具体数值，通常是-1。

本函数要求 s 的值不能等于 nullptr，并且字符串 s 必须是合法有效的字符串。

参数： 函数参数 s 是用来比较的字符串。

返回值： 如果当前字符串与字符串 s 相等，则返回 0。如果当前字符串大于字符串 s，则返回正整数。如果当前字符串小于字符串 s，则返回负整数。

头文件： #include <string>

下面给出调用上面成员函数 compare 的示例代码片段。

```
string s("1234"); // 结果: s="1234", s 的长度是 4, s 的容量是 15          // 1
int r = s.compare("1234"); // 结果: r=0                                 // 2
r = s.compare("121");       // 结果: r=1                                // 3
r = s.compare("12345");     // 结果: r=-1                               // 4
```

上面第 2 行代码“int r = s.compare("1234");”比较字符串 s="1234"和"1234"。在这时，这两个字符串拥有相同的内容。因此，这条语句的运行结果是 r = 0。上面第 3 行代码“r = s.compare("121");”比较字符串 s="1234"和"121"。在这时，在字符串 s 和 t 中的第 1 个不相等字符分别是 s[2]='3'和字符串"121"的第 3 个字符'1'。因为'3'>'1'，所以字符串 s 大于字符串"121"。因此，这条语句的运行结果是 r = 1。C++标准只规定在这时成员函数 compare 会返回一个正整数，这个正整数的具体数值取决于具体的 C++语言支撑平台。上面第 4 行代码“r = s.compare("12345");”比较字符串 s="1234"和"12345"。因为在这时，字符串 s 和 t 的前 4 个字符均分别相等，而且字符串 s 的长度小于字符串"12345"的长度，所以字符串 s 小于字符串"12345"。因此，这条语句的运行结果是 r = -1。C++标准只规定在这时成员函数 compare 会返回一个负整数，这个负整数的具体数值取决于具体的 C++语言支撑平台。

进行字符串比较的成员函数 compare 拥有多种形式，其中第 3 个的具体说明如下：

函数 102 string::compare

声明： `int compare(size_type p, size_type n, const string& s) const;`

说明： 令字符序列 t 为在当前字符串中从下标 p 到 (p+n-1) 的字符序列。本函数比较字符序列 t 与字符串 s 之间的大小：

（1）如果字符序列 t 与字符串 s 相等，则返回 0。

（2）如果字符序列 t 大于字符串 s，则返回正整数。C++标准并没有规定这个正整数的具体数值，通常是 1。

（3）如果字符序列 t 小于字符串 s，则返回负整数。C++标准并没有规定这个负整数的具体数值，通常是-1。

本函数要求 0≤p≤((当前字符串的长度)-1)，并且 n≥0，并且 0≤(p+n-1)≤((当前字符串的长度)-1)。

参数： ① 函数参数 p 指定在当前字符串中用来比较的字符序列的起始位置的下标值。

② 函数参数 n 指定在当前字符串中用来比较的字符个数。

③ 函数参数 s 是用来比较的字符串。

返回值： 如果字符序列 t 与字符串 s 相等，则返回 0。如果字符序列 t 大于字符串 s，则返回正整数。如果字符序列 t 小于字符串 s，则返回负整数。

头文件： #include <string>

下面给出调用上面成员函数 compare 的示例代码片段。

```
string s("1234"); // 结果: s="1234", s 的长度是 4, s 的容量是 15          // 1
string t("234");  // 结果: t="234", t 的长度是 3, s 的容量是 15           // 2
int r = s.compare(1, 3 , t); // 结果: r=0                                 // 3
r = s.compare(0, 3, t);       // 结果: r=-1                                // 4
r = s.compare(2, 2, t);       // 结果: r=1                                 // 5
```

上面第 3 行代码"int r = s.compare(1, 3 , t);"比较字符串 s="1234"从下标 1 到 3 的字符序列"234"和字符串 t="234"。在这时，字符序列"234"和字符串 t="234"拥有相同的内容。因此，这条语句的运行结果是 r = 0。**上面第 4 行代码**"r = s.compare(0, 3, t);"比较字符串 s="1234"从下标 0 到 2 的字符序列"123"和字符串 t="234"。在这时，字符序列"123"和字符串 t="234"的第 1 个不相等字符分别是'1'和 t[0]='2'。因为'1'<'2'，所以字符序列"123"小于字符串 t。因此，这条语句的运行结果是 r = -1。**上面第 5 行代码**"r = s.compare(2, 2, t);"比较字符串 s="1234"从下标 2 到 3 的字符序列"34"和字符串 t="234"。在这时，字符序列"34"和字符串 t="234"的第 1 个不相等字符分别是'3'和 t[0]='2'。因为'3'>'2'，所以字符序列"34"大于字符串 t。因此，这条语句的运行结果是 r = 1。

进行字符串比较的成员函数 compare 拥有多种形式，其中第 4 个的具体说明如下：

函数 103　string::compare

声明： `int compare(size_type p, size_type n, const string& s, size_type ps) const;`

说明： 令字符序列 t 为在当前字符串中从下标 p 到 (p+n-1) 的字符序列，字符序列 ts 为在字符串 s 中从下标 ps 到末尾的字符序列。本函数比较字符序列 t 与字符序列 ts 之间的大小：

（1）如果字符序列 t 与字符序列 ts 相等，则返回 0。

（2）如果字符序列 t 大于字符序列 ts，则返回正整数。C++标准并没有规定这个正整数的具体数值，通常是 1。

（3）如果字符序列 t 小于字符序列 ts，则返回负整数。C++标准并没有规定这个负整数的具体数值，通常是-1。

本函数要求 0≤p≤((当前字符串的长度)-1)，并且 n≥0，并且 0≤(p+n-1)≤((当前字符串的长度)-1)，并且 0≤ps≤((字符串 s 的长度)-1)。

参数：
① 函数参数 p 指定在当前字符串中用来比较的字符序列的起始位置的下标值。
② 函数参数 n 指定在当前字符串中用来比较的字符个数。
③ 函数参数 s 是用来比较的字符串。
④ 函数参数 ps 指定在字符串 s 中用来比较的字符序列的起始位置的下标值。

返回值： 如果字符序列 t 与字符序列 ts 相等，则返回 0。如果字符序列 t 大于字符序列 ts，则返回正整数。如果字符序列 t 小于字符序列 ts，则返回负整数。

头文件： `#include <string>`

下面给出调用上面成员函数 compare 的示例代码片段。

```
string s("1234"); // 结果: s="1234", s 的长度是 4, s 的容量是 15          // 1
string t("234"); // 结果: t="234", t 的长度是 3, s 的容量是 15            // 2
int r = s.compare(1, 3, t, 1); // 结果: r=-1                              // 3
r = s.compare(2, 2, t, 0);      // 结果: r=1                               // 4
r = s.compare(2, 2, t, 1);      // 结果: r=0                               // 5
```

上面第 3 行代码“int r = s.compare(1, 3 , t);”比较字符串 s="1234"从下标 1 到 3 的字符序列"234"和字符串 t="234"从下标 1 到末尾的字符序列"34"。在这时，字符序列"234"和字符序列"34"的第 1 个不相等字符分别是'2'和'3'。因为'2'<'3'，所以字符序列"234"小于字符序列"34"。因此，这条语句的运行结果是 r = -1。**上面第 4 行代码**“r = s.compare(2, 2, t, 0);”比较字符串 s="1234"从下标 2 到 3 的字符序列"34"和字符串 t="234"从下标 0 到末尾的字符序列"234"。在这时，字符序列"34"和字符序列"234"的第 1 个不相等字符分别是'3'和'2'。因为'3'>'2'，所以字符序列"34"大于字符序列"234"。因此，这条语句的运行结果是 r = 1。**上面第 5 行代码**“r = s.compare(2, 2, t, 1);”比较字符串 s="1234"从下标 2 到 3 的字符序列"34"和字符串 t="234"从下标 1 到末尾的字符序列"34"。这 2 个字符序列均为"34"。因此，这条语句的运行结果是 r = 0。

进行字符串比较的成员函数 compare 拥有多种形式，其中第 5 个的具体说明如下：

函数 104　string::compare

声明： `int compare(size_type p, size_type n, const string& s, size_type ps, size_type ns) const;`

说明： 令字符序列 t 为在当前字符串中从下标 p 到 (p+n-1) 的字符序列，字符序列 ts 为在字符串 s 中从下标 ps 到 (ps+ns-1) 的字符序列。本函数比较字符序列 t 与字符序列 ts 之间的大小：

（1）如果字符序列 t 与字符序列 ts 相等，则返回 0。

（2）如果字符序列 t 大于字符序列 ts，则返回正整数。C++标准并没有规定这个正整数的具体数值，通常是 1。

（3）如果字符序列 t 小于字符序列 ts，则返回负整数。C++标准并没有规定这个负整数的具体数值，通常是-1。

本函数要求 0≤p≤((当前字符串的长度)-1)，并且 n≥0，并且 0≤(p+n-1)≤((当前字符串的长度)-1)，并且 0≤ps≤((字符串 s 的长度)-1)，并且 ns≥0，并且 0≤(ps+ns-1)≤((字符串 s 的长度)-1)。

参数：

① 函数参数 p 指定在当前字符串中用来比较的字符序列的起始位置的下标值。

② 函数参数 n 指定在当前字符串中用来比较的字符个数。

③ 函数参数 s 是用来比较的字符串。

④ 函数参数 ps 指定在字符串 s 中用来比较的字符序列的起始位置的下标值。

⑤ 函数参数 ns 指定在字符串 s 中用来比较的字符个数。

返回值： 如果字符序列 t 与字符序列 ts 相等，则返回 0。如果字符序列 t 大于字符序列 ts，则返回正整数。如果字符序列 t 小于字符序列 ts，则返回负整数。

头文件： `#include <string>`

下面给出调用上面成员函数 compare 的示例代码片段。

```
string s("1234"); // 结果: s="1234", s的长度是4, s的容量是15         // 1
string t("234");  // 结果: t="234", t的长度是3, s的容量是15          // 2
int r = s.compare(1, 2 , t, 0, 2); // 结果: r=0                      // 3
r = s.compare(1, 3, t, 0, 2);      // 结果: r=1                      // 4
r = s.compare(1, 3, t, 1, 2);      // 结果: r=-1                     // 5
```

上面第 3 行代码“int r = s.compare(1, 2 , t, 0, 2);”比较字符串 s="1234"从下标 1 到 2 的字符序列"23"和字符串 t="234"从下标 0 到 1 的字符序列"23"。这 2 个字符序列均为"23"。

因此，这条语句的运行结果是 r = 0。**上面第 4 行代码**“r = s.compare(1, 3, t, 0, 2);”比较字符串 s="1234"从下标 1 到 3 的字符序列"234"和字符串 t="234"从下标 0 到 1 的字符序列"23"。在这时，字符序列"234"和字符序列"23"的前 2 个字符均分别相等，而且字符序列"234"的长度大于字符序列"23"的长度，所以字符序列"234"大于字符序列"23"。因此，这条语句的运行结果是 r = 1。**上面第 5 行代码**“r = s.compare(1, 3, t, 1, 2);”比较字符串 s="1234"从下标 1 到 3 的字符序列"234"和字符串 t="234"从下标 1 到 2 的字符序列"34"。在这时，字符序列"234"和字符序列"34"的第 1 个不相等字符分别是'2'和'3'。因为'2'<'3'，所以字符序列"234"小于字符序列"34"。因此，这条语句的运行结果是 r = −1。

进行字符串比较的成员函数 compare 拥有多种形式，其中第 6 个的具体说明如下：

函数 105 string::compare	
声明：	`int compare(size_type p, size_type n, const char* s) const;`
说明：	令字符序列 t 为在当前字符串中从下标 p 到 (p+n-1) 的字符序列。本函数比较字符序列 t 与字符串 s 之间的大小： （1）如果字符序列 t 与字符串 s 相等，则返回 0。 （2）如果字符序列 t 大于字符串 s，则返回正整数。C++标准并没有规定这个正整数的具体数值，通常是 1。 （3）如果字符序列 t 小于字符串 s，则返回负整数。C++标准并没有规定这个负整数的具体数值，通常是-1。 本函数要求 0≤p≤((当前字符串的长度)-1)，并且 n≥0，并且 0≤(p+n-1)≤((当前字符串的长度)-1)，并且 s 的值不能等于 nullptr，并且字符串 s 必须是合法有效的字符串。
参数：	① 函数参数 p 指定在当前字符串中用来比较的字符序列的起始位置的下标值。 ② 函数参数 n 指定在当前字符串中用来比较的字符个数。 ③ 函数参数 s 是用来比较的字符串。
返回值：	如果字符序列 t 与字符串 s 相等，则返回 0。如果字符序列 t 大于字符串 s，则返回正整数。如果字符序列 t 小于字符串 s，则返回负整数。
头文件：	`#include <string>`

下面给出调用上面成员函数 compare 的示例代码片段。

```
string s("1234"); // 结果: s="1234", s 的长度是 4, s 的容量是 15          // 1
int r = s.compare(1, 3, "234"); // 结果: r=0                            // 2
r = s.compare(0, 3, "234");     // 结果: r=-1                           // 3
r = s.compare(2, 2, "234");     // 结果: r=1                            // 4
```

上面第 2 行代码“int r = s.compare(1, 3, "234");”比较字符串 s="1234"从下标 1 到 3 的字符序列"234"和"234"。在这时，字符序列"234"和字符串"234"拥有相同的内容。因此，这条语句的运行结果是 r = 0。**上面第 3 行代码**“r = s.compare(0, 3, "234");”比较字符串 s="1234"从下标 0 到 2 的字符序列"123"和字符串"234"。在这时，字符序列"123"和字符串"234"的第 1 个不相等字符分别是'1'和'2'。因为'1'<'2'，所以字符序列"123"小于字符串"234"。因此，这条语句的运行结果是 r = −1。**上面第 4 行代码**“r = s.compare(2, 2, "234");”比较字符串 s="1234"从下标 2 到 3 的字符序列"34"和字符串"234"。在这时，字符序列"34"和字符串"234"的第 1 个不相等字符分别是'3'和'2'。因为'3'>'2'，所以字符序列"34"大于字符串"234"。因此，这条语句的运行结果是 r = 1。

进行字符串比较的成员函数 **compare** 拥有多种形式，其中第 7 个的具体说明如下：

函数 106 string::compare

声明： `int compare(size_type p, size_type n, const char* s, size_type ns) const;`

说明： 令字符序列 t 为在当前字符串中从下标 p 到 (p+n-1) 的字符序列，字符序列 ts 为由字符串 s 的前 ns 个字符组成的字符序列。本函数比较字符序列 t 与字符序列 ts 之间的大小：

（1） 如果字符序列 t 与字符序列 ts 相等，则返回 0。

（2） 如果字符序列 t 大于字符序列 ts，则返回正整数。C++标准并没有规定这个正整数的具体数值，通常是 1。

（3） 如果字符序列 t 小于字符序列 ts，则返回负整数。C++标准并没有规定这个负整数的具体数值，通常是-1。

本函数要求 0≤p≤((当前字符串的长度)-1)，并且 n≥0，并且 0≤(p+n-1)≤((当前字符串的长度)-1)，并且 s 的值不能等于 nullptr，并且字符串 s 必须是合法有效的字符串，并且 0≤ns≤(字符串 s 的长度)。

参数：

① 函数参数 p 指定在当前字符串中用来比较的字符序列的起始位置的下标值。

② 函数参数 n 指定在当前字符串中用来比较的字符个数。

③ 函数参数 s 是用来比较的字符串。

④ 函数参数 ns 指定在字符串 s 中用来比较的字符个数。

返回值： 如果字符序列 t 与字符序列 ts 相等，则返回 0。如果字符序列 t 大于字符序列 ts，则返回正整数。如果字符序列 t 小于字符序列 ts，则返回负整数。

头文件： #include <string>

下面给出调用上面成员函数 compare 的示例代码片段。

```
string s("1234"); // 结果: s="1234", s 的长度是 4, s 的容量是 15        // 1
int r = s.compare(1, 2, "234", 2); // 结果: r=0                         // 2
r = s.compare(1, 3, "234", 2);     // 结果: r=1                         // 3
r = s.compare(0, 2, "234", 1);     // 结果: r=-1                        // 4
```

上面第 2 行代码“int r = s.compare(1, 2, "234", 2);”比较字符串 s="1234"从下标 1 到 2 的字符序列"23"和由字符串"234"的前 2 个字符组成的字符序列"23"。这 2 个字符序列均为"23"。因此，这条语句的运行结果是 r = 0。上面第 3 行代码“r = s.compare(1, 3, "234", 2);”比较字符串 s="1234"从下标 1 到 3 的字符序列"234"和由字符串"234"的前 2 个字符组成的字符序列"23"。在这时，字符序列"234"和字符序列"23"的前 2 个字符均分别相等，而且字符序列"234"的长度大于字符序列"23"的长度，所以字符序列"234"大于字符序列"23"。因此，这条语句的运行结果是 r = 1。上面第 4 行代码“r = s.compare(0, 2, "234", 1);”比较字符串 s="1234"从下标 0 到 1 的字符序列"12"和由字符串"234"的前 1 个字符组成的字符序列"2"。在这时，字符序列"12"和字符序列"2"的第 1 个不相等字符分别是'1'和'2'。因为'1'<'2'，所以字符序列"12"小于字符序列"2"。因此，这条语句的运行结果是 r = −1。

7.3.5 字符串迭代器

字符串迭代器的用法与 C++标准模板库的迭代器用法一致，可以用来按顺序访问字符串元素。按照迭代器的顺序分，可以将字符串迭代器分为正向迭代器和逆向迭代器；按照是否允许赋值来分，可以将字符串迭代器分为允许赋值的迭代器和只读的迭代器。这 2 种分类方法的组合结果是 4 类字符串迭代器，分别为**允许赋值的正向迭代器**、**只读的正向迭代器**、**允许赋值的逆向迭代器**和**只读的逆向迭代器**。下面分别介绍这 4 类字符串迭代器。**字符串的成员函数 begin 和 end** 可以用来获取**允许赋值的正向迭代器**，具体说明如下。

函数 107　string::begin

声明：	`iterator begin( ) noexcept;`
说明：	如果字符串长度大于 0，返回第 1 个字符所对应的迭代器；否则，返回结束界定迭代器。这里需要注意的是在本函数中的迭代器类是 string 类内部的类。
返回值：	如果字符串长度大于 0，返回第 1 个元素所对应的迭代器；否则，返回结束界定迭代器。
头文件：	`#include <string>`

函数 108　string::end

声明：	`iterator end( ) noexcept;`
说明：	返回结束界定迭代器。这里需要注意的是在本函数中的迭代器类是 string 类内部的类。
返回值：	结束界定迭代器。
头文件：	`#include <string>`

在字符串的成员函数 begin 和 end 的函数声明中的关键字 noexcept 表示在这 2 个函数内部**不会抛出异常**。返回的迭代器可以执行自增、自减、加上整数、减去整数、获取字符值和修改字符值的运算，具体说明如下：

（1）迭代器变量自增：结果迭代器变量指向下一个结点。

（2）迭代器变量自减：结果迭代器变量指向上一个结点。

（3）通过迭代器获取字符值和修改字符值：这时迭代器类似于指针，具体运算符为“*运算符”。

（4）迭代器加上整数 *n*：结果迭代器向前移动 *n* 个位置。

（5）迭代器减去整数 *n*：结果迭代器往回移动 *n* 个位置。

在进行上面的各种运算时，**必须注意运算结果迭代器的有效性**，即运算结果的迭代器必须指向位于字符串中的字符或者该迭代器是结束界定迭代器。例如:

```
string s = "abcde";       // 结果：字符串 s="abcde", 长度=5          // 1
typename string::iterator r = s.end(); // 结果： r 是结束界定迭代器    // 2
r++;  // 可以通过编译，但在运行时将抛出异常，因为“r++”将使得 r 的值无效 // 3
```

上面第 3 行代码运行结果将使得迭代器 r 既不指向字符串 s 的任何有效元素，也不是结束界定迭代器。因此，这时 r 的值是一个无效的值。这是不允许的，在运行时将抛出异常。

下面给出调用成员函数 begin 和 end 以及上面各种运算的代码示例：

```
string s = "abcde";       // 结果：字符串 s="abcde", 长度=5              // 1
typename string::iterator r = s.begin(); //结果:r 指向元素 s[0]          // 2
*r = '1';     // 将 s[0]的值设置为'1', 结果：字符串 s="1bcde", 长度=5    // 3
r++;          // 结果：r 指向元素 s[1]                                   // 4
*r = '2';     // 将 s[1]的值设置为'2', 结果：字符串 s="12cde", 长度=5    // 5
r = r + 2;    // 结果：r 指向元素 s[3]                                   // 6
*r = '3';     // 将 s[3]的值设置为'3', 结果：字符串 s="12c3e", 长度=5    // 7
```

```
8   r = r - 1;      // 结果: r指向元素s[2]
9   *r = '4';       // 将s[2]的值设置为'4', 结果: 字符串s="1243e", 长度=5
10  r = s.end();    // 结果: r是结束界定迭代器
11  r--;            // 结果: r指向最后一个元素s[4]
12  *r = '5';       // 将s[4]的值设置为'5', 结果: 字符串s="12435", 长度=5
```

注意事项:

如果**字符串的长度为 0**，则函数 begin( )与 end( )的返回值相等，返回值均为结束界定迭代器。

在上面第 2 行代码中，关键字 typename 用来强调 iterator 是在 string 内部定义的数据类型，即 iterator 不是 string 的静态成员变量。在通过“::”运算使用类或模板内部定义的数据类型时，有些 C++编译器要求**必须加上关键字 typename**，有些 C++编译器则**允许不加上关键字 typename**。

字符串的成员函数 cbegin 和 cend 的函数名以字母“c”开头，用来获取**只读的正向迭代器**，具体说明如下。

函数 109　string::cbegin

声明：const_iterator cbegin( ) const noexcept;

说明：如果字符串长度大于 0，返回第 1 个字符所对应的迭代器；否则，返回结束界定迭代器。这里需要注意的是在本函数中的迭代器类是 string 类内部的类，而且返回的迭代器是只读迭代器，即不允许通过返回的迭代器修改字符串元素的值。

返回值：如果字符串长度大于 0，返回第 1 个元素所对应的迭代器；否则，返回结束界定迭代器。

头文件：#include <string>

函数 110　string::cend

声明：const_iterator cend( ) const noexcept;

说明：返回只读的结束界定迭代器。

返回值：只读的结束界定迭代器。

头文件：#include <string>

在字符串的成员函数 cbegin 和 cend 的函数声明中的关键字 noexcept 表示在这 2 个函数内部**不会抛出异常**。返回的只读迭代器可以执行自增、自减、加上整数、减去整数和获取字符值运算，具体说明如下：

（1）迭代器变量自增：结果迭代器变量指向下一个结点。

（2）迭代器变量自减：结果迭代器变量指向上一个结点。

（3）允许通过只读迭代器获取字符值，但**不允许**通过只读迭代器修改字符值。

（4）迭代器加上整数 n：结果迭代器向前移动 n 个位置。

（5）迭代器减去整数 n：结果迭代器往回移动 n 个位置。

在进行上面的各种运算时，**必须注意运算结果迭代器的有效性**，即运算结果的迭代器必须指向位于字符串中的字符或者该迭代器是结束界定迭代器。下面给出代码示例：

```
string s = "abcde";       // 结果: 字符串s="abcde", 长度=5
typename string::const_iterator r=s.cbegin();//结果:r指向s[0]
cout << "s[0]=" << *r;    // 输出: s[0]=a
```

```
    // *r = '1';                // 编译错误：不能给常量赋值                  // 4
    r++;                        // 结果：r 指向元素 s[1]                    // 5
    cout << "s[1]=" << *r;      // 输出：s[1]=b                            // 6
    r = r + 2;                  // 结果：r 指向元素 s[3]                    // 7
    cout << "s[3]=" << *r;      // 输出：s[3]=d                            // 8
    r = r - 1;                  // 结果：r 指向元素 s[2]                    // 9
    cout << "s[2]=" << *r;      // 输出：s[2]=c                            // 10
    r = s.cend();               // 结果：r 是结束界定迭代器                  // 11
    r--;                        // 结果：r 指向最后一个元素 s[4]             // 12
    cout << "s[4]=" << *r;      // 输出：s[4]=e                            // 13
    // *r = '5';                // 编译错误：不能给常量赋值                  // 14
```

注意事项：

如果**字符串的长度为 0**，则函数 cbegin( )与 cend( )的返回值相等，返回值均为只读的结束界定迭代器。

在上面第 2 行代码中，关键字 typename 用来强调 const_iterator 是在 string 内部定义的数据类型，即 const_iterator 不是 string 的静态成员变量。在通过“::”运算使用类或模板内部定义的数据类型时，有些 C++编译器要求**必须加上关键字 typename**，有些 C++编译器则**允许不加上关键字 typename**。

上面第 4 行的语句“*r = '1';”和第 14 行的语句“*r = '5';”试图通过只读迭代器 r 给“*r”赋值。这是不允许的，是无法通过编译的。因此，这 2 行代码被注释起来了。在这里，“*r”是只读迭代器 r 指向的字符串 s 的元素。可以通过“*r”获取字符串 s 的元素的值，分别如第 3、6、8、10 和 13 行代码所示。

字符串的成员函数 rbegin 和 rend 的函数名以字母“r”开头，用来获取**允许赋值的逆向迭代器**，具体说明如下。

函数 111　string::rbegin

声明： `reverse_iterator rbegin( ) noexcept;`

说明： 如果字符串长度大于 0，返回最后 1 个字符所对应的逆向迭代器；否则，返回结束界定逆向迭代器。这里需要注意的是在本函数中的逆向迭代器类是 string 类内部的类。

返回值： 如果字符串长度大于 0，返回最后 1 个字符所对应的逆向迭代器；否则，返回结束界定逆向迭代器。

头文件： `#include <string>`

函数 112　string::rend

声明： `reverse_iterator rend( ) noexcept;`

说明： 返回结束界定逆向迭代器。这里需要注意的是在本函数中的逆向迭代器类是 string 类内部的类。

返回值： 结束界定逆向迭代器。

头文件： `#include <string>`

字符串逆向迭代器是沿着从最后 1 字符到第 1 个字符的方向，即第 1 个逆向迭代器对应字符串的最后 1 个字符。在字符串的成员函数 rbegin 和 rend 的函数声明中的关键字 noexcept 表示在这 2 个函数内部**不会抛出异常**。返回的逆向迭代器可以执行自增、自减、加上整数、减去整数、获取字符值和修改字符值的运算，具体说明如下：

（1）逆向迭代器变量自增：结果逆向迭代器变量指向下一个结点。

（2）逆向迭代器变量自减：结果逆向迭代器变量指向上一个结点。

（3）通过逆向迭代器获取字符值和修改字符值：这时逆向迭代器类似于指针，具体运算符为“*运算符”。

（4）逆向迭代器加上整数 *n*：结果逆向迭代器往下一个结点的方向移动 *n* 个位置。

（5）逆向迭代器减去整数 *n*：结果逆向迭代器往上一个结点的方向移动 *n* 个位置。

在进行上面的各种运算时，**必须注意运算结果逆向迭代器的有效性**，即运算结果的逆向迭代器必须指向位于字符串中的字符或者该逆向迭代器是结束界定逆向迭代器。下面给出代码示例：

```
string s = "abcde";       // 结果：字符串 s="abcde", 长度=5                    // 1
typename string::reverse_iterator r = s.rbegin(); // r 指向元素 s[4]            // 2
*r = '1';         // 将 s[4]的值设置为'1', 结果：字符串 s="abcd1", 长度=5      // 3
r++;              // 结果：r 指向元素 s[3]                                     // 4
*r = '2';         // 将 s[3]的值设置为'2', 结果：字符串 s="abc21", 长度=5      // 5
r = r + 2;        // 结果：r 指向元素 s[1]                                     // 6
*r = '3';         // 将 s[1]的值设置为'3', 结果：字符串 s="a3c21", 长度=5      // 7
r = r - 1;        // 结果：r 指向元素 s[2]                                     // 8
*r = '4';         // 将 s[2]的值设置为'4', 结果：字符串 s="a3421", 长度=5      // 9
r = s.rend();     // 结果：r 是结束界定逆向迭代器                              // 10
r--;              // 结果：r 指向最后一个元素 s[0]                             // 11
*r = '5';         // 将 s[0]的值设置为'5', 结果：字符串 s="53421", 长度=5      // 12
```

注意事项：

如果**字符串的长度为 0**，则函数 rbegin( )与 rend( )的返回值相等，返回值均为结束界定逆向迭代器。

在上面第 2 行代码中，关键字 typename 用来强调 reverse_iterator 是在 string 内部定义的数据类型，即 reverse_iterator 不是 string 的静态成员变量。在通过“::”运算使用类或模板内部定义的数据类型时，有些 C++编译器要求**必须加上关键字 typename**，有些 C++编译器则**允许不加上关键字 typename**。

字符串的成员函数 crbegin 和 crend 的函数名以字母“cr”开头，用来获取**只读的逆向迭代器**，具体说明如下。

函数 113　string::crbegin

声明：	const_reverse_iterator crbegin( ) const noexcept;
说明：	如果字符串长度大于 0，返回最后 1 个字符所对应的逆向迭代器；否则，返回结束界定逆向迭代器。这里需要注意的是在本函数中的逆向迭代器类是 string 类内部的类，而且返回的逆向迭代器是只读迭代器，即不允许通过返回的逆向迭代器修改字符串元素的值。
返回值：	如果字符串长度大于 0，返回最后 1 个元素所对应的逆向迭代器；否则，返回结束界定逆向迭代器。
头文件：	#include <string>

函数 114　string::crend

声明：	`const_iterator crend( ) const noexcept;`
说明：	返回只读的结束界定逆向迭代器。
返回值：	只读的结束界定逆向迭代器。
头文件：	`#include <string>`

在字符串的成员函数 crbegin 和 crend 的函数声明中的关键字 noexcept 表示在这 2 个函数内部**不会抛出异常**。返回的只读逆向迭代器可以执行自增、自减、加上整数、减去整数和获取字符值运算，具体说明如下：

（1）逆向迭代器变量自增：结果逆向迭代器变量指向下一个结点。

（2）逆向迭代器变量自减：结果逆向迭代器变量指向上一个结点。

（3）允许通过只读逆向迭代器获取字符值，但**不允许**通过只读逆向迭代器修改字符值。

（4）逆向迭代器加上整数 *n*：结果逆向迭代器往下一个结点的方向移动 *n* 个位置。

（5）逆向迭代器减去整数 *n*：结果逆向迭代器往上一个结点的方向移动 *n* 个位置。

在进行上面的各种运算时，**必须注意运算结果逆向迭代器的有效性**，即运算结果的逆向迭代器必须指向位于字符串中的字符或者该逆向迭代器是结束界定逆向迭代器。下面给出代码示例：

```
string s = "abcde";       // 结果：字符串 s="abcde", 长度=5                 // 1
typename string::const_reverse_iterator r = s.crbegin();                  // 2
cout << "s[4]=" << *r;    // 上一行运行结果：r 指向 s[4]。输出：s[4]=e     // 3
// *r = '1';              // 编译错误：不能给常量赋值                       // 4
r++;                      // 结果：r 指向元素 s[3]                          // 5
cout << "s[3]=" << *r;    // 输出：s[3]=d                                   // 6
r = r + 2;                // 结果：r 指向元素 s[1]                          // 7
cout << "s[1]=" << *r;    // 输出：s[1]=b                                   // 8
r = r - 1;                // 结果：r 指向元素 s[2]                          // 9
cout << "s[2]=" << *r;    // 输出：s[2]=c                                   // 10
r = s.crend();            // 结果：r 是结束界定逆向迭代器                   // 11
r--;                      // 结果：r 指向最后一个元素 s[0]                  // 12
cout << "s[0]=" << *r;    // 输出：s[0]=a                                   // 13
// *r = '5';              // 编译错误：不能给常量赋值                       // 14
```

注意事项：

如果**字符串的长度为 0**，则函数 crbegin( )与 crend( )的返回值相等，返回值均为只读的结束界定逆向迭代器。

在上面第 2 行代码中，关键字 typename 用来强调 const_reverse_iterator 是在 string 内部定义的数据类型，即 const_reverse_iterator 不是 string 的静态成员变量。在通过“::”运算使用类或模板内部定义的数据类型时，有些 C++编译器要求**必须加上关键字 typename**，有些 C++编译器则**允许不加上关键字 typename**。

上面第 4 行的语句“*r = '1';”和第 14 行的语句“*r = '5';”试图通过只读逆向迭代器 r 给“*r”赋值。这是不允许的，是无法通过编译的。因此，这 2 行代码被注释起来了。在这里，“*r”是只读逆向迭代器 r 指向的字符串 s 的元素。可以通过“*r”获取字符串 s 的元素的值，分别如第 3、6、8、10 和 13 行代码所示。

7.3.6 插入与删除

对于基于类 string 的字符串，可以进行插入与删除操作，而且这些插入与删除操作的形式也非常多样。**将基于类的字符串添加到当前字符串末尾的“+=”运算**的具体说明如下：

运算符 22	**string::operator+=**
声明：	`string& operator+=(const string& s);`
说明：	在当前字符串的末尾添加新的字符序列，这些字符序列与字符串 s 所包含的字符序列完全相同。
参数：	函数参数 s 是待复制到当前字符串末尾的字符串。
返回值：	当前字符串的引用。
头文件：	`#include <string>`

下面给出调用上面“+=”运算的示例代码片段。

```
string s("12");  // 结果: s="12"，s 的长度是 2，s 的容量是 15             // 1
string t("ab");  // 结果: t="ab"，t 的长度是 2，t 的容量是 15             // 2
s += t;          // 结果: s="12ab"，s 的长度是 4，s 的容量是 15           // 3
```

在运行完上面第 3 行代码之后，字符串 s 在末尾添加了新的字符序列，这些字符序列与字符串 t 所包含的字符序列相同。这时，字符串 s 和字符串 t 仍然各自拥有不同的内存空间，而且 s[2]和 t[0]也分别拥有不同的内存地址，虽然 s[2]=t[0]='a'。

将基于类的字符串添加到当前字符串末尾的成员函数 append的具体说明如下：

函数 115	**string::append**
声明：	`string& append(const string& s);`
说明：	在当前字符串的末尾添加新的字符序列，这些字符序列与字符串 s 所包含的字符序列完全相同。
参数：	函数参数 s 是待复制到当前字符串末尾的字符串。
返回值：	当前字符串的引用。
头文件：	`#include <string>`

下面给出调用成员函数 append 的示例代码片段。

```
string s("12"); // 结果: s="12"，s 的长度是 2，s 的容量是 15              // 1
string t("ab"); // 结果: t="ab"，t 的长度是 2，t 的容量是 15              // 2
s.append(t);    // 结果: s="12ab"，s 的长度是 4，s 的容量是 15            // 3
```

上面第 3 行代码“s.append(t);”可以替换为“s += t;”。在替换前后，运行结果完全相同。字符串 s 和字符串 t 拥有不同的内存空间。位于字符串 s 中的字符与位于字符串 t 中的字符也拥有不同的内存空间。

将基于数组的字符串添加到当前字符串末尾的“+=”运算的具体说明如下：

运算符 23 string::operator+=	
声明：	`string& operator+=(const char* s);`
说明：	在当前字符串的末尾添加新的字符序列，这些字符序列与字符串 s 所包含的字符序列完全相同。
参数：	函数参数 s 是待复制到当前字符串末尾的字符串。
返回值：	当前字符串的引用。
头文件：	`#include <string>`

下面给出调用上面“+=”运算的示例代码片段。

```
string s("12"); // 结果: s="12", s 的长度是 2, s 的容量是 15             // 1
s += "ab";      // 结果: s="12ab", s 的长度是 4, s 的容量是 15           // 2
```

在运行完上面第 2 行代码之后，字符串 s 在末尾添加了新的字符序列，这些字符与字符串"ab"所包含的字符序列相同。位于字符串 s 中的字符与位于字符串"ab"中的字符分别占用不同的内存空间。

将基于数组的字符串添加到当前字符串末尾的成员函数 append 的具体说明如下：

函数 116 string::append	
声明：	`string& append(const char* s);`
说明：	在当前字符串的末尾添加新的字符序列，这些字符序列与字符串 s 所包含的字符序列完全相同。
参数：	函数参数 s 是待复制到当前字符串末尾的字符串。
返回值：	当前字符串的引用。
头文件：	`#include <string>`

下面给出调用成员函数 append 的示例代码片段。

```
string s("12"); // 结果: s="12", s 的长度是 2, s 的容量是 15             // 1
s.append("ab");  // 结果: s="12ab", s 的长度是 4, s 的容量是 15          // 2
```

上面第 2 行代码“s.append("ab");”可以替换为“s += "ab";”。在替换前后，运行结果完全相同。位于字符串 s 中的字符与位于字符串"ab"中的字符分别占用不同的内存空间。

将基于类的字符串子串添加到当前字符串末尾的成员函数 append 的具体说明如下：

函数 117 string::append	
声明：	`string& append(const string& s, size_type p, size_type n);`
说明：	在当前字符串的末尾添加新的字符，这些字符分别等于 s[p]、s[p+1]…、s[p+n-1]。本函数要求 0≤p≤s.size( )-1 并且 n≥1 并且 0≤p+n-1≤s.size( )-1。
参数：	① 函数参数 s 是待复制的字符串。 ② 函数参数 p 是待复制的首个字符在字符串 s 中的下标值。 ③ 函数参数 n 是待复制的字符总个数。
返回值：	当前字符串的引用。
头文件：	`#include <string>`

下面给出调用上面成员函数 append 的示例代码片段。

```
string s("ab");     // 结果: s="ab", s 的长度是 2, s 的容量是 15          // 1
```

```
string t("12345"); // 结果: t="12345", t 的长度是 5, t 的容量是 15        // 2
s.append(t, 3, 2); // 结果: s="ab45", s 的长度是 4, s 的容量是 15         // 3
```

在运行到上面第 3 行代码时，t[3]='4'并且 t[4]='5'。因此，这行代码的运行结果是字符串 s 的内容变成为"ab45"。另外，字符串 s 和字符串 t 拥有不同的内存空间。位于字符串 s 中的字符与位于字符串 t 中的字符也拥有不同的内存空间。

将基于数组的子串添加到当前字符串末尾的成员函数 append 的具体说明如下：

函数 118　string::append

声明：	`string& append(const char* s, size_type n);`
说明：	在当前字符串的末尾添加新的字符，这些字符分别与字符串 s 的前 n 个字符相等。本函数要求 n≥0。
参数：	① 函数参数 s 是待复制的字符串。 ② 函数参数 n 是待复制的字符总个数。
返回值：	当前字符串的引用。
头文件：	`#include <string>`

下面给出调用上面成员函数 append 的示例代码片段。

```
string s("ab");          // 结果: s="ab", s 的长度是 2, s 的容量是 15        // 1
s.append("12345", 2);    // 结果: s="ab12", s 的长度是 4, s 的容量是 15      // 2
s.append("ABC", 0);      // 结果: s="ab12", s 的长度是 4, s 的容量是 15      // 3
```

上面第 2 行代码在字符串 s 的末尾添加字符'1'和'2'。在添加字符之后，字符串 s 拥有字符'1'和'2'，字符串"12345"也拥有字符'1'和'2'。不过，这 4 个字符分别占用不同的内存空间。上面第 3 行代码在字符串 s 的末尾没有添加任何字符。

将字符添加到当前字符串末尾的"+="运算的具体说明如下：

运算符 24　string::operator+=

声明：	`string& operator+=(char c);`
说明：	在当前字符串的末尾添加字符 c。
参数：	函数参数 c 是待复制的字符。
返回值：	当前字符串的引用。
头文件：	`#include <string>`

下面给出调用上面"+="运算的示例代码片段。

```
string s("12"); // 结果: s="12", s 的长度是 2, s 的容量是 15        // 1
s += 'a';       // 结果: s="12a", s 的长度是 3, s 的容量是 15       // 2
```

在运行完上面第 2 行代码之后，字符串 s 在末尾添加了新字符'a'，字符串 s 的长度从 2 变成为 3。

将 n 个字符添加到当前字符串末尾的成员函数 append 的具体说明如下：

函数 119　string::append

声明：	`string& append(size_type n, char c);`
说明：	在当前字符串的末尾添加 n 个字符 c。本函数要求 n≥0。

参数： ① 函数参数 n 是待添加的字符总个数。
② 函数参数 c 是待复制的字符。
返回值： 当前字符串的引用。
头文件： #include <string>

下面给出调用上面成员函数 append 的示例代码片段。

```
string s("12");        // 结果：s="12"，s 的长度是 2，s 的容量是 15        // 1
s.append(0, 'a');      // 结果：s="12"，s 的长度是 2，s 的容量是 15        // 2
s.append(2, 'b');      // 结果：s="12bb"，s 的长度是 4，s 的容量是 15      // 3
```

上面第 2 行代码在字符串 s 的末尾没有添加字符。上面第 3 行代码在字符串 s 的末尾添加 2 个字符'b'。

将由迭代器指定的字符序列添加到当前字符串末尾的成员函数 append 的具体说明如下：

函数 120　**string::append**	
声明：	template<class InputIterator> string& append(InputIterator first, InputIterator last);
说明：	将从迭代器 first 开始并且在 last 之前的字符序列添加到当前字符串的末尾。本函数要求作为函数参数的迭代器一定要合法有效。
参数：	① 函数参数 first 是迭代器，指向待复制的第 1 个字符。 ② 函数参数 last 是迭代器，last 的前 1 个迭代器指向待复制的最后 1 个字符。
返回值：	当前字符串的引用。
头文件：	#include <string>

下面给出调用上面成员函数 append 的示例代码片段。

```
string s("ab");      // 结果：s="ab"，s 的长度是 2，s 的容量是 15           // 1
string t("12345"); // 结果：t="12345"，t 的长度是 5，t 的容量是 15        // 2
s.append(t.begin(), t.end() - 1); // 结果：s="ab1234"，s 的长度是 6      // 3
```

在上面第 3 行代码中，“t.begin()”返回指向字符串 t 第一个字符'1'的迭代器，“t.end()”返回字符串 t 的结束界定迭代器，“t.end() - 1”的结果是指向字符串 t 最后一个字符'5'的迭代器。字符串 t 最后一个字符'5'也是字符串 t 的第 5 个字符。因此，上面第 3 行代码“s.append(t.begin(), t.end() - 1);”复制字符串 t 的第 1～4 个字符并添加到字符串 s 的末尾。

在指定的位置将字符串插入到当前字符串中的成员函数 insert 的具体说明如下：

函数 121　**string::insert**	
声明：	string& insert(size_type p, const string& s);
说明：	在当前字符串的下标 p 之前插入字符串 s。本函数要求：0≤p≤size( )，其中成员函数 size( ) 返回当前字符串的长度。
参数：	① 函数参数 p 用来指定字符串插入的位置。 ② 函数参数 s 是待复制的字符串，复制之后的字符串将会被插入到当前字符串中。
返回值：	当前字符串的引用。
头文件：	#include <string>

下面给出调用上面成员函数 insert 的示例代码片段。

```
string s("12"); // 结果: s="12", s 的长度是 2, s 的容量是 15              // 1
string t("ab"); // 结果: t="ab", t 的长度是 2, t 的容量是 15              // 2
s.insert(0, t); // 结果: s="ab12", s 的长度是 4, s 的容量是 15            // 3
s.insert(3, t); // 结果: s="ab1ab2", s 的长度是 6, s 的容量是 15          // 4
s.insert(6, t); // 结果: s="ab1ab2ab", s 的长度是 8, s 的容量是 15        // 5
```

对于上面成员函数 insert，如果函数参数 p 的值是 0，则将在当前字符串的开头位置插入字符串。例如，**上面第 3 行代码**"s.insert(0, t);"在字符串 s 的开头位置插入字符串 t，结果字符串 s 的内容变成为"ab12"。这时，字符串 s 下标 3 位置处的字符是'2'。因此，**上面第 4 行代码**"s.insert(3, t);"在字符串 s 的字符'2'之前插入字符串 t，结果字符串 s 的内容变成为"ab1ab2"。这时，字符串 s 下标 5 位置处的字符是最后 1 个字符'2'。对于上面成员函数 insert，如果函数参数 p 的值是当前字符串的长度，则将在当前字符串的末尾插入字符串。例如，**上面第 5 行代码**"s.insert(6, t);"在字符串 s 的末尾位置插入字符串 t，结果字符串 s 的内容变成为"ab1ab2ab"。

在指定的位置将字符序列插入到当前字符串中的成员函数 insert 的具体说明如下：

函数 122　string::insert

声明： `string& insert(size_type p, const string& s, size_type sp);`

说明： 在当前字符串的下标 p 之前插入字符序列 s[sp]、s[sp+1]、……、s[s.size()-1]。本函数要求 0≤p≤size()，其中成员函数 size( )返回当前字符串的长度；同时要求 0≤sp≤s.size()-1，其中 s.size()返回字符串 s 的长度。这里要求字符串 s 的长度大于 0。

参数：
① 函数参数 p 用来指定字符串插入的位置。
② 函数参数 s 是待复制的字符串，复制之后的字符串将会被插入到当前字符串中。
③ 函数参数 sp 用来指定待复制的首个字符在字符串 s 中的下标值。

返回值： 当前字符串的引用。

头文件： `#include <string>`

下面给出调用上面成员函数 insert 的示例代码片段。

```
string s("ab");      // 结果: s="ab", s 的长度是 2, s 的容量是 15           // 1
string t("1234");    // 结果: t="1234", t 的长度是 4, t 的容量是 15         // 2
s.insert(1, t, 2); // 结果: s="a34b", s 的长度是 4, t 的容量是 15          // 3
```

上面第 3 行代码在字符串 s 下标为 1 的字符'b'前插入字符 t[2]和 t[3]，结果字符串 s 的内容变成为"a34b"。

在指定的位置将子串插入到当前字符串中的成员函数 insert 的具体说明如下：

函数 123　string::insert

声明： `string& insert(size_type p, const string& s, size_type sp, size_type n);`

说明： 在当前字符串的下标 p 之前插入字符序列 s[sp]、s[sp+1]、……、s[sp+n-1]。本函数要求 0≤p≤size()，其中成员函数 size( )返回当前字符串的长度；同时要求 0≤sp≤s.size()-1 并且 n≥0 并且 0≤sp+n-1≤s.size()-1，其中 s.size()返回字符串 s 的长度。这里要求字符串 s 的长度大于 0。

参数： ① 函数参数 p 用来指定字符串插入的位置。
② 函数参数 s 是待复制的字符串，复制之后的字符串将会被插入到当前字符串中。
③ 函数参数 sp 用来指定待复制的首个字符在字符串 s 中的下标值。
④ 函数参数 n 是待复制的字符总个数。

返回值： 当前字符串的引用。

头文件： `#include <string>`

下面给出调用上面成员函数 insert 的示例代码片段。

```
string s("ab");          // 结果: s="ab", s 的长度是 2, s 的容量是 15        // 1
string t("123456");      // 结果: t="123456", t 的长度是 6, t 的容量是 15    // 2
s.insert(1, t, 2, 3);    // 结果: s="a345b", s 的长度是 5, t 的容量是 15     // 3
```

上面第 3 行代码在字符串 s 下标为 1 的字符'b'前插入 3 个字符 t[2]、t[3]和 t[4]，结果字符串 s 的内容变成为"a345b"。

在指定的位置将基于数组的字符串插入到当前字符串中的成员函数 insert 的具体说明如下：

函数 124　string::insert

声明： `string& insert(size_type p, const char* s);`

说明： 在当前字符串的下标 p 之前插入字符串 s。本函数要求：0≤p≤size( )，其中成员函数 size( )返回当前字符串的长度。

参数： ① 函数参数 p 用来指定字符串插入的位置。
② 函数参数 s 是待复制的字符串，复制之后的字符串将会被插入到当前字符串中。

返回值： 当前字符串的引用。

头文件： `#include <string>`

下面给出调用上面成员函数 insert 的示例代码片段。

```
string s("12");      // 结果: s="12", s 的长度是 2, s 的容量是 15              // 1
char t[] = {'a', 'b', 0};                                                    // 2
s.insert(0, t);      // 结果: s="ab12", s 的长度是 4, s 的容量是 15            // 3
s.insert(3, "cd"); // 结果: s="ab1cd2", s 的长度是 6, s 的容量是 15          // 4
s.insert(6, "ef"); // 结果: s="ab1cd2ef", s 的长度是 8, s 的容量是 15        // 5
```

对于上面成员函数 insert，如果函数参数 p 的值是 0，则将在当前字符串的开头位置插入字符串。例如，**上面第 3 行代码**"s.insert(0, t);"在字符串 s 的开头位置插入字符串 t，结果字符串 s 的内容变成为"ab12"。这时，字符串 s 下标 3 位置处的字符是'2'。因此，**上面第 4 行代码**"s.insert(3, "cd");"在字符串 s 的字符'2'之前插入字符串"cd"，结果字符串 s 的内容变成为"ab1cd2"。这时，字符串 s 下标 5 位置处的字符是最后 1 个字符'2'。对于上面成员函数 insert，如果函数参数 p 的值是当前字符串的长度，则将在当前字符串的末尾插入字符串。例如，**上面第 5 行代码**"s.insert(6, "ef");"在字符串 s 的末尾位置插入字符串"ef"，结果字符串 s 的内容变成为"ab1cd2ef"。

在指定的位置将基于数组的字符序列插入到当前字符串中的成员函数 insert 的具体说明如下：

函数 125	**string::insert**
声明：	`string& insert(size_type p, const char* s, size_type n);`
说明：	在当前字符串的下标 p 之前插入字符串 s 的前 n 个字符。本函数要求 0≤p≤(当前字符串的长度)，同时要求 0≤n≤(字符串 s 的长度)。
参数：	① 函数参数 p 用来指定字符串插入的位置。 ② 函数参数 s 是待复制的字符串，复制之后的字符串将会被插入到当前字符串中。 ③ 函数参数 n 是待复制的字符总个数。
返回值：	当前字符串的引用。
头文件：	`#include <string>`

下面给出调用上面成员函数 insert 的示例代码片段。

```
string s("12");          // 结果：s="12"，s 的长度是 2，s 的容量是 15         // 1
char t[] = { 'a', 'b', 0 };                                                  // 2
s.insert(0, t, 0);       // 结果：s="12"，s 的长度是 2，s 的容量是 15         // 3
s.insert(1, "cd", 1);    // 结果：s="1c2"，s 的长度是 3，s 的容量是 15        // 4
s.insert(3, "ef", 2);    // 结果：s="1c2ef"，s 的长度是 5，s 的容量是 15      // 5
```

对于上面成员函数 insert，如果函数参数 n 的值是 0，则不会在当前字符串中插入新的字符。例如，运行**上面第 3 行代码**"s.insert(0, t, 0);"结果是字符串 s 保持不变。**上面第 4 行代码**"s.insert(1, "cd", 1);"在字符串 s 的字符'2'之前插入 1 个字符'c'，结果字符串 s 的内容变成为"1c2"。**上面第 5 行代码**"s.insert(3, "ef", 2);"在字符串 s 的末尾位置插入 2 个字符'e'和'f'，结果字符串 s 的内容变成为"ab1cd2ef"。

在指定的位置将字符插入到当前字符串中的成员函数 insert 的具体说明如下：

函数 126	**string::insert**
声明：	`string& insert(size_type p, size_type n, char c);`
说明：	在当前字符串的下标 p 之前插入 n 个字符 c。本函数要求 0≤p≤(当前字符串的长度)，同时要求 n≥0。
参数：	① 函数参数 p 用来指定字符串插入的位置。 ② 函数参数 n 是待复制的字符总个数。 ③ 函数参数 c 是待复制的字符。
返回值：	当前字符串的引用。
头文件：	`#include <string>`

下面给出调用上面成员函数 insert 的示例代码片段。

```
string s("12");          // 结果：s="12"，s 的长度是 2，s 的容量是 15         // 1
s.insert(1, 0, 'a');     // 结果：s="12"，s 的长度是 2，s 的容量是 15         // 2
s.insert(1, 1, 'b');     // 结果：s="1b2"，s 的长度是 3，s 的容量是 15        // 3
s.insert(1, 2, 'c');     // 结果：s="1ccb2"，s 的长度是 5，s 的容量是 15      // 4
```

对于上面成员函数 insert，如果函数参数 n 的值是 0，则不会在当前字符串中插入新的字符。例如，运行**上面第 2 行代码**"s.insert(1, 0, 'a');"结果是字符串 s 保持不变。**上面第 3 行代码**"s.insert(1, 1, 'b');"在字符串 s 的字符'2'之前插入 1 个字符'b'，结果字符串 s 的内容变成为"1b2"。**上面第 4 行代码**"s.insert(1, 2, 'c');"在字符串 s 的字符'b'之前插入 2 个字符

'c'，结果字符串 s 的内容变成为"1ccb2"。

通过迭代器在指定的位置将字符插入到当前字符串中的成员函数 insert 的具体说明如下：

函数 127	**string::insert**
声明：	iterator insert(const_iterator p, char c);
说明：	在迭代器 p 指定的位置之前插入字符 c。本函数要求 p 必须是当前字符串的有效迭代器。
参数：	① 函数参数 p 用来指定字符串插入的位置。 ② 函数参数 c 是待复制的字符。
返回值：	在当前字符串中指向新插入的字符的迭代器。
头文件：	#include <string>

下面给出调用上面成员函数 insert 的示例代码片段。

```
string s("12");                     // 结果：s="12"，s 的长度是 2       // 1
auto a = s.insert(s.begin(), 'a');  // 结果：s="a12"，s 的长度是 3      // 2
cout << "*a = " << *a << endl;      // 输出：*a = a↙                 // 3
auto b = s.insert(s.end(), 'b');    // 结果：s="a12b"，s 的长度是 4     // 4
cout << "*b = " << *b << endl;      // 输出：*b = b↙                 // 5
```

上面第 2 行代码“s.insert(s.begin(), 'a');”在字符串 s 的开头位置插入字符'a'，结果字符串 s 的内容变成为"a12"，同时字符串 s 的成员函数 insert 返回在字符串 s 中指向字符'a'的迭代器。运行**上面第 4 行代码**“s.insert(s.end(), 'b');”在字符串 s 的末尾插入字符'b'，结果字符串 s 的内容变成为"a12b"，同时字符串 s 的成员函数 insert 返回在字符串 s 中指向字符'b'的迭代器。在上面第 2 行和第 4 行代码中，数据类型 auto 还可以写成为 **string::iterator**，string::iterator 是变量 a 和 b 的实际数据类型。

通过迭代器在指定的位置将若干个字符插入到当前字符串中的成员函数 insert 的具体说明如下：

函数 128	**string::insert**
声明：	iterator insert(const_iterator p, size_type n, char c);
说明：	在迭代器 p 指定的位置之前插入 n 个字符 c。本函数要求 p 必须是当前字符串的有效迭代器，同时要求 n≥0。
参数：	① 函数参数 p 用来指定字符串插入的位置。 ② 函数参数 n 是待复制的字符总个数。 ③ 函数参数 c 是待复制的字符。
返回值：	如果 n>0，则返回在当前字符串中指向新插入的第 1 个字符的迭代器；如果 n=0，则返回迭代器 p。
头文件：	#include <string>

下面给出调用上面成员函数 insert 的示例代码片段。

```
string s("12");                 // 结果：s="12"，s 的长度是 2，s 的容量是 15     // 1
s.insert(s.begin(),2,'a');      // 结果：s="aa12"，s 的长度是 4，s 的容量是 15   // 2
s.insert(s.end(),3,'b');        //结果：s="aa12bbb"，s 的长度是 7，s 的容量是 15 // 3
```

上面第 2 行代码“s.insert(s.begin(),2,'a');”在字符串 s 的开头位置插入 2 个字符'a'，结

果字符串 s 的内容变成为"aa12"，同时字符串 s 的成员函数 insert 返回指向字符串 s 的第 1 个字符'a'的迭代器。运行**上面第 3 行代码**“s.insert(s.end(),3,'b');”在字符串 s 的末尾插入 3 个字符'b'，结果字符串 s 的内容变成为"aa12bbb"，同时字符串 s 的成员函数 insert 返回指向字符串 s 的第 5 个字符的迭代器。这里**字符串 s 的成员函数 insert 返回的数据类型**是在类 string 内部定义的数据类型，即 **string::iterator**。

在指定的位置将由迭代器指定的字符序列插入到当前字符串中的成员函数 insert 的具体说明如下：

函数 129	string::insert
声明：	`template<class InputIterator>` `iterator insert(const_iterator p, InputIterator first, InputIterator last);`
说明：	在迭代器 p 指定的位置之前插从迭代器 first 开始并且在 last 之前的字符序列。本函数要求 p 必须是当前字符串的有效迭代器，同时要求迭代器 first 和 last 也要合法有效，并且从迭代器 first 到 last 之前确实界定一个字符序列。
参数：	① 函数参数 p 用来指定字符串插入的位置。 ② 函数参数 first 是迭代器，指向待复制的第 1 个字符。 ③ 函数参数 last 是迭代器，last 的前 1 个迭代器指向待复制的最后 1 个字符。
返回值：	如果有新的字符插入，则返回在当前字符串中指向新插入的第 1 个字符的迭代器；如果没有新的字符插入，则返回迭代器 p。
头文件：	`#include <string>`

下面给出调用上面成员函数 insert 的示例代码片段。

```
string s("12"); // 结果：s="12"，s 的长度是 2，s 的容量是 15          // 1
vector<char> v(2, 'a');                                                // 2
s.insert(s.end(), v.begin(), v.end());                                 // 3
// 上一行代码运行结果：s="12aa"，s 的长度是 4，s 的容量是 15            // 4
```

因为从迭代器 v.begin()开始并且在 v.end()之前的字符序列是 2 个字符'a'，所以**上面第 3 行代码**“s.insert(s.end(), v.begin(), v.end());”在字符串 s 的末尾插入 2 个字符'a'，结果字符串 s 的内容变成为"12aa"，同时字符串 s 的成员函数 insert 返回指向字符串 s 的第 3 个字符的迭代器，即这个迭代器指向字符'a'。这里**类 string 的成员函数 insert 返回的数据类型**是在类 string 内部定义的数据类型，即 **string::iterator**。

从当前字符串中删除字符的成员函数 erase 拥有多种形式，其中第 1 个的具体说明如下：

函数 130	string::erase
声明：	`string& erase(size_type p = 0);`
说明：	从当前的字符串中删除从下标 p 开始的所有字符。本函数要求 0≤p≤(当前字符串的长度)。
参数：	函数参数 p 用来指定删除字符的起始位置。
返回值：	当前字符串的引用。
头文件：	`#include <string>`

下面给出调用上面成员函数 erase 的示例代码片段。

```
string s("12345"); // 结果: s="12345", s 的长度是 5, s 的容量是 15        // 1
s.erase(5);        // 结果: s="12345", s 的长度是 5, s 的容量是 15        // 2
s.erase(3);        // 结果: s="123", s 的长度是 3, s 的容量是 15          // 3
s.erase( );        // 结果: s="", s 的长度是 0, s 的容量是 15             // 4
```

在**上面第 2 行代码**“s.erase(5);”中，因为函数调用参数 5 刚好就是字符串 s 的长度，所以这行代码没有从字符串 s 中删除字符。**上面第 3 行代码**“s.erase(3);”从字符串 s 中删除了下标为 3 的字符'4'和下标为 4 的字符'5'，结果字符串 s 的内容变成为"123"。**上面第 4 行代码**“s.erase( );”的函数调用参数为空，这行代码等价于“s.erase(0);”，它将删除字符串 s 的所有字符，结果字符串 s 的内容变成为""。

从当前字符串中删除字符的成员函数 erase 拥有多种形式，其中第 2 个的具体说明如下：

函数 131　string::erase	
声明：	string& erase(size_type p, size_type n);
说明：	从当前的字符串中删除下标分别为 p、(p+1)、……、(p+n-1) 的字符。这里要求 0≤p≤(当前字符串的长度-1) 并且 n≥0 并且 0≤p+n-1≤(当前字符串的长度-1)。
参数：	① 函数参数 p 用来指定删除字符的起始位置。 ② 函数参数 n 是待删除的字符总个数。
返回值：	当前字符串的引用。
头文件：	#include <string>

下面给出调用上面成员函数 erase 的示例代码片段。

```
string s("12345"); // 结果: s="12345", s 的长度是 5, s 的容量是 15        // 1
s.erase(4, 1);     // 结果: s="1234", s 的长度是 4, s 的容量是 15         // 2
s.erase(2, 2);     // 结果: s="12", s 的长度是 2, s 的容量是 15           // 3
```

上面第 2 行代码“s.erase(4, 1);”从字符串 s 中删除了 1 个字符 s[4]，结果字符串 s 的内容变成为"1234"。**上面第 3 行代码**“s.erase(2, 2);”从字符串 s 中删除了 2 个字符 s[2]和 s[3]，结果字符串 s 的内容变成为"12"。

从当前字符串中删除字符的成员函数 erase 拥有多种形式，其中第 3 个的具体说明如下：

函数 132　string::erase	
声明：	iterator erase(const_iterator p);
说明：	本函数要求迭代器 p 要么是当前字符串的结束界定迭代器，要么指向位于当前字符串中的某个字符。如果迭代器 p 是结束界定迭代器，则本函数不执行任何操作，直接返回结束界定迭代器。如果迭代器 p 指向位于当前字符串中的某个字符，则从当前的字符串中删除迭代器 p 指向的字符，并返回迭代器 p 的下一个迭代器。
参数：	函数参数 p 用来指定待删除的字符。
返回值：	如果迭代器 p 是结束界定迭代器，则返回结束界定迭代器。如果迭代器 p 指向位于当前字符串中的某个字符，则返回迭代器 p 的下一个迭代器。
头文件：	#include <string>

下面给出调用上面成员函数 erase 的示例代码片段。

```
1 string s("12345"); // 结果: s="12345", s的长度是5, s的容量是15
2 auto p1 = s.erase(s.end()-1); // 结果:s="1234", s的长度是4
3 cout << "(s.end()-p1) = " << (s.end() - p1) << endl;
4 // 输出: (s.end()-p1) = 0↙
5 auto p2 = s.erase(s.begin()); // 结果: s="234", s的长度是3
6 cout << "(s.begin()-p2) = " << (s.begin() - p2) << endl;
7 // 输出: (s.begin()-p2) = 0↙
```

上面第 2 行代码“auto p1 = s.erase(s.end()-1);”从字符串 s 中删除最后 1 个字符，结果字符串 s 的内容变成为"1234"，同时返回结束界定迭代器。因此，上面第 3 行代码“(s.end() - p1)”运算的结果是 0。上面第 5 行代码“auto p2 = s.erase(s.begin());”从字符串 s 中删除第 1 个字符'1'，结果字符串 s 的内容变成为"234"，同时返回指向字符'2'的迭代器。在删除字符'1'之前，字符'2'是字符串 s 的第 2 个字符；在删除字符'1'之后，字符'2'是字符串 s 的第 1 个字符。因此，上面第 6 行代码“(s.begin() - p2)”运算的结果是 0。这里**类 string 的成员函数 erase 返回的数据类型**是在类 string 内部定义的数据类型，即 **string::iterator**。因此，在上面第 2 行和第 5 行代码中，“auto”也可以替换为“string::iterator”或者“typename string::iterator”，其中关键字 typename 用来强调 iterator 是在类 string 内部定义的数据类型。

从当前字符串中删除字符的成员函数 erase 拥有多种形式，其中第 4 个的具体说明如下：

函数 133　string::erase	
声明：	iterator erase(const_iterator first, const_iterator last);
说明：	从当前的字符串中删除从迭代器 first 开始并且在 last 之前的字符序列。本函数要求迭代器 first 和 last 一定是当前字符串合法有效的迭代器，并且从迭代器 first 到 last 之前确实界定一个字符序列。
参数：	① 函数参数 first 是迭代器，指向待删除的第 1 个字符。 ② 函数参数 last 是迭代器，last 的前 1 个迭代器指向待删除的最后 1 个字符。
返回值：	返回迭代器 last。
头文件：	#include <string>

下面给出调用上面成员函数 erase 的示例代码片段。

```
1 string s("12345"); // 结果: s="12345", s的长度是5, s的容量是15
2 typename string::iterator p = s.erase(s.end()-1, s.end());
3 // 结果: s="1234", s的长度是4, s的容量是15
4 cout << "(s.end()-p) = " << (s.end() - p) << endl;
5 // 输出: (s.end()-p) = 0↙
6 p = s.erase(s.begin(), s.begin()+1);
7 // 结果: s="234", s的长度是3, s的容量是15
8 cout << "(s.begin()-p) = " << (s.begin() - p) << endl;
9 // 输出: (s.begin()-p) = 0↙
```

上面第 2 行代码“typename string::iterator p = s.erase(s.end()-1, s.end());”从字符串 s 中删除最后 1 个字符，结果字符串 s 的内容变成为"1234"，同时返回结束界定迭代器。因此，上面第 4 行代码“(s.end() - p)”运算的结果是 0。上面第 6 行代码“p = s.erase(s.begin(), s.begin()+1);”从字符串 s 中删除第 1 个字符'1'，结果字符串 s 的内容变成为"234"，同时返回指向字符'2'的迭代器。在删除字符'1'之前，字符'2'是字符串 s 的第 2 个字符；在删除字符'1'之后，字符'2'是字符串 s 的第 1 个字符。因此，**上面第 8 行代码**“(s.begin() - p)”运算的结果是 0。这里**类 string 的成员函数 erase 返回的数据类型**是在类 string 内部定义的数据类型，即 string::iterator。在上面第 2 行代码中，关键字 typename 用来强调 iterator 是在类 string 内部定义的数据类型。

从当前字符串中删除最后一个字符的成员函数 pop_back 的具体说明如下：

函数 134 string::pop_back	
声明：	void pop_back( );
说明：	从当前的字符串中删除最后 1 个字符。调用本函数的**前提条件**是当前字符串的长度大于 0。
头文件：	#include <string>

下面给出调用上面成员函数 pop_back 的示例代码片段。

```
string s("12"); // 结果: s="12", s 的长度是 2, s 的容量是 15          // 1
s.pop_back();   // 结果: s="1", s 的长度是 1, s 的容量是 15           // 2
s.pop_back();   // 结果: s="", s 的长度是 0, s 的容量是 15            // 3
```

上面第 2 行代码“s.pop_back();”从字符串 s 中删除最后 1 个字符，结果字符串 s 的内容变成为"1"。**上面第 3 行代码**“s.pop_back();”继续从字符串 s 中删除最后 1 个字符，结果字符串 s 的内容变成为""，长度变成为 0。在这之后，不能再继续调用成员函数“s.pop_back();”；否则，将会**抛出异常**。

7.3.7 查找与替换以及交换

基于类 string 的字符串支持查找、替换以及交换操作。**字符串的查找操作**就是在当前字符串中查找由成员函数的参数指定的字符或字符串。**字符串的替换操作**就是将当前字符串的某些字符替换成由成员函数的参数指定的字符或字符串。**字符串的交换操作**就是将当前字符串与由成员函数 swap 的参数指定的字符串交换内容。**字符串查找的成员函数 find** 拥有多种形式，其中第 1 个的具体说明如下：

函数 135 string::find	
声明：	size_type find(const string& s, size_type p = 0) const noexcept;
说明：	在当前字符串中，从下标 p 的位置开始查找字符串 s。如果在当前字符串中找到与字符串 s 具有相同内容的子串，则返回该子串的第 1 个字符在当前的字符串中的下标值。如果没有找到，则返回-1。本函数要求 0≤p≤((当前字符串的长度)-1)。
参数：	① 函数参数 s 是待查找的字符串。 ② 函数参数 p 指定当前字符串开始查找的起始位置的下标值。
返回值：	如果找到，则返回找到的子串的首字符在当前字符串中的下标值；否则，返回-1。
头文件：	#include <string>

下面给出调用上面成员函数 find 的示例代码片段。

```
string s("01234");    // 结果: s="01234", s 的长度是 5, s 的容量是 15     // 1
string t("23");       // 结果: t="23", t 的长度是 2, s 的容量是 15        // 2
```

```
int r = s.find(t);     // 结果: r = 2                                        // 3
r = s.find(t, 2);      // 结果: r = 2                                        // 4
r = s.find(t, 3);      // 结果: r = -1                                       // 5
```

上面第 3 行代码“int r = s.find(t);”从字符串 s 的开头开始查找字符串 t，结果在 s[2]位置处找到字符串 t。字符串 s 下标为 2 的字符是字符串 s 的第 3 个字符。**上面第 4 行代码**“r = s.find(t, 2);”从字符串 s 的第 3 个字符处开始查找字符串 t，结果在 s[2]位置处找到字符串 t。字符串 s 下标为 3 的字符是字符串 s 的第 4 个字符。**上面第 5 行代码**“r = s.find(t, 3);”从字符串 s 的第 4 个字符处开始查找字符串 t。在字符串 s 中，从第 4 个字符开始一直到结束的子串的内容是"34"，其中并没有包含字符串 t 的内容。因此，这时成员函数 find 返回−1，结果 r = −1。

字符串查找的成员函数 find 拥有多种形式，其中第 2 个的具体说明如下：

函数 136　string::find

声明： `size_type find(const char* s, size_type p = 0) const;`

说明： 在当前字符串中，从下标 p 的位置开始查找字符串 s。如果在当前字符串中找到与字符串 s 具有相同内容的子串，则返回该子串的第 1 个字符在当前的字符串中的下标值。如果没有找到，则返回-1。本函数要求 0≤p≤((当前字符串的长度)-1)，同时要求 s 的值不能等于 nullptr，并且字符串 s 必须是合法有效的字符串。

参数： ① 函数参数 s 是待查找的字符串。

② 函数参数 p 指定当前字符串开始查找的起始位置的下标值。

返回值： 如果找到，则返回找到的子串的首字符在当前字符串中的下标值；否则，返回-1。

头文件： `#include <string>`

下面给出调用上面成员函数 find 的示例代码片段。

```
string s("01234");   // 结果: s="01234", s 的长度是 5, s 的容量是 15        // 1
char t[] = { '2', '3', 0 };                                                // 2
int r = s.find(t);   // 结果: r = 2                                        // 3
r = s.find(t, 2);    // 结果: r = 2                                        // 4
r = s.find(t, 3);    // 结果: r = -1                                       // 5
```

上面第 3 行代码“int r = s.find(t);”从字符串 s 的开头开始查找字符串 t，结果在 s[2]位置处找到字符串 t。字符串 s 下标为 2 的字符是字符串 s 的第 3 个字符。**上面第 4 行代码**“r = s.find(t, 2);”从字符串 s 的第 3 个字符处开始查找字符串 t，结果在 s[2]位置处找到字符串 t。字符串 s 下标为 3 的字符是字符串 s 的第 4 个字符。**上面第 5 行代码**“r = s.find(t, 3);”从字符串 s 的第 4 个字符处开始查找字符串 t。在字符串 s 中，从第 4 个字符开始一直到结束的子串的内容是"34"，其中并没有包含字符串 t 的内容。因此，这时成员函数 find 返回−1，结果 r = −1。

字符串查找的成员函数 find 拥有多种形式，其中第 3 个的具体说明如下：

函数 137　string::find

声明： `size_type find(const char* s, size_type p, size_type n) const;`

说明： 在当前字符串中，从下标 p 的位置开始查找字符串 s 的前 n 个字符。如果在当前字符串中找到与字符串 s 的前 n 个字符依次相同的子串，则返回该子串的第 1 个字符在当前的字符

	串中所对应的字符的下标值。如果没有找到，则返回-1。本函数要求 0≤p≤((当前字符串的长度)-1)，同时要求 s 的值不能等于 nullptr，并且字符串 s 必须是合法有效的字符串，而且要求 1≤n≤(字符串 s 的长度)。
参数：	① 函数参数 s 是待查找的字符串。 ② 函数参数 p 指定当前字符串开始查找的起始位置的下标值。 ③ 函数参数 n 指定查找的字符个数。
返回值：	如果找到，则返回找到的子串的首字符在当前字符串中的下标值；否则，返回-1。
头文件：	#include <string>

下面给出调用上面成员函数 find 的示例代码片段。

```
string s("12341234"); // 结果: s="12341234", s的长度是8, s的容量是15    // 1
char t[] = { '2', '3', '5', 0 };                                         // 2
int r = s.find(t, 1, 3);    // 结果: r = -1                              // 3
r = s.find(t, 1, 2);        // 结果: r = 1                               // 4
r = s.find(t, 3, 2);        // 结果: r = 5                               // 5
```

字符串 s 下标为 1 的字符是字符串 s 的第 2 个字符。上面第 3 行代码“int r = s.find(t, 1, 3);”从字符串 s 的第 2 个字符处开始查找字符串 t。因为字符串 s 不含字符'5'，字符串 t 含有字符'5'，所以结果 r = -1。上面第 4 行代码“r = s.find(t, 1, 2);”从字符串 s 的第 2 个字符处开始查找由字符串 t 的前 2 个字符组成的子串"23"，结果在 s[1]位置处找到字符串 t。因此，这时的结果 r = 1。字符串 s 下标为 3 的字符是字符串 s 的第 4 个字符。上面第 5 行代码“r = s.find(t, 3, 2);”从字符串 s 的第 4 个字符处开始查找由字符串 t 的前 2 个字符组成的子串"23"。在字符串 s 中，从第 4 个字符开始一直到结束的子串的内容是"41234"，其中包含子串"23"，而且其中字符'2'位于字符串 s 的下标 5 处。因此，这时成员函数 find 返回 5，结果 r = 5。

字符串查找的成员函数 find 拥有多种形式，其中第 4 个的具体说明如下：

函数 138	**string::find**
声明：	size_type find(char c, size_type p = 0) const;
说明：	在当前字符串中，从下标 p 的位置开始查找字符 c。如果找到，则返回首个找到位置在当前字符串中的下标值。如果没有找到，则返回-1。本函数要求 0≤p≤((当前字符串的长度)-1)。
参数：	① 函数参数 c 是待查找的字符。 ② 函数参数 p 指定当前字符串开始查找的起始位置的下标值。
返回值：	如果找到，则返回首个找到位置在当前字符串中的下标值；否则，返回-1。
头文件：	#include <string>

下面给出调用上面成员函数 find 的示例代码片段。

```
string s("12341234");   // 结果: s="12341234", s的长度是8, s的容量是15 // 1
int r = s.find('a');    // 结果: r = -1                                // 2
r = s.find('2');        // 结果: r = 1                                 // 3
r = s.find('2', 3);     // 结果: r = 5                                 // 4
```

上面第 2 行代码“int r = s.find('a');”从字符串 s 的开头位置开始查找字符'a'。因为字符串 s 不含字符'a'，所以结果 r = −1。**上面第 3 行代码**“r = s.find('2');”从字符串 s 的开头位置开始查找字符'2'，结果在 s[1]位置处找到字符'2'。因此，这时的结果 r = 1。字符串 s 下标为 3 的字符是字符串 s 的第 4 个字符。**上面第 4 行代码**“r = s.find('2', 3);”从字符串 s 的第 4 个字符处开始查找字符'2'，结果在 s[5]位置处找到字符'2'。因此，这时的结果 r = 5。

字符串查找的成员函数 rfind 拥有多种形式，其中第 1 个的具体说明如下：

函数 139	`string::rfind`
声明：	`size_type rfind(const string& s) const noexcept;`
说明：	在当前字符串中，从最后一个字符开始逆向查找字符串 s。一旦在当前字符串中找到与字符串 s 具有相同内容的子串，就返回该子串的第 1 个字符在当前的字符串中的下标值。如果没有找到，则返回-1。
参数：	函数参数 s 是待查找的字符串。
返回值：	如果找到，则返回找到的子串的首字符在当前字符串中的下标值；否则，返回-1。
头文件：	`#include <string>`

下面给出调用上面成员函数 rfind 的示例代码片段。

```
string s("12341234"); // 结果: s="12341234", s 的长度是 8, s 的容量是 15    // 1
string t("2345");     // 结果: t="2345", t 的长度是 4, t 的容量是 15        // 2
int r = s.rfind(t);   // 结果: r = -1                                      // 3
t = "123";            // 结果: t="123", t 的长度是 3, t 的容量是 15         // 4
r = s.rfind(t);       // 结果: r = 4                                       // 5
```

上面第 3 行代码“int r = s.rfind(t);”从字符串 s 的末尾开始逆向查找字符串 t，结果在字符串 s 中没有找到与字符串 t 内容相同的子串。因此，这条语句的运行结果是 r = −1。**上面第 5 行代码**“int r = s.rfind(t);”从字符串 s 的末尾开始逆向查找字符串 t，结果从 s[4]开头的子串"123"与字符串 t 的内容相同。因此，这条语句的运行结果是 r = 4。虽然在字符串 s 中从 s[0]开头的子串"123"与字符串 t 的内容也相同，但从 s[4]开头的子串"123"是先找到的子串。因此，这时成员函数 rfind 只会返回 4，而不会返回 0。

字符串查找的成员函数 rfind 拥有多种形式，其中第 2 个的具体说明如下：

函数 140	`string::rfind`
声明：	`size_type rfind(const char* s) const;`
说明：	在当前字符串中，从最后一个字符开始逆向查找字符串 s。一旦在当前字符串中找到与字符串 s 具有相同内容的子串，就返回该子串的第 1 个字符在当前的字符串中的下标值。如果没有找到，则返回-1。本函数要求 s 的值不能等于 nullptr，并且字符串 s 必须是合法有效的字符串
参数：	函数参数 s 是待查找的字符串。
返回值：	如果找到，则返回找到的子串的首字符在当前字符串中的下标值；否则，返回-1。
头文件：	`#include <string>`

下面给出调用上面成员函数 rfind 的示例代码片段。

```
string s("12341234");      // 结果: s="12341234", s 的长度是 8, s 的容量是 15 // 1
int r = s.rfind("2345");// 结果: r = -1                                    // 2
r = s.rfind("123");        // 结果: r = 4                                  // 3
```

上面第 2 行代码 “int r = s.rfind("2345");” 从字符串 s 的末尾开始逆向查找字符串 "2345"，结果在字符串 s 中没有找到与字符串 t 内容相同的子串。因此，这条语句的运行结果是 r = −1。**上面第 3 行代码** “r = s.rfind("123");” 从字符串 s 的末尾开始逆向查找字符串 "123"，结果从 s[4]开头的子串"123"与字符串"123"的内容相同。因此，这条语句的运行结果是 r = 4。虽然在字符串 s 中从 s[0]开头的子串"123"与字符串"123"的内容也相同，但是从 s[4]开头的子串"123"是先找到的子串。因此，这时成员函数 rfind 只会返回 4，而不会返回 0。

字符串查找的成员函数 rfind 拥有多种形式，其中第 3 个的具体说明如下：

函数 141　string::rfind

声明： `size_type rfind(const string& s, size_type p) const noexcept;`

说明： 在当前字符串中，逆向查找字符串 s。如果在当前字符串中存在满足如下 3 个条件的子串：
（1）该子串的内容与字符串 s 的内容相同，
（2）该子串的第 1 个字符在当前的字符串中的下标值不大于 p，
（3）在满足上面条件 (1) 和 (2) 的所有子串中，则该子串是位于最后面的子串，
则返回该子串的第 1 个字符在当前的字符串中的下标值。否则，返回-1。本函数要求 0≤p≤((当前字符串的长度)-1)。

参数： ① 函数参数 s 是待查找的字符串。
② 函数参数 p 指定满足条件的子串的第 1 个字符在当前字符串中最大下标值。

返回值： 如果找到，则返回找到的子串的首字符在当前字符串中的下标值；否则，返回-1。

头文件： `#include <string>`

下面给出调用上面成员函数 rfind 的示例代码片段。

```
string s("12341234"); // 结果: s="12341234", s 的长度是 8, s 的容量是 15    // 1
string t("2345");      // 结果: t="2345", t 的长度是 4, t 的容量是 15        // 2
int r = s.rfind(t, 7);// 结果: r = -1                                      // 3
t = "123";              // 结果: t="123", t 的长度是 3, t 的容量是 15        // 4
r = s.rfind(t, 7);     // 结果: r = 4                                       // 5
r = s.rfind(t, 5);     // 结果: r = 4                                       // 6
r = s.rfind(t, 2);     // 结果: r = 0                                       // 7
r = s.rfind(t, 0);     // 结果: r = 0                                       // 8
```

上面第 3 行代码 “int r = s.rfind(t, 7);” 从字符串 s 的末尾开始逆向查找字符串 t，结果在字符串 s 中没有找到与字符串 t 内容相同的子串。因此，这条语句的运行结果是 r = -1。**上面第 5 行代码** “r = s.rfind(t, 7);” 从字符串 s 的末尾开始逆向查找字符串 t，结果在 s[4]位置处找到字符串 t。因此，这条语句的运行结果是 r = 4。虽然在字符串 s 中从 s[0]开头的子串"123"与字符串 t 的内容也相同，但是从 s[4]开头的子串"123"是位于后面的子串。因此，这时成员函数 rfind 只会返回 4，而不会返回 0。**上面第 6 行代码** “r = s.rfind(t, 5);” 在字符串 s 中逆向查找字符串 t，结果在 s[4]位置处找到字符串 t，并且下标 4 小于第 2 个函数参数 5。因此，这条语句的运行结果是 r = 4。**上面第 7 行代码** “r = s.rfind(t, 2);” 在字符串 s 中逆向查找字符串 t，结果在 s[0]和 s[4]的 2 个位置处均找到字符串 t。因为下标 4 大于第 2 个函数参数 2，所以在 s[4]位置处的子串不符合要求。因为下标 0 小于第 2 个函数参数 2，所以在 s[0]位置处的子串符合要求，结果 r = 0。**上面第 8 行代码** “r = s.rfind(t, 0);” 在字符

串 s 中逆向查找字符串 t，结果在 s[0]和 s[4]的 2 个位置处均找到字符串 t。因为下标 4 大于第 2 个函数参数 0，所以在 s[4]位置处的子串不符合要求。因为下标 0 等于第 2 个函数参数 0，所以在 s[0]位置处的子串符合要求，结果 r = 0。

字符串查找的成员函数 rfind 拥有多种形式，其中第 4 个的具体说明如下：

函数 142　string::rfind

声明： `size_type rfind(const char* s, size_type p) const;`

说明： 在当前字符串中，逆向查找字符串 s。如果在当前字符串中存在满足如下 3 个条件的子串：

（1）该子串的内容与字符串 s 的内容相同，

（2）该子串的第 1 个字符在当前的字符串中的下标值不大于 p，

（3）在满足上面条件(1)和(2)的所有子串中，则该子串是位于最后面的子串，

则返回该子串的第 1 个字符在当前的字符串中的下标值。否则，返回-1。本函数要求 0≤p≤((当前字符串的长度)-1)，同时要求 s 的值不能等于 nullptr，并且字符串 s 必须是合法有效的字符串。

参数： ① 函数参数 s 是待查找的字符串。

② 函数参数 p 指定满足条件的子串的第 1 个字符在当前字符串中最大下标值。

返回值： 如果找到，则返回找到的子串的首字符在当前字符串中的下标值；否则，返回-1。

头文件： #include <string>

下面给出调用上面成员函数 rfind 的示例代码片段。

```
string s("12341234"); // 结果: s="12341234", s 的长度是 8, s 的容量是 15    // 1
int r = s.rfind("2345", 7); // 结果: r = -1                                 // 2
r = s.rfind("123", 7);      // 结果: r = 4                                  // 3
r = s.rfind("123", 5);      // 结果: r = 4                                  // 4
r = s.rfind("123", 2);      // 结果: r = 0                                  // 5
r = s.rfind("123", 0);      // 结果: r = 0                                  // 6
```

上面第 2 行代码“int r = s.rfind("2345", 7);”从字符串 s 的末尾开始逆向查找字符串"2345"，结果在字符串 s 中没有找到与字符串"2345"内容相同的子串。因此，这条语句的运行结果是 r = -1。**上面第 3 行代码**“r = s.rfind("123", 7);”从字符串 s 的末尾开始逆向查找字符串"123"，结果在 s[4]位置处找到字符串"123"。因此，这条语句的运行结果是 r = 4。虽然在字符串 s 中从 s[0]开头的子串"123"与字符串"123"的内容也相同，但是从 s[4]开头的子串"123"是位于后面的子串。因此，这时成员函数 rfind 只会返回 4，而不会返回 0。**上面第 4 行代码**“r = s.rfind("123", 5);”在字符串 s 中逆向查找字符串"123"，结果在 s[4]位置处找到字符串"123"，并且下标 4 小于第 2 个函数参数 5。因此，这条语句的运行结果是 r = 4。**上面第 5 行代码**“r = s.rfind("123", 2);”在字符串 s 中逆向查找字符串"123"，结果在 s[0]和 s[4]的 2 个位置处均找到字符串"123"。因为下标 4 大于第 2 个函数参数 2，所以在 s[4]位置处的子串不符合要求。因为下标 0 小于第 2 个函数参数 2，所以在 s[0]位置处的子串符合要求，结果 r = 0。**上面第 6 行代码**“r = s.rfind("123", 0);”在字符串 s 中逆向查找字符串"123"，结果在 s[0]和 s[4]的 2 个位置处均找到字符串"123"。因为下标 4 大于第 2 个函数参数 0，所以在 s[4]位置处的子串不符合要求。因为下标 0 等于第 2 个函数参数 0，所以在 s[0]位置处的子串符合要求，结果 r = 0。

字符串查找的成员函数 rfind 拥有多种形式，其中第 5 个的具体说明如下：

函数 143　string::rfind

声明： `size_type rfind(const char* s, size_type p, size_type n) const;`

说明： 在当前字符串中，逆向查找字符串 s 的前 n 个字符。如果在当前字符串中存在满足如下 3 个条件的子串：

（1）该子串的内容与字符串 s 的前 n 个字符相同，

（2）该子串的第 1 个字符在当前的字符串中的下标值不大于 p，

（3）在满足上面条件(1)和(2)的所有子串中，则该子串是位于最后面的子串，

则返回该子串的第 1 个字符在当前的字符串中的下标值。否则，返回-1。本函数要求 0≤p≤((当前字符串的长度)-1)，同时要求 s 的值不能等于 nullptr，并且字符串 s 必须是合法有效的字符串，而且要求 1≤n≤(字符串 s 的长度)。

参数： ① 函数参数 s 是待查找的字符串。

② 函数参数 p 指定满足条件的子串的第 1 个字符在当前字符串中最大下标值。

③ 函数参数 n 指定查找的字符个数。

返回值： 如果找到，则返回找到的子串的首字符在当前字符串中的下标值；否则，返回-1。

头文件： #include <string>

下面给出调用上面成员函数 rfind 的示例代码片段。

```
string s("12341234"); // 结果: s="12341234", s的长度是8, s的容量是15    // 1
int r = s.rfind("2345", 7, 4);  // 结果: r = -1                        // 2
r = s.rfind("2345", 7, 3);      // 结果: r = 5                         // 3
r = s.rfind("2345", 3, 3);      // 结果: r = 1                         // 4
r = s.rfind("2345", 1, 3);      // 结果: r = 1                         // 5
r = s.rfind("2345", 0, 3);      // 结果: r = -1                        // 6
```

上面第 2 行代码“int r = s.rfind("2345", 7, 4);”从字符串 s 的末尾开始逆向查找字符串"2345"的前 4 个字符，即查找的就是字符串"2345"，结果在字符串 s 中没有找到与字符串"2345"内容相同的子串。因此，这条语句的运行结果是 r = −1。上面第 3 行代码“r = s.rfind("2345", 7, 3);”从字符串 s 的末尾开始逆向查找字符串"2345"的前 3 个字符，即查找的是字符串"234"，结果在 s[5]位置处找到字符串"234"。因此，这条语句的运行结果是 r = 5。虽然在字符串 s 中从 s[1]开头的子串"234"与字符串"234"的内容也相同，但是从 s[5]开头的子串"234"是位于后面的子串。因此，这时成员函数 rfind 只会返回 5，而不会返回 1。上面第 4 行代码“r = s.rfind("2345", 3, 3);”在字符串 s 中逆向查找字符串"2345"的前 3 个字符，即查找的是字符串"234"，结果在 s[1]和 s[5]位置处分别找到字符串"234"。因为下标 5 大于第 2 个函数参数 3，所以在 s[5]位置处的子串不符合要求。因为下标 1 小于第 2 个函数参数 3，所以在 s[1]位置处的子串符合要求，结果 r = 1。上面第 5 行代码“r = s.rfind("2345", 1, 3);”在字符串 s 中逆向查找字符串"2345"的前 3 个字符，即查找的是字符串"234"，结果在 s[1]和 s[5]位置处分别找到字符串"234"。因为下标 5 大于第 2 个函数参数 1，所以在 s[5]位置处的子串不符合要求。因为下标 1 等于第 2 个函数参数 1，所以在 s[1]位置处的子串符合要求，结果 r = 1。上面第 6 行代码“r = s.rfind("2345", 0, 3);”在字符串 s 中逆向查找字符串"2345"的前 3 个字符，即查找的是字符串"234"，结果在 s[1]和 s[5]的 2 个位置处均找到字符串"234"。因为下标 1 和下标 5 均大于第 2 个函数参数 0，所以在 s[1]和 s[5]位置处的子串均不符合要求。因此，这条语句的运行结果是 r = −1。

字符串查找的成员函数 rfind 拥有多种形式，其中第 6 个的具体说明如下：

函数 144　string::rfind

声明：	size_type rfind(char c) const;
说明：	在当前字符串中，从最后一个字符开始逆向查找字符 c。一旦在当前字符串中找到字符 c，就返回该字符在当前的字符串中的下标值。如果没有找到，则返回-1。
参数：	函数参数 c 是待查找的字符。
返回值：	如果找到，则返回字符 c 在当前字符串中的下标值；否则，返回-1。
头文件：	#include <string>

下面给出调用上面成员函数 rfind 的示例代码片段。

```
string s("12341234"); // 结果: s="12341234", s的长度是8, s的容量是15    // 1
int r = s.rfind('5'); // 结果: r = -1                                    // 2
r = s.rfind('3');     // 结果: r = 6                                     // 3
```

上面第 2 行代码“int r = s.rfind('5');”从字符串 s 的末尾开始逆向查找字符'5'，结果没有找到。因此，这条语句的运行结果是 r = -1。上面第 3 行代码“r = s.rfind('3');”从字符串 s 的末尾开始逆向查找字符'3'，结果最先找到 s[6] = '3'。因此，这条语句的运行结果是 r = 6。虽然在字符串 s 中 s[2] = '3'，但是 s[6]是按逆向查找最先找到的字符。因此，这时成员函数 rfind 只会返回 6，而不会返回 2。

字符串查找的成员函数 rfind 拥有多种形式，其中第 7 个的具体说明如下：

函数 145　string::rfind

声明：	size_type rfind(char c, size_type p) const;
说明：	在当前字符串中，从下标 p 的位置开始逆向查找字符 c。一旦找到，就返回该字符在当前字符串中的下标值。如果没有找到，则返回-1。本函数要求 0≤p≤((当前字符串的长度)-1)。
参数：	① 函数参数 c 是待查找的字符。 ② 函数参数 p 是当前字符串的下标，用来指定逆向查找的开始位置。
返回值：	如果找到，则返回按逆序方向首个找到位置在当前字符串中的下标值；否则，返回-1。
头文件：	#include <string>

下面给出调用上面成员函数 rfind 的示例代码片段。

```
string s("12341234"); // 结果: s="12341234", s的长度是8, s的容量是15    // 1
int r = s.rfind('5', 7);    // 结果: r = -1                              // 2
r = s.rfind('4', 7);        // 结果: r = 7                               // 3
r = s.rfind('4', 5);        // 结果: r = 3                               // 4
r = s.rfind('4', 3);        // 结果: r = 3                               // 5
r = s.rfind('4', 1);        // 结果: r = -1                              // 6
```

上面第 2 行代码“int r = s.rfind('5', 7);”从字符串 s 的末尾开始逆向查找字符'5'，结果没有找到。因此，这条语句的运行结果是 r = -1。上面第 3 行代码“r = s.rfind('4', 7);”从字符串 s 的末尾开始逆向查找字符'4'，结果在 s[7]位置处找到字符'4'。因此，这条语句的运行结果是 r = 7。虽然在字符串 s 中 s[3]='4'，但是 s[7]是按照逆序方向最先找到的字符。因此，这时成员函数 rfind 只会返回 7，而不会返回 3。上面第 4 行代码“r = s.rfind('4', 5);”在字符串 s 中从下标 5 的位置开始逆向查找字符'4'，结果在 s[3]位置处找到字符'4'，因此，这条语句的运行结果是 r = 3。虽然在字符串 s 中 s[7]='4'，但是下标 7 大于第 2 个函数参数 5。因此，s[7]不会被查找，这时成员函数 rfind 也不会返回下标 7。同样，**上面第 5 行代码**“r = s.rfind('4', 3);”在字符串 s 中从下标 3 的位置开始逆向查找字符'4'，结果在 s[3]位置处找到字符'4'，因此，这条语句的运行结果是 r = 3。**上面第 6 行代码**“r = s.rfind('4', 1);”在字符串 s 中从下标 1 的位置开始逆向查找字符'4'，结果没有找到字符'4'，因此，这条语句的运行结果是 r = −1。虽然 s[3]=s[7]='4'，但是下标 3 和下标 7 均大于 1。因此，上面第 6 行代码不会去查找 s[3]和 s[7]。这时成员函数 rfind 既不会返回下标 3，也不会返回下标 7。

查找字符的成员函数 find_first_of拥有多种形式，其中第 1 个的具体说明如下：

函数 146	string::find_first_of
声明：	size_type find_first_of(const string& s, size_type p = 0) const noexcept;
说明：	在当前字符串中，从下标 p 的位置开始正向查找组成字符串 s 内容的任意一个字符。一旦找到第 1 个位于字符串 s 中的字符，就返回所找到的字符在当前字符串中的下标值。如果没有找到，则返回-1。本函数要求 0≤p≤((当前字符串的长度)-1)。
参数：	① 函数参数 s 是待查找的字符串。 ② 函数参数 p 指定当前字符串开始查找的起始位置的下标值。
返回值：	如果找到，则返回所找到的字符在当前字符串中的下标值；否则，返回-1。
头文件：	#include <string>

下面给出调用上面成员函数 find_first_of 的示例代码片段。

```
string s("12341234");    // 结果：s="12341234"，s 的长度是 8，s 的容量是 15  // 1
string t("135");         // 结果：t="135"，t 的长度是 3，t 的容量是 15       // 2
int r = s.find_first_of(t);      // 结果：r = 0                             // 3
r = s.find_first_of(t, 1);       // 结果：r = 2                             // 4
r = s.find_first_of(t, 4);       // 结果：r = 4                             // 5
r = s.find_first_of(t, 7);       // 结果：r = -1                            // 6
```

上面第 3 行代码“int r = s.find_first_of(t);”从字符串 s 的开头开始查找位于字符串 t 中的字符，结果在 s[0]位置处找到字符'1'。因此，这条语句的运行结果是 r = 0。虽然 s[2]='3'也是组成字符串 t 内容的字符，但 s[2]位于 s[0]后面。在找到 s[0]之后，就不会往后继续查找。因此，这时成员函数 find_first_of 只会返回下标 0，不会返回下标 2。**上面第 4 行代码**“r = s.find_first_of(t, 1);”从字符串 s 的下标为 1 的字符处开始查找位于字符串 t 中的字符，结果在 s[2]位置处找到字符'3'。因此，这条语句的运行结果是 r = 2。**上面第 5 行代码**“r = s.find_first_of(t, 4);”从字符串 s 的下标为 4 的字符处开始查找位于字符串 t 中的字符，结果在 s[4]位置处找到字符'1'。因此，这条语句的运行结果是 r = 4。**上面第 6 行代码**“r = s.find_first_of(t, 7);”从字符串 s 的下标为 7 的字符处开始查找位于字符串 t 中的字符。因为下标为 7 的字符是字符串 s 的最后 1 个字符'4'，而字符'4'不在字符串 t 中，所以这时没有办法找到位于字符串 t 中的字符。因此，第 6 行代码的运行结果是 r = −1。

查找字符的成员函数 find_first_of拥有多种形式，其中第 2 个的具体说明如下：

函数 147　string::find_first_of

声明： `size_type find_first_of(const char* s, size_type p = 0) const;`

说明： 在当前字符串中，从下标 p 的位置开始正向查找组成字符串 s 内容的任意一个字符。一旦找到第 1 个位于字符串 s 中的字符，就返回所找到的字符在当前字符串中的下标值。如果没有找到，则返回-1。本函数要求 0≤p≤((当前字符串的长度)-1)，同时要求 s 的值不能等于 nullptr，并且字符串 s 必须是合法有效的字符串。

参数： ① 函数参数 s 是待查找的字符串。
② 函数参数 p 指定当前字符串开始查找的起始位置的下标值。

返回值： 如果找到，则返回所找到的字符在当前字符串中的下标值；否则，返回-1。

头文件： `#include <string>`

下面给出调用上面成员函数 find_first_of 的示例代码片段。

```
string s("12341234"); // 结果：s="12341234"，s 的长度是 8，s 的容量是 15    // 1
int r = s.find_first_of("135"); // 结果： r = 0                        // 2
r = s.find_first_of("135", 1); // 结果： r = 2                         // 3
r = s.find_first_of("135", 4); // 结果： r = 4                         // 4
r = s.find_first_of("135", 7); // 结果： r = -1                        // 5
```

上面第 2 行代码“int r = s.find_first_of("135");”从字符串 s 的开头开始查找位于字符串"135"中的字符，结果在 s[0]位置处找到字符'1'。因此，这条语句的运行结果是 r = 0。虽然 s[2]='3'也是组成字符串"135"内容的字符，但 s[2]位于 s[0]后面。在找到 s[0]之后，就不会往后继续查找。因此，这时成员函数 find_first_of 只会返回下标 0，不会返回下标 2。**上面第 3 行代码**“r = s.find_first_of("135", 1);”从字符串 s 的下标为 1 的字符处开始查找位于字符串"135"中的字符，结果在 s[2]位置处找到字符'3'。因此，这条语句的运行结果是 r = 2。**上面第 4 行代码**“r = s.find_first_of("135", 4);”从字符串 s 的下标为 4 的字符处开始查找位于字符串"135"中的字符，结果在 s[4]位置处找到字符'1'。因此，这条语句的运行结果是 r = 4。**上面第 5 行代码**“r = s.find_first_of("135", 7);”从字符串 s 的下标为 7 的字符处开始查找位于字符串"135"中的字符。因为下标为 7 的字符是字符串 s 的最后 1 个字符'4'，而字符'4'不在字符串"135"中，所以这时没有办法找到位于字符串"135"中的字符。因此，第 5 行代码的运行结果是 r = −1。

查找字符的成员函数 find_first_of 拥有多种形式，其中第 3 个的具体说明如下：

函数 148　string::find_first_of

声明： `size_type find_first_of(const char* s, size_type p, size_type n) const;`

说明： 在当前字符串中，从下标 p 的位置开始正向查找在字符串 s 的前 n 个字符中的任意一个字符。一旦找到第 1 个位于字符串 s 的前 n 个字符中的字符，就返回所找到的字符在当前字符串中的下标值。如果没有找到，则返回-1。本函数要求 0≤p≤((当前字符串的长度)-1)，同时要求 s 的值不能等于 nullptr，并且字符串 s 必须是合法有效的字符串，而且要求 1≤n≤(字符串 s 的长度)。

参数： ① 函数参数 s 是待查找的字符串。
② 函数参数 p 指定当前字符串开始查找的起始位置的下标值。
③ 函数参数 n 指定查找的字符个数。

返回值： 如果找到，则返回所找到的字符在当前字符串中的下标值；否则，返回-1。

头文件： #include <string>

下面给出调用上面成员函数 find_first_of 的示例代码片段。

```
string s("12341234"); // 结果: s="12341234", s 的长度是 8, s 的容量是 15    // 1
int r = s.find_first_of("531", 0, 3); // 结果: r = 0                        // 2
r = s.find_first_of("531", 0, 2);     // 结果: r = 2                        // 3
r = s.find_first_of("531", 0, 1);     // 结果: r = -1                       // 4
r = s.find_first_of("531", 4, 2);     // 结果: r = 6                        // 5
```

因为由字符串"531"的前 3 个字符组成的字符串就是字符串"531"本身，所以上面第 2 行代码“int r = s.find_first_of("531", 0, 3);”从字符串 s 的开头开始查找位于字符串"531"中的字符，结果在 s[0]位置处找到字符'1'。因此，这条语句的运行结果是 r = 0。虽然 s[2]='3'也是组成字符串"531"内容的字符，但 s[2]位于 s[0]后面。在找到 s[0]之后，就不会往后继续查找。因此，这时成员函数 find_first_of 只会返回下标 0，不会返回下标 2。因为由字符串"531"的前 2 个字符组成的字符串是字符串"53"，所以上面第 3 行代码“r = s.find_first_of("531", 0, 2);”从字符串 s 的下标为 0 的字符处开始查找位于字符串"53"中的字符，结果在 s[2]位置处找到字符'3'。因此，这条语句的运行结果是 r = 2。因为字符串"531"的第 1 个字符是字符'5'，所以上面第 4 行代码“r = s.find_first_of("531", 0, 1);”从字符串 s 的下标为 0 的字符处开始查找字符'5'，结果在字符串 s 中不存在字符'5'。因此，这条语句的运行结果是 r = -1。因为由字符串"531"的前 2 个字符组成的字符串是字符串"53"，所以上面第 5 行代码“r = s.find_first_of("531", 4, 2);”从字符串 s 的下标为 4 的字符处开始查找位于字符串"53"中的字符。结果在 s[6]位置处找到字符'3'。因此，这条语句的运行结果是 r = 6。虽然 s[2]='3'也是组成字符串"53"的字符，但下标 2 小于第 2 个函数参数 4。因此，s[2]不在查找的范围之内。这时，这时成员函数 find_first_of 只会返回下标 6，不会返回下标 2。

查找字符的成员函数 find_first_of 拥有多种形式，其中第 4 个的具体说明如下：

函数 149　string::find_first_of

声明： size_type find_first_of(char c, size_type p = 0) const;

说明： 在当前字符串中，从下标 p 的位置开始查找字符 c。如果找到，则返回首个找到位置在当前字符串中的下标值。如果没有找到，则返回-1。本函数要求 0≤p≤((当前字符串的长度)-1)。

参数： ① 函数参数 c 是待查找的字符。

② 函数参数 p 指定当前字符串开始查找的起始位置的下标值。

返回值： 如果找到，则返回首个找到位置在当前字符串中的下标值；否则，返回-1。

头文件： #include <string>

本成员函数与成员函数“size_type find(char c, size_type p = 0) const;”具有完全相同的功能。

下面给出调用上面成员函数 find_first_of 的示例代码片段。

```
string s("12341234"); // 结果: s="12341234", s 的长度是 8, s 的容量是 15    // 1
int r = s.find_first_of('5'); // 结果: r = -1                               // 2
r = s.find_first_of('3');     // 结果: r = 2                                // 3
r = s.find_first_of('3', 3);  // 结果: r = 6                                // 4
```

上面第 2 行代码“int r = s.find_first_of('5');”从字符串 s 的开头位置开始查找字符'5'。因为字符串 s 不含字符'5'，所以结果 r = -1。**上面第 3 行代码**“r = s.find_first_of('3');”从字符串 s 的开头位置开始查找字符'3'，结果在 s[2]位置处找到字符'3'。因此，这时的结果 r = 2。**上面第 4 行代码**“r = s.find_first_of('3', 3);”从字符串 s 的下标为 3 的字符处开始查找字符'3'，结果在 s[6]位置处找到字符'3'。因此，这时的结果 r = 6。

按照逆序查找字符的成员函数 find_last_of 拥有多种形式，其中第 1 个的具体说明如下：

函数 150	**string::find_last_of**
声明：	`size_type find_last_of(const string& s) const noexcept;`
说明：	在当前字符串中，从最后一个字符开始逆向查找位于字符串 s 中的任意一个字符。一旦按照逆序找到第 1 个位于字符串 s 中的字符，就返回所找到的字符在当前字符串中的下标值。如果没有找到，则返回-1。
参数：	函数参数 s 是待查找的字符串。
返回值：	如果找到，则返回所找到的字符在当前字符串中的下标值；否则，返回-1。
头文件：	`#include <string>`

下面给出调用上面成员函数 find_last_of 的示例代码片段。

```
string s("12341234"); // 结果: s="12341234", s 的长度是 8, s 的容量是 15   // 1
string t("24");              // 结果: t="24", t 的长度是 2, t 的容量是 15   // 2
int r = s.find_last_of(t);  // 结果: r = 7                                 // 3
t = "56";                    // 结果: t="56", t 的长度是 2, t 的容量是 15   // 4
r = s.find_last_of(t);       // 结果: r = -1                                // 5
```

上面第 3 行代码“int r = s.find_last_of(t);”从字符串 s 的末尾开始逆向查找字符串 t 中的字符。这里字符串 t 的内容是"24"，结果在 s[7]位置处找到字符'4'。因此，这条语句的运行结果是 r = 7。**上面第 5 行代码**“r = s.find_last_of(t);”从字符串 s 的末尾开始逆向查找字符串 t。这里字符串 t 的内容是"56"，结果在字符串 s 中不存在字符'5'和'6'。因此，这条语句的运行结果是 r = −1。

按照逆序查找字符的成员函数 find_last_of 拥有多种形式，其中第 2 个的具体说明如下：

函数 151	**string::find_last_of**
声明：	`size_type find_last_of(const string& s, size_type p) const noexcept;`
说明：	在当前字符串中，从下标 p 的位置开始逆向查找位于字符串 s 中的任意一个字符。一旦按照逆序找到第 1 个位于字符串 s 中的字符，就返回所找到的字符在当前字符串中的下标值。如果没有找到，则返回-1。
参数：	① 函数参数 s 是待查找的字符串。 ② 函数参数 p 指定当前字符串开始查找的起始位置的下标值。
返回值：	如果找到，则返回所找到的字符在当前字符串中的下标值；否则，返回-1。
头文件：	`#include <string>`

下面给出调用上面成员函数 find_last_of 的示例代码片段。

```
string s("12341234"); // 结果: s="12341234", s 的长度是 8, s 的容量是 15   // 1
string t("24");        // 结果: t="24", t 的长度是 2, t 的容量是 15         // 2
```

```
int r = s.find_last_of(t, 4); // 结果: r = 3                    // 3
r = s.find_last_of(t, 0);     // 结果: r = -1                   // 4
```

上面第 3 行代码“int r = s.find_last_of(t, 4);”从字符串 s 的下标为 4 的字符处开始逆向查找位于字符串 t 中的字符，结果在 s[3]位置处找到字符'4'。因此，这条语句的运行结果是 r = 3。上面第 4 行代码“r = s.find_last_of(t, 0);”从字符串 s 的下标为 0 的字符处开始逆向查找字符串 t。因为下标为 0 的字符是字符串 s 的第 1 个字符'1'，是按照逆序查找的唯一的一个字符，然而字符'1'不在字符串 t 中，所以这时没有办法找到位于字符串 t 中的字符。因此，第 4 行代码的运行结果是 r = −1。

按照逆序查找字符的成员函数 find_last_of 拥有多种形式，其中第 3 个的具体说明如下：

函数 152 string::find_last_of

声明：	size_type find_last_of(const char* s) const;
说明：	在当前字符串中，从最后一个字符开始逆向查找位于字符串 s 中的任意一个字符。一旦按照逆序找到第 1 个位于字符串 s 中的字符，就返回所找到的字符在当前字符串中的下标值。如果没有找到，则返回-1。
参数：	函数参数 s 是待查找的字符串。
返回值：	如果找到，则返回所找到的字符在当前字符串中的下标值；否则，返回-1。
头文件：	#include <string>

下面给出调用上面成员函数 find_last_of 的示例代码片段。

```
string s("12341234"); // 结果: s="12341234", s 的长度是 8, s 的容量是 15   // 1
int r = s.find_last_of("24"); // 结果: r = 7                      // 2
r = s.find_last_of("56");     // 结果: r = -1                     // 3
```

上面第 2 行代码“int r = s.find_last_of("24");”从字符串 s 的末尾开始逆向查找字符串"24"中的字符，结果在 s[7]位置处找到字符'4'。因此，这条语句的运行结果是 r = 7。上面第 3 行代码“r = s.find_last_of("56");”从字符串 s 的末尾开始逆向查找字符串"56"，结果在字符串 s 中不存在字符'5'和'6'。因此，这条语句的运行结果是 r = −1。

按照逆序查找字符的成员函数 find_last_of 拥有多种形式，其中第 4 个的具体说明如下：

函数 153 string::find_last_of

声明：	size_type find_last_of(const char* s, size_type p) const;
说明：	在当前字符串中，从下标 p 的位置开始逆向查找位于字符串 s 中的任意一个字符。一旦按照逆序找到第 1 个位于字符串 s 中的字符，就返回所找到的字符在当前字符串中的下标值。如果没有找到，则返回-1。
参数：	① 函数参数 s 是待查找的字符串。 ② 函数参数 p 指定当前字符串开始查找的起始位置的下标值。
返回值：	如果找到，则返回所找到的字符在当前字符串中的下标值；否则，返回-1。
头文件：	#include <string>

下面给出调用上面成员函数 find_last_of 的示例代码片段。

```
string s("12341234"); // 结果: s="12341234", s 的长度是 8, s 的容量是 15   // 1
int r = s.find_last_of("34", 4); // 结果: r = 3                   // 2
```

```
r = s.find_last_of("34", 1); // 结果: r = -1                          // 3
```

上面第 2 行代码"int r = s.find_last_of("34", 4);"从字符串 s 的下标为 4 的字符处开始逆向查找位于字符串"34"中的字符，结果在 s[3]位置处找到字符'4'。因此，这条语句的运行结果是 r = 3。**上面第 3 行代码**"r = s.find_last_of("34", 1);"从字符串 s 的下标为 1 的字符处开始逆向查找位于字符串"34"中的字符。因为从字符串 s 的下标为 1 的字符处开始逆向查找，所以只会查找字符串 s 的前 2 个字符 s[0]和 s[1]。因为 s[0]='1'并且 s[1]='2'，它们与位于字符串"34"中的字符都不相同，所以第 3 行代码的运行结果是 r = −1。

按照逆序查找字符的成员函数 find_last_of 拥有多种形式，其中第 5 个的具体说明如下：

函数 154	string::find_last_of
声明：	size_type find_last_of(const char* s, size_type p, size_type n) const;
说明：	在当前字符串中，从下标 p 的位置开始逆向查找在字符串 s 的前 n 个字符中的任意一个字符。一旦按照逆序找到第 1 个位于字符串 s 的前 n 个字符中的字符，就返回所找到的字符在当前字符串中的下标值。如果没有找到，则返回-1。本函数要求 0≤p≤((当前字符串的长度)-1)，同时要求 s 的值不能等于 nullptr，并且字符串 s 必须是合法有效的字符串，而且要求 1≤n≤(字符串 s 的长度)。
参数：	① 函数参数 s 是待查找的字符串。 ② 函数参数 p 指定当前字符串开始查找的起始位置的下标值。 ③ 函数参数 n 指定查找的字符个数。
返回值：	如果找到，则返回所找到的字符在当前字符串中的下标值；否则，返回-1。
头文件：	#include <string>

下面给出调用上面成员函数 find_last_of 的示例代码片段。

```
string s("12341234"); // 结果: s="12341234", s 的长度是 8, s 的容量是 15    // 1
int r = s.find_last_of("534", 7, 3); // 结果: r = 7                   // 2
r = s.find_last_of("534", 7, 2);     // 结果: r = 6                   // 3
r = s.find_last_of("534", 7, 1);     // 结果: r = -1                  // 4
r = s.find_last_of("534", 1, 3);     // 结果: r = -1                  // 5
```

因为由字符串"534"的前 3 个字符组成的字符串就是字符串"534"本身，所以**上面第 2 行代码**"int r = s.find_last_of("534", 7, 3);"从字符串 s 的下标为 7 的字符'4'处开始逆向查找位于字符串"534"中的字符，结果在 s[7]位置处找到字符'4'。因此，这条语句的运行结果是 r = 7。因为由字符串"534"的前 2 个字符组成的字符串是字符串"53"，所以**上面第 3 行代码**"r = s.find_last_of("534", 7, 2);"从字符串 s 的下标为 7 的字符'4'处开始逆向查找位于字符串"53"中的字符，结果在 s[6]位置处找到字符'3'。因此，这条语句的运行结果是 r = 6。因为由字符串"534"的前 1 个字符组成的字符串是字符串"5"，所以**上面第 4 行代码**"r = s.find_last_of("534", 7, 1);"从字符串 s 的下标为 7 的字符'4'处开始逆向查找字符'5'，结果在字符串 s 中不存在字符'5'。因此，这条语句的运行结果是 r = −1。**上面第 5 行代码**"r = s.find_last_of("534", 1, 3);"从字符串 s 的下标为 1 的字符'2'处开始逆向查找位于字符串"534"中的字符，因为从字符串 s 的下标为 1 的字符处开始逆向查找，所以只会查找字符串 s 的前 2 个字符 s[0]和 s[1]。因为 s[0]='1'并且 s[1]='2'，它们与位于字符串"534"中的字符都不相同，所以第 5 行代码的运行结果是 r = −1。

按照逆序查找字符的成员函数 find_last_of 拥有多种形式，其中第 6 个的具体说明如下：

函数 155	**string::find_last_of**
声明：	`size_type find_last_of(char c) const;`
说明：	在当前字符串中，从最后一个字符开始逆向查找字符 c。一旦在当前字符串中找到字符 c，就返回该字符在当前的字符串中的下标值。如果没有找到，则返回-1。
参数：	函数参数 c 是待查找的字符。
返回值：	如果找到，则返回字符 c 在当前字符串中的下标值；否则，返回-1。
头文件：	`#include <string>`

下面给出调用上面成员函数 find_last_of 的示例代码片段。

```
string s("12341234"); // 结果：s="12341234"，s 的长度是 8，s 的容量是 15    // 1
int r = s.find_last_of('5'); // 结果：r = -1                              // 2
r = s.find_last_of('3');     // 结果：r = 6                               // 3
```

上面第 2 行代码 "int r = s.find_last_of('5');" 从字符串 s 的末尾开始逆向查找字符'5'，结果没有找到。因此，这条语句的运行结果是 r = -1。**上面第 3 行代码** "r = s.find_last_of('3');" 从字符串 s 的末尾开始逆向查找字符'3'，结果最先找到 s[6] = '3'。因此，这条语句的运行结果是 r = 6。虽然在字符串 s 中 s[2] = '3'，但是 s[6]是按逆向查找最先找到的字符。因此，这时成员函数 rfind 只会返回 6，而不会返回 2。

按照逆序查找字符的成员函数 find_last_of 拥有多种形式，其中第 7 个的具体说明如下：

函数 156	**string::find_last_of**
声明：	`size_type find_last_of(char c, size_type p) const;`
说明：	在当前字符串中，从下标 p 的位置开始逆向查找字符 c。一旦找到，就返回该字符在当前字符串中的下标值。如果没有找到，则返回-1。本函数要求 0≤p≤((当前字符串的长度)-1)。
参数：	① 函数参数 c 是待查找的字符。 ② 函数参数 p 是当前字符串的下标，用来指定逆向查找的开始位置。
返回值：	如果找到，则返回按逆序方向首个找到位置在当前字符串中的下标值；否则，返回-1。
头文件：	`#include <string>`

下面给出调用上面成员函数 find_last_of 的示例代码片段。

```
string s("12341234"); // 结果：s="12341234"，s 的长度是 8，s 的容量是 15    // 1
int r = s.find_last_of('5', 7); // 结果：r = -1                           // 2
r = s.find_last_of('3', 7);     // 结果：r = 6                            // 3
r = s.find_last_of('3', 3);     // 结果：r = 2                            // 4
r = s.find_last_of('3', 2);     // 结果：r = 2                            // 5
r = s.find_last_of('3', 1);     // 结果：r = -1                           // 6
```

上面第 2 行代码 "int r = s.find_last_of('5', 7);" 从字符串 s 的末尾开始逆向查找字符'5'，结果没有找到。因此，这条语句的运行结果是 r = -1。**上面第 3 行代码** "r = s.find_last_of('3', 7);" 从字符串 s 的末尾开始逆向查找字符'3'，结果在 s[6]位置处找到字符'3'。因此，这条语句的运行结果是 r = 6。虽然在字符串 s 中 s[2]='3'，但是 s[6]是按照逆序方向最先找到的字符。因此，这时成员函数 find_last_of 只会返回 6，而不会返回 2。**上面第 4 行代码** "r =

s.find_last_of('3', 3);”在字符串 s 中从下标 3 的位置开始逆向查找字符'3'，结果在 s[2]位置处找到字符'3'，因此，这条语句的运行结果是 r = 2。虽然在字符串 s 中 s[6]='3'，但是下标 6 大于第 2 个函数参数 3。因此，s[6]不会被查找，这时成员函数 find_last_of 也不会返回下标 6。同样，上面第 5 行代码“r = s.find_last_of('3', 2);”在字符串 s 中从下标 2 的位置开始逆向查找字符'3'，结果在 s[2]位置处找到字符'3'，因此，这条语句的运行结果是 r = 2。上面第 6 行代码“r = s.find_last_of('3', 1);”在字符串 s 中从下标 1 的位置开始逆向查找字符'3'，结果没有找到字符'3'，因此，这条语句的运行结果是 r = −1。虽然 s[2]=s[6]='3'，但是下标 2 和下标 6 均大于 1。因此，上面第 6 行代码不会去查找 s[2]和 s[6]。这时成员函数 find_last_of 既不会返回下标 2，也不会返回下标 6。

成员函数 find_first_not_of 用来查找首个不在指定字符串中的字符，它拥有多种形式，其中第 1 个的具体说明如下：

函数 157	string::find_first_not_of
声明：	size_type find_first_not_of(const string& s, size_type p = 0) const noexcept;
说明：	在当前字符串中，从下标 p 的位置开始正向查找首个不在字符串 s 中的字符。一旦找到第 1 个不属于字符串 s 的字符，就返回所找到的字符在当前字符串中的下标值。如果没有找到，则返回-1。本函数要求 0≤p≤((当前字符串的长度)-1)。
参数：	① 函数参数 s 是待查找的字符串。 ② 函数参数 p 指定当前字符串开始查找的起始位置的下标值。
返回值：	如果找到，则返回所找到的字符在当前字符串中的下标值；否则，返回-1。
头文件：	#include <string>

下面给出调用上面成员函数 find_first_not_of 的示例代码片段。

```
string s("12341234");   // 结果：s="12341234"，s 的长度是 8，s 的容量是 15  // 1
string t("1345");       // 结果：t="1345"，t 的长度是 4，s 的容量是 15      // 2
int r = s.find_first_not_of(t); // 结果：r = 1                              // 3
r = s.find_first_not_of(t, 2);  // 结果：r = 5                              // 4
r = s.find_first_not_of(t, 6);  // 结果：r = -1                             // 5
```

上面第 3 行代码“int r = s.find_first_not_of(t);”从字符串 s 的开头开始查找不在字符串 t 中的字符，结果在 s[1]位置处找到字符'2'。因此，这条语句的运行结果是 r = 1。虽然 s[5]='2'也不是组成字符串 t 内容的字符，但 s[5]位于 s[1]后面。在找到 s[1]之后，就不会往后继续查找。因此，这时成员函数 find_first_not_of 只会返回下标 1，不会返回下标 5。上面第 4 行代码“r = s.find_first_not_of(t, 2);”从字符串 s 的下标为 2 的字符处开始查找不在字符串 t 中的字符，结果在 s[5]位置处找到字符'2'。因此，这条语句的运行结果是 r = 5。上面第 5 行代码“r = s.find_first_not_of(t, 6);”从字符串 s 的下标为 6 的字符处开始查找不在字符串 t 中的字符。因为在字符串 s 中从下标为 6 开始到字符串末尾的字符只有字符'3'和字符'4'，而这 2 个字符均在字符串 t 中，所以这时没有办法找到不属于字符串 t 的字符。因此，第 5 行代码的运行结果是 r = −1。

成员函数 find_first_not_of 用来查找首个不在指定字符串中的字符，它拥有多种形式，其中第 2 个的具体说明如下：

函数 158　string::find_first_not_of

声明： `size_type find_first_not_of(const char* s, size_type p = 0) const;`

说明： 在当前字符串中，从下标 p 的位置开始正向查找首个不在字符串 s 中的字符。一旦找到第 1 个不属于字符串 s 的字符，就返回所找到的字符在当前字符串中的下标值。如果没有找到，则返回-1。本函数要求 0≤p≤((当前字符串的长度)-1)；同时要求 s 的值不能等于 nullptr，并且字符串 s 必须是合法有效的字符串。

参数： ① 函数参数 s 是待查找的字符串。

② 函数参数 p 指定当前字符串开始查找的起始位置的下标值。

返回值： 如果找到，则返回所找到的字符在当前字符串中的下标值；否则，返回-1。

头文件： #include <string>

下面给出调用上面成员函数 find_first_not_of 的示例代码片段。

```
string s("12341234"); // 结果：s="12341234"，s 的长度是 8，s 的容量是 15   // 1
int r = s.find_first_not_of("12"); // 结果：r = 2                          // 2
r = s.find_first_not_of("12", 3);  // 结果：r = 3                          // 3
r = s.find_first_not_of("12", 4);  // 结果：r = 6                          // 4
```

上面第 2 行代码“int r = s.find_first_not_of("12");”从字符串 s 的开头开始查找不在字符串"12"中的字符，结果在 s[2]位置处找到字符'3'。因此，这条语句的运行结果是 r = 2。上面第 3 行代码“r = s.find_first_not_of("12", 3);”从字符串 s 的下标为 3 的字符处开始查找不在字符串"12"中的字符，结果在 s[3]位置处找到字符'4'。因此，这条语句的运行结果是 r = 3。上面第 4 行代码“r = s.find_first_not_of("12", 4);”从字符串 s 的下标为 4 的字符处开始查找不在字符串"12"中的字符，结果在 s[6]位置处找到字符'3'。因此，这条语句的运行结果是 r = 6。

成员函数 find_first_not_of 用来查找首个不在指定字符串中的字符，它拥有多种形式，其中第 3 个的具体说明如下：

函数 159　string::find_first_not_of

声明： `size_type find_first_not_of(const char* s, size_type p, size_type n) const;`

说明： 在当前字符串中，从下标 p 的位置开始正向查找首个不在字符串 s 的前 n 个字符中的字符。一旦找到第 1 个不在字符串 s 的前 n 个字符中的字符，就返回所找到的字符在当前字符串中的下标值。如果没有找到，则返回-1。本函数要求 0≤p≤((当前字符串的长度)-1)，同时要求 s 的值不能等于 nullptr，并且字符串 s 必须是合法有效的字符串，而且要求 1≤n≤(字符串 s 的长度)。

参数： ① 函数参数 s 是待查找的字符串。

② 函数参数 p 指定当前字符串开始查找的起始位置的下标值。

③ 函数参数 n 指定查找的字符个数。

返回值： 如果找到，则返回所找到的字符在当前字符串中的下标值；否则，返回-1。

头文件： #include <string>

下面给出调用上面成员函数 find_first_not_of 的示例代码片段。

```
string s("12341234"); // 结果：s="12341234"，s 的长度是 8，s 的容量是 15   // 1
int r = s.find_first_not_of("531", 0, 3); // 结果：r = 1                   // 2
```

```
r = s.find_first_not_of("531", 0, 2);           // 结果: r = 0              // 3
r = s.find_first_not_of("531", 6, 2);           // 结果: r = 7              // 4
```

因为由字符串"531"的前 3 个字符组成的字符串就是字符串"531"本身，所以上面第 2 行代码“int r = s.find_first_not_of("531", 0, 3);”从字符串 s 的开头开始查找不在字符串"531"中的字符，结果在 s[1]位置处找到字符'2'。因此，这条语句的运行结果是 r = 1。虽然 s[3]='4'也不在字符串"531"中，但 s[3]位于 s[1]后面。在找到 s[1]之后，就不会往后继续查找。因此，这时成员函数 find_first_not_of 只会返回下标 1，不会返回下标 3。因为由字符串"531"的前 2 个字符组成的字符串是字符串"53"，所以上面第 3 行代码“r = s.find_first_not_of("531", 0, 2);”从字符串 s 的下标为 0 的字符处开始查找不在字符串"53"中的字符，结果在 s[0]位置处找到字符'1'。因此，这条语句的运行结果是 r = 1。因为由字符串"531"的前 2 个字符组成的字符串是字符串"53"，所以上面第 4 行代码 “r = s.find_first_not_of("531", 6, 2);” 从字符串 s 的下标为 6 的字符处开始查找字符'53'，结果在 s[7]位置处找到字符'4'。因此，这条语句的运行结果是 r = 7。虽然 s[0]='1'也不在字符串"53"中，但下标 0 小于第 2 个函数参数 6。因此，s[0]不在查找的范围之内。这时，成员函数 find_first_not_of 只会返回下标 7，不会返回下标 0。

下面的**成员函数 find_first_not_of 用来查找在字符串中首个不等于指定字符的字符**，其具体说明如下：

函数 160	string::find_first_not_of
声明：	`size_type find_first_not_of(char c, size_type p = 0) const;`
说明：	在当前字符串中，从下标 p 的位置开始查找不等于字符 c 的字符。如果找到，则返回首个找到位置在当前字符串中的下标值。如果没有找到，则返回-1。本函数要求 0≤p≤((当前字符串的长度)-1)。
参数：	① 函数参数 c 是待查找的字符。 ② 函数参数 p 指定当前字符串开始查找的起始位置的下标值。
返回值：	如果找到，则返回首个找到位置在当前字符串中的下标值；否则，返回-1。
头文件：	#include <string>

下面给出调用上面成员函数 find_first_not_of 的示例代码片段。

```
string s("12341234"); // 结果: s="12341234", s 的长度是 8, s 的容量是 15    // 1
int r = s.find_first_not_of('5'); // 结果: r = 0                          // 2
r = s.find_first_not_of('4', 1);  // 结果: r = 1                          // 3
r = s.find_first_not_of('4', 3);  // 结果: r = 4                          // 4
r = s.find_first_not_of('4', 7);  // 结果: r = -1                         // 5
```

上面第 2 行代码 “int r = s.find_first_not_of('5');” 从字符串 s 的开头位置开始查找与字符'5'不同的字符，结果在 s[0]位置处找到字符'1'。因此，这时的结果 r = 0。上面第 3 行代码 “r = s.find_first_not_of('4', 1);” 从字符串 s 的下标为 1 的字符处开始查找与字符'4'不同的字符，结果在 s[1]位置处找到字符'2'。因此，这时的结果 r = 1。上面第 4 行代码 “r = s.find_first_not_of('4', 3);” 从字符串 s 的下标为 3 的字符处开始查找与字符'4'不同的字符，结果在 s[4]位置处找到字符'1'。因此，这时的结果 r = 4。上面第 5 行代码 “r = s.find_first_not_of('4', 7);” 从字符串 s 的下标为 7 的字符处开始查找与字符'4'不同的字符。

因为在字符串 s 中从下标为 7 开始到字符串末尾的字符只有字符'4'，所以这时没有办法找到与字符'4'不同的字符。因此，第 5 行代码的运行结果是 r = −1。

按照逆序查找字符的成员函数 find_last_not_of 拥有多种形式，其中第 1 个的具体说明如下：

函数 161	string::find_last_not_of
声明：	`size_type find_last_not_of(const string& s) const noexcept;`
说明：	在当前字符串中，从最后一个字符开始逆向查找首个不在字符串 s 中的字符。一旦按照逆序找到第 1 个不属于字符串 s 的字符，就返回所找到的字符在当前字符串中的下标值。如果没有找到，则返回-1。
参数：	函数参数 s 是待查找的字符串。
返回值：	如果找到，则返回所找到的字符在当前字符串中的下标值；否则，返回-1。
头文件：	`#include <string>`

下面给出调用上面成员函数 find_last_not_of 的示例代码片段。

```
string s("12341234"); // 结果：s="12341234"，s 的长度是 8，s 的容量是 15    // 1
string t("24");         // 结果：t="24"，t 的长度是 2，t 的容量是 15        // 2
int r = s.find_last_not_of(t); // 结果：r = 6                              // 3
t = "1234";             // 结果：t="1234"，t 的长度是 4，t 的容量是 15      // 4
r = s.find_last_not_of(t);     // 结果：r = -1                             // 5
```

上面第 3 行代码“int r = s.find_last_not_of(t);”从字符串 s 的末尾开始逆向查找不在字符串 t 中的字符。这里字符串 t 的内容是"24"，结果在 s[6]位置处找到字符'3'。因此，这条语句的运行结果是 r = 6。上面第 5 行代码“r = s.find_last_not_of(t);”从字符串 s 的末尾开始逆向查找不在字符串 t 中的字符。这里字符串 t 的内容是"1234"，结果在字符串 s 中的各个字符均在字符串"1234"中。因此，这条语句的运行结果是 r = −1。

按照逆序查找字符的成员函数 find_last_not_of 拥有多种形式，其中第 2 个的具体说明如下：

函数 162	string::find_last_not_of
声明：	`size_type find_last_not_of(const string& s, size_type p) const noexcept;`
说明：	在当前字符串中，从下标 p 的位置开始逆向查找首个不在字符串 s 中的字符。一旦按照逆序找到第 1 个不属于字符串 s 的字符，就返回所找到的字符在当前字符串中的下标值。如果没有找到，则返回-1。本函数要求 0≤p≤((当前字符串的长度)-1)。
参数：	① 函数参数 s 是待查找的字符串。 ② 函数参数 p 指定当前字符串开始查找的起始位置的下标值。
返回值：	如果找到，则返回所找到的字符在当前字符串中的下标值；否则，返回-1。
头文件：	`#include <string>`

下面给出调用上面成员函数 find_last_not_of 的示例代码片段。

```
string s("12341234"); // 结果：s="12341234"，s 的长度是 8，s 的容量是 15    // 1
string t("12");         // 结果：t="12"，t 的长度是 2，t 的容量是 15        // 2
int r = s.find_last_not_of(t, 5); // 结果：r = 3                           // 3
```

```
r = s.find_last_not_of(t, 1);        // 结果: r = -1                         // 4
```

上面第 3 行代码“int r = s.find_last_not_of(t, 5);”从字符串 s 的下标为 5 的字符处开始逆向查找不在字符串 t 中的字符，结果在 s[3]位置处找到字符'4'。因此，这条语句的运行结果是 r = 3。**上面第 4 行代码**“r = s.find_last_not_of(t, 1);”从字符串 s 的下标为 1 的字符处开始逆向查找字符串 t。因为这时只会查找 s[0]='1'和 s[1]='2'这 2 个字符，它们均在字符串"12"中，所以这时没有办法找到不在字符串 t 中的字符。因此，第 4 行代码的运行结果是 r = −1。

按照逆序查找字符的成员函数 find_last_not_of 拥有多种形式，其中第 3 个的具体说明如下：

函数 163　string::find_last_not_of	
声明：	size_type find_last_not_of(const char* s) const;
说明：	在当前字符串中，从最后一个字符开始逆向查找首个不在字符串 s 中的字符。一旦按照逆序找到第 1 个不属于字符串 s 的字符，就返回所找到的字符在当前字符串中的下标值。如果没有找到，则返回-1。本函数要求 s 的值不能等于 nullptr，并且字符串 s 必须是合法有效的字符串。
参数：	函数参数 s 是待查找的字符串。
返回值：	如果找到，则返回所找到的字符在当前字符串中的下标值；否则，返回-1。
头文件：	#include <string>

下面给出调用上面成员函数 find_last_not_of 的示例代码片段。

```
string s("12341234"); // 结果: s="12341234", s 的长度是 8, s 的容量是 15    // 1
int r = s.find_last_not_of("24"); // 结果: r = 6                            // 2
r = s.find_last_not_of("1234");    // 结果: r = -1                          // 3
```

上面第 2 行代码“int r = s.find_last_not_of("24");”从字符串 s 的末尾开始逆向查找不在字符串"24"中的字符，结果在 s[6]位置处找到字符'3'。因此，这条语句的运行结果是 r = 6。**上面第 3 行代码**“r = s.find_last_not_of("1234");”从字符串 s 的末尾开始逆向查找不在字符串"1234"中的字符，结果在字符串 s 中的各个字符均在字符串"1234"中。因此，这条语句的运行结果是 r = −1。

按照逆序查找字符的成员函数 find_last_not_of 拥有多种形式，其中第 4 个的具体说明如下：

函数 164　string::find_last_not_of	
声明：	size_type find_last_not_of(const char* s, size_type p) const;
说明：	在当前字符串中，从下标 p 的位置开始逆向查找首个不在字符串 s 中的字符。一旦按照逆序找到第 1 个不属于字符串 s 的字符，就返回所找到的字符在当前字符串中的下标值。如果没有找到，则返回-1。本函数要求 0≤p≤((当前字符串的长度)-1)，同时要求 s 的值不能等于 nullptr，并且字符串 s 必须是合法有效的字符串。
参数：	① 函数参数 s 是待查找的字符串。 ② 函数参数 p 指定当前字符串开始查找的起始位置的下标值。
返回值：	如果找到，则返回所找到的字符在当前字符串中的下标值；否则，返回-1。
头文件：	#include <string>

下面给出调用上面成员函数 find_last_not_of 的示例代码片段。

```
string s("12341234"); // 结果：s="12341234"，s 的长度是 8，s 的容量是 15    // 1
int r = s.find_last_not_of("12", 5); // 结果：r = 3                        // 2
r = s.find_last_not_of("12", 1);     // 结果：r = -1                       // 3
```

上面第 2 行代码“int r = s.find_last_not_of("12", 5);”从字符串 s 的下标为 5 的字符处开始逆向查找不在字符串"12"中的字符，结果在 s[3]位置处找到字符'4'。因此，这条语句的运行结果是 r = 3。上面第 3 行代码“r = s.find_last_not_of("12", 1);”从字符串 s 的下标为 1 的字符处开始逆向查找字符串"12"。因为这时只会查找 s[0]='1'和 s[1]='2'这 2 个字符，它们均在字符串"12"中，所以这时没有办法找到不在字符串"12"中的字符。因此，第 3 行代码的运行结果是 r = −1。

按照逆序查找字符的成员函数 find_last_not_of 拥有多种形式，其中第 5 个的具体说明如下：

函数 165　string::find_last_not_of

声明： `size_type find_last_not_of(const char* s, size_type p, size_type n) const;`

说明： 在当前字符串中，从下标 p 的位置开始逆向查找首个不在字符串 s 的前 n 个字符中的字符。一旦按照逆序找到第 1 个不属于字符串 s 的前 n 个字符中的字符，就返回所找到的字符在当前字符串中的下标值。如果没有找到，则返回-1。本函数要求 0≤p≤((当前字符串的长度)-1)，同时要求 s 的值不能等于 nullptr，并且字符串 s 必须是合法有效的字符串，而且要求 1≤n≤(字符串 s 的长度)。

参数： ① 函数参数 s 是待查找的字符串。
② 函数参数 p 指定当前字符串开始查找的起始位置的下标值。
③ 函数参数 n 指定查找的字符个数。

返回值： 如果找到，则返回所找到的字符在当前字符串中的下标值；否则，返回-1。

头文件： `#include <string>`

下面给出调用上面成员函数 find_last_not_of 的示例代码片段。

```
string s("12341234"); // 结果：s="12341234"，s 的长度是 8，s 的容量是 15    // 1
int r = s.find_last_not_of("534", 7, 3); // 结果：r = 5                    // 2
r = s.find_last_not_of("534", 3, 3); // 结果：r = 1                        // 3
r = s.find_last_not_of("123", 3, 3); // 结果：r = 3                        // 4
r = s.find_last_not_of("123", 2, 3); // 结果：r = -1                       // 5
r = s.find_last_not_of("123", 2, 2); // 结果：r = 2                        // 6
```

因为由字符串"534"的前 3 个字符组成的字符串就是字符串"534"本身，所以上面第 2 行代码“int r = s.find_last_not_of("534", 7, 3);”从字符串 s 的下标为 7 的字符'4'处开始逆向查找不在字符串"534"中的字符，结果在 s[5]位置处找到字符'2'。因此，这条语句的运行结果是 r = 5。上面第 3 行代码“r = s.find_last_not_of("534", 3, 3);”从字符串 s 的下标为 3 的字符'4'处开始逆向查找不在字符串"534"中的字符，结果在 s[1]位置处找到字符'2'。因此，这条语句的运行结果是 r = 1。因为由字符串"123"的前 3 个字符组成的字符串就是字符串"123"，所以上面第 4 行代码“r = s.find_last_not_of("123", 3, 3);”从字符串 s 的下标为 3 的字符'4'处开始逆向查找不在字符串"123"中的字符，结果在 s[3]位置处找到字符'4'。因此，这条语句的运行结果是 r = 3。**上面第 5 行代码**“r = s.find_last_not_of("123", 2, 3);”从字符串 s 的下标为 2 的字符'3'处开始逆向查找不在字符串"123"中的字符。因为从字符串 s 的下标为 2 的字符处开始逆向查找，所以只会查找字符串 s 的前 3 个字符 s[0]、s[1]和 s[2]。因为 s[0]='1'并且 s[1]='2'并且 s[2]='3'，它们均在字符串"123"中，所以第 5 行代码的运行结果是 r = -1。因为由字符串"123"的前 2 个字符组成的字符串就是字符串"12"，所以**上面第 6 行代码**“r = s.find_last_not_of("123", 2, 2);”从字符串 s 的下标为 2 的字符'3'处开始逆向查找不在字符串"12"中的字符，结果在 s[2]位置处找到字符'3'。因此，这条语句的运行结果是 r = 2。

按照逆序查找字符的成员函数 find_last_not_of 拥有多种形式，其中第 6 个的具体说明如下：

函数 166	string::find_last_not_of
声明：	`size_type find_last_not_of(char c) const;`
说明：	在当前字符串中，从最后一个字符开始逆向查找首个不等于字符 c 的字符。一旦在当前字符串中找到第 1 个不等于字符 c 的字符，就返回该字符在当前的字符串中的下标值。如果没有找到，则返回-1。
参数：	函数参数 c 是待查找的字符。
返回值：	如果找到，则返回所找到的字符在当前字符串中的下标值；否则，返回-1。
头文件：	#include <string>

下面给出调用上面成员函数 find_last_not_of 的示例代码片段。

```
string s("12341234"); // 结果: s="12341234", s 的长度是 8, s 的容量是 15   // 1
int r = s.find_last_not_of('5'); // 结果: r = 7                            // 2
r = s.find_last_not_of('4');      // 结果: r = 6                            // 3
r = s.find_last_not_of('3');      // 结果: r = 7                            // 4
```

上面第 2 行代码“int r = s.find_last_not_of('5');”从字符串 s 的末尾开始逆向查找不等于字符'5'的字符，结果在 s[7]位置处找到字符'4'。因此，这条语句的运行结果是 r = 7。**上面第 3 行代码**“r = s.find_last_not_of('4');”从字符串 s 的末尾开始逆向查找不等于字符'4'的字符，结果在 s[6]位置处找到字符'3'。因此，这条语句的运行结果是 r = 6。**上面第 4 行代码**“r = s.find_last_not_of('3');”从字符串 s 的末尾开始逆向查找不等于字符'3'的字符，结果在 s[7]位置处找到字符'4'。因此，这条语句的运行结果是 r = 7。

按照逆序查找字符的成员函数 find_last_not_of 拥有多种形式，其中第 7 个的具体说明如下：

函数 167	string::find_last_not_of
声明：	`size_type find_last_not_of(char c, size_type p) const;`
说明：	在当前字符串中，从下标 p 的位置开始逆向查找不等于字符 c 的字符。一旦找到第 1 个不等于字符 c 的字符，就返回该字符在当前字符串中的下标值。如果没有找到，则返回-1。本函数要求 0≤p≤((当前字符串的长度)-1)。
参数：	① 函数参数 c 是待查找的字符。 ② 函数参数 p 是当前字符串的下标，用来指定逆向查找的开始位置。

返回值： 如果找到，则返回所找到的字符在当前字符串中的下标值；否则，返回-1。
头文件： #include <string>

下面给出调用上面成员函数 find_last_not_of 的示例代码片段。

```
string s("12341234"); // 结果: s="12341234", s 的长度是 8, s 的容量是 15   // 1
int r = s.find_last_not_of('1', 7); // 结果: r = 7                   // 2
r = s.find_last_not_of('1', 4);      // 结果: r = 3                   // 3
r = s.find_last_not_of('1', 2);      // 结果: r = 2                   // 4
r = s.find_last_not_of('1', 0);      // 结果: r = -1                  // 5
```

上面第 2 行代码“int r = s.find_last_not_of('1', 7);”从字符串 s 的末尾开始逆向查找不等于字符'1'的字符，结果在 s[7]位置处找到字符'4'。因此，这条语句的运行结果是 r = 7。上面第 3 行代码“r = s.find_last_not_of('1', 4);”在字符串 s 中从下标 4 的位置开始逆向查找不等于字符'1'的字符，结果在 s[3]位置处找到字符'4'，因此，这条语句的运行结果是 r = 3。上面第 4 行代码“r = s.find_last_not_of('1', 2);”在字符串 s 中从下标 2 的位置开始逆向查找不等于字符'1'的字符，结果在 s[2]位置处找到字符'3'，因此，这条语句的运行结果是 r = 2。上面第 5 行代码“r = s.find_last_not_of('1', 0);”在字符串 s 中从下标 0 的位置开始逆向查找不等于字符'1'的字符。因为这时只会查找 s[0]='1'这个字符，所以这时没有办法找到不等于字符'1'的字符。因此，第 5 行代码的运行结果是 r = −1。

用来进行字符串替换的成员函数 replace 拥有多种形式，其中第 1 个的具体说明如下：

函数 168　string::replace

声明： string& replace(size_type p, size_type n, const string& s);
说明： 本函数要求 0≤p≤size( )-1 并且 n≥0 并且 p+n-1≤size( )-1，其中 size( )返回当前字符串的长度。如果 n=0，则本函数在当前字符串的下标 p 之前插入字符串 s。如果 n≥1，则本函数在当前字符串中将下标为 p、(p+1)、… …、(p+n-1)的字符序列替换为字符串 s。
参数： ① 函数参数 p 是待替换的首个字符在当前字符串中的下标值。
② 函数参数 n 是待替换的字符总个数。
③ 函数参数 s 是待复制的字符串，复制之后的字符串将会被插入到当前字符串中。
返回值： 当前字符串的引用。
头文件： #include <string>

下面给出调用上面成员函数 replace 的示例代码片段。

```
string s("12");        // 结果: s="12", s 的长度是 2, s 的容量是 15        // 1
string t1("ab");       // 结果: t1="ab", t1 的长度是 2, t1 的容量是 15     // 2
s.replace(0, 0, t1); // 结果: s="ab12", s 的长度是 4, s 的容量是 15      // 3
string t2("cd");       // 结果: t2="cd", t2 的长度是 2, t2 的容量是 15     // 4
s.replace(1, 3, t2); // 结果: s="acd", s 的长度是 3, s 的容量是 15       // 5
```

上面第 3 行代码“s.replace(0, 0, t1);”在字符串 s 的第 1 个字符之前插入字符串 t1，结果字符串 s 的内容变成为"ab12"。上面第 5 行代码“s.replace(1, 3, t2);”将字符串 s 的字符序列 s[1]、s[2]和 s[3]替换为字符串 t2 的内容，结果字符串 s 的内容变成为"acd"。

用来进行字符串替换的成员函数 replace 拥有多种形式，其中第 2 个的具体说明如下：

函数 169 string::replace

声明： `string& replace(size_type p, size_type n, const string& s, size_type ps);`

说明： 本函数要求 0≤p≤((当前字符串的长度)-1)并且 n≥0 并且 p+n-1≤((当前字符串的长度)-1)并且 0≤ps≤((字符串 s 的长度)-1)。如果 n=0，则本函数在当前字符串的下标 p 之前插入字符序列 s[ps]、s[ps+1]、……、s[(字符串 s 的长度)-1]。如果 n≥1，则本函数在当前字符串中将下标为 p、(p+1)、……、(p+n-1)的字符序列替换为字符序列 s[ps]、s[ps+1]、……、s[(字符串 s 的长度)-1]。

参数： ① 函数参数 p 是待替换的首个字符在当前字符串中的下标值。
② 函数参数 n 是待替换的字符总个数。
③ 函数参数 s 是待复制的字符串。
④ 函数参数 ps 是待复制的首个字符在字符串 s 中的下标值。

返回值： 当前字符串的引用。

头文件： `#include <string>`

下面给出调用上面成员函数 replace 的示例代码片段。

```
string s("12");           // 结果: s="12"，s 的长度是 2，s 的容量是 15        // 1
string t1("abcd");         // 结果: t1="abcd"，t1 的长度是 4，t1 的容量是 15  // 2
s.replace(0, 0, t1, 2);// 结果: s="cd12"，s 的长度是 4，s 的容量是 15        // 3
string t2("efgh");         // 结果: t2="efgh"，t2 的长度是 4，t2 的容量是 15  // 4
s.replace(1, 3, t2, 1);// 结果: s="cfgh"，s 的长度是 4，s 的容量是 15        // 5
```

上面第 3 行代码“s.replace(0, 0, t1, 2);”在字符串 s 的第 1 个字符之前插入字符序列 t1[2]和 t1[3]，结果字符串 s 的内容变成为"cd12"。上面第 5 行代码“s.replace(1, 3, t2, 1);”将字符串 s 的字符序列 s[1]、s[2]和 s[3]替换为字符序列 t2[1]、t2[2]和 t2[3]，结果字符串 s 的内容变成为"cfgh"。

用来进行字符串替换的成员函数 replace 拥有多种形式，其中第 3 个的具体说明如下：

函数 170 string::replace

声明： `string& replace(size_type p, size_type n, const string& s, size_type ps, size_type ns);`

说明： 本函数要求：
(1) 0≤p≤((当前字符串的长度)-1)并且 n≥0 并且 p+n-1≤((当前字符串的长度)-1)并且
(2) 0≤ps≤((字符串 s 的长度)-1)并且 ns≥0 并且 ps+ns-1≤((字符串 s 的长度)-1)。
在本函数中，
(1) 如果 ns=0，则目标字符序列为空。
(2) 如果 ns≥1，则目标字符序列为 s[ps]、s[ps+1]、……、s[ps+ns-1]。
(3) 如果 n=0，则本函数在当前字符串的下标 p 之前插入上面的目标字符序列。
(4) 如果 n≥1，则本函数在当前字符串中将下标为 p、(p+1)、……、(p+n-1)的字符序列替换为上面的目标字符序列。

参数： ① 函数参数 p 是待替换的首个字符在当前字符串中的下标值。
② 函数参数 n 是待替换的字符总个数。
③ 函数参数 s 是待复制的字符串。

④ 函数参数 ps 是待复制的首个字符在字符串 s 中的下标值。
⑤ 函数参数 ns 是在字符串 s 中待复制的字符总个数。

返回值： 当前字符串的引用。

头文件： #include <string>

下面给出调用上面成员函数 replace 的示例代码片段。

```
string s("ab");              // 结果: s="ab", s 的长度是 2                    // 1
string t1("123456");         // 结果: t1="123456", t1 的长度是 6              // 2
s.replace(0, 0, t1, 3, 2);   // 结果: s="45ab", s 的长度是 4                  // 3
string t2("7890");           // 结果: t2="7890", t2 的长度是 4                // 4
s.replace(1, 3, t2, 1, 0);   // 结果: s="4", s 的长度是 1, s 的容量是 15      // 5
```

上面第 3 行代码"s.replace(0, 0, t1, 3, 2);"在字符串 s 的第 1 个字符之前插入 2 个字符 t1[3]和 t1[4]，结果字符串 s 的内容变成为"45ab"。上面第 5 行代码"s.replace(1, 3, t2, 1, 0);"将字符串 s 的字符序列 s[1]、s[2]和 s[3]替换为目标字符序列。因为最后一个函数调用参数为 0，所以这里的目标字符序列为空。因此，上面第 5 行代码的实际运行结果是删除在字符串 s 中的字符序列 s[1]、s[2]和 s[3]，结果字符串 s 的内容变成为"4"。

用来进行字符串替换的成员函数 replace 拥有多种形式，其中第 4 个的具体说明如下：

函数 171　string::replace

声明： string& replace(size_type p, size_type n, const char* s);

说明： 本函数要求 0≤p≤size( )-1 并且 n≥0 并且 p+n-1≤size( )-1，其中 size( )返回当前字符串的长度。如果 n=0，则本函数在当前字符串的下标 p 之前插入字符串 s。如果 n≥1，则本函数在当前字符串中将下标为 p、(p+1)、… …、(p+n-1)的字符序列替换为字符串 s。同时要求 s 的值不能等于 nullptr，并且字符串 s 必须是合法有效的字符串。

参数：
① 函数参数 p 是待替换的首个字符在当前字符串中的下标值。
② 函数参数 n 是待替换的字符总个数。
③ 函数参数 s 是待复制的字符串，复制之后的字符串将会被插入到当前字符串中。

返回值： 当前字符串的引用。

头文件： #include <string>

下面给出调用上面成员函数 replace 的示例代码片段。

```
string s("12");          // 结果: s="12", s 的长度是 2, s 的容量是 15       // 1
s.replace(0, 0, "ab"); // 结果: s="ab12", s 的长度是 4, s 的容量是 15     // 2
s.replace(1, 3, "cd"); // 结果: s="acd", s 的长度是 3, s 的容量是 15      // 3
```

上面第 2 行代码"s.replace(0, 0, "ab");"在字符串 s 的第 1 个字符之前插入字符串"ab"，结果字符串 s 的内容变成为"ab12"。上面第 3 行代码"s.replace(1, 3, "cd");"将字符串 s 的字符序列 s[1]、s[2]和 s[3]替换为字符串"cd"的内容，结果字符串 s 的内容变成为"acd"。

用来进行字符串替换的成员函数 replace 拥有多种形式，其中第 5 个的具体说明如下：

函数 172　string::replace

声明： string& replace(size_type p, size_type n, const char* s, size_type ns);

说明： 本函数要求 0≤p≤((当前字符串的长度)-1)并且 n≥0 并且 p+n-1≤((当前字符串的长度)-1)并且 0≤ns≤(字符串 s 的长度)。同时要求 s 的值不能等于 nullptr，并且字符串 s 必须是合法有效的字符串。

在本函数中，

（1）如果 ns=0，则目标字符序列为空。

（2）如果 ns≥1，则目标字符序列为 s[0]、s[1]、……、s[ns-1]。

（3）如果 n=0，则本函数在当前字符串的下标 p 之前插入上面的目标字符序列。

（4）如果 n≥1，则本函数在当前字符串中将下标为 p、(p+1)、……、(p+n-1)的字符序列替换为上面的目标字符序列。

参数： ① 函数参数 p 是待替换的首个字符在当前字符串中的下标值。

② 函数参数 n 是待替换的字符总个数。

③ 函数参数 s 是待复制的字符串。

④ 函数参数 ns 是待复制的字符个数。

返回值： 当前字符串的引用。

头文件： #include <string>

下面给出调用上面成员函数 replace 的示例代码片段。

```
string s("12");               // 结果: s="12", s 的长度是 2            // 1
s.replace(0, 0, "ab", 0);     // 结果: s="12", s 的长度是 2            // 2
s.replace(0, 1, "cdef", 2);   // 结果: s="cd2", s 的长度是 3           // 3
```

因为上面第 2 行代码“s.replace(0, 0, "ab", 0);”的目标字符序列为空，所以这时在字符串 s 的第 1 个字符之前没有插入字符，结果字符串 s 的内容保持不变。上面第 3 行代码“s.replace(0, 1, "cdef", 2);”将字符串 s 的第 1 字符 s[0]替换为字符序列'c'和'd'，结果字符串 s 的内容变成为"cd2"。

用来进行字符串替换的成员函数 replace 拥有多种形式，其中第 6 个的具体说明如下：

函数 173　string::replace

声明： string& replace(size_type p, size_type n, size_type nc, char c);

说明： 本函数要求 0≤p≤((当前字符串的长度)-1)并且 n≥0 并且 p+n-1≤((当前字符串的长度)-1)并且 nc≥0。如果 n=0，则本函数在当前字符串的下标 p 之前插入 nc 个字符 c。如果 n≥1，则本函数在当前字符串中将下标为 p、(p+1)、……、(p+n-1)的字符序列替换为 nc 个字符 c。

参数： ① 函数参数 p 是待替换的首个字符在当前字符串中的下标值。

② 函数参数 n 是待替换的字符总个数。

③ 函数参数 nc 是待复制的字符个数。

④ 函数参数 c 是待复制的字符。

返回值： 当前字符串的引用。

头文件： #include <string>

下面给出调用上面成员函数 replace 的示例代码片段。

```
string s("12");             // 结果: s="12", s 的长度是 2, s 的容量是 15      // 1
s.replace(0, 0, 0, 'a');    // 结果: s="12", s 的长度是 2, s 的容量是 15      // 2
s.replace(0, 1, 3, 'b');    // 结果: s="bbb2", s 的长度是 4, s 的容量是 15    // 3
```

上面第 2 行代码“s.replace(0, 0, 0, 'a');”在字符串 s 的第 1 个字符之前插入 0 个字符'a'，结果字符串 s 的内容保持不变。上面第 3 行代码“s.replace(0, 1, 3, 'b');”将字符串 s 的第 1

字符 s[0]替换为 3 个字符'b'，结果字符串 s 的内容变成为"bbb2"。

用来进行字符串替换的成员函数 replace 拥有多种形式，其中第 7 个的具体说明如下：

函数 174	**string::replace**
声明：	`string& replace(const_iterator ps, const_iterator pe, const string& s);`
说明：	本函数要求迭代器 ps 和 pe 必须是当前字符串的有效迭代器并且要求 ps≤pe。如果 ps=pe，则本函数在迭代器 ps 指定的位置之前插入字符串 s。如果 ps<pe，则本函数在当前字符串中将从迭代器 ps 开始并且在 pe 之前的字符序列替换为字符串 s。
参数：	① 函数参数 ps 是迭代器，指向待替换的第 1 个字符。 ② 函数参数 pe 是迭代器，pe 的前 1 个迭代器指向待替换的最后 1 个字符。 ③ 函数参数 s 是待复制的字符串，复制之后的字符串将会被插入到当前字符串中。
返回值：	当前字符串的引用。
头文件：	`#include <string>`

下面给出调用上面成员函数 replace 的示例代码片段。

```
string s("12"); // 结果: s="12", s 的长度是 2, s 的容量是 15            // 1
string t("ab"); // 结果: t="ab", s 的长度是 2, s 的容量是 15            // 2
s.replace(s.begin(), s.begin(), t);                                     // 3
// 结果: s="ab12", s 的长度是 4, s 的容量是 15                          // 4
t = "cd";       // 结果: t="cd", s 的长度是 2, s 的容量是 15            // 5
s.replace(s.begin()+1, s.begin()+2, t);                                 // 6
// 结果: s="acd12", s 的长度是 5, s 的容量是 15                         // 7
```

因为**上面第 3 行代码**“s.replace(s.begin(), s.begin(), t);”的前 2 个函数调用参数相等，所以这行代码将在字符串 s 的开头位置插入字符串 t，结果字符串 s 的内容变成为"ab12"。**上面第 6 行代码**“s.replace(s.begin()+1, s.begin()+2, t);”将字符串 s 的第 2 字符 s[1]替换为字符串 t，结果字符串 s 的内容变成为"acd12"。

用来进行字符串替换的成员函数 replace 拥有多种形式，其中第 8 个的具体说明如下：

函数 175	**string::replace**
声明：	`string& replace(const_iterator ps, const_iterator pe, const char* s);`
说明：	本函数要求迭代器 ps 和 pe 必须是当前字符串的有效迭代器并且要求 ps≤pe。同时要求 s 的值不能等于 nullptr，并且字符串 s 必须是合法有效的字符串。如果 ps=pe，则本函数在迭代器 ps 指定的位置之前插入字符串 s。如果 ps<pe，则本函数在当前字符串中将从迭代器 ps 开始并且在 pe 之前的字符序列替换为字符串 s。
参数：	① 函数参数 ps 是迭代器，指向待替换的第 1 个字符。 ② 函数参数 pe 是迭代器，pe 的前 1 个迭代器指向待替换的最后 1 个字符。 ③ 函数参数 s 是待复制的字符串，复制之后的字符串将会被插入到当前字符串中。
返回值：	当前字符串的引用。
头文件：	`#include <string>`

下面给出调用上面成员函数 replace 的示例代码片段。

```
string s("12"); // 结果: s="12", s 的长度是 2, s 的容量是 15
s.replace(s.begin(), s.begin(), "ab");
```

```
// 结果: s="ab12", s 的长度是 4, s 的容量是 15                      // 3
s.replace(s.begin()+1, s.begin()+2, "cd");                         // 4
// 结果: s="acd12", s 的长度是 5, s 的容量是 15                     // 5
```

因为上面第 2 行代码"s.replace(s.begin(), s.begin(), "ab");"的前 2 个函数调用参数相等，所以这行代码将在字符串 s 的开头位置插入字符串"ab"，结果字符串 s 的内容变成为"ab12"。上面第 4 行代码 "s.replace(s.begin()+1, s.begin()+2, "cd");" 将字符串 s 的第 2 字符 s[1]替换为字符串"cd"，结果字符串 s 的内容变成为"acd12"。

用来进行字符串替换的成员函数 **replace** 拥有多种形式，其中第 9 个的具体说明如下：

函数 176　string::replace

声明： `string& replace(const_iterator ps, const_iterator pe, const char* s, size_type n);`

说明： 本函数要求迭代器 ps 和 pe 必须是当前字符串的有效迭代器并且 ps≤pe 并且 0≤n≤字符串 s 的长度。同时要求 s 的值不能等于 nullptr，并且字符串 s 必须是合法有效的字符串。如果 ps=pe，则本函数在迭代器 ps 指定的位置之前插入字符串 s 的前 n 个字符。如果 ps<pe，则本函数在当前字符串中将从迭代器 ps 开始并且在 pe 之前的字符序列替换为字符串 s 的前 n 个字符。

参数：
① 函数参数 ps 是迭代器，指向待替换的第 1 个字符。
② 函数参数 pe 是迭代器，pe 的前 1 个迭代器指向待替换的最后 1 个字符。
③ 函数参数 s 是待复制的字符串。
④ 函数参数 n 是待复制的字符个数。

返回值： 当前字符串的引用。

头文件： `#include <string>`

下面给出调用上面成员函数 replace 的示例代码片段。

```
string s("12"); // 结果: s="12", s 的长度是 2, s 的容量是 15         // 1
s.replace(s.begin(), s.begin(), "ab", 0);                          // 2
// 结果: s="12", s 的长度是 2, s 的容量是 15                         // 3
s.replace(s.begin()+1, s.begin()+2, "cd", 1);                      // 4
// 结果: s="1c", s 的长度是 2, s 的容量是 15                         // 5
```

因为上面第 2 行代码 "s.replace(s.begin(), s.begin(), "ab", 0);" 的前 2 个函数调用参数相等，所以这行代码将在字符串 s 的开头位置插入字符串"ab"的前 0 个字符，结果字符串 s 的内容保持不变，仍然为"12"。上面第 4 行代码"s.replace(s.begin()+1, s.begin()+2, "cd",1);" 将字符串 s 的第 2 字符 s[1]替换为字符串"cd"的第 1 个字符，结果字符串 s 的内容变成为"1c"。

用来进行字符串替换的成员函数 **replace** 拥有多种形式，其中第 10 个的具体说明如下：

函数 177　string::replace

声明： `string& replace(const_iterator ps, const_iterator pe, size_type n, char c);`

说明： 本函数要求迭代器 ps 和 pe 必须是当前字符串的有效迭代器并且 ps≤pe 并且 n≥0。如果 ps=pe，则本函数在迭代器 ps 指定的位置之前插入 n 个字符 c。如果 ps<pe，则本函数在当前字符串中将从迭代器 ps 开始并且在 pe 之前的字符序列替换为 n 个字符 c。

参数： ① 函数参数 ps 是迭代器，指向待替换的第 1 个字符。
② 函数参数 pe 是迭代器，pe 的前 1 个迭代器指向待替换的最后 1 个字符。
③ 函数参数 n 是待插入的字符个数。
④ 函数参数 c 是待复制的字符。

返回值： 当前字符串的引用。

头文件： `#include <string>`

下面给出调用上面成员函数 replace 的示例代码片段。

```
string s("12"); // 结果: s="12", s 的长度是 2, s 的容量是 15          // 1
s.replace(s.begin(), s.begin(), 0, 'a');                              // 2
// 结果: s="12", s 的长度是 2, s 的容量是 15                           // 3
s.replace(s.begin()+1, s.begin()+2, 3, 'b');                          // 4
// 结果: s="1bbb", s 的长度是 4, s 的容量是 15                         // 5
```

因为**上面第 2 行代码**“s.replace(s.begin(), s.begin(), 0, 'a');”的前 2 个函数调用参数相等，所以这行代码将在字符串 s 的开头位置插入 0 个字符'a'，结果字符串 s 的内容保持不变，仍然为"12"。**上面第 4 行代码**“s.replace(s.begin()+1, s.begin()+2, 3, 'b');”将字符串 s 的第 2 字符 s[1]替换为 3 个字符'b'，结果字符串 s 的内容变成为"1bbb"。

用来进行字符串替换的成员函数 replace 拥有多种形式，其中第 11 个的具体说明如下：

函数 178　string::replace

声明： `template<class InputIterator>`
`string& replace(const_iterator ps, const_iterator pe, InputIterator ts, InputIterator te);`

说明： 本函数要求：
（1）迭代器 ps 和 pe 必须是当前字符串的有效迭代器并且 ps≤pe 并且
（2）迭代器 ts 和 te 必须是同一个容器的有效迭代器并且 ts≤te。
在本函数中，
（1）如果 ts=te，则**目标字符序列**为空。
（2）如果 ts<te，则**目标字符序列**为从迭代器 ts 开始并且在 te 之前的字符序列。
（3）如果 ps=pe，则本函数在迭代器 ps 指定的位置之前插入上面的目标字符序列。
（4）如果 ps<pe，则本函数在当前字符串中将从迭代器 ps 开始并且在 pe 之前的字符序列替换为上面的目标字符序列。

参数： ① 函数参数 ps 是迭代器，指向待替换的第 1 个字符。
② 函数参数 pe 是迭代器，pe 的前 1 个迭代器指向待替换的最后 1 个字符。
③ 函数参数 ts 是迭代器，指向待复制的第 1 个字符。
④ 函数参数 te 是迭代器，te 的前 1 个迭代器指向待复制的最后 1 个字符。

返回值： 当前字符串的引用。

头文件： `#include <string>`

下面给出调用上面成员函数 replace 的示例代码片段。

```
string s("12"); // 结果: s="12", s 的长度是 2, s 的容量是 15
vector<char> v(3, 'a');
s.replace(s.begin(), s.begin(), v.begin(), v.begin());
// 结果: s="12", s 的长度是 2, s 的容量是 15
```

```
s.replace(s.begin()+1, s.begin()+2, v.begin(), v.end());       // 5
// 结果: s="1aaa", s 的长度是 4, s 的容量是 15                  // 6
```

因为上面第 3 行代码“s.replace(s.begin(), s.begin(), v.begin(), v.begin());”的后 2 个函数调用参数相等，所以这行代码的目标字符序列为空；因为这行代码的前 2 个函数调用参数相等，所以这行代码将在字符串 s 的开头位置插入内容为空的目标字符序列，结果字符串 s 的内容保持不变，仍然为"12"。上面第 5 行代码“s.replace(s.begin()+1, s.begin()+2, v.begin(), v.end());”将字符串 s 的第 2 字符 s[1]替换为向量 v 的内容，结果字符串 s 的内容变成为"1aaa"。

交换字符串内容的成员函数 swap 的具体说明如下：

函数 179	string::swap
声明：	void swap(string& s);
说明：	交换当前字符串与字符串 s 的内容。
参数：	函数参数 s 是待交换内容的字符串 s。
头文件：	#include <string>

下面给出调用上面成员函数 swap 的示例代码片段。

```
string s("1234");    // 结果: s="1234", s 的长度是 4, s 的容量是 15      // 1
string t("abcd");    // 结果: t="abcd", t 的长度是 4, s 的容量是 15      // 2
s.swap(t);           // 结果: s="abcd", t="1234"                        // 3
```

上面第 3 行代码“s.swap(t);”交换字符串 s 和 t 的内容，结果字符串 s 的内容变成为"abcd"，字符串 t 的内容变成为"1234"。

7.3.8 基于字符串类的超长整数案例

字符串的应用非常广泛。这里给出一个基于字符串类的超长整数例程，它实现了将字符串转换为超长整数。这个例程的具体说明如下。

例程 7-6 将字符串转换为超长整数例程。

例程功能描述：首先，定义基于字符串类的超长整数类。然后，从控制台窗口接收一行字符的输入。接着，将这行字符转换为一个超长整数。在转换时，忽略其中不符合整数表达的字符。如果输入的字符都不是数字，则转换得到超长整数为整数 0。最后，输出转换后的超长整数。

例程解题思路：可以让超长整数类拥有 2 个成员变量，其中 int 类型的 m_flag 用来表示超长整数的符号位，string 类型的 m_data 用来表示超长整数的绝对值。如果 m_flag=1，则表示超长整数是正整数或 0；如果 m_flag=-1，则表示超长整数是负整数或 0。如果 m_data 的长度为 0，则表示超长整数是 0。如果 m_data 的长度大于 0，则组成 m_data 的字符均为数字字符'0'~'9'，而且 m_data[0]≠'0'，即组成 m_data 的字符'0'不以开头，从而保证组成 m_data 的字符在表达上具有唯一性。

为了让字符串转换为超长整数的过程显得更加直观，非常有必须画出这个过程的状态变迁图，如图 7-1 所示。在图 7-1 中，位于圆圈中的数字 0~4 表示状态。各个状态的具体含义如下：

状态 0：表示初始状态，即当前还没有接收到在字符+、−以及 0~9 中的任何一个字符。

状态 1：表示符号位状态，即当前已经接收到字符+或−，但还没有接收到在字符 0~9 中的任何一个字符。

状态 2：表示非零状态，即当前已经接收到在字符 1~9 中的字符。

状态 3：表示输入 0 状态，即当前已经接收到数字 0，但还没有接收到在字符 1~9 中的任何一个字符。

状态 4：表示结束状态，即当前已经接收到回车字符'\r'或者换行字符'\n'。在这个时候，应当已经得到转换之后的超长整数。

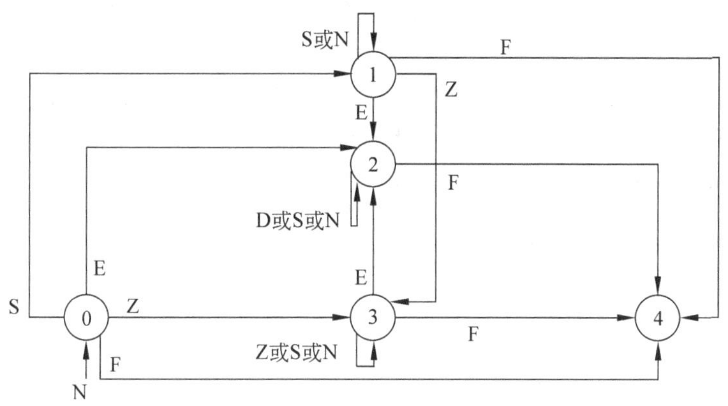

图 7-1　将字符串转成为超长整数的状态变迁图

在各个状态下，可以将当前的输入进行分类，其中

（1）**S 类型的输入**：表示当前输入的是字符+或−；

（2）**D 类型的输入**：表示当前输入的是数字 0、1、2、…、9；

（3）**E 类型的输入**：表示当前输入的是数字 1、2、…、9；

（4）**Z 类型的输入**：表示当前输入的是数字 0；

（5）**N 类型的输入**：表示当前输入的是输入除+、−以及 0～9 之外的字符；

（6）**F 类型的输入**：表示当前输入的是回车字符'\r'或者换行字符'\n'。

对于输入的字符，只有字符+、−以及 0～9 才有可能会进入到超长整数中。另外，回车字符'\r'或者换行字符表示当前行输入结束。如果输入的其他字符，可以直接忽略。

在**初始状态 0** 的前提条件下，如果当前输入的是 S 类型的字符，即字符+或−，则进入符号位状态 1；如果当前输入的是 E 类型的字符，即数字 1～9，则进入非零状态 2；如果当前输入的是 Z 类型的字符，即数字 0，则进入输入 0 状态 3；如果当前输入的是 F 类型的字符，即回车或换行字符，则进入结束状态 4，在这时得到的超长整数是整数 0；如果输入的是其他字符，则忽略这些字符，同时仍然保留在初始状态 0。

在**符号位状态 1** 的前提条件下，如果当前输入的是 E 类型的字符，即数字 1～9，则进入非零状态 2；如果当前输入的是 Z 类型的字符，即数字 0，则进入输入 0 状态 3；如果当前输入的是 F 类型的字符，即回车或换行字符，则进入结束状态 4，在这时得到的超长整数是整数 0；如果当前输入的是 S 类型或 N 类型的字符，则忽略这些字符，同时仍然保留在初始状态 1。

在**非零状态 2** 的前提条件下，如果当前输入的是 D 类型的字符，即数字 0～9，则改变当前超长整数的数值，同时仍然保留在初始状态 2；如果当前输入的是 F 类型的字符，即回车或换行字符，则进入结束状态 4；如果当前输入的是 S 类型或 N 类型的字符，则忽略这些字符，同时仍然保留在初始状态 2。

在**输入 0 状态 3**的前提条件下，如果当前输入的是 E 类型的字符，即数字 1~9，则进入非零状态 2；如果当前输入的是 F 类型的字符，即回车或换行字符，则进入结束状态 4，在这时得到的超长整数是整数 0；如果当前输入的是 Z 类型、S 类型或 N 类型的字符，则忽略这些字符，同时仍然保留在初始状态 3。

在进入到**结束状态 4** 之后，就应当获取到转换之后的超长整数，同时结束整个转换过程。

下面按照上面的思路进行编程。例程代码由 5 个源程序代码文件“CP_IntBigByString.h”“CP_IntBigByString.cpp”“CP_IntBigByStringTest.h”“CP_IntBigByStringTest.cpp”和“CP_IntBigByStringMain.cpp”组成，具体的程序代码如下。

```
// 文件名：CP_IntBigByString.h；开发者：雍俊海
#ifndef CP_INTBIGBYSTRING_H
#define CP_INTBIGBYSTRING_H
#include <string>

class CP_IntBigByString
{
private:
   int m_flag;    // 1: 正整数或 0; -1: 负整数或 0
   string m_data; // 全部由 0~9 组成，而且不以 0 开头。m_data=""表示 0
public:
   CP_IntBigByString() : m_flag (1) { }
   CP_IntBigByString(const string &data, int flag = 1);

   int mb_getFlag() const { return m_flag; }
   string mb_getData() const { return m_data; }
   void mb_getValue(int &flag, string &data) const;
   void mb_setFlag(int flag) { m_flag = (flag<0 ? -1 : 1); }
   void mb_setData(const string &data);
   void mb_setValue(int flag, const string &data);
   void mb_show(const char *s) const;
}; // 类 CP_IntBigByString 定义结束
#endif
```

```
// 文件名：CP_IntBigByString.cpp；开发者：雍俊海
#include <iostream>
using namespace std;
#include "CP_IntBigByString.h"

CP_IntBigByString::CP_IntBigByString(const string &data, int flag)
{
   mb_setValue(flag, data);
```

```
} // CP_IntBigByString 构造函数定义结束

void CP_IntBigByString::mb_getValue(int &flag, string &data) const
{
    flag = m_flag;
    data = m_data;
} // CP_IntBigByString 的成员函数 mb_getValue 定义结束

void CP_IntBigByString::mb_setData(const string &data)
{
    int i;
    int n = data.size();
    int s = 0; // 状态
    m_flag = 1;
    m_data = "";
    for (i = 0; i < n; i++)
    {
        switch (s)
        {
        case 0:
            if (data[i] == '+')
                s = 1;
            else if (data[i] == '-')
            {
                s = 1;
                m_flag = -1;
            }
            else if (data[i] == '0')
                s = 3;
            else if (('1' <= data[i]) && (data[i] <= '9'))
            {
                s = 2;
                m_data += data[i];
            } // if/else 结束
            break;
        case 1:
            if (data[i] == '-')
                m_flag = (m_flag == 1 ? -1 : 1);
            else if (data[i] == '0')
                s = 3;
            else if (('1' <= data[i]) && (data[i] <= '9'))
            {
                s = 2;
                m_data += data[i];
            } // if/else 结束
            break;
        case 2:
```

```
         if (('0' <= data[i]) && (data[i] <= '9'))
            m_data += data[i];
         break;
      case 3:
         if (('1' <= data[i]) && (data[i] <= '9'))
         {
            s = 2;
            m_data += data[i];
         } // if/else 结束
         break;
      } // switch 结束
   } // for 循环结束
} // CP_IntBigByString 的成员函数 mb_setData 定义结束

void CP_IntBigByString::mb_setValue(int flag, const string &data)
{
   mb_setData(data);
   if (flag == -1)
      m_flag = (m_flag == 1 ? -1 : 1);
} // CP_IntBigByString 的成员函数 mb_setValue 定义结束

void CP_IntBigByString::mb_show(const char *s) const
{
   cout << s;
   if (m_data.size() <= 0)
   {
      cout << "0";
      return;
   } // if 结束
   if (m_flag == -1)
      cout << "-";
   cout << m_data;
} // CP_IntBigByString 的成员函数 mb_show 定义结束
```

// 文件名：CP_IntBigByStringTest.h；开发者：雍俊海

```
#ifndef CP_INTBIGBYSTRINGTEST_H
#define CP_INTBIGBYSTRINGTEST_H
#include "CP_IntBigByString.h"

class CP_IntBigByStringTest
{
public:
   string m_input;           // 输入的字符串。
   CP_IntBigByString m_int; // 转换后得到的超长整数
public:
   void mb_run();
}; // 类 CP_IntBigByStringTest 定义结束
```

```
#endif
```

// 文件名：CP_IntBigByStringTest.cpp；开发者：雍俊海

```
#include <iostream>
using namespace std;
#include "CP_IntBigByStringTest.h"

void CP_IntBigByStringTest::mb_run()
{
    char c;
    cout << "请输入一个整数：";
    m_input = "";
    do
    {
        c = (char) (cin.get());
        if ((c == '\r') || (c == '\n'))
            break;
        m_input += c;
    } while (true);
    m_int.mb_setData(m_input);
    m_int.mb_show("该整数转换后为：");
    cout << endl;
} // CP_IntBigByStringTest 的成员函数 mb_run 定义结束
```

// 文件名：CP_IntBigByStringMain.cpp；开发者：雍俊海

```
#include <iostream>
using namespace std;
#include "CP_IntBigByStringTest.h"

int main(int argc, char* args[])
{
    CP_IntBigByStringTest t;
    t.mb_run();
    system("pause"); // 暂停住控制台窗口
    return 0; // 返回 0 表明程序运行成功
} // main 函数结束
```

可以对上面的代码进行编译、链接和运行。下面给出 3 个运行结果示例。

案例 1:	案例 2:	案例 3:
请输入一个整数：*a12b3c4*↙	请输入一个整数：*+---1b2*↙	请输入一个整数：↙
该整数转换后为：1234	该整数转换后为：-12	该整数转换后为：0
请按任意键继续. . .	请按任意键继续. . .	请按任意键继续. . .

例程分析：如头文件“CP_IntBigByString.h”第 7 行代码所示，超长整数类 CP_IntBigByString 的 2 个成员变量 m_flag 和 m_data 被定义为私有的。这样可以避免在本超长整数类定义与实现之外的代码修改这 2 个成员变量的值，从而保证这 2 个成员变量的

取值范围，即成员变量 m_flag 的值只能是 1 或者−1，成员变量 m_data 的值要么不含字符，要么全部由数字字符'0'~'9'组成并且 m_data[0]≠'0'。

如果需要使用这 2 个成员变量，则可以通过以“mb_get”开头的 3 个成员函数。如果需要修改这 2 个成员变量的值，则需要通过以“mb_set”开头的 3 个成员函数。在这 3 个以“mb_set”开头的成员函数中，始终保证成员变量 m_flag 和 m_data 的取值范围，即使以“mb_set”开头的成员函数的函数参数超出了所对应的成员变量的取值范围。例如，对于成员函数“void mb_setFlag(int flag)”，函数参数 flag 的取值范围可以是任意的整数。如头文件“CP_IntBigByString.h”第 17 行代码所示，如果函数参数 flag 的值小于 0，则函数参数 flag 对应的成员变量 m_flag 的值变为−1；否则，成员变量 m_flag 的值变为 1。总之，成员变量 m_flag 的值只能为 1 或者−1。

如图 7-1 所示的状态变迁图是在源文件“CP_IntBigByString.cpp”第 16～67 行的成员函数 mb_setData 中实现的。通过 for 循环语句实现对每个输入字符的处理，通过 switch 语句实现状态的变迁以及对超长整数的计算。在 switch 语句中的代码与如图 7-1 所示的状态变迁图是相对应的。将字符串转换为超长整数是保存在成员变量 m_flag 和 m_data 中的。

如源文件“CP_IntBigByString.cpp”第 76～87 行的成员函数 mb_show 所示，成员函数 mb_show 允许先输出提示，即函数参数 s。如第 79 行代码所示，在输出超长整数时，首先需要判断这个超长整数是否为 0。如果超长整数为 0，直接输出"0"，就可以了，即不需要输出符号位，即使 m_flag 的值等于−1。如果超长整数为负整数，则需要先输出符号“-”，如第 85 行代码所示。

在头文件“CP_IntBigByStringTest.h”中，定义了测试类 CP_IntBigByStringTest。它拥有 2 个成员变量，其中 m_input 用来保存输入的一行字符串，m_int 用来保存在转换后得到的超长整数。

在源文件“CP_IntBigByStringTest.cpp”的成员函数 mb_run 中，通过 do/while 语句接收输入的一行字符串。然后，通过调用类 CP_IntBigByString 的成员函数 mb_setData 将字符串 m_input 转换成为超长整数，并保存在 m_int 中。最后，类 CP_IntBigByString 的成员函数 mb_show 输出转换得到的超长整数。

展望：还可以继续进一步完善本例程，例如：

（1）为了节省内存空间，也许可以考虑将成员变量 m_flag 的数据类型改为 bool 类型。

（2）另外，还可以为本例程的超长整数类增添加、减、乘、除、自增和自减等运算，从而让本例程的超长整数类的功能更加完备。

7.4 本章小结

字符串处理是学习编程的一项重要内容，也是在为实际软件产品编写程序代码时的一项重要难点。不同的操作系统或编译器对字符串处理的一些细节会略微有所不同。因此，在进行跨平台移植程序代码时一定要对字符串处理做比较充分的测试。基于数组的字符串与基于类的字符串之间可以互相转换。不过，在调用类 string 的成员函数 c_str 和 data 从基于类的字符串中提取所对应的基于数组的字符串时，一定要注意不要去修改所返回的基于数组的字符串的字符元素的值，也**不要通过 delete 语句**释放所返回的基于数组的字符串的内存空间。无论是使用基于数组的字符串，还是使用基于类的字符串，都要特别注意字符串的有效性；否则，有可能会抛出异常，从而中止程序的运行。因此，一定要特别关注字符串处理的各个细节，保证程序的**稳定性**。

7.5 习 题

7.5.1 练习题

练习题 7.1 判断正误。

（1）通过类 string 的拷贝构造函数构造的字符串与被拷贝的字符串之间共用相同的内存空间。

（2）字符串的容量通常等于字符串的长度加上 1。

（3）如果定义了“string s("1234");”，然后执行了赋值语句“s[2] = 0;”，则字符串 s 的长度将变成为 2。

（4）除非通过交换，在定义之后，基于类 string 的字符串的容量通常只会增大，不会减小。

（5）类 string 的成员函数 max_size 返回字符串的长度。

（6）如果定义了“string s = "";”，则字符串 s 的长度是 1。

（7）如果定义了“string s("9"), t("899");”，则字符串 s 小于字符串 t。

（8）通过类 string 的成员函数 append 可以在当前字符串的末尾添加新的字符，通过类 string 的成员函数 insert 无法在当前字符串的末尾添加新的字符。

（9）如果类型为 string 的字符串 s 的长度为 0，则函数调用 s.pop_back()将不会执行任何操作。

练习题 7.2 C++标准规定 char 类型的数据占用多少个字节?

练习题 7.3 什么是窄字符? 什么是宽字符?

练习题 7.4 如何输出窄字符的内码?

练习题 7.5 如何输出宽字符的内码?

练习题 7.6 请复习第 2 章的内容，并简述什么是字符集?

练习题 7.7 常用的字符集有哪些?

练习题 7.8 请写出在控制台窗口输出 char16_t 类型的单个数据占用字节数的语句。

练习题 7.9 字符系列类型字面常量的前缀部分分别是什么? 相应的含义又分别是什么?

练习题 7.10 窄字符和宽字符对应的标准输入和标准输出分别是什么?

练习题 7.11 给字符系列类型数据赋值有哪些注意事项?

练习题 7.12 请比较并分析基于静态数组的字符串和基于动态数组的字符串的相同点与不同点。

练习题 7.13 字符数组形式的字符串字面常量的前缀部分分别是什么? 相应的含义又分别是什么?

练习题 7.14 字符数组形式的窄字符串与宽字符串之间如何进行转换?

练习题 7.15 在字符串输出与转换中，区域设置的作用是什么？如何进行系统区域设置？

练习题 7.16 如何输出字符串类的实例对象的内容？

练习题 7.17 字符串类有哪些常用的构造函数？请举例说明。

练习题 7.18 允许赋值的正向迭代器与只读的正向迭代器的区别点是什么？

练习题 7.19 字符串的容量与长度的含义与区别分别是什么？

练习题 7.20 哪两个成员函数是用来获取字符串的长度？

练习题 7.21 字符串类的成员函数 max_size( )与 size( )有什么区别？

练习题 7.22 字符串类的成员函数 resize 与 reserve 有什么区别？

练习题 7.23 请简述字符串类的成员函数 clear 的功能。

练习题 7.24 请简述字符串类的成员函数 empty 的功能。

练习题 7.25 请简述获取字符串类实例对象的字符元素有哪些可行的方法？

练习题 7.26 请简述往字符串类实例对象中添加字符有哪些可行的方法？

练习题 7.27 请简述删除在字符串类实例对象中的字符有哪些可行的方法？

练习题 7.28 请简述替换在字符串类实例对象中的子串有哪些可行的方法？

练习题 7.29 请简述查找字符串有哪些可行的方法？

练习题 7.30 请简述在字符串类实例对象中查找字符有哪些可行的方法？

练习题 7.31 请简述获取字符串类实例对象的子串有哪些可行的方法？

练习题 7.32 请简述字符串类的成员函数 compare 的功能以及如何比较字符串的大小。

练习题 7.33 请编写程序，给第 7.3.8 小节超长整数类增添加、减、乘、除、自增和自减运算，并编写测试程序验证所实现的运算的正确性。

练习题 7.34 请编写程序，自行设计并定义一个基于字符串类的超长整数类。然后，实现计算 2 个正的超长整数的最小公倍数和最大公约数，并编写测试程序验证所实现的运算的正确性。

练习题 7.35 请编写程序，自行设计并定义一个基于字符串类的超长小数类。然后，实现该超长小数的加、减、乘和除运算，并编写测试程序验证所实现的运算的正确性。

练习题 7.36 请编写程序，自行设计并定义一个基于字符串类的超长小数类。然后，实现该超长小数与单精度浮点数之间的相互转换，并编写测试程序验证所实现的转换运算的正确性。

练习题 7.37 请编写程序，自行设计并定义一个基本字符串类的超长小数类。然后，实现该超长小数与双精度浮点数之间的相互转换，并编写测试程序验证所实现的转换运算的正确性。

练习题 7.38 请编写基于字符串类的程序，接收一个表示文件名的字符串的输入。然后，提取出这个文件名的基本名和扩展名，并且分别保存到不同的基于类的字符串中。最后，按照下面的格式输出文件名、基本名和扩展名，其中每行的前半部分是提示信息，每行后半部分应当代入实际的文件名、基本名和扩展名：

输入的文件名为：文件名。

提取的基本名为：基本名。

提取的扩展名为：扩展名。

练习题 7.39 请编写基于字符串类的程序，接收一个字符串的输入，组成该字符串的字符全部为英文字母。然后，对组成该字符串的字符元素按从小到大排序。最后，输出排好序的字符串。

练习题 7.40　请编写基于字符串类的程序，接收一行字符的输入。接着，将这行字符转换为一个浮点数。在转换时，忽略其中不符合浮点数表达的字符。如果输入的字符都不是数字，则转换得到浮点数为整数 0。最后，输出转换后的浮点数。在本题中，可以自行选用浮点数的具体类型。例如，可以选用单精度浮点数和双精度浮点数，也可以选用自定义的基于字符串类的浮点数。

练习题 7.41　请编写基于字符串类的程序，接收一个字符串的输入。然后，判断该字符串是否是一个对称的字符串。如果是，就输出 1；否则，输出 0。这里所谓对称的字符串指的是对于所有有效的整数 i，该字符串正序的第 i 个字符与该字符串逆序的第 i 个字符相等。

练习题 7.42　请编写基于字符串类的程序，接收一个字符串的输入。然后，将在字符串中的'a'、'b'、...、'z'分别替换为"1"、"2"、...、"26"，其他字符保持不变。最后，输出替换之后的字符串。

7.5.2　思考题

思考题 7.43　如何提高超长整数四则运算的效率?

思考题 7.44　如何测试超长整数类在表达超长整数以及进行超长整数四则运算的有效数值范围?

思考题 7.45　如何定义超长整数类进一步扩大其所能表达和进行四则运算的有效数值范围?

第 8 章　标准输入输出与文件处理

标准输入输出与文件处理是计算机程序的**重要组成部分**。前面的章节已经用到了标准输入输出，这里将进行更加详细的讲解。**文件**可以存放在多种介质中，例如硬盘、软盘和光盘，而且还可以通过网络传输。另外，文件在计算机关机或掉电之后仍然会长时间存在。对于计算机程序而言，记录各种事物或事件或程序的内容、性质、状态以及相互关系等数据的文件称为**数据文件**。文件处理不仅大大延长了计算机程序的生命周期，而且**使得数据文件也变成为计算机程序的一个重要组成部分**。借助于数据文件以及含有文件处理的程序，不仅可以在关闭计算机并重新打开计算机之后继续工作，即让工作具有很好的**可积累性质**，而且可以**保存“工作现场”，方便程序的调试**。

8.1　标准输入输出

在头文件 iostream 中定义了**标准输入** cin、**标准输出** cout、**标准错误输出** cerr 和**标准日志输出** clog。它们都隶属于标准命名空间 std。标准输入 cin 的数据类型是**输入流类** istream，cout、cerr 和 clog 的数据类型都是**输出流类 ostream**。输入流类和输出流类都属于**流类**。因为输入输出与硬件和操作系统等 C++语言支撑平台密切相关，不仅细节非常丰富，而且不同硬件和不同操作系统在细节上也存在非常多的差异，所以**输入输出的行为实际上非常复杂**。设计与实现流类的初衷就是为 C++语言提供一个通用的输入输出设计规范，从而降低输入输出处理的难度，但也难以完全消除 C++语言支撑平台之间在输入输出处理上的差异性。流类的实例对象称为**流对象**。流对象处理的数据称为**流（Stream）**，流在本质上就是数据单元序列。这里数据单元的数据类型可以是基本数据类型和 C++语言支撑平台提供的复合数据类型，也可以是自定义的数据类型。C++语言支撑平台已经提供了一部分数据类型的数据单元的输入输出处理功能。对于其他未提供的数据类型，可以通过**函数重载或运算符重载的方式**进行扩展，从而为这些数据类型的数据单元也提供输入输出处理功能。图 8-1 给出了**标准输入输出的操作示意图**。当输出数据时，数据通常首先进入输出缓冲区。当输出缓冲区的数据积累到一定程度或者输出条件被触发时，在输出缓冲区中的数据输出到输出设备。输入命令处理通常也会借助于输入缓冲区，从输入设备得到的输入数据通常首先进入输入缓冲区。当输入缓冲区的数据积累到一定程度或者输入条件被触发时，在输入缓冲区中的数据进入变量等的内存空间，完成输入数据的接收操作。在缓冲区处理的过程中，**输入换行符**常常被当作一个非常重要的触发条件。例如，在输入换行符之前，输入的字符通常会被保存在输入缓冲区中；在输入换行符之后，保存在输入缓冲区中的字符通常就可能会进行解析等处理，从而进入变量等的内存空间。**输入和输出缓冲区的这种机制**通常具有专用的硬件设备以及专门的操作系统模块直接支撑，从而提高输入和输出效率。

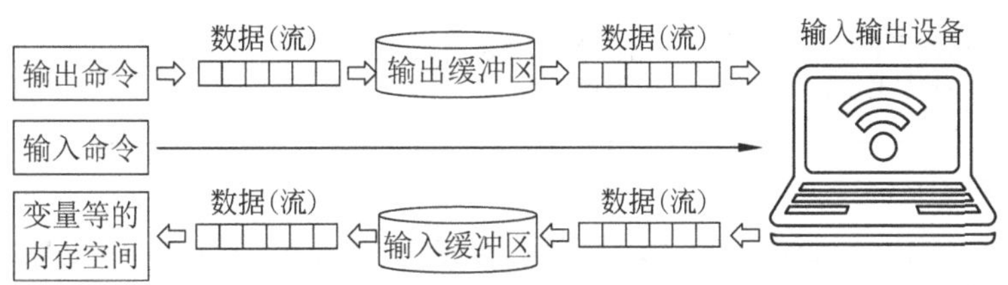

图 8-1　标准输入输出操作示意图

8.1.1　出入流类 ios

出入流类 ios是输入流类 istream 和输出流类 ostream 的父类，是类模板 basic_ios 实例化的结果:

```
typedef basic_ios<char, char_traits<char>> ios;
```

因此，标准输入 cin 和标准输出 cout 都可以用出入流类 ios 的成员函数。

类模板 basic_ios 拥有父类 ios_base。类模板 basic_ios 定义的头部为

```
template<class _Elem, class _Traits>                              // 1
class basic_ios : public ios_base                                 // 2
```

类模板 basic_ios 和类 ios_base 都是用来定义输入流和输出流公共的部分。只是**出入流基础类 ios_base 定义的内容**与流处理的数据的数据类型无关，而**类模板 basic_ios 定义的内容**与流处理的数据的数据类型相关。如类模板 basic_ios 定义的头部所示，其中模板参数 _Elem 就是流处理的数据的数据类型。本小节将介绍类模板 basic_ios 实例化的结果，即出入流类 ios。因为出入流类 ios 可以看作是出入流基础类 ios_base 的子类，所以在满足封装性的前提条件下，出入流类 ios 及其子类的实例对象可以使用出入流基础类 ios_base 的成员。**出入流基础类 ios_base 的成员函数 width 拥有 2 种形式**，其中第 1 个的具体说明如下：

函数 180	ios_base::width
声明：	streamsize width( ) const;
说明：	返回在当前流的配置中所保存的数据宽度。
返回值：	在当前流的配置中所保存的数据最小宽度。
头文件：	#include <iostream>

其中第 2 个，**用来设置数据宽度的成员函数 width** 的具体说明如下：

函数 181	ios_base::width
声明：	streamsize width(streamsize w);
说明：	将当前流的数据宽度的值设置为 w，同时返回当前流在调用本函数之前的数据宽度。
参数：	函数参数 w 用来指定数据宽度。
返回值：	当前流在调用本函数之前的数据宽度。
头文件：	#include <iostream>

❀小甜点❀：

（1）在流的配置中，**默认的数据宽度**通常是 0。

（2）如果**数据的实际宽度**大于当前流在配置中设置的数据宽度，则按该数据的实际宽度处理；否则，按在当前流的配置中的数据宽度进行处理。

> **注意事项**：
> 如果当前流是输出流，则**在输出一个数据之后，当前流的数据宽度又会自动恢复为默认的数据宽度**。默认的数据宽度通常是 0。

出入流类 ios 的成员函数 fill 拥有 2 种形式，其中第 1 个的具体说明如下：

函数 182　ios::fill

声明： `char fill() const;`
说明： 返回在当前流的配置中所保存的填充字符。
返回值： 在当前流的配置中所保存的填充字符。
头文件： `#include <iostream>`

其中第 2 个是**用来设置填充字符的成员函数 fill**，其具体说明如下：

函数 183　ios::fill

声明： `char fill(char c);`
说明： 将字符 c 作为填充字符保存到当前流的配置中，同时返回在调用本函数之前的填充字符。
参数： c 用来指定填充字符。
返回值： 在调用本函数之前在当前流的配置中所保存的填充字符。
头文件： `#include <iostream>`

> **小甜点**：
> 在流的配置中，**默认的填充字符**通常是空格。

下面给出调用出入流基础类 ios_base 的成员函数 width 和出入流类 ios 的成员函数 fill 的示例代码片段。

```
char c1 = cout.fill( );          // 结果：c1='␣'↙                    // 1
char c2 = cout.fill('x');        // 结果：c2='␣'↙                    // 2
int w1 = (int)cout.width( );     // 结果：w1=0↙                      // 3
int w2 = (int)cout.width(6);     // 结果：w2=0↙                      // 4
cout << cout.width() << endl;    // 输出：xxxxx6↙                    // 5
cout << cout.width() << endl;    // 输出：0↙                         // 6
int w3 = (int)cout.width(4);     // 结果：w3=0↙                      // 7
cout << cout.width() << endl;    // 输出：xxx4↙                      // 8
cout << cout.width() << endl;    // 输出：0↙                         // 9
char c3 = cout.fill();           // 结果：c3='x'↙                    //10
```

在**第 1 行代码**“char c1 = cout.fill( );”中，成员函数 fill 返回 cout 的默认填充字符'␣'。**第 2 行代码**“char c2 = cout.fill('x');”将 cout 的填充字符修改为'x'。因为在运行第 2 行代码之前，cout 的填充字符是空格'␣'，所以在第 2 行代码中的成员函数 fill 返回空格'␣'，结果 c2='␣'。在**第 3 行代码**“int w1 = (int)cout.width( );”中，成员函数 width 返回 cout 的默认数据宽度 0。**第 4 行代码**“int w2 = (int)cout.width(6);”将 cout 的数据宽度修改为 6。因为

在运行第 4 行代码之前，cout 的数据宽度是 0，所以在第 4 行代码中的成员函数 width 返回 0，结果 w2=0。在**第 5 行代码**“cout << cout.width() << endl;”中，成员函数 width 返回 cout 的当前数据宽度 6。因此，第 5 行代码按数据宽度 6 输出整数 6。因为这里整数 6 的宽度只有 1，所以需要用 5 个填充字符进行填充，结果第 5 行代码输出“xxxxx6↙”。在输出整数 6 之后，cout 的数据宽度又自动恢复为默认的数据宽度 0。因此，在**第 6 行代码**“cout << cout.width() << endl;”中，成员函数 width 返回 cout 的默认数据宽度 0。因为整数 0 的宽度是 1，大于 cout 的默认数据宽度 0，所以第 6 行代码按数据宽度 1 输出整数 0，结果第 6 行代码输出“0↙”。因为在运行第 7 行代码之前，cout 的数据宽度是 0，所以在**第 7 行代码**“int w3 = (int)cout.width(4);”中的成员函数 width 返回 0，结果 w3=0。同时，第 7 行代码将 cout 的数据宽度修改为 4。

类似地，在**第 8 行代码**“cout << cout.width() << endl;”中，成员函数 width 返回 cout 的当前数据宽度 4。因此，第 8 行代码按数据宽度 4 输出整数 4。因为这里整数 4 的宽度只有 1，所以需要用 3 个填充字符进行填充，结果第 8 行代码输出“xxx4↙”。在输出整数 4 之后，cout 的数据宽度又自动恢复为默认的数据宽度 0。因此，在**第 9 行代码**“cout << cout.width() << endl;”中，成员函数 width 返回 cout 的默认数据宽度 0。因为整数 0 的宽度是 1，大于 cout 的默认数据宽度 0，所以第 9 行代码按数据宽度 1 输出整数 0，结果第 9 行代码输出“0↙”。

在**第 10 行代码**“char c1 = cout.fill( );”中，成员函数 fill 返回 cout 的当前填充字符'x'。这说明在 cout 输出数据之后，cout 的填充字符**不会自动恢复为默认的填充字符**。因此，**要注意成员函数 fill 和 width 在是否自动恢复默认值上的区别**。

在出入流类 ios 中，**判断流对象是否处于合法状态的成员函数 good** 的具体说明如下：

函数 184　ios::good	
声明：	bool good() const;
说明：	判断当前的流对象是否处于合法状态。如果是，则返回 true；否则，返回 false。
返回值：	如果当前的流对象处于合法状态，则返回 true；否则，返回 false。
头文件：	#include <iostream>

下面给出调用成员函数 good 的示例代码片段。

```
int i = 0;                                                     // 1
cin >> i;                                                      // 2
if (cin.good())                                                // 3
    cout << "成功输入!" << endl;                               // 4
```

如果在运行上面代码时输入整数 10 及换行符，那么第 2 行的代码通常可以正确接收到整数 10，并赋值给变量 i，而且标准输入 cin 的状态通常也会处于合法状态。因此，这时第 3 行代码“cin.good()”的返回值是 true，结果第 4 行代码输出“成功输入!”。

如果在运行上面代码时输入字母 a 及换行符，那么第 2 行的代码无法处理字母 a 的输入，因为**格式有误**，即字母 a 不是整数。这时，变量 i 的值保持不变，仍然是 0。同时，标准输入 cin 的状态处于**不合法状态**。因此，这时第 3 行代码“cin.good()”的返回值是 false。结果不会运行第 4 行的代码。

> **❀小甜点❀**：
>
> （1）流对象所处的合法状态有时也称为正常状态。
>
> （2）流对象所处的不合法状态或非法状态有时也称为不正常状态。

在出入流类 ios 中，**重置流对象状态的成员函数 clear** 的具体说明如下：

函数 185 ios::clear	
声明：	`void clear( );`
说明：	将当前流对象的状态重置为合法状态。
头文件：	`#include <iostream>`

下面给出调用与不调用成员函数 clear 的对照示例代码片段。

// 左侧：调用成员函数 clear	// 右侧对照代码：不调用成员函数 clear	行号
`int i = 0;`	`int i = 0;`	// 1
`char c = 'C';`	`char c = 'C';`	// 2
`cin >> i;`	`cin >> i;`	// 3
`cin.clear();`	`// cin.clear();`	// 4
`cin >> c;`	`cin >> c;`	// 5

如果在运行上面左侧代码时输入字母 a 及换行符，那么第 3 行的代码“cin >> i;”无法处理字母 a 的输入，因为格式有误，即字母 a 不是整数。这时，变量 i 的值保持不变，仍然是 0。同时，标准输入 cin 的状态处于不合法状态。第 4 行代码“cin.clear();”将标准输入 cin 的状态重置为合法状态。第 5 行的代码“cin >> c;”可以正确接收字母 a 的输入，并赋值给变量 c，使得变量 c = 'a'。

如果在运行上面右侧代码时输入字母 a 及换行符，那么第 3 行的代码“cin >> i;”无法处理字母 a 的输入，因为格式有误，即字母 a 不是整数。这时，变量 i 的值保持不变，仍然是 0。同时，标准输入 cin 的状态处于不合法状态。这时，第 5 行的代码“cin >> c;”也无法正确接收字母 a 的输入，因为标准输入 cin 没有处在合法的状态。这时，变量 c 的值保持不变，仍然是'C'，而且输入的字母 a 仍然位于输入缓冲区中，没有被处理。

在出入流类 ios 中，**判断流对象的状态是否不正常的成员函数 fail** 的具体说明如下：

函数 186 ios::fail	
声明：	`bool fail() const;`
说明：	判断当前流对象的状态是否不正常。如果是，则返回 true；否则，返回 false。
返回值：	如果当前流对象的状态不正常，则返回 true；否则，返回 false。
头文件：	`#include <iostream>`

下面给出调用成员函数 fail 的示例代码片段。

```
int i = 0;                                  // 1
cin >> i;                                   // 2
if (cin.fail())                             // 3
   cout << "输入有误!" << endl;             // 4
else cout << "输入成功!" << endl;           // 5
```

如果在运行上面代码时输入整数 10 及换行符，那么第 2 行的代码通常可以正确接收到整数 10，并赋值给变量 i，而且标准输入 cin 的状态通常也会处于正常状态。因此，第 3 行代码“cin.fail()”的返回值是 false，结果第 5 行代码输出“输入成功!”。

如果在运行上面代码时输入字母 a 及换行符，那么第 2 行的代码无法处理字母 a 的输入，因为**格式有误**，即字母 a 不是整数。这时，变量 i 的值保持不变，仍然是 0。这种输入格式的错误会导致标准输入 cin 的状态处于**不正常的状态**。因此，第 3 行代码“cin.fail()”的返回值是 true。结果第 4 行代码输出“输入有误!”。

在出入流类 ios 中，**判断是否越过流的末尾的成员函数 eof** 的具体说明如下：

函数 187　ios::eof

声明：	`bool eof() const;`
说明：	判断是否越过流的末尾。如果是，则返回 true；否则，返回 false。
返回值：	如果越过流的末尾，则返回 true；否则，返回 false。
头文件：	`#include <iostream>`

注意事项：

成员函数 eof 判断是否**越过末尾**，而**不是到达末尾**。

小甜点：

（1）在 Windows 系列的操作系统中，输入组合键 Ctrl+z 表示**输入流结束符**。

（2）在 Unix、Linux 或 Mac OS 系列的操作系统中，输入组合键 Ctrl+d 表示**输入流结束符**。

下面给出调用成员函数 eof 的示例代码片段。

```
int i = 0;                                                    // 1
cin >> i;                                                     // 2
if (cin.eof())                                                // 3
   cout << "输入结束。" << endl;                              // 4
else cout << "输入还没有结束。" << endl;                      // 5
```

如果在运行上面代码时输入整数 10、组合键 Ctrl+z 及换行符，那么通常会输出“输入还没有结束。”，而且变量 i 的值变为 10。这是因为在接收整数 10 的输入之后，这时只是到达了输入的末尾，但**没有越过输入的末尾**，所以第 3 行代码“cin.eof()”返回 false。

如果在运行上面代码时输入组合键 Ctrl+z 及换行符，那么通常会输出“输入结束。”，而且变量 i 的值保持不变，即仍然为 0。因为这时**越过了输入的末尾**，所以第 3 行代码“cin.eof()”返回 true。

除了本小节介绍的内容之外，其他章节还讲解了出入流基础类 ios_base 的其他成员，具体如表 8-1 所示。

除了本小节介绍的内容之外，其他章节还讲解了出入流类 ios 的其他成员，具体如表 8-2 所示。

表 8-1　出入流基础类 ios_base 的其他成员

序号	成员名称	类型	含　义	章节号
1	app	常量	表示在文件末尾写数据	8.2.2 小节
2	ate	常量	表示在打开文件之后，立即将文件的当前位置移动到文件尾	8.2.2 小节
3	beg	常量	表示流的开头位置	8.2 节
4	binary	常量	表示以二进制方式打开文件	8.2.2 小节
5	cur	常量	表示流的当前位置	8.2 节
6	end	常量	表示流的末尾位置	8.2 节
7	in	常量	表示允许读取操作	8.2.1 小节
8	out	常量	表示允许写入操作	8.2.2 小节
9	precision	成员函数	共含有 2 个成员函数，分别为设置与获取在当前流的配置中所保存的精度	8.1.4 小节
10	trunc	常量	表示在打开文件时，删除文件原有的内容	8.2.2 小节

表 8-2　出入流类 ios 的其他成员

序号	成员名称	类型	含　义	章节号
1	imbue	成员函数	设置本地系统区域	7.1 节
2	rdbuf	成员函数	共含有 2 个成员函数，分别为设置与获取在当前流对象中绑定的缓冲区地址	8.1.3 小节

8.1.2　输入流类 istream

标准输入 cin 隶属于标准命名空间 std。因此，标准输入 cin 的完整名称是“std::cin”。标准输入 cin 的数据类型是**输入流类 istream**。输入流类 istream 是类模板 basic_istream 实例化的结果：

```
typedef basic_istream<char, char_traits<char> > istream;
```

在 istream 类的所有成员函数和运算符中，最常用的是**运算符>>**，其具体说明如下：

运算符 25　istream::operator>>

声明： `istream& operator>>(T& a);`

说明： 在上面的函数声明中，T 可以是 bool、short、unsigned short、int、unsigned int、long、unsigned long、long long、unsigned long long、float、double 和 long double 等基本数据类型，也可以是由 C++语言支撑平台提供的 string 等复合数据类型。如果输入状态处于合法状态，则本运算是从输入设备中读取数据并赋值给函数参数 a。如果输入状态处于非法状态，则**函数参数 a 的值不变**。如果输入数据的格式有误，则**函数参数 a 的值不变**，同时输入状态变为**非法状态**。

参数： 函数参数 a 用来存放从输入设备中读取的数据。

返回值： 当前输入流实例对象的引用。

头文件： `#include <iostream>`

输入流类 istream 的输入运算>>支持这么多种数据类型是通过面向对象的**运算符重载**

实现的。因此，对于自定义的数据类型等输入流类 istream 的输入运算不支持的数据类型，可以通过编写输入流类 istream 的输入运算符重载函数实现相应的输入运算。

下面给出调用输入流类 istream 的输入运算>>的示例代码片段。

```
1  int m = 1;
2  int n = 2;
3  char c = 'c';
4  char d = 'd';
5  cin >> m >> n;
6  cin >> c;
7  cin.clear();
8  cin >> d;
```

标准输入 cin 自动会解析输入的字符序列。对于上面的代码，**如果输入的是“12 ⊔ 34ab↙”**，其中“⊔”表示空格，则结果为“m = 12，n = 34，c = 'a'，d = 'b'”。在这里读入第 1 个整数时，标准输入 cin 会区分 2 个整数之间的空格；而且在读取第 2 个整数时，会自动跳过位于“12”和“34”之间的空格。

对于上面的代码，**如果输入的是“12.34↙”**，则结果将为“m = 12，n = 2，c = 'c'，d = '.'。首先，标准输入 cin 正确解析输入的“12”得到整数 12，并赋值给变量 m，结果 m=12。接下来，标准输入 cin 需要处理字符'.'。因为字符'.'不是组成整数的字符，所以标准输入 cin 发现输入数据的**格式有误**，结果变量 n 的值不变，即保持 n = 2，同时输入的状态变为**非法状态**。这导致第 6 行代码“cin >> c;”也无法执行成功，结果变量 c 的值不变，即保持 c = 'c'。接下来，第 7 行代码“cin.clear();”将标准输入 cin 的状态恢复变为**合法状态**。这样，在第 8 行代码“cin >> d;”处，标准输入 cin 继续需要处理前面的字符'.'，并解析为变量 d 的值，结果变量 d = '.'。在执行完上面的代码之后，标准输入 cin 仍然没有处理完前面输入的全部字符，即剩下未处理的字符序列是“34↙”。

下面通过例程进一步说明如何重载输入流类 istream 的输入运算符“>>”。

例程 8-1　重载输入流类 istream 的输入运算符“>>”例程。

例程功能描述：首先定义一个含有学号与成绩的学生类，然后通过重载输入流类 istream 的输入运算符“>>”输入学生的学号与成绩，最后输出学生的学号与成绩。

例程解题思路：定义类 CP_Student，通过它的成员函数 mb_show 输出学生的学号与成绩。定义全局函数重载输入流类 istream 的输入运算符“>>”，接收学生学号与成绩的输入。例程代码由 3 个源程序代码文件“CP_StudentInput.h”“CP_StudentInput.cpp”和“CP_StudentInputMain.cpp”组成，具体的程序代码如下。

```
// 文件名：CP_StudentInput.h；开发者：雍俊海
#ifndef CP_STUDENTINPUT_H
#define CP_STUDENTINPUT_H

class CP_Student
{
public:
    int m_ID;
```

```
    int m_score;
public:
    CP_Student() : m_ID(1), m_score(0) {}
    void mb_show();
}; // 类 CP_Student 定义结束

extern istream& operator >> (istream& is, CP_Student &s);
#endif
```

```
// 文件名: CP_StudentInput.cpp; 开发者: 雍俊海
#include <iostream>
using namespace std;
#include "CP_StudentInput.h"

void CP_Student::mb_show()
{
    cout << "学生的学号是" << m_ID << endl;
    cout << "学生的成绩是" << m_score << endl;
} // 类 CP_Student 的成员函数 mb_show 定义结束

istream& operator >> (istream& is, CP_Student &s)
{
    cout << "请输入学生的学号与成绩(用逗号分隔): ";
    is >> s.m_ID;
    is >> s.m_score;
    return is;
} // 运算符 operator >>定义结束
```

```
// 文件名: CP_StudentInputMain.cpp; 开发者: 雍俊海
#include <iostream>
using namespace std;
#include "CP_StudentInput.h"

int main(int argc, char* args[])
{
    CP_Student s;
    cin >> s;
    s.mb_show();
    system("pause");
    return 0; // 返回 0 表明程序运行成功
} // main 函数结束
```

可以对上面的代码进行编译、链接和运行。下面给出一个运行结果示例。

```
请输入学生的学号与成绩(用逗号分隔): 2022010001 95↙
学生的学号是 2022010001
学生的成绩是 95
```

```
请按任意键继续. . .
```

例程分析：头文件“CP_StudentInput.h”的第 14 行代码声明了重载输入流类 istream 的输入运算符“>>”的全局函数，源文件“CP_StudentInput.cpp”第 11～17 行代码定义了这个全局函数。这样，如源文件“CP_StudentInputMain.cpp”第 8 行代码“cin >> s;”所示，标准输入 cin 就可以直接调用输入运算获取学生的学号与成绩。上面运行结果示例也验证了这个结论。

下面给出调用输入流类 istream 的输入运算获取字符串的示例代码片段。

```
string a;                                                        // 1
string b;                                                        // 2
cin >> a;                                                        // 3
cin >> b;                                                        // 4
```

标准输入 cin 通过运算符“>>”读入字符串会忽略位于字符串前后的空白符，而且字符串前后的空白符也是分隔相邻的 2 个字符串的标志。因此，**标准输入 cin 通过运算符“>>”读入的字符串不会含有空白符**。例如，对于上面的代码，**如果输入的是“␣␣␣␣ abcd ␣␣␣␣ def↙”**，其中“␣”表示空格，“↙”表示换行符，则运行结果将得到：字符串 a="abcd"，字符串 b="def "。字符串 a 和 b 都不含空格和换行符。因为上面代码用到了字符串类 string，所以要让上面的代码通过编译，还需要在源文件的头部添加文件包含语句“#include <string>”。

输入流类 istream 的成员函数 peek 用来返回待处理流数据的第 1 个字节，其具体说明如下：

函数 188　istream::peek

声明：　`int peek();`

说明：　本函数分成为如下 2 种情况进行处理：

（1）如果当前流对象处于**非法状态**，或者待处理的第 1 个字符是**输入流结束符**，则返回-1。同时在运行完本函数之后，当前流对象的状态将成为**非法状态**。

（2）如果当前流对象处于**合法状态**，并且待处理流数据的第 1 个字符**不是输入流结束符**，则返回待处理流数据第 1 个字节所对应的整数，即所返回的整数的最低字节等于待处理流数据的第 1 个字节，其他字节为 0。在运行完本函数之后，当前流对象的状态将保持为**合法状态**。另外，在运行本函数前后，当前流对象的**待处理流数据保持不变**。

返回值：　如果当前流对象处于合法状态并且存在待处理流数据，则返回待处理流数据第 1 个字节对应的整数；否则，返回-1。

头文件：　`#include <iostream>`

下面给出调用输入流类 istream 的成员函数 peek 的示例代码片段。

```
int n = 10;                                                      // 1
n = cin.peek();                                                  // 2
```

对于上面的代码，不管输入是什么，如果**标准输入 cin 一开始就处于非法状态**，则位于**第 2 行代码**的函数调用“cin.peek()”均返回−1，结果 n=−1。在运行第 2 行代码结束之后，标准输入 cin 仍然保持在非法状态，而且待处理的流数据也保持不变。

对于上面的代码，**如果输入的是“abcd↙”**，并且标准输入 cin 为**合法状态**，则**第 2 行代码**的函数调用“cin.peek()”将返回字母'a'的 ASCII 码所对应的整数。因此，结果得到 n=97，标准输入 cin 将仍然处于**合法状态**，而且待处理的输入仍然是“abcd↙”。

对于上面的代码，**如果输入的是“⊔a⊔b⊔c↙”**，并且标准输入 cin 为**合法状态**，则**第 2 行代码**的函数调用“cin.peek()”将返回空格'⊔'的 ASCII 码 32。因此，结果得到 n=32，标准输入 cin 将仍然处于**合法状态**，而且待处理的输入仍然是“⊔a⊔b⊔c↙”。这个运行示例说明输入流类 istream 的成员函数 peek **不会跳过空白符**。

对于上面的代码，**如果输入的是“^Z↙”**，其中“^Z”表示输入组合键 Ctrl+z，即输入流结束符，则无论标准输入 cin 为**合法状态**，还是**非法状态**，**第 2 行代码**的函数调用“cin.peek()”都将返回-1，同时标准输入 cin 的状态成为**非法状态**。

这里介绍**输入流类 istream 的成员函数 get** 的 2 种形式，其中第 1 种的具体说明如下：

函数 189	**istream::get**
声明：	`int get();`
说明：	本函数分成为如下 2 种情况进行处理： （1）如果当前流对象处于**非法状态**，或者待处理的第 1 个字符是**输入流结束符**，则返回-1。同时在运行完本函数之后，当前流对象的状态将成为**非法状态**。 （2）如果当前流对象处于**合法状态**，并且待处理流数据的第 1 个字符**不是输入流结束符**，则读取并返回待处理流数据的第 1 个字节所对应的整数，即所返回的整数的最低字节等于待处理流数据的第 1 个字节，其他字节为 0。在运行完本函数之后，当前流对象的状态将保持为**合法状态**。
返回值：	如果成功读取流数据，则返回所读取到的字节所对应的整数；否则，返回-1。
头文件：	`#include <iostream>`

下面给出调用输入流类 istream 的第 1 种形式成员函数 get 的示例代码片段。

```
char c = 'C';                                                    // 1
c = (char) (cin.get());                                          // 2
```

对于上面的代码，**如果输入的是“abcd↙”**，并且标准输入 cin 为**非法状态**，则**第 2 行代码**的函数调用“cin.get()”将返回-1。因此，结果得到 c=-1，标准输入 cin 将仍然处于**非法状态**，而且待处理的输入仍然是“abcd↙”。

对于上面的代码，**如果输入的是“abcd↙”**，并且标准输入 cin 为**合法状态**，则**第 2 行代码**的函数调用“cin.get()”将返回 97，即字母'a'的 ASCII 码。因此，结果得到 c='a'，标准输入 cin 将仍然处于**合法状态**，而且待处理的输入将变成为“bcd↙”。

对于上面的代码，**如果输入的是“⊔a⊔b⊔c↙”**，并且标准输入 cin 为**合法状态**，则**第 2 行代码**的函数调用“cin.get()”将返回 32，即空格'⊔'的 ASCII 码。因此，结果得到 c='⊔'，标准输入 cin 将仍然处于**合法状态**，而且待处理的输入将变成为“a⊔b⊔c↙”。这个运行示例说明输入流类 istream 的成员函数 get **不会跳过空白符**，即可以用成员函数 get 来读取空白符。

对于上面的代码，**如果输入的是“^Z↙”**，其中“^Z”表示输入组合键 Ctrl+z，即输入流结束符，则无论标准输入 cin 为**合法状态**，还是**非法状态**，**第 2 行代码**的函数调用“cin.get()”都将返回-1，同时标准输入 cin 的状态成为**非法状态**。

输入流类 istream 的成员函数 get的第 2 种形式的具体说明如下：

函数 190　istream::get

声明：	`istream& get(char& c);`
说明：	本函数分成为如下 2 种情况进行处理： （1）如果当前流对象处于**非法状态**，或者待处理的第 1 个字符是**输入流结束符**，则**函数参数 c 的值不变**。同时在运行完本函数之后，当前流对象的状态将成为**非法状态**。 （2）如果当前流对象处于**合法状态**，并且待处理流数据的第 1 个字符**不是输入流结束符**，则从待处理流数据中读取 1 个字节的数据并赋值给函数参数 c。在运行完本函数之后，当前流对象的状态将保持为**合法状态**。
参数：	c 用来接收输入的字符。
返回值：	当前输入流实例对象的引用。
头文件：	`#include <iostream>`

❀小甜点❀：

输入流类 istream 的这个第 2 种形式 get 成员函数“istream& get(char& c);”与前面第 1 种形式的成员函数“int get();”相比，第 2 种形式成员函数读取数据的数据类型直接就是 char 类型；而第 1 种形式成员函数只读取 1 个字节的流数据，然后转换成为整数，在函数返回之后，通常又要转换为 char 类型，效率会低一些。当然，**第 1 种形式成员函数设计的目的是为了留给以后进行扩展**。只是这种设计的合理性值得讨论。

下面给出调用输入流类 istream 的第 2 种形式成员函数 get 的示例代码片段。

```
char c = 'C';                                            // 1
cin.get(c);                                              // 2
```

对于上面的代码，**如果输入的是“abcd↙”**，并且标准输入 cin 为**非法状态**，则**第 2 行代码**的函数调用“cin.get(c);”不会改变 c 的值，即 c 的值仍然为'C'。同时，标准输入 cin 将仍然处于**非法状态**，而且待处理的输入仍然是“abcd↙”。

对于上面的代码，**如果输入的是“abcd↙”**，并且标准输入 cin 为**合法状态**，则**第 2 行代码**的函数调用“cin.get(c);”将从待处理的输入中读取字母'a'，并赋值给变量 c。因此，结果得到 c='a'，标准输入 cin 将仍然处于**合法状态**，而且待处理的输入将变成为“bcd↙”。

对于上面的代码，**如果输入的是“␣a␣b␣c↙”**，并且标准输入 cin 为**合法状态**，则**第 2 行代码**的函数调用“cin.get(c);” 将从待处理的输入中读取空格'␣'，并赋值给变量 c。因此，结果得到 c='␣'，标准输入 cin 将仍然处于**合法状态**，而且待处理的输入将变成为“a␣b␣c↙”。这个运行示例说明输入流类 istream 的成员函数 get **不会跳过空白符**，即可以用成员函数 get 来读取空白符。

对于上面的代码，**如果输入的是“^Z↙”**，其中“^Z”表示输入组合键 Ctrl+z，即输入流结束符，则无论标准输入 cin 为**合法状态**，还是**非法状态**，**第 2 行代码**的函数调用“cin.get(c);”都不会改变 c 的值，即 c 的值仍然为'C'。同时标准输入 cin 的状态成为**非法状态**。

输入流类 istream 的成员函数 getline 用来读取 1 行字符串。它拥有 2 种形式，其中第 1 种的具体说明如下：

函数 191　istream::getline

声明： `istream& getline(char* s, streamsize n);`

说明： 本函数分成为如下 3 种情况进行处理：

（1）如果当前流对象处于**非法状态**，则 s[0] 的值通常变成为 0。在本函数运行结束之后，当前流对象仍然将处于**非法状态**。

（2）如果当前流对象处于**合法状态**，并且在不计回车符和换行符的前提条件下该行数据**不超过**(n-1) 个字符，则将除了回车符和换行符之外的整行数据保存到 s 中，并且在 s 的末尾保存 ASCII 码为 0 的字符串结束符。在本函数运行结束之后，当前流对象仍然将处于**合法状态**。

（3）如果当前流对象处于**合法状态**，并且在不计回车符和换行符的前提条件下该行数据**超过**(n-1) 个字符，则将这行数据的前 (n-1) 个字符保存到 s 中，并且在 s 的末尾保存 ASCII 码为 0 的字符串结束符。在本函数运行结束之后，当前流对象仍然将变为**非法状态**。

参数： ① s 指定接收输入的字符串的内存空间。

② n 指定接收到含字符串结束符在内的字符总个数的上界。

返回值： 当前流对象的引用。

头文件： #include <iostream>

注意事项：

（1）C++标准并**没有规定**在**当前流对象处于非法状态**时成员函数 getline 的行为。因此，在当前流对象处于非法状态时，在不同的 C++语言支撑平台中成员函数 getline 的行为有可能会有所不同。

（2）在调用上面成员函数 getline 时，形式参数 s 所对应的实际参数**必须**指向一个**已经分配好不小于 n 个字符的内存空间**。

下面给出调用输入流类 istream 的成员函数 getline 的示例代码片段。

```
char s[100];                                                    // 1
cin.getline(s, 5);                                              // 2
```

对于上面的代码，**如果输入的是“↙”**，则无论标准输入 cin 处于合法状态还是非法状态，s[0]的值通常都变成为 0。同时，标准输入 cin 的状态保持不变。

对于上面的代码，**如果输入的是“12↙”**，则存在 2 种情况。如果标准输入 cin 处于**非法状态**，则 s[0]的值通常变成为 0，而且标准输入 cin 的状态仍然保持为非法状态。如果标准输入 cin 处于**合法状态**，则上面代码的运行结果是 s[0]='1'、s[1]='2'和 s[2]=0，而且标准输入 cin 的状态仍然保持为合法状态。

对于上面的代码，**如果输入的是“1234↙”**，则存在 2 种情况。如果标准输入 cin 处于**非法状态**，则 s[0]的值通常变成为 0，而且标准输入 cin 的状态仍然保持为非法状态。如果标准输入 cin 处于**合法状态**，则上面代码的运行结果是 s[0]='1'、s[1]='2'、s[2]='3'、s[3]='4'和 s[4]=0，而且标准输入 cin 的状态仍然保持为合法状态。

对于上面的代码，**如果输入的是“12345↙”**，则存在 2 种情况。如果标准输入 cin 处于**非法状态**，则 s[0]的值通常变成为 0，而且标准输入 cin 的状态仍然保持为非法状态。如果标准输入 cin 处于**合法状态**，则上面代码的运行结果是 s[0]='1'、s[1]='2'、s[2]='3'、s[3]='4'和 s[4]=0，而且标准输入 cin 的状态将**变成为非法状态**。另外，这时标准输入 cin 的**待处理数据**变成为“5↙”。

对于上面的代码，**如果输入的是“␣␣↙”**，并且标准输入 cin 处于**合法状态**，则上面代码的运行结果是 s[0]=s[1]='␣'=32 和 s[2]=0，即 s[0]和 s[1]都是空格。这时标准输入 cin **没有待处理数据**。

对于上面的代码，**如果输入的是“␣a␣↙”**，并且标准输入 cin 处于**合法状态**，则上面代码的运行结果是 s[0]='␣'=32、s[1]='a'=97、s[2]='␣'=32 和 s[3]=0。这时标准输入 cin **没有待处理数据**。作为对比，如果采用**运算符>>**获取数据，则**无法获取到空格**，因为在采用运算符>>接收数据输入时会跳过空格。

输入流类 istream 的成员函数 getline 的第 2 种形式的具体说明如下：

函数 192　istream::getline

声明： `istream& getline(char* s, streamsize n, char delimiter);`

说明： 本函数分成为如下 3 种情况进行处理：

（1）如果当前流对象处于**非法状态**，则 s[0]的值通常变成为 0。在本函数运行结束之后，当前流对象仍然将处于**非法状态**。

（2）如果当前流对象处于**合法状态**，输入的前 n 个字符**含有**字符 delimiter，则将输入的在第 1 个处出现的字符 delimiter 之前的所有字符保存到 s 中，并且在 s 的末尾保存 ASCII 码为 0 的字符串结束符。在本函数运行结束之后，当前流对象仍然将处于**合法状态**，而且**当前流对象待处理的字符序列**将变成为输入的在第 1 个处出现的字符 delimiter 之后的所有字符。

（3）如果当前流对象处于**合法状态**，输入的前 n 个字符**不含**字符 delimiter，则将输入的前(n-1)个字符保存到 s 中，并且在 s 的末尾保存 ASCII 码为 0 的字符串结束符。在本函数运行结束之后，当前流对象将变为**非法状态**，而且**当前流对象待处理的字符序列**将变成为所输入的从第 n 个字符开始的所有字符。

参数： ① s 指定接收输入的字符串的内存空间。

② n 指定接收到含字符串结束符在内的字符总个数的上界。

③ delimiter 指定待接收字符串的界定符。

返回值： 当前流对象的引用。

头文件： `#include <iostream>`

注意事项：

（1）C++标准并**没有规定**在**当前流对象处于非法状态**时成员函数 getline 的行为。因此，在当前流对象处于非法状态时，在不同的 C++语言支撑平台中成员函数 getline 的行为有可能会有所不同。

（2）在调用上面成员函数 getline 时，形式参数 s 所对应的实际参数**必须**指向一个**已经分配好不小于 n 个字符的内存空间**。

下面给出调用输入流类 istream 的成员函数 getline 的示例代码片段。

```
char s[100];                                          // 1
cin.getline(s, 5, '2');                               // 2
cin.getline(s, 5, '2');                               // 3
```

对于上面的代码，**如果输入的是“1234567890↙”**，并且标准输入 cin 为合法状态，则**第 2 行代码**将使得 s[0]='1'和 s[1]=0，同时标准输入 cin 仍然**保持为合法状态**。在运行第 2 行代码之后，cin 待处理的输入变成为“34567890↙”，即**字符'2'既没有保存到字符串 s 中，也没有继续保留为待处理的输入**。因此，**第 3 行代码**将使得 s[0]='3'、s[1]='4'、s[2]='5'、s[3]='6'和 s[4]=0，同时标准输入 cin **变成为非法状态**。在运行第 3 行代码之后，cin 待处理的输入变成为“7890↙”，即字符'7'继续保留为待处理的输入。

对于上面的代码，**如果输入的是“345627890↙”**，并且标准输入 cin 为合法状态，则**第 2 行代码**将使得 s[0]='3'、s[1]='4'、s[2]='5'、s[3]='6'和 s[4]=0，同时标准输入 cin 仍然**保持为合法状态**。在运行第 2 行代码之后，cin 待处理的输入变成为“7890↙”，即**字符'2'既没有保存到字符串 s 中，也没有继续保留为待处理的输入**。因此，**第 3 行代码**将使得 s[0]='7'、s[1]='8'、s[2]='9'、s[3]='0'和 s[4]=0，同时标准输入 cin **变成为非法状态**。在运行第 3 行代码之后，cin 待处理的输入变成为“↙”，即字符'↙'继续保留为待处理的输入。

对于上面的代码，**如果输入的是“34567890↙”**，并且标准输入 cin 为合法状态，则**第 2 行代码**将使得 s[0]='3'、s[1]='4'、s[2]='5'、s[3]='6'和 s[4]=0，同时标准输入 cin **变成为非法状态**。在运行第 2 行代码之后，cin 待处理的输入变成为“7890↙”，即字符'7'继续保留为待处理的输入。因为标准输入 cin 变成为非法状态，所以**第 3 行代码**将使得 s[0]=0，同时标准输入 cin **仍然保持为非法状态**。在运行第 3 行代码之后，cin 待处理的输入仍然是“7890↙”。

对于上面的代码，**如果输入的是“3↙4↙2↙1↙234↙”**，并且标准输入 cin 为合法状态，则**第 2 行代码**将使得 s[0]='3'、s[1]='↙'、s[2]='4'、s[3]='↙'和 s[4]=0，同时标准输入 cin 仍然**保持为合法状态**。在运行第 2 行代码之后，cin 待处理的输入变成为“↙1↙234↙”，即第 1 个**字符'2'既没有保存到字符串 s 中，也没有继续保留为待处理的输入**。因此，**第 3 行代码**通常将使得 s[0]='↙'、s[1]='1'和 s[2]=0，同时标准输入 cin 仍然**保持为合法状态**。在运行第 3 行代码之后，cin 待处理的输入变成为“34↙”，即第 2 个**字符'2'既没有保存到字符串 s 中，也没有继续保留为待处理的输入**。因为不同的操作系统对回车符和换行符的处理可能会不相同，所以这里**第 2 行和第 3 行代码的运行结果在不同的操作系统下也有可能会有所不同**。这里给出其中一种常见的运行结果。

这里介绍输入流类 istream 的成员函数 read 和 gcount。**成员函数 read 用来读取字符序列**，其具体说明如下：

函数 193 istream::read	
声明：	`istream& read(char* s, streamsize n);`
说明：	在调用本函数之前，请注意**务必要给字符数组 s 分配不少于 n 个元素的内存空间**。本函数分成为如下 3 种情况进行处理： （1）如果当前流对象处于**非法状态**，则本函数通常直接返回当前流对象的引用。 （2）如果当前流对象处于**合法状态**，并且待处理的流数据**不少于 n 个字节**，则从输入的待处理流数据中读取 n 个字节并保存到 s[0]、s[1]、…、s[n-1]中，但不会改变 s[n]的值，即本函数不会在读取数据的末尾自动补上作为字符串结束标志的 0。 （3）如果当前流对象处于**合法状态**，并且待处理的流数据**少于 n 个字节**，则将待处理的流数据全部保存在字符数组 s 中。同样，本函数不会在读取数据的末尾自动补上作为字符串结束标志的 0。同时，当前流对象的状态将变成为**非法状态**。
参数：	① s 指定接收输入的字符序列的内存空间。 ② n 指定接收字符总个数的上界。
返回值：	当前流对象的引用。
头文件：	#include <iostream>

> 注意事项：
>
> C++标准并**没有规定**在**当前流对象处于非法状态**以及**待处理流数据少于 n 个字节**这 2 种情况下成员函数 read 的行为。因此，在这 2 种情况下，在不同的 C++语言支撑平台中成员函数 read 的行为有可能会有所不同。

成员函数 gcount 用来读取字符序列，其具体说明如下：

函数 194	istream::gcount
声明：	`streamsize gcount() const;`
说明：	返回在最近 1 次输入流读取流数据的字节数。
返回值：	在最近 1 次所读取的流数据的字节数。
头文件：	`#include <iostream>`

> 小甜点：
>
> 如果输入流类 istream 的成员函数 read 将当前流对象的状态**从合法状态变成为非法状态**，则可以利用输入流类 istream 的成员函数 gcount 来**获取成员函数 read 所读取的流数据的字节数**。

下面给出调用输入流类 istream 的成员函数 read 和 gcount 的示例代码片段。

```
char s[100] = "1234567890";                    // 1
int n = 0;                                     // 2
cin.read(s, 4);                                // 3
s[4] = 0;                                      // 4
n = (int)cin.gcount( );                        // 5
cin.read(s, 4);                                // 6
s[4] = 0;                                      // 7
n = (int)cin.gcount();                         // 8
```

对于上面的代码，不管输入是什么，如果**标准输入 cin 一开始就处于非法状态**，则**第 3 行和第 6 行代码**“cin.read(s, 4);”均不会将输入的流数据保存到字符数组 s 中。因此，在**第 5 行和第 8 行代码**中的函数调用“cin.gcount( )”均返回 0。

下面讲解**标准输入 cin 一开始处于合法状态**的情况。对于上面的代码，**如果输入的是“abcdefghijk↙”**，则**第 3 行代码**“cin.read(s, 4);”从待处理的流数据中读取 4 个字节并保存到字符数组 s 中，使得 s[0]='a'、s[1]='b'、s[2]='c'、s[3]='d'，同时保持 s[4]的值不变。因此，**第 5 行代码**“n = (int)cin.gcount( );”使得 n=4。这时，标准输入 cin 仍然处于**合法状态**，并且待处理的流数据变成为“efghijk↙”。因此，**第 6 行代码**“cin.read(s, 4);”接着从待处理的流数据中读取 4 个字节并保存到字符数组 s 中，使得 s[0]='e'、s[1]='f'、s[2]='g'、s[3]='h'，同时保持 s[4]的值不变。因此，**第 8 行代码**“n = (int)cin.gcount( );”使得 n=4。这时，标准输入 cin 仍然处于**合法状态**，并且待处理的流数据变成为“ijk↙”。

对于上面的代码，**如果输入的是“a↙bc↙defghijk↙”**，则**第 3 行代码**“cin.read(s, 4);”从待处理的流数据中读取 4 个字节并保存到字符数组 s 中，使得 s[0]='a'、s[1]='↙'、s[2]='b'、s[3]='c'，同时保持 s[4]的值不变。因此，**第 5 行代码**“n = (int)cin.gcount( );”使得 n=4。这时，标准输入 cin 仍然处于**合法状态**，并且待处理的流数据变成为“↙defghijk↙”。因此，**第 6 行代码**“cin.read(s, 4);”接着从待处理的流数据中读取 4 个字节并保存到字符数组 s

中，使得s[0]='↙'、s[1]='d'、s[2]='e'、s[3]='f'，同时保持s[4]的值不变。因此，**第 8 行代码**"n = (int)cin.gcount( );"使得n=4。这时，标准输入cin仍然处于**合法状态**，并且待处理的流数据变成为"ghijk↙"。从这个案例可以看出，输入流类istream的**成员函数read不会跳过换行符**。

对于上面的代码，**如果输入的是"abcd↙^Z↙"**，其中"^Z"表示输入组合键Ctrl+z，即输入流结束符，则**第 3 行代码**"cin.read(s, 4);"从待处理的流数据中读取4个字节并保存到字符数组s中，使得s[0]='a'、s[1]='b'、s[2]='c'、s[3]='d'，同时保持s[4]的值不变。因此，**第 5 行代码**"n = (int)cin.gcount( );"使得n=4。这时，标准输入cin仍然处于**合法状态**，并且待处理的流数据变成为"↙^Z↙"。因为在输入流结束符之前只有1个换行符，所以**第 6 行代码**"cin.read(s, 4);"接着从待处理的流数据中读取1个字节并保存到字符数组s中，使得s[0]='↙'，同时保持字符数组的其他元素的值保持不变。这时，标准输入cin从**合法状态**变成为**非法状态**。因此，**第 8 行代码**"n = (int)cin.gcount( );"使得n=1。

输入流类istream的成员函数ignore用来跳过若干个流数据，其具体说明如下：

函数 195　istream::ignore

声明： `istream& ignore(streamsize n = 1, int delim = traits_type::eof());`

说明： 本函数分成为如下5种情况进行处理：

（1）如果当前流对象处于**非法状态**，则本函数通常直接返回当前流对象的引用。

（2）如果当前流对象处于**合法状态**，并且界定符delim**出现**在流数据中，同时在第一处界定符delim之前的流数据**超过**(n-1)个字节，则跳过n个字节的流数据。

（3）如果当前流对象处于**合法状态**，并且界定符delim**出现**在流数据中，同时在第一处界定符delim之前的流数据**不超过**(n-1)个字节，则跳到第一处出现界定符delim之后的流数据。

（4）如果当前流对象处于**合法状态**，并且界定符delim**不出现**在流数据中，同时待处理的流数据**超过**n个字节，则跳过n个字节的流数据。

（5）如果当前流对象处于**合法状态**，并且界定符delim**不出现**在流数据中，同时待处理的流数据**不超过**n个字节，则跳过所有的待处理的流数据。

返回值： 当前流对象的引用。

头文件： `#include <iostream>`

注意事项：

（1）有些操作系统**不支持**输入流类istream的成员函数ignore，即成员函数ignore在这些操作系统中不起作用。

（2）C++标准并**没有规定**在**当前流对象处于非法状态**时成员函数ignore的行为。因此，在当前流对象处于非法状态时，在不同的C++语言支撑平台中成员函数ignore的行为有可能会有所不同。

下面给出调用输入流类istream的成员函数ignore的**第 1 个示例代码片段**。

```
char c = 'C';                                      // 1
cin.ignore( );                                     // 2
cin >> c;                                          // 3
```

对于上面的代码，**如果输入的是"1234↙"**，并且标准输入cin处于合法状态，则上面第2行代码"cin.ignore( );"会使得标准输入cin跳过输入的第1个字符'1'，从而在第3行代码“cin >> c;”处解析输入的第 2 个字符'2'，并赋值给变量 c，使得变量 c='2'。

下面给出调用输入流类 istream 的成员函数 ignore 的**第 2 个示例代码片段**。

```
char c = 'C';                                                   // 1
cin.ignore(3);                                                  // 2
cin >> c;                                                       // 3
```

对于上面的代码，**如果输入的是“1234↙”**，并且标准输入 cin 处于合法状态，则上面第 2 行代码“cin.ignore(3);”会使得标准输入 cin 跳过输入的前 3 个字符，从而在第 3 行代码“cin >> c;”处解析输入的第 4 个字符'4'，并赋值给变量 c，使得变量 c='4'。

下面给出调用输入流类 istream 的成员函数 ignore 的**第 3 个示例代码片段**。

```
char a = 'A';                                                   // 1
char b = 'B';                                                   // 2
int n = 2;                                                      // 3
cin >> a;                                                       // 4
cin >> n;                                                       // 5
cin.ignore(n, a);                                               // 6
cin >> b;                                                       // 7
cout << "a = " << a << endl;                                    // 8
cout << "n = " << n << endl;                                    // 9
cout << "b = " << b << endl;                                    // 10
```

对于上面的代码，设刚开始标准输入 cin 处于合法状态，下面给出 3 个运行结果示例。

// 运行示例 1	// 运行示例 2	// 运行示例 3
h3abcdef↙	*b3abcdef↙*	*bcabcdef↙*
a = h	a = b	a = b
n = 3	n = 3	n = 2
b = d	b = c	b = B

这个讲解上面的**第 1 个运行结果示例**。**如果输入的是“h3abcdef↙”**，则在**第 4 行代码**“cin >> a;”处，标准输入 cin 解析输入的第 1 个字符'h'，并赋值给变量 a，使得变量 a='h'。在**第 5 行代码**“cin >> n;”处，标准输入 cin 继续解析输入的第 2 个字符'3'，并赋值给变量 n，使得变量 n=3。这样，将变量 a 和 n 的值代入到**第 6 行代码**“cin.ignore(n, a);”中，得到“cin.ignore(3, 'h');”。因为字符'h'**不在**后续的输入字符串中，而且“abcdef”的字节数大于 3，所以第 6 行代码将使得标准输入 cin 跳过输入的 3 个字符，从而将标准输入 cin 的下一个待处理字符变成为字符'd'。因此，在**第 7 行代码**“cin >> b;”处，标准输入 cin 解析输入的第 6 个字符'd'，并赋值给变量 b，使得变量 b='d'。

这个讲解上面的**第 2 个运行结果示例**。**如果输入的是“b3abcdef↙”**，则在**第 4 行代码**“cin >> a;”处，标准输入 cin 解析输入的第 1 个字符'b'，并赋值给变量 a，使得变量 a='b'。在**第 5 行代码**“cin >> n;”处，标准输入 cin 继续解析输入的第 2 个字符'3'，并赋值给变量 n，使得变量 n=3。这样，将变量 a 和 n 的值代入到**第 6 行代码**“cin.ignore(n, a);”中，得到“cin.ignore(3, 'b');”。因为字符'b'**位于**后续的输入字符串“abcdef↙”中，而且在待处理的字符串“abcdef↙”中，在字符'b'之前只有 1 个字符'a'，占用 1 个字节，没有超过 2(=3−1)

个字节，所以第 6 行代码将使得标准输入 cin 跳过 2 个字符，从字符'b'之后的字符继续处理输入的数据，即这时的待处理数据变成为字符串“cdef↙”。因此，在**第 7 行代码**“cin >> b;”处，标准输入 cin 解析输入的第 5 个字符'c'，并赋值给变量 b，使得变量 b='c'。

这个讲解上面的**第 3 个运行结果示例**。**如果输入的是“bcabcdef↙”**，则在**第 4 行代码**“cin >> a;”处，标准输入 cin 解析输入的第 1 个字符'b'，并赋值给变量 a，使得变量 a='b'。在**第 5 行代码**“cin >> n;”处，标准输入 cin 继续解析输入的第 2 个字符'c'，但是接收输入的变量 n 的数据类型是整数，而字符'c'不是组成整数的字符。因此，标准输入 cin 发现输入数据的**格式有误**，结果变量 n 的值不变，即保持 n=2，同时输入的状态变为**非法状态**。这样，**第 6 行代码**“cin.ignore(n, a);”通常直接返回标准输入 cin 的引用，即不做其他处理。同时，**第 7 行代码**“cin >> b;”也因为标准输入 cin 的为**非法状态**而无法解析输入的数据，结果变量 b 的值不变，即保持 b='B'。

下面给出调用输入流类 istream 的成员函数 ignore 的**第 4 个示例代码片段**。

```
char c = 'C';                                                    // 1
int n = 2;                                                       // 2
cin >> n;                                                        // 3
cin.ignore( );                                                   // 4
cin.clear( );                                                    // 5
cin >> c;                                                        // 6
```

对于上面的代码，**如果输入的是“abc↙”**，并且标准输入 cin 处于合法状态，则在上面**第 3 行代码**“cin >> n;”处，标准输入 cin 解析输入的第 1 个字符'a'，但是接收输入的变量 n 的数据类型是整数，而字符'a'不是组成整数的字符。因此，标准输入 cin 发现输入数据的**格式有误**，结果变量 n 的值不变，即保持 n=2，同时输入的状态变为**非法状态**。这样，**第 4 行代码**“cin.ignore(n, a);”通常直接返回标准输入 cin 的引用，即不做其他处理。**第 5 行代码**“cin.clear( );”将标准输入 cin 的恢复为**合法状态**。这样，在**第 6 行代码**“cin >> c;”处，标准输入 cin 继续解析输入的第 1 个字符'a'，并赋值给变量 c，使得变量 c='a'。

这里通过例程来说明如何在允许输入格式有误条件下接收整数的输入。

例程 8-2　在允许输入格式有误条件下接收整数的输入。

例程功能描述：接收整数的输入。如果输入的格式有误，则要求重新输入整数。如果输入被中止，则退出接收整数的输入。

例程解题思路：例程代码由 3 个源程序代码文件“CP_GetInteger.h”“CP_GetInteger.cpp”和“CP_GetIntegerMain.cpp”组成，具体的程序代码如下。

// 文件名：CP_GetInteger.h；开发者：雍俊海	行号

```
#ifndef CP_GETINTEGER_H                                          // 1
#define CP_GETINTEGER_H                                          // 2
                                                                 // 3
extern bool gb_getInteger(int& result);                          // 4
#endif                                                           // 5
```

// 文件名：CP_GetInteger.cpp；开发者：雍俊海	行号

```
#include <iostream>                                              // 1
```

```
using namespace std;

// 如果获取到输入的整数，则返回 true；否则，返回 false。
bool gb_getInteger(int& result)
{
    do
    {
        cout << "请输入一个整数：";
        cin >> result;
        if (cin.good())
            break;
        else
        {
            if (cin.eof())
            {
                cout << "输入被终止。输入结束。" << endl;
                return false;
            } // if 结构结束
            cout << "输入格式有误，请重新输入。";
            cin.clear();  // 来清除错误状态
            cin.ignore(); // 跳过输入缓冲区的 1 个字符
        } // if-else 结构结束
    } while (true); // do-while 结构结束
    return true;
} // gb_getInteger 函数结束
```

// 文件名：CP_GetIntegerMain.cpp；开发者：雍俊海

```
#include <iostream>
using namespace std;
#include "CP_GetInteger.h"

int main(int argc, char* args[])
{
    int i = 0;
    bool b = gb_getInteger(i);
    if (b)
        cout << "输入的整数是：" << i << "。" << endl;
    else cout << "没有获取到输入的整数。"<< endl;
    system("pause"); // 暂停住控制台窗口
    return 0; // 返回 0 表明程序运行成功
} // main 函数结束
```

可以对上面的代码进行编译、链接和运行。下面给出第 1 个运行结果示例。

```
请输入一个整数：a↙
输入格式有误，请重新输入。请输入一个整数：114↙
输入的整数是：114。
```

```
请按任意键继续. . .
```

下面给出第 2 个运行结果示例。

```
请输入一个整数：^Z↙
输入被终止。输入结束。
没有获取到输入的整数。
请按任意键继续. . .
```

例程分析：在源文件“CP_GetInteger.cpp”中所定义的全局函数 gb_getInteger 实现了本例程要求的功能。如**第 7～24 行代码**所示，全局函数 gb_getInteger 通过 do-while 循环来接收整数的输入。如**第 11～12 行代码**所示，如果成功接收到整数的输入，则退出 do-while 循环，然后通过第 25 行代码“return true;”返回 true。如**第 15～19 行代码**所示，**如果输入的是“^Z↙”**，其中“^Z”表示输入组合键 Ctrl+z，即输入流结束符，则中止接收整数的输入，并于**第 18 行代码**“return false;”处返回 false。上面的第 2 个运行结果示例就属于这种情况。

第 21 行代码“cin.clear();”将标准输入 cin 的状态重置为合法状态，从而可以继续接收整数的输入。**第 22 行代码**“cin.ignore();”跳过在当前输入中的第 1 个非法字符，从而可以接收后续的输入。这里不能删除第 21 行和第 22 行的代码。**如果没有第 21 行代码**，则标准输入 cin 的状态为不正常状态，从而无法继续接收整数的输入，也无法保证第 22 行代码“cin.ignore();”能够成功运行。因此，也**不能对调第 21 行和第 22 行代码的先后顺序**。**如果没有第 22 行代码**，则非法字符将一直位于输入缓冲区中，从而造成标准输入 cin 不断去处理这个非法字符，标准输入 cin 的状态不断地又变成为不正常状态。

如第 1 个运行结果示例所示，**如果输入的是“a↙”**，则在运行第 10 行代码“cin >> result;”时会让标准输入 cin 的状态变成为不正常状态。这时，需要**第 21 行代码**“cin.clear();”将标准输入 cin 的状态重置为合法状态，需要**第 22 行代码**“cin.ignore();”跳过在当前输入中的非法字符'a'。这样，当继续运行到第 10 行代码“cin >> result;”时就可以**正确接收所输入的“114↙”**。输出结果“输入的整数是：114”进一步验证了这个结论。

除了本小节介绍的内容之外，其他章节还讲解了输入流类 istream 的其他成员，具体如表 8-3 所示。另外，第 8.1.3 小节还介绍了标准输入 cin 的重定向。

表 8-3　输入流类 istream 的其他成员

序号	成员名称	类型	含　义	章节号
1	seekg	成员函数	共含有 2 个成员函数，都是用来移动输入流的当前位置	8.2.1 小节
2	tellg	成员函数	返回输入流的当前位置	8.2.1 小节

8.1.3　输出流类 ostream

标准输出系列包括标准输出 cout、标准错误输出 cerr 和标准日志输出 clog。它们都隶属于标准命名空间 std。因此，标准输出系列的各个成员的完整名称分别是“std::cout”“std::cerr”和“std::clog”。这些标准输出系列的数据类型都是**输出流类 ostream**。输出流类 ostream 是类模板 basic_ostream 实例化的结果：

```
typedef basic_ostream<char, char_traits<char> > ostream;
```

在 ostream 类的所有成员函数和运算符中，最常用的是运算符<<，其具体说明如下：

运算符 26　ostream::operator<<

声明：	ostream& operator<<(T a);
说明：	在上面的函数声明中，T 可以是 bool、short、unsigned short、int、unsigned int、long、unsigned long、long long、unsigned long long、float、double 和 long double 等基本数据类型，也可以是由 C++语言支撑平台提供的 string 等复合数据类型。本运算是将函数参数 a 的值写入到当前的输出流对象中。
参数：	函数参数 a 用来存放待输出的数据。
返回值：	当前输出流实例对象的引用。
头文件：	#include <iostream>

下面给出调用输出流类 ostream 的输出运算<<的示例代码片段。

```
char c = 'c';                                                        // 1
int n = 10;                                                          // 2
double d = 20.5;                                                     // 3
string s("string");                                                  // 4
                                                                     // 5
cout << "c = " << c << endl;      // 输出: c = c↙                    // 6
cout << "n = " << n << endl;      // 输出: n = 10↙                   // 7
cout << "d = " << d << endl;      // 输出: d = 20.5↙                 // 8
cout << "&d = 0x" << &d << endl; // 输出: &d = 0x0075F738↙          // 9
cout << "s = " << s << endl;      // 输出: s = string↙               // 10
```

因为上面代码用到了字符串类 string，所以要让上面的代码通过编译，还需要在源文件的头部添加文件包含语句“#include <string>”。上面**第 6 行代码**给出了输出字符的代码示例。上面**第 7 行代码**给出了输出整数的代码示例。上面**第 8 行代码**给出了输出双精度浮点数的代码示例。上面**第 9 行代码**给出了输出指针的代码示例。上面**第 10 行代码**给出了输出字符串的代码示例。在注释中给出各行代码输出的内容。

输出流类 ostream 的成员函数 put 用来输出字符，其具体说明如下：

函数 196　ostream::put

声明：	ostream& put(char c);
说明：	将字符 c 写入到当前的输出流对象中。
参数：	函数参数 c 是待输出的字符。
返回值：	当前输出流实例对象的引用。
头文件：	#include <iostream>

下面给出调用输出流类 ostream 的成员函数 put 的示例代码片段。

```
cout.put('a');  // 输出: a                                           // 1
cout.put('\n'); // 输出: ↙                                           // 2
```

上面 2 行代码分别通过输出流类 ostream 的实例对象 cout 调用成员函数 put，从而分别输出字母'a'和换行符。

输出流类 ostream 的成员函数 write 用来输出字符数组，其具体说明如下：

函数 197 ostream::write	
声明：	ostream& write(const char* s, streamsize n);
说明：	将字符 s[0]、s[1]、…、s[n-1]写入到当前的输出流对象中。本函数要求指针 s 必须指向**合法的字符数组**，而且该字符数组的元素个数必须**不小于 n**。
参数：	① s 指定待输出的字符序列。 ② n 指定待输出字符的总个数。
返回值：	当前输出流实例对象的引用。
头文件：	#include <iostream>

下面给出调用输出流类 ostream 的成员函数 write 的示例代码片段。

```
char s[100] = "ab\ncdef";                                    // 1
cout.write(s, 5); // 输出: ab↙cd                              // 2
```

上面的代码通过输出流类 ostream 的实例对象 cout 调用成员函数 write，输出字符'a'、'b'、'\n'、'c'和'd'，具体显示如下：

```
ab
cd
```

输出流类 ostream 的成员函数 flush 用来强制输出字符，其具体说明如下：

函数 198 ostream::flush	
声明：	ostream& flush();
说明：	**强制**要求将位于输出流缓冲区中的数据**立即**写入到当前的输出流对象中。
返回值：	当前输出流实例对象的引用。
头文件：	#include <iostream>

将数据写入输出流对象过程通常实际上包含 2 个步骤。第 1 步是将数据写入到输出流所对应的缓冲区。第 2 步是等待缓冲区的数据积累到一定程度或者输出条件被触发，从而将在缓冲区中的数据写入输出流对象。调用成员函数 flush 可以触发将位于输出流缓冲区中的数据立即写入到当前的输出流对象中。下面给出调用输出流类 ostream 的成员函数 flush 的示例代码片段。

```
cout << "abcd"; // 输出: abcd                                 // 1
cout.flush();                                                // 2
```

因为上面的第 1 行代码通常就会直接输出字符串"abcd"，所以在运行第 2 行代码之前，在输出缓冲区中实际上已经没有数据了，**成员函数 flush 实际上起不了作用**。因此，上面的第 2 行代码只是展示了如何通过输出流类 ostream 的实例对象 cout 调用成员函数 flush。目前的操作系统越来越复杂，输出流缓冲区和成员函数 flush 的运行机制在具体的细节上也越来越复杂。而且在不同的操作系统下，在输出流缓冲区和成员函数 flush 的运行机制中的细节也有可能会有所不同。

下面通过一个例程来区分标准输出 cout、标准错误输出 cerr 和标准日志输出 clog。

例程 8-3　通过重定向区分 cout、cerr 和 clog 的例程。

例程功能描述：编写用来区分标准输出 cout、标准错误输出 cerr 和标准日志输出 clog 的重定向程序。

例程解题思路：首先将 cout、cerr 和 clog 分别重定向到不同的文本文件，并通过 cout、cerr 和 clog 分别输出不同的字符串。然后，恢复 cout、cerr 和 clog 在重定向之前的设置，并通过 cout、cerr 和 clog 分别输出不同的字符串。本例程非常简短，而且仅仅通过重定向来区分 cout、cerr 和 clog，基本上不具有可复用的价值。因此，本例程代码只包含 1 个源程序代码文件“CP_RedirectionMain.cpp”，具体的程序代码如下。

// 文件名：CP_RedirectionMain.cpp；开发者：雍俊海

```
#include <iostream>
#include <fstream>
using namespace std;

void gb_output(const char* tip)
{
   cout << tip << "cout" << endl;
   cerr << tip << "cerr" << endl;
   clog << tip << "clog" << endl;
} // 函数 gb_output 定义结束

void gb_redirection( )
{
   ofstream fileCout("D:\\cout.txt");
   ofstream fileCerr("D:\\cerr.txt");
   ofstream fileClog("D:\\clog.txt");
   streambuf *oldCout = cout.rdbuf(fileCout.rdbuf());
   streambuf *oldCerr = cerr.rdbuf(fileCerr.rdbuf());
   streambuf *oldClog = clog.rdbuf(fileClog.rdbuf());
   gb_output("File: ");
   cout.rdbuf(oldCout);
   cerr.rdbuf(oldCerr);
   clog.rdbuf(oldClog);
   gb_output("Cmd: ");
} // 函数 gb_redirection 定义结束

int main(int argc, char* args[])
{
   gb_redirection();
   system("pause"); // 暂停住控制台窗口
   return 0; // 返回 0 表明程序运行成功
} // main 函数结束
```

可以对上面的代码进行编译、链接和运行。下面给出一个运行结果示例。

```
Cmd: cout
Cmd: cerr
Cmd: clog
请按任意键继续. . .
```

例程分析：源文件“CP_RedirectionMain.cpp”第 14～16 行的代码依次创建类 ofstream 的实例对象并打开文本文件“cout.txt”“cerr.txt”和“clog.txt”。这 3 个文件将存放在硬盘 D 分区的根目录下。类 ofstream 的讲解请见第 8.2.2 节。

第 17～19 行和第 21～23 行代码调用了**出入流类 ios 的成员函数 rdbuf**。成员函数 rdbuf 拥有 2 种形式，其中第 1 种形式的具体说明如下：

函数 199	ios::rdbuf
声明：	`streambuf *rdbuf() const;`
说明：	获取并返回绑定在当前流对象中的缓冲区地址。
返回值：	绑定在当前流对象中的缓冲区地址。
头文件：	`#include <iostream>`

出入流类 ios 的成员函数 rdbuf 的第 2 种形式的具体说明如下：

函数 200	ios::rdbuf
声明：	`streambuf *rdbuf(streambuf* s);`
说明：	将缓冲区地址 s 绑定到当前流对象中，并返回在绑定 s 之前在当前流对象中绑定的缓冲区地址。
返回值：	被绑定 s 之前在当前流对象中绑定的缓冲区地址。
头文件：	`#include <iostream>`

在**第 17 行代码**中，“fileCout.rdbuf()”返回与 fileCout 相绑定的缓冲区地址，“oldCout = cout.rdbuf(fileCout.rdbuf())”将与 cout 相绑定的缓冲区地址**替换为**与 fileCout 相绑定的缓冲区地址，并将替换前的缓冲区地址保存在指针 oldCout 中。这样，当通过 cout 输出数据时，就会输出到与 cout 相绑定的缓冲区，从而输出到与 fileCout 相绑定的缓冲区，进而写入到 fileCout 对应的文件中。这就称为将标准输出 cout **重定向**为 fileCout 对应的文件，即文件“cout.txt”。类似地，在**第 18 行代码**中，“cerr.rdbuf(fileCerr.rdbuf())”将标准错误输出 cerr **重定向**为 fileCerr 对应的文件，即文件“cerr.txt”；在**第 19 行代码**中，“clog.rdbuf (fileClog.rdbuf())”将标准日志输出 clog **重定向**为 fileClog 对应的文件，即文件“clog.txt”。**第 20 行代码**通过调用函数 gb_output 分别由 cout、cerr 和 clog 输出不同的字符串。这样，通过重定向，这些字符串就会分别保存到文件“cout.txt”“cerr.txt”和“clog.txt”中。在运行完上面的程序之后，可以打开这 3 个文件。这时，文件“D:\cout.txt”的内容变为：

```
File: cout
```

文件“D:\cerr.txt”的内容变为：

```
File: cerr
```

文件“D:\clog.txt”的内容变为：

```
File: clog
```

第 21 行代码“cout.rdbuf(oldCout);”再次通过重定向，将标准输出 cout 重定向回 cout 自己的缓冲区。第 22 行代码“cerr.rdbuf(oldCerr);”再次通过重定向，将标准错误输出 cerr 重定向回 cerr 自己的缓冲区。第 23 行代码“clog.rdbuf(oldClog);”再次通过重定向，将标准日志输出 clog 重定向回 clog 自己的缓冲区。这样，第 24 行代码通过调用函数 gb_output 分别由 cout、cerr 和 clog 输出不同的字符串，输出的结果就会显示在控制台窗口中，如上面的运行结果示例所示。而且这些内容不会出现在文本文件“cout.txt”“cerr.txt”和“clog.txt”中。

对于输入和输出的重定向，还可以在控制台窗口中通过命令行运行程序的方式实现。下面通过一个例程来讲解这种方式。

例程 8-4　通过命令行实现输入和输出的重定向。

例程功能描述：展示如何通过命令行运行程序的方式实现输入和输出的重定向。

例程解题思路：分别通过 cout、cerr 和 clog 输出不同的字符串，通过 cin 接收字符的输入。然后，通过命令行的方式将输入和输出重定向到不同的文件。最后，运行程序并查看输出结果和这些文件的内容，从而体现出重定向功能。本例程非常简短，基本上不具有可复用的价值。因此，本例程代码只包含 1 个源程序代码文件“CP_InOutMain.cpp”，具体的程序代码如下。

```
// 文件名：CP_InOutMain.cpp；开发者：雍俊海
#include <iostream>
using namespace std;

int main(int argc, char* args[])
{
    char c;
    cout << "请输入一个字符：";
    cin >> c;
    cout << "输入的字符是\'" << c << "\'。";
    cerr << "cerr";
    clog << "clog";
    system("pause"); // 暂停住控制台窗口
    return 0; // 返回 0 表明程序运行成功
} // main 函数结束
```

可以对上面的代码进行编译、链接和运行。下面给出一个运行结果示例。

```
请输入一个字符：a↙
输入的字符是'a'。cerrclog 请按任意键继续. . .
```

例程分析：在命令行中带有重定向参数运行程序的命令格式如下：

```
命令 0<标准输入文件名 1>标准输出文件名 2>标准日志和错误输出文件名
```

在上面命令格式中，**“0”表示标准输入**，在它之后紧跟着的是**小于号**“<”和一个文件名，这个文件将成为标准输入重定向的输入文件，标准输入 cin 将从这个文件中读取数据；**“1”表示标准输出**，在它之后紧跟着的**大于号**“>”和一个文件名，这个文件将成为标准输出重定向的输出文件，通过 cout 输出的内容将会写入到这个文件中；**“2”表示标准错误输出和标准日志输出**，在它之后紧跟着的是**大于号**“>”和一个文件名，这个文件将成为标准错误输出和标准日志输出重定向的输出文件，通过 cerr 和 clog 输出的内容将会写入到这个文件中。

这里假设程序所在路径为“D:\Examples\CP_InOut\Debug\”，而且在这个路径下存在文本文件“cin.txt”。文件“cin.txt”的内容为：

```
a
```

可以参照第 1.2.2 小节介绍的方法进入在控制台窗口，然后通过分区和“cd”命令进入到上面程序的可执行文件所在路径，最后按照上面重定向运行程序的命令格式编写程序运行命令，并运行程序，如图 8-2 所示。

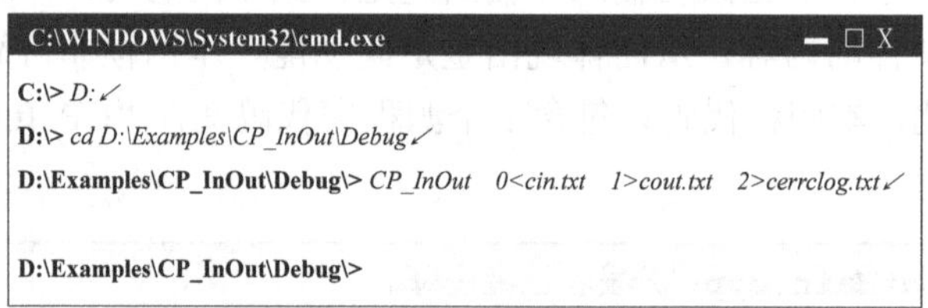

图 8-2　带有重定向参数运行程序示例图

在运行完程序之后，文件“D:\Examples\CP_InOut\Debug\cout.txt”的内容变为：

```
请输入一个字符：输入的字符是'a'。请按任意键继续. . .
```

文件“D:\Examples\CP_InOut\Debug\cerrclog.txt”的内容变为：

```
cerrclog
```

从上面的运行结果可以看出，输出的内容分成为了两部分，其中通过 cout 输出的内容写入到文件“cout.txt”中，通过 cerr 和 clog 输出的内容写入到文件“cerrclog.txt”中。

除了本小节介绍的内容之外，其他章节还讲解了输出流类 ostream 的其他成员，具体如表 8-4 所示。

表 8-4　输出流类 ostream 的其他成员

序号	成员名称	类型	含　义	章节号
1	seekp	成员函数	共含有 2 个成员函数，都是用来移动输出流的当前位置	8.2.3 小节
2	tellp	成员函数	返回输出流的当前位置	8.2.2 小节

8.1.4　格式控制

本小节介绍与输入和输出格式控制相关的操纵符和成员函数 precision。**位于 std 命名空间中的全局函数 dec、hex 和 oct 同时也是操纵符**。这些全局函数用来设置读取或解析流数据的进制，具体说明如下：

函数 201　dec	
声明：	`ios_base& dec(ios_base& b);`
说明：	要求出入流对象 b 采用**十进制**的方式读取或解析流数据。这通常也是出入流对象的**默认方式**。
参数：	b 指定出入流类的实例对象。
返回值：	出入流对象 b 的引用。
头文件：	`#include <iostream>`

函数 202　hex	
声明：	`ios_base& hex(ios_base& b);`
说明：	要求出入流对象 b 采用**十六进制**的方式读取或解析流数据。
参数：	b 指定出入流类的实例对象。
返回值：	出入流对象 b 的引用。
头文件：	`#include <iostream>`

函数 203　oct	
声明：	`ios_base& oct(ios_base& b);`
说明：	要求出入流对象 b 采用**八进制**的方式读取或解析流数据。
参数：	b 指定出入流类的实例对象。
返回值：	出入流对象 b 的引用。
头文件：	`#include <iostream>`

因为 ios_base 是输入流和输出流的父类，所以**dec、hex 和 oct 可以应用于输入流和输出流的实例对象**。例如，通过标准输入 cin、标准输出 cout、标准错误输出 cerr 和标准日志输出 clog 都可以调用 dec、hex 和 oct。下面给出**通过标准输入 cin 调用 dec、hex 和 oct 的示例代码片段**。

```
int a, b, c, d;                                              // 1
dec(cin);                                                    // 2
cin >> a >> b; // 设输入：10 11↙，则 a=10, b=11               // 3
cin >> c >> d; // 设输入：12 13↙，则 c=12, d=13               // 4
hex(cin);                                                    // 5
cin >> a >> b; // 设输入：10 11↙，则 a=16, b=17               // 6
cin >> c >> d; // 设输入：12 13↙，则 c=18, d=19               // 7
oct(cin);                                                    // 8
cin >> a >> b; // 设输入：10 11↙，则 a=8, b=9                 // 9
cin >> c >> d; // 设输入：12 13↙，则 c=10, d=11               // 10
cin >> dec >> a >> b; // 设输入：10 11↙，则 a=10, b=11        // 11
cin >> dec >> c >> d; // 设输入：12 13↙，则 c=12, d=13        // 12
cin >> hex >> a >> b; // 设输入：10 11↙，则 a=16, b=17        // 13
```

```
cin >> hex >> c >> d; // 设输入: 12 13↙, 则c=18, d=19                    // 14
cin >> oct >> a >> b; // 设输入: 10 11↙, 则a=8, b=9                      // 15
cin >> oct >> c >> d; // 设输入: 12 13↙, 则c=10, d=11                    // 16
```

因为**dec、hex 和 oct 同时也是操纵符**，所以如上面代码示例所示，“dec(cin)”与“cin>>dec”等价，“hex(cin)”与“cin>>hex”等价，“oct(cin)”与“cin>>oct”等价。C++标准引入**操纵符**的概念使得**函数调用“dec(cin)”可以写成为“cin>>dec”**，从而让代码显得更加简洁一些。

一旦调用“dec(cin)”或“cin>>dec”，标准输入 cin 将采用十进制的方式解析输入的数据，直到将标准输入 cin 设置为其他进制。例如，在第 2 行代码“dec(cin);”之后，在第 3 行和第 4 行代码中标准输入 cin 将采用十进制的方式解析输入的数据，直到第 5 行代码出现“hex(cin);”。这样，第 6 行代码“cin >> a >> b;”和第 7 行代码“cin >> c >> d;”采用十六进制的方式解析输入的数据。因此，对于第 6 行代码，输入的“10”会被解析为十六进制的整数，从而得 a=16。

在第 8 行代码“oct(cin);”之后，在第 9 行和第 10 行代码中标准输入 cin 将采用八进制的方式解析输入的数据。因此，对于第 9 行代码，输入的“10”会被解析为八进制的整数，从而得 a=8。

第 11 行代码“cin >> dec”又将标准输入 cin 解析输入数据的方式恢复为十进制的方式。因此，对于这行代码，输入的“10”会被解析为十进制的整数，从而得 a=10。

第 13 行代码“cin >> hex”将标准输入 cin 解析输入数据的方式设置为十六进制的方式。因此，对于这行代码，输入的“10”会被解析为十进制的整数，从而得 a=16。

第 15 行代码“cin >> oct”将标准输入 cin 解析输入数据的方式设置为八进制的方式。因此，对于这行代码，输入的“10”会被解析为十进制的整数，从而得 a=8。

下面给出**通过标准输出 cout 调用 dec、hex 和 oct 的示例代码片段**。

```
int a = 25;                                                              // 1
int b = 26;                                                              // 2
dec(cout);                                                               // 3
cout << "a = " << a << ", b = " << b; // 输出: a = 25, b = 26            // 4
hex(cout);                                                               // 5
cout << "a = " << a << ", b = " << b; // 输出: a = 19, b = 1a            // 6
oct(cout);                                                               // 7
cout << "a = " << a << ", b = " << b; // 输出: a = 31, b = 32            // 8
cout << dec << "a = " << a << ", b = " << b; // 输出: a = 25, b = 26 // 9
cout << hex << "a = " << a << ", b = " << b; // 输出: a = 19, b = 1a // 10
cout << oct << "a = " << a << ", b = " << b; // 输出: a = 31, b = 32 // 11
```

因为**dec、hex 和 oct 同时也是操纵符**，所以如上面代码示例所示，“dec(cout)”与“cout<<dec”等价，“hex(cout)”与“cout<<hex”等价，“oct(cout)”与“cout<<oct”等价。C++标准引入**操纵符**的概念使得**函数调用“dec(cout)”可以写成为“cout<<dec”**，第 3 行和第 4 行的代码可以合并成为如第 9 行所示的代码，第 5 行和第 6 行的代码可以合并成为如第 10 行所示的代码，第 7 行和第 8 行的代码可以合并成为如第 11 行所示的代码，从而让代码显得更加简洁一些。

一旦调用“dec(cout)”或“cout<<dec”，标准输出 cout 将采用十进制的方式输出数据，直到将标准输出 cout 设置为其他进制。例如，在第 3 行代码“dec(cout);”之后，在第 4 行代码中标准输出 cout 将采用十进制的方式输出数据，直到第 5 行代码出现“hex(cout);”。这样，第 6 行代码“cout << "a = " << a << ", b = " << b;”采用十六进制的方式输出整数变量 a 和 b 的值，结果输出“a = 19, b = 1a”，其中 19 和 1a 都是十六进制的整数，因为十进制的 25 等于十六进制的 19，十进制的 26 等于十六进制的 1a。

在第 7 行代码“oct(cout);”之后，在第 8 行代码“cout << "a = " << a << ", b = " << b;”中标准输出 cout 将采用八进制的方式输出整数变量 a 和 b 的值，结果输出“a = 31, b = 32”，其中 31 和 32 都是八进制的整数，因为十进制的 25 等于八进制的 31，十进制的 26 等于八进制的 32。

第 9 行代码“cout << dec”又将标准输出 cout 输出数据的方式恢复为十进制的方式。因此，对于这行代码“cout << dec << "a = " << a << ", b = " << b;”，结果输出“a = 25, b = 26”，其中 25 和 26 都是十进制的整数。

第 10 行代码“cout << hex”将标准输出 cout 输出数据的方式设置为十六进制的方式。因此，对于这行代码“cout << hex << "a = " << a << ", b = " << b;”，结果输出“a = 19, b = 1a”，其中 19 和 1a 都是十六进制的整数，因为十进制的 25 等于十六进制的 19，十进制的 26 等于十六进制的 1a。

第 11 行代码“cout << oct”将标准输出 cout 输出数据的方式设置为八进制的方式。因此，对于这行代码“cout << oct << "a = " << a << ", b = " << b;”，结果输出“a = 31, b = 32”，其中 31 和 32 都是八进制的整数，因为十进制的 25 等于八进制的 31，十进制的 26 等于八进制的 32。

在 C++标准中，**位于 std 命名空间中的全局函数 endl 也是操纵符**，其具体说明如下：

函数 204　endl

声明：	`ostream& endl(ostream& s);`
说明：	通过输出流 s 输出回车符和换行符，并**强制**要求**立即**输出位于输出流 s 的缓冲区中的数据。因此，调用本函数相当于调用“`s << "\n";`”和“`s.flush();`”。
参数：	s 指定输出流类的实例对象。
返回值：	输出流 s 的引用。
头文件：	#include <iostream>

下面给出**通过标准输出 cout 调用 endl 的示例代码片段**。

```
cout << endl;    //  输出：↙                                    // 1
endl(cout);      //  输出：↙                                    // 2
```

因为 **endl 同时也是操纵符**，所以如上面代码示例所示，“endl(cout)”与“cout<<endl”是等价的，都会输出回车符和换行符，并强制要求立即输出位于缓冲区中的内容。

位于 std 命名空间中的全局函数 fixed、scientific、hexfloat 和 defaultfloat 同时也是操纵符。这些全局函数用来设置读取或解析浮点数的格式，具体说明如下：

函数 205　fixed

声明：	`ios_base& fixed(ios_base& b);`

说明：　要求出入流对象 b 采用小数的方式读取或解析浮点数。
参数：　b 指定出入流类的实例对象。
返回值：出入流对象 b 的引用。
头文件：#include <iostream>

函数 206　scientific

声明：　`ios_base& scientific(ios_base& b);`
说明：　要求出入流对象 b 采用科学计数法的方式读取或解析浮点数。
参数：　b 指定出入流类的实例对象。
返回值：出入流对象 b 的引用。
头文件：#include <iostream>

函数 207　hexfloat

声明：　`ios_base& hexfloat(ios_base& b);`
说明：　要求出入流对象 b 采用十六进制的方式读取或解析浮点数。
参数：　b 指定出入流类的实例对象。
返回值：出入流对象 b 的引用。
头文件：#include <iostream>

函数 208　defaultfloat

声明：　`ios_base& defaultfloat(ios_base& b);`
说明：　要求出入流对象 b 在小数方式和科学记数法中选用比较简洁的方式读取或解析浮点数。这通常也是出入流对象读取或解析浮点数的默认方式。
参数：　b 指定出入流类的实例对象。
返回值：出入流对象 b 的引用。
头文件：#include <iostream>

因为 ios_base 是输入流和输出流的父类，所以 **fixed、scientific、hexfloat 和 defaultfloat 可以应用于输入流和输出流的实例对象**，其中应用于输出流实例对象的情况更常见一些。

下面给出**通过标准输出 cout 调用这些操纵符的示例代码片段**。

```
double a = 0.1;
double b = 1e5;
double c = 1e-5;
fixed(cout);            // 或者: cout << fixed;
cout << a << endl;      // 输出: 0.100000↙
cout << b << endl;      // 输出: 100000.000000↙
cout << c << endl;      // 输出: 0.000010↙
cout << -a << endl;     // 输出: -0.100000↙
cout << -b << endl;     // 输出: -100000.000000↙
cout << -c << endl;     // 输出: -0.000010↙
scientific(cout);       // 或者: cout << scientific;
cout << a << endl;      // 输出: 1.000000e-01↙
cout << b << endl;      // 输出: 1.000000e+05↙
cout << c << endl;      // 输出: 1.000000e-05↙
cout << -a << endl;     // 输出: -1.000000e-01↙
cout << -b << endl;     // 输出: -1.000000e+05↙
```

```
cout << -c << endl; // 输出: -1.000000e-05↙              // 17
hexfloat(cout);      // 或者: cout << hexfloat;            // 18
cout << a << endl;   // 输出: 0x1.99999ap-4↙             // 19
cout << b << endl;   // 输出: 0x1.86a000p+16↙            // 20
cout << c << endl;   // 输出: 0x1.4f8b58p-17↙            // 21
cout << -a << endl;  // 输出: -0x1.99999ap-4↙            // 22
cout << -b << endl;  // 输出: -0x1.86a000p+16↙           // 23
cout << -c << endl;  // 输出: -0x1.4f8b58p-17↙           // 24
defaultfloat(cout); // 或者: cout << defaultfloat; ↙     // 25
cout << a << endl;   // 输出: 0.1↙                       // 26
cout << b << endl;   // 输出: 100000↙                    // 27
cout << c << endl;   // 输出: 1e-05↙                     // 28
cout << -a << endl;  // 输出: -0.1↙                      // 29
cout << -b << endl;  // 输出: -100000↙                   // 30
cout << -c << endl;  // 输出: -1e-05↙                    // 31
```

因为**fixed、scientific、hexfloat 和 defaultfloat 既是全局函数，也是操纵符**，所以如上面代码示例所示，“fixed(cout)”与“cout<<fixed”等价，“scientific(cout)”与“cout<<scientific”等价，“hexfloat(cout)”与“cout<<hexfloat”等价，“defaultfloat(cout)”与“cout<<defaultfloat”等价。

一旦调用“fixed(cout)”或“cout<<fixed”，标准输出 cout 将采用小数的方式输出浮点数，直到将标准输出 cout 输出浮点数的格式设置为其他方式。例如，在第 4 行代码“fixed(cout);”之后，在第 5～10 行代码中标准输出 cout 都采用小数的方式输出浮点数，直到第 11 行出现代码“scientific(cout);”。接下来，第 12～17 行代码采用科学记数法的方式输出浮点数，直到第 18 行出现代码“hexfloat(cout);”。在第 18 行代码之后，第 19～24 行代码采用十六进制的方式输出浮点数，直到第 25 行出现代码“defaultfloat(cout);”。在第 25 行代码之后，标准输出 cout 在小数方式和科学记数法中选用比较简洁的方式输出浮点数。例如，第 26、27、29 和 30 行代码采用小数的方式输出浮点数，第 28 行和第 31 行代码采用科学记数法的方式输出浮点数。

位于 std 命名空间中的全局函数 internal、left 和 right 同时也是操纵符。这些全局函数用来设置读取或解析流数据的对齐格式，具体说明如下：

函数 209　internal

声明： `ios_base& internal(ios_base& b);`

说明： 要求出入流对象 b 采用**中对齐**的方式读取或解析流数据。如果流数据的设置宽度大于流数据实际所需要的宽度，则在 0 或正数的左侧补上填充字符，在负号与绝对值之间补上填充字符。

参数： b 指定出入流类的实例对象。

返回值： 出入流对象 b 的引用。

头文件： `#include <iostream>`

函数 210　left

声明： `ios_base& left(ios_base& b);`

说明： 要求出入流对象 b 采用**左对齐**的方式读取或解析流数据。如果流数据的设置宽度大于流数据实际所需要的宽度，则在流数据的右侧补上填充字符。

参数： b 指定出入流类的实例对象。

返回值： 出入流对象 b 的引用。

头文件： #include <iostream>

函数 211 right

声明： `ios_base& right(ios_base& b);`

说明： 要求出入流对象 b 采用右对齐的方式读取或解析流数据。如果流数据的设置宽度大于流数据实际所需要的宽度，则在流数据的左侧补上填充字符。这通常也是出入流对象读取或解析流数据的默认对齐方式。

参数： b 指定出入流类的实例对象。

返回值： 出入流对象 b 的引用。

头文件： #include <iostream>

因为 ios_base 是输入流和输出流的父类，所以 **internal、left 和 right 可以应用于输入流和输出流的实例对象**，其中应用于输出流实例对象的情况更常见一些。

下面给出**通过标准输出 cout 调用这些操纵符的示例代码片段**。

```
int a = 0;
int b = 1;
int c = -1;
cout.fill('x');
internal(cout);    // 或者: cout << internal;
cout.width(5);
cout << a << endl; // 输出: xxxx0↙
cout.width(5);
cout << b << endl; // 输出: xxxx1↙
cout.width(5);
cout << c << endl; // 输出: -xxx1↙
left(cout);        // 或者:  cout << left;
cout.width(5);
cout << a << endl; // 输出: 0xxxx↙
cout.width(5);
cout << b << endl; // 输出: 1xxxx↙
cout.width(5);
cout << c << endl; // 输出: -1xxx↙
right(cout);       // 或者: cout << right;
cout.width(5);
cout << a << endl; // 输出: xxxx0↙
cout.width(5);
cout << b << endl; // 输出: xxxx1↙
cout.width(5);
cout << c << endl; // 输出: xxx-1↙
```

因为 **internal、left 和 right 既是全局函数，也是操纵符**，所以如上面代码示例所示，“internal(cout)”与“cout<<internal”等价，“left(cout)”与“cout<<left”等价，“right(cout)”与“cout<<right”等价。

默认的填充字符通常是空格。这里为了更加清晰地展示补上的填充字符，**第 4 行代码**“cout.fill('x');”将填充字符修改为英文字母'x'。为了让流数据的设置宽度大于流数据实际所需要的宽度，上面通过**代码“cout.width(5);”**将流数据的设置宽度修改为 5。因为每当输出流数据之后，流数据的设置宽度又会自动变回默认的 0，所以上面的任何一处的**代码“cout.width(5);”**都不能被删除。

如第 5 行代码所示，**一旦调用“internal(cout)”或“cout<<internal”**，标准输出 cout 将采用中对齐的方式输出流数据，直到将标准输出 cout 输出流数据的对齐格式设置为其他方式。例如，**第 7 行代码**输出整数 0 和**第 9 行代码**输出正整数 1 在采用中对齐方式的条件下均是在左侧补上填充字符'x'；**第 11 行代码**输出负整数−1 在采用中对齐方式的条件下则是在负号与绝对值 1 之间补上填充字符'x'，结果输出“-xxx1”。

如第 12 行代码所示，**一旦调用“left(cout)”或“cout<<left”**，标准输出 cout 将采用左对齐的方式输出流数据，直到将标准输出 cout 输出流数据的对齐格式设置为其他方式。例如，**第 14 行代码**输出整数 0、**第 16 行代码**输出正整数 1 以及**第 18 行代码**输出负整数−1 在采用左对齐方式的条件下均是在右侧补上填充字符'x'。

如第 19 行代码所示，**一旦调用“right(cout)”或“cout<<right”**，标准输出 cout 将采用右对齐的方式输出流数据，直到将标准输出 cout 输出流数据的对齐格式设置为其他方式。例如，**第 21 行代码**输出整数 0、**第 23 行代码**输出正整数 1 以及**第 25 行代码**输出负整数−1 在采用右对齐方式的条件下均是在左侧补上填充字符'x'。

出入流基础类 ios_base 的成员函数 precision 拥有 2 种形式，其中第 1 个的具体说明如下：

函数 212	ios_base::precision
声明：	`streamsize precision() const;`
说明：	返回在当前流的配置中所保存的精度。
返回值：	在当前流的配置中所保存的精度。
头文件：	`#include <iostream>`

其中第 2 个是**用来设置精度的成员函数 precision**，其具体说明如下：

函数 213	ios_base::precision
声明：	`streamsize precision(streamsize p);`
说明：	将当前流的配置中保存的精度更改为 p，同时返回在调用本函数之前所保存的精度。
参数：	函数参数 p 指定精度。
返回值：	在调用本函数之前在当前流的配置中所保存的精度。
头文件：	`#include <iostream>`

> ❀小甜点❀：
>
> （1）在流的配置中，**默认的精度**通常是 6。
>
> （2）在**默认的浮点数格式**下，这里的精度指的是**有效数字**的个数；在**小数、科学计数法和十六进制的浮点数格式**下，这里的精度指的是紧接在**小数点**后面的**数字的个数**。

因为 ios_base 是输入流和输出流的父类，所以 **precision 可以应用于输入流和输出流的实例对象**，其中应用于输出流实例对象的情况更常见一些。

下面给出通过标准输出 **cout** 调用成员函数 **precision** 的示例代码片段。

```
double a = 1.1;
double b = 1234.123456789;
double c = 123456789.123456789;
streamsize p = cout.precision(); // 结果：默认精度 p=6

cout << fixed;
p = cout.precision(1);  // 当前精度变成为 1，返回 p=6
p = cout.precision();   // 结果：精度 p=1
cout << "a=" << a << ", -a=" << -a; // 输出：a=1.1, -a=-1.1
cout << "b=" << b << ", -b=" << -b; // 输出：b=1234.1, -b=-1234.1
cout << "c=" << c;      // 输出：c=123456789.1
cout << "-c=" << -c;    // 输出：-c=-123456789.1
p = cout.precision(4);  // 当前精度变成为 4，返回 p=1
p = cout.precision();   // 结果：精度 p=4
cout << "a=" << a << ", -a=" << -a; // 输出：a=1.1000, -a=-1.1000
cout << "b=" << b;      // 输出：b=1234.1235
cout << "-b=" << -b;    // 输出：-b=-1234.1235
cout << "c=" << c;      // 输出：c=123456789.1235
cout << "-c=" << -c;    // 输出：-c=-123456789.1235

cout << scientific;
p = cout.precision(1);  // 当前精度变成为 1，返回 p=4
p = cout.precision();   // 结果：精度 p=1
cout << "a=" << a << ", -a=" << -a; // 输出：a=1.1e+00, -a=-1.1e+00
cout << "b=" << b << ", -b=" << -b; // 输出：b=1.2e+03, -b=-1.2e+03
cout << "c=" << c << ", -c=" << -c; // 输出：c=1.2e+08, -c=-1.2e+08
p = cout.precision(4);  // 当前精度变成为 4，返回 p=1
p = cout.precision();   // 结果：精度 p=4
cout << "a=" << a;      // 输出：a=1.1000e+00
cout << "-a=" << -a;    // 输出：-a=-1.1000e+00
cout << "b=" << b;      // 输出：b=1.2341e+03
cout << "-b=" << -b;    // 输出：-b=-1.2341e+03
cout << "c=" << c;      // 输出：c=1.2346e+08
cout << "-c=" << -c;    // 输出：-c=-1.2346e+08

cout << defaultfloat;
p = cout.precision(1);  // 当前精度变成为 1，返回 p=4
p = cout.precision();   // 结果：精度 p=1
cout << "a=" << a << ", -a=" << -a; // 输出：a=1, -a=-1
cout << "b=" << b << ", -b=" << -b; // 输出：b=1e+03, -b=-1e+03
cout << "c=" << c << ", -c=" << -c; // 输出：c=1e+08, -c=-1e+08
p = cout.precision(4);  // 当前精度变成为 4，返回 p=1
p = cout.precision();   // 结果：精度 p=4
cout << "a=" << a << ", -a=" << -a; // 输出：a=1.1, -a=-1.1
cout << "b=" << b << ", -b=" << -b; // 输出：b=1234, -b=-1234
```

```
cout << "c=" << c;       // 输出: c=1.235e+08                                // 46
cout << "-c=" << -c;     // 输出: -c=-1.235e+08                              // 47
```

上面**第 4 行代码**“streamsize p = cout.precision();”返回标准输出 cout 的精度。因为在这行代码之前没有对标准输出 cout 设置过精度，所以这时所返回的整数 6 就是标准输出 cout 的**默认精度**。**第 7 行代码**“p = cout.precision(1);”将标准输出 cout 的精度设置为 1，同时返回标准输出 cout 在设置新的精度之前所保存的精度 6。**第 8 行代码**“p = cout.precision();”返回标准输出 cout 的当前精度值 1。在第 7 行代码之后，标准输出 cout 的当前精度值一直是 1，直到**第 13 行代码**“p = cout.precision(4);”重新将标准输出 cout 的精度设置为 4。

从第 7～34 行代码可以看出，在**小数和科学计数法的浮点数格式**下，这里的精度指的是紧接在小数点后面的数字的个数。例如，在**第 9 行代码**中，标准输出 cout 的精度是 1；这时，在输出结果 1.1 和-1.1 中，小数点后面的数字的个数都是 1。再如：在**第 15 行代码**中，标准输出 cout 的精度是 4；这时，在输出结果 1.1000 和−1.1000 中，小数点后面的数字的个数都是 4。

从第 36～47 行代码可以看出，在**默认的浮点数格式**下，这里的精度指的是有效数字的个数。例如，在**第 40 行代码**中，标准输出 cout 的精度是 1；这时，在输出结果 1e+03 和-1e+03 中，有效数字都是 1，因此，有效数字的个数也都是 1。在**第 44 行代码**中，标准输出 cout 的精度是 4；这时，在输出结果 1.1 和−1.1 中，有效数字的个数都是 2，小于设置的精度 4。这表明，**在默认的浮点数格式下，实际输出的浮点数的有效数字的个数有可能会小于所设置的精度**。

8.2　文　件　流

组成文件的数据可以看作一连串的有序字节或字符。组成文件的数据通常也称为文件的内容。对文件内容进行处理常常也简称为**文件处理**。在文件处理中，处理文件数据的过程像流水作业一样。因此，处理文件数据的类被称为**文件流类**。文件流类又可以分成为**只读文件流类 ifstream**、**只写文件流类 ofstream** 和**读写文件流类 fstream**。使用这些文件流类通常需要添加如下的文件包含语句：

```
#include <fstream>
```

图 8-3 给出了**通过文件流类进行文件处理的一般流程**。首先，创建文件流的实例对象。这时有 2 种选择，其中一种是在创建实例对象时就打开文件，另一种是在创建实例对象之后再通过该实例对象打开文件。在打开文件之后，就可以进行文件读写操作，即读取文件数据或在文件中写入数据。在完成文件读写操作之后，可以关闭文件。这时同样有 2 种选择，其中一种是在析构文件流的实例对象的同时关闭文件，另一种是先关闭文件，再析构文件流的实例对象。在关闭文件之后，还可以通过文件流的实例对象重新打开文件。重新打开的文件可以是当前文件，也可以是其他文件。

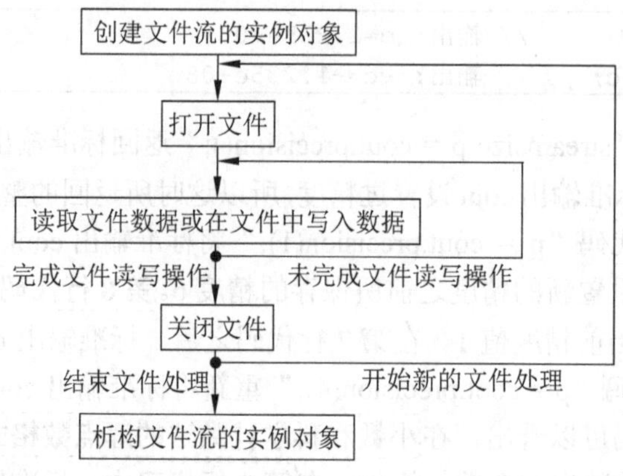

图 8-3　文件处理一般流程

注意事项：

（1）对于**同一个文件**，在同一个时刻，通常最多只能由一个文件流的实例对象打开。文件处理通常采用**文件加锁的机制**，即文件一旦打开，通常就会加上锁，从而避免在该文件没有关闭之前再次被打开。

（2）对于**同一个文件流实例对象**，在同一个时刻，最多只能打开一个文件。如果一个文件流实例对象已经打开了一个文件，那么**在关闭这个文件之前不允许再打开文件**。

说明：

（1）将位于文件中的数据读取到内存的过程称为**读取操作**、**读操作**或**输入操作**。这里所谓的内存就是变量或数组等的内存空间。

（2）将存放在内存空间中的数据写入文件中的过程称为**写入操作**、**写操作**或**输出操作**。

在出入流基础类 ios_base 中定义了表示流位置的如下 3 个常量：

（1）**ios_base::beg** 表示流的开头位置；

（2）**ios_base::cur** 表示流的当前位置；

（3）**ios_base::end** 表示流的末尾位置。

这 3 个流位置的示意图如图 8-4 所示。对于文件流，**当刚打开文件时**，根据文件的模式，文件流的当前位置有可能会在流的开头位置，也有可能在流的末尾位置。**当进行读写操作时**，文件流的当前位置就会**向前移动**。**当写操作时**，如果文件流的当前位置位于流的末尾位置，则文件流的当前位置向前移动，同时流的末尾位置**向前延伸**，即流的长度变长。

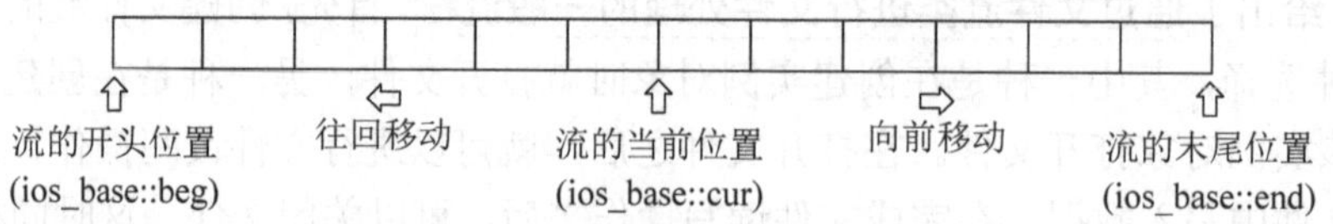

图 8-4　流的位置示意图

8.2.1　只读文件流类 ifstream

只读文件流类 ifstream 是类模板 basic_ifstream 实例化的结果：

```
typedef basic_ifstream<char, char_traits<char> > ifstream;
```

而类模板 basic_ifstream 是类模板 basic_istream 的子类模板。因此，只读文件流类 ifstream 可以看作是输入流类 istream 的子类。在满足封装性的前提条件下，只读文件流类 ifstream 的实例对象可以使用输入流类 istream 及其父类的成员。

下面首先介绍**只读文件流类的 3 个最基本的构造函数**。

函数 214　ifstream::ifstream

声明： `ifstream();`

说明： 构造只读文件流类的实例对象。

头文件： `#include <fstream>`

函数 215　ifstream::ifstream

声明： `ifstream(const char* fileName, ios_base::openmode mode = ios_base::in);`

说明： 构造只读文件流类的实例对象，同时以 mode 模式打开文件 fileName。

参数： ① 函数参数 fileName 指定所需要打开的文件的名称。

② 函数参数 mode 指定打开文件的模式，其值只能为“ios_base::in”或“ios_base::in | ios_base::binary”。

头文件： `#include <fstream>`

函数 216　ifstream::ifstream

声明： `ifstream(const string& fileName, ios_base::openmode mode = ios_base::in);`

说明： 构造只读文件流类的实例对象，同时以 mode 模式打开文件 fileName。

参数： ① 函数参数 fileName 指定所需要打开的文件的名称。

② 函数参数 mode 指定打开文件的模式，其值只能为“ios_base::in”或“ios_base::in | ios_base::binary”。

头文件： `#include <fstream>`。因为函数参数 fileName 的数据类型是 string，所以还需要添加“#include <string>”。

只读文件流类的**构造函数**和**成员函数 open** 都含有文件打开模式的函数参数 mode。只读文件流的**文件打开模式 mode** 只能在下面 2 个选项中选择 1 个：

（1）**ios_base::in**。这个选项表示以文本方式打开文件，并且允许读取操作。

（2）**ios_base::in | ios_base::binary**。这个选项表示以二进制方式打开文件，并且允许读取操作。

这里介绍**只读文件流类的成员函数 open 的 2 种形式**，其中**第 1 种**的具体说明如下：

函数 217　ifstream::open

声明： `void open(const char* fileName, ios_base::openmode mode = ios_base::in);`

说明： 以 mode 模式打开文件 fileName。

参数： ① 函数参数 fileName 指定所需要打开的文件的名称。

② 函数参数 mode 指定打开文件的模式，其值只能为“ios_base::in”或“ios_base::in | ios_base::binary”。

头文件： `#include <fstream>`

只读文件流类的成员函数 open 的**第 2 种形式**的具体说明如下：

函数 218　ifstream::open

声明： void open(const string& fileName, ios_base::openmode mode = ios_base::in);

说明： 以 mode 模式打开文件 fileName。

参数： ① 函数参数 fileName 指定所需要打开的文件的名称。

② 函数参数 mode 指定打开文件的模式，其值只能为“ios_base::in”或“ios_base::in | ios_base::binary”。

头文件： #include <fstream>。因为函数参数 fileName 的数据类型是 string，所以还需要添加“#include <string>”。

只读文件流类的成员函数 close 的具体说明如下：

函数 219　ifstream::close

声明： void close();

说明： 关闭当前处于打开状态的文件。

头文件： #include <fstream>

只读文件流类的析构函数 的具体说明如下：

函数 220　ifstream::~ifstream

声明： ~ifstream();

说明： 析构只读文件流类的实例对象。如果在当前的实例对象中有 1 个文件正处于打开的状态，则调用成员函数 close 关闭该文件。

头文件： #include <fstream>

这里通过例程来说明如何读取文本文件的内容。

例程 8-5　读取并输出文本文件的内容。

例程功能描述：接收文件名的输入。如果成功打开这个文件，就在控制台窗口中输出这个文件的内容。

例程解题思路：接收文件名的输入可以通过接收输入字符串来实现。然后，尝试将这个字符串当作文件名，采用只读文本文件的模式打开文件。如果无法打开这个文件，就输出打开失败的提示。如果成功打开这个文件，就读取这个文件中的字符，并通过标准输出 cout 输出读取到的字符。例程代码由 3 个源程序代码文件“CP_FileShow.h”“CP_FileShow.cpp”和“CP_FileShowMain.cpp”组成，具体的程序代码如下。

// 文件名：CP_FileShow.h；开发者：雍俊海	行号

```
#ifndef CP_FILESHOW_H
#define CP_FILESHOW_H

extern void gb_fileShow();
extern void gb_fileShowContent(const string& fileName);
extern void gb_getFileName(string& fileName);
#endif
```

```
// 文件名：CP_FileShow.cpp；开发者：雍俊海
#include <iostream>
#include <fstream>
#include <string>
using namespace std;
#include "CP_FileShow.h"

void gb_fileShow()
{
    string fileName;
    gb_getFileName(fileName);
    gb_fileShowContent(fileName);
} // 函数 gb_fileShow 定义结束

void gb_fileShowContent(const string& fileName)
{
    ifstream fileObject;
    fileObject.open(fileName);
    if (fileObject.fail())
    {
        cout << "文件\"" << fileName << "\"打开失败。\n";
        return;
    } // if 结束
    cout << "文件\"" << fileName << "\"的内容为:\n";
    int c;
    do
    {
        c = fileObject.get();
        if (fileObject.good())
            cout.put(c);
    } while (!fileObject.eof());
    fileObject.close();
    cout << "\n 文件\"" << fileName << "\"的内容到此结束。\n";
} // 函数 gb_fileShowContent 定义结束

void gb_getFileName(string& fileName)
{
    cout << "请输入文件名：";
    cin >> fileName;
    cout << "输入的文件名是\"" << fileName << "\"。\n";
} // 函数 gb_getFileName 定义结束
```

```
// 文件名：CP_FileShowMain.cpp；开发者：雍俊海
#include <iostream>
using namespace std;
#include "CP_FileShow.h"
```

```
                                                        // 4
int main(int argc, char* args[])                        // 5
{                                                       // 6
   gb_fileShow();                                       // 7
   system("pause"); // 暂停住控制台窗口                  // 8
   return 0; // 返回 0 表明程序运行成功                   // 9
} // main 函数结束                                       // 10
```

可以对上面的代码进行编译、链接和运行。下面给出一个运行结果示例。

```
请输入文件名：in.txt↙
输入的文件名是"in.txt"。
文件"in.txt"的内容为：
Pain past is pleasure.

文件"in.txt"的内容到此结束。
请按任意键继续. . .
```

例程分析：源文件“CP_FileShow.cpp”第 35~40 行代码通过函数 gb_getFileName 接收文件名的输入。这个文件名的数据类型是 string。具体的语句是“cin >> fileName;”，位于**第 38 行**。如果输入的文件名不含有路径，则要求这个文件位于当前的工作路径下。为了保险起见，这里也可以输入带有完整路径的文件名，例如，“D:\Examples\CP_FileShow\in.txt”或者“D:\Examples\CP_FileShow\Debug\in.txt”。

源文件“CP_FileShow.cpp”第 14~33 行代码通过函数 gb_fileShowContent 来读取并输出文件的内容。首先，**第 16 行代码**“ifstream fileObject;”创建只读文件流类的实例对象 fileObject。然后，**第 17 行代码**“fileObject.open(fileName);”通过只读文件流类的实例对象 fileObject 采用只读文本文件的模式打开文件。这 2 行代码也可以简化为“ifstream fileObject(fileName);”，即在创建只读文件流实例对象的同时打开文件。

第 18 行代码“fileObject.fail()”实际上是调用了**出入流类 ios 的成员函数 fail**。如果打开文件失败，则成员函数 fail 返回 true；如果成功打开文件，则成员函数 fail 返回 false。

因为出入流类 ios、出入流基础类 ios_base 和输入流类 istream 都是只读文件流类 ifstream 的父类，所以在满足封装性的前提条件下，**只读文件流类的实例对象可以调用 ios、ios_base 和 istream 的成员函数**。因此，**第 27 行代码**“c = fileObject.get();”调用了**输入流类 istream 的成员函数 get** 来获取位于文件中的字符。**第 28 行代码**“fileObject.good()”调用了**出入流类 ios 中的成员函数 good** 来判断是否正确获取到位于文件中的字符。**第 30 行代码**“fileObject.eof()”调用了**出入流类 ios 中的成员函数 eof** 来判断是否越过文件的末尾。因为只有**越过**文件末尾，成员函数 eof 才会为真，所以在读取文件的最后 1 个字符之后，位于第 27 行的成员函数 get 必须再读取 1 次字符才能算是越过文件末尾，而这时读取的字符是无效的字符，即这时位于第 28 行的成员函数 good 会返回 false。因此，**第 28 行代码是有必要的**。否则，在这时，**第 29 行代码**“cout.put(c);”就会输出这个无效的字符。

在文件处理结束之后，**第 31 行代码**“fileObject.close();”关闭通过第 17 行代码打开的文件。当然，这里也可以删除第 31 行代码，因为只读文件流类实例对象 fileObject 的析构函数也会调用成员函数 close。

输入流类 istream 的成员函数 tellg 用来返回输入流的当前位置，其具体说明如下：

函数 221	istream::tellg
声明：	ifstream::pos_type tellg();
说明：	如果执行成功，则返回输入流的当前位置；否则，返回 ifstream::pos_type(-1)。
返回值：	如果执行成功，则返回输入流的当前位置；否则，返回 ifstream::pos_type(-1)。
头文件：	#include <iostream>和#include <fstream>

输入流类 istream 的成员函数 seekg 用来移动输入流的当前位置。它拥有 2 种形式，其中只有 1 个函数参数的函数具体说明如下：

函数 222	istream::seekg
声明：	istream& seekg(ifstream::pos_type pos);
说明：	将输入流的当前位置移到 pos 的位置。
参数：	pos 指定将要移动到的位置。
返回值：	当前输入流实例对象的引用。
头文件：	#include <iostream>和#include <fstream>

输入流类 istream 的成员函数 seekg 的第 2 种形式的具体说明如下：

函数 223	istream::seekg
声明：	istream& seekg(ifstream::off_type off, ios_base::seekdir base);
说明：	将输入流的当前位置移到与基准位置 base 的距离为 off 的位置处。
参数：	① off 指定相对于基准位置 base 的距离。如果 off 大于 0，则相对于基准位置 base 向前移动；如果 off 小于 0，则相对于基准位置 base 往回移动； ② base 指定移动的基准位置。base 的值只能是如下 3 个值之一： （1）ios_base::beg 表示输入流的开头位置； （2）ios_base::cur 表示输入流的当前位置； （3）ios_base::end 表示输入流的末尾位置。
返回值：	当前输入流实例对象的引用。
头文件：	#include <iostream>和#include <fstream>

这里通过例程来说明如何调用输入流类 istream 的成员函数 tellg 和 seekg。

例程 8-6　获取指定文件位置的字符。

例程功能描述：首先，接收文件名的输入。然后，通过循环输出在该文件中位于指定位置的字符。在循环体中，允许选择指定文件位置的方式或者退出循环。指定文件位置的方式包含绝对位置和相对位置共 2 种方式。

例程解题思路：接收文件名的输入可以通过接收输入字符串来实现。在循环体中，设置 3 种命令，其中整数 1 表示采用绝对位置的方式指定文件位置，整数 2 表示采用相对位置的方式指定文件位置，其他整数表示退出循环。通过调用输入流类 istream 的成员函数 seekg 实现移动文件流的当前位置。在输出指定文件位置的字符的前后，分别调用输入流类 istream 的成员函数 tellg 获取文件流的当前位置，并输出文件流的当前位置，从而直观展示移动文件流的当前位置的结果。例程代码由 3 个源程序代码文件“CP_FilePositionChar.h”“CP_FilePositionChar.cpp”和“CP_FilePositionCharMain.cpp”组成，具体的程序代码如下。

```
// 文件名：CP_FilePositionChar.h；开发者：雍俊海
#ifndef CP_FILEPOSITIONCHAR_H
#define CP_FILEPOSITIONCHAR_H

extern void gb_fileShowPositionChar();
extern void gb_readFileName(string& fileName);
extern void gb_seek(ifstream& fileObject);
extern void gb_seekOff(ifstream& fileObject);
extern void gb_showPositionAndChar(ifstream& fileObject);
#endif
```

```
// 文件名：CP_FilePositionChar.cpp；开发者：雍俊海
#include <iostream>
#include <fstream>
#include <string>
using namespace std;
#include "CP_FilePositionChar.h"

void gb_fileShowPositionChar()
{
   int i = 0;
   string fileName;
   gb_readFileName(fileName);

   ifstream fileObject(fileName);
   if (fileObject.fail())
   {
      cout << "文件" << fileName << "打开失败。\n";
      return;
   } // if 结束
   do
   {
      cout << "请输入命令[1 表示绝对位置，2 表示相对位置，其他表示退出]：";
      cin >> i;
      if (i == 1)
         gb_seek(fileObject);
      else if (i == 2)
         gb_seekOff(fileObject);
      else break;
   } while (true); // do/while 结束
   fileObject.close();
} // 函数 gb_fileShowPositionChar 定义结束

void gb_readFileName(string& fileName)
{
   cout << "请输入文件名：";
```

```
    cin >> fileName;
    cout << "输入的文件名是\"" << fileName << "\"。\n";
} // 函数 gb_readFileName 定义结束

void gb_seek(ifstream& fileObject)
{
    cout << "请输入文件的绝对位置: ";
    int p = 0;
    cin >> p;
    cout << "输入的文件绝对位置是" << p << "。" << endl;
    fileObject.seekg(p);
    gb_showPositionAndChar(fileObject);
} // 函数 gb_seek 定义结束

void gb_seekOff(ifstream& fileObject)
{
    cout << "请输入整数 p 和 w，并以空格分隔，" << endl;
    cout << "\t 其中 p 表示移动量。" << endl;
    cout << "\tw 表示相对的基准位置: 0 开头，1 当前，2 末尾。" << endl;
    int p = 0;
    int w = 0;
    cin >> p >> w;
    cout << "p = " << p << ", ";
    cout << "w = " << w << "。" << endl;
    if (w==0)
        fileObject.seekg(p, ios_base::beg);
    else if (w == 1)
        fileObject.seekg(p, ios_base::cur);
    else fileObject.seekg(p, ios_base::end);
    gb_showPositionAndChar(fileObject);
} // 函数 gb_seekOff 定义结束

void gb_showPositionAndChar(ifstream& fileObject)
{
    if (fileObject.fail())
    {
        cout << "当前文件处于不正常状态。下面清除不正常状态。" << endl;
        fileObject.clear();
    } // if 结束
    ifstream::pos_type p = fileObject.tellg();
    cout << "文件的当前位置为" << p;
    int c = 'Z';
    c = fileObject.get();
    if (fileObject.good())
        cout<<"。此位置的字符为'"<<(char)c<< "'[" << c << "]。" <<endl;
    else
    {
```

```
      cout << "。读取此位置的字符失败！" << endl;
      fileObject.clear();
   } // if/else 结束
   p = fileObject.tellg();
   cout << "在读取字符之后，文件的当前位置变为" << p << "。" << endl;
} // 函数 gb_showPositionAndChar 定义结束
```

```
// 文件名：CP_FilePositionCharMain.cpp；开发者：雍俊海
#include <iostream>
using namespace std;
#include "CP_FilePositionChar.h"

int main(int argc, char* args[])
{
   gb_fileShowPositionChar();
   system("pause"); // 暂停住控制台窗口
   return 0; // 返回 0 表明程序运行成功
} // main 函数结束
```

设文本文件“D:\Examples\CP_FilePositionChar\data.txt”的内容为：

```
abcdefgh
```

可以对上面的代码进行编译、链接和运行。下面给出一个运行结果示例。

```
请输入文件名：D:\Examples\CP FilePositionChar\data.txt↙
输入的文件名是"D:\Examples\CP_FilePositionChar\data.txt"。
请输入命令[1 表示绝对位置，2 表示相对位置，其他表示退出]：1↙
请输入文件的绝对位置：0↙
输入的文件绝对位置是 0。
文件的当前位置为 0。此位置的字符为'a'[97]。
在读取字符之后，文件的当前位置变为 1。
请输入命令[1 表示绝对位置，2 表示相对位置，其他表示退出]：1↙
请输入文件的绝对位置：3↙
输入的文件绝对位置是 3。
文件的当前位置为 3。此位置的字符为'd'[100]。
在读取字符之后，文件的当前位置变为 4。
请输入命令[1 表示绝对位置，2 表示相对位置，其他表示退出]：1↙
请输入文件的绝对位置：7↙
输入的文件绝对位置是 7。
文件的当前位置为 7。此位置的字符为'h'[104]。
在读取字符之后，文件的当前位置变为 8。
请输入命令[1 表示绝对位置，2 表示相对位置，其他表示退出]：1↙
请输入文件的绝对位置：8↙
输入的文件绝对位置是 8。
文件的当前位置为 8。读取此位置的字符失败！
在读取字符之后，文件的当前位置变为 8。
请输入命令[1 表示绝对位置，2 表示相对位置，其他表示退出]：2↙
```

```
请输入整数 p 和 w，并以空格分隔，
        其中 p 表示移动量。
        w 表示相对的基准位置：0 开头，1 当前，2 末尾。
2 0↙
p = 2, w = 0。
文件的当前位置为 2。此位置的字符为'c'[99]。
在读取字符之后，文件的当前位置变为 3。
请输入命令[1 表示绝对位置，2 表示相对位置，其他表示退出]：2↙
请输入整数 p 和 w，并以空格分隔，
        其中 p 表示移动量。
        w 表示相对的基准位置：0 开头，1 当前，2 末尾。
3 1↙
p = 3, w = 1。
文件的当前位置为 6。此位置的字符为'g'[103]。
在读取字符之后，文件的当前位置变为 7。
请输入命令[1 表示绝对位置，2 表示相对位置，其他表示退出]：2↙
请输入整数 p 和 w，并以空格分隔，
        其中 p 表示移动量。
        w 表示相对的基准位置：0 开头，1 当前，2 末尾。
6 1↙
p = 6, w = 1。
文件的当前位置为 13。读取此位置的字符失败！
在读取字符之后，文件的当前位置变为 13。
请输入命令[1 表示绝对位置，2 表示相对位置，其他表示退出]：2↙
请输入整数 p 和 w，并以空格分隔，
        其中 p 表示移动量。
        w 表示相对的基准位置：0 开头，1 当前，2 末尾。
1 2↙
p = 1, w = 2。
文件的当前位置为 9。读取此位置的字符失败！
在读取字符之后，文件的当前位置变为 9。
请输入命令[1 表示绝对位置，2 表示相对位置，其他表示退出]：2↙
请输入整数 p 和 w，并以空格分隔，
        其中 p 表示移动量。
        w 表示相对的基准位置：0 开头，1 当前，2 末尾。
-1 2↙
p = -1, w = 2。
文件的当前位置为 7。此位置的字符为'h'[104]。
在读取字符之后，文件的当前位置变为 8。
请输入命令[1 表示绝对位置，2 表示相对位置，其他表示退出]：2↙
请输入整数 p 和 w，并以空格分隔，
        其中 p 表示移动量。
        w 表示相对的基准位置：0 开头，1 当前，2 末尾。
-3 2↙
p = -3, w = 2。
文件的当前位置为 5。此位置的字符为'f'[102]。
在读取字符之后，文件的当前位置变为 6。
```

```
请输入命令[1表示绝对位置，2表示相对位置，其他表示退出]：0
请按任意键继续. . .
```

例程分析：源文件“CP_FilePositionChar.cpp”**第 13 行代码**“ifstream fileObject(fileName);”在创建只读文件流类 ifstream 的实例对象 fileObject 时就打开文本文件。这时，实例对象 fileObject 的文件流的当前位置位于文件流的开头位置，即这时的输入流是实例对象 fileObject 对应的文件流。

源文件“CP_FilePositionChar.cpp”第 39～47 行代码定义了函数 gb_seek。这个函数采用绝对位置的方式指定文件位置。其中**第 43 行代码**“cin >> p;”获取输入的整数并保存到整数变量 p 中。**第 45 行代码**“fileObject.seekg(p);”调用输入流类 istream 的成员函数 seekg 要求将文件流的当前位置移动到位置 p。根据运行结果示例，**当整数 p 非负并且小于文件的长度时**，文件流的当前位置可以移动到位置 p，并且正确读取位于移动到的位置上的字符。例如，当 p=0 时，读取到文件“D:\Examples\CP_FilePositionChar\data.txt”的第 1 个字符'a'；当 p=3 时，读取到文件“D:\Examples\CP_FilePositionChar\data.txt”的第 4 个字符'd'；当 p=7 时，读取到文件“D:\Examples\CP_FilePositionChar\data.txt”的第 8 个字符'h'。**在成功读取 1 个字符之后**，文件的当前位置向前移动 1 个字节。如果**整数 p 大于或等于文件的长度**，则在移动文件流的当前位置之后，无法正确读取位于文件中的字符。例如，当 p=8 时，读取字符失败。

源文件“CP_FilePositionChar.cpp”第 49～65 行代码定义了函数 gb_seekOff。这个函数采用相对位置的方式指定文件位置。其中**第 56 行代码**“cin >> p >> w;”获取输入的 2 个整数并分别保存到整数变量 p 和 w 中。**第 60 行代码**“fileObject.seekg(p, ios_base::beg);”调用输入流类 istream 的成员函数 seekg 要求将文件流的当前位置移动到与文件流的开头位置的距离为 p 的位置。这时，p 实际上也是文件流的绝对位置，即“fileObject.seekg(p, ios_base::beg);”等价于“fileObject.seekg(p);”。因此，在运行结果示例中，当 p=2 并且 w=0 时，读取到文件“D:\Examples\CP_FilePositionChar\data.txt”的第 3 个字符'c'。在读取字符'c'之后，文件流的当前位置变为 3。**第 62 行代码**“fileObject.seekg(p, ios_base::cur);”调用输入流类 istream 的成员函数 seekg 要求将文件流的当前位置移动到与文件流的当前位置的距离为 p 的位置。因此，在运行结果示例中，当 p=3 并且 w=1 并且文件流的当前位置为 3 时，文件流的当前位置将会移动到 6 的位置，读取到文件“D:\Examples\CP_FilePositionChar\data.txt”的第 7 个字符'g'。在读取字符'c'之后，文件流的当前位置变为 7。同样，如果将文件流的当前位置移动到文件的末尾，则无法正确读取位于文件中的字符。**第 63 行代码**“fileObject.seekg(p, ios_base::end);”调用输入流类 istream 的成员函数 seekg 要求将文件流的当前位置移动到与文件流的末尾位置的距离为 p 的位置。因为在文件的末尾是无法正确读取位于文件中的字符，所以在这时，只有 p 为负整数才有可能正确读取位于文件中的字符。例如，在运行结果示例中，当 p=1 并且 w=2 时，读取位于文件中的字符失败；当 p=-1 并且 w=2 时，读取到文件“D:\Examples\CP_FilePositionChar\data.txt”的倒数第 1 个字符'h'；当 p=−3 并且 w=2 时，读取到文件“D:\Examples\CP_FilePositionChar\data.txt”的倒数第 3 个字符'f '。

第 74 行和第 85 行代码“p = fileObject.tellg();”调用输入流类 istream 的成员函数 tellg 来获取文件流的当前位置。**在调用成员函数 tellg 之前，一定要确保文件流处于正常状态**；

否则，成员函数 tellg 有可能无法获取到文件流的当前位置，并且会返回 ifstream::pos_type(−1)。

这里通过例程来说明如何借助于输入流类 istream 的成员函数 tellg 和 seekg 来获取文件的长度。

例程 8-7　获取并输出文件的长度。

例程功能描述：首先，接收文件名的输入。然后，获取并输出该文件的长度。

例程解题思路：接收文件名的输入可以通过接收输入字符串来实现。然后，通过只读文件流类 ifstream 打开该文件。接着，通过输入流类 istream 的成员函数 seekg 将文件流的当前位置移动到末尾位置。这样，通过输入流类 istream 的成员函数 tellg 获取到的文件流的当前位置在数值上就等于该文件的长度。例程代码由 3 个源程序代码文件“CP_FileLength.h”“CP_FileLength.cpp”和“CP_FileLengthMain.cpp”组成，具体的程序代码如下。

```
// 文件名：CP_FileLength.h；开发者：雍俊海
#ifndef CP_FILELENGTH_H
#define CP_FILELENGTH_H

extern void gb_readFileName(string& fileName);
extern void gb_showFileLength();
#endif
```

```
// 文件名：CP_FileLength.cpp；开发者：雍俊海
#include <iostream>
#include <fstream>
#include <string>
using namespace std;
#include "CP_FileLength.h"

void gb_readFileName(string& fileName)
{
    cout << "请输入文件名：";
    cin >> fileName;
    cout << "输入的文件名是\"" << fileName << "\"。\n";
} // 函数 gb_readFileName 定义结束

void gb_showFileLength()
{
    int n = 0;
    string fileName;
    gb_readFileName(fileName);

    ifstream fileObject(fileName);
    if (fileObject.fail())
    {
        cout << "文件" << fileName << "打开失败。\n";
        return;
```

```
25    } // if 结束
26    fileObject.seekg(0, ios_base::end);
27    ifstream::pos_type p = fileObject.tellg();
28    cout << "文件长度为" << p << "。" << endl;
29    fileObject.close();
30 } // 函数 gb_showFileLength 定义结束
```

```
// 文件名：CP_FileLengthMain.cpp；开发者：雍俊海
#include <iostream>
using namespace std;
#include "CP_FileLength.h"

int main(int argc, char* args[])
{
    gb_showFileLength();
    system("pause"); // 暂停住控制台窗口
    return 0; // 返回 0 表明程序运行成功
} // main 函数结束
```

设文本文件“D:\Examples\CP_FileLength\data.txt”的内容为：

```
abcdefgh
```

可以对上面的代码进行编译、链接和运行。下面给出一个运行结果示例。

```
请输入文件名：D:\Examples\CP FileLength\data.txt↙
输入的文件名是"D:\Examples\CP_FileLength\data.txt"。
文件长度为 8。
请按任意键继续. . .
```

例程分析：源文件“CP_FileLength.cpp”**第 20 行代码**“ifstream fileObject(fileName);”在创建只读文件流类 ifstream 的实例对象 fileObject 时就打开文本文件。这时，实例对象 fileObject 的文件流的当前位置位于文件流的开头位置。

源文件“CP_FileLength.cpp”**第 26 行代码**“fileObject.seekg(0, ios_base::end);”调用输入流类 istream 的成员函数 seekg 将文件流的当前位置移动到文件流的末尾位置。**第 27 行代码**“ifstream::pos_type p = fileObject.tellg();”调用输入流类 istream 的成员函数 tellg 获取文件流的当前位置。这个当前位置在数值上就等于**该文件的长度**。最后，**第 29 行代码**“fileObject.close();”关闭所打开的文本文件。

8.2.2 只写文件流类 ofstream

只写文件流类 ofstream 是类模板 basic_ofstream 实例化的结果：

```
typedef basic_ofstream<char, char_traits<char> > ofstream;
```

而类模板 basic_ofstream 是类模板 basic_ostream 的子类模板。因此，只写文件流类 ofstream 可以看作是输出流类 ostream 的子类。在满足封装性的前提条件下，只写文件流类 ofstream

的实例对象可以使用输出流类 ostream 及其父类的成员。

下面首先介绍**只写文件流类的 3 个最基本的构造函数**。

函数 224	ofstream::ofstream
声明：	`ofstream();`
说明：	构造只写文件流类的实例对象。
头文件：	`#include <fstream>`

函数 225	ofstream::ofstream
声明：	`ofstream(const char* fileName, ios_base::openmode mode = ios_base::out);`
说明：	构造只写文件流类的实例对象，同时以 mode 模式打开文件 fileName。
参数：	① 函数参数 fileName 指定所需要打开的文件的名称。 ② 函数参数 mode 指定打开文件的模式。
头文件：	`#include <fstream>`

函数 226	ofstream::ofstream
声明：	`ofstream(const string& fileName, ios_base::openmode mode = ios_base::out);`
说明：	构造只写文件流类的实例对象，同时以 mode 模式打开文件 fileName。
参数：	① 函数参数 fileName 指定所需要打开的文件的名称。 ② 函数参数 mode 指定打开文件的模式。
头文件：	#include <fstream>。因为函数参数 fileName 的数据类型是 string，所以还需要添加“#include <string>”。

只写文件流类的**构造函数**和**成员函数 open** 都含有文件打开模式的函数参数 mode。只写文件流的**文件打开模式 mode** 必须含有 ios_base::out，其中 **ios_base::out** 表示允许写入操作。因此，文件打开模式 mode 可以是 ios_base::out，也可以是 ios_base::out 按位或“|”下面的若干个选项：

（1）**ios_base::ate** 表示在打开文件之后，立即将文件的当前位置移动到文件尾。

（2）**ios_base::app** 表示在文件末尾写数据。

（3）**ios_base::trunc** 表示在打开文件时，删除文件原有的内容。

（4）**ios_base::binary** 表示以二进制方式打开文件。如果**不添加此选项**，则表示以文本方式打开文件。

这里介绍**只写文件流类的成员函数 open 的 2 种形式**，其中**第 1 种**的具体说明如下：

函数 227	ofstream::open
声明：	`void open(const char* fileName,  ios_base::openmode mode = ios_base::out);`
说明：	以 mode 模式打开文件 fileName。
参数：	① 函数参数 fileName 指定所需要打开的文件的名称。 ② 函数参数 mode 指定打开文件的模式。
头文件：	`#include <fstream>`

只写文件流类的成员函数 open 的**第 2 种形式**的具体说明如下：

函数 228 ofstream::open

声明： `void open(const string& fileName, ios_base::openmode mode = ios_base::out);`

说明： 以 mode 模式打开文件 fileName。

参数： ① 函数参数 fileName 指定所需要打开的文件的名称。

② 函数参数 mode 指定打开文件的模式。

头文件： #include <fstream>。因为函数参数 fileName 的数据类型是 string，所以还需要添加“#include <string>”。

只写文件流类的成员函数 close 的具体说明如下：

函数 229 ofstream::close

声明： `void close();`

说明： 关闭当前处于打开状态的文件 fileName。

头文件： #include <fstream>

只写文件流类的析构函数 的具体说明如下：

函数 230 ofstream::~ofstream

声明： `~ofstream();`

说明： 析构只写文件流类的实例对象。如果在当前的实例对象中有 1 个文件正处于打开的状态，则调用成员函数 close 关闭该文件。

头文件： #include <fstream>

这里通过例程来说明如何创建文本文件并在文本文件中写入字符序列。

例程 8-8　创建文本文件并写入内容。

例程功能描述： 首先，接收文件名的输入。然后，创建以这个文件名命名的文件。如果成功创建这个文件，就将在控制台窗口中输入的字符写入到这个文件中，直到遇到字符'#'或输入流结束符或其他非法字符。

例程解题思路： 接收文件名的输入可以通过接收字符串输入来实现。然后，尝试将这个字符串当作文件名，采用只写文本文件的模式打开文件。如果无法打开这个文件，就输出打开失败的提示。如果成功打开这个文件，就通过标准输入 cin 接收输入的字符，并将输入的字符保存到这个文件中，直到遇到字符'#'或输入流结束符或其他非法字符。如果输入的字符会让 **出入流类 ios 的成员函数 good** 返回 false，就认为输入的字符是输入流结束符或其他非法字符。例程代码由 3 个源程序代码文件“CP_FileWrite.h”“CP_FileWrite.cpp”和“CP_FileWriteMain.cpp”组成，具体的程序代码如下。

```
// 文件名：CP_FileWrite.h；开发者：雍俊海                          行号
#ifndef CP_FILEWRITE_H
#define CP_FILEWRITE_H

extern void gb_fileWrite();
extern void gb_fileWriteContent(const string& fileName);
extern void gb_getFileName(string& fileName);
#endif
```

```
// 文件名: CP_FileWrite.cpp; 开发者: 雍俊海
#include <iostream>
#include <fstream>
#include <string>
using namespace std;
#include "CP_FileWrite.h"

void gb_fileWrite()
{
   string fileName;
   gb_getFileName(fileName);
   gb_fileWriteContent(fileName);
} // 函数 gb_fileWrite 定义结束

void gb_fileWriteContent(const string& fileName)
{
   ofstream fileObject;  // ofstream fileObject(fileName);
   fileObject.open(fileName);
   if (fileObject.fail())
   {
      cout << "文件\"" << fileName << "\"创建失败。\n";
      return;
   } // if 结束
   cout << "请给文件\"" << fileName << "\"输入内容:\n";
   int c;
   while(true)
   {
      c = cin.get();
      if (cin.good())
      {
         if (c != (int)'#')
            fileObject.put(c);
         else break;
      }
      else
      {
         cin.clear();
         break;
      } // if/else 结束
   }
   fileObject.close();
   cout << "文件\"" << fileName << "\"内容的输入到此结束。\n";
} // 函数 gb_fileWriteContent 定义结束

void gb_getFileName(string& fileName)
{
```

```
46     cout << "请输入文件名：";
47     cin >> fileName;
48     cout << "输入的文件名是\"" << fileName << "\"。\n";
49 } // 函数 gb_getFileName 定义结束
```

```
// 文件名：CP_FileWriteMain.cpp；开发者：雍俊海
#include <iostream>
using namespace std;
#include "CP_FileWrite.h"

int main(int argc, char* args[])
{
    gb_fileWrite();
    system("pause"); // 暂停住控制台窗口
    return 0; // 返回 0 表明程序运行成功
} // main 函数结束
```

可以对上面的代码进行编译、链接和运行。下面给出一个运行结果示例。

```
请输入文件名：out.txt↙
输入的文件名是"out.txt"。
请给文件"out.txt"输入内容：
Storms make trees take deeper roots. ↙
#↙
文件"out.txt"内容的输入到此结束。
请按任意键继续. . .
```

在程序运行结束之后，文件“cout.txt”的内容变为：

```
Storms make trees take deeper roots.
```

例程分析：源文件“CP_FileWrite.cpp”第 44～49 行代码通过函数 gb_getFileName 接收文件名的输入。这个文件名的数据类型是 string。具体的语句是“cin >> fileName;”，位于**第 47 行**。如果输入的文件名不含有路径，则这个文件将会保存在当前的工作路径下。为了保险起见，这里也可以输入带有完整路径的文件名，例如，“D:\Examples\CP_FileWrite\in.txt”或者“D:\Examples\CP_FileWrite\Debug\in.txt”。

源文件“CP_FileWrite.cpp”第 14～42 行代码通过函数 gb_fileWriteContent 来创建文件并在该文件中写入字符序列。首先，**第 16 行代码**“ofstream fileObject;”创建只写文件流类的实例对象 fileObject。然后，**第 17 行代码**“fileObject.open(fileName);”通过只写文件流类的实例对象 fileObject 采用只写文本文件的模式创建文件。这 2 行代码也可以简化为“ofstream fileObject(fileName);”，即在创建只写文件流实例对象的同时创建文件。如果这个文件已经存在，则**位于该文件中原有的内容将会被删除**。

如果把第 17 行代码“fileObject.open(fileName);”替换为

```
17  fileObject.open(fileName,
18              ios_base::out | ios_base::ate | ios_base::app);
```

则在这个文件已经存在的前提条件下，只会在文件的末尾添加新的字符序列，而**不会删除位于该文件中原来的内容**。这说明**在不同的文件打开模式下**，有可能会产生不同的结果。

第 18 行代码“fileObject.fail()”实际上是调用了**出入流类 ios 的成员函数 fail**。如果创建文件失败，则成员函数 fail 返回 true；如果成功创建文件，则成员函数 fail 返回 false。

因为出入流类 ios、出入流基础类 ios_base 和输出流类 ostream 都是只写文件流类 ofstream 的父类，所以在满足封装性的前提条件下，**只写文件流类的实例对象可以调用 ios、ios_base 和 ostream 的成员函数**。因此，**第 31 行代码**“fileObject.put(c);”调用了**输出流类 ostream 的成员函数 put** 将输入的字符保存到文件中。

在文件处理结束之后，**第 40 行代码**“fileObject.close();”关闭通过第 17 行代码打开的文件。当然，这里也可以删除第 40 行代码，因为只写文件流类实例对象 fileObject 的析构函数也会调用成员函数 close。

输出流类 ostream 的成员函数 tellp 用来返回输出流的当前位置，其具体说明如下：

函数 231　ostream::tellp	
声明：	`ofstream::pos_type tellp();`
说明：	如果执行成功，则返回输出流的当前位置；否则，返回 ofstream::pos_type(-1)。
返回值：	如果执行成功，则返回输出流的当前位置；否则，返回 ofstream::pos_type(-1)。
头文件：	`#include <iostream>`和`#include <fstream>`

设文本文件“D:\Examples\data.txt”的内容为：

```
abcdefgh
```

下面给出调用输出流类 ostream 的成员函数 tellp 的示例代码片段。

```
1  ofstream fileObject("D:\\Examples\\data.txt",
2     ios_base::out | ios_base::ate | ios_base::app);
3  ofstream::pos_type p = fileObject.tellp();
4  cout << "文件长度为" << p << "。" << endl; // 输出：文件长度为 8。↙
5  fileObject.close();
```

上面**前 2 行代码**在创建只写文件流类的实例对象 fileObject 时就打开文本文件“D:\Examples\data.txt”。文件打开模式为允许写的模式，在打开文件之后立即将文件的当前位置移动到文件尾，并且将在文件中写数据的位置设置为文件末尾。**第 3 行代码**“p = fileObject.tellp();”调用输出流类 ostream 的成员函数 tellp 获取文件流的当前位置，即文件流的末尾位置。因此，这个当前位置在数值上就等于**该文件的长度**。**第 4 行代码**“cout << "文件长度为" << p << "。" << endl;”输出文件长度。最后，**第 5 行代码**“fileObject.close();”关闭所打开的文本文件。

8.2.3　读写文件流类 fstream

读写文件流类 fstream 是类模板 basic_fstream 实例化的结果：

```
typedef basic_fstream<char, char_traits<char> > fstream;
```

而类模板 basic_fstream 是类模板 basic_iostream 的子类模板，类模板 basic_iostream 同时是类模板 basic_istream 和类模板 basic_ostream 的子类模板。因此，读写文件流类 fstream 既可以看作是输入流类 istream 的子类，也可以看作输出流类 ostream 的子类。在满足封装性的前提条件下，读写文件流类 fstream 的实例对象既可以使用输入流类 istream 及其父类的成员，也可以使用输出流类 ostream 及其父类的成员。

下面首先介绍**读写文件流类的 3 个最基本的构造函数**。

函数 232　fstream::fstream

声明： fstream();

说明： 构造读写文件流类的实例对象。

头文件： #include <fstream>

函数 233　fstream::fstream

声明： fstream(const char* fileName, ios_base::openmode mode = ios_base::in | ios_base::out);

说明： 构造读写文件流类的实例对象，同时以 mode 模式打开文件 fileName。

参数： ① 函数参数 fileName 指定所需要打开的文件的名称。

② 函数参数 mode 指定打开文件的模式。

头文件： #include <fstream>

函数 234　fstream::fstream

声明： fstream(const string& fileName, ios_base::openmode mode = ios_base::in | ios_base::out);

说明： 构造读写文件流类的实例对象，同时以 mode 模式打开文件 fileName。

参数： ① 函数参数 fileName 指定所需要打开的文件的名称。

② 函数参数 mode 指定打开文件的模式。

头文件： #include <fstream>。因为函数参数 fileName 的数据类型是 string，所以还需要添加“#include <string>”。

读写文件流类的**构造函数**和**成员函数 open** 都含有文件打开模式的函数参数 mode。读写文件流的**文件打开模式 mode** 必须含有 ios_base::in 和 ios_base::out，其中 **ios_base::in** 表示允许读取操作，**ios_base::out** 表示允许写入操作。因此，文件打开模式 mode 可以是 ios_base::in | ios_base::out，也可以是 ios_base::in | ios_base::out 按位或“|”下面的若干个选项：

（1）**ios_base::ate** 表示在打开文件之后，立即将文件的当前位置移动到文件尾。

（2）**ios_base::app** 表示在文件末尾写数据。

（3）**ios_base::trunc** 表示在打开文件时，删除文件原有的内容。

（4）**ios_base::binary** 表示以二进制方式打开文件。如果**不添加此选项**，则表示以文本方式打开文件。

这里介绍**读写文件流类的成员函数 open 的 2 种形式**，其中**第 1 种**的具体说明如下：

函数 235 fstream::open

声明：　void open(const char* fileName, ios_base::openmode mode = ios_base::in | ios_base::out);
说明：　以 mode 模式打开文件 fileName。
参数：　① 函数参数 fileName 指定所需要打开的文件的名称。
　　　　② 函数参数 mode 指定打开文件的模式。
头文件：#include <fstream>

读写文件流类的成员函数 open 的**第 2 种形式**的具体说明如下：

函数 236 fstream::open

声明：　void open(const string& fileName, ios_base::openmode mode = ios_base::in | ios_base::out);
说明：　以 mode 模式打开文件 fileName。
参数：　① 函数参数 fileName 指定所需要打开的文件的名称。
　　　　② 函数参数 mode 指定打开文件的模式。
头文件：#include <fstream>。因为函数参数 fileName 的数据类型是 string，所以还需要添加“#include <string>”。

读写文件流类的成员函数 close 的具体说明如下：

函数 237 fstream::close

声明：　void close();
说明：　关闭当前处于打开状态的文件 fileName。
头文件：#include <fstream>

读写文件流类的析构函数的具体说明如下：

函数 238 fstream::~fstream

声明：　~fstream();
说明：　析构读写文件流类的实例对象。如果在当前的实例对象中有 1 个文件正处于打开的状态，则调用成员函数 close 关闭该文件。
头文件：#include <fstream>

输出流类 ostream 的成员函数 seekp 用来移动输出流的当前位置。它拥有 2 种形式，其中只有 1 个函数参数的函数具体说明如下：

函数 239 ostream::seekp

声明：　ostream& seekp(ofstream::pos_type pos);
说明：　将输出流的当前位置移到 pos 的位置。
参数：　pos 指定将要移动到的位置。
返回值：当前输出流实例对象的引用。
头文件：#include <iostream>和#include <fstream>

下面给出调用输出流类 ostream 的成员函数 seekp 的示例代码片段。

```
void gb_writeFile(const char *filename,ofstream::pos_type p,char c)  // 1
{                                                                    // 2
```

```
    fstream fileObject(filename, ios_base::in | ios_base::out);     // 3
    if (fileObject.fail())                                          // 4
    {                                                               // 5
        cout << "文件" << filename << "打开失败。\n";                // 6
        return;                                                     // 7
    } // if 结束                                                    // 8
    fileObject.seekp(p);                                            // 9
    fileObject.put(c);                                              // 10
    if (fileObject.good())                                          // 11
        cout << "写入成功!" << endl;                                 // 12
    else cout << "写入失败!" << endl;                                // 13
    fileObject.close();                                             // 14
} // 函数 gb_writeFile 结束                                          // 15
```

上面的代码定义了全局函数 gb_writeFile。其中**第 3 行代码**在创建读写文件流类 fstream 的实例对象 fileObject 时就打开文本文件。文件打开模式为同时允许读和写的模式。**第 9 行代码**“fileObject.seekp(p);”调用输出流类 ostream 的成员函数 seekp 将文件流的当前位置移动到位置 p。因为文件流类 fstream 是输出流类 ostream 的子类，所以文件流类 fstream 的实例对象 fileObject 可以调用输出流类 ostream 的成员函数 seekp。同时，这里的输出流实际上允许读和写的文件流。最后，**第 14 行代码**“fileObject.close();”关闭所打开的文本文件。

设文本文件“D:\data.txt”的内容为：

```
abcd
```

下面给出一些调用全局函数 gb_writeFile 的运行结果说明。

（1）对于函数调用“gb_writeFile("D:\\data.txt", 0, '1');”，当运行到上面**第 9 行代码**处时，文件流的当前位置移动到文件流的开头位置。当运行到上面**第 10 行代码**处时，所写入的字符'1'将替代在文本文件“D:\data.txt”中的第 1 个字符'a'，从而将文本文件“D:\data.txt”的内容从“abcd”变为“1bcd”。

（2）对于函数调用“gb_writeFile("D:\\data.txt", 2, '3');”，当运行到上面**第 9 行代码**处时，文件流的当前位置移动到文件流的第 2 个位置。当运行到上面**第 10 行代码**处时，所写入的字符'3'将替代在文本文件“D:\data.txt”中的第 3 个字符'c'，从而将文本文件“D:\data.txt”的内容从“abcd”变为“ab3d”。

（3）对于函数调用“gb_writeFile("D:\\data.txt", 3, '4');”，当运行到上面**第 9 行代码**处时，文件流的当前位置移动到文件流的第 3 个位置。当运行到上面**第 10 行代码**处时，所写入的字符'4'将替代在文本文件“D:\data.txt”中的第 4 个字符'd'，从而将文本文件“D:\data.txt”的内容从“abcd”变为“abc4”。

（4）对于函数调用“gb_writeFile("D:\\data.txt", 4, '5');”，当运行到上面**第 9 行代码**处时，文件流的当前位置移动到文件流的末尾位置。当运行到上面**第 10 行代码**处时，将在文本文件“D:\data.txt”的末尾添加字符'5'，从而将文本文件“D:\data.txt”的内容从“abcd”变为“abcd5”。

> 注意事项：
>
> (1)为了产生上面介绍的效果，**应当通过读写文件流类 fstream 的实例对象来调用输出流类 ostream 的成员函数 seekp**，而且要求文件打开模式为同时允许读和写的模式。
>
> (2) 如果**采用只写文件流类 ofstream 的实例对象来调用输出流类 ostream 的成员函数 seekp**，则很有可能无法得到上面的结果。例如，如果将上面第 3 行代码替换为“ofstream fileObject(filename, ios_base::out);”，则函数调用“gb_writeFile("D:\\data.txt", 0, '1');”有可能**无法**将文本文件“D:\data.txt”的内容从“abcd”变为“1bcd”，而有可能变成为“1”。

输出流类 ostream 的成员函数 seekp 的第 2 种形式的具体说明如下：

函数 240　ostream::seekp

声明：	`ostream& seekp(ofstream::off_type off, ios_base::seekdir base);`
说明：	将输出流的当前位置移到与基准位置 base 的距离为 off 的位置处。
参数：	① off 指定相对于基准位置 base 的距离。如果 off 大于 0，则相对于基准位置 base 向前移动；如果 off 小于 0，则相对于基准位置 base 往回移动； ② base 指定移动的基准位置。base 的值只能是如下 3 个值之一： （1）ios_base::beg 表示输出流的开头位置； （2）ios_base::cur 表示输出流的当前位置； （3）ios_base::end 表示输出流的末尾位置。
返回值：	当前输出流实例对象的引用。
头文件：	#include <iostream>和#include <fstream>

下面给出调用输出流类 ostream 的成员函数 seekp 的示例代码片段。

```
void gb_writeFile(const char *filename, int off, int base, char c)   // 1
{                                                                      // 2
   fstream fileObject(filename, ios_base::in | ios_base::out);        // 3
   if (fileObject.fail())                                              // 4
   {                                                                   // 5
      cout << "文件" << filename << "打开失败。\n";                    // 6
      return;                                                          // 7
   } // if 结束                                                        // 8
   fileObject.seekp(off, base);                                        // 9
   fileObject.put(c);                                                  // 10
   if (fileObject.good())                                              // 11
      cout << "写入成功!" << endl;                                     // 12
   else cout << "写入失败!" << endl;                                   // 13
   fileObject.close();                                                 // 14
} // 函数 gb_writeFile 结束                                            // 15
```

上面的代码定义了全局函数 gb_writeFile。其中**第 3 行代码**在创建读写文件流类 fstream 的实例对象 fileObject 时就打开文本文件。文件打开模式为同时允许读和写的模式。**第 9 行代码**“fileObject.seekp(off, base);”调用输出流类 ostream 的成员函数 seekp 将文件流的当前位置移动到与基准位置 base 的距离为 off 的位置。因为文件流类 fstream 是输出流类 ostream 的子类，所以文件流类 fstream 的实例对象 fileObject 可以调用输出流类 ostream 的成员函数 seekp。同时，这里的输出流实际上是允许读和写的文件流。最后，**第 14 行代码**

“fileObject.close();”关闭所打开的文本文件。

设文本文件“D:\data.txt”的内容为：

```
abcd
```

下面给出一些调用全局函数 gb_writeFile 的运行结果说明。

（1）对于函数调用“gb_writeFile("D:\\data.txt", 0, ios_base::beg, '1');”，当运行到上面第 9 行代码处时，文件流的当前位置移动到文件流的开头位置。当运行到上面第 10 行代码处时，所写入的字符'1'将替代在文本文件“D:\data.txt”中的第 1 个字符'a'，从而将文本文件“D:\data.txt”的内容从“abcd”变为“1bcd”。

（2）对于函数调用“gb_writeFile("D:\\data.txt", 2, ios_base::cur, '3');”，当运行到第 3 行代码创建读写文件流类 fstream 的实例对象 fileObject 并打开文本文件时，文件流的当前位置位于文件流的开头位置。当运行到上面第 9 行代码处时，文件流的当前位置向前移动 2 个位置，即移动到文件流的第 2 个位置。当运行到上面第 10 行代码处时，所写入的字符'3'将替代在文本文件“D:\data.txt”中的第 3 个字符'c'，从而将文本文件“D:\data.txt”的内容从“abcd”变为“ab3d”。

（3）对于函数调用“gb_writeFile("D:\\data.txt", -1, ios_base::end, '4');”，当运行到上面第 9 行代码处时，文件流的当前位置移动到文件流的第 3 个位置，即从文件流的末尾位置往回移动 1 个位置。当运行到上面第 10 行代码处时，所写入的字符'4'将替代在文本文件“D:\data.txt”中的第 4 个字符'd'，从而将文本文件“D:\data.txt”的内容从“abcd”变为“abc4”。

（4）对于函数调用“gb_writeFile("D:\\data.txt", 0, ios_base::end, '5');”，当运行到上面第 9 行代码处时，文件流的当前位置移动文件流的末尾位置。当运行到上面第 10 行代码处时，将在文本文件“D:\data.txt”的末尾添加字符'5'，从而将文本文件“D:\data.txt”的内容从“abcd”变为“abcd5”。

注意事项：

（1）为了产生上面介绍的效果，**应当通过读写文件流类 fstream 的实例对象来调用输出流类 ostream 的成员函数 seekp**，而且要求文件打开模式为同时允许读和写的模式。

（2）如果**采用只写文件流类 ofstream 的实例对象来调用输出流类 ostream 的成员函数 seekp**，则很有可能无法得到上面的结果，甚至有可能出现**移动失败的现象**。例如，如果将上面第 3 行代码替换为“ofstream fileObject(filename, ios_base::out);”，则函数调用“gb_writeFile("D:\\data.txt", -1, ios_base::end, '4');”就有可能**无法成功移动文件流的当前位置**，从而使得实例对象 fileObject 处于不正常的状态。这将导致**第 10 行代码**“fileObject.put(c);”**无法运行成功**，同时将文本文件“D:\data.txt”的内容从“abcd”变为不含字符的空文件。

这里给出了一个综合应用只读文件流类 ifstream 和只写文件流类 ofstream 的例程。

例程 8-9　对在文本文件中的所有整数进行排序。

例程功能描述：本例程的功能描述如下。

（1）接收文件名的输入。不妨称该文件为 fileIn。

（2）读取在文件 fileIn 中的所有的整数，并忽略在该文件中与整数无关的字符。

（3）对读入的整数进行排序。

（4）接收另外一个文件名的输入。不妨称该文件为 fileOut。

（5）将排好序的整数全部写入到文件 fileOut 中。

例程解题思路：首先，定义类 CP_IntVector。它拥有整数向量类型的成员变量 m_data。这样，类 CP_IntVector 的实例对象的成员变量 m_data 就可以用来保存从文件中读取到的所有整数。在类 CP_IntVector 中定义 3 个成员函数。其中成员函数 mb_readFile 用来从文件中读取整数并保存到成员变量 m_data 中。类 CP_IntVector 的成员函数 mb_sort 对保存到成员变量 m_data 中的整数进行排序。类 CP_IntVector 的成员函数 mb_writeFile 将保存到成员变量 m_data 中的整数写入到由函数参数指定的文件中。接下来，利用类 CP_IntVector，按照上面的功能描述实现全局函数 gb_sortIntFile，实现本例程要求的功能。例程代码由 5 个源程序代码文件“CP_IntVector.h”“CP_IntVector.cpp”“CP_IntVectorSortFile.h”“CP_IntVectorSortFile.cpp”和“CP_IntVectorSortFileMain.cpp”组成，具体的程序代码如下。

```
// 文件名：CP_IntVector.h；开发者：雍俊海
#ifndef CP_INTVECTOR_H
#define CP_INTVECTOR_H
#include <vector>
#include <string>

class CP_IntVector
{
private:
   vector<int> m_data;
public:
   bool mb_readFile(const string& fileName);
   void mb_sort();
   void mb_writeFile(const string& fileName);
}; // 类CP_IntVector定义结束
#endif
```

```
// 文件名：CP_IntVector.cpp；开发者：雍俊海
#include <iostream>
#include <fstream>
#include <algorithm>
using namespace std;
#include "CP_IntVector.h"

bool CP_IntVector::mb_readFile(const string& fileName)
{
   ifstream fileObject(fileName);
   if (fileObject.fail())
   {
      cout << "输入文件" << fileName << "打开失败。\n";
      return false;
   } // if结束
   int i = 0;
   do
```

```
    {
        fileObject >> i;
        if (fileObject.good())
            m_data.push_back(i);
        else
        {
            fileObject.clear();
            fileObject.get();
        } // if/else 结束
    } while (!fileObject.eof());
    fileObject.close();
    if (m_data.size() <= 0)
    {
        cout << "输入文件" << fileName << "为空。\n";
        return false;
    } // if 结束
    return true;
} // 类 CP_IntVector 的成员函数 mb_readFile 结束

void CP_IntVector::mb_sort()
{
    if (m_data.size()>1)
        sort(m_data.begin(), m_data.end());
} // 类 CP_IntVector 的成员函数 mb_sort 结束

void CP_IntVector::mb_writeFile(const string& fileName)
{
    ofstream fileObject(fileName);
    if (fileObject.fail())
    {
        cout << "输出文件" << fileName << "打开失败。\n";
        return;
    } // if 结束
    vector<int>::iterator r = m_data.begin();
    vector<int>::iterator e = m_data.end();
    for (; r != e; r++)
        fileObject << *r << endl;
    fileObject.close();
} // 类 CP_IntVector 的成员函数 mb_writeFile 结束
```

// 文件名：CP_IntVectorSortFile.h；开发者：雍俊海

```
#ifndef CP_INTVECTORSORTFILE_H
#define CP_INTVECTORSORTFILE_H

extern void gb_sortIntFile();
#endif
```

// 文件名：CP_IntVectorSortFile.cpp；开发者：雍俊海

```
#include <iostream>
#include <fstream>
using namespace std;
#include "CP_IntVector.h"
#include "CP_IntVectorSortFile.h"

void gb_sortIntFile()
{
    string fileIn, fileOut;
    cout << "请输入待读取整数数据的文件名：";
    cin >> fileIn;
    cout << "输入的文件名是\"" << fileIn << "\"。\n";
    CP_IntVector v;
    if (!v.mb_readFile(fileIn))
        return;
    v.mb_sort();
    cout << "请输入待保存整数数据的文件名：";
    cin >> fileOut;
    cout << "输入的文件名是\"" << fileOut << "\"。\n";
    v.mb_writeFile(fileOut);
} // 函数 gb_sortIntFile 定义结束
```

// 文件名：CP_IntVectorSortFileMain.cpp；开发者：雍俊海

```
#include <iostream>
using namespace std;
#include "CP_IntVectorSortFile.h"

int main(int argc, char* args[])
{
    gb_sortIntFile();
    system("pause"); // 暂停住控制台窗口
    return 0; // 返回 0 表明程序运行成功
} // main 函数结束
```

可以对上面的代码进行编译、链接和运行。下面给出一个运行结果示例。

```
请输入待读取整数数据的文件名：in.txt↙
输入的文件名是"in.txt"。
请输入待保存整数数据的文件名：out.txt↙
输入的文件名是"out.txt"。
请按任意键继续. . .
```

设文本文件“in.txt”的内容为：

```
1I want -90to bring -1out --19the secrets134 of nature and apply them for the
3happiness of ---100man.
```

在程序运行结束之后，文件“cout.txt”的内容变为：

```
-100
-90
-1
1
3
19
134
```

例程分析：源文件“CP_IntVector.cpp”**第 7～34 行代码**所实现的类 CP_IntVector 的成员函数 mb_readFile 按照**读取文件数据的标准流程**来读取位于文件中的整数。首先，**第 9 行代码**“ifstream fileObject(fileName);”在创建只读文件流类的实例对象 fileObject 的同时打开文件。**第 10～14 行代码**判断文件是否打开成功。如果打开文件失败，则返回。如果成功打开文件，则**第 15～26 行代码**读取位于文件中的整数并保存到成员变量 m_data 中。**第 23 行代码**“fileObject.clear();”用来消除与整数无关的字符所带来的影响，**第 24 行代码**“fileObject.get();”用来跳过与整数无关的字符。最后，**第 27 行代码**“fileObject.close();”关闭所打开的文件。

源文件“CP_IntVector.cpp”**第 36～40 行代码**所实现的类 CP_IntVector 的成员函数 mb_sort 调用了位于算法库<algorithm>中的全局函数 sort 实现了对保存在成员变量 m_data 中的整数进行排序。

源文件“CP_IntVector.cpp”**第 42～55 行代码**所实现的类 CP_IntVector 的成员函数 mb_readFile 按照**将数据写入文件的标准流程**将保存在成员变量 m_data 中的整数写入到文件中。首先，**第 44 行代码**“ofstream fileObject(fileName);”在创建只写文件流类的实例对象 fileObject 的同时打开文件。**第 45～49 行代码**判断文件是否打开成功。如果打开文件失败，则返回。如果成功打开文件，则**第 50～53 行代码**将保存在成员变量 m_data 中的整数写入到文件中。最后，**第 54 行代码**“fileObject.close();”关闭所打开的文件。

从程序的运行结果来看，这个程序确实实现了例程所描述的各项功能。

8.3 习　　题

8.3.1 练习题

练习题 8.1 判断正误。

（1）文件处理不仅大大延长了计算机程序的生命周期，而且使得数据文件也变成为计算机程序的一个重要组成部分。

（2）可以借助于文件处理提高程序调试的方便性。

（3）标准输入 cin 和标准输出 cout 都隶属于标准命名空间 stdio。

（4）C++标准提供的流类也难以完全消除 C++语言支撑平台之间在输入输出处理上的差异性。

（5）正常的文件处理方法是在打开文件之后一定要关闭文件。

练习题 8.2　什么是流？

练习题 8.3　什么是流对象？

练习题 8.4　请简述输入和输出的缓冲区机制。

练习题 8.5　如何判断流对象是否处在合法状态?

练习题 8.6　如果流对象处在不合法状态，如何让它回到合法状态?

练习题 8.7　如何判断流是否越过末尾?

练习题 8.8　使用出入流类 ios 的成员函数 eof 应当注意什么？请给出代码示例，并结合代码示例进行说明。

练习题 8.9　如何跳过 1 个字节的输入流数据。

练习题 8.10　请简述对文件内容进行处理的基本步骤。

练习题 8.11　请通过案例简述在本章中介绍的打开文件的各种模式。

练习题 8.12　在打开并处理完文件之后，应关闭文件。请举例说明什么时候不需要显式调式函数 close( )就可以关闭文件。

练习题 8.13　请画出在本章中介绍的各种流类和流模板的继承关系图。

练习题 8.14　请简述流模板与流类的区别是什么?

练习题 8.15　本章介绍了在 C++标准中定义的四个标准输入输出实例对象。它们分别是什么？请简述它们的作用。

练习题 8.16　请简述采用 cin 接收数据输入时出现格式错误的现象，并给出一种可行的解决方案。

练习题 8.17　在采用 cin 接收数据输入时，如何输入“输入流结束符”？

练习题 8.18　请简述输入流类 istream 的成员函数 read 的功能及其注意事项。

练习题 8.19　请简述输入流类 istream 的成员函数 peek 的功能及其注意事项。

练习题 8.20　请简述 cout、cerr、clog 区别。

练习题 8.21　请简述输出流类 ostream 的成员函数 flush 的功能。

练习题 8.22　请简述输出重定向的方法。

练习题 8.23　如何设置浮点数输出的格式？有哪几个格式？这些格式之间的区别是什么?

练习题 8.24　如何设置输出数据占用的宽度和填充字符?

练习题 8.25　请列举对齐操纵符，并给出其功能示例。

练习题 8.26　请简述出入流基础类 ios_base 的成员函数 precision 的功能。

练习题 8.27　本章介绍的文件流类有哪些？请分别简述它们的功能。

练习题 8.28　如何关闭文件?

练习题 8.29　比较移动输入流的位置与移动输出流的位置这两者之间的区别。

练习题 8.30　请总结有哪些移动流的当前位置的方法。

练习题 8.31　如何获取输入流的当前位置和输出流的当前位置？请简述这两者之间的区别。

练习题 8.32　请编写程序，要求采用 3 种不同的方法读取单个字符。

练习题 8.33　请编写程序，要求采用 3 种不同的方法输出单个字符。

练习题 8.34　请编写程序。首先，接收一个整数的输入。然后，分别输出这个整数的十进制、十六进制和八进制形式的数值。

练习题 8.35 请编写程序。首先，接收一个正整数的输入。然后，输出这个正整数。在输出这个正整数时要求采用十进制，而且必须至少占用 20 位。如果在这个正整数的实际位数不够 20 位时，要求在这个正整数的左侧补足 0。

练习题 8.36 请编写程序，接收一行字符的输入，要求能够读入在这一行中的所有字符，包括空白符。

练习题 8.37 请编写程序。首先准备一个超过 2000 字节的文本文件“out.txt”。然后，要求通过程序在文本文件“out.txt”的第 1024 个字节后插入字符'A'，并在文件末尾添加字符'Z'。

练习题 8.38 假设您是项目研发团队的负责人。编程规范非常重要，对代码审查、测试和维护效率等具有重要影响。然而，团队的个别成员总是有意无意不按规范进行编程。这耗费了您和团队成员大量的时间与精力。因此，您决定研发编程规范的辅助软件系统。请编写程序，接收从控制台窗口输入的源程序代码文件名。对于在该文件中的每个分号，如果该分号之后不是回车或换行符，则自动在该分号之后添加回车或换行符。统计出现这种情况的分号个数，并在控制台窗口中输出统计结果，同时将统计结果保存到日志文件“log.txt”中。

练习题 8.39 请编写程序，实现一个学生成绩表单的编辑与存储管理系统。成绩表单由多位学生的学号与成绩组成。设初始状态的成绩表单为空。这个管理系统的各个指令号与对应功能如下：

指令 1：接收文件名的输入，并从该文件中读取成绩表单，并添加到当前成绩表单中。

指令 2：接收学号和成绩的输入，并将其添加到当前成绩表单中。

指令 3：接收学号的输入，并从当前成绩表单中删除该学号及其成绩。

指令 4：删除在当前成绩表单中的所有学号及其成绩。

指令 5：接收学号和成绩的输入，并在当前成绩表单中将该学号对应的成绩改为新输入的成绩。

指令 6：接收学号的输入，并输出该学号对应的成绩。

指令 7：显示所有的学号及其对应的成绩。

指令 8：接收文件名的输入，并将当前成绩表单保存到该文件中。

指令-1：退出。

请自行设计成绩表单在文件中的数据格式，要求对于通过指令 8 保存的成绩表单，能够通过指令 1 正确读取其中所有学号及其成绩并添加到当前成绩表单中。要求程序能够正确处理各种不合法的输入，并设计相对完备的测试案例进行验证。

8.3.2 思考题

思考题 8.40 请总结通过 cin 接收输入有哪些注意事项？并思考相应的编程解决方案。

思考题 8.41 请总结创建流类的实例对象、打开文件以及读写操作的注意事项，并形成在进行这些操作时的错误处理的统一解决方案。

思考题 8.42　请在不同品牌的计算机以及不同的操作系统运行流创建实例对象、打开文件以及读写操作的程序，比较它们的不同效果，并写下总结报告。

思考题 8.43　请编写程序。首先，接收从控制台窗口输入的源程序代码文件名。然后，对该源程序代码文件自动进行排版，使其符合编程规范。最后，将符合编程规范的代码保存起来，替换原来的源程序代码文件。

第 9 章　MFC 图形界面程序设计

图形用户界面（Graphical User Interface，GUI）不仅可以提供各种数据的直观图形表示方式，而且可以建立友好的交互方式，从而使得计算机软件操作直观、简单和方便，并且迅速推动计算机的大众化，使得计算机成为人们日常生活和工作的有利助手。本章介绍 MFC 图形界面程序设计。MFC 的英文全称为 Microsoft Foundation Classes，中文可以翻译为**微软基础类**。MFC 是微软公司采用面向对象技术封装了 Windows API（Application Programming Interface，应用程序接口）的 C++类库。Windows API 主要采用 C 语言函数的形式提供给编程人员对 Windows 操作系统的功能进行调用。MFC 对 Windows API 的封装是**轻量级**的，即很容易就可以找到 MFC 与 Windows API 之间的对应关系。因此，学习 MFC 有助于了解 Windows 系列的操作系统对图形界面的处理机制，也有助于学习面向对象技术。与**重量级的图形用户界面开发接口**相比，采用 MFC 程序设计往往具有更高的程序编译与运行效率，占用的内存空间更小，而且所能支撑的程序代码规模往往也更大。学习 **MFC 程序设计**对理解和应用重量级的图形用户界面开发接口也**非常有益**，可以加深对其实现原理和应用机制的理解，从而提高编程质量以及对图形用户界面程序进行调试的效率。

> **❀小甜点❀**：
>
> MFC 为如何实现**将面向过程的应用程序接口封装成为面向对象的应用程序接口**提供范例。认真学习与领会 MFC 技术有助于理解**面向对象核心技术**。

MFC 来源自 AFX（Application Framework eXtensions，应用程序扩展框架）。1989 年，微软公司成立团队研发 AFX。这个团队早期致力于研发同时适用于 UNIX 和 Windows 等多种的操作系统并且可以自动生成代码的图形界面程序编程框架。这个目标对当时而言，过于超前，而且过于庞大。因此，研发周期超出了微软公司可以容忍的范围。1992 年，这个团队匆匆忙忙将当时已经完成部分进行收尾，将 AFX 变更为 MFC，并且非常仓促地对外发布了 MFC 的第一个版本，其中遗留了大量的仍然以 afx 为前缀或后缀命名的函数、宏和代码文件。**与直接采用 Windows API 相比**，大量的图形界面处理程序代码将由 MFC 自动生成，图形界面的处理变得更加简洁，程序代码也更加符合面向对象的特性。因此，学习 MFC 也可以体验与了解一些**自动生成程序代码**的技巧。

> **📖说明📖**：
>
> MFC 是 VC 平台的一个重要组成部分。不过，在安装 VC 平台时，**在默认的情况下通常不会安装 MFC**。因此，在安装 VC 平台的过程中需要认真查看各个安装选项并选中其中的 MFC，使得 MFC 也得到安装。如果在 VC 平台的新建程序代码项目的对话框中找不到 MFC 应用程序类型，则说明该 VC 平台没有安装 MFC，需要重新安装 VC 平台，并在安装的过程中选择安装 MFC。

9.1 MFC 程序总述

MFC 命名规则在主体上主要采用匈牙利命名法，在细节上并没有完全采用统一的命名规则。一方面，最早的 MFC 版本在推出时就没有遵循严格统一的命名规则。另一方面，随着时间的推移，匈牙利命名法的一些细节也在发生变化。因此，在不同的历史阶段，MFC 的命名方式也会发生一些细微的变化。**MFC 的类名通常以字母 C 开头**。例如，MFC 对象类 CObject、文档类 CDocument 和视图类 CView。不过，用来进行内存是否泄漏等调试的类_AFX_DEBUG_STATE 就不是以字母 C 开头。MFC 的大部分全局函数以 Afx 开头。例如，用来弹出消息对话框的全局函数 AfxMessageBox 和用来让当前的程序支持 OLE（Object Linking and Embedding，对象连接与嵌入）控件的全局函数 AfxEnableControlContainer。**MFC 的句柄（HANDLE）**数据类型通常以 H 开头。MFC 的句柄是一种索引，是 Windows API 为了方便未来程序扩展而引入的一种数据类型。例如，HBRUSH（画刷句柄）和 HGDIOBJ（GDI 对象句柄），其中 GDI 的英文全称是 Graphics Device Interface，中文全称是图形设备接口。

这里简要介绍支撑 MFC 应用程序的一些基础类。

（1）**CDialog** 是**对话框类**，定义了对话框的基本功能，包括创建对话框、容纳按钮和编辑框等控件以及销毁对话框等功能。

（2）**CDocument** 是**文档类**，定义了 MFC 文档的创建、装载、保存等基本功能。文档类 CDocument 为自定义 MFC 文档类提供了类的基本框架。在 MFC 应用程序中，自定义的 MFC 文档类通常是文档类 CDocument 的子类。文档类 CDocument 或其子类的实例对象称为**文档对象**，简称为**文档**。MFC 工程项目的主要数据通常记录在文档中。因此，文档负责初始化这些数据。当打开文档文件时，将从硬盘等存储设备中读取数据并保存到文档中；当保存文档文件时，则将文档数据写入硬盘等存储设备中。

（3）**CObject** 是 **MFC 对象类**，是在 MFC 类库中的绝大多数类的直接或间接父类。类 CObject 没有父类。类 CObject 提供了在程序运行时获取类信息、序列化以及输出实例对象的调试诊断信息等基本功能。在 MFC 中，**序列化**通常指的是将实例对象的数据保存到文件中或者从文件中读取实例对象的数据。

（4）**CView** 是**视图类**。在 MFC 应用程序中，视图类 CView 通常与文档类 CDocument 绑定在一起。视图类 CView 或其子类的实例对象称为**视图对象**，简称为**视图**。视图为保存在文档中的数据提供了直观展示的手段和基于用户交互的文档数据处理的功能。视图类 CView 为自定义 MFC 视图类提供了类的基本框架。在 MFC 应用程序中，自定义的 MFC 视图类通常是视图类 CView 的子类。

（5）**CWinApp** 是 **Windows 应用程序类**，定义了 Windows 应用程序的初始化、运行和结束处理等基本功能。MFC 应用程序通常是这个类或其子类的实例对象。

（6）**CWinAppEx** 是 **Windows 应用程序扩展类**，是 CWinApp 的子类，定义了 Windows 应用程序的扩展功能。例如，为 Windows 应用程序添加状态处理，将应用程序的状态信息保存到 Windows 注册表中，从 Windows 注册表加载应用程序状态信息，初始化应用程序管理器，以及给应用程序管理器提供链接等功能。因为 CWinAppEx 是 CWinApp 的子类，所以 MFC 应用程序也可以是类 CWinAppEx 或其子类的实例对象。每个应用程序最多只能有一个 CWinAppEx 实例对象。

（7）**CWnd** 是**窗口类**，定义了窗口的基本功能，包括创建窗口、分发消息以及销毁窗口等功能。视图类 CView 和对话框类 CDialog 都是窗口类 CWnd 的子类。因此，视图和对话框都是窗口，可以分别称为**视图窗口**和**对话框窗口**。

（8）**CMainFrame** 是**主窗口框架类**，定义了主窗口框架的基本功能，包括创建和管理标题栏和菜单栏等主窗口框架组成要素。在运行 MFC 应用程序时，在关闭所有子窗口之后，剩下的部分就是**主窗口**。每个**窗口**包括**框架**与**内容**等 2 个部分。例如，菜单栏属于窗口框架，而菜单和菜单项则属于窗口内容。

（9）**CChildFrame** 是**子窗口框架类**，定义了子窗口框架的基本功能，包括创建和管理标题栏等子窗口框架组成要素。与主窗口框架相比，子窗口框架通常**不含菜单栏**。

除了基于对话框的 MFC 程序之外，MFC 程序主要采用**文档/视图结构**。**MFC 文档**是文档类 CDocument 或其子类的实例对象。MFC 文档用来存储 MFC 程序的数据，同时负责将数据写入文件以及从文件读取数据到 MFC 文档中。每个 MFC 文档可以拥有多个 MFC 视图。**MFC 视图**是视图类 CView 或其子类的实例对象。MFC 视图在 MFC 文档与用户之间起到媒介的作用。通过 MFC 视图可以将保存在 MFC 文档中的数据采用图形与图像的形式直观地显示在屏幕上或者通过打印机打印出来。MFC 视图也可以用来解析用户操作图形界面的行为，从而实现基于用户交互的文档数据处理。

如果一个 MFC 程序每次运行时只允许打开一个 MFC 文档，并且只允许同时存在一个 MFC 文档，则称这个 MFC 程序为**单文档 MFC 程序**，简称为 **SDI（Single Document Interface）程序**。例如，微软实现的画图（mspaint）程序和记事本（notepad）程序都是单文档程序。如果一个 MFC 程序每次运行时允许同时存在 2 个或更多的 MFC 文档，则称这个 MFC 程序为**多文档 MFC 程序**，简称为 **MDI（Multiple Document Interface）程序**。例如，微软实现的办公软件 Word 和编程支撑软件 Visual Studio 都是多文档程序。

9.2　单文档程序设计

MFC 单文档程序每次运行时只允许打开一个文档。本节通过例程来说明 MFC 单文档程序设计。

例程 9-1　基于 MFC 单文档程序打开、保存与绘制单条直线段。

例程功能描述：编写 MFC 单文档程序，要求通过这个程序可以打开存放单条直线段的两个端点坐标值的文本文件，可以在图形界面上显示这条直线段，可以采用文本文件的方式保存所显示的直线段的两个端点坐标值。这里所谓的**绘制**指的是将图形或文字等转化成为图像并在屏幕上显示。可以通过调用 MFC 的函数来实现绘制功能。

例程解题思路：这里首先介绍如何在 VC 平台中创建这个例程。在不同版本的 VC 平台中，具体的图形界面和操作过程略有所不同。不过，大体上相似。只要按照下面的各个选项进行选择就可以。

运行 VC 平台，其初始图形界面示意图如图 9-1 所示。这里介绍如何**创建新的 MFC 项目**。首先，可以参照图 9-2 依次单击菜单和菜单项“文件”→“新建”→“项目”。

图 9-1　刚打开 VC 平台的图形界面示意图

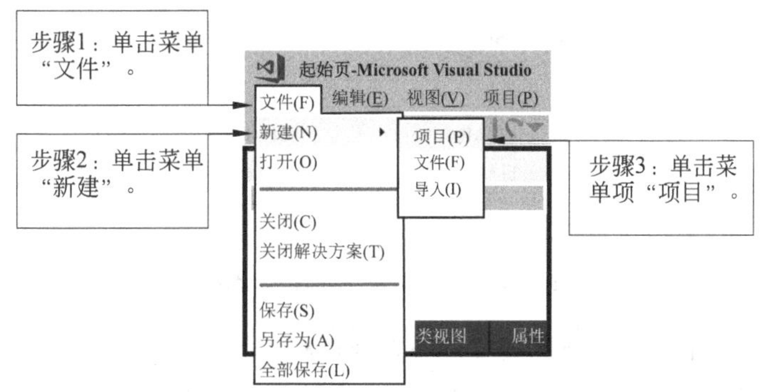

图 9-2　新建项目相关的菜单与菜单项

这时通常会弹出一个新建项目对话框，如图 9-3 所示。在这个对话框中，**第一个目标**是选择**新建项目的项目类型为“MFC 应用程序”类型**。在对话框的左侧选中并展开“Visual C++”，接着选中“MFC”选项。然后，在对话框的中间选中“MFC 应用程序”类型。接下来，**第二个目标**是在对话框中**输入项目所在的路径**，例如“D:\Examples\”。这个路径也可以通过“浏览”按钮进行选择。通常选择一个现有的路径作为项目所在的路径。**第三个目标**是在对话框中**输入项目的名称**，例如“CP_SLine”。这个名称也可以自行修改为其他

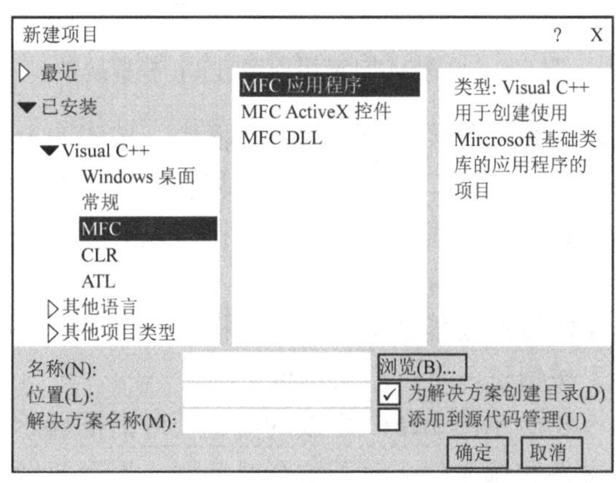

图 9-3　为新建项目选择 MFC 应用程序项目类型

名称。**最后**单击“确定”按钮完成项目的创建工作。

接下来为这个MFC新项目设置应用程序类型、文档模板属性、用户界面功能和高级功能等内容，分别如图9-4～图9-7所示。

在如图9-3所示的对话框中按下“确定”按钮之后，会弹出如图9-4所示的**MFC应用程序类型设置对话框**。在这个对话框中，选择应用程序类型为**单文档类型**，项目样式为MFC标准样式（MFC standard），并且使用静态库。与采用动态链接库相比，**采用静态库**将使得最终生成的MFC可执行程序具有更好的可移植性。由于MFC的版本很多，不同版本的MFC动态链接库又不完全兼容。采用静态库，可以在很大程度上**避免**由于不同计算机所具备的MFC版本不同而**无法成功运行**的问题。在按照图9-4所示的结果设置好与MFC应用程序类型相关的各个选项之后，可以单击“下一步”按钮进入下一个设置对话框。

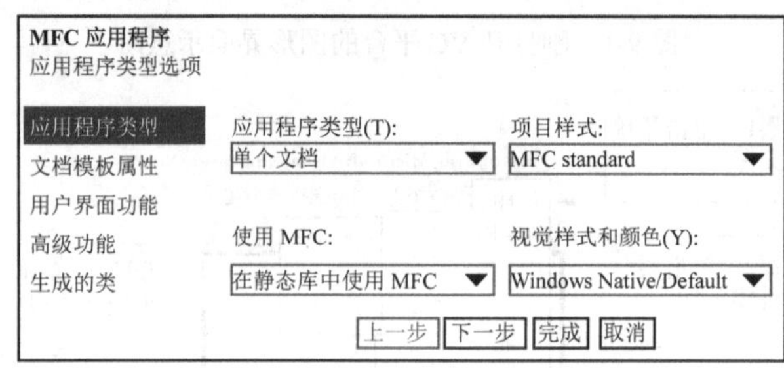

图9-4　设置MFC应用程序类型

在接下来弹出的**MFC文档模板属性设置对话框**中，按照图9-5将新建的MFC程序所对应的文件扩展名设置为“txt”。这时在筛选器名称的文本框中自动会出现“CP_SLine 文件(*.txt)”。接下来，单击“下一步”按钮进入下一个设置对话框。

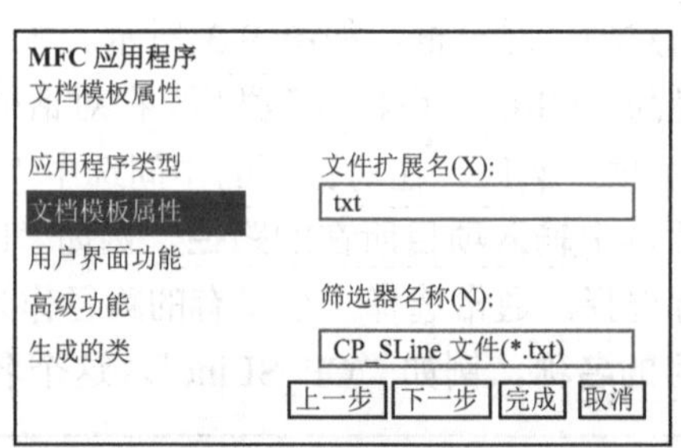

图9-5　设置MFC应用程序的文档模板属性

在接下来弹出的**MFC用户界面功能设置对话框**中，按照图9-6进行设置就可以了。这里强调一下，一定要将**“拆分窗口”**打上勾。这将使得新建的MFC程序的视图可以被拆分。这个例程需要这个设置从而直观展示一个文档可以对应多个视图的结论。接下来，单击“下一步”按钮进入下一个设置对话框。

在接下来弹出的**MFC高级功能选项设置对话框**中，按照图9-7进行设置就可以了。接下来，单击“下一步”按钮进入下一个对话框。

接下来弹出的如图9-8所示的**MFC生成的类选项对话框**展示了在前面的各种设置下将会自动生成的类、头文件和源文件。对于这个对话框，不需要做作任何修改。如果发现问题，还可以通过单击“上一步”按钮回到前面对话框中修改设置。如果没有发现问题，则单击“完成”按钮完成对 MFC 程序的设置。

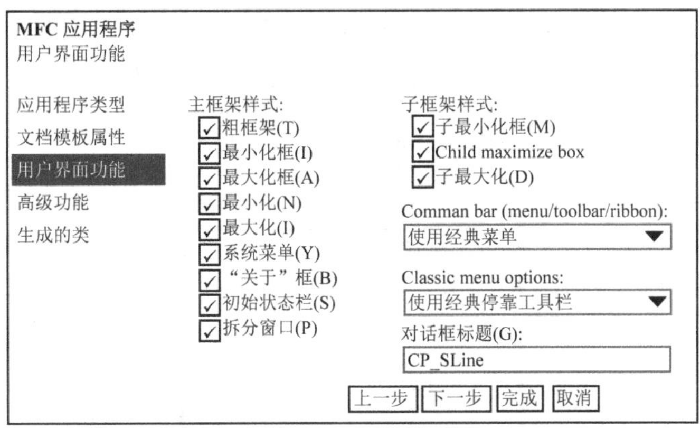

图 9-6　设置 MFC 应用程序的用户界面功能

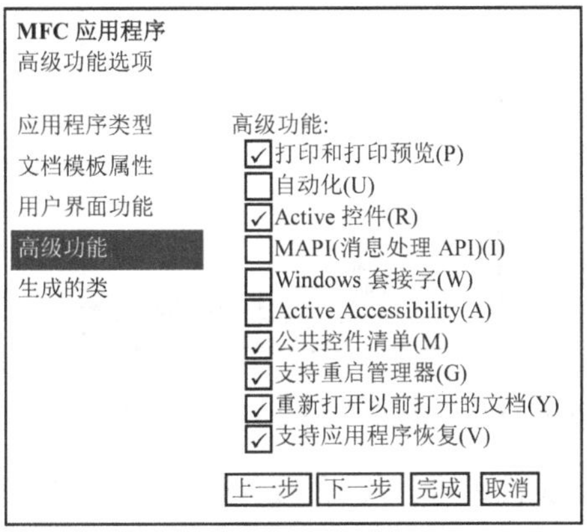

MFC 应用程序
高级功能选项

应用程序类型
文档模板属性
用户界面功能
高级功能
生成的类

高级功能:
☑打印和打印预览(P)
☐自动化(U)
☑Active 控件(R)
☐MAPI(消息处理 API)(I)
☐Windows 套接字(W)
☐Active Accessibility(A)
☑公共控件清单(M)
☑支持重启管理器(G)
☑重新打开以前打开的文档(Y)
☑支持应用程序恢复(V)

上一步　下一步　完成　取消

图 9-7　设置 MFC 应用程序的高级功能选项

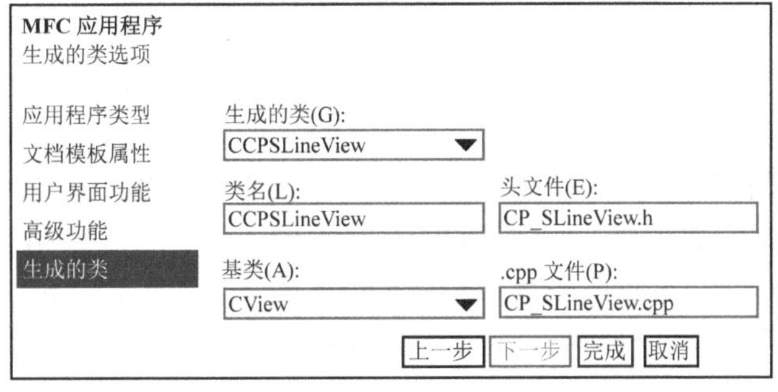

图 9-8　设置 MFC 应用程序生成的类选项

在完成 MFC 应用程序的设置之后，VC 平台就会自动生成符合前面设置的所有代码。具体的代码文件列表如图 9-9 所示。在大多数情况下，可以只关心其中文档类的头文件“CP_SLineDoc.h”和源文件“CP_SLineDoc.cpp”，以及其中视图类的头文件“CP_SLineView.h”和源文件“CP_SLineView.cpp”。VC 平台自动生成的代码基本上可以完成图形界面的除了这 2 个类之外的其他处理工作。

> 注意事项：
> 在不同版本的 VC 平台下，自动创建的**代码**及其**文件名称**大体上都相似，但在具体细节上**有可能会有所不同**。在实际的编程中，应当以最终实际生成的代码及其文件名称为准。

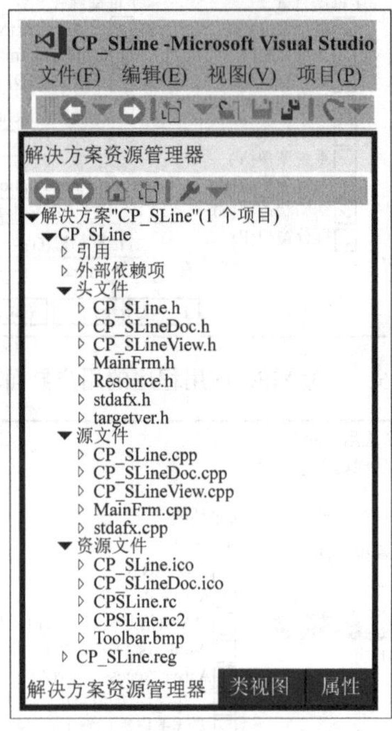

图 9-9 在解决方案资源管理器中展示自动生成的代码文件和资源文件

可以对 VC 平台自动生成代码进行编译、链接和运行。运行结果将打开 MFC 单文档程序，其图形界面如图 9-10 所示。最上方是**标题栏**。在标题栏中含有单文档程序的窗口图标、标题栏文本“CP_SLine – 标题”、最小化按钮、最大化按钮和关闭按钮。如果用鼠标左键按下关闭按钮，则会关闭整个程序。在标题栏下方是**菜单栏**。在菜单栏中含有菜单和菜单项。**菜单项**实际上也是一种按钮。如果用鼠标左键按下菜单项，通常会触发命令的运行。**菜单**通常是一系列子菜单、菜单项和分隔条的集合。如果用鼠标左键按下菜单，通常会触发展开和折叠菜单的切换。如果**展开菜单**，则位于这个菜单中的子菜单与菜单项就会出现在图形界面上；如果**折叠菜单**，则位于这个菜单中的子菜单与菜单项就会被隐藏起来，即不会出现在图形界面上。这里的**子菜单**实际上也是菜单。在菜单栏下方是**工具栏**。在工具栏中通常含有一系列按钮和分隔条。最下方是**状态栏**。状态栏通常用来显示状态等提示信

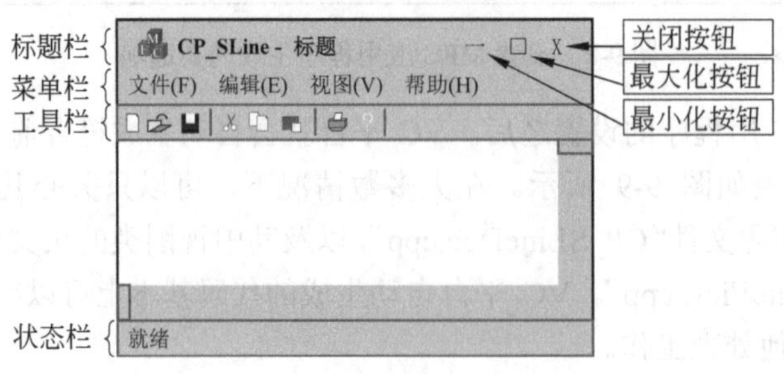

图 9-10 由 VC 平台自动创建的 MFC 单文档程序的图形界面示意图

息。在工具栏与状态栏之间的矩形区域是 MFC 单文档程序的**窗口**，也常常称为**工作区**。因为这只是基本的 MFC 单文档程序，既没有在文档类中添加数据，也没有给视图类添加自定义的绘制或交互功能，所以这时窗口是空白的。

在本例程中，需要保存在文档中的数据是直线段。因此，需要定义点类和直线段类。另外，也需要将直线段显示在图形界面上。因此，需要实现绘制直线段的函数。因为图形绘制通常与操作系统等平台密切相关，而图形自身的核心部分完全可以做到**跨平台**，即图形的核心部分代码可以直接在多个不同的操作系统和不同的编译器下直接编译与运行，所以按照编程规范，通常不要将图形绘制函数与图形的核心部分放在同一个类中。因此，添加 2 个定义点类和直线段类的源程序代码文件“CP_LineSegment2D.h”和“CP_LineSegment2D.cpp”，这 2 个代码文件的内容就是图形的核心部分；另外，添加 2 个绘制直线段的源程序代码文件“CP_Draw2D.h”和“CP_Draw2D.cpp”，这 2 个代码文件将实现图形绘制。具体的程序代码如下。

// 文件名：CP_LineSegment2D.h；开发者：雍俊海

```
// CP_LineSegment2D.h: 定义类 CP_Point2D 和 CP_LineSegment2D
#ifndef CP_LINESEGMENT2D_H
#define CP_LINESEGMENT2D_H

class CP_Point2D
{
public:
   double m_x, m_y;
public:
   CP_Point2D(double newx = 0.0, double newy = 0.0);
   CP_Point2D(const CP_Point2D& p);
}; // 类 CP_Point2D 定义结束

class CP_LineSegment2D
{
public:
   CP_Point2D m_startingPoint, m_endingPoint;
public:
   CP_LineSegment2D(double x1=0.0, double y1=0.0,
                    double x2=1.0, double y2=0.0);
   CP_LineSegment2D(const CP_Point2D& s, const CP_Point2D& e);
   CP_LineSegment2D(const CP_LineSegment2D& s);
   virtual~CP_LineSegment2D( ) { };
}; // 类 CP_LineSegment2D 定义结束
#endif
```

// 文件名：CP_LineSegment2D.cpp；开发者：雍俊海

```
// CP_LineSegment2D.cpp: 实现类 CP_Point2D 和 CP_LineSegment2D
#include "stdafx.h"
#include "CP_LineSegment2D.h"

```

```
// ////////////////////////////////////////////////////////////////
// 实现类 CP_Point2D 开始
CP_Point2D::CP_Point2D(double newx, double newy)
   : m_x(newx), m_y(newy)
{
} // 类 CP_Point2D 的构造函数定义结束

CP_Point2D::CP_Point2D(const CP_Point2D& p)
   : m_x(p.m_x), m_y(p.m_y)
{
} // 类 CP_Point2D 的构造函数定义结束
// 实现类 CP_Point2D 结束
// ////////////////////////////////////////////////////////////////

// ////////////////////////////////////////////////////////////////
// 实现类 CP_LineSegment2D 开始
CP_LineSegment2D::CP_LineSegment2D(
      double x1, double y1, double x2, double y2)
   : m_startingPoint(x1, y1), m_endingPoint(x2, y2)
{
} // 类 CP_LineSegment2D 的构造函数定义结束

CP_LineSegment2D::CP_LineSegment2D(
      const CP_Point2D& s, const CP_Point2D& e)
   : m_startingPoint(s.m_x, s.m_y), m_endingPoint(e.m_x, e.m_y)
{
} // 类 CP_LineSegment2D 的构造函数定义结束

CP_LineSegment2D::CP_LineSegment2D(const CP_LineSegment2D& s)
   : m_startingPoint(s.m_startingPoint),
     m_endingPoint(s.m_endingPoint)
{
} // 类 CP_LineSegment2D 的构造函数定义结束
// 实现类 CP_LineSegment2D 结束
// ////////////////////////////////////////////////////////////////
```

// 文件名：CP_Draw2D.h；开发者：雍俊海

```
#ifndef CP_DRAW2D_H
#define CP_DRAW2D_H
#include "CP_LineSegment2D.h"

extern void gb_draw2D(CDC& d, const CP_LineSegment2D& p,
                      int style, int r, int g, int b);
#endif
```

// 文件名：CP_Draw2D.cpp；开发者：雍俊海

```
#include "stdafx.h"
```

```
#include "CP_LineSegment2D.h"

void gb_draw2D(CDC& d, const CP_LineSegment2D& p,
               int style, int r, int g, int b)
{
   CPen pen(style, 1, RGB(r, g, b));
   CPen* oldPen = d.SelectObject(&pen);
   d.MoveTo((int)(p.m_startingPoint.m_x + 0.5),
          (int)(p.m_startingPoint.m_y + 0.5));
   d.LineTo((int)(p.m_endingPoint.m_x + 0.5),
          (int)(p.m_endingPoint.m_y + 0.5));
   d.SelectObject(oldPen); // 恢复原有画笔
} // 函数 gb_draw2D 定义结束
```

接下来，修改文档类 CCPSLineDoc，将数据添加到文档中，即为文档类添加类型为直线段类的成员变量。另外，需要在文档类的构造函数中初始化直线段成员变量，并通过文档类实现打开和保存文件等文件处理功能。下面给出对文档类的 2 个源程序代码文件“CP_SLineDoc.h”和“CP_SLineDoc.cpp”进行修改的内容，其中有底纹部分是新增或有变化的代码。

```
// 文件名: CP_SLineDoc.h; 开发者: 雍俊海
// 略去部分代码
#pragma once
#include "CP_LineSegment2D.h"

class CCPSLineDoc : public CDocument
{
// 略去部分代码
// 特性
public:
   CP_LineSegment2D m_lineSegment;
// 略去部分代码
};
```

```
// 文件名: CP_SLineDoc.cpp; 开发者: 雍俊海
// 略去部分代码
CCPSLineDoc::CCPSLineDoc() : m_lineSegment(100, 100, 300, 300)
{
   // TODO: 在此添加一次性构造代码

}
// 略去部分代码
void CCPSLineDoc::Serialize(CArchive& ar)
{
   int flag;
   CString cs;
```

```
   wchar_t * buf;
   if (ar.IsStoring())
   {
      // TODO: 在此添加存储代码
      cs.Format(_T("#LineSegment2D begin\n"));//自描述文件：线段块开始
      ar.WriteString(cs);
      cs.Format(_T("%g,%g,%g,%g\n"),
         m_lineSegment.m_startingPoint.m_x,
         m_lineSegment.m_startingPoint.m_y,
         m_lineSegment.m_endingPoint.m_x,
         m_lineSegment.m_endingPoint.m_y);
      ar.WriteString(cs);
      cs.Format(_T("#LineSegment2D end\n")); // 自描述文件：线段块结束
      ar.WriteString(cs);
   }
   else
   {
      // TODO: 在此添加加载代码
      flag = 0;
      while (ar.ReadString(cs))
      {
         cs.Trim();
         if (flag == 0)
         {
            if (cs.CompareNoCase(_T("#LineSegment2D begin")) == 0)
               flag = 1;
         }
         else if (flag == 1)
         {
            buf = cs.GetBuffer();
            swscanf_s(buf, _T("%lf,%lf,%lf,%lf"),
               &(m_lineSegment.m_startingPoint.m_x),
               &(m_lineSegment.m_startingPoint.m_y),
               &(m_lineSegment.m_endingPoint.m_x),
               &(m_lineSegment.m_endingPoint.m_y));
            break;
         }
      } // while 结束
   } // if/else 结束
}
// 略去部分代码
```

接下来，修改视图类 CCPSLineView，在图形界面上展示直线段。本例程同时展示了每个 MFC 文档可以拥有多个 MFC 视图。另外，给视图类 CCPSLineView 添加成员变量 m_flag，用来区分不同的视图。下面给出对视图类的 2 个源程序代码文件“CP_SLineView.h”和“CP_SLineView.cpp”进行修改的内容，其中有底纹部分是新增的代码。

```
// 文件名：CP_SLineView.h；开发者：雍俊海
// 略去部分代码
class CCPSLineView : public CView
{
// 略去部分代码
// 特性
public:
    int m_flag;

    CCPSLineDoc* GetDocument() const;
// 略去部分代码
```

```
// 文件名：CP_SLineView.cpp；开发者：雍俊海
// 略去部分代码
#include "CP_Draw2D.h"

// CCPSLineView

IMPLEMENT_DYNCREATE(CCPSLineView, CView)
// 略去部分代码
CCPSLineView::CCPSLineView()
{
    // TODO: 在此处添加构造代码
    static int i = 0;
    m_flag = i;
    i++;
    if (i >= 4)
        i = 0;
}
// 略去部分代码
void CCPSLineView::OnDraw(CDC* pDC)
{
    CCPSLineDoc* pDoc = GetDocument();
    ASSERT_VALID(pDoc);
    if (!pDoc)
        return;

    // TODO: 在此处为本机数据添加绘制代码
    switch (m_flag)
    {
    case 0:
        gb_draw2D(*pDC, pDoc->m_lineSegment, PS_DASH, 255, 0, 0);
        break;
    case 1:
        gb_draw2D(*pDC, pDoc->m_lineSegment, PS_DOT, 0, 255, 0);
        break;
    case 2:
```

```
        gb_draw2D(*pDC, pDoc->m_lineSegment, PS_DASHDOT, 0, 0, 255);
        break;
    default:
        gb_draw2D(*pDC, pDoc->m_lineSegment, PS_SOLID, 0, 0, 0);
        break;
    }; // switch 结束
}
// 略去部分代码
```

到这里，本例程的全部代码就编写完毕。可以对上面的代码进行编译、链接和运行。下面给出一个运行结果示例，如图 9-11 所示。

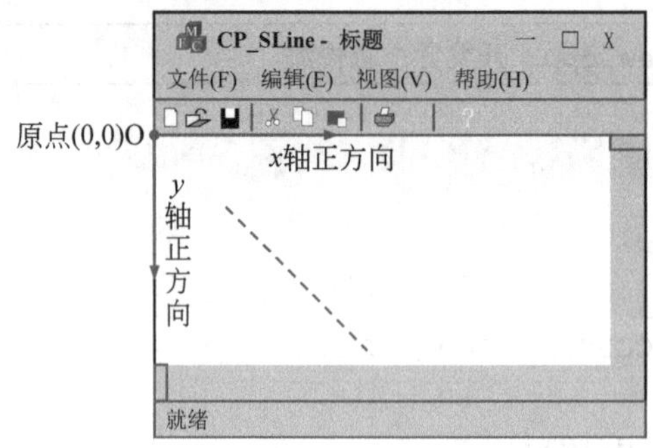

图 9-11　绘制直线段的单文档程序的图形界面示意图

例程分析：MFC 采用了一种**预编译头文件机制**，即在正式编译之前的预编译阶段，就将在当前工程项目（Project）中会用到的“Windows.H”和“Afxwin.H”等 MFC 标准头文件预先编译。这样，在正式编译时，不再编译这部分头文件，而直接使用预编译的结果，从而加快编译速度，节省时间。MFC 预编译头文件通过编译“stdafx.cpp”生成，编译结果文件以工程项目名命名，后缀是“pch”，即文件格式是“projectname.pch”。如源文件“CP_SLineDoc.cpp”和“CP_SLineView.cpp”所示，**采用预编译头文件机制要求代码文件第一条语句必须是**：

```
#include "stdafx.h"
```

本例程是 MFC 单文档程序。**单文档程序**顾名思义就是每个单文档程序运行时只能打开一个文档。如果想要打开另一个文档，则必须先关闭已打开的文档。本例程的文档实际上就是类 CP_SLineDoc 的实例对象。在运行本例程程序时，每次依次单击菜单和菜单项“文件”→“新建”，就会关闭已打开的文档，并创建一个新的文档，即创建类 CP_SLineDoc 的一个新的实例对象。如果通过菜单和菜单项“文件”→“打开”来打开一个新的文档，也会关闭已打开的文档，并创建一个新的文档，生成类 CP_SLineDoc 的一个新的实例对象。

位于文档类 CP_SLineDoc 实例对象的成员变量也称为**文档数据**。在图形界面中，可以通过视图窗口直观展示文档数据。对照图 9-10，在图 9-11 的视图窗口中多了一条直线段。这里所绘制的直线段对应文档类 CP_SLineDoc 实例对象的成员变量 m_lineSegment。视图窗口的绘制是由视图类的成员函数 OnDraw 负责的，即一旦需要绘制视图窗口，则 MFC 程序会自动调用视图类的成员函数 OnDraw。**视图类 CCPSLineView 的成员函数 OnDraw** 位于源文件“CP_SLineView.cpp”第 58~81 行。视图类 CCPSLineView 的成员函数 OnDraw 将位于文档类中的数据展示出。因此，源文件“CP_SLineView.cpp”第 60 行代码“CCPSLineDoc* pDoc = GetDocument();”获取 MFC 文档的地址并赋值给指针 pDoc。这样，通过指针 pDoc 就可以**让 MFC 视图获取到 MFC 文档**，进而获取到位于 MFC 文档中的数据。例如，第 69、72、75 和 78 行代码“pDoc->m_lineSegment”通过指针 pDoc 获取到位于 MFC 文档中的直线段。这里所调用的视图类 CCPSLineView 的成员函数 GetDocument 实际上是对其父类 CView 的成员函数 GetDocument 的覆盖。**类 CView 的成员函数 GetDocument 的具体说明**如下：

函数 241　CView::GetDocument	
声明：	CDocument* CView::GetDocument() const;
说明：	获取当前视图所隶属的 MFC 文档。
返回值：	返回指向文档指针，该指针指向当前视图所隶属的 MFC 文档。
头文件：	#include "afxwin.h"或者#include "stdafx.h"

源文件“CP_SLineView.cpp”第 61 行代码**“ASSERT_VALID(pDoc);”**只有在调试模式下才会起作用。因为 MFC 视图隶属于 MFC 文档，所以通过视图应当都可以获取到所隶属的 MFC 文档。如果没有获取到有效的文档，则这样的程序是一个有问题的程序，需要进行调试，修改代码。一旦出现这种情况，通过宏 ASSERT_VALID 可以弹出对话框，从而方便调试。宏 ASSERT_VALID 的具体说明如下：

宏 1　ASSERT_VALID	
声明：	ASSERT_VALID(pObject);
说明：	在发布(Release)模式下，这个宏不做任何事情。在调试(Debug)模式下，如果 pObject 等于 NULL 或者 pObject 指向的对象是一个有问题的对象，则抛出异常，并弹出对话框，展示出现了异常。
参数：	pObject：是一个指向对象的指针。
头文件：	<afx.h>　　// 程序代码：#include "afx.h"

在视图类的成员函数 OnDraw 中，绘制直线段是由全局函数 gb_draw2D 完成的。全局函数 gb_draw2D 的定义位于源文件“CP_Draw2D.cpp”第 4～14 行。在 MFC 中，颜色是通过红色、绿色和蓝色共 3 个分量来表达的，其中每个分量是一个整数，而且每个分量均非负且不大于 255。宏 RGB 可以将这 3 个分量组合成为类型为 COLORREF 的颜色值。宏 RGB 的具体说明如下。源文件“CP_Draw2D.cpp”第 7 行代码“RGB(r, g, b)”调用了宏 RGB。

宏 2　RGB	
声明：	RGB(r,g,b)
说明：	将红色、绿色和蓝色等 3 个整数分量组合成为类型为 COLORREF 的颜色值。
参数：	① r 是颜色的红色分量，要求 0≤r≤255。 ② g 是颜色的绿色分量，要求 0≤g≤255。 ③ b 是颜色的蓝色分量，要求 0≤b≤255。
返回值：	类型为 COLORREF 的颜色值。
头文件：	#include <Windows.h>或者#include "stdafx.h"

宏 RGB 是将红色、绿色和蓝色等 3 个颜色分量组合成为完整的颜色值。与此相反，下面的 3 个宏从完整的颜色值中分别提取红色、绿色和蓝色分量，具体说明如下。

宏 3　GetRValue	
声明：	GetRValue(rgb)
说明：	从颜色 rgb 中提取红色分量。
参数：	rgb 是由红色、绿色和蓝色等 3 个颜色分量组成的完整颜色。
返回值：	在颜色中的红色分量。
头文件：	#include <Windows.h>或者#include "stdafx.h"

宏 4　GetGValue	
声明：	GetGValue(rgb)
说明：	从颜色 rgb 中提取绿色分量。
参数：	rgb 是由红色、绿色和蓝色等 3 个颜色分量组成的完整颜色。
返回值：	在颜色中的绿色分量。
头文件：	#include <Windows.h>或者#include "stdafx.h"

宏 5　GetBValue	
声明：	GetBValue(rgb)
说明：	从颜色 rgb 中提取蓝色分量。
参数：	rgb 是由红色、绿色和蓝色等 3 个颜色分量组成的完整颜色。
返回值：	在颜色中的蓝色分量。
头文件：	#include <Windows.h>或者#include "stdafx.h"

宏 RGB(r,g,b)所对应的代码如下：

```
#define RGB(r,g,b) \
((COLORREF)(((BYTE)(r)|((WORD)((BYTE)(g))<<8))|(((DWORD)(BYTE)(b))<<16)))
```

其中第 1 行末尾的符号“\”是宏定义的续行符。它表明这 2 行代码实际上是同一行，即第 2 行代码实际是紧接在第 1 行代码“#define RGB(r,g,b)”的后面。

宏 GetRValue(rgb)、GetGValue(rgb)和 GetBValue(rgb)所对应的代码如下：

```
#define GetRValue(rgb)      (LOBYTE(rgb))                    // 1
#define GetGValue(rgb)      (LOBYTE(((WORD)(rgb)) >> 8))     // 2
#define GetBValue(rgb)      (LOBYTE((rgb)>>16))              // 3
```

设类型 BYTE、WORD、DWORD 和 COLORREF 的每个数据单元占用字节数分别为：

（1）sizeof(BYTE) = 1，

（2）sizeof(WORD) = 2，

（3）sizeof(DWORD) = 4，

（4）sizeof(COLORREF) = 4。

这里首先讲解宏 RGB(r,g,b)所对应的运算，具体如下：

（1）“(BYTE)(r)”“(BYTE)(g)”和“(BYTE)(b)”分别获取红色、绿色和蓝色等 3 个颜色分量的最低字节，而且“(BYTE)(r)”“(BYTE)(g)”和“(BYTE)(b)”的字节数分别都是 1 个字节。

（2）“(WORD)((BYTE)(g))”将 1 个字节的数据“((BYTE)(g))”转换成为 2 个字节的数据。然后，“(WORD)((BYTE)(g))<<8”将绿色分量左移 8 个二进制位。这样，得到的结果是 2 个字节的数据，其中最低字节的值是 0，另外 1 个字节的值是绿色分量。

（3）对于运算“(BYTE)(r)|((WORD)((BYTE)(g))<<8))”，因为“((WORD)((BYTE)(g))<<8))”是 2 个字节的数据，所以这时首先会将“(BYTE)(r)”从 1 个字节的数据转换成为 2 个字节的数据，然后与“((WORD)((BYTE)(g))<<8))”进行按位或运算。这样，得到的结果是 2 个字节的数据，其中最低字节的值是红色分量，另外 1 个字节的值是绿色分量。

（4）“((DWORD)(BYTE)(b))”将 1 个字节的数据“(BYTE)(b)”转换成为 4 个字节的数据。然后，“((DWORD)(BYTE)(b))<<16”将蓝色分量左移 16 个二进制位。这样，得到的结果是 4 个字节的数据，其中从低到高的第 3 个字节的值是蓝色分量，另外 3 个字节的值是 0。

（5）对于运算“((BYTE)(r) | ((WORD)((BYTE)(g)) << 8)) | (((DWORD)(BYTE)(b)) << 16)”，因为“(((DWORD)(BYTE)(b)) << 16)”是 4 个字节的数据，所以首先会将“((BYTE)(r) | ((WORD)((BYTE)(g)) << 8))”从 2 个字节的数据转换成为 4 个字节的数据，然后与“(((DWORD)(BYTE)(b)) << 16)”进行按位或运算。这样，得到的结果是 4 个字节的数据，其中从低到高的第 1 个字节的值是红色分量，第 2 个字节的值是绿色分量，第 3 个字节的值是蓝色分量，第 4 个字节的值是 0。

然后讲解宏 GetRValue(rgb)、GetGValue(rgb)和 GetBValue(rgb)所对应的运算，具体如下：

（1）宏 GetRValue(rgb)所对应的运算是“(LOBYTE(rgb))”。它获取 rgb 的最低字节作为红色分量。运算结果的数据只有 1 个字节，它的值是红色分量。

（2）宏 GetGValue(rgb)所对应的运算是“(LOBYTE(((WORD)(rgb)) >> 8))”，其中“(WORD)(rgb)”获取 rgb 的最低 2 个字节，然后“((WORD)(rgb)) >> 8”将这 2 个字节右移 8 个二进制位，最后通过“LOBYTE(((WORD)(rgb)) >> 8)”运算获取移位结果的最低字节并将其作为绿色分量。总之，宏 GetGValue(rgb)所对应的运算提取出 rgb 从低到高的第 2 个字节，并将这个字节的值作为绿色分量。

（3）宏 GetBValue(rgb)所对应的运算是“(LOBYTE((rgb)>>16))”，其中“(rgb)>>16”将 rgb 右移 16 个二进制位，最后通过“LOBYTE((rgb)>>16)”运算获取移位结果的最低字节并将其作为蓝色分量。总之，宏 GetBValue(rgb)所对应的运算提取出 rgb 从低到高的第 3 个字节，并将这个字节的值作为蓝色分量。

源文件“CP_Draw2D.cpp”第 7 行代码“CPen pen(style, 1, RGB(r, g, b));”创建了画笔 pen。所用到的类 CPen 的构造函数的具体说明如下：

函数 242　CPen::CPen

声明： `CPen(int style, int width, COLORREF c);`

说明： 创建画笔。该画笔的线型为 style，线的宽度为 width 个像素，颜色值为 c。

参数： ① style 指定线型。线型 style 的常用取值如表 9-1 所示。

② width 指定线的宽度，单位为像素。

③ c 指定线的颜色值。

头文件：	#include <afxwin.h>或者#include "stdafx.h"

表 9-1　画笔的常用线型

线型值	线型名称	示例
PS_SOLID	实线	————————
PS_DASH	虚线	- - - - - - - - - -
PS_DOT	点线	…………………………
PS_DASHDOT	点划线	—.—.—.—.—.—.
PS_DASHDOTDOT	双点划线	—..—..—..—..—

在屏幕上绘制图形需要通过 CDC（a Class of Device-Context objects，设备上下文类）的实例对象。**CDC 或其子类的实例对象**负责对屏幕进行绘制。源文件“CP_Draw2D.cpp”第 8 行代码“CPen* oldPen = d.SelectObject(&pen);”将 CDC 的实例对象 d 与画笔 pen 之间**建立绑定关系**。这样，CDC 的实例对象 d 就可以用画笔 pen 来绘制线条；否则，在建立绑定关系之前，画笔 pen 实际上**不会**起作用。类 CDC 的成员函数 SelectObject 的具体说明如下。

函数 243　CDC::SelectObject	
声明：	CPen* SelectObject(CPen* pPen);
说明：	将画笔(*pPen)与 CDC 的当前实例对象之间建立绑定关系，并返回原先绑定的画笔指针。
参数：	pPen 是指针，指向待绑定的画笔。
返回值：	在绑定画笔(*pPen)之前，与 CDC 的当前实例对象绑定的画笔指针。
头文件：	#include <afxwin.h>或者#include "stdafx.h"

源文件“CP_Draw2D.cpp”第 8 行代码和第 13 行代码展示了**良好的编程习惯**。第 8 行代码将旧的画笔的地址保存到变量 oldPen 中，第 13 行代码“d.SelectObject(oldPen);”将 CDC 的实例对象 d 绑定的画笔恢复为指针 oldPen 指向的画笔，**从而保证在运行全局函数 gb_draw2D 前后 CDC 的实例对象绑定的画笔保持不变**。**这是非常有必要的**，因为 CDC 的实例对象还需要绘制菜单等图形界面的其他部分。如果不恢复原有的画笔，一方面 CDC 的实例对象就会去使用这个作为局部变量已经被回收内存空间的画笔 pen，从而造成**内存错误**；另一方面，画笔 pen 的设置与 CDC 的实例对象将要绘制的其他图形界面部分的画笔设置不一定匹配，从而造成**图形界面显示错误**。例如，如果画笔的颜色与图形界面的背景颜色一样，那么就将看不到用这个画笔绘制出来的线条。

如源文件“CP_Draw2D.cpp”第 9～12 行代码所示，**绘制直线段**可以通过 CDC 的成员函数 MoveTo 和 LineTo 实现，即首先通过成员函数 MoveTo 将直线段的起点设置为画笔的当前位置，然后通过成员函数 LineTo 绘制从起点到终点的直线段。这 2 个函数的具体说明如下：

函数 244　CDC::MoveTo	
声明：	CPoint MoveTo(int x, int y);
说明：	将屏幕或窗口坐标为 $(x, y)^T$ 的位置设置为画笔的当前位置。在设置的过程中，画笔**不绘制**线条。
参数：	① x 是目标位置坐标的第 1 个分量。

	② y 是目标位置坐标的第 2 个分量。
返回值：	画笔在设置新位置之前所在位置的屏幕或窗口坐标值。
头文件：	#include <afxwin.h>或者#include "stdafx.h"

函数 245　CDC::LineTo

声明：	BOOL LineTo(int x, int y);
说明：	画笔从当前的位置绘制一条直线段到目标位置(x, y)^T，结果画笔也到达该目标位置。
参数：	① x 是目标位置坐标的第 1 个分量。 ② y 是目标位置坐标的第 2 个分量。
返回值：	如果画笔成功绘制直线段，则返回非零的数；否则，返回 0。
头文件：	#include <afxwin.h>或者#include "stdafx.h"

当采用“(int)”强制将浮点数转化成为整数时，小数部分会自动被抛弃。先将浮点数加上 0.5，然后再通过“(int)”强制转化为整数，这样就可以实现四舍五入的目的。例如，源文件“CP_Draw2D.cpp”第 9 行代码“(int)(p.m_startingPoint.m_x + 0.5)”实现了将双精度浮点数“p.m_startingPoint.m_x”**采用四舍五入的方式强制转化为整数**。

> ❀小甜点❀：
>
> （1）**视图类的成员函数 OnDraw** 不仅实现**屏幕绘制功能**，而且也实现**打印功能**。运行本例程单文档程序，然后依次单击菜单和菜单项“文件”→“打印预览”。这时就可以弹出窗口，显示视图类的成员函数 OnDraw 绘制的结果。在本例程单文档程序中，也可以鼠标左键依次单击菜单和菜单项“文件”→“打印”，从而打印视图类的成员函数 OnDraw 绘制的结果。
>
> （2）MFC 采用 **Windows 坐标系**。Windows 坐标系是左手坐标系，屏幕或窗口的左上角点是坐标原点，*x* 轴是从左到右，*y* 轴是从上到下。上面 CDC 类的成员函数 MoveTo 和 LineTo 采用的都是这种 Windows 坐标系。这个坐标系有时也称为**屏幕坐标系**。

本例程同时也展示了一个 MFC 文档可以拥有多个 MFC 视图。为了区分不同的视图，在视图类 CCPSLineView 中添加了成员变量 m_flag，并且在视图类的构造函数中将 4 个不同视图的 m_flag 分别初始化为 4 个不同的值。如源文件“CP_SLineView.cpp”第 37～41 行代码所示，视图类 CCPSLineView 的第 1 个实例对象的 m_flag 的值为 0，第 2 个实例对象的 m_flag 的值为 1，第 3 个实例对象的 m_flag 的值为 2，第 4 个实例对象的 m_flag 的值为 3。因此，根据视图类 CCPSLineView 的成员函数 OnDraw，即源文件“CP_SLineView.cpp”第 66～80 行代码，第 1 个视图将采用红色虚线绘制直线段，第 2 个视图将采用绿色点线绘制直线段，第 3 个视图将采用蓝色点划线绘制直线段，第 4 个视图将采用黑色实线绘制直线段。

为了同时展示 4 个视图，可以参照图 9-12，将鼠标移动到窗口的左下角或右上角的**拆分条**处。这时鼠标的光标变成为拆分窗口的光标。然后，按下鼠标左键不放并拖动鼠标，直到鼠标到达比较合适的窗口拆分位置再放开鼠标左键。也可以直接依次单击菜单和菜单项“视图”→“拆分”，实现拆分窗口的目的。如图 9-13 所示，窗口被拆分成为 4 个子窗口。每个子窗口对应 1 个视图。每个视图都是视图类 CCPSLineView 的实例对象。它们的 m_flag 的值各不相同，在图形界面上所绘制直线段的颜色与线型也都不相同，与视图类 CCPSLineView 的 OnDraw 的代码相对应。

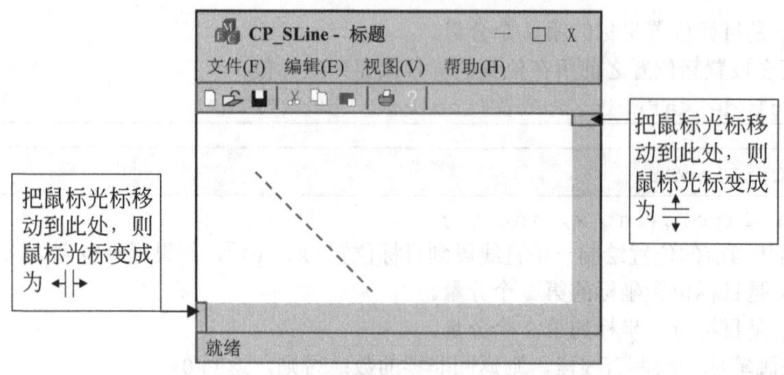

图 9-12 移动鼠标光标拆分视图窗口

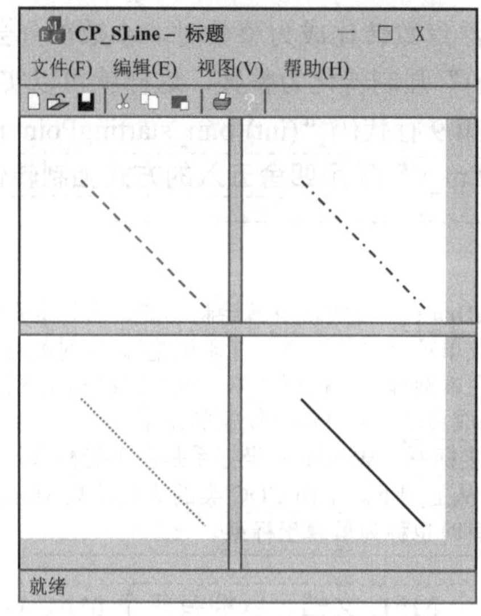

图 9-13 绘制直线段的单文档 4 视图程序的图形界面示意图

VC 平台自动生成的代码就已经实现了打开文件、保存文件和另存为等交互操作。在 MFC 中，从文件中读取数据到 MFC 文档中以及将在 MFC 文档中的数据写入到文件中称为**序列化**。MFC 文档的序列化由文档类的成员函数 Serialize 实现，具体见源文件“CP_SLineDoc.cpp”第 56～99 行代码。文档类是 CObject 类的子类。文档类的成员函数 Serialize 实际上是 CObject 类的成员函数 Serialize 的覆盖。CObject 类的成员函数 Serialize 的说明如下。

函数 246 CObject::Serialize	
声明：	`void Serialize(CArchive& ar);`
说明：	为读取文件到 MFC 对象中和将 MFC 对象写入文件提供函数基础框架。要真正实现这些功能，需要编写 CObject 的子类并覆盖这个成员函数。
参数：	函数参数 ar 是文件等用来存档的对象。
头文件：	`#include <afx.h>`或者`#include "stdafx.h"`

VC 平台自动生成的代码已经提供了文档类的成员函数 Serialize 的基本代码框架。源文件“CP_SLineDoc.cpp”第 61～98 行代码是一条 if-else 语句，其中以“if (ar.IsStoring())”引导的 **if 分支负责将在 MFC 文档中的数据写入到文件中**，**else 分支负责从文件中读取数**

据到 MFC 文档中。不过，在 VC 平台自动生成的代码中，这 2 个分支的代码都是空的，需要自己完成读取文件内容和写入文件数据的工作。类 CArchive 的成员函数 IsStoring 的具体说明如下。

函数 247	CArchive::IsStoring
声明：	BOOL IsStoring() const;
说明：	判断归档的行为。如果是将 MFC 对象写入文件，则返回非零的数；否则，返回 0。
返回值：	如果是将 MFC 对象写入文件，则返回非零的数；否则，返回 0。
头文件：	#include <afx.h>或者#include "stdafx.h"

为了方便阅读与编辑本例程的数据文件，本例程采用文本文件的形式保存数据。源文件“CP_SLineDoc.cpp”第 59 行代码“CString cs;”定义了 MFC 字符串 cs。它所调用的类 CString 的构造函数的具体说明如下。

函数 248	CString::CString
声明：	CString();
说明：	构造不含字符的 MFC 字符串。
头文件：	#include <atlstr.h>

在源文件“CP_SLineDoc.cpp”第 64 行代码中，“_T”是宏，用来将基于数组的窄字符串字面常量转换成为基于数组的宽字符串字面常量。因此，“_T("#LineSegment2D begin\n")”也等价于“L"#LineSegment2D begin\n"”。“_T”宏的具体说明如下。

宏 6	_T
声明：	_T(s)
说明：	将基于数组的窄字符串字面常量转换成为基于数组的宽字符串字面常量。
参数：	s 是基于数组的窄字符串字面常量。
返回值：	基于数组的宽字符串字面常量。
头文件：	#include <tchar.h>

源文件“CP_SLineDoc.cpp”第 64 行、第 66 行和第 72 行代码调用 MFC 字符串类 CString 的成员函数 Format，将基于数组的字符串和双精度浮点数等数据转换成为 MFC 字符串。MFC 字符串类 CString 的成员函数 Format 的具体说明如下。

函数 249	CString::Format
声明：	void Format(PCXSTR format, ...);
说明：	第 1 个函数参数 format 是带有格式说明域的格式字符串，其中每个格式说明域将由后续的各个函数参数分别依次代入，从而形成当前字符串的新内容。
参数：	① 函数参数 format 是带有格式说明域的格式字符串。 ② 后续函数参数的个数应当与在格式字符串中的格式说明域个数相同，同时各个函数参数的数据类型也应当与在格式字符串中的格式说明域依次相匹配。例如，如果格式说明域是“%d”，则对应的函数参数的数据类型应当是整数；如果格式说明域是“%f”，则对应的函数参数的数据类型应当是 float；如果格式说明域是“%lf”，则对应的函数参数的数据类型应当是 double。
头文件：	#include <atlstr.h>

这样，就可以调用类 CArchive 的成员函数 WriteString 将 MFC 字符串 cs 的内容写入到文件中，如源文件“CP_SLineDoc.cpp”第 65 行、第 71 行和第 73 行代码“ar.WriteString(cs);”所示。类 CArchive 的成员函数 WriteString 的具体说明如下。

函数 250	CArchive::WriteString
声明：	void WriteString(LPCTSTR lpsz);
说明：	将字符串 lpsz 的内容写入文件中。
参数：	函数参数 lpsz 是待写入文件的字符串。
头文件：	#include <afx.h>或者#include "stdafx.h"

设写入的文本文件为“data0.txt”，则源文件“CP_SLineDoc.cpp”第 64～73 行代码将文本文件“data0.txt”的内容变为：

```
#LineSegment2D begin
100,100,300,300
#LineSegment2D end
```

文本文件“data0.txt”是自描述文件。所谓**自描述文件**就是不需要额外的描述说明就能理解文件自身内容的文件，即该文件含有描述自己本身格式的必要内容。例如，在文本文件“data0.txt”中，“#LineSegment2D begin”和“#LineSegment2D end”就是用来描述数据含义的。介于“#LineSegment2D begin”与“#LineSegment2D end”之间的数据就是线段的 2 个端点的坐标值。采用这种自描述文件的方式，不仅可以方便理解保存在文件中的数据，而且还可以在文件中添加其他注释，文件的格式非常宽松。另外，也方便编写程序从文件中读取数据到内存中，因为可以非常方便地知道所需要的数据从哪里开始，在哪里结束。在自描述文件“data0.txt”中还可以添加注释或描述，说明线段的 2 个端点的坐标值的格式。

源文件“CP_SLineDoc.cpp”第 78～97 行代码**从数据文件中读取数据**。第 79～97 行代码是 while 循环语句，每次从数据文件中读取一行字符串，逐行进行处理。第 79 行代码“ar.ReadString(cs)”调用类 CArchive 的成员函数 ReadString 从数据文件中读取一行字符到字符串 cs 中。第 81 行代码“cs.Trim();”调用 MFC 字符串类 CString 的成员函数 Trim 去除字符串 cs 首尾的空白符。类 CArchive 的成员函数 ReadString 和类 CString 的成员函数 Trim 的具体说明如下。

函数 251	CArchive::ReadString
声明：	BOOL ReadString(CString& rString);
说明：	从文件中读取一行字符并保存到字符串 rString 中。
参数：	函数参数 rString 是用来保存读取到的字符串。
返回值：	如果读取成功，则返回非零的数；否则，返回 0。
头文件：	#include <afx.h>或者#include "stdafx.h"

函数 252	CString::Trim
声明：	CString& Trim();
说明：	从当前字符串中去除开头与结尾部分的所有空白符。
返回值：	在去除开头与结尾部分的所有空白符之后的当前字符串。

头文件：　#include <atlstr.h>

源文件“CP_SLineDoc.cpp”第 84 行代码“cs.CompareNoCase(_T("#LineSegment2D begin"))”采用不区分大小写的方式判断当前的内容是否是"#LineSegment2D begin"。如果是，则准备读取线段的 2 个端点的坐标值；否则，则跳过当前行。类 CString 的成员函数 CompareNoCase 的具体说明如下。

函数 253　**CString::CompareNoCase**	
声明：	int CompareNoCase(PCXSTR s) const;
说明：	在不区分大小写的前提条件下，比较当前字符串与字符串 s 之间的大小： （1） 如果当前字符串与字符串 s 相等，则返回 0。 （2） 如果当前字符串大于字符串 s，则返回正整数。 （3） 如果当前字符串小于字符串 s，则返回负整数。
参数：	s 是用来比较的字符串。
返回值：	在不区分大小写的前提条件下，如果当前字符串与字符串 s 相等，则返回 0；如果当前字符串大于字符串 s，则返回正整数；如果当前字符串小于字符串 s，则返回负整数。
头文件：	#include <atlstr.h>

源文件“CP_SLineDoc.cpp”第 89～94 行代码读取线段的 2 个端点的坐标值。第 89 行代码“buf = cs.GetBuffer();”通过调用 MFC 字符串类 CString 的成员函数 GetBuffer 获取字符串 cs 存储字符序列的内存地址，并赋值给指针 buf。然后，第 90～94 行代码通过调用全局函数 swscanf_s 从字符串中解析出线段的 2 个端点的坐标值。类 CString 的成员函数 GetBuffer 和全局函数 swscanf_s 的具体说明如下。

函数 254　**CString::GetBuffer**	
声明：	PXSTR GetBuffer();
说明：	返回当前字符串存储字符序列的内存空间。
返回值：	当前字符串存储字符序列的内存空间。
头文件：	#include <atlstr.h>

函数 255　**swscanf_s**	
声明：	int swscanf_s(const wchar_t *s, const wchar_t *format, ...);
说明：	用来从字符串 s 中读取数据，并将这些数据依次保存到由在 format 之后的各个指针指向的内存空间。format 是带有格式说明域的格式字符串，用来指定字符串 s 的格式。每个格式说明域对应一个数据。
参数：	① s 是待解析的字符串。 ② format 是带有格式说明域的**格式字符串**。 ③ 后续的各个函数参数是指针，指向用来接收数据的内存空间。后续函数参数的个数应当与在格式字符串中的格式说明域个数相同，同时各个函数参数的数据类型也应当与在格式字符串中的格式说明域依次相匹配。例如，如果**格式说明域**是“%d”，则对应的函数参数的数据类型应当是指向整数的指针；如果格式说明域是“%f”，则对应的函数参数的数据类型应当是指向 float 的指针；如果格式说明域是“%lf”，则对应的函数参数的数据类型应当是指向 double 的指针。
返回值：	如果该函数运行成功，则返回将所提取的数据赋值给变量的个数；否则，返回 EOF。注：EOF 是系统定义的一个宏，它所对应的值目前一般是-1。
头文件：	#include <stdio.h>或#include <wchar.h>

设文本文件“data.txt”的内容为：

```
#LineSegment2D begin
100,100,300,100
#LineSegment2D end
```

则采用本例程程序打开文本文件“data.txt”的运行结果如图 9-14 所示。文本文件“data.txt”保存的直线段是一条水平的直线段。

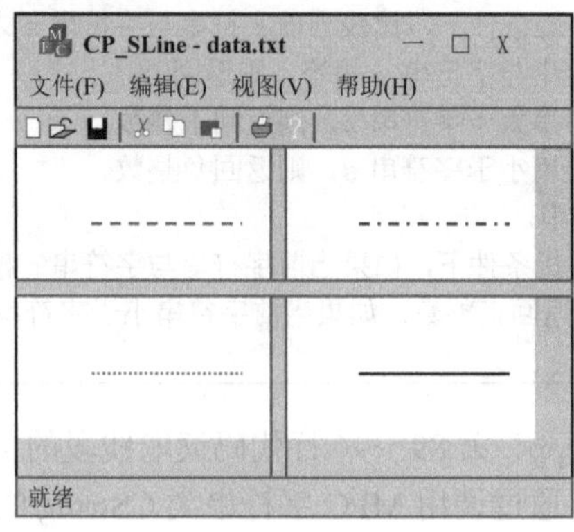

图 9-14 在读取文本文件之后的单文档 4 视图程序的图形界面示意图

9.3 图 形 绘 制

本节介绍如何通过类 CDC 的成员函数**绘制图形和文本**。同时介绍如何判断是否处于**打印模式**以及如何获取**窗口的坐标位置和大小**。所介绍的**绘制对象**包括文本、像素、椭圆弧、圆弧、弓形、椭圆、矩形和多边形。同时介绍在绘制的过程中用到的**自定义的画笔和画刷**以及**作为全局图形设备对象的画笔与画刷**。本节只提供代码片段。这些代码都可以放入位于第 9.2 节例程 9-1 源文件“CP_SLineView.cpp”中的类 CCPSLineView 的成员函数 OnDraw 的函数体中，形成完整的程序代码，进行编译、链接和运行。

这里的图形绘制不仅可以用于**屏幕显示**，还可以用于**打印**。可以通过类 CDC 的成员函数 IsPrinting 区分这两个功能。类 CDC 的成员函数 IsPrinting 的具体说明如下。

函数 256 CDC::IsPrinting

声明： BOOL IsPrinting() const;

说明： 判断当前是否处在打印模式或打印预览模式下。

返回值： 如果当前处在打印模式或打印预览模式下，则返回非零的数；否则，返回 0。

头文件： #include <afxwin.h>或者#include "stdafx.h"

下面给出调用类 CDC 的成员函数 IsPrinting 的示例代码片段。

```
COLORREF oldColor = pDC->SetTextColor(RGB(255, 0, 0));          // 1
if (pDC->IsPrinting())                                          // 2
    pDC->TextOut(100, 100, _T("在打印模式下!"));                // 3
```

```
    else pDC->TextOut(100, 100, _T("在屏幕显示模式下!"));                // 4
    pDC->SetTextColor(oldColor);                                        // 5
```

上面的代码展现了**良好的编程习惯**。上面第 1 行代码，一方面，将绑定在设备上下文(*pDC)中的字符颜色设置为红色，即 RGB(255, 0, 0)；另一方面，被替换掉的旧的字符颜色保存到变量 oldColor 中。上面最后 1 行代码将设备上下文(*pDC)的字符颜色恢复绑定为 oldColor，从而保证在运行上面代码之后设备上下文(*pDC)绑定的字符颜色保持不变，进而**不会影响到其他图形界面的绘制**。类 CDC 的成员函数 SetTextColor 的具体说明如下。

函数 257	CDC::SetTextColor
声明：	virtual COLORREF SetTextColor(COLORREF c);
说明：	将与 CDC 的当前实例对象绑定的字符颜色替换为 c，并返回原先绑定的字符颜色。
参数：	函数参数 c 是待绑定的字符颜色。
返回值：	在绑定字符颜色 c 之前，与 CDC 的当前实例对象绑定的字符颜色。
头文件：	#include <afxwin.h>或者#include "stdafx.h"

上面第 2 行代码“if (pDC->IsPrinting())”判断当前是否处在打印模式或打印预览模式下。如果在运行上面代码的程序中，依次单击菜单和菜单项“文件”→“打印预览”，则会运行上面的第 3 行代码，在打印预览的窗口中出现字符串“在打印模式下!”。如果触发打印的命令，则同样会运行上面的第 3 行代码，打印字符串“在打印模式下!”。如果不在打印模式或打印预览模式下，则将运行上面的第 4 行代码，在程序的图形界面上出现字符串“在屏幕显示模式下!”。上面第 3 行和第 4 行代码调用的都是类 CDC 的成员函数 TextOut。下面给出**用来绘制字符串的类 CDC 的成员函数 TextOut** 的具体说明。

函数 258	CDC::TextOut
声明：	virtual BOOL TextOut(int x, int y, LPCTSTR s);
说明：	绘制字符串 s。所绘制的字符串 s 的左上角点坐标为(x, y)。
参数：	① x 是字符串绘制位置左上角点坐标的第 1 个分量。 ② y 是字符串绘制位置左上角点坐标的第 2 个分量。 ③ s 是将要进行绘制的字符串。
返回值：	如果绘制成功，则返回非零的数；否则，返回 0。
头文件：	#include <afxwin.h>或者#include "stdafx.h"

函数 259	CDC::TextOut
声明：	virtual BOOL TextOut(int x, int y, LPCTSTR s, int n);
说明：	绘制字符串 s 的前 n 个字符。所绘制的这些字符的左上角点坐标为(x, y)。换句话说，就是在左上角点坐标为(x, y)的位置上绘制字符串 s 的前 n 个字符。
参数：	① x 是字符串绘制位置左上角点坐标的第 1 个分量。 ② y 是字符串绘制位置左上角点坐标的第 2 个分量。 ③ s 是将要进行绘制的字符串。 ④ n 是将要进行绘制的字符个数，要求 0≤n≤字符串 s 的长度。
返回值：	如果绘制成功，则返回非零的数；否则，返回 0。
头文件：	#include <afxwin.h>或者#include "stdafx.h"

函数 260　CDC::TextOut

声明：	`BOOL TextOut(int x, int y, const CString& s);`
说明：	绘制字符串 s。所绘制的字符串 s 的左上角点坐标为(x, y)。
参数：	① x 是字符串绘制位置左上角点坐标的第 1 个分量。 ② y 是字符串绘制位置左上角点坐标的第 2 个分量。 ③ s 是将要进行绘制的字符串。
返回值：	如果绘制成功，则返回非零的数；否则，返回 0。
头文件：	#include <afxwin.h>或者#include "stdafx.h"

在进行图形绘制时常常需要用到视图窗口的坐标。这些坐标通常要求**不能超出**视图窗口的范围；否则，有可能会导致**图形绘制失败**。视图窗口在图形界面中的坐标位置及其大小可以通过窗口类 CWnd 的成员函数 GetWindowRect 获取。这个成员函数的具体说明如下。

函数 261　CWnd::GetWindowRect

声明：	`void GetWindowRect(LPRECT lpRect) const;`
说明：	获取窗口的坐标，并保存在 lpRect 所指向的数据类型为 RECT 的内存空间中。RECT 拥有 left、top、right 和 bottom 等 4 个成员变量，用来存储窗口的左上和右下角点坐标。
参数：	函数参数 lpRect 是指针，指向数据类型为 RECT 的内存空间。
头文件：	#include <afxwin.h>或者#include "stdafx.h"

下面给出调用类 CWnd 的成员函数 GetWindowRect 的示例代码片段。下面的代码片段可以放入视图类 CView 或其子类的成员函数 OnDraw 的函数体中，形成完整的代码，进行编译、链接和运行。

```
RECT r;                                                    // 1
GetWindowRect(&r);                                         // 2
pDC->MoveTo(0, 0);                                         // 3
pDC->LineTo(r.right-r.left, r.bottom-r.top);               // 4
pDC->MoveTo(r.right - r.left, 0);                          // 5
pDC->LineTo(0, r.bottom - r.top);                          // 6
CString s;                                                 // 7
s.Format(_T("窗口(L=%1d, T=%1d, R=%1d, B=%1d)。"),         // 8
    r.left, r.top, r.right, r.bottom);                     // 9
pDC->TextOut(100, 100, s);                                 // 10
```

在上面第 2 行代码中，GetWindowRect **不是全局函数**，而是窗口类 CWnd 或是子类的成员函数。因为视图类 CView 是窗口类 CWnd 的子类，所以在视图类 CView 或其子类的成员函数中可以直接调用成员函数 GetWindowRect。

将上面代码替换位于第 9.2 节例程 9-1 源文件“CP_SLineView.cpp”中的类 CCPSLineView 的成员函数 OnDraw 的函数体的代码之后，运行结果的一个示例如图 9-15 所示。上面的代码绘制了视图窗口的 2 条对角线，并展示出了 r.left=1144，r.top=453，r.right=1539，r.bottom=632，即视图窗口的左上角点坐标为$(1144, 453)^T$，右下角点坐标为$(1539, 632)^T$，视图窗口长度=r.right-r.left=1539-1144=395，宽度=r.bottom-r.top=632-453=179。

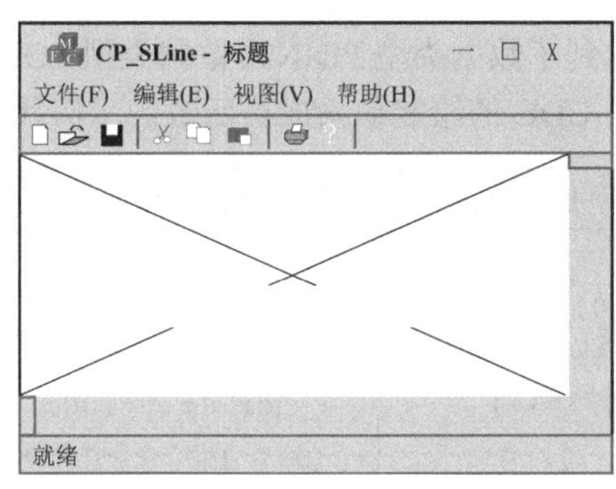

图 9-15　展示窗口坐标位置与大小并绘制窗口对角线

类 CDC 的下面 4 个成员函数在屏幕上直接**绘制像素**，具体说明分别如下。

函数 262	CDC::SetPixel
声明：	`COLORREF SetPixel(int x, int y, COLORREF c);`
说明：	用尽可能接近颜色 c 并且实际能用的颜色绘制在坐标 $(x, y)^T$ 处的像素。
参数：	① x 是需要绘制的像素的坐标的第 1 个分量。 ② y 是需要绘制的像素的坐标的第 2 个分量。 ③ c 用来指定待绘制像素的颜色值。
返回值：	如果绘制成功，则返回实际绘制所用的颜色值；否则，返回-1。
头文件：	#include <afxwin.h>或者#include "stdafx.h"

函数 263	CDC::SetPixel
声明：	`COLORREF SetPixel(POINT point, COLORREF c);`
说明：	用尽可能接近颜色 c 并且实际能用的颜色绘制在点 point 处的像素。
参数：	① p 是待绘制像素的点。 ② c 用来指定待绘制像素的颜色值。
返回值：	如果绘制成功，则返回实际绘制所用的颜色值；否则，返回-1。
头文件：	#include <afxwin.h>或者#include "stdafx.h"

函数 264	CDC::SetPixelV
声明：	`BOOL SetPixelV(int x, int y, COLORREF c);`
说明：	用尽可能接近颜色 c 并且实际能用的颜色绘制在坐标 $(x, y)^T$ 处的像素。
参数：	① x 是需要绘制的像素的坐标的第 1 个分量。 ② y 是需要绘制的像素的坐标的第 2 个分量。 ③ c 用来指定待绘制像素的颜色值。
返回值：	如果绘制成功，则返回非零的数；否则，返回 0。
头文件：	#include <afxwin.h>或者#include "stdafx.h"

函数 265	CDC::SetPixelV
声明：	`BOOL SetPixelV(POINT point, COLORREF c);`
说明：	用尽可能接近颜色 c 并且实际能用的颜色绘制在点 point 处的像素。
参数：	① p 是待绘制像素的点。 ② c 用来指定待绘制像素的颜色值。
返回值：	如果绘制成功，则返回非零的数；否则，返回 0。
头文件：	#include <afxwin.h>或者#include "stdafx.h"

在上面的成员函数中用到了数据类型 POINT。数据类型 POINT 拥有 x 和 y 等 2 个成员变量。下面给出调用上面类 CDC 的绘制像素成员函数的示例代码片段。

// 示例 1：用 x 和 y 坐标调用 SetPixel	// 示例 2：用 POINT 点调用 SetPixel
int i, j;	POINT p;
COLORREF c = RGB(255, 0, 0);	COLORREF c = RGB(255, 0, 0);
for (i = 100; i<200; i++)	for (p.x=100; p.x<200; p.x++)
for (j = 100; j<200; j++)	for (p.y=100; p.y<200; p.y++)
pDC->SetPixel(i, j, c);	pDC->SetPixel(p, c);

// 示例 3：用 x 和 y 坐标调用 SetPixelV	// 示例 4：用 POINT 点调用 SetPixelV
int i, j;	POINT p;
COLORREF c = RGB(255, 0, 0);	COLORREF c = RGB(255, 0, 0);
for (i = 100; i<200; i++)	for (p.x=100; p.x<200; p.x++)
for (j = 100; j<200; j++)	for (p.y=100; p.y<200; p.y++)
pDC->SetPixelV(i, j, c);	pDC->SetPixelV(p, c);

上面 4 个代码示例运行结果都是通过直接绘制像素的方式在视图窗口中绘制边长为 100 像素的正方形。该正方形的 2 个角点坐标分别为$(100, 100)^T$和$(199, 199)^T$。

类 CDC 的成员函数 Arc 可以用来绘制**椭圆弧**，它拥有 2 种形式，具体说明分别如下。

函数 266　CDC::Arc

声明： BOOL Arc(int x1,int y1,int x2,int y2,int x3,int y3,int x4,int y4);

说明： 绘制椭圆弧。设包围椭圆的矩形为 **R**，则 R 的左上角点坐标为(x1, y1)^T，右下角点坐标为(x2, y2)^T。设矩形 R 的中心点为 **C**，则**椭圆弧的起点**为以 C 为起点并且经过点(x3, y3)^{T}的射线与椭圆的交点，**椭圆弧的终点**为以 C 为起点并且经过点(x4, y4)^{T}的射线与椭圆的交点。**椭圆弧**为沿着逆时针方向从起点到终点的那一段椭圆弧。

参数：
① (x1, y1)^{T}是包围椭圆的矩形的左上角点坐标。
② (x2, y2)^{T}是包围椭圆的矩形的右下角点坐标。
③ (x3, y3)^{T}用来确定椭圆弧的起点。
④ (x4, y4)^{T}用来确定椭圆弧的终点。

返回值： 如果绘制成功，则返回非零的数；否则，返回 0。

头文件： #include <afxwin.h>或者#include "stdafx.h"

函数 267　CDC::Arc

声明： BOOL Arc(LPCRECT pRect, POINT pStart, POINT pEnd);

说明： 绘制椭圆弧。**包围椭圆的矩形**为(*pRect)。(*pRect)的数据类型为类 CRect。**类 CRect** 拥有 left、top、right 和 bottom 等 4 个成员变量，矩形的左上角点坐标为(left, top)^T，右下角点坐标为(right, bottom)^T。设矩形(*pRect)的中心点为 **C**，则**椭圆弧的起点**为以 C 为起点并且经过点 pStart 的射线与椭圆的交点，**椭圆弧的终点**为以 C 为起点并且经过点 pEnd 的射线与椭圆的交点。**数据类型 POINT** 拥有 2 个成员变量 x 和 y，用来存储点的坐标。**椭圆弧**为沿着逆时针方向从起点到终点的那一段椭圆弧。

参数：
① pRect 是指针，指向包围椭圆的矩形。
② pStart 用来确定椭圆弧的起点。
③ pEnd 用来确定椭圆弧的终点。

返回值： 如果绘制成功，则返回非零的数；否则，返回 0。

头文件： #include <afxwin.h>或者#include "stdafx.h"

下面给出调用上面类 CDC 的成员函数 Arc 的示例代码片段。

// 示例 1：采用类 CDC 的第 1 个成员函数 Arc 绘制圆弧

```
pDC->Arc(100, 100, 200, 200, 200, 150, 150, 200);
```

// 示例 2：采用类 CDC 的第 2 个成员函数 Arc 绘制圆弧

```
CRect r(100, 100, 200, 200); // 顺序为 left、top、right 和 bottom。
POINT pStart, pEnd;
pStart.x = 200;
pStart.y = 150;
pEnd.x = 150;
pEnd.y = 200;
pDC->Arc(&r, pStart, pEnd);
```

上面 2 个代码示例运行结果都是绘制如图 9-16 所示的圆弧。包围这个圆的矩形是正方形。正方形的左上角点为$(100, 100)^T$，右下角点为$(200, 200)^T$。圆弧的起点为$(200, 150)^T$，终点为$(150, 200)^T$。

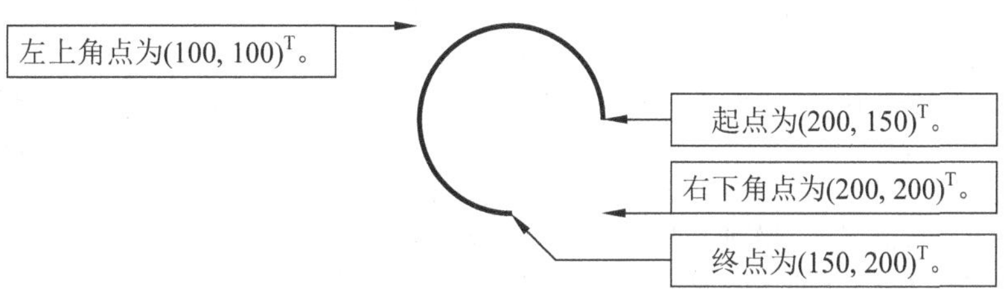

图 9-16　绘制的圆弧及其关键坐标值

类 CDC 的成员函数 AngleArc 可以用来绘制圆弧，具体说明分别如下。

函数 268　CDC::AngleArc

声明： `BOOL AngleArc(int x, int y, int r, float aStart, float aSweep);`

说明： 先绘制从画笔当前位置到圆弧起点的直线段，然后再绘制圆弧。在绘制完成之后，画笔的当前位置变成为圆弧终点。圆弧的圆心坐标为 $(x, y)^T$，半径为 r。圆弧的起始角度为 aStart。这个角度是从 x 轴的正方向开始计算，并以逆时针为正，以顺时针为负。圆弧绕过的角度为 aSweep。圆弧绕过的角度以逆时针为正，以顺时针为负。这里角度的单位是度，即整圆是 360 度。

参数： ① $(x, y)^T$ 是圆心坐标。
② r 是圆弧半径。
③ aStart 是圆弧的起始角度。正数表示逆时针方向，负数表示顺时针方向。
④ aSweep 是圆弧绕过的角度。

返回值： 如果绘制成功，则返回非零的数；否则，返回 0。

头文件： #include <afxwin.h>或者#include "stdafx.h"

下面给出调用上面类 CDC 的成员函数 AngleArc 的示例代码片段。

```
pDC->MoveTo(100, 100);
pDC->AngleArc(100, 100, 50, 270, 180);
```

上面代码示例运行结果是绘制如图 9-17 所示的直线段和圆弧。直线段的起点是$(100, 100)^T$，终点是$(100, 150)^T$。圆弧的圆心坐标是$(100, 100)^T$，半径是 50，起始角度是 270°，绕过的角度是 180°，起点是$(100, 150)^T$，终点为$(100, 50)^T$。所绘制的圆弧是半圆。在成员函数 AngleArc 的函数参数中，圆弧起始角度和绕过的角度均可正、可负。如果绕过的角度等于 360°或−360°，则所绘制的圆弧是整圆。

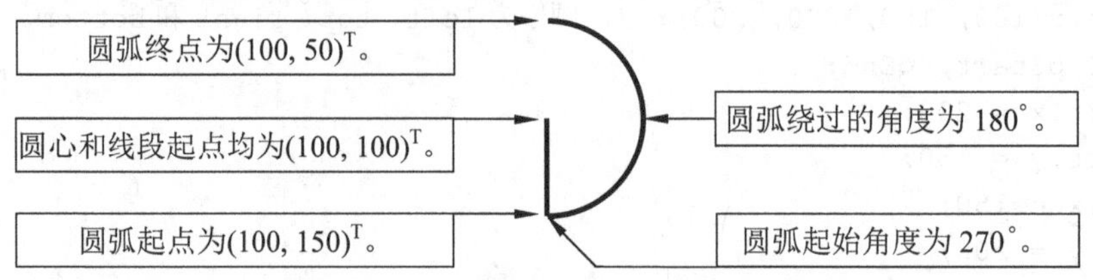

图 9-17　绘制的圆弧及其关键数值

类 CDC 的成员函数 Chord 可以用来绘制弓形，它拥有 2 种形式，具体说明分别如下。

函数 269　CDC::Chord

声明：`BOOL Chord(int x1, int y1, int x2, int y2, int x3, int y3, int x4, int y4);`

说明：绘制弓形。这里的弓形是由椭圆弧以及直线段围成的图形，其中直线段连接椭圆弧的 2 个端点。设包围椭圆的矩形为 **R**，则 R 的左上角点坐标为$(x1, y1)^T$，右下角点坐标为$(x2, y2)^T$。设矩形 R 的中心点为 **C**，则**椭圆弧的起点**为以 C 为起点并且经过点$(x3, y3)^T$的射线与椭圆的交点，**椭圆弧的终点**为以 C 为起点并且经过点$(x4, y4)^T$的射线与椭圆的交点。**椭圆弧**为沿着逆时针方向从起点到终点的那一段椭圆弧。

参数：
① $(x1, y1)^T$是包围椭圆的矩形的左上角点坐标。
② $(x2, y2)^T$是包围椭圆的矩形的右下角点坐标。
③ $(x3, y3)^T$用来确定椭圆弧的起点。
④ $(x4, y4)^T$用来确定椭圆弧的终点。

返回值：如果绘制成功，则返回非零的数；否则，返回 0。

头文件：`#include <afxwin.h>`或者`#include "stdafx.h"`

函数 270　CDC::Chord

声明：`BOOL Chord(LPCRECT pRect, POINT pStart, POINT pEnd);`

说明：绘制弓形。这里的弓形是由椭圆弧以及直线段围成的图形，其中直线段连接椭圆弧的 2 个端点。**包围椭圆的矩形**为(*pRect)。(*pRect)的数据类型为类 CRect。**类 CRect** 拥有 left、top、right 和 bottom 等 4 个成员变量，矩形的左上角点坐标为$(left, top)^T$，右下角点坐标为$(right, bottom)^T$。设矩形(*pRect)的中心点为 **C**，则**椭圆弧的起点**为以 C 为起点并且经过点 pStart 的射线与椭圆的交点，**椭圆弧的终点**为以 C 为起点并且经过点 pEnd 的射线与椭圆的交点。**数据类型 POINT** 拥有 2 个成员变量 x 和 y，用来存储点的坐标。**椭圆弧**为沿着逆时针方向从起点到终点的那一段椭圆弧。

参数：
① pRect 是指针，指向包围椭圆的矩形。
② pStart 用来确定椭圆弧的起点。
③ pEnd 用来确定椭圆弧的终点。

返回值：如果绘制成功，则返回非零的数；否则，返回 0。

头文件：`#include <afxwin.h>`或者`#include "stdafx.h"`

下面给出调用上面类 CDC 的成员函数 Chord 的示例代码片段。

```
CPen pen(PS_SOLID, 2, RGB(0, 0, 0));          // 创建画笔          // 1
CPen* oldPen = pDC->SelectObject(&pen);        // 使用画笔          // 2
CBrush brush(RGB(255, 0, 0));                  // 创建画刷          // 3
CBrush* oldBrush = pDC->SelectObject(&brush); // 使用画刷          // 4
pDC->Chord(100, 100, 300, 200, 300, 150, 200, 100);                 // 5
pDC->SelectObject(oldPen);   // 恢复原有画笔                         // 6
pDC->SelectObject(oldBrush); // 恢复原有画刷                         // 7
```

上面代码示例运行结果是绘制如图 9-18 所示的弓形。在第 1 行代码中，“RGB(0, 0, 0)”是黑色。因此，第 1 行代码创建了黑色的画笔。第 2 行代码使用这个新创建的画笔，将它与 CDC 的实例对象(*pDC)绑定，同时返回旧的画笔(*oldPen)。因此，围成弓形的直线段和椭圆弧是黑色的线条。第 6 行代码将 CDC 的实例对象绑定的画笔恢复为旧的画笔(*oldPen)，展现了**良好的编程习惯**。

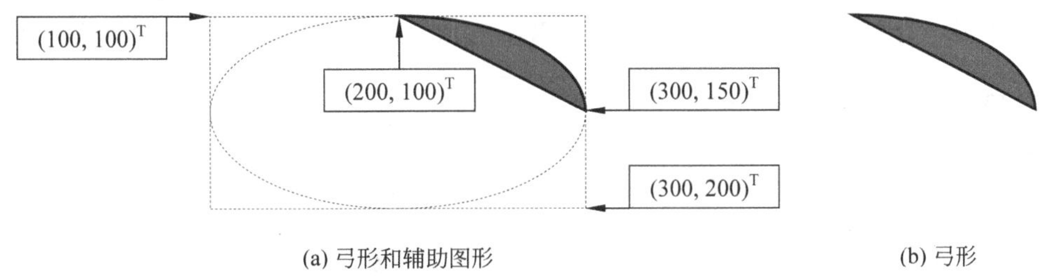

(a) 弓形和辅助图形　　　　(b) 弓形

图 9-18　绘制的弓形及其关键坐标值

第 3 行代码“CBrush brush(RGB(255, 0, 0));”创建**画刷**。画刷用来填充图形。画刷类 CBrush 的构造函数有 2 种形式。因为第 3 行代码调用了不含填充索引值的构造函数，所以所创建的画刷将采用默认的实心填充方式，如图 9-18 所示。类 CBrush 的 2 个构造函数的具体说明分别如下：

函数 271　CBrush::CBrush

声明： `CBrush(COLORREF c);`
说明： 创建画刷。该画刷的默认填充方式为实心方式，颜色值为 c。
参数： 函数参数 c 指定画刷填充的颜色值。
头文件： `#include <afxwin.h>`或者`#include "stdafx.h"`

函数 272　CBrush::CBrush

声明： `CBrush(int index, COLORREF c);`
说明： 创建画刷。该画刷的填充颜色值为 c，填充方式为由 index 指定的方式，具体见表 9-2。
参数： ① 函数参数 index 指定填充方式。填充方式 index 的常用取值如表 9-2 所示。
② 函数参数 c 指定画刷填充的颜色值。
头文件： `#include <afxwin.h>`或者`#include "stdafx.h"`

第 4 行代码使用新创建的画刷，将它与 CDC 的实例对象(*pDC)**绑定**，同时返回旧的画刷(*oldBrush)。这样，CDC 的实例对象(*pDC)就可以用画刷 brush 来填充图形；否则，在建立绑定关系之前，画刷 brush 实际上**不会**起作用。第 2 行和第 4 行代码调用的都是类 CDC 的成员函数 SelectObject，但实际上它们不是相同的成员函数。它们是重载的同名函

表 9-2　画刷的常用填充方式

填充索引值	填充方式说明	示例
HS_BDIAGONAL	从左到右 45°的向上线条	
HS_CROSS	水平和垂直方向的网格线	
HS_DIAGCROSS	45°的网格线	
HS_FDIAGONAL	从左到右 45°的向下线条	
HS_HORIZONTAL	水平的线条	
HS_VERTICAL	垂直的线条	

数，因为函数参数的数据类型不同。第 7 行代码将 CDC 的实例对象绑定的画刷恢复为旧的画刷（*oldBrush)，从而让上面的代码不会影响其他图形界面的绘制，同样展现了良好的编程习惯。第 4 行和第 7 行代码所调用的类 CDC 的成员函数 SelectObject 的具体说明如下。

函数 273　CDC::SelectObject	
声明：	CBrush* SelectObject(CBrush* pBrush);
说明：	将画刷(*pBrush)与 CDC 的当前实例对象之间建立绑定关系，并返回原先绑定的画刷指针。
参数：	pBrush 是指针，指向待绑定的画刷。
返回值：	在绑定画刷(*pBrush)之前，与 CDC 的当前实例对象绑定的画刷指针。
头文件：	#include <afxwin.h>或者#include "stdafx.h"

第 5 行代码调用类 CDC 的成员函数 Chord 绘制弓形。弓形由椭圆弧和直线段围成。包围椭圆的矩形的左上角点为$(100, 100)^T$，右下角点为$(300, 200)^T$。椭圆弧的起点为$(300, 150)^T$，终点为$(200, 100)^T$。图 9-18(a)同时画了椭圆和矩形等辅助图形，并标上这些图形关键点的坐标值。图 9-18(b)展示了最终的绘制结果。

类 CDC 的成员函数 Ellipse 可以用来绘制椭圆，它拥有 2 种形式，具体说明分别如下。

函数 274　CDC::Ellipse	
声明：	BOOL Ellipse(int x1, int y1, int x2, int y2);
说明：	绘制椭圆。包围椭圆的矩形的左上角点坐标为$(x1, y1)^T$，右下角点坐标为$(x2, y2)^T$。
参数：	① $(x1, y1)^T$是包围椭圆的矩形的左上角点坐标。 ② $(x2, y2)^T$是包围椭圆的矩形的右下角点坐标。
返回值：	如果绘制成功，则返回非零的数；否则，返回 0。
头文件：	#include <afxwin.h>或者#include "stdafx.h"

函数 275　CDC::Ellipse	
声明：	BOOL Ellipse(LPCRECT pRect);
说明：	绘制椭圆。包围椭圆的矩形为(*pRect)。(*pRect)的数据类型为类 CRect。类 **CRect** 拥有 left、top、right 和 bottom 等 4 个成员变量，矩形的左上角点坐标为$(left, top)^T$，右下角点坐标为$(right, bottom)^T$。
参数：	函数参数 pRect 是指针，指向包围椭圆的矩形。
返回值：	如果绘制成功，则返回非零的数；否则，返回 0。
头文件：	#include <afxwin.h>或者#include "stdafx.h"

下面给出调用上面类 CDC 的成员函数 Ellipse 的示例代码片段。

```
CPen pen(PS_SOLID, 2, RGB(0, 0, 0));          // 创建画笔              // 1
CPen* oldPen = pDC->SelectObject(&pen);       // 使用画笔              // 2
CBrush brush(HS_DIAGCROSS, RGB(255, 0, 0));   // 创建画刷              // 3
CBrush* oldBrush = pDC->SelectObject(&brush); // 使用画刷              // 4
pDC->Ellipse(100, 100, 300, 200);                                      // 5
pDC->SelectObject(oldPen);    // 恢复原有画笔                          // 6
pDC->SelectObject(oldBrush); // 恢复原有画刷                           // 7
```

上面第 1 行代码创建了**黑色的画笔**。第 2 行代码使用这个新创建的画笔，将它与 CDC 的实例对象(*pDC)绑定，同时返回旧的画笔(*oldPen)。因此，所绘制的椭圆的边将是黑色的。第 6 行代码将 CDC 的实例对象绑定的画笔恢复为旧的画笔(*oldPen)，展现了**良好的编程习惯**。

第 3 行代码创建**红色的画刷**。画刷的填充索引值是 HS_DIAGCROSS，对应的填充方式是 45º 的网格线。第 4 行代码使用新创建的画刷，将它与 CDC 的实例对象(*pDC)**绑定**，同时返回旧的画刷(*oldBrush)。这样，CDC 的实例对象(*pDC)就可以用画刷 brush 来填充图形。第 7 行代码将 CDC 的实例对象绑定的画刷恢复为旧的画刷(*oldBrush)，同样展现了**良好的编程习惯**。

第 5 行代码调用类 CDC 的成员函数 Ellipse 绘制**椭圆**。包围椭圆的矩形的左上角点为 $(100, 100)^T$，右下角点为 $(300, 200)^T$。图 9-19(a)同时画了椭圆和辅助矩形，并标上这些图形关键点的坐标值。图 9-19(b)展示了最终的绘制结果。椭圆的边是黑色的，内部填充的是红色的 45º 网格线。

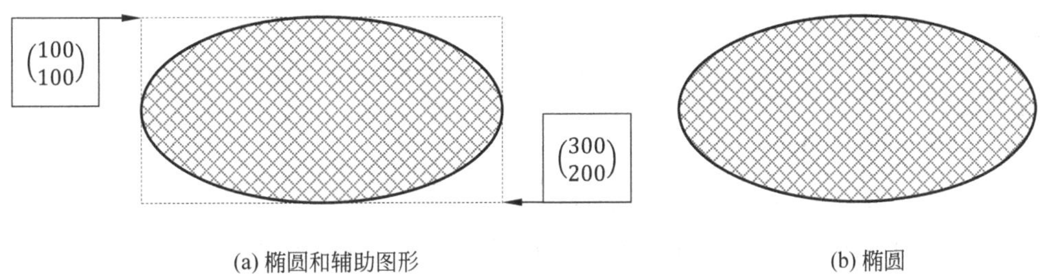

(a) 椭圆和辅助图形　　　　(b) 椭圆

图 9-19　绘制的椭圆及其关键坐标值

第 5 行代码还可以替换成为如下的 2 行代码，运行结果不变，也是绘制同样的椭圆。

```
CRect r(100, 100, 300, 200); // 顺序为 left、top、right 和 bottom。   // 5.1
pDC->Ellipse(&r);                                                     // 5.2
```

类 CDC 的成员函数 Rectangle 可以用来绘制**矩形**，它拥有 2 种形式，具体说明分别如下。

函数 276　CDC::Rectangle

声明：　`BOOL Rectangle(int x1, int y1, int x2, int y2);`

说明：　绘制**矩形**。矩形的左上角点坐标为 $(x1,\ y1)^T$，右下角点坐标为 $(x2,\ y2)^T$。

参数：　① $(x1,\ y1)^T$ 是矩形的左上角点坐标。

② $(x2,\ y2)^T$ 是矩形的右下角点坐标。

返回值： 如果绘制成功，则返回非零的数；否则，返回 0。
头文件： #include <afxwin.h>或者#include "stdafx.h"

函数 277 CDC::Rectangle

声明： `BOOL Rectangle(LPCRECT pRect);`
说明： 绘制**矩形**(*pRect)。(*pRect)的数据类型为类 CRect。**类 CRect** 拥有 left、top、right 和 bottom 等 4 个成员变量，矩形的左上角点坐标为 $(left,\ top)^T$，右下角点坐标为 $(right,\ bottom)^T$。
参数： pRect 是指针，指向待绘制的矩形。
返回值： 如果绘制成功，则返回非零的数；否则，返回 0。
头文件： #include <afxwin.h>或者#include "stdafx.h"

下面给出调用上面类 CDC 的成员函数 Rectangle 的示例代码片段。

```
HGDIOBJ oldBrush = pDC->SelectObject(GetStockObject(DC_BRUSH));  // 1
COLORREF oldBrushColor = pDC->SetDCBrushColor(RGB(255, 0, 0));   // 2
HGDIOBJ oldPen = pDC->SelectObject(GetStockObject(DC_PEN));      // 3
COLORREF oldPenColor = pDC->SetDCPenColor(RGB(0, 0, 0));         // 4
pDC->Rectangle(100, 100, 300, 200);                              // 5
pDC->SetDCBrushColor(oldBrushColor); // 恢复原来画刷颜色          // 6
pDC->SelectObject(oldBrush);         // 恢复原有画刷              // 7
pDC->SetDCPenColor(oldPenColor);     // 恢复原来画笔颜色          // 8
pDC->SelectObject(oldPen);          // 恢复原有画笔               // 9
```

上面的代码**没有采用**自定义的画笔与画刷，而采用了**作为全局图形设备对象的画笔与画刷**。如第 1 行和第 3 行代码所示，全局函数 GetStockObject 可以用来获取**全局的画笔与画刷**，其具体说明如下。

函数 278 GetStockObject

声明： `HGDIOBJ GetStockObject(int i);`
说明： 返回索引 i 所对应的**全局图形设备对象**句柄，对应关系见表 9-3。
参数： 函数参数 i 是全局图形设备对象对应的索引。
返回值： 如果本函数运行成功，则返回索引 i 所对应的全局图形设备对象句柄；否则，返回 NULL。
头文件： #include <Windows.h>或者#include "stdafx.h"

表 9-3 常用的全局图形设备对象及其索引

序号	索引值	全局图形设备对象
1	BLACK_BRUSH	黑色画刷
2	DKGRAY_BRUSH	深灰色画刷
3	DC_BRUSH	画刷。该画刷的默认颜色是白色。可以通过函数 SetDCBrushColor 改变画刷颜色
4	GRAY_BRUSH	灰色画刷。
5	HOLLOW_BRUSH 或 NULL_BRUSH	空画刷，即**不做任何填充**，就好像是**透明**的一样
6	LTGRAY_BRUSH	浅灰色画刷
7	WHITE_BRUSH	白色画刷
8	BLACK_PEN	黑色画笔

续表

序号	索引值	全局图形设备对象
9	DC_PEN	画笔。该画笔的默认颜色是白色。可以通过函数 SetDCPenColor 改变画笔的颜色
10	NULL_PEN	空画笔。采用空画笔将**不绘制线条**
11	WHITE_PEN	白色画笔

全局函数 GetStockObject 返回的数据类型是全局图形设备对象句柄。类 CDC 的成员函数 SelectObject，一方面让类 CDC 的实例对象(*pDC)**使用这些全局的画笔与画刷**，如第 1 行和第 3 行代码所示，另一方面又让类 CDC 的实例对象(*pDC) 恢复原先使用的画笔与画刷，如第 7 行和第 9 行代码所示。类 CDC 的成员函数 SelectObject 的具体说明如下。

函数 279　CDC::SelectObject

声明：	`HGDIOBJ CDC::SelectObject(HGDIOBJ hObject);`
说明：	将图形设备对象句柄 hObject 与 CDC 的当前实例对象之间建立绑定关系，并返回原先绑定的图形设备对象句柄。
参数：	hObject 待绑定的图形设备对象句柄。
返回值：	在绑定 hObject 之前，与 CDC 的当前实例对象绑定的图形设备对象句柄。
头文件：	`#include <afxwin.h>`或者`#include "stdafx.h"`

如果采用 DC_BRUSH 获取到全局画刷，则可以通过类 CDC 的成员函数 SetDCBrushColor 修改该全局画刷的填充颜色。第 2 行代码将全局画刷的填充颜色改成为红色，并返回旧的全局画刷的填充颜色 oldBrushColor。因此，上面代码会将所绘制的矩形填充为红色。第 6 行代码又全局画刷的填充颜色恢复为原先的颜色 oldBrushColor，展现出了**良好的编程习惯**。类 CDC 的成员函数 SetDCBrushColor 的具体说明如下。

函数 280　CDC::SetDCBrushColor

声明：	`COLORREF SetDCBrushColor(COLORREF c);`
说明：	将与画刷绑定的颜色替换为 c，并返回原先绑定的颜色。
参数：	c 是待绑定的颜色。
返回值：	在绑定颜色 c 之前，与画刷绑定的颜色。
头文件：	`#include <afxwin.h>`或者`#include "stdafx.h"`

如果采用 DC_PEN 获取到全局画笔，则可以通过类 CDC 的成员函数 SetDCPenColor 修改该全局画笔的颜色。第 4 行代码将全局画笔的颜色改成为黑色，并返回旧的全局画笔颜色 oldPenColor。因此，上面代码会将矩形的边绘制为黑色。第 8 行代码又将全局画笔颜色恢复为原先的颜色 oldPenColor，展现出了**良好的编程习惯**。类 CDC 的成员函数 SetDCPenColor 的具体说明如下。

函数 281　CDC::SetDCPenColor

声明：	`COLORREF SetDCPenColor(COLORREF c);`
说明：	将与画笔绑定的颜色替换为 c，并返回原先绑定的颜色。
参数：	c 是待绑定的颜色。
返回值：	在绑定颜色 c 之前，与画笔绑定的颜色。

头文件： #include <afxwin.h>或者#include "stdafx.h"

> **注意事项**：
> （1）类 CDC 的成员函数 SetDCPenColor 和 SetDCBrushColor 对自定义的画笔与画刷不起作用。
> （2）类 CDC 的成员函数 SetDCPenColor 通常只与索引值为 DC_PEN 的全局画笔配对使用。
> （3）类 CDC 的成员函数 SetDCBrushColor 通常只与索引值为 DC_BRUSH 的全局画刷配对使用。

第 5 行代码调用类 CDC 的成员函数 Rectangle 绘制矩形。矩形的左上角点为(100, 100)^{T}，右下角点为(300, 200)^{T}。图 9-20 展示了矩形绘制结果。矩形的边是黑色的，内部采用红色进行填充。

第 5 行代码还可以替换成为如下的 2 行代码，运行结果不变，即绘制相同的矩形。

```
CRect r(100, 100, 300, 200); // 顺序为 left、top、right 和 bottom。  // 5.1
pDC->Rectangle(&r);                                                   // 5.2
```

左上角点为(100, 100)T。
右下角点为(300, 200)T。

图 9-20　绘制的矩形及其关键坐标值

类 CDC 的成员函数 Polygon 可以用来绘制多边形，具体说明如下。

函数 282　CDC::Polygon

声明： BOOL Polygon(LPPOINT ps, int n);

说明： 绘制 n 边形。要求 n≥2。如果 n=2，则实际上绘制的是直线段。ps 是指针，指向点数组。点数组元素的数据类型是 POINT 结构或类 CPoint。

参数： ① 函数参数 ps 是指针，指向表示 n 边形顶点坐标的点数组。
② 函数参数 n 是多边形的顶点个数。

返回值： 如果绘制成功，则返回非零的数；否则，返回 0。

头文件： #include <afxwin.h>或者#include "stdafx.h"

下面给出调用上面类 CDC 的成员函数 Polygon 的示例代码片段。

```
CPen pen(PS_SOLID, 2, RGB(0, 0, 0));               // 创建画笔       // 1
CPen* oldPen = pDC->SelectObject(&pen);             // 使用画笔       // 2
CBrush brush(HS_HORIZONTAL, RGB(255, 0, 0));        // 创建画刷       // 3
CBrush* oldBrush = pDC->SelectObject(&brush); // 使用画刷             // 4
CPoint ps[4] = { CPoint(100, 150), CPoint(300, 200),                  // 5
                 CPoint(240, 150), CPoint(300, 100)};                 // 6
pDC->Polygon(ps, 4);                                                  // 7
pDC->SelectObject(oldPen);    // 恢复原有画笔                         // 8
pDC->SelectObject(oldBrush); // 恢复原有画刷                          // 9
```

上面第 1 行代码创建了黑色的画笔。第 2 行代码使用这个新创建的画笔，将它与 CDC 的实例对象(*pDC)绑定，同时返回旧的画笔(*oldPen)。因此，所绘制的多边形的边将是黑色的。第 8 行代码将 CDC 的实例对象绑定的画笔恢复为旧的画笔(*oldPen)，展现了**良好的编程习惯**。

第 3 行代码创建**红色的画刷**。画刷的填充索引值是 HS_HORIZONTAL，对应的填充方式是水平的线条。第 4 行代码使用新创建的画刷，将它与 CDC 的实例对象（*pDC）**绑定**，同时返回旧的画刷（*oldBrush）。这样，CDC 的实例对象（*pDC）就可以用画刷 brush 来填充图形。第 9 行代码将 CDC 的实例对象绑定的画刷恢复为旧的画刷（*oldBrush），同样展现了**良好的编程习惯**。

第 5 行和第 6 行代码定义了 4 个元素的点数组。这 4 个元素存放 4 边形的顶点坐标。第 7 行代码调用类 CDC 的成员函数 Polygon 绘制 **4 边形**，如图 9-21 所示。4 边形的边是黑色的，内部填充的是红色的水平线条。

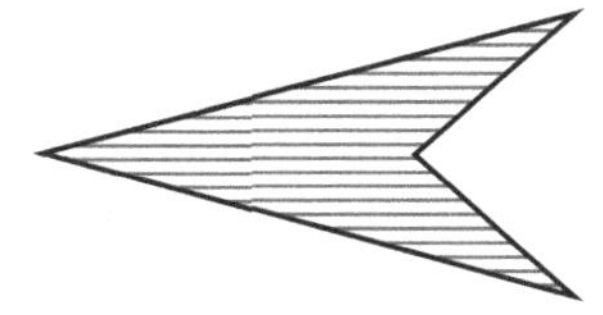

图 9-21　绘制的多边形

9.4　多文档程序设计

同一个 MFC 多文档程序允许同时打开多个文档。因为 VC 平台自动生成了大量的代码，这些自动生成的代码在很大程度上消除了在编写 MFC 多文档程序与 MFC 单文档程序时自行添加的代码之间的差异性，所以在编写 MFC 多文档程序时需要自行添加的代码与 MFC 单文档程序**基本相似**。本节通过例程来说明 MFC 多文档程序设计。

例程 9-2　基于 MFC 多文档程序生成与编辑单条直线段。

例程功能描述：编写 MFC 多文档程序，可以打开和保存存放单条直线段的两个端点坐标值的文本文件。在图形界面上，通过鼠标可以创建直线段、移动直线段的第 1 个端点和移动直线段的第 2 个端点，可以通过对话框直接编辑直线段两个端点的坐标值。

例程解题思路：这里首先介绍如何在 VC 平台中创建这个例程。在不同版本的 VC 平台中，具体的图形界面和操作过程会略有所不同。不过，大体上相似。只要按照下面的各个选项进行选择就可以。

首先，**创建新的 MFC 项目**。在 VC 平台上，依次单击菜单和菜单项“文件”→“新建”→“项目”，从而弹出一个新建项目对话框，如图 9-22 所示。在这个对话框中，**第一个目标**是选择**新建项目的项目类型为“MFC 应用程序”类型**。在对话框的左侧选中并展开“Visual C++”，接着选中“MFC”选项。然后，在对话框的中间选中“MFC 应用程序”类型。接下来，**第二个目标**是在对话框中**输入项目所在的路径**，例如“D:\Examples\”。这个路径也可以通过“浏览”按钮进行选择。通常选择一个现有的路径作为项目所在的路径。**第三个目标**是在对话框中**输入项目的名称**，例如“CP_MLine”。这个名称也可以自行确定。**最后**单击“确定”按钮完成项目的创建工作。接下来为这个 MFC 新项目设置应用程序类型、文档模板属性、用户界面功能和高级功能等内容，分别如图 9-23~图 9-26 所示。

在新弹出的如图 9-23 所示的 **MFC 应用程序类型设置对话框**。在这个对话框中，选择应用程序类型为**多个文档类型**，项目样式为 **MFC 标准样式**（MFC standard），并且**使用静态库**，从而让例程简单一些，并具有较好的可移植性。在按照如图 9-23 所示的结果设置好与 MFC 应用程序类型相关的各个选项之后，可以单击“下一步”按钮进入下一个设置对话框。

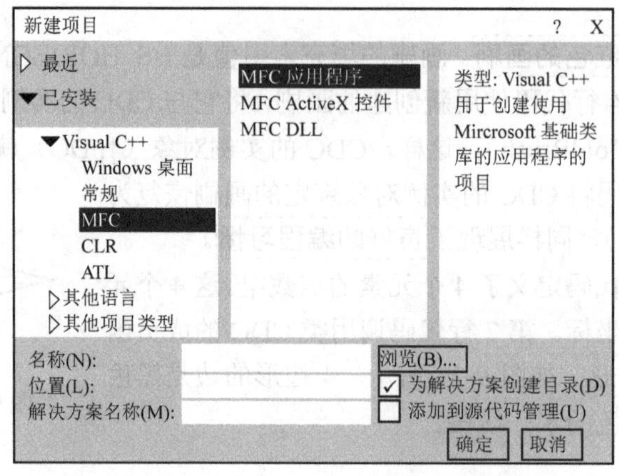

图 9-22 为新项目选择 MFC 应用程序项目类型

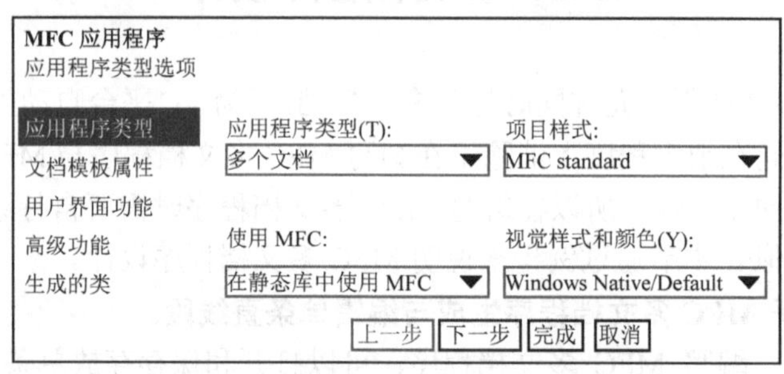

图 9-23 设置 MFC 应用程序类型

在接下来弹出的**MFC 文档模板属性设置对话框**中，按照图 9-24 将新建的 MFC 程序所对应的文件扩展名设置为“txt”。这时在筛选器名称的文本框中自动会出现“CP_MLine 文件(*.txt)”。接下来，单击“下一步”按钮进入下一个设置对话框。

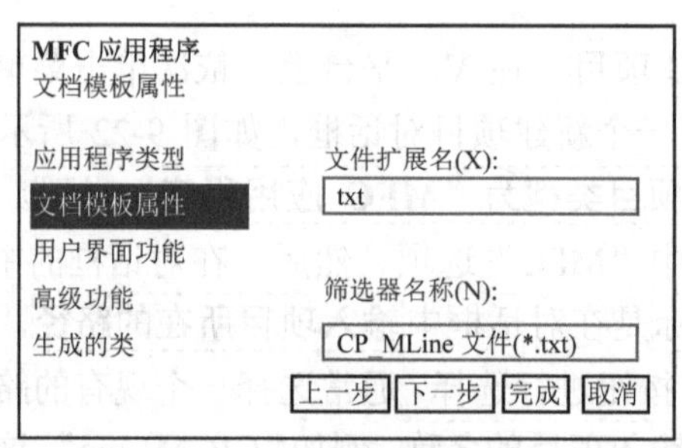

图 9-24 设置 MFC 应用程序的文档模板属性

在接下来弹出的**MFC 用户界面功能设置对话框**中，按照图 9-25 进行设置就可以。接下来，单击“下一步”按钮进入下一个设置对话框。

在接下来弹出的**MFC 高级功能选项设置对话框**中，按照图 9-26 进行设置就可以。接下来，单击“下一步”按钮进入下一个对话框。

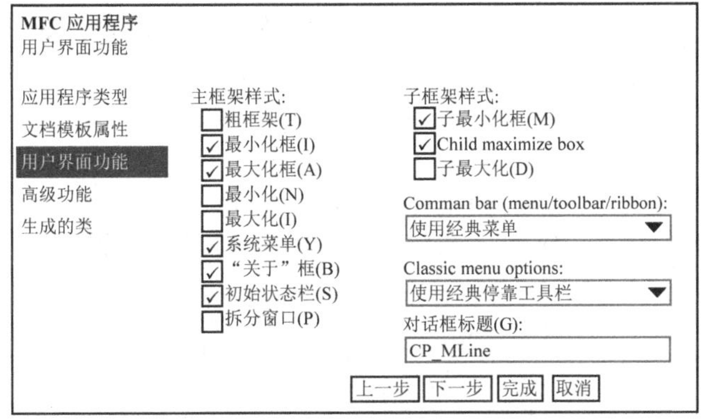

图 9-25　设置 MFC 应用程序的用户界面功能

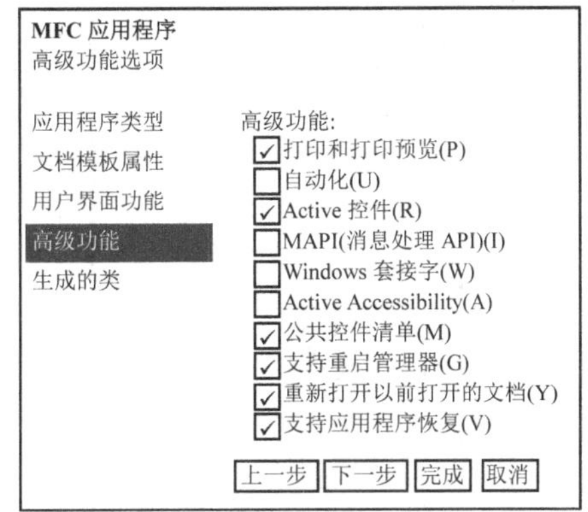

图 9-26　设置 MFC 应用程序的高级功能选项

接下来弹出的如图 9-27 所示的 **MFC 应用程序的生成的类选项对话框**展示了在前面的各种设置下将会自动生成的类、头文件和源文件。对于这个对话框，不需要做任何修改。如果发现问题，还可以通过单击“上一步”按钮回到前面对话框中修改设置。如果没有发现问题，则单击“完成”按钮完成对 MFC 程序的设置。

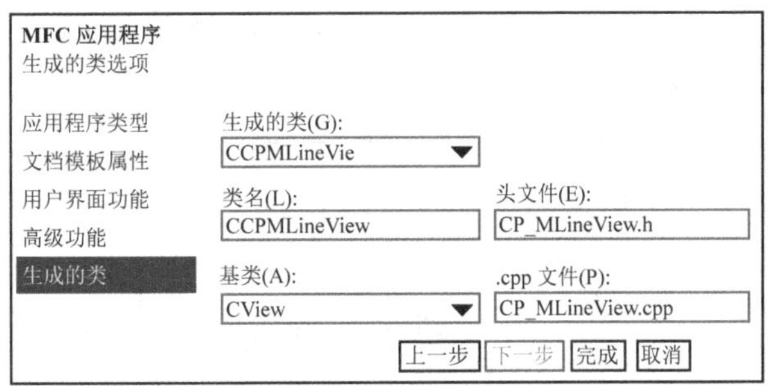

图 9-27　设置 MFC 应用程序的生成的类选项

在完成 MFC 应用程序的设置之后，VC 平台就会自动生成符合前面设置的所有代码。具体的代码文件列表如图 9-28 所示。与单文档程序相比，**自动生成的代码文件多了**“ChildFrm.h”和“ChildFrm.cpp”。在大多数情况，可以只关心其中文档类的头文件“CP_MLineDoc.h”和源文件“CP_MLineDoc.cpp”，以及其中视图类的头文件“CP_MLineView.h”

和源文件“CP_MLineView.cpp”。VC 平台自动生成的代码可以完成图形界面的除了这 2 个类之外的其他处理工作。

> ⚐注意事项⚐：
>
> 在不同版本的 VC 平台下，自动创建的代码及其文件名称大体上都相似，但在具体细节上有可能会有所不同。在实际的编程中，应当以最终实际生成的代码及其文件名称为准。

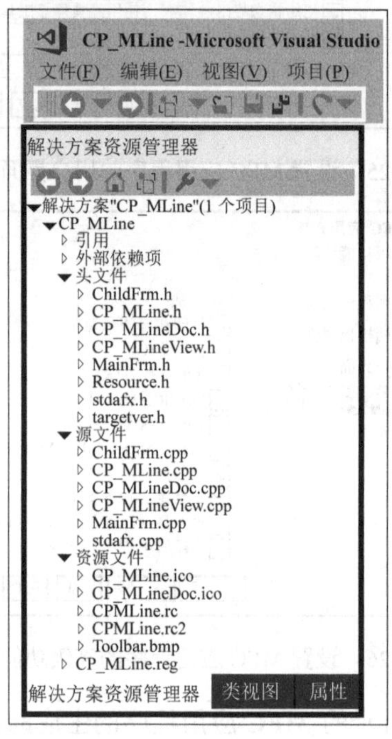

图 9-28 在解决方案资源管理器中展示自动生成的代码文件和资源文件

可以对 VC 平台自动生成代码进行编译、链接和运行。运行结果将打开 MFC 多文档程序，其图形界面如图 9-29 所示。因为 MFC 多文档程序允许同时打开多个文档，所以这时可以通过依次单击菜单和菜单项“文件”→“新建”创建新的文档。图 9-29 展示了 2 个文档“CPMLine1”和“CPMLine2”。

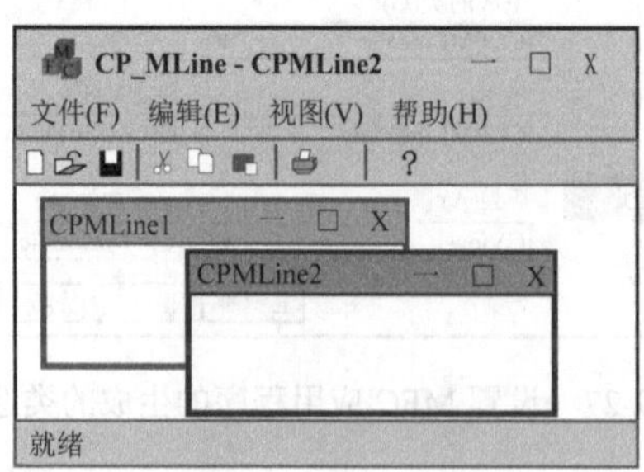

图 9-29 由 VC 平台自动创建的 MFC 多文档程序的图形界面示意图

本例程与第 9.2 节例程 9-1 的文档数据都是直线段。因此，这里直接将第 9.2 节例程 9-1 的头文件“CP_Draw2D.h”和“CP_LineSegment2D.h”以及源文件“CP_LineSegment2D.cpp”

和“CP_Draw2D.cpp”分别添加到本例程代码项目的头文件和源文件中。在添加完成之后，在本例程的解决方案资源管理器中应当可以看到这 4 个代码文件。

因为头文件“CP_Draw2D.h”和“CP_LineSegment2D.h”所在的路径与当前项目的路径不同，所以在编译时有可能会找不到这 2 个头文件。可以**将这 2 个头文件所在的路径加入到当前项目文件包含的查找路径之中**，具体包括如下 2 个步骤。

（1）如图 9-30 所示，将鼠标光标移动到 CP_MLine 项目名称上方。然后，按下鼠标右键，弹出的右键菜单。接着，单击其中的菜单项“属性”，从而弹出如图 9-31 所示的项目属性页对话框。

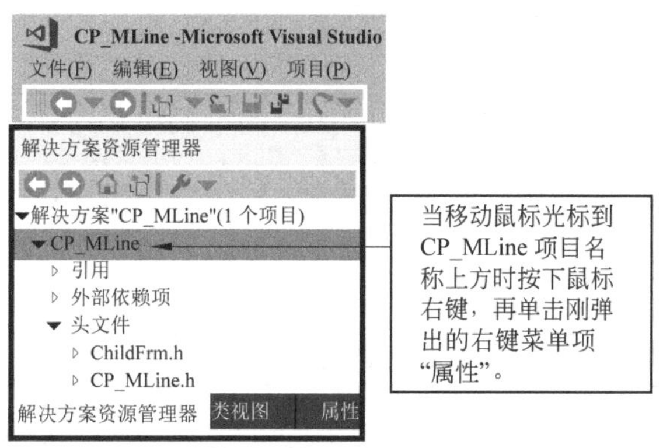

图 9-30　通过解决方案资源管理器打开 CP_MLine 项目的属性对话框

（2）在项目属性页对话框中，先在左侧用鼠标左键选中“VC++目录”。然后，在右侧用鼠标左键选中“包含目录”。接着，如图 9-31 所示，在“包含目录”右侧的编辑框中输入头文件“CP_Draw2D.h”和“CP_LineSegment2D.h”所在的路径以及分号，其中分号是用来分隔相邻的 2 个路径。

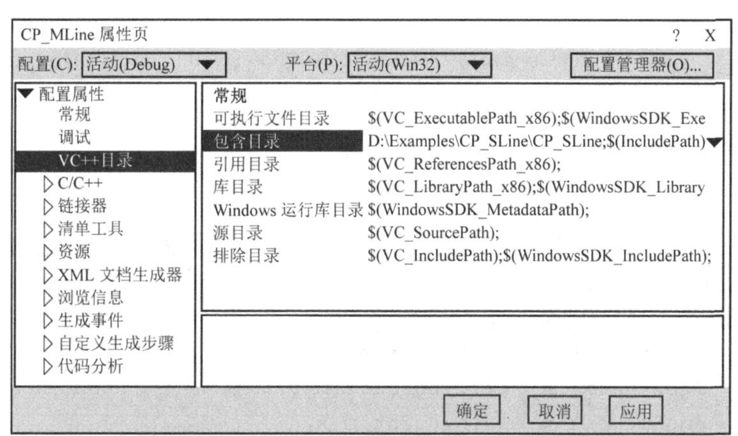

图 9-31　在 CP_MLine 属性页中修改项目的包含目录

编译器在编译时会依据如图 9-31 所示的包含目录查找位于文件包含语句中的头文件。经过上面的 2 个步骤，编译器就可以找到头文件“CP_Draw2D.h”和“CP_LineSegment2D.h”。

接下来，修改文档类 CCPMLineDoc，将数据添加到文档中，即为文档类添加类型为直线段类的成员变量。另外，需要在文档类的构造函数中初始化直线段成员变量，并通过文档类实现打开和保存文件等文件处理功能。下面给出对文档类的 2 个源程序代码文件“CP_MLineDoc.h”和“CP_MLineDoc.cpp”进行修改的内容。**这些修改内容与第 9.2 节例程 9-1 的修改内容相同**。在下面代码中，有底纹部分是新增或有变化的代码。

```
// 文件名：CP_MLineDoc.h；开发者：雍俊海
// 略去部分代码
#pragma once
#include "CP_LineSegment2D.h"

class CCPMLineDoc : public CDocument
{
// 略去部分代码
// 特性
public:
    CP_LineSegment2D m_lineSegment;
// 略去部分代码
};
```

```
// 文件名：CP_MLineDoc.cpp；开发者：雍俊海
// 略去部分代码
CCPMLineDoc::CCPMLineDoc() : m_lineSegment(100, 100, 300, 300)
{
    // TODO: 在此添加一次性构造代码

}
// 略去部分代码
void CCPMLineDoc::Serialize(CArchive& ar)
{
    int flag;
    CString cs;
    wchar_t * buf;
    if (ar.IsStoring())
    {
        // TODO: 在此添加存储代码
        cs.Format(_T("#LineSegment2D begin\n"));//自描述文件：线段块开始
        ar.WriteString(cs);
        cs.Format(_T("%g,%g,%g,%g\n"),
            m_lineSegment.m_startingPoint.m_x,
            m_lineSegment.m_startingPoint.m_y,
            m_lineSegment.m_endingPoint.m_x,
            m_lineSegment.m_endingPoint.m_y);
        ar.WriteString(cs);
        cs.Format(_T("#LineSegment2D end\n")); // 自描述文件：线段块结束
        ar.WriteString(cs);
    }
    else
```

```
    {
        // TODO: 在此添加加载代码
        flag = 0;
        while (ar.ReadString(cs))
        {
            cs.Trim();
            if (flag == 0)
            {
                if (cs.CompareNoCase(_T("#LineSegment2D begin")) == 0)
                    flag = 1;
            }
            else if (flag == 1)
            {
                buf = cs.GetBuffer();
                swscanf_s(buf, _T("%lf,%lf,%lf,%lf"),
                    &(m_lineSegment.m_startingPoint.m_x),
                    &(m_lineSegment.m_startingPoint.m_y),
                    &(m_lineSegment.m_endingPoint.m_x),
                    &(m_lineSegment.m_endingPoint.m_y));
                break;
            }
        } // while 结束
    } // if/else 结束
}
// 略去部分代码
```

接下来介绍如何**修改菜单**。如果在 VC 平台的图形界面上看不到“资源视图”，可以依次单击 VC 平台的菜单和菜单项“视图”→“资源视图”，从而打开“资源视图”窗格。在“资源视图”窗格中，单击其中折叠的部分，直到看到位于菜单（Menu）下方的“IDR_CPMLineTYPE”。然后，双击这个“IDR_CPMLineTYPE”条目，从而在工作区打开“IDR_CPMLineTYPE”菜单。可以按照下面的 3 种方式编辑位于菜单“编辑”中的菜单项，从而形成如图 9-32 所示的菜单。

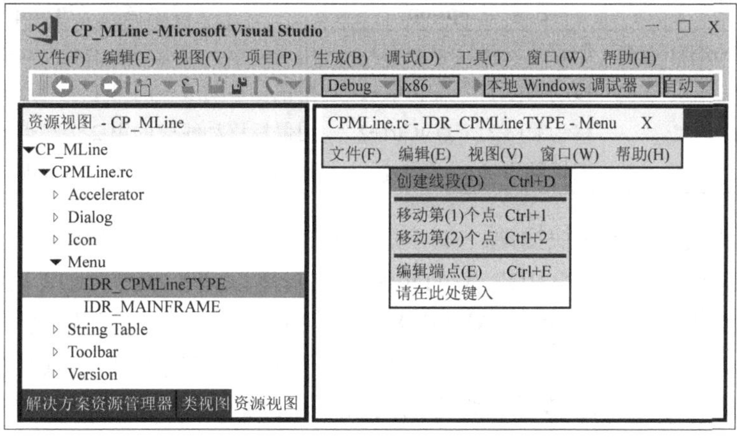

图 9-32　修改多文档程序的菜单

（1）用鼠标选中菜单项，然后在键盘上按下删除(delete)键删除该菜单项。

（2）将鼠标光标移动到菜单项的上方，然后按下鼠标右键，从而弹出右键菜单。接着，单击该右键菜单的删除、新插入、插入分隔符或属性菜单项，从而删除菜单项、插入新的菜单项、插入新的分隔符或进入菜单项的属性窗格。**位于菜单中的分隔符**只是为了分隔相邻的菜单或菜单项，从而更加美观或者方便查找。

（3）在**菜单项的属性窗格**中，可以设置菜单项的属性，如图 9-33 所示。通常首先输入菜单项的 ID(identity，索引号)，然后再输入菜单项的标题(Caption)和提示信息(Prompt)。

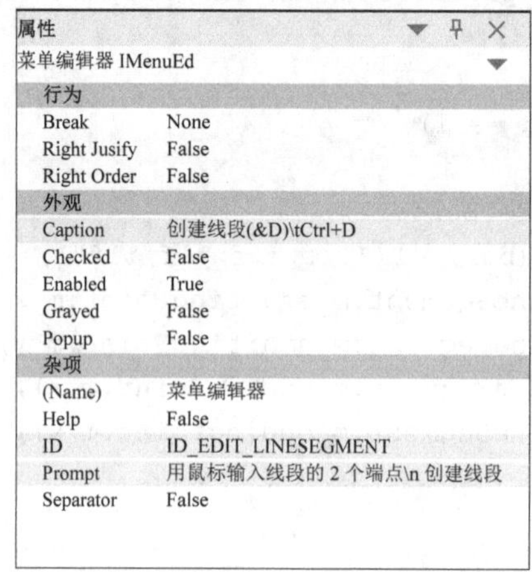

图 9-33 菜单项的属性窗格

按照上面的交互方式将位于菜单“编辑”中的菜单项修改为如图 9-32 所示的 4 个菜单项和 2 个菜单分隔符。这 4 个菜单项的 ID、标题（Caption）和提示信息（Prompt）的值与内容如表 9-4 所示。在菜单项的标题中，紧跟在符号“&”之后的字符是**采用 Alt 键激活菜单或菜单项的快捷键**。例如，对于如图 9-32 所示的菜单，在运行程序时，当按下 Alt 键之后，可以继续按下 E 和 D，从而触发“创建线段”菜单项命令；如果将鼠标移动到菜单项上方时，则会**出现该菜单项的提示信息**，从而有助于理解菜单项命令。

表 9-4 新增菜单项的关键信息

ID	标题（Caption）	提示信息（Prompt）
ID_EDIT_LINESEGMENT	创建线段(&D)\tCtrl+D	用鼠标输入线段的 2 个端点\n 创建线段
ID_EDIT_ONE	移动第(&1)个点\tCtrl+1	用鼠标移动线段的第 1 个端点\n 移动第 1 点
ID_EDIT_TWO	移动第(&2)个点\tCtrl+2	用鼠标移动线段的第 2 个端点\n 移动第 2 点
ID_EDIT_DIALOG	编辑端点(&E)\tCtrl+E	弹出对话框编辑线段端点\n 编辑端点

接下来介绍设置程序的**快捷键**。在“资源视图”窗格中，通过单击折叠的部分，在快捷键“Accelerator”的下方找到“IDR_MAINFRAME”。然后，双击这个“IDR_CPMLineTYPE”条目，从而在工作区打开“IDR_MAINFRAME”快捷键列表。可以删除这个表原来设置好的部分快捷键，并添加新的快捷键，形成如图 9-34 所示的快捷键列表。通过这个快捷键列表，可以将快捷键与对应的 ID 建立绑定的关系，从而触发对应在的命令。在菜单的标题中已经注明了这些菜单项所对应的快捷键。

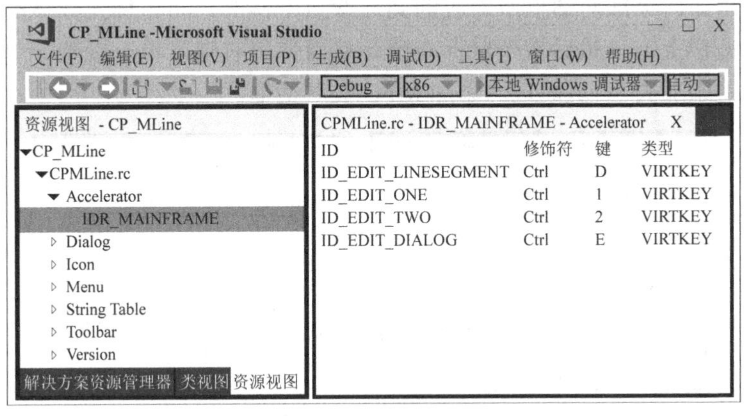

图 9-34　设置快捷键

接下来介绍如何**添加可以编辑直线段两个端点坐标值的对话框资源**。在“资源视图”窗格中，将鼠标光标移动到对话框（Dialog）的上方，然后按下鼠标右键，从而弹出右键菜单。接着，单击在该右键菜单中的菜单项“插入 Dialog”。

这时，在工作区中就会打开新建的对话框。将鼠标光标移动到新建对话框的标题栏上方，然后按下鼠标右键，从而弹出右键菜单。接着，单击在该右键菜单中的菜单项“属性”，从而进入该对话框的属性窗格。将其中的**对话框 ID** 改为“IDD_DIALOG_CORRDINATES”，**对话框标题（Caption）**改为“线段端点设置对话框”。这个新建的对话框就成为线段端点设置对话框。它已经含有“确定”和“取消”按钮。这里保留这 2 个按钮。

依次单击 VC 平台的菜单和菜单项“视图”→“工具箱”，从而打开“工具箱”窗格。在“工具箱”窗格中含有控件列表。参照图 9-35 用鼠标从工具箱中拖动 4 个静态文本框（Static Text）和 4 个编辑文本框（Edit Control）到线段端点设置对话框中。这里所谓的**拖动**就是将鼠标光标移动到位于“工具箱”中的控件上方，再按下鼠标左键，并保持按下不放的同时移动鼠标到线段端点设置对话框中，然后放开鼠标左键。在线段端点设置对话框中，将鼠标光标移动到控件上方，然后按下鼠标右键，从而弹出右键菜单。接着，单击在该右键菜单中的菜单项“属性”，从而进入该控件的属性窗格。在控件的属性窗格中，参照图 9-35 将 4 个静态文本框（Static Text）的标题从上到下依次修改为“起点坐标 x:”“起点坐标 y:”“终点坐标 x:”和“终点坐标 y:”，将 4 个编辑文本框（Edit Control）的 ID 从上到下依次修改为“IDC_START_X”“IDC_START_Y”“IDC_END_X”和“IDC_END_Y”。

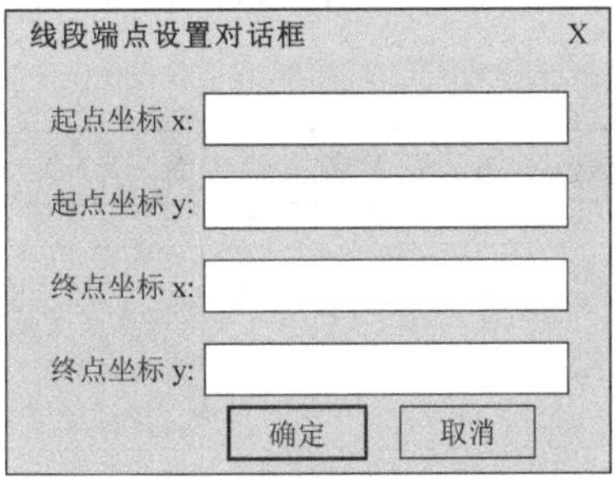

图 9-35　线段端点设置对话框

接下来介绍如何添加对话框所对应的类。参照图 9-36，将鼠标光标移动到线段端点设置对话框的标题栏上方，然后按下鼠标右键，从而弹出右键菜单。接着，单击在该右键菜单中的菜单项“添加类”，从而进入添加 MFC 类对话框。

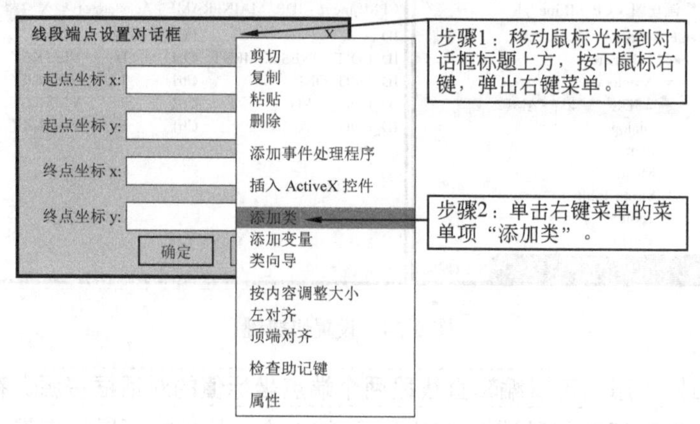

图 9-36　准备添加新对话框类

在添加 MFC 类对话框中，在类名处的编辑文本框中添加类名“CDialogCorrdinates”，其他编辑文本框的内容将自动生成，如图 9-37 所示。然后，单击“确定”按钮完成添加类 CDialogCorrdinates 的操作。这时会自动生成头文件“CDialogCorrdinates.h”和源文件“CDialogCorrdinates.cpp”。

添加 MFC 类　X
类名(L):　CDialogCorrdinates
基类(B):　CDialogEx
.h 文件(F):　…
.cpp 文件(P):　CDialogCorrdinates.cpp　…
对话框 ID(D):　IDD_DIALOG_CORRDINATES
包括自动化支持
包括 Active Accessibility 支持(Y)
确定　取消

图 9-37　添加 MFC 对话框类

接下来，**修改对话框类 CDialogCorrdinates**。对话框类 CDialogCorrdinates 的 2 个源程序代码文件“CDialogCorrdinates.h”和“CDialogCorrdinates.cpp”修改的内容如下，其中有底纹部分是新增的代码。

```
// 文件名: CDialogCorrdinates.h; 开发者: 雍俊海
// 略去部分代码
class CDialogCorrdinates : public CDialogEx
{
// 略去部分代码
   DECLARE_MESSAGE_MAP()
public:
   double m_startX; // 起点 x 坐标
```

```
    double m_startY; // 起点 y 坐标
    double m_endX;   // 终点 x 坐标
    double m_endY;   // 终点 y 坐标
};
```

```
// 文件名：CDialogCorrdinates.cpp；开发者：雍俊海
// 略去部分代码
void CDialogCorrdinates::DoDataExchange(CDataExchange* pDX)
{
    CDialogEx::DoDataExchange(pDX);
    DDX_Text(pDX, IDC_START_X, m_startX);
    DDX_Text(pDX, IDC_START_Y, m_startY);
    DDX_Text(pDX, IDC_END_X, m_endX);
    DDX_Text(pDX, IDC_END_Y, m_endY);
}
// 略去部分代码
```

接下来，**为新添的 4 个菜单项添加事件处理的成员函数框架**。如果在 VC 平台的图形界面上看不到类视图窗格，则可以依次单击 VC 平台的菜单和菜单项“视图”→“类视图”，从而打开类视图窗格。参照图 9-38，在类视图窗格中，将鼠标光标移动到类 CCPMLineView 上方，然后按下鼠标右键，从而弹出右键菜单。接着，单击在该右键菜单中的菜单项“属性”，从而进入如图 9-39 所示的类 CCPMLineView 的属性窗格。

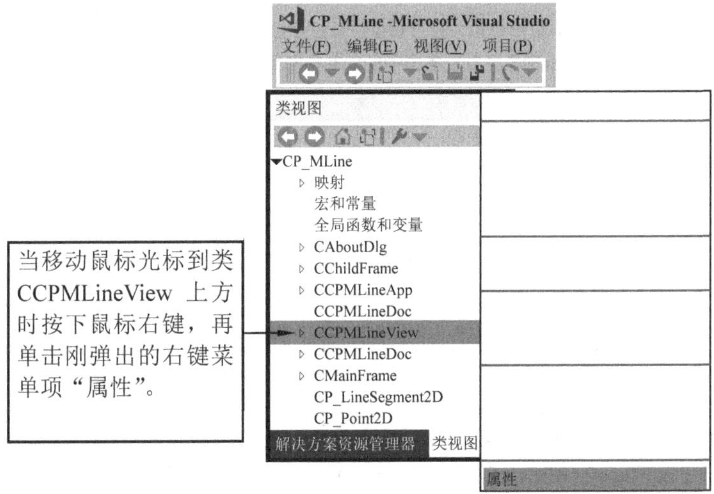

图 9-38　在类视图中的类 CCPMLineView 及其右键菜单

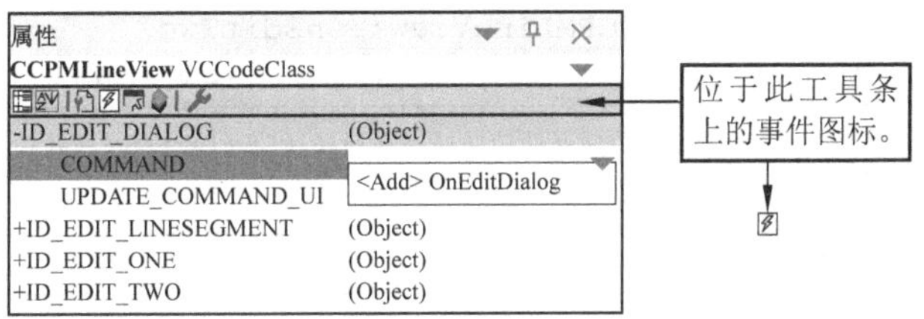

图 9-39　在类 CCPMLineView 的属性窗格中选中事件图标

在类 CCPMLineView 的属性窗格中，单击其中的事件图标，从而打开事件列表。在这个列表左侧的第 1 列中，依次查找 ID_EDIT_DIALOG、ID_EDIT_LINESEGMENT、ID_EDIT_ONE 和 ID_EDIT_TWO 等共 4 个菜单项 ID，并执行如下的操作。

（1）对于 ID_EDIT_DIALOG 菜单项 ID，单击菜单项 ID 左侧的加号“+”，展开该菜单项 ID 下面的选项 COMMAND 和 UPDATE_COMMAND_UI。通过单击的操作，选中选项 COMMAND。这时，会在 COMMAND 右侧一列的单元格中出现**下拉列表框标志的倒三角形**。单击这个倒三角形，会弹出如图 9-39 所示的“<Add> OnEditDialog”。继续单击这个新弹出的选项，从而给类 CCPMLineView 自动添加处理 ID_EDIT_DIALOG 菜单项命令的成员函数 OnEditDialog。

（2）对于剩下的 3 个菜单项 ID，逐个执行后面的操作。单击菜单项 ID 左侧的加号“+”，展开该菜单项 ID 下面的选项 COMMAND 和 UPDATE_COMMAND_UI。分别用鼠标左键选中选项 COMMAND 和 UPDATE_COMMAND_UI，并单击位于它们右侧单元格中的下拉列表框倒三角形和新弹出的选项，从而分别给类 CCPMLineView 添加菜单项命令处理成员函数 OnEditLinesegment、OnEditOne 和 OnEditTwo，以及更新菜单项图形界面的成员函数 OnUpdateEditLinesegment、OnUpdateEditOne 和 OnUpdateEditTwo。

这样，总共给视图类 CCPMLineView 添加了 7 个成员函数。这时，在视图类 CCPMLineView 的头文件中，在视图类 CCPMLineView 定义的内部应当已经自动添加了这 7 个成员函数的声明语句

```
    afx_msg void OnEditDialog();
    afx_msg void OnEditLinesegment();
    afx_msg void OnUpdateEditLinesegment(CCmdUI *pCmdUI);
    afx_msg void OnEditOne();
    afx_msg void OnUpdateEditOne(CCmdUI *pCmdUI);
    afx_msg void OnEditTwo();
    afx_msg void OnUpdateEditTwo(CCmdUI *pCmdUI);
```

在视图类 CCPMLineView 的源文件中添加了这 7 个成员函数的定义部分和如下的关联语句

```
    ON_COMMAND(ID_EDIT_DIALOG, &CCPMLineView::OnEditDialog)
    ON_COMMAND(ID_EDIT_LINESEGMENT, &CCPMLineView::OnEditLinesegment)
    ON_UPDATE_COMMAND_UI(ID_EDIT_LINESEGMENT,
&CCPMLineView::OnUpdateEditLinesegment)
    ON_COMMAND(ID_EDIT_ONE, &CCPMLineView::OnEditOne)
    ON_UPDATE_COMMAND_UI(ID_EDIT_ONE, &CCPMLineView::OnUpdateEditOne)
    ON_COMMAND(ID_EDIT_TWO, &CCPMLineView::OnEditTwo)
    ON_UPDATE_COMMAND_UI(ID_EDIT_TWO, &CCPMLineView::OnUpdateEditTwo)
```

这些关联语句位于

```
BEGIN_MESSAGE_MAP(CCPMLineView, CView)
```

与

```
END_MESSAGE_MAP()
```

之间。通过关联语句，在成员函数与菜单项之间建立关联关系，从而在触发菜单项的命令或更新菜单项时会自动调用相应的成员函数。其中，与 COMMAND 对应的成员函数用于执行菜单项的命令，与 UPDATE_COMMAND_UI 对应的成员函数用于更新菜单项。不过，在这时，这 7 个成员函数的函数体基本上是空的。

如图 9-40 所示，在类 CCPMLineView 的属性窗格中，继续单击其中的消息图标，从而打开消息列表。将给类 CCPMLineView **新添 2 个处理鼠标消息的成员函数框架**。在消息列表左侧第 1 列中，分别查找按下鼠标左键的消息 WM_LBUTTONDOWN 和放开鼠标左键的消息 WM_LBUTTONUP。依次通过按下鼠标左键选中其中 1 个鼠标消息，然后单击在它们右侧单元格中出现的下拉列表框倒三角形和新弹出的添加成员函数选项，从而为类 CCPMLineView 增添处理按下鼠标左键消息的成员函数 OnLButtonDown 和处理放开鼠标左键消息的成员函数 OnLButtonUp。

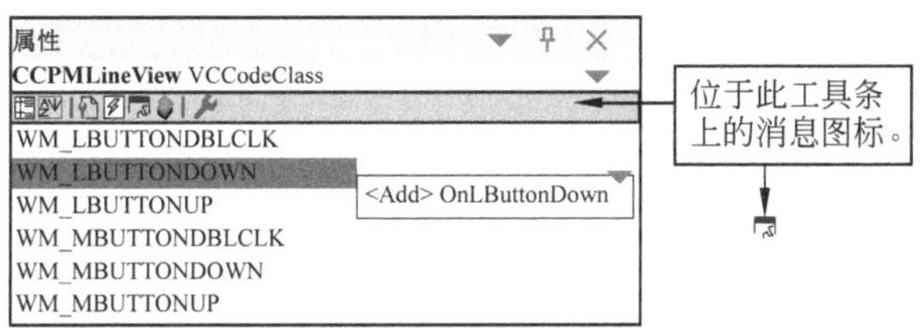

图 9-40　在类 CCPMLineView 的属性窗格中选中消息图标

接下来，**修改视图类 CCPMLineView，完善其代码，实现本例程的交互功能**。下面给出对视图类的 2 个源程序代码文件“CP_MLineView.h”和“CP_MLineView.cpp”进行修改的内容，其中有底纹部分是新增或有变化的代码。

```
// 文件名：CP_MLineView.h；开发者：雍俊海                    行号
// 略去部分代码
class CCPMLineView : public CView
{
// 略去部分代码
// 特性
public:
    int m_flag; // 0: 创建线段; 1: 移动起点; 2: 移动终点。

    CCPMLineDoc* GetDocument() const;
// 略去部分代码
public:
    afx_msg void OnEditDialog();
    afx_msg void OnEditLinesegment();
    afx_msg void OnUpdateEditLinesegment(CCmdUI *pCmdUI);
    afx_msg void OnEditOne();
    afx_msg void OnUpdateEditOne(CCmdUI *pCmdUI);
    afx_msg void OnEditTwo();
    afx_msg void OnUpdateEditTwo(CCmdUI *pCmdUI);
```

```
    afx_msg void OnLButtonDown(UINT nFlags, CPoint point);
    afx_msg void OnLButtonUp(UINT nFlags, CPoint point);
};
// 略去部分代码
```

```
// 文件名：CP_MLineView.cpp；开发者：雍俊海
// 略去部分代码
#include "CP_MLineDoc.h"
#include "CP_MLineView.h"
#include "CP_Draw2D.h"
#include "CDialogCorrdinates.h"
// 略去部分代码
CCPMLineView::CCPMLineView() : m_flag(0)
{
    // TODO: 在此处添加构造代码

}
// 略去部分代码
void CCPMLineView::OnDraw(CDC* pDC)
{
    CCPMLineDoc* pDoc = GetDocument();
    ASSERT_VALID(pDoc);
    if (!pDoc)
        return;

    // TODO: 在此处为本机数据添加绘制代码
    gb_draw2D(*pDC, pDoc->m_lineSegment, PS_SOLID, 0, 0, 0);
}
// 略去部分代码
void CCPMLineView::OnEditDialog()
{
    // TODO: 在此添加命令处理程序代码
    CCPMLineDoc* pDoc = GetDocument();
    ASSERT_VALID(pDoc);
    if (!pDoc)
        return;
    CDialogCorrdinates d;
    d.m_startX = pDoc->m_lineSegment.m_startingPoint.m_x;
    d.m_startY = pDoc->m_lineSegment.m_startingPoint.m_y;
    d.m_endX = pDoc->m_lineSegment.m_endingPoint.m_x;
    d.m_endY = pDoc->m_lineSegment.m_endingPoint.m_y;
    if (IDOK == d.DoModal())
    {
        pDoc->m_lineSegment.m_startingPoint.m_x = d.m_startX;
        pDoc->m_lineSegment.m_startingPoint.m_y = d.m_startY;
        pDoc->m_lineSegment.m_endingPoint.m_x = d.m_endX;
        pDoc->m_lineSegment.m_endingPoint.m_y = d.m_endY;
```

```
        Invalidate();
    }
    GetParentFrame()->GetMessageBar()
        ->SetWindowText(_T("设置线段端点坐标!"));
}

void CCPMLineView::OnEditLinesegment()
{
    // TODO: 在此添加命令处理程序代码
    m_flag = 0;
}

void CCPMLineView::OnUpdateEditLinesegment(CCmdUI *pCmdUI)
{
    // TODO: 在此添加命令更新用户界面处理程序代码
    pCmdUI->SetCheck((m_flag == 0) ? 1 : 0);
}

void CCPMLineView::OnEditOne()
{
    // TODO: 在此添加命令处理程序代码
    m_flag = 1;
}

void CCPMLineView::OnUpdateEditOne(CCmdUI *pCmdUI)
{
    // TODO: 在此添加命令更新用户界面处理程序代码
    pCmdUI->SetCheck((m_flag == 1) ? 1 : 0);
}

void CCPMLineView::OnEditTwo()
{
    // TODO: 在此添加命令处理程序代码
    m_flag = 2;
}

void CCPMLineView::OnUpdateEditTwo(CCmdUI *pCmdUI)
{
    // TODO: 在此添加命令更新用户界面处理程序代码
    pCmdUI->SetCheck((m_flag == 2) ? 1 : 0);
}

void CCPMLineView::OnLButtonDown(UINT nFlags, CPoint point)
{
    // TODO: 在此添加消息处理程序代码和/或调用默认值
    CCPMLineDoc* pDoc = GetDocument();
    ASSERT_VALID(pDoc);
```

```
    if (!pDoc)
        return;
    if ((m_flag == 0) || (m_flag == 1))
    {
        pDoc->m_lineSegment.m_startingPoint.m_x = point.x;
        pDoc->m_lineSegment.m_startingPoint.m_y = point.y;
        Invalidate();
    }
    else if (m_flag == 2)
    {
        pDoc->m_lineSegment.m_endingPoint.m_x = point.x;
        pDoc->m_lineSegment.m_endingPoint.m_y = point.y;
        Invalidate();
    } // if/else 结束
    CView::OnLButtonDown(nFlags, point);
}

void CCPMLineView::OnLButtonUp(UINT nFlags, CPoint point)
{
    // TODO: 在此添加消息处理程序代码和/或调用默认值
    CCPMLineDoc* pDoc = GetDocument();
    ASSERT_VALID(pDoc);
    if (!pDoc)
        return;
    if (m_flag == 0)
    {
        pDoc->m_lineSegment.m_endingPoint.m_x = point.x;
        pDoc->m_lineSegment.m_endingPoint.m_y = point.y;
        Invalidate();
    } // if 结束
    CView::OnLButtonUp(nFlags, point);
}
```

到这里，本例程的全部代码就编写完毕。可以对上面的代码进行编译、链接和运行。下面给出一个运行结果示例，如图 9-41 所示。

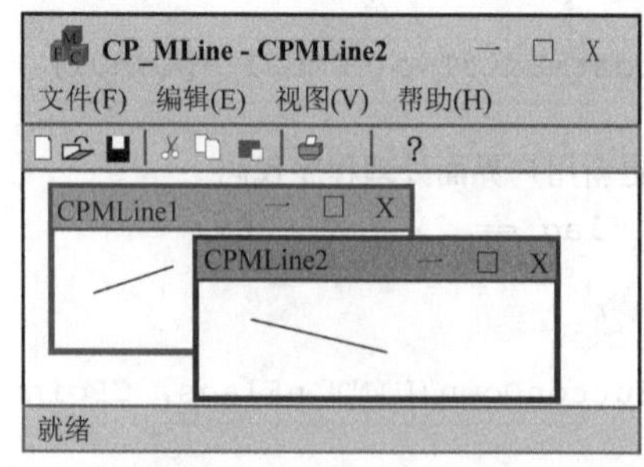

图 9-41　绘制直线段的多文档程序的图形界面示意图

例程分析：多文档程序顾名思义就是每个多文档程序可以拥有多个打开着的文档。在打开一个新的文档时，可以不关闭已打开的文档。本例程的文档实际上就是类 CCPMLineDoc 的实例对象。在每次新建文档或者打开一个新的文档时，都会创建类 CCPMLineDoc 的一个新的实例对象。

文档类 CCPMLineDoc 实例对象的成员变量称为**文档数据**。在图 9-41 的视图中所绘制的直线段的端点坐标就存放在文档类 CCPMLineDoc 的成员变量 m_lineSegment 中。因为不同文档意味着不同的实例对象，所以在本例程中不同文档的直线段可以拥有不同的端点坐标。图 9-41 的 2 个视图展现了拥有不同端点坐标的 2 条直线段。

在内存中的文档数据可以与文件进行数据交换，即将文档数据保存到文件中以及从文件读取数据到内存中。不管是单文档程序，还是多文档程序，**在内存与文件之间的文档数据交换**都是针对文档类的一个实例对象进行的，而且调用的都是文档类的**成员函数 Serialize**。因此，对于文档类的成员函数 Serialize，第 9.2 节例程 9-1 与本例程拥有**相同的函数体**。

在内存中的文档数据还可以通过**对话框**反馈给程序的用户；反过来，用户也可以通过对话框输入文档数据。在图形界面程序设计中，对话框也是一种窗口，是人机交互的重要媒介。这里介绍**如何在程序中设计并使用对话框**。

首先，通过“资源视图”**创建新的对话框资源**，并通过“工具箱”绘制该对话框的图形界面，例如，如图 9-35 所示的“线段端点设置对话框”。在对话框资源中，每个控件通常都拥有**控件 ID**。这些控件 ID 通常通过宏定义绑定整数字面常量。一定要保证那些需要进行编辑等交互操作的控件的 ID 值**各不相同**，因为在程序代码中需要通过这些控件 ID 访问这些控件。例如，对于本例程，一定要保证 IDC_START_X、IDC_START_Y、IDC_END_X 和 IDC_END_Y 的值**各不相等**。如果在这些控件 ID 中出现相同值的情况，那么人机交互很有可能就会出现问题。这些宏定义的值可以在头文件“Resource.h”中找到，也可以通过控件的属性窗格找到。

接下来，就可以通过交互的方式为这个对话框**添加对话框类**，例如，本例程的对话框类 CDialogCorrdinates。它是通用的对话框类 CDialogEx 的子类。在对话框类 CDialogCorrdinates 的定义中，可以找到如下代码

```
    enum { IDD = IDD_DIALOG_CORRDINATES };
```

其中，IDD_DIALOG_CORRDINATES 就是对话框 ID。在程序代码中，需要通过对话框 ID 访问对话框。在对话框类 CDialogCorrdinates 中，**新添加了 4 个成员变量** m_startX、m_startY、m_endX 和 m_endY，用来记录线段的起点坐标和终点坐标，如头文件“CDialogCorrdinates.h”第 23～27 行代码所示。这些成员变量分别对应对话框的 4 个编辑文本框。

这里希望在弹出对话框的时候，这些成员变量的值能够显示在对应的编辑文本框中；当在编辑文本框中修改起点坐标和终点坐标时，能够从编辑文本框中获取到值并赋值给这些成员变量。这可以通过对话框类 CDialogCorrdinates 的成员函数 DoDataExchange 实现，具体如源文件“CDialogCorrdinates.cpp”第 24～31 行代码所示。对话框类 CDialogCorrdinates 的成员函数 DoDataExchange 实际上是对其父类 CDialogEx 的对应成员函数的覆盖。父类 CDialogEx 的成员函数 DoDataExchange 实现了**在成员变量与编辑文本框内容之间进行数据交换**的基础支撑功能。因此，对话框类 CDialogCorrdinates 的成员函数 DoDataExchange 的

第一条语句就是调用所覆盖的成员函数

```
    CDialogEx::DoDataExchange(pDX);
```

然后，在对话框类 CDialogCorrdinates 的成员函数 DoDataExchange 的函数调用全局函数 DDX_Text 绑定变量与其对应的控件，从而实现变量与控件之间的数据交换。全局函数 DDX_Text 的具体说明如下：

函数 283　DDX_Text

声明： void DDX_Text(CDataExchange* pDX, int nIDC, TYPE& value);

说明： 这里介绍的内容实际上包含了多个重载的函数 DDX_Text。在函数声明中，TYPE 的实际类型可以是 unsigned char、short、int、unsigned int、long、unsigned long、CString、float 和 double 等数据类型。函数 DDX_Text 将变量 value 与 ID 为 nIDC 的控件绑定在一起，从而实现**变量 value 与 ID 为 nIDC 的控件之间的数据交换**，即将变量的值转换为控件的内容，以及读取控件内容的值并赋值给变量。

参数： ① pDX：指向 CDataExchange 的实例对象，该实例对象实现变量与控件之间的数据交换。
② nIDC：是进行数据交换的控件的 ID。
③ value：是进行数据交换的变量。

头文件： #include "afxdd_.h"或者#include "stdafx.h"

Windows 系列操作系统通过**消息处理机制**来协助管理各个窗口、菜单和按钮等控件以及鼠标和键盘等设备，并通过**消息**在窗口、控件和设备之间传递数据。**Windows 消息**通常包含消息 ID（索引号）、发送消息的源对象句柄、发送消息的目标对象句柄和所要传递的数据。通过消息 ID 还可以获取消息类型。这里的**句柄**实际上也是一种索引，即通过句柄可以找到该句柄所指向的对象。

Windows 消息的种类很多，可以分成系统消息与事件两大类，具体说明如下。

（1）如图 9-40 所示，在视图类的属性窗格中，单击其中的消息图标，就可以看到**系统消息**的列表，即这里的消息图标实际上是系统消息图标。系统消息通常是由操作系统或设备发送的消息，例如鼠标和键盘消息。系统消息的 ID 所对应的宏通常以“WM_”开头。系统消息的 ID 通常是固定的。

（2）如图 9-39 所示，在视图类的属性窗格中，单击其中的事件图标，就可以看到**事件**列表。这里的事件通常是由菜单项或按钮等发送的消息。事件 ID 所对应的宏通常以“ID_”开头。事件 ID 通常由程序员自行定义。事件的消息处理也可以称为**事件处理**。

如图 9-39 所示，每个菜单项通常含有 2 种事件处理，其中一种是**执行命令 COMMAND**，另外一种是**更新命令的图形界面 UPDATE_COMMAND_UI**。本例程只对菜单项“编辑端点”添加了 1 种事件处理，即执行命令 COMMAND 的事件处理，即在本例程中，当触发菜单项命令“编辑”→“编辑端点”时，就可以创建并弹出线段端点设置对话框。菜单项命令“编辑”→“编辑端点”对应的程序代码位于源文件“CP_MLineView.cpp”第 119～141 行，即**类 CCPMLineView 的成员函数 OnEditDialog** 的实现代码。下面具体讲解这个成员函数的函数体。

首先，通过**视图类 CCPMLineView 的成员函数 GetDocument** 获取指向文档类 CCPMLineDoc 的实例对象的指针 pDoc，如“CCPMLineView.cpp”第 122 行代码

“CCPMLineDoc* pDoc = GetDocument();”所示。这样，通过指针 pDoc 就可以获取文档数据。

接着，通过“CCPMLineView.cpp”第 126 行代码“CDialogCorrdinates d;”**创建对话框类 CDialogCorrdinates 的实例对象 d**。在这个时候，并不会弹出对话框。在弹出对话框之前，通常需要初始化对话框实例对象 d 的成员变量。本例程用表示线段端点坐标的文档数据来**初始化对话框实例对象 d 的成员变量**，如第 127～130 行代码所示。

在准备好对话框实例对象 d 之后，就可以调用对话框类 CDialog 的成员函数 DoModal 来创建对话框，如第 131 行代码所示。调用类 CDialog 的成员函数 DoModal 创建并弹出的对话框称为**有模式对话框**。如果一个程序创建并弹出有模式对话框，则在该有模式对话框打开期间，无法操作这个程序的其他窗口。只有在关闭有模式对话框之后，才能继续操作这个程序的其他窗口。

函数 284	CDialog::DoModal
声明：	virtual int DoModal();
说明：	创建并弹出对话框。在操作并关闭对话框之后，返回对话框运行结果。
返回值：	返回一个表示对话框运行结果的整数，具体含义如下： ① -1：表明创建对话框失败。 ② IDABORT：通常是常数 3，表明创建了对话框，但在运行对话框时出现了错误。 ③ IDOK：通常是常数 1，表明按下确定（OK）按钮关闭对话框。 ④ IDCANCEL：通常是常数 2，表明按下取消（Cancel）按钮关闭对话框。
头文件：	#include "afxwin.h"或者#include "stdafx.h"

在程序运行到代码“d.DoModal( )”之后，就会弹出如图 9-42 所示的对话框。通过该对话框，可以编辑线段端点坐标值。在完成坐标值编辑之后，有 2 种选择。第 1 种选择是用鼠标左键按下该对话框的取消（Cancel）按钮或者右上角的关闭（“X”）按钮，从而放弃对坐标值的修改。第 2 种选择是用鼠标左键按下该对话框的确定（OK）按钮。这时，程序代码“d.DoModal( )”返回 IDOK，而且位于编辑框中的各个坐标值都会被读取并保存到对话框实例对象 d 的成员变量中。因此，在这时，就会进入位于第 131～138 行代码的 if 语句的分支语句块，将对话框实例对象 d 的成员变量的值赋值给对应的文档数据。至此，就完成了**通过对话框输入或修改位于文档对象中的线段端点坐标值**的任务。第 137 行代码“Invalidate();”向操作系统发出重新绘制程序图形界面的请求，因为线段的端点坐标值有可能发生变化了。这里调用的 Invalidate 函数实际上是窗口类 CWnd 的成员函数 Invalidate。

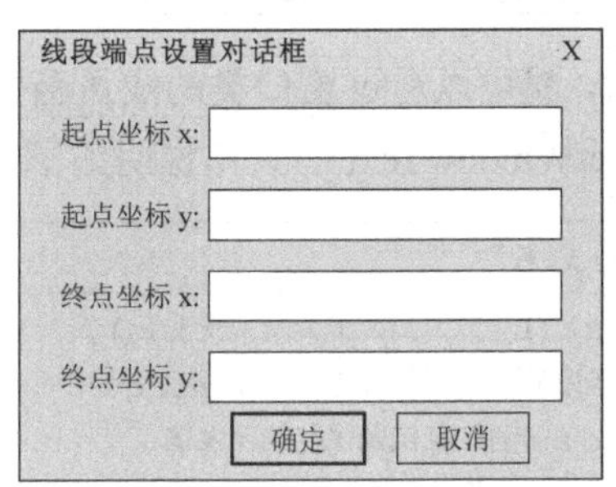

图 9-42　通过线段端点设置对话框编辑端点坐标值

因为视图类 CCPMLineView 是窗口类 CWnd 的子类，所以可以在视图类 CCPMLineView 的成员函数 OnEditDialog 中调用窗口类 CWnd 的成员函数 Invalidate。**窗口类 CWnd 的成员函数 Invalidate 的具体说明**如下：

函数 285	CWnd::Invalidate
声明：	`void Invalidate(BOOL bErase = TRUE);`
说明：	向操作系统申请刷新当前窗口的工作区。如果 bErase 等于 TRUE，则申请在刷新工作区的同时刷新工作区的背景；否则，不申请刷新工作区的背景。
参数：	函数参数 bErase：用来指示是否申请刷新背景。如果为 TRUE，则申请；否则，不申请。
头文件：	#include "afxwin.h"或者#include "stdafx.h"

> **❀小甜点❀**：
>
> 在**需要重新绘制窗口**时，通常不直接调用视图类的成员函数 OnDraw，而是调用窗口类 CWnd 的成员函数 Invalidate。这是因为成员函数 OnDraw 会直接绘制窗口的工作区，而不处理菜单遮挡工作区和窗口之间互相遮挡等不同图形界面之间互相作用的问题。在调用类 CWnd 的成员函数 Invalidate 之后，由操作系统统一对窗口消息处理事件进行调度。这不仅会刷新当前窗口的工作区，而且可以处理菜单遮挡工作区以及窗口之间互相遮挡等不同图形界面之间互相作用的问题。

第 139 行和第 140 行的代码用来将状态栏的内容更新为“设置线段端点坐标!”。状态栏窗口与视图窗口是并列的 2 个窗口。它们都隶属于框架窗口，由框架窗口统一控制。通过**窗口类的成员函数 GetParentFrame** 可以**获取到当前视图窗口所隶属的框架窗口**。然后，通过**框架窗口类的成员函数 GetMessageBar** 可以**获取到状态栏窗口**。这 2 个成员函数的具体说明如下。

函数 286	CWnd::GetParentFrame
声明：	`CFrameWnd* GetParentFrame() const;`
说明：	获取当前窗口所隶属的框架窗口。
返回值：	如果找到当前窗口所隶属的框架窗口，则返回指向该框架窗口的指针；否则，返回 NULL。
头文件：	#include "afxwin.h"或者#include "stdafx.h"

函数 287	CFrameWnd::GetMessageBar
声明：	`virtual CWnd* GetMessageBar();`
说明：	获取隶属于当前框架窗口的状态栏窗口。
返回值：	返回指向状态栏窗口的指针。
头文件：	#include "afxwin.h"或者#include "stdafx.h"

在获取到状态栏窗口之后，就可以通过**窗口类的成员函数 SetWindowText** 更新状态栏的内容。窗口类的成员函数 SetWindowText 的具体说明如下。

函数 288	CWnd::SetWindowText
声明：	`void SetWindowText(LPCTSTR lpszString);`
说明：	将当前窗口标题的内容设置为字符串 lpszString。
参数：	函数参数 lpszString：当前窗口标题的新内容。
头文件：	#include "afxwin.h"或者#include "stdafx.h"

> ❀小甜点❀：
>
> 在状态栏中显示当前所进行的是什么操作或者对下一步将要进行的操作进行适当的提示，是**提升程序交互友好性的一个非常重要手段**。

本例程对“编辑端点”“移动第 1 个点”和“移动第 2 个点”等 3 个菜单项都添加了 2 种事件处理。在视图类 CCPMLineView 的成员变量 m_flag 记录这 3 个菜单项设置当前鼠标操作线段的哪个端点。

菜单项“编辑端点”执行命令 COMMAND 的事件处理将执行类 CCPMLineView 的成员函数 OnEditDialog 的函数体：

```
m_flag = 0;
```

从而，将成员变量 m_flag 的值为 0。它表明将通过鼠标输入线段的两个端点。

菜单项“移动第 1 个点”执行命令 COMMAND 的事件处理将执行类 CCPMLineView 的成员函数 OnEditOne 的函数体：

```
m_flag = 1;
```

从而，将成员变量 m_flag 的值为 1。它表明将通过鼠标移动线段的起点。

菜单项“移动第 1 个点”执行命令 COMMAND 的事件处理将执行类 CCPMLineView 的成员函数 OnEditTwo 的函数体：

```
m_flag = 2;
```

从而，将成员变量 m_flag 的值为 2。它表明将通过鼠标移动线段的终点。

菜单项的 UPDATE_COMMAND_UI 事件处理用于更新菜单项的显示，换一句话说，就是在显示菜单项时将执行该菜单项 UPDATE_COMMAND_UI 事件处理所对应的函数。

菜单项“编辑端点”更新命令的图形界面 UPDATE_COMMAND_UI 的事件处理将执行视图类 CCPMLineView 的成员函数 OnUpdateEditLinesegment 的函数体：

```
pCmdUI->SetCheck((m_flag == 0) ? 1 : 0);
```

这样，如果成员变量 m_flag 值为 0，则在显示菜单时，菜单项“编辑端点”将打上勾；否则，这个菜单项不打勾。上面的语句用到了命令式图形接口类 CCmdUI 的成员函数 SetCheck，其具体说明如下：

函数 289	CCmdUI::SetCheck
声明：	void SetCheck(int nCheck = 1);
说明：	如果 nCheck 等于 1，则将当前的菜单项或按钮等控件打上勾；如果 nCheck 等于 0，则不打勾；如果 nCheck 等于 2，则标记为不确定状态。 注：不确定状态仅适合于按钮。
参数：	函数参数 nCheck 用来指定控件的勾选状态，其值通常只能是 0、1 或 2。
头文件：	#include <afxwin.h>或者#include "stdafx.h"

菜单项“移动第 1 个点”更新命令的图形界面 UPDATE_COMMAND_UI 的事件处理将执行视图类 CCPMLineView 的成员函数 OnUpdateEditOne 的函数体：

```
pCmdUI->SetCheck ((m_flag == 1) ? 1 : 0);
```

这样，如果成员变量 m_flag 值为 1，则在显示菜单时，菜单项“移动第 1 个点”将打上勾；否则，这个菜单项不打勾。

菜单项“移动第 2 个点”更新命令的图形界面 UPDATE_COMMAND_UI 的事件处理将执行视图类 CCPMLineView 的成员函数 OnUpdateEditTwo 的函数体：

```
pCmdUI->SetCheck ((m_flag == 2) ? 1 : 0);
```

这样，如果成员变量 m_flag 值为 2，则在显示菜单时，菜单项“移动第 2 个点”将打上勾；否则，这个菜单项不打勾。

因为在显示菜单时，菜单项“编辑端点”“移动第 1 个点”和“移动第 2 个点”是否打上勾都是由成员变量 m_flag 的值控制，而且 m_flag 的值在本例程只会为 0、1 或 2，所以在任何时刻，在这 3 个菜单项中只会有 1 个菜单项打上勾，其余 2 个不打勾。

本例程**还对系统消息鼠标消息进行处理**。在本例程的图形界面上，当按下鼠标左键时，将会执行视图类 CCPMLineView 的成员函数 OnLButtonDown；当放开鼠标左键时，将会执行视图类 CCPMLineView 的成员函数 OnLButtonUp。这 2 个成员函数的函数参数 point 记录在消息处理时的鼠标位置坐标值（point.x, point.y）。当按下鼠标左键时，如果成员变量 m_flag 的值为 0 或 1 时，就将这个坐标值记录为线段的起点坐标值，如源文件“CP_MLineView.cpp”第 188 和 189 行代码所示：

```
    pDoc->m_lineSegment.m_startingPoint.m_x = point.x;            // 188
    pDoc->m_lineSegment.m_startingPoint.m_y = point.y;            // 189
```

当按下鼠标左键时，如果成员变量 m_flag 的值为 2 时，就将这个坐标值记录为线段的终点坐标值，如源文件“CP_MLineView.cpp”第 194 和 195 行代码所示：

```
    pDoc->m_lineSegment.m_endingPoint.m_x = point.x;              // 194
    pDoc->m_lineSegment.m_endingPoint.m_y = point.y;              // 195
```

当放开鼠标左键时，如果成员变量 m_flag 的值为 0 时，就将这个坐标值记录为线段的终点坐标值，如源文件“CP_MLineView.cpp”第 210 和 211 行代码所示：

```
    pDoc->m_lineSegment.m_endingPoint.m_x = point.x;              // 210
    pDoc->m_lineSegment.m_endingPoint.m_y = point.y;              // 211
```

在线段的坐标值发生变化之后，应当调用类 CWnd 的成员函数 Invalidate 申请重新绘制图形界面，如第 190、196 和 212 行代码所示。

视图类 CCPMLineView 的成员函数 OnLButtonDown 的函数体的最后一行调用父类 CView 的成员函数 OnLButtonDown 完成处理按下鼠标左键消息的常规操作。视图类 CCPMLineView 的成员函数 OnLButtonUp 的函数体的最后一行调用父类 CView 的成员函数 OnLButtonUp 完成处理放开鼠标左键消息的常规操作。

9.5　基于对话框的 MFC 程序设计

本节通过例程介绍如何编写主界面是对话框的 MFC 程序。

例程 9-3　基于对话框的 MFC 程序实现整数求和计算器。

例程功能描述：编写对话框的 MFC 程序，展示对 2 个整数求和的表达式。在图形界面上，2 个可编辑的编辑文本框用来输入加数。它们之间是 1 个静态文本框，用来放置加号。加数的右侧是 1 个等号按钮。当单击等号按钮时，会计算 2 个加数的和，并填入最右侧的只读编辑文本框中。图形界面的下方是“确定”和“取消”按钮。当单击“确定”按钮时，也会计算 2 个加数的和，并填入等号按钮右侧的只读编辑文本框中。当单击“取消”按钮或图形界面右上角的“X”按钮时，关闭程序，结束程序运行。

例程解题思路：这里首先介绍如何在 VC 平台中创建基于对话框的 MFC 程序。在不同版本的 VC 平台中，具体的图形界面和操作过程会略有所不同。不过，大体上相似。只要按照下面的各个选项进行选择就可以。

首先，**创建新的 MFC 项目**。在 VC 平台上，依次单击菜单和菜单项“文件”→“新建”→“项目”，从而弹出一个新建项目对话框，如图 9-43 所示。在这个对话框中，**第一个目标**是选择**新建项目的项目类型为“MFC 应用程序”类型**。在对话框的左侧选中并展开 “Visual C++”，接着选中“MFC”选项。然后，在对话框的中间选中“MFC 应用程序”类型。接下来，**第二个目标**是在对话框中**输入项目所在的路径**，例如“D:\Examples\”。这个路径也可以通过“浏览”按钮进行选择。通常选择一个现有的路径作为项目所在的路径。**第三个目标**是在对话框中**输入项目的名称**，例如“CP_Sum”。这个名称也可以自行确定。**最后**单击“确定”按钮完成项目的创建工作。接下来为这个 MFC 新项目设置应用程序类型、文档模板属性、用户界面功能和高级功能等内容，分别如图 9-44～图 9-47 所示。

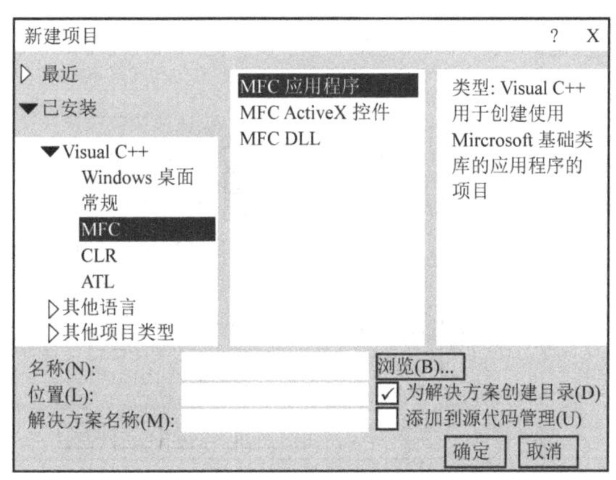

图 9-43　为新项目选择 MFC 应用程序项目类型

在新弹出的如图 9-44 所示的 **MFC 应用程序类型设置对话框**。在这个对话框中，选择应用程序类型为**基于对话框类型**，项目样式为 **MFC 标准样式**（MFC standard），并且**使用静态库**，从而让例程简单一些，并具有较好的可移植性。在按照如图 9-44 所示的结果设置好与 MFC 应用程序类型相关的各个选项之后，可以单击“下一步”按钮进入下一个设置对话框。

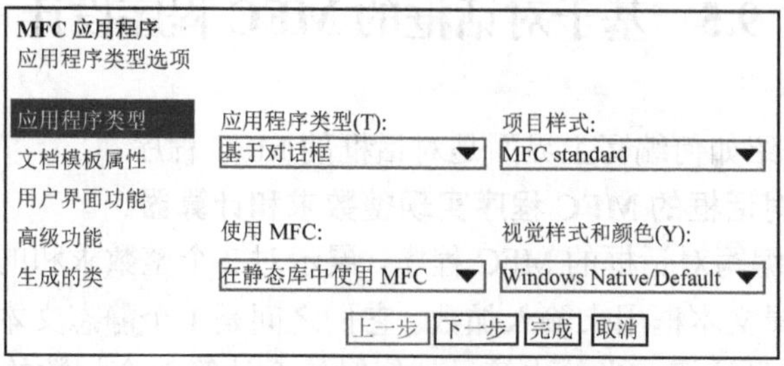

MFC 应用程序
应用程序类型选项

应用程序类型 | 应用程序类型(T): 基于对话框 | 项目样式: MFC standard
文档模板属性
用户界面功能
高级功能 | 使用 MFC: 在静态库中使用 MFC | 视觉样式和颜色(Y): Windows Native/Default
生成的类

上一步 下一步 完成 取消

图 9-44　设置 MFC 应用程序类型

在接下来弹出的**MFC 文档模板属性设置对话框**中，按照图 9-45 将新建的 MFC 程序所对应的文件扩展名设置为“txt”。这时在筛选器名称的文本框中自动会出现“CP_Sum 文件（*.txt)”。接下来，单击“下一步”按钮进入下一个设置对话框。

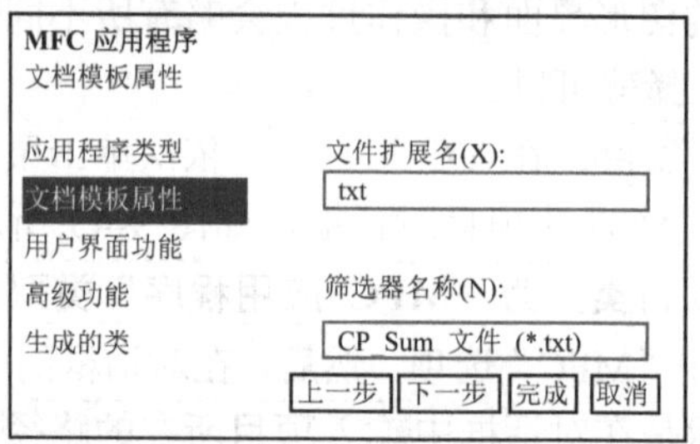

图 9-45　设置 MFC 应用程序的文档模板属性

在接下来弹出的**MFC 用户界面功能设置对话框**中，按照图 9-46 进行设置就可以了。在对话框标题的编辑框中输入“求和计算器”。接下来，单击“下一步”按钮进入下一个设置对话框。

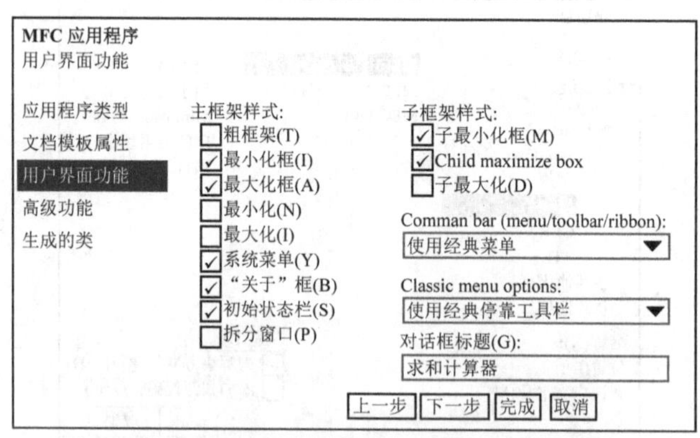

图 9-46　设置 MFC 应用程序的用户界面功能

在接下来弹出的**MFC 高级功能选项设置对话框**中，按照图 9-47 进行设置就可以了。接下来，单击“下一步”按钮进入下一个对话框。

接下来弹出如图 9-48 所示的**MFC 生成类选项对话框**展示了在前面的各种设置下将会自动生成的类、头文件和源文件。对于这个对话框，不需要做作任何修改。如果发现问题，

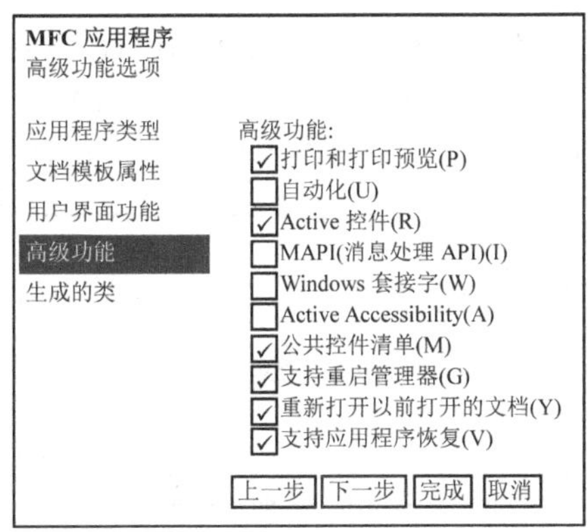

图 9-47　设置 MFC 应用程序的高级功能选项

还可以通过单击“上一步”按钮回到前面对话框中修改设置。如果没有发现问题，则单击“完成”按钮完成对 MFC 程序的设置。

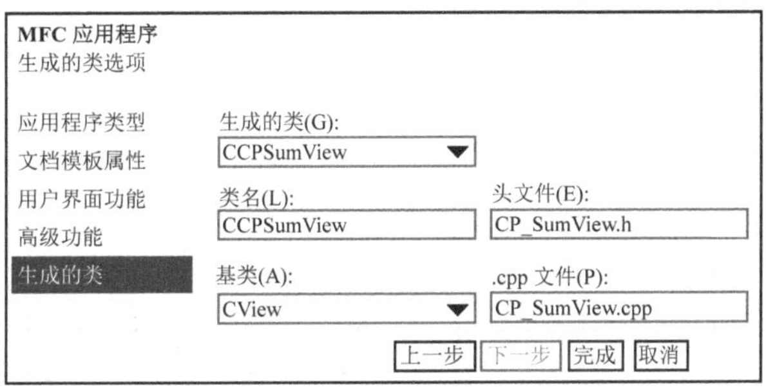

图 9-48　设置 MFC 应用程序的生成的类选项

在完成 MFC 应用程序的设置之后，VC 平台就会自动生成符合前面设置的所有代码。具体的代码文件列表如图 9-49 所示。

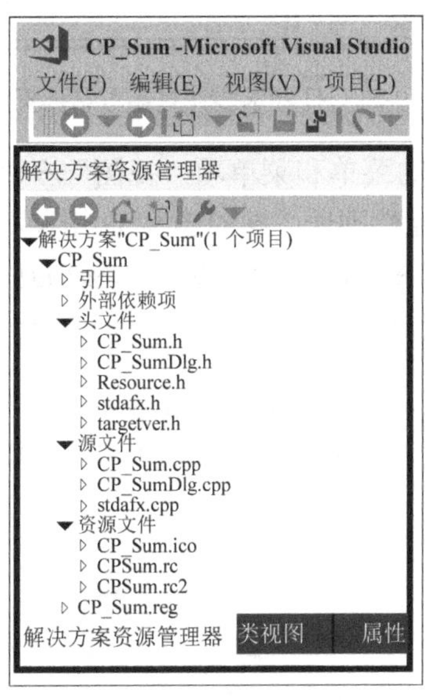

图 9-49　在解决方案资源管理器中展示自动生成的代码文件和资源文件

可以对 VC 平台自动生成代码进行编译、链接和运行。运行结果的图形界面如图 9-50 所示。这个程序的主界面已经就是对话框。在对话框中，静态文本框的内容是“TODO: 在此放置对话框控件。”，2 个按钮分别是“确定”按钮和“取消”按钮。

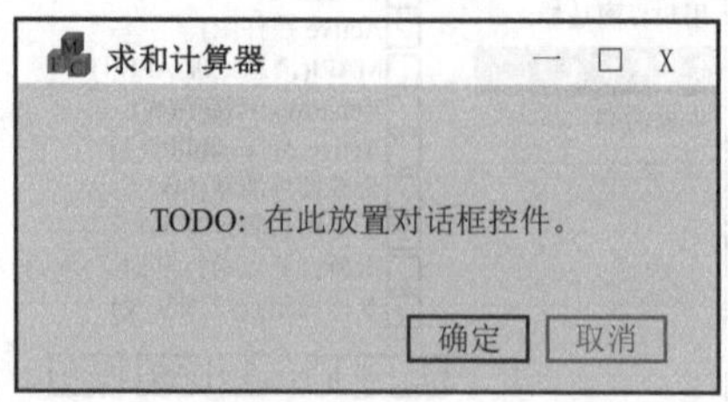

图 9-50　由 VC 平台自动创建的 MFC 对话框程序的图形界面示意图

接下来介绍如何**修改对话框资源**使其符合本例程要求。这时，首先需要找到“资源视图”。如果在 VC 平台的图形界面上看不到“资源视图”，可以依次单击 VC 平台的菜单和菜单项“视图”→“资源视图”，从而打开“资源视图”窗格。在“资源视图”窗格中，单击其中折叠的部分，直到看到位于对话框(Dialog)下方的“IDD_CP_SUM_DIALOG”。然后，双击这个“IDD_CP_SUM_DIALOG”条目，从而在工作区打开“IDD_CP_SUM_DIALOG”对话框，如图 9-51 所示。它已经含有“确定”和“取消”按钮。这里保留这 2 个按钮。

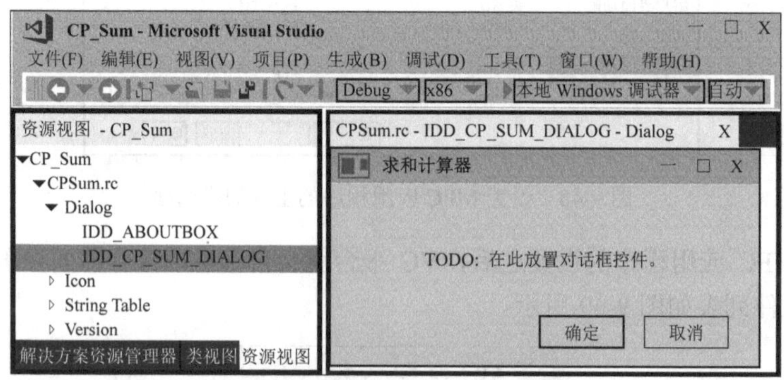

图 9-51　打开求和计算器对话框资源

接着，依次单击 VC 平台的菜单和菜单项“视图”→“工具箱”，从而打开“工具箱”窗格。在“工具箱”窗格中是控件列表。参照图 9-52 用鼠标从工具箱中拖动控件到“求和计算器”对话框中。这里所谓的**拖动**就是将鼠标光标移动到位于“工具箱”中的控件上方，

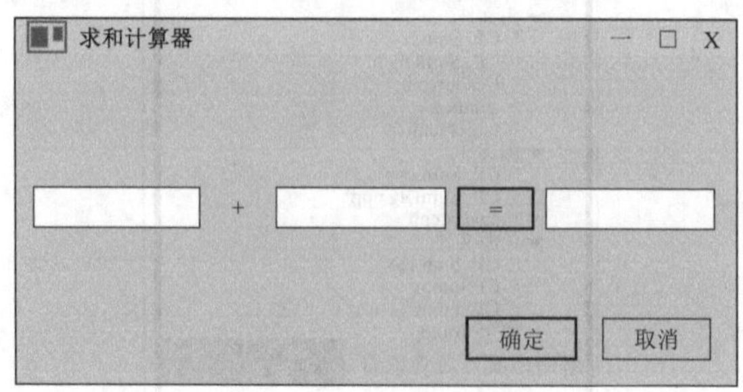

图 9-52　求和计算器对话框

按下鼠标左键，并保持按下不放的同时移动鼠标到“求和计算器”对话框中，然后再放开鼠标左键。

对于在对话框中的控件，可以将鼠标光标移动到控件上方，然后按下鼠标右键，从而弹出右键菜单。接着，单击在该右键菜单中的菜单项“属性”，从而进入该控件的属性窗格。在控件的属性窗格中，参照表 9-5 修改各个控件的属性，其中符号“/”表示无需设置的属性。最后，修改“求和计算器”对话框以及各个控件的大小，并调整各个控件的位置，使得对话框变得更为美观。

表 9-5　在求和计算器对话框中的控件属性

序号	控件名称	ID	标题（Caption）	只读属性（Read Only）
1	编辑文本框（Edit Control）	IDC_EDIT_Add1	/	False
2	静态文本框（Static Text）	IDC_STATIC	+	/
3	编辑文本框（Edit Control）	IDC_EDIT_Add2	/	False
4	按钮（Button）	IDC_SUM	=	/
5	编辑文本框（Edit Control）	IDC_EDIT_Sum	/	True
6	按钮（Button）	IDOK	确定	/
7	按钮（Button）	IDCANCEL	取消	/

在本例程中，**求和计算器的对话框类是 CCPSumDlg**。这里给这个类**添加成员变量** m_addition1、m_addition2 和 m_sum，并使得这些成员变量与在对话框中的编辑文本框**建立绑定关系**。这可以通过在源程序代码文件“CP_SumDlg.h”和“CP_SumDlg.cpp”中添加如下面有底纹的代码实现。

```
// 文件名: CP_SumDlg.h; 开发者: 雍俊海
// 略去部分代码
class CCPSumDlg : public CDialogEx
{
// 略去部分代码
   DECLARE_MESSAGE_MAP()
public:
   int m_addition1;      // 第 1 个加数
   int m_addition2;      // 第 2 个加数
   int m_sum;            // 和
};
```

```
// 文件名: CP_SumDlg.cpp; 开发者: 雍俊海
// 略去部分代码
void CCPSumDlg::DoDataExchange(CDataExchange* pDX)
{
   CDialogEx::DoDataExchange(pDX);
   DDX_Text(pDX, IDC_EDIT_Add1, m_addition1);
   DDX_Text(pDX, IDC_EDIT_Add2, m_addition2);
   DDX_Text(pDX, IDC_EDIT_Sum, m_sum);
}
```

```
// 略去部分代码                                                    // 略
```

接下来，为求和计算器对话框类 CCPSumDlg 添加事件处理的成员函数。如果在 VC 平台的图形界面上看不到类视图窗格，则可以依次单击 VC 平台的菜单和菜单项“视图”→“类视图”，从而打开类视图窗格。参照图 9-53，在类视图窗格中，将鼠标光标移动到类 CCPSumDlg 上方，然后按下鼠标右键，从而弹出右键菜单。接着，单击在该右键菜单中的菜单项“属性”，从而进入如图 9-54 所示的类 CCPSumDlg 的属性窗格。

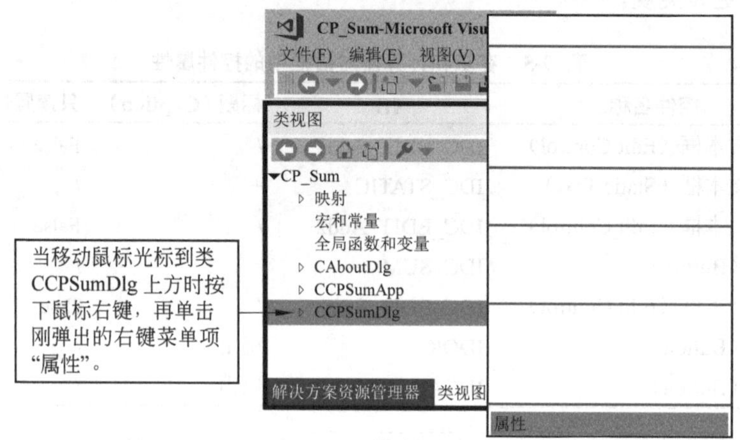

图 9-53　在类视图中的类 CCPSumDlg 及其右键菜单

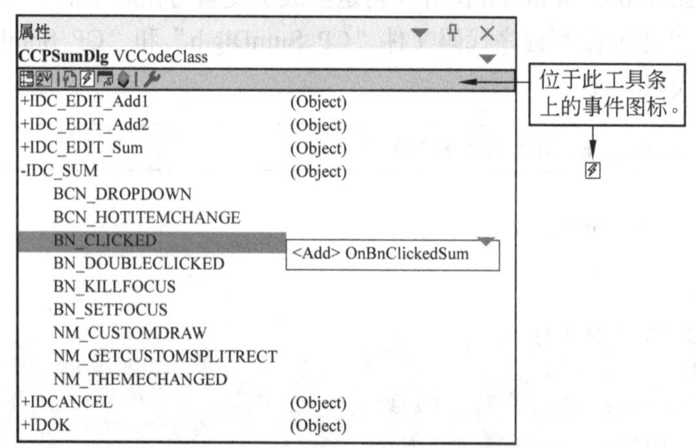

图 9-54　在类 CCPSumDlg 的属性窗格中选中事件图标

在类 CCPSumDlg 的属性窗格中，单击其中的事件图标，从而打开事件列表。在这个列表左侧的第 1 列中，依次查找 IDC_SUM 和 IDOK 这 2 个事件 ID，它们分别对应“=”和“确定”按钮。然后，在图 9-54 所示的属性窗格中，对这 2 个事件，分别执行如下的操作。

单击事件 ID 左侧的加号“+”，展开该事件 ID 下面的选项。通过单击的操作，选中其中的选项 BN_CLICKED。这时，会在 BN_CLICKED 右侧一列的单元格中出现下拉列表框标志的倒三角形。单击这个倒三角形。如果事件 ID 是 IDC_SUM，则会弹出如图 9-54 所示的“<Add> OnBnClickedSum”；如果事件 ID 是 IDOK，则会弹出“<Add> OnBnClickedOk”。

继续单击新弹出的选项，从而给类 CCPSumDlg 自动添加处理事件 IDC_SUM 的成员函数 OnBnClickedSum 和处理事件 IDOK 的成员函数 OnBnClickedOk。

这样，总共给求和计算器对话框类 CCPSumDlg 添加了 2 个成员函数。在类 CCPSumDlg 的头文件“CP_SumDlg.h”中，在类 CCPSumDlg 的定义内部添加这些成员函数的声明语句

```
    afx_msg void OnBnClickedSum();
    afx_msg void OnBnClickedOk();
```

在类 CCPSumDlg 的源文件“CP_SumDlg.cpp”中添加了这 2 个成员函数的定义部分和如下的关联语句

```
    ON_BN_CLICKED(IDC_SUM, &CCPSumDlg::OnBnClickedSum)
    ON_BN_CLICKED(IDOK, &CCPSumDlg::OnBnClickedOk)
```

这些关联语句位于

```
BEGIN_MESSAGE_MAP(CCPSumDlg, CDialogEx)
```

与

```
END_MESSAGE_MAP()
```

之间。通过关联语句，在成员函数与事件 ID 之间建立关联关系，从而在按下“=”和“确定”按钮时会自动调用相应的成员函数。

在源文件“CP_SumDlg.cpp”中，进一步修改类 CCPSumDlg 的成员函数 OnBnClickedSum 和 OnBnClickedOk 的函数体。另外，修改类 CCPSumDlg 的构造函数，用来初始化新添加的 3 个成员变量。修改之后的结果如下：

```
// 文件名: CP_SumDlg.cpp; 开发者: 雍俊海
// 略去部分代码
CCPSumDlg::CCPSumDlg(CWnd* pParent /*=nullptr*/)
    : CDialogEx(IDD_CP_SUM_DIALOG, pParent),
      m_addition1(0), m_addition2(0), m_sum(0)
{
    m_hIcon = AfxGetApp()->LoadIcon(IDR_MAINFRAME);
}
// 略去部分代码
void CCPSumDlg::OnBnClickedSum()
{
    // TODO: 在此添加控件通知处理程序代码
    UpdateData(); // 该函数参数的默认值为 TRUE
    m_sum = m_addition1 + m_addition2;
    UpdateData(FALSE);
}

void CCPSumDlg::OnBnClickedOk()
{
```

```
    // TODO: 在此添加控件通知处理程序代码
    // CDialogEx::OnOK();
    OnBnClickedSum();
}
```

到这里，本例程的全部代码就编写完毕。可以对上面的代码进行编译、链接和运行。下面给出一个运行结果示例，如图 9-55 所示。

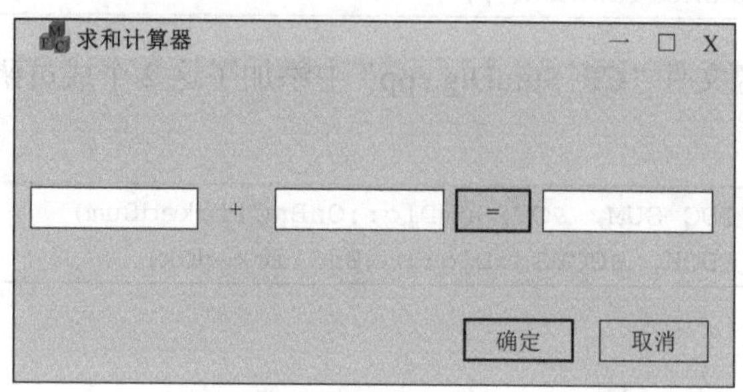

图 9-55　求和计算器对话框程序运行图形界面示意图

例程分析：在本例程中，编辑文本框 IDC_EDIT_Add1、IDC_EDIT_Add2 和 IDC_EDIT_Sum 分别对应类 CCPSumDlg 的成员变量 m_addition1、m_addition2 和 m_sum。这种**关联关系**是在类 CCPSumDlg 的成员函数 DoDataExchange 中实现的，通过调用全局函数 DDX_Text 绑定成员变量及其对应的控件，具体如源文件“CP_SumDlg.cpp”第 61～63 行代码所示。类 CCPSumDlg 的这 3 个成员变量在构造函数中初始化如“CP_SumDlg.cpp”第 54 行代码所示。

本例程对“=”和“确定”按钮所对应的命令添加了**事件处理**。当按下这 2 个按钮时，分别会执行类 CCPSumDlg 的成员函数 OnBnClickedSum 和 OnBnClickedOk。成员函数 OnBnClickedSum 的第 1 条语句“UpdateData();”读取在对话框中的各个编辑文本框的内容并解析为整数，然后保存到类 CCPSumDlg 的成员变量 m_addition1、m_addition2 和 m_sum 中。第 2 条语句“m_sum = m_addition1 + m_addition2;”执行求和运算。第 3 条语句“UpdateData(FALSE);”将类 CCPSumDlg 的成员变量 m_addition1、m_addition2 和 m_sum 的值写入到它们各自对应的编辑文本框中。这里所调用的 **UpdateData 实际上是窗口类 CWnd 的成员函数**，其具体说明如下：

函数 290	CWnd::UpdateData
声明：	BOOL UpdateData(BOOL bSaveAndValidate = TRUE);
说明：	如果 bSaveAndValidate = TRUE，则获取对话框的数据；如果 bSaveAndValidate = FALSE，则初始化对话框的数据。
参数：	bSaveAndValidate：用来指示是读取对话框的数据，还是初始化对话框的数据。
返回值：	如果本函数运行成功，则返回 TRUE；否则，返回 FALSE。
头文件：	#include "afxwin.h"或者#include "stdafx.h"

❀小甜点❀：

（1）将变量的值写入编辑文本框中通常称为**初始化编辑文本框的数据**；读取编辑文本框的内容到变量中通常称为**获取编辑文本框的数据**。

> （2）编辑文本框与其关联的变量之间**并不是**一直保持一致。只有通过**事件处理**才能初始化或获取编辑文本框的数据。例如，在本例程中，通过调用**窗口类 CWnd 的成员函数 UpdateData** 实现初始化和获取编辑文本框的数据。再如：在多文档程序设计的例程中，在刚**开始**运行**类 CDialog 的成员函数 DoModal** 时，会初始化编辑文本框的数据；在**结束**运行类 CDialog 的成员函数 DoModal 时，会获取编辑文本框的数据。

类 CCPSumDlg 的成员函数 OnBnClickedOk 在函数体中只有 1 条调用成员函数 OnBnClickedSum 的语句。因此，类 CCPSumDlg 的成员函数 OnBnClickedOk 与 OnBnClickedSum 拥有相同的功能。

在“CP_SumDlg.cpp”第 172 行代码中，被注释起来的代码“CDialogEx::OnOK();”是在生成成员函数 OnBnClickedOk 时自动生成的代码。语句“CDialogEx::OnOK();”会读取编辑文本框的数据到对应的成员变量中，然后关闭对话框。为了在按下“确定”按钮时不会关闭对话框，这里将这条语句注释起来。

因为本例程需要输入加数，所以 2 个加数编辑文本框的只读属性是 False。因为“和”是由程序自动计算出来的，不需要输入，所以“和”所对应的编辑文本框的只读属性是 True。这样，在本例程的“和”编辑文本框中就不能输入数据。不过，“和”编辑文本框不能改为静态文本框；否则，无法将计算出来的“和”写回到文本框中。

表 9-6 给出一些运行结果示例，其中每一行都是 1 个运行示例。在表 9-6 中，在“加数文本框 1”和“加数文本框 2”下面的内容是在加数编辑文本框中输入的字符串，在“加数 1”“加数 2”以及“和”下面的内容是在按下“=”或“确定”按钮之后在编辑文本框中显示的整数。下面分别分析这些输入和运行结果。

（1）如表 9-6 第 1 行所示，如果输入的加数以及求和运算都没有超出 int 类型的数值范围，则在按下“=”或“确定”按钮之后，在对话框中就会呈现正确的求和表达式。例如，这里的“−123+456=333”。

（2）表 9-6 第 2 行展示了输入的加数没有超出 int 类型的数值范围，但求和运算**超出** int 类型的数值范围。在按下“=”或“确定”按钮之后，在对话框中就会呈现**错误**的求和表达式。例如，这里的“1234567890+1234567890=−1825831516”，即计算 2 个正数之和却得到 1 个负数。

（3）表 9-6 第 3 行展示了输入的加数**超出** int 类型的数值范围。这时，实际获取到的加数与输入的加数就有可能不一致。例如，在这 1 行中，输入的加数是“12345678900”，结果实际获取到的是“−539222988”。因此，在按下“=”或“确定”按钮之后，在对话框中呈现的求和表达式为“−539222988+1234567890=695344902”。

（4）表 9-6 第 4 行展示了输入的加数实际上**不是整数**，但可以从中解析出整数。这时，在按下“=”或“确定”按钮之后，实际获取的加数是解析出来的加数，然后在此基础上进行求和。例如，在这里，输入第 1 个加数“123abc”结果得到“123”，输入第 2 个加数“456def”结果得到“456”。结果在对话框中呈现的求和表达式为“123+456=579”。

（5）表 9-6 第 5 行展示了输入的加数实际上**不是整数**，并且**无法从中解析出整数**。这时，在按下“=”或“确定”按钮之后，会弹出一个新的对话框，要求“请输入一个整数”。结果在对话框中呈现的求和表达式为在这次输入之前**计算得到的求和表达式**。例如，如果在表 9-6 第 5 行输入示例之前，运行结果如表 9-6 第 4 行所示，则对于表 9-6 第 5 行的输入，在按下“=”或“确定”按钮之后，在对话框中呈现的求和表达式为“123+456=579”。

表 9-6 求和计算器对话框程序运行结果示例

行号	加数文本框 1	加数文本框 2	加数 1	加数 2	和
1	−123	456	−123	456	333
2	1234567890	1234567890	1234567890	1234567890	−1825831516
3	12345678900	1234567890	−539222988	1234567890	695344902
4	123abc	456def	123	456	579
5	abc	def	/	/	/

在本例程中，如果按下对话框的“取消”按钮或者右上角的打叉符号，或者按下位于键盘上的退出符（Escape 或 Esc），则都会关闭对话框，结束程序的运行。

9.6 基于功能区（Ribbon）的 MFC 程序设计

对于 MFC 单文档程序和多文档程序，还可以在主界面上添加功能区。在功能区中，可以添加各种控件，从而进一步提高 MFC 程序的交互友好性和交互效率。本节通过例程来说明基于功能区的 MFC 程序。

例程 9-4 基于功能区编辑单条直线段的 MFC 多文档程序。

例程功能描述：编写基于功能区的 MFC 多文档程序。在功能区中添加静态文本框和编辑文本框，从而可以在功能区中编辑直线段两个端点的坐标值。在图形界面的工作区中显示该直线段。要求每个文档允许多视图。

例程解题思路：这里首先介绍如何在 VC 平台中创建基于功能区的 MFC 程序。在不同版本的 VC 平台中，具体的图形界面和操作过程会略有所不同。不过，大体上相似。只要按照下面的各个选项进行选择就可以。

首先，创建新的 MFC 项目。在 VC 平台上，依次单击菜单和菜单项“文件”→“新建”→“项目”，从而弹出一个新建项目对话框，如图 9-56 所示。在这个对话框中，第一个目标是选择新建项目的项目类型为“MFC 应用程序”类型。在对话框的左侧选中并展开“Visual C++”，接着选中“MFC”选项。然后，在对话框的中间选中“MFC 应用程序”类型。接下来，第二个目标是在对话框中输入项目所在的路径，例如“D:\Examples\”。这个路径也可以通过“浏览”按钮进行选择。通常选择一个现有的路径作为项目所在的路径。第三个目标是在对话框中输入项目的名称，例如“CP_RLine”。这个名称也可以自行确定。最后单击“确定”按钮完成项目的创建工作。接下来为这个 MFC 新项目设置应用程序类型、文档模板属性、用户界面功能和高级功能等内容，分别如图 9-57～图 9-60 所示。

在新弹出的如图 9-57 所示的 MFC 应用程序类型设置对话框。在这个对话框中，选择应用程序类型为多个文档，项目样式为 MFC 标准样式（MFC standard），并且使用静态库，从而让例程简单一些，并具有较好的可移植性。在按照如图 9-57 所示的结果设置好与 MFC 应用程序类型相关的各个选项之后，可以单击“下一步”按钮进入下一个设置对话框。

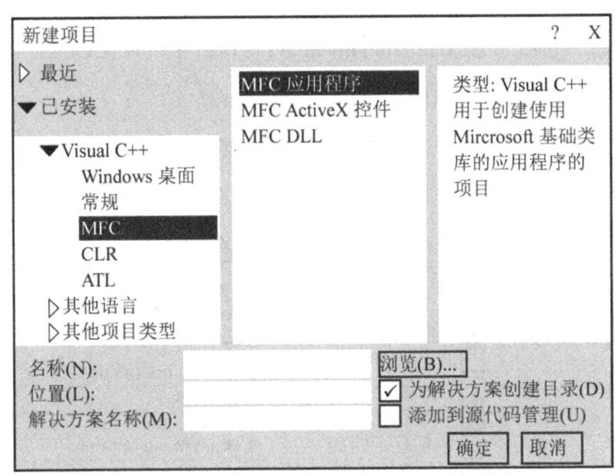

图 9-56　为新项目选择 MFC 应用程序项目类型

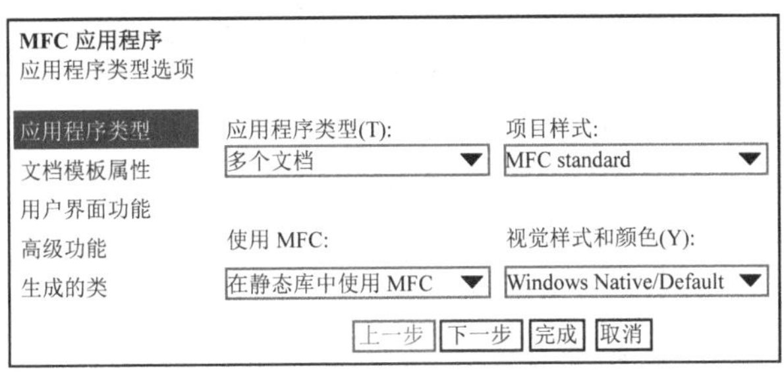

图 9-57　设置 MFC 应用程序类型

在接下来弹出的 **MFC 文档模板属性设置对话框**中，按照图 9-58 将新建的 MFC 程序所对应的文件扩展名设置为“txt”。这时在筛选器名称的文本框中自动会出现“CP_RLine 文件 (*.txt)”。接下来，单击“下一步”按钮进入下一个设置对话框。

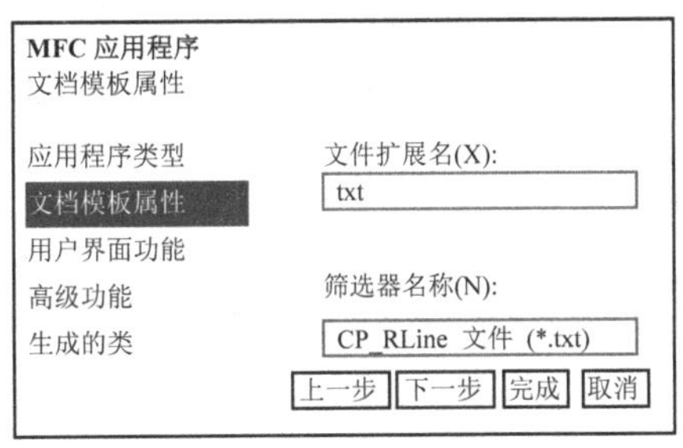

图 9-58　设置 MFC 应用程序的文档模板属性

在接下来弹出的 **MFC 用户界面功能设置对话框**中，按照图 9-59 进行设置就可以了。在“Comman bar (menu/toolbar/ribbon)”的下拉框中一定要选中 **“使用功能区”**。这里，也将“拆分窗口”打上勾，从而使得新建的 MFC 程序的视图可以被拆分，从而**支持多视图**。接下来，单击“下一步”按钮进入下一个设置对话框。

在接下来弹出的 **MFC 高级功能选项设置对话框**中，按照图 9-60 进行设置就可以了。接下来，单击“下一步”按钮进入下一个对话框。

接下来弹出的如图 9-61 所示的 **MFC 生成类选项对话框**展示了在前面的各种设置下将会自动生成的类、头文件和源文件。对于这个对话框，不需要做作任何修改。如果发现问题，还可以通过单击“上一步”按钮回到前面对话框中修改设置。如果没有发现问题，则单击“完成”按钮完成对 MFC 程序的设置。

MFC 应用程序
用户界面功能
应用程序类型
文档模板属性
用户界面功能
高级功能
生成的类
主框架样式:
粗框架(T)
最小化框(I)
最大化框(A)
最小化(N)
最大化(I)
系统菜单(Y)
“关于”框(B)
初始状态栏(S)
拆分窗口(P)
子框架样式:
子最小化框(M)
Child maximize box
子最大化(D)
Comman bar (menu/toolbar/ribbon):
使用功能区
Classic menu options:
<无>
对话框标题(G):
CP_RLine
上一步
下一步
完成
取消

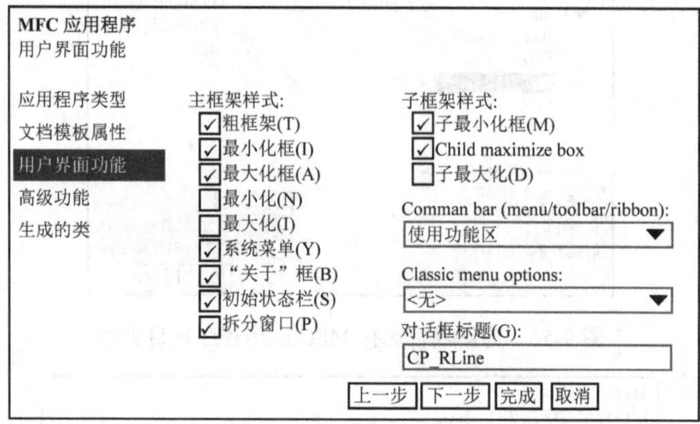

图 9-59　设置 MFC 应用程序的用户界面功能

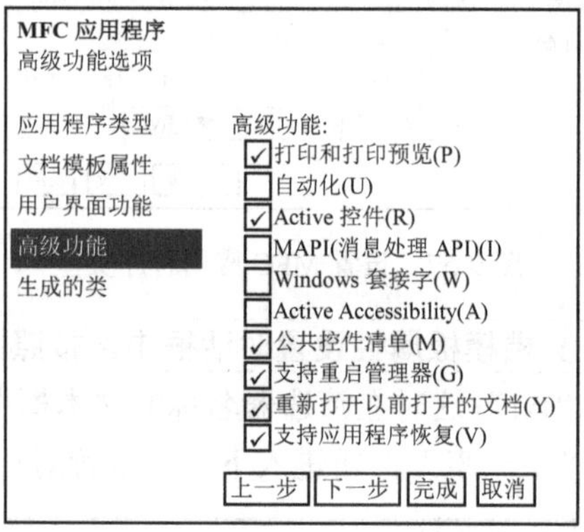

MFC 应用程序
高级功能选项
应用程序类型
文档模板属性
用户界面功能
高级功能
生成的类
高级功能:
打印和打印预览(P)
自动化(U)
Active 控件(R)
MAPI(消息处理 API)(I)
Windows 套接字(W)
Active Accessibility(A)
公共控件清单(M)
支持重启管理器(G)
重新打开以前打开的文档(Y)
支持应用程序恢复(V)
上一步
下一步
完成
取消

图 9-60　设置 MFC 应用程序的高级功能选项

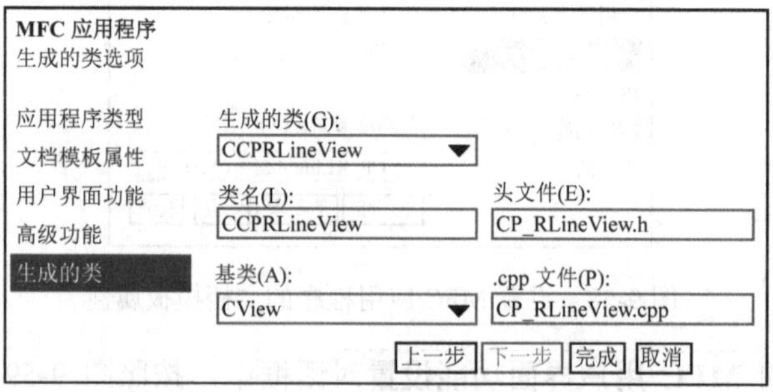

MFC 应用程序
生成的类选项
应用程序类型
文档模板属性
用户界面功能
高级功能
生成的类
生成的类(G):
CCPRLineView
类名(L):
CCPRLineView
头文件(E):
CP_RLineView.h
基类(A):
CView
.cpp 文件(P):
CP_RLineView.cpp
上一步
下一步
完成
取消

图 9-61　设置 MFC 应用程序的生成的类选项

在完成 MFC 应用程序的设置之后，VC 平台就会自动生成符合前面设置的所有代码。具体的代码文件列表如图 9-62 所示。

可以对 VC 平台自动生成代码进行编译、链接和运行。运行结果将打开基于功能区的 MFC 程序，其图形界面如图 9-63 所示。从图中，可以明显看到功能区，其中已经包含下拉框和复选框等控件。单击图形界面左上角的 MFC 图标，可以打开菜单栏，从而展开菜单和菜单项。

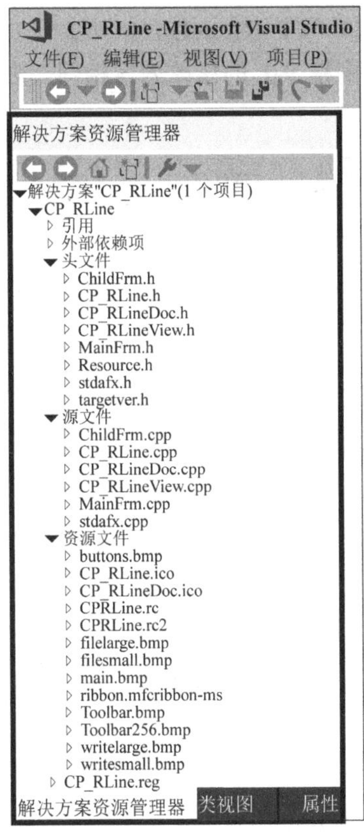

图 9-62　在解决方案资源管理器中展示自动生成的代码文件和资源文件

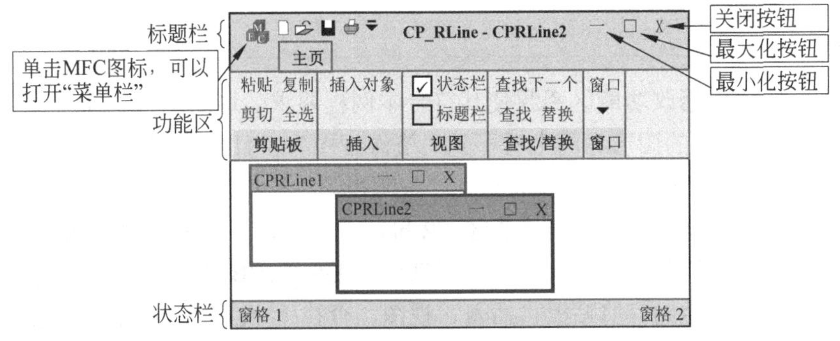

图 9-63　由 VC 平台自动创建的基于功能区的 MFC 程序的图形界面示意图

本例程、第 9.2 节例程 9-1 和第 9.4 节例程 9-2 的文档数据都是直线段。因此，这里直接将第 9.2 节例程 9-1 的头文件“CP_Draw2D.h”和“CP_LineSegment2D.h”以及源文件“CP_LineSegment2D.cpp”和“CP_Draw2D.cpp”分别添加到本例程代码项目的头文件和源文件中。在添加完成之后，在本例程的解决方案资源管理器中应当可以看到这 4 个代码文件。因为头文件“CP_Draw2D.h”和“CP_LineSegment2D.h”所在的路径与当前项目的路径不同，所以在编译时有可能会找不到这 2 个头文件。可以参照第 9.4 节例程 9-2 的方法**将这 2 个头文件所在的路径加入到当前项目文件包含的查找路径之中**。

接下来，修改文档类 CCPRLineDoc，将数据添加到文档中，即为文档类添加类型为直线段类的成员变量。另外，需要在文档类的构造函数中初始化直线段成员变量。下面给出对文档类的 2 个源程序代码文件“CP_RLineDoc.h”和“CP_RLineDoc.cpp”进行修改的内容。这些修改内容与第 9.2 节例程 9-1 的修改内容相同。在下面代码中，有底纹的部分是新增或有变化的代码。

```
// 文件名：CP_RLineDoc.h；开发者：雍俊海
// 略去部分代码
#pragma once
#include "CP_LineSegment2D.h"

class CCPRLineDoc : public CDocument
{
// 略去部分代码
// 特性
public:
    CP_LineSegment2D m_lineSegment;
// 略去部分代码
};
```

```
// 文件名：CP_RLineDoc.cpp；开发者：雍俊海
// 略去部分代码
CCPRLineDoc::CCPRLineDoc() : m_lineSegment(100, 100, 300, 300)
{
    // TODO: 在此添加一次性构造代码

}
// 略去部分代码
```

接下来介绍如何修改功能区资源使其符合本例程要求。这时，首先需要找到“资源视图”。如果在 VC 平台的图形界面上看不到“资源视图”，可以依次单击 VC 平台的菜单和菜单项“视图”→“资源视图”，从而打开“资源视图”窗格。在“资源视图”窗格中，单击其中折叠的部分，直到看到位于功能区（Ribbon）下方的“IDR_RIBBON”。然后，双击这个“IDR_RIBBON”条目，从而在工作区打开“IDR_RIBBON”功能区资源，如图 9-64 所示。这个功能区已经拥有剪贴板、插入、视图、查找/替换和窗口等 5 个面板。

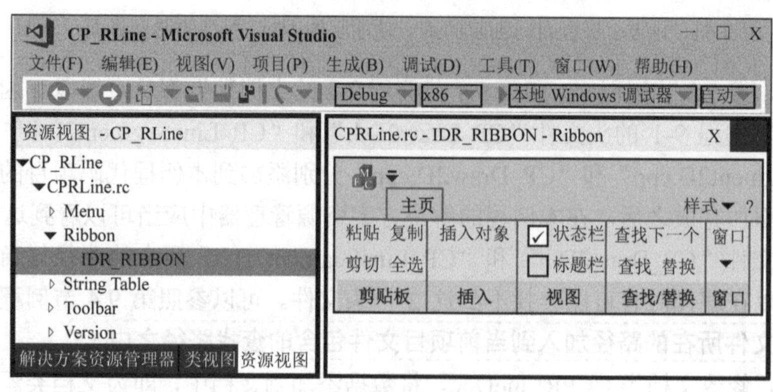

图 9-64　打开功能区资源

接下来，对“IDR_RIBBON”功能区资源，参照图 9-65 **修改面板**，使得最终的面板只剩下线段端点设置、视图和窗口面板。具体可以按照如下方式进行操作。

（1）依次单击 VC 平台的菜单和菜单项“视图”→“工具箱”，从而打开“工具箱”窗格。接着，从“工具箱”窗格的功能区（Ribbon）编辑器列表中**拖动新的面板**到“IDR_RIBBON”功能区资源中。这里所谓的**拖动**就是将鼠标光标移动到位于“工具箱”中的面板控件上方，按下鼠标左键，并保持按下不放的同时移动鼠标到“IDR_RIBBON”功能区资源中，然后再放开鼠标左键。

（2）在用鼠标选中面板的标题之后，立即按下键盘的删除键或者通过鼠标右键菜单的删除菜单项都可以**删除**在“IDR_RIBBON”功能区资源中的多余面板。

（3）将鼠标光标移动到面板标题的上方。然后，按下鼠标左键，并保持按下不放的同时移动鼠标，直到**将面板移动到新的位置**。这样，就可以实现改变面板前后顺序的目标。

（4）将鼠标光标移动到面板标题的上方，然后按下鼠标右键，从而弹出右键菜单。接着，单击在该右键菜单中的菜单项“属性”，从而进入该面板的属性窗格。在控件的属性窗格中，可以**修改面板的标题（Caption）**。

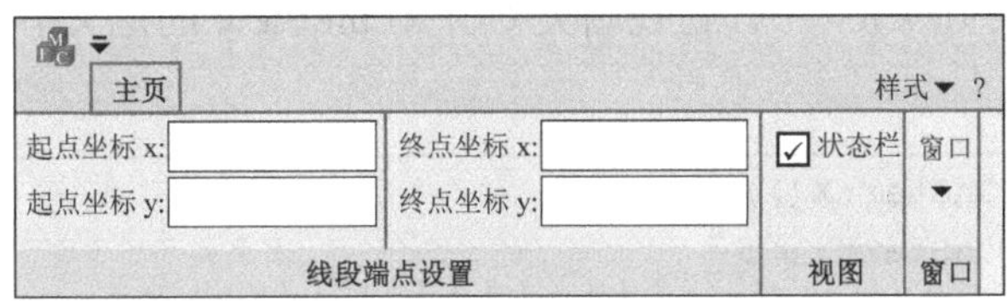

图 9-65　功能区资源

然后，继续参照图 9-65 **修改在面板中的控件**。对于**线段端点设置面板**，需要插入一些新的控件。参照表 9-7 按顺序依次从“工具箱”窗格的功能区(Ribbon)编辑器列表中**拖动** 5 个控件到线段端点设置面板中。对于新插入的控件，可以将鼠标光标移动到控件上方，然后按下鼠标右键，从而弹出右键菜单。接着，单击在该右键菜单中的菜单项“属性”，从而进入该控件的属性窗格。在控件的属性窗格中，参照表 9-7 修改各个控件的属性，其中符号“/”表示无需设置的属性。对于在面板中**多余的控件**，可以先用鼠标选中该控件，然后立即按下键盘的删除键或者通过鼠标右键菜单的删除菜单项**删除**该控件。

表 9-7　位于线段端点设置面板中的控件

序号	控件名称	ID	标题（Caption）	宽度（Width）
1	编辑文本框（Edit Control）	IDC_START_X	起点坐标 x:	150
2	编辑文本框（Edit Control）	IDC_START_Y	起点坐标 y:	150
3	分隔符	/	/	/
4	编辑文本框（Edit Control）	IDC_END_X	终点坐标 x:	150
5	编辑文本框（Edit Control）	IDC_END_Y	终点坐标 y:	150

接下来，**为新添的 4 个编辑文本框添加事件处理的成员函数框架**。在功能区资源中，将鼠标光标移动到其中 1 个编辑文本框的上方，然后按下鼠标右键，从而弹出右键菜单。接着，单击在该右键菜单中的菜单项“添加事件处理程序”，从而进入如图 9-66 所示的事件处理程序向导对话框。对于每个编辑文本框，在消息类型中**选中 COMMAND**，在类列

表中一定要选中 CCPRLineView 类。在对话框中，命令名和函数处理程序名称都是自动生成的，不需要修改。然后，单击添加编辑按键，从而自动生成编辑文本框的事件处理成员函数框架。

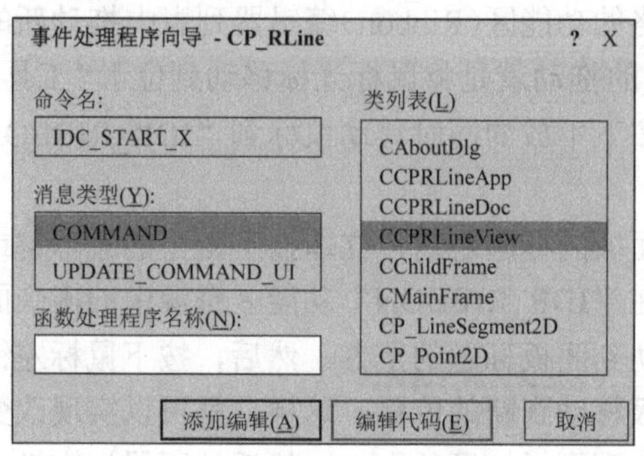

图 9-66　事件处理程序向导对话框

这样，总共给视图类 CCPRLineView 添加了 4 个成员函数。在视图类 CCPRLineView 的头文件“CP_RLineView.h”中，在视图类 CCPRLineView 的定义中添加这些成员函数的声明语句

```
    afx_msg void OnStartX();
    afx_msg void OnStartY();
    afx_msg void OnEndX();
    afx_msg void OnEndY();
```

在视图类 CCPRLineView 的源文件中添加了这 4 个成员函数的定义部分和如下的关联语句

```
    ON_COMMAND(IDC_START_X, &CCPRLineView::OnStartX)
    ON_COMMAND(IDC_START_Y, &CCPRLineView::OnStartY)
    ON_COMMAND(IDC_END_X, &CCPRLineView::OnEndX)
    ON_COMMAND(IDC_END_Y, &CCPRLineView::OnEndY)
```

这些关联语句位于

```
BEGIN_MESSAGE_MAP(CCPRLineView, CView)
```

与

```
END_MESSAGE_MAP()
```

之间。通过关联语句，在成员函数与事件之间建立关联关系，从而在触发编辑文本框的命令时会自动调用相应的成员函数。例如，在编辑文本框中输入字符串之后按下在键盘上的回车键就可以触发编辑文本框命令。不过，在这时，这 4 个成员函数的函数体都是空的，即只有函数框架。

接下来，**修改源程序代码文件“CP_RLineView.h”和“CP_RLineView.cpp”**，完成编辑文本框事件处理和线段的绘制等内容，其中有底纹的部分是新增或有变化的代码。

```
// 文件名：CP_RLineView.h；开发者：雍俊海
// 略去部分代码
class CCPRLineView : public CView
{
// 略去部分代码
// 生成的消息映射函数
protected:
    afx_msg void OnFilePrintPreview();
    afx_msg void OnRButtonUp(UINT nFlags, CPoint point);
    afx_msg void OnContextMenu(CWnd* pWnd, CPoint point);
    DECLARE_MESSAGE_MAP()
public:
    void mb_command(UINT id, double &d);
    afx_msg void OnStartX();
    afx_msg void OnStartY();
    afx_msg void OnEndX();
    afx_msg void OnEndY();
};
extern CMFCRibbonBar* gb_getCMFCRibbonBar();
// 略去部分代码
```

```
// 文件名：CP_RLineView.cpp；开发者：雍俊海
// 略去部分代码
#include "CP_RLineDoc.h"
#include "CP_RLineView.h"
#include "MainFrm.h"
#include "CP_Draw2D.h"
// 略去部分代码
BEGIN_MESSAGE_MAP(CCPRLineView, CView)
    // 标准打印命令
    ON_COMMAND(ID_FILE_PRINT, &CView::OnFilePrint)
    ON_COMMAND(ID_FILE_PRINT_DIRECT, &CView::OnFilePrint)
    ON_COMMAND(ID_FILE_PRINT_PREVIEW,
&CCPRLineView::OnFilePrintPreview)
    ON_WM_CONTEXTMENU()
    ON_WM_RBUTTONUP()
    ON_COMMAND(IDC_START_X, &CCPRLineView::OnStartX)
    ON_COMMAND(IDC_START_Y, &CCPRLineView::OnStartY)
    ON_COMMAND(IDC_END_X, &CCPRLineView::OnEndX)
    ON_COMMAND(IDC_END_Y, &CCPRLineView::OnEndY)
END_MESSAGE_MAP()
// 略去部分代码
void CCPRLineView::OnDraw(CDC* pDC)
{
    CCPRLineDoc* pDoc = GetDocument();
    ASSERT_VALID(pDoc);
```

```
   if (!pDoc)
      return;

   // TODO: 在此处为本机数据添加绘制代码
   gb_draw2D(*pDC, pDoc->m_lineSegment, PS_SOLID, 0, 0, 0);
}
// 略去部分代码
// CCPRLineView 消息处理程序

void CCPRLineView::mb_command(UINT id, double &d)
{
   CCPRLineDoc* pDoc = GetDocument();
   ASSERT_VALID(pDoc);
   if (!pDoc)
      return;
   CMFCRibbonBar* robbonBar = gb_getCMFCRibbonBar();
   if (robbonBar == NULL)
      return;
   CMFCRibbonEdit* slider =
      (CMFCRibbonEdit*)robbonBar->FindByID(id);
   if (slider == NULL)
      return;
   CString string = slider->GetEditText(); // 获取数字
   wchar_t * buf = string.GetBuffer();;
   swscanf_s(buf, _T("%lf"), &(d));
   string.Format(_T("%g"), d);
   slider->SetEditText(string);
   pDoc->UpdateAllViews(NULL);
}

void CCPRLineView::OnStartX()
{
   // TODO: 在此添加命令处理程序代码
   CCPRLineDoc* pDoc = GetDocument();
   ASSERT_VALID(pDoc);
   if (!pDoc)
      return;
   mb_command(IDC_START_X,
      pDoc->m_lineSegment.m_startingPoint.m_x);
}

void CCPRLineView::OnStartY()
{
   // TODO: 在此添加命令处理程序代码
   CCPRLineDoc* pDoc = GetDocument();
   ASSERT_VALID(pDoc);
   if (!pDoc)
```

```
        return;
    mb_command(IDC_START_Y,
        pDoc->m_lineSegment.m_startingPoint.m_y);
}

void CCPRLineView::OnEndX()
{
    // TODO: 在此添加命令处理程序代码
    CCPRLineDoc* pDoc = GetDocument();
    ASSERT_VALID(pDoc);
    if (!pDoc)
        return;
    mb_command(IDC_END_X,
        pDoc->m_lineSegment.m_endingPoint.m_x);
}

void CCPRLineView::OnEndY()
{
    // TODO: 在此添加命令处理程序代码
    CCPRLineDoc* pDoc = GetDocument();
    ASSERT_VALID(pDoc);
    if (!pDoc)
        return;
    mb_command(IDC_END_Y,
        pDoc->m_lineSegment.m_endingPoint.m_y);
}

CMFCRibbonBar* gb_getCMFCRibbonBar()
{
    CMFCRibbonBar* robbonBar = NULL;
    CFrameWndEx* cfw = (CFrameWndEx*)(AfxGetMainWnd());
    if (cfw == NULL)
        robbonBar = NULL;
    else robbonBar = cfw->GetRibbonBar();
    if (robbonBar == NULL)
    {
        CMainFrame* m = (CMainFrame*)AfxGetApp()->m_pMainWnd;
        if (m == NULL)
            return NULL;
        robbonBar = m->GetRibbonBar();
    } // if 结束
    return robbonBar;
} // 全局函数 gb_getCMFCRibbonBar 结束
```

因为本例程实际上也是多文档 MFC 程序，各个文档共用同一个功能区，所以当新建文档或者在不同文档之间切换时需要修改功能区的内容，例如在本例程中的线段端点坐标值。新建文档或者在不同文档之间切换时，都会激活新的文档。因此，这时需要处理的消息在

MFC 中称为激活文档消息。这里介绍如何添加激活文档消息处理的成员函数框架。如果在 VC 平台的图形界面上看不到类视图窗格，则可以依次单击 VC 平台的菜单和菜单项“视图”→“类视图”，从而打开类视图窗格。在类视图窗格中，将鼠标光标移动到类 CChildFrame 上方，然后按下鼠标右键，从而弹出右键菜单。接着，单击在该右键菜单中的菜单项“属性”，从而进入类 CChildFrame 的属性窗格。在类 CChildFrame 的属性窗格中，单击其中的消息图标，从而打开消息列表。在消息列表左侧第 1 列中，查找激活文档消息 WM_MDIACTIVATE。然后，按下鼠标左键选中激活文档消息 WM_MDIACTIVATE，接着单击在该消息右侧单元格中出现的下拉列表框倒三角形和新弹出的添加成员函数选项，从而为类 CChildFrame 增添处理激活文档消息 WM_MDIACTIVATE 的成员函数 OnMDIActivate。

接下来，修改源程序代码文件“ChildFrm.h”和“ChildFrm.cpp”，完成激活文档消息处理，其中有底纹的部分是新增或有变化的代码。

// 文件名：ChildFrm.h；开发者：雍俊海

```
// 略去部分代码
class CChildFrame : public CMDIChildWndEx
{
// 略去部分代码
public:
    afx_msg void OnMDIActivate(BOOL bActivate, CWnd* pActivateWnd,
CWnd* pDeactivateWnd);
};
```

// 文件名：ChildFrm.cpp；开发者：雍俊海

```
// 略去部分代码
#include "ChildFrm.h"
#include "CP_RLineDoc.h"
#include "CP_RLineView.h"
// 略去部分代码
BEGIN_MESSAGE_MAP(CChildFrame, CMDIChildWndEx)
    ON_COMMAND(ID_FILE_PRINT, &CChildFrame::OnFilePrint)
    ON_COMMAND(ID_FILE_PRINT_DIRECT, &CChildFrame::OnFilePrint)
    ON_COMMAND(ID_FILE_PRINT_PREVIEW,
&CChildFrame::OnFilePrintPreview)
    ON_UPDATE_COMMAND_UI(ID_FILE_PRINT_PREVIEW,
&CChildFrame::OnUpdateFilePrintPreview)
    ON_WM_MDIACTIVATE()
END_MESSAGE_MAP()
// 略去部分代码
void CChildFrame::OnMDIActivate(BOOL bActivate, CWnd* pActivateWnd,
CWnd* pDeactivateWnd)
{
    CMDIChildWndEx::OnMDIActivate(bActivate, pActivateWnd,
pDeactivateWnd);

    // TODO: 在此处添加消息处理程序代码
```

```
    CCPRLineDoc* pDoc = (CCPRLineDoc*)(GetActiveDocument());
    ASSERT_VALID(pDoc);
    if (!pDoc)
        return;
    CString string;
    // 获取 Ribbon bar 句柄
    CMFCRibbonBar* robbonBar = gb_getCMFCRibbonBar();
    if (robbonBar == NULL)
        return;
    UINT da[] = { IDC_START_X, IDC_START_Y, IDC_END_X, IDC_END_Y };
    double na[] = {
        pDoc->m_lineSegment.m_startingPoint.m_x,
        pDoc->m_lineSegment.m_startingPoint.m_y,
        pDoc->m_lineSegment.m_endingPoint.m_x,
        pDoc->m_lineSegment.m_endingPoint.m_y };
    CMFCRibbonEdit* slider;
    for (int i = 0; i < 4; i++)
    {
        slider = (CMFCRibbonEdit*)robbonBar->FindByID(da[i]);
        if (slider == NULL)
            continue;
        string.Format(_T("%g"), na[i]);
        slider->SetEditText(string);
    } // for 结束
}
```

到这里，本例程的全部代码就编写完毕。可以对上面的代码进行编译、链接和运行。下面给出一个运行结果示例，如图 9-67 所示。在该运行示例中，新建了 2 个文档 CPRLine1 和 CPRLine2，其中文档 CPRLine2 在前面，处于激活状态。因此，在功能区的编辑文本框中显示的数值是文档 CPRLine2 直线段的端点坐标值。可以通过功能区的编辑文本框修改线段的端点坐标值。在图 9-67 中，每个文档拥有 4 个视图。当端点坐标发生变化时，4 个视图都会发生变化。

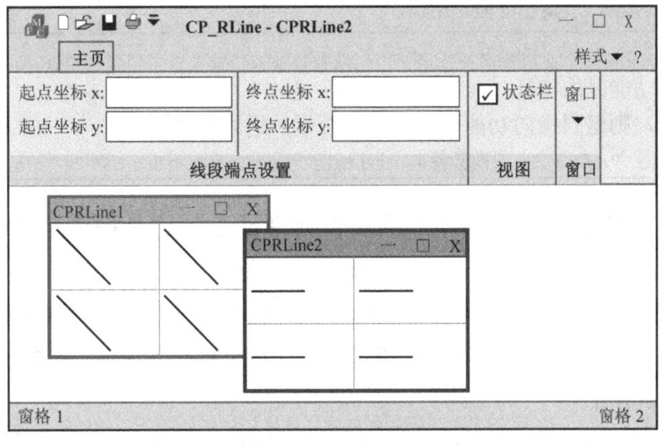

图 9-67　基于功能区的 MFC 程序的图形界面示意图

例程分析：源文件“CP_RLineView.cpp”第 211～226 行代码定义了全局函数 gb_getCMFCRibbonBar，用来**获取指向功能区的指针**。第 214～217 行代码以及第 220～223 行代码都是通过主窗口来获取功能区的指针。只不过，第 214 行代码是借助于全局函数 AfxGetMainWnd 来获取指向应用程序主窗口的指针；而第 220 行代码则是借助于全局函数 AfxGetApp 获取指向 Windows 应用程序的指针，然后，再通过 Windows 应用程序的成员变量 m_pMainWnd 来获取指向 Windows 应用程序主窗口的指针。同时，这 2 行代码在获取到指向主窗口的指针之后将指针所指向的内存解析为不同的数据类型，其中第 214 行代码解析为 CFrameWndEx 类型，而第 220 行代码则解析为 CMainFrame 类型。最后，再通过各自的成员函数 GetRibbonBar 来获取指向功能区的指针，分别如第 217 行和第 223 行代码所示。因为受操作系统、VC 平台和 MFC 版本等的影响，这 2 种方法都有可能无法获取到指向功能区的指针，所以这里同时采用这 2 种方法，从而提高成功获取到功能区指针的概率。函数 AfxGetMainWnd、AfxGetApp 和 GetRibbonBar 的具体说明如下。

函数 291	AfxGetMainWnd
声明：	CWnd* AfxGetMainWnd();
说明：	获取指向应用程序主窗口的指针。
返回值：	返回指向应用程序主窗口的指针。
头文件：	#include "afxwin.h"或者#include "stdafx.h"

函数 292	AfxGetApp
声明：	CWinApp* AfxGetApp();
说明：	获取指向 Windows 应用程序的指针。
返回值：	返回指向 Windows 应用程序的指针。
头文件：	#include "afxwin.h"或者#include "stdafx.h"

函数 293	CFrameWndEx::GetRibbonBar
声明：	CMFCRibbonBar* GetRibbonBar();
说明：	获取指向功能区的指针。
返回值：	如果成功，则返回指向功能区的指针；否则，返回 NULL。
头文件：	#include "afxwin.h"或者#include "stdafx.h"

函数 294	CMainFrame::GetRibbonBar
声明：	CMFCRibbonBar* GetRibbonBar();
说明：	获取指向功能区的指针。
返回值：	如果成功，则返回指向功能区的指针；否则，返回 NULL。
头文件：	#include "afxwin.h"或者#include "stdafx.h"

在本例程中，编辑文本框事件处理的事件处理函数分别是视图类 CCPRLineView 的成员函数 OnStartX、OnStartY、OnEndX 和 OnEndY。这 4 个函数所实现的功能实际上非常类似，它们所对应的控件 ID 和变量不同。因此，本例程统一由视图类 CCPRLineView 的成员函数 mb_command 来实现编辑文本框事件处理。下面详细介绍**视图类 CCPRLineView 的成员函数 mb_command**。

源文件“CP_RLineView.cpp”第 148 行代码通过视图类的成员函数 GetDocument 获取指向文档对象的指针。第 152 行代码通过函数 gb_getCMFCRibbonBar 获取指向功能区的指针。第 156 行代码通过类 CMFCRibbonBar 的成员函数 FindByID 获取索引号为 id 的编辑文本框控件。**类 CMFCRibbonBar 的成员函数 FindByID** 的具体说明如下。

函数 295	CMFCRibbonBar::FindByID
声明：	`CMFCRibbonBaseElement* FindByID(UINT uiCmdID, BOOL bVisibleOnly = TRUE) const;`
说明：	查找并返回获取在功能区中 ID 为 uiCmdID 的控件。如果 bVisibleOnly 为 TRUE，则只在功能区的可见控件中查找；否则，则在功能区的所有控件中查找。
参数：	① uiCmdID 是待查找的控件的 ID。 ② bVisibleOnly 用来指示查找的范围。
返回值：	如果找到，则返回指向所找到的控件的指针；否则，返回 NULL。
头文件：	#include "afxwin.h"或者#include "stdafx.h"

第 159 行代码通过类 CMFCRibbonEdit 的成员函数 GetEditText 获取在编辑文本框中的字符串。**类 CMFCRibbonEdit 的成员函数 GetEditText** 的具体说明如下。

函数 296	CMFCRibbonEdit::GetEditText
声明：	`CString GetEditText() const;`
说明：	获取在编辑文本框中的字符串。
返回值：	返回在编辑文本框中的字符串。
头文件：	#include "afxwin.h"或者#include "stdafx.h"

第 160 行代码通过类 CString 的成员函数 GetBuffer 获取字符串存储字符序列的内存地址。第 161 行代码通过函数 swscanf_s 将字符串转换为双精度浮点数，并将转换结果存储在变量 d 中。第 162 行代码通过 MFC 字符串类 CString 的成员函数 Format 将双精度浮点数转换为字符串。接着，第 163 行代码通过类 CMFCRibbonEdit 的成员函数 SetEditText 获取将转换得到的字符串重新写回编辑文本框。**类 CMFCRibbonEdit 的成员函数 SetEditText** 的具体说明如下。

函数 297	CMFCRibbonEdit::SetEditText
声明：	`void SetEditText(CString strText);`
说明：	将编辑文本框的内容设置为 strText。
参数：	函数参数 strText 用来指定编辑文本框的新内容。
头文件：	#include "afxwin.h"或者#include "stdafx.h"

> **❀小甜点❀**：
>
> 第 162～163 行代码非常有必要。在输入时出现一些意外实际上是非常常见的。第 162～163 行代码将实际获取到的线段端点坐标值写回编辑文本框，从而方便直观地去验证输入是否符合预期。**提供直观便捷的反馈机制是程序交互友好性的重要体现**。

第 164 行代码通过文档类的成员函数 UpdateAllViews **申请更新当前文档的所有视图**。**请注意**，这里的“pDoc->UpdateAllViews(NULL);”不能更改为“Invalidate();”。如果更改为“Invalidate();”，则只会申请更新当前视图，而当前文档的其他视图**不会**被更新，从而同一个文档的不同视图显示的线段会出现**不一致**的情况。**文档类的成员函数 UpdateAllViews** 的具体说明如下。

函数 298	CDocument::UpdateAllViews
声明：	`void UpdateAllViews(CView* pSender, LPARAM lHint = 0L, CObject* pHint = NULL);`
说明：	如果 pSender 为 NULL，则申请更新当前文档的所有视图；否则，只申请更新除了 pSender 指向的视图之外的视图。参数 lHint 和 pHint 分别用来指示需要传递给待更新视图的数据和对象。
参数：	① 函数参数 pSender 用来指示待更新的视图。 ② 函数参数 lHint 用来指示需要传递给待更新视图的数据。 ③ 函数参数 pHint 用来指示需要传递给待更新视图的对象。
头文件：	#include "afxwin.h"或者#include "stdafx.h"

当新建文档或在不同文档窗口中进行切换时，在功能区编辑文本框中显示的线段端点坐标值应当与当前处于激活状态的文档窗口中显示的线段保持一致。这时需要处理的消息是**激活文档消息**。根据当前处于激活状态的文档的数据，更新在功能区编辑文本框中的线段端点坐标值。因为视图隶属于文档，无法管理文档，所以**视图类通常不负责激活文档消息处理**。**子窗口框架类 CChildFrame 负责激活文档消息处理**，对应的成员函数是 OnMDIActivate。该函数的函数体位于源文件“ChildFrm.cpp”第 104~133 行代码。

类 CChildFrame 的成员函数 OnMDIActivate 实际上是对其父类 CMDIChildWndEx 的成员函数 OnMDIActivate 的覆盖。源文件“ChildFrm.cpp”第 106 行代码调用被覆盖了的这个成员函数，从而完成激活文档消息的基本功能。第 109 行代码调用类 CChildFrame 的父类 CFrameWnd 的成员函数 GetActiveDocument，用来获取指向当前处于激活状态的文档的指针。**父类 CFrameWnd 的成员函数 GetActiveDocument** 的具体说明如下。

函数 299	CFrameWnd::GetActiveDocument
声明：	`CDocument* GetActiveDocument();`
说明：	获取当前处于激活状态的文档。
返回值：	返回指向当前处于激活状态的文档的指针。如果当前没有激活的文档，则返回 NULL。
头文件：	#include "afxwin.h"或者#include "stdafx.h"

第 115 行代码通过函数 gb_getCMFCRibbonBar 获取指向功能区的指针。第 125～132 行代码通过 for 循环依次将线段端点的各个坐标值写入位于功能区的编辑文本框中，其中第 127 行代码通过类 CMFCRibbonBar 的成员函数 FindByID 获取索引号为 da[i]的编辑文本框控件，第 130 行代码通过 MFC 字符串类 CString 的成员函数 Format 将类型为双精度浮点数的坐标值转换为字符串，第 131 行代码通过类 CMFCRibbonEdit 的成员函数 SetEditText 将转换得到的字符串写入编辑文本框。这样，在功能区编辑文本框中的线段端点坐标值就是当前处于激活状态的文档的线段端点坐标值。

9.7 本章小结

本章讲解了 MFC 图形界面程序设计，包括单文档程序设计、多文档程序设计、基于对话框的 MFC 程序设计和基于功能区的 MFC 程序设计。另外，还讲解了如何采用 MFC 进行图形绘制。相对于命令行程序，图形界面程序具有明显的**并发特性**。因此，学习图形界面程序设计难度更大。而且程序一旦有错，图形界面程序的**调试难度也更大**。学习与编写图形界面程序设计需要**更大的耐心**。

对于本章的例程，可以直接采用 Windows API 实现，也可以采用其他 C++图形界面程序设计方法实现，尤其是采用一些**重量级的图形用户界面开发接口**实现。然后，可以分析和比较这些不同实现方法的优缺点，从而更好地理解与掌握面向对象程序设计技术，提高编程能力。

9.8　习　　题

9.8.1　练习题

练习题 9.1　请分别判断下面各个结论是否正确。

（1）采用 MFC 编程与直接采用 Windows 的 API 编程在程序代码上无法兼容。

（2）MFC 的类名都是以字母 C 开头。

（3）每个 MFC 文档对象可以拥有多个视图。

（4）单文档 MFC 程序每次只允许打开一个 MFC 视图。

（5）视图类的实例对象或成员函数可以通过视图类的成员函数 GetDocument 获取到文档类的数据。

（6）通过类 CDC 的成员函数可以实现在屏幕上的图形绘制，但不可以用于图形打印。

（7）类 CDC 的成员函数 Arc 可以用来绘制圆弧，但不可以用于绘制长短轴不相等的椭圆弧。

（8）在修改画刷的颜色之后，即使不将画刷恢复到原来的颜色，也不会影响其他图形界面的绘制。

（9）通过文档类的成员函数 Serialize 既可以从文件中读取数据到文档类的成员变量中，也可以将文档类成员变量的值保存到文件中。

（10）Windows 系列操作系统通过消息处理机制来协助管理各个窗口。

（11）如果一个程序创建并弹出有模式对话框，则在该有模式对话框打开期间，无法操作这个程序的其他窗口。

练习题 9.2　MFC 的中英文全称分别是什么？

练习题 9.3　请简要阐述 MFC 及其功能。

练习题 9.4　请简要阐述采用 MFC 编写图形用户界面程序的优越性。

练习题 9.5　请简要阐述 MFC 的发展历史。

练习题 9.6　请简要阐述 MFC 与 AFX 之间的关系。

练习题 9.7　请简要阐述 MFC 的命名规则。

练习题 9.8　请简要阐述什么是 MFC 句柄？并总结在本章中用到的所有 MFC 句柄。

练习题 9.9　在 MFC 中，文档对象的主要作用通常是什么？

练习题 9.10　在 MFC 中，视图对象的主要作用通常是什么？

练习题 9.11　请列举 3 个单文档 MFC 程序。

练习题 9.12　请列举 3 个多文档 MFC 程序。

练习题 9.13 请写出 MFC 单文档基本程序的编写步骤。

练习题 9.14 请简述给文档类添加成员变量的程序编写步骤及其注意事项。

练习题 9.15 什么是自描述文件格式？采用这种格式有什么好处？

练习题 9.16 什么是 MFC 预编译头文件机制？对应的头文件是什么？

练习题 9.17 请给出 Windows 坐标系的定义。

练习题 9.18 请描述在 MFC 图形界面中屏幕坐标系是如何定义的。

练习题 9.19 请画出 Windows 坐标系，并画出语句“pDC->MoveTo(0, 0); pDC->LineTo(100, 100);”所绘制的图形，然后在图上标出坐标原点、坐标轴和所绘制的图形的各个端点坐标。

练习题 9.20 在 Windows 编程的 API 中，表达颜色(COLORREF)的 3 个分量分别是什么？这 3 个分量的取值范围分别是多少？请编写程序，实现 1 个函数将作为函数参数的 COLORREF 类型的颜色值分解成为它所对应的 3 个分量，并用 3 个 int 引用类型的函数参数变量记录这 3 个分量的值，从而将这 3 个分量的值传递出去；反过来，实现 1 个函数将 3 个 int 类型的函数参数变量记录的 3 个分量的值组合成为 1 个 COLORREF 类型的颜色值，并通过 COLORREF 引用类型的函数参数变量将颜色值传递出去。

练习题 9.21 设定义了 int flag，而要求二进制位从低位开始计算，即最低位为第 1 位。在不改变其他二进制位的前提条件下，

（1）如何将 flag 的最低位设置为 0?

（2）如何将 flag 的最低位设置成为 1?

（3）如何将 flag 的第 2 位设置成为 0?

（4）如何将 flag 的第 2 位设置成为 1?

（5）如何获取 flag 第 n 位的值，其中 n 大于 0 且小于 flag 的总位数？

（6）如何将 flag 第 n 位设置成为 0，其中 n 大于 0 且小于 flag 的总位数？

（7）如何将 flag 第 n 位设置成为 1，其中 n 大于 0 且小于 flag 的总位数？

练习题 9.22 在 MFC 中，宏定义_T(s)的功能是什么？

练习题 9.23 CDC 类的成员函数 IsPrinting 的功能是什么？

练习题 9.24 在 CDC 类的成员函数“BOOL TextOut(int x, int y, const CString& s)”中，x 和 y 指定的是什么位置的坐标值？

练习题 9.25 请简述如何指定 CDC 类成员函数 TextOut 绘制的颜色。

练习题 9.26 请总结画笔与画刷的相同点与不同点。

练习题 9.27 如何给图形绘制设置画笔的颜色？其注意事项是什么？

练习题 9.28 如何给图形绘制设置画刷的颜色？其注意事项是什么？

练习题 9.29 在视图类的成员函数 OnDraw 中，如何判断是否处于打印模式？

练习题 9.30 如何直接在屏幕上绘制像素？

练习题 9.31 请简述 CDC 实例对象的主要功能。

练习题 9.32 请编写 MFC 程序，在图形界面上绘制一个漂亮的图案。请自行确定具体的图案，要求至少包含 3 种不同的颜色和 3 种不同的图形。

练习题 9.33 请写出 MFC 多文档基本程序的编写步骤。

练习题 9.34 请总结有哪些快捷运行菜单项命令的方法。

练习题 9.35　请简述添加对话框的步骤。

练习题 9.36　请简述添加事件处理代码的步骤。

练习题 9.37　请简述修改 MFC 图形界面菜单的程序编写步骤。

练习题 9.38　请简述设置快捷键的步骤。

练习题 9.39　如果要求重新进行窗口绘制，应当调用什么函数?

练习题 9.40　如何编写 MFC 程序代码在状态栏中显示文本信息?

练习题 9.41　如何在 MFC 程序中添加鼠标消息处理的代码?

练习题 9.42　请阐述对话框类的成员函数 DoDataExchange 的功能。

练习题 9.43　每个菜单项通常含有哪 2 种事件处理？它们的功能分别是什么?

练习题 9.44　请写出基于对话框的 MFC 基本程序的编写步骤。

练习题 9.45　请比较基于对话框的 MFC 程序与基于单文档或多文档的 MFC 程序之间的差别。

练习题 9.46　请采用 MFC 编写一个可以实现整数加减乘除四则运算的简单计算器。要求在图形界面上至少存在：

（1）2 个用来接收操作数输入的文本编辑框；

（2）1 个用来输出计算结果的文本编辑框；

（3）加减乘除四个按钮。要求该计算器能正确进行整数加减乘除运算。如果计算有误或输入非法，则应在图形界面上给出提示。可以自行设计具体的提示方式。

练习题 9.47　请写出基于功能区的 MFC 基本程序的编写步骤。

练习题 9.48　请总结 MFC 的特点。

练习题 9.49　请对比基于图形用户界面的程序与基于命令行的程序的优缺点。

练习题 9.50　与重量级的图形用户界面开发接口相比，采用 MFC 编程具备哪些优势?

练习题 9.51　请采用 MFC 编写飞行棋游戏程序。飞行棋的图案与规则可以自行设定。一些要求如下：

（1）可以开始或重新开始飞行棋游戏；

（2）可以通过鼠标选择将要走的棋子；

（3）图形界面上有一个按钮。当单击该按钮时，能够产生一个 1～6 的随机数，用来确定飞行棋所走的步数；

（4）在每次走棋之后，都能自动判断飞行棋游戏是否已经胜利结束，并在图形界面上给出相应的提示。

练习题 9.52　请采用 MFC 编写五子棋游戏程序，允许游戏双方轮流下棋。一些要求如下：

（1）可以开始或重新开始游戏；

（2）在每次落子之后，都能自动判断当前下棋的位置是否符合五子棋游戏规则以及是否已经胜利结束，并在图形界面上给出相应的提示。如果不符合下棋规则，则要求重新落子。如果已经胜利结束，则只能重要开始新的飞行棋游戏。

练习题 9.53　请采用 MFC 编写中国象棋游戏程序，允许游戏双方轮流下棋。一些要求如下：

（1）可以开始或重新开始游戏；

（2）可以方便地选择将要走的棋子和目前位置；

（3）在每次走棋之后，都能自动判断当前下棋的位置是否符合中国象棋游戏规则以及是否已经胜利结束，并在图形界面上给出相应的提示。如果不符合下棋规则，则要求重新当前这一步的走棋。如果已经胜利结束，则只能重要开始新一盘的中国象棋游戏。

9.8.2 思考题

思考题 9.54 请思考 MFC 的历史所带来的启发。

思考题 9.55 请总结 MFC 多文档基本程序自动生成的基本步骤和内部实现机制。

思考题 9.56 请总结 MFC 有哪些自动生成代码的方式？

思考题 9.57 请总结并详细说明 MFC 自动生成代码的规则。

思考题 9.58 请思考如何自动编写程序？

思考题 9.59 请思考如何自动生成测试程序？

思考题 9.60 请模仿 MFC 程序，将 Windows API 封闭成为类。要求至少实现 3 个 MFC 类，而且要求所实现的代码能够体现面向对象程序设计的优越性。

第 10 章　设 计 模 式

面向对象程序设计的核心特征与目标之一是程序代码复用。设计模式的出现**标志着**程序设计经验的复用拥有了一种相对简便的途径。如果编写了大量的程序或者收集了大量的**解决方案**，就可以按照求解问题的类型或者解决方案的设计思路等进行分类，并寻找同类解决方案的相似之处，形成设计模式。换一句话说，**设计模式**是针对有可能重复出现的特定类型的编程问题而提出的通用的程序设计方案。**评价设计模式的指标**包括能否提高程序代码的可复用性，是否有助于程序代码的理解，是否有助于提高程序代码的编写效率、运行效率以及运行可靠性。严格上讲，基于设计模式的解决方案复用不是代码层面上的复用，而是一种**设计经验的复用**。这种复用需要按照解决方案与设计模式的思路修改或重新编写代码，从而解决实际的问题。

本章将介绍单体模式、适配器模式、策略模式与工厂方法模式等 4 种设计模式。合理使用常用的设计模式，对于熟悉这些设计模式的人员而言，可以方便他们理解程序的设计思路。如果一种解决方案要上升为设计模式，则它的求解思路至少应当还可以用来解决另外一些不同的而且仍会不断涌现的现实问题。为了复用设计模式，**每种设计模式必须具备如下四个要素**。

（1）**模式名称（pattern name）**：一个能体现该设计模式的名称可以方便记住该设计模式，并方便编程交流或编写程序文档。因此，设计模式的名称不宜过长，最好能反映出其功能或者所要解决的问题。

（2）**适用的问题（problem）**：用来描述该设计模式适用于哪种类型的问题以及该设计模式的适用范围。这些描述回答了使用该设计模式的前提条件及其设计意图，即是解决什么问题的。

（3）**解决方案（solution）**：用来描述该设计模式求解问题的基本原理或核心思路，通常包括相关程序代码的框架结构、组成成分及其应当承担的职责或应当实现的功能，以及这些组成成分之间协作方式或相互关系。这些组成成分可以是全局函数、类或者模板等。

（4）**效果（consequences）**：用来描述应用该设计模式的优缺点及其原因，具体可以阐述其对程序的时间性能、空间性能、编程效率、维护代价或者扩展性等的影响。设计模式的效果通常也是该设计模式是否会被选用的重要衡量因素。有些设计模式在带有优点的同时也存在着某些缺陷。因此，需要综合权衡各个方面的效果，然后决定是否选用这些设计模式。

应当注意现有的很多设计模式是对一些原有解决方案的模式化，其解决问题的思路不一定就是最优的。随着编程实践的不断进行以及不断思考，对相关问题以及编程技术的理解不断深入，很有可能可以不断改进现有的设计模式。学习与分析现有的设计模式也有助于更加深入地理解 C++程序设计。

10.1 单体模式

单体模式（Singleton）在有些书中又称为**单例模式**或**单态模式**。对**单体模式的形象比喻**有“一山不容二虎”以及“国无二君”等。单体模式的应用场景包括但不局限于：一个操作系统应当只有一个全局的文件管理系统，一个操作系统应当只有一个全局的任务管理器。下面介绍单体模式的前两个要素：

（1）**模式名称**：单体模式（Singleton Pattern）。

（2）**适用的问题**：要求在程序的整个生命周期中限定某个类最多只能存在一个实例对象，而且这个实例对象应该能够被整个程序所共享。通常要求这个实例对象不要贯穿程序的整个生命周期，而是在开始使用之前创建，在创建之后其生命周期要求一直持续到程序结束。

下面分两个小节介绍两种单体模式的解决方案。读者可以自行尝试设计解决方案，并不断解决其中可能存在的问题，然后分析并比较这各种解决方案的效果，从而不断提升自己面向对象程序设计的能力。

10.1.1 传统的单体模式解决方案

面对单体模式的需求，可能会想到下面 2 种思路，但是它们均不符合单体模式的要求。

（1）**直接采用全局变量**：实际上全局变量可以被同名的局部变量屏蔽。因此，全局变量做不到唯一性。

（2）**采用类的静态成员变量**：类的静态成员变量在程序一开始便存在，而不是在必要时才创建，不符合单体模式的需求。

传统的单体模式解决方案：按照如下方式构造单体类：

（1）**将该单体类的构造函数与析构函数的封装属性均设为私有的**。这样，在其他类或全局函数中均无法构造该单体类的实例对象，也无法释放该单体类的内存空间。

（2）**在该单体类内定义一个公有的静态成员函数，该成员函数创建该单体类的实例对象，并返回所创建的实例对象的地址**。如果这个成员函数是非静态的，则能够调用该成员函数的只能是该单体类的实例对象。这时，根据单体模式对单体类实例对象唯一性的要求，那似乎就没有必要定义这个成员函数了。可是又如何构造这个实例对象呢？这就形成矛盾。因此，这个成员函数只能是静态的，可以通过类直接调用。因为类的成员函数是可以调用自己的私有构造函数，所以这个静态的成员函数可以成功创建该单体类的实例对象。为了避免多次构造该单体类的实例对象，**定义一个该单体类的私有静态成员变量**。该静态成员变量的类型是该单体类的指针类型，其初始值为 NULL。一旦构造了创建该单体类的实例对象，就将该实例对象的地址赋值给这个静态成员变量。这样，如果该静态成员变量的值为 NULL，就表明还没有创建该单体类的实例对象；否则，就是已经创建了。前面那个创建该单体类实例对象的静态成员函数可以根据这个条件创建单体类的实例对象，而且不会重复创建单体类的实例对象。

这样，根据上面的解决方案，可以编写如下的例程。

例程 10-1　传统的单体模式示例性例程。

例程解题思路：根据传统的单体模式解决方案，编写示例性例程。例程代码由 3 个源程序代码文件“CP_Singleton.h”“CP_Singleton.cpp”和“CP_SingletonMain.cpp”组成，具体的程序代码如下。

// 文件名：**CP_Singleton.h**；开发者：雍俊海

```
#ifndef CP_SINGLETON_H
#define CP_SINGLETON_H

class CP_Singleton
{
public:
    static CP_Singleton * mbs_getInstance();
    void mb_show();
private:
    CP_Singleton() { }
    ~CP_Singleton() { }
    static CP_Singleton * ms_instance;
}; // 类CP_Singleton定义结束
#endif
```

// 文件名：**CP_Singleton.cpp**；开发者：雍俊海

```
#include <iostream>
using namespace std;
#include "CP_Singleton.h"

CP_Singleton * CP_Singleton::ms_instance = NULL;

CP_Singleton * CP_Singleton::mbs_getInstance()
{
    if (NULL == ms_instance)
        ms_instance = new CP_Singleton();
    return ms_instance;
} // 类CP_Singleton的静态成员函数mbs_getInstance定义结束

void CP_Singleton::mb_show()
{
    cout << "单体地址为" << ms_instance << "。" << endl;
} // 类CP_Singleton的成员函数mb_show定义结束
```

// 文件名：**CP_SingletonMain.cpp**；开发者：雍俊海

```
#include <iostream>
using namespace std;
#include "CP_Singleton.h"

int main(int argc, char* args[])
```

```
6  {
7      CP_Singleton * s = CP_Singleton::mbs_getInstance();
8      s->mb_show();
9      system("pause");
10     return 0;
11 } // main 函数结束
```

可以对上面的代码进行编译、链接和运行。下面给出一个运行结果示例。

```
单体地址为 0099B1E0。
请按任意键继续. . .
```

例程分析：上面的例程按照解决方案将单体类 CP_Singleton 的构造函数与析构函数定义为私有的，同时定义了公有的静态成员函数 mbs_getInstance 和私有的静态成员变量 ms_instance。在上面例程中，单体类 CP_Singleton 的成员函数 mb_show 不是必须的。它只是用来说明可以在单体类 CP_Singleton 中添加新的成员变量或成员函数，从而构成有实际应用价值的单体类。同时，成员函数 mb_show 在这里也用来表明成功创建了单体类 CP_Singleton 的实例对象。这样，在源文件“CP_SingletonMain.cpp”的第 8 行代码就可以通过该实例对象调用其成员函数 mb_show，从而在控制台窗口中输出所创建的实例对象的地址。

还可以试验一下上面的代码是否可以满足单体模式的要求。如果在源文件“CP_SingletonMain.cpp”的第 7 行代码之前插入“CP_Singleton a;”或“CP_Singleton *p = new CP_Singleton;”，则无法通过编译，因为无法访问私有构造函数。如果在源文件“CP_SingletonMain.cpp”的第 8 行代码之后插入“delete s;”，则无法通过编译，因为无法访问私有析构函数。如果在源文件“CP_SingletonMain.cpp”的第 8 行代码之后插入“CP_Singleton::ms_instance=NULL;”，则无法通过编译，因为无法访问私有成员变量。这样，也不用担心记录单体类实例对象地址的 CP_Singleton::ms_instance 的值会被改变。具体的验证性代码及其结果如下所示。

```
CP_Singleton a; // 无法访问私有构造函数 CP_Singleton()
CP_Singleton *p = new CP_Singleton; // 无法访问私有构造函数
CP_Singleton * s = CP_Singleton::mbs_getInstance(); // 成功
delete s;        // 无法访问私有析构函数
CP_Singleton::ms_instance=NULL;      // 无法访问私有成员变量
```

这个例程是否存在问题？传统的单体模式解决方案是否存在缺陷？答案的肯定。第 1 个缺陷是这个解决方案没有考虑到可以通过默认的拷贝构造函数来创建实例对象。因此，这个解决方案实际上不能满足实例对象的唯一性要求。下面给出具体的验证代码直观进行说明。首先，为了直观展示上面的解决方案会出现类 CP_Singleton 的多个实例对象，在上面头文件“CP_Singleton.h”第 7 行处添加如下语句：

```
7      int m_data; // 在第 7 行处插入这条语句
```

接着，将源文件“CP_SingletonMain.cpp”的内容替换为：

```
// 文件名：CP_SingletonMain.cpp；开发者：雍俊海                                   行号
1  #include <iostream>
2  using namespace std;
3  #include "CP_Singleton.h"
4  
5  int main(int argc, char* args[])
6  {
7     CP_Singleton * s = CP_Singleton::mbs_getInstance();
8     s->m_data = 1;
9     CP_Singleton * t = new(nothrow)CP_Singleton(*s);
10    t->m_data = 2;
11    cout << "第 1 个 CP_Singleton 实例对象的数据为" << s->m_data << endl;
12    cout << "第 2 个 CP_Singleton 实例对象的数据为" << t->m_data << endl;
13    system("pause");
14    return 0;
15 } // main 函数结束
```

可以对修改之后的代码进行编译、链接和运行。下面给出一个运行结果示例。

```
第 1 个 CP_Singleton 实例对象的数据为 1
第 2 个 CP_Singleton 实例对象的数据为 2
请按任意键继续. . .
```

在替换后的源文件“CP_SingletonMain.cpp”中，第 7 行代码通过静态成员函数 CP_Singleton::mbs_getInstance 创建了第 1 个 CP_Singleton 实例对象。接着，第 9 行代码通过 new(nothrow)和拷贝构造函数创建了第 2 个 CP_Singleton 实例对象。第 8 行代码将指针 s 指向的第 1 个 CP_Singleton 实例对象的成员变量 m_data 赋值为 1，第 10 行代码将指针 t 指向的第 2 个 CP_Singleton 实例对象的成员变量 m_data 赋值为 2，第 11 和 12 行代码分别输出这 2 个成员变量的值。从输出的结果上看，这 2 个成员变量的值确实不一样，这验证了这 2 个 CP_Singleton 实例对象是不同的实例对象。这说明上面解决方案实际上不能满足实例对象的唯一性要求。

上面解决方案的**第 2 个缺陷**是存在内存泄漏。如果仔细进行代码审查，应当会发现上面例程只出现了关键字 new，却没有出现关键字 delete。**传统的单体模式解决方案原来存在内存泄漏问题**。

传统单体模式解决方案的效果：传统单体模式解决方案不仅没有考虑默认的拷贝构造函数，无法满足单体模式的要求，而且会出现内存泄漏问题。最终，程序没有调用该单体类的析构函数。在实际应用中，析构函数的调用有时会非常重要，例如，需要断开网络连接、退出登陆或完成对文件等资源进行解锁等操作。

结论：虽然很多书和网站将传统单体模式解决方案捧为经典，但实际上却是有缺陷的。因此，需要深入细致地掌握 C++面向对象技术，发现缺陷并解决缺陷。

10.1.2　无内存泄漏的单体模式解决方案

这里主要解决传统单体模式解决方案的内存泄漏问题，让单体类的析构函数也能得到正常调用。这样，在实际的应用中，可以让析构函数发挥出作用，体现面向对象程序设计技术的优点。其次，这里也将考虑拷贝构造函数。保证单体类实例对象的唯一性，从而满足单体模式的要求。

无内存泄漏的单体模式解决方案：按照如下方式构造单体类：

（1）将该单体类的构造函数与析构函数的封装属性均设为私有的，尤其是其中的拷贝构造函数。因为自定义了拷贝构造函数，所以就不会出现默认的拷贝构造函数。

（2）**定义一个单体清洗类**。这个类并不对外开放，只是用来调用单体类实例对象的析构函数，释放单体类实例对象的内存。因此，**该单体清洗类的所有成员都是私有的**。**在该单体清洗类中定义一个非静态的成员变量 m_singleton**，用来记录单体类实例对象的地址。**该单体清洗类的构造函数是将 m_singleton 设置为 NULL，析构函数删除 m_singleton 所指向的实例对象**，从而调用单体类的析构函数，删除单体类实例对象的内存空间。为了保证单体清洗类可以调用单体类的析构函数等私有成员，**将单体清洗类定义为单体类的友元**。同样，为了保证单体类可以使用单体清洗类的成员变量 m_singleton 等私有成员，**将单体类定义为单体清洗类的友元**。

（3）**给该单体类定义私有静态成员变量 ms_singletonCleaner**，其数据类型就是单体清洗类。该静态成员变量 ms_singletonCleaner 的成员变量 m_singleton 将负责记录单体类实例对象的地址。一旦构造了创建单体类的实例对象，就将该实例对象的地址赋值给 ms_singletonCleaner.m_singleton。

（4）在该单体类内定义一个公有的静态成员函数 mbs_getInstance。只有在该静态成员函数 mbs_getInstance 被调用时才会创建该单体类的实例对象。在该静态成员函数 mbs_getInstance 的函数体内，对 ms_singletonCleaner.m_singleton 的值进行判断。如果 ms_singletonCleaner.m_singleton 等于 NULL，则表明还没有创建单体类的实例对象。这时，就创建单体类的实例对象，并将地址赋值给 ms_singletonCleaner.m_singleton。最终，静态成员函数 mbs_getInstance 返回单体类实例对象的地址。

例程 10-2　无内存泄漏的单体模式例程。

例程功能描述：通过例程展示无内存泄漏的单体模式。

例程解题思路：根据无内存泄漏的单体模式解决方案，编写示例性例程。例程代码由 3 个源程序代码文件“CP_SingletonNoLeak.h”“CP_SingletonNoLeak.cpp”和“CP_SingletonNoLeakMain.cpp”组成，具体的程序代码如下。

```
// 文件名：CP_SingletonNoLeak.h；开发者：雍俊海
#ifndef CP_SINGLETONNOLEAK_H
#define CP_SINGLETONNOLEAK_H

class CP_SingletonCleaner;

class CP_SingletonNoLeak
{
public:
    static CP_SingletonNoLeak * mbs_getInstance();
    void mb_show();
```

```
private:
   static CP_SingletonCleaner ms_singletonCleaner; // 声明

   CP_SingletonNoLeak() { cout << "构造单体。" << endl; }
   CP_SingletonNoLeak(const CP_SingletonNoLeak & s) { }
   ~CP_SingletonNoLeak() { cout << "析构单体。" << endl; }

   friend CP_SingletonCleaner;
}; // 类 CP_SingletonNoLeak 定义结束

class CP_SingletonCleaner // 类 CP_SingletonCleaner 仅用来回收单体内存
{
private:
   CP_SingletonNoLeak * m_singleton;

   CP_SingletonCleaner() :m_singleton(NULL) { }
   ~CP_SingletonCleaner() { delete m_singleton; }

   friend CP_SingletonNoLeak;
}; // 类 CP_SingletonCleaner 定义结束
#endif
```

// 文件名：CP_SingletonNoLeak.cpp；开发者：雍俊海　　行号

```
#include <iostream>
using namespace std;
#include "CP_SingletonNoLeak.h"

CP_SingletonCleaner CP_SingletonNoLeak::ms_singletonCleaner; // 定义

CP_SingletonNoLeak * CP_SingletonNoLeak::mbs_getInstance()
{
   if (NULL == ms_singletonCleaner.m_singleton)
      ms_singletonCleaner.m_singleton = new CP_SingletonNoLeak();
   return ms_singletonCleaner.m_singleton;
}// 类 CP_SingletonNoLeak 的静态成员函数 mbs_getInstance 定义结束

void CP_SingletonNoLeak::mb_show()
{
   cout<<"单体地址为"<<ms_singletonCleaner.m_singleton<<"。"<< endl;
} // 类 CP_SingletonNoLeak 的成员函数 mb_show 定义结束
```

// 文件名：CP_SingletonNoLeakMain.cpp；开发者：雍俊海　　行号

```
#include <iostream>
using namespace std;
#include "CP_SingletonNoLeak.h"

int main(int argc, char* args[])
```

```
6  {
7     CP_SingletonNoLeak * s = CP_SingletonNoLeak::mbs_getInstance();
8     s->mb_show();
9     // CP_SingletonNoLeak * t = new(nothrow)CP_SingletonNoLeak(*s);
10    system("pause");
11    return 0;
12 } // main 函数结束
```

可以对上面的代码进行编译、链接和运行。下面给出一个运行结果示例。

```
构造单体。
单体地址为 0289FC90。
请按任意键继续. . .
析构单体。
```

上面的运行结果需要在控制台窗口上运行。如果在 VC 平台上运行，则最后一行可能会由于显示时间过短，很难观察到，即可能还没有看到，输出窗口就已经关闭了。

例程分析：审查一下头文件“CP_SingletonNoLeak.h”，可以发现单体清洗类 CP_SingletonCleaner 和单体类 CP_SingletonNoLeak 两者之间是互相依赖的。头文件“CP_SingletonNoLeak.h”第 4 行代码仅声明单体清洗类 CP_SingletonCleaner。这时，单体清洗类 CP_SingletonCleaner 还没有类体。因此，头文件“CP_SingletonNoLeak.h”第 12 行代码可以声明单体类的私有静态成员变量 ms_singletonCleaner。在这之后，头文件“CP_SingletonNoLeak.h”第 21~30 行代码定义了单体清洗类 CP_SingletonCleaner。因为头文件“CP_SingletonNoLeak.h”被包含在源文件“CP_SingletonNoLeak.cpp”之中，即单体清洗类 CP_SingletonCleaner 已经定义，所以在这之后，源文件“CP_SingletonNoLeak.cpp”第 5 行代码可以定义单体类的私有静态成员变量 ms_singletonCleaner。

因为在单体类 CP_SingletonNoLeak 中定义了静态成员变量 ms_singletonCleaner，所以**当程序开始运行时，程序就会创建单体清洗类的实例对象**，即单体类 CP_SingletonNoLeak 的静态成员变量 ms_singletonCleaner。这时，(CP_SingletonNoLeak::ms_singletonCleaner).m_singleton=NULL。当程序运行到源文件“CP_SingletonNoLeakMain.cpp”第 7 行时，调用单体类 CP_SingletonNoLeak 的静态成员函数 mbs_getInstance。因为(CP_SingletonNoLeak::ms_singletonCleaner).m_singleton 的值是 NULL，所以单体类 CP_SingletonNoLeak 的静态成员函数 mbs_getInstance 会创建单体类 CP_SingletonNoLeak 的实例对象，并将其地址赋值给(CP_SingletonNoLeak::ms_singletonCleaner).m_singleton，如源文件“CP_SingletonNoLeak.cpp”第 10 行代码所示。**当程序结束运行时，单体类 CP_SingletonNoLeak 的静态成员变量 ms_singletonCleaner 的内存空间会被回收**。因为单体类 CP_SingletonNoLeak 的静态成员变量 ms_singletonCleaner 的数据类型是单体清洗类，所以在收回单体类 CP_SingletonNoLeak 的静态成员变量 ms_singletonCleaner 的内存空间之前会自动调用单体清洗类的析构函数。如头文件“CP_SingletonNoLeak.h”第 27 行代码所示，该析构函数将会运行语句“delete m_singleton;”，完成对单体类 CP_SingletonNoLeak 的实例对象的析构函数的调用并收回该实例对象的内存空间。从上面输出结果上看，上面例程确实只创建了 1 个单体类实例对象。在程序运行结束的时候，确实会调用单体类的析构函数。上面例程解决了内存泄漏的问题。

因为在单体类 CP_SingletonNoLeak 中拷贝构造函数的访问方式是私有的，如头文件“CP_SingletonNoLeak.h”第 11 行和第 15 行代码所示，所以在单体类 CP_SingletonNoLeak 和其友元类 CP_SingletonCleaner 之外，都无法调用单体类 CP_SingletonNoLeak 的拷贝构造函数。例如，如果去掉源文件“CP_SingletonNoLeakMain.cpp”第 9 行的注释符号，从而尝试用单体类 CP_SingletonNoLeak 的拷贝构造函数来创建新的实例对象，则无法通过编译。上面例程解决了传统单体模式的拷贝构造函数问题。

> ❀小甜点❀：
>
> **无内存泄漏单体模式解决方案很好地利用了面向对象程序设计技术**。在程序开始时，程序会自动创建类的静态成员变量；在程序结束时，程序会自动销毁类的静态成员变量。不妨设该类的名称为 A。如果类 A 的静态成员变量的数据类型也是类，不妨称为清洗类 B，则程序在创建类 A 的静态成员变量时，会自动调用清洗类 B 的构造函数；程序在销毁类 A 的静态成员变量之前，会自动调用清洗类 B 的析构函数，从而完成内存和资源回收等工作。

无内存泄漏单体模式的效果：无内存泄漏单体模式解决方案可以满足单体模式的要求。该解决方案利用友元很好地解决私有析构函数的调用问题，不会出现内存泄漏的现象。不过，该解决方案需要额外增加单体清洗类。

10.2　适配器模式

适配器模式的前两个要素分别为：

（1）**模式名称**：适配器模式（Adapter Pattern）。

（2）**适用的问题**：适配器模式主要用来解决类的接口匹配问题。具体而言，已经拥有一个类，并且这个类基本上已经实现了所需要的功能，但是这个类的接口与实际需求不匹配，即在这个类中声明的各个成员函数与实际需求不匹配。例如，成员函数的个数、名称、形式参数类型或者形式参数个数等与实际需求不匹配。适配器模式要求不修改现有的这个类，同时又要设法满足实际的需求。

适配器模式面临的问题是一个比较常见的问题。例如，有时需要集成一些开源代码或者不提供代码的第三方组件到所编写的程序之中。这时，就有可能出现这样的情况。在开源代码或者不提供代码的第三方组件中已经实现了某些类，但与我们自己的程序代码又有点不匹配。如果是开源代码，可以直接修改开源代码；不过，按照适配器模式的要求，不能直接修改开源代码。如果是不提供代码的第三方组件，可能根本就无法修改第三方组件的代码，只能采用另外的方案。适配器模式的解决方案实际上不仅可以用来进行代码或组件的集成，也是一种比较常用的程序设计模式，尤其对于大型程序设计。例如，可以采用适配器模式让一个已经实现好的类去满足不同的实际需求。

图 10-1 给出了**适配器模式在日常生活中的类比示意图**。如图 10-1(a)所示，插头 A 类似于在适配器模式中已经拥有的类。插头 A 拥有三个凸起，无法与只有两个凹槽的插座 B 相匹配。适配器模式要求在不改变插头 A 和插座 B 的前提条件下，让插头 A 和插座 B 在一起工作。适配器模式的解决方案就是构造适配器 C，如图 10-1(b)所示。最终使得插头 A

和插座 B 在适配器 C 的过渡下工作在一起，如图 10-1(c)所示。在这个案例中，适配器 C 又称为转换插头。本节将分小节介绍一些相关的基本概念，然后介绍 2 种与转换插头相类似地适配器模式解决方案。

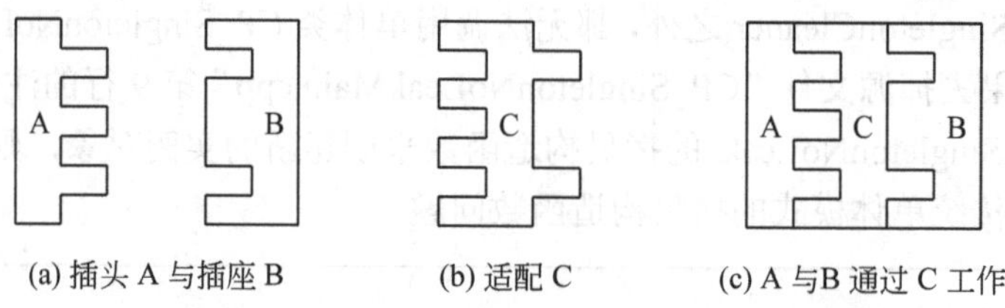

图 10-1　适配器模式在日常生活中的类比示意图

10.2.1　接口类和接口适配器类

如果在一个类中存在纯虚函数，则这个类称为抽象类。如果一个类除了构造函数与析构函数之外的所有成员函数都是纯虚函数，则这个类称为接口类。接口类也是一种抽象类。抽象类无法直接实例化。如果要求从这些抽象类派生出的子类能够实例化，则要求子类的成员函数覆盖所有纯虚函数。这样，接口类只是定义了某类型对象的基本框架。采用接口类的优点是接口类的子类各自独立实现一套完整的成员函数，容易保持对象数据与行为的一致性；其缺点是在实现接口类的子类时可能会存在一些重复的代码。

> **编程规范**：
> 有些公司的编程规范要求接口类在命名时需要加上后缀 Interface，例如，CP_StackInterface。不过，本书没有采用这条编程规范。

与接口类相对，位于另外一个极端的是接口适配器类。接口适配器类也是用来定义特定类型对象的基本框架。不过，在接口适配器类中不存在任何纯虚函数。对于这类型对象的具有公共行为的成员函数，则直接在接口适配器类中实现；对于其他成员函数，则只提供空的函数体或者在函数体中直接返回默认值。这样，当子类继承自接口适配器类时，子类只需实现自己所需要的成员函数就可以了。采用接口适配器类的优点是代码复用性更好，子类的代码更加简洁；其缺点是有时会由于疏忽造成子类没有覆盖必要的成员函数，造成不易觉察的错误。如果采用接口类，并且子类没有覆盖纯虚函数，则无法通过编译，即这种错误很容易被发现并纠正。

当然，也可以构造介于接口类与接口适配器类之间的抽象类，用于定义特定类型对象的基本框架，并且实现这类型对象的具有公共行为的成员函数，同时让其他成员函数是纯虚函数。这样在一定程度上综合了接口类与接口适配器类的优点。下面通过两个例程说明接口类和接口适配器类。

例程 10-3　堆栈接口类例程。

例程功能描述：编写一个堆栈接口类。

例程编写说明：例程由 1 个头文件“CP_StackInterface.h”组成，具体的程序代码如下。

// 文件名：CP_StackInterface.h；开发者：雍俊海	行号
#ifndef CP_STACKINTERFACE_H	// 1

```
#define CP_STACKINTERFACE_H

class CP_StackInterface
{
public:
    CP_StackInterface() {}
    virtual ~CP_StackInterface() {}

    virtual int mb_getCapacity() = 0;
    virtual int mb_getSize() = 0;
    virtual int mb_getTop() = 0;
    virtual bool mb_isEmpty() = 0;
    virtual bool mb_isFull() = 0;
    virtual void mb_pop() = 0;
    virtual void mb_push(int i) = 0;
}; // 接口类 CP_StackInterface 定义结束
#endif
```

例程分析：从上面代码可以看出，除了构造函数与析构函数之外，类 CP_StackInterface 的成员函数都是纯虚函数。因此，类 CP_StackInterface 是接口类。

例程 10-4　堆栈接口适配器类例程。

例程功能描述：编写一个堆栈接口适配器类。

例程编写说明：例程由 2 个源程序代码文件“CP_StackAdapter.h”和“CP_StackAdapter.cpp”组成，具体的程序代码如下。

```
// 文件名：CP_StackAdapter.h；开发者：雍俊海
#ifndef CP_STACKADAPTER_H
#define CP_STACKADAPTER_H

class CP_StackAdapter
{
public:
    CP_StackAdapter() {}
    virtual ~CP_StackAdapter() {}

    virtual int mb_getCapacity() { return 0; }
    virtual int mb_getSize() { return 0; }
    virtual int mb_getTop() { return 0; }
    virtual bool mb_isEmpty();
    virtual bool mb_isFull();
    virtual void mb_pop() { }
    virtual void mb_push(int i) { }
}; // 接口适配器类 CP_StackAdapter 定义结束
#endif
```

```
// 文件名：CP_StackAdapter.cpp；开发者：雍俊海
#include <iostream>
using namespace std;
#include "CP_StackAdapter.h"

bool CP_StackAdapter::mb_isEmpty()
{
   int s = mb_getSize();
   if (s <= 0)
      return true;
   return false;
} // 类CP_StackAdapter的成员函数mb_isEmpty定义结束

bool CP_StackAdapter::mb_isFull()
{
   int c = mb_getCapacity();
   int s = mb_getSize();
   if (s >= c)
      return true;
   return false;
} // 类CP_StackAdapter的成员函数mb_isFull定义结束
```

例程分析：从上面代码可以看出，接口适配器类 CP_StackAdapter 不含任何纯虚函数。

10.2.2 对象适配器模式

适配器模式主要有 2 种，分别是对象适配器模式和类适配器模式。本小节介绍对象适配器模式。

对象适配器模式解决方案：设已经拥有的类的名称为 A。类 A 的功能已经基本上满足实际需求，只是在接口上与实际需求不匹配。**首先定义一个接口类或者接口适配器类或者其他抽象类**。不妨称这个类为类 B。要求类 B 定义实际所需要的各种接口，使得只要类 A 能拥有类 B 的这些接口就可以完全满足实际需求。换一句话说，这个要求的结果就是类 B 的接口满足实现需求，但类 B 在功能上不满足实际需求。**然后定义一个对象适配器类**，不妨称这个类为类 C。要求类 C 是类 B 的子类，同时类 C 拥有一个私有成员变量，它的数据类型为类 A。类 C 借助于该成员变量实现或覆盖在类 B 中定义的接口，使得类 C 不是抽象类，而且类 C 的接口与功能均满足实际需求。

对象适配器模式效果：对象适配器模式为解决接口不兼容问题提供了解决方案，为提高现有类的复用率提供了一种机制，同时没有修改现有类的定义或实现代码。上面设计出来的类 C 与实际需求完全吻合，而且没有多余的对外接口。因此，采用这种方法不容易出错，是一种比较理想的方案。这种解决方案的缺点是在接口实现上以成员变量为中介。因此，稍微会损失一点点程序的运行效率。

下面通过例程说明接口类和接口适配器类。

例程 10-5　采用对象适配器模式的堆栈类示例。

例程功能描述：采用对象适配器模式，并利用向量类 vector<int>，构造堆栈对象适配器类，直观展示对象适配器模式解决方案。

例程解题思路：首先，定义接口类 CP_StackInterface，规范堆栈类的接口。这里直接采用上一小节的接口类 CP_StackInterface。接着，定义堆栈对象适配器类 CP_StackByVector，它继承自接口类 CP_StackInterface，并拥有私有成员变量 m_stack。成员变量 m_stack 的数据类型为 vector<int>。然后，借助于成员变量 m_stack，实现类 CP_StackByVector 对接口类 CP_StackInterface 所有纯虚函数的覆盖。最后，编写函数模板 gt_testStack 和 gt_testStackUnit 测试类 CP_StackByVector。

例程代码由 5 个源程序代码文件“CP_StackInterface.h”“CP_StackByVector.h”“CP_StackByVector.cpp”“CP_StackTest.h”和“CP_StackByVectorTestMain.cpp”组成，其中“CP_StackInterface.h”直接采用第 10.2.1 小节的同名文件，剩余文件的具体程序代码如下。

```
// 文件名：CP_StackByVector.h；开发者：雍俊海
#ifndef CP_STACKBYVECTOR_H
#define CP_STACKBYVECTOR_H
#include <vector>
#include "CP_StackInterface.h"

class CP_StackByVector : public CP_StackInterface
{
public:
    CP_StackByVector(int capacity = 10);
    virtual ~CP_StackByVector() {}

    virtual int mb_getCapacity();
    virtual int mb_getSize();
    virtual int mb_getTop();
    virtual bool mb_isEmpty();
    virtual bool mb_isFull();
    virtual void mb_pop();
    virtual void mb_push(int i);
private:
    vector<int> m_stack;
}; // 类 CP_StackByVector 定义结束
#endif
```

```
// 文件名：CP_StackByVector.cpp；开发者：雍俊海
#include <iostream>
using namespace std;
#include "CP_StackByVector.h"

CP_StackByVector::CP_StackByVector(int capacity): m_stack(capacity)
{
    m_stack.resize(0);
} // 类 CP_StackByVector 的构造函数定义结束

```

```
int CP_StackByVector::mb_getCapacity()
{
   int c = m_stack.capacity();
   return c;
} // 类CP_StackByVector的成员函数mb_getCapacity定义结束

int CP_StackByVector::mb_getSize()
{
   int s = m_stack.size();
   return s;
} // 类CP_StackByVector的成员函数mb_getSize定义结束

int CP_StackByVector::mb_getTop()
{
   int s = m_stack.size();
   if (s <= 0)
      return -1;
   int &e = m_stack.back();
   return e;
} // 类CP_StackByVector的成员函数mb_getTop定义结束

bool CP_StackByVector::mb_isEmpty()
{
   int s = m_stack.size();
   if (s <= 0)
      return true;
   return false;
} // 类CP_StackByVector的成员函数mb_isEmpty定义结束

bool CP_StackByVector::mb_isFull()
{
   int c = m_stack.capacity();
   int s = m_stack.size();
   if (s >= c)
      return true;
   return false;
} // 类CP_StackByVector的成员函数mb_isFull定义结束

void CP_StackByVector::mb_pop()
{
   int s = m_stack.size();
   if (s <= 0)
      return;
   m_stack.pop_back();
} // 类CP_StackByVector的成员函数mb_pop定义结束

void CP_StackByVector::mb_push(int i)
```

```
{
    int c = m_stack.capacity();
    int s = m_stack.size();
    if (s >= c)
        return;
    m_stack.push_back(i);
} // 类 CP_StackByVector 的成员函数 mb_push 定义结束
```

// 文件名：CP_StackTest.h；开发者：雍俊海　行号

```
#ifndef CP_STACKTEST_H
#define CP_STACKTEST_H

template <class CT_Stack>
void gt_testStackUnit(CT_Stack &s)
{
    int i = 0;
    while (!s.mb_isFull())
    {
        s.mb_push(++i);
    } // while 结束
    cout << "容量为=" << s.mb_getCapacity() << ", ";
    cout << "已占用" << s.mb_getSize() << "。" << endl;
    while (!s.mb_isEmpty())
    {
        cout << s.mb_getTop() << " ";
        s.mb_pop();
    } // while 结束
    cout << endl;
} // 函数 gt_testStackUnit 结束

template <class CT_Stack>
void gt_testStack()
{
    cout << "第一个案例:" << endl;
    CT_Stack e1(5);
    gt_testStackUnit(e1);

    cout << endl;
    cout << "第二个案例:" << endl;
    CT_Stack e2(10);
    gt_testStackUnit(e2);
} // 函数 gt_testStack 结束
#endif
```

// 文件名：CP_StackByVectorTestMain.cpp；开发者：雍俊海　行号

```
#include <iostream>
using namespace std;
```

```
#include "CP_StackByVector.h"                        // 3
#include "CP_StackTest.h"                            // 4
                                                     // 5
int main(int argc, char* args[])                     // 6
{                                                    // 7
   gt_testStack<CP_StackByVector>();                 // 8
   system("pause");                                  // 9
   return 0;                                         // 10
} // main 函数结束                                    // 11
```

可以对上面的代码进行编译、链接和运行。下面给出一个运行结果示例。

```
第一个案例：
容量为=5，已占用 5。
5 4 3 2 1

第二个案例：
容量为=10，已占用 10。
10 9 8 7 6 5 4 3 2 1
请按任意键继续. . .
```

例程分析：在上面头文件“CP_StackByVector.h”第 19 行和第 20 行代码将类 CP_StackByVector 的成员变量 m_stack 定义为**私有的**。这样，可以对外屏蔽类 vector<int>，从而使得类 CP_StackByVector 对外的接口更加简洁和清晰。如果将类 CP_StackByVector 的成员变量 m_stack 定义为公有的，则成员变量 m_stack 的元素就可以被全局函数或其他类的成员函数修改，从而使得类 CP_StackByVector 有可能会呈现出与堆栈不相符的行为。这里设计的**堆栈的容量**由类 CP_StackByVector 的构造函数决定，从而也决定了**堆栈实例对象在构造之后所允许的最大元素个数**。如源文件“CP_StackByVector.cpp”第 25 行和第 26 行代码所示，当堆栈为空时，成员函数 mb_getTop 实际上取不到栈顶元素的值，这时成员函数 mb_getTop 直接返回默认值−1。文件“CP_StackTest.h”实现的堆栈测试比较简单，只是先不断入栈，然后不断出栈，并输出出栈的内容，由人工自行进行判断是否正确。这种测试实际上非常不充分。不过，本例程的重点不在测试，而在于设计并实现堆栈对象适配器类 CP_StackByVector，同时并没有修改类 vector<int>的定义与实现代码，直观展示对象适配器模式解决方案。

10.2.3 类适配器模式

类适配器模式解决方案：设已经拥有的类的名称为 A。类 A 的功能已经基本上满足实际需求，只是在接口上与实际需求不匹配。**首先定义一个接口类或者接口适配器类或者其他抽象类**。不妨称这个类为类 B。要求类 B 定义实际所需要的各种接口，使得只要类 A 能拥有类 B 的这些接口就可以完全满足实际需求。换一句话说，这个要求的结果就是类 B 的接口满足实现需求，但类 B 在功能上不满足实际需求。**然后定义一个类适配器类**，不妨称这个类为类 C。要求类 C 同时是类 A 和类 B 的子类。在继承方式上，要求类 C 私有继承类 A，从而对外屏蔽类 A 本身的接口；同时类 C 公有继承类 B，从而对外展现类 C 拥有与类

B 相一致的接口。类 C 借助于类 A 实现或覆盖在类 B 中定义的接口，使得类 C 不是抽象类，而且类 C 的接口与功能均满足实际需求。

类适配器模式效果：类适配器模式同样为解决接口不兼容问题提供了解决方案，为提高现有类的复用率提供了一种机制，同时没有修改现有类的定义或实现代码。上面设计出来的类 C 与实际需求完全吻合。类 C 是类 A 的子类，可以直接利用类 A 的成员函数。因此，采用类适配器模式的程序运行效率通常会稍微高于采用对象适配器模式的程序运行效率。不过，类适配器模式采用了多重继承方式，在类与类之间的结构上比对象适配器模式复杂。虽然类 C 私有继承类 A，但是类 A 的成员变量和成员函数实际上还是有可能会干扰类 C 的对外接口。

例程 10-6　采用类适配器模式的堆栈类示例。

例程功能描述：采用类适配器模式，并利用向量类 vector<int>，构造堆栈类，直观展示类适配器模式解决方案。

例程解题思路：首先，定义接口适配器类 CP_StackAdapter，规范堆栈类的接口。这里直接采用第 10.2.1 小节的接口适配器类 CP_StackAdapter。接着，定义堆栈类 CP_StackExtendVector，它公有继承接口适配器类 CP_StackAdapter，同时私有继承类 vector<int>。然后，借助于父类 vector<int>，实现类 CP_StackExtendVector。最后，直接利用上一小节的函数模板 gt_testStack 和 gt_testStackUnit 测试类 CP_StackExtendVector。

例程代码由 6 个源程序代码文件“CP_StackAdapter.h”“CP_StackAdapter.cpp”“CP_StackExtendVector.h”“CP_StackExtendVector.cpp”“CP_StackTest.h”和“CP_StackExtendVectorTestMain.cpp”组成，其中，“CP_StackAdapter.h”和“CP_StackAdapter.cpp”直接采用第 10.2.1 小节的同名文件，“CP_StackTest.h”直接采用第 10.2.2 节的同名文件，剩余文件的具体程序代码如下。

```
// 文件名：CP_StackExtendVector.h；开发者：雍俊海
#ifndef CP_STACKEXTENDVECTOR_H
#define CP_STACKEXTENDVECTOR_H
#include <vector>
#include "CP_StackAdapter.h"

class CP_StackExtendVector :
   public CP_StackAdapter, private vector<int>
{
public:
   CP_StackExtendVector(int capacity = 10);
   virtual ~CP_StackExtendVector() {}

   virtual int mb_getCapacity();
   virtual int mb_getSize();
   virtual int mb_getTop();
   virtual void mb_pop();
   virtual void mb_push(int i);
}; // 类 CP_StackExtendVector 定义结束
```

```
#endif
```

```
// 文件名: CP_StackExtendVector.cpp; 开发者: 雍俊海
#include <iostream>
using namespace std;
#include "CP_StackExtendVector.h"

CP_StackExtendVector::CP_StackExtendVector(int capacity)
    : vector<int>(capacity)
{
    resize(0);
} // 类CP_StackExtendVector的构造函数定义结束

int CP_StackExtendVector::mb_getCapacity()
{
    int c = capacity();
    return c;
} // 类CP_StackExtendVector的成员函数mb_getCapacity定义结束

int CP_StackExtendVector::mb_getSize()
{
    int s = size();
    return s;
} // 类CP_StackExtendVector的成员函数mb_getSize定义结束

int CP_StackExtendVector::mb_getTop()
{
    int s = size();
    if (s <= 0)
        return -1;
    int &e = back();
    return e;
} // 类CP_StackExtendVector的成员函数mb_getTop定义结束

void CP_StackExtendVector::mb_pop()
{
    int s = size();
    if (s <= 0)
        return;
    pop_back();
} // 类CP_StackExtendVector的成员函数mb_pop定义结束

void CP_StackExtendVector::mb_push(int i)
{
    int c = capacity();
    int s = size();
    if (s >= c)
```

```
        return;
    push_back(i);
} // 类 CP_StackExtendVector 的成员函数 mb_push 定义结束
```

// 文件名：CP_StackExtendVectorTestMain.cpp；开发者：雍俊海

```
#include <iostream>
using namespace std;
#include "CP_StackExtendVector.h"
#include "CP_StackTest.h"

int main(int argc, char* args[])
{
    gt_testStack<CP_StackExtendVector>();
    system("pause");
    return 0;
} // main 函数结束
```

可以对上面的代码进行编译、链接和运行。下面给出一个运行结果示例。

```
第一个案例:
容量为=5, 已占用 5。
5 4 3 2 1

第二个案例:
容量为=10, 已占用 10。
10 9 8 7 6 5 4 3 2 1
请按任意键继续. . .
```

例程分析：对比本例程与上一小节的采用对象适配器模式的堆栈类例程，两个程序运行的输出结果完全一样。因此，**采用对象适配器模式和类适配器模式均可以编写出满足实际需求的适配器类**。在本例程中，类 CP_StackExtendVector 继承自接口适配器类 CP_StackAdapter，可以不编写在接口适配器类 CP_StackAdapter 中已经实现好的成员函数。因此，源文件“CP_StackExtendVector.cpp”比“CP_StackByVector.cpp”短，少了 16 行代码。本例程需要满足的需求与上一小节例程的需求完全一致。因此，本例程可以直接利用上一小节的函数模板进行测试，其中测试对象数据类型之间的差别是通过模板克服的。

虽然类 CP_StackExtendVector 私有继承自类 vector<int>，希望减弱类 vector<int>可能带来的干扰，但是这种模式无法避免干扰。这里给出**会出现干扰的代码示例**。这里将上面例程源文件“CP_StackExtendVectorTestMain.cpp”替换为“CP_StackExtendVectorWildMain.cpp”，具体代码如下：

// 文件名：CP_StackExtendVectorWildMain.cpp；开发者：雍俊海

```
#include <iostream>
using namespace std;
#include "CP_StackExtendVector.h"
#include "CP_StackTest.h"

```

```
6 int main(int argc, char* args[])
7 {
8    CP_StackExtendVector s;
9    s.mb_push(10);
10    s.mb_push(20);
11    s.mb_push(30);
12    vector<int> *pv = (vector<int> *)(&s);
13    (*pv)[0] = 500;
14    cout << s.mb_getTop() << " ";
15    s.mb_pop();
16    cout << s.mb_getTop() << " ";
17    s.mb_pop();
18    cout << s.mb_getTop() << " ";
19    s.mb_pop();
20    cout << endl;
21    system("pause");
22    return 0;
23 } // main 函数结束
```

在替换之后，源文件“CP_StackExtendVectorWildMain.cpp”可以与本例程的其他源程序代码文件共同组成新程序。这些代码可以通过编译和链接，并正常运行。下面给出一个运行结果示例。

```
30 20 500
请按任意键继续. . .
```

当程序运行到源文件“CP_StackExtendVectorWildMain.cpp”第 11 行代码之后，在堆栈 s 中的元素从栈顶到栈底分别是 30、20、10。虽然类 CP_StackExtendVector 私有继承自类 vector<int>，但是可以通过强制类型转换获取到在堆栈 s 中父类 vector<int>对应的那部分内存，如第 12 行代码所示。这样就可以通过父类 vector<int>的成员函数直接修改栈底元素的值，如第 13 行代码所示。这种操作不是堆栈的常规操作，对于堆栈而言实际上不允许的。从输出结果上看，堆栈 s 的元素确实被修改了。

10.3 策 略 模 式

策略模式的四个要素分别如下：

（1）模式名称：策略模式（Strategy Pattern）。

（2）适用的问题：对于同一种类型的对象，它们拥有多种实现的策略。希望编写代码实现这些策略，甚至希望在未来仍然能够非常方便地编写新的策略。

（3）解决方案：首先定义一个接口类或者接口适配器类或者其他抽象类。不妨称这个类为类 A。要求类 A 定义这种类型对象的基本框架，即定义这种类型对象的基本数据结构并且声明公共的成员函数。然后，对于每种策略，从类 A 派生出一个子类，这个子类为类 A 补充必要的成员变量，并实现或覆盖在类 A 中定义的成员函数。

（4）**效果**：**策略模式具有良好的扩展性**。如果出现一种新的策略，则只要继续从类 A 派生成一个子类，这个子类根据新策略为类 A 补充必要的成员变量，并实现或覆盖在类 A 中定义的成员函数。**策略模式也使得不同的策略之间不会互相干扰，即各个子类之间不会互相耦合**。

策略模式实际上是面向对象程序设计技术的常规性应用。例如，**假设需要采用策略模式编程模拟实现飞机、火车和汽车等多种交通工具**。这里同种类型的对象就是交通工具，相应的策略就是乘坐飞机和火车等不同的交通策略。可以先定义交通工具类，即在策略模式解决方案中的类 A。交通工具类定义了交通工具必须具备的基本数据结构，即交通工具名称和运动速度等成员变量，并声明获取交通工具名称和计算给定距离的运行时间等交通工具应当具有的公共的成员函数。然后，可以从交通工具类派生出飞机、火车和汽车等子类。对于飞机子类，则补充飞机所需要的空气摩擦系数等成员变量，并实现或覆盖在交通工具类中定义的成员函数。对于火车和汽车等子类，也是类似。**子类与子类之间没有互相耦合**，从而飞机的特性不会与火车的特性互相混淆。由于这些子类拥有共同的父类，在实际应用中，**这里子类可以互不干扰地互相替换**。例如，从北京前往上海，既可以乘坐飞机，也可以乘坐火车。不过，对于这两种方式，交通工具的名称不同，时间代价也不同。**与策略模式相对比**，**假如将飞机类定义为火车类的子类，则这 2 个类就互相耦合**，容易引起代码错误，例如，飞机类本身拥有交通工具名称“飞机”，但在飞机类的父类火车类中又拥有交通工具名称“火车”，根据父类与子类之间的继承关系，**这两个交通工具名称互相冲突**。下面通过一个具体的例程进一步展示策略模式的解决方案与效果。

例程 10-7　采用策略模式实现 2 种从 0 到 N 的求和器类。

例程功能描述：要求实现 2 种不同的策略计算从 0 到 N 的整数之和。每种策略对应一个求和器类。要求采用策略模式进行程序设计。

例程解题思路：首先，定义接口适配器类 CP_SummerFrom0ToN，该类拥有求和器必须具备的整数成员变量 N，同时声明设置 N 的值、获取 N 的值以及计算从 0 到 N 的整数之和的成员函数。在这个例程中，将实现通过公式求和以及通过循环求和这两种策略。因此，将从类 CP_SummerFrom0ToN 派生出 CP_SummerFrom0ToNByFormula 和 CP_SummerFrom0ToNByLoop 这两个子类。这两个子类将分别按照公式求和与循环求和的策略分别实现求和等成员函数。例程代码由 7 个源程序代码文件“CP_SummerFrom0ToN.h”“CP_SummerFrom0ToN.cpp”“CP_SummerFrom0ToNByFormula.h”“CP_SummerFrom0ToNByFormula.cpp”“CP_SummerFrom0ToNByLoop.h”“CP_SummerFrom0ToNByLoop.cpp”和“CP_SummerFrom0ToNMain.cpp”组成，具体的程序代码如下。

```
// 文件名：CP_SummerFrom0ToN.h；开发者：雍俊海
#ifndef CP_SUMMERFROM0TON_H
#define CP_SUMMERFROM0TON_H

class CP_SummerFrom0ToN
{
public:
    CP_SummerFrom0ToN(int n=0) { mb_setN(n); }
    virtual ~CP_SummerFrom0ToN() {}
```

```
   virtual int mb_getN() { return m_n; }
   virtual int mb_getSum() { return 0; }
   virtual void mb_setN(int n);
private:
   int m_n; // 要求：m_n>=0。
}; // 类 CP_SummerFrom0ToN 定义结束
#endif
```

```
// 文件名：CP_SummerFrom0ToN.cpp；开发者：雍俊海
#include <iostream>
using namespace std;
#include "CP_SummerFrom0ToN.h"

void CP_SummerFrom0ToN::mb_setN(int n)
{
   if (n <= 0)
      m_n = 0;
   else m_n = n;
} // 类 CP_SummerFrom0ToN 的成员函数 mb_setN 定义结束
```

```
// 文件名：CP_SummerFrom0ToNByFormula.h；开发者：雍俊海
#ifndef CP_SUMMERFROM0TONBYFORMULA_H
#define CP_SUMMERFROM0TONBYFORMULA_H
#include "CP_SummerFrom0ToN.h"

class CP_SummerFrom0ToNByFormula : public CP_SummerFrom0ToN
{
public:
   CP_SummerFrom0ToNByFormula(int n = 0):CP_SummerFrom0ToN(n){ }
   virtual ~CP_SummerFrom0ToNByFormula() {}
   virtual int mb_getSum();
}; // 类 CP_SummerFrom0ToNByFormula 定义结束
#endif
```

```
// 文件名：CP_SummerFrom0ToNByFormula.cpp；开发者：雍俊海
#include <iostream>
using namespace std;
#include "CP_SummerFrom0ToNByFormula.h"

int CP_SummerFrom0ToNByFormula::mb_getSum()
{
   int n = mb_getN();
   int sum = n * (1 + n) / 2;
   return sum;
} // 类 CP_SummerFrom0ToNByFormula 的成员函数 mb_getSum 定义结束
```

// 文件名：CP_SummerFrom0ToNByLoop.h；开发者：雍俊海

```
#ifndef CP_SUMMERFROM0TONBYLOOP_H
#define CP_SUMMERFROM0TONBYLOOP_H
#include "CP_SummerFrom0ToN.h"

class CP_SummerFrom0ToNByLoop : public CP_SummerFrom0ToN
{
public:
    CP_SummerFrom0ToNByLoop(int n = 0) :CP_SummerFrom0ToN(n) { }
    virtual ~CP_SummerFrom0ToNByLoop() {}
    virtual int mb_getSum();
}; // 类 CP_SummerFrom0ToNByLoop 定义结束
#endif
```

// 文件名：CP_SummerFrom0ToNByLoop.cpp；开发者：雍俊海

```
#include <iostream>
using namespace std;
#include "CP_SummerFrom0ToNByLoop.h"

int CP_SummerFrom0ToNByLoop::mb_getSum()
{
    int n = mb_getN();
    int i = 1;
    int sum = 0;
    for (; i <= n; i++)
        sum += i;
    return sum;
} // 类 CP_SummerFrom0ToNByLoop 的成员函数 mb_getSum 定义结束
```

// 文件名：CP_SummerFrom0ToNMain.cpp；开发者：雍俊海

```
#include <iostream>
using namespace std;
#include "CP_SummerFrom0ToNByFormula.h"
#include "CP_SummerFrom0ToNByLoop.h"

int main(int argc, char* args[])
{
    int n;
    cout << "请输入正整数:";
    cin >> n;
    CP_SummerFrom0ToNByFormula sf(n);
    CP_SummerFrom0ToNByLoop sp(n);
    cout << "计算从 0 到" << sf.mb_getN() << "的和。" << endl;
    cout << "公式求和得: " << sf.mb_getSum() << endl;
    cout << "计算从 0 到" << sp.mb_getN() << "的和。" << endl;
    cout << "循环求和得: " << sp.mb_getSum() << endl;
```

```
    system("pause");
    return 0;
} // main函数结束
```

可以对上面的代码进行编译、链接和运行。下面给出一个运行结果示例。

```
请输入正整数：10↙
计算从 0 到 10 的和。
公式求和得：55
计算从 0 到 10 的和。
循环求和得：55
请按任意键继续. . .
```

例程分析：在本例程中，类 CP_SummerFrom0ToNByFormula 和类 CP_SummerFrom0ToNByLoop 分别实现不同策略的求和器。这两个类彼此之间相对独立，互相不耦合。因为它们的公共父类是接口适配器类，所以这两个求和器类实际上只实现了构造函数、析构函数和求和成员函数，其他成员数在接口适配器类中实现。接口适配器类 CP_SummerFrom0ToN 的成员函数 mb_setN 保证了成员变量 m_n 是一个非负的整数。这里实现 2 种不同的求和器类。因此，可以通过比较这 2 种求和器类的求和结果是否一致来初步推断求和结果是否正确。

10.4　工厂方法模式

工厂方法模式的四个要素分别如下：

（1）**模式名称**：工厂方法模式（Factory Method Pattern）。

（2）**适用的问题**：如果类的构造函数比较复杂，代码量规模大，则可以考虑采用工厂方法模式。

（3）**解决方案**：为了描述方便，不妨称这个类为类 A。首先，让类 A 的构造函数只完成一些简单的初始化操作。然后，定义一个工厂类。在这个工厂类中定义成员函数专门用来创建类 A 的实例对象，同时完成该实例对象的构造或初始化等功能。这就好像类 A 的实例对象是这个工厂类的产品。因此，在工厂方法模式中，通常也称类 A 为**产品类**。

产品类还可以不仅仅是一个类，而是由一系列类组成，即由产品抽象类及其若干个子类组成。**产品抽象类**的这些子类通常不再是抽象类。在这时的解决方案是定义**工厂抽象类**及其子类。工厂抽象类与产品抽象类相对应，同时工厂子类与产品子类分别一一对应。每个工厂子类创建相应的产品子类的实例对象。在工厂方法模式中，通常将产品抽象类及其子类统称为**产品类**，将工厂抽象类及其子类统称为**工厂类**。

（4）**效果**：**工厂方法模式的优点**是将产品类实例对象的创建与使用分开，降低了产品类构造函数的复杂程度，同时也减少了实现产品类的代码总长度。不过，通常会增加总的代码长度。**工厂方法模式的缺点**也很明显。首先，工厂类只负责产品类实例对象的创建，却没有考虑产品类实例对象的销毁。这就好像一个类只有构造函数，却没有析构函数。因此，这不满足面向对象程序设计的**对象完备性要求**，容易引起内存泄漏或使用野指针等错误。其次，对于每个采用工厂方法模式设计的产品类而言，均增加了一个对应的工厂类，用来创建该产品类的实例对象。这样增加了类的数量，同时也增加了代码量。

下面给出一个应用工厂方法模式的例程。

例程 10-8　计算三角形面积例程。

例程功能描述：设计一个程序，要求不断接收整数指令的输入，并按照下面的方式根据指令执行相应的操作。

（1）如果输入整数指令 1，则退出程序；

（2）如果输入整数指令 2，则输出所创建的所有图形的总面积；

（3）如果输入整数指令 3，则继续输入等腰三角形的底边长与高，并创建相应的等腰三角形，然后输出它的面积。

例程解题思路：这里采用工厂方法模式实现这个例程。这里的产品类由图形抽象类 CP_Shape 和等腰三角形类 CP_TriangleIsosceles 组成，其中等腰三角形类 CP_TriangleIsosceles 是图形抽象类 CP_Shape 的子类。因此，这里的产品抽象类就是图形抽象类 CP_Shape，等腰三角形类 CP_TriangleIsosceles 是产品子类。与产品抽象类相对应，创建工厂抽象类 CP_FactoryMethodShapeInterface。因为本例程非常简单，所以这里用模板 CP_FactoryMethodShape 作为工厂子类的模板。同时添加测试函数完成本例程的功能。另外，为了方便程序的扩展，本例程将在添加新的产品子类时需要修改的代码集中在源程序代码文件“CP_FactoryMethodExtend.h”和“CP_FactoryMethodExtend.cpp”中。这样，本例程代码由 9 个源程序代码文件“CP_Shape.h”“CP_TriangleIsosceles.h”“CP_TriangleIsosceles.cpp”“CP_FactoryMethodShape.h”“CP_FactoryMethodExtend.h”“CP_FactoryMethodExtend.cpp”“CP_FactoryMethodShapeTest.h”“CP_FactoryMethodShapeTest.cpp”和“CP_FactoryMethodShapeTestMain.cpp”组成，具体的程序代码如下。

// 文件名：CP_Shape.h；开发者：雍俊海

```
#ifndef CP_SHAPE_H
#define CP_SHAPE_H

class CP_Shape
{
public:
   virtual ~CP_Shape() {}

   virtual void mb_draw() = 0;
   virtual double mb_getArea() = 0;
   virtual void mb_setupParameters() = 0;
}; // 类CP_Shape定义结束
#endif
```

// 文件名：CP_TriangleIsosceles.h；开发者：雍俊海

```
#ifndef CP_TRIANGLEISOSCELES_H
#define CP_TRIANGLEISOSCELES_H
#include "CP_Shape.h"

class CP_TriangleIsosceles : public CP_Shape
{
```

```
public:
    int m_baseLength, m_height;
    CP_TriangleIsosceles(int b = 0, int h = 0);

    virtual void mb_draw();
    virtual double mb_getArea();
    virtual void mb_setupParameters();
}; // 类CP_TriangleIsosceles定义结束
#endif
```

// 文件名：CP_TriangleIsosceles.cpp；开发者：雍俊海 行号

```
#include <iostream>
using namespace std;
#include "CP_TriangleIsosceles.h"

CP_TriangleIsosceles::CP_TriangleIsosceles(int b, int h)
    : m_baseLength(b), m_height(h)
{
} // 类CP_TriangleIsosceles的构造函数定义结束

void CP_TriangleIsosceles::mb_draw()
{
    if ((m_baseLength <= 0) || (m_height <= 0))
    {
        cout << "T0" << endl;
        return;
    } // if结束
    int i, j, m, n;
    if (m_height == 1)
    {
        for (i = 0; i < m_baseLength; i++)
            cout << "A";
        cout << endl;
        return;
    } // if结束
    for (i = 0; i < m_height; i++)
    {
        m = 1 + i * (m_baseLength - 1) / (m_height - 1);
        n = (m_baseLength - m) / 2;
        for (j = 0; j < n; j++)
            cout << " ";
        for (j = 0; j < m; j++)
            cout << "A";
        cout << endl;
    } // for(i)结束
} // 类CP_TriangleIsosceles的成员函数mb_draw定义结束

```

```
double CP_TriangleIsosceles::mb_getArea()
{
    double a = m_baseLength * m_height;
    a /= 2;
    return a;
} // 类 CP_TriangleIsosceles 的成员函数 mb_getArea 定义结束

void CP_TriangleIsosceles::mb_setupParameters()
{
    cout << "请输入等腰三角形的底边长与高:" << endl;
    cin >> m_baseLength;
    cin >> m_height;
    cout << "输入的底边长=" << m_baseLength;
    cout << ", 高=" << m_height << "。" << endl;
} // 类 CP_TriangleIsosceles 的成员函数 mb_setupParameters 定义结束
```

// 文件名：**CP_FactoryMethodShape.h**；开发者：雍俊海	行号

```
#ifndef CP_FACTORYMETHODSHAPE_H
#define CP_FACTORYMETHODSHAPE_H

#include "CP_Shape.h"

extern CP_Shape* gb_createInstanceShape(int typeId);

class CP_FactoryMethodShapeInterface
{
public:
    virtual ~CP_FactoryMethodShapeInterface() {}

    virtual CP_Shape* mb_createInstance() = 0;
}; // 类模板 CP_FactoryMethodShapeInterface 定义结束

template <typename  T_ProductType>
class CP_FactoryMethodShape : public CP_FactoryMethodShapeInterface
{
public:
    virtual T_ProductType* mb_createInstance()
    {
        T_ProductType* s = new T_ProductType;
        return s;
    } // 成员函数 mb_createInstance 定义结束
}; // 类模板 CP_FactoryMethodShape 定义结束
#endif
```

// 文件名：**CP_FactoryMethodExtend.h**；开发者：雍俊海	行号

```
#ifndef CP_FACTORYMETHODEXTEND_H
#define CP_FACTORYMETHODEXTEND_H
```

```
#include "CP_Shape.h"

extern CP_Shape* gb_createInstanceShape(int typeId);
extern void gb_outShapeHint();
#endif
```

```
// 文件名：CP_FactoryMethodExtend.cpp；开发者：雍俊海
#include <iostream>
using namespace std;
#include "CP_TriangleIsosceles.h"
#include "CP_FactoryMethodShape.h"

CP_Shape* gb_createInstanceShape(int typeId)
{
    CP_Shape* s;
    CP_FactoryMethodShape<CP_TriangleIsosceles> t1;
    switch (typeId)
    {
    case 3:
        s = t1.mb_createInstance();
        break;
    default:
        s = NULL;
    } // switch 结束
    return s;
} // 函数 gb_createInstanceShape 定义结束

void gb_outShapeHint()
{
    cout << "请输入 1、2 或 3:" << endl;
    cout << "\t1: 退出; ";
    cout << "2: 计算总面积; ";
    cout << "3: 创建等腰三角形。";
} // 函数 gb_outShapeHint 结束
```

```
// 文件名：CP_FactoryMethodShapeTest.h；开发者：雍俊海
#ifndef CP_SIMPLEFACTORYSHAPETEST_H
#define CP_SIMPLEFACTORYSHAPETEST_H

extern void gb_testFactoryMethodShape();
#endif
```

```
// 文件名：CP_FactoryMethodShapeTest.cpp；开发者：雍俊海
#include <iostream>
using namespace std;
#include <vector>
```

```
#include "CP_FactoryMethodExtend.h"

void gb_testShapeClearInputBuffer()
{
    cin.clear(); // 清除错误状态
    cin.ignore(); // 清除输入缓冲区
} // 函数 gb_testShapeClearInputBuffer 结束

double gb_testShapeGetArea(vector<CP_Shape *> &vs)
{
    int i;
    int n = vs.size();
    double a, as;
    as = 0;
    for (i = 0; i < n; i++)
    {
        a = vs[i]->mb_getArea();
        as += a;
    } // for 结束
    return as;
} // 函数 gb_testShapeGetArea 结束

void gb_testFactoryMethodShape()
{
    int i;
    double a;
    CP_Shape * s;
    vector<CP_Shape *> vs;

    for (; true; )
    {
        gb_outShapeHint();
        i = 0;
        cin >> i;
        if (i == 1)
            break;
        if (i == 2)
        {
            a = gb_testShapeGetArea(vs);
            cout << "总面积=" << a << "。" << endl;
        }
        else
        {
            s = gb_createInstanceShape(i);
            if (s == NULL)
            {
                cout << "输入有误，请重新输入。" << endl;
```

```
                continue;
            } // if 结束
            s->mb_setupParameters();
            s->mb_draw();
            cout << "面积=" << s->mb_getArea() << "。" << endl;
            vs.push_back(s);
        } // if/else 结束
        gb_testShapeClearInputBuffer();
    } // for 循环结束
    int n = vs.size();
    for (i = 0; i < n; i++)
        delete vs[i];
} // 函数 gb_testFactoryMethodShape 结束
```

```
// 文件名：CP_FactoryMethodShapeTestMain.cpp；开发者：雍俊海
#include <iostream>
using namespace std;
#include "CP_FactoryMethodShapeTest.h"

int main(int argc, char* args[])
{
    gb_testFactoryMethodShape();
    system("pause");
    return 0;
} // main 函数结束
```

可以对上面的代码进行编译、链接和运行。下面给出一个运行结果示例。

```
请输入1、2或3:
        1: 退出; 2: 计算总面积; 3: 创建等腰三角形。 3↙
请输入等腰三角形的底边长与高:
3 2↙
输入的底边长=3, 高=2。
 A
AAA
面积=3。
请输入1、2或3:
        1: 退出; 2: 计算总面积; 3: 创建等腰三角形。 3↙
请输入等腰三角形的底边长与高:
5 3↙
输入的底边长=5, 高=3。
  A
 AAA
AAAAA
面积=7.5。
请输入1、2或3:
        1: 退出; 2: 计算总面积; 3: 创建等腰三角形。 2↙
总面积=10.5。
请输入1、2或3:
```

```
        1: 退出; 2: 计算总面积; 3: 创建等腰三角形。 4↙
输入有误，请重新输入。
请输入 1、2 或 3:
        1: 退出; 2: 计算总面积; 3: 创建等腰三角形。 1↙
请按任意键继续. . .
```

例程分析：这个例程仅仅用来说明**如何实现工厂方法模式**。如果拥有产品抽象类，采用工厂方法模式就会创建相应的工厂抽象类，例如，本例程的工厂抽象类 CP_FactoryMethodShapeInterface，其定义见头文件“CP_FactoryMethodShape.h”第 8～14 行代码。这里的产品子类 CP_TriangleIsosceles 对应工厂子类 CP_FactoryMethodShape <CP_TriangleIsosceles>。虽然产品子类 CP_TriangleIsosceles 也可以拥有自己的构造函数，但在工厂方法模式中，创建产品子类 CP_TriangleIsosceles 的实例对象应当通过对应的工厂子类，如源文件“CP_FactoryMethodExtend.cpp”第 13 行代码“s = t1.mb_createInstance();”所示。

> **注意事项**：
>
> （1）只有产品类的代码量非常大，而且创建产品类的实例对象的代码量也非常大，这时才需要采用工厂方法模式。这 2 个条件是**采用工厂方法模式的前提条件**。
>
> （2）在本例程中，产品抽象类 CP_Shape 和产品子类 CP_TriangleIsosceles 以及创建产品子类 CP_TriangleIsosceles 的实例对象的代码量都不大。因此，**本例程实际上不满足采用工厂方法模式的前提条件**，不应当采用工厂方法模式。
>
> （3）本例程仅仅用来说明如何实现工厂方法模式。为了使得**重点能够更加突出**并且**更加直观展现工厂方法模式的具体实现方式**，因此这里没有采用非常复杂的例程。

本例程的扩展也非常方便，即可以非常方便就可以增加新的产品子类。这种程序代码扩展方式优势主要是采用了结构化程序设计的**变与不变分离原则**，即工厂方法模式不是这种程序代码扩展方式优势的最主要原因。**工厂方法模式设计的主要目的**是将复杂的实例对象构造过程从原来的类中剥离出来。

例程 10-9　计算三角形和矩形面积例程。

例程功能描述：在上一个例程的基础上增加产品子类，即矩形类 CP_Rectangle，展现上一个例程良好的程序扩展性。同时，让程序增加一个接收整数指令，即如果输入整数指令 4，则继续输入矩形的长与宽，并创建相应的矩形，然后输出它的面积。程序对其他指令的处理保持不变。

例程解题思路：本例程在上一个例程的基础上增加 2 个源程序代码文件“CP_Rectangle.h”和“CP_Rectangle.cpp”，并修改源文件“CP_FactoryMethodExtend.cpp”，上一个例程的其他源程序代码文件保持不变。2 个新增的文件和 1 个修改后的文件的具体程序代码如下。

```
// 文件名: CP_Rectangle.h; 开发者: 雍俊海
#ifndef CP_RECTANGLE_H
#define CP_RECTANGLE_H
#include "CP_Shape.h"

```

```
class CP_Rectangle : public CP_Shape
{
public:
    int m_length, m_width;
    CP_Rectangle(int L = 0, int w = 0);

    virtual void mb_draw();
    virtual double mb_getArea();
    virtual void mb_setupParameters();
}; // 类CP_Rectangle定义结束
#endif
```

// 文件名：CP_Rectangle.cpp；开发者：雍俊海

```
#include <iostream>
using namespace std;
#include "CP_Rectangle.h"

CP_Rectangle::CP_Rectangle(int L, int w)
    :m_length(L), m_width(w)
{
} // 类CP_Rectangle的构造函数定义结束

void CP_Rectangle::mb_draw()
{
    if ((m_length <= 0) || (m_width <= 0))
    {
        cout << "R0" << endl;
        return;
    } // if结束
    int i, j;
    for (i = 0; i < m_width; i++)
    {
        for (j = 0; j < m_length; j++)
            cout << "H";
        cout << endl;
    } // for(i)结束
} // 类CP_Rectangle的成员函数mb_draw定义结束

double CP_Rectangle::mb_getArea()
{
    double a = m_length * m_width;
    return a;
} // 类CP_Rectangle的成员函数mb_getArea定义结束

void CP_Rectangle::mb_setupParameters()
{
    cout << "请输入矩形的长与宽:" << endl;
```

```
    cin >> m_length;
    cin >> m_width;
    cout << "输入的长=" << m_length;
    cout << ", 宽=" << m_width << "。" << endl;
} // 类 CP_Rectangle 的成员函数 mb_setupParameters 定义结束
```

// 文件名：CP_FactoryMethodExtend.cpp；开发者：雍俊海

```
#include <iostream>
using namespace std;
#include "CP_Rectangle.h"
#include "CP_TriangleIsosceles.h"
#include "CP_FactoryMethodShape.h"

CP_Shape* gb_createInstanceShape(int typeId)
{
    CP_Shape* s;
    CP_FactoryMethodShape<CP_TriangleIsosceles> t1;
    CP_FactoryMethodShape<CP_Rectangle> t2;
    switch (typeId)
    {
    case 3:
        s = t1.mb_createInstance();
        break;
    case 4:
        s = t2.mb_createInstance();
        break;
    default:
        s = NULL;
    } // switch 结束
    return s;
} // 函数 gb_createInstanceShape 定义结束

void gb_outShapeHint()
{
    cout << "请输入 1、2、3 或 4:" << endl;
    cout << "\t1: 退出; ";
    cout << "2: 计算总面积; ";
    cout << "3: 创建等腰三角形; ";
    cout << "4: 创建矩形。";
} // 函数 gb_outShapeHint 结束
```

可以对上面的代码进行编译、链接和运行。下面给出一个运行结果示例。

```
请输入 1、2、3 或 4:
        1: 退出; 2: 计算总面积; 3: 创建等腰三角形; 4: 创建矩形。3↙
请输入等腰三角形的底边长与高:
3 2↙
输入的底边长=3, 高=2。
```

```
 A
AAA
面积=3。
请输入1、2、3或4:
        1: 退出; 2: 计算总面积; 3: 创建等腰三角形; 4: 创建矩形。4↙
请输入矩形的长与宽:
5 3↙
输入的长=5, 宽=3。
HHHHH
HHHHH
HHHHH
面积=15。
请输入1、2、3或4:
        1: 退出; 2: 计算总面积; 3: 创建等腰三角形; 4: 创建矩形。2↙
总面积=18。
请输入1、2、3或4:
        1: 退出; 2: 计算总面积; 3: 创建等腰三角形; 4: 创建矩形。1↙
请按任意键继续. . .
```

例程分析：这个例程展现出了结构化程序设计的**变与不变分离原则**的优势，非常方便程序的扩展。本例程也展现出了采用面向对象技术的**继承性与多态性**的优势。在本例程源文件“CP_FactoryMethodShapeTest.cpp”第26～63行代码处的全局函数gb_testFactoryMethodShape通过抽象类的指针就可以调用子类的成员函数。

在本例程中，这里的产品子类CP_Rectangle对应工厂子类CP_FactoryMethodShape<CP_Rectangle>。虽然产品子类CP_Rectangle也可以拥有自己的构造函数，但在工厂方法模式中，创建产品子类CP_Rectangle的实例对象应当通过对应的工厂子类，如源文件“CP_FactoryMethodExtend.cpp”第18行代码“s = t2.mb_createInstance();”所示。

例程10-10　计算三角形和矩形面积的对照例程。

例程功能描述：不采用工厂方法模式实现与上一个例程相同的功能，而且要求体现相同的程序扩展性。

例程解题思路：本例程在上一个例程的基础上删除了与工厂类相关的头文件“CP_FactoryMethodShape.h”，并用源文件“CP_ShapeExtend.cpp”代替源文件“CP_FactoryMethodExtend.cpp”。上一个例程的其他源程序代码文件保持不变。源文件“CP_ShapeExtend.cpp”的具体程序代码如下。

```
// 文件名: CP_ShapeExtend.cpp; 开发者: 雍俊海
#include <iostream>
using namespace std;
#include "CP_Rectangle.h"
#include "CP_TriangleIsosceles.h"

CP_Shape* gb_createInstanceShape(int typeId)
{
   CP_Shape* s;
   switch (typeId)
   {
```

```
    case 3:
        s = new CP_TriangleIsosceles;
        break;
    case 4:
        s = new CP_Rectangle;
        break;
    default:
        s = NULL;
    } // switch 结束
    return s;
} // 函数 gb_createInstanceShape 定义结束

void gb_outShapeHint()
{
    cout << "请输入 1、2、3 或 4:" << endl;
    cout << "\t1: 退出; ";
    cout << "2: 计算总面积; ";
    cout << "3: 创建等腰三角形; ";
    cout << "4: 创建矩形。";
} // 函数 gb_outShapeHint 结束
```

可以对上面的代码进行编译、链接和运行。运行结果与上一个例程相同。

例程分析：这个例程是上一个例程的对照例程。本例程不采用工厂方法模式，**程序代码更加简洁和清晰**。从功能上看，本例程运行结果与上一个例程相同。从性能上看，本例程的运行效率会稍微高一些，即程序运行时间代价会略微低一些。如果产品类的程序代码规模很小，就没有必要采用工厂方法模式，即没有必要创建相应的工厂类。否则，按照同样的原理，所创建的工厂类也需要相应的工厂类，即创建工厂类的实例对象的新工厂类。这个过程可以不断递归下去，从而带来类的个数和代码量无谓的且无限的膨胀。从开源代码的情况上看，**工厂方法模式被滥用的情况很多**。这是没有必要的。

10.5　本 章 小 结

设计模式的提出为**程序设计经验的复用**提供了一种途径。设计模式也为缺乏经验的程序员学习程序设计提供了一些直观的案例。相对于函数或类或模板等代码的直接复用，设计模式的复用难度大，也非常考验程序员的程序设计功底。程序员需要自行分析设计模式所要解决的问题与当前所要解决的问题是否相同或相似。使用该设计模式的前提条件是否已经具备。即使确定可以使用设计模式，也要进一步设计如何套用该设计模式进行实际编程。当然，如果经常应付这种挑战，对**提高程序设计能力**具有非常大的帮助。

> ❀小甜点❀：
>
> **最优的设计模式**：如果某种设计模式还没有被证明是最优的，一方面可以进一步分析确认它是否是最优的，另一方面还可以**不断设法改进**它，直到确认达到了最优。

📖说明📖：

如果恰当地使用现有的设计模式，则不仅在**编写文档**时可以直接采用现有的术语从而减少编写文档的工作量，而且在项目研发的过程中可以方便地建立设计模式相关的**共同的术语基础**，从而**方便沟通与交流**。

⚐注意事项⚐：

应当注意**不要滥用设计模式**。每种设计模式都有自己的适用范围。在不适用的场景中使用设计模式很容易令人误解，引发程序错误或增加程序维护难度。

目前，很多书和网页在介绍各种设计模式时含糊不清；有些则故弄玄虚，将设计模式阐述得高深莫测，令人难以理解；有些设计模式则错误连连，违背面向对象程序设计基本原则。这些都是当前学习设计模式的障碍。有些人在不理解设计模式的前提条件下，生搬硬套，滥用设计模式，使得程序代码不仅冗长，而且晦涩难懂。**在正式的软件产品研发中，通常建议不要使用未理解的设计模式**。这时，可以直接分析所要解决的问题，并采用面向对象程序设计的方法进行程序设计与代码编写。

10.6 习　　题

10.6.1 练习题

练习题 10.1 简述设计模式的定义。
练习题 10.2 简述设计模式的作用。
练习题 10.3 设计模式是如何形成的?
练习题 10.4 请简述设计模式必须具备的四个要素以及各个要素的作用。
练习题 10.5 请简述设计模式复用过程。
练习题 10.6 请简述程序代码有哪些复用方法? 它们的区别分别是什么?
练习题 10.7 使用设计模式应当注意什么问题?
练习题 10.8 单体模式与全局变量的区别是什么?
练习题 10.9 单体模式与全局静态变量的区别是什么?
练习题 10.10 单体模式与类的静态成员变量的区别是什么?
练习题 10.11 请简述单体模式的功能要求。
练习题 10.12 请列举单体模式的可能应用场景。
练习题 10.13 请总结单体模式在实际应用中有可能存在的必要性。
练习题 10.14 请总结在本章中介绍的两种单体模式解决方案，并对比分析它们的优缺点。
练习题 10.15 请设计一个应用场景，并采用无内存泄漏的单体模式编写满足该应用场景要求的程序。
练习题 10.16 什么是适配器模式?
练习题 10.17 适配器模式适用的问题是什么?
练习题 10.18 请简述有哪些具体的适配器模式解决方案。
练习题 10.19 请简述适配器模式的效果。

练习题 10.20　请比较对象适配器模式与类适配器模式的工作方式与优缺点。

练习题 10.21　请简述接口适配器类。

练习题 10.22　请比较抽象类与接口适配器类的优缺点。

练习题 10.23　请简述对象适配器模式的核心思路。

练习题 10.24　请简述类适配器模式的核心思路。

练习题 10.25　列举并阐述适配器模式用到了哪些面向对象程序设计基本原则。

练习题 10.26　策略模式适用的问题是什么?

练习题 10.27　策略模式解决方案的基本思路是什么?

练习题 10.28　采用策略模式的优点是什么?

练习题 10.29　请采用策略模式，设计并实现学生成绩管理系统，通过该系统要求可以实现学生成绩的输入、输出、查询、修改指定学生的成绩和统计所有学生的平均成绩、最高成绩、最低成绩、在指定分数段内的学生总个数。要求至少采用 2 种策略设计并实现。

练习题 10.30　什么是工厂方法模式?

练习题 10.31　工厂方法模式适用的问题是什么?

练习题 10.32　请简述工厂方法模式的解决方案。

练习题 10.33　请简述工厂方法模式的效果。

练习题 10.34　请简述应用工厂方法模式的注意事项。

10.6.2　思考题

思考题 10.35　请设计一种新的实现无内存泄漏的单体模式，并采用这种设计模式设计与编写具有应用价值的例程。

思考题 10.36　如何改造工厂方法模式，使得程序满足面向对象程序设计的完备性要求。

第 11 章 编 程 规 范

在有效的前提下尽可能简单是编写程序的最基本原则。**有效**是要求程序可以解决实际问题；**简单**是方便程序的理解与维护。编程规范可以起到很大的帮助作用。程序代码的规模越大，程序代码编写和维护就越离不开**编程规范**。如果编程人员不少于两个或者编程工作量超过一周，那么就应当考虑制定编程规范或直接采纳某种现成的编程规范。编程规范为人们交流、共享和传承程序代码提供了必要的准则，也为提高程序的可理解性、正确性、健壮性、可维护性、编写效率和运行效率提供了基本原则。

可能有一些编程人员会抱怨编写符合编程规范的程序代码会增加编程时间。但是，良好的编程规范可以大幅度降低程序测试、调试和维护的时间，从而**大幅度降低总的时间代价**。在现今高速运转的社会中，**不符合编程规范**的程序代码几乎是没有办法得到实际应用和维护的。在初学编程时，由于不熟悉 C++语言本身的语法，同时还要兼顾编程规范，确实有可能会顾此失彼。但是，如果坚持应用良好的编程规范，实际编程效率会逐渐远远高于不采用编程规范的编程效率，因为对于编写过大量程序的人而言，**编写程序代码效率的关键性瓶颈**通常不是敲键盘的速度，而是查询、理解、构思与犹豫。良好的编程规范可以大幅度减少查询需要调用的函数、理解所编写的代码以及定位需要调试的代码等代码编写与维护所需要的时间。良好的编程规范对辅助思考与减少犹豫也有一定的帮助作用。对于大量的公司，程序代码编写和维护人员常常不相同，编程规范也可以用来减少大量沟通交流的时间。

11.1 命 名 空 间

随着程序规模的增大，C++代码的增多，名称冲突会成为越来越严重的问题，甚至很难避免。命名空间为减少命名冲突提供了一种可行的机制。**命名空间主要有如下 2 个功能**：

（1）**减少命名冲突功能**：使用命名空间相当于给在命名空间中定义的各种名称添加一个前缀，从而可以在一定程度减少命名冲突。

（2）**代码管理功能**：可以对 C++代码进行归类，并将每类代码封装到不同的命名空间之中，从而方便查找和管理 C++代码。

可以按照如下的格式**定义命名空间**。

```
namespace 命名空间的名称
{
    变量、函数、模板以及类等数据类型的声明或定义。
}
```

其中，命名空间的名称要求是一个合法的标识符，上面第 1 行“namespace *命名空间的名称*”称为**命名空间的头部**，剩余部分称为**命名空间体**。

上面命名空间的定义可以多次出现在同一个源程序代码文件中，也可以出现在多个源程序代码文件之中。而且，允许多次出现的命名空间定义拥有相同的命名空间名称，即允许多次为同一个命名空间添加内容。

可以对程序代码进行归类划分，可以自行制定归类划分的规则。划分出来的每部分代码都可以归并一个命名空间中，不同部分的代码归到不同的命名空间中。这样，**命名空间为代码管理提供了一种组织框架**。另外，命名空间也给位于命名空间中的各种名称提供了前缀。下面给出代码示例。

```
1  #include <iostream>
2  using namespace std;
3
4  namespace X
5  {
6     void fun() { cout << "我的全名是 X::fun。" << endl; }
7  } // 命名空间 X 定义结束
8
9  int main(int argc, char* args[ ])
10 {
11    X::fun();
12    system("pause");
13    return 0;
14 } // main 函数结束
```

可以对上面的代码进行编译、链接和运行。下面给出一个运行结果示例。

```
我的全名是 X::fun。
请按任意键继续. . .
```

上面第 4～7 行代码定义了命名空间 X，在 X 中定义函数 fun。这样，函数 fun 的完整名称是“X::fun”。在第 11 行代码中，主函数也正是用全称“X::fun”调用该函数。如果将第 11 行代码处的“X::fun”改为“fun”，则在编译时将出现未定义“fun”的错误。从这，可以看出**命名空间实际上是通过给各种名称添加上前缀的方式减少命名冲突**。

在命名空间内部使用在该命名空间中定义的各种名称，不必加上命名空间的名称及“::”运算符。如果在命名空间外部，在使用在命名空间中定义的各种名称时，**最常规的用法**是在这些需要使用的名称之前加上前缀“*命名空间的名称*::”。这样，可以非常方便地减少位于命名空间内外以及不同命名空间之间的命名冲突。在确保不会出现命名冲突的前提条件下，还可以使用下面两种方式来省略前缀“*命名空间的名称*::”。

第一种方法是通过下面的语句

```
using namespace 命名空间的名称;
```

引入位于该命名空间中定义的所有名称。这样，在使用这些名称时都不需要加前缀“*命名空间的名称*::”。它实际上是**在上面“using namespace”语句之后的代码区域中废除了命名空间减少命名冲突的功能**。因此，使用这种方式，一定要谨慎。

第二种方法是通过下面的语句

```
using 命名空间的名称::在该命名空间中定义的特定名称;
```

引入位于该命名空间中定义的特定名称。这样，在使用这个特定名称时都不需要加前缀“*命名空间的名称::*”。只要**在上面“using”语句之后的代码区域中不出现这个特定名称的命名冲突，则可以使用这种方式**。下面给出 3 个程序代码进一步进行说明。每个程序代码占用一列。

// 最常规的用法	// 引入整个命名空间的名称	// 只引入特定的名称	行号
`#include <iostream>`	`#include <iostream>`	`#include <iostream>`	// 1
	`using namespace std;`	`using std::cout;`	// 2
`int main( )`		`using std::endl;`	// 3
`{`	`int main( )`		// 4
`    std::cout<<"好。";`	`{`	`int main( )`	// 5
`    std::cout<<std::endl;`	`    cout << "好。";`	`{`	// 6
`    system("pause");`	`    cout << endl;`	`    cout << "好。";`	// 7
`    return 0;`	`    system("pause");`	`    cout << endl;`	// 8
`} // main 函数结束`	`    return 0;`	`    system("pause");`	// 9
	`} // main 函数结束`	`    return 0;`	// 10
		`} // main 函数结束`	// 11

可以对上面的 3 个程序分别进行编译、链接和运行。这 3 个程序的运行结果均相同，如下面所示。

```
好。
请按任意键继续. . .
```

如果没有出现命名冲突，则上面 3 种方法都是可行的。如果采用最常规的方法，则由于有前缀使得完整的名称比在另外两种方法中不带前缀的名称相对长一些。不过，这是命名空间机制的本义，可以有效减少命名冲突。在上面代码中，最常规的写法“std::cout”比后两种方法的写法“cout”代码要长，不过在程序中分别少了语句“using namespace std;”和“using std::cout;”。

> **注意事项**：
>
> 在第一种引入在命名空间中定义的所有名称的语句中，有关键字 namespace；而在第二种只引入在命名空间中定义的特定名称的语句中，**没有关键字 namespace**。

> **编程规范**：
>
> 如果采用上面两种省略前缀“*命名空间的名称::*”的方法，则通常建议**不要将“using namespace”语句和“using”语句放在头文件中**。这是因为很难预先判断，甚至也无法预先限制，头文件会被哪些源文件包含，从而无法保证用这两条语句不会引发命名冲突。如果一定要用这两条语句，则建议将它们放在源文件中。这是因为在源文件中所使用各种名称仅局限于该源文件，是确定的。这时，有可能找到方法准确地推断出用这两条语句是否会引发命名冲突。

例程 11-1　老师给学生打分并且输出学生成绩的例程。

例程功能描述：分别创建学生与老师实例对象，并且由老师给学生打分。然后，输出学生的学号与成绩。要求使用自定义的命名空间。

例程解题思路：自定义命名空间 CNS_University，并且在该命名空间中定义学生类、教师类和一个全局函数。在该全局函数中利用学生类和教师类完成例程功能。例程代码由 7 个源程序代码文件“CP_UniversityStudent.h”“CP_UniversityStudent.cpp”“CP_UniversityTeacher.h”“CP_UniversityTeacher.cpp”“CP_UniversityTest.h”“CP_UniversityTest.cpp”和“CP_UniversityTestMain.cpp”组成，具体的程序代码如下。

```
// 文件名：CP_UniversityStudent.h；开发者：雍俊海
#ifndef CP_UNIVERSITYSTUDENT_H
#define CP_UNIVERSITYSTUDENT_H

namespace CNS_University
{
   class CP_Student
   {
   private:
      int m_ID;
      int m_score;
   public:
      CP_Student(int id = 0, int score = 100)
         :m_ID(id), m_score(score) { }
      int mb_getID() const { return m_ID; }
      int mb_getScore() const { return m_score; }
      friend class CP_Teacher;
   }; // 类 CP_Student 定义结束
   ostream& operator << (ostream& os, const CP_Student &s);
} // 命名空间 CNS_University 结束
#endif
```

```
// 文件名：CP_UniversityStudent.cpp；开发者：雍俊海
#include <iostream>
using namespace std;
#include "CP_UniversityStudent.h"

namespace CNS_University
{
   ostream& operator << (ostream& os, const CP_Student &s)
   {
      os << "(" << s.mb_getID() << ", ";
      os << s.mb_getScore() << ")";
      return os;
   } // 运算符<<定义结束
} // 命名空间 CNS_University 结束
```

```
// 文件名：CP_UniversityTeacher.h；开发者：雍俊海
#ifndef CP_UNIVERSITYTEACHER_H
#define CP_UNIVERSITYTEACHER_H
#include "CP_UniversityStudent.h"

namespace CNS_University
{
   class CP_Teacher
   {
   public:
      void mb_setScore(CP_Student &s, int i);
   }; // 类CP_Teacher定义结束
} // 命名空间CNS_University结束
#endif
```

```
// 文件名：CP_UniversityTeacher.cpp；开发者：雍俊海
#include <iostream>
using namespace std;
#include "CP_UniversityTeacher.h"

namespace CNS_University
{
   void CP_Teacher::mb_setScore(CP_Student &s, int i)
   {
      s.m_score = i;
   } // 类CP_Teacher的成员函数mb_setScore定义结束
} // 命名空间CNS_University结束
```

```
// 文件名：CP_UniversityTest.h；开发者：雍俊海
#ifndef CP_UNIVERSITYTEST_H
#define CP_UNIVERSITYTEST_H

#include "CP_UniversityTeacher.h"

namespace CNS_University
{
   extern void gb_test();
} // 命名空间CNS_University结束
#endif
```

```
// 文件名：CP_UniversityTest.cpp；开发者：雍俊海
#include <iostream>
using namespace std;
#include "CP_UniversityTest.h"

namespace CNS_University
{
```

```
  void gb_test()
  {
     CP_Student a(2022010001);
     CP_Teacher b;
     b.mb_setScore(a, 95);
     cout << "学生" << a << endl;
  } // 函数 gb_test 定义结束
} // 命名空间 CNS_University 结束
```

// 文件名：CP_UniversityTestMain.cpp；开发者：雍俊海　　行号

```
1  #include <iostream>
2  using namespace std;
3  #include "CP_UniversityTest.h"
4
5  int main(int argc, char* args[])
6  {
7     CNS_University::gb_test();
8     system("pause");
9     return 0;
10 } // main 函数结束
```

可以对上面的代码进行编译、链接和运行。下面给出一个运行结果示例。

```
学生(2022010001, 95)
请按任意键继续. . .
```

例程分析：在上面例程的源程序代码文件“CP_UniversityStudent.h”“CP_UniversityStudent.cpp”“CP_UniversityTeacher.h”“CP_UniversityTeacher.cpp”“CP_UniversityTest.h”和“CP_UniversityTest.cpp”中定义了同一个命名空间“CNS_University”。如源文件“CP_UniversityTeacher.cpp”第 7 行代码所示，这里的“CP_Student”不必写成为“CNS_University::CP_Student”，因为类 CP_Student 也是定义在命名空间“CNS_University”中的。如源文件“CP_UniversityTestMain.cpp”第 7 行代码所示，这里的“CNS_University::gb_test”不能写成为“gb_test”，因为主函数不是在命名空间“CNS_University”中定义的函数。

结论：在 C++语言出现命名空间之前，那时的编程规范主要是采用在名称中直接加前缀的方式来减少命名冲突。命名空间基本上沿用来这个方法。不过，在同一个命名空间中，可以省略前缀部分，使得采用命名空间比在名称中直接加前缀的方式更为简洁。如果能够确保命名不冲突，还可以通过“using namespace”语句和“using”语句省略前缀部分“*命名空间的名称::*”。

注意事项：

在使用命名空间时，**一定不能滥用“using namespace”语句和“using”语句**。如果滥用这两种语句，则有可能造成命名冲突，**失去使用命名空间的意义**。

11.2 代码组织规范

这里从整体上介绍代码的组织规范，包括文件组织规范、头文件内容规范和源文件内容规范。

11.2.1 文件组织规范

C++语言源程序代码文件通常分成为**头文件**(**Header file**)和**源文件**(**Source code file**)两类。**模板**的声明、定义和实现通常都放在头文件中。对于**类**，类的定义通常放在头文件中，类的实现部分通常放在源文件中。**枚举和共用体等数据类型**的定义通常放在头文件中。对于**全局变量和全局函数**，全局变量和全局函数的声明通常放在头文件中，全局变量和全局函数的定义通常放在源文件中。**主函数 main** 通常放在源文件中，而且通常独占一个源文件。因为 C++语言规定每个程序只能拥有一个主函数 main，所以与主函数 main 在同一个源文件中的程序代码都无法被其他程序直接复用。

> ❀小甜点❀：
>
> **除了主函数 main 所在的源文件之外，每个源文件通常都配有一个与该源文件具有相同基本名的头文件**。反过来，**头文件可以没有配对的源文件**，例如，保存模板定义的头文件。

命名空间的定义既可以出现在头文件中，也可以出现在源文件中。除了主函数之外，其他各种声明与定义都可以根据需要被包含在某个命名空间中。主函数不能被包含在任何命名空间中。

当源程序代码文件的个数较多时，可以考虑**采用文件的目录结构对源程序代码文件进行分类组织**。目录结构的设置应当尽可能合理，从而方便查找相关的源程序代码文件。

在 C++语言源程序代码中可以嵌入注释。注释的编写应当简洁、规范和有效。下面总结了注释编写的整体原则：

> 📖说明📖：
>
> (1) 在程序代码中的注释并不是越多越好。因为阅读注释是有时间代价的，所以**没有必要的注释通常都不要出现在程序代码文件之中**。
>
> (2) 在程序代码中，**注释的位置**通常应当与被其描述的代码相邻，而且通常位于相应代码的上方或右方，一般不要放在相应代码的下方，也不要放在一行代码的中间位置。如果注释位于相应代码的上方，则**位于上方的注释应当与相应代码左对齐**。
>
> (3) 在编写代码的同时，应当同时**写上重要的注释**。或者先写必要的注释，再写代码。对于**比较复杂或比较容易出错的代码**，一定要附加注释，尽量将代码解释清楚或给出相关文档的具体位置。
>
> (4) 在修改代码的时候，应当同时检查并修改相应的注释，即**程序代码及其相应的注释应当保持一致**。
>
> (5) **应当尽量保证注释的正确性和无歧义性**。错误的或者有二义性的注释通常是有害的。

如果 C++语言程序所包含的代码文件超过 5 个，应当写一个程序的自述文件对程序进行整体说明。这个**自述文件**的文件名通常是 ReadMe.txt。该文件的内容如下，或者从下面选取部分条目作为该文件的内容：

（1）程序名称和程序版本号。程序名称可以列出程序全称和简称。

（2）程序编写的目的及其功能简介。

（3）运行程序所需要的软件和硬件环境以及其他注意事项。

（4）程序版权说明以及著作权人或作者等信息。

（5）如果程序较大，已将代码文件归类为若干个模块，则列出所包含的模块名、模块之间的关系简介以及各个模块的功能简介。也可以列出各个模块所包含的代码文件名。

（6）代码文件列表以及各个代码文件的简介。

（7）如何编译、链接和运行的说明。

（8）开发日期和发布日期

（9）修订及修订原因以及曾经出现过的各种老版本号及其必要说明。

（10）主要参考文献列表。

上面的内容不必写成注释的形式，因为自述文件通常不是代码文件。因此，自述文件的格式相对会宽松一些。只要结构清晰，条理清楚，容易让人看懂就可以了。

11.2.2　头文件内容规范

C++语言头文件通常由避开头文件嵌套包含的条件编译命令及其宏定义、头部注释、文件包含语句、宏定义、数据结构定义、外部变量声明语句和函数声明等七部分组成。除了避开头文件嵌套包含的条件编译命令及其宏定义之外，其余各个部分都不是必需的。可以根据需要，选择其中部分加入到 C++语言头文件之中。在最后五个部分中，至少应当选取一个部分加入到 C++语言头文件之中，而且它们出现的顺序通常是按照前面所列的顺序。如果最后五个部分都不存在，那么这个头文件应当是没有必要存在的。下面给出 **C++语言头文件组织结构**的示意：

```
#ifndef CP_XXXX_H
#define CP_XXXX_H
C++语言头文件的头部注释


若干条文件包含语句

若干条宏定义

若干个模板、枚举类型、类和共用体等数据结构的定义

若干个外部变量声明

若干个函数声明
#endif
```

如上面的 C++语言头文件组织结构所示，**避开头文件嵌套包含的机制**通常是由条件编译命令“#ifndef CP_XXXX_H”…“#endif”和宏定义“#define CP_XXXX_H”实现的，其中宏定义标识符 CP_XXXX_H 在不同的头文件中应当替换为不同的标识符，即应当具有唯

一性。

头文件的头部注释主要是用简洁精练的语言说明该头文件包含哪些内容，从而方便程序员快速决定是否需要包含该头文件。头文件的头部注释通常可以包含文件名、文件本身内容的简要描述、使用该头文件的注意事项、与其他头文件或源文件的关系说明、作者、版本信息、发布日期和版权说明等。这些内容都不是必需的。如果头文件的名称已经可以很清晰地表达该头文件所包含的内容或者该头文件本身已经非常简短，则该头文件可以不含头部注释；如果需要，可以自行决定头文件的头部注释的具体内容。

下面给出一种**采用块注释实现头文件头部注释的示意性范例**：

```
/* ***********************************************************************
* 文件名：XXX.h
* 内容简述：...
* 注意事项：...
* 与其他头文件或源文件的关系说明：...
* 主要文献列表：...
*
* 作者：XXX
* 版本信息：...
* 发布日期：XXXX 年 XX 月 XX 日
*
* 版权说明：...
* ***********************************************************************/
```

下面给出一种**采用行注释实现头文件头部注释的示意性范例**：

```
// ///////////////////////////////////////////////////////////////////////
// 文件名：XXX.h
// 内容简述：...
// 注意事项：...
// 与其他头文件或源文件的关系说明：...
// 主要文献列表：...
//
// 作者：XXX
// 版本信息：...
// 发布日期：XXXX 年 XX 月 XX 日
//
// 版权说明：...
// ///////////////////////////////////////////////////////////////////////
```

不管是采用块注释，还是采用行注释，这两种形式都是可以接受的。但是对于同一个程序，应当尽量选用同一种形式，而不是两者混用。

在简要介绍头文件所包含的内容时，应当同时阐明该头文件的外部变量和函数声明等的**排序方式**，从而方便查找这些外部变量和函数声明。根据查找复杂度的分析，**查找有序内容的时间代价远远低于查找无序内容的时间代价**。

头文件的内容最好具有**自足特性**（self-contained），即头文件本身最好拥有刚刚够用的文件包含语句，使得在使用该头文件时不再需要引入其他头文件。在头文件中的文件包含语句不宜过多。**头文件的变化通常会引起任何直接或间接包含该头文件的源文件重新编译**。因此，在头文件中的文件包含语句应当尽量少；否则，会增加编译的时间代价。在头文件中的文件包含语句不宜过少，至少需要满足自足特性；否则，在使用该头文件时每次都需要编程人员去查找该头文件所依赖的所有其他头文件，这将浪费大量的编程时间。如果同时需要包含系统提供的头文件和自定义的头文件，则通常将包含系统提供的头文件的语句放在前面，将包含自定义头文件的语句放在后面。对于同种类型的头文件，则首先按照它们之间的依赖关系排序；如果它们之间没有依赖关系，则通常建议按照文件名的字母顺序排列。

除了避开头文件嵌套包含问题的宏定义之外，**通常建议慎重使用宏定义**，尤其是语法规则比较复杂的宏定义。一旦使用宏定义，则只有在进行宏替换之后才能真正理解程序代码的含义。这会提高程序代码阅读的难度，并增加程序代码阅读的时间代价，不利于程序代码维护。如果计划使用宏定义，可以试着与采用只读变量或内联函数的方案进行比较。然后，采用较优的方案。

再往后，通常是若干个模板、枚举类型、类和共用体等**数据结构的定义**，如果需要在该头文件中定义新的数据结构。在这些数据结构内部，通常建议按照下面的顺序声明或定义各种成员：

（1）通常将具有静态属性的成员放在前面，将不具有静态属性的成员放在后面。

（2）对于具有相同有静态属性的成员，通常建议按照封装性 public、protected、private 的顺序进行排列。一般说来，查找具有 public 封装性的成员的频率会远远高于 private 成员。

因此，这种排列顺序通常会具有较高的代码编写与维护效率。

接下来，通常是若干条**外部变量声明语句**，如果需要在头文件中声明外部变量。因为 C++语言要求每个变量的定义必须具有唯一性，所以在头文件中通常不会定义全局变量；否则该头文件在每个程序中基本上只能使用一次。如果需要，在外部变量声明语句的上方或右侧还可以添加一些注释，对外部变量进行适当说明或解释。例如：

```
extern double g_height; // 单位是米
```

在注释中说明高度 g_height 的单位是米，为变量 g_height 补充了非常有益的信息。这个信息是从变量 g_height 的名称中无法得到的。

在 C++语言头文件的最后通常是若干条**函数声明**。如果需要，可以在每个函数声明的上方或右侧添加该函数声明的说明性注释。该注释通常包含函数名、函数功能说明、函数调用注意事项、参数说明、返回值说明、作者、版本信息、发布日期和版权说明等。这些内容都不是必需的。**函数声明的说明性注释主要是为了**方便程序员了解该函数的功能以及如何调用该函数。通常希望**在不阅读函数定义的前提下就能判断出是否需要该函数，并且掌握正确调用该函数的方法**。函数声明本身的写法及其说明性注释应当能够促成这一目标。如果函数声明本身就足以表达这些内容，则可能就不需要编写该函数声明的说明性注释。这是非常理想的函数声明，通常称为**具有自描述特点的函数声明**。如果有可能，应当尽量编写具有自描述特点或接近于自描述特点的函数声明。不过，现在有些编程辅助性的软件可以自动将这些说明性注释及程序代码转化成为程序开发的在线帮助文档。这时，这些说明性注释就显得非常有必要。无论如何，可以根据需要，选择其中若干项或全部添加到该函数声明的说明性注释中。**在头文件函数声明的说明性注释中不必说明函数内部是如何实现的**，那是源文件的事情。

下面给出一种采用块注释编写的函数声明及其说明性注释的示意性示例：

```
/* ****************************************************************************
* 函数名: gb_function
* 函数功能: ...
* 函数调用注意事项: ...
* 参数说明:
*     a: ...
*     b: ...
* 返回值: ...
*
* 作者: XXX
* 版本信息: ...
* 发布日期: XXXX 年 XX 月 XX 日
*
* 版权说明: ...
* ***************************************************************************/
extern int gb_function(int a, int b);
```

同样，可以模仿前面头文件头部注释将上面的块注释修改为行注释编写函数声明的说明性注释。在参数说明中，应当写明每个参数变量是输入参数、输出参数，或者同时是输入和输出参数。在**函数调用注意事项**中，可以写明调用该函数所依赖的前提条件、在调用后应当进行的操作以及在调用时应当注意的其他问题。

如果存在多条函数声明，则这些函数声明应当按照某种方式进行排序，而且应当将**函数声明的排序方式**在头文件的头部注释中阐述清楚。**常用的函数声明排序方式是按照函数名的字母顺序**。

将函数声明放入头文件中是有条件的。如果某个函数只是在一个源文件内部使用，而且未来也不会提供给其他源文件调用，则可以不将这个函数的声明放入头文件中。

11.2.3 源文件内容规范

C++语言源文件通常由头部注释、文件包含语句、变量定义语句和函数定义等四部分组成。这四个部分都不是必需的。可以根据需要，自行选择若干个部分加入到C++语言源文件之中。而且这些部分在C++语言源文件中的顺序与前面介绍的前后顺序通常应当一致。在文件包含语句之后，还可以是“using”语句和“using namespace”语句。不过，通常建议慎用这两种语句。变量和函数定义还可以嵌入到命名空间的定义中。

> **小甜点**：
>
> **在头文件与源文件中的注释是有差别的**。**在头文件中的注释最主要的目的**是给计划使用代码的人员看的，例如，计划用类定义实例对象，或者计划进行函数调用。因此，**在头文件中的注释重点**在于描述功能以及阐述如何使用。**在源文件中的注释最主要的目的**是给计划实现代码，尤其是维护代码的

人员看的。因此，**在源文件中的注释重点**在于描述如何实现功能及其注意事项。

源文件的头部注释主要用来说明该源文件所包含的内容、实现的思路、代码维护的注意事项以及相关的作者和维护者。**在源文件的头部注释中注明相关的作者和维护者是非常有必要的**。这通常很有可能是在遇到代码维护困难时的救命稻草。当无法理解代码及其注释时，如果能找到当事人，这通常有可能是解决问题效率比较高的途径。当然，允许在代码中写上作者和维护者，也是表示对他们工作成果的认可，从而更容易让编程和维护人员拥有成就感。**源文件的头部注释通常可以包含**文件名、文件本身内容的描述、使用该源文件的注意事项、与其他头文件或源文件的关系说明、实现该源文件所参考的文献列表、作者、版本信息、实现日期、维护者、维护原因以及代码变动说明、维护日期、版权说明等。在这些内容中，通常只有文件本身内容的描述、作者、版本信息和实现日期是必需的。对于其他内容，可以根据需要，自行选择加入到源文件的头部注释之中。如果出现多次代码维护和修改，则可以添加多套文字说明，列出每次的维护者和维护日期，说明维护原因以及代码变动情况。

下面给出一种**采用块注释实现源文件头部注释的示意**：

```
/* ***********************************************************************
* 文件名：XXX.cpp
* 整体功能描述：...
* 注意事项：...
* 与其他头文件或源文件的关系说明：...
* 主要文献列表：...
*
* 作者：XXX
* 版本信息：...
* 实现日期：XXXX 年 XX 月 XX 日（或者从 XXXX 年 XX 月 XX 日到 XXXX 年 XX 月 XX 日）
*
* 维护者：
* 维护原因以及代码变动说明：
* 维护日期：XXXX 年 XX 月 XX 日（或者从 XXXX 年 XX 月 XX 日到 XXXX 年 XX 月 XX 日）
*
* 版权说明：...
* ***********************************************************************/
```

下面给出一种**采用行注释实现源文件头部注释的示意**：

```
// ////////////////////////////////////////////////////////////////////////
// 文件名：XXX.cpp
// 整体功能描述：...
// 注意事项：...
// 与其他头文件或源文件的关系说明：...
// 主要文献列表：...
//
// 作者：XXX
// 版本信息：...
```

```
// 实现日期：xxxx 年 xx 月 xx 日（或者从 xxxx 年 xx 月 xx 日到 xxxx 年 xx 月 xx 日）
//
// 维护者：
// 维护原因以及代码变动说明：
// 维护日期：xxxx 年 xx 月 xx 日（或者从 xxxx 年 xx 月 xx 日到 xxxx 年 xx 月 xx 日）
//
// 版权说明：...
// ////////////////////////////////////////////////////////////////////
```

不管是采用块注释，还是采用行注释，这两种形式都是可以接受的。但是对于同一个程序，应当尽量选用同一种形式，而不是两者混用。

与头文件一样，在说明源文件所包含的内容时，应当同时阐明在该源文件中的全局变量定义和函数定义的**排序方式**，从而方便查找这些全局变量和函数定义，缩短查找的时间代价。

在头部注释之后通常是若干条**文件包含语句**。例如：

```
#include <iostream>
```

如果同时需要包含系统提供的头文件和自定义的头文件，则通常将包含系统提供的头文件的语句放在前面，将包含自定义头文件的语句放在后面。

一般建议尽量避免使用全局变量。如果需要全局变量，则接下来通常是若干条**全局变量的定义语句**。再接下来通常是若干条**静态成员变量的定义语句**，如果存在。如果有可能，通常建议在定义全局变量或静态成员变量时尽量同时给它赋初值。另外，在每条全局变量或静态成员变量定义语句的上方或右侧，还可以添加一些注释，说明变量的用途、应用范围以及使用的注意事项等。

在 C++语言源文件的最后通常是若干个函数定义。这里函数可以是全局函数，也可以是成员函数。每个**函数定义**通常由函数的头部注释、函数头部和函数体三部分组成。函数的头部注释不是必需的。如果需要，**函数的头部注释**通常包含函数名、函数功能说明、参数说明、返回值说明、函数实现思路、注意事项、主要文献列表、作者、版本信息、实现日期、维护者、维护原因以及代码变动说明、维护日期和版权说明等。这些内容都不是必需的。可以根据需要，选择其中若干项或全部添加到函数的头部注释中。下面给出一种采用块注释编写函数的头部注释并且定义函数的示意性示例：

```
/* ******************************************************************
* 函数名：gb_function
* 函数功能：...
* 参数说明：
*     a：...
*     b：...
* 返回值：...
* 函数实现思路：...
* 注意事项：...
* 主要文献列表：...
*
```

```
* 作者：XXX
* 版本信息：...
* 实现日期：xxxx 年 xx 月 xx 日 (或者从 xxxx 年 xx 月 xx 日到 xxxx 年 xx 月 xx 日)
*
* 维护者：XXX
* 维护原因以及代码变动说明：...
* 维护日期：xxxx 年 xx 月 xx 日 (或者从 xxxx 年 xx 月 xx 日到 xxxx 年 xx 月 xx 日)
*
* 版权说明：...
* ***************************************************************************/
int gb_function(int a, int b)
{
    // ...
} // 函数 gb_function 定义结束
```

同样，可以模仿前面源文件头部注释将上面的块注释修改为行注释编写函数的头部注释。与在头文件中的函数注释说明不同，在 C++语言源文件中的**函数头部注释主要是为了**解释函数是如何实现的，在实现的过程中应当注意哪些问题，曾经发现过哪些问题以及如何处理这些问题的，作者和维护者有哪些，从而方便函数实现代码的维护或扩展。如果函数的实现本身很简单，就不需要编写这些内容。

如果存在多个函数定义，则这些函数定义应当按照某种方式进行排序，而且应当将**函数定义的排序方式**在源文件的头部注释中阐述清楚。如果同时存在成员函数与全局函数，则通常是成员函数的定义在前，全局函数的定义在后。对于同种类型的函数，**常用的函数定义排序方式是按照函数名的字母顺序**。

如果**在源文件中含有主函数 main 的函数定义**，则通常在该源文件中就不会再含有其他函数的定义。因为每个 C++语言程序通常有且仅有一个主函数 main，所以如果在含有主函数的源文件中定义其他函数，那么就意味着这些其他函数实际上是无法被其他 C++语言程序直接复用的。

11.3　内 联 函 数

C++语言引入内联函数的目标是为了提高 C++程序的效率。从定义与调用内联函数的源程序代码上看，内联函数似乎与普通函数并没有非常大的区别。从编译与链接产生的程序执行代码上看，一旦一个函数以内联方式执行，就将内联函数的函数体直接嵌入在调用处，这个嵌入过程也称为**内联展开**。这样，也就没有了普通函数调用所需要的参数传递、入栈和出栈等操作；程序执行代码也不必通过跳转才能进入所调用函数的内部；在执行完所调用函数的函数体之后，程序执行代码也不必通过跳转才能回到函数调用的地方。C++语言希望通过这些减少的操作提高内联函数的执行效率。

不过 C++标准在引入内联函数时非常谨慎。源程序代码只能申请将某些函数为内联函数，最终这些函数是否会真正成为内联函数则由 C++编译器决定。下面分别介绍如何将全局函数和类的成员函数申请为内联函数。

将全局函数申请为内联函数必须借助于关键字 inline。这时，关键字 inline 必须与全局函数的定义放在一起才有可能有效果。**如果将关键字 inline 与全局函数的声明放在一起，则关键字 inline 实际上不会起任何作用**。**将全局函数申请为内联函数的常规方法**是将该全局函数的定义放在头文件中，并且在该全局函数的头部前面加上关键字 inline。如果需要调用该全局函数，则将该头文件通过文件包含语句引入到调用该全局函数的源文件之中，而且该文件包含语句一定要在调用该全局函数的语句之前。相应的例程如下。

例程 11-2　申请为内联函数的整数交换全局函数的定义与调用例程。

例程代码由 3 个源程序代码文件"CP_InlineGlobalSwap.h""CP_InlineGlobalSwap.cpp"和"CP_InlineGlobalSwapMain.cpp"组成，具体的程序代码如下。

```
// 文件名：CP_InlineGlobalSwap.h；开发者：雍俊海
#ifndef CP_INLINEGLOBALSWAP_H
#define CP_INLINEGLOBALSWAP_H

inline void gb_swap(int &a, int &b)
{
    int temp = a;
    a = b;
    b = temp;
} // 函数 gb_swap 结束

extern void gb_testSwap( );
#endif
```

```
// 文件名：CP_InlineGlobalSwap.cpp；开发者：雍俊海
#include <iostream>
using namespace std;
#include "CP_InlineGlobalSwap.h"

void gb_testSwap()
{
    int a = 10;
    int b = 20;
    cout << "在函数 gb_testSwap 中，交换前：a=" << a;
    cout << ", b=" << b << endl;
    gb_swap(a, b);
    cout << "在函数 gb_testSwap 中，交换后：a=" << a;
    cout << ", b=" << b << endl;
} // 函数 gb_testSwap 结束
```

```
// 文件名：CP_InlineGlobalSwapMain.cpp；开发者：雍俊海
#include <iostream>
using namespace std;
#include "CP_InlineGlobalSwap.h"

```

```
int main(int argc, char* args[ ])                                        // 5
{                                                                        // 6
    int a = 100;                                                         // 7
    int b = 200;                                                         // 8
    cout << "在主函数中，交换前: a=" << a << ", b=" << b << endl;          // 9
    gb_swap(a, b);                                                       // 10
    cout << "在主函数中，交换后: a=" << a << ", b=" << b << endl;          // 11
    gb_testSwap();                                                       // 12
    system("pause");                                                     // 13
    return 0;                                                            // 14
} // main 函数结束                                                        // 15
```

可以对上面的代码进行编译、链接和运行。下面给出一个运行结果示例。

```
在主函数中，交换前: a=100, b=200
在主函数中，交换后: a=200, b=100
在函数 gb_testSwap 中，交换前: a=10, b=20
在函数 gb_testSwap 中，交换后: a=20, b=10
请按任意键继续. . .
```

例程分析：对于不申请内联的普通函数，通常是将函数声明放在头文件中，将函数定义放在源文件中；与此相对比，申请内联的函数的定义通常位于头文件中，如上面头文件“CP_InlineGlobalSwap.h”的第 4～9 行代码所示，其中第 4 行函数 gb_swap 的头部以关键字 inline 开头，表明函数 gb_swap 申请为内联函数。

源文件“CP_InlineGlobalSwap.cpp”和“CP_InlineGlobalSwapMain.cpp”分别在各自的第 3 行代码处通过文件包含语句“#include "CP_InlineGlobalSwap.h"”引入函数 gb_swap 的定义。这样，在源文件“CP_InlineGlobalSwap.cpp”中的函数 gb_testSwap 与在源文件“CP_InlineGlobalSwapMain.cpp”中的函数 main 均可以调用函数 gb_swap。如果编译器认可该内联申请，则将函数 gb_swap 的函数体的代码直接嵌入到这两个调用的地方。与此相对比，如果函数 gb_swap 不申请内联，即去掉函数 gb_swap 定义头部的关键字 inline，则函数 gb_swap 的定义是不允许两次引入到两个不同的源文件。例如，如果在头文件“CP_InlineGlobalSwap.h”第 4 行中删除位于函数 gb_swap 头部中的关键字 inline，则在链接的过程中会出现函数 gb_swap 重复定义的错误。**每个不申请内联的全局函数只能定义一次**。

> **❀小甜点❀**：
>
> 如上面程序示例所示，每个源文件都可以引入申请内联的全局函数。不过，对于相同的申请内联的全局函数，**每个源文件至多只能引入 1 次**。对于相同的申请内联的全局函数，它们在不同的源文件中的定义必须是完全相同的。因此，通常将申请内联的全局函数的定义放入头文件，并且通过文件包含语句引入到不同的源文件中。这是一种比较便捷的方法，可以**确保申请内联全局函数定义的一致性**。

下面给出在函数 gb_swap 被批准为内联函数条件下函数调用“gb_swap(a, b);”所对应的汇编代码

```
mov eax,dword ptr [a]                                                    // 1
mov dword ptr [ebp-24h],eax                                              // 2
```

```
mov ecx,dword ptr [b]                                             // 3
mov dword ptr [a],ecx                                             // 4
mov edx,dword ptr [ebp-24h]                                       // 5
mov dword ptr [b],edx                                             // 6
```

根据上面汇编代码，函数 gb_swap 确实在调用处直接展开，没有入栈和出栈等操作。

作为对比，下面给出在函数gb_swap最终没有成为内联函数条件下函数调用“gb_swap(a, b);”所对应的汇编代码（左侧）和函数 gb_swap 的函数体所对应的汇编代码（右侧）

// “gb_swap(a, b);”对应的汇编代码	// 函数 gb_swap 本身对应的汇编代码	行号
lea eax,[b]	push ebp	// 1
push eax	mov ebp,esp	// 2
lea ecx,[a]	sub esp,0CCh	// 3
push ecx	push ebx	// 4
call gb_swap (013911D1h)	push esi	// 5
add esp,8	push edi	// 6
	lea edi,[ebp-0CCh]	// 7
	mov ecx,33h	// 8
	mov eax,0CCCCCCCCh	// 9
	rep stos dword ptr es:[edi]	// 10
	mov eax,dword ptr [a]	// 11
	mov ecx,dword ptr [eax]	// 12
	mov dword ptr [temp],ecx	// 13
	mov eax,dword ptr [a]	// 14
	mov ecx,dword ptr [b]	// 15
	mov edx,dword ptr [ecx]	// 16
	mov dword ptr [eax],edx	// 17
	mov eax,dword ptr [b]	// 18
	mov ecx,dword ptr [temp]	// 19
	mov dword ptr [eax],ecx	// 20
	pop edi	// 21
	pop esi	// 22
	pop ebx	// 23
	mov esp,ebp	// 24
	pop ebp	// 25
	ret	// 26

对比在函数 gb_swap 被批准与没有被批准为内联函数两个条件下的汇编代码，内联函数确实节省了很多操作。上面的汇编代码在不同的编译器下有可能会有所不同。不过，大体上会类似。

成员函数也可以申请为内联，具体方式可以分成为 2 种：隐式申请方式和显式申请方式。隐式申请方式比较简单，不需要使用关键字 inline。直接将成员函数的函数体写在类定义中就是**隐式申请内联**。例如，在下面代码中，类 CP_InlineImplicitMemberSwap 的构造函数和成员函数 mb_swap 都隐式申请了内联。

```
#ifndef CP_INLINEIMPLICITMEMBERSWAP_H                             // 1
```

```
#define CP_INLINEIMPLICITMEMBERSWAP_H

class CP_InlineImplicitMemberSwap
{
public:
    int m_a, m_b;
    CP_InlineImplicitMemberSwap(): m_a(10), m_b(20) { }
    void mb_swap( )
    {
        int temp = m_a;
        m_a = m_b;
        m_b = temp;
    } // 成员函数 mb_swap 定义结束
}; // 类 CP_InlineImplicitMemberSwap 定义结束
#endif
```

成员函数显式申请内联需要借助于关键字 inline。这时，成员函数的声明与实现是分开的。成员函数的声明位于类定义中，并且以关键字 inline 开头。成员函数的实现位于类定义之外，同样以关键字 inline 开头。这时，**常规的方法是将显式申请内联的成员函数的声明与实现部分均放在同一个头文件中**。如果要调用该成员函数，则通过文件包含语句引入到调用该全局函数的源文件之中。对于同一个显式申请内联的成员函数，在每个源文件中允许至多定义一次；如果存在多个源文件，则允许定义多次。**这与不申请内联的成员函数不同**。即使一个程序包含多个源文件，定义不申请内联的成员函数不能超过 1 次。下面给出代码示例，其中类 CP_InlineMemberSwap 的成员函数 mb_swap 显式申请了内联，而且成员函数 mb_swap 的声明与定义都在头文件“CP_InlineMemberSwap.h”中，并且都以关键字 inline 开头。

```
// 文件名：CP_InlineMemberSwap.h；开发者：雍俊海
#ifndef CP_INLINEMEMBERSWAP_H
#define CP_INLINEMEMBERSWAP_H

class CP_InlineMemberSwap
{
public:
    int m_a, m_b;
    CP_InlineMemberSwap(): m_a(10), m_b(20) { }
    inline void mb_swap();
}; // 类 CP_InlineMemberSwap 定义结束

inline void CP_InlineMemberSwap::mb_swap()
{
    int temp = m_a;
    m_a = m_b;
    m_b = temp;
} // 类 CP_InlineMemberSwap 的成员函数 mb_swap 定义结束
```

```
#endif
```

调用申请内联的成员函数与不申请内联的成员函数的方式相似。下面给出源文件“CP_InlineMemberSwapMain.cpp”的代码，其中主函数调用了上面申请了内联的成员函数mb_swap。

```
// 文件名：CP_InlineMemberSwapMain.cpp；开发者：雍俊海
#include <iostream>
using namespace std;
#include "CP_InlineMemberSwap.h"

int main(int argc, char* args[ ])
{
    CP_InlineMemberSwap a;
    cout << "在主函数中，交换前: a=" << a.m_a << ", b=" << a.m_b<<endl;
    a.mb_swap( );
    cout << "在主函数中，交换后: a=" << a.m_a << ", b=" << a.m_b<<endl;
    system("pause");
    return 0;
} // main 函数结束
```

可以对上面头文件“CP_InlineMemberSwap.h”和源文件“CP_InlineMemberSwapMain.cpp”组成的程序进行编译、链接和运行。运行结果如下：

```
在主函数中，交换前: a=10, b=20
在主函数中，交换后: a=20, b=10
请按任意键继续. . .
```

C++编译器似乎对内联函数的支持越来越保守。早期版本的 C++编译器的默认设置通常是支持对函数的内联申请。现在，大多数 C++编译器的最新版本的默认设置通常是不批准函数的内联申请。因此，为了让 C++编译器的新版本支持函数的内联申请，有可能需要**修改 C++编译器的内联编译设置**。下面以 CP_InlineGlobalSwap 程序为例，说明如何修改VC 平台的内联编译设置。VC 的其他版本的内联编译设置方法与此类似。

首先，在 VC 平台中打开 CP_InlineGlobalSwap 解决方案，并在 VC 平台图形界面上查找“解决方案资源管理器”窗格。如果没有找到，则通过菜单命令“视图”→“解决方案资源管理器”打开“解决方案资源管理器”窗格。接着在“解决方案资源管理器”窗格中，将鼠标移到“CP_InlineGlobalSwap”项目上方，并右击，如图 11-1 所示。这时将出现右键菜单，单击其中的“属性”菜单项。这时将弹出“CP_InlineGlobalSwap”项目的属性对话框，如图 11-2 所示。

如图 11-2 所示，在属性对话框中，依次单击展开位于左侧的“配置属性”→“C/C++”，然后单击其下的“所有选项”，接着在右侧条目中查找“内联函数扩展”。单击“内联函数扩展”条目的下拉框，可以看到内联编译设置的所有选项。除了默认值或默认设置之外，另外 3 个选项及其含义如下：

（1）“已禁用（/Ob0）”选项：不使用内联。

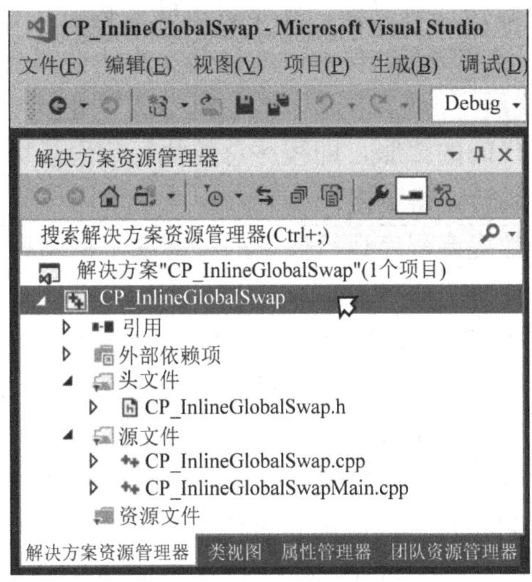

图 11-1　解决方案资源管理器

（2）“只适用于__inline（/Ob1）”选项：编译器仅考查申请内联的函数是否适合采用内联。如果适合，则按内联方式展开；否则，按普通函数的方式进行函数调用。

（3）“任何适用项（/Ob2）”选项：除了考查申请内联的函数之外，编译器也将考查其他函数。只要编译器觉得适合采用内联，则不管是否申请内联，都按内联方式展开。

其中，选项（1）的编译速度最快，选项（2）和（3）则希望以增加编译时间来提高程序的运行效率。选项（2）实际上是比较常规的选项，选项（1）和（3）分别代表了两个相反的极端。可以根据实际需求选择相应的内联编译设置。

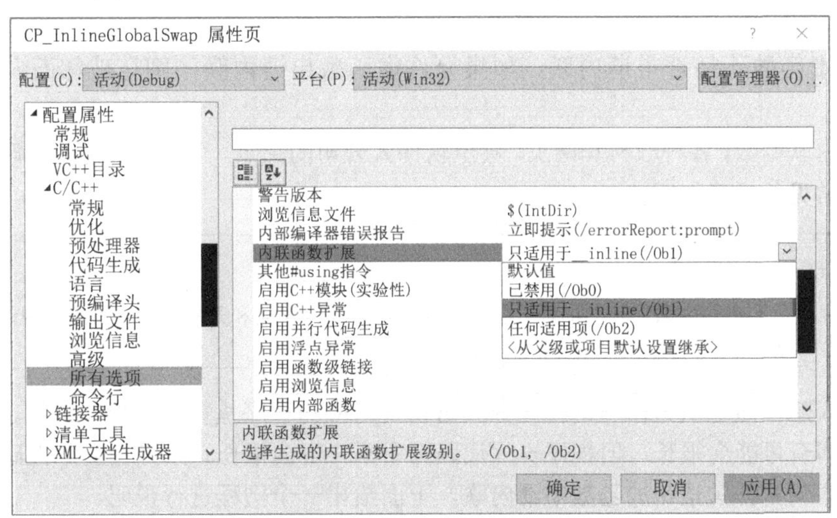

图 11-2　解决方案资源管理器

> **❀小甜点❀**：
>
> C++编译器对内联编译默认设置之所以越来越保守，主要原因是**内联申请越来越被广泛滥用**，尤其随着模板的应用越来越广泛。可以从各种开源项目中看到这一现象。

内联函数可以节省参数传递等操作，那是否意味着内联一定会提高程序的运行效率？如果一定会，C++标准为什么那么谨慎，C++编译器又为什么那么保守？原来正确的答案是不一定。函数按内联的方式展开，就会在该函数的每个调用处复制一份该函数的执行指令。这有可能会造成**程序执行代码的膨胀**，即程序总的执行代码量增大，从而消耗更多的内存空间，并使得程序代码的跳转变得更慢。

看起来，**利用内联函数提高程序运行效率的关键在于抑制程序执行代码的膨胀**。比较适合于使用内联函数的 2 种情况如下。

（1）函数调用出现在循环次数较大的循环体内，而且只在少量的位置出现该函数调用。这样，如果这个函数被内联展开，则它只在少量位置展开，程序执行代码几乎不会膨胀，而在程序运行时又会被执行非常多的次数，从而提高程序运行效率。

（2）**函数的函数体只拥有少量的代码**。例如，在上面例程 11-1 中，函数 gb_swap 在内联展开时只有 6 条汇编代码，与函数调用参数传递、入栈和出栈等操作的指令条数相同。这样，无论有多少次函数调用，函数 gb_swap 以内联展开都不会引发程序执行代码膨胀，最终的程序执行代码长度与函数 gb_swap 按普通函数调用方式的程序执行代码长度总是相当的。

> **🕮编程规范🕮**：
>
> 有些公司的编程规范规定，**只有当在函数体内的代码行数少于某个阈值时，才考虑是否为该函数申请内联**。例如，这个阈值可以设置为 10。通常建议让函数体短小并且被频繁调用的全局函数或成员函数申请内联。

下面 2 种情况是不适合申请内联的。

（1）**递归函数**不适合申请内联。如果允许递归函数申请内联，则很容易引发程序执行代码膨胀。

（2）**虚函数**不适合申请内联。如果允许虚函数申请内联，则会破坏面向对象的多态性。

对于内联函数，各种教材和网页，甚至软件大公司的主页，存在着**大量的误解和错误**，其中一个常见的错误如下。

> **陷阱**：
>
> **错误观点**：在申请内联的函数的函数体内不允许出现循环语句和开关语句。如果出现这些语句，则编译器会将该函数视同普通函数那样产生函数调用代码。

不少人想当然地认为循环语句和开关语句所对应的程序执行代码指令很长。循环语句的运行时间有可能会很长，但程序执行代码指令不一定会很长。**编译器实际上确实会支持含有循环语句和开关语句的函数申请内联**。下面给出一个例程进行说明。

例程 11-3　申请为内联函数的数组元素求和全局函数的定义与调用例程。

例程代码由 3 个源程序代码文件“CP_InlineGlobalSumLoop.h”“CP_InlineGlobalSumLoop.cpp”和“CP_InlineGlobalSumLoopMain.cpp”组成，具体的程序代码如下。

// 文件名：CP_InlineGlobalSumLoop.h；开发者：雍俊海	行号
#ifndef CP_INLINEGLOBALSUMLOOP_H	// 1

```
#define CP_INLINEGLOBALSUMLOOP_H

inline void gb_sum(int &s, int *a, int n)
{
   int i = 0;
   do
   {
      s += a[i];
      i++;
   } while (i < n);
} // 函数 gb_sum 结束

extern void gb_testSum( );
#endif
```

```
// 文件名：CP_InlineGlobalSumLoop.cpp；开发者：雍俊海
#include <iostream>
using namespace std;
#include "CP_InlineGlobalSumLoop.h"

void gb_testSum()
{
   int a[] = {10, 20, 30};
   int n = sizeof(a)/sizeof(int);
   int s = 0;
   gb_sum(s, a, n);
   cout << "在函数 gb_testSum 中，和=" << s << endl;
} // 函数 gb_testSum 结束
```

```
// 文件名：CP_InlineGlobalSumLoopMain.cpp；开发者：雍俊海
#include <iostream>
using namespace std;
#include "CP_InlineGlobalSumLoop.h"

int main(int argc, char* args[ ])
{
   int a[] = { 110, 220, 330 };
   int n = sizeof(a) / sizeof(int);
   int s = 0;
   gb_sum(s, a, n);
   cout << "在主函数中，和=" << s << endl;
   gb_testSum();
   system("pause");
   return 0;
} // main 函数结束
```

可以对上面的代码进行编译、链接和运行。下面给出一个运行结果示例。

```
在主函数中，和=660
在函数 gb_testSum 中，和=60
请按任意键继续. . .
```

例程分析：如头文件“CP_InlineGlobalSumLoop.h”第 7～11 行代码所示，申请内联的函数 gb_sum 含有 do/while 循环语句。源文件“CP_InlineGlobalSumLoopMain.cpp”和“CP_InlineGlobalSumLoop.cpp”第 10 行代码对函数 gb_sum 的调用也确实可以按内联的方式展开，分别如下面左侧代码和右侧代码所示。下面汇编代码是在 Debug 模式下进行编译与链接产生的汇编代码。

// 在主函数中对应的汇编代码	// 在函数 gb_testSum 中对应的汇编代码
mov dword ptr [ebp-38h],0	mov dword ptr [ebp-38h],0
mov eax,dword ptr [ebp-38h]	mov eax,dword ptr [ebp-38h]
mov ecx,dword ptr [s]	mov ecx,dword ptr [s]
add ecx,dword ptr a[eax*4]	add ecx,dword ptr a[eax*4]
mov dword ptr [s],ecx	mov dword ptr [s],ecx
mov edx,dword ptr [ebp-38h]	mov edx,dword ptr [ebp-38h]
add edx,1	add edx,1
mov dword ptr [ebp-38h],edx	mov dword ptr [ebp-38h],edx
mov eax,dword ptr [ebp-38h]	mov eax,dword ptr [ebp-38h]
cmp eax,dword ptr [n]	cmp eax,dword ptr [n]
jl main+52h (0CA25F2h)	jl gb_testSum+52h (0CA2492h)

如果采用发布模式进行编译与链接，则调用函数 gb_sum 在内联展开时所对应的汇编代码将更加短小，不超过 5 行。不过，这时已经无法清晰地清理出来了，因为它与其他语句的执行代码已经混在一起了。

内联展开与宏替换有相似的地方，它们都会进行代码替换，都没有入栈和出栈等在函数调用时会发生的操作。不过，**内联展开与宏替换的区别**还是非常明显的，如表 11-1 所示。内联展开与宏替换在程序设计与代码编写中互为补充。正确运用内联展开与宏替换都有可能提高代码的编写效率和程序运行的效率。

表 11-1　内联展开与宏替换的主要区别

比较科目	内联展开	宏替换
发生时机	正式编译的阶段	预编译的阶段
参数检查	与普通函数调用一样检查参数等数据的数据类型是否匹配	不进行参数的数据类型检查
代码替换	将内联函数的函数体的**执行代码**嵌入到函数调用处，接着与函数调用处前后的执行代码进行代码优化	是对**源程序代码**进行字符串替换
可控性	可控性较弱。只能在源程序代码中申请内联。由编译器决定是否进行内联展开	可控性好。如果语法正确，宏替换一定会发生

11.4 命 名 规 范

采用良好的命名规范可以增强程序的可读性。**命名规范的总体目标**通常是尽量让整个开发团队都容易理解程序代码。**最理想的命名是让程序代码尽量接近于自描述的特点**。所谓**自描述**就是不需要阅读注释就可以做到一目了然，理解代码含义。下面给出一些**具体的命名总体原则**：

（1）各个名称应当尽量**简单好记**。因此，在命名时应当尽量**采用简单的单词**，并且尽量采用在编程时常用的单词。

（2）在命名时，除了局部变量，**通常不使用缩写词**，除非该缩写词被广泛使用而且其全称反而不为人们所熟悉，如 html 等。这样，可以快速理解名称的具体含义。在早期的 C++语言标准中，因为组成每个名称的字符总个数非常有限，所以在命名时出现了大量的缩写。现在所允许的字符总个数已经比较大。因此，现在基本上没有必要采用早期的限制和要求。使用缩写词通常会让程序代码变得晦涩难懂，因为相同的缩写词常常会对应多个全称。如果使用缩写词，则**缩写词按普通单词看待，其大小写采用与普通单词相同的规则，即组成缩写词的字母不必全部采用大写**，例如 gb_openHtmlFile。

（3）在命名时，**名称不仅要有含义，而且应当与内容相匹配**，同时应当努力做到**采用最少的单词表达最详细的信息**，即组成名称的单词数量在表达清楚含义的基础上应当尽量少，选用的单词或词组应当准确并有意义，而且方便记忆。尽量争取做到“望文可知意”。因此，**尽量不用含义过于笼统的单词**。另外，**尽量不用含有歧义或容易混淆的单词或词组**，从而尽可能避免出现误解或混淆的情况。在选用单词时，可以考虑所命名对象的功能、特性和类型等有用的信息，并从中选择最重要的若干部分内容。

（4）在采用词组进行命名时，可以选择按照英文语法形成**自然的单词顺序**，也可以选择**按单词对命名对象含义的贡献大小排序**。对于后者，可以不严格按照英文语法。例如，位于 C++语言标准函数库“ctype.h”中的函数名 isdigit 是按照英文语法的自然单词顺序，而位于 C++语言标准函数库“stdio.h”中的宏定义标识符 SEEK_END 和 SEEK_SET 则是按单词对命名对象含义的贡献大小排序。

（5）**最好不要使用汉语拼音**来命名，而应当采用英语单词或词组。在选用英语单词或词组时，应当尽量避免采用生僻的单词或词组，而应当**尽量采用常用的单词或词组**。表 11-2 给出在程序代码中部分常用的单词。另外，应当**尽量考虑英语语法的正确性**，例如不要将 currentValue 写成 nowValue。

（6）在命名时，**最好不要出现仅仅大小写不同的标识符**。这很容易引起混淆，有可能会将阅读程序的人和编辑器搞糊涂，从而引发一些错误或麻烦。

（7）如果**命名不是充分自描述的**，则应当考虑在定义或声明处加上必要的注释，说明其含义或用途。

（8）各种名称都可以含有前缀，也可以不含前缀。**名称前缀**通常由若干个字符或者单词组成，用来代表所隶属的类型、公司、产品、程序库或者模块等。例如，应用非常广泛的 OpenGL（Open Graphics Library，开放图形函数库）核心库的函数名称通常以“gl”开头。这里给出 3 个示例：glClearColor、glEnable 和 glLoadIdentity。

（9）在命名时，在任何代码区域都应当**避免出现同名**。换一句话说，如果出现同名，则它们的作用域范围一定不重叠。这里的同名甚至应当包括不区分大小写意义上的同名，因为有些程序代码编辑器具有自动更正的功能，它有时会将其中一个名称自动更正为另一个仅与其大小写不同的名称，从而造成一些不易觉察或不易调试的错误，或者需要反复去更正相同的错误。

（10）目前存在很多不同的命名规范。对于同一个程序，应当尽量**选用同一种命名规范**，而不是混用多种命名规范。

> **说明**：
>
> 因为 C++语言标准函数库和 VC 平台提供的函数库是经过多年积累而得，所以可以从中看到不同时期的编程规范，它们的命名规则并不统一。但这不能成为放弃命名规范的理由。采用良好的命名规范确实可以降低编写和调试程序的难度。C++语言标准函数库和 VC 平台提供的函数库也并不是不遵循命名规范，而是随着时代的变迁，命名规范发生了变化。对于旧的代码，是否需要采用新的命名规范进行修改？这是一道难题。如果不修改，那么编写代码的规则不统一；如果修改，那么相关的程序都应当修改，代价有可能会很大。最终，是否选择修改应当权衡两者损失的大小，选取损失较小的方案。

表 11-2　在程序代码中部分常用的单词（按字母排序）

add/remove	after/before	append/insert	back/front	begin/end
buffer	clear	close/open	column/row	copy/cut/paste
create/destroy	decimal/hex/octal	decrement/increment	delete/insert/new	destination/source
do/redo/undo	down/up	drag/move	empty/full	enter/exit
equal	erase/insert	find/replace	first/last	from/to
get/set	hash	height/length/width	hide/show	in/on/out
index	init	is	leaf/root	left/right
load/unload	lock/unlock	max/min	new/old	next/previous
notify/wait	pop/push	print/save	read/write	receive/send
resize/setSize	resume/suspend	run	start/stop	swap

一个名称可以包含多个单词。**由多个单词组成的名称的常见写法**如下：

（1）每个单词的首字母大写，其他字母均小写。示例：ImageSprite（图版精灵）。

（2）中间单词的首字母大写，其他字母小写。示例：getBackground。

（3）全部小写，单词之间用下画线分隔。示例：basic_ostream。

（4）全部大写，单词之间用下画线分隔。示例：MIN_WIDTH。

在命名时，不同类型的名称可以选用不同的写法。相同类型的名称通常选用同一种写法。

对于 C++语言程序来说，**命名规范主要包括**文件、命名空间、模板、类、枚举、共用体、类型别名、函数、变量、宏定义标识符和只读变量的命名规范。下面分别来介绍这些命名规范，而且在介绍时不再重复说明上面总结的命名总体原则。

11.4.1　文件名

计算机**文件名**通常含有“基本名”和“扩展名”两个主体部分，它们之间用句点“.”隔开。扩展名通常是由文件类型决定的。因此，给文件命名主要就是给文件基本名命名。文件基本名可以含有前缀，也可以不含前缀。**文件基本名的前缀**通常由若干个字符或者单词组成，用来代表文件类型、公司、产品、隶属的程序库或者模块等。**除去前缀部分的文件基本名**通常由若干个单词组成。组成文件基本名的单词或词组可以是名词或名词性词组，表示该文件所包含的核心内容；也可以是动词或动词性词组，表示该文件所实现的主要功能。例如，在本书中，文件名“CP_StudentList.h”的前缀部分是“CP_”，表示这个文件是采用 C++语言编写的源程序代码文件；“StudentList”表明这个文件将实现一个学生链表。扩展名 h 表明这是一个头文件。

C++语言**源程序代码文件**通常可以分成为头文件和源文件。如果用一个头文件来定义一个类，用一个源文件来实现这个类的成员函数，则这两个文件通常采用相同的基本名，而且通常就是这个类的类名。这两个文件通常成对出现，称为**配对的头文件和源文件**。**头文件**的扩展名通常是“h”，**C++语言源文件**的扩展名通常是“cpp”，**C 语言源文件**的扩展名通常是“c”。

有时需要将类型定义和类型成员的实现都编写在同一个头文件中。例如，用来定义类模板和实现类模板成员的头文件。这时，该头文件的扩展名通常仍然是“h”。不过，有些开源项目或有些公司将该头文件的扩展名命名为 hpp。

不同的文件应当具有不同的基本名或者不同的扩展名。而且给自己编写的文件命名，应当不要与现存的系统文件同名。因为有些操作系统或 C++语言程序编译器对文件名不区别大小写，所以最好不要出现两个文件名，它们仅仅拥有大小写的区别。

11.4.2　命名空间、类型命名和关键字 typedef

命名空间的名称通常是给其他名称当前缀的。因此，命名空间的名称通常由若干个字符或者单词组成，用来代表公司、产品、程序库或者模块等。例如，标准库的命名空间名称为 std。

组成类和模板等各种类型名称的单词或词组通常是名词或者名词性词组。例如，vector 是向量类模板的名称，basic_istream 是基本输入流类模板的名称、basic_ostream 是基本输出流类模板的名称。**任何一种类型都可以通过关键字 typedef 定义别名**。合理利用**类型别名**可以略微简化程序代码和提高代码的易读性，但这不是编写程序代码所必须的。**类型别名定义的格式**大体上如下：

```
typedef 数据类型 类型别名
```

其中数据类型是已经定义或正在定义的数据类型，类型别名必须是合法的标识符。

通过类型别名定义可以略微简化程序代码。例如，在下面类型别名定义之后，

```
typedef basic_ifstream<char> ifstream;                    // 1
typedef basic_ofstream<char> ofstream;                    // 2
typedef basic_fstream<char> fstream;                      // 3
```

可以直接用 ifstream 代替 basic_ifstream<char>，代码变短了。

通过类型别名定义还可以提高程序代码的通用性或可移植性。在 C++语言中，数据类型占用内存的情况与 C++语言的支撑平台密切相关，即与操作系统甚至 C++语言编译器密切相关。例如，int 类型的每个存储单元究竟占用 4 字节，还是 8 字节，依赖于具体的平台。这时，如果需要一种 4 字节的整数类型，可以增加一个别名 CD_Int32，并保证 CD_Int32 是 4 字节整数类型。在不同的平台下，选用不同的类型别名定义语句。在 4 字节 int 类型的平台下，直接采用类型别名定义"typedef int CD_Int32;"。在 8 字节 int 类型的平台下，如果每个 short int 存储单元占用 4 字节，那么可以采用类型别名定义"typedef short int CD_Int32;"。这样，不管在什么平台下，每个 CD_Int32 类型的存储单元均占用 4 字节。在程序代码中，直接使用 CD_Int32 类型，而不使用 int 或 short int 数据类型，从而尽量减小程序代码对具体平台的依赖性。

不过，**不要滥用类型别名**。采用类型别名毕竟会增加类型名称的个数，从而使得需要记住类型名称变得更多。另外，在阅读、维护或调试程序代码时，通常需要找到类型别名所代表的原始名称及其定义，才能精确理解程序代码。这也增加了时间代价。

11.4.3 函数、函数模板和变量的命名

组成函数名和函数模板名称的单词或词组通常是动词/动词词组，表达了所要实现的功能。例如，来自标准算法库<algorithm>的函数 sort 和 find_first_of。另外，还可以用函数名和函数模板名称的前缀部分来表示全局或成员等属性。例如，在本书中，全局非静态函数的前缀是"gb_"，成员非静态函数的前缀是"mb_"。

组成**变量名**的单词或词组通常建议采用名词或者名词性词组。另外，还可以用变量名的前缀部分来表示全局或成员等属性。例如，在本书中，全局变量名的前缀是"g_"，成员变量名的前缀是"m_"。对于**非静态的局部变量**，可以具有如下四种形式，其中第（1）和（2）种形式可以同时在同一个程序中存在。第（3）和（4）种形式最好只选用其中一种。

（1）直接采用若干个字符表达。这通常适用于其作用域范围相对较小的情形。例如，标识符 i、j 和 k 常常用来作为循环的计算器，标识符 m 和 n 常常用来表达数量，x、y 和 z 常常用来表示点的坐标。

（2）采用缩写词或词组，其中第一个缩写词或单词的首字母小写，其他缩写词或单词的首字母大写，其余字母均小写。如果出现缩写词，则应当在该变量的定义或声明处通过注释给出缩写词的全称或含义说明。

（3）采用全称的单词或词组，其中首个单词的首字母小写，其余单词的首字母大写，剩下的各个字母均小写。例如，boxWidth。

（4）采用全称的单词或词组。各个单词均采用小写，相邻单词之间采用下画线隔开。例如，table_name。

> **注意事项**：
>
> 无论如何，**不要用小写字母"l"、大写字母"O"或小写字母"o"作为变量名**。小写字母"l"非常容易与数字"1"混淆，大写字母"O"和小写字母"o"容易与数字"0"混淆。

对于变量的命名，还曾经流行一种**匈牙利命名法**。在该命名规则中，每个变量名由三

部分组成。这三部分分别是属性、类型和描述变量含义的单词或词组。除去属性部分，后续第一个单词的首字母小写，其他单词的首字母大写，其余字母小写。属性部分的命名规则为：

（1）对于全局变量，属性部分是“g_”。

（2）对于静态变量，属性部分是“s_”。

（3）对于类、类模板或共用体等类型的成员变量，属性部分是“m_”。

（4）枚举类型成员的属性部分是“em_”或“EM”。

（5）对于只读变量，属性部分是“c_”。

（6）对于局部变量，属性部分为空。

匈牙利命名法的优点是变量名含有比较丰富的信息；**缺点**是变量名往往很长，而且重点不突出。**目前很少有编程规范强制要求采用匈牙利命名法**。

11.4.4　枚举成员、宏和只读变量的命名

常用的**枚举类型成员的名称**有如下两种形式：

（1）在本书中，枚举类型成员的名称通常以“em_”开头，后续各个单词的首字母大写，其余字母小写。例如，em_Saturday。

（2）枚举类型成员的名称以“EM”或“EM_”开头，后续各个单词均采用大写，相邻单词之间采用下画线隔开。例如，EM_MONDAY。

如果**宏定义标识符**是用在头文件中用来避免嵌套包含同一个头文件，那么可以采用如下的 3 种方案：

（1）比较简单的方案是将该头文件的“基本名”和“扩展名”全部转换为相应的大写字母，并用下画线“_”连接，从而形成了相应的宏定义标识符。例如，头文件“CP_Hanoi.h”所对应的避免嵌套包含的宏定义标识符是 CP_HANOI_H。

（2）采用“项目名称”+“文件名”的方案，即在上一种方案的前面加上项目名称和下画线，其中项目名称全部转换为大写字母。例如，在 Game 项目中的头文件“CP_Hanoi.h”所对应的避免嵌套包含的宏定义标识符是 GAME_CP_HANOI_H。

（3）采用“项目名称”+“部分路径”+“文件名”的方案，即在上一种方案的中间再插入部分路径名称及下画线，其中路径名称是该头文件所在的路径名称，同样将其转换为大写字母。对于在路径名称中不宜作为宏定义标识符的字符，采用下画线进行替换。对于路径名称，可以采纳全部路径名称，也可以只选用其中比较有区分度的部分。例如，假设在 Game 项目中的头文件“CP_Hanoi.h”位于“D:\Root\Lib\Common\Algorithm”路径下，则所对应的避免嵌套包含的宏定义标识符可以选用 GAME_COMMON_ALGORITHM_CP_HANOI_H。

上面 3 种方案的**核心思路是找到一种非常简便易记的且保证全局唯一性的宏定义标识符**。对于实际的编程项目，可以根据需要，选用或自行制订可行的方案。

对于其他宏定义标识符，可以通过前缀或者全部采用大写字母的方式来区分其他类型的标识符。本书表示宏名称的方案是以“D_”开头，后续各个单词的首字母大写，其余字母小写，例如 D_MaxWidth。

具有常量属性的变量是**只读变量**，它是通过关键字 const 进行定义的。组成只读变量

的单词或词组通常也是名词或名词性词组。它通常有如下两种命名规则：

（1）在本书中，其命名规则是以“DC_”开头，后续各个单词的首字母大写，其余字母小写，例如，DC_MinWidth。这里“DC_”是表示只读变量的前缀。有些开源项目用字母“k”作为前缀代替这里的“DC_”，表示只读变量。

（2）所有单词全部采用大写字母，单词之间用下画线“_”分隔，例如，MIN_WIDTH。

11.4.5 本书所用的命名规范

基于以上的命名规范，本书自定义一套命名规范，如表 11-3 所示。

表 11-3 本书程序所用的命名规范

序号	类　型	命名规则
1	C 语言源程序代码文件基本名	以“C_”开头，后续单词的首字母大写，其余字母小写，包括如 Html 之类的词（下同）。例如，头文件“C_StudentList.h”
2	C++语言源程序代码文件基本名	以“CP_”开头，后续单词的首字母大写，其余字母小写
3	工程文件的基本名	各个单词的首字母大写，其余字母小写
4	命名空间	以“CNS_”开头，后续单词的首字母大写，其余字母小写
5	类	同 C++语言文件名基本名
6	类模板	以“CT_”开头，后续单词的首字母大写，其余字母小写
7	重命名的类型名	如果重命名的类型是类，则由 typedef 定义的相应类型名以“CQ_”开头；如果重命名的类型是枚举类型，则由 typedef 定义的相应类型名以“CE_”开头；如果重命名的类型是共用体类型，则由 typedef 定义的相应类型名以“CU_”开头；对于其他类型，由 typedef 定义的相应类型名以“CD_”开头。在这之后，后续各个单词的首字母大写，其余字母小写。例如，CD_Count
8	共用体类型名	以“U_”开头，后续单词的首字母大写，其余字母小写。例如，U_Spouse

9	枚举类型名	由 typedef 定义的则以“CE_”开头，后续单词的首字母大写，其余字母小写
		枚举类型本身以“E_”开头，后续单词的首字母大写，其余字母小写。例如：
		`typedef enum E_NumberStatus`
		`{`
		`    em_Zero,                // 0`
		`    em_NormalPositive,      // 正常的正数`
		`    em_NormalNegative,      // 正常的负数`
		`    em_InfinityPositive,    // 正无穷大`
		`    em_InfinityNegative,    // 负无穷大`
		`    em_Invalid              // 非数`
		`} CE_NumberStatus;`

10	枚举类型成员	以“em_”开头，后续单词的首字母大写，其余字母小写
11	全局非静态函数	以“gb_”开头，后续首个单词的首字母小写，其余单词的首字母大写，剩下的各个字母均小写

续表

序号	类　　型	命名规则
12	全局静态函数	以“gbs_”开头，后续首个单词的首字母小写，其余单词的首字母大写，剩下的各个字母均小写
13	全局的函数模板	以“gt_”开头，后续首个单词的首字母小写，其余单词的首字母大写，剩下的各个字母均小写
14	类、类模板或共用体的非静态成员函数	以“mb_”开头，后续首个单词的首字母小写，其余单词的首字母大写，剩下的各个字母均小写
15	类、类模板或共用体的静态成员函数	以“mbs_”开头，后续首个单词的首字母小写，其余单词的首字母大写，剩下的各个字母均小写
16	非静态的全局变量	以“g_”开头，后续首个单词的首字母小写，其余单词的首字母大写，剩下的各个字母均小写
17	类、类模板或共用体的非静态成员变量	以“m_”开头，后续首个单词的首字母小写，其余单词的首字母大写，剩下的各个字母均小写。例如，m_name
18	类、类模板或共用体的静态成员变量	以“ms_”开头，后续首个单词的首字母小写，其余单词的首字母大写，剩下的各个字母均小写。例如，ms_name
19	函数内部的非静态局部变量	(1) 如果作用域范围较小，可以直接采用若干个字符表达，例如，标识符 i、j、k、m 和 n。(2) 可以采用缩写词或词组，其中第一个缩写词或单词的首字母小写，其他缩写词或单词的首字母大写，其余字母均小写。如果采用不常用的缩写词，应当通过注释给出缩写词的全称或含义说明。(3)可以采用全称的单词或词组，其中首个单词的首字母小写，其余单词的首字母大写，剩下的各个字母均小写
20	静态变量	静态变量是具有 static 属性的变量。如果是全局静态变量，则以“gs_”开头；否则，以“s_”开头。后续首个单词的首字母小写，其余单词的首字母大写，剩下的各个字母均小写
21	宏定义标识符	如果该宏定义标识符是用在头文件中用来避免嵌套包含同一个头文件，那么将该头文件的“基本名”和“扩展名”全部转换为相应的大写字母，并用下画线“_”连接，从而形成了相应的宏定义标识符。例如，头文件“CP_EightQueen.h”所对应的避免嵌套包含的宏定义标识符是 CP_EIGHTQUEEN_H 对于其他宏定义标识符，则以“D_”开头，后续各个单词的首字母大写，其余字母小写。例如，D_SizeOfBuffer
22	只读变量	只读变量是具有常量属性的变量，通过关键字 const 进行定义。其命名规则是以“DC_”开头，后续各个单词的首字母大写，其余字母小写

11.5 排 版 规 范

良好的排版方式可以为程序建立起合理的层次划分，从而增强程序的可读性。本节介绍的排版规范包括制表符、空白行、缩进方式、缩排方式、空格以及代码长度等内容。下面分别介绍这些内容。

11.5.1 制表符与缩进

在编辑程序代码时，**通常建议禁止使用制表符（Tab）**。在不同的操作系统或不同的编辑器中，制表符的实际应用效果有可能不同；而且即使是在相同的操作系统下采用相同的编辑器，如果设置不相同，则制表符的实际应用效果也有可能不同。如果程序代码含有制表符，就很难使得程序代码在不同的计算机或不同的操作系统或不同的编辑器或不同的设置下保持预期的对齐模式。

> **说明**：
>
> （1）程序代码是否拥有良好的**对齐模式**，这是衡量程序代码可读性的指标之一。
>
> （2）在编辑程序代码时应当时刻记住：程序代码还可能由其他程序员或维护人员阅读，而且计算机、操作系统和编辑器等也会不断升级。因此，应当尽量使得程序代码在**不同的编辑环境**下仍然保持良好的对齐模式。
>
> （3）**通常建议将制表符自动或手动转换成为4个空格**。目前很多编辑器都提供将制表符（Tab）自动转换成为若干个空格的功能。

在**程序代码的缩进方式**上，现在通常都是**采用阶梯层次方式组织程序代码**。例如，在if语句中，if分支语句会比if语句头部多**缩进4个空格**。相应的代码示例如下：

```
if (studentScore>90)                                          // 1
    cout << "成绩优秀!" << endl; // 比上一行多缩进了 4 个空格       // 2
```

对于函数体、条件语句和循环语句等引导的语句块，语句块的分界符“{”和“}”应当单独占用一行，并且与引导该语句块的函数、条件语句或循环语句的头部左对齐。在语句块内部的各行语句一般均比分界符“{”和“}”多**缩进4个空格**。如果在语句块中还包括有内部语句块，则在内部语句块中的语句进一步再多缩进4个空格。例如：

```
while (i<=n)                                                       // 1
{ // 分界符“{”与上一行左对齐                                          // 2
    i *= 10; // 这一行比上一行多缩进 4 个空格                            // 3
    if ((i % 100) == 0)                                            // 4
    { // 分界符“{”与上一行左对齐                                      // 5
        i -= (i / 100); // 这一行比上一行多缩进 4 个空格                 // 6
        cout << "i=" << i << endl;                                 // 7
    } // if 结束 // 分界符“}”与其配套的分界符“{”(即第 5 行代码)左对齐     // 8
} // while 结束 // 分界符“}”与其配套的分界符“{”(即第 2 行代码)左对齐      // 9
```

采用这种方式，程序结构清晰，便于阅读。界定语句块的左括号“{”与右括号“}”上下对齐，位于同一列。因此，非常容易检查左右括号是否匹配。**对于do-while语句，通常让末尾的while部分紧跟在右括号“}”后面，表明这里的while部分是do-while语句的组成部分，从而与while语句明显区分开**。下面给出三个计算从1到100之和的代码示例。其中每个示例都包含一个语句块，分别是for语句、while语句和do-while语句的语句块。它们的计算结果都是使得变量sum等于5050。

```
// 语句块示例：for 语句
int i;
```

```
// 语句块示例：while 语句
int counter=1;
```

```
int sum=0;
for (i=1; i<=100; i++)
{
    sum += i;
} // for 循环结束
```

```
int sum=0;
while (counter<=100)
{
    sum += counter;
    counter++;
} // while 循环结束
```

```
// 语句块示例: do-while 语句
int counter=1;
int sum=0;
do
{
    sum += counter;
    counter++;
} while (counter<=100); // do-while 循环结束
```

另外，一种常用的语句块写法是将左括号“{”上移了一行，并放在引导该语句块的函数、条件语句或循环语句的头部的末尾，示例如下：

```
// 语句块示例: for 语句
int i;
int sum=0;
for (i=1; i<=100; i++) {
    sum += i;
} // for 循环结束
```

```
// 语句块示例: while 语句
int counter=1;
int sum=0;
while (counter<=100) {
    sum += counter;
    counter++;
} // while 循环结束
```

```
// 语句块示例 3: do-while 语句
int counter=1;
int sum=0;
do {
    sum += counter;
    counter++;
} while (counter<=100); // do-while 循环结束
```

在上面示例中，界定语句块的左括号“{”位于行的末尾，减少了行数。但是，检查左右括号是否匹配需要多花费时间。一般来说，这种减少行数的优势并没有阅读代码的时间代价重要。虽然有些 C++语言程序代码编辑器支持这种模式，甚至有些 C++语言程序集成平台的默认方式就是采用这种模式，但是，大部分软件公司并不推荐这种模式，甚至在其编程规范中抵制这种方式。

在语句块结束行的右方加上注释，表明是什么语句块结束了。这样可以使得代码更加清晰，提高阅读代码的速度，尤其对于行数较多的语句块和对于具有多重嵌套的语句块。例如，上面代码示例中的“for 循环结束”“while 循环结束”和“do-while 循环结束”等。对于多重嵌套的语句块，还可以在相应的注释中加上“外部”和“内部”等表明嵌套层次的注释。

11.5.2 空白行与空格

在程序代码中还可以插入适当的空白行，而且应当只在切实必要之处才加上空白行。**空白行可以从宏观上体现出程序的整体布局或层次结构**。这有点类似于文章的章节划分，可以用来增强程序的可读性。通常在相邻两个类定义之间、相邻两个模板定义之间、头文件 include 语句与函数定义之间、相邻的函数定义之间等不同部分之间插入单行空白行。如果函数体的行数较大，还可以将整个函数体划分成为若干节。在节与节之间，插入单行空白行。

在语句中，加入适当的空格有可能会方便语句代码的阅读。例如，在 if、switch、for 和 while 等关键字与其后面的圆括号之间通常含有空格。但是，在函数调用时，函数名与其后面的圆括号之间通常不含空格。如果在代码中含有逗号，且该逗号不是这一行代码的最后一个字符，则该逗号的后面通常有 1 个空格。在 for 语句头部的两个分号之后，通常也都会分别有 1 个空格。下面是 for 语句头部的代码示例：

```
for␣(i=1;␣i<=100;␣i++)
```

在表达式中，加入适当的空格也有可能会增加表达式的可读性。其目的是让表达式的层次结构显得更加清晰。例如：

```
a␣+=␣(c+d);                                              // 1
a␣=␣(a+b)␣/␣(c*d);                                       // 2
```

再如：假设 p 是整数类型的指针变量，b 是整数变量，下面语句

```
b␣=␣200␣/␣*p;
```

不能改写成

```
b=200/*p;
```

在改写之后，“/*”会被编译器认为是形式为“/*　*/”的注释的引导部分。上面语句可以改写为

```
b␣=␣200␣/␣(*p);
```

这样可能会更加清晰一些，更好理解。

> 📖说明📖：
>
> （1）**空格也不是越多越好**，应当只在切实必要之处才加上空格。不要在行的末尾加入空格，更不要在空白行中添加空格。
>
> （2）**添加空格的总原则**通常是要求能够使得语句或表达式的结构更加清晰或者使得程序代码呈现出更好的对齐方式。

11.5.3 行数与每行字符数

在通常情况下，**每行代码最多只写一条语句**，而且**每行代码的字符个数通常建议不要**

超过 80。随着显示屏越来越大，每行字符数的上限阈值可以放宽。不过，在具体的编程规范中最好设置一个上限阈值。其实，虽然显示屏可以很大，但通常人在阅读代码时的最佳视野范围仍然非常有限。80 个字符对大多数人而言很有可能就是一个最佳的选择。如果当前行代码的字符数超过上限阈值，则应当考虑将当前行的代码划分成为若干行，从而使得每行代码的字符数不超过指定的上限阈值。要进行分行，首先要对当前行的代码进行代码语义层次分析，建立**代码语义的层次结构**。然后，在需要分行的代码处，优先考虑在相对较高语义层次的代码上分行，再考虑在相对较低语义层次的代码上分行。而且断行应当在逗号和运算符等各种分隔符之后分行。其目标是**在分行后尽量体现代码的语义结构**，方便语句或表达式阅读和理解，尽可能提高代码理解的速度。新划分出来的行应当采用缩排方式进行书写。分行缩排通常在行首添加适当的空格来达到层次或结构划分的目的，其方式主要有两种。

第一种缩排方式是采用层次对齐的缩排方式，即同层次的代码在相邻行之间上下对齐。下面给出三阶行列式求值表达式按层次对齐缩排方式的示例。

```
double matrix[3][3]={{1, 2, 3}, {4, 0, 6}, {7, 8, 9}};              // 1
double value = matrix[0][0]*matrix[1][1]*matrix[2][2]+               // 2
               matrix[0][1]*matrix[1][2]*matrix[2][0]+               // 3
               matrix[0][2]*matrix[1][0]*matrix[2][1]-               // 4
               matrix[0][2]*matrix[1][1]*matrix[2][0]-               // 5
               matrix[0][1]*matrix[1][0]*matrix[2][2]-               // 6
               matrix[0][0]*matrix[2][1]*matrix[1][2];               // 7
```

在上面代码示例中，第 2 条语句最高层次的语义层次结构是赋值结构，接下来是 6 个加数之和，每个加数又分别是由三个数相乘得到。发现在第 2 个加数中 matrix[1][2]的末尾已经超出 80 个字符，需要在这里分行。因为代码语义层次级别高优先的原则，所以最终在第 2 个加数的开头处断行，而且与第 1 个加数上下对齐。这个过程继续下去，最终就得到如上面代码所示的缩排结果。采用这种缩排方式，代码结构非常清晰，非常容易阅读和理解。

下面给出一个不按代码语义层次结构的断行示例：

```
longName1 =  longName2 * (longName3 + longName4 -                // 1
             longName5) + 4 * longName6; // 应避免的分行方式     // 2
```

采用这种断行方式，将代码语义层次结构与断行割裂开来，有可能会造成误解。较好的分行方式可以采用如下的方式：

```
longName1 =  longName2 * (longName3 + longName4 - longName5) +   // 1
             4 * longName6; // 推荐的分行方式                    // 2
```

在修改之后，代码表达式的结构非常清晰。它是 2 个数相加的表达式，每个加数又分别由 2 个数相乘而得。

对于字符串，也可以采用同样的断行规则。下面给出相应的示例：

```
char *address = "http://www.longaddress.com/content/20060901/
```

```
082899009/12/11843090_310449873.shtml";                               // 1
```

上面代码实际上只有一行，但它超过了 80 个字符，其中在等号右侧的网址的字符个数就超过 80。可以对它进行断行。改写之后的语句如下：

```
char *address = "http://www.longaddress.com/content/20060901/"        // 1
                "082899009/12/11843090_310449873.shtml";              // 2
```

改写前后，两条语句是等价的。

第二种缩排方式是采用 4 个空格的缩排方式，即新划分出来的各行的开头部分的空格数均比当前行开头部分多了 4 个。对于同样的三阶行列式求值代码，采用 4 个空格缩排方式的结果如下：

```
double matrix[3][3]={{1, 2, 3}, {4, 0, 6}, {7, 8, 9}};               // 1
double value = matrix[0][0]*matrix[1][1]*matrix[2][2]+               // 2
    matrix[0][1]*matrix[1][2]*matrix[2][0]+                          // 3
    matrix[0][2]*matrix[1][0]*matrix[2][1]-                          // 4
    matrix[0][2]*matrix[1][1]*matrix[2][0]-                          // 5
    matrix[0][1]*matrix[1][0]*matrix[2][2]-                          // 6
    matrix[0][0]*matrix[2][1]*matrix[1][2];                          // 7
```

在上面代码示例中，第 3～7 行代码的开头部分比第 2 行代码的开头部分多个 4 个空格。采用这种方式，代码也比较清晰，但没有按照层次对齐缩排方式的结果清晰。

每个源程序文件的长度一般建议不要超过 2000 行。如果源程序文件的长度超过 2000 行，则可以考虑对该文件中的函数进行适当分类。然后，为每类函数建立一个新的源程序文件，每个新建的源程序文件的长度应当不超过 2000 行。

每个函数实现的功能不宜过多，最理想的函数是实现相对单一的功能，从而方便函数的复用。**每个函数体的长度**一般建议不要超过 200 行。如果某个函数体超过 200 行，则可以考虑将这个函数划分成为若干个子函数，而且每个子函数的函数体不超过 200 行。

11.6 语句规范

语句规范是编程规范的重要组成部分。在编写 C++语言程序代码时，首先应当**保证 C++语言程序能够解决问题**，符合实际的需求。在此基础上，应当**设法使得语句简单或简洁**。下面从整体上介绍一些基本的语句规范。

（1）**避免出现容易出错的代码或类似于容易出错的代码**。简单通常意味着容易被理解，简洁明了的代码通常比较容易维护。如果出现了容易出错的代码或类似于容易出错的代码，则往往会增加调试代码的时间，因为在调试时，通常需要分析清楚这些代码是否真的含有错误。

（2）应当编写并修改程序代码**使得最终代码不会产生任何编译警告信息**。通常建议不要通过降低警告级别来消除警告。应当重视含有编译警告的语句，这些语句很有可能含有某些潜在的错误，有时也有可能具有歧义性。通过消除警告可以发现并且避开这些问题。

另外，如果不消除警告，则每次编译产生的错误将会被隐藏在警告中，查找编译错误就会需要较大的时间代价，这些时间累计起来也会相当可观。因此，消除编译警告非常有必要。**每个编译警告都是可以消除的**。消除编译警告的过程也有助于检验和提升对 C++语法规则以及程序设计方法的掌握程度。

（3）现在的程序代码通常都**不再使用 goto 语句**。

（4）如果可以不使用全局变量，就尽量不要用全局变量。同样，如果可以不使用静态变量，就尽量不要用静态变量。

（5）如果**在程序中需要使用超过 1KB 的单个数组或类的实例对象数据**，则应当考虑采用指针，并通过运算符 new 申请内存，通过运算符 delete 释放内存。这样，可减小函数栈的内存压力。采用指针方式，首先应当注意不要出现内存越界的现象，其次一定要保证申请与释放内存的匹配，尤其是在程序中出现选择结构的时候。在选择结构中，每个分支都应当保证**申请与释放内存的匹配**。

（6）通常建议**尽量使用关键字 const**，尤其是引用类型和指针类型的函数参数。

（7）一般建议**每行最多只有一条语句**。例如：

```
i++; // 好的语句：一行只有一条语句                                    // 1
k++; // 好的语句：一行只有一条语句                                    // 2
```

通常建议不要将上面的两条语句写成：

```
i++; k++; // 应当避免：因为这一行有两条语句                            // 1
```

（8）**每条语句应当尽量简单，即尽量避免出现复合语句**。所谓复合语句，就是在一条语句中还包含有语句。例如：

```
if ((file = openFile(fileName, "r")) != NULL) // 应当避免出现复合语句  // 1
{                                                                     // 2
    // 这里省略了部分程序代码                                          // 3
} // if 结构结束                                                       // 4
```

上面的语句是复合语句的示例，它将赋值语句嵌入到 if 语句之中，应当避免出现。可以把上面的语句修改成如下的语句：

```
file = openFile(fileName, "r");                                       // 1
if (file != NULL)                                                     // 2
{                                                                     // 3
    // 这里省略了部分程序代码                                          // 4
} // if 结构结束                                                       // 5
```

这样，虽然程序代码的行数增加了，但是容易阅读了，可以提高理解程序代码的速度。

下面分别介绍与函数相关的语句规范、类型与变量相关的语句规范、简洁且无歧义的表达式、循环语句与空语句以及给语句添加注释。

11.6.1 函数相关的语句规范

首先介绍与构造函数相关的语句规范。**通常建议一定要确保构造函数能够执行成功**。

否则，很难控制程序的行为，甚至会引起程序崩溃。关于构造函数与析构函数，下面 2 条规范基本上已经成为常识:

（1）在构造函数中，通常建议**尽量通过初始化列表初始化成员变量**，而不是在构造函数的函数体内初始化成员变量。这样，可以提高程序的运行效率。

（2）**通常建议不要在构造函数或析构函数中抛出异常**。否则，程序将很有可能会处在失控的状态。

编写函数应当**尽量使用已有的函数**。尽量使用 C++语言标准的函数，从而提高代码的可移植性。如果重复出现的代码超过了 5 行，则可以考虑将这些代码封装成为函数。然后，将重复的代码替换成为相应的函数调用。这不仅可以缩短阅读代码的时间，而且非常有利于程序代码的维护。

每个函数的参数个数一般也不宜过多，通常建议不要超过 20 个。如果需要**给函数传递较多的参数**，则可以考虑定义类等来存储这些函数参数。如果函数的某个或某些参数会占用较大的存储空间，则可以考虑**用引用类型或指针类型的参数代替该函数参数**。这样不仅可以减少函数参数传递占用堆栈的空间，而且可以提高程序的运行效率。

如果函数的参数变量是引用类型或指针类型，而且在函数体内部该引用类型或指针参数变量所指向的数据不会被修改，则应当给该引用类型或指针参数变量添加上常量属性 const。**带有常量属性 const 的引用类型或指针类型参数变量**不仅可以保证该引用类型参数变量或指针类型参数变量所指向的数据在函数体内部不会被误修改，而且显式地表明了该引用类型或指针类型参数是输入参数，从而方便用户正确理解并使用该函数。C++语言的大量库函数采用了这种技巧，例如：

```
size_t strlen(const char *s);
```

在给函数参数命名时，通常建议**给函数参数变量取有意义的名称**，从而方便理解该函数及其调用方式。例如，对于计算圆柱体积的函数 gb_getCylinderVolume

```
extern double gb_getCylinderVolume(double a, double b);
```

从上面函数声明的函数名或者参数变量名中无法得出参数 a 和 b 是圆柱的什么参数。如果将上面的函数声明改为

```
extern double gb_getCylinderVolume(double radius, double height);
```

则根据变量名和函数名的意义很容易就可以推知函数 gb_getCylinderVolume 是根据圆柱的半径 radius 和高 height 计算并返回圆柱的体积。

如果在函数的参数中同时存在输入参数和输出参数，则通常建议输出参数在先，输入参数在后。这样，方便给输入参数提供默认值。

11.6.2 类型与变量相关的语句规范

通常建议慎重使用自动推断类型 auto，尤其是对需要进行审查或者走读的代码。在进行代码审查或者走读代码时，通常需要人工推断出 auto 对应的实际类型才能判断出程序代码是否正确，尤其在逻辑或者运算上是否正确。编译器通常只负责语法正确，而不负责逻

辑正确和运算正确。这样，在进行代码调试时，这些自动推断类型通常有可能就变成为不得不进行的人工推断，从而增大调试难度。总之，**自动推断类型 auto 减少了代码编写的时间，但很有可能会增大阅读难度，甚至引入一些不易觉察的错误**。因此，**自动推断类型 auto 通常建议只用在一些无关紧要的类型上**。如果一定要用自动推断类型 auto，**通常建议将自动推断类型 auto 只用于定义局部变量，而且其作用域范围不能太长**，例如不要超过 10 行代码。

在每种类型定义的上方，最好都加上注释，说明该类型的作用和使用条件，除非这些内容相当明显。

对于**在函数体内的局部变量定义**，通常**在循环体的外部定义局部变量**，从而提高程序的运行效率。其次，通常建议让局部变量的作用域尽可能小，即**只在有必要时才开始定义局部变量**。同时，建议尽量将**局部变量的定义和初始化操作在同一条语句中**完成。下面给出相应的对照代码示例：

// 应当避免的代码示例	// 更正后，推荐的代码示例
int sum; sum=0;	int sum=0;

如果**采用含有初始化操作的变量定义语句**，则通常每条语句只定义一个变量。这样，如果需要，也方便给该变量添加注释。下面给出相应的代码示例：

```
int matrix[2][2]={{1, 2}, {3, 4}}, value; // 应当避免的代码示例
```

上面的代码最好改为：

```
int matrix[2][2]={{1, 2}, {3, 4}}; // 更正后，推荐的代码示例          // 1
int value;                                                        // 2
```

在更正之后，代码显得更加清晰。

对于多维数组的初始化通常建议采用层次嵌套的方式，而不要采用将全部元素展开的方式。例如，**通常建议不要采用如下将全部元素展开的多维数组初始化方式**。

```
int matrix[2][2]={1, 2, 3, 4}; // 应当避免的代码示例
```

上面的代码最好改为如下**采用层次嵌套的多维数组初始化方式**：

```
int matrix[2][2]={{1, 2}, {3, 4}}; // 更正后，推荐的代码示例
```

在**定义指针变量**时，通常每条语句只定义一个指针变量，并且在星号与变量名之间不要含有空格。下面给出相应的代码示例：

```
int␣a␣=␣10;                                                       // 1
int␣*pa␣=␣&a;                                                     // 2
```

在上面代码示例中，所有的空格都通过符号“␣”显示标出。上面的代码示例同时也展示出**在取地址运算符与变量名之间通常也不含空格**。

11.6.3 简洁且无歧义的表达式

不要编写有歧义的语句。下面给出相应的代码示例。

```
    int a[ ]= {1, 2, 3, 4, 5};                                            // 1
    int i = 2;                                                            // 2
    a[i++] = i;                                                           // 3
    i = ++i + 1;                                                          // 4
```

上面第 3 行和第 4 行代码均不符合 C++语言标准。其中，第 3 行代码在等号的左侧改变了变量 i 的值，而在等号的右侧又用了变量 i 的值。这时等号右侧变量 i 的值在 C++语言标准中是不确定的，在不同的 C++语言支撑平台中很有可能会出现不相同的结果。同样，第 4 行代码的赋值运算和自增运算（++）均会改变变量 i 的值。在这种情况下，最终变量 i 的值在 C++语言标准中是没有定义的，即在不同的 C++语言支撑平台中很有可能会出现不相同的结果。下面的语句是 C++语言标准所允许的语句。

```
    a[i] = i+1;
```

不要在同一个表达式中多次改变同一个变量的值。C++标准不指定这种行为的运行效果，允许不同的编译器产生不同的结果。下面是 C++标准给出的案例：

```
    int a[] = { 10, 20, 30, 40, 50 };                                     // 1
    int i = 1;                                                            // 2
    i = a[i++]; // 行为未定义的语句                                        // 3
    cout << "i=" << i << endl; // 结果依赖于编译器，一种可能结果是“i=21”    // 4
```

下面是 C++标准给出的另一个案例

```
int gb_sum(int a, int b)                                                  // 1
{                                                                         // 2
    int c = a + b;                                                        // 3
    return c;                                                             // 4
} // 函数 gb_sum 结束                                                      // 5
                                                                          // 6
void gb_test()                                                            // 7
{                                                                         // 8
    int i = 1;                                                            // 9
    int k = 2;                                                            // 10
    k = gb_sum(i=-1, i=-1);                                               // 11
    cout << "i=" << i << endl; // 结果依赖于编译器，一种可能结果是“i=-1”    // 12
    cout << "k=" << k << endl; // 结果依赖于编译器，一种可能结果是“k=-2”    // 13
} // 函数 gb_test 结束                                                     // 14
```

在上面案例第 11 行中，虽然对变量 i 两次赋的值均相同，但 C++标准指出当前计算机的并行运行机制将会使得这两次赋值操作变得很复杂，最终变量 i 的值依赖于具体的编译器。

下面对上面的案例稍作修改，看其运行结果。

```
1  int gb_sum(int a, int b)
2  {
3     int c = a + b;
4     return c;
5  } // 函数 gb_sum 结束
6
7  void gb_test()
8  {
9     int i = 1;
10    int k = 2;
11    k = gb_sum(i=-3, i=-30);
12    cout << "i=" << i << endl; // 结果依赖于编译器，一种可能结果是“i=-3”
13    cout << "k=" << k << endl; // 结果依赖于编译器，一种可能结果是“k=-6”
14 } // 函数 gb_test 结束
```

对于上面案例第 11 行，C++标准没有规定对变量 i 两次赋值的运行先后顺序。因此，C++标准明确指出这条语句的运行结果依赖于具体的编译器，是一种未定义的行为。在编写程序时不应当出现这种行为未定义的语句。

下面给出另外一个示例：

```
1  int a = 10;
2  a = (a++) + 10; // C++语言标准不允许出现这种表达式
```

C++语言标准认为上面第 2 行语句的表达式的结果是不确定的，最终变量 a 的值取决于具体的 C++语言支撑平台。在这条语句中，“a++”与赋值运算均会改变变量 a 的值。哪个在先，哪个在后？答案是不确定的。

在编写表达式时，一般建议避免出现过于复杂的表达式。上面给出单个变量的情况。多个变量也是类似。**不要在一个表达式中改变两个或更多个变量的值**。例如，不要在同一个表达式中出现两个赋值类运算符，具体的代码示例如下：

```
// 应当避免的代码示例：出现了两处赋值
d = (a = b + c) + r;
```

```
// 修改后，推荐的代码示例
a = b + c;
d = a + r;
```

再如，下面左侧代码示例的表达式改变了变量 a 和 b 的值，可以考虑将其更改为两条语句，如下面右侧代码示例所示：

```
// 应当避免的代码示例
b = (a++) + 10;
```

```
// 修改后，推荐的代码示例
b = a + 10;
a++;
```

在上面的两组对照示例中，修改之后的语句明显比修改之前更容易理解。

还应当注意**数学表达式与 C++语言表达式之间的区别**。例如：

```
int a = 10;
int b = 20;
```

```
int c = 3;                                                    // 3
int d = a<b<c;  // 此语句可以通过编译和运行                     // 4
```

在数学表达式中，“a<b<c”要求“a<b”与“b<c”同时成立。如果按照数学表达式来展开计算，则在上面第 4 行代码中，“a<b”即“10<20”是成立的，“b<c”对应“20<3”是不成立的。因此，整个表达式“a<b<c”在数学上是不成立的，即结果变量 d 的值在数学上应当为 0。

然而，在 C++语言程序中，其结果与数学运算结果不同。在 C++语言程序中，“a<b<c”等价于“(a<b) < c”。在上面代码中，“a<b”即“10<20”是成立的，其结果是 1。因此，接下来的运算“(a<b) < c”对应“1 < 3”，其结果仍然是 1。这样，最终变量 d 的值等于 1，而不是 0。

如果要表达在数学意义上的“a<b<c”，则上面第 4 行代码应当改为：

```
int d = (a<b) && (b<c);                                       // 4
```

在数学表达式中，加法与乘法具有交换律。然而，**在 C++语言表达式中，交换加法或乘法的顺序却有可能会得到不同的结果。**例如：

```
double a = 1.2;                                               // 1
double b = 1.2;                                               // 2
double c = 1.5;                                               // 3
double d = a * b*c - 2.16;                                    // 4
double e = a * c*b - 2.16;                                    // 5
cout << "d=" << d << endl; // 结果输出 d=0                     // 6
cout << "e=" << e << endl; // 结果输出 e=-4.44089e-016         // 7
```

> **说明**：
>
> 应当注意**浮点数运算的截断误差**。如果浮点数运算结果所需的位数超出单个浮点数占用的位数，那么就会产生截断误差。在上面代码中，a*b 与 a*c 所产生的截断误差是不相等的；以此为基础，a*b*c 与 a*c*b 所产生的截断误差也是不相等的。这就是上面运算结果 d 和 e 具有不同的值的原因。同样，a+b+c 与 a+c+b 也有可能会产生不同的结果。例如，如果将第 4 行的代码换为“double d = a+b+c-3.9;”，将第 5 行的代码换为“double e = a+c+b-3.9;”，将通过第 6 行和第 7 行代码得到类似的输出结果。

为了使语句或表达式更好理解，可以**适当地增加圆括号“( )”**。一方面，它可以使得语句或表达式的层次关系更为明显；另一方面，它还可以避开运算符的优先级问题。例如：

```
// 理解表达式依赖于是否掌握运算优先顺序        // 修改后，推荐的代码示例
if (a == b && c == d)                        if ((a == b) && (c == d))
```

在修改之后，增加了圆括号，表达式的层次结构清晰，非常容易理解。

当需要**采用运算符“==”判断一个变量是否等于某个表达式**时，可以考虑将该变量的名称写在运算符“==”的右侧。例如：

```
// 不推荐的代码示例                            // 修改后，推荐的代码示例
if (sum==i*j)                                if (i*j==sum)
```

在上面代码中，左侧的代码是不推荐的代码，因为表达式“sum==i*j”常常容易被错误地写成“sum=i*j”，而且仍然可以通过编译和运行。右侧的代码是推荐的代码，因为如果将表达式“i*j==sum”错误地写成“i*j=sum”，则无法通过编译。

对于**容易混淆的运算符**，在编写程序的过程中，要多做检查。在编写完程序之后，还应当从头至尾至少检查一遍这些运算符，以防止出现拼写错误。比较容易出现混淆误用的运算符有“=”与“==”、“|”与“||”以及“&”与“&&”等。在混淆误用这些运算符时，表达式可能仍然符合 C++语言语法。因此，编译器不一定能够检查出来这种混淆误用。**多做代码检查是比较有效的手段**。

在运用表达式时，应当**注意表达式是否会出现溢出**。例如：

```
unsigned int counter;                                    // 1
int sum=0;                                               // 2
for (counter=8; counter>=0; counter--)                   // 3
   sum +=counter;                                        // 4
```

上面的 for 循环实际上是一个死循环。因为变量 counter 的数据类型是 unsigned int，所以变量 counter 的值总是大于或等于 0。即使在 counter 等于 0 时进行的运算“counter--”也不会将变量 counter 的值变为−1。从而造成上面的 for 循环无法正常终止。可以将上面的第 3 行代码更改为

```
for (counter=8; counter>0; counter--)                    // 3
```

或者将变量 counter 的数据类型更改为 int。这两种更正都将使得 for 循环能够正常终止，而且运行结果变量 sum 的值均为 36。

另外，应当**注意表达式在理解上的歧义性**。例如，在**编写以数字“0”开头的八进制数**时，应当加上注释进行强调，提醒注意。

编写程序的最后一步一定要做程序代码的检查和优化，去掉不必要的代码，修改错误的注释，增加必要的注释，简化语句，或设法提高代码的内存空间利用效率和运行效率等。例如，由于受思考过程的影响，有可能出现如下的语句：

```
int value = (a/b)*(b/a); // 应当避免
```

上面的语句是应当避免的，因为它有可能出现除数为 0，而且很烦琐，效率较低。正确的语句可能应当如下：

```
int value = 1; // 注:这个表达式与上面的表达式不一定等价
```

这里需要注意的是表达式“(a/b)*(b/a)”与“1”不一定等价。前者可能出现除数为 0 的情况，而后者不存在这种情况。如果 a 和 b 是在数值上互不相等的整数变量，并且它们均不等于 0，则表达式“(a/b)*(b/a)”的值是 0，而不是 1。

检查和优化语句可以从程序代码的健壮性、安全性、可读性、易测性、可维护性、所占用的内存大小、运行效率、简单性、可重用性和可移植性等**软件质量的评价指标**的角度展开。对于**容易出错**的地方还应当重点检查。有些公司把在完成代码编写之后的检查和优化语句过程称为**代码复查（Code Review）**。在有些文献中，Code Review 也翻译作**代码走**

读。有些公司规定在编写程序代码的人自己进行代码复查之后，还必须由其他程序员至少再进行一遍代码复查。这对提升程序代码的质量应当会很有帮助，而且通过走读其他团队成员的程序代码也可以互相学习，比较容易保持整个团队代码风格的一致性。

11.6.4 循环语句与空语句

对于循环语句，没有必要在循环内的运算一定要移出循环体，从而提高整个循环语句的效率。对于多重循环，如果有可能，可以考虑将步骤较多的循环放在内层，步骤较少的循环放在外层，从而减少赋初值或者切换计算模式的次数，提高多重循环的运行效率。例如：

```
// 相对效率相对较低的代码
for (i=0; i<100; i++)
{
    for (j=0; j<5; j++)
    {
        sum += m[i][j];
    } // 内部 for 循环结束
} // 外部 for 循环结束
```

```
// 相对效率相对较高的代码
for (i=0; i<5; i++)
{
    for (j=0; j<100; j++)
    {
        sum += m[j][i];
    } // 内部 for 循环结束
} // 外部 for 循环结束
```

左侧的代码需要对变量 i 赋 1 次初值 0，对变量 j 赋 100 次初值 0；右侧的代码需要对变量 i 赋 1 次初值 0，对变量 j 赋 5 次初值 0。因此，右侧代码的运行效率高。

如果需要编写一条空语句，则应当格外小心。因为在编写程序的过程中，偶尔会出现敲错字符而造成的空语句现象，所以应当设法避免混淆手误与特意编写空语句这两种情况。特意编写空语句的范例示意如下：

```
for (初始化表达式; 条件表达式; 更新表达式)
    ;
```

这种编写方式一方面可以使得空语句非常明显，另一方面还可以与手误区分开。出现这样的手误是很难的，因为需要在分号“;”之前输入回车以及 4 个空格。

另外一种空语句写法的示意如下：

```
for (初始化表达式; 条件表达式; 更新表达式)
{ // 空语句：循环体为空
}
```

它是通过不含任何语句的语句块来表示空语句，而且在语句块中通过注释强调这是空语句，从而使得空语句也表现得非常明显。

11.6.5 给语句添加注释

在必要的时候，可以给语句添加注释，其内容通常是从总体上介绍代码的功能，详细介绍约束条件或者注意事项，以及其他必要的信息。在给语句添加注释的时候，不要写语句在语法上的基本含义。例如：

```
i++; // i 自增 1    // 应当避免这样的注释，除非是为了讲解 C++语言的语法
```

应当注意阅读注释也是需要时间的，而这样的注释基本上不含任何信息量，是应当避免的，除非是为了讲解计算机语言的语法。

> **注意事项**：
> （1）在采用行注释时应当注意，这一行注释的末尾通常**不要以字符“\”结束**；否则，下一行代码也会被认为是行注释的一部分。
> （2）在采用行注释时应当注意检查这一行注释的末尾是否以字符“\”结束，以免下一行代码自动变成为注释。

下面给出一个误用行注释的续行的具体示例。

```
char ch = '\141'; // 请注意 141 是八进制整数，对应字母'a'，其引导符是\       // 1
ch++;                                                                      // 2
cout << "ch=" << ch; // 结果输出：ch=a                                     // 3
```

在上面示例中，第 2 行代码“ch++;”也是注释的一部分。结果变量 ch 的值仍然是'a'。可以将上面的代码更正为

```
char ch = '\141'; // 请注意 141 是八进制整数，'\141'对应字母'a'              // 1
ch++;                                                                      // 2
cout << "ch=" << ch; // 结果输出：ch=b                                     // 3
```

在更正之后，第 2 行代码“ch++;”不再是注释，使得变量 ch 的值从'a'变成为'b'。结果第 3 行代码输出“ch=b。”。

11.7　本 章 小 结

C++语言非常强大，适用范围非常广，兼容了众多计算机语言的强大优势。但事物总是有其两方面性。C++语言越强大在一定程度上就意味着它可能越复杂。**如果没有编程规范，就有可能出现程序设计思路的混乱，使得程序代码难以阅读和维护，甚至容易出错。**例如，C++语言引入命名空间的目标之一是为减少命名冲突，但引入的“using namespace”语句又削弱了命名空间的这一功能。C++语言引入“using namespace”语句的目标是缩短程序代码。这两个目标是互相矛盾、有冲突的。再如，C++语言的关键字 auto 使得 C++语言兼具了在 MATLAB 语言中自动推断变量类型的功能，但提高了相应程序代码阅读和维护代价，因为在阅读和维护时需要人工自行推断变量类型才能确切断定相应的程序代码是否正确。**编程规范是 C++语言语法规则的有益补充**，从而更好地驾驭 C++语言的复杂性，发挥 C++语言的强大效能。**面对不同的需求，可以制定不同的编程规范**，衡量 C++语言的各种功能和性能矛盾，从而发挥出尽量大的 C++语言效能。例如，面对 ACM 程序设计竞赛等要求快速编程且程序不会长期使用的实际需求，可以多使用关键字 auto 并采用“using namespace”语句。再如，如果编写的程序代码需要长期维护，则应当慎重使用关键字 auto，

并有限度采用“using namespace”语句。另外，**制定编程规范，实际上还可以提供一些编程技巧**。一方面，避开那些不必要的复杂或者易错的C++语言程序编写方式，**减小编写错误程序的概率**。另一方面，**提高程序代码的可重用性，提高程序编写与运行的效率**。无论如何，**通过编程规范可以使得程序代码的编写和组织等风格尽量保持一致**，从而增强程序的可读性，方便程序代码管理，减少查询与理解程序代码所需要的时间，降低整个团队沟通交流的代价，**降低调试与维护程序难度**，从而**缩短编写和维护程序代码的时间**。

> **❀小甜点❀**：
>
> 在编写程序代码时，常常会遇到很多成对的元素，如“{”与“}”，“(”与“)”，“[”与“]”，“<”与“>”，“[”与“]”，“"”与“"”，“'”与“'”以及“do”与“while”。为了**避免这些成对元素之间出现匹配问题**，在编写程序代码时，可以先输入这些成对的元素，再在这些成对的元素之间插入其他必要的代码。例如，如果要编写表达“((a==b)&&(b==c))”，可以按照下面的顺序进行:
>
> （1）( ) // 先编写最外面的一对括号；
>
> （2）(( ) && ( )) // 再编写内部的两对括号以及两个&符号；
>
> （3）((a==b)&&(b==c)) // 最后，依次编写“a==b”与“b==c”。
>
> 虽然这种编写方法不是必须的，但却是**提高编写代码效率与质量**非常有效的方法。

11.8 习　　题

11.8.1 练习题

练习题 11.1 判断正误。

（1）命名空间可以在一定程度减少命名冲突。

（2）命名空间的定义可以是不连续的，即命名空间的定义具有累加性。

（3）命名空间的定义既可以出现在头文件中，也可以出现在源文件中。

（4）如果函数的参数变量是指针类型，而且在函数体内部该指针参数变量所指向的数据不会被修改，则应当给该指针参数变量添加上常量属性 const。

（5）使用关键字 inline 定义的函数会被编译器在调用处按内联方式展开。

（6）在函数声明处可以加上关键字 inline，但实际上不会起作用。

（7）在同一个程序的不同源文件中可以定义具有完全相同头部但函数体内容不同的用来申请内联的函数。

（8）在类中定义的成员函数是申请内联的成员函数。

（9）为了让程序代码读起来显得更加生动有趣，对于具有相同含义的变量，应当尽量采用多种不同的单词来表达，尤其是在不同的函数或模块之中。

（10）早期的匈牙利命名法定义了很多缩写词。

（11）编程规范根本就没有必要，尤其是缩排规则，编译器自动会忽略多余的空格和制表符（Tab 键）。

（12）对于编译器而言，在程序代码中，空格是可有可无的。

（13）可以不处理在编译或链接过程中产生的警告信息。

（14）给程序代码添加注释，通常不要写语句在语法上的含义。

（15）在采用行注释时应当注意，行注释的末尾通常不要以字符“\”结束。

（16）编程规范是一成不变的。

（17）对于不同的项目，可以制订不同的编程规范。

练习题 11.2　请简述编程规范的必要性。

练习题 11.3　请简述编程规范的作用。

练习题 11.4　简述编程规范通常所包含的主要内容。

练习题 11.5　命名空间的主要功能是什么?

练习题 11.6　请写出命名空间的定义格式。

练习题 11.7　什么是命名空间的头部?

练习题 11.8　什么是命名空间体?

练习题 11.9　请总结应用命名空间的方法，并分别说明这些方法各自的优缺点。

练习题 11.10　请简述源程序代码文件通常采用的组织顺序。

练习题 11.11　简述源程序代码文件内部代码的组织规范。

练习题 11.12　为什么通常让主函数 main 独占一个源文件?

练习题 11.13　什么是程序的自述文件? 它通常包含哪些内容?

练习题 11.14　请简述文件头部的注释通常应当包含的内容。

练习题 11.15　请简述头文件通常包含哪些内容？

练习题 11.16　请简述源文件通常包含哪些内容？

练习题 11.17　请简述类定义的组织顺序，以及在类定义中的注释通常应当包含的内容。

练习题 11.18　请简述函数定义的注释通常应当包含的内容。

练习题 11.19　什么是具有自描述特点的函数声明？

练习题 11.20　请简述内联函数的作用。

练习题 11.21　请简述内联函数的编译运行机制。

练习题 11.22　请简述内联函数与宏定义的区别。

练习题 11.23　什么是隐式内联函数？什么是显式内联函数？

练习题 11.24　请简述内联函数与普通函数的区别。

练习题 11.25　请简述内联函数与宏定义的区别。

练习题 11.26　请分析内联函数的执行效率。

练习题 11.27　请列举不适合申请内联的情况，并说明理由。

练习题 11.28　命名规范的目的是什么?

练习题 11.29　命名规范的总原则是什么?

练习题 11.30　命名规范包含哪些内容?

练习题 11.31　请分别简述命名空间、文件、类、模板、函数、变量和只读变量的命名规范。

练习题 11.32　请简述类型别名的主要作用。

练习题 11.33　请简述匈牙利命名法所包含的主要内容。

练习题 11.34　请简述代码编辑排版规范。

练习题 11.35　请简述排版规范的作用。

练习题 11.36　请简述排版规范所包含的主要内容。

练习题 11.37　请简述制表符（Tab 键）在代码文件中可能存在的问题。

练习题 11.38 语句书写规范的目标是什么?

练习题 11.39 在编程规范中，语句优化的目标是什么?

练习题 11.40 请列举语句书写优化的指标。

练习题 11.41 请简述编写构造函数与析构函数的编程规范。

练习题 11.42 请总结编写函数的编程规范。

练习题 11.43 请简述编写表达式的注意事项。

练习题 11.44 请简述程序代码注释的作用。

练习题 11.45 请编写程序，可以接收文件路径的输入。并且对于该路径及其子路径下的所有文件，能够自动去除在各个文件的文件名中的空格。如果在去空格的过程中出现文件名的重名冲突问题，请自行设计有效的解决方案。要求程序严格按照本章的编程规范进行编写。

练习题 11.46 请编写程序，检查在给定的程序代码中动态数组内存申请与释放是否匹配。要求程序严格按照本章的编程规范进行编写。

练习题 11.47 请编写程序，可以接收源程序代码文件名的输入。然后，自动检查在该文件中是否存在以字符“\”结束的行注释。如果存在，则输出该行注释位于文件的第几行。要求程序严格按照本章的编程规范进行编写。

练习题 11.48 简述在书写语句时应当注意的问题。

11.8.2 思考题

思考题 11.49 请比较代码优化在程序设计中与在编程规范中的作用。

思考题 11.50 思考并调查在文件名中含有空格有可能会引起哪些问题?

思考题 11.51 思考空格在程序代码中的作用。

思考题 11.52 思考源程序文件长度超过 2000 行的弊端是什么?

思考题 11.53 在程序代码中使用 goto 语句的弊端是什么?

思考题 11.54 请总结提高程序运行效率的语句书写技巧。

思考题 11.55 为什么在写空语句时需要让空语句体现得非常明显?

思考题 11.56 请总结在源程序代码文件中应当包含哪些部分的注释，这些注释的主要内容分别是什么?

第 12 章　程序调试与测试

程序调试与测试是正常编写程序必不可少的步骤。**程序测试**是验证程序有效性的重要手段；**程序调试**则是修正程序错误或进一步改进程序的重要手段。如果要**降低软件维护成本**，就必须做好程序调试与测试的工作。一旦软件发布，当用户发现在程序中的错误时，软件维护的代价通常会比较大。例如，如何去更新其他用户的软件；甚至，可能会因此使得用户觉得软件的体验不好，从而失去用户。在实际应用中出现程序错误甚至有可能会是**致命性的**。例如，直升飞机控制程序出错有可能会引发直升飞机坠毁事故。因此，**编写程序必须十分重视程序调试与测试**。

12.1　程 序 调 试

本节介绍如何在 VC 平台下的一些程序调试方法，包括设置断言、设置断点、查看即时信息以及编写调试日志文件。设置断言主要为了强调进行程序调试。设置断点和查看即时信息可以实时跟踪程序代码运行情况，查看甚至修改变量在运行过程中的值。编写调试日志文件为程序运行变化情况提供直观展示的手段，从而方便应对调试程序的复杂变化，尤其是作用域较大的变量的值的变化。**编写调试日志文件是大规模程序调试的常规手段**。

12.1.1　断言

在分析程序所有可能发生的情况之后，认为其中部分情况应当不会发生，但却又没有把握，可以设置断言（assert）。**设置断言**就是通过断言语句检查是否发生了“不应该”发生的情况。如果发生这种“不应该”发生的情况，则称为**触发断言**。断言一旦被触发，就会触发对函数 abort 的调用，中止程序的正常运行。因此，设置断言是一种强调进行程序调试的手段。在断言被触发之后，程序也会报告断言 assert 所在的源程序代码文件名称以及断言 assert 在该文件中的位置，从而方便调试。断言是可以关闭的。断言开关是宏 NDEBUG。只要定义了宏 NDEBUG，就可以关闭断言 assert，即断言 assert 不再起任何作用。如果没有定义宏 NDEBUG，断言 assert 就会起作用。断言 assert 是宏。宏 assert 和函数 abort 的具体说明如下。

宏 7　assert

声明：　`assert(expression);`

说明：　断言 assert 通常用于检查是否发生了“不应该”发生的情况，具体功能如下：

（1）如果定义了宏 NDEBUG，则断言 assert 不起任何作用。对于要发布的程序，通常让断言 assert 不起任何作用。

（2）如果没有定义宏 NDEBUG，则断言 assert 处于可以触发的状态。这时，如果在断言 assert 中的表达式的值为 false 或者 0，则通常将会输出该断言 assert 所在的源程序代码文件名称以及断言 assert 在该文件中的位置，并触发对函数 abort 的调用，

	中止程序的正常运行。如果在断言 assert 中的表达式的值为 true 或者非零的数，则断言 assert 不起作用，程序继续正常运行。
参数：	expression：表达式，称为**断言表达式**。
头文件：	<cassert> // 程序代码：#include <cassert>

函数 300	abort
声明：	void abort( );
说明：	中止程序的运行，同时向操作系统报告程序运行失败。
头文件：	<cstdlib> // 程序代码：#include <cstdlib>

因为断言一旦被触发就会中止程序的正常运行，所以**不能用断言来检查在发布之后的程序必然会发生而且必须处理的错误情况**。对于用来发布的程序，通常会关闭断言。因此，有如下的编程规范。

> **📖编程规范📖**：
>
> **通常建议不要在 assert 语句中改变变量的值**。例如，在语句“assert(++i > 5);”中的“++i”会改为 i 的值。这样，在程序发布前后开与关断言的两种情况下，程序的运行结果很有可能会不相同，从而使得程序的维护变得非常困难。总之，**使用 assert 语句总的原则是在没有出现代码编写失误的前提下，保证程序在开与关断言的两种情况下具有相同的结果**。

例程 12-1　展示断言效果的整数输入例程。

例程功能描述：程序接收一个整数的输入，同时展示断言的效果。

例程解题思路：在程序接收整数的输入之后，编写断言语句，并让其中断言表达式为判断该整数是否不等于 0。这样，可以输入不同的整数，让断言表达式成立或者不成立，从而判断断言是否会发生作用。并且在发生作用的前提条件下观察程序的行为，从而观察断言效果。例程源文件“CP_AssertIntMain.cpp”的具体程序代码如下。

```
// 文件名：CP_AssertIntMain.cpp；开发者：雍俊海
#include <iostream>
#define NDEBUG
#include <cassert>
using namespace std;

int main(int argc, char* args[])
{
   int a = 0;
   cout << "请输入一个整数：";
   cin >> a;
   cout << "输入的整数是" << a << endl;
   assert(a != 0);
   system("pause");
   return 0;
} // main 函数结束
```

可以对上面的代码进行编译、链接和运行。下面给出一个运行结果示例。

```
请输入一个整数：0↙
输入的整数是 0
请按任意键继续. . .
```

例程分析：上面程序代码第 2 行定义了宏 NDEBUG。因此，第 12 行的 assert 语句实际上不起作用。因此，虽然输入的是 0，断言表达式“a != 0”为 false，该断言仍然不起作用。这时，断言处于关闭的状态。

> **注意事项**：
>
> **请注意不能对换上面程序代码第 2 行“#define NDEBUG”和第 3 行“#include <cassert>”的先后顺序**。上面程序代码第 12 行的 assert 语句会如何运行，只取决于宏 assert 是如何定义的。如果对换这 2 行代码，则在头文件“cassert”中，在定义宏 assert 时，将会发现 NDEBUG 还没有被定义，从而使得断言 assert 处于打开状态，即断言会起作用。在“#include <cassert>”之后定义 NDEBUG 无法影响到断言 assert 的定义。

如果删除上面第 2 行代码“#define NDEBUG”或者将这行代码替换为

```
#undef NDEBUG                                                    // 2
```

则第 12 行的断言将起作用。下面给出**断言会被触发的运行结果示例**。

```
请输入一个整数：0↙
输入的整数是 0
Assertion failed: a != 0, file
d:\examples\assertint\assertint\cp_assertintmain.cpp, line 12
```

这时，断言表达式为 false，断言被触发，程序被中止，上面输出结果最后一行给出了触发断言的代码位置。同时，还会弹出程序中止对话框。下面给出**断言不会被触发的运行结果示例**。

```
请输入一个整数：9↙
输入的整数是 9
请按任意键继续. . .
```

因为输入的整数 9，所以断言表达式“a != 0”为 true，断言不会被触发，程序正常运行。

12.1.2　设置断点与查看即时信息

设置断点与查看即时信息是非常重要的调试程序的手段。这里，结合第 12.1.1 节的代码示例进行说明。首先，需要**将编辑代码文件的光标移动到需要设置断点的代码行处**。这样，当前编辑的行就是需要设置断点的代码行，例如，如图 12-1 所示的第 11 行代码。接着，就可以在该代码行处设置断点。下面介绍 **3 种常用的设置断点的方法**。

第一种方法是**通过快捷键 F9 设置断点**。按下快捷键 F9 可以在当前代码行处切换“设置断点”和“取消断点设置”。第二种方法是**通过菜单和菜单项“调试”→“切换断点”**。单击该菜单项，同样可以达到切换断点设置与取消的目的。第三种方法是**单击当前行代码左边的灰色边带**切换断点设置与取消。如果成功设置断点，就会在当前代码行左边的灰色边带上出现一个红色的小圆盘，如图 12-1 所示。单击的位置正是这个红色小圆盘所在位置。如果**取消当前代码的断点设置**，则红色小圆盘消失。

```
CP_AssertIntMain.cpp    X
 6  int main(int argc, char* args[])
 7  {
 8      int a = 0;
 9      cout << "请输入一个整数: ";
10      cin >> a;
11      cout<<"输入的整数是"<<a<<endl;
12      assert(a != 0);
```

图 12-1　在第 11 行代码处设置断点的示意图

如果要让断点发挥作用，则需要在调试方式下运行程序，其对应的菜单和菜单项是**"调试"→"开始调试"**。在有些版本的 VC 平台中，对应的菜单和菜单项是**"调试"→"启动调试"**。对应的快捷键通常是 **F5**。

> **说明**：
>
> （1）对于**在发布模式下编译和链接的程序**，采用调式的方式运行程序，也可以设置断点与查看即时信息。只不过，由于编译优化等原因，在有些程序代码处，有可能会无法设置上断点；对有些变量，有可能会无法查看即时信息。
>
> （2）如果**采用不带调式的方式运行程序**，则无法设置断点，也无法查看即时信息。

在设置好断点并且采用调试方式运行程序之后，程序就会开始运行并且停在断点处，如图 12-2(a)所示。这时在表示断点的红色小圆盘上出现一个黄色的箭头。如果不想设置断点，也可以先将光标移动到同样的代码行，然后通过按下在键盘上的**快捷键 Ctrl+F10**，**采用调试方式直接运行到光标位置**，如图 12-2(b)所示。图 12-2(a)与图 12-2(b)的区别在于是否有表示断点的红色小圆盘。

```
CP_AssertIntMain.cpp    X
 6 int main(int argc, char* args[])
 7 {
 8     int a = 0;
 9     cout << "请输入一个整数: ";
10     cin >> a;
11     cout<<"输入的整数是"<<a<<endl;
12     assert(a != 0);
```

(a) 运行到断点位置

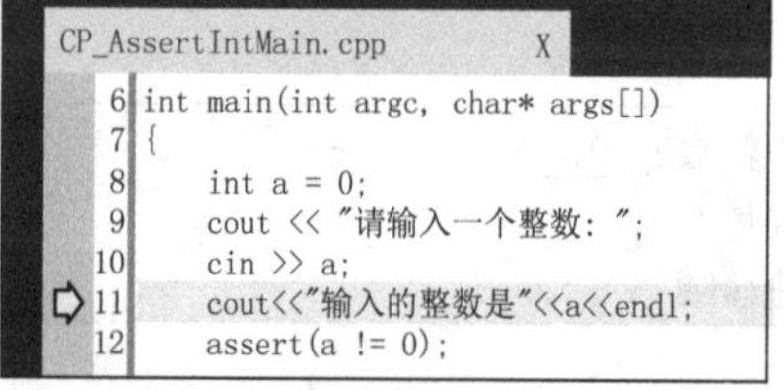

(b) 运行到不含断点的代码行

图 12-2　程序运行到指定代码行的示意图

如果需要继续运行程序，可以继续通过设置断点或者通过快捷键 F5 运行程序或者通过 Ctrl+F10 直接运行到光标所在位置的代码行处。此外，还可以按照下面 3 种方法运行程序。

（1）通过**快捷键 F10** 或者通过菜单和菜单项"调试"→"逐过程"或者"跳过"**单步运行程序**。这时，即使遇到函数调用，也不会进入到该函数的内部。

（2）通过**快捷键 F11** 或者通过菜单和菜单项"调试"→"逐语句"或者"步入"**单步运行程序**。这时，如果遇到函数调用，并且该函数是可以进入调试的，则通常会进入到该函数的内部。

（3）通过**快捷键 Shift+F11** 或者通过菜单和菜单项"调试"→"跳出"**运行完当前函**

数剩余的语句（除非遇到断点），并返回到该函数所调用之处。

当程序运行到某一行代码处并且停在那，可以开始查看这时的各种**即时信息**。例如，这时可以**将鼠标移动到变量 s 的上方并稍停片刻**，通常就会在鼠标附近会出现变量 s 的名称和值。

如图 12-3 所示，还可以通过监视窗口、局部变量窗口或自动窗口来**查看表达式的值**，以及**修改变量的当前值**。通常这些窗口在调试方式运行程序的过程中会自动打开。如果没有打开，则可以单击菜单和菜单项“调试”→“窗口”→“监视”→“监视 1”或“监视 2”或“监视 3”或“监视 4”，**打开 1～4 个监视窗口**，通过菜单和菜单项“调试”→“窗口”→“局部变量”**打开局部变量窗口**，通过菜单和菜单项“调试”→“窗口”→“自动窗口”**打开自动窗口**。

监视1

名称	值	类型
a	5	int

(a) 监视窗口

局部变量

名称	值	类型
a	5	int
argc	1	int
args	0x02d65880	char**

(b) 局部变量窗口

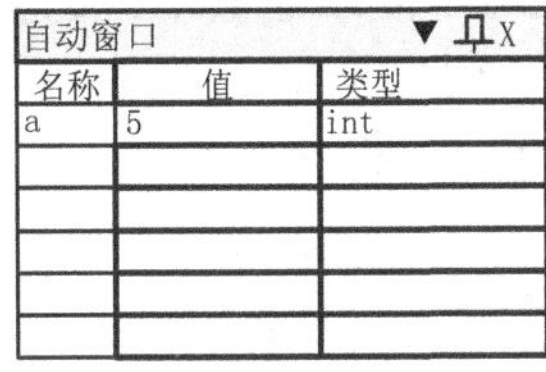

(c) 自动窗口

图 12-3　查看变量当前值的示意图

在**监视窗口**中，查看表达式的值或者修改变量的当前值，需要手动输入变量的名称或者表达式。在**局部变量窗口**或**自动窗口**中，在名称处的变量是由 VC 平台自动生成的，而且可以随着程序的运行而自动发生变化。如果需要**修改某个变量的值**，则在监视窗口、局部变量窗口或自动窗口中，**双击该变量右侧的值格子**，然后**编辑在这个格子中的值**。例如，如图 12-1 和图 12-2 所示，当程序运行至“CP_AssertIntMain.cpp”第 11 行代码处时，变量 a 的值为 5。这时，可以将变量 a 的值修改为 4。然后，按快捷键 F5，运行剩余的程序。这时，程序输出的结果相应地变为

```
请输入一个整数：5↙
输入的整数是 4
请按任意键继续. . .
```

从上面输出结果可以看出，程序确实按照变量 a 的值等于 4 运行剩余的程序，虽然输入的整数是 5。

表 12-1 总结了在 VC 平台中与调试相关的常用快捷键。

表 12-1　在 VC 平台中与调试相关的常用快捷键

快捷键	功能说明
F5	采用调试方式运行程序
Ctrl+F5	采用不带调试的方式运行程序
F9	切换断点的设置与取消
F10	单步运行程序，并且在遇到函数调用时不会进入到该函数的内部
Ctrl+F10	直接运行到光标所在的代码行处

续表

快捷键	功能说明
F11	单步运行程序，并且在遇到函数调用时通常会进入到该函数的内部，其前提是该函数内部可以进去
Shift+F11	如果没有遇到断点，则运行完当前函数剩余的语句，并返回到上一层调用当前函数的那一条语句

12.1.3　查看函数堆栈

VC平台提供的函数调用堆栈窗口只有在程序采用调试模式运行的状态下才可能看到。下面通过1个例程进行说明。

例程 12-2　展示函数堆栈的整数交换例程。

例程功能描述：通过函数实现交换2个整数变量的值，同时展示如何查看函数堆栈。

例程解题思路：编写函数 gb_swap 实现交换2个整数变量的值，并在主函数中调用这个函数，并展示在调用前后的2个整数变量的值。在运行的过程中查看函数堆栈。例程源文件“CP_Swap.cpp”的具体程序代码如下。

```
// 文件名：CP_Swap.cpp；开发者：雍俊海
#include <iostream>
using namespace std;

void gb_swap(int& x, int& y)
{
    int temp = x;
    x = y;
    y = temp;
} // 函数 gb_swap 结束

int main(int argc, char* args[])
{
    int a = 1;
    int b = 2;
    cout << "交换之前：";
    cout << "a=" << a << ", ";
    cout << "b=" << b << "。\n";
    gb_swap(a, b);
    cout << "交换之后：";
    cout << "a=" << a << ", ";
    cout << "b=" << b << "。\n";
    system("pause"); // 暂停住控制台窗口
    return 0; // 返回 0 表明程序运行成功
} // main 函数结束
```

可以对上面的代码进行编译、链接和运行。下面给出一个运行结果示例。

```
交换之前：a=1, b=2。
```

```
交换之后：a=2，b=1。
请按任意键继续. . .
```

例程分析：首先，将编辑代码文件的光标移动到上面源文件第 6 行代码“int temp = x;”处。然后，按下快捷键 Ctrl+F10，即采用调试方式直接运行到这行代码处。这时，应当可以看到调用堆栈窗口，如图 12-4 所示。如果没有看到，则可以单击菜单和菜单项“调试”→“窗口”→“调用堆栈”**打开调用堆栈窗口**。

调用堆栈		▼ 📌 X
	名称	语言
⇨	CP_Swap.exe!gb_swap(int&x,int&y)行6	C++
	CP_Swap.exe!main(int argc,char**args)行18	C++

图 12-4　调用堆栈窗口示意图

在图 12-4 所示的调用堆栈窗口中，可以根据其中第 1 行记录看到当前运行到源文件的第 6 行代码处，而且位于函数 gb_swap 的函数体内。**除了第 1 行之外，调用堆栈窗口各行记录的函数正好调用了在上 1 行中记录的函数**。因此，在图 12-4 所示的调用堆栈窗口中，第 2 行记录表明 main 函数调用在第 1 行中记录的函数 gb_swap，而且调用之处位于源文件第 18 行处。在调用堆栈窗口中记录的各个函数可以位于同一个代码文件中，也可以位于不同的代码文件中。

调用堆栈		▼ 📌 X
	名称	语言
⇨	CP_Swap.exe!gb_swap(int&x,int&y)，行6	C++
➥	CP_Swap.exe!main(int argc,char**args)，行18	C++

图 12-5　通过调用堆栈窗口切换到不同函数

可以**双击在调用堆栈窗口中的各行记录去查看在这时各个函数内部的变量的值**。例如，双击在图 12-4 所示的调用堆栈窗口的第 2 行记录 main 函数中。这时，第 2 行记录的左侧出现 1 个蝌蚪尾巴的箭头，如图 12-5 所示。同时，调试状态切换到 main 函数中。在这时，可以通过监视窗口查看在 main 函数中局部变量 a 的值和所在的内存地址，如图 12-6(b)所示。为了进行对比，双击在调用堆栈窗口中的第 1 行记录，回到函数 gb_swap 的函数体内。这时，可以通过监视窗口查看函数参数变量 x 的值及其内存地址，如图 12-6(a)所示。这里看到这 2 个变量不仅值相等，而且内存地址也相同。通过这种方式的查看，可以**对函数的引用传递方式有着更加深刻的认识**。需要在这里说明一下，在图 12-6 中变量的内存地址在不同计算机中或者在不同时候运行的结果有可能不同。

监视1		▼ 📌 X
名称	值	类型
x	1	int
&x	0x00f5f7b4	int *

(a) 在函数gb_swap中的变量

监视1		▼ 📌 X
名称	值	类型
a	1	int
&a	0x00f5f7b4	int *

(b) 在主函数中的变量

图 12-6　在不同函数中的变量的值

12.1.4 编写调试日志文件程序

编写调试日志文件程序是程序调试的一种重要手段，尤其对于大规模或复杂的程序。通过调试日志文件，可以查看时间或者代码范围跨度较大的变化。与设置断点或逐步跟踪的调试程序方法相比，在下面 3 个场景中，通过调试日志文件进行程序调试更有优势。

（1）**对时间有依赖的程序**，例如，多线程程序。不管是设置断点还是逐步跟踪调试程序，实际上都是暂停程序的正常运行，都会影响到时间，从而有可能影响到与时间相关的一些特性，例如，并发特性。调试日志文件也会影响到时间，但影响相对小得非常多。

（2）**时间或者代码范围跨度较大的程序**。例如，如果需要查看申请内存与释放内存是否匹配，则通过调试日志文件具有很大的便利，而且比设置断点或逐步跟踪的方法直观。

（3）**需要长期运行的程序**，例如，服务器程序。如果没有调试日志文件，可能会漏掉其中出现的部分问题，甚至在出现问题时也很难推断出其原因。对于这类程序，要重现错误，往往也需要较大的代价。

调试日志文件程序主要是将一些数据或提示信息保存到调试日志文件之中，从而方便确认代码是否被执行到或者是否正确执行。本小节介绍两种调试日志文件程序。第 1 种是通过宏定义来控制是否保存数据到日志文件中，下面的例程将实现具有这种功能的类。

例程 12-3　宏定义控制的调试日志文件类。

例程功能描述：编写调试日志文件类，要求通过宏定义控制是否保存数据到日志文件中。当允许保存时，要求可以指定调试日志文件的文件名，可以清除该文件的已有内容，可以将各种类型的数据保存到该文件中。当不允许保存时，这个类所产生的程序代码应当尽量少。

例程解题思路：将采用条件编译的形式实现上述功能。不妨将需要实现的类命名为 CP_DebugLog。如果定义了宏 CP_DEBUGLOG_SHOW，则让类 CP_DebugLog 拥有成员变量 m_logFileName，该成员变量记录指定调试日志文件的文件名，同时完成数据保存与清空的功能。为了支持多种数据的保存，本例程将采用模板的方式进行实现。如果没有定义宏 CP_DEBUGLOG_SHOW，则让相应的函数的函数体为空。

例程代码由 2 个源程序代码文件“CP_DebugLog.h”和“CP_DebugLogMain.cpp”组成，具体的程序代码如下。

```
// 文件名：CP_DebugLog.h；开发者：雍俊海
#ifndef CP_DEBUGLOG_H
#define CP_DEBUGLOG_H
#include <string>
#include <fstream>

class CP_DebugLog
{
public:
#ifdef CP_DEBUGLOG_SHOW
   string m_logFileName;
#endif

```

```
public:
#ifdef CP_DEBUGLOG_SHOW
   CP_DebugLog() : m_logFileName("D:\\DebugLogDefault.txt")
   {
   } // 类 CP_DebugLog 的构造函数定义结束
   CP_DebugLog(const char* fileName) : m_logFileName(fileName) {}
#else
   CP_DebugLog() {}
   CP_DebugLog(const char* fileName) {}
#endif
   ~CP_DebugLog() { }

   void mb_clear()
   {
#ifdef CP_DEBUGLOG_SHOW
      ofstream outFile(m_logFileName, ios::out);
      outFile.close(); // 这条语句即使不写,也会被调用
#endif
   } // 类 CP_DebugLog 的成员函数 mb_clear 定义结束
}; // 类 CP_DebugLog 定义结束

template <typename T>
const CP_DebugLog& operator <<
   (const CP_DebugLog& logFile, const T& data)
{
#ifdef CP_DEBUGLOG_SHOW
   ofstream outFile(logFile.m_logFileName, ios::out | ios::app);
   if (outFile.fail())
      cout << "文件" << logFile.m_logFileName << "打开失败。\n";
   else outFile << data;
   outFile.close(); // 这条语句即使不写,也会被调用
#endif
   return logFile;
} // operator <<定义结束
#endif
```

// 文件名：CP_DebugLogMain.cpp；开发者：雍俊海

```
#include <iostream>
using namespace std;
#define CP_DEBUGLOG_SHOW
#include "CP_DebugLog.h"

int main(int argc, char* args[])
{
   CP_DebugLog a("D:\\DebugLogTest.txt");
   a.mb_clear();
   a << "test\n";
```

```
11     a << 5;
12     a << "\n";
13     a << "test\n" << 1.5 << "\n";
14     system("pause");
15     return 0;
16 } // main函数结束
```

可以对上面的代码进行编译、链接和运行。在程序运行结束之后，文件“D:\DebugLogTest.txt”的内容变为：

```
test
5
test
1.5
```

例程分析：本例程的调试日志类的构造函数允许指定调试日志文件名称。如果不指定，则默认的文件名为“D:\DebugLogDefault.txt”。调试日志类的定义与实现均在头文件“CP_DebugLog.h”中完成。这样，调试日志类的使用非常方便。如果需要保存数据，则先定义宏“CP_DEBUGLOG_SHOW”，然后加入文件包含语句“#include "CP_DebugLog.h"”，就可以了，如上面源文件“CP_DebugLogMain.cpp”第 3 行和第 4 行代码所示。如果不需要保存数据，则删除源文件“CP_DebugLogMain.cpp”第 3 行代码或者将这行代码修改为

```
3 #undef CP_DEBUGLOG_SHOW
```

这样，调试日志类将不含任何成员变量，而且相关的各个函数的函数体均为空。在修改之后，重新编译、链接和运行上面程序，则文件“D:\DebugLogTest.txt”的内容不会发生任何变化。这时，即使删除了文件“D:\DebugLogTest.txt”，程序也不会创建这个文件。

本小节介绍的第 2 种调试日志文件程序是通过成员变量来控制是否保存数据到日志文件中，下面的例程将实现具有这种功能的类。

例程 12-4　成员变量控制的调试日志文件类。

例程功能描述：编写调试日志文件类，可以指定调试日志文件的文件名，要求通过成员变量控制是否保存数据到日志文件中。当允许保存时，可以清除该文件的已有内容，可以将各种类型的数据保存到该文件中；当不允许保存时，清除数据和保存数据的函数不工作。

例程解题思路：在该调试日志文件类中定义两个成员变量，一个记录文件名，另一个记录是否允许保存。当允许保存时，清除数据和保存数据的函数正常工作；当不允许保存时，清除数据和保存数据的函数直接返回。

例程代码由 3 个源程序代码文件“CP_DebugLogActive.h”“CP_DebugLogActive.cpp”和“CP_DebugLogActiveMain.cpp”组成，具体的程序代码如下。

```
// 文件名: CP_DebugLogActive.h; 开发者: 雍俊海
#ifndef CP_DEBUGLOGACTIVE_H
#define CP_DEBUGLOGACTIVE_H
#include <string>
```

```
#include <fstream>

class CP_DebugLogActive
{
public:
    string m_logFileName;
    bool m_active;
public:
    CP_DebugLogActive();
    CP_DebugLogActive(const char* fileName);
    ~CP_DebugLogActive() { }

    void mb_clear();
}; // 类CP_DebugLogActive定义结束

template <typename T>
const CP_DebugLogActive& operator <<
    (const CP_DebugLogActive& logFile, const T& data)
{
    if (!(logFile.m_active))
        return logFile;
    ofstream outFile(logFile.m_logFileName, ios::out | ios::app);
    if (outFile.fail())
        cout << "文件" << logFile.m_logFileName << "打开失败。\n";
    else outFile << data;
    outFile.close(); // 这条语句即使不写,也会被调用
    return logFile;
} // operator <<定义结束
#endif
```

// 文件名：CP_DebugLogActive.cpp；开发者：雍俊海

```
#include <iostream>
using namespace std;
#include "CP_DebugLogActive.h"

CP_DebugLogActive::CP_DebugLogActive()
    : m_logFileName("D:\\DebugLogDefault.txt")
    , m_active(true)
{
} // 类CP_DebugLogActive的构造函数定义结束

CP_DebugLogActive::CP_DebugLogActive(const char* fileName)
    : m_logFileName(fileName)
    , m_active(true)
{
} // 类CP_DebugLogActive的构造函数定义结束

```

```
void CP_DebugLogActive::mb_clear()
{
   if (!m_active)
      return;
   ofstream outFile(m_logFileName, ios::out);
   outFile.close(); // 这条语句即使不写,也会被调用
} // 类 CP_DebugLogActive 的成员函数 mb_clear 结束
```

// 文件名：CP_DebugLogActiveMain.cpp；开发者：雍俊海 行号

```
1  #include <iostream>
2  using namespace std;
3  #include "CP_DebugLogActive.h"
4
5  int main(int argc, char* args[])
6  {
7     CP_DebugLogActive a("D:\\DebugLogTest.txt");
8     a.mb_clear();
9     a << "现在打开调试日志文件记录功能。\n";
10    a << 5 << "\n";
11    a << "现在关闭调试日志文件记录功能。\n";
12    a.m_active = false;
13    a << "test\n" << 1.5 << "\n";
14    system("pause");
15    return 0;
16 } // main 函数结束
```

可以对上面的代码进行编译、链接和运行。在程序运行结束之后，文件“D:\DebugLogTest.txt”的内容变为：

```
现在打开调试日志文件记录功能。
5
现在关闭调试日志文件记录功能。
```

例程分析：从上面输出结果，就可以看出，在打开调试日志文件记录功能时，可以将数据保存到调试日志文件中；在关闭调试日志文件记录功能之后，就没有数据保存到调试日志文件中。如源文件“CP_DebugLogActiveMain.cpp”第 12 行代码所示，只要修改调试日志文件类的成员变量 m_active 的值就可以实现是否允许保存数据的功能切换。因此，与上一个例程通过宏定义控制的方式相比，本例程实现的方式更加灵活一些。不过，本例程在不允许保存数据时，调试日志文件类的两个成员变量仍然会存在，即稍微会多耗费点内存，而且在编译与链接之后会产生较多的程序代码。

12.2 程序测试

编写程序代码基本上离不开程序测试。按照目标分类，**程序测试**主要可以分为功能测试和性能测试。**功能测试**主要是验证程序在功能上的正确性。通过程序测试还有可能得到

程序的有效使用范围，这通常也是功能测试的重要组成部分，而且也非常重要的。**性能测试**主要是验证程序在内存空间、硬盘空间、网络带宽和时间代价等方面的指标。在发布程序之前，应当尽量消除程序错误，这对降低程序维护成本非常有帮助。本节首先介绍程序测试的一些基本概念，然后介绍穷举测试、黑盒测试和白盒测试等 3 种常用的测试方法。

12.2.1　程序测试基本概念

正确的程序测试通常并不是在程序代码编写完成之后才开始。在编写程序之前，**在程序设计时就应当考虑函数/类/模板等的可测试性**。在程序设计的同时也可以进行程序测试设计。甚至在程序设计的阶段就可以开始设计程序测试案例或者提出程序测试应当满足的基本要求。不好的程序设计有可能会使得程序测试变得非常艰难。良好的程序设计应当考虑程序测试。在编写完程序代码之后可以进一步补充或优化程序测试设计，并落实程序测试。对于较大规模的程序，最好能有一个**整体的程序测试方案**。该方案阐明程序测试计划、内容及其要求。这样可以提高程序测试的系统性，减小在程序测试方面出现遗漏的概率，并提高程序测试的效率。

对于较大规模的程序，在程序测试方案中可以设计程序代码编写与程序测试交替进行或者同时进行。**对于底层的基础性程序代码，可以先安排测试**。这样也可以验证程序设计本身是否存在问题，从而尽可能降低程序研发风险。另外，**越早发现底层基础性程序代码的错误，对于上层程序的编写与测试也是越有利的**。一旦底层程序代码发生变更，上层程序代码就有可能不得不发生相应的变化。这不仅增加了工作量，而且容易引发各种不一致性，从而导致一些非预期的错误。

按照被测试对象的粒度分，程序测试可以分为**单元测试**和**集成测试**。C++语言可以分为类 C 部分与面向对象部分。对于 C++类 C 部分，编写程序的基本单位主要是函数，最小可测试单元主要是函数。因此，对于这部分的**单元测试**主要就是**对函数的测试**。对于 C++面向对象部分，编写程序的基本单位主要是类、模板和共用体。因为测试模板也只能通过类进行，所以 C++面向对象部分的最小可测试单元主要是类和共用体，其中最主要和最核心的是类。因此，对于这部分的**单元测试**主要就是**对类和共用体的测试**。

集成测试则同时对多个互相关联的函数或类或模板或共合体或模块或程序进行测试，测试功能是否正确，配合是否符合预期，同时能否满足预期的性能指标。这里给出两个集成测试的示例。例如，保存的文件能否被正确打开，在网络上的客户端程序与服务器端程序能否按照预先设定的协议进行通讯。

在集成测试中，还包含**系统测试**。系统测试是对整个软件产品进行全面的测试。软件产品可以是一个完整的程序，也可以是若干个程序的集合。系统测试通常对照软件需求说明书进行测试，验证软件产品的功能和性能是否满足预期的目标，判断产品的各个功能能否成为一个有机的整体，考验功能组合使用是否稳定，评价软件产品的健壮性、安全性和可维护性等。

通常，**单元测试在前，集成测试在后**。这不仅可以降低集成测试的难度，而且可以降低调试与更正程序错误的难度。单元测试和集成测试的基本思路与方法比较类似，只是集成测试更加复杂，难度更大。**测试的目标首先是发现错误，而且主要目的通常是要消除错误**，而不仅仅是去记录曾经发生或发现的错误。

另外，必须清楚有限性是正常计算机程序的基本特点，以及扩展需求是有可能需要额外的代价。因此，通常在测试时不要超出用户需求。在当前的计算机构架下，不可能实现能够解决所有问题的程序。这是已经得到了证明的结论。

12.2.2 穷举测试

穷举测试是一种非常理想的程序测试方法。它穷举所有可能出现的案例，并用这些案例对程序一一进行测试。这是验证程序正确性最保险的方法。如果时间和空间代价允许，这通常是首选的程序测试方法。在穷举测试中，最理想的情况是能够预先知道所有的输入，并且对每个输入都准确知道答案。这时，可以穷举所有的案例并与答案一一比对，从而确定程序的正确性。下面给出相应的例程。

例程 12-5 10 以内求和器穷举测试例程。

例程功能描述：测试第 10.3 节例程 10-7 的采用循环求和的类 CP_SummerFrom0ToNByLoop 在 10 以内求和的正确性。

例程解题思路：10 以内的所有非负整数是 0、1、……、10。而且可以计算得出它们对应的和分别为 0、1、3、6、10、15、21、28、36、45、55。这里把这些数据保存在数据文件“D:\TestCases\TestSummerFrom0ToNUnder10.txt”中。这样，在测试时，可以从该数据文件中分别读取输入与标准答案，并将标准答案与计算结果进行比对。因为类 CP_SummerFrom0ToNByLoop 可以通过构造函数设置输入的整数值，也可以通过成员函数 mb_setN 设置输入的整数值，所以针对这 2 种情况分别进行测试，即对每个案例分别测试 2 次。这样，总共预计将测试 22 个次的案例。

下面按照上面思路编写例程。例程代码由 8 个源程序代码文件组成。“CP_SummerFrom0ToN.h”“CP_SummerFrom0ToN.cpp”“CP_SummerFrom0ToNByLoop.h”和“CP_SummerFrom0ToNByLoop.cpp”来自第 10.3 节。“CP_FileRecord.h”“CP_FileRecord.cpp”“CP_SummerFrom0ToNTestEnum.h”和“CP_SummerFrom0ToNTestEnumMain.cpp”的程序代码如下。

```
// 文件名：CP_FileRecord.h；开发者：雍俊海                              行号
#ifndef CP_FILERECORD_H
#define CP_FILERECORD_H
#include <string>
#include <fstream>

class CP_FileRecord
{
public:
   string m_fileName;
public:
   CP_FileRecord();
   CP_FileRecord(const char* fileName);
   ~CP_FileRecord() { }

   void mb_clear();
```

```
}; // 类 CP_FileRecord 定义结束

template <typename T>
const CP_FileRecord& operator <<
                (const CP_FileRecord& file, const T& data)
{
   ofstream outFile(file.m_fileName, ios::out | ios::app);
   if (outFile.fail())
      cout << "文件" << file.m_fileName << "打开失败。\n";
   else outFile << data;
   outFile.close(); // 这条语句即使不写,也会被调用
   return file;
} // operator <<定义结束
#endif
```

```
// 文件名: CP_FileRecord.cpp; 开发者: 雍俊海
#include <iostream>
using namespace std;
#include "CP_FileRecord.h"

CP_FileRecord::CP_FileRecord()
   : m_fileName("D:\\TestCases\\TestFileDefault.txt")
{
} // 类 CP_FileRecord 的构造函数定义结束

CP_FileRecord::CP_FileRecord(const char* fileName)
   : m_fileName(fileName)
{
} // 类 CP_FileRecord 的构造函数定义结束

void CP_FileRecord::mb_clear()
{
   ofstream outFile(m_fileName, ios::out);
   outFile.close(); // 这条语句即使不写,也会被调用
} // 类 CP_FileRecord 的成员函数 mb_clear 结束
```

```
// 文件名: CP_SummerFrom0ToNTestEnum.h; 开发者: 雍俊海
#ifndef CP_SUMMERFROM0TONTESTENUM_H
#define CP_SUMMERFROM0TONTESTENUM_H
#include "CP_FileRecord.h"

template <typename T>
class CP_SummerFrom0ToNTestEnum
{
public:
   CP_SummerFrom0ToNTestEnum()
      : m_fileCase
```

```
         ("D:\\TestCases\\TestSummerFrom0ToNUnder10.txt")
      , m_fileRecord
         ("D:\\TestCases\\TestSummerFrom0ToNResult.txt")
      , m_caseTotal(0), m_caseFail(0)
      {}
   CP_SummerFrom0ToNTestEnum
      (const char *fileIn, const char *fileOut)
      : m_fileCase(fileIn), m_fileRecord(fileOut)
      , m_caseTotal(0), m_caseFail(0)
      {}
   virtual ~CP_SummerFrom0ToNTestEnum() {}

   virtual void mb_run( );
private:
   virtual void mb_showStatistics();
   virtual void mb_testFromConstruction();
   virtual void mb_testFromSet( );

   string m_fileCase;
   CP_FileRecord m_fileRecord;
   int m_caseTotal; // 测过的案例个次数
   int m_caseFail;  // 失败的案例个次数
}; // 类 CP_SummerFrom0ToNTestEnum 定义结束

template <typename T>
void CP_SummerFrom0ToNTestEnum<T>::mb_run( )
{
   m_fileRecord.mb_clear();
   mb_testFromConstruction();
   mb_testFromSet();
   mb_showStatistics();
} // CP_SummerFrom0ToNTestEnum 的成员函数 mb_run 定义结束

template <typename T>
void CP_SummerFrom0ToNTestEnum<T>::mb_showStatistics()
{
   m_fileRecord << "总共测试了" << m_caseTotal;
   m_fileRecord << "个次的案例。\n";
   if (m_caseFail <= 0)
      m_fileRecord << "全部通过。\n";
   else m_fileRecord << m_caseFail << "个次案例失败。\n";
   if (m_caseTotal <= 0)
      cout << "没有案例?\n";
   else if (m_caseFail <= 0)
      cout << "成功通过测试。\n";
   else cout << m_caseFail << "个次案例失败。\n";
} // CP_SummerFrom0ToNTestEnum 的成员函数 mb_showStatistics 定义结束
```

```

template <typename T>
void CP_SummerFrom0ToNTestEnum<T>::mb_testFromConstruction( )
{
   int n, nc, s, sc; // 后缀 c 表示计算所得值，不加后缀为预期值
   char c;
   char buffer[100];
   ifstream fileObject(m_fileCase);
   if (fileObject.fail())
   {
      cout << "无法打开测试案例文件: " << m_fileCase << endl;
      return;
   } // if 结束
   do
   {
      c = '*';
      c = fileObject.peek();
      if (c != '#')
      {// 当前行不是数据行
         fileObject.getline(buffer, 100);
         continue;
      } // if 结束
      c = fileObject.get();
      n = -1;
      s = -1;
      fileObject >> n >> s;
      if ((fileObject.fail()) || (n < 0) || (s < 0))
      {
         cout << "测试案例数据有误:";
         cout << " n=" << n;
         cout << ", 预期的和为" << s << "。\n";
         return;
      } // if 结束
      m_caseTotal++;
      T summer(n);
      nc = summer.mb_getN();
      if (n != nc)
      {
         m_caseFail++;
         m_fileRecord << "\t 对象创建失败: ";
         m_fileRecord << "预期 n=" << n;
         m_fileRecord << ", 实际对象 n=" << nc << "。\n";
         continue;
      } // if 结束
      sc = summer.mb_getSum();
      if (s != sc)
      {
```

```
            m_caseFail++;
            m_fileRecord << "\t 求和失败: ";
            m_fileRecord << "n=" << n;
            m_fileRecord << ", 预期和为" << s;
            m_fileRecord << ", 实际和为" << sc << "。\n";
            continue;
        } // if 结束
    } while (!fileObject.eof());
    fileObject.close();
} // CP_SummerFrom0ToNTestEnum 的成员函数 mb_testFromConstruction 结束

template <typename T>
void CP_SummerFrom0ToNTestEnum<T>::mb_testFromSet( )
{
    int n, nc, s, sc; // 后缀 c 表示计算所得值，不加后缀为预期值
    char c;
    char buffer[100];
    ifstream fileObject(m_fileCase);
    T summer;
    if (fileObject.fail())
    {
        cout << "无法打开测试案例文件: " << m_fileCase << endl;
        return;
    } // if 结束
    do
    {
        c = '*';
        c = fileObject.peek();
        if (c != '#')
        {// 当前行不是数据行
            fileObject.getline(buffer, 100);
            continue;
        } // if 结束
        c = fileObject.get();
        n = -1;
        s = -1;
        fileObject >> n >> s;
        if ((fileObject.fail()) || (n < 0) || (s < 0))
        {
            cout << "测试案例数据有误:";
            cout << " n=" << n;
            cout << ", 预期的和为" << s << "。\n";
            return;
        } // if 结束
        m_caseTotal++;
        summer.mb_setN(n);
        nc = summer.mb_getN();
```

```
        if (n != nc)
        {
            m_caseFail++;
            m_fileRecord << "\t 数据设置失败: ";
            m_fileRecord << "预期 n=" << n;
            m_fileRecord << ", 实际对象 n=" << nc << "。\n";
            continue;
        } // if 结束
        sc = summer.mb_getSum();
        if (s != sc)
        {
            m_caseFail++;
            m_fileRecord << "\t 求和失败: ";
            m_fileRecord << "n=" << n;
            m_fileRecord << ", 预期和为" << s;
            m_fileRecord << ", 实际和为" << sc << "。\n";
            continue;
        } // if 结束
    } while (!fileObject.eof());
    fileObject.close();
} // CP_SummerFrom0ToNTestEnum 的成员函数 mb_testFromSet 定义结束
#endif
```

```
// 文件名: CP_SummerFrom0ToNTestEnumMain.cpp; 开发者: 雍俊海
#include <iostream>
using namespace std;
#include "CP_SummerFrom0ToNByLoop.h"
#include "CP_SummerFrom0ToNTestEnum.h"

int main(int argc, char* args[])
{
    CP_SummerFrom0ToNTestEnum<CP_SummerFrom0ToNByLoop> t;
    t.mb_run();
    system("pause");
    return 0;
} // main 函数结束
```

可以对上面的代码进行编译、链接和运行。本例程数据文件“D:\TestCases\TestSummerFrom0ToNUnder10.txt”的内容为

```
#0 0
#1 1
#2 3
#3 6
#4 10
#5 15
#6 21
```

```
#7 28
#8 36
#9 45
#10 55
```

下面给出一个运行结果示例。

```
成功通过测试。
请按任意键继续. . .
```

同时创建结果数据文件“D:\TestCases\TestSummerFrom0ToNResult.txt”，其内容为

```
总共测试了 22 个次的案例。
全部通过。
```

例程分析：在本例程的头文件“CP_FileRecord.h”和源文件“CP_FileRecord.cpp”中定义了文件记录类 CP_FileRecord 和函数模板“operator <<”。文件记录类 CP_FileRecord 可以记录文件名和清除文件内容。函数模板“operator <<”重载了“<<”运算符，可以将多种类型的数据通过文件记录类 CP_FileRecord 的实例对象记录到指定文件中。

为了支持对多种求和器类的测试，头文件“CP_SummerFrom0ToNTestEnum.h”定义了类模板 CP_SummerFrom0ToNTestEnum，其中类型参数是某种求和器类。类模板 CP_SummerFrom0ToNTestEnum 的成员变量 m_fileCase 记录用来进行比对的数据文件名称，成员变量 m_fileRecord 记录用来保存测试结果的文件名称。类模板 CP_SummerFrom0ToNTestEnum 的成员函数 mb_testFromConstruction 通过求和器类的构造函数将输入的整数传递给求和器类的实例对象，成员函数 mb_testFromSet 通过求和器类的成员函数 mb_setN 将输入的整数传递给求和器类的实例对象。这 2 个测试函数的执行过程基本上相似，都是先读取输入的整数，接着传递给求和器类的实例对象，然后比对标准答案与计算结果。比对结果一方面保存在结果文件中，另一方面输出到控制台窗口中。这 2 个测试函数**共同完成了对求和器类的所有成员函数的测试**。

有时，不太容易获取各种输入的标准答案。可以**通过推理等方式对程序代码进行测试验证**。下面通过例程进一步进行说明。

例程 12-6　获取求和器有效范围的穷举测试例程。

例程功能描述：测试第 10.3 节例程 10-7 的采用循环求和的类 CP_SummerFrom0ToNByLoop 的有效整数范围。

例程解题思路：通过阅读源文件“CP_SummerFrom0ToNByLoop.cpp”，发现类 CP_SummerFrom0ToNByLoop 的成员函数 mb_getSum 在求和时只用到了加法运算。对于当前的计算机而言，两个数相加只有在溢出的情况下才会出错。这里的溢出情况只会出现在两个正整数相加的情况。如果两个正整数相加仍然是正整数，则没有溢出发生；如果两个正整数相加不是正整数，则表明发生了溢出。另外，如果求和器对某个整数在求和时发生溢出，则对于更大的整数必然也会在求和时溢出。因此，要测试类 CP_SummerFrom0ToNByLoop 的有效整数范围，只要让类 CP_SummerFrom0ToNByLoop 的成员变量 m_n 依次从 1 递增，

并判断是否会发生溢出。只要发生了溢出，这表明超出了有效的整数范围。没有发生溢出的整数范围就是类 CP_SummerFrom0ToNByLoop 的有效整数范围。

下面按照上面思路编写例程。例程代码由 6 个源程序代码文件组成。“CP_SummerFrom0ToN.h”“CP_SummerFrom0ToN.cpp”“CP_SummerFrom0ToNByLoop.h”和“CP_SummerFrom0ToNByLoop.cpp” 来自第 10.3 节例程 10-7。“CP_SummerFrom0ToNTestBound.h” 和 “CP_SummerFrom0ToNTestBoundMain.cpp” 的程序代码如下。

// 文件名：**CP_SummerFrom0ToNTestBound.h**；开发者：雍俊海

```
#ifndef CP_SUMMERFROM0TONTESTBOUND_H
#define CP_SUMMERFROM0TONTESTBOUND_H

template <typename T>
void gb_testSummerFrom0ToNBound()
{
    int i, s;
    T summer;
    for (i = 1; i > 0; i++)
    {
        summer.mb_setN(i);
        s = summer.mb_getSum();
        if (s <= 0)
            break;
    } // for 结束
    cout << "在计算从 0 到" << i << "的和时溢出，结果为";
    cout << s << "。\n";
    i--;
    summer.mb_setN(i);
    s = summer.mb_getSum();
    cout << "从 0 到" << i << "的和为" << s << "。\n";
    cout << "结论：求和器的有效范围是从 0 到" << i << "。\n";
} // 全局函数 gb_testSummerFrom0ToNBound 定义结束
#endif
```

// 文件名：**CP_SummerFrom0ToNTestBoundMain.cpp**；开发者：雍俊海

```
#include <iostream>
using namespace std;
#include "CP_SummerFrom0ToNByLoop.h"
#include "CP_SummerFrom0ToNTestBound.h"

int main(int argc, char* args[])
{
    gb_testSummerFrom0ToNBound<CP_SummerFrom0ToNByLoop>();
    system("pause");
    return 0;
} // main 函数结束
```

可以对上面的代码进行编译、链接和运行。下面给出一个运行结果示例。

```
在计算从 0 到 65536 的和时溢出，结果为-2147450880。
从 0 到 65535 的和为 2147450880。
结论：求和器的有效范围是从 0 到 65535。
请按任意键继续. . .
```

例程分析：为了支持对多种求和器类的测试，头文件“CP_SummerFrom0ToNTestBound.h”定义了函数模板 gb_testSummerFrom0ToNBound，其中类型参数是某种求和器类。上面测试结果表明从0到65535在计算求和均不会发生溢出。因此，求和器类CP_SummerFrom0ToNByLoop的有效整数范围是从 0 到 65535。如源文件“CP_SummerFrom0ToNTestBound.h”第 9～15 行代码所示，类 CP_SummerFrom0ToNByLoop 的成员变量 m_n 依次设置为 1、2、……，直到在“s = summer.mb_getSum()”求和时发生溢出。没有发生溢出的整数范围就是有效的整数范围。

也可以通过采用不同的方法编写程序，然后通过比对它们的结果进行验证测试。下面通过例程进一步进行说明。

例程 12-7　求和器穷举比较测试例程。

例程功能描述：假定已知求和器类 CP_SummerFrom0ToNByLoop 的有效整数范围是从 0 到 65535 的整数，要求测试求和器类 CP_SummerFrom0ToNByFormula 的有效整数范围。

例程解题思路：让上面 2 个求和器类的成员变量 m_n 依次从 0 递增到 65535，并比较这 2 个求和器的求和结果。一旦出现了不一致的结果，则不必再测试后续的整数。两者一致的整数范围就是求和器类 CP_SummerFrom0ToNByFormula 的有效整数范围。

下面按照上面思路编写例程。例程代码由 8 个源程序代码文件组成。“CP_SummerFrom0ToN.h”“CP_SummerFrom0ToN.cpp”“CP_SummerFrom0ToNByLoop.h”“CP_SummerFrom0ToNByLoop.cpp”“CP_SummerFrom0ToNByFormula.h”和“CP_SummerFrom0ToNByFormula.cpp”来自第 10.3 节例程 10-7。“CP_SummerFrom0ToNTestCompare.h”和“CP_SummerFrom0ToNTestCompareMain.cpp”的程序代码如下。

// 文件名：**CP_SummerFrom0ToNTestCompare.h**；开发者：雍俊海

```
#ifndef CP_SUMMERFROM0TONTESTCOMPARE_H
#define CP_SUMMERFROM0TONTESTCOMPARE_H

template <typename T1, typename T2>
void gb_testSummerFrom0ToNCompare()
{
   int i, s1, s2;
   T1 t1;
   T2 t2;
   for (i = 0; i <= 65535; i++)
   {
      t1.mb_setN(i);
      t2.mb_setN(i);
      s1 = t1.mb_getSum();
```

```
        s2 = t2.mb_getSum();
        if (s1 != s2)
            break;
    } // for 结束
    if (s1 != s2)
    {
        cout << "第 1 个求和器: ";
        cout << "从 0 到" << i << "的和为" << s1 << "。\n";
        cout << "第 2 个求和器: ";
        cout << "从 0 到" << i << "的和为" << s2 << "。\n";
        cout << "二者不一致。\n";
        i--;
    } // if 结束
    t1.mb_setN(i);
    t2.mb_setN(i);
    s1 = t1.mb_getSum();
    s2 = t2.mb_getSum();
    cout << "第 1 个求和器: ";
    cout << "从 0 到" << i << "的和为" << s1 << "。\n";
    cout << "第 2 个求和器: ";
    cout << "从 0 到" << i << "的和为" << s2 << "。\n";
    cout << "二者一致。\n";
    cout << "结论: 求和器的有效范围是从 0 到" << i << "。\n";
} // 全局函数 gb_testSummerFrom0ToNCompare 定义结束
#endif
```

// 文件名：CP_SummerFrom0ToNTestCompareMain.cpp；开发者：雍俊海

```
#include <iostream>
using namespace std;
#include "CP_SummerFrom0ToNByLoop.h"
#include "CP_SummerFrom0ToNByFormula.h"
#include "CP_SummerFrom0ToNTestCompare.h"

int main(int argc, char* args[])
{
    gb_testSummerFrom0ToNCompare
        <CP_SummerFrom0ToNByLoop, CP_SummerFrom0ToNByFormula>();
    system("pause");
    return 0;
} // main 函数结束
```

可以对上面的代码进行编译、链接和运行。下面给出一个运行结果示例。

```
第 1 个求和器: 从 0 到 46341 的和为 1073767311。
第 2 个求和器: 从 0 到 46341 的和为-1073716337。
二者不一致。
第 1 个求和器: 从 0 到 46340 的和为 1073720970。
```

```
第 2 个求和器：从 0 到 46340 的和为 1073720970。
二者一致。
结论：求和器的有效范围是从 0 到 46340。
请按任意键继续. . .
```

例程分析：上面测试结果表明求和器类 CP_SummerFrom0ToNByFormula 的有效整数范围是 0 到 46340。公式法有着更快的计算效率，但更容易发生溢出，从而导致不正确的结果。因此，求和器类 CP_SummerFrom0ToNByFormula 的有效整数范围比求和器类 CP_SummerFrom0ToNByLoop 的有效整数范围小。在本例程中，假定求和器类 CP_SummerFrom0ToNByLoop 在其有效的整数范围内计算结果是正确的。因此，只要出现了不一致的结果，则指明计算结果有误。结果相一致的整数范围就是求和器类 CP_SummerFrom0ToNByFormula 的有效整数范围。

12.2.3　黑盒测试

穷举所有可能出现的案例对程序测试而言常常有可能是一项无法完成的任务。其主要原因通常是太大的时间代价，其次是空间代价也有可能太大。如果无法穷举所有案例，那只能选取部分案例。这时就要设法提高测试案例的有效性和覆盖范围，让测试案例所代表的情况能够在一定的粒度范围内覆盖所有可能出现的情况。这样，可以按照分析出来的情况对所有的案例进行分类，属于同一种情况的所有案例归并为一个**等价类**。希望选来进行测试的案例应当覆盖每一个等价类，即从每一个等价类中都应选出若干个测试案例进行测试。

> **🕮说明🕮**：
>
> 希望在同一个等价类中的各个案例在测试中具有**等效的作用**，即无论选取哪个案例进行测试都具有相同的测试效果。相同的测试效果要求它们至少会执行完全相同的程序代码。但实际上，这能否成立在很大程度上取决于测试的情况分析。如果情况划分过于粗略，则在同 1 个等价类中的案例有可能会不等效，即这样划分出来的等价类并不是严格意义上的等价类。除非能证明等价类划分出来的是严格意义上的等价类，通常需要从等价类中选取多个案例，从而提高情况的覆盖率。反过来，如果情况划分过于精细，则等价类可能会过于庞大，从而造成测试的时间或空间太大，进而无法实现或者实现的代价过大。

> **⚐注意事项⚐**：
>
> 在进行等价类划分时应当注意区分**允许的输入范围**和**可以有效解决的数值范围**。有时这两者是相同的。一般说来，后者通常是前者的子集。对于无法有效解决但又是允许的输入，在实现时可以返回无法有效处理的提示或通过其他方式进行处理。这样的输入案例常常可以用来测试能否处理失败的情况。**等价类划分应当覆盖所有允许的输入范围**，但不应扩大输入范围。当允许的输入范围发生变化时，问题本身也随之发生变化，其解决代价也可能会有很大的差异。**用不允许输入的案例进行测试通常是没有意义的**。

表 12-2　两个常用的黑盒测试等价类划分结果

等价类划分对象	基于黑盒测试的等价类划分结果
对于 int 类型的变量	[INT_MIN, −1]、{0}和[1, INT_MAX]共 3 个等价类
对于浮点数类型的变量	{非数}、{负无穷大}、[最小常规浮点数, 最大常规负浮点数]、{0}、[最小常规正浮点数, 最大常规浮点数]、{正无穷大}共 6 个等价类

黑盒测试是在不阅读程序代码的前提条件下通过对程序功能和应用范围等需求进行分析，首先依据程序允许的输入范围确定**测试案例的全集**。接着，需要综合均衡需求、可能出现的错误、测试的时间代价和测试的空间代价等因素，将测试案例全集划分成为若干个子集。通常希望这些子集尽可能满足等价类的要求。因此，这个过程通常称为**等价类划分**，得到的子集通常也被粗暴地称为等价类，虽然这些子集不一定满足严格意义上的等价类条件。表 12-2 给出两个常用的黑盒测试等价类划分结果。严格上讲，理想的等价类划分就是将具有相同测试效果的案例归并到同一个等价类，而且要求这些等价类刚好可以覆盖测试案例全集。当然，实际上很难做到理想的等价类划分。因此，然后对实际的等价类划分，进一步均衡“测试的时间和空间代价”与“测试的有效性”，从划分出来的每个子集中选取若干个案例进行测试。在**选取案例**时，通常会在子集边界和内部分别选取案例，一方面尽量保证案例的代表性，另一方面便于发现程序错误。程序通常相对容易在各个子集的边界处出现问题。下面通过一个例程说明黑盒测试方法。

例程 12-8 求和器黑盒测试例程。

例程功能描述：假设第 10.3 节例程 10-7 的求和器类 CP_SummerFrom0ToNByLoop 对于从 0 到 65535 的整数范围内是正确的，测试第 10.3 节例程 10-7 的求和器类 CP_SummerFrom0ToNByFormula 在从 0 到 65535 的整数范围内的正确性。

例程解题思路：要进行测试，首先要有测试案例。案例的生成可以通过手工直接生成，也可以通过程序自动生成，或者部分手工和程序辅助生成。本例程计划采用程序辅助生成的方式。因此，本例程需要编写 2 个程序，其中 1 个用来辅助生成测试案例，另 1 个进行程序测试。

例程案例生成解题思路：首先，需要进行等价类划分，可以将案例全集[0, 65535]划分成为 2 个子集: {0}和[1, 65535]。对于[1, 65535]，从边界与内部分别选取案例。这样，形成案例输入数据文件“D:\TestCases\TestSummerFrom0ToNBlackInput.txt”，其具体内容如下：

```
#0
#1
#2
#32768
#65534
#65535
```

其中井号表示当前行为数据行。

需要编写程序从案例输入数据文件生成带有标准答案的案例数据文件。从案例输入数据文件读取输入数据，接着通过类 CP_SummerFrom0ToNByLoop 计算并生成标准答案，并保存到案例数据文件“D:\TestCases\TestSummerFrom0ToNBlackCases.txt”中。

案例辅助生成程序的代码由 9 个源程序代码文件组成。“CP_SummerFrom0ToN.h”“CP_SummerFrom0ToN.cpp”“CP_SummerFrom0ToNByLoop.h”和“CP_SummerFrom0ToNByLoop.cpp”来自第 10.3 节例程 10-7。“CP_FileRecord.h”和“CP_FileRecord.cpp”来自第 12.2.2 小节例程 12-5。“CP_SummerFrom0ToNTestBlackCase.h”“CP_SummerFrom0ToNTestBlackCase.cpp”和“CP_SummerFrom0ToNTestBlackCaseMain.cpp”的程序代码如下。

// 文件名：**CP_SummerFrom0ToNTestBlackCase.h**；开发者：雍俊海

```
#ifndef CP_SUMMERFROM0TONTESTBLACKCASE_H
#define CP_SUMMERFROM0TONTESTBLACKCASE_H

extern void gb_summerFrom0ToNTestBlackCaseBuild
     (const char* fileIn, const char* fileOut);
#endif
```

// 文件名：**CP_SummerFrom0ToNTestBlackCase.cpp**；开发者：雍俊海

```
#include <iostream>
using namespace std;
#include "CP_SummerFrom0ToNByLoop.h"
#include "CP_FileRecord.h"

void gb_summerFrom0ToNTestBlackCaseBuild
     (const char* fileIn, const char* fileOut)
{
   if ((fileIn == NULL) || (fileOut == NULL))
   {
      cout << "没有提供文件名：输入文件名地址(";
      cout << static_cast<const void*>(fileIn);
      cout << ")，输出文件名地址(";
      cout << static_cast<const void*>(fileOut) << ")。\n";
      return;
   } // if结束
   ifstream fileObject(fileIn);
   if (fileObject.fail())
   {
      cout << "无法打开测试案例文件：" << fileIn << ")。\n";
      return;
   } // if结束
   CP_FileRecord fileRecord(fileOut);
   fileRecord.mb_clear();
   char c;
   char buffer[100];
   int n, s;
   CP_SummerFrom0ToNByLoop t;
   do
   {
      c = '*';
      c = fileObject.peek();
      if (c != '#')
      {// 当前行不是数据行
         fileObject.getline(buffer, 100);
         continue;
      } // if结束
      c = fileObject.get();
```

```
        n = -1;
        fileObject >> n;
        if (fileObject.fail())
        {
            cout << "测试案例数据有误:";
            cout << " n=" << n;
            return;
        } // if 结束
        t.mb_setN(n);
        s = t.mb_getSum();
        fileRecord << "#" << n << " " << s << "\n";
    } while (!fileObject.eof());
    fileObject.close();
    cout << "测试案例生成结束。" << endl;
} // 函数 gb_summerFrom0ToNTestBlackCaseBuild 定义结束
```

// 文件名：CP_SummerFrom0ToNTestBlackCaseMain.cpp；开发者：雍俊海

```
#include <iostream>
using namespace std;
#include "CP_SummerFrom0ToNTestBlackCase.h"

int main(int argc, char* args[])
{
    gb_summerFrom0ToNTestBlackCaseBuild(
        "D:\\TestCases\\TestSummerFrom0ToNBlackInput.txt",
        "D:\\TestCases\\TestSummerFrom0ToNBlackCases.txt");
    system("pause");
    return 0;
} // main 函数结束
```

可以对上面的代码进行编译、链接和运行。下面给出一个运行结果示例。

```
测试案例生成结束。
请按任意键继续. . .
```

同时创建测试案例数据文件“D:\TestCases\TestSummerFrom0ToNBlackCases.txt”，其内容为

```
#0 0
#1 1
#2 3
#32768 536887296
#65534 2147385345
#65535 2147450880
```

例程求和器类测试解题思路：在案例生成之后，就可以进行求和器类测试。逐个读取测试案例，并与待测求和器类的计算结果进行比对。如果比对结果一致，则认为计算结果

正确；否则，认为计算结果有误。

下面按照上面思路编写例程。例程代码由 10 个源程序代码文件组成。“CP_SummerFrom0ToN.h”“CP_SummerFrom0ToN.cpp”“CP_SummerFrom0ToNByFormula.h”“CP_SummerFrom0ToNByFormula.cpp”“CP_SummerFrom0ToNByLoop.h”和“CP_SummerFrom0ToNByLoop.cpp”来自第 10.3 节例程 10-7。“CP_FileRecord.h”“CP_FileRecord.cpp”和“CP_SummerFrom0ToNTestEnum.h”来自第 12.2.2 小节例程 12-5。“CP_SummerFrom0ToNTestBlackMain.cpp”的程序代码如下。

```
// 文件名：CP_SummerFrom0ToNTestBlackMain.cpp；开发者：雍俊海
#include <iostream>
using namespace std;
#include "CP_SummerFrom0ToNByFormula.h"
#include "CP_SummerFrom0ToNTestEnum.h"

int main(int argc, char* args[])
{
    CP_SummerFrom0ToNTestEnum<CP_SummerFrom0ToNByFormula> t(
        "D:\\TestCases\\TestSummerFrom0ToNBlackCases.txt",
        "D:\\TestCases\\TestSummerFrom0ToNBlackResult.txt");
    t.mb_run();
    system("pause");
    return 0;
} // main 函数结束
```

可以对上面的代码进行编译、链接和运行。下面给出一个运行结果示例。

```
4 个次案例失败。
请按任意键继续. . .
```

同时创建结果数据文件“D:\TestCases\TestSummerFrom0ToNBlackResult.txt”，其内容为

```
    求和失败：n=65534，预期和为 2147385345，实际和为-98303。
    求和失败：n=65535，预期和为 2147450880，实际和为-32768。
    求和失败：n=65534，预期和为 2147385345，实际和为-98303。
    求和失败：n=65535，预期和为 2147450880，实际和为-32768。
总共测试了 12 个次的案例。
4 个次案例失败。
```

例程分析：上例运行结果表明求和器类 CP_SummerFrom0ToNByFormula 在对 65534 和 65535 这 2 个案例进行计算时会出错。调试跟踪类 CP_SummerFrom0ToNByFormula 的成员函数 mb_getSum，可以发现当 n=65534 或者 n=65535 时，成员函数 mb_getSum 的计算 n*(1+n)实际上会发生乘法计算溢出，从而造成计算结果出错。

如果重新确定求和器类 CP_SummerFrom0ToNByLoop 的有效范围，并将其改为从 0 到

46340 的整数范围。这样，重新进行等价类划分，形成 2 个子集: {0}和[1, 46340]。接着，重新选取测试案例，并将案例输入数据文件“D:\TestCases\TestSummerFrom0ToNBlackInput.txt”的内容修改为：

```
#0
#1
#2
#23171
#46339
#46340
```

然后，重新运行上面的案例辅助生成程序。可以得到新的案例数据文件“D:\TestCases\TestSummerFrom0ToNBlackCases.txt”，其内容变为

```
#0 0
#1 1
#2 3
#23171 268459206
#46339 1073674630
#46340 1073720970
```

最后，重新运行上面的测试程序，可以得到如下的运行结果示例。

```
成功通过测试。
请按任意键继续. . .
```

同时创建结果数据文件“D:\TestCases\TestSummerFrom0ToNBlackResult.txt”，其内容变为

```
总共测试了 12 个次的案例。
全部通过。
```

这样，在调整之后，发现求和器类 CP_SummerFrom0ToNByLoop 可以通过上面几个案例的测试。这些案例均在从 0 到 46340 的整数范围内。

这里需要补充说明一下，在本例程源文件“CP_SummerFrom0ToNTestBlackCase.cpp”第 12 行和第 14 行中，用了“static_cast<const void*>”将字符指针类型强制转换为“const void*”类型，从而保证会输出地址的值。因为变量 fileIn 和 fileOut 的数据类型均为“const char*”类型，所以如果不进行强制类型转换，则语句“cout << fileIn;”会试图去输出字符串 fileIn 的内容，语句“cout << fileOut;”会试图去输出字符串 fileOut 的内容。然而，这时在变量 fileIn 和 fileOut 中至少有 1 个为 NULL，即至少有 1 个是无法解析出字符串的。因此，在这里需要强制类型转换，从而不解析为字符串，而是直接输出地址的值。

12.2.4　白盒测试

白盒测试是在黑盒测试的基础上，进一步阅读程序代码，对黑盒测试划分得到的测试

案例子集尝试做出进一步细分，期望形成更加完善的测试案例划分结果。在白盒测试得到测试案例子集之后，具体的测试方法与黑盒测试完全相同。因为要进行白盒测试就必须阅读程序代码，所以一定要在程序代码编写完成之后才能进行白盒测试。

一方面，黑盒测试划分得到的测试案例子集通常很难达到在严格意义上的等价类标准。因此，如果有机会可以阅读程序代码，在黑盒测试的基础上进一步做白盒测试就显得非常有必要。从理论上说，只要黑盒测试达到了等价类划分的标准，就不再需要白盒测试了。但实际上，这通常做不到。而且即使做到了，往往也很难证明或者验证。另一方面，**白盒测试一定要以黑盒测试为基础**，从而使得白盒测试不会偏离用户需求，因为黑盒测试直接面向用户需求。程序测试的目标之一就是验证是否满足用户需求，白盒测试也不例外。如果黑盒测试得到的测试案例子集已经满足白盒测试要求，则经过白盒测试通常也不会使得测试案例子集变得更加精细。

白盒测试最低的要求是语句覆盖，即对于程序的每条语句，至少存在一个案例使得程序测试在运行时会经过该语句。下面通过一个程序代码片段说明语句覆盖。

```
if ((a > 1) && (b == 0))                                          // 1
    x = x + a;                                                    // 2
if ((a == 2) || (x > 1))                                          // 3
    x = x + 1;                                                    // 4
```

在本小节中，设变量 a、b 和 x 的数据类型都是 int。这样，变量 a、b 和 x 在黑盒测试中划分出来的子集均为[INT_MIN, −1]、{0}和[1, INT_MAX]。根据上面程序片段的第 1 行代码“a > 1”，可以将变量 a 的测试案例子集[1, INT_MAX]进一步细分为{1}和[2, INT_MAX]，其中在集合{1}中的元素不满足“a > 1”，在区间[2, INT_MAX]中的元素满足“a > 1”；根据第 3 行代码“a == 2”，可以将变量 a 的测试案例子集[2, INT_MAX]进一步细分为{2}和[3, INT_MAX]，其中在集合{2}中的元素满足“a == 2”，在区间[3, INT_MAX]中的元素不满足“a == 2”。这样，变量 a 的测试案例子集最终细分为[INT_MIN, −1]、{0}、{1}、{2}和[3, INT_MAX]。对于变量 b，上面程序片段不会改变其对应的测试案例子集。根据上面程序片段的第 3 行代码“x > 1”，可以将变量 x 的测试案例子集[1, INT_MAX]进一步细分为{1}和[2, INT_MAX]，其中在集合{1}中的元素不满足“x > 1”，在区间[2, INT_MAX]中的元素满足“x > 1”。这样，变量 x 的测试案例子集最终细分为[INT_MIN, −1]、{0}、{1}和[2, INT_MAX]。

如果仅仅要求语句覆盖，则案例“a = 2、b = 0、x = 5”就可以满足要求。因为“a = 2、b = 0”满足条件“((a > 1) && (b == 0))”，所以语句“x = x + a;”会被执行，结果“a = 2、b = 0、x = 7”。这满足接下来的条件“((a == 2) || (x > 1))”。因此，语句“x = x + 1;”会被执行，结果“a=2、b=0、x=8”。

在白盒测试中分支覆盖比语句覆盖的要求高一些，即要求对于程序的每个分支，都至少存在一个案例使得程序测试在运行时会经过该分支，即使该分支可能是一条空语句。例如，在上面程序片段的第 1 条 if 语句中，只存在满足条件“((a > 1) && (b == 0))”的分支语句，并不存在不满足条件“((a > 1) && (b == 0))”的分支语句。分支覆盖要求必须存在案例使得条件“((a > 1) && (b == 0))”成立，也必须存在案例使得条件“((a > 1) && (b == 0))”

不成立。这样，案例“a = 2、b = 0、x = 5”可以满足要求语句覆盖的要求，但不满足分支覆盖的要求，因为案例“a = 2、b = 0、x = 5”无法使得条件“((a > 1) && (b == 0))”不成立。

对于上面的程序片段，如果需要满足分支覆盖，则需要至少再增加一个测试案例。例如，案例“a = 2、b = 0、x = 5”和案例“a = 1、b = 0、x = 0”可以满足上面程序片段的分支覆盖。在语句覆盖的案例分析中已经得到这样的结论：案例“a = 2、b = 0、x = 5”可以使得条件“((a > 1) && (b == 0))”和条件“((a == 2) || (x > 1))”均成立。案例“a = 1、b = 0、x = 0”可以使得条件“((a > 1) && (b == 0))”和条件“((a == 2) || (x > 1))”均不成立。因此，这两个案例可以满足白盒测试分支覆盖要求，具体如表 12-3 所示。

表 12-3　分支覆盖案例和条件表达式

案例	条件“((a > 1) && (b == 0))”	条件“((a == 2) || (x > 1))”
a = 2、b = 0、x = 5	成立	成立
a = 1、b = 0、x = 0	不成立	不成立

在白盒测试中还有一个常见的要求是条件覆盖。**条件覆盖**要求对于每个判断表达式的基本单元，至少存在一个测试案例能够使得该单元为 true，至少存在一个测试案例能够使得该单元为 false。以上面的程序片段为例，条件覆盖要求对于在“a > 1”“b == 0”“a == 2”和“x > 1”这 4 个单元中的任何一个单元，至少存在一个测试案例能够使得该单元为 true，至少存在一个测试案例能够使得该单元为 false。案例“a = 2、b = 1、x = 5”和案例“a = 1、b = 0、x = 5”可以满足条件覆盖，具体如表 12-4 所示。

表 12-4　条件覆盖案例和判断表达式单元的值

案例	单元“a > 1”	单元“b == 0”	单元“a == 2”	单元“x > 1”
a = 2、b = 1、x = 5	true	false	true	true
a = 1、b = 0、x = 0	false	true	false	false

这里需要注意**满足条件覆盖并不意味着分支覆盖也会得到满足**。例如，如表 12-4 所示，案例“a = 2、b = 1、x = 5”和案例“a = 1、b = 0、x = 5”可以满足条件覆盖。但这两个案例却不满足分支覆盖要求，如表 12-5 所示。这两个案例均无法使得条件“((a > 1) && (b == 0))”成立。

表 12-5　满足条件覆盖的案例不满足分支覆盖要求

案例	条件“((a > 1) && (b == 0))”	条件“((a == 2) || (x > 1))”
a = 2、b = 1、x = 5	不成立	成立
a = 1、b = 0、x = 0	不成立	不成立

反过来，同样需要注意**满足分支覆盖并不意味着条件覆盖也会得到满足**。例如，如表 12-3 所示，案例“a = 2、b = 0、x = 5”和案例“a = 1、b = 0、x = 0”可以满足分支覆盖要求。但这两个案例却不满足条件覆盖要求，如表 12-6 所示。这两个案例均无法使得单元“b == 0”的值为 false。

表 12-6　满足分支覆盖的案例不满足条件覆盖要求

案例	单元“a > 1”	单元“b == 0”	单元“a == 2”	单元“x > 1”
a = 2、b = 0、x = 5	true	true	true	true
a = 1、b = 0、x = 0	false	true	false	false

如果同时满足分支覆盖和条件覆盖的要求，则简称为满足分支-条件覆盖的要求。例如，对于上面的程序片段，案例“a = 2、b = 0、x = 5”和案例“a = 1、b = 1、x = 0”满足分支覆盖要求，如表 12-7 所示。这两个案例也满足条件覆盖要求，如表 12-8 所示。

表 12-7　分支-条件覆盖案例和条件表达式

案例	条件“((a > 1) && (b == 0))”	条件“((a == 2) || (x > 1))”
a = 2、b = 0、x = 5	成立	成立
a = 1、b = 1、x = 0	不成立	不成立

表 12-8　分支-条件覆盖案例和判断表达式单元的值

案例	单元“a > 1”	单元“b == 0”	单元“a == 2”	单元“x > 1”
a = 2、b = 0、x = 5	true	true	true	true
a = 1、b = 1、x = 0	false	false	false	false

12.3　本章小结

本章讲解了程序测试与程序调试。程序测试不仅仅是为了发现程序可能存在的错误，更重要的是为了消除程序错误。程序调试是分析程序错误原因并且确定程序出错位置的重要手段。从严格意义上讲，如果不掌握程序测试与程序调试技术，就不能称为真正掌握了程序设计方法。程序测试与程序调试也是编写程序的重要步骤。

12.4　习　　题

12.4.1　练习题

练习题 12.1　请判断下面各个结论的对错。

（1）断言 assert 是宏。

（2）断言是用来检查程序是否发生了在正常运行时不应当发生的情况。

（3）在断言中检查的情况只有可能在程序调试时发生。

（4）不能用断言来检查在发布之后的程序必然会发生而且必须处理的错误情况。

（5）可以在断言表达式中改变变量的值，但这不符合编程规范。

（6）程序测试一般在编写完代码之后开始进行。

（7）编写程序代码与编写程序测试案例在时间上可以并行。

（8）面向对象程序的最小可测试单元就是类。

（9）测试数据集通常无需考虑程序不允许的输入。

（10）白盒测试的最低要求是达到语句覆盖。

（11）在软件开发过程中，若能尽早暴露其中的错误，则通常就会降低为修复错误所花费的代价。

（12）程序可以有效解决的数值范围通常就是程序允许的输入范围。

练习题 12.2 如何设置断言？阐述如何触发断言？在断言被触发之后，程序将会如何运行？

练习题 12.3 如何打开断言？

练习题 12.4 如何关闭断言？

练习题 12.5 简述断言 assert 的作用。

练习题 12.6 请简述函数 abort 的功能。

练习题 12.7 有哪些常用的程序测试方法？并比较它们之间的优缺点。

练习题 12.8 请编写一个类，用来自动检查在给定的其他程序代码中动态数组内存申请与释放是否匹配。请设计并实现程序测试方案，验证这个类的正确性。

练习题 12.9 简述在 VC 平台中设置断点的主要方法。

练习题 12.10 简述在 VC 平台中查看即时信息的主要方法。

练习题 12.11 请总结查看函数堆栈的方法与作用。

练习题 12.12 请总结编写调试日志文件程序的意义。

练习题 12.13 请总结程序测试的作用。

练习题 12.14 什么是程序测试的等价类？

练习题 12.15 什么是黑盒测试？

练习题 12.16 什么是白盒测试？

练习题 12.17 什么是单元测试？

练习题 12.18 什么是集成测试？

练习题 12.19 什么是系统测试？

练习题 12.20 简述黑盒测试和白盒测试的区别和共同点。

练习题 12.21 什么是白盒测试的语句覆盖？

练习题 12.22 什么是白盒测试的分支覆盖？

练习题 12.23 什么是白盒测试的条件覆盖？

练习题 12.24 什么是白盒测试的分支-条件覆盖？

练习题 12.25 程序测试的常见目标有哪些？

练习题 12.26 程序测试的基本单位的含义是什么？

练习题 12.27 简述生成程序测试案例的基本流程。

练习题 12.28 什么是等价类？

练习题 12.29 什么是理想的等价类？

练习题 12.30 进行等价类划分的目的是什么？

练习题 12.31 请编写程序，接收三角形三条边长的输入，计算并输出该三角形的面积。然后，进行等价类划分，并编写自动测试的程序，验证程序的正确性。

练习题 12.32 请编写程序，接收两个日期的输入，其中每个日期包含年份、月份和日。计算并输出这个日期相差的天数。如果第一个日期比第二个日期早，则天数应当为负整数；同一天的日期相差的天数应当为 0；如果第一个日期比第二个日期晚，则天数应当为正整数。然后，进行等价类划分，并编写自动测试的程序，验证程序的正确性。

12.4.2 思考题

思考题 12.33 什么是好的程序验证方法？在实际应用中有哪些评价指标？

思考题 12.34 如何验证具有交互过程的程序？

思考题 12.35 如何提高程序测试的效率？

思考题 12.36 如何保证程序测试的有效性？

附录 A　例程的索引

本附录给出在本书正文中所有例程的页码索引。

续表

序号	例程编号	例程的标题	页码
34	例程 3-17	友元全局函数展示例程	161
35	例程 3-18	通过友元成员函数实现老师给学生打分的例程	162
36	例程 3-19	通过友元类实现父亲给未成年儿子提供资金的例程	164
37	例程 3-20	父类与子类之间的成员函数构成函数重载的例程	172
38	例程 3-21	提供默认参数值的构造函数	175
39	例程 3-22	通过全局函数重载的方式实现复数加法、前置自增和后置自增	178
40	例程 3-23	通过成员函数重载的方式实现复数加法、前置自增和后置自增	181
41	例程 3-24	计算正方形与圆的面积	190
42	例程 3-25	展现关键字 this 用法例程	193
43	例程 3-26	计算向量的点积及其时间代价	211
44	例程 4-1	以十六进制的格式输出单精度浮点数“非数”在内存中存储的数据	226
45	例程 4-2	通过共用体展示蓝色的 RGB 值及其分量	228
46	例程 5-1	抛出并捕捉整数异常的例程	238
47	例程 5-2	重新抛出整数异常的例程	238
48	例程 5-3	通过异常处理获取录取的学生和优等生人数	240
49	例程 5-4	捕捉内存申请失败异常的例程	243
50	例程 5-5	无法捕捉在整数除法中除数为 0 的异常	245
51	例程 5-6	由浅拷贝引发的内存释放困局例程	247
52	例程 5-7	无内存释放困局的深拷贝例程	251
53	例程 5-8	在异常处理中出现内存泄露的例程	254
54	例程 5-9	在异常处理中避开内存泄露的例程	256
55	例程 6-1	通过函数模板交换变量的值	263
56	例程 6-2	通过函数模板计算两个数的和	265
57	例程 6-3	通过函数模板输出成员变量的平方数	266
58	例程 6-4	通过类模板输出成员变量的值	268
59	例程 6-5	通过类模板设置与获取成员变量的值	269
60	例程 6-6	采用类模板的实例化结果作为父类	271
61	例程 6-7	用类模板作为另一个类模板的父类模板	272
62	例程 6-8	通过方括号修改向量元素的值	275
63	例程 6-9	初始化并展示向量内容的例程	290
64	例程 6-10	通过仿函数实现学生学号与分数比较的例程	292
65	例程 6-11	展示集合构造函数以及集合迭代器自增、自减和取值运算	296
66	例程 6-12	通过集合类模板实现学生排序的例程	314
67	例程 6-13	展示相等的集合元素不一定相同的例程	317
68	例程 6-14	通过向量以及排序算法进行整数排序的例程	319
69	例程 6-15	通过排序函数模板实现学生成绩不去重排序的例程	321
70	例程 7-1	分别采用窄字符与宽字符输出英文与汉字字符	326
71	例程 7-2	静态数组、动态数组与字符串长度的展示例程	328

续表

附录B 函数、宏和运算符的索引

本附录给出在本书正文中所有函数、宏和运算符的页码索引。其排序方式为先按所在头文件排序，再按名称排序。在正文中，按照讲解的顺序，对函数、宏和运算符进行编号。因此，在下面表格的类型那一列中，紧跟在函数、宏和运算符之后的数字是其在正文中的讲解顺序号，与正文中的编号相对应。

序号	类型	名称	所在头文件	功能简要说明	页码
1	运算符 3	operator delete	/	释放内存	41
2	运算符 2	operator new	/	申请分配内存	41
3	宏 1	ASSERT_VALID	afx.h	通过抛出异常强制调试	495
4	函数 63	sort	algorithm	对由迭代器指定的元素排序	319
5	函数 64	sort	algorithm	对指定元素按指定方式排序	321
6	函数 253	CString::CompareNoCase	atlstr.h	不区分大小写比较字符串	503
7	函数 248	CString::CString	atlstr.h	构造不含字符的字符串	501
8	函数 249	CString::Format	atlstr.h	格式转换字符串	501
9	函数 254	CString::GetBuffer	atlstr.h	返回字符序列存储地址	503
10	函数 252	CString::Trim	atlstr.h	去除字符串头尾空白符	502
11	宏 7	assert	cassert	设置断言，方便调试	651
12	函数 2	isnan	cmath	判断浮点数是否不定数	34
13	运算符 1	sizeof	cstddef	计算存储单元的字节数	26
14	函数 300	abort	cstdlib	中止程序的运行	652
15	函数 70	mbstowcs	cstdlib	窄字符串转换为宽字符串	337
16	函数 71	mbstowcs_s	cstdlib	窄字符串转换为宽字符串	337
17	函数 1	system	cstdlib	执行控制台窗口命令	10
18	函数 72	wcstombs	cstdlib	宽字符串转换为窄字符串	338
19	函数 73	wcstombs_s	cstdlib	宽字符串转换为窄字符串	338
20	函数 3	clock	ctime	返回处理器时钟数	216
21	函数 5	time	ctime	返回当前时间	217
22	函数 238	fstream::~fstream	fstream	析构实例对象	471
23	函数 237	fstream::close	fstream	关闭文件	471
24	函数 232	fstream::fstream	fstream	构造实例对象	470
25	函数 233	fstream::fstream	fstream	构造实例对象并打开文件	470
26	函数 234	fstream::fstream	fstream	构造实例对象并打开文件	470
27	函数 235	fstream::open	fstream	打开文件	471
28	函数 236	fstream::open	fstream	打开文件	471
29	函数 201	dec	iostream	采用十进制处理数据	443

续表

序号	类型	名称	所在头文件	功能简要说明	页码
30	函数 208	defaultfloat	iostream	采用默认方式处理浮点数	446
31	函数 204	endl	iostream	输出回车符和换行符	445
32	函数 7	exception:: what	iostream	返回异常字符串	244
33	函数 205	fixed	iostream	采用小数方式处理浮点数	445
34	函数 202	hex	iostream	采用十六进制处理数据	443
35	函数 207	hexfloat	iostream	采用十六进制处理浮点数	446
36	函数 220	ifstream::~ifstream	iostream	析构实例对象	454
37	函数 219	ifstream::close	iostream	关闭文件	454
38	函数 214	ifstream::ifstream	iostream	构造实例对象但不打开文件	453
39	函数 215	ifstream::ifstream	iostream	构造实例对象并打开文件	453
40	函数 216	ifstream::ifstream	iostream	构造实例对象并打开文件	453
41	函数 217	ifstream::open	iostream	打开文件	453
42	函数 218	ifstream::open	iostream	打开文件	454
43	函数 209	internal	iostream	采用中对齐处理数据	447
44	函数 185	ios::clear	iostream	将流重置为合法状态	420
45	函数 187	ios::eof	iostream	判断是否越过流的末尾	421
46	函数 186	ios::fail	iostream	判断流是否不正常	420
47	函数 182	ios::fill	iostream	返回当前设置的填充字符	418
48	函数 183	ios::fill	iostream	设置流的填充字符	418
49	函数 184	ios::good	iostream	判断流是否处于合法状态	419
50	函数 66	ios::imbue	iostream	设置当前的本地系统区域	328
51	函数 199	ios::rdbuf	iostream	返回绑定的缓冲区地址	440
52	函数 200	ios::rdbuf	iostream	绑定的缓冲区地址	440
53	函数 212	ios_base::precision	iostream	返回设置的精度	449
54	函数 213	ios_base::precision	iostream	设置精度	449
55	函数 180	ios_base::width	iostream	返回当前设置的数据宽度	417
56	函数 181	ios_base::width	iostream	设置流的数据宽度	417
57	函数 194	istream::gcount	iostream	返回读取流数据的字节数	431
58	函数 189	istream::get	iostream	读取流数据的第 1 个字节	426
59	函数 190	istream::get	iostream	从流数据读取 1 个字符	427
60	函数 191	istream::getline	iostream	读取一行数据的多个字符	428
61	函数 192	istream::getline	iostream	基于带有界定符读取数据	429
62	函数 195	istream::ignore	iostream	跳过待处理的流数据	432
63	运算符 25	istream::operator>>	iostream	从输入设备中读取数据	422
64	函数 188	istream::peek	iostream	返回流数据第 1 个字节	425
65	函数 193	istream::read	iostream	读取多个字节的数据	430
66	函数 222	istream::seekg	iostream	将输入流移到指定绝对位置	457
67	函数 223	istream::seekg	iostream	将输入流移到指定相对位置	457

续表

序号	类型	名称	所在头文件	功能简要说明	页码
68	函数 221	istream::tellg	iostream	返回输入流的当前位置	457
69	函数 210	left	iostream	采用左对齐处理数据	447
70	函数 203	oct	iostream	采用八进制处理数据	443
71	函数 230	ofstream::~ofstream	iostream	析构实例对象	466
72	函数 229	ofstream::close	iostream	关闭文件	466
73	函数 224	ofstream::ofstream	iostream	构造实例对象	465
74	函数 225	ofstream::ofstream	iostream	构造实例对象并打开文件	465
75	函数 226	ofstream::ofstream	iostream	构造实例对象并打开文件	465
76	函数 227	ofstream::open	iostream	打开文件	465
77	函数 228	ofstream::open	iostream	打开文件	466
78	函数 198	ostream::flush	iostream	强制立即输出	438
79	运算符 26	ostream::operator<<	iostream	输出数据	437
80	函数 196	ostream::put	iostream	输出字符	437
81	函数 239	ostream::seekp	iostream	将输出流移到绝对位置	471
82	函数 240	ostream::seekp	iostream	将输出流移到相对对位置	473
83	函数 231	ostream::tellp	iostream	返回输出流的当前位置	469
84	函数 197	ostream::write	iostream	将字符序列写入输出流对象	438
85	函数 211	right	iostream	采用右对齐处理数据	448
86	函数 206	scientific	iostream	采用科学计数法处理浮点数	446
87	函数 8	terminate	iostream	中止并退出程序	247
88	函数 65	locale::locale	locale	系统区域设置类的构造函数	327
89	函数 74	setlocale	locale.h	区域设置或查询	338
90	函数 39	set<Key, Compare>::begin	set	返回第 1 个迭代器	295
91	函数 53	set<Key, Compare>::clear	set	清空集合内容	305
92	函数 56	set<Key, Compare>::count	set	统计指定值的元素个数	307
93	函数 42	set<Key, Compare>::empty	set	判断集合长度是否为 0	298
94	函数 40	set<Key, Compare>::end	set	返回结束界定迭代器	295
95	函数 59	set<Key, Compare>::equal_range	set	查找一对迭代器	309
96	函数 50	set<Key, Compare>::erase	set	删除由元素值指定元素	303
97	函数 51	set<Key, Compare>::erase	set	删除迭代器指向的元素	304
98	函数 52	set<Key, Compare>::erase	set	删除迭代器指定的多个元素	304
99	函数 55	set<Key, Compare>::find	set	通过值查找元素	306
100	函数 47	set<Key, Compare>::insert	set	插入单个元素	301
101	函数 48	set<Key, Compare>::insert	set	含有迭代器的插入单个元素	302
102	函数 49	set<Key, Compare>::insert	set	通过迭代器插入多个元素	303
103	函数 60	set<Key, Compare>::key_comp	set	返回比较仿函数	310
104	函数 57	set<Key, Compare>::lower_bound	set	通过大于或等于查找迭代器	307
105	函数 43	set<Key, Compare>::max_size	set	返回集合所允许的最大长度	299

续表

序号	类型	名称	所在头文件	功能简要说明	页码
106	运算符 17	set<Key, Compare>::operator!=	set	比较集合是否不相等	313
107	运算符 12	set<Key, Compare>::operator<	set	集合小于运算	312
108	运算符 13	set<Key, Compare>::operator<=	set	集合小于或等于运算	312
109	函数 62	set<Key, Compare>::operator=	set	复制集合元素	311
110	运算符 16	set<Key, Compare>::operator==	set	比较集合是否相等	313
111	运算符 14	set<Key, Compare>::operator>	set	集合大于运算	312
112	运算符 15	set<Key, Compare>::operator>=	set	集合大于或等于运算	313
113	函数 44	set<Key, Compare>::rbegin	set	返回逆序第 1 个迭代器	299
114	函数 45	set<Key, Compare>::rend	set	返回逆向结束界定迭代器	300
115	函数 37	set<Key, Compare>::set	set	构造不含元素的集合	294
116	函数 38	set<Key, Compare>::set	set	通过迭代器构造集合	294
117	函数 46	set<Key, Compare>::set	set	集合的拷贝构造函数	301
118	函数 41	set<Key, Compare>::size	set	返回集合的长度	298
119	函数 54	set<Key, Compare>::swap	set	交换集合	305
120	函数 58	set<Key, Compare>::upper_bound	set	查找大于指定值的迭代器	308
121	函数 61	set<Key, Compare>::value_comp	set	返回比较仿函数	311
122	函数 292	AfxGetApp	stdafx.h	获取应用程序	560
123	函数 291	AfxGetMainWnd	stdafx.h	获取应用程序主窗口	560
124	函数 247	CArchive::IsStoring	stdafx.h	判断归档的行为	501
125	函数 251	CArchive::ReadString	stdafx.h	从文件中读取字符串	502
126	函数 250	CArchive::WriteString	stdafx.h	将字符串写入文件	502
127	函数 271	CBrush::CBrush	stdafx.h	创建画刷	511
128	函数 272	CBrush::CBrush	stdafx.h	创建画刷	511
129	函数 289	CCmdUI::SetCheck	stdafx.h	给控件打勾或不打勾等	537
130	函数 268	CDC::AngleArc	stdafx.h	绘制圆弧	509
131	函数 266	CDC::Arc	stdafx.h	绘制椭圆弧	508
132	函数 267	CDC::Arc	stdafx.h	绘制椭圆弧	508
133	函数 269	CDC::Chord	stdafx.h	绘制弓形	510
134	函数 270	CDC::Chord	stdafx.h	绘制弓形	510
135	函数 274	CDC::Ellipse	stdafx.h	绘制椭圆	512
136	函数 275	CDC::Ellipse	stdafx.h	绘制椭圆	512
137	函数 256	CDC::IsPrinting	stdafx.h	判断是否处在打印模式下	504
138	函数 245	CDC::LineTo	stdafx.h	绘制直线段	499
139	函数 244	CDC::MoveTo	stdafx.h	设置画笔的当前位置	498
140	函数 282	CDC::Polygon	stdafx.h	绘制多边形	516
141	函数 276	CDC::Rectangle	stdafx.h	绘制矩形	513
142	函数 277	CDC::Rectangle	stdafx.h	绘制矩形	514
143	函数 243	CDC::SelectObject	stdafx.h	绑定画笔	498

续表

序号	类型	名称	所在头文件	功能简要说明	页码
144	函数 273	CDC::SelectObject	stdafx.h	绑定画刷	512
145	函数 279	CDC::SelectObject	stdafx.h	绑定图形设备对象句柄	515
146	函数 280	CDC::SetDCBrushColor	stdafx.h	绑定画刷颜色	515
147	函数 281	CDC::SetDCPenColor	stdafx.h	绑定画笔颜色	515
148	函数 262	CDC::SetPixel	stdafx.h	绘制像素	507
149	函数 263	CDC::SetPixel	stdafx.h	绘制像素	507
150	函数 264	CDC::SetPixelV	stdafx.h	绘制像素	507
151	函数 265	CDC::SetPixelV	stdafx.h	绘制像素	507
152	函数 257	CDC::SetTextColor	stdafx.h	绑定字符颜色	505
153	函数 258	CDC::TextOut	stdafx.h	绘制字符串	505
154	函数 259	CDC::TextOut	stdafx.h	绘制字符串	505
155	函数 260	CDC::TextOut	stdafx.h	绘制字符串	506
156	函数 284	CDialog::DoModal	stdafx.h	创建并弹出对话框	535
157	函数 298	CDocument::UpdateAllViews	stdafx.h	申请更新文档的所有视图	562
158	函数 299	CFrameWnd::GetActiveDocument	stdafx.h	获取激活文档	562
159	函数 287	CFrameWnd::GetMessageBar	stdafx.h	获取状态栏窗口	536
160	函数 293	CFrameWndEx::GetRibbonBar	stdafx.h	获取功能区	560
161	函数 294	CMainFrame::GetRibbonBar	stdafx.h	获取功能区	560
162	函数 295	CMFCRibbonBar::FindByID	stdafx.h	返回在功能区中的指定控件	561
163	函数 296	CMFCRibbonEdit::GetEditText	stdafx.h	获取编辑文本框内容	561
164	函数 297	CMFCRibbonEdit::SetEditText	stdafx.h	设置编辑文本框内容	561
165	函数 246	CObject::Serialize	stdafx.h	序列化，即读写文件	500
166	函数 242	CPen::CPen	stdafx.h	创建画笔	497
167	函数 241	CView::GetDocument	stdafx.h	获取 MFC 文档	495
168	函数 286	CWnd::GetParentFrame	stdafx.h	获取所隶属的框架窗口	536
169	函数 261	CWnd::GetWindowRect	stdafx.h	获取窗口坐标	506
170	函数 285	CWnd::Invalidate	stdafx.h	申请刷新当前窗口的工作区	536
171	函数 288	CWnd::SetWindowText	stdafx.h	设置窗口标题	536
172	函数 290	CWnd::UpdateData	stdafx.h	获取或设置对话框数据	546
173	函数 283	DDX_Text	stdafx.h	绑定变量与控件	534
174	函数 278	GetStockObject	stdafx.h	返回全局图形设备对象句柄	514
175	函数 255	swscanf_s	stdio.h	格式转换字符串	503
176	函数 6	rand	stdlib.h	返回伪随机数	217
177	函数 4	srand	stdlib.h	为伪随机数建立种子	217
178	函数 89	string:: resize	string	重置字符串长度	349
179	函数 90	string:: resize	string	指定填充字符重置长度	349
180	运算符 18	string::[ ]	string	返回指定下标元素的引用	350
181	函数 115	string::append	string	在末尾添加字符串	366

续表

序号	类型	名称	所在头文件	功能简要说明	页码
182	函数 116	string::append	string	在末尾添加字符串	367
183	函数 117	string::append	string	在末尾添加子串	367
184	函数 118	string::append	string	在末尾添加子串	368
185	函数 119	string::append	string	在末尾添加多个相同字符	368
186	函数 120	string::append	string	在末尾添加字符序列	369
187	函数 93	string::at	string	返回指定下标元素的引用	351
188	函数 95	string::back	string	返回最后 1 个元素的引用	351
189	函数 107	string::begin	string	返回第 1 个迭代器	361
190	函数 96	string::c_str	string	将字符串转为数组	352
191	函数 83	string::capacity	string	返回字符串的容量	347
192	函数 109	string::cbegin	string	返回第 1 个只读迭代器	362
193	函数 110	string::cend	string	返回只读的结束界定迭代器	362
194	函数 91	string::clear	string	清空字符串的内容	350
195	函数 100	string::compare	string	比较基于类的字符串大小	355
196	函数 101	string::compare	string	比较基于数组的字符串大小	355
197	函数 102	string::compare	string	比较子串与字符串大小	356
198	函数 103	string::compare	string	比较子串大小	357
199	函数 104	string::compare	string	比较子串大小	358
200	函数 105	string::compare	string	比较子串与数组字符串大小	359
201	函数 106	string::compare	string	比较子串大小	360
202	函数 113	string::crbegin	string	返回逆向第 1 个只读迭代器	364
203	函数 114	string::crend	string	只读的结束界定逆向迭代器	365
204	函数 97	string::data	string	将字符串转为数组	352
205	函数 92	string::empty	string	判断字符串长度是否为 0	350
206	函数 108	string::end	string	返回结束界定迭代器	361
207	函数 130	string::erase	string	删除从指定下标开始的字符	374
208	函数 131	string::erase	string	删除指定的多个字符	375
209	函数 132	string::erase	string	删除迭代器指向的字符	375
210	函数 133	string::erase	string	删除迭代器指定的多个字符	376
211	函数 135	string::find	string	从子串查找字符串	377
212	函数 136	string::find	string	从子串查找字符串	378
213	函数 137	string::find	string	从子串查找子串	378
214	函数 138	string::find	string	从子串查找字符	379
215	函数 157	string::find_first_not_of	string	查找不在字符串当中的字符	392
216	函数 158	string::find_first_not_of	string	查找不在字符串当中的字符	393
217	函数 159	string::find_first_not_of	string	查找不在子串当中的字符	393
218	函数 160	string::find_first_not_of	string	查找首个不相等的字符	394
219	函数 146	string::find_first_of	string	查找字符串的任意字符	385

续表

序号	类型	名称	所在头文件	功能简要说明	页码
220	函数 147	string::find_first_of	string	查找字符串的任意字符	386
221	函数 148	string::find_first_of	string	从子串查找子串的任意字符	386
222	函数 149	string::find_first_of	string	从子串查找字符	387
223	函数 161	string::find_last_not_of	string	逆向查找不在的字符	395
224	函数 162	string::find_last_not_of	string	逆向查找不在的字符	395
225	函数 163	string::find_last_not_of	string	逆向查找不在的字符	396
226	函数 164	string::find_last_not_of	string	逆向查找不在的字符	396
227	函数 165	string::find_last_not_of	string	逆向查找不在子串中的字符	397
228	函数 166	string::find_last_not_of	string	逆向查找首个不相等的字符	398
229	函数 167	string::find_last_not_of	string	逆向查找首个不相等的字符	398
230	函数 150	string::find_last_of	string	逆向查找字符串的任意字符	388
231	函数 151	string::find_last_of	string	逆向查找字符串的任意字符	388
232	函数 152	string::find_last_of	string	逆向查找字符串的任意字符	389
233	函数 153	string::find_last_of	string	逆向查找字符串的任意字符	389
234	函数 154	string::find_last_of	string	逆向查找子串的任意字符	390
235	函数 155	string::find_last_of	string	从字符串逆向查找字符	391
236	函数 156	string::find_last_of	string	从子串逆向查找字符	391
237	函数 94	string::front	string	返回第 1 个元素的引用	351
238	函数 121	string::insert	string	在指定位置插入字符串	369
239	函数 122	string::insert	string	在指定位置插入子串	370
240	函数 123	string::insert	string	在指定位置插入子串	370
241	函数 124	string::insert	string	在指定位置插入字符串	371
242	函数 125	string::insert	string	在指定位置插入子串	372
243	函数 126	string::insert	string	插入多个相同字符	372
244	函数 127	string::insert	string	在指定位置插入单个字符	373
245	函数 128	string::insert	string	插入多个相同字符	373
246	函数 129	string::insert	string	在指定位置插入字符序列	374
247	函数 84	string::length	string	返回字符串的长度	347
248	函数 88	string::max_size	string	返回字符串申请长度的上界	348
249	运算符 22	string::operator+=	string	在末尾添加字符串	366
250	运算符 23	string::operator+=	string	在末尾添加字符串	367
251	运算符 24	string::operator+=	string	在末尾添加字符	368
252	运算符 19	string::operator=	string	赋值为单个字符的字符串	353
253	运算符 20	string::operator=	string	通过基于数组的字符串赋值	354
254	运算符 21	string::operator=	string	通过基于类的字符串赋值	354
255	函数 134	string::pop_back	string	删除最后 1 个字符	377
256	函数 111	string::rbegin	string	返回逆向第 1 个迭代器	363
257	函数 112	string::rend	string	返回结束界定逆向迭代器	363

续表

续表

序号	类型	名称	所在头文件	功能简要说明	页码
296	函数 13	vector<T>::back	vector	返回最后 1 个元素的引用	277
297	函数 20	vector<T>::begin	vector	返回第 1 个迭代器	280
298	函数 15	vector<T>::capacity	vector	返回向量的容量	277
299	函数 34	vector<T>::clear	vector	清空向量内容	286
300	函数 16	vector<T>::empty	vector	判断向量长度是否为 0	277
301	函数 21	vector<T>::end	vector	返回结束界定迭代器	280
302	函数 32	vector<T>::erase	vector	删除指定位置的单个元素	285
303	函数 33	vector<T>::erase	vector	删除指定位置的多个元素	286
304	函数 12	vector<T>::front	vector	返回第 1 个元素的引用	276
305	函数 27	vector<T>::insert	vector	在指定位置插入新元素	284
306	函数 28	vector<T>::insert	vector	在指定位置插入 n 个元素	284
307	函数 29	vector<T>::insert	vector	通过迭代器插入新元素	284
308	函数 17	vector<T>::max_size	vector	返回向量所允许的最大长度	278
309	运算符 11	vector<T>::operator!=	vector	比较向量是否不相等	289
310	运算符 6	vector<T>::operator<	vector	向量小于运算	288
311	运算符 7	vector<T>::operator<=	vector	向量小于或等于运算	288
312	运算符 5	vector<T>::operator=	vector	复制向量元素	288
313	运算符 10	vector<T>::operator==	vector	比较向量是否相等	289
314	运算符 8	vector<T>::operator>	vector	向量大于运算	289
315	运算符 9	vector<T>::operator>=	vector	向量大于或等于运算	289
316	函数 31	vector<T>::pop_back	vector	删除向量的最后 1 个元素	285
317	函数 30	vector<T>::push_back	vector	在向量末尾添加新元素	285
318	函数 22	vector<T>::rbegin	vector	返回逆序第 1 个迭代器	281
319	函数 23	vector<T>::rend	vector	返回逆向结束界定迭代器	281
320	函数 24	vector<T>::reserve	vector	申请预订向量的容量	282
321	函数 25	vector<T>::resize	vector	申请重置向量长度	282
322	函数 14	vector<T>::size	vector	返回向量的长度	277
323	函数 26	vector<T>::swap	vector	交换向量	283
324	函数 9	vector<T>::vector	vector	构造零容量向量	274
325	函数 10	vector<T>::vector	vector	构造指定长度和初值向量	274
326	函数 18	vector<T>::vector	vector	向量的拷贝构造函数	278
327	函数 19	vector<T>::vector	vector	通过迭代器构造向量	279
328	宏 5	GetBValue	Windows.h	提取蓝色分量	496
329	宏 4	GetGValue	Windows.h	提取绿色分量	496
330	宏 3	GetRValue	Windows.h	提取红色分量	496
331	函数 68	MultiByteToWideChar	Windows.h	基于数组的字符串从窄转宽	330
332	宏 2	RGB	Windows.h	将红绿蓝组合为颜色值	495
333	函数 69	WideCharToMultiByte	Windows.h	基于数组的字符串从宽转窄	331

参 考 文 献

[1] ISO/IEC 14882:2020(E): Programming Languages — C++ (Sixth Edition). 2020.

[2] 安德鲁 • 凯尼格, 芭芭拉 • 摩尔. C++沉思录[M]. 黄晓春 译. 北京: 人民邮电出版社, 2021.

[3] Stanley B Lippman, Josée Lajoie, Barbara E Moo. C++ Primer（中文版）[M]. 5 版. 王刚, 杨巨峰 译.北京: 电子工业出版社, 2013.

[4] 刘伟. 设计模式的艺术[M]. 北京: 清华大学出版社, 2020.

[5] 郑莉，董渊. C++语言程序设计[M]. 5 版. 北京: 清华大学出版社, 2020.

[6] 吴文虎, 徐明星, 邬晓钧. 程序设计基础[M]. 4 版. 北京: 清华大学出版社, 2017.

[7] 谭浩强. C++面向对象程序设计学习辅导[M]. 3 版. 北京: 清华大学出版社, 2020.

[8] 雍俊海. Java 程序设计习题集（含参考答案[M]）. 北京: 清华大学出版社, 2006.

[9] 雍俊海. 计算机动画算法与编程基础[M]. 北京: 清华大学出版社, 2008.

[10] 雍俊海. Java 程序设计教程[M]. 3 版. 北京: 清华大学出版社, 2014.

[11] 雍俊海, 张慧. 产品设计的精度问题和求解[J]. 中国计算机学会通讯 2015. 11(2): 21-26.

[12] 雍俊海. C 程序设计[M]. 北京: 清华大学出版社, 2017.

[13] 雍俊海, 施侃乐, 张婷婷. LogoUp 程序式 3D 创新设计速成指南[M]. 北京: 清华大学出版社, 2018.

[14] 雍俊海. 清华教授的小课堂: 魔方真好玩[M]. 北京: 清华大学出版社, 2018.